洛阳师范学院河洛文化国际研究中心资助出版

郭绍林

1946年1月出生，河南洛阳人。1970年北京大学历史学系本科毕业；1983年陕西师范大学历史系中国古代史专业唐史方向研究生毕业，历史学硕士。洛阳师范学院河洛文化国际研究中心教授。已出版个人著作《唐代士大夫与佛教》、《隋唐军事》、《隋唐历史文化》、《隋唐历史文化续编》、《隋唐洛阳》、《历史学视野中的佛教》、《中国的古代宗教》、《洛阳都城史话》隋唐卷、《唐宋牡丹文化》、《洛阳隋唐五代史》，合著《谋士传》、《中国古代治安制度史》、《中国古代编辑家评传》、《中国牡丹大观》、《中华十大谋士》、《河洛文化论衡》，点校古籍《续高僧传》，主编《洛阳隋唐研究》第一、二、三辑，《洛阳都城史话》以及《武则天与神都洛阳》（合编）。

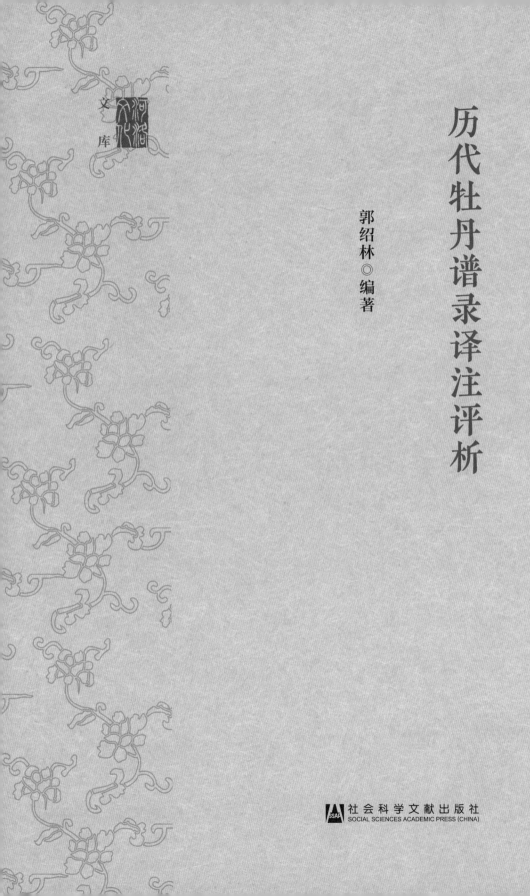

文库

历代牡丹谱录译注评析

郭绍林◎编著

社会科学文献出版社

SOCIAL SCIENCES ACADEMIC PRESS (CHINA)

目　录

中国牡丹谱录概论（代前言）

一　牡丹谱录的界定

孔子说过，"必也正名乎"，"名不正则言不顺，言不顺则事不成"。要研究牡丹谱录，首先应该为"牡丹谱录"正名分。搞清楚牡丹谱录的界定，才能对号入座，确定哪些文献属于纯粹的牡丹谱录，哪些文献在什么情况下纳入牡丹谱录的范畴，哪些文献不属于牡丹谱录而属于牡丹文化范畴。只有这样，才能检阅牡丹谱录的规模，评判其价值。

谱录类文献作为一种文体，在古代出现比较晚，最早由南宋尤袤在《遂初堂书目》中创设"谱录类"而确定下来，其中就有《牡丹记》《欧公牡丹谱》以及其他花谱。清朝编辑《四库全书》，沿用"谱录"名称，将这类文献列入"子部"中。

那么，什么叫谱录？所谓"谱"，东汉末年刘熙在所作《释名·释典艺》中解释说："谱，布也，布列见其事也。"所谓"录"，就是记录、抄录。因此，谱录就是按照事物的类别或系统编排记录的文献，篇幅长的是书籍，篇幅短的是文章。既然谱录是按照事物的类别或系统编排记录的文献，那就只有当某种类别的事物形成气候，可以认识、描绘、记录，才可以出现原创性的谱录，进而出现抄录各种原创性资料而加以整合编排的二手谱录。

这样便可以对"牡丹谱录"做出界定。所谓"牡丹谱录"，就是以牡丹为主题，记录、排列牡丹方方面面内容的写实性文献。牡丹谱录只能出现在牡丹形成气候之后。那么，牡丹是在什么时候蔚为大观，被世人普遍认识和重视的呢？唐后期的宰相舒元舆所作《牡丹赋》说："古人言花者，牡丹未尝与焉。盖遁于深山，自幽而芳，不为贵者所知，花则何遇焉！天后（武则天）之乡西河也，有众香精舍，下有牡丹，其花特异。天后叹上苑之有阙，因命移植焉。由此京国牡丹，日月浸盛。"唐人段成式也认为唐朝以前未记载牡丹（详下）。南宋郑樵《通志》卷75说："牡丹初无名，故依芍药以为名。牡丹晚出，唐始有闻。"

实际上，在隋唐之前，牡丹已见于文献记载。牡丹根皮作为药材被医家利用，药物书籍需要记载它的性能、功效。秦汉时期的《神农本草经》卷2说："牡丹：味辛，寒。主寒热，中风、瘈疭、痉，惊痫邪气，除症坚，瘀血留舍肠胃，安五藏（五脏），疗痈创（疮）。一名鹿韭，一名鼠姑。生山谷。"后来，曹魏时期的《吴普本草》、旧题南朝梁陶弘景撰的《名医别录》等医药书，也都记载了牡丹根皮的药性、疗效、处理方法。这些记载虽然曾被后世的牡丹谱录如明人薛凤翔的《亳州牡丹史》收录过，但它们本身还不能算作牡丹谱录，因为它们不是人们专门为牡丹而写的独立的篇章，也不是对牡丹的多角度的较为系统的记载。

到了唐后期，段成式在《酉阳杂俎》前集卷19中写了一段描述牡丹历史的话：

　　牡丹，前史中无说处，唯《谢康乐集》中言竹间水际多牡丹。成式检隋朝《种植法》七十卷中，初不记说牡丹，则知隋朝花药中所无也。开元末，裴士淹为郎官，奉使幽冀回，至汾州众香寺，得白牡丹一窠，植于长安私第。天宝中，为都下奇赏。当时名公有《裴给事宅看牡丹》诗，诗寻访未获。一本有诗云："长安年少惜春残，争认慈恩紫牡丹。别有玉盘乘露冷，无人起就月中看。"太常博士张乘尝见裴通祭酒说。又房相（房琯）有言牡丹之会，琯不预焉。至德中，马仆射（马总）镇太原，又得红、紫二色者，移于城中。元和初犹少，今与戎葵角（较）多少矣。韩愈侍郎有疏从子侄自江淮来，年甚少，韩令学院中伴子弟，子弟悉为凌辱。

韩知之，遂为街西假僧院令读书。经旬，寺主纲复诉其狂率。韩遽令归，且责曰："市肆贱类营衣食，尚有一事长处。汝所为如此，竟作何物？"佞拜谢，徐曰："某有一艺，恨叔不知。"因指阶前牡丹曰："叔要此花青、紫、黄、赤，唯命也。"韩大奇之，遂给所须试之。乃竖箔曲，尽遮牡丹丛，不令人窥。掘窠四面，深及其根，宽容人座。唯贵紫矿、轻粉、朱红，旦暮治其根。凡七日乃填坑，白其叔曰："恨较迟一月。"时冬初也。牡丹本紫，及花发，色白红历绿，每朵有一联诗，字色紫分明，乃是韩出官时诗。一韵曰"云横秦岭家何在，雪拥蓝关马不前"十四字，韩大惊异。佞且辞归江淮，竟不愿仕。兴唐寺有牡丹一窠，元和中着花一千二百朵。其色有正晕、倒晕、浅红、浅紫、深紫、黄白檀等，独无深红。又有花叶中无抹心者，重台花者，其花面径七八寸。兴善寺素师院牡丹色绝佳，元和末一枝花合欢。

这一大段文字，曾被有的牡丹谱录拆分录文，但其本身也不能算作牡丹谱录，因为不是专门为牡丹而写的独立的篇章。

牡丹谱录文献，叫法五花八门。有叫作"记"的，如北宋欧阳修的《洛阳牡丹记》；有叫作"志"的，如北宋丘濬的《牡丹荣辱志》；有叫作"谱"的，如南宋陆游的《天彭牡丹谱》；有叫作"史"的，如明人薛凤翔的《亳州牡丹史》；有叫作"述"的，如清人钮琇的《亳州牡丹述》。但统称为"谱"。现存最早的牡丹谱是欧阳修的《洛阳牡丹记》，但在宋代就被叫作"谱"了。周师厚《洛阳花木记》说"旧谱所谓左紫"，旧谱指的就是欧谱；又说自己"博求谱录"，获得"范尚书、欧阳参政二谱"，再次称其为欧谱。上文提到的南宋尤袤，在《遂初堂书目》"谱录类"中也记载为"《欧公牡丹谱》"。清朝增补明朝《群芳谱》而成书的《广群芳谱》，把牡丹文献收入卷 32～34《花谱·牡丹》中。

欧阳修的"记"，是专门记载牡丹的文献。牡丹谱录中收录的"记"，有的也是这样的内容，如明人王象晋编辑的《群芳谱》所收录的南宋胡元质的《成都记》，《古今图书集成·博物汇编·草木典》卷287《牡丹部》改题作胡元质《牡丹谱》。《广群芳谱》增补了张邦基的《陈州牡丹记》，《古今图书集成》《香艳丛书》《植物名实图考长编》等书也都收录了张文，都加了《陈州牡丹记》作为标题。但实际上，它只是张邦基《墨庄漫录》卷9中的一则笔记，原本没有标题。这则文字只有寥寥250字，不足上引《酉阳杂俎》那段文字字数（640字）的一半。张邦基写自己于北宋末年去陈州探望父亲，看到缕金黄牡丹，主人如何护养，当地人如何参观，地方官想进贡给开封朝廷，被当地人拒绝。这不是陈州牡丹整体情况的概述，被别人从《墨庄漫录》中抽出来，安了个《陈州牡丹记》的大帽子，让人产生它是独立单行的牡丹谱录的错觉。时下人们统计历史上有多少牡丹谱录，都把它算作单独的一份，我认为不妥。

《广群芳谱》增补的明人袁宏道的《张园看牡丹记》，不是纯粹的"牡丹记"，而是"游记"。这篇游记一共390字，其中一半篇幅写的是游览的时间、地点，园主的身份和态度，两次同游人士的姓名，以及第二次来看芍药和芍药的具体情况。《张园看牡丹记》既然收入《广群芳谱·花谱·牡丹》中了，当然就搭上了牡丹谱录这趟车。但若推而广之，将此类游记一律看作牡丹谱，那就不恰当了。归庄于康熙十八年（1679）写出《看牡丹记》一文，2000字，很详细。但康熙四十七年（1708）成书的《广群芳谱》，康熙四十年（1701）着手编纂、雍正六年（1728）印制完成的《古今图书集成》，都没有收录这篇《看牡丹记》，它当然不能被看作独立的牡丹谱录文献。

南宋陈景沂在《全芳备祖》前集卷2《花部·牡丹》中收录了唐人舒元舆的《牡丹赋》，节选了唐人李德裕的《牡丹赋》。后来《亳州牡丹史》《广群芳谱》《古今图书集成》也都收录牡丹赋，除了这两篇赋，还增加了北宋蔡襄的《季秋牡丹赋》、明人徐渭的《牡丹赋》。这些文学作品也搭上了牡丹谱录的车。此外，五代两宋还有徐铉、夏竦、宋祁、苏籀创作的《牡丹赋》，但没有被牡丹谱录文献收录，我认为不能依此类推而把它们看作单独的牡丹谱录文献。

二 最早的牡丹谱录

清人钮琇的《亳州牡丹述》说："贾耽《花谱》云：牡丹，唐人谓之木芍药。天宝中，得红、紫、浅红、通白四本，移植于兴庆池东沉香亭。会花开，明皇引太真玩赏，李白进《清平调》三章，而牡丹之名于是乎著。"钮琇言之凿凿，煞有介事，实际上是他弄错了。

贾耽（730~805），字敦诗，中唐高官，地理学家。假若贾耽真的著有《花谱》，那么，牡丹谱录文献早在唐代就出现了。但贾耽著《花谱》这件事，没有历史根据，也没见别人这么说。这段"木芍药"云云的文字，它的原文很详细，是晚于贾耽的晚唐人李濬《松窗杂录》中的一则文字。北宋人乐史（930~1007）撰小说《杨太真外传》，基本上全文照搬《松窗杂录》这则文字。《松窗杂录》的原文是这样的：

开元中，禁中初重木芍药，即今牡丹也。得四本红、紫、浅红、通白者，上因移植于兴庆池东沉香亭前。会花方繁开，上乘月夜召太真妃以步辇从。诏特选梨园弟子中尤者，得乐十六色。李龟年以歌擅一时之名，手捧檀板，押众乐前欲歌之。上曰："赏名花，对妃子，焉用旧乐词为！"遂命龟年持金花笺，宣赐翰林学士李白进《清平乐词》三章。白欣承诏旨，犹苦宿酲未解，因援笔赋之。"云想衣裳花想容，春风拂槛露华浓。若非群玉山头见，会向瑶台月下逢。""一枝红艳露凝香，云雨巫山枉断肠。借问汉宫谁得似，可怜飞燕倚新妆。""名花倾国两相欢，长得君王带笑看。解释春风无限恨，沉香亭北倚栏杆。"龟年遽以词进，上命梨园弟子约略调抚丝竹，遂促龟年以歌。太真妃持玻璃七宝杯，酌西凉州葡萄酒，笑领意甚厚。上因调玉笛以倚曲，每曲遍将换，则迟其声以媚之。太真饮罢，饰绣巾重拜上意。龟年常话于五王，独忆以歌得自胜者无出于此，抑亦一时之极致耳。上自是顾李翰林尤异于他学士。会高力士终以脱乌皮六缝为深耻，异日太真妃重吟前词，力士戏曰："始为妃子怨李白深入骨髓，何拳拳如是？"太真妃因惊曰：

"何翰林学士能辱人如斯?"力士曰:"以飞燕指妃子,是贱之甚矣。"太真颇深然之。上尝欲命李白官,卒为宫中所捍而止。

因此,所谓贾耽的《花谱》纯属子虚乌有,当然不是最早的牡丹谱录文献。

清人计楠《牡丹谱自序》说历来为牡丹作谱,"宋鄞江周氏有《洛阳牡丹记》。唐李卫公有《平泉花木记》。范尚书、欧阳参政有谱。范述五十二品,欧述于钱思公楼下小屏间细书牡丹名九十余种,但言其略。胡元质作《牡丹记》,陆放翁作《天彭记》,张邦基作《陈州牡丹记》,薛凤翔作《亳州牡丹史》,夏之臣作《牡丹评》,惟王敬美所述种法独详。《二如亭群芳谱》所记有一百八十余种,钮玉樵《亳州牡丹述》一百四十三种。近时怀宁余伯扶有《曹州牡丹谱》五十六种"。按照他的说法,唐人李德裕的《平泉花木记》是最早的牡丹谱录。

李德裕(787~850),字文饶,唐文宗、唐武宗时期的宰相,进封太尉、卫国公。所谓《平泉花木记》,正确名称是《平泉山居草木记》,记载李德裕在洛阳平泉山居栽培来自各地的种种花木,说:

木之奇者,有天台之金松、琪树,稽山之海棠、榧桧,剡溪之红桂、厚朴,海峤之香柽、木兰,天目之青神、凤集,钟山之月桂、青飔、杨梅,曲房之山桂、温树,金陵之珠柏、栾荆、杜鹃,茆山之山桃、侧柏、南烛,宜春之柳柏、红豆、山樱,蓝田之粟梨、龙柏。其水物之美者,荷有蘋洲之重台莲,芙蓉湖之白莲,茅山东溪之芳荪。……又得番禺之山茶,宛陵之紫丁香,会稽之百叶木芙蓉、百叶蔷薇,永嘉之紫桂、簇蝶,天台之海石楠。……又得钟陵之同心木芙蓉,剡中之真红桂,稽山之四时杜鹃、相思、紫苑、贞桐、山茗、重台蔷薇、黄槿,东阳之牡桂、紫石楠,九华山药树天蓼、青栌、黄心栀子、朱杉、龙骨(阙二字)。……复得宜春之笔树、楠稚子、金荆、红笔、密蒙、勾栗木,其草药又得山姜、碧百合。

这份清单没有提到本地牡丹，所以不是最早的牡丹谱录。

李娜娜、白新祥、戴思兰、王子凡的论文《中国古代牡丹谱录研究》（《自然科学史研究》2012 年第 1 期），按写作顺序列表排列牡丹谱录，排在前 4 位的是：（1）986 年成稿的僧仲休《越中牡丹花品》，残存序言；（2）1011 年成稿的胡元质《牡丹谱》，今存；（3）1030 年成稿的钱惟演《花品》，已佚；（4）1034 年成稿的欧阳修《洛阳牡丹记》，今存。旅华日本留学生久保辉幸的论文《宋代牡丹谱考释》（《自然科学史研究》2010 年第 1 期），前两种列的是僧仲休的《越中牡丹花品》和钱惟演的《花品》，但认为钱惟演的《花品》"约成于天圣十年（1032）"，"其形式是在一个小屏风上记载了 90 多个牡丹品种"。

先来看看胡元质的《牡丹谱》。胡元质（1127～1189），字长文，平江府长洲（今江苏苏州市）人。宋高宗绍兴十八年（1148）进士。历官校书郎、礼部郎官、右司谏、起居舍人、中书舍人、给事中、和州知州、太平州知州、江东安抚使、建康府知府，宋孝宗淳熙四年（1177）起，接替范成大任四川制置使，兼成都府知府，一共 3 年。其《牡丹谱》开头说："大中祥符辛亥春，府尹任公中正宴客大慈精舍，州民王氏献一合欢牡丹。"大中祥符辛亥，即宋真宗大中祥符四年，即公元 1011 年，李娜娜等作者把胡元质《牡丹谱》写作年份确定在这一年。在李娜娜等人提出这个说法之前 10 年，中国科学技术出版社 2002 年版蓝保卿、李嘉珏、段全绪主编的《中国牡丹全书》下册第 851 页，就有"最早为牡丹作谱，应是宋代僧人仲休的《越中牡丹花品》（986），之后有胡元质的《牡丹谱》（1011）"的说法。问题是大中祥符四年还没有胡元质这个人，116 年后他才出生，他怎么写作这份《牡丹谱》？他在《牡丹谱》中说的"大中祥符辛亥春"，是在追述以前的事情；后面又说："今西楼花数栏，不甚多，而彭州所供率下品。范公成大时以钱买之，始得名花。提刑程公沂预会，叹曰：'自离洛阳，今始见花尔。'程公，故洛阳人也。"南宋陆游撰写《天彭牡丹谱》，记载成都北面彭州的牡丹；南宋人范成大买彭州名花；程沂是"故洛阳人"，称"自离洛阳"，是南渡人的口气。这些都是南宋时期的事情，怎么可能出现在北宋真宗时的牡丹谱中？所以，胡元质的《牡丹谱》是南宋时期的作品，当然不是一些人所说的最早的牡丹谱录。

再来看看所谓钱惟演的《花品》。钱惟演（977～1034），字希圣，钱塘（今浙江杭州市）人。吴越国王钱俶之子。从父归顺北宋后，历任右神武将军、太仆少卿、工部尚书、崇信军节度使等。他以枢密使任河南府兼西京留守时，欧阳修在其幕僚担任推官。李娜娜等人确定钱惟演的《花品》"成书时间"为1030年，久保辉幸推测"约成于天圣十年（1032）"，分别在钱惟演去世前两年和前四年之时。关于钱惟演作《花品》一事，只有欧阳修《洛阳牡丹记》有记载："余居府中时，尝谒钱思公于双桂楼下，见一小屏立坐后，细书字满其上。思公指之曰：'欲作《花品》，此是牡丹名，凡九十余种。'余时不暇读之。"所谓"欲"，是打算、想要，即作《花品》仅是钱惟演的计划，是未然行为，最终也没有成为已然行为。那么，写在屏风上的牡丹品种名称，只相当于所搜集的凌乱资料，还没有分类排座次，没有编次成文，不能够作为文本流传，不能等同于已成书的《花品》，不然何以要说"欲"？所以，所谓钱惟演的《花品》是最早的牡丹谱录的说法，也不能成立。

现在就剩下僧仲休的《越中牡丹花品》和欧阳修的《洛阳牡丹记》需要考察了。南宋陈振孙《直斋书录解题》卷10"农家类"记载："《越中牡丹花品》二卷，僧仲休撰。其序言：'越之所好尚惟牡丹，其绝丽者三十二种。始乎郡斋，豪家名族，梵宇道宫，池台水榭，植之无间。来赏花者不问亲疏，谓之看花局。泽国此月多有轻云微雨，谓之养花天。里语曰："弹琴种花，陪酒陪歌。"'末称'丙戌岁八月十五日移花日序'。丙戌者，当是雍熙三年（986）也。"这段序言文字，又被薛凤翔录入《亳州牡丹史》卷3《花考》中。《越中牡丹花品》的其余内容，已经完全失传。它可以算是最早的牡丹谱录，但不是现存最早的牡丹谱录。现存最早的牡丹谱录是欧阳修的《洛阳牡丹记》。

三 专题牡丹谱录的数据统计

李娜娜等作者上揭文指出，"自公元986年至1911年的925年间，在中国共诞生了 41 部牡丹谱录"；"其中 16 部现存于世，5 部残存，20 部惜已佚失"。并附表说明具体情况。

我认为，要想统计数据精确可靠有说服力，必须具备三个前提。其一，给"牡丹谱录"做出界定，来衡量、判断某份作品是否可以单独算作一部牡丹谱录。其二，对于作品名称没有明显"牡丹"标志的已佚作品，举出确认它算作一部牡丹谱录的理由。其三，查阅宋辽金元明清所有文献。

现在来分析一下。这第三个前提不容易做到，因为文献太多了，相当多的文献无法找到。现在有今人编的大部头总集排印本问世，《全宋文》全套 360 册，《全辽金文》全套 3 册，《全元文》全套 60 册。明清文献更多，上海古籍出版社 2010 年影印出版的《清代诗文集汇编》，全套 800 册，收书 4058 种；明代还找不到这么集中的书籍可供查阅。此外还有很多丛书、地方志书籍。查不完这些书籍，怎么敢断言共有多少部牡丹谱录。清人王锺编纂、胡人凤续纂的《法华乡志》卷 3《土产·花卉之属》首列"牡丹"30 多种；卷 8《遗事》还说："牡丹，自宋以来出洛阳，而盛于吴下。前明上澳曹仲明所谱十五种奇品，时珍贵之。"法华乡、上澳，都在今上海市区内，前者是今长宁区，后者是今徐汇区，一西北、一东南，二者毗邻。这部明朝上澳人曹仲明编写的《牡丹谱》，李娜娜等人没有提到，不在他们的统计数内。

第二个前提，在原作已佚的情况下，只能靠考证和推论，拿不准的怎么可以断定它就是一部独立的牡丹谱录？比如李娜娜附表第 10 位，轻率地把作品名称定为《牡丹谱》，交代书名依据周师厚《洛阳花木记》和潘法连《读中国农学书录·札记八则》，并交代这部牡丹谱录的作者是范纯仁，成书于 1027～1101 年其在世期间，记载牡丹品种 52 个。

然而周师厚的《洛阳花木记》没有说这部作品叫《牡丹谱》，而是称之为"范尚书谱"。原话如下："元丰四年，余佐官于洛，吏事之暇，因得从容游赏。居岁余矣，甲第名园，百未游其十数，奇花异卉，十未睹其四五。于是博求谱录，得唐李卫公《平泉花木记》，范尚书、欧阳参政二谱，按名寻讨，十始见其七八焉。然范公所述者五十二品，可考者才三十八；欧之所录者二篇而已，其叙钱思公双桂楼下小屏中所录九十余种，但概言其略耳，至于花之名品，则莫得而见焉。因以予耳目之所闻见，及近世所出新花，参校二贤所录者，凡百余品，其亦殚于此乎！"周师厚《洛阳花木记》，记载洛阳牡丹109种，牡丹以外的花卉419种。李德裕《平泉山居草木记》如上所述，偏偏没提到洛阳牡丹。沿着这条思路，"范尚书……所述五十二品"，应该也是洛阳"花木"的数目。

这位范尚书究竟是谁？六部尚书比参知政事（副宰相）职务低，"范尚书"能够排在"欧阳参政"前面，只能是比参知政事欧阳修年长的尚书。李娜娜等人把他说成是比欧阳修（1007～1072）小20岁的吏部尚书范纯仁（1027～1101），应该弄错了。久保辉幸上揭文指出："中田勇次郎推测范尚书或是范纯仁，黄雯推测是范仲淹（989～1058年）。范仲淹与范纯仁是父子关系。笔者考察发现，周师厚因为娶了范仲淹之女，与范氏父子有姻亲关系。周师厚的《洛阳花木记·自序》写于元丰五年（1082年），范纯仁于此后的元祐元年（1086年）才升任吏部尚书（次年周师厚辞世）。因此，当周师厚写自序时，纯仁未升任尚书。范仲淹于皇祐四年（1052年）辞世后，被追赠兵部尚书。就时间顺序而言，周师厚所说的范尚书或以范仲淹可信一些。不过，北宋还有一位'范尚书'，即范雍（979～1046年），他最后的官位是礼部尚书（卒后被赠太子太师）。他们究竟谁才是周师厚说的'范尚书'还有待进一步的考证。"

今按：周师厚《洛阳花木记》说："玉千叶，白花，无檀心，莹洁如玉，温润可爱。景祐中，开于范尚书宅山篦中。"中华书局2011年版杨林坤译注本《牡丹谱》第116页为之作注，指出："范尚书：即范雍（981～1046），字伯纯，河南洛阳人。宋真宗咸平初进士，为洛阳主簿，累官至殿中丞、兵部员外郎、陕西转运使，以安抚使督镇庆原诸羌，世称'老范'，范仲淹为'小范'。后拜枢密副使，徙河南府，迁礼部尚书，卒，谥忠献。"因此，周师厚所说的"范尚书……所述五十二品"，应该是比欧阳修年长28岁的范雍。欧阳修《洛阳牡丹图》诗说："四十年间花百变。"如果范雍所记的是牡丹52种，怎么晚辈欧阳修《洛阳牡丹记》所记洛阳牡丹只有24个品种，岂不是越变越少了？半个世纪后周师厚《洛阳花木记》记载洛阳牡丹109种，其中做出详细描述的55种，与欧阳修不同者46种，相同者9种。因此可见，范尚书记载的52种应该是花木，他的这份谱录是花谱，而不是牡丹谱，不应该算作牡丹谱录中的一部。

此外，根据我前面的分析，李娜娜的统计数据把所谓钱惟演的《花品》也算上一部，失于考察，缺乏说服力。

至于第一个前提，给"牡丹谱录"做出界定，这原本是见仁见智、因人而异的事，不能强求，只要符合自己的逻辑，能够自圆其说就行。

对于"其中16部现存于世，5部残存"，李娜娜附表具体指出完整存世的16部是：（1）胡元质《牡丹谱》，（2）欧阳修《洛阳牡丹记》，（3）周师厚《洛阳牡丹记》（郭绍林按，即《洛阳花木记》中的《叙牡丹》单列成篇），（4）张邦基《陈州牡丹记》，（5）陆游《天彭牡丹谱》，（6）丘璿（郭绍林按：应作丘濬）《牡丹荣辱志》，（7）姚燧《序牡丹》，（8）高濂《牡丹花谱》，（9）薛凤翔《亳州牡丹史》，（10）夏之臣《评亳州牡丹》，（11）严氏《亳州牡丹志》，（12）苏毓眉《曹南牡丹谱》，（13）钮琇《亳州牡丹述》，（14）余鹏年《曹州牡丹谱》，（15）计楠《牡丹谱》，（16）赵世学《新增桑篱园牡丹谱》。残存于世的5部是：（1）僧仲休（郭绍林按：应作僧仲殊）《越中牡丹花品》，残存序言；（2）赵郡李述《庆历花品》，残存品种目录；（3）沈立《牡丹记》，残存其序；（4）晁国干《绮园牡丹谱》，残存其序；（5）彭尧谕《甘园牡丹全书》，残缺。

附表中所列的，有我认为不能单独算作一部牡丹谱录的作品，如张邦基的《陈州牡丹记》。但李娜娜等作者自有标准，应当尊重。只是既然把张邦基的《陈州牡丹记》算作完整存世的一部，为什么不把性质相同、内容相似的袁宏道《张园看牡丹记》、归庄《看牡丹记》作为完整存世的两部统计在内呢？袁宏道《张园看牡丹记》可是《广群芳谱·花谱·牡丹》和《古今图书集成·牡丹部》都收进去的文献。

四 另类牡丹谱录

与专题牡丹谱录并行不悖的，还有另外一种类型的牡丹谱录，即多种花木综合谱录中的牡丹卷、类书中的牡丹卷。它们皆系抄撮现成文献，按照内容、文体、时代顺序编排而成，篇幅比绝大多数专题牡丹谱录大得多。它们虽然不是原创作品，没有提供新资料，但在保存小篇幅牡丹文献，提供认识线索，集中阅读，全方位把握等方面，有着原创性专题牡丹谱录不可替代的作用。因此，这类书很有市场。

南宋陈景沂编纂的《全芳备祖》，《前集》27 卷，《后集》31 卷，著录植物 150 多种，种类比较全备，又是从文献学的角度去追根溯源的，所以书名为《全芳备祖》。"牡丹"在书中占 1 卷篇幅，编为《前集》卷 2《花部·牡丹》。编者搜集关于牡丹的谱录、杂记、辞赋诗词，分作"事实祖"、"赋咏祖"、"乐府祖"几类加以编排。

明末清初人陈淏子编纂的《花镜》，一共 6 卷。"牡丹"是该书卷 3《花木类考》中的一部分，叙述牡丹的栽培护养技术，记载各色牡丹131 种，并简要介绍各自的具体情况。

明人王象晋编纂的《二如亭群芳谱》，一共 30 卷。"牡丹"在书中不足 1 卷，与其余 12 种花并列在"花部"卷 2《花谱二》中。清人汪灏、张逸少等人，奉康熙诏对《群芳谱》加以增补，成书定名为《御定佩文斋广群芳谱》，共 100 卷。"牡丹"内容扩充为 3 卷，即卷 32、卷 33、卷 34，各卷各题《花谱·牡丹》一、二、三。《广群芳谱》将一些牡丹谱录按文体拆分抄录，收罗大量辞赋诗词，唐人苏恭、宋人苏颂、明人李时珍等所著药物学著作中关于牡丹的记载，以及散见于文集、笔记中的短篇文章，如北宋周师厚《洛阳花木记》的自序，北宋苏轼的《牡丹记序》（即为沈立《牡丹记》作的序），两宋之际张邦基的《陈州牡丹记》，南宋胡元质的《牡丹谱》，南宋周密的《乾淳起居注》片段，明人夏之臣的《评亳州牡丹》，明人袁宏道的《张园看牡丹记》，明人孙国敉的《燕都游览志》片段，明人刘侗、于奕正的《帝京景物略》片段等。可使读者集中阅读，减省寻觅、翻检之劳。

清朝康熙、雍正时期陈梦雷、蒋廷锡先后主持编纂的特大类书《古今图书集成》，全书总共 1 万卷。其中《博物汇编·草木典·牡丹部》一共 6 卷，卷 287、卷 288 为牡丹部《汇考》一、二，卷 289、卷 290、卷 291 为牡丹部《艺文》一、二、三、四，卷 292 为牡丹部《纪事》《杂录》《外编》。这 6 卷分量很大，收罗牡丹文献最多。有的牡丹谱录全文原封不动地录入，有的摘录一部分内容并打散排列（薛凤翔《亳州牡丹史》）。上述李娜娜附表提到的元人姚燧的《序牡丹》，别的牡丹谱录没有收录，但《古今图书集成》录入卷 289 中。

此外，明人慎懋官编纂的《华夷花木鸟兽珍玩考》，在卷 6 中设有"牡丹"一目，抄录一些牡丹谱录、杂记小说、诗歌。清人吴其濬编纂的《植物名实图考长编》，在卷 11《芳草》中设有"牡丹"一目，抄录一些牡丹谱录。两书的牡丹部分，篇幅都比较长，但没有多少文献价值。清人吴宝芝《花木鸟兽集类》卷上的《牡丹花》条，从内容到编排，都了无新意，不足挂齿。

五 牡丹谱录的价值

本书所收录的历代牡丹谱录，有北宋欧阳修的《洛阳牡丹记》、周师厚的《洛阳花木记》、丘濬的《牡丹荣辱志》，南宋陆游的《天彭牡丹谱》、陈景沂的《全芳备祖》，明人薛凤翔的《亳州牡丹史》、高濂的《遵生八笺》，清人钮琇的《亳州牡丹述》、陈淏子的《花镜》、汪灏和张逸少增补明人王象晋《二如亭群芳谱》的《广群芳谱》、苏毓眉的《曹南牡丹谱》、余鹏年的《曹州牡丹谱》、计楠的《牡丹谱》、赵世学增补赵克勤（赵孟俭）《桑篱园牡丹谱》的《新增桑篱园牡丹谱》。此外，元人姚燧的《序牡丹》，被人们看作牡丹谱录。元人耶律铸的《天香台赋》《天香亭赋》，都是以牡丹为主题的辞赋，以正文加夹注的形式记录了 120 个牡丹品种，并就其中 50 种或做出具体描绘，或利用品名的表面意思生发出艺术意象。夹注中所引用的古代牡丹谱录，有已经失传而不为他书提及的《青州牡丹品》《奉圣州牡丹品》《陈州牡丹品》《总叙牡丹谱》《丽珍牡丹品》《牡丹续谱》多种，以及《花木记》《花木后记》《花谱》《道山居士录》《河南志》等记载的牡丹。这两篇辞赋都是大肆铺张、描绘、虚夸、联想、比拟的文学作品，不是写实性的谱录，但有赖于这两篇赋，我们才得以知道那些失传的牡丹谱录和牡丹品种的情况，不妨将它们当作准谱录对待。因此，本书也将姚燧的《序牡丹》和耶律铸的两篇牡丹赋收录进来，以弥补元朝牡丹谱录阙如之缺憾。这样，本书收录牡丹谱录和准谱录一共 17 种，若从《广群芳谱》包含《群芳谱》并能显示其原样来看，实际为 18 种。其中《亳州牡丹史》《广群芳谱》，包含一些散见于文集、笔记、目录学著作、医药学著作的短篇牡丹文章和残篇零句。那么，现在已知的历代完整的和残缺的牡丹谱录，本书中大致算是齐全了。

有 3 种牡丹谱录没有收入本书中，需要交代一下理由。不著撰人名氏的《亳州牡丹志》没有收录，这是 1 卷小品，内容不足《亳州牡丹史》十分之一，简单介绍若干牡丹品种，与《亳州牡丹史》内容重复。其后罗列《宋单父种牡丹》等杂事 4 条，与亳州毫不相干，甚为荒唐，且已见于其他牡丹谱录。刘辉晓道光十九年（1839）作的《绮园牡丹谱序》没有收录，因为晁国干的《绮园牡丹谱》已佚，这篇序还是白居易作歌、欧阳修作记，"沉香亭君王带笑，仙春馆妃子留痕"之类的老调，没有实质性的内容。《古今图书集成》那 6 卷牡丹文献也没有收录，因为其中包含的牡丹谱录，已经收录于本书中，并做出注释和译文，没必要重复。至于《古今图书集成》收录的牡丹游记、辞赋、诗词，分量比《亳州牡丹史》《广群芳谱》所收录的多得多，但那些文献不属于牡丹谱录范畴，应该作为牡丹文化另行处理。

本书收录的牡丹谱录及准谱录，按照时代顺序排列，以彰显牡丹谱录的发展过程，体现其间的因革变化关系。我在各谱的《评述》中，对其作者情况、成稿原因和背景、文本内容和结构、编纂手法、内容得失、影响、流传情况以及整理所依据的底本和参校本等，做出详细而具体的介绍。《评述》中的一部分内容，相当于对该谱的整体点评，意在起到导读作用。再加上前文已经辨析过最早的牡丹谱录，这里就没必要再来勾勒中国牡丹谱录历史的发展脉络和基本轮廓了，也没必要重复介绍各谱的具体情况了，只需宏观地笼统地说说牡丹谱录的学术价值。

我把牡丹谱录分作原创性作品和抄撮性作品两类。原创性作品是作者亲历的，或虽非亲历但多次听闻亲历者述说而为之代笔记录的（如《亳州牡丹述》）。这类作品最有生气、最有价值，篇幅长的反映的情况是平面是立体，篇幅短的反映的情况是斑点是线条。它们提供的信息是新东西，至少是在前人信息的基础上增添了新东西。这些原创性牡丹谱录，从总体上构建起农学范畴的牡丹学科体系，也从总体上构建起美学范畴的牡丹鉴赏体系，使得自然科学与人文情怀融为一体。这些原创性牡丹谱录，使我们看到从宋朝而明朝而清朝，牡丹胜地从河南洛阳向安徽亳州、山东曹州的发展，以及彼此地位的消长；也看到四川、江南等地牡丹的发展状况。这些文献对于牡丹的育苗、分株、移植、嫁接、灌溉、施肥、打剥、越冬、运输、保鲜、病虫害防治、护养等方面，总结出一整套科学方法，且有地区间的差异。另外，这些原创性牡丹谱录，又让我们看到牡丹品种命名中历史、神话、宗教、自然、科技等文化因素的综合利用，体现出多元的全方位的审美情趣；也看到全民参与观赏牡丹的习俗和愉悦，看到不同时期的人们是如何生活的，各地区之间物质文化、精神文化的沟通和交流，人民群众创造物质文明、精神文明的巨大力量，以及牡丹和农业、商业、社会生活、上下级应酬、园林艺术等方面的关系。这些情况我不必举例，读者只消看看这些谱录即可找到例证。

抄撮性作品如《广群芳谱》、《古今图书集成》和《亳州牡丹史》的后半部分，它们是编纂者抄录他人现成资料编排而成的，并没有提供自己的新东西。这类作品往往有很多缺点错误，编纂者在抄撮资料时，没有认真考证鉴别，把大量的文学虚构和杜撰当作牡丹发展的历史资料。有时把作者名、书名、篇名弄错，有时把作品的著作权张冠李戴。抄录辞赋诗词，乱改标题，乱删自序和自注，将其中用以解读作品的时间、地点、人名、职务、写作缘由、用韵情况等文字悉数删除，让人无从确切把握辞赋诗词的含义。所摘录的诗词散句，并非诗词中描写牡丹的警句。在压缩引文文字时，过分减损，致使文气不顺，面目全非，含义混乱。甚至将戏称黑水牛为黑牡丹，以及把实际上是描写玉蕊花、芍药花的作品，当作牡丹文献录入。《古今图书集成》这方面的问题很少，编者学识较高。但这类抄撮性牡丹谱录，也有它的用处。

其一，所抄撮的资料来源广泛，内容丰富，分门别类排列，便于读者集中阅读，按图索骥，顺藤摸瓜，可以在较短时间内较为全面地了解牡丹情况，特别是不易见到的短篇牡丹文献，可以在这里读到。

其二，能了解一些偏僻地区的牡丹情况。比如《广群芳谱》所增补的金章宗《云龙川泰和殿五月牡丹》，描写他在今河北赤城县西南的行宫五月份观赏牡丹，可见燕山北麓，天气寒冷，牡丹开放比中原地区晚两个月。这则资料对于研究历史时期的气候以及古今变化，也有相当的价值。书中还有金朝、元朝人的诗歌作品，描写燕京（今北京市）、上都（今内蒙古锡林郭勒盟正蓝旗北）等地的牡丹情况，这些内容在纯粹的原创性的牡丹谱录中是找不到的。

其三，可用以校勘古籍。我曾发表论文《说唐代洛阳惠林寺》（《河洛文化论丛》第5辑，国家图书馆出版社，2010），附带辨析一首唐诗中"惠林"的说法。《全唐诗》卷686载吴融的诗《僧舍白牡丹二首》，云："侯家万朵簇霞丹，若并霜林素艳难。合影只应天际月，分香多是畹中兰。虽饶百卉争先发，还在三春向后残。想得惠林凭此槛，肯将荣落意来看？"尾联所说"惠林"，我理解为吴融在说僧人。但今人刘佑平对吴融这首诗作注释，说："惠林：惠林寺，在洛阳。"（陈贻焮主编《增订注释全唐诗》第4册，文化艺术出版社，2003，第1181页）玩味诗句，我认为刘佑平的说法不靠谱。第一，唐诗提到具体寺院，题目上往往会明确指出是某寺，如沈佺期《九真山净居寺谒无碍上人》，杜甫《谒真谛寺禅师》《同诸公登慈恩寺塔》，岑参《登嘉州凌云寺》，严维《奉和皇甫大夫夏日游花严寺》，张祜《题重居寺》《题苏州思益寺》等；而吴融这两首诗的题目却只说"僧舍"。吴融若不肯明说，这句诗中可用符合平仄格律的代称，如"鹤林"、"伽蓝"、"梵宫"、"祇园"等，他却没有这样做。第二，从语义来看，这句诗中的"惠林"应该是指僧人的。"想得惠林凭此槛，肯将荣落意来看？"吴融猜想这位僧人身体倚靠在护花栏杆上，观看着白牡丹，于是调侃他是否从牡丹的开谢盛衰，悟出了人世间荣辱兴衰的道理。如果理解为"惠林寺"，"寺"怎么倚靠在栏杆上呢？如果理解为"在惠林寺"，这句便没有了吴融设想的赏花主体，那么，是由谁"肯将荣落意来看"呢？最后，律诗限定字数，为了让每个字都承载含义，作者一般都注意避免重复使用同一个字。而这首七律，却用了"霜林"、"惠林"两个"林"字，我以为必是传抄中出现了错误。我认为"惠林"并非这位僧人的真实法名，而是用了前代高僧的典故。唐诗中常以前代僧人代指当代僧人，提到的有生公（竺道生）、支公（支遁，即支道林）、远公（慧远）等。但唐以前的著名僧人，没有法名叫作惠林的，因此，这首七律中的"惠林"，应是"惠休"，是读者在传抄中因"休""林"二字字形相似而抄错了。惠休俗姓汤，又称汤休，是南朝刘齐的著名僧人，后常借作高僧的代称。唐人徐寅《寄僧寓题》诗即说："佛顶抄经忆惠休，众人皆谓我悠悠。"把"惠休"误写成"惠林"，古今不乏其例。如《全唐诗》卷283载唐人李益《赠宣大师》诗说："一国沙弥独解诗，人人道胜惠林师。"今人任继愈主编的《中国佛教史》第三卷（中国社会科学出版社，1988），第818页上有"惠林"的索引，注明见正文第14页，但第14页却是"惠休"，索引页弄错了。

我当时这样写论文，是因为没有找到资料校勘吴融这首诗的用字，只能做一些推测。论文发表后，检得明万历刻本薛凤翔《亳州牡丹史》卷4《艺文志》所收录本诗，《文渊阁四库全书》本《御定佩文斋广群芳谱》卷33所收录本诗，皆作"想得惠休凭此槛"，于是疑问涣然冰释。由此可以想象，众多抄撮性牡丹谱录引用那么多文献，若好好利用，在古籍整理中可以起到校勘文字的作用。

其四，个别作品用语比通行本活泼有趣。《广群芳谱》收录南宋李铨《点绛唇》词，云："十二红栏，帝城谷雨初晴后。粉拖香逗，易惹春衫袖。// 把酒题诗，遐想欢如旧。花知否，故人消瘦，长忆同携手。"今人编《全宋词》，在第4册第2513页上，据《全芳备祖》前集卷2《牡丹门》录本词，几处与《广群芳谱》录文有异，造语平平，不出前人窠臼。《广群芳谱》作"十二红栏",《全芳备祖》作"一朵千金",后者不如前者有气势。《广群芳谱》作"粉拖香逗,易惹春衫袖",《全芳备祖》作"粉拖香透,雅称群芳首",后者不如前者彼此感通且有情致。所以,在确定古人作品时,这类抄撮性牡丹谱录可以用来鉴别、选择。

总之,在以人为中心的纪传体史书、以时间为顺序的编年体史书、以事件为线索的纪事本末体史书以外,牡丹谱录文献为人们开辟了新的认识领域,丰富了人们的历史认知,值得人们重视和利用。

凡　例

　　一、本书收录北宋以来历代牡丹谱录及准谱录，加以整理和研究，整体工作包括录文、分段、标点、校勘、注释、翻译、评析等项。选择底本兼顾高质量版本、原始版本和易于寻找的版本。

　　二、录文用简体字，个别字保留原文异体字。标点符号依据横排本格式。

　　三、古人引用文句往往灵活，或与原书行文不尽一致，或尽量压缩，或依据版本不同用字亦不同。凡牡丹谱录中引文大意与原书基本一致者，不按照原书更改。凡明显错字而没有可据校勘的文献者，径直改正，说明理由。校勘记不单列，并入注释中。

　　四、注释用以解释原文涉及的人物、著作、职官、地理、典故、引文、生僻词、难句、名物、制度、习俗、节令、宗教义理等。难字、多音字注出汉语拼音。注释凡不需要举证例句者，则从略。

　　五、帝王纪年在随后的括号内注出公元年份。古代地名注出今地名。州郡、军镇是当时的地区，所注今地名仅是其官署所在地。

　　六、翻译的原则是信、达、雅。"信"则要求译文忠实于原文，含义不走样，因此，原文弄错了，译文也要照着译，不做矫正、更改。牡丹谱录的散文译为白话文，采取直译方式，为了与原文对应，译文有时用语累赘。牡丹谱录中的诗词译为白话文，一律押韵。为了押韵和说透含义，有的地方将被谱录删掉的诗词作品的标题和作者自注中的内容，以及作品运用的典故，查核原书，组织在译文中；有的地方调整了语序；有的地方添加了原作的潜台词或符合逻辑的延伸词语。凡由于原书散文引用古籍删削过甚以至于难以理解或造成误解的，译文做出补救，字句列入【】中，以示系译者添加。

七、牡丹谱录为了表示对人的尊重，所提到的古人、时人，除晚辈外，往往不称其名，而称其字、号、郡望、封爵、谥号、官职或官职的古称代称雅称以及任职地等。这样，同一个人有多种称谓，既不统一，又很生疏，对于读者阅读理解本书十分不便。今日称某人真实姓名，并不含有不尊重其人的成分。为了一目了然，译文舍弃了原书表示对人尊重的用意，将能弄清楚的古人一律使用其正规姓名。但序、跋中所称谱录作者及其长辈的字、号，保持原有语气，不译为其人的正规姓名。

八、点评围绕牡丹主题，对谱录中的亮点、错误和需要关注的问题，结合历来文献，考察原委，辨析申说，旨在打通古今，纠正谬误，发微发覆。浅显的问题，明摆着的说法，非主题的情况，不予点评。篇幅长的谱录，针对其中个别具体问题的点评，作在其相关原文的后面；针对其中单元内容普遍问题的，作在其全部单元文字的后面；针对该谱录全局问题的，作在该谱录前的评述中。篇幅短的谱录的点评，一律作在该谱录的评述中。点评文字长短不一，说透为止，务必有的放矢，言之成理，持之有据，摆事实，讲道理，褒贬客观公正。有的点评侧重于史实和文献方面的考证，也从史源学、编纂手法、文字表达等方面做出评论。

九、一些抄撮性牡丹谱录，系抄录、摘编前代牡丹谱录、诗词辞赋、笔记小说而成书。凡见于本书所收录原创性牡丹谱录或重要的抄撮性牡丹谱录的注释和译文，不再重复译注。

十、书末列参考文献及其版本。所参校的历代笔记、古人诗词、文章，笼统列其所载的丛书、总集名，不再一一列出其笔记、别集的书名。

洛阳牡丹记

（北宋）欧阳修 著

评 述

牡丹是中国的古老植物。古人最早关注牡丹，着眼于它的药物作用。秦汉时期假托原始社会圣人神农氏的药书《神农本草经》，率先记载了作为药物的牡丹根皮的药性和疗效。此后，历代的医药书都续有记载。牡丹作为观赏花卉被人们认识，古人认为始于唐高宗武则天时期。唐代虽有相当数量的诗歌、赋文来描写牡丹，但都是带着夸饰、联想、比附特征的文学作品，作为以牡丹为内容的严谨的科学的农学性质的专题谱录，唐五代300多年间都没有出现过。

北宋时期出现了专题牡丹谱录，现存最早的一种是欧阳修的《洛阳牡丹记》，简称欧谱。清代编辑《四库全书》，将欧阳修的《洛阳牡丹记》收入子部谱录类。四库馆臣编写的《四库全书总目提要》卷115这样介绍："《洛阳牡丹记》一卷，浙江鲍士恭家藏本。宋欧阳修撰。……是记凡三篇：一曰《花品叙》，所列凡二十四种；二曰《花释名》，述花名之所自来；三曰《风俗记》，首略叙游宴及贡花，余皆接植栽灌之事。文格古雅有法。蔡襄尝书而刻之于家，以拓本遗修，修自为跋。已编入《文忠全集》，此其单行之本也。周必大作《欧集考异》，称当时士大夫家有修《牡丹谱》印本，始列《花品叙》及《名品》，与此卷前两篇颇同。其后则曰《叙事》《宫禁》《贵家》《寺观》《府署》《元白诗》《讥鄙》《吴蜀诗集》《记异》《杂记》《本朝》《双头花》《进花》《丁晋公续花谱》，凡十六门万余言。后有梅尧臣跋。其妄尤甚，盖出假托云云。据此，是宋时尚别有一本。《宋史·艺文志》以《牡丹谱》著录，而不称《牡丹记》，盖已误承其讹矣。"其实北宋时欧阳修的《洛阳牡丹记》就被叫作"谱"了。在欧阳修撰写《洛阳牡丹记》半个世纪之后，周师厚撰写了《洛阳花木记》，在记载左紫牡丹时，周师厚称欧阳修的《洛阳牡丹记》为"旧谱"。北宋末年，张邦基撰写《陈州牡丹记》，开头一句话便说"洛阳牡丹之品见于花谱"，指的就是欧谱和周谱。

欧阳修（1007~1072），字永叔，号醉翁，晚年号六一居士，吉州永丰（今江西吉安市永丰县）人，因吉州原属庐陵郡，遂以"庐陵欧阳修"自居。宋仁宗天圣八年（1030），欧阳修 24 岁，以进士甲科及第，第二年到洛阳担任西京留守推官（法官）。后来，他在东京开封和一些地方州郡当官，官至翰林学士、枢密副使、参知政事（副宰相）。他因为不赞成王安石变法中的某些措施，被以太子少师致仕（退休），第二年便去世了，朝廷赐谥号文忠，累赠太师、楚国公。有文集《欧阳文忠公集》传世。

青年欧阳修来到西京洛阳，四次遇上春天，却因故一直没能见到牡丹绽放最盛的情况。他在《洛阳牡丹记》中说："洛阳之俗，大抵好花。春时，城中无贵贱皆插花，虽负担者亦然。花开时，士庶竞为游遨，……至花落乃罢。""大抵洛人家家有花。"在《谢观文王尚书惠西京牡丹》诗中，他回忆这段洛阳经历，说："河南官属尽贤俊，洛阳池藁相连接。我时年才二十余，每到花开如蛱蝶。"这种氛围必定对他产生濡染作用。西京幕府任职期满，他离开洛阳，两年后被贬为峡州夷陵（今湖北宜昌市）县令。他作《戏答元珍》诗，结句说："曾是洛阳花下客，野芳虽晚不须嗟！"居然以曾居官洛阳而观赏过牡丹的经历，作为贬逐遭遇中自我宽慰的理由。他一生热爱牡丹，往往形诸笔墨，除了这份《洛阳牡丹记》，还写下《洛阳牡丹图》《禁中见鞓红牡丹》《答西京王尚书寄牡丹》《白牡丹》等一些牡丹诗，还在几首诗、词（《渔家傲》《玉楼春》）中提及牡丹。

欧阳修这份《洛阳牡丹记》的撰写时间，题下注为"景祐元年"（1034），洪本健认为不正确，"当为景祐二年（1035）作。《风俗记第三》云'自今徐州李相迪为留守时'，可知其时李迪已知徐州。《景文集》卷四六《重修彭祖燕子二楼记》：'景祐二年，丞相陇西公以大司寇殿徐方。'（按：李迪封陇西郡开国公。）《长编》卷一一七景祐二年：'十二月辛亥朔，复知密州、太常卿李迪为刑部尚书、知徐州。'文如作于景祐元年，岂能称'今徐州李相迪'？"（《欧阳修诗文集校笺》，上海古籍出版社，2009，第1894页）今按，景祐是宋仁宗的年号，首尾5年。《宋史》卷310《李迪传》说："景祐中，……降太常卿、知密州。复刑部尚书、知徐州。……久之，改户部尚书、知兖州，复拜资政殿大学士。"既然李迪是在景祐二年的最后一个月份才被任命知徐州一职的，那么，欧阳修作《洛阳牡丹记》如果不抓紧在这个月里完成，就不可能在这个年份了。再者，古人作诗著文，事后往往加以修改、补充，新增成分会扰乱读者对某作品原创年代的判断。因此，不妨依然维持《洛阳牡丹记》撰写于景祐元年的说法，或者为稳妥计，笼统地说作于景祐年间。

欧阳修作《洛阳牡丹记》，看样子是受到了其顶头上司西京留守钱惟演的启发。他在《洛阳牡丹记》的开篇《花品序》中披露：他担任西京留守推官时，看见钱惟演座椅后面的屏风上写满了蝇头小字。钱惟演指着这些字迹对他说："欲作《花品》，此是牡丹名，凡九十余种。"欧阳修当时没顾上阅读这些花名。钱惟演未将这个写作计划付诸实践，欧阳修却记在心头，离开洛阳几年后便命笔成篇。《洛阳牡丹记》一共3000余字，依次分为《花品序》《花释名》《风俗记》三部分。《花品序》是全篇的序言，题作《花品》的序，显然是将当时所知的牡丹品种依次排列出品第，这正是钱惟演"欲作《花品》"的用意和思路。《花释名》记载了当时24个牡丹品种的来历、培育、形状颜色、主人及相关事迹。《风俗记》记载了当时洛阳栽培观赏牡丹的社会习俗，以及牡丹的栽植培育、浇灌、病虫害防治、禁忌等事项。而《四库全书总目提要》说是"一曰《花品叙》，所列凡二十四种；二曰《花释名》，述花名之所自来"。那么，《花品叙》则不是全篇的序言，而是概括性的总论，《花释名》便成了具体的详细的分论。

欧阳修是北宋时期的政治家，也是文坛领袖，在文学、史学、金石学方面有很高的造诣。在文学方面，他创作了很多诗词和散文，由于散文成就杰出，被列入唐宋八大家。在史学方面，他独自编纂了《新五代史》，与宋祁共同编修了《新唐书》，自己主笔典章制度部分。这些卓越成就已足以让人仰止，以至于人们不用再去关注他在农学方面的成就了。

其实，欧阳修在农学方面应该享有崇高的地位。他的《洛阳牡丹记》是开风气之先的经典著作，从内容到形式都影响着后人。继欧阳修之后，周师厚于宋神宗元丰五年（1082）写出一份《洛阳花木记》，其中牡丹内容仅相当于欧阳修《洛阳牡丹记》中的《花释名》。周谱记载洛阳牡丹 109 种，其中详细描述 55 种，与欧谱相同者 9 种，不同者 46 种，显然是在补充欧谱来不及提到的变化情况。周师厚此举，是欧谱带动出的积极回应。南宋陆游于宋孝宗淳熙五年（1178）写出《天彭牡丹谱》，结构和三部分篇名都亦步亦趋地沿袭欧谱。古代很多作者的牡丹作品，往往提到欧谱、旧谱、欧阳公如何说，有的作品还沿着欧阳修的思路展开论说，可见欧阳修《洛阳牡丹记》影响之深远、沾丐之广泛。欧阳修《洛阳牡丹记》除了收录在其文集中，还被后来朝代的《说郛》《古今图书集成》《香艳丛书》《植物名实图考长编》等书籍收录。欧阳修《洛阳牡丹记》既是农学著作，也是社会史著作。其中所记载的洛阳风土人情，达官贵人和市井平民的生活情趣、美学追求，牡丹的价格，技艺精湛的花工的社会处境等，都能让后人从某些侧面得知北宋人是如何生活的。而这些资料，从二十四史那样的正规史书中是见不到的。这是欧阳修在《新五代史》《新唐书》正史之外的特殊成就。

我这里整理欧阳修《洛阳牡丹记》，以上海古籍出版社 2009 年版洪本健校笺本《欧阳修诗文集校笺》外集卷 22《洛阳牡丹记》作为底本，但依据底本"校记"中的"原注一作某字"，更改了正文中的个别用字。有的标点我做了更改，如将"最盛于月陂堤、张家园、棠棣坊、长寿寺东街与郭令宅"，改为"最盛于月陂堤张家园、棠棣坊长寿寺东街与郭令宅"。同时参考了中华书局 2011 年版杨林坤译注本《牡丹谱》。对于他们的解释或译文不敢苟同者，我在注释中做出具体交代，没必要作注释的地方，则在译文中按照我的理解遣词造句。

花品序①第一

牡丹出丹州、延州，东出青州，南亦出越州。而出洛阳者，今为天下第一。洛阳所谓丹州花、延州红、青州红者，皆彼土之尤杰者，然来洛阳，才得备众花之一种，列第不出三已下，不能独立与洛花敌。而越之花，以远罕识不见齿②，然虽越人，亦不敢自誉以与洛花争高下。是洛阳者，果天下之第一也。洛阳亦有黄芍药、绯桃、瑞莲、千叶李、红郁李之类，皆不减它出者。而洛阳人不甚惜，谓之果子花，曰某花某花。至牡丹则不名，直曰花。其意谓天下真花独牡丹，其名之著，不假曰"牡丹"而可知也。其爱重之如此。

【译文】

我大宋的丹州（治今陕西宜川县）、延州（治今陕西延安市）都出产牡丹。东方的青州（治今山东青州市），南方的越州（治今浙江绍兴市），也都出产牡丹。而洛阳出产的牡丹，当今处于天下第一的地位。洛阳所说的丹州花、延州红、青州红，都是各自当地牡丹中最杰出的品种，然而传到洛阳，不过聊备众多牡丹品种中的一种而已，若要评定等级，都不会超出第三等以下的范围，哪一种都不可能与洛阳牡丹分庭抗礼。特别是越州牡丹，因为与洛阳相距遥远，鲜为人知，不被人们提到。然而即便是越州当地人，也不敢自吹自擂，拿越州牡丹同洛阳牡丹

---

① 花品序：一本作"花品叙"。
② 见：被。齿：挂齿，即谈到、提及。

争个我高你低。洛阳牡丹当然无可争辩地占据着天下第一的地位。洛阳当地也有黄芍药、桃花、荷花、千叶李、红郁李之类的花卉，都不比其他地区的同类花卉逊色，但洛阳人对它们并不怎么在乎，笼统地把它们叫作果子花，或单独称为某花、某花。至于牡丹，洛阳人则不直接以牡丹相称，而是在特定意义的层面上简称牡丹为"花"。洛阳人所以这样，其内心以为天下真能称得上是花的，唯有牡丹，这种花特别著名，不需要假借"牡丹"的名称，一说到"花"，大家便心领神会。洛阳人爱重牡丹，竟到了如此程度。

  说者多言洛阳于三河①间古善地，昔周公以尺寸考日出没，测知寒暑风雨乖与顺于此，此盖天地之中，草木之华得中气之和者多，故独与它方异。予甚以为不然。夫洛阳于周所有之土，四方入贡道里均，乃九州②之中，在天地昆仑旁薄③之间，未必中也。又况天地之和气，宜遍被四方

① 唐初魏徵主持编纂的《隋书》卷 3《炀帝纪上》记载隋炀帝营建东都的诏文说："洛邑自古之都，王畿之内，天地之所合，阴阳之所和，控以三河，固以四塞，水陆通，贡赋等。"所谓"控以三河"，是指三条河流作为天然屏障，来拱卫洛阳，保证洛阳的安全。只有大河流才能起到这种作用。三河又叫三川。东周时期以流经洛阳地区的黄河、洛河、伊河为三川。南朝萧梁昭明太子主编《文选》卷 21，载南朝刘宋时期文学家鲍照的《咏史》诗说："五都矜财雄，三川养声利。"唐人李善作注说："《战国策》云：张仪曰：争名于朝，争利于市。今三川周室，天下之朝市。韦昭曰：有河、洛、伊，故曰三川。"（洪本健先生解释说："三河：指洛水、涧水、瀍水。"杨林坤先生解释说："洛阳周围主要河流有洛河、伊河、涧河、瀍河，而洛阳城的位置几经变迁，故'三河'、'二河'皆可解释。"按：四条河流与"三河"不仅数目不合，而且范围狭小，涧河、瀍河都是小河流，没有地理形胜作为凭借，与"控以三河"相去太远。）
② 古人把当时的中国全境分为九州。《尚书·禹贡》作冀州、兖州、青州、徐州、扬州、荆州、豫州、梁州、雍州；《尔雅·释地》有幽州、营州，而无青州、梁州；《周礼·夏官·职方》有幽州、并州，而无徐州、梁州。
③ 昆仑：洪本健先生校笺本《欧阳修诗文集校笺》外集卷 22 原作"崐崘"，并标有地名号。如此则"崐崘"为昆仑山，在此句中不可解。旁薄：即"磅礴"，广大、宏伟。按：西汉扬雄《太玄·中》有句："昆仑旁薄，思之贞也。"北宋司马光集注说："昆，音魂，仑，卢昆切。"清人纪昀《阅微草堂笔记·如是我闻一》说："元气昆仑，充满天地。"洪本健先生"崐崘"条校勘记说："原校：一作'混沦'。"所谓另有版本作"混沦"，应是据"昆仑"的实际读音而改写的字。混沦：原意为混沌，即浑然未分的样子，引申意为扩散流传。北宋苏舜钦《上孔待制书》说："某窃以自夫子没，迄今数千百年，其教混沦阔诞，充格上下，斯须不可亡。"

上下，不宜限其中以自私。夫中与和者，有常之气，其推于物也，亦宜为有常之形。物之常者，不甚美亦不甚恶。及元气之病也，美恶隔并①而不相和入，故物有极美与极恶者，皆得于气之偏也。花之钟其美，与夫瘿木②拥肿之钟其恶，丑好虽异，而得分气之偏病则均。洛阳城围③数十里，而诸县之花莫及城中者，出其境则不可植焉，岂又偏气之美者，独聚此数十里之地乎？此又天地之大，不可考也已。凡物不常有而为害乎人者曰灾，不常有而徒可怪骇不为害者曰妖。语曰："天反时为灾，地反物为妖④。"此亦草木之妖而万物之一怪也。然比夫瘿木拥肿者，窃独钟其美而见幸于人焉。

【译文】

人们议论起来，总是说洛阳地处黄河、洛河、伊河三条河流交会的地带，自古以来便是一方宝地。西周初年，周公旦【负责营建东都雒邑，】在这里测定每天太阳升起和降落的时间【以及日影的长短】，测定寒暑的顺逆、风雨的谐调与否。人们认为这无非由于洛阳处于天地中心的位置，花木得到天地间中和之气较之其他地方为多，所以唯有此处与其他地区迥然不同。对于这个说法，我非常不以为然。拿洛阳来说，在西周辖区内，东南西北的诸侯来这里朝贡，路途远近均衡，确实是九州的中心。然而【超越九州的范围，蔓延扩充，】在茫无涯际的天地中，洛阳未必算得上是中心。何况天地间的中和之气，

---

① 隔：《欧阳修诗文集校笺》外集卷22此处原作"鬲"，洪本健先生校勘记说："原校：一作'隔'。"意胜，据改。隔并：指对立的双方不协调，一方压倒另一方。金人李冶《敬斋古今黈》卷3说："天地之气，阴阳相半，曰旸曰雨，各以其时，则谓之和平。一有所偏，则谓之隔并。隔并者，谓阴阳有所闭隔，则或枯或潦，有所兼并也。"

② 瘿木：瘿（yīng）：人体缺碘，或过分忧怒，气郁痰凝血瘀集结于颈部，致颈部出现粗大肿块。瘿木指植物受病菌、昆虫、叶螨、线虫等寄生后，机体组织受病原刺激，局部细胞增生，形成囊状性赘生物。

③ 《欧阳修诗文集校笺》外集卷22此处原作"圆"，洪本健先生校勘记说："原校：一作'围'。"意胜，据改。

④ 语出《左传·宣公十五年》。西晋杜预注云："寒暑易节，群物失性。"

应该公正无私地遍布于四面八方，不该有所偏袒，仅局限于中心地带。

所谓中和之气，是一种普遍适应于万物的符合规律的常态之气。中和之气施加于万物，万物应当具有正常的形态。万物的正常形态，是不过分美也不过分丑。然而元气一旦出了问题，美恶二者便彼此隔绝、单独增益，然后侵蚀兼并对方，元气便失去了中和之性。这样不正常的气施加于万物，万物分别得到美丑中一种气的滋养，其形态就有了极其美艳和极其丑陋的差异。牡丹花被集中地赋予了元气中美的一方，与被集中地赋予了元气中丑的一方，导致树身长出肿瘤般疙瘩的树木相比，彼此的美丑固然不同，而它们所得仅是元气中的病态一方，则是相同的。洛阳城外围延伸数十里，那些地方各县栽培的牡丹花都比不上洛阳城内的。牡丹花一出洛阳城区，则不可培植，难道元气中美的一方唯独集聚在洛阳城内数十里地盘上吗？天地广大，【无奇不有，】不可深究。大凡不常有的事物一出现便危害人类，那叫作"灾"，虽不危害人类，但使人感到怪异、惊骇，那叫作"妖"。古话说："天反时为灾，地反物为妖。"（天违反时令，寒暑反常，就是灾难；地违反物性，物态失常，就是妖异。）那么，牡丹就是草木中的妖异，万物中的怪异。但是，比起树身长着累赘疙瘩的树木，牡丹悄悄地集中了天地间的美艳，从而受到人们的爱戴。

【点评】

地球以一定角度倾斜自转，同时绕着太阳公转。地球上不同方位的地方，纬度、海拔、地质、水系、山脉的阻隔程度，距离海洋和大型湖泊的远近等，都不相同，土壤的性质、成分也不相同。于是，不同地区在气温、光照、风雨、湿度、土壤、动植物环境等方面，都会存在一定的差异，对于植物的生长产生影响。假如植物的生长没有地区差别，那便没有品种，没有土特产，没有优劣之别了。比如茶叶，有信阳毛尖、龙井、碧螺春、普洱茶、铁观音、金骏眉等著名绿茶、红茶，都与当地的生长条件有关。而欧阳修此处行文，不赞成对牡丹的生长培育来说，洛阳作为天下之中，较之其他地方，有得天独厚的优越条件的说法。但后来他放弃了这个观点，改从流行观点，所作《洛阳牡丹图》诗开篇即说："洛阳地脉花最宜，牡丹尤为天下奇。"实际上，春秋时期，人们就有很清晰的认识。《晏子春秋·内篇杂下第十》说："橘生淮南则为橘，生于淮北则为枳，叶徒相似，其实味不同。所以然者何？水土异也。"假如橘树生长于辽河以北、黑龙江以北，恐怕连品尝"实味"的机会都没有。北宋苏颂《本草图经》记载"薯蓣"（山药）入药，说："今处处有之，以北都、四明者为佳。"古人这些说法，都是经过实践检验的正确认识。

欧阳修在这里运用了"元气"、"中气之和者"等术语，是杂糅了古代道家和儒家的哲学概念。

"元气"是一个古老的术语，在长期的哲学发展过程中，它被广泛运用，含义越来越外延，越来越丰富。"元气"的含义大致包括以下几点：（1）天地未分前的混沌之气；（2）生成万物的原始物质；（3）充斥于宇宙间的精微的自然之气；（4）人的精神、精气；（5）人的活力、生机；（6）国家或社会团体得以生存发展的物质力量和精神力量。欧阳修这里运用"元气"术语，采用的含义相当于第2点，指生成万物的原始物质。

春秋时期，道家学说的创立人老子提出了宇宙本原及宇宙万物生成的理论。《老子》第四十二章指出："道生一，一生二，二生三，三生万物。"他认为"道"是"恍惚"、"玄妙"，无形无迹，看不见、听不到、摸不着的一种实体，超越时间和空间，先天地而存在，是产生天地万物的本原。"道"产生统一的东西，统一的东西又分裂为对立统一的两个方面，这两个方面交互作用而产生第三者，从第三者开始，不断地交互作用便产生出具有差别的万事万物。

老子的说法很简约、很神秘、很抽象，于是为后来的人们不断解释和丰富，从而产生意见分歧，出现了唯物主义和唯心主义的分野。战国时期，道家学者鹖冠子提出"元气"的概念，在《鹖冠子·泰录》中说："天地成于元气，万物乘于天地。"这个"元气"便比"道"、

"一"具体一些。东汉时期，唯物主义思想家王充在《论衡·言毒》中说"万物之生，皆禀元气"。这些说法都属于唯物主义范畴。比欧阳修小13岁的北宋理学先驱张载，是主张"元气本体论"的唯物主义思想家。张载认为"元气"是人和万物产生的最高体系和最初始基，"元气"包含着阴阳二气的对立依存、相反相成、升降互变的关系，在这种关系的交互运动中产生了人和万物。欧阳修在谈到包含牡丹在内的万物的产生时，采纳了"元气"的术语，这一点同上述唯物主义理论是一个路数。

至于欧阳修所说"中气之和者"，"中"即儒家所说的"中庸"，也就是不偏不倚，恰到好处，实际上是哲学意义上的"度"。儒家认为"过犹不及"，就是要把握好"度"。"和"即"和谐"，也就是搭配恰当，互补而不相损害。《隋书》卷3《炀帝纪上》记载隋炀帝营建东都的诏文，解释洛阳的地理情况，说"洛邑自古之都，王畿之内，天地之所合，阴阳之所和"。这是说在洛阳这里，"阴"和"阳"这一对既对立又统一的两极，搭配恰当，彼此和谐相处并互相扶持。跳出其哲学意义，实际上是说在洛阳这里，寒暑冷热，阴晴燥湿，一阴一阳，圆融和谐，适宜动植物生长发育，更适宜人们生存。

哲学是人们世界观的理论体系，从总体上研究人和世界的关系，从而成为高度抽象的原理。依据这些古代智慧，反观牡丹等万物的产生过程，元气如何产生"二"——阴阳，阴阳如何彼此作用产生"三"乃至于金木水火土"五行"，然后产生彼此差别的万物，就不是那么容易说清楚了。蛋是鸡下的，鸡是蛋生的，那么，是先有鸡还是先有蛋，即便现在有了生物进化理论，上升到哲学层面，恐怕依然说不清。既然欧阳修的主要成就不在哲学方面，他的《洛阳牡丹记》是专门的牡丹谱录而不是哲学著作，只是在记叙牡丹时捎带涉及哲学，我们也就没有必要对其中的哲学问题过多纠缠了。

余在洛阳四见春。天圣九年三月始至洛，其至也晚，见其晚者。明年，会与友人梅圣俞游嵩山少室①、缑氏岭②、石唐山紫云洞③，既还，不及见。又明年，有悼亡之戚，不暇见。又明年，以留守推官岁满解去，只见其蚤④者。是未尝见其极盛时。然目之所瞩，已不胜其丽焉。

【译文】

我在洛阳，四次遇上春天。天圣九年（1031）三月，我初次到洛阳，为时已晚，只见到晚开的牡丹。第二年春天，恰逢陪同友人梅圣俞（梅尧臣）游览登封县嵩山山脉的少室山、缑氏县缑山、颖阳县石唐山紫云洞等地，回到洛阳没能赶上观赏牡丹。第三年（明道二年）春天，内人胥氏去世，悼亡悲哀办丧事，无暇观赏牡丹。第四年（景祐元年）春天，我担任西京留守推官期满，解职离开洛阳，仅见到牡丹开得早的。这样，我一直没有见到绽放最盛时候的牡丹。尽管如此，就我所看

---

① 嵩山位于北宋河南府登封县（今登封市）北面，其主峰峻极峰是五岳中的中岳。清代《嘉庆重修一统志》卷205《河南府一》说："嵩山，在登封县北，古曰外方，又名嵩高。……嵩高有太室、少室之山，山有石室，故名，……嵩高其总名也。……其山东跨密县（今河南新密市），西跨洛阳，北跨巩县（今河南巩义市），延亘百五十里。太室中为峻极峰，左右列峰各十二，凡二十四峰。又西二十里为少室山，其峰三十有六。"

② 缑氏山简称缑山，位于河南府缑氏县，宋神宗熙宁八年（1075），缑氏县并入偃师县。缑山在今洛阳市所属的偃师市东南的府店镇府南村。北宋李昉主编的《太平广记》卷4引《列仙传·王子乔》说："王子乔（晋）者，周灵王太子也，好吹笙作凤凰鸣，游伊洛之间。道士浮丘公接以上嵩山，三十余年。后求之于山，见桓良曰：'告我家，七月七日待我于缑氏山头。'果乘白鹤，驻山岭，望之不到。举手谢时人，数日而去。后立祠于缑氏及嵩山。"迄今这里仍竖立着武则天"御制御书"的升仙太子碑。

③ 石唐山紫云洞在河南府颖阳县北，县治在今登封市西、伊川县东。欧阳修这次游览后过了37年，于宋神宗熙宁元年（1068）作《赠许道人》诗说："洛城三月乱莺飞，颖阳山中花发时。往来车马游山客，贪看山花踏山石。紫云仙洞锁云深，洞中有人人不识。飘飘许子旌旗后（许道人即许昌龄，是西晋许逊的后裔，许逊曾任旌阳县令，修道成仙），道骨仙风本仙胄。多年洗耳避世喧，独卧寒岩听山溜。至人无心不算心（算心术，人心之所计，布算而知），无心自得无穷寿。忽来顾我何殷勤，笑我白发老红尘。子归为筑岩前室，待我明年乞得身。"后来又作《戏石唐山隐者》诗说："石唐仙室紫云深，颖阳真人此算心。真人已去升寥廓，岁岁岩花自开落。我昔曾为洛阳客，偶向岩前坐盘石。四字丹书（'神清之洞'四字）万仞崖，神清之洞锁楼台。云深路绝无人到，鸾鹤今应待我来。"

④ 蚤：同"早"。

到的而言，已经非常美丽了。

余居府中时，尝谒钱思公①于双桂楼下，见一小屏立坐后，细书字满其上。思公指之曰："欲作《花品》，此是牡丹名，凡九十余种。"余时不暇读之。然余所经见而今人多称者，才三十许种，不知思公何从而得之多也。计其余虽有名而不著，未必佳也。故今所录，但取其特著者而次第之：

姚黄　魏花　细叶寿安　鞓②红（亦曰青州红）　牛家黄　潜溪绯左花　献来红　叶底紫　鹤翎红　添色红　倒晕檀心　朱砂红　九蕊真珠　延州红　多叶紫　粗叶寿安　丹州红　莲花萼　一百五　鹿胎花甘草黄　一撷③红　玉板白

【译文】

我在西京留守幕府中供职时，曾去双桂楼拜谒留守大人钱思公（钱惟演），看见一扇小屏风竖立在钱大人座椅的后面，上面写满了蝇头小字。钱大人指着这些字迹，说："我想撰写一份《花品》，这些都是牡丹花的名称，共有九十多种。"我当时没有工夫阅读这些花名。但经我亲眼所见而为时人多所称道的牡丹，也只是三十来种而已，不知道钱大人从哪里弄到这么多花名。我思量起来，三十来种之外的那些牡丹品种，虽有品名，但不著名，未必就是佳品。因此我这里著录牡丹，仅选取特别有名的品种，依次加以排比。它们是：

姚黄　魏花　细叶寿安　鞓红（又名青州红）　牛家黄　潜溪绯左花　献来红　叶底紫　鹤翎红　添色红　倒晕檀心　朱砂红　九蕊真珠　延州红　多叶紫　粗叶寿安　丹州红　莲花萼　一百五　鹿胎花

---

① 钱惟演（977～1034），字希圣，钱塘（今浙江杭州市）人。吴越国王钱俶（tì）之子。从父归顺北宋后，历任右神武将军、太仆少卿、工部尚书、崇信军节度使等。西昆体诗人领袖。去世后朝廷初谥"思"，后因其子诉请，改谥文僖。钱惟演时以枢密使任河南府兼西京（洛阳）留守，欧阳修为其幕僚，担任推官。

② 鞓（tīng）：皮腰带。

③ 撷（yè）：用手指按压。

甘草黄　一撇红　玉板白

花释名第二

牡丹之名，或以氏，或以州，或以地，或以色，或旌其所异者而志之。姚黄、牛黄、左花、魏花，以姓著。青州、丹州、延州红，以州著。细叶粗叶寿安、潜溪绯，以地著。一撇红、鹤翎红、朱砂红、玉板白、多叶紫、甘草黄，以色著。献来红、添色红、九蕊真珠、鹿胎花、倒晕檀心、莲花萼、一百五、叶底紫，皆志其异者。

【译文】

牡丹的品名，有的用的是相关人士的姓氏，有的用的是所出牡丹的州郡名称，有的用的是所出牡丹的具体地点名称，有的用的是牡丹的花色，有的则是表示其特异而以品名作标志。姚黄、牛黄、左花、魏花，是以相关人士的姓氏命名的。青州红、丹州红、延州红，是以所出牡丹的州郡名称命名的。细叶粗叶寿安、潜溪绯，是以所出牡丹的具体地点名称命名的。一撇红、鹤翎红、朱砂红、玉板白、多叶紫、甘草黄，是以牡丹各自的花色命名的。献来红、添色红、九蕊真珠、鹿胎花、倒晕檀心、莲花萼、一百五、叶底紫，都是以品名作标志来表示它们各自的特征的。

姚黄者，千叶黄花，出于民姚氏家。此花之出，于今未十年。姚氏居白司马坡①，其地属河阳。然花不传河阳，传洛阳，洛阳亦不甚多，

---

① 白司马坡：洪本健先生校勘记说："坡：卷后原校：一作'坂'。"按：唐代正确名称即为白司马坂。唐人张鷟《朝野金载》卷2记载武则天时期酷吏侯思止诬陷良民谋反，对囚徒说："不用你书言笔语，但还我白司马。"张鷟解释这句歇后语，说："白司马者，北邙山白司马坂也。"即侯思止不要求囚徒写书面材料，只需对自己口头承认谋反就行了。在古代相当长的时期里，汉语没有轻唇音（送气的清辅音），都读作相应的重唇音（不送气的清辅音），所以有"帮""非"同母的语音现象，即声母 p（汉语拼音字母，相当于国际音标 p'）、f 的字读成 b（相当于国际音标 p），所以谋反的"反"（今声母 f）读成"坂"（声母 b）。

一岁不过数朵。牛黄亦千叶，出于民牛氏家，比姚黄差小。真宗祀汾阴①，还，过洛阳，留宴淑景亭②，牛氏献此花，名遂著。甘草黄，单叶，色如甘草。洛人善别花，见其树知为某花云。独姚黄易识，其叶嚼之不腥。

【译文】

牡丹品种姚黄，是重瓣黄色花，出自平民姚氏家。这个品种自问世以来，迄今还不足十年。姚氏居住在洛阳城北邙山上的白司马坡，这里的行政管辖，隶属于黄河北的河阳县（今河南孟州市）。然而姚黄牡丹不传河阳，传洛阳，洛阳也不怎么多，一年不过开花几朵而已。牛黄也是重瓣牡丹，黄色花朵，出自平民牛氏家，花朵比姚黄略小些。真宗皇帝巡幸汾阴（今山西万荣县），去祭祀后土，回銮东京开封时路过洛阳，在西京内园淑景亭宴饮，牛氏向皇上献上该品种牡丹花，牛黄牡丹于是名声大振。甘草黄牡丹，单瓣花朵，色黄如同甘草。洛阳人擅长鉴别牡丹品种，花未开时，看见牡丹的植株就知道是什么品种。诸多品种中，只有姚黄最容易识别，它的叶子咀嚼起来没有腥味。

魏家花者，千叶肉红花，出于魏相（仁溥）③家。始樵者于寿安山中见之，斫④以卖魏氏。魏氏池馆甚大，传者云：此花初出时，人有欲阅者，人税十数钱，乃得登舟渡池至花所，魏氏日收十数缗。其后破

---

① 宋真宗（968～1022），名赵恒，是北宋的第三任皇帝，998～1022 年在位。汾阴脽（shuí）上（在今山西万荣县）有汉武帝元鼎四年（公元前 113 年）设置的后土祠，历代皇帝前往祭祀后土（土地神），祈求粮食丰收。宋真宗祭祀后土在大中祥符四年（1011）年初，元代脱脱等主持编纂的《宋史》卷 8《真宗纪三》，记载其返程及在洛阳的活动说："三月甲戌（初一，1011 年 4 月 6 日），次陕州。……己卯（初六），次西京。……壬午（初九），幸上清宫。甲申（十一日），幸崇法院，移幸吕蒙正第，赐服御、金币。丙戌（十三日），大宴大明殿。……己丑（十六日），御五凤楼观酺。……甲午（二十一日，4 月 26 日），发西京。"他在洛阳一共停留 15 天，正值牡丹花期。
② 淑景亭：《宋史》卷 85《地理志一》记载西京洛阳，"内园有长春殿、淑景亭、十字亭、九江池、砌台、娑罗亭"。
③ 魏相（仁溥）：名字误，《宋史》卷 249 本传作魏仁浦（911～969），字道济，卫州汲县（今河南卫辉市）人。五代后周、北宋大臣。
④ 斫（zhuó）：大锄，引申为用刀、斧等挖、砍某物。

亡，鬻其园，今普明寺①后林池乃其地，寺僧耕之以植桑麦。花传民家甚多，人有数其叶者，云至七百叶。钱思公尝曰："人谓牡丹花王，今姚黄真可为王，而魏花乃后也。"

【译文】

牡丹品种魏家花，是重瓣肉红色花，出自宰相魏公（讳仁溥）家中。起初，樵夫在寿安山（今河南宜阳县境内）中见到这种牡丹，就挖来卖给魏家。魏家居住的是深宅大院，池塘宽广，馆宇高大。有传言说：这一牡丹刚刚问世时，有人想前来观看，每人须缴纳十多枚铜钱，才能乘船渡过池塘，来到牡丹处所。魏家因此每天进钱十多缗（一缗为一千文）。后来魏家破落了，将这所宅园卖掉。现在普明寺后面的树林池塘，就是魏家老宅院的地盘。普明寺的僧众将这里开垦为耕地，用来种植庄稼、桑麻。这一魏家花流落到民间的非常多。有人数了数花瓣，说多达七百片。钱思公曾说："人说牡丹是百花之王，当今姚黄真可为花王，魏家花就是花后了。"

【点评】

五代（907～959）是梁、唐、晋、汉、周五个短暂朝代的总称。

---

① 普明寺：洛阳的一所佛寺。欧阳修明道元年（1032）所作《初秋普明寺竹林小饮钱梅圣俞，分韵得"亭"、"皋"、"木"、"叶"、"下"绝句五首》之二说："洛城风日美，秋色满蘅皋。谁同茂林下，扫叶酌松醪。"北宋司马光元丰五年（1082）正月作的《洛阳耆英会序》说："昔白乐天在洛，与高年者八人游，时人慕之，为《九老图》传于世。宋兴，洛中诸公继而为之者凡再矣，皆图形普明僧舍。普明，乐天之故第也。"（《全宋文》第56册，上海辞书出版社、安徽教育出版社，2006，第222页）按：唐人白居易（乐天）有诗，题目为《胡、吉、郑、刘、卢、张等六贤，皆多年寿，予亦次焉。偶于弊居合成尚齿之会，七老相顾，既醉甚欢。静而思之，此会稀有，因成七言六韵以纪之，传好事者》。这次尚齿（尊老）聚会的地点在白居易谦称的"弊居"，时间自注为"会昌五年（845）三月二十一日"。（《全唐诗》卷460）到了夏季，又有两位老人回到洛阳，加入尚齿会活动，二人被补画入图，白居易题了一首《九老图诗》。既然"普明，乐天之故第也"，其故第即在唐代洛阳城内洛河南面的履道里，今关林东北。（杨林坤先生解释说："普明寺：原名石山寺，……址在今河南伊川丁流镇。"那便在洛阳市南面数十里外了，与欧阳修"普明寺竹林小饮"时描写的"洛城风日美"的周遭环境不合。）

后梁、后唐、后晋以洛阳为都城，后梁、后晋后来以开封为都城，后汉、后周也以开封为都城，都以洛阳为西京。北宋建立后，以开封为东京，洛阳依然是西京。因此，五代、北宋的许多官僚在洛阳都有住宅。魏仁浦在后晋时仅是枢密院小吏，后助周太祖郭威起兵建立后周而发迹，任枢密承旨。后周第二代皇帝周世宗时，魏仁浦迁中书侍郎、平章事（宰相）、集贤殿大学士兼枢密使。建隆元年（960），宋太祖赵匡胤建立北宋，魏仁浦任守尚书右仆射，解除枢密使一职，乾德二年（964）罢相。开宝二年（969）宋太祖亲征太原北汉政权，魏仁浦从行，途中患病返还开封，不久去世，谥宣懿。欧阳修《洛阳牡丹记》记载的魏家花是洛阳花，"出于魏相（仁溥）家"，"魏氏池馆甚大"，作为五代后期事情的可能性比北宋时大。"魏家花"作为牡丹品名，相当于说"魏家的牡丹花"，同其余后出的牡丹品名相比，显得很粗糙，没有经过推敲、打磨，这反映出牡丹品名刚刚出现时的朴素状况。

《清异录》卷上"百叶仙人"条提供的信息与此不同，说："洛阳大内临芳殿，庄宗所建。牡丹千余本，其名品亦有在人口者，具于后：百叶仙人（浅红）、月宫花（白）、小黄娇（深黄）、雪夫人（白）、粉奴香（白）、蓬莱相公（紫花黄绿）、卵心黄、御衣红、紫龙杯、三云紫、盘紫酥（浅红）、天王子、出样黄、火焰奴（正红）、太平楼阁（千叶黄）。"《清异录》的作者陶穀（903~970），在五代后晋、后汉、后周时期，历任单州判官、著作佐郎、监察御史、知制诰、仓部郎中、中书舍人、给事中、户部侍郎、兵部侍郎、吏部侍郎、翰林学士承旨等职。北宋建立后，任礼部尚书、翰林承旨、判吏部铨兼知贡举，累加刑部、户部二尚书。他去世比魏仁浦晚一年，在北宋建立后的第11个年份。

这则笔记说后唐洛阳皇宫中的临芳殿是唐庄宗时修建的。唐庄宗在位仅3年，即同光元年（923）农历四月至同光四年（926）农历四月。如果真有临芳殿，其周围的一千多株牡丹应该是这时栽培的，否则不会以"临芳"命名宫殿。问题是"其名品亦有在人口者"，一共15种，是唐庄宗在位3年间就是这样，还是后来特别是入宋后的10年间，牡丹名品才播于人口，还是后人伪造的牡丹品名？这里有一系列疑点。其一，新旧《五代史》、《五代会要》、《资治通鉴》等文献，都没有后唐洛阳临芳殿的记载，也没有唐庄宗时期在洛阳修建临芳殿的记载。清朝徐松参与编纂《全唐文》的过程中，于嘉庆十四年（1809）从明代《永乐大典》卷9578中原封不动地抄出《河南志》全文。《河南志》记载西周以来洛阳作为历代都城的情况，凡是能考知的洛阳宫殿名，一一罗列，并指出其方位、沿革以及相关故事。但在《宋城阙古迹》中，根本没有临芳殿。清人顾炎武《历代宅京记》卷9《雒阳下》中所记载的五代、北宋洛阳宫殿，也没有临芳殿。卷18《幽州》倒是记载有临芳殿，但那是金朝幽州（今北京市）的宫殿，时当南宋中期。因此，后唐洛阳临芳殿的说法是这则笔记瞎编的，纯属子虚乌有。其二，如果后唐时真有这15个洛阳牡丹品名，这些品名极其雅致，标志着牡丹命名走上了一条美学化的轨道，何以30年后"魏家花"的称谓那么不正规、那么粗糙？其三，为什么这15种洛阳牡丹品名，在后来记载北宋洛阳牡丹更具体更详细的文献——欧阳修《洛阳牡丹记》、周师厚《洛阳花木记》中，一种也没有提到？这在牡丹栽培的传承史上怎么解释？其四，15种牡丹中有"御衣红"，"红"字从何说起？周师厚记载北宋洛阳牡丹有"御袍黄"，是皇帝的服饰颜色。其五，15种牡丹中有"太平楼阁（千叶黄）"，周师厚记载北宋中期洛阳牡丹才有"楼子"，比唐庄宗时期晚了一个半世纪，五代中期能有楼子牡丹吗？

今本《清异录》，书前有明穆宗隆庆六年（壬申，1572）河间人俞允文作的小序，说元朝有抄本《清异录》4卷，"凡十五门二百三十事"，是摘抄本；"后复得抄本，……凡三十七门六百四十八事"，是全本。但今本实际上为657事。明人王象晋《群芳谱》收录了这则资料，文字有很多删节。今天无法断言这则后唐临芳殿15种牡丹品名的资料确系后人伪造，羼入《清异录》中，仅能列举上述疑点，供人们进一步研究思考。

鞓红者，单叶深红花，出青州，亦曰青州红。故张仆射（齐贤）①有第西京贤相坊，自青州以驼②驮其种，遂传洛中。其色类腰带鞓，谓之鞓红。

【译文】

牡丹品种鞓红，是单瓣深红色花，出自青州（治今山东青州市），又叫作青州红。已故的张仆射（讳齐贤），在西京洛阳贤相坊有宅邸，用骆驼从青州驮来这种牡丹，于是该品种传入洛阳。它的花色类似皮腰带"鞓"，就叫作鞓红。

献来红者，大，多叶浅红花。张仆射罢相居洛阳，人有献此花者，因曰献来红。

【译文】

牡丹品种献来红，花朵硕大，半重瓣浅红色花。张仆射罢相后居住洛阳，有人献给他这一品种牡丹花，因而叫作献来红。

添色红者，多叶花。始开而白，经日渐红，至其落乃类深红。此造化之尤巧者。

【译文】

牡丹品种添色红，是半重瓣花。刚开放时，花瓣呈现白色，经过几天，渐渐变为红色，到凋谢时，竟然类似深红色。该品种是天公化育万物中最精巧的物类。

---

① 张齐贤（942～1014），字师亮，曹州冤句（今山东菏泽市南）人，徙居洛阳。进士出身，先后担任通判、枢密院副史、兵部尚书、吏部尚书、分司西京洛阳太常卿等官职，担任宰相共21年。卒，赠司徒，谥文定。有著作《洛阳搢绅旧闻记》传世。

② 驼（tuō）驼：骆驼。

鹤翎红者，多叶花，其末白而本肉红，如鸿鹄羽色。

【译文】

牡丹品种鹤翎红，是半重瓣花。花瓣的顶端呈现白色，花瓣的底端呈现肉红色，如同天鹅羽毛的颜色一样。

细叶、粗叶寿安者，皆千叶肉红花，出寿安县锦屏山中。细叶者尤佳。

【译文】

细叶寿安、粗叶寿安这两种牡丹，都是重瓣肉红色花，出自寿安县（今河南宜阳县）锦屏山中。细叶寿安尤其好。

倒晕檀心者，多叶红花。凡花近萼色深，至其末渐浅。此花自外深色，近萼反浅白，而深檀点其心，此尤可爱。

【译文】

牡丹品种倒晕檀心，是半重瓣红花。一般地说，花瓣颜色都是接近底部的地方浓重一些，向上到花瓣顶端，渐渐变浅。倒晕檀心恰恰相反，花瓣顶端颜色很深，延伸到底部却渐渐浅淡，中间点缀着一个深绛色的斑点，这特别可爱。

一撒红者，多叶浅红花。叶杪①深红一点，如人以手指撒之。

【译文】

牡丹品种一撒红，是半重瓣浅红花。花瓣顶端有一个深红色的斑点，好像人用手指头按压出来的痕迹。

---

① 杪（miǎo）：末梢。

九蕊真珠红者，千叶红花。叶上有一白点如珠，而叶密蹙，其蕊为九丛。

【译文】

牡丹品种九蕊真珠红，是重瓣红花。花瓣上有一个白点，像珍珠一样。片片花瓣紧密贴近，簇拥着花蕊，花蕊共有九丛。

一百五者，多叶白花。洛花以谷雨为开候，而此花常至一百五日①开，最先。

【译文】

叫作一百五的牡丹品种，是半重瓣白花。洛阳牡丹以谷雨节气（公历4月19～21日间）为开放时节，而一百五牡丹常在冬至后一百五日即寒食节（公历4月3～5日间）开始绽放，【比谷雨早半个多月。在众多牡丹品种中，】它开得最早。

丹州、延州花，皆千叶红花。不知其至洛之因。

【译文】

丹州红、延州红牡丹，都是重瓣红花。不知道它们是经过什么途径传到洛阳的。

---

① 冬至后一百五日是寒食节。南朝萧梁宗懔《荆楚岁时记》说："去冬节一百五日，即有疾风甚雨，谓之寒食。禁火三日，造饧大麦粥。据历合在清明前二日，亦有去冬至一百六日者。"传说春秋时期，晋国宫廷内乱，公子重耳外逃19年，介子（之）推等人追随。重耳回国即位，是为晋文公，追随者纷纷自夸功劳，被封爵授官。介子推不言利禄，悄悄出走，和母亲一起隐居山西绵上山中。有人告诉晋文公，晋文公觉得应该请他出来做官，他不肯，遂烧山逼他出来，他抱树而焚死。晋文公为悼念他，禁止在他的忌辰举火煮饮，只许吃冷食，于是演变成太原地区的习俗。东汉时期，周举任并州（太原市）刺史，写了一份哀悼文章送到介子推的庙中，"言盛冬去火，残损民命，非贤者之意，以宣示愚民，使还温食。于是众感稍解，风俗颇革"。（南朝刘宋范晔《后汉书》卷61《周举传》，中华书局，1965）此后吃冷食的时间缩短为两三天，清明日举火热食，逐渐在全国流传开来。

莲花萼者，多叶红花，青跗①三重，如莲花萼。

【译文】

莲花萼牡丹，是半重瓣红花。花冠底下绕着三重青色花萼，如同莲花萼一般。

左花者，千叶紫花，出民左氏家。叶密而齐如截，亦谓之平头紫。

【译文】

牡丹品种左花，是重瓣紫花，出自平民左氏家。它的花瓣密集，整齐得如同剪裁过一样，也叫作平头紫。

朱砂红者，多叶红花，不知其所出。有民门氏子者，善接花以为生，买地于崇德寺②前治花圃，有此花。洛阳豪家尚未有，故其名未甚著。花叶甚鲜，向日视之如猩血。

【译文】

朱砂红牡丹，是半重瓣红花，不清楚它的来历。有一位平民是门氏家的儿郎，擅长嫁接牡丹，以此项收入养家糊口。他在洛阳崇德寺前买下地段，经营成花圃，其中有这种牡丹。洛阳那些豪门大族还没有这个品种，因此该牡丹并不怎么出名。它的花瓣颜色鲜丽，朝着阳光观察，鲜红得如同猩猩的血液。

叶底紫者，千叶紫花，其色如墨，亦谓之墨紫。花在丛中，旁必生一大枝，引叶覆其上。其开也，比它花可延十日之久。噫！造物者亦惜

① 跗（fū）：同"跗"，足部，此处指花冠底下的花萼。
② 《宋史》卷250《石守信传》说：北宋开国将领石守信"专务聚敛，积财巨万。尤信奉释氏，在西京建崇德寺"。

之耶！此花之出，比它花最远。传云：唐末有中官为观军容使①者，花出其家，亦谓之军容紫，岁久失其姓氏矣。

【译文】

叶底紫牡丹，是重瓣紫色花，紫色深得近乎黑色，像墨锭一样，因而人们把这种牡丹也叫作墨紫花。该花在丛中，旁边必然生出一个大枝丫，枝丫上长出叶子，遮在花朵上面。该花开放，比其他品种的花期可延长十天之久。嘻！天公也珍惜牡丹呀！这个牡丹品种，比其余牡丹问世得都早。有传闻说：唐朝末年，有一位宦官充任观军容使，该花即出自他家，所以也叫作军容紫。年代久远了，这位宦官姓甚名谁，已无从知晓了。

玉板白者，单叶白花，叶细长如拍板②，其色如玉，而深檀心。洛阳人家亦少有。余尝从思公至福严院③见之，问寺僧而得其名，其后未尝见也。

【译文】

玉板白牡丹，是单瓣白花。花瓣细长，像乐器拍板一样，白色如同玲珑剔透的白玉。花朵中间，有一个深绛色的斑点。这种牡丹，洛阳居民家中也很稀少。我曾经随同钱思公大人去福严佛寺，在那里见过这种牡丹。问起寺中僧人，才知道叫玉板白，此后再也没见过。

潜溪绯者，千叶绯花。出于潜溪寺④，寺在龙门山后，本唐相李藩

---

① 中官即宦官。唐中叶以来宦官专权，控制军队，以"监军"作为使职名称而行使权力，后发展为观军容使，全称为观军容宣慰处置使。
② 拍板：一种打击乐器，也称檀板、绰板。用数片硬质木板，串以绳索，双手合击发音。
③ 福严院：洛阳佛寺。北宋司马光有《和任开叔观福严院旧题名》诗，说："二十二年如转目，洛阳不改旧时春。"
④ 潜溪寺：唐代龙门石窟十寺之一，依唐高宗年间在伊河西侧的龙门山（东侧为香山）北端开凿的第一个大石窟而建置。

别墅①。今寺中已无此花，而人家或有之。本是紫花，忽于丛中特出绯者，不过一二朵，明年移在他枝。洛人谓之转（音篆）枝花，故其接头尤难得。

【译文】

潜溪绯牡丹，是重瓣粉红色花，出自龙门石窟潜溪寺。潜溪寺地处伊阙西山龙门山的背后，这里原先是唐代宰相李藩的田庄。现在这所寺院里已经见不到这种牡丹了，而洛阳市井人家偶或有些许。潜溪绯本来是紫色花朵，突然从花丛中冒出粉红色的花朵，不过一两朵，第二年转移到另外的枝条上开放。洛阳人把它叫作转枝花。【由于猜不准会转到哪一个枝条上，】所以选择供嫁接用的接穗很难得手。

鹿胎花者，多叶紫花，有白点如鹿胎之纹。故苏相（禹珪）② 宅今有之。

【译文】

鹿胎花牡丹，是半重瓣紫色花，紫色的花瓣中分布着一些白色的斑点，就像鹿肚皮上的纹理一样。当今，已故宰相苏先生（讳禹珪）的宅院中有这种牡丹。

多叶紫，不知其所出。

【译文】

牡丹品种多叶紫，不知道其来历。

---

① 李藩（754~811），字叔翰，赵郡（治今河北赵县）人，唐宪宗时期任宰相。别墅：又称别业、庄，是集住宅、园林、耕地、沟渠为一体的大型私家田产。
② 苏禹珪（894~956），字元锡，高密（今山东高密市）人。明经及第入仕。五代后汉初年，始任宰相（平章事）。后周时加守司空，寻罢相守本官，封莒国公。

初姚黄未出时，牛黄为第一；牛黄未出时，魏花为第一；魏花未出时，左花为第一。左花之前，唯有苏家红、贺家红、林家红之类，皆单叶花，当时为第一。自多叶、千叶花出后，此花黜矣，今人不复种也。

【译文】

当初姚黄牡丹还没出现时，牛黄牡丹为第一；牛黄牡丹还没出现时，魏花牡丹为第一；魏花牡丹还没出现时，左花牡丹为第一。左花牡丹之前，牡丹品种只有苏家红、贺家红、林家红几种，都是单瓣花，那时候并列第一。自从半重瓣、重瓣牡丹培育出来后，苏家红等几种牡丹便被人们断然废弃，现在谁也不种这些品种了。

牡丹初不载文字，唯以药载《本草》。然于花中不为高第，大抵丹、延以西及褒斜道中尤多，与荆棘无异，土人皆取以为薪。自唐则天已后，洛阳牡丹始盛，然未闻有以名著者。如沈、宋、元、白[①]之流，皆善咏花草，计有若今之异者，彼必形于篇咏，而寂无传焉。唯刘梦得有《咏鱼朝恩宅牡丹》诗，但云"一丛千万朵"[②]而已，亦不云其美且

---

① 沈佺期（约656～715），字云卿，相州内黄（今河南内黄县）人。唐高宗上元二年（675）进士及第。武则天时期，累迁通事舍人、考功郎、给事中。唐中宗时，任起居郎、修文馆直学士、中书舍人、太子少詹事等。与宋之问诗名相当，号称"沈宋"。宋之问（约656～712），字延清，一名少连，虢州弘农（今河南灵宝市）人。武则天时期任尚方监丞，唐中宗时任修文馆学士。与沈佺期致力于格律诗的创立。元稹（779～831），字微之，河南洛阳人。15岁以明两经擢第，历任秘书省校书郎、监察御史、通州司马、虢州长史、膳部员外郎、祠部郎中、中书舍人、翰林院承旨等，居相位三月，后任外官，卒于武昌军节度使任上。与白居易倡导新乐府运动。白居易（772～846），字乐天，号香山居士，又号醉吟先生，生于河南新郑。唐德宗贞元十六年（800）进士及第，仕途履历复杂，历任多种朝官、外官，晚年以太子宾客分司东都，以刑部尚书退休。长期居住洛阳，死葬洛阳。唐代伟大的现实主义诗人，今存诗近三千首。
② 刘梦得即刘禹锡（772～842），梦得是其字。贞元九年（793）进士，历任监察御史、朗州司马，以及连州、夔州、和州等刺史，官至检校礼部尚书兼天子宾客。欧阳修这里弄错了，刘禹锡所作不是《咏鱼朝恩宅牡丹》，而是《浑侍中（浑瑊）宅牡丹》。浑侍中是中唐名将浑瑊。

异也。谢灵运①言"永嘉竹间水际多牡丹"，今越花不及洛阳甚远，是洛花自古未有若今之盛也。

【译文】

起初，牡丹不曾作为花卉记载于文献中，只以根皮作为药物记载于《本草》一类的医药书中。然而牡丹作为花卉【被世人发现后，起初】在百花中算不上高品，大抵丹州、延州以西，以及秦岭山脉中南北贯穿汉中和关中的褒斜道中，所在多有，同荆棘没有什么区别，当地人都把它们砍来当柴火烧。自从唐朝武则天皇后以来，洛阳牡丹才开始蔚为大观，但也没听说有哪个品种特别著称。唐朝善于吟咏花草的诗人，如沈佺期、宋之问、元稹、白居易等辈，如果当时有今日这样一些异乎寻常的牡丹品种，他们必定要写成诗篇，然而他们却没有这种题材的作品传世。只有刘禹锡有一首《咏鱼朝恩宅牡丹》诗，仅说"一丛千万朵"而已，也不见描绘其美艳和特异之处。南朝谢灵运说过："永嘉（今浙江温州市）竹间水际多牡丹。"而今比起洛阳牡丹来，越地（今浙江）牡丹实在逊色得太多。在洛阳，牡丹自古以来没有当今这么繁盛。

【点评】

对于欧阳修这段话的含义，应当细心揣摩，精确把握。

首先，欧阳修将牡丹分解为两方面的概念：药物和花卉，指出作为药物的这种植物，老早就有药书加以记载，而作为花卉的这种植物，却没有专门记载于文献中。这个说法是符合历史实际的。秦汉时期，托名原始社会圣人神农氏的药书《神农本草经》，就记载了作为药物的牡丹根皮。该书今本卷2说："牡丹：味辛，寒。主寒热，中风、瘈疭、痉，惊痫邪气，除症坚，瘀血留舍肠胃，安五藏（五脏），疗痈创（疮）。

---

① 谢灵运（385~433），原名公义，字灵运，小名客儿，以字行。东晋南朝诗人。祖籍陈郡阳夏（今河南太康县），生于会稽始宁（今浙江嵊州市）。东晋时曾任大司马行军参军、抚军将军记室参军、太尉参军等职。刘宋时，历任永嘉太守、秘书监、临川内史。

一名鹿韭，一名鼠姑。生山谷。"后来，曹魏时期的《吴普本草》、旧题南朝梁陶弘景撰《名医别录》等医药书，也都记载了牡丹根皮的药性、疗效、处理方法。而作为花卉的牡丹，欧阳修应该是看到了古来的农书、博物书、类书等都没有专门记载。需要交代的是，只有唐后期段成式在《酉阳杂俎》前集卷19中有简单记载。现在人们研究中国牡丹到底什么时候就有了，产生了意见分歧，究其实，就是没有分清牡丹作为药物和作为花卉这两个概念。

其次，欧阳修看到了牡丹花卉具有变异性和可塑性，而牡丹花卉的变异和重塑，必须有人的创造性参与，有人为的能动性作用。在唐代没有这种成果，经过300年的摸索和发展，到北宋初期，才出现爆发性的成果，有了30多个牡丹品种。与唐代的实际牡丹状况相表里，当时一些善于吟咏花草的杰出诗人，没有吟咏牡丹特异品种的诗篇。

南宋人批评欧阳修这个说法不符合事实。陈景沂《全芳备祖》前集卷2《花部·牡丹》列举一些牡丹诗句，说："然则元、白未尝无诗。"胡仔在《苕溪渔隐丛话前集》卷30《六一居士下》中说："余谓欧公此言非是，观刘梦得、元微之、白乐天三人，其以牡丹形于篇什者甚众，乌得谓之'寂无传焉'？刘梦得乃是《咏浑侍中牡丹》，非咏鱼朝恩宅者，此亦欧公误记耳。其诗云：'径尺千余朵，人间有此花。今朝见颜色，更不向诸家。'又《赏牡丹》诗云：'庭前芍药妖无格，池上芙蕖净少情。唯有牡丹真国色，花开时节动京城。'又云：'有此倾城好颜色，天教晚发赛诸花。'其诗若是，非独但云'一丛千朵'而已。元微之《看牡丹》古诗云：'蝶舞香暂飘，蜂牵蕊难正。笼处彩云合，露湛红珠莹。'又《西明寺》绝句云：'花向琉璃地上生，光风眩转紫云英。自从天女盘中见，直至今朝眼更明。'若白乐天凡有此诗数十首，其《牡丹花》长篇云：'千片赤英霞烂烂，百枝绛艳灯煌煌。照地初开锦绣段，当风不结麝脐囊。映叶多情隐羞面，卧丛无力含醉妆。'又《看浑家牡丹戏赠李二十》云：'香胜烧兰红胜霞，城中最数令公家。人人散后君须看，归到江南无此花。'又《买花》诗云：'灼灼百朵花，戋戋五束素。'又云：'一丛深色花，十户中人赋。'则当时此花之贵，断可知矣。"

胡仔这段批评没有道理，他没弄懂欧阳修的意思。欧阳修不是说唐代诗人沈宋元白等人没有牡丹诗，而是说唐代没有北宋这样的牡丹品种和相关品名，即"未闻有以名著"者。假若唐代牡丹"计有若今之异者"，沈宋元白等人才"必形于篇咏"。欧阳修的说法符合唐代历史实际。以牡丹为题材的诗歌，《全唐诗》收有近110首（不包括重篇和五代作品），以牡丹为题的赋，《全唐文》收有两篇，加上唐人张读《宣室志》中的神怪小说《谢翱》，以及唐代内容的史料笔记，都笼统称作"牡丹"、"木芍药"，根本没有牡丹品名。欧阳修是史学家、文学家，怎么可能不知道白居易、元稹写过牡丹诗！他如果没有读过沈宋元白等人的所有诗作，怎么敢下这个结论！

最后，北宋刘斧《青琐高议》后集卷5《隋炀帝海山记》，说隋炀帝营建东都洛阳，易州（上谷郡，治今河北易县）向洛阳进献了20箱牡丹，有18种品名："赭红、赭木、鞓红、坯红、浅红、飞来红、袁家红、起州红、醉妃红、起台红、云红、天外黄、一拂黄、软条黄、冠子黄、延安黄、先春红、颤风娇。"这是北宋文人创作的小说中的情节，不是历史资料。欧阳修《洛阳牡丹图》诗说北宋牡丹的情况是："客言近岁花特异，往往变出呈新枝。……当时绝品可数者，魏红窈窕姚黄妃。寿安细叶开尚少，朱砂玉版人未知。传闻千叶昔未有，只从左紫名初驰。四十年间花百变，最后最好潜溪绯。"如果确如《隋炀帝海山记》所说隋朝就有了这么多牡丹品名，随后的唐代300年是"四十年"的7倍，会有几个"花百变"，然而唐代300年间居然没有"变"出一个牡丹品名，这符合事物发展的规律吗？北宋周师厚《洛阳花木记》说："牛家黄，亦千叶黄花。其出先于姚黄，盖花之祖也。"假如真如《隋炀帝海山记》所说隋朝即有"天外黄、一拂黄、软条黄、冠子黄、延安黄"等牡丹品种，哪轮得到北宋牡丹品种牛家黄来充当黄牡丹的老祖宗。

欧阳修在记载牡丹品种时，曾说："叶底紫者，……此花之出，比它花最远。传云：唐末有中官为观军容使者，花出其家，亦谓之军容紫，岁久失其姓氏矣。"那么，这则说法是否可证明唐朝末年有了牡丹品名"军容紫"呢？我认为理由不充分。第一，欧阳修既然说"传云"，那就只是一种传闻，是否与真实情况相符，并没有确凿的把握。第二，是谁"亦谓之军容紫"，是唐末当时人，还是后来的人？当今考古报告老是说某座唐代墓葬出土唐三彩若干种，但"唐三彩"的称谓是20世纪初才出现的。因此，"军容紫"在很大程度上可能是唐朝以后的人对这种牡丹的追述说法，犹如说唐末军容家的紫牡丹。

欧阳修这里说："谢灵运言'永嘉竹间水际多牡丹'。"这个说法很可疑。唐人段成式在《酉阳杂俎》前集卷19中，说谢灵运的文集中"言竹间水际多牡丹"。欧阳修加了"永嘉"二字。永嘉郡，治所在今浙江温州市。南朝宋武帝永初三年（422），谢灵运曾出任永嘉太守一年。

今天所见谢灵运的文集，没有这句话。谢灵运如果真说过这话，也只是一条孤证，现在尚找不到任何一条资料来证明这句话所反映的情况属实。唐代多种史料反映的历史事实，和这句话相左。在唐代长安牡丹开放了差不多一个半世纪这一期间内，东南地区尚无牡丹。东南地区雨量大、日光强，牡丹迟迟不能移植到那里，主要由于它不能很快适应南方的水土、气候等条件。唐人李咸用《同友生题僧院牡丹花》诗说"牡丹为性疏南国"，唐人徐凝《题开元寺（杭州）牡丹》诗也说"此花南地知难种"。唐人白居易在《看浑家牡丹花戏赠李二十》诗中，对身处长安的无锡人李绅说："人人散后君须看，归到江南无此花。"唐人范摅《云溪友议》卷中《钱塘论》记载：白居易"初到钱塘，令访牡丹花，独开元寺僧惠澄近于京师得此花栽，始植于庭，栏圈甚密，他处未之有也。时春景方深，惠澄设油幕以覆其上。牡丹自此东越分而种之也"。这是浙江杭州开始有牡丹并在浙江境内扩散的明确记载。白居易到杭州任刺史，《旧唐书》卷166《白居易传》记载在唐穆宗长庆二年（822）七月（农历），在杭州寻访牡丹，应该在第二年三月，这比谢灵运当永嘉太守晚了400年。晚唐时，徐夤《依韵和尚书再赠牡丹花》诗指出："多著黄金何处买，轻桡摇过镜湖光。"镜湖又称鉴湖，在今浙江绍兴市会稽山北麓。唐人徐夤入泉州（今福建泉州市）刺史王延彬幕府，其诗《尚书（指王延彬）座上赋牡丹花得轻字，其花自越中移植》，又交代福建牡丹来自浙江。唐人李咸用《牡丹》诗说："少见南人识，识者嗟复惊。始知春有色，不信尔无情。"如果所谓谢灵运"永嘉水际竹间多牡丹"云云是真实情况，那就是说浙江当时牡丹就很多，或者以此为发源地，会很快在浙江及相邻地区铺开，何劳400年后从长安传入杭州，然后才在东越分种，扩散到各地！更不至于到了唐代，东南地区人士在本地还难以见到牡丹。古人也有对所谓谢灵运的这个说法表示怀疑的。宋人李石《续博物志》卷6说："谢灵运言'永嘉竹间多牡丹'。……或曰：灵运之所谓牡丹，今之芍药，特盛于吴越。"宋人所说的吴越，应指五代时期十国中吴越国的地盘。吴越国由杭州临安人钱镠所建，以钱塘（杭州）为都城，北宋初年归顺。吴越国占地十三州一军八十六县，包括今浙江、上海、苏州和福建东北部。芍药在东南地区很有名，古代扬州即以芍药著称。这些线索特予揭出，聊以备考。

风俗记第三

　　洛阳之俗，大抵好花。春时城中无贵贱皆插花①，虽负担者亦然。花开时，士庶竞为游邀，往往于古寺废宅有池台处为市井，张幄帟②，

---

① 插花：将花朵插在头发里或帽子上，又叫簪花。北宋黄庶《题人移牡丹》诗说："待插花枝满首尝。"北宋韦骧《再和前韵仍以峨字为首尾》诗说："峨冠莫惜插花多，多插名花壮醉歌。"北宋苏轼《吉祥寺赏牡丹》诗说："人老簪花不自羞，花应羞上老人头。"《惜花》诗又说："吉祥寺中锦千堆，前年赏花真盛哉。……沙河塘上插花回，醉倒不觉吴儿咍（hāi，笑）。"（杨林坤先生解释说："插花：即把花插在瓶、盘、盆等容器里的一门花卉造型艺术。"这样解释此处，是错误的，与这些宋人诗句将插花与"首"、"头"、"峨冠"等相联系而言，显得扞格不合。）

② 幄帟（yì）：帐篷。上句"井"字，南宋陈景沂《全芳备祖》前集卷2作"并"，属下句，作："往往于古寺废宅有池台处为市，并张幄席。"

笙歌之声相闻。最盛于月陂堤张家园①、棠棣坊长寿寺②东街与郭令③
宅，至花落乃罢。

【译文】

　　洛阳当地风俗，人人都喜爱牡丹花。暮春牡丹开放时，洛阳城中的
人，无论贵贱贫富，都满头插着牡丹花，即便是肩挑背负的汉子，也是
这样。牡丹花开时，士人庶民竞相奔走赏玩。古寺废宅有池台的地方，
往往设置为临时市场，人们在这里张起帷幕帐篷，吹拉弹唱，彼此相
闻。最热闹的地方是在月陂堤下的张家牡丹园、棠棣坊的长寿寺东街，
以及唐代将领郭子仪的废宅，一直持续到牡丹凋谢，活动才结束。

　　洛阳至东京六驿④，旧不进花，自今徐州李相（迪）⑤为留守时始
进御。岁遣衙校一员，乘驿马，一日一夕至京师。所进不过姚黄、魏花
三数朵，以菜叶实竹笼子，藉⑥覆之，使马上不动摇，以蜡封花蒂，乃

---

① 月陂堤：隋炀帝营建东都洛阳，洛水自西苑内弥漫东流，宇文恺为了减小洛水对城市
　　的冲击，在城区水流折弯处修建了斜堤，约束洛水向东北流淌。斜堤形如偃月，叫作
　　月陂堤。唐玄宗时期加以维修。张家园：北宋蔡襄《梦游洛中十首》有句："每忆月
　　陂堤下路，便开图画觅姚黄。"自注说："月陂张家牡丹百多余种，姚家黄为第一。"
② 长寿寺：在唐代洛阳城洛河南嘉善坊，其北为南市。这里说"棠棣坊"，应是北宋时
　　改坊名。
③ 郭子仪（697~781），华州郑县（今陕西华县）人。唐代著名的军事家，平定安史之
　　乱的中兴名将。以武举高第入仕从军，累迁至九原太守、朔方节度右兵马使。安史之
　　乱爆发后，任朔方节度使，率军平叛，收复洛阳、长安两京，功居平乱之首，晋为中
　　书令，封汾阳郡王，赐号"尚父"。因中书令头衔，被尊称为郭令、郭令公。
④ 驿：古代的官办招待所，供办理公务的人员中途住宿、换马。两驿之间相隔大致三四
　　十里，故也作为里程的计量单位。
⑤ 李相（迪）（971~1047），字复古，濮州（治今山东鄄城北）人。宋真宗景德二年
　　（1005）举进士第一，被授职将作监丞，历任徐州、兖州通判。后改任秘书省著作郎、
　　直史馆，任三司盐铁判官。两度官至宰相。卒，谥文定。南宋李焘《续资治通鉴长编》
　　卷117记载，宋仁宗景祐二年（1035），"十二月辛亥朔，复知密州、太常卿李迪为刑
　　部尚书、知徐州"。李迪任西京留守时间不详，文献有他在洛阳地区担任地方官的记
　　载。《续资治通鉴长编》卷108说：宋仁宗天圣七年（1029）九月"壬午，徙知青州李
　　迪知河南府"；卷112说：宋仁宗明道二年（1033）四月"庚子，降诏恤刑。见辅臣于
　　皇仪殿之东楹，工部尚书李迪初自河阳（今河南孟州市，在洛阳北，隔黄河相望）还，
　　以国哀未得人谒，至是特召见之。寻命迪为资政殿大学士、判都省"。
⑥ 藉：草垫子。

数日不落。

【译文】

　　自西京洛阳到东京开封，沿途共有六驿。以前洛阳不向东京朝廷进献牡丹花，自当今任职知徐州事的宰相大人李迪担任西京留守时，才开始向朝廷进贡牡丹。西京每年派遣一位小军官衙校负责运送。运送人员沿途依次骑乘各驿站提供的马匹，一天一夜即到达东京。西京所进献的牡丹，不过是寥寥几朵名贵的姚黄、魏花而已。经办人员用菜叶填充装着牡丹花的竹笼子的空隙，竹笼子上面用草垫子覆盖，这样使牡丹花在奔驰的骏马身上稳当不晃动。还用蜡封住花蒂【以保持花朵鲜亮不脱水。到达东京后】，牡丹花竟然多日不落。

　　大抵洛人家家有花，而少大树者，盖其不接则不佳。春初时，洛人于寿安山中斫小栽子卖城中，谓之山篦子。人家治地为畦塍①种之，至秋乃接。接花工尤著者，谓之门园子，（盖本姓东门氏，或是西门，俗但云门园子，亦由②今俗呼皇甫氏多只云皇家也。）豪家无不邀之。姚黄一接头，直钱五千，秋时立契买之，至春见花，乃归其直③。洛人甚惜此花，不欲传。有权贵求其接头者，或以汤中蘸杀与之。魏花初出时，接头亦直钱五千，今尚直一千。

【译文】

　　洛阳居民差不多家家户户都栽培牡丹，但很少有长成庞然大树的，其原因在于不嫁接则品种不佳。春初时节，洛阳人在城西南的寿安山中【从预先选定的优异野生牡丹的植株上】砍下小栽子，在城中销售，小栽子又叫作山篦子（砧木）。洛阳人家将宅院中的空闲地段整治成小畦、田埂，在小畦里栽种牡丹山篦子，到秋天便嫁接上接穗。嫁接技艺

---

　　① 塍（chéng）：田间的土埂。
　　② 由：同"犹"，犹如。
　　③ 直：同"值"，价值，价钱。

最高超的那位园丁，被叫作"门园子"，（大概他的姓氏本来是"东门"，或者是"西门"，民间只把他称呼为"门园子"。这样做，犹如对本来姓"皇甫"的人，人们也只是惯常地称呼其为"皇"而已。）洛阳的豪贵人家没有不邀请他来家干活的。一枚姚黄接穗，价值五千文铜钱，秋天买方与当事人立下契约购买，到春天果真开花了，买方才付给当事人现金。洛阳人特别珍惜姚黄品种，不想流传出去。有达官贵人想求得姚黄牡丹的接穗，被征求者将接穗放进高温水中浸泡，使其丧失活力，然后才交给买家。魏花刚刚问世时，一枚接穗也卖到五千文钱，如今还价值一千文呢。

接时须用社①后重阳前，过此不堪矣。花之木，去地五七寸许截之乃接，以泥封裹，用软土拥之，以蒻叶作庵子②罩之，不令见风日，惟南向留一小户以达气，至春乃去其覆。此接花之法也。（用瓦亦可。）

【译文】

嫁接牡丹，·时间须确定在秋社后至重阳节前这一期间，提前或延后都不能成功。在牡丹主干距离地面五寸至七寸处做截面，将接穗与截面吻合对接，用软泥封裹起来。嫁接苗的根部用软土壅培，上面用嫩蒲草叶子搭成圆形庵子来遮蔽，不让它风吹日晒，只在朝南的一面开一个小门户用来通气，到春天就撤去草庵子。这是嫁接牡丹的方法。（【如果不搭建草庵子，】用瓦搭建棚子也可以。）

种花必择善地，尽去旧土，以细土用白敛③末一斤和之。盖牡丹根

---

① 社：社是土地神。古代农村祭祀土地神，以祈求农业丰收。春秋各祭祀一次，分别叫作春社、秋社，在立春后和立秋后的第五个戊日。本文这里指秋社。
② 蒻（ruò）：嫩蒲草。庵子：圆形小屋子。
③ 白敛：又作"白蔹"，别名山地瓜、野红薯、山葡萄秧、白根、五爪藤、菟核、九牛力，葡萄科植物白敛的干燥块根。春秋二季挖取，除去泥沙和细根，切片晒干，作药材。其性味苦辛甘寒，苦能泄，辛能散，甘能缓，寒能除热，杀火毒，散结气，生肌止痛。

甜，多引虫食，白敛能杀虫。此种花之法也。

【译文】

栽种牡丹一定要挑选好地段，将原地土壤统统清除掉，换成干净细软的新土，用一斤白敛细末同新土搅拌均匀。这是由于牡丹根带有甜味，容易招引害虫咬啮，【影响牡丹的生长，】白敛能杀死虫。这是栽种牡丹的方法。

浇花亦自有时，或用日未出，或日西时。九月旬日一浇，十月、十一月，三日、二日一浇，正月隔日一浇，二月一日一浇。此浇花之法也。

【译文】

给牡丹浇水也有时间要求，或者太阳尚未升起时，或者太阳偏西时。九月（农历）每十天浇水一次，十月、十一月，三两天浇一次，正月隔一天浇一次，二月一天浇一次。这是浇灌牡丹的方法。

【点评】

关于浇灌牡丹的方法和不同季节、月份的浇灌次数，欧阳修这份《洛阳牡丹记》的说法是诸多牡丹谱录中最早的说法，后来朝代牡丹谱录中的说法和欧阳修的说法有很多不同。

明人薛凤翔《亳州牡丹史》说："如冬不冻，两旬一浇，不浇亦无害。正月二月，宜数日一浇。三月花有蓓蕾，……一二日一浇。夏则亦然。惟秋时不宜浇，浇则芽旺秋发，明年难为花矣。……二月以后浇如不足，花单而色减也。"

明人高濂《遵生八笺》说："八、九月五日一浇，……立冬后三四日一浇粪水。十一月后，……以宿粪浓浇一次二次，余浇河水。春分后不可浇水，待谷雨前又浇肥水一次。……六月暑中，不可浇水。"

明人王象晋《群芳谱》说："正月一次，须天气和暖，如冻未解，切不可浇。二月三次。三月五次。四月花开不必浇，浇则花开不齐。如有雨，任之，亦不宜聚水于根旁。花卸后宜养花，一日一次，十余日后暂止，视该浇方浇。六月暑中忌浇，恐损其根须，来春花不茂，虽旱亦不浇。七月后，七八日一浇。八月剪枯枝，并叶上炕土，五六日一浇。九月三五日一浇，浇频恐发秋叶，来春不茂。如天气寒则浇更宜稀，此时枝上橐芽渐出，可见浇灌之功也。十月、十一月一次或二次，须天气和暖，日上时方浇，适可即止，勿伤水。或以宰猪汤连余垢，候冷透浇一二次，则肥壮宜花。十二月地冻不可浇。"

明人王世懋（字敬美）《学圃杂疏·花疏》说："人言牡丹性瘦，不喜粪，又言夏时宜频浇水，亦殊不然。余圃中亦用粪，乃佳。又中州土燥，故宜浇水，吾地湿，安可频浇？"

清人陈淏子《花镜》说："八、九月五七日一浇，十月、十一月三四日一浇。十二月地冻，止可用猪粪壅之。春分后便不可浇肥，直至花放后，略用轻肥。六月尤忌浇，浇则损根，来年无花。"

清人余鹏年《曹州牡丹谱》说："予谓浇花如《欧记》《群芳谱》，又皆不然。书院中旧有牡丹，人言多年不花矣。予于去夏课园丁早暮以水浇之，至十月少止，今春皆作花。固知老圃虽小道，亦有调停燥湿当其可之谓时也。"

清人计楠《牡丹谱》说："夏天须以芦箔高遮，仍要透风，不可日日浇水。至于浇肥之法，猪秽为上，人粪次之。必须预蓄半年，其性勿劣，用时以水清开。立冬浇一次，三分肥七分水。冬至浇一次，五分肥五分水。腊底浇一次，纯肥。立春后则以三分肥水，间四五日一浇。花谢后，再浇轻肥一次。"

各家浇灌牡丹的说法差异很大，甚至恰恰相反。这些说法针对的历史时期不同，有北宋的，有明代的，也有清代的；针对的地区也不同，有河南洛阳的（即王世懋所说的中州），有安徽亳州的，有山东菏泽的，也有江南沿海地区的。不同时代，不同地区，在气候寒热、风力大小、日光强弱、土壤燥湿、地力肥瘠等方面必然存在差异，牡丹的浇灌需要因地制宜，存在差别是合乎情理的事情。其中出自园艺家或有浇灌牡丹经历的人的说法，自然属于经过实践检验的理论。但欧阳修当时只是一位青年官员，没有园艺嗜好和经历，他在洛阳的四个春天都没赶上好好看牡丹，可想而知，《洛阳牡丹记》中的园艺说法多是来自传闻。他所说"十月、十一月，三日、二日一浇，正月隔日一浇，二月一日一浇"，与上述诸人说法迥异。牡丹冬天处在冬眠状态中，立春后寒气料峭还没有缓过劲来，需要频繁浇水吗？不怕根部腐朽坏死吗？南宋温革《分门琐碎录·种艺·浇花法》说："牡丹将开，不可多灌，土寒则开迟。"欧阳修的这一说法是错误的。

一本①发数朵者，择其小者去之，只留一二朵，谓之打剥，惧分其脉也。花才落便翦其枝，勿令结子，惧其易老也。春初既去蒻庵，便以棘数枝置花丛上，棘气暖，可以辟霜，不损花芽。他大树亦然。此养花之法也。

【译文】

牡丹的一个枝条上开好几个花蕾的，要将小的去掉一部分，只留下一两个大点的花蕾，这叫作打剥。之所以这样做，是由于担心花蕾太多，会分散营养【，花朵都长不好】。花朵刚刚凋谢，就要剪枝，不要让它们结子。这样做是担心主干【消耗营养，】轻易衰老。开春后，去掉嫁接苗上的草庵子，立即将一些酸枣枝置放其上，利用酸枣枝散发的暖气，使其免遭春寒摧残，就不至于损害花芽的萌生了。对于那些有一定树龄的高大植株的牡丹，也要将一些酸枣枝放置在上面来保暖。这是护养牡丹的方法。

花开渐小于旧者，盖有蠹虫损之。必寻其穴，以硫黄簪之。其旁又有小穴如针孔，乃虫所藏处，花工谓之气窗，以大针点硫黄末针之，虫乃死，虫死花复盛。此医花之法也。

---

① 本的原意是棵、株，这里指枝条。

【译文】

牡丹花开放，花朵却一年小于一年，这大概是有蠹虫咬啮牡丹的根部，损害牡丹的生长。那就定要寻找害虫的洞穴，向洞穴中注入一些硫黄。洞穴旁有针孔一样的小眼，这就是害虫藏身的处所，花匠把这号小窟窿叫作气窗。要用大针粘一点硫黄粉末来穿刺，害虫就被消灭了，害虫死了，牡丹花就能再度开得繁盛。这是医治牡丹虫害的方法。

乌贼鱼骨以针花树，入其肤，花辄死。此花之忌也。

【译文】

用乌贼鱼（墨鱼）的骨头来刺牡丹植株，扎入树皮，牡丹花就死了。这是栽培牡丹一定要忌讳的。

洛阳花木记

（北宋）周师厚 著

评　述

　　北宋周师厚撰写的《洛阳花木记》，是继欧阳修《洛阳牡丹记》之后的又一份记载北宋时期洛阳牡丹的谱录。两份谱录的写作时间，间隔将近半个世纪。

　　周师厚（1031～1087），字敦夫，鄞县（今浙江宁波市鄞州区）人。宋仁宗皇祐五年（1053）进士及第，授衢州西安令，由制置条例司提举湖北常平，通判河南府及保州，迁荆湖南路转运判官。他曾两度逗留洛阳。第一次时间短暂，是在宋神宗熙宁三年（1070）三月路过洛阳时，恰值牡丹花期，他有幸游览寺观名园，目睹牡丹芳容，证实了以前所得牡丹传闻均为实录。他第二次来洛阳，是来这里做官，时间长一些。他于宋神宗元丰四年（1081）到任，得以从容游览各处花圃，细心观察、鉴赏各种花卉，多处采访趣闻，遂于元丰五年（1082）二月撰成《洛阳花木记》一卷。

　　《洛阳花木记》备载洛阳四季种种花木，其中牡丹是一大宗，多达109种。周师厚先按照千叶（重瓣花）、多叶（半重瓣花）和花色进行分类，列出109种牡丹的品名和别名，然后以《叙牡丹》为单元标题，组织文字，对其中55种牡丹做出详细的描述。周师厚在《洛阳花木记》开篇的小序指出，牡丹之外，还记载别的洛阳花卉，"得芍药四十余品，杂花二百六十余品，叙于后"。但实际上，《洛阳花木记》记载的牡丹之外的花卉，计有"芍药"41 种，瑞香、海棠等"杂花"82种，桃花、杏花、梨花等"果子花"147 种，蔷薇、月季等"刺花"37种，兰花、菊花等"草花"89 种，各种莲花等"水花"17 种，凌霄、牵牛花等"蔓花"6 种，并备列各自的花名，共计 419 种，远远超出小序中的统计数据。可见小序写成后，本文中洛阳花卉的记载续有增补。《洛阳花木记》还记载了牡丹的播种、嫁接、打剥、浇灌等方面的技术性问题，以及分芍药的方法。

欧阳修的《洛阳牡丹记》，只记载当时洛阳牡丹 24 个品种。周师厚《洛阳花木记》记载当时洛阳牡丹多达 109 种，显然是在补充欧谱来不及提到的变化情况。仅就周师厚《洛阳花木记·叙牡丹》详细描述的 55 种牡丹来说，与欧阳修不同者 46 种，几乎是欧阳修所记的两倍；所记相同者 9 种，也有细节的不同。如欧谱说"一百五者，多叶白花"，即牡丹品种一百五是半重瓣花；周谱说"一百五者，千叶白花"，却成了重瓣花。如果不是谁弄错了，那便是 50 年间，一百五牡丹进化变异了。欧阳修《洛阳牡丹图》诗说北宋牡丹变异迅速："客言近岁花特异，往往变出呈新枝。……当时绝品可数者，魏红窈窕姚黄妃。寿安细叶开尚少，朱砂玉版人未知。传闻千叶昔未有，只从左紫名初驰。四十年间花百变，最后最好潜溪绯。"周师厚的《洛阳花木记》，从更广的层面反映了这种情况。

现存周师厚一卷本《洛阳花木记》的完整文本，是元明之际学者陶宗仪编纂的 100 卷本《说郛》卷 26 所载的文本，《说郛》在《洛阳花木记》的标题下交代"一卷全抄"。清代顺治三年（1646）陶珽重编、李际期宛委山堂刊刻的 120 卷本《说郛》，把 100 卷本《说郛》大事改窜，大量增加抄书内容，大肆调整编排结构。具体到《洛阳花木记》来说，120 卷本《说郛》将它予以拆分，将其中的《叙牡丹》单独抽出来，改标题为《洛阳牡丹记》，剩余部分保留原标题《洛阳花木记》，这样就成了两篇文字，一并设置在 120 卷本《说郛》的卷

104 中。

120 卷本《说郛》这一做法，为后来的一些书籍所沿袭。清代康熙时期陈梦雷等编辑的《古今图书集成》，在《草木典》卷 287《牡丹卷·汇考一》中，次第收录欧阳修、周师厚两份《洛阳牡丹记》，为了同欧阳修的《洛阳牡丹记》相区别，在周师厚这一份的篇名前加了"鄞江周氏"四个字，并且在篇名下、正文前加了个标题《各种牡丹》。这一编排题署做法，为清末吴其濬编辑的《植物名实图考长编》卷 11《芳草》所承用。清末虫天子（本名王文濡，一说张廷华）编的《香艳丛书》，第十集卷 4 收录周师厚这篇牡丹单列文献，只有《洛阳牡丹记》题目和正文文字。

我这里整理周师厚《洛阳花木记》，以 100 卷本《说郛》卷 26（《说郛三种》本，上海古籍出版社，1988）为底本，以 120 卷本《说郛》卷 104、《古今图书集成·草木典》卷 287《牡丹部·汇考一》，以及《香艳丛书》第十集卷 4，作为参校本，对文本做出注释和译文。对于《洛阳花木记》中记载的牡丹以外的花卉内容，一律删除。为了让读者了解《洛阳花木记》的内容结构和排列次序，在删除的地方予以交代。

　　予少时闻洛阳花卉之盛甲于天下，尝恨未能尽观其繁盛妍丽，窃有憾焉。熙宁中，长兄倅①绛，因自东都谒告，往省遍观。三月过洛阳，始得游精蓝②名圃，赏所谓牡丹者，然后信向之所闻为不虚矣。会迫于官期，不得从容游览，然目之所阅者，天下之所未见也。元丰四年，余佐官于洛，吏事之暇，因得从容游赏。居岁余矣，甲第名园，百未游其十数，奇花异卉，十未睹其四五。于是博求谱录，得唐李卫公《平泉花木记》③，范

---

① 倅（cuì）：担任副职。
② 精蓝：佛寺。佛寺称精舍、伽蓝。
③ 李德裕（787~850），字文饶，赵郡赞皇（今河北赞皇县）人。唐武宗时进封太尉、卫国公。他在洛阳南建有庄园，名平泉山居，其中栽植来自全国各地的花木。

尚书①、欧阳参政二谱，按名寻讨，十始见其七八焉。然范公所述者五十二品，可考者才三十八；欧之所录者二篇而已，其叙钱思公双桂楼下小屏中所录九十余种，但概言其略耳，至于花之名品，则莫得而见焉。因以予耳目之所闻见，及近世所出新花，参校二贤所录者，凡百余品，其亦殚于此乎！

【译文】

我小时候就听说洛阳花卉繁盛，天下第一，曾为自己未能看遍洛阳四季种种花卉的繁盛艳丽情况而深感遗憾。熙宁年间（1068～1077），我的长兄被朝廷任命担任绛州（治今山西新绛县）的副长官通判，去东都开封拜谒朝廷，告假回家探亲，沿途遍览风景。我们三月份路过洛阳，我才有幸游览当地的佛寺和名园，观赏到人们盛传的牡丹，这才相信以前所听到的关于洛阳牡丹的说法不是虚妄的瞎吹。由于哥哥上任的期限很紧迫，我们不能在洛阳从容不迫地游览，然而这次亲眼见到的洛阳牡丹花，是在其余地方所见不到的。元丰四年（1081），我来洛阳供职，公务之余，得以悠闲地到处寻花游赏。我在洛阳居住一年多了，著名的宅第园林，足迹所到之处尚不足十分之一，奇花异草，亲眼看见的尚不足一半。我于是广泛寻求关于洛阳的花木谱录，搜集到唐朝卫国公李德裕的《平泉花木记》，国朝礼部尚书范雍、参知政事欧阳修的两份花木谱录。我按照这些谱录著录的花木名称实地考察，亲眼见到的花木才占到谱录著录的十分之七八。范先生谱录记载花卉52种，可考者才38种。欧阳先生著录牡丹，在《洛阳牡丹记》中只有《花品叙》《花释名》两篇而已。其中叙述西京留守钱惟演双桂楼中小屏风上面所写的90多种牡丹花名称，但只是笼统提到，至于具体的名称和品种则没有记载，我当然无从参访。现在，我以自己的耳目所见闻，以及近年洛阳所出的新花，参校范尚书、欧阳丞相二人谱录所著录的花木品种，写下

---

① 范雍（981～1046），字伯纯，河南洛阳人。宋真宗咸平初进士，为洛阳主簿，累徙河南府，迁礼部尚书。

这篇《洛阳花木记》，记载洛阳花木总共 100 多种，恐怕已经囊括无余了吧！

  然前贤之所记与天下之所知者，止于牡丹而已。至于芍药，天下必以维扬为称首，然而知洛之所植，其名品不减维扬，而开头之大，殆不如也。又若天下四方所产珍丛佳卉，得一于园馆，足以为美景异致者，洛中靡不兼有之。然天下之人徒知洛土之宜花，而未知洛阳衣冠之渊薮①。王公将相之圃第，鳞次而栉比，其宦于四方者，舟运车辇，致之于穷山远徼②，而又得沃美之土。与洛人之好事者又善植，此所以天下莫能拟其美且盛也。今摭③旧谱之所未载，得芍药四十余品，杂花二百六十余品，叙于后，非敢贻诸好事，将以待退居灌园，按谱而求其可致者，以备亭馆之植云尔。

  元丰五年二月，鄞江周序。

【译文】

  然而前贤写作的花谱所记载的洛阳花卉，以及天下人所知道的洛阳花卉，仅局限于牡丹一种花卉而已。至于芍药，各地人必定认为扬州的芍药为天下第一。然而就我亲眼所见，深信洛阳栽培的芍药，其著名品种绝不比扬州的逊色，只是花头没有扬州的硕大而已。再比如说，天下各地所产的种种珍奇花卉，能在园圃中集中见到，形成美丽的景致，这样的园圃在洛阳比比皆是。然而天下人仅知道洛阳当地的水土适宜花卉的生长，而不知道洛阳当地还是达官贵人们麇集的地方。王公将相们的宅第、园圃，鳞次而栉比。其中在各地做官的人物，将各地的奇花异卉，用舟船、车辆运至洛阳，罗致到各种品种，甚至来自幽邃的深山和

---

  ① 渊薮：渊是深水，鱼类的处所；薮是水边的草地，兽类的处所。渊薮比喻人或事物集中的地方。

  ② 远徼（jiào）：边远地区。

  ③ 摭（zhí）：拾取，摘取。

蛮荒的边地，到洛阳便得以生长在肥美的土壤中。再加上洛阳当地热心于培植花卉的人又善于栽种，这便是天下各地人不能在其当地营造出洛阳花卉这样美丽且繁盛局面的原因之所在。现在我将上述旧谱所不曾记载的洛阳花卉汇集起来，写于下面，记有芍药十多种，百花260多种。我不敢将这份《洛阳花木记》提供给嗜好花卉栽培的行家里手们使用，等以后我退居田园了，按照这里的记载来搜求可以得到的花卉，栽培在自家亭馆旁边罢了。

元丰五年（1082）二月，鄞江（今浙江宁波市）周氏序。

牡丹（千叶五十九品，多叶五十品）

千叶黄花，其别有十：姚黄、胜姚黄、牛家黄、千心黄、甘草黄、丹州黄、闵黄、女真黄、丝头黄、御袍黄。

【译文】

牡丹（重瓣花一共59种，半重瓣花50种）

重瓣黄牡丹，一共10种，即姚黄、胜姚黄、牛家黄、千心黄、甘草黄、丹州黄、闵黄、女真黄、丝头黄、御袍黄。

（郭绍林按：以下译文仿此，从略。）

千叶红花，其别三十有四：状元红、魏花、胜魏、都胜、红都胜、紫都胜、瑞云红、岳山红、间金红、金系腰、一捻红、九萼红、刘师阁、大叶寿安、细叶寿安、洗妆红、蹙金球、探春球、二色红、蹙金楼子、碎金红、越山红楼子、彤云红、转枝红、紫丝旋心、富贵红、不晕红、寿妆红、玉盘妆、双头红（亦开多叶）、遇仙红、盖园红、簇四、簇五。

千叶紫花，其别有十：双头紫、左紫、紫绣球、安胜紫、大宋紫、顺圣紫、陈州紫、袁家紫、婆台紫、平头紫。

千叶绯花，一：潜溪绯。

千叶白花，其别有四：玉千叶、玉楼春、玉蒸饼、一百五。

多叶红花：其别三十有二：鞓红、大红（深粉红）、湿红、承露红（有十二个子）、胭脂红、添色红（深似鹤翎）、鹤翎红、朱砂红、揉红、献来红①、贺红、大晕红、林家红（色深红）、两京强、观音红、青州红、玉镂红②、双头红、汝州红、独看红、鹿胎红、缀州红、试妆红、玲珑红、青线棱、延州红、苏家红、白马草③、夹黄蕊、丹州红、柿红、唐家红。

多叶紫花，其别十有四：泼墨紫、冠子紫、叶底紫、光紫、段家紫、银合棱（左紫之单叶者）、经藏紫④、莲花萼、大紫（亦名长寿紫）、索家紫、陈州紫、双头紫、承露紫、唐家紫。

多叶黄花，其别有三：丝头黄、吕黄、古姚黄。

多叶白花，一：玉盏白。

（郭绍林按：《洛阳花木记》下文记载"芍药"41种，瑞香、海棠等"杂花"82种，桃花、杏花、梨花等"果子花"147种，蔷薇、月季等"刺花"37种，兰花、菊花等"草花"89种，各种莲花等"水花"17种，凌霄、牵牛花等"蔓花"6种，并备列各自的花名，共计419种。这些花卉与"牡丹谱录"无关，文繁，不录。）

叙牡丹

姚黄，千叶黄花也，色极鲜洁，精采射人。有深紫檀心，近瓶⑤青旋心一匝，与瓶同色。开头可八九寸许。其花本出北邙山下白司马坡⑥姚氏家。今洛中名园中传接虽多，惟水北岁有开者，大率间岁乃成千叶，余年皆单叶或多叶耳。水南率数岁一开千叶，然不及水北之盛也。盖本出山中，宜高，近市多粪壤，非其性也。其开最晚，在众

---

① 献来红：原作"献采红"，据120卷本《说郛》卷104本条校改。
② 玉镂红：原作"玉楼红"，据下文"玉镂红"条校改。
③ 白马草：120卷本《说郛》卷104本条作"白马山"。
④ 经藏紫：120卷本《说郛》卷104本条作"经筬紫"。
⑤ 瓶：雌蕊。
⑥ 唐代称为白司马坂。武则天时期，张廷珪曾上过两份《谏白司马坂营大像表》。

花凋零之后，芍药未开之前。其色甚美，而高洁之性，敷荣①之时，特异于众花，故洛人贵②之，号为花王。城中每岁不过开三数朵，都人士女必倾城往观，乡人扶老携幼，不远千里。其为时所贵重如此。

【译文】

牡丹品种姚黄，是重瓣黄色花。花色极其鲜亮洁净，神采照人。花朵中有深紫檀色的花心，接近雌蕊的部位，围绕着一圈青色的花瓣，与雌蕊的颜色一致。此花开放时，花朵直径有八九寸那么长。此花出自北邙山下白司马坡姚氏家。如今洛阳城中那些著名的花圃中，传入嫁接虽然很多，但只有洛河以北年年开花，大抵间隔一年才开成重瓣，另一年不是单瓣就是半重瓣。洛河以南大略好几年才开出一回重瓣，但还是不如洛河以北开得繁盛。这大概是由于该品种原本出自邙山，适应高地的清爽环境，而接近市井的地段，粪土污浊，与它的生长习性相违背。姚黄开花比其余牡丹都晚，处在众多牡丹凋零之后，芍药开花之前。姚黄花色甚美，它那高洁的气质、绽放的时间节点，与其余品种的牡丹迥然不同。因此，洛阳人特别珍爱它，把它称作花王。洛阳城中，姚黄开放，每年不过几朵而已。居民们倾城而出，前往观赏。外地人扶老携幼，不远千里【，前来一饱眼福】。姚黄为时人所看重，就是这样的。

胜姚黄、靳黄，千叶黄花也。有深紫檀心，开头可八九寸许。色虽深于姚，然精采未易胜也。但频年有花，洛人所以贵之。出靳氏之圃，因姓得之，皆在姚黄之前。洛人贵之皆不减姚花。但鲜洁不及姚，而无青心之异焉。可以亚姚，而居丹州黄之上矣。

---

① 敷荣：开花。曹魏嵇康《琴赋》说："若众葩敷荣曜春风。"
② 贵：原作"赏"，据《古今图书集成·草木典》卷287《牡丹卷·汇考一》本句校改。

【译文】

　　胜姚黄、靳黄这两个品种的牡丹，都是重瓣黄色花。它们都有深紫檀色的花心，绽放开来，花朵直径有八九寸那么长。它们的颜色尽管比姚黄深，但神韵风采却比不上姚黄。然而它们能够连年不间断地开花，所以洛阳人很看重它们。它们都出自靳氏的花圃，就以姓氏命名，都出在姚黄之前。洛阳人珍爱它们，并不亚于姚黄。但这两种黄牡丹，论鲜亮洁净，都比不上姚黄，而且没有姚黄那样雌蕊周围长着一圈青色花瓣的特异现象。它们可以居于姚黄之下的地位，但居于丹州黄之上。

　　牛家黄，亦千叶黄花也。其出先于姚黄，盖花之祖也。色有红黄相间，类一捻红之初开时也。真宗祀汾阴还，驻跸淑景亭，赏花宴从臣，洛民牛氏献此花，故后人谓之牛花。然色浅于姚黄而微带红色。其品目当在姚、靳之下矣。

【译文】

　　牛家黄，也是重瓣黄色花。它的问世早于姚黄，大概算得上是黄牡丹族类的老祖宗了。它的花色是红黄相间，类似一捻红牡丹刚刚开放时的情况。皇朝真宗皇帝去汾阴（今山西万荣县）祭祀后土，回銮途中驻跸西京洛阳，在内园淑景亭设宴招待随从大臣，一起观赏牡丹。这时，洛阳居民牛氏献上这一品种的牡丹，因而后人以其姓氏将该品种叫作牛花。然而牛家黄牡丹的花色比姚黄浅，且略带红色。它的品第应当在姚黄、靳黄之下。

　　千心黄，千叶黄花也。大率类丹州黄，而近瓶碎蕊特盛，异于众花，故谓之千心黄。

【译文】

　　千心黄牡丹，是重瓣黄色花。大略类似于丹州黄，而邻近雌蕊中心,许多雌蕊演化成花瓣,细碎而繁多。这一点与众多牡丹不同,所以人们称它为千心黄。

甘草黄,千叶黄花也。有红檀心,色微浅于姚黄,盖牛、丹之比焉。其花初时多单叶,今名园培壅之盛,变为千叶。

【译文】

甘草黄,是重瓣黄色花。它有红檀色的花心,花色比姚黄稍微浅淡,与牛家黄、丹州黄相当。这种品种的牡丹刚出现时,多是单瓣花朵,经洛阳一些著名园圃的精心培育,如今变成了重瓣花朵。

丹州黄,千叶黄花也。色浅于靳而深于甘草黄。有深红檀心,大可半叶。其花初出时本多叶,今名园栽接得地,间或成千叶,然不能岁成就也。

【译文】

丹州黄牡丹,是重瓣黄色花。它的花色比靳黄浅淡,比甘草黄浓深。它有深红檀心,有半个花瓣那么大。该品种牡丹刚问世时,是半重瓣花朵。幸好著名园圃有顺应它生长的土壤,就地栽接培育,它便间或开成重瓣,但是不能年年都成功地开成重瓣。

闵黄,千叶黄花也。色类甘草黄而无檀心。出于闵氏之圃,因此得名。其品第盖甘草黄之比欤。

【译文】

闵黄牡丹,是重瓣黄色花。它的花色类似于甘草黄,但不像甘草黄那样有檀色花心。该品种出自闵氏家的花圃,因此得了"闵黄"这个品名。它的品第大概与甘草黄相当吧。

女真黄，千叶浅黄色花也。元丰中，出于洛民银李氏园中，李以为异，献于大尹潞公①。公见，心爱之，命曰"女真黄②"。其开头可八九寸许。色类丹州黄，而微带红色，温润匀莹。其状端整，类刘师阁而黄。诸名圃皆未有，其亦甘草黄之比欤。

【译文】

女真黄牡丹，是重瓣浅黄色花。元丰年间（1078～1085），出于洛阳居民银李氏的花圃中。李氏认为这个品种很特别，就进献给河南府尹文潞公。文大人见到这种牡丹，十分喜爱，给它起个名字叫"女真黄"。该牡丹开花时，花朵直径有八九寸长。它的花色类似丹州黄，但略微带点红色，像玉一般温润，色泽均匀鲜明。它的形状整齐端庄，很像刘师阁牡丹，但比刘师阁黄一些。这一品种为洛阳诸多著名园林中所阙如，论其品第，也只是相当于甘草黄之类罢了。

---

① 北宋设洛阳地区为河南府，其正长官叫作尹，俗称大尹，副长官则称为少尹。潞公：文彦博的爵号。文彦博（1006～1097），字宽夫，号伊叟，汾州介休（今山西介休市）人。宋仁宗天圣五年（1027）进士。历任殿中侍御史、转运副使、枢密副使、参知政事、同平章事等职，封潞国公。曾出知许州、青州、永兴军，出判大名府、河南府，累加至太尉。卒，追复太师，谥号忠烈。

② 女真：东北地区的古老民族，西周称肃慎，汉晋称挹娄，南北朝称勿吉，隋唐称黑水靺鞨。五代始称女真，后来避辽兴宗宗真讳，改称女直。女真中的完颜部定居在按出虎水（今黑龙江哈尔滨市阿城区境内的阿什河）一带。北宋时期，女真人受着契丹族辽朝的民族压迫和经济奴役，完颜部首领阿骨打起兵斗争，节节胜利，于1115年正月元日建国称帝，国号大金。国名所以叫作"金"，一说按出虎水在女真语中意思是金，其沿岸盛产黄金；一说《金史》卷2《太祖纪》所记载，阿骨打认为："辽以宾铁为号，取其坚也。宾铁虽坚，终亦变坏，惟金不变不坏。"靖康二年（1127），金灭北宋。元丰五年（1082）周师厚撰写《洛阳花木记》时，金尚未建国，更谈不上有灭亡北宋的征兆，所以当时北宋人对女真人没有民族仇恨，将牡丹命名为"女真黄"。金国建立前，女真有很多部落，居住在不同地区。南宋徐梦莘《三朝北盟会编》卷3说，女真中一个部落，"多黄发，鬓皆黄，目睛绿者，谓之黄头女真"。女真黄牡丹的得名，可能因为花朵的颜色和形状类似黄头女真的样子。后来，南宋抗金派诗人陆游《中夜闻大雷雨》诗说："黄头女真褫（chǐ，丧失）魂魄，面缚军门争请死。"金朝元好问《续夷坚志》卷4"女真黄"条说："文潞公元丰间镇洛，水南银李以千叶淡黄牡丹来献，且乞名，公名之曰'女真黄'。后人始知其谶（chèn，带有迷信色彩的政治预言）。"未免求之过深，加以曲解。

丝头黄，千叶黄花也。色类丹州黄。外有大叶如盘，中有碎叶一簇，可百余片。碎叶之心有黄丝数十茎，耸起而特高立，出于花叶之上，故目之为丝头黄。唯天王寺僧房中一本特佳，它圃未之有也。

【译文】

丝头黄，是重瓣黄色花。花色类似丹州黄。花朵外围是盘子一样的大花瓣，中间是一簇由花蕊瓣化而成的碎花瓣，约有一百多片。碎花瓣的中间，有黄丝数十根，挺拔耸立，高高超出花瓣之上，所以被标目为丝头黄。只有天王寺僧人宿舍区的一株丝头黄出类拔萃，其他花圃见不到。

御袍黄，千叶黄花也。色与开头大率类女真黄。元丰初，应天院神御①花圃中植山篦②数百，忽于其中变此一种，因目之为御袍黄。

【译文】

御袍黄牡丹，是重瓣黄色花。它的花色和花冠的大小，约略与女真黄相似。元丰（1078～1085）初期，应天院神御殿旁的花圃中，种植着数百株牡丹山篦子，忽然其中一株变化出这个品种，因此给它起名御袍黄。

状元红，千叶深红花也。色类丹砂而浅。叶杪微浅，近萼渐深，有紫檀心，开头可七八寸。其色最美，迥出众花之上，故洛人以"状元"呼之。惜乎开头差小于魏花，而色深过之远甚。其花出安国寺③张氏

---

① 《宋史》卷7《真宗纪二》记载：宋真宗景德四年（1007）"二月己巳，幸西京。……癸酉，诏西京建太祖神御殿"。洛阳应天院神御殿，犹如后世国家元首纪念堂，其中供奉北宋开国以来几位皇帝的御容（画像），高级官员常来拜谒。
② 山篦：又叫山篦子、栽子，是供嫁接接穗用的砧木。
③ 据清人徐松《唐两京城坊考》卷5记载，安国寺在唐代洛阳城区西南部、洛河以南的宣风坊。唐中宗"神龙三年（707）建为崇因尼寺，复改卫国寺，〔唐睿宗〕景云元年（710）改安国寺。〔唐武宗〕会昌（841～846）中废，后复葺之，改为僧居。诸院牡丹特盛"。

家，熙宁初方有之，俗谓之张八花。今流传诸处甚盛，然岁有此花①，又特可贵也。

【译文】

状元红牡丹，是重瓣深红色花。花色类似丹砂，只是浅一点。花瓣顶端颜色微淡，朝着底端花萼的方向，颜色渐渐变深。【花朵中间】有紫檀色的花心。花朵盛开时，直径有七八寸。这一种牡丹，花色非常漂亮，远远超出众多牡丹之上，所以洛阳人以"状元"称呼它。只可惜花冠略小于魏花，而花色却比魏花深得多。这种牡丹出自安国寺旁的张氏家，熙宁（1068～1077）初年才出现，民间依据老张在家族兄弟辈中排行老八，把该品种叫作张八花。如今状元红牡丹流传到很多地方，很普遍，很繁盛，而且年年开花，所以特别可贵。

魏花，千叶肉红花也。本出晋相魏仁溥②园中，今流传特盛。然叶最繁密，人有数之者，至七百余叶。面大如盘，中堆积碎叶，突起圆整，如覆钟状。开头可八九寸许。其花端丽精美莹洁，异于众花。洛人谓姚黄为王，魏花为后，诚善评也。近年有胜魏、都胜二品出焉。胜魏似魏花而微深，都胜似魏花而差大，叶微带紫红色。意其种皆魏花之所变软？岂寓于红花本者，其子变而为胜魏，寓于紫花本者，其子变而为都胜耶？

【译文】

魏花牡丹，是重瓣肉红色花。它原本出自后晋宰相魏仁浦的园子中，如今流传尤其广泛。魏花的花瓣最为茂密，有人数了数，一朵花竟然有七百多片花瓣。花冠阔大如盘子，花朵中间堆积着花蕊瓣化而成的

---

① 然岁有此花：《古今图书集成·草木典》卷287《牡丹部·汇考一》本句作"龙岁有此花"，则指辰年，12年才轮一回，那便意味着状元红牡丹不是年年开花，与此处所说"甚盛"矛盾，殆不可信。

② 应作魏仁浦，后晋时他不是宰相，仅是低级别的枢密院小吏，五代末年周世宗时，才提拔为平章事，即宰相。

细碎花瓣，挺拔耸立，整体上圆乎乎的，很规整，就像一口铜钟倾倒摆放的样子。魏花绽放开来，直径八九寸长。这种牡丹花形象端丽精致，晶莹洁净，与其余牡丹不同。洛阳人把姚黄牡丹叫作花王，把魏花牡丹叫作花后，确实是恰如其分的评价呀。近年来，又出现了胜魏、都胜两个牡丹品种。胜魏牡丹与魏花相像，但花色略微深一些，都胜牡丹也与魏花相像，但花盘稍微大一些，花瓣微带紫红色。猜想起来，这两种牡丹莫非都是魏花变异而成的品种？难道是以红花牡丹做砧木予以嫁接，新一代就变成了胜魏，以紫花牡丹做砧木予以嫁接，新一代就变成了都胜？

瑞云红，千叶肉红花也。开头大尺余，色类魏花微深。然碎叶差大，不若魏之繁密也。叶杪微卷如云气状，故以瑞云目之。然与魏花迭为盛衰，魏花多则瑞云少，瑞云多则魏花少。意者草木之妖亦相忌嫉，而势不并立欤！

【译文】

瑞云红牡丹，是重瓣红色花。花朵开放，直径长达一尺多。花色类似于魏花，但比魏花略深。然而花朵中间的碎花瓣比魏花的大一些，不如魏花之紧凑繁密。这种牡丹，花瓣顶端微微卷曲，好像天空中的云朵舒卷自如，所以就把它标目为瑞云。这种瑞云红牡丹，同魏花牡丹轮流盛衰，魏花开得多，瑞云红就开得少，瑞云红开得多，魏花就开得少。推想起来，莫非草木中的精灵也会彼此嫉妒，闹到势不两立的地步！

岳山红，千叶肉红花也。本出于嵩岳，因得此名。深于瑞云，浅于状元红，有紫檀心，鲜洁可爱。花唇微淡，近萼渐深，开头可八九寸许。

【译文】

岳山红牡丹，是重瓣肉红色花。它原本出自中岳嵩山，因此得了这个品名。它的花色比瑞云红深，比状元红浅，花朵中间有紫檀色花心，鲜明洁净，十分可爱。花瓣上部边缘，颜色微淡，向下直到花萼，颜色越来越深。此花开放时，花冠直径有八九寸长。

间金红，千叶红花也。微带紫，而类金系腰。开头可八九寸许。叶间有黄蕊，故以间金目之。其盖夹黄蕊之所变也。

【译文】

牡丹品种间金红，是重瓣红色花。但红中微微带点紫色，类似金系腰牡丹。这一牡丹绽开时，花冠直径有八九寸长。红色花瓣中间隔地点缀着黄蕊，所以人们以间金来给它标目。这种牡丹，大概是由夹黄蕊牡丹变异而来的吧。

金系腰，千叶黄花也。类间金而无蕊。每叶上有金线一道，横于半叶上，故目之为金系腰。其花本出于缑氏山中。

【译文】

牡丹品种金系腰，是重瓣黄色花。形状有点像间金，但没有间金那种花朵内间隔点缀黄蕊的现象。每片花瓣的中部，都有一道横行的金线，所以叫作金系腰。该品种出自缑氏山中。

一捻红，千叶粉红花也。有檀心。花叶之杪各有深红一点，如美人以胭脂手捻之，故谓之一捻红。然开头差小，可七八寸许。初开时多青，拆开时乃变红耳。

【译文】

一捻红牡丹，是重瓣粉红色花。有檀色花心。每片花瓣的梢头，都有一个深红色的斑点，好像美女以带着红胭脂的手指头捻过而留下痕迹，所以叫作一捻红。然而开放时花盘有点小，直径约莫七八寸。刚刚开花时是青色，怒放时才变成粉红色。

九蕚红，千叶粉红花也。茎叶极高大。其苞有青趺①九重，苞未拆时，特异于众花。花开必先青，拆数日然后色变红。花叶多皱蹙，有类揉草。然多不成就。偶有成者，开头盈尺。

【译文】

九蕚红牡丹，是重瓣粉红色花。该品种牡丹植株高大，枝条粗壮，绿叶阔大。花苞尚未绽开时，便与其余牡丹不同，其底下绕着九重青色花蕚。花儿刚刚开放，必定呈现青色，开放几天后花色变红。花瓣多呈收缩紧蹙状，就像草叶被搓揉变得卷曲一样。这种牡丹，大多栽培不能成功，一旦成功，花冠直径超过一尺。

刘师阁，千叶浅红花也。开头可八九寸许，无檀心。本出长安刘氏尼之阁下，因此得名。微带红黄色，如美人肌肉然。莹白温润，花亦端整。然不常开，率数年乃见一花耳。

【译文】

刘师阁牡丹，是重瓣浅红色花。盛开时，花冠直径有八九寸光景。花朵中间没有檀色花心。它最初出自长安（今陕西西安市）比丘尼刘氏的阁楼下，因此得了这个品名。花色微带红黄色，像美女的肌肤颜色那样。该花莹白温润，形象也很端庄整齐。这种牡丹不常开花，大致好几年才见它开一回。

寿安，有二种，皆千叶肉红花也，出寿安县锦屏山中。其色似魏花而浅淡。一种叶差大，开头亦大②，因谓之大叶寿安。一种叶细，故谓之细叶寿安云。

---

① 趺（fū）：同"跗"，足部，此处指花冠底下的花蕚。
② 开头亦大：《古今图书集成·草木典》卷287《牡丹部·汇考一》本句作"开头不大"。

【译文】

寿安牡丹有两种，都是重瓣肉红色花，出自寿安县（今河南宜阳县）锦屏山中。它们的花色很像魏花牡丹，但比魏花浅淡一点。一种花瓣稍大，花盘也大，因而称之为大叶寿安。另一种花瓣细小，所以称之为细叶寿安。

洗妆红，千叶肉红花也。元丰中，忽生于银李圃山篦中，大率似寿安而小异。刘公伯寿①见而爱之，谓如美妇人洗去朱粉，而见其天真之肌，莹澈温润，因命今名。其品第盖寿安、刘师阁之比欤。

【译文】

洗妆红牡丹，是重瓣肉红色花。元丰年间（1078～1085），这种牡丹忽然在银李圃的山篦子中生长出来，其形状花色与寿安牡丹大同小异。刘伯寿先生见到这种牡丹，非常喜爱，说就像美妇人洗去铅华，显现出肌肤的天然本真，光鲜洁净，温润细腻，因而命名为现在这个品名。该品种牡丹的品第，大概与寿安红牡丹、刘师阁牡丹相当吧。

蹙金球，千叶浅红花也。色类间金，而叶杪皱蹙，间有黄棱断续于其间，因此得名。然不知所出之因。今安胜寺及诸园皆有之。

【译文】

蹙金球牡丹，是重瓣浅红色花。它的花色类似于间金牡丹，但花瓣顶端缩得皱巴巴的，花瓣中偶或突起不连贯的金黄色棱线，因此得名蹙金球。然而不知道这种牡丹是在什么时候、什么地点出现的。如今安胜

---

① 刘几（1008～1088），字伯寿，号玉华庵主，洛阳人。宋仁宗时期进士（清雍正《河南通志》卷45）。历任通判邠州、知宁州、知邠州、循州刺史、西上阁门使、嘉州团练使、太原、泾原路总管、秦凤总管、四方馆使、知保州等。宋神宗时以秘书监致仕。

寺和一些园圃中，都有这一品种。

探春球，千叶肉红花也。开时在谷雨前，与一百五相次开，故曰探春球。其花大率类寿安红。以其开早，故得今名。

【译文】

探春球牡丹，是重瓣肉红色花。它在谷雨节气前就开花了，同一百五牡丹次第开放，所以叫作探春球。这个牡丹品种，花朵大致与寿安红牡丹相似。因为它开得最早，所以得了现在这个名字。

二色红，千叶红花也。元丰中出于银李园中。于接头一本上岐分①为二色，一浅一深，深者类间金，浅者类瑞云。始以为有两接头，详细视之，实一本也。岂一气之所钟，而有深浅厚薄之不齐欤？大尹潞公见而赏异之，因命今名。

【译文】

二色红牡丹，是重瓣红色花。元丰年间（1078～1085）出自银李园中。这个牡丹品种，在一个接穗上开花，却开出分杈，一浅一深两种红色，颜色深的类似间金牡丹，颜色浅的类似瑞云红牡丹。起初，人们以为它们出自两个接穗，详细观察，其实是一个接穗。难道是一股元气集中赋予这种牡丹时，深浅厚薄不均匀【而导致这样的结果】吗？河南府尹文潞公见到此花，特别欣赏它的奇异，就命名为二色红。

蹙金楼子，千叶红花也。类金系腰。下有大叶如盘，盘中碎叶茂密，耸起而圆整，特高于众花。碎叶皱蹙，互相粘缀，中有黄蕊间杂于其间。然叶之多，虽魏花不及也。元丰中，生于袁氏之圃。

---

① 岐分：原作"歧歧"，据《古今图书集成·草木典》卷287《牡丹部·汇考一》本句校改。

【译文】

瘗金楼子牡丹，是重瓣红色花。它的形态与金系腰牡丹类似。花朵底部的那些大花瓣，像盘子一样大。这些大花瓣环绕一周，中心是茂密的细碎花瓣，整齐圆实，挺拔耸立，高出于花瓣之上。而且这些【花蕊瓣化而成的】细碎花瓣，片片紧瘗皱缩，互相粘连，还有一些【没有瓣化的】黄蕊掺杂在它们中间。就一朵牡丹的花瓣多寡来说，即便花瓣最多的魏花牡丹，也比不上这种瘗金楼子牡丹。它是元丰年间袁氏家园中出产的。

碎金红，千叶粉红花也。色类间金。每叶上有黄点数枚，如黍粟大，故谓之碎金红。

【译文】

碎金红牡丹，是重瓣粉红色花。花色类似间金牡丹。每片花瓣上分布着几个小米粒大小的金黄色斑点，所以叫作碎金红。

越山红楼子，千叶粉红花也。本出于会稽，不知到洛之因也。近心有长叶数十片，耸起而特立，状类重台莲①，故有楼子②之名。

【译文】

越山红楼子牡丹，是重瓣粉红色花。原本出自越地会稽（今浙江绍

---

① 重台莲：一种台阁型的荷花。这种荷花除了自身原本的花瓣开放，在花心的莲蓬上又开出一圈花朵，形成花上有花、花中孕奇胎、莲上起台阁的景象。这是由于荷花雌蕊瓣化造成的。莲蓬上的雌蕊部位变异成为小型的花瓣，称为"重台"现象。唐人皮日休《木兰后池三咏·重台莲花》诗说："欹红娜娇（wǒ duò，柔弱美好）力难任，每叶（花瓣）头边（顶端）半米金。可得教他水妃（也作水婔，水中神女）见，两重元（原）是一重心。"（《全唐诗》卷615）
② 楼子：楼子型牡丹有单花类，也有上、下两朵单花以及上下重叠的几朵单花的台阁类。楼子类牡丹，花瓣分为内外两种，它们的大小、形状有明显差异。外瓣2~4轮，是自然花瓣，多宽大平展，排列整齐。内瓣主要由雌蕊瓣化而来，狭长或细碎皱曲。雌蕊或正常或瓣化，或退化消失。全花高耸，呈楼台状。上下单花重叠者，情况相同。

兴市），不知道是怎么传到洛阳来的。这种牡丹，花朵靠近中心处，是数十片长条花瓣，高高地耸立着，形状颇类似重台莲，所以名字中有"楼子"的说法。

彤云红，千叶红花也。类状元红，微带绯色。开头大者几盈尺。花唇微白，近萼渐深，檀心之中皆莹白，类御袍花①。本出于月波堤②之福严寺，司马公③见而爱之，目之为彤云红也。

【译文】

彤云红牡丹，是重瓣红色花。这一品种很像状元红牡丹，但微微带点粉红色。当它怒放时，花冠直径几乎长达一尺。花瓣的顶端颜色稍显浅淡，朝着底部花萼，颜色渐渐变深。檀色花心中的花蕊，晶莹白皙，与御袍黄牡丹类似。该牡丹本出自月波堤下的福严寺，司马公见到，很喜爱，就把它叫作彤云红。

转枝红，千叶红花也。盖间岁乃成千叶，假如今年南枝千叶，北枝多叶，明年北枝千叶，南枝多叶。每岁换易，故谓之转枝红。其花大率类寿安云。

【译文】

转枝红牡丹，是重瓣红色花。这个品种间隔一年才能开成重瓣花朵。假如今年南枝开出重瓣花朵，北枝开的就是半重瓣花朵，明年北枝开重瓣，南枝却是半重瓣。花型在枝头年年互换，所以把它叫作转枝红。这个牡丹整体上约略类似寿安红牡丹。

---

① 御袍花：原作"御米"，据120卷本《说郛》卷104、《古今图书集成·草木典》卷287《牡丹部·汇考一》本句校改。

② 月波堤：应作月陂堤。隋唐时期，为降低洛水对洛阳城市的冲击，在城内水流折弯处修建偃月形的堤坝，约束洛水向东北流淌，叫作月陂堤。

③ 司马光（1019～1086），北宋历史学家、文学家，官至宰相。

紫丝旋心，千叶粉红花也。外有大叶十数重如盘，盘中有碎叶百许，簇于瓶心之外，如旋心芍药然。上有紫丝十数茎，高出于碎叶之表，故谓之曰紫丝旋心。元丰中，生于银李圃中。

【译文】

紫丝旋心牡丹，是重瓣粉红色花。花朵外部，是十多重盘子似的大花瓣，这些大花瓣环围着一百来片细碎花瓣，而这些细碎花瓣旋绕着雌蕊呈簇拥状，就像旋心芍药那样。有十多根细紫丝向上延伸，高出于细碎花瓣之上，所以称之为紫丝旋心。元丰年间（1078～1085），这个品种在银李圃中诞生。

富贵红、不晕红、寿妆红、玉盘妆，皆千叶粉红花也，大率类寿安而有小异。富贵红，色差深而带绯紫色。不晕红次之，寿妆红又次之。玉盘妆，最浅淡者也，大叶微白，碎叶粉红，故得"玉盘妆"之号。

【译文】

牡丹品种富贵红、不晕红、寿妆红、玉盘妆，都是重瓣粉红色花，它们的形状与寿安红牡丹大同小异。其中富贵红牡丹，花色略深，深到带点紫色。不晕红牡丹的花色，浅于富贵红牡丹，寿妆红牡丹又浅于不晕红牡丹。其中玉盘妆牡丹是花色最浅淡的，大花瓣微微泛白，细碎花瓣是粉红色，所以得了个"玉盘妆"的称号。

双头红、双头紫，皆千叶花也。二花皆并蒂而生，如鞍子①而不相连属者也。唯应天院神御花圃中有之。亦有多叶者，盖地势有肥瘠，故有多叶之变耳。培壅得地之宜，至有簇五②者。然开头愈多，则花愈小矣。

---

① 鞍子：原意指放在骡马等背上以便人乘坐或驮运物资的器具，这里指牡丹主枝分权出来的旁枝。
② 五：通"伍"。古代军队编制单位，五人为一伍。

【译文】

牡丹品种双头红、双头紫，都是重瓣花。这两个品种都是一个枝头上二花并蒂而生，就像主枝分杈为旁枝，二者虽然靠得近，但彼此不相连带。只有应天院神御殿旁的花圃中有这种牡丹花。也有半重瓣的，无非是地力有肥沃贫瘠的区别，因而有半重瓣的变异罢了。如果在地力适宜的地段培育，能开出花团锦簇的局面，但开花越多，花朵则越小。

左紫，千叶紫花也。色深于安胜①，然叶杪微白，近萼渐深。突起圆整，有类魏花。开头可八九寸，大者盈尺。此花最先出②，国初时生于豪民左氏家。今洛中传接者虽多，然难得真者，大抵多转接不成千叶。惟长寿寺③弥陀院一本特佳，岁岁成就。旧谱以谓左紫④即齐头紫，如碗而平，不若左紫之繁密圆整，而有含棱之异⑤云。

【译文】

左紫牡丹，是重瓣紫色花。它的花色比安胜紫牡丹深一些。花瓣顶端颜色微浅，朝着底部花萼方向，颜色渐渐变深。整个花朵圆实齐整，高高挺起，样子很像魏花牡丹。该品种绽开时，花冠直径有八九寸长，花冠大的直径超过一尺。牡丹的这个品种，是最先培育出来的重瓣花，

---

① 安胜：原作"安圣"，120卷本《说郛》卷104、《古今图书集成·草木典》卷287《牡丹部·汇考一》本句均同。《香艳丛书》第十集卷4本句作"安胜"。本文多处记载"安胜紫"牡丹。据以校改。

② 欧阳修《洛阳牡丹图》诗说："传闻千叶昔未有，只从左紫名初驰。"据此可知，"此花最先出"，并非指左紫作为牡丹品种最早出现，而是左紫作为"千叶"即重瓣花最先出现。

③ 长寿寺：在唐代洛阳城区内洛河以南嘉善坊。北宋赞宁《宋高僧传》卷3有《唐洛京长寿寺菩提流志传》。清人徐松《唐两京城坊考》卷5《东京·外郭城》"嘉善坊"条引唐人张鷟《朝野佥载》说："东都丰都市，在长寿寺之东北。"按：今本《朝野佥载》卷5作"长寿市"，误，隋唐洛阳城内一共三个市场，没有长寿市。

④ 欧阳修《洛阳牡丹记》没有说"左紫"，而说"左花"。原文为："左花者，千叶紫花，出民左氏家。叶密而齐如截，亦谓之平头紫。"

⑤ 有含棱之异：原作"又无含棱之异"，据120卷本《说郛》卷104、《古今图书集成·草木典》卷287《牡丹部·汇考一》、《香艳丛书》第十集卷4本句校改。

我大宋皇朝开国之初，即在洛阳富豪人家左氏家诞生。当今洛阳城中有很多所谓传播嫁接的左紫牡丹，但都难以见到正宗真品。它们大抵历经多次嫁接，长不成重瓣花朵。唯有长寿寺弥陀院中一株左紫牡丹特别出色，年年都能开成重瓣。欧阳修先生《洛阳牡丹记》中记载的左紫牡丹即是齐头紫，【花瓣的末梢整齐得如同剪裁过似的，】像碗口一样平整，不如【我这里记载的】左紫牡丹，既有繁密的花瓣、圆整的花朵，又有花蕊瓣化，长成碎丝的奇异相状。

紫绣球，千叶紫花也。色深而莹泽，叶密而圆整，因得绣球之名。然难得见花，大率类左紫云。但叶杪色白①，不如左紫之唇白也。比之陈州紫、袁家紫，特大同而小异耳。

【译文】

紫绣球牡丹，是重瓣紫色花。它的花瓣圆整，繁多而紧凑，花色浓深，光洁润泽，因此得了个紫绣球的名称。但是难得见它开成绣球样子，常见它开的花，大致类似于左紫牡丹。只是它的花瓣顶端颜色浅淡，不如左紫牡丹花瓣的顶端边沿微微浅淡。这种紫绣球牡丹，同陈州紫牡丹、袁家紫牡丹相比，不过是大同小异而已。

安胜紫，千叶紫花也。开头径尺余。本出于城中安胜院，因此得名。近岁左紫与绣球皆难得花，唯安胜紫与大宋紫特盛，岁岁有花，故名圃中传接甚多。

【译文】

安胜紫牡丹，是重瓣紫色花。花朵盛开时，花冠直径超过一尺。它本出自洛阳城中的安胜寺院，因此得名安胜紫。近年来，左紫牡丹难得开成重瓣花朵，绣球紫牡丹难得开成绣球状花朵，只有安胜紫牡丹和大

---

① 色白：原作"色匀"，据120卷本《说郛》卷104、《古今图书集成·草木典》卷287《牡丹部·汇考一》、《香艳丛书》第十集卷4本句校改。

宋紫牡丹开得特别繁盛，年年岁岁都开出最好的花，所以在那些著名的园林中都大规模流传嫁接。

大宋紫，千叶紫花也。本出于永宁县大宋川豪民李氏之圃，因谓大宋紫。开头极盛，径尺余，众花无比其大者。其色大率类安胜紫云。

【译文】

大宋紫牡丹，是重瓣紫色花。它出自永宁县（今河南洛宁县）大宋川大户人家李氏的园圃中，因而叫作大宋紫。它开放时花冠极大，直径一尺多，其余众多牡丹品种没有超过它的。它的花色与安胜紫牡丹大致相同。

顺圣紫①，千叶花也。色深类陈州紫。每叶上有白缕数道，自唇至萼，紫白相间，浅深不同。开头可八九寸许。熙宁中方有也。

【译文】

牡丹品种顺圣紫，是重瓣紫色花。花色的浓深程度，类似于陈州紫牡丹。每片花瓣从顶部末梢到底部花萼，分布着几道白色线条，与花瓣的底色融汇，呈紫白交错状，各处深浅不同。花绽放时，花冠直径长八九寸。这一牡丹熙宁年间（1068～1077）才出现。

陈州紫、袁家紫，一色花，皆千叶，大率类紫绣球，而圆整不及也。

【译文】

牡丹品种陈州紫、袁家紫，都是单纯的紫色花，都是重瓣花朵。它

---

① 明人黄淮、杨士奇等《历代名臣奏议》卷120载南宋孝宗淳熙年间（1174～1189）袁说友上奏说："臣窃见今来都下，年来衣冠服制，习为虏俗。……姑以最甚者言之，紫袍紫衫，必欲为红赤紫色，谓之顺圣紫。"可见顺圣紫是北宋以来模仿女真族的一种服饰。

们大致与紫绣球牡丹类似，但在圆实齐整方面，都比不上紫绣球。

潜溪绯，本千叶绯花也①。有皂檀心。色之殷美，众花少与比者。出龙门山潜溪寺，本后唐相李藩②别墅。今寺僧无好事者，花亦不成千叶。民间传接者虽众，大率皆多叶花耳，惜哉！

【译文】

潜溪绯牡丹，原本是【紫色花，曾经开成绯红色转枝花，才变成】重瓣绯红色花。它有黑红色的花心。潜溪绯牡丹的花色极其美艳，其余牡丹很少能与它相比。它出自龙门山的潜溪寺，这里原先是唐代宰相李藩的田庄。如今这所寺院中的僧人们，没有栽培牡丹的雅兴了，这种牡丹也开不出重瓣花朵了。虽然洛阳民间广泛流传嫁接这种牡丹，但大多成为半重瓣花。真可惜呀！

玉千叶，白花，无檀心，莹洁如玉，温润可爱。景祐中，开于范尚书③宅山篦中。细叶繁密，类魏花而白。今传接于洛中虽多，然难得花，不④岁成千叶也。

【译文】

玉千叶牡丹，是重瓣白色花，没有檀红色花心。花色洁净鲜亮，温润如玉，非常可爱。景祐年间（1034～1038），在范尚书宅院里的山篦

---

① 此句表达不准确。欧阳修《洛阳牡丹记》说："潜溪绯者，千叶绯花。……本是紫花，忽于丛中特出绯者，不过一二朵，明年移在他枝。洛人谓之转枝花。"

② 误。李藩（754～811），字叔翰，唐代赵郡（治今河北赵县）人，唐宪宗元和（806～820）初期任宰相。时当唐中叶，不是五代后唐（923～936）。

③ 北京中华书局2011年版杨林坤先生译注本《牡丹谱》第116页指出："范尚书：即范雍（981～1046），字伯纯，河南洛阳人。宋真宗咸平初进士，为洛阳主簿，累官至殿中丞、兵部员外郎、陕西转运使，以安抚使督镇庆原诸羌，世称'老范'，范仲淹为'小范'。后拜枢密副使，徙河南府，迁礼部尚书，卒，谥忠献。"

④ 不：原无，据120卷本《说郛》卷104、《古今图书集成·草木典》卷287《牡丹部·汇考一》、《香艳丛书》第十集卷4本句校补。

子中开出这一个品种的牡丹。它的花瓣繁密，片片细长，这方面类似于魏花牡丹，但颜色不是魏花那种肉红色，而是白色。如今洛阳城中多有流传嫁接，但都难得如愿，不是年年都能长成重瓣的。

玉楼春，千叶白花也。类玉蒸饼①而高，有楼子之状。元丰中生于河清县②左氏家。左献于潞公，因名之曰玉楼春。

【译文】

玉楼春牡丹，是重瓣白色花。花朵像玉蒸饼牡丹，但比玉蒸饼高一些，花朵两层重叠，显现出楼子形状。元丰年间（1078～1085）在河清县左氏家的园圃中出现。左氏将它献给文潞公，文潞公遂命名为玉楼春。

玉蒸饼，千叶白花也。本出延州，及流传到洛，而繁盛过于延州时。花头大于玉千叶，叶杪莹白，近萼渐红。开头可盈尺。每至盛开枝多低③，亦谓之软条花云。

【译文】

玉蒸饼牡丹，是重瓣白色花。它本来出自延州（治今陕西延安市），到传入洛阳后，其繁盛程度超过了在延州时。它的花盘大于玉千叶牡丹，直径一尺多。花瓣顶端洁净白皙，接近底端花萼处，渐渐变

---

① 蒸饼：馒头。宋仁宗名赵祯，古代"蒸""祯"音近（"祯"字读音后来发生变化，今读 zhēn），为避讳，改称蒸饼为炊饼。

② 河清县：原作"清河县"，而120卷本《说郛》卷104、《香艳丛书》第十集卷4本句皆作"何清县"，此据《古今图书集成·草木典》卷287《牡丹部·汇考一》本句校改。按：周师厚《洛阳花木记》记载洛阳牡丹，河清县即今洛阳市孟津县，在洛阳城北，属河南府管辖。文彦博（文潞公）时任河南府尹，故而当地居民左氏将这一牡丹献给他。清河县在今河北邢台市辖区最东边，临近山东省。至于何清县，根本没有这一设置。因此，无论是"清河县"还是"何清县"，都是错误的。

③ 枝多低：原作"多低之"，据120卷本《说郛》卷104、《古今图书集成·草木典》卷287《牡丹部·汇考一》、《香艳丛书》第十集卷4本句校改。

红。每当它盛开时，把枝条都压得向下低垂，也称为软条花。

承露红，多叶红花也。每朵各有二叶①，每叶之近萼处，各成一个鼓子花样②，凡有十二个。唯叶杪折展与众花不同③。其下玲珑，不相倚着，望之如雕镂可爱。凌晨如有甘露盈个④，其香益更旖旎。又⑤承露紫大率相类，唯其色异耳。

【译文】

承露红牡丹，是半重瓣红色花。每朵花各有【十】二片花瓣，每片花瓣底端接近花萼的位置，各长一个类似鼓子花的东西，每朵花一共有十二个。它唯一与众花不同的地方，表现在花瓣末梢的舒卷状况。花瓣玲珑，彼此不相倚靠，看着如同精雕细刻出来的一样，非常可爱。如果凌晨时分有甘露沾湿花朵，散发出来的香气益发浓烈。另外，承露紫牡丹的情况同这里所说的大致相似，只是颜色不同罢了。

玉镂红，多叶红花也。色类彤云红，而每叶上有白棱数道若雕镂然，故以玉镂目之⑥。

---

① 二叶：各本同，疑当作"十二叶"，各本脱"十"字。否则与下面句子计算不合。

② 鼓子花：又叫旋花，蔓生，叶狭长，花形似鼓，红白色。其中一种重瓣的俗称缠枝牡丹。样：120卷本《说郛》卷104、《古今图书集成·草木典》卷287《牡丹卷·汇考一》作"朴"，指未经细加工的木料，即原始形态。

③ 唯叶杪折展与众花不同：原作"唯叶杪舒展与众花不异"，据120卷本《说郛》卷104、《古今图书集成·草木典》卷287《牡丹卷·汇考一》、《香艳丛书》第十集卷4本句校改。

④ 个：原作"简"，120卷本《说郛》卷104、《古今图书集成·草木典》卷287《牡丹卷·汇考一》、《香艳丛书》第十集卷4本句均作"简"，底本字形相似而误，据改。"简"，今作"个"，个体的意思。

⑤ 又：120卷本《说郛》卷104、《古今图书集成·草木典》卷287《牡丹卷·汇考一》、《香艳丛书》第十集卷4，本句皆作"与"，是以承露红牡丹与承露紫牡丹进行比较，大误。这里是附带介绍承露紫牡丹的情况，以简省笔墨。

⑥ 120卷本《说郛》卷104、《古今图书集成·草木典》卷287《牡丹卷·汇考一》、《香艳丛书》第十集卷4，本条文字不同，皆作："玉楼红，多叶花也。色类彤云红，而每叶上有白缕数道若雕镂然，故以玉楼目之。"如此品名，则"雕镂"二字无着落。且"白棱"突出，可雕镂出来，"白缕"则大煞风景。

【译文】

玉镂红牡丹，是半重瓣红花。它的花色与彤云红牡丹相似，但每片花瓣上有几道白棱，就像雕镂在上面的一样，所以把它叫作玉镂红。

一百五①者，千叶白花也。洛中寒食，众花未开，独此最先，故此贵之。

【译文】

牡丹品种一百五，是重瓣白色花。洛阳寒食节期间，众牡丹都没有开放，独有这个品种最先开花，人们因此看重它。

（郭绍林按：《洛阳花木记》以下记载洛阳各种花卉的栽培时令、方法，今只保留牡丹，以及包括牡丹在内的内容，其余花卉悉数删掉。）

四时变接法（此唯洛中气候，可依此变接，他处须各随地气早处接。）

处暑：种牡丹子。

八月节：分牡丹，接牡丹篦子。

【译文】

四季变接法（这里所说系依据洛阳当地的气候，可按照下述时令对百花进行播种、分株、嫁接等。其他地方须依据各自的气候情况，及早着手处理。）

处暑：播种牡丹种子。

八月节：进行牡丹分株，对牡丹篦子进行嫁接。

---

① 冬至后一百五天，即寒食节。

接花法

接花必于秋社后、九月前，余皆非其时也。接花预于二三年前种下祖子，唯根盛者为佳。盖家祖子根前而嫩，嫩则津脉盛而木实。山祖子多老，根少而木虚，接之多夭。削接头欲平而阔，常令根皮包含。接头勿令作陡刃（刃陡则带皮处厚而根狭）。刃太陡则接头多退出，而皮不相对，津脉不通，遂致枯死矣。接头系缚欲密，勿令透风，不可令雨湿疮口。接头必以细土覆之，不可令人触动。接后月余，须时时看觑。根下勿令生炉芽，芽生即分减却津脉，而接头枯矣。凡选接头，须取木枝肥嫩、花芽盛大、平而圆实者为佳；虚尖者无花矣。

【译文】

接花法

嫁接一定要在秋社（立秋后第五个戊日）后、九月前这段时间内进行，其余时间都不是恰当的时间。若要嫁接，须提前两三年播种，培育出植株，植株以根部盛大者为最好。家园中的种子长出来的植株，根部新嫩，津脉通达旺盛，结实健壮。野生的植株多是历经多年的老植株，根部不发达，枝干不强壮，用来嫁接，往往失败。所削接穗须平整、接面大，能让根皮包含得住。接穗不能削成陡刃状，这会使得带皮处厚，而根部狭窄，则接穗与砧木不能吻合对接，往往退出来。而皮不相对，津脉不通畅，就会导致枯死，嫁接不成功。接穗和砧木对接的地方，一定要用麻绳系缚牢靠，不让透风，也不可让雨水渗入而弄湿嫁接的创面。嫁接处一定要用细土封住，不可让人接触撼动。嫁接一个多月后，须时时前来查看。根下不能让其滋生炉芽，否则会减损津脉营养，接穗就枯死了。凡是选用接穗，须选取枝条肥嫩、花芽盛大、平整而圆实者最好，如果虚弱不平整，即便嫁接成活，也不开花。

栽花法

凡欲栽花，须于四、五月间先治地。如地稍肥美，即翻起深二尺以耒①，去石瓦砾，皮频锄削，勿令生草。至秋社后、九月以前栽之。若地多瓦砾，或带咸卤，则锄深三尺以上，去尽旧土，别取新好黄土换填。切不可用粪，粪即生蛴螬②，而蠹花根矣。根蠹则花头不大，而不成千叶也。凡栽花不欲深，深则根不行，而花不发旺也。但以疮口齐土面为佳，此深浅之度也。掘土坑须量花根长短，为浅深之准。坑欲阔而③平，土欲肥而细。然于土坑中心拍成小土墩子，其墩子欲上锐而下阔，将花于土墩上坐定，然后整理花根，令四向横垂，勿令掘折④为妙。然后用一生黄土覆之，以疮口齐土面为准。

【译文】

栽花法

凡是打算栽花，须提前于四月份、五月份整治土地。如果土质肥美，即犁地翻土达二尺深，清除土壤中的石块瓦砾。土壤表层须勤勤耕锄，不要让地面长草。等到秋社后、九月前，就可以在地里栽花了。如果土壤中含有很多石块瓦砾，或者属于盐碱地，则须深翻三尺以上，将原地土壤悉数清除，换上别处的优质土壤。土壤中切不可添加粪肥，有粪就会聚集蛴螬之类的害虫，花的根茎就会被害虫啃啮。花根被啃坏，花头就长不大，不能长成重瓣花。凡是栽花，植株入土不能太深，深了则根部延展不开，花就不会开得繁盛。植株入土的深浅要把握好标准，以嫁接疮口与地面平齐为最好。挖土坑的深浅要掌握好标准，与花根的长短相匹配。所挖土坑，须宽阔而平坦，其中的土壤，须肥美而细腻。在土坑中心堆成一个小土墩子，其形状为上尖下阔。然后将所要栽的花株平稳地置于土墩上，整理花根，让根须向四面延伸，自然下垂，不能屈曲、折叠。然后用一些新鲜黄土覆盖根须，直到嫁接疮口，与土面平齐。

---

① 耒（lěi）：翻土农具，形如木叉，上有曲柄，下面是犁头，是犁的前身。
② 蛴螬：原作"螬蛴"，据120卷本《说郛》卷104本句校改。蛴螬（qícáo）是金龟子的幼虫，长寸许，生活于土中，以啃食植物根茎为生。
③ 而：原无，据120卷本《说郛》卷104本句校补。
④ 掘折：各本同，依据文意，"掘"当作"屈"。

种祖子法

凡欲种花子，先于五、六月间择背阴处肥美地，治作畦，锄欲深而频。地如不佳，翻换如栽花法。每岁七月以后，取千叶牡丹花子，候花瓶①欲拆，其子微变黄时采之。破其瓶子取子，于已治畦地内，一如种菜法种之。不得隔日，隔日多即花瓶干而子黑，子黑则种之，万无一生矣。撒子欲密不欲疏，疏则不生，不厌太密。地稍干则先以水灌之，候水脉匀润，然后撒子，讫把搂②，一如种菜法。每十日一浇，有雨即止。冬月须用木叶盖覆，有雪即以雪覆木叶上，候月间即生芽叶矣。生时频去草。久无雨即十日一浇灌③，切不得用粪。至八月社后别治畦，分开种之，如栽菜法。如花子已熟，未曾治地，即先取花瓶，连子掘地坑窖之。一面速治地，候熟可种，即取窖中子，依前法撒之。其中间或有却成千叶者。

【译文】

种祖子法

凡是打算选用母本种子进行播种，须提先于五月份、六月份选择背阴地段的肥美土地，整治成小畦，翻土要深一点，锄地要勤一点。土质如果不好，在原地翻土的深度和更换别处优质土壤的做法，如同上述栽花法所说的那样去做。每年七月以后，选取千叶牡丹（重瓣花）的籽实作为母本种子，等到雌蕊将要开裂，籽实微微变黄时予以采摘。掰开雌蕊，采摘籽实，在已整治妥当的小畦中播种，就像播种蔬菜种子那样去做。母本种子采摘当天就要下种，不能延宕时日，隔的日子多了雌蕊就会干枯，籽实也就发黑了，这时再用以播种，根本活不成。播撒种子应该密集一些，不能稀疏，稀疏了反倒不生长，所以不厌恶太密集。如

---

① 瓶：雌蕊。

② 讫：同"迄"，到，至。这里指说到。把：同"耙"，指耙地。在犁耕后、播种前或干旱保墒时，用耙将表土的土块加以破碎、整平，清除土壤中的杂物，从而疏松土壤、保蓄水分、提高土温。搂：同"耧"，指耧播，又叫耩地，是一种播种方式。

③ 120 卷本《说郛》卷 104 本句作"久无雨即须日日浇灌"。

果土壤干旱，则先浇灌一些水，等土壤受水均匀润泽，然后播撒种子。至于耙地、播种，与种蔬菜种子的办法完全相同。每隔十天浇水一次，下雨了就停下来不浇。冬天须用树枝树叶加以覆盖，下雪了听凭积雪覆盖树枝树叶。播种个把月工夫，就会长出实生苗，这时要经常除掉它周围的野草。久不下雨，每隔十天浇水一次，切不可施粪肥。等到秋社后，将实生苗移植到别的小畦中，其办法与栽菜相同。如果采摘下来的母本种子已经成熟，却还未曾整治好土地，那就将包含着籽实的整个雌蕊先存放在地窖中。同时抓紧整治土地，取出地窖中的籽实，按照上述办法播种。这些实生苗中，日后间或能长成重瓣花的。

打剥花法

凡千叶牡丹，须于八月社前打剥一番。每株上只留花头四枝已来，余者皆可截。先接头于祖上接之。候至来年二月间，所留花芽间小叶，见其中花蕊切须子细辨认，若花芽须平而圆实，即留之，此千叶花也。若花蕊虚即不成千叶，须当去之。每株止留三两蕊可也。花头多即不成千叶，而开头小矣。

【译文】

打剥花法

凡是重瓣牡丹，须在八月秋社前进行一番打剥。【确定健壮的枝条予以保留，】每个枝条最多保留四个花芽，其他冗余小枝条、弱枝条都可以剪掉。先接头在母本上接。等到来年二月间，就要开始观察所留枝条长出来的花蕾了，对花蕊一定要仔细辨认，如果花蕾圆实，花须平整，就要保留下来，这是重瓣花呀。如果花蕊虚弱，就不能发育成重瓣花，应当清除掉。每个主要枝条上只留下两三个花蕊就行了。花头多了开不成重瓣花，而且花头很小。

（郭绍林按：《洛阳花木记》下文为"分芍药法"，不是牡丹，删掉。）

牡丹荣辱志

（北宋）丘　濬　著

评　述

　　《牡丹荣辱志》的作者是谁、什么朝代成书，曾有不同说法。《牡丹荣辱志》在流传过程中，作者署名作丘璿（xuán），亦作邱濬（jùn）。清初尤侗误以为《牡丹荣辱志》的作者就是明朝大学士邱濬，遂列入所编《明艺文志》中。《四库全书总目提要》卷 144 子部 54 小说家类存目 2 说："《牡丹荣辱志》一卷（内府藏本）。旧本题宋邱璿撰。考宋邱璿字道源，黟县（今安徽黄山市黟县）人。天圣五年（1027）进士，官至殿中丞。邵博《闻见后录》记当时有邱濬者，以易卦推验历代，谓元丰（1078～1085）正当丰卦。《靖康要录》记钦宗以郭京为将，盖取邱濬诗'郭京、杨式、刘无忌，皆在东南卧白云'之谶。其字皆从'睿'从'水'。此本亦题曰'字道源'，盖即其人。而名乃作'璿'，殆传写误欤？尤侗《明艺文志》乃以是书为明邱濬作，又误中之误矣。"余嘉锡《四库提要辨证》（中华书局，1980）卷 19 "牡丹荣辱志"条，指出其作者的姓氏不是"邱"而是"丘"，姓名应作丘濬，字道源，黟县人。庆历四年（1044），由卫尉寺丞降职为饶州军事推官。81 岁时在池州（今安徽池州市）去世。那么，《牡丹荣辱志》是北宋时期成书的，南宋吴曾《能改斋漫录》卷 15 曾全文收录。

丘濬高寿，其在世的年代与欧阳修、周师厚重叠。欧阳修《洛阳牡丹记》记载了洛阳牡丹 24 个品种。周师厚《洛阳花木记》记载了洛阳牡丹 109 个品种，详细描述其中 55 种，排除与欧阳修记载相同的 9 种，不同者有 46 种。这两份洛阳牡丹文献都具备原创性，反映牡丹业的发展进步，以及社会风俗。丘濬的《牡丹荣辱志》则不同，一共记载 39 个牡丹品种，但绝大部分与欧谱、周谱所记载的相同，少数不同者仅列出名称，没有就其形状、花色、来历、相关事迹做任何陈述，而且列入牡丹以外 138 种花卉，通盘排列等次来突出牡丹，这便是所谓"荣辱"。

将众多花卉进行比较并按社会等级来排列等次，五代时期南唐的张翊就这样做了，但不过是戏耍打诨而已。北宋陶穀《清异录》卷上有一则《花经九品九命》的笔记，说："张翊者，世本长安，因乱南来，先主擢置上列。……尝戏造《花经》，以九品九命升降次第之，时服其允当。"比如列为"一品九命"的共有 5 种花卉，依次是兰花、牡丹、腊梅、荼蘼、紫风流（睡香的异名）。

丘濬《牡丹荣辱志》的做法更进一步，直接使用"王"、"妃"、"九嫔"、"世妇"、"师傅"、"彤史"、"命妇"、"嬖幸"、"近属"、"疏属"等称谓或术语，对自然界的物类进行社会化比附，套上了封建礼制的躯壳。他的观念相当陈旧迂腐，并且，由于自然界的现象与社会生活不是一码事，他的操作必然落到方凿圆枘的地步，十分尴尬。他没有交代所依据的礼制，但看得出来，是《礼记·昏义》的说法："古者天子后立六宫、三夫人、九嫔、二十七世妇、八十一御妻，以听天下之内治，以明章妇顺，故天下内和而家理。"欧阳修、周师厚记载的牡丹，加上丘濬多出的几种，能与这些礼制规定的数目吻合吗？比如丘濬排列充当 27 位世妇的牡丹，只列出 10 种牡丹名单，然后说"今得其十，别求异种补之"；充当 81 位御妻的牡丹，只列出 18 种牡丹名单，然后说"自苏台、会稽至历阳郡，好事者众，栽植尤夥，八十一之数，必可备矣"。丘濬不能自圆其说，却极力弥合，说些许愿的话和想当然的话，显得非常滑稽。对于列为师傅、彤史、命妇、嬖幸、近属、疏属、戚里、外屏、宫闱、丛脞的各种花卉，丘濬按照全文体例，一律仅罗列名称，概不申述理由。碧莲、碧桃等怎么就成了师傅，农田里的同颖禾、两歧麦等怎么就成了宫中女史官，让人莫名其妙。而且"花君子"、"花小人"、"花亨泰"、"花屯难"中罗列的名称术语，都不是任何花卉，只是对于牡丹生长、观赏产生顺逆影响的条件，有自然方面的，也有社会方面的。这些与各种花卉不是一个门类，一例排列，逻辑非常混乱。

尽管如此，丘濬的《牡丹荣辱志》毕竟反映了北宋时期一种牡丹文化现象，从有一定市场（多种书收录）来看，属于一类社会思潮，对于研究当时的牡丹文化、社会生活、社会心理，有一定的参考作用。我这里进行整理，以百川学海本《牡丹荣辱志》为底本（《四库全书存目丛书》子部第250册，齐鲁书社，1995），以百卷本《说郛》卷70、《古今图书集成·草木典》卷287《牡丹部·汇考一》为参校本。原文很多地方仅排列花名，没有别的内容，不必翻译，故从略。

花卉蕃芜①于天地间，莫逾牡丹。其貌正心茞，茎节叶②蕊，耸抑捡旷，有刚克柔之态。远而视之，疑美丈夫女子，俨衣冠当其前也。苟非钟纯淑清粹气，何以杰全德于三月内！迂愚叟赜③造化意，以荣辱志其事，欲姚之黄为王，魏之红④为妃，无所忝冒。何哉？位既尊矣，必授之以九嫔⑤。

---

① 蕃芜（wǔ）：茂盛繁多。

② 叶：原作"蒂"，《古今图书集成·草木典》卷287《牡丹部·汇考一》同，据100卷本《说郛》卷70校改。叶：这里指花瓣。

③ 赜（zé）：深奥。100卷本《说郛》卷70作"睹"。这里实际说的是"探赜索隐"，即探索事物的奥秘。

④ 红：《古今图书集成·草木典》卷287《牡丹部·汇考一》同，100卷本《说郛》卷70作"紫"。按：北宋欧阳修《洛阳牡丹记·花释名》说："魏花者，千叶肉红花。……钱思公尝曰：'人谓牡丹花王，今姚黄真可为王，而魏花乃后也。'"清人余鹏年《曹州牡丹谱》说："魏紫，紫胎肥茎，枝上叶深绿而大，花紫红。……盖钱思公称为花之后者，千叶肉红，略有粉梢，则魏花非紫花也。"

⑤ 九嫔：皇帝的高级别姬妾。《礼记·昏义》说："古者天子后立六宫、三夫人、九嫔、二十七世妇、八十一御妻，以听天下之内治，以明章妇顺，故天下内和而家理。"唐代以昭仪、昭容、昭媛、修仪、修容、修媛、充仪、充容、充媛为九嫔，各一人，级别为正二品。

九嫔佐矣，必隶之以世妇。世妇广矣，必定之以保傅①。保傅任矣，则彤管②位矣，则命妇③立。命妇立则嬖幸愿④，嬖幸愿则近属睦，近属睦则疏族亲，疏族亲则外屏⑤严，外屏严则宫闱壮，宫闱壮则丛脞⑥革，丛脞革则君子小人之分达，君子小人之分达，则亨泰屯难⑦之兆继。继之者莫大乎善也，成之者莫大乎性也。禀乎中，根本茂矣，善归己，色香厚矣。如是则施之以天道，顺之以地利，节之以人欲，其栽其接，无竭无灭，其生其成，不缩不盈。非独为洛阳一时欢赏之盛，将以为天下嗜好之劝也。

【译文】

　　天地间花卉种类千千万万，但生长得最为繁盛的，没有哪种花能超过牡丹。牡丹花卉外在容颜端庄秀丽，内在精神温柔缠绵。它枝茎上的花朵，或高高挺立，或遮面半藏，或约束集结，或疏朗分散，有着以刚克柔的姿态。远远地观看牡丹花朵，恍惚间疑心它们简直就是俊美男子、窈窕佳丽，衣着华丽，卓然排列在人们的面前。假如不是它们身上汇聚着天地间醇厚精粹的元气，它们怎么能够在暮春三月大放异彩！我这个糟老头子不揣谫陋，妄图探究造化化育万物的奥秘，排列出花卉的尊卑地位，以显示牡丹和其他花卉的尊荣和卑辱。打算通过这一做法，来确定姚黄牡丹为花王、魏红牡丹为花妃的地位是千真万确的，绝非滥竽充数。为什么呢？花王花妃的地位既然最为尊崇，必然要为它们设置九嫔。九嫔作为花王花妃的辅佐既已确定下来，必然要为九嫔设置下属世妇。世妇广泛设置，必然要为世妇安排保傅。保傅担当起教育后宫嫔妃宫女们的职责，那么，宫中女史就会到位，朝廷命妇也就名正言顺

---

①　保傅：充任教育后宫嫔妃的优良贤能的官员。

②　《诗经·邶风·静女》说："静女其娈，贻我彤管，彤管有炜，说（悦）怿女（汝）美。"后来彤管成为宫中女史用以记事的杆身漆朱的笔，红色表示赤心公正。

③　命妇：被朝廷赐予封号的妇女，一般为官员的母亲、妻子。

④　嬖（bì）幸：受宠爱、狎昵的人，这里指这种女人。愿：老实谨慎。

⑤　外屏：天子的门屏。屏，对着门的小墙，后称照壁。

⑥　丛脞（cuǒ）：烦琐，细碎。

⑦　亨泰：亨通安泰。屯（zhūn）难：艰难困苦，祸乱。

了。命妇确定下来，则邀宠苟活的女人就会变得规矩本分。这号女人规矩本分了，皇帝家室成员就会和睦相处。皇帝家庭和睦了，皇帝的远房亲戚就会变得亲近起来。皇帝的远房亲戚亲近了，就可以阻挡皇宫外的各种干扰、祸乱了。皇宫内关系和谐了，力量就强大了。皇宫内力量强大了，就可以革除杂芜琐碎的势力了。杂芜琐碎的势力革除了，则君子和小人之间就壁垒森严、界限分明了。君子和小人区分清楚，则国家的亨通安泰和艰难困苦的征兆就会接连不断地出现了。这些征兆中最好的是真善美，能使真善美成为现实的是秉性。承蒙体内秉性的作用，牡丹才能根深叶茂；真善美归于牡丹一身，牡丹才能花色艳丽、香气绵厚。就这样，对于牡丹，以天道施加于它，以地利顺遂于它，以人欲规划于它，无论移植、嫁接还是播种培育，它都会没有穷尽地发展变化，它的生成繁衍，也不会盲目地进退屈伸。这样看来，牡丹不只是洛阳一地一时的游赏盛事，还可以用来勉励普天下对真善美的热爱和追求。

姚黄为王

名姚花①。以其名者，非可以中色斥万乘之尊②，故以王以妃示上下等夷也。

【译文】

这个牡丹品种还是叫作"姚花"为好。它平常流行的名称中有个"黄"字，这种颜色是处于万乘之尊的皇帝专用的，不可以随随便便地挂在嘴上，那样是对皇帝的不尊重。所以，把姚花称作花中之王，【即皇帝下面

---

① 本篇涉及的牡丹品种名称，欧阳修《洛阳牡丹记》、周师厚《洛阳花木记》有具体介绍，可参看，故本篇注释从略。

② 古代实行避讳制度，帝王的名字用字，臣民不能用，要改为同义字、音近字，或书写时缺少一个笔画。如汉武帝名叫刘彻，时人蒯彻改名为蒯通；唐高祖的祖父叫李虎，唐人称虎牢关为武牢关。"黄"字并不是北宋皇帝的庙讳，但黄色是皇帝的御用颜色，比如帝王专用的黄缯车盖、帝王所居宫室，都叫作"黄屋"，帝王的龙袍叫作"黄袍"（宋太祖赵匡胤便是黄袍加身当上皇帝的），丘濬居然将"姚黄"牡丹改名为"姚花"，以示对皇权的尊重。他认为牡丹名称保留"黄"字，被人们叫来叫去，是在指斥皇家，是大不敬的行为。

的最高一级贵族爵位，】把魏红称作花中之妃，这样来显示尊卑等级。

魏红为妃

天子立后以正内治，故《关雎》为风化之治①。妃嫔、世妇所以辅佐淑德，符家人之卦焉②。然后《鹊巢》《采蘋》《采蘩》③ 列夫人职，以助诸侯之政。今以魏花为妃，配乎王爵，视崇高富贵一之于内外也。

【译文】

天子立嫡妻为后，由这位正宫娘娘治理家庭内务。因此，《诗经》开篇《关雎》讲述的内容，就是娘娘如何整治风化的。级别低于后的妃嫔、世妇们，都是辅佐夫君和正宫娘娘治理家政的人物，她们应具备美好的道德，所作所为要与《周易》"家人"卦的象辞所做的解释相符。所以，《诗经》中的《鹊巢》《采蘋》《采蘩》等篇章，都罗列各级夫人的职责，让她们辅助诸侯办公。那么，现在将魏花牡丹列为花妃，让她与花王姚花匹配，二者崇高富贵相当，但花妃主管内政，花王主管外事。

九嫔

牛黄、细叶寿安、九蕊真珠、鹤翎红、鞓红、潜溪绯、朱砂红、添色红、莲叶九蕊。

【译文】

以下九个品种，【在所有牡丹中，其形象、色香、风度、韵致仅次

---

① 《国风·周南·关雎》是《诗经》的第一首诗，现代学者认为是周南地区的民歌，但古代将《诗经》列入儒家经典，古人便附会诗中的微言大义，解释为歌颂"后妃之德"。本则下文提到的《鹊巢》《采蘋》《采蘩》，也以这一路数予以解释。
② 《周易正义》卷4"家人"卦，"《象》曰：家人，女正位乎内，男正位乎外。男女正，天地之大义也。……父父、子子、兄兄、弟弟、夫夫、妇妇而家道正，正家而天下定矣"。
③ 《鹊巢》《采蘋》《采蘩》：都是《诗经·国风·召南》中的诗。

于花王姚花、花妃魏花，但高于其余很多品种，】列为九嫔。它们依次
是：牛黄、细叶寿安、九蕊真珠、鹤翎红、鞓红、潜溪绯、朱砂红、添
色红、莲叶九蕊。

世妇

粗叶寿安、甘草黄、一捻红、倒晕檀心、丹州红、一百五、鹿胎、
鞍子红、多叶红、献来红。今得其十，别求异种补之。

【译文】

【按《周礼》规定，世妇应该设置 27 名。现在排列牡丹中的世
妇，】只找到十种当之无愧，它们是：粗叶寿安、甘草黄、一捻红、倒
晕檀心、丹州红、一百五、鹿胎、鞍子红、多叶红、献来红。【暂付阙
如的 17 种，】以后再搜寻好品种来补充。

御妻

玉版白、多叶紫、叶底紫、左紫、添色紫、红莲萼、延州红、骆驼
红、紫莲萼、苏州花、常州花、润州花、金陵花、钱塘花、越州花、青
州花、密州花、和州花。自苏台、会稽至历阳郡，好事者众，栽植尤
夥①，八十一之数，必可备矣。

【译文】

玉版白、多叶紫、叶底紫、左紫、添色紫、红莲萼、延州红、骆驼
红、紫莲萼、苏州花、常州花、润州花、金陵花、钱塘花、越州花、青
州花、密州花、和州花，以上 18 种牡丹列为御妻。《周礼》规定御妻
设置 81 名，从姑苏台（在今江苏苏州市）、会稽（今浙江绍兴市）到
历阳郡（治今安徽和县），嗜好牡丹的人很多，栽植的牡丹也很多，牡
丹御妻 81 个的数目，必然能凑够。

---

① 植：原作"殖"，据《古今图书集成·草木典》卷 287《牡丹部·汇考一》、100 卷本
《说郛》卷 70 校改。夥（huǒ）：多。

花师傅^①

蕡荚、指佞草、莆莲、燕胎芝、萤火芝、五色灵芝、九茎芝、碧莲、瑶花、碧桃。

【译文】

（译文从略，下同）

花彤史^②

同颖禾、两歧麦、三脊茅、朝日莲、连理禾、蒼葡花、长乐花。

花命妇

上品芍药、黄楼子等、粉口、柳浦、茅山冠子、醉美人、红缬子、白缬子、黄丝头、红丝头、蝉花、重叶海棠（出蜀中）、千叶瑞莲。

花嬖幸

中品芍药、长命女花（出蜀中）、素馨、茉莉、豆蔻、虞美人（出蜀中）、丁香、含笑、男真、鸳鸯草（出蜀中）、女真、七宝花、石蝉花（出蜀中）、玉蝉花（出蜀中）。

花近属

琼花、红兰、桂花、娑罗花、棣棠、迎春、黄拒霜、黄鸡冠、忘忧草、金铃菊、酴醾、山茶、千叶石榴、玉蝴蝶、黄酴醾（出蜀中）、玉屑。

---

① 这里说的"师傅"，即丘濬开篇所说的"保傅"。古代设置太师、太傅、少师、少傅，以及太保、少保，作为辅导皇帝、太子的官，多属高官加衔，无实际职权。丘濬于本则及以下几则所罗列的花，都不属于牡丹，有的常见，有的陌生，有的属于传说（如蕡荚、指佞草，可参看本书耶律铸《天香台赋》相关内容），注释从略。
② 宫中女史持彤管记事。

花疏属

丽春、七宝花（出蜀中）、石瓜花（出蜀中）、石岩、千叶菊、紫菊、添色拒霜（出蜀中）、羞天花、金钱、金凤、山丹、吉贝、木莲花、石竹、单叶菊、滴滴金、红鸡冠、矮鸡冠、黄蜀葵、千叶郁李。

花戚里

旌节、玉盘金盏、鹅毛金凤（出蜀中）、瑞圣、瑞杳、御米、都胜、玉簪。

花外屏

金沙、红蔷薇、黄蔷薇、玫瑰、密有、刺红、红薇、紫薇、朱槿、白槿、海木瓜、锦带、杜鹃、栀子、紫荆、史君子、凌霄、木兰、百合。

花宫闱

诸类桃、诸类李、诸类梨、诸类杏、红梅、早梅、樱桃、山樱、蒲桃、木瓜、桐花、栗花、枣花、木锦、红蕉。

花丛脞

红蓼、牵牛、鼓子、芫花、蔓陀罗、金灯、射干、水英、地锦、地钉、黄踯躅、野蔷薇、荠菜花、夜合、芦花、杨花、金雀儿、菜花。

花君子①

温风、细雨、清露、暖日、微云、沃壤、永昼、油幕、朱门、甘泉、醇酒、珍馔、新乐、名倡。

花小人

狂风、猛雨、赤日、苦寒、蜜蜂、蝴蝶、蝼蚁、蚯蚓、白昼青蝇、

---

① 从本则起，丘濬所讲的不再是花卉，而是有利于牡丹生长和观赏的条件、环境、氛围。下则"花小人"则是相反内容。

黄昏蝙蝠、飞尘、妒芽、蠹、麝香、桑螵蛸。

花亨泰

闰三月，五风十雨，主人多喜事，婢能歌乐，妻孥不倦排当，僮仆勤干，子弟酝藉，正开值生日，欲谢时待解醒，门僧解栽接，借园亭张筵，从贫处移入富家。

【译文】

下列情况可促使牡丹顺畅地生长、开花：一年中出现闰三月；开花期间阴晴参半，时常刮点微风，下点及时雨；牡丹的主人家喜事连连；主人家的婢女能歌善舞；主人的家眷持续不懈地护卫牡丹；主人家的僮仆勤恳护理牡丹；主人家的子弟心胸开阔，有度量；牡丹正开时，遇上主人家过生日；牡丹花将要凋谢时，主人家醉酒的人清醒过来了；主人供养的家僧懂得栽植嫁接牡丹的技艺；有人借主人家的园亭搭建帐篷，设置宴席；牡丹从穷人家移植到富人家。

花屯难

丑妇妒与邻，猥人爱与嫌，盛开值私忌，主人悭鄙，和园卖与屠沽，三月内霜雹，赏处著①棋斗茶，筵上持七八②，盛开债主临门，箔子遮围，露头跣足对酌，遭权势人乞接头，剪时和花眼，正欢赏酗酒，头戴如厕，听唱辞传家宴，酥煎了下麦饭，凋落后箒帚扫，园吏浇湿粪，落村僧道士院观里。

【译文】

牡丹遭遇厄运和祸患有如下一些情况：丑女人嫉妒牡丹，或与牡丹为近邻；猥琐小人喜爱牡丹，或嫌弃牡丹；牡丹盛开时遇到主人家有丧

---

① 著：原作"看"，据《古今图书集成·草木典》卷287《牡丹部·汇考一》、100卷本《说郛》卷70校改。

② 七八：《古今图书集成·草木典》卷287《牡丹部·汇考一》作"尺八"。

事；主人吝啬；牡丹园圃卖给屠户、卖酒等职业卑贱的人家；牡丹花期降寒霜、下冰雹；赏花处摆着棋局、茶座，彼此争强斗胜；筵席上手持剪折下来的七八朵牡丹花；牡丹怒放时债主临门讨债；用苇箔、秸秆笆子把盛开的牡丹遮蔽包围起来；众人头不戴冠、脚不穿鞋，围坐一起，吆喝着喝酒；遭到有权势的人来索取好牡丹品种的接穗；剪牡丹花枝时剪去了来年萌生花朵的部位；正在高兴地观赏牡丹时大肆酗酒；头上戴着牡丹花上厕所；观赏牡丹时听唱辞，或把牡丹花传到家宴场合；将牡丹花瓣同酥一起烹饪，用来吃麦饭；牡丹花瓣凋落后用肮脏的笤帚打扫；园圃花匠用湿粪来浇灌牡丹；牡丹花儿飘落到和尚道士的寺院道观里。

天彭牡丹谱

（南宋）陆　游　著

评　述

南宋陆游的《天彭牡丹谱》，是继北宋欧阳修《洛阳牡丹记》、周师厚《洛阳花木记》之后的第三份正规的牡丹谱录。陆游（1125～1210），字务观，号放翁，越州山阴（今浙江绍兴市）人。宋高宗绍兴二十三年（1153）应礼部考试，名列前茅，因触怒宰相秦桧被黜免。宋孝宗即位，赐进士出身，在首都临安（今浙江杭州市）任枢密院编修。他中年入蜀，投身军旅生活，官至宝章阁待制；晚年退居家乡。他创作诗词极多，今存9000多首，金戈铁马，柳暗花明，内容涉及社会生活很多层面。著有《剑南诗稿》《渭南文集》《放翁词》《渭南词》《南唐书》《老学庵笔记》等。

陆游一生热爱牡丹，写了一些牡丹诗。他晚年曾作《忆天彭牡丹之盛有感》一诗，说："常记彭州送牡丹，祥云径尺照金盘。岂知身老农桑野，一朵妖红梦里看。"

《天彭牡丹谱》是陆游在四川成都供职时，于宋孝宗淳熙五年（1178）撰写的，仅2000余字，以成都北边彭州三县的牡丹为内容。陆游熟读欧阳修《洛阳牡丹记》，深受影响。陆谱上距欧谱相差140余年，其结构和三部分篇名，完全沿袭欧谱。陆谱避开欧谱所记载的洛阳牡丹品种，记载下彭州红牡丹 21 种、紫牡丹 5 种、黄牡丹 4 种、白牡丹 3 种、绿牡丹 1 种，以及未详品种 33 种，总计 67 种，是欧谱所记 24 种牡丹的近三倍，反映从北宋到南宋这一个半世纪间，从中州洛阳到西南四川，牡丹业的急剧发展变化。

陆谱上距周谱相差 96 年，从内容来看，陆游没有见到周谱。陆谱中说："刘师哥者，白花，带微红，多至数百叶，纤妍可爱，莫知何以得名。"其实周谱说得很清楚："刘师阁，千叶浅红花也。开头可八九寸许，无檀心。本出长安刘氏尼之阁下，因此得名。"陆游把这一牡丹的品名用字和人物性别都弄错了。另外，胡元质（1127～1189）比陆游晚出生两年，早去世 21 年，在成都担任过馆阁幕僚，也撰写了一份《牡丹谱》，被他书收录时题作《成都牡丹记》。该文提到北宋时期彭州牡丹状况时说："宋景文公祁帅蜀，彭州守朱公绰始取杨氏园花凡十品以献。公在蜀四年，每花时按其名往取。彭州送花，遂成故事。……彭州丘壤既得燥湿之中，又土人种莳偏得法，花开有至七百叶，面可径尺以上。今品类几五十种。继又有一种色淡红、枝头绝大者，中书舍人程公厚倅是州，目之为祥云。其花结子可种，余花多取单叶花本，以千叶花接之。千叶花来自洛京，土人谓之京花，单叶时号川花尔。……而彭州所供率下品。"而陆谱行文没有追溯北宋彭州牡丹的情况，对祥云牡丹说法也不同，可推测陆游也没有见到胡元质这份牡丹谱。

关于牡丹的起源地，古人有几种不同的说法。明人薛凤翔《亳州牡丹史》卷 3《方术》引用唐人苏敬《唐本草》的说法："生汉中、剑南。苗似羊桃。夏生白花。秋实圆绿，冬实赤色，凌冬不凋。根似芍药，肉白，皮丹。土人谓之百两金。"汉中和剑南，即今陕南、川东北地区，陆游曾在这里居住多年。乾道八年（1171），陆游应四川宣抚使王炎的邀请，从夔州（今重庆市奉节县）前往西北前线重镇南郑（今陕西汉中市），投身军旅，任职于南郑幕府，历时 8 个多月。汉中古称梁州，陆游后来在《诉衷情》词中回忆说："当年万里觅封侯，匹马戍梁州。"南郑幕府解散后，陆游奉诏入蜀。他于淳熙五年（1178）撰写

《天彭牡丹谱》，结尾说自己"客成都六年"，成都就是剑南地区的首府。如果野生牡丹最早出在汉中、剑南地区，有可能最早得到当地人的培育，或者外地培育牡丹捷足先登，价格那么昂贵，这里的人士受到启发，必然东施效颦，奋起直追。然而《天彭牡丹谱》记载剑南地区彭州牡丹的来源情况，说："天彭之花，皆不详其所自出。……崇宁中，州民宋氏、张氏、蔡氏，宣和中，石子滩杨氏，皆尝买洛中新花以归。自是洛花散于人间，花户始盛，皆以接花为业。"崇宁（1102～1106）、宣和（1119～1125）都是宋徽宗的年号，已经到了北宋即将亡国的时候。《天彭牡丹谱》还说："洛花见纪于欧阳公者，天彭往往有之，……彭人谓花之多叶者京花，单叶者川花。"这可见陆游所见南宋彭州牡丹的品种、所推崇的名称，都与北宋西京洛阳有关。在《天彭牡丹谱》的记载中，没有任何蛛丝马迹反映历来汉中、剑南人士利用当地野生牡丹资源做人工栽培的试验。南宋胡元质《牡丹谱》记载四川牡丹，也只是说牡丹来自洛阳、秦州（今甘肃天水市）。司马迁在《史记·货殖列传》中描绘普天下的人们奔竞逐利有着共同心态，是"天下熙熙，皆为利来；天下攘攘，皆为利往"。斗转星移，岁月荏苒，历来汉中、剑南人士居然对牡丹无动于衷，岂非咄咄怪事！那么，唐人苏敬《唐本草》追述牡丹"生汉中、剑南"的说法，很值得怀疑，而且他说的"夏生白花"，到底是不是牡丹！

陆游这份《天彭牡丹谱》，载于其著作《渭南文集》卷42中，还被《全蜀艺文志》卷56下、120卷本《说郛》卷104、《古今图书集成·草木典》卷287《牡丹部·汇考一》、嘉庆《四川通志》卷75、《香艳丛书》第10集卷4、《植物名实图考长编》卷11《芳草》收录。我这里进行译注，以南宋嘉定刻本《渭南文集》（《宋集珍本丛刊》第47册，线装书局，2004）做底本，录文参考上海辞书出版社、安徽教育出版社2006年版曾枣庄、刘琳主编《全宋文》第223册第151～156页，个别字据上述收录本作了校勘。

花品序第一

牡丹在中州,洛阳为第一,在蜀,天彭①为第一。天彭之花,皆不详其所自出。土人云,曩时永宁院有僧种花最盛,俗谓之牡丹院,春时赏花者多集于此。其后花稍衰,人亦不复至。崇宁中,州民宋氏、张氏、蔡氏,宣和中石子滩杨氏,皆尝买洛中新花以归。自是洛花散于人间,花户始盛,皆以接花为业。大家好事者,皆竭其力以养花。而天彭之花,遂冠两川②。今惟三井李氏、刘村毋氏、城中苏氏、城西李氏花特盛,又有余力治亭馆,以故最得名。至花户连畛相望,莫得其③姓氏也。

【译文】

牡丹就中原地区而言,洛阳牡丹高居第一,要是仅就四川地区而言,则彭州牡丹高居第一。彭州的这些牡丹品种,都不能翔实可靠地知晓各自的来龙去脉。当地人说,昔日永宁寺有僧人种牡丹最为繁盛,民间便将这所寺院称为牡丹院。每当春天牡丹开放,赏花人多聚集在这里,后来这里牡丹渐渐衰落,人们也就不再来了。国朝徽宗崇宁年间(1102～1106),彭州人氏宋氏、张氏、蔡氏,徽宗宣和年间(1119～1125),石子滩人氏杨氏,都曾买得洛阳牡丹新品种运回来。从此这些洛阳牡丹便流传到彭州民间,花户开始应运兴起,蔚为大观,都以嫁接牡丹为职业。当地嗜好牡丹的大户人家,无不竭尽力量来养花。这样,

---

① 天彭:彭州在今四川成都市北。唐人李吉甫《元和郡县图志》卷31"彭州"条记载:唐武则天"垂拱二年(686)于此置彭州,以岷山导江江出山处两山相对,古谓之天彭门,因取以名州"。天彭门的得名,是由于导江两侧山峰相对,形如阙。阙是古代宫殿、祠庙或陵墓前的高台,左右各一,对称相望,台上起楼观,双阙之间有道路。
② 唐肃宗时期,将四川分置为剑南西川、剑南东川两个军事藩镇,委派节度使统领一方。
③ 其:原作"而",据明朝正德刊本《渭南文集》卷42(《宋集珍本丛刊》第47册,线装书局,2004)校改,《古今图书集成·草木典》卷287《牡丹部·汇考一》及120卷本《说郛》卷104、《香艳丛书》第十集卷4皆作"其"。

彭州牡丹就在四川牡丹中占据着最高的地位。眼下彭州牡丹特别繁盛的，要数三井李氏、刘村毋氏、彭州城中苏氏和城西李氏等几家的园圃了。此外，他们又有能力修建池台亭馆，【使得牡丹园圃环境优美，风光旖旎，】因此他们几家的牡丹最负盛名。至于有的花户栽植牡丹多得顷亩相连，一望无际，只是无法知道他们的姓氏了。

天彭三邑①皆有花，惟城西沙桥上下，花尤超绝。由沙桥至堋口、崇宁②之间，亦多佳品。自城东抵濛阳，则绝少矣。大抵花品近百种，然著者不过四十。而红花最多，紫花、黄花、白花各不过数品，碧花一二而已。

【译文】

彭州所辖的九陇、崇宁、濛阳三县，皆栽植牡丹，但只有彭州城西沙桥一带的牡丹花超群绝伦。从沙桥到九陇县的堋口和崇宁县之间，牡丹优秀品种也很多。从彭州城东直到濛阳县，好品种则微乎其微。彭州一境牡丹品种大抵将近 100 种，然而著名品种不超过 40 种。所有牡丹中，红花品种最多，紫花、黄花、白花各自不过几种，碧花一两种而已。

今自状元红至欧碧，以类次第之。所未详者，姑列其名于后，以待好事者。

状元红　祥云　绍兴春　胭脂③楼　金腰楼　玉腰楼　双头红　富贵红　一尺红　鹿胎红　文公红　政和春　醉西施　迎日红　彩霞　叠罗　腾叠罗　瑞露蝉　乾花　大千叶　小千叶

---

① 彭州管辖九陇、崇宁、濛阳三县。邑：县。
② 此处"崇宁"为县名，不是宋徽宗（1102～1106）年号。中华书局 2011 年版杨林坤《牡丹谱》第 139～140 页，将此句标点为："由沙桥至堋口，崇宁之间，亦多佳品。"译为："从沙桥至堋口，崇宁年间也多产佳品牡丹。"大谬。
③ 胭脂：原作"燕脂"，120 卷本《说郛》卷 104、《古今图书集成·草木典》卷 287《牡丹部·汇考一》均作"臙脂"。按："臙脂"同"胭脂"，今据改，下文同改不出校。

右二十一品红花

【译文】

我这里从牡丹品种状元红到欧碧，按照它们的花色进行分类，然后依次排列它们的品名。我一时弄不清楚它们的底细的，姑且将它们的品名列在后面，留待日后热心肠的人再作考证。

状元红　祥云　绍兴春　胭脂楼　金腰楼　玉腰楼　双头红　富贵红　一尺红　鹿胎红　文公红　政和春　醉西施　迎日红　彩霞　叠罗腾叠罗　瑞露蝉　乾花　大千叶　小千叶

以上 21 个品种，属于红花类型。

紫绣球　乾道紫　泼墨紫　葛巾紫　福严紫

右五品紫花

禁苑黄　庆云黄　青心黄　黄气球

右四品黄花

玉楼子　刘师哥　玉覆盂

右三品白花

欧碧

右一品①碧花

【译文】

（从略，下同）

转枝红　朝霞红　洒金红　瑞云红　寿阳红　探春球　米囊红　福胜红　油红　青丝红　红鹅毛　粉鹅毛　石榴红　洗妆红　蹙金球　间绿楼　银丝楼　六对蝉　洛阳春　海芙蓉　腻玉红　内人娇　朝天紫　陈州紫　袁家紫　御衣紫　靳黄　玉抱肚　胜琼　白玉盘　碧水盘　界

---

① 一品：原无，据 120 卷本《说郛》卷 104、《古今图书集成·草木典》卷 287《牡丹部·汇考一》、《香艳丛书》第十集卷 4、《植物名实图考长编》卷 11《芳草》校补。

金楼　楼子红

右三十三品未详

花释名第二

洛花见纪于欧阳公者，天彭往往有之，此不载，载其著于天彭者。彭人谓花之多叶者京花①，单叶者川花。近岁尤贱川花，卖不复售。花之旧栽曰祖花。其新接头，有一春两春者，花少而富，至三春则花稍多。及成树，花虽益繁，而花叶减矣。

【译文】

洛阳牡丹品种被欧阳修先生在《洛阳牡丹记》中记载到的，彭州差不多也都有，我这里就略而不提了，我只记载那些在彭州当地有些名气的品种。彭州人把重瓣牡丹、半重瓣牡丹花叫作"京花"，把单瓣牡丹花叫作"川花"。这些年来，彭州人特别瞧不起川花，再也卖不出去。嫁接时用作砧木的宿旧牡丹植株，彭州人称之为"祖花"。新嫁接的牡丹，到来年春天或再一个春天就可以开花了，这时花朵数量虽少，但每朵牡丹的花瓣却很多。到第三年春天，花朵数量开始增多。等到植株长成枝条高一些的灌木丛，花朵虽越来越多，但花瓣却越来越少。

状元红者，重叶深红花，其色与鞓红②、潜绯③相类，而天姿富贵，彭人以冠花品。多叶者谓之第一架，叶少而色稍浅者谓之第二架。以其

---

① 洛阳在北宋时期是西京，故这里说洛阳牡丹为京花。此处说"多叶者京花"，其他南宋文献说是"千叶"。温革《分门琐碎录·种艺·花·花卉总说》说："牡丹千叶者，蜀人号为京花，谓洛阳种也。单叶者，只呼为川花，又曰山花，又曰山丹。"（《续修四库全书》第975册第56页，上海古籍出版社2002年影印明抄本）胡元质《牡丹谱》记载彭州牡丹情况，说："千叶花来自洛京，土人谓之京花，单叶时号川花尔。"

② 鞓红：北宋洛阳牡丹鞓红，花色深红，类似皮腰带"鞓"，故名鞓红。由于出自山东青州，又叫作青州红。

③ 潜绯：全称潜溪绯，北宋洛阳牡丹品种，花色粉红，出自洛阳龙门石窟潜溪寺。

高出众花之上，故名状元红。或曰：旧制进士第一人即赐茜①袍，此花如其色，故以名之。

【译文】

状元红牡丹，是半重瓣花，深红色。它的花色同鞓红牡丹、潜溪绯牡丹相类似。但其姿态天成，雍容华贵，彭州人以它为牡丹品种中的第一名。该品种中花瓣多的叫作"第一架"，花瓣少且花色稍浅的叫作"第二架"。彭州人认为该品种高出于众多品种之上，所以将它命名为状元红。也有人说：按照老规矩，考中进士第一名，朝廷即赐予他茜袍，该品种花色同茜袍的大红颜色一致，所以叫它状元红。

祥云者，千叶浅红花，妖艳多态，而花叶最多。花户王氏谓此花如朵云状，故谓之祥云②。

绍兴春者，祥云子花也，色淡亡而花尤富，大者径尺，绍兴中始传。大抵花户多种花子，以观其变，不独祥云耳。

【译文】

祥云牡丹，是重瓣浅红色花，妖娆多态，而且花瓣最多。花户王氏认为此花的形状如同云朵，所以把它命名为祥云。

绍兴春牡丹，是用祥云牡丹的种子播种培育的品种。它的花色较之祥云牡丹浅淡一些，但花瓣更多。该品种怒放开来，花朵大的直径有一尺长。皇朝南渡以来绍兴年间（1131～1161），该品种才开始流传。大抵花户们广泛选择各个品种的牡丹种子进行播种，然后观察实生苗植株开出来的花与母体相比有什么变化，不只是仅选用祥云牡丹的种子而已。

---

① 茜：大红色。
② 南宋胡元质《牡丹谱》的说法有所不同："彭州……继又有一种色淡红，枝头绝大者，中书舍人程公厚倅（担任副职）是州，目之为祥云。"

胭脂楼者，深浅相间，如胭脂染成，重趺累萼，状如楼观。色浅者出于新繁勾氏，色深者出于花户宋氏。又有一种色稍下，独勾氏花为冠。

金腰楼、玉腰楼，皆粉红花，而起楼子，黄白间之，如金玉色，与胭脂楼同类。

【译文】

胭脂楼牡丹，花瓣上的颜色深浅交互错落，如同胭脂染成一般。花朵基部的萼片多层重叠，形状如同楼观。该品种中花色浅一点的，出自新繁（今四川成都市新都区新繁镇）勾氏家，花色深一点的，出自花户宋氏家。又有一种，花色稍差一些。其中唯独勾氏家出的这一种最好。

金腰楼牡丹、玉腰楼牡丹，都是粉红色的花。花瓣高耸起楼，花朵腰部黄白间之，其色有如黄金、白玉。它们与胭脂楼牡丹为同类。

双头红者，并蒂骈萼，色尤鲜明，出于花户宋氏。始秘不传，有谢主簿①者始得其种，今花户往往有之。然养之得地则岁岁皆双，不尔则间年矣，此花之绝异者也。

富贵红者，其花叶圆正而厚，色若新染未干者。他花皆落，独此抱枝而槁，亦花之异者。

一尺红者，深红，颇近紫色。花面大几尺，故以一尺名之。

【译文】

双头红牡丹，两朵花儿花萼联翩，并蒂开放，花色尤其鲜亮，出自花户宋氏家。起初，宋家秘不传人，有一位姓谢的主簿最先得到这个品种的种子，但如今，花户家差不多都有这个品种。然而栽培在合适的地面上才能年年都开并蒂花，否则隔一年才能如愿，这在众多品种的牡丹花中真是独特不凡啊。

---

① 主簿：古代中央官署及州县设置的官职，主管文书，办理事务。唐宋时为初事之官。

富贵红牡丹，其花瓣圆正肥厚，花色像是刚刚洗染过还没来得及晾干。其他品种的牡丹花朵都要凋零净尽，唯独这个品种的花朵，枯萎了也不从枝条上脱落。这也是牡丹花中的奇异现象。

一尺红牡丹，花色深红，接近紫色。花冠大，直径几乎一尺，所以用一尺红来给它命名。

鹿胎红者，鹤顶红子，花色红，微带黄，上有白点如鹿胎，极化工之妙。欧阳公《花品》有鹿胎花者，乃紫花，与此颇异。

文公红者，出于西京潞公园，亦花之丽者。其种传蜀中，遂以文公名之。

政和春者，浅粉红花，有丝头，政和中始出。

【译文】

鹿胎红牡丹，是由鹤顶红牡丹的种子播种培育出来的。花瓣为红色，微微带点黄色，花瓣上点缀着梅花鹿肚皮上斑点一样的白色斑点。如此奇特，真是造化将巧妙神通运用到了极致。欧阳修先生《洛阳牡丹记·花品》中记载有鹿胎花牡丹，但那是紫花，和这个品种不同。

文公红牡丹，出自西京洛阳潞公文彦博先生的园圃中，也属于牡丹花中的艳丽品种。这个品种传入四川，就以文公来命名它了。

政和春牡丹，花色为浅粉红，花朵中有丝头，皇朝徽宗政和年间（1111～1118）才出现。

醉西施者，粉白花，中间红晕，状如酡颜。迎日红者，与醉西施同类，浅红花中特出深红花，开最早，而妖丽夺目，故以迎日名之。

彩霞者，其色光丽，烂然如霞。叠罗者，中间琐碎，如叠罗纹。胜叠罗者，差大于叠罗。此三品，皆以形而名之。

瑞露蝉，亦粉红花，中抽碧心，如合蝉状。

【译文】

醉西施牡丹，花瓣粉白，中间为红晕，那样子像是醉酒人涨红了面孔。迎日红牡丹，与醉西施牡丹同类，浅红花朵中突出深红花瓣，开放最早，十分妖娆，光彩夺目，因而命名为迎日红。

彩霞牡丹，花色光鲜亮丽，彩霞般灿烂。叠罗牡丹，中间花瓣琐碎密集，如同绫罗绸缎的折叠皱纹。胜叠罗牡丹【花瓣纹理与叠罗牡丹相似】，花朵略大于叠罗牡丹。这三个品种，都是根据其形状来命名的。

瑞露蝉牡丹，也是粉红花，花朵中间长出碧绿花心，像蝉翼并在一起。

乾花者，粉红花，而分蝉旋转，其花亦富①。

大千叶、小千叶，皆粉红花之杰者。大千叶无碎花，小千叶则花萼琐碎，故以大小别之。

此二十一品，皆红花之著者也。

【译文】

乾花牡丹，花色粉红，花瓣排列如同蝉翼朝着同一方向旋转，它的花瓣也很稠密。

大千叶牡丹、小千叶牡丹，都是粉红花中的佼佼者。大千叶牡丹没有细碎花瓣，小千叶牡丹则花萼细碎，因而命名以大小相区别。

以上 21 种牡丹，都是红花牡丹中的著名品种。

紫绣球，一名新紫花，盖魏花之别品也。其花叶圆，正如绣球状，亦有起楼者，为天彭紫花之冠。

乾道②紫，色稍淡而晕红，出未十年。

泼墨紫者，新紫花之子花也，单叶，深黑如墨。欧公记有叶底紫，近之。

---

① 富：《古今图书集成·草木典》卷 287《牡丹部·汇考一》、120 卷本《说郛》卷 104、《香艳丛书》第十集卷 4、《植物名实图考长编》卷 11《芳草》均作"大"，《说郛》《香艳丛书》无下句"大千叶"的"大"字。
② 乾道：南宋孝宗第二个年号，共 9 年，时当公元 1165～1173 年。

葛巾紫，花圆正而富丽，如世人所戴葛巾状。

福严紫，亦重叶紫花，其叶少于紫绣球，莫详所以得名。按欧公所纪有玉版白，出于福严院。土人云，此花亦自西京来，谓之旧紫花。岂亦出于福严耶？

【译文】

紫绣球牡丹，另一名称为新紫花，大概是魏花牡丹的分支品种。它的花瓣圆实，花朵呈绣球状，也有高耸起楼的。该品种是彭州紫花牡丹中的翘楚。

乾道紫牡丹，花色稍淡，紫中带晕红，培育出来还不足十年。

泼墨紫牡丹，是以紫绣球牡丹的种子培育出来的，单瓣，花色深黑如墨。欧阳修先生《洛阳牡丹记》记有叶底紫牡丹，二者相近。

葛巾紫牡丹，花朵圆整，色泽富丽，其形状像人们所戴的葛布头巾。

福严紫牡丹，半重瓣紫花，花瓣比紫绣球牡丹少。不清楚它被命名为福严紫的缘由是什么。今按，欧阳修先生所记载的洛阳牡丹品种中有玉版白牡丹，出自洛阳福严寺。据彭州人氏说，这种福严紫牡丹也是从西京洛阳传来的，叫作旧紫花。难道它也是洛阳福严寺出产的吗？

禁苑黄，盖姚黄之别品也。其花闲淡高秀，可亚姚黄。

庆云黄，花叶重复，郁然轮囷①，以故得名。

青心黄者，其花心正青。一本花往往有两品，或正圆如球，或层起成楼子，亦异矣。

黄气球者，淡黄檀心，花叶圆正，向背相承，敷腴可爱。

【译文】

禁苑黄牡丹，大概是姚黄牡丹的派生品种。花色稍淡，挺拔秀丽，比起姚黄来相差无几。

---

① 庆云又叫卿云，五色瑞云。《史记》卷27《天官书》说："若烟非烟，若云非云，郁郁纷纷，萧索轮囷，是谓卿云。卿云，喜气也。"轮囷（qūn）：硕大。

庆云黄牡丹，花瓣重重叠叠，花朵繁盛硕大，【呈云团聚拢成圆形粮仓状，】因此得名庆云黄。

青心黄牡丹，黄色花朵中长着青色花心。同一植株上往往开出两种形状的花，或者圆整如球，或者层累起楼，这也太奇特了。

黄气球牡丹，淡黄花朵中长着浅绛色花心。花瓣圆整，彼此内外承托。整个花朵丰腴富态，非常可爱。

玉楼子者，白花起楼，高标逸韵，自然是风尘外物。

刘师哥者，白花，带微红，多至数百叶，纤妍可爱，莫知何以得名①。

玉覆盂者，一名玉炊饼②，盖圆头白花也。

碧花止一品，名曰欧碧。其花浅碧，而开最晚。独出欧氏，故以姓著。

【译文】

玉楼子牡丹，白花，高耸起楼。花朵展现出卓荦轩昂的格调和潇洒飘逸的韵致，自是超然于世俗红尘之外的物种。

刘师哥牡丹，白花，微微带红。花瓣多至数百片，柔弱艳丽，很可爱，不知道为什么得了这个名称。

玉覆盂牡丹，又叫作玉炊饼，花朵浑圆，花瓣为白色。

碧花牡丹只有一种，叫作欧碧。花色呈浅绿，开花时间最靠后。只有欧氏家出产这个品种，所以便以姓氏来命名。

大抵洛中旧品，独以姚、魏为冠。天彭则红花以状元红为第一，紫花以紫绣球为第一，黄花以禁苑黄为第一，白花以玉楼子为第一。然花

---

① 北宋周师厚《洛阳花木记》说："刘师阁，千叶浅红花也。开头可八九寸许，无檀心。本出长安刘氏尼之阁下，因此得名。"陆游没有读到这篇文章，不知道这一牡丹的品名用字和人物性别。

② 玉炊饼：周师厚《洛阳花木记》作"玉蒸饼"。蒸饼即馒头。宋仁宗名赵祯，古代"蒸""祯"音近，避讳改称蒸饼为炊饼。

户岁益培接，新特间出，将不特此而已，好事者尚屡书之。

【译文】

大抵洛阳牡丹中的传统品种，只有姚黄、魏花称雄。彭州牡丹则红花类以状元红为第一，紫花类以紫绣球为第一，黄花类以禁苑黄为第一，白花类以玉楼子为第一。然而花户们嫁接培育牡丹，年年增多，新奇品种时而涌现，必将不至于就我这里记载的这些而已。热心牡丹的人，以后还要不断地挥笔记载哟！

风俗记第三

天彭号小西京，以其俗好花，有京洛之遗风。大家至千本。花时，自太守①而下，往往即花盛处张饮帟②幕，车马歌吹相属③。最盛于清明、寒食时。在寒食前者，谓之火前花，其开稍久。火后花则易落。最喜阴晴相半时，谓之养花天。栽接剔治，各有其法，谓之弄花。其俗有"弄花一年，看花十日"之语。故大家例惜花，可就观不敢轻剪，盖剪花则次年花绝少。

【译文】

彭州号称小西京，因为当地习俗嗜好牡丹，有西京洛阳的遗风。牡丹大户的园圃中，所栽植的牡丹多达一千株。牡丹绽放时节，自彭州最高长官知州以下，赏花人往往在牡丹开得最繁盛的地方搭起帐幕，铺设酒席，车马络绎不绝，吹拉弹唱，连绵不断。寒食、清明时节，赏花进入高潮。在寒食前开放的牡丹叫作"火前花"，开花时间持续稍长。寒

---

① 古代同级别的地方行政区，有时叫作郡，有时叫作州。其正长官称郡则为太守，称州则为刺史。宋代改称知某州事，如彭州长官为知彭州事。后世称为知州。这里称太守，是以古雅的称谓代指知州。

② 帟（yì）：小帐幕。

③ 属（zhǔ）：连接。

食节后才开放的牡丹，容易败谢。牡丹最喜欢阴晴参半的天气，人们称之为"养花天"。至于栽植、嫁接、剪枝、治理，各有各的技巧，总称为"弄花"。当地民间流传着"弄花一年，看花十日"的说法。因此，牡丹大户无一例外地珍惜牡丹花。赏花人可以就近观赏花朵，不敢轻易剪折花枝就手把玩。因为牡丹植株一经随意剪折，来年春天开出的花朵就会大幅度减少。

惟花户则多植花以侔利。双头红初出时，一本花取直①至三十千。祥云初出亦直七八千，今尚两千。州家岁常以花以饷诸台②及旁郡，蜡蒂筥篮，旁午③于道。予客成都六年，岁常得饷，然率不能绝佳。淳熙丁酉岁，成都帅以善价私售于花户，得数百苞，驰骑取之，至成都露犹未晞④。其大径尺，夜宴西楼下，烛焰与花相映发，影摇酒中，繁丽动人。

【译文】

彭州花户们大面积栽培牡丹，仅为着以花牟利。双头红牡丹刚刚培育出来时，售出一株，获取铜钱三万文。祥云牡丹刚问世时，一株也价值七八千文，如今还卖到两千文呢。彭州官府每年常以牡丹花馈赠派驻成都的中央机构以及邻州机构，用蜡封住枝条断截面以防止水分营养流失，用竹篮子盛放，道路上护送人员纵横交错。我客居成都六年，每年都获得牡丹馈赠，但一律不是最好的品种。淳熙丁酉（1177）年，成都帅（四川制置使范成大）以大价钱向彭州养花大户私下购买，买得数百朵，派人骑马奔驰取回，等回到成都，花朵上的露水还没有晾干。这些花朵很大，直径有一尺长。成都帅当天夜里在西楼下举办赏花宴会，烛光与牡丹花色交互辉映，酒面上晃动着它们的影子，那等繁华艳

---

① 直：同"值"，价值。
② 台：台省，即中央机构。
③ 旁（bàng）午：纵横交错，纷繁。
④ 晞（xī）：干燥。

丽景象，真是动人啊。

嗟乎！天彭之花，要不可望洛中，而其盛已如此！使异时复两京，王公将相筑园第以相夸尚，予幸得与观焉，其动荡心目，又宜何如也？

明年正月十五日，山阴陆游书。

【译文】

哎！彭州的牡丹花，根本无法与洛阳牡丹相媲美，但其繁盛居然已达到如此地步！如果有朝一日从入侵者手中收复东京开封、西京洛阳，王公将相们在两京地面修建宅第园林，【像南渡前那样栽培牡丹，】互相夸耀，我若有幸侧身其间，漫游观赏，那种目不暇接、心潮澎湃的情景，又该会是怎样的呢？

次年（淳熙戊戌，1178）正月十五日，山阴人陆游写就。

全芳备祖

（南宋）陈景沂 著

评　述

《全芳备祖》是综合性的植物学著作。编者陈景沂，号肥遯，南宋天台（今浙江台州市）人。他的生平事迹不详，据书前韩境于宋理宗宝祐元年（1253）所作的序，陈景沂曾将《全芳备祖》进献朝廷。

《全芳备祖》分为《前集》《后集》两部分。《前集》共 27 卷，记载种种花卉。《后集》共 31 卷，分为果部、卉部、草部、木部、农桑部、蔬部、药部几个单元。由于全书著录植物 150 多种，种类比较全备，而全书又是从文献学的角度去追根溯源的，所以编者将书名定为《全芳备祖》。陈景沂模仿唐初欧阳询主编的大型类书《艺文类聚》的体例，将与某种植物相关的文献，分作"事实祖"、"赋咏祖"、"乐府祖"几类加以编排。"事实祖"中摘录的文献，是交代某种植物的历史状况的，又分为"碎录"、"纪要"、"杂著"3 个子目。"赋咏祖"中摘录的文献，是关于该物类的诗歌作品，按照诗歌体裁和收录作品的完整与否，分为五言散句、七言散句、五言散联、七言散联、五言古诗、七言古诗、五言八句、七言八句、五言绝句、七言绝句等子目。"乐府祖"实际上是"赋咏祖"的延伸，所选录的作品是词。

具体到牡丹来说，在《全芳备祖》中编为《前集》卷 2，卷 1 是梅花，卷 3 是芍药，所以牡丹的地位在本书中还不算最高。《全芳备祖》只是抄录旧有牡丹文献加以编排，并没有编者个人的新贡献，只有一则不同意见，陈景沂以"予按"的方式提出来，也是卑之无甚高论。

陈景沂抄录旧有文献，并不忠实于原作。有很多地方为了文字简约，进行缩写，但未歪曲原作含义，这是可以允许的。有的地方乱加篡改，大大走样，很不严肃。如北宋欧阳修《洛阳牡丹记》记载魏花说："魏氏池馆甚大，传者云：此花初出时，人有欲阅者，人税十数钱，乃得登舟渡池至花所，魏氏日收十数缗。"陈景沂改为："魏氏之馆，其池甚大。传者以花初开时，有欲观者，人十数钱乃得登舟。至花落，魏氏率得数十缗钱。"这便将魏仁浦每天收入"十数缗"参观费，变成到花谢落时，共收入"数十缗钱"。欧谱说："独姚黄易识，其叶嚼之不腥。"陈景沂改为"独甘草黄易识，其叶嚼之不腥"。欧谱说："牛黄亦千叶，出于民牛氏家，比姚黄差小。真宗祀汾阴，还，过洛阳，留宴淑景亭，牛氏献此花，名遂著。"陈景沂改为："真宗祠汾阴过洛阳，留宴淑景亭中，牛氏献此花。在唐谓之御袍黄。"这里将"牛黄"和"御袍黄"混为一谈，而且欧谱根本没有"在唐谓之御袍黄"这句话。北宋周师厚《洛阳花木记》说："御袍黄，千叶黄花也。……元丰时，应天院神御花圃中植山篦数百，忽于其中变此一种，因目之为御袍黄。"元丰（1078~1085）是宋神宗的年号，这时唐朝已经灭亡 170 多年了，唐朝哪有御袍黄品名？陈景沂还在欧谱中植入一则文字："间金红，韩维《和范镇蜀花圃（郭按：应作'图'）》诗云：'白岂容施粉，红须陋间金。'（注云：洛中有间金红。）"这实在是厚诬古人。

以牡丹为主题的辞赋，最早出现在晚唐时期，现存两篇，一篇是李德裕作的，一篇是舒元舆作的。陈景沂先收录舒元舆赋的正文，删除了他的《序》；然后抄录李德裕赋正文的前几句。如果从描写牡丹着眼，舒元舆的赋确实比李德裕的好。但若从"祖"的角度考虑，李德裕的赋作得早。虽然这两篇赋都没有交代具体写作时间，但李德裕在序文中交代了两个人物的称谓和职务，是考证创作时间的蛛丝马迹。

还有，陈景沂乱改书名，甚至把文献出处弄错。那则高力士挑拨杨贵妃和李白关系的文字，写成出自《杨妃外传》，其实书名应作《杨太真外传》。那则李白临场创作《清平调》词的文字，原本出自《松窗杂录》，后被《杨太真外传》照抄，却写成出自《开元天宝遗事》。

《全芳备祖》抄录诗词作品，问题太多了。从作者署名来说，有的是正规姓名，有的是字，有的是号，有的是职务，有的是爵位，有的是谥号，乱七八糟，很多本来为人熟知的作者，让这样的署名方式弄得陌生了。有的人名弄错，如两次把梅尧臣写成"梅鼎臣"，把苏辙写成"陈颍滨"，把张祜写成"张祐"等。有的作品归属弄错，如把裴说的作品署名张说，把王毂的作品署名炙毂子（王叡），把黄庭坚（山谷）的作品归于苏轼（东坡）名下。至于诗词作品，删掉了标题，散句部分只摘录零星句子，读者在没有语言环境、失去各种提示的情况下去接触它们，根本体会不到意境，甚至不知所云。诗词作品的录文，错字很多，经不住核对原文，有的连韵脚都搞错，懂一点格律诗常识不至于犯这种低级错误。

如果仅从史料价值的角度来看，《全芳备祖》没有任何价值，因为它所征引的那些文献都在，而且没有《全芳备祖》这么多错字和错误。但从"祖"的角度来看，《全芳备祖》是一种寻根文化，是牡丹文化中的一种现象。而且，它竟然产生了一定的影响，后来明朝人王象晋编辑《群芳谱》，就是以它为蓝本的，清朝人又将《群芳谱》扩充为《广群芳谱》。因此，对于这种倾向的牡丹文化，也应予以一定的重视。

《全芳备祖》中所排比的牡丹文献，有的我另有单独的整理，或在后来朝代的文献中重复或完整出现时另作整理。所以，这里以台湾商务印书馆影印《文渊阁四库全书》第935册《全芳备祖》为底本，仅进行标点校勘，注释从略，不作译文。原书抄录诗词作品，然后署作者名或标题名，这样不醒目，还会引起混乱，将其以下的作品误为下一位作者的。因此，我将作者署名或作品标题一律移到作品前面。

《全芳备祖》 前集卷二

花部　　牡丹

◎事实祖

碎录

《本草》

一名鹿韭，一名鼠姑。

《花谱》

唐人谓之木芍药。

司马温公姚黄注

洛人谓谷雨为牡丹厄。

《杨诚斋诗注》

论花者以牡丹为花王。

纪要

《酉阳杂俎》

牡丹，前史无说。自《谢康乐集》中始言水间竹际多牡丹，而北齐杨子华有画牡丹极佳，则知此花有之久矣。但自隋以来，文士集中无歌诗，则知隋朝花药中所无也。隋《种植法》七十卷，亦无牡丹名。开元末，裴士淹得之汾州，天宝中为都城奇赏。元和初犹少，至贞元中已多，与戎葵同矣①。

---

① 《酉阳杂俎》原文作："元和初犹少，今与戎葵角（较）多少矣。"按：唐德宗时柳浑《牡丹》诗说："近来无奈牡丹何，数十千钱买一窠。今朝始得分明见，也共戎葵不校（较）多。"这是感叹牡丹价格昂贵，其实花朵很一般，其形状与普通花卉戎葵（又称蜀葵、一丈红）相差无几。但《酉阳杂俎》却曲解成与"元和初"相比，"今"牡丹多得像戎葵一样。《全芳备祖》这则录文把"今"改成"贞元中"，不知唐德宗"贞元"年间（785～805）在唐宪宗"元和"年间（806～820）之前。

薛能诗序①

自贞元，始于汾州众会寺宣取牡丹。

《开元天宝遗事》

开元间，禁中初重木芍药，即今之牡丹也，植于兴庆池东沉香亭前。会花繁开，明皇乘月夜召太真妃以步辇从之。诏选梨园子弟中尤者，有乐工李龟年，以歌擅一时之名手，捧檀板押众乐将歌。明皇曰："赏名花对妃子，焉用旧乐！"遽命李龟年持金花笺宣赐翰林李白进《清平调》词三章。白欣承诏旨，犹苦宿醒未解，援笔赋曰："云想衣裳花想容，春风拂槛露华浓。若非群玉山头见，会向瑶台月下逢。""一枝浓艳露凝香，云雨巫山枉断肠。借问汉宫谁得似？可怜飞燕倚新妆。""名花倾国两相欢，长得君王带笑看。解释春风无限恨，沉香亭北倚阑干。"龟年遽以词进。上令梨园子弟调抚丝竹，从龟年以歌，声震梁木。太真妃持玻璃七宝盏，酌凉州蒲萄酒，笑领歌意②。

《杨妃别传》

高力士终以脱靴为耻，因谓此诗实讪妃子。异日妃重歌前词，力士曰："始谓妃子怨李白入骨髓，何乃拳拳于是？"妃曰："何学士能辱人如斯？"力士曰："以飞燕指妃子，贱之甚矣。"上欲命李白官，卒为宫中所扦而止。

《开元天宝遗事》

明皇时，沉香亭前木芍药一枝二头，朝则深红，午则深碧，暮则深黄，夜则粉白，昼夜之内香艳各异。帝曰："此花木之妖也。"

上赐国忠木芍药，国忠以百宝为阑。

---

① 这则说法来历不明。唐人薛能的诗作中没有此序，是否宋朝有人编选薛能诗集时加了序言。唐人舒元舆《牡丹赋》说武则天从汾州众香寺获得牡丹，长安牡丹逐渐繁盛。这早于贞元年120多年，贞元年间怎么才"始"从汾州宣取牡丹，众香寺也因字形相似而误作众会（会）寺。

② 这则文字不是出自五代人王仁裕的《开元天宝遗事》，而是唐人李濬的《松窗杂录》。录文系缩写，但增添"声震梁木"四字，画蛇添足。在户外演出，没有门窗梁柱，可以如《列子·汤问》所说"声振林木，响遏行云"，哪能"声震梁木"！

《松窗录》

问侍臣曰："牡丹诗谁为好？"奏云："李正封诗曰：'国色朝酣酒，天香夜染衣。'"帝谓妃子曰："妆台前饮一紫金盏酒，则正封之诗可见矣。"

《青琐高议》

明皇时有献牡丹者，谓之"杨家红"，乃杨勉家花。时贵妃匀面，口脂在手，印于花上；诏于仙春馆栽。来岁花开，上有指印红迹，帝名为"一捻红"。

《青琐高议》

明皇时，民间贡牡丹，花面一尺，高数寸。帝未及赏，为野鹿衔去。有佞人奏云："释氏有鹿衔花，以献金仙。"帝私曰："野鹿游宫中，得贵兆也。"殊不知应禄山之乱。

《异人录》①

宋单父有种艺术，牡丹变易千种。上皇召至骊山，种花万本，色样各不同。内人呼为"花神"，又曰"花师"。

《太平广记》

韩湘乃韩愈之侄孙，自言"解造逡巡酒，能开顷刻花"。愈曰："子能夺造化而开花乎？"湘乃聚土，以盆覆之，俄而举盆，有碧牡丹二朵。叶上小金字云："云横秦岭家何在，雪拥蓝关马不前。"愈后谪潮州，到蓝关遇雪乃悟。又言"染花红者可使碧"，献于退之后堂之前。染白牡丹一丛，云："来春为作金棱碧色。"明年花开，果如其说②。

《闻见录》③

富郑公留守西京，因府园牡丹盛开，召文潞公、司马端明、邵先

---

① 异人录：北宋吴淑著，书名作《江淮异人录》，系志怪小说。

② 太平广记：北宋李昉主编的500卷本小说总集。该书卷54《神仙·韩愈外甥》，交代出自《仙传拾遗》，其中情节与这则录文多不相同。这则录文的情节，部分最早出自唐代的《酉阳杂俎》，以北宋《青琐高议》前集卷9《韩湘子·湘子作诗谶文公》最为完整。后来，南宋阮阅《诗话总龟》前集卷47《神仙门》引《青琐集》，作了大幅度削减。

③ 闻见录：正式书名为《邵氏闻见录》，作者是北宋人邵伯温（1056～1134），他是象数易学家邵雍（1011～1077，字尧夫，谥康节）的儿子。这则文字称邵雍为"邵先生"，怎么会是邵雍儿子著作中的文字，实际出自南宋马永卿的《嬾真子》卷3。

生。是时，牡丹一栏凡数百本。坐客曰："此花有数乎？且请先生筮之。"既毕，曰凡若干朵。使人数，如先生言。又问曰："此花几时开尽？请再筮之。"先生再揲筮，良久曰："此花尽来日午时。"坐客皆不答。郑公因曰："来日食后，可会于此，以验先生言。"坐客曰"诺"。次日食毕，花尚无恙。泊烹茶之际，忽群马廄中逸出，与坐客马相蹑啮，奔出花丛中。既定，花尽毁折矣。于是洛中愈服先生之言。

《童蒙训》

邵康节访商守赵郎中，与章子厚同会，议论纵横，不知敬康节洛人。因及洛中牡丹之盛，赵请章曰："先生洛人也，知花为甚详。"康节因言："洛人以见根拨而知花之高下者，上也；见枝叶而知高下者，次也；见蓓蕾而知高下者，下也。"章默然。

《蜀志》①

宋景文公祁帅蜀，彭州守朱君绰始取杨氏园花十品②以献公。公在蜀四年，每花时按其名往取，彭州送花，遂为故事。公于③此十品花，尤爱重锦被堆，尝以之为赋。

《后斋谩录》④

东坡《雨中明庆⑤赏牡丹》诗云："霏霏雨雾作清妍，烁烁明灯照欲燃。明日春阴花未老，故应未忍著酥煎。"又云："千花与百草，共尽无妍鄙。未忍污泥沙，牛酥煎落蕊。"孟蜀时，礼部尚书李昊每将牡丹花数枝分遗朋友，以与牛酥同赠，且曰："俟花凋谢，即以酥煎食之，

---

① 蜀志：这则文字出自南宋胡元质（1127~1189）撰写的《牡丹谱》，系当时四川成都事，故也被称为《成都牡丹记》。这篇《牡丹谱》后世被编入明朝杨慎的《全蜀艺文志》卷56中，清朝嘉庆《四川通志》卷75中。南宋的《全芳备祖》不可能称其出自《蜀志》，应是后代版本擅自篡改。

② 十品：原作"千品"，据《群芳谱》引胡元质《牡丹记》校改。按：下文亦说"十品"。

③ 遂为故事公于：原作"遂为公故事云此"，据胡元质《牡丹记》校改。

④ 后斋谩录：误。明人薛凤翔《亳州牡丹史》引后蜀李昊事，作出自《复斋漫录》。"後"（后）"復"（复）二字形似而误。南宋胡仔（1110~1170）《苕溪渔隐丛话》后集频繁征引《复斋漫录》。清朝《四库全书总目提要》卷135子部45类书类一《白孔六帖》条小注说："《复斋漫录》今已佚。"

⑤ 明庆：原作"作庆"，据北京大学出版社1991~1998年版傅璇琮等主编《全宋诗》第14册第9152页苏轼诗原作校改，明庆是当时杭州一所佛寺的名称。

无弃浓艳。"其风流贵重如此。

杂著

舒元舆赋

圜玄瑞精，有星而景，有云而卿。其光下垂，遇物流形，草木得之，发为红英。英之甚红，钟于牡丹，拔类迈伦，国香欺兰。我研物情，次第而观。暮春气极，绿苞如珠，清露宵偃，韶光晓驱。动荡支节，如解凝结，百脉融畅，气不可遏。兀然盛怒，如将愤泄，淑色披开，照耀酷烈，美肤腻体，万状皆绝。赤者如日，白者如月。淡者如赭，殷者如血。向者如迎，背者如诀。坼者如语，含者如咽。俯者如愁，仰者如悦。袅者如舞，侧者如跌。亚者如醉，曲者如折。密者如织，疏者如缺。鲜①者如濯，惨者如别。初胧胧而下上，次鳞鳞而重叠。锦衾相覆，绣帐连接。晴笼昼薰，宿露宵裹。或的的腾秀，或亭亭露奇。或飐然如招，或俨然如思。或带风如吟，或泣露如悲。或垂然如缒，或烂然如披。或迎日拥砌，或照影临池。或山鸡已驯，或威凤将飞。其态万万，胡可立辨。不窥天府，孰从而见！乍疑孙武，来此教战。其战谓何，摇摇纤柯。玉栏满风，流霞成波。历阶重台，万朵千窠。西子、南威，洛神、湘娥，或倚或扶，朱颜色酡。各盼红妆②，争鬟翠娥。灼灼夭夭，逶逶迤迤。汉宫三千，艳列星河。我见其少，孰云其多。弄影③呈妍，压景骈肩。席发银烛，炉升绛烟，洞府真人，会于群仙。晶莹往来，金钿列钱。凝睇相看，曾不晤言。未及行雨，先惊早莲。公室侯家，列之如麻。咳唾万金，买此繁华。遑恤终日，一言相夸。列幄庭中，步障开霞。曲庑重梁，松篁交加。如贮深闺，似隔窗纱。仿佛息妫，依稀馆娃。我来观之，如乘仙槎。脉脉不语，迟迟日斜。九衢游人，骏马香车。有酒如渑，万坐笙歌。一醉是竞，莫知其他。我按花品，此花第一。脱落群类，独占春日。其大盈尺，其香满室。叶如翠羽，拥

---

① 鲜：原作"解"，据《文苑英华》卷149舒元舆《牡丹赋》校改。
② 各盼红妆：舒元舆赋原作"各炫红缸"。
③ 影：舒元舆赋原作"彩"。

抱比栉。蕊如金屑，妆饰淑质。玫瑰羞死，芍药自失。夭桃无妍①，秾李
惭出。踯躅霄溃，木兰潜逸。朱槿灰心，紫薇屈膝。皆让其先，敢怀愤
嫉？焕乎美乎，后土之产物也，使其花如此，何其伟乎！何前则寂寞而
不闻，今则昌然而大来。盖草木之命，亦有时而塞，亦有时而开。吾欲
问汝，曷为生哉？既缄口而②不言，徒留玩以徘徊。

李德裕赋

青阳既暮，鸧鹒已鸣。念兰茝之芳歇，叹桃李之阴成。惟翠华之艳
爒，倾百卉之光英。抽翠柯以布素，粲红芳而发荣。

《异人录》

高宗宴群臣，赏双头牡丹赋诗。上官昭容诗云："势如连璧友，心
似臭兰人。"一时称之。

欧阳公《洛阳风土记》

洛阳之俗，大抵好花。春时，城中无贵贱插花，虽负担者亦然。花
开时，士庶竞为遨游，往往于古寺废宅有池台处为市，并张幕席，笙歌
之声相闻。最盛于月坡堤张家园、棠棣坊长寿寺东街与郭令家，至花落
乃毕。

洛阳至东京六驿，旧不进花，自今徐州李相迪为留守时始进御。岁
差行役一员，乘驿马，一日一夜至京师。所进不过姚黄、魏紫花三数
朵，用菜叶实竹笼子，藉覆之使马上不动摇，以腊封花蒂，乃数日
不落。

大抵洛人家家有花，而少大者，盖不接则不佳也。春初时，洛人于
寿安山中断小栽子卖城中，谓之篦子。人家治地多畦塍种之，至秋乃
接。接花尤工者，谓之门园子，豪家无不邀之。姚黄接头直五千，秋时
立契买之，至春花乃归其直。洛阳人甚惜此花，不欲传其术。权贵求其
接头者，或以醮杀③与之。魏花初出时，接头亦直五千，今尚直一千。

---

① 无妍：舒元舆赋原作"敛迹"。
② 既缄口而：舒元舆赋原作"汝且"。
③ 醮杀：欧阳修《洛阳牡丹记·风俗记》原作"汤中蘸杀"。本则引录欧谱，文字多有
　　删削，有的地方甚至违背原文含义，不再指出。

接时须用社后重阳前，过此不佳也。花之本，去地五七寸许截之乃接，以泥封裹，用软土拥之，以蒻叶作庵以罩之，不令见风日，惟南向留一小户以达气，至春乃去其覆。此接花之法也。用瓦亦可。种花必择善地，去旧土，以细土用白蔹末一斤①和之。盖牡丹根甜，多引虫，白蔹能杀虫。此种花之法也。浇花亦有其时，或用日西，或用日未出。秋时旬日乃浇，十月十一月至二月间，每日一浇。此浇花之法也。一本发数朵者，择其小者去之，止留一二朵，谓之打剥，恐分其脉也。花才落便剪其枝，勿令结子，惧其易老也。春初既去蒻庵，便以棘数枝置花丛上，棘气暖，可以避霜，不损花芽。此养花之法也。开渐小于旧者，盖蠹出损之。必寻其穴，以硫黄簪之。其旁又有小穴②如针孔，乃虫所藏处，花工③谓之气窗，以大针点硫黄末针之，虫乃死，花复盛。此医花之法也。乌贼虫骨用以针花树，入其皮，花必死。此花之忌也。

欧阳公《牡丹谱》

牡丹出丹州、延州，东出青州，南亦出越州，出洛阳者今为天下第一。洛阳所谓丹州红、延州红、青州红者，皆彼土之尤杰者，然来洛阳，才得备众花之一种，别第不出三以下，不能独立与洛花敌。而越花以远罕识不见齿数，虽越人亦不敢自誉以与洛阳争高下。是洛阳者为天下第一也。洛阳亦有黄芍药、绯桃、瑞莲、千叶李、红郁李之类，皆不减他出者。而洛阳人不甚惜，谓之菜子花，曰某花云云。至牡丹则不名，直曰花，谓天下真花独牡丹，其名著，不假曰牡丹而可知也。其爱重如此。

说者多言洛阳于三河间古善地，昔周公以尺寸考日出没，则知寒暑风雨乖与顺，于此取正。此盖天下之中，草木之华得中气之和④者多，故独与他方异。予以为不然。夫洛阳于周所有之土，四方入贡道里均，乃九州之中，在天地昆仑磅礴之间，未必中也。又况天地之和宜遍四方

① 斤：原作"筋"，据欧谱校改。
② 小穴：原作"小叶"，据欧谱校改。
③ 花工：原作"花上"，据欧谱校改。
④ 中气之和：原作"中华之气"，据欧谱校改。

上下，不宜限其中以气自私。夫中与和者，有常之气，其推于物者亦宜为有常之形。物之常者，不甚美亦不甚恶。及气之病也，美恶隔并而不相和入，故物有极美与极恶者，皆得于气之偏也。花之钟其美，与夫瘿木臃肿之钟其恶，美恶之异，是得一气之偏也。洛阳城数十里，而诸县之花莫及城中者，出其境则不可植焉，岂又偏气之美者，独聚此数十里之地乎？此又天地之大，不可考也。凡物不常有而为害于人者曰灾，不常有而徒可怪骇不为害者曰妖。语曰："天反时为灾，地反物为妖。"此亦草木之妖而万物之一怪也。然比夫瘿木臃肿者，窃独钟其美而见幸于人焉。

余在洛阳四见春。天圣九年三月始至洛，其至也晚，见其晚者。明年，会与友人梅圣俞游嵩山少室、缑氏岭、石塘山紫云洞，既还，不及见。又明年，有悼亡之戚，不暇见。又明年，以留守推官岁满①解去，只见其早者。是未尝见其极盛时。然目之所瞩，已不胜其丽焉。余居府中时，尝谒钱思公于双桂楼下，见小屏立坐后，细字满其上焉。公指之曰："欲作《花品》，此是牡丹名，凡九十余种。"余时不暇读之。然余所经见而今人多称者，才三十余种，不知思公何从而得之多也。计其余虽有名而不著，未必佳也。故今所录，但取其特著者而次第之。

姚黄者，千叶黄花，出于民姚氏家。此花之出，于今未十年。姚氏居白司马坡，其地属河阳，然花不传河阳而传洛阳，洛阳亦不甚多，一岁不过数朵。钱思公尝曰："人谓牡丹花王，今姚黄真可为王，而魏花乃后也。"魏花，千叶而红。始樵者得于寿安山中，卖与魏相仁溥家。魏氏之馆，其池甚大。传者以花初开时，有欲观者，人十数钱乃得登舟。至花落，魏氏率得数十缗钱②。牛黄亦千叶，比姚黄③差小。真宗祠汾阴过洛阳，留宴淑景亭中，牛氏献此花。在唐谓之御袍黄④。甘草

① 满：原作"晚"，据欧谱校改。
② 欧谱原作："人有欲阅者，人税十数钱，乃得登舟渡池至花所，魏氏日收十数缗。"
③ 姚黄：原作"桃"，据欧谱校改。
④ 在唐谓之御袍黄：欧谱没有这句话。

黄，单叶，色如甘草。洛人善别花，见其栴知其为某花。独甘草黄易识，其叶嚼之不腥①。

鞓红，单叶深红，出青州，亦名青州红。故仆射张齐贤有第在西京，自青州驰栽，其种遂传洛中。其色类腰带，故名鞓红。

献来红，其色浅红，大而多叶。张仆射罢相②居洛，有人献此花，因名。

添色红，其花多叶。始开而白，经日渐红，至谢乃深红，此造化之尤巧者。

鹤翎红，多叶，内红末白，如鸿鹄羽。

细叶、粗叶寿安者，千叶肉红③，出寿安县锦屏山。倒晕檀心者，多叶红花。凡花近萼色深，至其末渐浅，此花自外深色，近萼反浅白，而深檀点其心，此尤可爱。

一捻红者，多叶浅红花。叶杪深红一点，如人以手指捻之。

九蕊真珠红，千叶红花，上④有一点白如珠，密其叶蹙⑤，其蕊九丛。

一百五洛阳花，多叶白花。洛人以谷雨开为候，常至一百五日方开，因名⑥。

延州红，丹州红。醉妃红，亦名醉西施。

莲花萼，多叶，红色，青跗三重，如莲花萼。

左花者，千叶紫花。叶茂而齐如截，亦谓之平头紫。

砯砂红者，多叶，红色，不知其所出。有民门氏子者，善接花以为生，买地于崇德寺前治花圃，有此花。洛阳豪家尚未有，故其名未甚著。花叶甚鲜，向日视之如猩血⑦。

---

① 欧谱原作："独姚黄易识，其叶嚼之不腥。"
② 罢相：原作"位相"，据欧谱校改。
③ 肉红：原作"内红"，据欧谱校改。
④ 上：原作"止"，据欧谱校改。
⑤ 密其叶蹙：欧谱原作"而叶密蹙"。
⑥ 欧谱原作："一百五者，多叶白花。洛花以谷雨为开候，而此花常至一百五日开，最先。"
⑦ 猩血：原作"腥血"，据欧谱校改。

叶底紫，其色如墨，亦名墨紫。花在丛中，傍必①生一大枝，引叶覆其上。其花紫，开时可延十日之久。唐末有宦者②为观军容使，花出其家，亦谓之军容紫。

玉版白，叶丹长，如拍版之状，色如玉檀③。

潜溪绯，潜溪寺在龙门山，唐李蕃别墅。本是紫花，忽于丛中时④出绯者一二朵，明年花移他枝。洛人谓之转篆⑤枝花，其花绯色。

鹿胎紫，多叶紫花，有白如鹿胎纹，故相苏禹珪⑥家。

间金红，韩维《和范镇蜀花图》诗云："白岂容施粉，红须陋间金。"（注云：洛中有间金红。）⑦

右牡丹之名，或以名⑧，或以氏，或以州，或以地，或以色，或旌其所异者而志之。牡丹初不载文字，惟以药载《本草》。然于花中不为高第，大抵丹、延已西及褒斜道中尤多，与荆棘无异，土人皆取以为薪。自唐则天已后，洛阳牡丹始盛，然未闻有名著者。如沈、宋、元、白之流，皆善咏花草，计有若今之异者，彼必形于篇咏，而寂无传焉。惟刘梦得有《咏鱼朝恩宅牡丹》诗，但云"一丛千万叶"而已，亦不云其美且异也。谢灵运言"永嘉竹间水际多牡丹"，今越花不及洛阳远甚，是洛花自古未有若今之盛也。

予按：《白公集》有《白牡丹》一篇十四韵。又《秦中吟》十篇

---

① 必：原作"心"，据欧谱校改。
② 唐末有宦者：欧谱原作"唐末有中官"，竟被改成"唐中有宦者"，据欧谱校改。
③ 欧谱原作："玉板白者，单叶白花，叶细长如拍板，其色如玉，而深檀心。"这里被改得不成体统！单叶白花，竟改"单"为"丹"，那不成了红花了。白花怎么成了"色如玉檀"，欧谱所说"深檀心"，是花心为深红色。
④ 时：欧谱原作"特"。
⑤ 转篆：欧谱原作"转（音篆）"，"音篆"为小字，是给"转"字注音。这里二字大写并列，殊不可读。
⑥ 禹珪：原作"尚圭"，据欧谱校改。
⑦ 这则文字不是欧阳修《洛阳牡丹记》中的内容，《全芳备祖》将其穿插于欧谱文字之间，造成混乱，不妥。图：原作"圗"。《全宋诗》第 8 册第 5231 页韩维此诗，题作《和景仁赋才元寄牡丹图》，据改。景仁是范镇的字，才元姓李。另，韩维自注原文与此处录文有异，作："洛花有间金者。"
⑧ 或以名：欧谱无此 3 字。

内，《买花》一篇凡百言，云"共道牡丹时，相随买花去。一丛深色花，千户中人赋"而讽喻。《乐府》有《牡丹芳》一篇三百四十七字，纯道花之妖艳，至有"遂使王公与卿士，游花冠盖日相望。花开花落二十日，一城之人皆若狂"之句。又《寄微之百韵》云："唐昌玉蕊①会，崇敬牡丹期。"又《惜牡丹》诗云："明朝风起吹应尽，夜惜衰红把火看。"《醉归盩厔》诗云："数日非关王事系，牡丹花尽始归来。"元微之有《入永寿寺看牡丹》八韵，《白乐天秋题牡丹丛》三韵，《酬胡三咏牡丹》一绝，又有五言二绝句。许浑亦有诗云："近来无奈牡丹何，数十千钱买一窠②。"徐凝之云"三街九陌花时节，万马千军看牡丹"，又云"何人不爱牡丹花，占断城中好物华"。然则元、白未尝无诗，唐人未尝不重此花也。

【译文】

按：《白居易集》中有一首《白牡丹》诗，一共 14 韵 28 句。另外，他的组诗《秦中吟》一共 10 首，其中一首题为《买花》，洋洋百字，有诗句说"共道牡丹时，相随买花去。一丛深色花，千户中人赋"，以此对重牡丹轻农桑的现象进行讽喻。他的乐府诗中有一首《牡丹芳》，一共 347 字，完全描绘牡丹花的妖艳，以至于有"遂使王公与卿士，游花冠盖日相望。花开花落二十日，一城之人皆若狂"的诗句。再者，他的《寄微之百韵》诗说："唐昌玉蕊会，崇敬牡丹期。"《惜牡丹》诗说："明朝风起吹应尽，夜惜衰红把火看。"《醉归盩厔》诗说："数日非关王事系，牡丹花尽始归来。"元稹有《入永寿寺看牡丹》诗，一共 8 韵 16 句；《白乐天秋题牡丹丛》诗，一共 3 韵 6 句。又有《酬胡三咏牡丹》这首七言绝句，以及两首五言绝句。许浑也有诗说："近来无奈牡丹何，数十千钱买一窠。"徐凝有诗说："三街九陌花时节，万马千军看牡丹"；另一首诗说："何人不爱牡丹花，占断城中好物华。"

---

① 玉蕊：原作"王药"，据《全唐诗》卷 436 白居易本诗校改。
② 这不是晚唐许浑的诗句，而是中唐柳浑七绝《牡丹》的前两句，下文"七言绝句"部分正作柳浑，两处不一致。

这样看来，则元稹、白居易未尝没有写作牡丹诗，唐人未尝不看重牡丹。

◎ **赋咏祖**

五言散句

白乐天

带花移牡丹。

李商隐

叶薄风才倚，枝轻露不胜。

元微之

繁绿阴全合，衰红展渐难。

梅鼎臣

红楼金谷使，芳泽洛川妃①。

元微之

簇蕊风频坏，裁红雨更新。

李正封

国色朝酣酒，天香夜染衣。

宋祁

濯水锦窠艳，颓云仙髻繁。

王原父

落日含明艳，轻风袭暖香。

王内翰

艳绝百花态，花中合面南。

王原父

照座千枝烛，摇空九子铃。

夏英公

向日檀心并，承烟翠干孤。

---

① 作者姓名误，应为梅尧臣，下文仍作“梅鼎臣”。诗句误，《全宋诗》第 5 册第 2886
页载梅尧臣《洛阳牡丹》诗，颈联作：“红栖金谷妓，黄值洛川妃。”

穆伯长

怨啼甄后土①，寒出贵妃汤。

上官昭容

势如连璧友，心似臭兰人。

七言散句

刘禹锡

平章宅里一栏花。

张耒

天女奇姿云锦裳。

韩忠献

一枝香折瑞红云。

吴融

春残独自殿春芳。

司空图

牡丹极用三春力，开得方知不是花。

李商隐

玉盘迸泪伤心数，锦瑟繁弦破梦频。

元微之

花时何处偏相忆，寥落衰红雨后香②。

白乐天

冰肌玉骨钟琼萼，雪魄蟾魂孕秀根。

雾重不胜琼液冷，雨余惟见玉容低。

欧阳修

年少曾为洛阳客，眼明曾见魏家红。

---

① 《全宋诗》第 3 册第 1617 页载穆脩《雨中牡丹》诗，作"怨啼甄后玉"。"玉"指泪珠，比喻牡丹花上的露珠。《全芳备祖》录诗，此类问题很多，不很重要的问题，不再注出。

② "香"字误，应为"看"。《元稹集》卷 16《酬胡三凭人问牡丹》，全诗云："窃见胡三问牡丹，为言依旧满西栏。花时何处偏相忆，寥落衰红雨后看。"

白首归来玉堂客，君王殿后见鞓红。

宿雾枝头藏玉块，暖风庭面倒银杯①。

梅鼎臣

叶底风吹紫锦囊，宫炉应近更添香。

宋祁

金衣瑞羽迎风展，琼栗仙杯压雾斜。

王内翰

应是吴宫歌舞罢，西施因醉误施朱。

司马光

尽日玉盘堆秀色，满城绣毂走香风。

蔡君谟

节候初临谷雨期，满天风雨助芳菲。

香泽最宜风静处，醉红须在月明时。

东坡

就中一丛何所似，码磠盘盛金缕杯。

韩忠献

绝艳好将金作屋，清香宜引玉飞钱。

陈颍滨②

花从单叶成千叶，家住汝南疑洛南。

香浓得露久弥馥，头重迎风事不堪。

先传青帝开金屋，欲送姚黄比玉真。

黄山谷

风尘点污青春面，自汲寒泉洗醉红。

浴泉秦虢流丹粉，临渚娥英冷佩衣。

不夸西子锦为幄，肯道太真云想衣。

---

① 下文"七言绝句"部分又引此二句，字又不同。《全宋诗》第6册第3810页欧阳修《白牡丹》诗作："宿露枝头藏玉块，晴风庭面揭银杯。"

② 北宋苏辙晚号"颍滨遗老"，怎么让他姓"陈"了？

参寥

如今眼底无姚魏，浪蕊浮花懒问名。

刘巨济

初起褪红唇启绛，半沾斜绿眼横波。

裴潾①

别有玉杯承露冷，无人肯向月中看。

宗贯之

邀客定开琼宴赏，护春尝把锦帷遮。

王元之

晓来低面开檀口，似笑穷愁病长官。

周益公

天香未染蜂犹懒，日㬉先笼蝶已知。

五言古诗

白乐天

帝城春欲暮，喧喧车马度。共道牡丹时，相随买花去。家家习为俗，人人迷不悟。有一田舍翁，偶来卖花处，低头独长叹，此叹无人喻："一丛深色花，十户中人赋。"

前年题名处，今日看花来。一作芸香吏②，三见牡丹开。岂独花堪惜，方知老暗催，何况寻花伴，东都去未回。谁知红芳侧，春尽思悠哉。

东坡

雾雨不成点，映空疑有无。时于花上见，的皪走明珠。芳色洗红粉，暗香生雪肤。黄昏更萧索，头重欲相扶。

明日雨当止，晨光在松枝。清寒入花骨，肃肃初自持。午景发浓

---

① 原作"裴璘"，径改，下文同改。
② 芸香吏：原作"云游吏"，有云游僧哪有云游吏！据白居易《西明寺牡丹花时忆元九》原诗校改。芸香吏是秘书省官职的雅称。秘书省，也称芸省、芸台，是掌管图书典籍的官署。白居易和元稹都曾担任秘书省校书郎。

艳，一笑当及时。依然暮还敛，亦自惜幽姿。

幽姿不可惜，后日东风起。酒醒何所见，金粉抱青子。千花与百草，共尽无妍鄙。未忍污泥沙，牛酥煎落蕊。

五言古诗散联

元微之

压砌锦地铺，当轩日轮映。蝶舞香暂飘，蜂牵蕊难正。笼处彩云合，露湛红珠莹。结叶影交加，摇风光不定。

程金紫

芳丛列翠幰，新苞吐香麝。满地方争妍，何花肯相下？牡丹持晚节，群芳甘共亚。

颍滨

维扬千叶花，到此三百里。城中众名园，栽接比桃李。

五言绝句

王维

绿艳闲且静，红衣浅复深。花心愁欲断，春色岂知心？

郑谷

乱前看不足，乱后眼偏明。却将蓬蒿力，遮藏见太平。

刘禹锡

今日花前饮，甘心饮数杯。但愁花有语，不为老人开。

《古诗》

倾国姿容别，多开富贵家。临轩一赏后，轻薄万千花。

东坡

城里白员外，城西贺秀才。不愁家四壁，自有锦千堆。

风雨何年别，留真向此邦。至今遗恨在，巧过不成双。

韩子华

锦城春物异，粉面瑞云深。赏爱难忘酒，珍奇不贵金。

韩持国

仙娥裁巧样，彩笔费工深。白岂容施粉，红须陌间金。

杨诚斋

排日上牙牌，记花先后开。看花不子细，过了却重回。

五言八句

李商隐

压径更缘沟，当窗复映楼。终须一国破，不费万家求。鸾凤戏三岛，神仙居十洲。应怜萱草淡，却得号忘忧。

王建

赁宅得花饶，初开恐是妖。粉苞深紫腻，肉色退红娇。且愿风留看，惟愁日炙销。可怜零落片，留取作香烧。

张说

数朵欲倾城，安同桃李荣！未尝贫处见，不似地中生。比物①疑无价，当春独有名。游蜂与蝴蝶，来往自多情。

范景仁

自古成都胜，开花不似今。径圆三尺大，颜色几重深。未放香喷雪，仍藏蕊散金。要知空相喻，聊见至人心。

范尧夫

牡丹开蜀国，盈尺莫如今。妍丽色如众，栽培功倍深。矜夸传万里，图写费千金。难就朱栏赏，徒然远客心。

五言律诗散联

夏英公

红芳争并萼，湘叶竞骈枝。彩凤双飞稳，霞冠对舞欹。

蔡君谟

天意偏应与，春工已尽归。来如从月下，去似逐云飞。艳绝声名

---

① 此诗作者不是唐前期的张说，而是唐末的裴说。《全唐诗》卷720此句作"此物"。

远，清多香气微。

东坡

残花怨久病，新雨泣余妍。不先双旌出，空令九陌迁。

宋景文

压枝高下锦，攒蕊浅深霞。叠彩晞阳媚，鲜苞照露斜。

根深惟自庇，香酷索人怜。晚蕊仍晞日，斜柯但倚烟。

七言古风

白乐天

牡丹芳，牡丹芳，黄金蕊，红玉房。千片赤英霞烂烂，百枝绛艳灯煌煌。照地初开锦绣段，当风不结兰麝囊。仙人琪树白无色，王母桃花红不香。宿雾轻盈泛紫艳，朝阳照耀生红光。红紫二色间深浅，向背万态随低昂。映叶多情隐羞面，卧丛无力含醉妆。低娇笑容疑掩口，凝思怨人如断肠。秾姿贵彩信奇绝，杂卉乱花无比方。

七言古诗

欧阳修

洛阳地脉花最宜，牡丹尤为天下奇。我昔所记数十种①，于今十年皆忘之。开图若见故人面，其间数种昔未窥。客言近岁花特异，往往变出遑新枝。洛人矜夸立名字，买种不复论家赀。比新较旧难优劣，争先擅价各一时。当时绝品可数者，魏红窈窕姚黄肥。寿安细叶开尚少，朱砂玉版人未知。传开千叶昔未有，只从左紫名初驰。四十年间花百变，最后最好潜溪绯。今花虽新我未识，未信与旧谁妍媸。当时所见已云绝，岂有更妍此可疑。古称天下无正色，但恐世好随时移。鞓红鹤翎岂不美，敛色如避新来姬。何况远征苏与贺，有类异世夸嫱施。造化无情疑一概，偏此着意何其私！不疑人心愈伪巧，天欲开巧穷精微。不然元化朴散久，岂特今岁犹浇漓。争新斗丽若不已，更后百世如何为。但今

---

① 数十种：原作"数千种"，据《全宋诗》第 6 册第 3599 页欧阳修本诗校改。按：欧阳修《洛阳牡丹记》记载 24 种牡丹。本诗原文与这里的录文，尚有一些字不同。

新花日愈好，惟有我老年年衰。

东坡

吉祥寺中锦千堆，前年赏花①真盛哉。道人劝我清明来，腰鼓百面如春雷，打彻《凉州》花自开。沙河塘上戴花回，醉倒不觉吴儿哈。岂知如今双鬓催，城西古寺没蒿莱。有僧闭门手自栽，千枝万叶巧剪裁。就中一丛何所似，码碯盘盛金缕杯。而我食菜方清斋，对花不饮花应猜。夜来雨雹如李梅，红残绿暗吁可哀。

杨诚斋

君不见沉香亭北专东风，谪仙作颂天无功。又不见君王殿后春第一，领袖众芳捧尧日。此花同春转化钧，一风一雨万物春。十分整顿春光了，收黄拾紫归江表。天香染就山龙裳，余芳却染水云乡。青原白鹭万松竹，被渠染作天上香。人间何曾识姚魏，相公新移②洛阳裔。呼酒先招野客看，不醉花前为谁醉！

七言古风散联

权德舆

曲水亭西杏园北，秾芳深院红颜色。擢秀全胜珠树林，结根幸在青莲域。艳蕊仙房次第开，含烟洗霞照苍碧。

王元之

君不见年年三月千丛媚，紫烂红繁夸胜异。寻常人戴满头归，醉折狂分不为贵。

欧阳修

姚黄魏紫腰带鞓，泼墨齐头③藏绿叶。鹤翎添色又其次，此外虽妍犹婢妾。

---

① 赏花：原作"买花"，据《全宋诗》第 14 册第 9213 页苏轼本诗校改。
② 新移：原作"断移"，据《全宋诗》第 42 册第 26588 页杨万里本诗校改。
③ 齐头：原作"斋头"，据《全宋诗》第 6 册第 3645 页欧阳修本诗校改。"齊"（齐）"齋"（斋）二字形似而误。"齐头"即平头牡丹。

张文潜

拟王拟妃姚与魏，岁岁年年千万叶。若将颜色定高低，绿珠虽美犹为妾。

参寥

鸟声鸣春春渐融，千花万草争春工。纷纷桃李自撩乱，牡丹得体能从容。雕栏玉砌升晓日，轻烟薄雾应空蒙。深红浅紫忽烂熳，如以蜀锦罗庭中。

陈止斋

看花喜极翻愁人，京洛久矣为胡尘。还知魏姚辈何在，但有欧蔡名不泯。

七言绝句

炙毂子①

牡丹妖艳乱人心，一国如狂不惜金。曷若东园桃与李，果然无语自成阴！

柳浑

近来无奈牡丹何，数十千钱买一窠。今朝始得分明见，也共戎葵不较多。

张籍②

平章宅里一栏花，临到开时不在家。莫道两京非远别，春明门外即天涯。

白乐天四首

往年君向东都去，曾叹花时君未回。今年况作东陵别，惆怅花前又独来。

---

① 晚唐王叡号炙毂子，他是唐宣宗大中十年（856）进士。王叡本诗载《全唐诗》卷505，"果然"作"果成"。这首诗的作者一作王毂，字虚中，自号临沂子，唐昭宗乾宁五年（898）进士，曾任国子学博士，官终尚书郎。王毂本诗载《全唐诗》卷694。

② 这首诗不是张籍的作品，而是刘禹锡的，见《全唐诗》卷365，题作《和令狐相公〈别牡丹〉》。令狐相公即令狐楚，他是宰相，唐代宰相头衔为"同中书门下平章事"。

香胜烧兰红胜霞，城中最数令公家。人人散后君须看，归到江南无此花。

白花淡泊无人爱，亦占芳名道牡丹。应是宫中白赞善，被人还唤作朝官。

金钱买得牡丹栽，何处辞丛别主来。红芳堪惜还堪怅，百处移来百处开。

张祜[①]

浓艳初开小药栏，人人惆怅出长安。风流却是钱唐守，不踏红尘看牡丹。

元微之

花向琉璃地上生，光风炫转紫云英[②]。自从天女盘中见，直至今朝眼更明。

莺涩余声絮坠风，牡丹花尽叶成丛。可怜颜色经年别，收取朱阑一片红。

刘禹锡

庭前芍药妖无格，池上芙蓉静少情。惟有牡丹真国色，花开时节动京城。

既全国色与天香，底用人家紫与黄！却喜骚人称第一，至今唤作百花王[③]。

裴潾

长安豪贵惜春残，争赏新开紫牡丹。别有玉盘承露冷，无人起向月中看。

司马光

小雨留春春未归，好花随看恐行稀。劝君披取渔蓑去，走看姚黄拼

---

① 原作"张祐"，径改。《全唐诗》卷511张祜本诗，题作《杭州开元寺牡丹》，第3句不作"钱塘守"，而是"钱塘寺"，即杭州开元寺。"钱塘守"则指杭州刺史（太守）。

② 地：原作"池"，炫转：原作"宛转"，据《元稹集》卷16《西明寺牡丹》校改。

③ 第二首七言绝句不是唐人刘禹锡的诗，是南宋人陈孔硕的《牡丹》诗，载《全宋诗》第50册第31042页。

湿衣①。

山相②著书称上药，翰林弄笔作新歌。人间朱粉无因学，浪把菱花百遍磨③。

欧阳修

蟾精雪魄孕④云荄，春入香腴一夜开。宿露枝头藏玉块，暖风庭面揭⑤银杯。

东坡

人老簪花不自羞，花应羞上老人头。醉扶归路人应笑，十里珠帘半上钩。

仙衣不用剪刀裁，国色初酣晕酒来。太守问花花有语：为君零落为君开。

春光冉冉归何处，更向尊前把一杯。尽日问花花不语：为谁零落为谁开？

一朵妖云翠欲流，春光回照雪霜羞。化工只欲呈新巧，不放闲花得少休。

花开时节雨连风，却向霜余染烂红。满地春光私一物，此心未信出天工。

当时只道鹤林⑥仙，能遣秋光⑦发杜鹃。谁信诗能回造化，直教霜蘖⑧发春妍。

---

① 湿衣：原作"湿归"，首句用韵"归"字，七言绝句怎么能再用"归"字作韵脚，据《全宋诗》第9册第6208页司马光《其日雨中闻姚黄开，戏成诗二章，呈子骏、尧夫》原作校改。

② 山相：原作"山村"，"村"为平声字，不合格律，据《全宋诗》第9册第6194页司马光《又和安国寺及诸园赏牡丹》原作校改。山相是山中宰相的省称，指由副宰相参知政事职位上退下来的欧阳修。他写的《洛阳牡丹记》称牡丹为上等花（上药）。

③ 百遍：原作"省徧"，据司马光原作校改。"菱花"指刻有菱花图案的铜镜。

④ 孕：原作"朵"，据《全宋诗》第6册第3810页欧阳修《白牡丹》原作校改。

⑤ 揭：原作"搗"，据欧阳修原作校改。

⑥ 鹤林：原作"鹤枝"，据《全宋诗》第14册第9191页苏轼《和述古冬日牡丹四首》原作校改。

⑦ 秋光：原作"秋华"，据苏轼原作校改。

⑧ 霜蘖：原作"霜折"，据苏轼原作校改。

不分清霜入小园，放将诗律变寒暄。使君欲见蓝关咏①，更倩韩郎
为染根。

黄庭坚②

正是风光懒困时，姚黄开晚落应迟。欲将好句乞春色，日历如山不
到诗。

青春日月鸟飞过③，汗简文书山叠重。乞取好花天上看，宫衣黄带
御炉烘。

映日低风整复斜，绿玉眉心黄袖遮。大梁城里虽罕见，心知不是牛
家花。

九疑山中萼绿华，黄云承袜到羊家。真诠虫蚀诗句断，犹托余情问
此花。

仙家襞积驾黄鹄，草木无光一笑开。人间风日不可耐，故待成阴叶
下来。

汤沐冰肌④照春色，海牛⑤压帘风不开。直令红尘无路入，犹待蜂
须蝶翅来。

石曼卿

春风晴昼起浮光，玉作冰肤罗作裳。独步世无吴苑艳，浑身天与汉
宫香。

西园春色才桃李，绛色成围雪作团。更欲开花比京洛，故将姚魏接
山丹⑥。

张芸叟

去年岐路遇春残，满院笙歌赏牡丹。今岁杜陵千万朵，却垂衰泪洒

---

① 咏：原作"绿"，据苏轼原作校改。
② 原无黄庭坚署名，将这些诗都归于苏轼名下，今予更正。
③ 过：原作"迥"，据《全宋诗》第 17 册第 11378 页黄庭坚《乞姚花二首》原作校改。
④ 冰肌：原作"冰肥"，据《全宋诗》第 17 册第 11378 页黄庭坚《效王仲至少监咏姚
    花，用其韵四首》原作校改。
⑤ 海牛：原作"银蒜"，据黄庭坚原作校改。
⑥ "西园春色"这首诗不是石延年（曼卿）的作品，而是黄庭坚的作品。中华书局 2003
    年版《黄庭坚诗集注》第 1349 页载本诗，文字与此处有出入，作"蜂已成围蝶作
    团"，"放教姚魏接山丹"。

阑干。

邵康节

霜台何处得奇葩，分送天津小隐家。初讶山妻思折取，寻常未惯插葵花①。

东坡

小槛徘徊日自斜，只愁春尽委泥沙。丹青欲写倾城色，世上今无杨子华。

城西千叶岂不好，笑舞春风醉脸丹。何似后堂冰玉洁，游蜂非意不相干。

张文潜

千里相逢如故人，故栽庭下要相亲。明年一笑东风里，山杏江桃不当春。

山谷

露稀春晚到春丛，拂掠残妆可意红。多病废诗仍止酒，可怜虽在与谁同。

韩忠献

不管莺声向晚催，锦衾春晚尚成堆。香红若解知人意，睡取东君不放回。

王文康

枣花至小能结实，桑叶虽柔可作丝。堪笑牡丹如斗大，不成一事又空枝。

朱淑真

香玉封春未啄花，露根烘晓见纤霞。自非水月观音样，不称维摩居士家。

张南轩

绿叶满园风雨余，君家花事岭中无。眼明见此还三叹，京洛名园忆上腴。

---

① 《全宋诗》第7册第4586页载邵雍本诗，题作《谢君实端明惠牡丹》，后两句作："初讶山妻忽惊走，寻常只惯插葵花。"

徐惠

姚魏从来洛下夸，千金不惜买繁华。今年底事花能贱，缘是宫中不赏花。

程沧洲

春工殚①巧万华丛，晚见昭仪擅汉宫。可惜芳时天不惜，三更雨歇五更风。

张无尽

落日宾朋醉帽斜，笙歌一曲上云车。颇知春色随轩去，不见东庵满槛花。

石舍人

缥叶湘丛照碧栏，几春都未见殷鲜。栽培不得华腴地，岂是东君用意偏？

七言律诗

罗邺

香胜烧兰红胜霞，开时比屋事豪奢。买栽池馆恐无地，看到子孙能几家？门倚长衢联绮轭，幄笼轻日护香纱。歌钟只解人欢赏，岂信流年鬓易华。

罗隐

似共东君别有因②，绛罗高卷不胜春。若教解语应倾国，任是无情亦动人。芍药与君为近侍，芙蓉何处避芳尘？可怜韩令功成后，辜负秾华过此身。

韩愈

幸自同开俱隐约，何须相倚斗轻盈！凌晨并作新妆面，对客偏含不语情。双燕无机还拂掠，游蜂多思正经营。长年是事皆抛尽，今日栏边

---

① 殚：原作"弹"，据《全宋诗》第 57 册第 35624 页许程公《牡丹》原作校改。
② 有因：原作"有情"，据中华书局 1983 年版《罗隐集·甲乙集》第 20 页《牡丹花》原作校改。按：本诗用韵为平水韵上平声"十一真"部，"情"字属于下平声"八庚"部，出韵。看来《全芳备祖》的编者陈景沂不懂得格律诗常识。

暂眼明。

李商隐

锦帏初卷卫夫人，绣被犹堆越鄂君。垂手乱翻雕玉佩，折腰争舞郁金裙。石家蜡烛何曾剪，荀令香炉可待熏。我是梦中传彩笔，欲书花叶寄朝云。

司马温公

真宰无私煦妪同，洛花何事占全功？山河势胜帝王宅，寒暑气和天地中。尽日玉盘堆秀色，满城绣毂走春风。谢公高兴看春物，倍忆清伊与碧嵩。

杨诚斋

东皇封作万花王，更赐珍华出尚方。白玉堆将青玉绿①，碧罗领衬翠罗裳。古来洛口元无种，今幸天心别得香。涂改欧家记文著②，此花未出说姚黄。

病眼看书痛不胜，洛花千朵唤双明。浅红酿紫各新样，雪白鹅黄非旧名。抬举精神微雨过，留连消息嫩寒生。蜡封水养松窗底，未似雕栏倚半醒。

杨诚斋《咏重台九心淡紫》

紫玉盘盛碎紫绡，紫绡拥出九娇娆③。都将些子郁金粉，乱点中央花片梢。叶叶鲜明还互照，枝枝风韵不胜妖。折来细雨轻寒里，正是东风拆半苞。

七言律诗散联

杜荀鹤

闲来吟绕牡丹丛，花艳人生事略同。半雨半风三月内，多愁多病百年中。

---

① 绿：原作"缘"，平声字，不合格律，据中华书局 2007 年版辛更儒《杨万里集笺校》卷 38 第 1998 页本诗校改。
② 著：原作"看"，据《杨万里集笺校》本诗校改。
③ 九娇娆：原作"几姣饶"，据《全宋诗》第 42 册第 26538 页杨万里《咏重台九心淡紫牡丹》原作校改。

李商隐

下苑①他年未可追，西州今日忽相期。水亭暮雨寒犹在，罗荐春香暖不知。

夏英公

千叶繁红吐异芳，中央瑞色蔼清香。密攒莺羽参差折，细雨霓裳次第黄。

颍滨

汉庙名园甲颍昌，洛川珍品重姚黄。雨余往看初疑晓，春尽方开自不忙。

千重紫绣擎熏炷，万叶红云砌宝冠。直抱翠容持玉斝，满将春色上金盘。魏花一本须称后，十朵齐开面曲栏。

◎乐府祖

晁无咎《夜合花》

百紫千红，占春多少，共推绝世花王。西都万家俱②好，不为姚黄。谩肠断巫阳，对沉香亭北新妆。记《清平调》，词成进了，一梦仙乡。//天葩秀出无双，倚朝晖，半如醋酒成狂。无言自有，檀心一点偷芳。念往事情伤，又新艳，曾说滁阳③。纵归来晚，君王殿④后，别是风光。

贺方回《剪朝霞》（本名《鹧鸪天》）

曾弄轻阴谷雨干，半垂云幕护残寒。化工着意呈新巧，剪刻朝霞钉露盘。//辉锦绣，掩芝兰，开元天宝盛长安。沉香亭子钩阑畔，偏得三郎带笑看。

王道辅《蝶恋花》

燕子来时春未老，红蜡团枝，费尽东君巧。烟雨弄晴芳意恼，雨余

① 下苑：原作"上苑"，据人民文学出版社 1985 年版《李商隐诗集疏注·新添集外诗》所收《回中牡丹为雨所败》原作校改。

② 俱：原作"侯"，据中华书局 1965 年版唐圭璋编《全宋词》第 1 册第 560 页晁补之本词校改。

③ 又：原作"人"，滁阳：原作"河阳"，据晁补之本词校改。

④ 殿：原作"醒"，据晁补之本词校改。

特地残妆好。// 斜倚青楼临远道，不管傍人，密共东君笑。都见娇多情不少，丹青传得倾城貌。

范石湖《玉楼春》

云横水绕芳尘陌，一万重花春拍拍。蓝桥仙路不崎岖，醉舞狂歌容倦客。// 真香解语人倾国，知是紫云谁敢觅。满蹊桃李不能言，分付仙家君莫惜。

稼轩《杏花天》

牡丹比得谁颜色，似宫中太真第一。渔阳鼙鼓边风急，人在沉香亭北。// 买栽池馆知何益，莫虚把金梭抛掷。若教解语倾人国，一个西施也得。

《鹧鸪天》

翠盖牙签几百株，杨家姊妹夜游初。五花结队香如雾，一朵倾城醉未苏。// 闲小立，困相扶，夜来风雨有情无。愁红惨绿今宵看，却似吴宫教阵图。

浓紫深红①一画图，中间更著玉盘盂。先裁翡翠装成盖，更点胭脂染透酥②。// 香潋滟，锦模糊，主人③长得醉工夫。莫携玉手栏边去，羞得花枝一朵无。

占断雕栏只一株，春工费尽几工夫。天香夜染衣犹湿，国色朝酣酒未苏。// 娇欲语，巧相扶，不妨老干自扶疏。恰如翠幄高堂上，来看红衫百子图。

李橘山

洛浦风光烂熳时，千金开宴醉为期。花方著雨犹含笑，蝶不禁寒总是痴。// 檀晕吐，玉华滋，不随桃李竞春菲。东君自有回天力，看把花枝带月归。

---

① 浓紫深红：原作"浓翠深黄"，据《全宋词》第3册第1924页辛弃疾本词校改。按："翠"字与下句"翡翠"用字犯复。
② 酥：原作"苏"，据辛弃疾本词校改。
③ 主人：原作"美人"，据辛弃疾本词校改。

王梅溪《点绛唇》

庭院深深，异香一片来天上。傲春迟放，百卉皆推让。// 忆昔西都，姚魏声名旺①。堪惆怅，醉翁何往，谁与花标榜？

曾海野应制作②《朝中措》

华堂栏槛占③韶光，端不负年芳。依倚东风向晚，数行浓淡仙妆。// 停杯醉折，多情多恨，绝艳真香。只恐去为云雨，梦魂时恼襄王。

《定风波》④

上苑秾芳初雨晴，香风嫋嫋泛轩楹。犹记洛阳开小宴，娇面粉光依约认倾城。// 流落江南重此会，相对金蕉蘸甲十分倾。怕见人间春更好，向道如今老去尚多情。

张村甫⑤《临江仙》

玉宇凉生⑥清禁晓，丹砒色照晴空。珊瑚敲碎小玲珑，人间无此种，来自广寒宫。// 雕玉阑干深院静，嫣然频笑西风。曲屏须占一枝红，且围敧醉枕，香到梦魂中。

吴履斋《如梦令》

一晌园林绿就，柳色莺声远透。轻暖与轻寒，又是牡丹时候。时候，时候，岁岁年年人瘦。

刘后村《昭君怨》

曾看洛阳旧谱，只许姚黄独步。若比广陵花，大亏他。// 旧日王侯园圃，今日荆榛狐兔。君莫说中州，怕他愁。

《六州歌头》

维摩病起，兀坐等枯株。清晨里，谁来问？是文殊，遣名姝，夺尽

---

① 旺：原无，据《全宋词》第 2 册第 1351 页王十朋本词校补。
② 《全宋词》第 2 册第 1321 页曾觌本词，词牌下题《山父赏牡丹，酒半作》，根本不是曾觌的应诏之作，殆因词牌有"朝中"二字而误解。
③ 占：原作"古"，据曾觌本词校改。
④ 原署名"普海野"，为"曾海野"之误，今删，作品并在一起。
⑤ 张抡字才甫，"村"字误。
⑥ 凉生：首句原作"玉宇暖清禁晓"，6 字，不合格律。《群芳谱》作"玉宇暖浮清禁晓"，原来掉了一个"浮"字。今据《全宋词》第 3 册第 1409 页张抡本词，改"暖"为"凉生"。

群花色。浴才出，醒初解，千万态，娇无力，困相扶。绝代佳人，不入
金张室，却访吾庐。对茶铛禅榻①，笑杀此翁癯。瑶砌金壶，始消
渠。// 忆升平日，繁华事，修成谱，写成图。奇绝甚，欧公记，蔡公
书，古来无。一自②京华隔，问姚魏，竟何如？多应是彩云散，劫灰
余，野鹿衔花将去③，休回首，河洛丘墟。谩伤春吊古，梦绕汉宫都，
歌罢欷歔。

吴梦窗《汉宫春》

花姥来时，带天香国艳，羞掩名姝。日长半娇半困，宿酒微苏。
沉香槛北，比人间，风异烟殊。春恨重，盘云坠髻，碧花翻④吐琼
盂。// 洛苑旧移仙谱，向吴娃深馆，曾奉清娱。猩唇霞红未洗，客鬓
霜铺。兰词沁壁⑤，过西园，重载双壶。休谩道，花扶人醉，醉花却
要人扶。

赵虚斋《大酺》

正绿阴秾，莺声懒，庭院寒轻烟薄。天然花富贵，逞妖红殷紫，叠
葩重萼。醉艳酣春，妍姿挹露，翠羽轻明如削。檀心鹅黄嫩，似离情愁
绪，万丝交错。更银烛交辉，玉瓶微浸，宛然京洛。// 朝来风雨恶，
怕偃傺，低张青油幕。便好倩，佳人插帽，贵客传笺，趁良辰，赏心行
乐。四美难并也，须拼醉，莫辞杯酌，被花恼，情无着。长笛何处，一
笑江头高阁，极目水云漠漠。

毛东堂《蝶恋花》

三叠阑干铺碧甃，小雨新晴，才过清明候。初见花王披衮绣，娇云
瑞日明春昼。// 彩女朝真天质秀，宝髻微偏，风卷霞衣皱。莫道东君

---

① 禅榻：原作"却榻"，据《全宋词》第 4 册第 2591 页刘克庄本词原作校改。
② 一自：原作"自"，据刘克庄原作校改。
③ 衔花将去：原作"衔将去"，据刘克庄原作校改。
④ 翻：原作"番"，据《全宋词》第 4 册第 2924 页吴文英《汉宫春·夹钟商，追和尹
　梅津赋俞园牡丹》原作校改。
⑤ 兰词沁壁：原作"兰池沁碧"，据吴文英本词校改。"兰词沁壁"是说尹梅津咏俞园
　牡丹的词作美如幽兰，书写悬挂，清词丽句浸润到墙壁间。因而才有吴文英的"追
　和"、"过西园、重载双壶"。此处录文作"兰池沁碧"，含义不同，但"碧"字刚刚
　用过："碧花翻吐琼盂。"

情最厚，韶华半在东堂手。

李铨《点绛唇》

一朵千金，帝城谷雨初晴后。粉施香透，雅称寻芳首。把酒题诗，遐想欢如旧。花知否，故人清瘦，常忆同携手？

天香台赋

（元）耶律铸 著

评　述

　　元代的牡丹文献不多，耶律铸创作的《天香台赋》《天香亭赋》，算得上是当时重要的牡丹文献。

　　耶律铸（1221～1285），字成仲，号双溪、四痴子，燕京（今北京市）人。元代高级官员，著名文学家。耶律是契丹族姓氏。耶律铸的九世祖突欲是辽国东丹王；父亲耶律楚材在蒙古汗国时期担任过中书令（宰相），是著名的文学家。耶律铸生长在一个完全汉化的契丹裔家庭，自小就学习传统的汉文化典籍，崇尚儒学，善于赋诗属文，兼崇佛教、道教，同时工于骑射。他担任过朝廷和地方的官职，多次出任中书左丞相。去世 45 年后被朝廷赠号太师、上柱国，封懿宁王，谥文忠。他身处金元之际，与著名文学家元好问、吕鲲等多人时有诗歌酬唱。他著有诗文集《双溪醉隐集》，早已散佚，清代编纂《四库全书》，从《永乐大典》中收辑其部分残存作品，重新编为《双溪醉隐集》，仅有 6 卷。后来清人李文田为之作笺注，笺注本收录于光绪十八年（1892）印行的《知服斋丛书》和民国 20 至 23 年（1931～1934）印行的《辽海丛书》中。李文田（1834～1895），字畬光、仲约，号若农、芍农，谥文诚，广东顺德人。咸丰九年（1859）进士，官至礼部侍郎。晚年归故里，主讲广州凤山、应元书院，著述丰赡。《天香台赋》《天香亭赋》，被编在 6 卷本《双溪醉隐集》的卷 1 中。

耶律铸去世两年前被罢免官职，家产被没收一半，徙居乡间。这两篇牡丹赋，开篇交代"双溪醉隐，嘉遁西园，而杜私门之请"，可见是他晚年罢官隐居后的作品。他在《花史序释》中说："双溪主人因移接牡丹，尝作《天香台》《天香亭》《天香园》三赋。"但《天香园赋》已经亡佚了。赋是我国古代散文韵文兼用的一种文体，由骚体的楚辞演变而来，很讲究结构、辞藻、典故和音韵，类似于散文诗。南朝刘勰《文心雕龙·诠赋》说："《诗》有六义，其二曰赋。赋者，铺也，铺采摛文，体物写志也。"即指出赋的特征是讲究辞藻文采，需要大肆铺陈。两汉时期流行大赋，枚乘、司马相如、扬雄、张衡都有这样的作品。这类鸿篇巨制摊了铺得很人，为了追求规模效果，甚至不顾事实，把一些沾边不沾边的同类事物硬扯在一起，争奇炫博，堆叠词汇，叠床架屋，增加波澜。大赋很难写，一篇赋往往历时多年才能完成，而且不是谁都有能力写出来的。东汉后期流行小赋，篇幅简短，语言通俗，典故少，变化多，意境较为清新。如张衡的《归田赋》、赵壹的《刺世嫉邪赋》、蔡邕的《述行赋》，揭露黑暗的政治，抒发个人的情怀。此后历代均以小赋为主流，大赋鲜有问津。《天香台赋》《天香亭赋》都是大赋。到了大赋早已式微的元代，耶律铸能写出大赋，音韵和谐，气势磅礴，说明他有过人的文学才华。

耶律铸的 3 篇赋均以"天香"命名，取典于牡丹之被描绘成"国色天香"，唐人李正封有牡丹诗句云"天香夜染衣，国色朝酣酒"。保存下来的这两篇赋各自独立，为了加以区别，标题一为"台"一为"亭"。但实际上两篇赋在内容方面并没有什么区别，《天香台赋》没有把牡丹品名写完，于是乎再写出续篇以尽兴、尽意。从行文来看，《天香台赋》出现了"天香台"字样，但文中交代更多的是"天香亭"，客人来访在"天香亭"，还提到"天香亭颂"，铭文说"薄构其亭"。因此可以说，将这篇赋的标题《天香台赋》更改为《天香亭赋》，亦无不可。而题为《天香亭赋》的这篇赋，除了"周流容与，香界亭台"句中"亭""台"并称以外，再也找不到一个"亭"字来。那么，这两篇赋名实不符，文不对题。《天香园赋》已佚，无从阅读和评判，不知是否也存在这里挑剔的《天香亭赋》这样的毛病。北宋苏轼写过《赤壁赋》后又写了一篇，遂将后者题为《后赤壁赋》，一些散文选本选录这两篇作品，索性将前者改题为《前赤壁赋》。耶律铸如果参照苏轼的做法，对《天香台赋》《天香亭赋》《天香园赋》重新命题，就能避免内容与标题不吻合的毛病。

汉代大赋在结尾处显露讽谏意思。然而通过大幅度的铺张描写才笔锋一转，微微讽谏便戛然收尾，结果劝而不止，反倒引逗出享乐兴致。汉武帝好神仙，司马相如献上《大人赋》讽谏，由于赋中极力夸张神仙如何自在，汉武帝反倒十分向往，"飘飘有凌云之气，似游天地之间意"。（《史记》卷117《司马相如传》）《天香台赋》《天香亭赋》保留了这种结构模式，都在收尾处写上一段文字，将培植牡丹的技术层面的经验扩而广之，与治国施政理论挂钩，得出二者路数一致的结论，建议要像培植牡丹那样治理国家，这样使得辞赋的意蕴得以升华，言近旨远，意味深长。耶律铸这种见解，前人已经有过，唐人柳宗元《种树郭橐驼传》一文早著先鞭。耶律铸从政数十年，曾采集历代德政合于时宜者81章进呈，奏定便民法令37章。他获罪被革职，退隐民间，没有胆怯、避嫌，还在牡丹赋中大谈如何治国施政，可见是一位有良知、有胆识的人士。

这两篇牡丹赋是文学作品，作者须施展文学手段，驰骋想象，恣意属文，这与写实性的有科技倾向的牡丹谱录不是一个路数。而且，将众多的牡丹品名组织成赋文，便要利用品名的表面含义遣词造句，布局谋篇，生发出牡丹花以外的艺术意象，而这些意象与该品种牡丹花若即若离，甚至渐行渐远，面目全非。于是这两篇牡丹赋，就像以望文生义、谐音曲解、语义双关等手段逗趣打诨的相声段子一样，免不了带着一些滑稽，要想说清楚，反倒觉得违碍龃龉，说不清了。这实际上是士大夫的文字游戏，表现的是作者的机智狡黠、闲情逸致。比如《天香台赋》中这几句："瑞玉楼台，（瑞玉红，见《丽珍牡丹品》。有玉楼子牡丹、重台牡丹，亦曰槛山红楼子。）夐间金碧。（间金，见《洛阳花木记》："千叶红花也，色微带紫而类金系腰。开头八九寸许，叶间有蕊。"碧牡丹有数品。）赋文将牡丹品名"瑞玉红"和"玉楼子"截取部分字改铸为词组"瑞玉楼台"，它们在这里呈现出来的形象便不再是牡丹花，而是琼楼玉宇、雕栏玉砌、美轮美奂的建筑物。牡丹品名"间金"，搭配上"碧牡丹"，于是变成了建筑物金碧辉煌的颜色。"间"字实际上被拆分出去，成了"间隔"的意思。这些话、这些形象，同牡丹花有什么干系？此类赋文可以意会，难以言传，因而翻译起来十分困难。译文如果保留原文的牡丹品名，便很难组成流畅的现代汉语句子，很难串讲赋文的含义；如果违离原文的牡丹品名，原文夹注中对牡丹品名的解释便失去了指向，成了无的放矢。

这两篇赋以正文加夹注的形式记录了120多个牡丹品种，并就其中50多种或做出具体描绘，或利用品名的表面意思生发出艺术意象。夹注中所引用的古代牡丹谱录，有已经失传而不为他书提及的《青州牡丹品》《奉圣州牡丹品》《陈州牡丹品》《总叙牡丹谱》《丽珍牡丹品》《牡丹续谱》多种，以及《花木记》《花木后记》《花谱》《道山居士录》《河南志》等记载的牡丹。夹注所引牡丹谱录中的牡丹品名，有的原书没有，有的与原书不符（见我作的注释中的按语）。有学者认为"《天香台赋》《天香亭赋》，实际是以赋加夹注形式写成并幸存的元代牡丹谱录"。（陈平平：《论元代耶律铸牡丹园艺实践与著述的科学成就》，《古今农业》2005年第2期）这话虽有一定的合理性，但说得过于斩钉截铁了。我认为正是有赖于这两篇赋，我们才可以知道那些失传的牡丹谱录和牡丹品种的只鳞片爪，因而不妨将这两篇赋当作"准谱录"对待。但就这两篇赋本身来说，它们只是利用或借助于牡丹品名而作的文章，呈献出来的往往是牡丹花以外的形象，它们是大肆铺张、描绘、夸饰、联想、比拟的文学作品，而不是写实性的谱录，因为它们没有像欧阳修、周师厚、陆游等人撰写的牡丹谱录那样去记载牡丹品种的花色、形状、来历、命名缘由以及相关故实，也没有那些谱录中的园艺内容和社会风情内容。打个比方，如果现在有谁写的是牡丹内容的科技论文，可以在自然科学杂志或学术杂志上发表，如果写的是牡丹内容的辞赋，不去联系文学杂志，哪家自然科学杂志或学术杂志会给他发表。

除了这两篇牡丹赋，耶律铸的牡丹文学作品还有十多首诗，在夹注中提到"长春紫牡丹"、"玉楼紫牡丹"、"唐家红、紫牡丹"、"花萼紫、锦屏红牡丹"、"探春、恋春牡丹"、"玉楼红牡丹"、"金丝红牡丹"、"玉华香牡丹"、"金粟牡丹，又曰簇金"、"温柔紫牡丹"、"杨家紫、杨家花牡丹"、"牡丹有斗日红、瑞云红"。这些元代的牡丹品种都不见于这两篇牡丹赋，这里特意交代一下。

江苏古籍出版社 1999 年出版李修生主编的排印本《全元文》，第 4 册收录了《天香台赋》《天香亭赋》。《全元文》编纂者交代以《文渊阁四库全书》本《双溪醉隐集》为底本录文，以《永乐大典》本和清翰林院抄本校勘。但《全元文》本的标点、校勘错误很多。问题严重的标点错误如："御袍，黄牡丹，见《洛阳牡丹记》"，其实应标点为"御袍黄牡丹"云云。间金，"千叶红，花也。"应标点为"千叶红花也"。"金源氏冰井宫，牡丹以其地势高寒，每秋秋分后，例以瓮覆护，谓之辟寒气。"应标点为"金源氏冰井宫牡丹，以其地势高寒"云云。"故叶兮如云，花兮如斗。是以声名，盈溢乎九。有道者厌叹，已而谇曰："应标点为"故叶兮如云，花兮如斗，是以声名盈溢乎九有。道者厌叹"云云。校勘方面也有舍弃底本正确的而改从他本错误的，如将"蓲脯"改为"蓲蒲"，"信"改为"伸"。其余标点错误，这里不再列举。今以《文渊阁四库全书》第 1199 册《双溪醉隐集》（台湾商务印书馆，1986）为底本，以《丛书集成续编》第 108 册《辽海丛书》本《双溪醉隐集》（上海书店，1994）和《全元文》本为参校本，进行整理。

余作此赋，会侄子辈递传讽咏，往往质问其所疑。予时有瘵（音簇）蠡（音蔗）之疾未间①，及为酒所困，倦于应对。因命书史为音注②，应其所请以示之。

【译文】

我创作这篇《天香台赋》，在儿子侄儿们之间辗转传诵。他们往往遇到一些知识，不知道是怎么回事，前来问我。我正染上瘟疫，尚未霍然病除，再加上醉酒昏昏沉沉，对于轮番不断地给他们答疑解惑，感到疲于应付。我于是允诺子侄们的请求，利用相关书籍，对赋中相应的问题做出注释，出示给他们。

双溪醉隐，嘉遁③西园，而杜私门之请。偃蹇栖迟④，纵适放言，惬高蹈养恬⑤之胜地，葆光颐真⑥之灵境。绿野⑦斯营，素意⑧是逞。一花一草，亲移自植，计日成趣，唯天香台牡丹为盛。婉若群仙，乱摛⑨云锦，珠树相鲜，琼枝相映，英华外发，风标天挺。精彩相授，逸态横出；俨保灵和，恩华荣命。含情延引，流风回穴；（流风⑩，一作"游风"。宋玉《风赋》："回穴错迕。"善曰："回穴，即风不定貌也。"）竞笑应讯⑪，幽人迳庭。（《庄子》："大有迳庭。"迳音，敕定

---

① 瘝蠡（cùlí）：瘟疫。圆括号内的字，系原文为生僻字注音，采用直音方法，即用同音字注音。原文将"瘝蠡"的读音注为"簇蓏（luǒ）"，按："蠡"是多音多义字，一个含义是通"蓏（luó）"。间：除去。
② 命：使用。书史：书籍。
③ 嘉遁：符合正道的退隐，合乎时宜的隐居。
④ 偃蹇：偃卧。栖迟：游息。
⑤ 高蹈：隐居。养恬：过恬静的生活。
⑥ 葆光：隐蔽光辉，比喻才智不外露。颐真：修养真性。
⑦ 《旧唐书》卷170《裴度传》，东都留守裴度在洛阳营建私家园林，"于午桥创别墅，花木万株。中起凉台暑馆，名曰'绿野堂'。引甘水贯其中，酾引脉分，映带左右"。
⑧ 素意：平素的意愿。
⑨ 摛（chī）：舒展，散布。
⑩ 圆括号内的字，系原文的注释。耶律铸本赋小序说："因命书史为音注。"可见本赋的注释基本上是耶律铸自己作的。清人李文田曾为耶律铸的文集《双溪醉隐集》作笺注，所以注释中也有李文田作的。
⑪ 讯：原作"讥"，据《辽海丛书》本《双溪醉隐集》本句校改。

切。盖吴人呼"敕"为"剔",与他定切同。李云：迳庭，激过也①。）

【译文】

有一位双溪醉隐居士，幽居在西园中，闭门杜客，谢绝人事请托。他这所园子是避开尘世烦嚣，过舒适恬静生活的一方胜地，更是韬光养晦、颐养纯真性灵的一处宝地。他在这里或怡然自得地躺卧，或自由自在地游走歇息，没有任何拘束、羁绊，可以随心所欲地放声说话、纵情吟啸，多么令人惬意啊！就像唐朝大臣裴度营建舒适美丽的园林绿野堂一样，双溪醉隐居士建成了这所西园，终于有合适的处所实现自己平素的意愿了。西园里的一花一草，都是他亲自移栽培植的，掐着指头算着日子，届时果然展现出生机情趣。【一年四季种种花卉次第开放，令他目不暇接，然而】唯有栽培在天香台的牡丹最为繁盛艳丽。

西园中的百花各自应时开放，每一种都婉柔娇媚，仿佛众多仙女各逞奇姿，又像色彩斑斓的锦缎大面积舒展开来。珍宝一样的树干彼此较量鲜亮，美玉一样的枝条交相辉映。不同的鲜花都在展示美丽动人的外观，各自的风韵格调一一天然挺出。它们都把内在的精神传递出来，飘逸的神情充分流露。各自保持着灵透中和之气，都有着恩宠荣华的命运。它们含情脉脉地迎送着来往的人，摇曳生姿，恰似轻曼的流风飘游不定。（注："流风"，一作"游风"。战国时期楚国辞赋家宋玉的《风赋》说："回穴错迕。"唐人李善《文选》注，此句注说："回穴：风飘流不定的样子。"）它们竞相微笑，应对游人的问讯，同那些离群索居的幽人相比，真是大相径庭。（注：《庄子·逍遥游》说："大有迳庭。""迳"字的读音，用"敕""定"二字反切得出。东南地区的人，把"敕"读作"剔"，所以，"敕""定"二字的反切，与"他""定"二字的反切相同。李文田说：迳庭：表示过分。）

---

① 李云：即李文田注释说。本赋注释明确交代"李云"者，仅此一例。下文有注释说："公尝易玉团春名为玉女花。""天香台前有槐，俗谓槐栅者。公尝谓之不雅，故目谓槐盖。"这不会是耶律铸的自注，因为他不可能自称"公"，应该是李文田注释的。

国色天香，独占韶光。澄心定气，延视迫察，知其不妄。进号贵客，名为花王。（《十客图》以牡丹为贵客①。）维此姚黄，（《洛阳花木记》曰："姚黄，千叶黄花也。色极鲜洁，精彩射人，有深紫檀心。近瓶有青旋一匝，与瓶同也。开头可八九寸许，甚有高洁之性。"《道山居士录》曰："近心叶细无蕊，亦有浅檀，肥盛时，中心有绿叶三面而逾寸，谓之绿蝴蝶。"）穆穆皇皇②，台隶③众芳，真其王也。（钱思公尝曰："人谓牡丹花王，今以姚黄真王也，魏紫乃后也。"故有姚王魏后之号。见《花谱》。又曰："洛人以姚花为王，魏花为后，诚善评也。"）应道无私，应化无方，知隐知显，知变知常。（《异人录》曰："牡丹变易千种。"）迟流烟景，荫樾④照阳。吸风饮露，云卧霓裳。魏后延伫，（魏后，见上注。）醉妃小立，（醉妃红，见《海山记》。）欲与相扶，倚风无力。凝笑为容，争妍取媚。醒酒⑤香艳，懒晴天气。翠袂扬袘⑥，（弋

---

① 南宋龚明之《中吴纪闻》卷3《张敏叔》条说："张景修，字敏叔。人物萧洒，文章雅正，登治平四年（1067）进士第。……两为宪漕，五领郡符，……有《花客诗》十二章。"南宋姚宽《西溪丛语》卷上《花中三十客》条说："昔张敏叔有《十客图》，忘其名。予长兄伯声尝得三十客：牡丹为贵客，梅为清客，兰为幽客，桃为妖客，杏为艳客，莲为溪客，木犀为岩客，海棠为蜀客，踯躅为山客，梨为淡客，瑞香为闺客，菊为寿客，木芙蓉为醉客，荼蘼为才客，腊梅为寒客，琼花为仙客，素馨为韵客，丁香为情客，葵为忠客，含笑为佞客，杨花为狂客，玫瑰为刺客，月季为痴客，木槿为时客，安石榴为村客，鼓子花为田客，棣棠为俗客，曼陀罗为恶客，孤灯为穷客，棠梨为鬼客。"但这是姚宽的大哥的说法。
② 穆穆皇皇：社会顶层威仪盛大的样子。《礼记·曲礼下》："天子穆穆，诸侯皇皇。"
③ 台隶：社会底层人物，仆从、奴隶之流。本句作动词用。《左传·昭公七年》说："人有十等，下所以事上，……故王臣（役使）公，公臣大夫，大夫臣士，士臣皂，皂臣舆，舆臣隶，隶臣僚，僚臣仆，仆臣台。马有圉，牛有牧，以待百事。"其中王、公、大夫、士4等人，是大大小小的贵族；皂、舆、隶、僚、仆、台6等人，以及他们以外的圉、牧，都是贵族的家庭奴隶。
④ 荫樾：遮阴。
⑤ 五代王仁裕《开元天宝遗事》卷下《醒酒花》说："明皇与贵妃幸华清宫，因宿酒初醒，凭妃子肩同看木芍药。上亲折一枝，与妃子递嗅其艳。帝曰：'不惟萱草忘忧，此花香艳，尤能醒酒。'"
⑥ 袘（yì）：古同"袘"。《仪礼·士昏礼》："主人爵弁，纁裳缁袘。"东汉郑玄注："袘，谓缘。"唐人贾公彦疏："云'袘谓缘'者，谓纯缘于裳，故字从衣。"即裙子边缘。清人王先谦指出，一说为衣袖。

示切。）柔玉镂刻，（玉镂璧，见《花木记》。）仙衣戌削[1]，镂金丝织。（金丝绯，见《丽珍牡丹品》。）昭著风流，分外旖旎。臭味幽远，容止闲丽。素女掩嫭[2]，（音护。）不足程式。绿华无色，兰香失气[3]。脱落尘凡，伴奂姱迈[4]。表景异致，揄扬[5]胜概。灵贶[6]弥彰，运钟盛代。诞膺[7]王者之称，良有后妃之配。英奇特秀，望塞华域[8]；姿色俱绝，势倾人国。靡曼则如此，光大则如彼，不以纯懿，尽在于己。承天赐之优华，（天赐紫，见《总叙牡丹谱》。）腾芳声于胜日。擅天外之奇名，（天外黄，见《海山记》。）岂花中为第一。尤姿英艳，道润金璧。姿有余妍，艳有余美。气不可夺，操不可易。名有余香，风有余味。炎而不附，寒而不弃。远之不怨，亲之不比[9]。动无所趋，静无所避。色无所沮，心无所觊。繇无虑而无营，故无愠而无喜。守所抱之天真，任自然之荣悴。信[10]灵根之有托，冠四时而为最。（灵根红，见《丽珍牡丹品》。燕南[11]牡丹，期在谷雨前后。北地高寒，常开在夏日。又有秋日

---

① 戌削：形容衣服裁制合体。西汉司马相如《子虚赋》说："衯衯裶裶，扬袘戌削。"戌削，亦作"恤削"。

② 掩嫭（hù）：嫭同"嫭"，美好。掩嫭：其白净、美丽被超越、遮盖。南朝刘宋谢惠连《雪赋》说："皓鹤夺鲜，白鹇失素；纨袖惭冶，玉颜掩嫭。"是说白鹤、白鹇、美女的洁白，同雪相比，都相形见绌。

③ 绿华无色，兰香失气：原作"兰香失气，绿华无色"，《辽海丛书》本同。《全元文》本据《永乐大典》本改，今从之。绿华：道教女神仙萼绿华。南朝萧梁陶弘景《真诰》卷1《运象篇》说她"颜色绝整"。

④ 伴奂：原作"泮奂"，《辽海丛书》本同。《全元文》本据《永乐大典》本校改，今从之。伴奂：悠然自得的样子。《诗经·大雅·卷阿》："伴奂尔游矣。"姱（kuā）迈：特别美好。

⑤ 揄扬：极口赞扬，吹嘘。

⑥ 灵贶（kuàng）：神灵赐福。贶：赐。

⑦ 诞膺：重大意义的接受，指君王受命于天。《尚书·周书·武成》："我文考文王克成厥勋，诞膺天命，以抚方夏。"

⑧ 华域：花卉的领域，花国。华：古同"花"。

⑨ 比：勾结，偏爱。

⑩ 信：《全元文》第4册第8页校勘记〔六〕说，其所据底本《文渊阁四库全书》本《双溪醉隐集·天香台赋》本句原作"信"，据《永乐大典》卷2604校改为"伸"。按：古代"信"字有时通"伸"，如《诗经·小雅·信南山》开头说："信彼南山，维禹甸之。"含义是：延伸到南山下，这一带土地都曾经大禹亲手治理过。但本文这里用"信"的本字含义为是。

⑪ 燕（yān）南：周代诸侯国燕国以南，指今河北省南部及其以南地区，特指今河南省。

牡丹、冬日牡丹。）宜其奕叶①扶疏，宜其名华盛大！

【译文】

号称"国色天香"的牡丹，独自占尽了西园中的春光。牡丹被人们称为进献"贵客"的雅号，（注：北宋张景修《十客图》以牡丹为贵客。）被尊奉为"花王"。待你平心静气地就近观察牡丹花，就会知道牡丹享有这样的盛誉，完全符合实际，一点也不虚妄勉强。特别是姚黄牡丹，（注：北宋周师厚《洛阳花木记》说："牡丹品种姚黄，是重瓣黄色花。花色极其鲜亮洁净，神采照人。花朵中有深紫檀色的花心，接近雌蕊的部位，围绕着一圈青色的花瓣，与雌蕊的颜色一致。此花开放时，花朵直径有八九寸那么长。颇有些高洁的气质。"《道山居士录》记载绿蝴蝶牡丹，说："迫近花心的地方，花瓣细瘦，没有花蕊，也有浅檀花心。该品种开到肥盛时，中心有绿花瓣三片，每片都超过一寸。"）端庄肃穆，富丽堂皇，把千花百卉都比下去，沦为卑贱的仆从奴婢，它真算得上是名副其实的花王啊。（北宋西京留守钱惟演曾说："人说牡丹是百花之王，当今姚黄真可为花王，魏家花就是花后了。"因此便有了"姚黄花王"、"魏紫花后"的称号。这些说法见于欧阳修《洛阳牡丹记》的记载。另外，周师厚《洛阳花木记》还说："洛阳人把姚黄牡丹叫作花王，把魏花牡丹叫作花后，确实是恰如其分的评价呀。"）

牡丹完全顺应天道，没有自己的偏私愿望，因而能随顺自然规律而变化，没有固定的模式。牡丹懂得什么力量隐藏在冥冥之中在起作用，什么现象由这种力量所驱使而随处彰显各种形象；懂得什么力量恒常不变，什么现象变幻无穷。（注：北宋吴淑《江淮异人录》说："牡丹千变万化，品种繁多。"）有的牡丹在迷蒙的烟景中滞留，有的牡丹在背阴处开放，有的牡丹在阳光下舒展。它们吸风饮露，开出一片绚烂，像五色瑞云呈现在天空，又像霓裳羽衣舞正展开翩翩姿态。花后魏紫开得

---

① 奕叶：累世，世世代代。

那么挺拔，像人一样久久伫立，（注：魏后，见上面的注释。）醉妃红牡丹在一旁陪同站立。（注：醉妃红，见北宋刘斧《青琐高议·炀帝海山记》。）它们似乎想要相互搀扶，在轻风中微微摇曳，娇弱无力。它们一直保持着含笑的面容，争奇斗艳，博得人们的宠爱。唐玄宗曾说："牡丹花香艳，最能醒酒。"这醒酒花在暖洋洋的暮春时节开得多么香艳。玉镂璧牡丹像是用温润的美玉雕镂而成，（注：玉镂璧，见《洛阳花木记》①。）绿叶相衬，仿佛美女扬起翠绿的衣袖。金丝绯牡丹像是黄金抽成丝编织而成，（注：金丝绯，见《丽珍牡丹品》。）花瓣大小合适，像仙女的衣服剪裁合体。

种种牡丹将风流展示净尽，显得格外的旖旎婀娜。它们的清幽花香远远飘散，容貌美丽动人，风度优雅娴静。远古时期的神女素女，本来十分俏丽，但在牡丹面前，她的美色却掩而不彰，达不到标准。标致的仙女萼绿华，也相形见绌，黯然无光。牡丹的香味，使得久负盛名的兰花失去了气息。

牡丹卓立于千花万卉中，超然脱尽一切凡尘俗气，悠然自得，特别美好。它们为春天装点出特异的美丽，带来特异的情趣，因而受到人们的交口称赞。冥冥中的神灵赐福，通过牡丹的开放而显示出来，牡丹从而集中地享有了独自繁盛的命运。是受命于天，姚黄牡丹有了"花王"的称号，那么花后、嫔妃之类的配置，当然都是天经地义的了。

牡丹以其奇特的艳丽，在万花国中享有崇高的声望；也以其绝世的姿色，在人世间享有崇高的地位。它们的姿容形象之华美，就是这样；它们的名声地位之显赫，就是那样。所以如此，不仅在于高尚完美，而全在于自身的天生丽质和内在风骨。天赐紫牡丹是秉承上天精华的极品花卉，（注：天赐紫，见《总叙牡丹谱》。）好名声老早就遐迩传扬。天外黄牡丹具有天外的名气，（注：天外黄，见《炀帝海山记》。）岂止是在万花中称第一。

牡丹以绝世的外表为花卉增光添彩，它内在的精神真可谓金声玉

---

① 郭绍林按：《洛阳花木记》原文作："玉镂红，多叶红花也。"

振。牡丹的美丽真是美得不能再美，达到了极致。就其内在的精神来说，那是豪气不可剥夺，节操不可改易。牡丹的名声四处传播，带着余香，即便轻风渐渐飘去，还能嗅到它残留的气味。牡丹从不趋炎附势，也从不嫌弃贫寒。有谁疏远它，它从不怨尤对方；有谁亲近它，它也不偏私勾结对方。动静任随自然，从不积极趋向或刻意回避。表情温和，既不狎昵也不抵触；内心坦荡，无所觊觎。所以这样，是因为它没有私欲，无所谋求，所以才能既无愠怒又无欢喜。牡丹恪守着天然纯真的本性，随着自然的变化，该繁盛时进入花期高潮，该凋落时逐渐枯萎飘零。确实是灵根有肥美的土壤可托身，一年四季开放，始终占据鳌头。（注：灵根红，见《丽珍牡丹品》。中原地区的牡丹，花期在谷雨前后。北方一带高寒，牡丹常在夏天开放。此外，还有秋日牡丹、冬日牡丹。）怪不得牡丹能世世代代枝叶扶疏，怪不得它的名气那么盛大！

　　积于中者，必形诸①外；承休之征②，于是乎在。於穆令闻③，曾是不已，得无令人，渴见风彩。有绝其伦，有拔其萃，唯道是从，惟神是契。不因物而显，不附物而起。何玉立而不群，何中立而不倚！伟英灵之间气④，呈瑞世之上瑞。（牡丹有瑞云、瑞露之名。）感钟美于所天，多化工之为地。千葩万卉，云屯雾积。（子智切。）烟披雨沐，拥阶抱砌。如屏气动色，骈肩叠迹于朝会者，尤知花王之荣贵。

　　倚扇成阴，（倚扇，《孙氏瑞应图》曰："瑞草也，一名萐脯⑤。"

---

① 诸："之于"二字的合音字。

② 休：美好。征：征兆。

③ 於（wū）穆：对美好的赞叹词。《诗经·周颂·维天之命》说："维天之命，於穆不已。"令：美好的。闻：声誉。

④ 间气：古代纬书（迷信书）所说五帝座之外的各个星官之气，感其气而生，可为人世间的英豪。

⑤ 萐（shà）脯：古人所说的一种瑞草，亦作"萐莆"、"萐甫"。东汉许慎《说文解字·艸部》说："萐莆，瑞草也。尧时生于庖厨，扇暑而凉。"东汉王充《论衡·是应篇》记载："儒者言萐脯生于庖厨者，言厨中自生肉脯，薄如萐形，摇鼓生风，寒凉食物，使之不臭。"萐脯别名倚扇。《宋书》卷29《符瑞志下》说："萐甫，一名倚扇，状如蓬，大枝叶小，根根如丝，转而成风，杀蝇。尧时生于厨。"

王者孝德至则生。枝多叶少，根如丝纶而生风。主驱役虫蠹。）地锦交展。（地锦，花名，见《花木记》。）天幕旁垂，云帷高卷。御袍浮动，（御袍黄牡丹，见《洛阳花木记》："千叶黄花也，色与开头大率类女真黄。"）异香冶艳。（异香牡丹，见《王十朋集》。）婆律膏薰①，蔷薇露染。惜春情态，（惜春红，见《丽珍牡丹谱》。）恋春风致。（恋春，见《总叙牡丹谱》。）花雨漫天，金莲布地。（北中金莲，每至夏日特盛，姿艳殊绝，未见其匹。金章庙常宴泰和宫夏日牡丹②，顾谓元妃李氏曰："牡丹诚独冠花品，以金莲罗列其下，尤风流可爱。可谓潘妃步步生金莲③。"）玉妃绰约，（玉妃，见《丽珍牡丹品》。）玉肌半腻，（玉肌红，见《总叙牡丹品》。）仙标闲整，风骨秀异。翠围粉阵，栉比鳞集。五色相宜，（黄花、白花、红花及墨紫、深碧，是谓五色。墨紫，见六一居士④《花释》："其色如墨紫。"《类要衍义》曰："有深碧牡丹。"又《广记》云：韩湘聚土，举盆有碧牡丹二朵。后为金棱，碧色。）芳蔼相袭，玉泽堪掬，秀色可吸。撦（充冶切。）冶⑤芳颜，颓然如醉。呈露优柔，温润绮靡。春睡犹浓，东风扶起。

【译文】

内涵蕴藏于内既久且丰盈，必定要以一定的形式展现于外，种种吉祥美善的征兆，于是乎存在。啊啊！多么美好的声誉啊，传颂不已，经久不衰，难道不让人渴望瞻仰它的风采？啊，牡丹！无与伦比，出类拔

---

① 婆律：即龙脑香，又名冰片。《本草拾遗》说："出婆律国。其树与龙脑同，乃树之清脂也。除恶气，杀虫蛀。"北宋苏轼《子由生日，以檀香观音像及新合印香银篆盘为寿》诗说："旃檀婆律海外芬，西山老脐柏所薰。"
② 泰和宫是金朝在西京路宣德州龙门县设立的一所驻夏行宫，后改称庆宁宫。当时龙门县位于今河北赤城县西南，地处燕山北麓。《金史》卷11《章宗纪三》记载：泰和二年（1202）五月戊申，金章宗"如泰和宫。辛亥，初荐新于太庙。……甲子，更泰和宫曰庆宁，长乐川曰云龙。……八月丁酉，还宫"。金章宗此行作《云龙川泰和殿五月牡丹》诗，云："洛阳谷雨红千叶，岭外朱明玉一枝。地力发生虽有异，天公造物本无私。"
③ 《南史》卷5《齐本纪下·废帝东昏侯萧宝卷》："〔东昏侯〕又凿金为莲华（花）以贴地，令潘妃行其上，曰：'此步步生莲华也。'"形容女子步态轻盈。
④ 六一居士：欧阳修的号。
⑤ 撦（chě）冶：吐艳。唐人皮日休《桃花赋》说："或幽柔而旁午，或撦冶而倒披。"

萃！其行事只遵从天道规律，其魂魄只与宇宙精神契合。它不凭借别的物类而显赫，也不攀附别的物类而兴起。它是多么地亭亭玉立，卓荦不群；多么地不偏不倚，肖然独立。这些花朵是感通了星官"间气"而生的英灵，呈现为太平瑞世的上等瑞兆。（注：牡丹有瑞云、瑞露等品名。）它们身上荟萃着上天所赋予的一切美妙的因素，又依托大地的化育，开出色香姿态各异的花朵，繁盛无比，像彩云蒸蔚，像浓雾囤积。（注："积"字的读音，"子""智"二字反切。）烟岚缭绕，雨露沐浴，丛生在台阶前，簇拥在枝条间。花朵好像屏住呼吸，转动光色，那是"间气"生成的大臣们肃穆地并肩聚集，参加朝会，这才体现出花王的雍容华贵。

　　【在花王周围布列着其他花卉，】倚扇花成为花王仪仗的大繖（伞），能够遮阳成荫；（注：倚扇，南朝萧梁孙柔之《孙氏瑞应图》说："倚扇是一种瑞草，又叫作蒉蒲。"国君遵奉孝德达到顶点，倚扇则生长开花，枝多花少，根须如同丝纶，能生风。其主要功能为驱除害虫。）地锦花犹如地毯在【花王通过的】地面铺开。（注：地锦，花名，见《洛阳花木记》①。）天幕垂挂天际，云帷正高高卷起。【花王在活动，】御袍黄牡丹的色泽似乎在浮动，（注：御袍黄牡丹，见《洛阳花木记》，说："御袍黄牡丹，是重瓣黄花。它的花色和花头的大小，和女真黄牡丹大致相当。"）异香牡丹是那样妖冶芬芳。（注：异香牡丹，见《王十朋集》。）【花王如同世俗帝王受到国内外的拥戴、朝拜和进贡一样，】婆律国出产的龙脑香，香味似乎是脂膏熏出来的；蔷薇花被露水清洗，分外鲜亮。惜春红牡丹显露出迷人情态，（注：惜春红，见《丽珍牡丹谱》。）恋春牡丹展示着风韵情致。（注：恋春，见《总叙牡丹谱》。）佛经中说"天女散花"，那么，这些牡丹是从天际纷纷落下。金莲牡丹布列地段，熠熠生辉。（注：金莲牡丹是燕山以北地区的品种，地高天寒，每年到夏天才开得特别茂盛。它姿态艳丽达到极致，没有别的牡丹品种能同它平起平坐。金章宗曾于泰和二年［1202］仲夏五月

---

① 郭绍林按：《洛阳花木记》没有记载"地锦"，北宋丘濬《牡丹荣辱志》记载，列入"花丛脞"中。

巡幸这里的泰和宫，并作了一首《云龙川泰和殿五月牡丹》诗。他转头看着元妃李氏，说："牡丹确实是万千花中首屈一指的花，如果用金箔做成莲花，粘贴在牡丹花下的地面上，那便尤其风流可爱。真能算得上南朝萧齐君主东昏侯令其潘妃行走在金箔贴作莲花的地面上，步步生金莲呀。"）【偕同侍奉花王的，是嫔妃宫女。】玉妃牡丹风姿绰约，（注：玉妃，见《丽珍牡丹品》。）玉肌细腻丰腴。（注：玉肌红，见《总叙牡丹品》。）它们有着仙女一般娴雅端庄的风度格调，风骨凛然，俊逸异常。周围簇拥着一大批【宫娥彩女一般的】牡丹，穿戴红红绿绿，形成阵势，层层叠叠，鳞次栉比。另有五色牡丹花，色彩交互辉映。（注：所谓五色牡丹花，指黄花、白花、红花、墨紫、深碧。其中墨紫，见欧阳修《洛阳牡丹记·花释名》，说："它的颜色如同墨紫。"《类要衍义》记载："有深碧牡丹。"另外，北宋李昉主编的《太平广记》说：唐人韩湘巧夺天工。他聚土成堆，用瓦盆覆盖，顷刻之间撤掉瓦盆，土堆中已长出两朵碧牡丹。后来花瓣中间长出金色棱骨，花朵是碧色的。）众多牡丹交相飘散花香，幽香馥郁，沁人心脾。它们的色彩是那样润泽鲜亮，简直可以捧在手中。它们的秀色真能让人调动胃口，吞食下去。牡丹花各自吐露娇艳。有的【迎风摇摆，】像喝醉了酒行走不稳，颤颤巍巍。有的含着露水，温柔、润泽，更加美丽。有的如同春日酣睡不醒，正在被东风轻轻唤醒、扶起。

锦被绚烂，（锦被花[①]，又有五色锦被，见《花木记》。）绣带葳蕤，（绣带，花名，见《花木记》。）紫结同心，（同心，梅名。又有同心李。）延缔连理。（《孙氏瑞应图》曰："王者德化洽八方，合为一家，

[①] 牡丹品种有锦被堆，此处指牡丹以外的锦被花，有多种花卉。一是蔷薇花。北宋宋祁《益都方物略记·锦被堆》说："俗谓蔷薇为锦被堆花。"二是粉团儿。北宋苏轼《游张山人园》诗说："盆里千枝锦被堆。"清人王文诰注引刘子翚的说法："锦被堆，一名粉团儿。花如月桂而小，粉红色，或微黄色。叶亦相类，而有刺，枝柯纤长丈余，往往作花架承之。"三是瑞香花，又名睡香、蓬莱紫、风流树、毛瑞香、千里香、山梦花。明人杨慎《升庵诗话·瑞香花诗》说："瑞香花，即《楚辞》所谓露甲也，一名锦薰笼，又名锦被堆。"

则木连理。"又曰："王者不失民心，则木连理。"）辟芍药为近侍，直
海棠为庆会。（《西征记》："蜀中近牡丹多栽海棠，谓之君臣庆会。"）
仙人醉露以颓玉①，（今人以杏核中复有杏者为仙人杏。《述异记》曰：
"天台有杏花，六出五色，号仙人杏。"《洛阳伽蓝记》有仙人枣。）玉
女吟风而摇佩。（《尔雅》疏云："玉女，海棠也。"公尝易玉团春名为
玉女花。玉溪生《牡丹》诗："垂手②乱翻雕玉佩。"）翠展莎茵，锦围
花障。槐盖倾偃，（天香台前有槐，俗谓槐栅者。公尝谓之不雅，故目
谓槐盖。）林幄闲敞。长乐维宫，（长乐，花名。唐苏颋有《长乐花
赋》。）合欢为帐。（《花谱》有合欢桃，一朵二色。又有合欢柑，唐明
皇有与群臣分合欢柑图。《杨妃外传》：蓬莱宫有合欢橘。）径植忘忧，
（天香台、天香亭三径，皆植忘忧花卉。《古今注》曰："欲蠲人之忧，
则赠以丹棘。丹棘，一名忘忧，即萱草也。"）荣延交让。（荣，屋荣
也。《大魏诸州记》曰："交让，树名也。两两相对，岁更互枯互生，
不俱盛俱枯。"）合昏儆夜，（周处《风土记》曰："合昏，槿也，叶晨
舒而昏合。"《本草》："合昏，叶似皂荚槐。"陈藏器云："即夜合也。"
《子华子》③ 云："合昏，又曰合欢。"）蓂荚典历④。（《通历》云："帝
尧观蓂荚以知旬朔。一名历荚，随月盈虚，依历开落。"）平露临政，
（《孙氏瑞应图》曰："平露者如盖，王者政平则生。东方政不平则西
低，西方政不平则东低，他方亦然。"《白虎通》曰："平露者，树名

---

① 颓玉：醉酒时身如山倒。又作玉颓、玉山颓。南朝刘宋刘义庆《世说新语·容止》
记载：山涛说嵇康，"其醉也，傀俄（倾倒的样子）若玉山之将崩"。唐人胡宿《忆
荐福寺牡丹》诗说："樽前可要人颓玉。"北宋韩琦《安正堂观牡丹》诗说："长对樽
前醉玉颓。"
② 垂手：舞蹈名称。
③ 子华子：一说战国时魏国人，一说春秋末晋国人，《庄子·让王》和《吕氏春秋》多
篇多次提到子华子其人。相传有《子华子》一书，《汉书·艺文志》未著录。今有
《子华子》2 卷，是宋朝人的伪作，托名子华子，说他是春秋时晋国人，姓程名本，
姓名系由《孔子家语》说法而来，与《庄子》《吕氏春秋》所记的子华子本非一人。
这本《子华子》中没有"合昏，又曰合欢"的说法。
④ 《帝王世纪》《竹书纪年》说：帝尧时，听政处所的台阶旁生长着蓂荚。月朔（初一）
始生一荚，其后每日递增一荚，直至月中十五日。从十六日至月晦（月终），每日落
一荚。如果当月为小尽（29 天），则剩余一荚枯萎不落。因此，从其荚数可知日期，
像日历一样。

也。")屈轶司直。(《田俅子》①曰："黄帝时有草生于帝阶，若佞人②入朝，则草屈而指之，故曰屈轶。")帝休光烨，(《山海经》曰："帝休，木名。"《本草》云："主不愁，带之，愁自消也。")帝屋焕烂。(《山海经》曰："帝屋，木名，可以御凶。")赫奕③君子，(《广志》曰："君子，树名也。")清名无患。(《纂文》曰："无患，树名也。"崔豹《古今注》曰："此木为众鬼所畏，取此木为器，可厌却邪魅，故曰无患。")炳若丹青，晬然④玉洁。足佐花王，润色盛烈。期所望于重华⑤，(重华，见《花木记》。)可流芳于万叶。(万叶，见《花木记》。)延群英之风概，耀荣名于图牒。(有《百花朝王图》，中绘姚、魏，次绘诸品，牡丹外绘以百花朝之。)青松森挺，大臣介然而廷立；翠竹旁罗，毅士肃然而就列。池莲澹澹，翛然⑥乎无尘，君子居也。篱菊亭亭，兀然乎寄傲，隐逸位也。(无尘、寄傲，天香台下二轩名。)珍丛琦薄，祥花瑞草，(一本作果。)深围远绕，端竦低默者，百执事⑦之谓也。若仰若俯，如揖如伏者，尊其王之义也。策其芳名，委其藻质⑧，内向光尘，犹葵倾日，灵雨均沾，惠风同被。

【译文】

【现在来看看那些辅佐花王的百官一样的其余花卉吧！】锦被花色

---

① 田俅子：即田鸠，亦称田系、田襄子。《吕氏春秋·首时》《淮南子·道应》高诱注，说他是战国时齐国人，记载了他与秦惠王的对话，其活动年代约略与庄子同时。《汉书·艺文志》著录《田俅子》3 篇，班固自注云"先韩子"，即在世早于韩非子。《隋书·经籍志》说："梁有《田俅子》一卷，亡。"今存佚文数条。他是墨家第 4 代钜子，死于秦国。《田俅子》这则记载"屈轶"的佚文，《文选》卷 46 收录南朝萧齐王元长《三月三日曲水诗序》，唐人李善为之作注曾引用。

② 佞（nìng）人：巧言令色、擅长谄媚逢迎的人。

③ 赫奕：光明盛大显赫的样子。

④ 晬（zuì）然：润泽的样子。

⑤ 重华：史臣赞美帝舜的话，称颂他继承帝尧而有光华，后遂作为帝舜的号。

⑥ 翛（xiāo）然：无牵挂、自由自在。

⑦ 百执事：百官。执事：有职守的人，主管某项工作的人。

⑧ 策名委质：注册姓名，授以官职，则委身于国，尽职尽责。《左传·僖公二十三年》说："策名委质，贰乃辟也。"西晋杜预注："名书于所臣之策。"唐人孔颖达疏："古之仕者于所臣之人书己名于策，以明系属之也。"

彩绚烂，（注：锦被花，又有五色锦被，见《花木记》。）绣带花枝叶繁盛而下垂。（注：绣带是花名，见《花木记》。）同心花的花瓣围着一个中心回旋缠绕，（注：同心是梅花名称，又有同心李。）不同根的草木、枝干连生在一起，缔结连理。（注：《孙氏瑞应图》说："君王施行德政，教化遍及八方，则五湖四海合同为一家，草木都长成连理。"又说："君王受到民众的衷心拥戴，则树木长成连理枝。"）花王征辟芍药花充当自己的贴身侍臣，召集海棠花靠近自己，君臣融洽，风云际会。（注：《西征记》说："四川地区在牡丹近旁多栽植海棠，叫作君臣庆会。"）仙人杏、仙人枣沾染露水而身重低垂，如同贪杯的人醉倒不能自持，作玉山倾倒状态。（注：今人将杏核中复有杏者称为仙人杏。南朝萧梁任昉《述异记》说："天台山有杏花，六片花瓣，五色斑斓，叫作仙人杏。"① 东魏杨衒之《洛阳伽蓝记》记载有仙人枣。）玉女花风中摇曳，籁籁作响，好像《垂手舞》女演员舞姿翩翩，身上佩戴的玉器碰撞发声。（注：《尔雅》疏说："玉女，即海棠花。"② 耶律铸先生曾将"玉团春"更名为玉女花。唐人李商隐《牡丹》诗有句云："垂手乱翻雕玉佩。"）

　　西园内地面上长满青草，碧绿平坦，如同铺设地毯。处处花木环绕，花团锦簇，就像精美的屏障。天香台前高大的槐树犹如庞大的华盖，微微下倾；（注：天香台前有槐树，俗称"槐栅"。耶律铸先生认为这个称谓不雅，因而改称槐盖。）一片片小树林像宽敞的帷幄一样。长乐宫本来是西汉首都长安的宫殿，现在西园里有长乐花生长。（注：长乐，花名。唐人苏颋作有《长乐花赋》。）合欢本来指男女在帷帐里缱绻欢爱，现在西园里有合欢花开放。（注：《花谱》记载有合欢桃，一朵花两种颜色。又有合欢柑，流传唐玄宗颁赐群臣合欢柑的图画。北

---

① 郭绍林按：北宋李昉主编《太平广记》卷410"仙人杏"条引《述异记》，与此处记载不同，说："南海中多杏。海上人云：仙人种杏处。汉时尝有人舟行遇风，泊此洲五六日，日食杏，故免死。"

② 郭绍林按：西晋郭璞注、北宋邢昺疏的《尔雅注疏》，清人郝懿行的《尔雅义疏》，以及清人邵晋涵的《尔雅正义》，都没有"玉女，海棠也"这句话；此外，《尔雅翼》《广雅》《埤雅》这类书也没有这句话。

宋乐史《杨太真外传》说：长安蓬莱宫有合欢橘。）为了家人长乐无忧，几条小路旁都栽着忘忧花草；（注：天香台、天香亭旁的三条小路旁，都种着忘忧花卉。西晋崔豹《古今注》说："想要消除人的忧愁，则以丹棘相赠。丹棘，又叫作忘忧，就是萱草。"）为了家门持续兴旺繁荣，西园内栽着两两相对交替枯荣的交让树。（注：荣，指的是家族繁荣。《大魏诸州记》说："交让，是树名。这种树两两相对，每年轮流一枯一荣，不同时枯荣。"）合昏树的花【能体现花期的当天情况，】一到黄昏就闭合了，是在夜间保持警戒，谨防不虞。（注：西晋周处《风土记》说："合昏，即槿木，其花朝开暮闭。"《本草》说："合昏，花像皂荚槐。"陈藏器说："合昏，即夜合。"先秦文献《子华子》说："合昏，又叫合欢。"）蓂荚树【则能体现一个月的情况，】主管晦朔【，是形象直观的日历】。（注：《通历》说："帝尧观察蓂荚的荚数，来了解日期。蓂荚又叫历荚，它随着月亮的盈亏，前半月按照日期结出相应数字的荚，后半月每天凋落一荚。"）平露树参与国家政治，（注：《孙氏瑞应图》说："平露树像华盖，朝政恰当则长得平正。如果在东方施政有误，华盖则西部低垂，在西方施政有误，华盖则东部低垂，其他方位类推。"东汉班固等撰集的《白虎通》说："平露，是树名。"）屈轶草掌管官员品德。（注：战国文献《田俅子》说："黄帝时，有草生长在听政大厅的台阶旁。如果是阿谀谄媚的佞人入朝，这种草就屈曲着指向他，所以这种草被叫作屈轶。"）帝休树流光溢彩，（注：《山海经》说："帝休，树名。"【帝休又叫主不愁。】《本草》说："主不愁，佩戴在身上，忧愁自然消除。"）帝屋树光彩绚烂。（注：《山海经》说："帝屋，树名，可以用来抵御凶顽。"）熠熠生辉、高大伟岸的是君子树，（注：晋人郭义恭《广志》说："君子，是树名。"）名声刚正、清冽难犯的是无患树。（注：《篆文》说："无患，是树名。"崔豹《古今注》说："该树为众鬼所惧怕。用其木料制作器皿，可以压制邪魔，所以叫作无患。"）

西园中奇花异木林林总总，光彩夺目，宛如丹青高手绘出的画卷，皎洁润泽，像用美玉雕刻成的精品。它们足以辅佐花王，为花事增光添彩。它们期望花王成为帝舜重华那样的圣明君主，（注：重华，花名，见《花木记》。）可以千年万叶，流传芳名。（注：万叶，花名，见《花木记》。）延纳千花万卉的风采气概，将它们光辉的名字编写在图录谱牒中。（注：现有《百花朝王图》，中心位置画着花王姚黄、花后魏紫，旁边画着各种牡丹，牡丹以外的位置，画着百花朝拜花王的场面。）西园里青松森然屹立，仿佛大臣们坚定地站在朝廷中；翠竹一旁罗列，仿佛刚毅的武士们肃然就列。池塘中的莲花清雅淡泊，无所牵挂，洁净无尘，它们居于坦荡君子之位。篱外的菊花亭亭玉立，寄托傲视尘俗的心曲，它们居于高逸隐士之位。（注：无尘、寄傲，是天香台下两所房屋的名称。）种种珍奇树木，种种祥花瑞草，（注：另有版本作瑞果。）不是密密地围着牡丹，就是远远地绕着牡丹。它们恭敬地挺立着，默默不语，是执掌各种事务的百官呀。它们或者像仰面看着朝廷，或者像俯首帖耳听命于朝廷，或者像恭敬作揖，或者像跪伏在地，是在体现尊奉君王的道理啊。官府的官员名籍中登记它们的芳名，对它们授以官职，它们则献身于朝廷，忠于花王，就像葵花始终朝着太阳一样毫不偏离，忠贞不二。朝廷委派它们主管百事，指派它们治理八方，各地区各行业便会均衡地享受朝廷甘霖般的滋润和惠风般的拂煦。

含秀敷荣①，荣怀天德。（天德红，见《总叙牡丹谱》。）宝阁辉煌，（宝阁红，见《洛阳花木记》，千叶红花也。）锦屏斐亹②。（锦屏红，见《道山居士录》。出寿安锦屏山，色粉红，二层叶，中心者极细而长，有檀。）瑞玉楼台，（瑞玉红，见《丽珍牡丹品》。有玉楼子牡丹、重台牡丹，亦曰玉山③红楼子。）夐间金碧。（间金，见《洛阳花木记》："千叶红花也，色微带紫而类金系腰。开头八九寸许，叶间有蕊。"碧牡丹有数品。）绮纷品汇，区别列第，霞驳云蔚，绣错万计。（《异人

---

① 含秀：含苞，裹着花苞。东晋葛洪《抱朴子·守塉》说："陆无含秀之苗。"敷荣：开花茂盛。曹魏嵇康《琴赋》说："若众葩敷荣曜春风，既丰赡以多姿，又善始而令终。"

② 斐亹（fěiwěi）：文彩绚丽的样子。

③ 玉山：《全元文》本据《永乐大典》本作"樾山"，《辽海丛书》本作"越山"。

录》："宋单父字仲孺，有种艺术。上皇召至骊山，令植牡丹万本，色样各不同。内人呼为花师，又呼曰花神①。"）炫玉京之春色，（玉京春，见《青州牡丹品》。粉红花，有托盘，亦曰两京强。）夸两京之神丽。（两京红，见《洛阳花木记》，多叶红花也。）联玉叶以延春，（《总叙牡丹谱》有玉叶万寿春牡丹。）直（直吏切。）会圣之盛际。（会圣红，见《花木记》。其余诸花，无比其大者。）

章明②花界，照映尘劫。（《选》王简栖《头陀寺碑》："功济尘劫。"注云："劫，犹世也。"《续仙传》丁约曰："儒谓之世，释谓之劫也。"）深根宁极，无为之业。光宠妍时，（《选》司马子长《报任少卿书》云："以为宗族交游光宠。"注："光，美；宠，盛也。"）春心固结。良怯年芳，轻易衰歇。我振我策③，我步（一作曳）我屟④，朝祛暮逐，无情蜂蝶。终然殊患，本弱者其枝必披，（上声。）末大者其干必折。审其本之弱者，薙（音替，又音雉，除草也。）其草莱，尽其虫蠹，（《牡丹谱》："蠹虫损之，必寻其穴，以硫黄针。其旁又有小穴如针孔，乃蠹所藏处，花工谓之窗。以大针点硫黄末针之，蠹即无矣，花复繁盛。"）择其瓦砾，易其壤土。（《图经》曰："圃人欲其花之诡异，培以壤土，至春盛开，其状百变。"）医之治（去声。）之，调之护之，扶之持之，正之直之。培而养之，使自滋之。（《洛阳花木记》："甘草黄，千叶黄花也。其花初出时为单叶，因培养之盛，变而为千叶。"）荫而遂之，使自荣之。（《花谱》："牡丹性极喜阴凉。"）顾其末之大者，去其邪枝，刜⑤（音洛。）其错节，除其狂花，翦其乱叶。（《牡丹续谱》："大率痛打剥，即花好。"）推之移之，规之绳之。背者向之，屈者伸之。擘而分之，（《花谱》曰："白露前分擘牡丹。"）使自存之。列而封之，使自保之。（《牡丹记》曰："初植牡丹，浇毕，则以

---

① "宋单父"原作"宋单文"，"花神"原作"花人"，据《辽海丛书》本校改。《全元文》据《永乐大典》本、清翰林院本，与《辽海丛书》本同。
② 章明：同"彰明"，明显，显豁。
③ 振策：挥鞭驱马前进。
④ 步屟（xiè）：步行，漫步。
⑤ 刜（luò）：剔去。

细土封壅其根，使之保泽固本。"）为强其干而弱其枝，俾隆其本而杀其末之为者也。扶质立干，本道根真；花明叶秀，眼界一新。

【译文】

【每当暮春时节，】牡丹先在枝头上长出花苞，接着便逐渐绽开，直到怒放。它们承恩天德，蒙受眷顾，一派欣欣向荣的气象。（注：天德红牡丹，见《总叙牡丹谱》。）宝阁辉煌耀眼，美轮美奂；（注：宝阁红牡丹，见《洛阳花木记》①，是重瓣红花。）锦屏文采绚丽，炫人眼目。（注：锦屏红，见《道山居士录》。该牡丹产自洛阳西南侧寿安县锦屏山，花色粉红，二层花瓣，中心者极细而长，有檀心。）瑞玉楼台真是琼楼玉宇、雕栏玉砌，（注：瑞玉红，见《丽珍牡丹品》。有玉楼子牡丹、重台牡丹，也叫樾山红楼子。）远远地，杂然相间金碧色彩。（注：间金，见《洛阳花木记》，说："间金牡丹是重瓣红花，花色略微带紫，类似金系腰牡丹。花开时，直径八九寸长。花瓣之间有花蕊。"另，碧牡丹有几种。）这么多牡丹汇集于西园中，姿色纷呈，各各不同，排出等级。它们如同云蒸霞蔚，如同美丽锦绣，数以万计，错落有致。（注：《异人录》说："宋单父字仲孺，有精湛的园艺技术。唐玄宗把他召到骊山，令他栽植牡丹万株，花色、花型各不相同。宫女们称呼他为花师，又称呼为花神。"）牡丹炫耀着玉京春色，（注：玉京春，见《青州牡丹品》。它是粉红花，有托盘，又叫两京强。）夸耀着两京神奇的美丽。（注：两京红，见《洛阳花木记》②，是半重瓣红花。）玉叶联袂，来延长春天；（注：《总叙牡丹谱》记载有玉叶万寿春牡丹。）恰值（注：读音为"直""吏"二字反切。）众花会圣的热闹时刻。（注：会圣红，见《花木记》。其余诸花，再没有比它大的。）

牡丹在万花国中是那么光彩耀眼，千秋万代，永远照亮凡尘世界。（注：南朝萧梁昭明太子编辑的《文选》，载萧齐王简栖《头陀寺碑》，其中称颂佛教"功济尘劫"。古人注释说："劫【是极长极长的时间单

---

① 郭绍林按：《洛阳花木记》没有记载宝阁红。
② 郭绍林按：《洛阳花木记》没有记载两京红。

位,】相当于世世代代。"《续仙传》丁约说:"儒家把很长的时期说成'世',佛教说成'劫'。")它根基深固,极其静默,是清净无为的宇宙本体"佛性"起作用,以因缘条件和合而成的世间现象。它极端的娇艳给时光增添美丽,[注:《文选》载司马迁《报任安(少卿)书》,其中说:"以为宗族交游光宠。"古人注释说:"光,含义是美;宠,含义是盛。"]让春天的精神牢不可破,永不泯灭。

双溪醉隐居士实在害怕这美丽的花儿轻易地就衰落消歇了。他于是乎或者挥鞭驱马,或者徒步奔走【,来西园精心护理】。无论是早晨还是傍晚,他把无情无意的狂蜂浪蝶赶走。但最终给牡丹生长带来祸害的【还不是蜜蜂蝴蝶】,却是主干瘦弱,枝条必定会分权滋生;枝条粗壮,主干必定会被压弯压折。他于是细心察看,凡是植株衰弱的,将其附近的杂草剃除净尽,将其根部和枝条里的害虫消灭净尽。(注:《洛阳牡丹记》说:"蠹虫损害牡丹的生长,那就定要寻找害虫的洞穴,向洞穴中注入一些硫黄。洞穴旁有针孔一样的小眼,这就是害虫藏身的处所,花匠把这号小窟窿叫作气窗。要用大针蘸一点硫黄粉末来穿刺,害虫就被消灭了。害虫死了,牡丹花就能再度开得繁盛。")他将土壤中的瓦砾清理干净,换上细腻干净的新土。(注:北宋苏颂《本草图经》说:"园艺师想要自己的牡丹开得奇特,就以好土壤对植株适当壅培,到春天了就会盛开,花型变化百端。")他对园中牡丹加以医治,(注:治,读去声。)加以调护,枝条倾斜失重的予以扶持,枝条屈曲不正的予以矫正。他刻意地加以培养,等它们达到条件后自己发展变异;(注:《洛阳花木记》说:"甘草黄,是重瓣黄色花。这种牡丹刚出现时是单瓣花,经过精心培育,变成了重瓣花。")随顺它们的习性,栽植在背阴地段,让它们生长繁盛。(注:《花谱》说:"牡丹的习性是喜欢阴凉。")看见枝条过大过多而影响主干生长的,就剪除一些枝条,剔去一些枝节,摘掉一些疯长的花朵,拽下一些乱生的绿叶。(注:《牡丹续谱》说:"大抵对牡丹植株大规模地打剥,花才能开得繁盛。")该移走的移走,该规整的规整。背着人的,通过扭转使它向着人;屈曲不直的,通过伸展使它平正。准备分株的,届时便动手分株,(注:《花谱》

说："白露节气前分株牡丹。"）使旧植株完好自存，分下来的部分顺利存活。栽植牡丹用细土壅培，使它保持养分、培固元气。（注：《牡丹记》说："刚栽植的牡丹，浇过水后，则用细土壅培其根，使它保持水分，培固元气。"）他这样做，是为了强壮牡丹的主干而削弱其枝梢，也就是重本抑末。经过一系列修整，园中的所有牡丹得到扶持，从而根本牢固，茁壮生长，花明叶秀，令人眼前焕然一新。

客有访醉隐于天香亭者，不觉愕然而叹曰："向之芜秽，曷其治也？睹夫殊制，甲天下可也。"醉隐曰："向之乖戾①使然也。重其花者，（欧阳文忠公《花品序》云："牡丹出洛阳者，今为天下第一。洛人惟直名曰'花'，其意谓天下之真花，不假曰'牡丹'而自可知也。其爱重之如此。"）非其业也。耘植非时，灌插（《要术》云："插也。"）无度，卖知自是，忌能怀妒。苟一矫众枉，不涉丛脞②，阿谤横议，杂然应和。明其几务③，执以不可，谓出于彼，非出于我④。或仅有所采，微有所挫，争引其功，相推其过。思求其治，焉可致也。余承其弊，将任其责，推心于物，旁搜远索。索彼得失，洞研究覈⑤，从其可从，革其可革。绌诸荒惑，探诸幽赜⑥，举诸明算，运诸成策。辨乎根荄⑦，（根荄，见《白氏长庆集》。《童蒙训》："邵康节因言洛中牡丹之盛曰：'洛人以根荄而知花之高下者，知花之上也。'"）定乎名色，甄其瑰奇，（甄，古然切。郑玄《尚书纬》注曰："甄，表也。"）廉其瑕谪⑧，黜

① 乖戾（lì）：同"乖庚"，悖谬反常。唐人李翱《杂说》："日月晕蚀，星辰错行，是天之文乖戾也。"
② 丛脞（cuǒ）：细碎。
③ 几务：同"机务"，机要事务。
④ 谓出于彼，非出于我：原作"谓彼非出于我"，据《辽海丛书》本校改。《全元文》据《永乐大典》本、清翰林院本，与《辽海丛书》本同。
⑤ 覈：同"核"。
⑥ 幽赜（zé）：幽深精微。
⑦ 根荄（fà）：植物的根。唐人白居易《蔷薇花一丛独死，不知其故，因有是篇》诗说："柯条未尝损，根荄不曾移。"
⑧ 廉：考察。瑕谪：过失。

以殿最①，（《丽珍花品序》："花以优劣为殿最。"虵，以豉切，物次第也。）品以资格。煦以阳和，沃以膏泽。穷精极智，驰神运思，孜孜夙夜，不落吾事，粗有是治，不足齿也。然天下之事，曷尝有异于是耶？九土一台也，六合②一园也，百花一王，万物一君。为国之道，在布此花之政也；（平露临政、屈轶司直之谓也。）经国之要，实理此花之任也。（强其干而弱其枝、隆其本而杀其末之谓也。）"绪言未既，客茫然进曰："旨哉言乎，旨者言乎！愿以所闻，书诸信史，刻诸金石，以寿其传，终古不忒③。"

天香亭颂，第纪风声，未勒磨崖，蒙何以宁？用是遂决，敢献其铭。铭曰：薄构其亭，于彼露坐。桃李无言，燕雀相贺！

【译文】

有位客人来天香亭拜访双溪醉隐居士，不禁惊愕万分，感叹道："以前这里杂乱荒芜，您是如何整治得井井有条的？看到这特殊的规模形制，真可以称得上天下第一了。"醉隐居士回答道："以前那种情况，是所作所为背离正常规则所造成的。看重牡丹花的人，（注：欧阳修《洛阳牡丹记·花品序》说："洛阳出的牡丹，当今处于天下第一的地位。洛阳人直接把牡丹叫作'花'，他们以为牡丹是天下真能称得上花的，不需要假借'牡丹'的名称，大家便心领神会。洛阳人爱重牡丹，竟到了如此程度。"）并不是以牡丹为专业的行家里手。对于牡丹，他们不按正当时间去耕耘、栽植，不按正常限量去灌溉，不按正常深度将植株插入坑中，填土掩埋，（注：插：《齐民要术》说："插也。"）却还自以为是，逞能卖弄，甚至嫉贤妒能。如果有人纠正他们普遍存在的错误做法，尽管还未涉及诸多细节方面的情况，他们便愤然诽谤，横加议论，随声附和，此起彼伏。如果说明白了哪些关键做法如何不恰当，他

---

① 虵（yí）：延伸。殿最：最下等和最上等。殿：殿后，排在最后。
② 六合：东南西北上下六处，即各地。
③ 不忒：没有变更，没有差错。

们【无法狡辩，就推卸责任，】说那是某某人主张的，根本不是我。有时他们的做法偶有可取之处，稍稍挫败了别人，他们便争相抢夺功劳，推诿过错。如此行径，想要将牡丹栽培得井然有序，怎么可能达到目的！我购置这所园子，便将这些弊病接在手中，就要负起责任，对人推心置腹，广泛搜集总结经验教训。我搜集总结的是他们的得失两个方面，深入研究，详细考察。对于得的方面，我便依从、采取；对于失的方面，我便否定、革除。我革除了那些荒诞不经的、疑点丛生的做法，深入研究那些幽深精微的理论，将那些明白无误的规划付诸实施，将那些行之有效的老方法付诸运用。我于是辨别牡丹的根部，（注：根蘖，见唐人白居易《白氏长庆集》。《童蒙训》说："邵雍因而说到洛阳牡丹的盛况，说：'洛阳人仅凭看根部就知道牡丹的优劣，这是懂牡丹的上等行家。'"）确定牡丹的名称、花色，甄别牡丹的瑰丽奇特，（注："甄"的读音，"古""然"二字反切。东汉郑玄《尚书纬》注云："甄，是表彰的意思。"）考察牡丹的瑕疵缺点，排列牡丹最差的和最好的，（注：《丽珍花品序》说："牡丹花以优劣为考核内容，排出殿最。""黜"字的读音，"以""致"二字反切，含义是排列等级。）确定牡丹品种各自的等级。以和煦的阳光去照耀牡丹，以甘霖甘露去滋润牡丹。我殚精竭虑，费尽心思，夙兴夜寐，孜孜不倦，不敢让我的事业落空，才大致出现了这样的局面，实在不足挂齿。然而天下的事情，何尝与整治牡丹不同？域内九州，就跟这个天香台一样，四面八方，就跟这所园子一样。百花只有姚黄一位花王，万民只有一位君主。治理国家的根本大计，就像治理牡丹一样施行政教；（注：即上文所说"平露临政"、"屈轶司直"。）经邦济世的方略，其实就是我所说的治理百花的方法。（注：即上文所说强干弱枝、重本抑末。）"双溪醉隐居士这番导论还未讲完，客人浮想联翩，领略含义甚为广阔，向他进言说："你这番话讲得太好了！你这番话讲得太好了！希望能将我听到的这番话，记入史书中，铸造、雕刻在钟鼎、碑石上，以流传千秋万代，永不更改。"

【双溪醉隐居士这时想，】应该写一篇天香亭颂，只记叙民间风情，然而不能把它镌刻在山岩上公之于众，流传百世，内心怎能安宁？但他随即下定决心，大胆地献上几句铭文。铭文这样说："简单地修建这所小小的天香亭，／我在这里露天而坐。／周围的桃树李树默默无言，／只有燕雀飞来飞去，鸣叫着表示祝贺。"

天香亭赋

（元）耶律铸 著

伊牡丹之王①百花也，声华辉赫，令姿煌煌。大块②流其形，柔祇③播其芳。以福胜之征，致霱云④之祥。（福胜红，见《陈州牡丹品》，千叶深粉红色。霱云，见《丽珍牡丹品》，如霱云之状，外赤内黄。）临仁寿之域，介温柔之乡。（仁寿黄、温柔紫，并见《丽珍牡丹品》。）天标粹美，玉色洋洋。（玉色牡丹，见《花木后记》。）瑞气薰蒸，承露华房，（承露白，见《总叙牡丹品》。）犹澡身浴德，以荐⑤馨香。芬烈天香，荣耀灵光。观时之光利，用宾于花王。出奇丰度，孰究其详？第而崇号，宛而成章。绝品姚黄，（绝品姚黄，见《陈州牡丹品》。千叶，尺面，大青瓶，紫檀心而韵胜。土人推为绝品，非今姚黄也。又有古姚黄，见后注语。）殊胜姚黄，（胜姚黄，见《洛阳花木记》。千叶，深紫檀心，开头可八九寸许，深于姚黄。）英逸之资，固未可量。正色处中⑥，不易其方。漠然而神，全然而真。示心忘情，物莫之婴⑦。僻鸡

---

① 伊：文言助词。王（wàng）：动词，统治一国，称帝。
② 大块：宇宙、天地。
③ 祇（qí）：地神，这里指大地。
④ 霱（yù）云：彩云、瑞云。
⑤ 荐：进献。
⑥ 正色处中：古代的五行学说，把方位划分为东、西、南、北、中五处，中间配以五行中的土，颜色配以黄，是正色，代表君王。
⑦ 婴：通"撄"，触犯。

雍与豕零①，而幸疾之侥名，虽时为其帝者，岂能为之抗衡哉？

【译文】

牡丹是万花国中的帝王，美好的声誉光荣显赫，美妙的姿容明亮辉耀。造化赋予它瑰奇动人的形象，大地传播它沁人心脾的芬芳。牡丹以自己的福胜征候，招致吉祥霭云，（注：福胜红，见《陈州牡丹品》，是重瓣深粉红色花。霭云，见《丽珍牡丹品》，如同吉祥瑞云的形状，外红内黄。）它光临仁寿之地，进入温柔之乡。（注：仁寿黄、温柔紫，见《丽珍牡丹品》。）上天彰显它精粹的美艳，玉色盛大广阔，没有边际。（注：玉色牡丹，见《花木后记》。）牡丹一面承蒙吉祥瑞气的熏染，一面承蒙晶莹露水的涵濡，花房洁净光润。（注：承露白，见《总叙牡丹品》。）它们犹如沐浴除垢，养德修身，才给世间进献馨香。那浓郁的香味仿佛来自天庭，那圣灵的光彩格外耀眼。种种牡丹营造出春色，让人们观赏到旖旎风光。它们都宾从于花王姚黄【，就像诸侯在春天朝见天子一样】。所有牡丹不同寻常的风姿气度，是谁详细精审地推究过？给它们拟定崇高的名号，排列等第次序，井然有序，斐然成章。【花王的名称有】绝品姚黄，（注：绝品姚黄，见《陈州牡丹品》。它是重瓣花，花冠直径有一尺长，有青色的大花蕊，紫檀心，以风韵取胜。陈州当地人推许它为绝世极品。它不是当今的姚黄。又有古姚黄，见下文的注释。）殊胜姚黄，（注：胜姚黄，见《洛阳花木记》。重瓣花，深紫檀心，开花时，花冠直径八九寸长，颜色比姚黄深。）英姿飒爽，神韵飘逸，原本就是不可估量的。帝王的颜色是黄色，五行学说将黄色同土相配，土处在正中【，被周围东南西北四个方位所拱卫】，永远都不

---

① 鸡雍：是芡实的别名，又叫鸡头实、鸡头米等，是睡莲科植物芡的干燥成熟种仁，中药材。豕零：猪苓的别名，是非褶菌目多孔菌科树花属的真菌，中药材。《庄子·徐无鬼篇》说："得之也生，失之也死；得之也死，失之也生：药也。其实堇也，桔梗也，鸡雍也，豕零也，是时为帝者也，何可胜言！"古人认为药物可以治病救人，但不同药物对于某种疾病作用不同，因而分为君、臣、使、佐四等。起主要作用的药叫作"君"，也就是"帝"。紫堇、桔梗、芡实、猪苓等药物，针对患者的疾病，都可以作为主药。

变换方位。正中方位寂然无声，却神清气爽，浑然体现纯真的主体本原。它显示出自身公正的精神，不发泄带任何偏私的喜怒哀乐，却没有什么东西违碍它、冒犯它。【不是任何花木都能像牡丹这样，】有些生僻的草木从来不起眼，比如鸡头米、猪苓之类，作为药物，当某种疾病需要它们作为主要药物来治疗时，在君、臣、使、佐的药物配伍中，它们便侥幸地处于"君"的地位。如此这般的"帝王"，岂能同地位永不改变的牡丹花王分庭抗礼！

金玉其相，秀出群芳，特倾心其奚待，为殿春之余光。独醉道者游心圣域，隐迹惧场。有惜花痼疾，姚魏膏肓①。爱其妩媚，展尽底蕴于明时；尚其气节，荣闻日流于帝乡。推其道之有在，曾不矜②其所长；彰真宰③之妙用，染世界使都香。（唐人牡丹诗："晓槛竞开香世界。"）一拂万字，（一拂黄，见《海山记》。万字红，见《陈州牡丹品》。千叶，淡粉红心，青色瓶，宛如万字。）殿前禁中，（殿前紫，有托盘；禁中红，粉红花，有托盘。并见《青州牡丹品》。）以道为本，造化为功。其状百变，（《图经》曰："近世多种牡丹。圃人欲其花之诡异，秋冬移接，培以壤土，至春盛开，其状百变。"）其能无穷，其化如神，其道尤隆。乱擎薰炷，繁错瓌④丛，泛以珠露，扫以香风。

【译文】

牡丹的外表如金似玉，秀丽迥出于千花万卉之上。千花万卉对它倾心拥戴，立即拍板，哪用得着犹豫等待。牡丹开在暮春三月，成为春天收场时最后的光辉。以醉心于圣道为唯一偏好的人，只是神游圣域，身影并不到达现场。但是惜花成癖的人看重姚黄魏紫，把牡丹深深地装在自己心中。人们喜爱牡丹的妩媚，牡丹在国泰民安之时毫无保留地展示

---

① 膏肓：中医学所说的膏，指心下部分，肓指心脏和横膈膜之间。
② 矜：自夸。
③ 真宰：宇宙万物的主宰。
④ 瓌：同"瑰"。

自己的内涵；人们崇尚牡丹的气节，牡丹的辉煌名声天天在首都传扬。一经推论，弄清了牡丹所持有的道义，它从不夸耀自己的优胜特长；它以自己的具体形象气味，将造化的神通彰显出来，把茫茫世界都熏染得芳香浓烈。（注：唐人牡丹诗说："晓槛竞开香世界。"①）一拂黄牡丹，万字红牡丹，（注：一拂黄，见《炀帝海山记》。万字红，见《陈州牡丹品》。它是重瓣花，淡粉红心，青色花蕊，宛如万字。）殿前绽开，禁中怒放。（注：殿前紫，有托盘；禁中红，粉红花，有托盘。皆见《青州牡丹品》。）它们以道义为根本，造化才运用神通将它们化育出来。它们的形象百端变化，（注：《本草图经》说："近代广泛栽植牡丹。园艺师想要自己的牡丹开得奇特，秋冬季节移栽、嫁接，以好土壤对植株适当壅培，到春天了就会盛开，花型变化百端。"）它们的功能没有穷尽。它们的变异如有神助，它们的道义更加博大厚重。茂密的植株屹立着，升腾起香味，彼此错落，构成美玉般的芳丛。晶莹清亮的露珠滋润着花朵，温馨的清风带着花儿的清香飘向各方。

何其贵也！玉真淑美，（玉真，见《花木记》。）胜玉无瑕。（胜玉，见《总叙牡丹谱》。）卓冠时英，特标国华。进登天府，就地仙家。布濩②元根，颐养黄芽。（金源氏③冰井宫牡丹，以其地势高寒，每秋秋分后，例以瓮覆护，谓之辟寒气。至次年夏黄芽寸许，乃揭去之。）调护冰蕤④，薰染珍花。延喜日以难老，（喜日红，见《奉圣州牡丹品》。难老红，千叶肉红，初生潞公后园。色类魏花与富贵红。有深红檀心，开有短蕊一道。其枝比魏而稍肥，亦魏花之变。潞公邀留守韩公，请以难

---

① 郭绍林按：这不是唐人诗句，而是北宋丘濬《仪真太守召看牡丹》诗中的句子，全诗云："何事化工情愈重，偏教此卉大妖妍。王孙欲种无余地，颜巷安贫欠买钱。晓槛竞开香世界，夜阑谁结醉因缘。须知村落桑耘处，田叟饥耕妇不眠。"

② 布濩（hù）：遍布，布散。

③ 金源氏：女真族建立的金朝。女真政权兴起于按出虎水，即今松花江支流阿什河，当时这里盛产金子，女真语"按出虎"的含义便是"金"，遂以"金"取为国号。"金源"原指金朝政权发祥地，随着历史的发展，泛指整个金朝。

④ 冰蕤（ruí）：洁白如冰雪的花，白花。南宋朱熹《末利》（茉莉）诗说："密叶低层幄，冰蕤乱玉英。不因秋露湿，讵识此香清。"

老名之。见《道山居士录》。）剂彤云以香霞。（彤云，见《洛阳花木记》。千叶红花，微带绯色。开头大者几盈尺。花唇微白，近萼渐深，檀心皆莹白。香霞红，见《总叙牡丹品》。）

【译文】

这些牡丹花多么珍贵啊！玉真贤淑美丽，（注：玉真，见《花木记》。）胜玉精纯无瑕。（注：胜玉，见《总叙牡丹谱》。）牡丹超越所有花卉，独自标示自己是国家级的奇葩。它们栽进如同天上府第一般的皇家宫廷，在洞天福地般的仙家落地开花。它们以最好植物的资格到处分布扎根，颐养黄澄澄的花芽。（注：金朝东北的冰井宫里栽植的牡丹，因为地势高寒，每年秋分后，总要以瓦罐覆盖护养，说是为牡丹遮蔽寒气。到第二年夏天枝条上长出一寸来长的黄芽，才将瓦罐揭去。）天工精心调养护理冰清玉洁般的白牡丹，还用奇异的香料熏染这珍贵的花朵。延长喜日，让它难老，（注：喜日红，见《奉圣州牡丹品》。难老红，是重瓣肉红花，起初生在北宋河南府尹潞国公文彦博的洛阳宅邸后园里。花色与魏花、富贵红类似，有深红檀心，盛开时有一道短蕊。它的枝干比魏花稍微粗壮，是魏花的变种。潞国公邀请西京留守韩国公富弼观赏，请求允许将该品种牡丹命名为难老红。见《道山居士录》。）用香霞来调剂彤云。（注：彤云红，见《洛阳花木记》。它是重瓣红花，微带绯红色。盛开时，花冠大的直径几乎满一尺。花瓣的末梢微微发白，接近花萼，花色渐渐加深，檀心皆莹白。香霞红，见《总叙牡丹品》。）

何其圣也！女真仙队，（女真黄，见《陈州牡丹品》，千叶淡黄花之第三。）小真仙侣。（小真红，见《青州牡丹品》，深红也。）玉冠微耸，（玉冠子，见《总叙牡丹谱》。）绛衣轻举。（绛衣红，见《陈州牡丹品》。千叶，色近绯，深红花之第一。）离时装束，出尘逸趣。弄珠[①]

---

① 弄珠：《文选》卷 4 张衡《南都赋》说："游女弄珠于汉皋之曲。"唐人李善注引《韩诗外传》说："郑交甫将南适楚，遵彼汉皋台下，乃遇二女，佩两珠，大如荆鸡之卵。"唐人李白《岘山怀古》诗说："弄珠见游女，醉酒怀山公。"

精神，散花态度。疏鲛绡①兮障日，（鲛绡红，见《总叙牡丹谱》。）叠罗囊兮盛露。（叠罗红，见《总叙牡丹谱》。）凝脉脉之柔情，历云朝与雨暮。

【译文】

这些牡丹花多么圣洁啊！女真黄排成神仙队伍，（注：女真黄，见《陈州牡丹品》，在重瓣淡黄牡丹花中排位第三。）小真红结成神仙伴侣。（注：小真红，见《青州牡丹品》，深红花。）玉冠微微耸峙，（注：玉冠子，见《总叙牡丹谱》。）绛衣轻轻飘举。（注：绛衣红，见《陈州牡丹品》。重瓣花，花色接近绯红，深红牡丹中排位第一。）它们的穿戴打扮超凡脱俗，它们的志趣气度潇洒超逸。它们具有汉皋台下两位神女把玩珠宝佩饰的精神，流露着天女散花的悠然神态。疏散鲛绡，遮天蔽日，（注：鲛绡红，见《总叙牡丹谱》。）重叠罗囊，盛放露珠。（注：叠罗红，见《总叙牡丹谱》。）凝聚着脉脉柔情，像巫山神女那样"旦为朝云，暮为行雨"。

何其丽也！寿真玉润，（寿真黄，见《总叙牡丹谱》。）胜真玉腻。（胜真黄，见《陈州牡丹品》。千叶，色类千心黄，实不逮女真黄，黄花之第五。）明兮玉秀，清兮玉粹。玉蕊无香，（《汉武内传》曰：西王母云："昌城玉蕊。"）玉英自失。玉女少色，玉委匿迹。（白玉，《图经》：玉之精，名曰委，状如美女。）何玉腰之轻盈，（玉腰红，见《河南志》。）将玉颜之温丽。（玉颜红，见《河南志》。）鄙绿珠②之玉格，（绿珠，见《奉圣州牡丹品》。）陋西施之玉醉。（醉西施，见《青州牡丹品》。）

---

① 鲛绡：相传为居于水中的鲛人所织的绡，入水不湿。南朝萧梁任昉《述异记》卷上说："南海出鲛绡纱，泉室潜织，一名龙纱。其价百余金，以为服，入水不濡。"
② 西晋贵族石崇有宠姬名绿珠，姿貌秀丽，擅长吹笛。时西晋宗室赵王司马伦专擅朝政，其党羽孙秀强索绿珠，石崇拒绝，因此被捕。绿珠殉情，坠楼自杀。

【译文】

这些牡丹花多么娇美啊！寿真黄美玉一般温润，（注：寿真黄，见《总叙牡丹谱》。）胜真黄美玉一般细腻。（注：胜真黄，见《陈州牡丹品》。它是重瓣花，花色类似千心黄，但实际上比不上女真黄，在黄牡丹中排位第五。）它们像美玉一样明澈，像美玉一样清纯。【牡丹一出场，】玉蕊花哪还算得上有香味，（注：《汉武内传》说：西王母说："昌城玉蕊。"）曾经被看作玉一样美的其他花卉，立即自惭形秽，怅然自失。风姿绰约的仙女们顿时黯然失色，美玉的精魄自己知趣，马上销声匿迹。（注：白玉，《本草图经》说：玉的精魄名叫玉委，形象如美女。）玉腰是何等纤细轻盈，（注：玉腰红，见《河南志》。）玉颜是何等温柔艳丽。（注：玉颜红，见《河南志》。）与牡丹相比，西晋美女绿珠玉一般的标格遭到鄙薄，（注：绿珠，见《奉圣州牡丹品》。）越国美女西施醉酒时的玉颜显得不值得一看。（注：醉西施，见《青州牡丹品》。）

何其秀也！洗妆标韵，（洗妆，见《奉圣州牡丹品》，非洗妆红也。）拭妆标致。（拭妆红，见《洛阳花木记》，多叶红花也。）露华膏沐，九回沉水①。媚春逋艳，殢②春气味。笑领春风，无语徙倚③。兰麝囊兮旁午④，郁金裙兮襞（音壁。）襀⑤。（音积。）斥孙寿⑥之妖蛊，

---

① 九回：迂回曲折、波浪翻腾起伏的水流。唐人柳宗元《登柳州城楼寄漳汀封连四州》诗说："江流曲似九回肠。"唐人杨巨源《同薛侍御登黎阳县楼眺黄河》诗说："九回纡白浪，一半在青天。"沉水：沉香木别名"沉水香"、"水沉香"。沉香木是瑞香科植物白木香或沉香等树木的干燥木质部分，树心部位受到外伤或真菌感染刺激后，会大量分泌带有浓郁香味的树脂，密度越大，质量越好。古人以沉水程度将沉香分为不同的级别：入水即沉者最好，名为"沉水香"；半浮半沉者次之，名为"栈香"，又称"笺香"、"弄水香"；稍稍入水而浮于水面者最差，名为"黄熟香"。

② 殢（tì）：滞留。

③ 徙倚：徘徊，流连不去。

④ 旁（bàng）午：纵横交错，繁多。

⑤ 襞襀（bìjì）：衣裙上的褶子。

⑥ 孙寿（？～159）：东汉权臣梁冀的妻子，色美而善为妖态，作愁眉、啼妆、坠马髻、折腰步、龋齿笑等以为媚惑，被朝廷封为襄城君。

（蛊，音古。孙家黄，见《总叙牡丹谱》。）逼苏香①之艳逸。（苏家红，见《洛阳花木记》，多叶红花也。）

【译文】

这些牡丹花多么秀丽啊！洗妆牡丹展现着风韵，（注：洗妆，见《奉圣州牡丹品》，不是洗妆红。）拭妆红牡丹显露着情趣。（注：拭妆红，见《洛阳花木记》，是半重瓣红花。）牡丹花鲜亮洁净，是晶莹的露珠将它们洗浴；牡丹花香气馥郁，像是曾在波涛翻滚的水流中试验沉水的沉香发出的气味。牡丹给春天贡献出绝顶的美艳，使春天的气息滞留不退。牡丹笑领春风，春风虽然不会说话，却眷恋春日的世间，流连不去。【牡丹营造出的春色，】像装着浓烈香料兰花麝香的香囊交错密集，像带着皱褶的郁金裙随风飘扬。把持东汉朝政的跋扈将军梁冀，其妻孙寿本来长相漂亮，还要善作妖态蛊惑人心【，同牡丹自然而然的美丽相比】，应该对她斥责鞭挞。（注："蛊"字的读音为"古"。孙家黄，见《总叙牡丹谱》。）【牡丹带着香气的美丽姿容，】逼近含带香料的苏合香树的艳美飘逸程度。（注：苏家红，见《洛阳花木记》，是半重瓣红花。）

何其伟也！蓬莱窈窕，（蓬莱红，新花也，黄师命此名，见《青州牡丹品》。）彩云容裔②。（彩云红，粉红花，有托盘，见《青州牡丹品》。）炫转光风③，晃荡锦地。瑞彩交辉，红霞向日④。花拥仙房，香通玄极⑤。英爽莫盛于大观，（大观紫，见《总叙牡丹谱》。）崇高莫大

---

① 苏香：苏合香的简称。苏合香是金缕梅科植物苏合香树所分泌的树脂，在中国古代时期，此香出自苏合国，故名之。《唐本草》说："苏合香，紫赤色，与紫真檀相似，坚实，极芬香。"

② 容裔：从容自在地飘荡。

③ 唐人元稹《西明寺牡丹》诗云："花向琉璃地上生，光风炫转紫云英。"光风：雨后初晴时的洁净清爽的风。炫转：耀眼的光彩转动闪烁。

④ 向日：原作"白日"，据《辽海丛书》本校改。《全元文》本据清翰林院本亦作"向日"。

⑤ 玄极：《周易·坤》说："天玄地黄。"玄：天。玄极：天的最高处，指最遥远的地方。

乎富贵。（富贵红，见《洛阳花木记》，千叶粉红花也。）媚玉庭之灵景①，（媚玉红，见《丽珍牡丹品》。）置红光于紫气②。（红光紫，见《丽珍牡丹品》。）

【译文】

这些牡丹花多么伟大啊！蓬莱红牡丹多么窈窕，（注：蓬莱红，刚培育出来的牡丹品种，黄师给它起了这个名字，见《青州牡丹品》。）彩云红牡丹像彩云一样从容飘逸。（注：彩云红，粉红花，有托盘，见《青州牡丹品》。）牡丹随着雨后清爽的风摇曳生姿，光彩闪烁；在锦绣般的大地上晃荡着美丽的身影。吉祥的色彩交相辉映，红霞依偎在太阳旁边。花朵簇拥仙房，香味通达天际。英爽莫盛于洋洋大观，（注：大观紫，见《总叙牡丹谱》。）崇高莫大于荣华富贵。（注：富贵红，见《洛阳花木记》，是重瓣粉红花。）取媚玉庭的美丽景色，（注：媚玉红，见《丽珍牡丹品》。）将红光置放于东来紫气上。（注：红光紫，见《丽珍牡丹品》。）

何其异也！蕊珠显敞，（蕊珠红，见《丽珍牡丹品》。）玉华幽邃。（玉华香，见《丽珍牡丹品》。）彩霞飞不去，（彩霞红，见《丽珍牡丹品》。）锦云收不起。（锦云，见《丽珍牡丹品》。）明霞红弭③，绛节④胜云。红惹云衣，（明霞红，见《丽珍牡丹品》。胜云红，千叶深粉红，极鲜明色，见《陈州牡丹品》。）浅霞红积。绛雪胜罗，红翳云帏。（浅霞红，见《陈州牡丹品》，千叶粉红花。胜罗红，千叶浅粉红花，尺面大，见《陈州牡丹品》。）锦被堆压银床，（一作琱栏。）缀珠枝覆玉砌。

---

① 灵景：美景。

② 紫气：紫色云气，古代认为是祥瑞之气，是帝王、圣贤等出现的预兆。西汉刘向《列仙传》说："老子西游，关令尹喜望见有紫气浮关，而老子果乘青牛而过也。"

③ 弭（mǐ）：原意是停止，这里指颜色凝固静止。

④ 绛节：古代神话所说上帝或仙君的一种仪仗。南宋陆游《老学庵笔记》卷9说："天下神霄，皆赐威仪，设于殿帐座外。面南，东壁，从东第一架六物：曰锦缬，曰绛节，曰宝盖，曰珠幢，曰五明扇，曰旌。"

（宋景文帅蜀，以彭门牡丹，惟锦被堆为第一，见《蜀志》。缀珠，见《青州牡丹品》。）著遇仙之盛事，抒刘郎之雅意①。（遇仙红，见《洛阳花木记》，千叶红花也。刘郎阁，见《洛阳花木记》，千叶浅红花也。本出长安刘氏之阁下，因以得名。花如美人肌肉然，匀莹温润。）

【译文】

这些牡丹多么奇异啊！蕊珠明显地向外敞露，（注：蕊珠红，见《丽珍牡丹品》。）玉华在幽深的地方悄然开放。（注：玉华香，见《丽珍牡丹品》。）彩霞飘飞，却原地不动；（注：彩霞红，见《丽珍牡丹品》。）锦云收束，却散漫不聚。（注：锦云，见《丽珍牡丹品》。）明霞红色红得凝固静止不流淌，灵霄宝殿的绛红节仗远胜云红。红牡丹是穿戴着用云霞裁制的衣裳，（注：明霞红，见《丽珍牡丹品》。胜云红，重瓣深粉红花，花色极其鲜明，见《陈州牡丹品》。）浅浅的云层泛着霞光，将太阳红彤彤的色彩聚积。绛雪胜罗帏，是云气遮蔽阳光，形成红色的天幕。（注：浅霞红，见《陈州牡丹品》，是重瓣粉红花。胜罗红，是重瓣粉红花，直径一尺，见《陈州牡丹品》。）锦被堆压在银床上，（注："银床"，另外版本作"琱栏"。）缀珠的枝条覆盖着台阶。（注：北宋宋祁担任益州知州，认为成都毗邻彭州所出的牡丹，只有锦被堆算得上第一，见《蜀志》。缀珠，见《青州牡丹品》。）显现东汉时期刘晨采药天台山，巧遇仙女结为伉俪的奇缘盛事，抒发刘郎风雅的意趣。（注：遇仙红，见《洛阳花木记》，是重瓣红花。刘郎阁，见《洛阳花木记》，是重瓣浅红花。该品种出自长安刘氏楼阁下，因而如此得名。它的花如同美人肌肤，莹白温润②。）

---

① 古代神话说，东汉浙江剡县人刘晨，与阮肇同上天台山采药，遇二仙女，分别结为夫妻，食胡麻饭为生。山上有桃树，山下有大溪，气候草木始终如春天。半年后还乡，始知时间已过百年，子孙已历七代。

② 郭绍林按：《洛阳花木记》所说花名、人物身份和性别，与此处注释不同，说："刘师阁，千叶浅红花也。……本出长安刘氏尼之阁下，因此得名。微带红黄色，如美人肌肉然。莹白温润，花亦端整。"

何其盛也！懿[1]彼神工，巧输元力[2]，弥表尤功，更为光饰。添色红兮神奇，添色黄兮尤异。（添色红，多叶红花。始开而白，经日渐红，至其落乃类深红，此造化之尤巧也。见六一居士《花释》。添色黄，多叶黄花也，无檀心。既开，黄色日增，有类添色红，故得名。见《道山居士录》。）蹙金球兮锦皱，紫绣球兮结绮[3]。（蹙金球，千叶浅红花也。色似间金，而枝叶皱蹙，间有棱断续于其间，因此得名。紫绣球，千叶紫花也。甚莹泽，叶密而圆整，因得绣球之名。并见《洛阳花木记》。）潜溪绯，濡[4]霞浆；胜潜溪，沃[5]琼液。（潜溪绯，有皂檀心，色之殷美，众花少与比者，出龙门山潜溪。见六一居士《花释》。胜潜溪，见《道山居士录》。出上阳门外进士张，色如潜溪，易得。有檀，瘦乃多叶。）九萼红兮妖妍，九萼紫兮冶奕[6]。（九萼红，茎叶极高大，色粉红，有趺九重。苞未拆时，特异于众。比开，必先青，拆数日，然后变红色。花叶多皱蹙，有类探叶红，然多不成就。偶有成者，开头可盈尺。九萼紫，色微紫。未开时九瓣，瘦则七八。无蕊无檀。并见《道山居士录》。）顺圣红兮韵胜，顺圣紫兮姱丽[7]。（顺圣红，千叶浅粉红，见《陈州牡丹品》。顺圣紫，千叶紫花也。每叶上有白缕数道，自唇至萼，紫白相间，浅深不同。开头可八九寸许。见《洛阳花木记》。）冠子黄，列仙班；冠子紫，亸云髻[8]。（冠子黄，见《海山记》。冠子紫，

---

① 懿：美好。

② 元：大，最。

③ 结绮："结"是聚合，"绮"是罗绮，纹饰华丽的丝织品。赋文用"结绮"一词来形容紫绣球牡丹的美丽，如同文彩美丽的丝织品聚结成团。由于"结绮"一词形容美丽，亦被用来命名华丽的建筑物。《陈书》卷7《后妃传》记载：南朝后主陈叔宝在首都建康（今江苏南京市）的皇宫内修建三所豪华楼阁，名为"临春"、"结绮"、"望仙"。三阁以复道相连，方便内部来往。临春阁供陈后主居住，结绮阁供其宠妃张丽华居住，望仙阁供龚、孔两位贵嫔居住。唐初杜宝撰写的《大业杂记》，说隋炀帝在东都洛阳的西苑内造十六院，各住一位妃子，其中一院命名为"结绮"。但本赋这里说的"结绮"，与这些建筑物无关。后来，明朝薛凤翔撰写《亳州牡丹史》，也用"结绮"来描绘牡丹，卷1说："妬榴红……色鲜如明霞结绮。"

④ 濡：沾湿，润泽。

⑤ 沃：浇灌。

⑥ 冶：妩媚。奕：漂亮。

⑦ 姱（kuā）丽：美丽。南朝江淹《悼室人》诗第九首说："神女色姱丽。"

⑧ 亸（duǒ）：下垂。云髻：女子盘卷如云而高耸的发髻。

见《洛阳花木记》，多叶紫花也。）胜阳红兮烂赫①，安胜紫兮傀伟②。（胜阳红，见《总叙牡丹谱》。安胜紫，千叶紫花，开头径尺余，见《陈州牡丹品》。）线棱紫兮繁缛，青线棱兮绮靡。（线棱紫，见《道山居士录》。色紫，叶片有如线棱，其上单叶，有蕊，有淡檀心，非银含棱也。青线棱，多叶红花也，见《洛阳花木记》。）镇山东兮标荣，大宋川兮擅美③。（镇山东，见《陈州牡丹品》，千叶淡粉红花也。大宋紫，见《洛阳花木记》，云："出永宁县大宋川，千叶紫花也。开头径尺余，众花④无比其大者。"）间金红紫相高，都胜红紫竞媚。（间金红、间金紫，并见《总叙牡丹谱》。红都胜，千叶淡粉红，紫都胜，千叶深粉红，并见《陈州牡丹品》。）玉千叶兮腾秀，碧千叶兮叠翠。（玉千叶，见《洛阳花木记》，千叶白花，无檀心，莹洁温润可爱。碧千叶，见《丽珍牡丹品》。）拂子黄，扑鸭黄⑤；拂子红，拂珠穗。（拂子黄，见《总叙牡丹谱》。拂子红，见《洛阳花木记》，千叶红花也。）合组⑥列锦，珠堆翠积，摛章缛彩⑦，相错如绮。何振景拔迹⑧，而高谢氛埃⑨。照耀芝兰，玉树庭阶。适足悠然，畅叙幽怀。周流容与⑩，香界亭台。醉冠欹侧⑪，若有德色⑫。放情肆意，骄稚园隶。

【译文】

这些牡丹多么繁盛啊！是造化灵巧地运用神通力量，完美地施展鬼

---

① 烂（xì）赫：红色有光耀的样子。西晋潘岳《射雉赋》说："摛朱冠之烂赫。"徐爰注："烂赫，赤色貌。"
② 傀（guī）伟：奇特壮大的样子。
③ 擅美：独享美名。
④ 众花：原作"家花"，所引《洛阳花木记》实作"众花"，《辽海丛书》本《天香亭赋》亦作"众花"，"衆（众）""家"形似而误，据改。
⑤ 鸭黄：《辽海丛书》本《天香亭赋》作"鹅黄"，似可从。
⑥ 组：丝带。
⑦ 摛（chī）章缛（rù）彩：大肆铺张文彩，比喻文彩绚烂。摛：铺陈。缛：繁多。
⑧ 振景拔迹：从环境和迹象中振奋自拔。
⑨ 高谢氛埃：告别流俗，远离尘世。
⑩ 容与：悠闲自得的样子。《楚辞·九歌·湘夫人》说："时不可兮骤得，聊逍遥兮容与。"
⑪ 欹（qī）侧：歪斜。
⑫ 德色：得意的样子。

斧神工，才取得特别显著的功效，让色彩斑斓争奇斗艳的牡丹为世间增光添彩。添色红牡丹多么神奇，添色黄牡丹尤其特异。（注：添色红是半重瓣红花，刚开放时为白色，经过一些日子逐渐变红，到凋落时竟然类似深红。它是造化造就万物中最为机巧的现象。具体记载，见欧阳修《洛阳牡丹记·花释名》。添色黄是半重瓣黄花，无檀心，花开后黄色日益加深，其程度类似添色红，所以得名添色黄。具体记载见《道山居士录》。）蹙金球牡丹像锦绣被搓揉出皱纹，紫绣球牡丹像文彩美丽的丝织品聚结成团。（注：蹙金球是重瓣浅红色花。它的花色类似于间金牡丹，但花瓣皱巴巴的，花瓣中偶或突起不连贯的金黄色棱线，因此得名蹙金球。紫绣球是重瓣紫色花，非常光洁润泽，花瓣繁密，圆实整齐，因此得了个紫绣球的名称。它们的情况，皆见《洛阳花木记》。）潜溪绯牡丹受着地下潜流的滋润；胜潜溪牡丹能略胜一筹，更得到琼浆玉液的浇灌。（注：潜溪绯有黑红色的花心。其花色之美艳，其余牡丹很少能与它相比。它出自洛阳龙门山的潜溪寺。欧阳修《洛阳牡丹记·花释名》有记载。胜潜溪牡丹，见《道山居士录》。它出自上阳门外进士科考生张氏家中，其花色如同潜溪绯，容易得到。花有檀心，植株消瘦就开成半重瓣花了。）九蕚红牡丹妖冶艳丽，九蕚紫牡丹妩媚漂亮。（注：九蕚红，植株高大，绿叶硕大，花色粉红，花冠底下绕着九重花蕚。含苞未放时，就与其他牡丹迥然不同。到了开花后，一定是先呈现青色，几天后变成红色。花瓣上多皱褶，类似探叶红牡丹。这一品种通常培育不成功，偶有成功的，开花时直径满一尺。九蕚紫，花色微紫。准备绽放时只有9个花瓣，如果瘦弱，则只有七八个花瓣。无花蕊无檀心。二者记载于《道山居士录》中。）顺圣红牡丹以风韵取胜，顺圣紫牡丹相当艳丽。（注：顺圣红，重瓣浅粉红花，见《陈州牡丹品》。顺圣紫是重瓣紫花。每片花瓣上有几道白线条，从花瓣顶端贯穿到底部花蕚，与花瓣的底色融汇，呈紫白交错状，各处深浅不同。花绽放时，花冠直径长八九寸长。见《洛阳花木记》。）冠子黄牡丹【带着仙风道骨】，位列于神仙队伍；冠子紫牡丹像佳人高耸的云朵型发髻倾斜下垂。（注：冠子黄，见《炀帝海山记》。冠子紫，见《洛阳花木记》，是半重瓣紫花。）胜阳红牡丹红得闪闪发光，安胜紫牡丹形状魁伟奇特。（注：胜阳红，见《总叙牡丹谱》。安胜紫，重瓣紫花，盛开时直径长达一尺多，见《陈州牡丹品》。）线棱紫牡丹花瓣繁多细碎，青线棱牡丹华丽得近乎奢侈。（注：线棱紫，见《道山居士录》。它是紫色花，花瓣多而琐碎，如同线棱。上面是单瓣，有花蕊，有淡檀花心。这个品种与银含棱不是一码事。青线棱，是半重瓣红花，见《洛阳花木记》。）镇山东牡丹是荣华富贵的标志，大宋川牡丹独自专擅美名。[注：镇山东，见《陈州牡丹品》，是重瓣淡粉红花。大宋紫，见《洛阳花木记》，说："出自永宁县（今河南洛宁县）大宋川，是重瓣紫色花。开放时花冠直径一尺多，其余众多牡丹品种没有超过它的。"] 间金红牡丹、间金紫牡丹相互比试高低，红都胜牡丹、紫都胜牡丹彼此较量妩媚。（注：间金红、间金紫，皆见《总叙牡丹谱》。红都胜是重瓣淡粉红花，紫都胜是重瓣深粉红花，皆见《陈州牡丹品》。）玉千叶牡丹亮出秀丽，碧千叶牡丹堆砌翠色。（注：玉千叶，见《洛阳花木记》，是重瓣白花，无檀心，晶莹明净，温润可爱。碧千叶，见《丽珍牡丹品》。）拂子黄牡丹，宛如一群黄毛雏鸭扑过来；拂子红牡丹，像是一串串珠穗在晃动。（注：拂子黄，见《总叙牡丹谱》。拂子红，见《洛阳花木记》，是重瓣红花。）

【这么多牡丹荟萃一园，形形色色，姿态各异。】它们如同五彩缤纷的丝带聚合一起，斑驳陆离的锦缎排列一起，又如珍珠堆集，翡翠聚积，大肆铺设出绚丽华美的颜色，错落交织，成为文彩斐然的绮罗。它们是怎样地从平凡的环境和现象中振奋自拔，从而辞别流俗，超然远离尘世的啊！它们的光彩照耀着灵芝、幽兰，照耀着庭阶前玉一般的宝树。【在西园中有这些牡丹相依为伴，】适足以让人优哉游哉，痛快淋漓地述说隐藏在内心的情感。于是不禁绕着天香台，绕着天香亭，在牡丹花圃里悠闲自在地往返徘徊，带着几分醉意，歪戴着帽子，脸上挂满扬扬得意的神色。到了情感不受任何束缚的时刻，连园子中的花匠们都忘记了自己的仆隶身份，颇有几分骄傲放纵了。

且曰风尘表物①，表植神异。耸振声价，卓荦伦类②。锦绣其文，冰玉其质。掩夺春华③，张皇化国④。耿介英姿，秀发其迹。荣光万状，芳气四塞。花政之盛，光美之胜，未有甚于此者。混元蕴奥⑤，后土富媪⑥，不爱其道，不爱其宝，岂虚也哉！子其有以语，我来⑦园隶曰："唉！人亦有言，坚树在始，始不固本，终易枯朽。其性得则英挺，其气钟则神秀，其地平则难倾，其根深则能久。仆得之于心，应之于手，为全其天，使引其寿。故叶兮如云，花兮如斗，是以声名盈溢乎九有⑧。"道者厌（益涉切）叹，已而谇⑨曰："要妙之言，有所激也，商榷万类，其义一也。有本有末，有名有实，有荣有悴，有开有塞。晔然盛誉，蔼然休声，必待名实，相须而成。名其末也，去末犹荣；实其本也，舍本不生。苟宾其实，庸主其名？宾主易位，乱是用兴。是谓开塞之门，荣悴之所由也。臆说目论，曾不足系，研几⑩析理之辞，子其向之！"（目论，耳目之目字，或作自字，非。）

【译文】

进一步说起来，大凡超越世俗的杰出的东西，总是要表现出某些神奇特异的。牡丹【就是这样，它们】卓绝异常，出类拔萃，名声耸动，遐迩传扬。它们的外表有着锦绣般的文彩，内在的实质是冰清玉润。它

---

① 风尘表物：超越世俗的杰出人物。《晋书》卷43《王戎传》说："王衍神姿高彻，如瑶林琼树，自然是风尘表物。"也作"风尘物表"。

② 卓荦（luò）伦类：卓绝超群。卓荦：卓越，突出。伦类：同类。

③ 华：同"花"。

④ 张皇：扩大，壮大。化国：施行教化的国家。北宋苏轼《郊祀庆成诗》说："化国安新政。"

⑤ 混元：古人认为元气产生宇宙万物，最初，元气未分，混沌为一，即天地刚刚开辟的太古时期。蕴奥：蕴藏而不显露的精深涵义。

⑥ 后土富媪：语出《汉书》卷22《礼乐志》。后土：大地；富媪：地神。古代阴阳学说，天为阳，地为阴，所以说地神为"媪"。大地蓄积宝藏，故称为"富媪"。

⑦ 来：通"徕"，招徕，招致。

⑧ 九有：九州，借指全中国。《诗经·商颂·玄鸟》说："方命厥后，奄有九有。"

⑨ 谇（suì）：劝告，谏净。

⑩ 研几（jǐ）：穷究精微的道理。《易·系辞上》说："夫易，圣人之所以极深而研几也。"东晋韩伯注云："极未形之理则曰'深'，动适微之会则曰'几'。"几：苗头、预兆，隐微而不显露的东西。

们的光华掩盖住所有的春花，使得国家的礼仪教化发扬光大。它们以自己的形象踪迹，展现美丽的姿容，表现耿介的道德操守，妩媚千端万状，芳气充斥四面八方。花事之盛，美艳之胜，没有超过牡丹的。从最初元气未分、混沌为一的时代开始，宇宙间便存在着隐秘的精深道理，大地蓄积着无尽的宝藏，然而上天不吝惜它的道理，大地不吝惜它的宝藏，这难道不是真的吗！

贵客您向我问话，我招来园子里的花匠作答。花匠说："唉！人们不是有这样的说法吗，要想让花木茁壮生长，一开始就要做好，开始时没有固本培元，后来容易枯萎衰朽。花匠培育花木，随顺花木的习性，花木就会长得舒展挺拔。集中了天地间的英气，花木就会长得神奇秀丽。把土壤整治得平整，花木就不容易歪倒。把花木根部入土深一些，它们才能生命旺盛，经久不衰。我这样做，可以说是得之于心，应之于手，使得花木不但终其天年，还能延年益寿。所以牡丹能长得花瓣如云，花朵如斗，名声在九州大地到处传扬。"

这位有道的客人止不住一个劲儿地称叹，过了一会儿向我建议说："花匠这一番精微美妙的话，激起我很多思索和联想，考虑到千千万万的其他事情，要想干好，其道理和这番话是一致的。凡事都是有根本有枝梢，有名称有实际，有繁盛有衰落，有通畅有阻隔。辉煌的名誉，体面的名声，必定有待于名称和实际相吻合，才能成立。【名称和实际，二者并非平分秋色，平起平坐。相比较而言，】名称是枝梢，去掉枝梢，树木照样茂盛生长；而实际是根本，舍弃根本，树木就活不成了。如果舍本逐末，把主体的实际当作客体的宾从，名称怎么能站得住脚？如果让客体充当主体、主体充当客体，那么混乱、动荡就要产生了。所以说，打开门户，就会通畅、繁盛，闭塞门户，就会隔绝、衰落。主观臆说和囿于耳目见闻的一孔之见，不值得人们留意；深究精微的道理，条分缕析的透彻说法，您还是奔着它们，去寻求真谛吧！"（注：目论，是耳目的"目"字，有版本作"自"字，那是弄错了。）

歌曰①："迟日薰芳迳②，游风扇绮寮③。韶华容艳冶④，飞燕语声娇。王友延蓝尾⑤，花奴促《绿腰》⑥。天香结成阵，不记水沉消。"（蓝尾，本曰"婪尾"。绿腰，本名"绿要⑦"。）

【译文】

歌词云："春日里小路旁的牡丹花香气熏蒸飘荡，／和暖的东风拂来，扇动着花海起伏荡漾。／春光把世界打扮得格外妖娆艳丽，／燕子

---

① 歌曰：原无，据《辽海丛书》本校补。《全元文》本亦据清翰林院本校补。
② 迟日：春日。《诗经·豳风·七月》说："春日迟迟，采蘩祁祁。"芳迳：两侧有花木的小路。迳同"径"。
③ 绮寮（liáo）：指大面积的鲜花。绮：美丽。寮同"僚"，同僚，群体。
④ 韶华：春光。艳冶：艳丽妖娆。
⑤ 王友：古代的一种官职，是亲王的一种近臣。《晋书》卷24《职官志》说："王置师、友、文学各一人。……友者因文王、仲尼四友之名号。"《旧唐书》卷42《职官志一》说："亲王友，《武德令》，正五品下也。"延：引进，聘请。蓝尾：初作"婪尾"，芍药的别称。明人张岱《夜航船》卷12《宝玩部·玩器》"婪尾杯"条说："宋景诗云：'迎新送旧只如此，且尽灯前婪尾杯。'又乐天诗：'三杯蓝尾酒。'改'婪尾'为'蓝尾'耳。"同书卷16《植物部·花卉》"婪尾春"条说："唐末文人以芍药为婪尾春者，盖婪尾酒乃最后之杯，芍药殿春，故名。""王友延蓝尾"，即唐人罗隐《牡丹花》诗"芍药与君为近侍"意。
⑥ 花奴：这里有双重意思。其一，指只可充当牡丹奴隶的普通花卉。北宋宋祁《上苑牡丹赋》说："彼芍药萱草之凡材，秾李摽梅之俗物，杜若骚人，兰香燕姞，曾不得齿其徒辈。"其二，唐玄宗的侄儿李琎，小名花奴，封汝阳郡王，同唐玄宗一样热爱并擅长击奏羯鼓。唐人南卓《羯鼓录》记载：唐玄宗不喜欢听琴乐，曾听弹琴未毕，呵斥琴师出去，对宦官说："速召花奴将羯鼓来，为我解秽！"一次"小殿内庭柳杏将吐"，唐玄宗击奏自己创作的羯鼓曲《春光好》，催花开放，"及顾柳杏，皆已发拆"。他指着杏花对嫔妃们说："此一事不唤我作天公，可乎？"绿腰：唐代的一种女子软舞，大曲伴奏。关于《绿腰》乐曲，唐人段安节《乐府杂录》"琵琶"条说：唐德宗贞元（785～805）年间，琵琶演奏家康昆仑在长安"弹一曲新翻羽调《录要》"，自注说："即《绿腰》是也，本自乐工进曲，上令录出要者，因以为名。自后来误言'绿腰'也。"可见"绿腰"是"录要"的谐音讹称。又谐音作"六幺"，白居易《琵琶行》说："轻拢慢捻抹复挑，初为《霓裳》后《六幺》。"《绿腰》又称为《乐世》，白居易《杂曲歌辞·乐世》描写其音乐说："管急弦繁拍渐稠，《绿腰》宛转曲终头。"关于《绿腰》舞蹈，唐人李群玉《长沙九日登东楼观舞》诗描写道："南国有佳人，轻盈《绿腰》舞。华筵九秋暮，飞袂拂云雨。翩如兰苕翠，婉如游龙举。越艳罢《前溪》，吴姬停《白纻》。""慢态不能穷，繁姿曲向终。低回莲破浪，凌乱雪萦风。坠珥时流盼，修裾欲溯空。唯愁捉不住，飞去逐惊鸿。"
⑦ 绿要：误，应作"录要"，即《乐府杂录》所说"乐工进曲"，唐德宗"令录出要者"，因以《录要》为乐曲名。繁体字"錄""綠"形似而误。

拖着清脆的鸣叫声飞来飞往。／此后要延聘夏日的芍药花充当花王牡丹的近臣，／此前充当牡丹奴婢的那些平凡花卉，被羯鼓曲《春光好》催促着，跳起《绿腰》舞粉墨登场。／盛开的国色天香摆出偌大阵势，／谁还用得着思念香味浓郁的沉香。"（注：蓝尾，原本作"婪尾"。绿腰，原本名"绿要"。）

附录：耶律铸牡丹诗

（据《文渊阁四库全书》本《双溪醉隐集》卷 4、卷 5，个别字据《辽海丛书》本校改）

天香台牡丹

牡丹名品数姚黄，分外精神分外香。气节得教称贵客，风标元索号花王。玉妃醉露足春睡，魏后倚风呈晓妆。天赐宠荣光价在，得无夸丽酒仙乡（牡丹有天赐紫）。

天香台单叶牡丹率成重叶、多叶、千叶，为赋此纪之

灵根原自养黄芽（有灵根红牡丹），标置长春胤此花（有长春紫牡丹）。心喜芳时回上叶，眼明今日见重华。玉楼叠起连珠树（有玉楼紫牡丹），宝阁成层结绮霞（有宝阁红牡丹）。谁在一天香阵里，得人争指是仙家。

唐家牡丹（花谱有唐家红紫牡丹）

花萼相辉瑞锦屏（有花萼紫锦屏红牡丹），探春半度恋春情（一作明，有探春恋春牡丹）。貌同腻玉镂雕就（有玉楼红牡丹），衣是缕金丝织成（有金丝红牡丹）。应笑玉华头髻重（有玉华香牡丹），爱更金粟臂环清（有金粟牡丹，又曰簇金）。温柔谁更曾倾国（有温柔紫牡丹），只数杨家姊妹名（有杨家紫、杨家花牡丹）。

荐福山寺殿前牡丹

天女盘中见此花，更须宜在竺仙家。香名凤著谢灵运，标致竟输杨

子华。斗日烂摘丹地锦，瑞云闲衬赤城霞（牡丹有斗日红、瑞云红）。可怜宗正皆芳宴，不著歌诗触处夸（《辇下岁时记》："新进士牡丹宴，在宗正寺亭子。"）。

饮独醉园牡丹下戏题

谁伴花王同乐国，温柔乡里醉乡侯。莫推花酒为闲事，难得侯王结胜游。蛾尾岂辞延入手，招腰可是要缠头。已将八斗新珠玉，买断春风与帝休。

题恋春牡丹

玉籍名延不世香，含情惟务振流芳。自缘始恋春料理，是索东君力主张。

牡　丹

问谁能（一作培）养牡丹芽，南（一作西）枕天津第一家。不枉得输青帝力，见闻知是异凡花。

唐家红紫二色牡丹

谁齐（音剂）天香凝（去声）彩霞，灵根培养列仙家。汉皇可忍思倾国，鹿走中原是此花（《花谱》云："李唐时遗种也，或云出民唐氏家。"）。

题一花二名牡丹

政缘中业擅英声，是索宜专第一名。抱一足为天下式，尽消仙笔与题评。

双头牡丹

并倚春风映画堂，相偎应说夜来长。同枝同叶缘何事，脉脉芳心各自香。

玉盘双捧九天香，竟负恩华示宠光。忆得沉香亭北畔，太真临镜倚新妆。

戏题与牡丹同名芍药

生倚英姿胜玉英，一生香占牡丹名。悬知也是陈惊座，谁许分庭拟抗衡（胜玉、一生香，皆芍药名也。《前汉·游侠·陈遵传》："列侯有与同姓字者，每至人门，坐中莫不震动。既至而非，因号其人为陈惊座云。"）。

题与牡丹同名芍药（《花谱》有御衣黄牡丹，亦有御衣黄芍药；有遇仙红牡丹，亦有遇仙红芍药。似此同名四十余品。）

英名窃比拟花王，倾慕花王事业香。奴隶万花题品处，不应花相敢承当（杨万里芍药诗："好为花王作花相。"）。

序牡丹

（元）姚　燧　著

评　述

元人姚燧的文章《序牡丹》，列在其文集《牧庵集》今本卷4中。清朝康熙、雍正时编撰巨型类书《古今图书集成》，将《序牡丹》全文收录于《博物汇编·草木典》卷289《牡丹部》中。今人论述历代牡丹谱录，把它算作一份，列入统计数中。

姚燧（1238～1313），字端甫，号牧庵，洛阳人。姚燧3岁时，父亲姚格去世。姚燧的伯父姚枢，是蒙元时期著名的理学家、政治家，他收养了侄儿，对他严加管教，精心培养。元世祖忽必烈至元十二年（1275），姚燧38岁，被举荐为秦王府文学，后来历任陕西汉中道提刑按察司副使、翰林直学士、大司农丞、翰林学士等官职。元成宗大德五年（1301），出任江东廉访使、江西行省参知政事。元武宗至大元年（1308）以来，任翰林学士承旨、知制诰兼修国史。不久南归，在家病故。姚燧著有《牧庵文集》50卷，原本已佚，今为清朝乾隆时期四库馆臣的辑本。

这篇《序牡丹》作于元世祖至元二十五年（1288）冬天，姚燧时年51岁。今人将它算作牡丹谱录，其实是十分勉强的。从文体来说，它属于"序"。《姚燧集》（查洪德点校，人民文学出版社，2011）卷3、卷4的文章全是"序"，一共25篇，《序牡丹》排为卷4最后一篇。

而且，作为"序"，它根本没有针对性。姚燧的其余"序"，有的是为书籍、作品作的，如《紫阳先生文集序》《冯松庵挽诗序》；有的是为送别而作的，如《送宰先生序》。这份《序牡丹》最后说："据《兰亭》例为序，惜其时无唱酬，未尝罚依金谷酒斗数也。"这里用的是东晋王羲之和西晋石崇的典故。永和九年（353）上巳节，王羲之等40多位官僚士大夫和高僧在会稽山阴（在今浙江绍兴市）的兰亭雅集，临流修禊，饮酒作诗，诗作汇集为一编，王羲之为之作《兰亭集序》。西晋石崇经常在洛阳金谷园宴请宾客，大家作诗宴饮。其《金谷诗序》说："遂各赋诗，以叙中怀，或不能者，罚酒三斗。"而姚燧等人参与的一次观赏牡丹活动，只是喝酒而已，既然"其时无唱酬"，给什么作品作序，岂非空中楼阁，岂不滑稽！从内容来说，全文约1200字，前600字写自己数十年来在几个地方看牡丹，没有牡丹品种的形状、特征、来历等方面的具体介绍，没有园艺方面的内容。后600字写在各地看牡丹时的喝酒情况，以及牡丹主人求自己写这篇文章的情况。王羲之《兰亭集序》对宇宙人生发了一通感慨，姚燧《序牡丹》东施效颦，也说了几句老生常谈的话。

这里以《古今图书集成》本《序牡丹》为底本做出注释和译文，个别字据《四部丛刊》影印上海涵芬楼藏武英殿聚珍版《牧庵集》做了校对。

余于牡丹，始以中统①之元见寿安红洛西刘氏园，三年见左紫洛阳故赵相南园。两花皆千叶，株皆四尺。寿安二十萼②，广径七寸，高与之等。左紫四萼，八寸，高等。又三年，见千叶状元红燕都故杨相

① 中统：元世祖忽必烈蒙古汗国时期的年号，公元1260~1264年。
② 萼：在花瓣下部的一圈叶状绿色小片，称为花萼、萼片。但本篇下文说"鹤翎红，为千叶，小株，独萼五寸大"，"各剪一二萼持归"，细玩含义，则是以偏概全，以"萼"代指花朵。哪有花瓣下部一圈仅是一片"独萼"的？以"萼"代指整个牡丹花朵，古已有之。唐人令狐楚《赴东都别牡丹》诗说："十年不见小庭花，紫萼临开又别家。""紫萼"即紫牡丹。唐人徐凝《题开元寺牡丹》诗说："惟有数苞红萼在，含芳只待舍人（白居易）来。""红萼"即红牡丹。如果还理解为萼片，怎么不是绿色小片，而是"紫萼"、"红萼"？

大参①宅，株五尺，四十萼，七寸，高等。后二十年，见之长安毛氏园，最多，将百株，株二尺少，然皆单叶，大小参差不齐，无绝奇者。后二年，见玉板白洛阳杨氏栏，株亦二尺少，多叶，十萼，七寸少。邓州见三家。张氏肖斋之衡山紫，陈氏终慕堂之浅红，两花皆十五②叶。衡紫株二尺少，将二十萼，五寸少。浅红株三尺少，将五十萼，六寸少。惟萧仁卿之承颜亭白花，大株三尺大，可六七十萼，七寸少，千叶，最盛。又有色绯紫碧相错，株三尺少，可四五十萼，盛亚白花，七寸大。复有绯花，株卑，十萼，八寸。二花皆多叶，而绯花独奇，盖故为佳品，今失其名者。别有鹤翎红，为千叶，小株，独萼五寸大，高等。他日株大，花则随大矣，是为邓花之冠。仁卿旧云："此洛阳寿安诸孙。"自余观之，大非。寿安则浅红③，而今名，余所命之，盖即其形色近似为言也。长安、洛阳诸花，余忘其香孰胜。萃邓花而校，喷勃秾绵可喜如紫薇者，衡紫为第一。此余生五十一年所见者。然自元年至今为二十九年，其间六年六见。自燕、长安、洛阳而至此，几数千里。中元及三年与至元二十年④，三见洛阳，为同地。至元六年、十八年、二十五年，各一见之燕、秦、邓，为异地。亡虑⑤百十株，而千叶名品才四见，则千叶独难遇，亦犹千人为英，万人为杰，矧⑥赏酬有数邪？

【译文】

我同牡丹的因缘说来话长，起初是中统元年（1260）在洛阳西边的

---

① 大参："参政"的别称。明人李昌祺《剪灯余话》卷5《贾云华还魂记》："生曰：'然则丞相正与先公大参及贾平章为同辈人矣。'姻骇曰：'郎君岂魏参政子乎？'生曰：'然。'"宋代副宰相参知政事，简称参政。元代于中央机构中书省、地方行政机构行中书省，都设置参政，作为两级中书令的副贰之官。这位姓杨的参政，是在首都燕京担任中央机构中书省副职的官员，相当于副宰相，故称他为"杨相"。

② 十五：《四部丛刊》影印上海涵芬楼藏武英殿聚珍版姚燧《牧庵集》作"千五"。《全元文》（江苏古籍出版社，1999）第9册第384页，《姚燧集》（查洪德点校，人民文学出版社，2011）第77页，均遵从《四部丛刊》本。

③ 此说有误。北宋欧阳修《洛阳牡丹记》说："细叶、粗叶寿安者，皆千叶肉红花，出寿安县锦屏山中。"

④ 至元：元世祖忽必烈的年号，公元1264~1294年。后来元惠宗也改元至元，但只有6年。

⑤ 亡虑：同"无虑"，不计虑，指大约、大概。

⑥ 矧（shěn）：况且。

刘氏园见到寿安红牡丹，中统三年又在已故赵丞相的洛阳南园见到左紫牡丹。这两个牡丹品种都是重瓣花，植株高四尺。那株寿安红牡丹一共开出 20 朵花，花朵直径七寸，花朵高度与直径长度相等。那株左紫牡丹一共开出 4 朵花，花朵直径八寸，花朵高度与直径长度相等。又过了三年，我在燕京（今北京市）已故参政杨大人的宅院中见到状元红牡丹，是重瓣花，植株高五尺，一共开出 40 朵花，花朵直径七寸，花朵高度与直径长度相等。又过了 20 年，我在长安（今陕西西安市）毛氏园再度见到牡丹，很多，将近 100 株，植株都不足二尺高，都是单瓣花，花朵有大有小，参差不齐，没有特别出色的。又过了两年，我在洛阳杨氏的花圃中见到玉板白牡丹，植株也是不足二尺高，是半重瓣花，一共开出 10 朵花，花朵直径不到七寸。我还在邓州（治今河南邓州市）见过三家牡丹。一是张氏肖斋的衡山紫牡丹，二是陈氏终慕堂的浅红牡丹，它们都是 15 片花瓣。衡山紫牡丹的植株不到二尺高，开花将近 20 朵，花朵直径不足五寸。浅红牡丹的植株不到三尺高，开花将近 50 朵，花朵直径不足六寸。只有第三家萧仁卿宅院中承颜亭的白牡丹花，植株有三尺高，开花六七十朵，花朵直径将近七寸，是重瓣花，最为繁盛。这里的牡丹还有绯红、紫色、碧绿诸色相错落的，植株不到三尺高，一共开花大约四五十朵，其繁盛程度比不上白牡丹花，花朵直径七寸长。至于绯红牡丹，植株瘦小，开花 10 朵，花朵直径八寸长。上述张氏肖斋的衡山紫牡丹、陈氏终慕堂的浅红牡丹，都是半重瓣花，而萧仁卿家的绯红牡丹就显得奇特一些，大概它以前曾是优秀品种，今天已不知它本来的名称了。萧仁卿家另有鹤翎红牡丹，是重瓣花，植株不高，只开一朵花，直径五寸，花朵高度与直径相等。这个品种啥时候植株高大了，花朵也随着增大。该品种在邓州牡丹花中，属于第一。萧仁卿以前说过："这个品种是洛阳寿安红的后代。"在我看来，根本不是。寿安是浅红花，而现在鹤翎红这一名称，是我命名的，是就其形状、颜色相似而言的。长安、洛阳诸多牡丹品种，哪一种最香，我已经记不得了。汇集邓州所有牡丹品种而进行比较，香味蓬勃浓烈绵厚，可喜可爱有如紫薇花者，就数衡山紫牡丹为第一了。以上是我有生以来 51 年所见到的。然而从中统元年至今日，一共历时 29 年，其间六年一共六次见到牡丹。从燕京、长安、洛阳而到邓州，路途数千里。中统元年、三年和至元二十年（1283），三次都在洛阳看牡丹，是在同一个地方。至元六年、十八年、二十五年，分别在燕京、长安、邓州看牡丹，是在不同的地方。我所见到的牡丹约有百十株，但重瓣花名品总共才见过四株。那么重瓣花之难以遇见，就好像千人挑一的英豪，万人挑一的俊杰，都是世间不常有的，何况赏酬都是有定数的。

刘、赵二园，虽皆有酒，年甚少①，不善饮。杨大参时与先世父中书左丞②同朝，为父执③，与之酒，不敢饮。毛园时为秦宪④，毛氏方业市酒，才下马⑤行观，择剪数萼，不可饮⑥而去。杨氏栏时满秦宪，将走荆宪⑦，借居其庐，客怀岑寂⑧，无谁与为饮。张斋、陈堂，才持一二觞，各剪一二萼持归，不名为饮。其尽醉相欢者，惟承颜亭一焉而

① 姚燧于宋理宗嘉熙二年（1238）出生，至元二十五年（1288）写这篇文章，时年 51 岁。他最初看牡丹是中统元年（1260）在洛阳刘氏园，时年 23 岁，中统三年又在赵丞相洛阳南园看牡丹，时年 25 岁，正是能吃能喝的年龄。看他后来那么爱喝酒，那么能喝酒，他却自称这两次皆"不善饮"，已不足凭信；他还自称此时"年甚少"，不知"甚"字从何说起。

② 世父：即伯父。《尔雅·释亲》说："父子昆弟，先生为世父，后生为叔父。"姚燧 3 岁而孤，依伯父姚枢成人。姚枢（1201~1278），字公茂，号雪斋、敬斋，蒙元时期的政治家、理学家。元世祖忽必烈即位后，姚枢以藩府旧臣预议朝政，参与制定国家制度，任东平宣抚使、大司农、中书左丞，出为河南行省金事，入拜昭文馆大学士，终于翰林学士承旨职位。

③ 父执：对父亲一辈的朋友的尊称。《幼学琼林》卷 2《朋友宾主》说："父所交游，尊为父执。"

④ 秦宪：秦指今陕西，宪指御史台系统的官员。御史台系统是监察机构，其官员给人一种咄咄逼人、凛然难犯的感觉，故御史台又称宪台、霜台。唐宋时期，御史台内设三院：一是台院，负责监督百官，审查百官犯罪案件；二是殿院，负责殿廷安全和京城纠察；三是察院，负责视察州县地方。元朝承袭这一制度，除了中央设置御史台，还在地方设置诸道御史台。至元十七年（1280），姚燧任陕西汉中道提刑按察司副使，是御史台系统"察院"的官员。

⑤ 下马：官员到任。

⑥ 不可饮：原作"不饮"，"可"字据《四部丛刊》本《牧庵集》校补。

⑦ 荆：荆楚，今湖北。《元史》卷 174《姚燧传》记载："除陕西汉中道提刑按察司副使。录囚延安，逮系讹误，皆纵释之，人服其明决。调山南湖北道。按部澧州，兴学赈民，孜孜如弗及。"姚燧《牧庵集》卷 3《冯松庵挽诗序》说："二十有三年夏，燧以湖北副宪奉檄趋京师。"

⑧ 岑寂：寂寞，冷清。《四部丛刊》本《牧庵集》作"牢寂"，即牢落、岑寂。

已。呜呼！以齿五十一年之老，行数千里之远，始观至今廿九年之久，六年六见之稀，而无负可当赏酬者醉。

【译文】

最初在洛阳刘氏园、赵氏园观赏牡丹，虽然两家都备有酒馔，但我那时还太年轻，不善于饮酒。后来在燕京杨参政大人家看牡丹，杨参政当时与我伯父中书左丞同朝供职，是我父辈的朋友，他给我酒，我很拘束，不敢造次品尝。后来我在长安毛氏园看牡丹，身份是陕西汉中道提刑按察司副使。毛氏主人准备去买酒，但我作为监察系统的官员刚刚到任巡视，【须检点行为，约束自己，】不能在民家随便饮酒，只选择几朵牡丹剪下来带走。后来又在洛阳杨氏花栏旁观赏牡丹，恰逢我担任陕西监察官员期满，改任监察山南湖北道，途中客居杨家，行色匆匆，情怀难免孤寂落寞，没人相伴饮酒。在邓州张氏肖斋和陈氏终慕堂观赏牡丹，也只是饮酒一两杯，剪下一两朵牡丹带走，根本不能叫作饮酒。要说喝得酪酊大醉，高兴得酣畅淋漓，只有在邓州萧仁卿家承颜亭观赏牡丹这一次了。哎！我已是 51 岁的老头子了，观看牡丹奔走南北东西，路途长达数千里，从最初在洛阳看牡丹，到今日已绵延 29 个年头了，以我六年六见牡丹的稀有因缘，赏花而喝得醉醺醺，有什么对不住这场豪饮的呢！

明日，仁卿求记其事。予口未拒，而心勿是之，以为尊俎之乐屑屑者，奚足笔？其夏白花忽槁死，其冬①固求记之。予始思昔者坐斯亭也，孰逆知②是花旋踵不可复见，亦可谓异事也。又思左紫止一株，已移植嵩山庙中，洛阳今亦绝闻③。寿安固在，其玉板白及毛园

---

① 冬:《四部丛刊》本《牧庵集》作"秋又"。
② 知：原无，据《四部丛刊》本《牧庵集》校补。
③ 《全元文》第 9 册第 385 页，此处标点为："又思左紫止一株，已移植嵩山庙中。洛阳今亦绝，闻寿安固在。"《姚燧集》第 77 ~ 78 页标点为："又思：左紫止一株，已移植嵩山庙中，洛阳今亦绝；闻寿安固在，"皆可参考。但我认为，若将"闻"字属下句，"绝"字则为上句的句末，按照文言习惯，"绝"字后面应有"焉""矣""已""云"之类的文言虚词，否则语气不顺，收不住句子。所以我认为应标点为"绝闻"，"绝"是断，"闻"是消息。此类动宾结构的词组有绝缘、绝情、绝望、绝迹、绝嗣等。

百株①，将如左紫移植他人邪，无亦若是花之已槁死也？呜呼，往者既然，况来者之不可必耶！细者且然，况大此倍莲十百者耶！则吾平生所当勉吾身，而因循弗力以去，不可复追者已多也，诚可为老将至之一慨。而植物之死生，又不足怪也。仁卿雅②喜余文，已记其承颜，而求之屡，如老父取张长史判③，吾特贤其以是心至而已。然又益思，六年之间不善饮，不敢饮，不可饮，为无谁与饮，与不名为饮，非他，盖无诗人同臭味者发其极意焉耳。而承颜是日，则梁宣慰贡父、张总管孟卿、王工部景韩，是皆善诗，安知不可为他日故实，亦未易以复得者。

　　据《兰亭》例为序④。惜其时无唱酬，未尝罚依金谷酒斗数⑤也。

---

① 株：原作"抹"，据《四部丛刊》本《牧庵集》校改。

② 雅：素来。《四部丛刊》本《牧庵集》作"惟"，《全元文》第9册第385页、《姚燧集》第78页从之，实则二字形似而误。

③ 张旭（675～约750），字伯高，一字季明，吴县（今江苏苏州市）人，曾任常熟县尉、金吾长史。唐代著名书法家，兼善楷书、草书。著名书法家颜真卿曾由关中赴洛阳向他讨教，写下《张长史十二意笔法记》一文。判，是审判案件的裁决书。唐人张固《幽闲鼓吹》说："张长史释褐（脱下平民粗布衣服，指步入仕途）为苏州常熟尉（县的正长官，大县为县令，小县为县长，县尉是其副手，掌管捕贼盗、察奸宄等治安方面的工作，相当于副县长兼公安局局长）。上后旬日，有老父过状，判去。不数日复上。乃怒而责曰：'敢以闲事屡扰公门！'老父曰：'某实非论事，但睹少公笔迹奇妙，贵为箧笥（竹编的箱子）之珍耳。'长史异之，因诘其何得爱书。答曰：'先父爱书，兼有著述。'长史取视之，曰：'信天下工书者也！'自是备得笔法之妙，冠于一时。"

④ 古代节日有上巳节，原来定在农历三月第一个巳日，后来确定为三月初三日。这一天人们举办修禊活动，又称祓禊，原为临水而祭，祓除不祥，后来变为水边嬉戏宴饮，踏青游春。东晋穆帝永和九年（353）三月上巳，王羲之等40多位官僚士大夫和高僧会集于会稽山阴（在今浙江绍兴市）的兰亭，举办修禊活动，浮杯饮酒，作诗吟诵，王羲之为这些诗作了《兰亭集序》。今传书法作品《兰亭集序》，说是王羲之手迹，有学者认为系其后南朝人的书法作品。

⑤ 唐人李白《春夜宴从弟桃花园序》说："如诗不成，罚依金谷酒斗数。"西晋官僚石崇在首都洛阳的金谷涧中建造私家园林金谷园。他在这里设宴雅集，欢送征西大将军祭酒王诩还长安，与会者30人，丝竹齐鸣，饮酒作诗。石崇为之作《金谷诗序》，罗列与会人员的官号、姓名、年纪，将各自诗作附于其后。《金谷诗序》中说："遂各赋诗，以叙中怀，或不能者，罚酒三斗。"后泛指宴会上罚酒三杯的常例。

【译文】

第二天，萧仁卿先生求我写篇文章，来记录这件事。我虽然嘴上没有拒绝他，但内心并不赞同，以为品尝美酒佳肴的口腹之乐实在是琐屑的事情，哪值得形诸文字！这年夏天，他家那株最繁盛的白牡丹突然死了，到冬天，他一个劲儿地求我写这篇文章。我于是开始想，当初我们大家坐在承颜亭里，有谁能预测到这株白牡丹要不了多长时间就会不可复见，这算得上是一桩怪事。我又想，洛阳左紫牡丹只有赵丞相南园那一株，已移植到嵩山中岳庙中了，洛阳今日再也没听说还有这个品种。寿安红倒是还在原地，而洛阳杨氏花圃中的玉板白，以及长安毛氏园中的百株牡丹，它们现在是像左紫牡丹那样已经移植到他人地盘了，还是像承颜亭那株白牡丹一样已经枯死了呢？哎！已经过去的就是这样了，何况未来，谁能说得准到底会怎样。琐屑事情尚且如此，何况比这些小事情大上十倍百倍的大事！那么，我平生应当自警自勉，自强不息，实际上却是因循怠惰，疲软无力。已经过去的事再也无法弥补了，这号事太多太多。岁月荏苒，老之将至，令人一声叹息。【这样看来，】牡丹之类植物的死生，就不足为怪了。

萧仁卿先生一向偏爱我的文章，我已经为他写过一篇记叙他家承颜亭的文章，他还是屡屡求我再写一些。唐朝书法家张旭刚到苏州常熟县担任县尉时，一位老翁三番五次登堂告状，仅为了获得张旭的判文墨宝。萧先生喜爱我的文章，就像这位老翁希图得到张旭的判文一样，其用心至诚至切，让我特别感佩。

我转念再一想，我六年之间各处看牡丹，要么自己当时年轻不善于饮酒，要么自己在长辈面前不敢放肆饮酒，要么自己身为监察官员不可在民家随便饮酒，要么旅途中孤独寂寞，无人相伴饮酒，要么稍稍抿上几滴，算不上饮酒。凡此种种，没有别的原因，不过是没有气味相投的人作诗吟哦，激发酒兴而已。而这次承颜亭饮酒，在场的梁贡父宣慰、张孟卿总管、王景韩工部，都是擅长作诗的人，又怎么知道这次雅集不会成为日后提起来的典故，机会稍纵即逝，而且也是不会轻易就失而复得的。

　　东晋时期，王羲之等人在会稽山阴兰亭临水修禊，纷纷作诗，汇集成编后，王羲之为之作《兰亭集序》；我援引为例，写下这篇《序牡丹》。可惜我们这次在承颜亭雅集会饮，都不曾作诗唱和，也就不曾像西晋石崇金谷园雅集那样，对不能作诗的人罚酒三斗了。

亳州牡丹史

（明） 薛凤翔 著

评 述

一 出身于牡丹世家的薛凤翔

《亳州牡丹史》是明朝亳州人薛凤翔以牡丹为题材，模仿纪传体史书体例而撰写的一部史书。清代编纂四库全书，没有收录这部书，但以存目方式提到它。《四库全书总目提要》卷116 子部26《谱录类》存目说："《牡丹史》四卷（内府藏本）：明薛凤翔撰。凤翔字公仪，亳州人。由例贡仕至鸿胪寺少卿。明时亳中牡丹最盛，凤翔家园种艺尤多，因著是编，盖本欧阳修谱而推广之。然记一花木之微，至于规仿史例，为纪、表、书、传、外传、别传、花考、神异、方术、艺文等目，则明人粉饰之习，不及修谱之简质有体矣。"《明史》中没有为薛凤翔立传，但有3 处提到他，可知他曾有另外两个官职。《明史》卷233《姜应麟传》说："给事中薛凤翔劾应麟老病失仪。"卷240《何宗彦传》说："吏科给事中张延登不署名，……延登同官亓诗教、薛凤翔又屡疏纠驳。"卷305《魏忠贤传》说："魏良卿时已晋肃宁侯矣，亦晋宁国公，食禄如魏国公例，再加恩荫锦衣指挥使一人，同知一人。工部尚书薛凤翔奏给赐第。"其余事迹不得其详。

薛凤翔出身于官宦世家、牡丹世家。他的祖父薛蕙，《明史》卷191有传。薛蕙字君采，12岁即能作诗。他于明武宗正德九年（1514）考中进士，任刑部主事。因谏阻明武宗南巡，他受到杖刑和剥夺俸禄的处分，旋以患病为由返回亳州家乡。后来他被朝廷再次起用，改为吏部官员，任考功郎中。明世宗嘉靖二年（1523），朝臣们争论大礼，与张璁、桂萼等人斗争激烈。薛蕙撰《为人后解》《为人后辨》驳斥张璁、桂萼，触怒了明世宗，被下镇抚司考讯，后获保释，被剥夺三个月的俸禄。时亳州知州颜木被治罪，薛蕙和他是同年进士，被诬陷与他有牵连，尽管真相大白，明世宗还是勒令他解任听勘。薛蕙再次从北京回到亳州，再也不想在宦海中蹚水，故于嘉靖十八年（1539年）拒绝了蕙春坊司直兼翰林检讨的职务，终老家园。本传最后总结道："蕙貌癯气清，持己峻洁，于书无所不读。学者重其学行，称为'西原先生'。"薛蕙在亳州期间，在城边二里处营建了私家园林"常乐园"。《亳州牡丹史》"常乐园"条说："园初以'独乐'命名，后马中丞易为今名。"但光绪《亳州志》卷18《艺文志》载薛蕙诗题说："小园旧名'退乐'，马敬臣中丞改曰'常乐'。"无论是"独乐"还是"退乐"，都看得出薛蕙离开官场后寻到了乐趣。他在常乐园中读书作诗，研究理学，并大面积种植牡丹。他有《牡丹》诗流传下来，写道："锦园处处锁名花，步障层层簇绛纱。斟酌君恩似春色，牡丹枝上独繁华。"他的弟弟有着同样的爱好。《亳州牡丹史》说："余先大父西原、东郊二公最嗜此花，徧求他郡善本，移植亳中。亳有牡丹，自此始。""自兹园始。"可见薛蕙是一位开风气之先的人物。而薛凤翔的父亲"两泉公"，克绍箕裘，延续家风。他营建的园林叫作南园，亳州地方志记载道："薛氏南园，表里灿如蜀锦，与常乐为肘腋。"

薛凤翔就是在这样的家庭环境中成长起来的。他退出官场很早，据李胤华的序言所说，是"英年挂冠"。他在家乡亳州"葺先人之旧庐，啸傲其中。庋书万架，栽花万万本，而牡丹为最盛"。可以说，从薛蕙到薛凤翔，祖孙三代都是成就卓著的园艺家。

二 《亳州牡丹史》的体例、内容和得失

现存最早的牡丹谱录，是北宋欧阳修于宋仁宗景祐年间（1034～1038）完成的《洛阳牡丹记》，由《花品序》《花释名》《风俗记》三部分构成，记载的内容包括：牡丹的历史，当时 24 个牡丹品种的来历、培育、形状颜色、主人及相关事迹，栽培观赏牡丹的社会习俗，牡丹的栽植培育、浇灌、病虫害防治、禁忌等事项。经过半个世纪的发展，周师厚于宋神宗元丰五年（1082）写出《洛阳花木记》，记载当时洛阳牡丹 109 种，其中详细描述 55 种，与欧阳修所记相同者 9 种，不同者 46种。南宋陆游于宋孝宗淳熙五年（1178）写出《天彭牡丹谱》，结构和三部分篇名都沿袭欧阳修的谱录。凡是欧阳修记载过的品种，《天彭牡丹谱》概不重复，一共记载红牡丹 21 种、紫牡丹 5 种、黄牡丹 4 种、白牡丹 3 种、绿牡丹 1 种，以及未详品种 33 种，总计 67 种。那么，两宋牡丹品种将近 200 种。这 3 份牡丹谱录都是 1 卷，欧阳修的和周师厚的篇幅相当，陆游的篇幅最短，都只是三两千字的小品。

北宋神宗熙宁五年（1072），杭州太守沈立写出《牡丹记》，篇幅大大拉长，竟是 10 卷本的一部书。这部书已经不存在了，从苏轼为它作的《牡丹记叙》来看，该书的内容不像欧阳修、陆游两个谱录那样纯粹就牡丹写牡丹，而是大幅度延伸，"凡牡丹之见于传记与栽植培养剥治之方，古今咏歌诗赋，下至怪奇小说皆在"，颇有一些资料汇编的意味。

薛凤翔撰写《亳州牡丹史》一书，走的就是沈立的老路。但他不再沿用《牡丹记》的文体和名称，而是采用纪传体史书的体例，书名直接称为"史"。纪传体史书有纪、传、表、志等内容，其中"志"原本叫作"书"，改称"志"后，"书"自然就废弃了。薛凤翔本书将纪、传、表、志全用上了，并且在"传"之外再列"外传"、"别传"，在"志"之外再列"书"，还有"花考"、"神异"、"方术"三类，体例庞杂不纯。

纪传体史书首列本纪，是以朝代和帝王名义记叙的国家大事，是史书的纲，是纪传体史书中的编年体内容。《亳州牡丹史》为牡丹编写"纪"，是把牡丹看作主角，看作百花之王。但全国范围内牡丹的早期

历史，连传闻都不充分，多少有一些说法，其中混杂着文学编造，不但零碎，而且以假乱真，要做编年，几乎不可能。所以这部分内容，薛凤翔写得很薄弱。但在记叙亳州牡丹的发展史时，由于是"现代史"、"当代史"，薛凤翔耳熟能详，自己又积极参与其间，所以脉络清晰，事迹具体，可信度高。

纪传体史书中的表历，是以表格的形式，旁行斜上地记载人物世系和各类政权大事。《亳州牡丹史》中的"表"把角色改为牡丹，列出两份表：一份是花品表，一份是花年表。花品表的序言讲述将牡丹分为神品、名品、灵品、逸品、能品、具品 6 个等级，以及各自的标准；花品表将亳州牡丹分别列入表中，计有神品 41 种、名品 83 种、灵品 4 种、逸品 26 种、能品 42 种、具品 75 种，共 271 种。花年表则是一份牡丹生长年表，分为播种、嫁接、分株 3 种类型，指导读者如何使牡丹恢复元气、保持生机。

《亳州牡丹史》中的"书"，一共 8 段文字，内容包括牡丹的栽植、灌溉、养护、病虫害防治、禁忌事项 5 个方面，栽植方面又细分为播种育苗、栽种、分株、嫁接 4 个方面。薛凤翔条分缕析，娓娓道来，说出其然，也说出其所以然，不但纠正了前人某些方面语焉不详和言不中肯的弊病，还指出了一部分人的误解。这些内容涉及面广，含义非常丰富，是当时牡丹栽培学说的最高科技成果，具有重大的学术价值和指导作用。

"传"在纪传体史书中是重头戏，主要记载内地各类人物的生平活动。薛凤翔为牡丹立传，记载其品名、形态、类型、花色、产地、来历、时间、主人、分布等情况，较之欧阳修等人的谱录，品种增多不啻倍蓰。而且他不再局限于欧阳修等人那种现实主义的写实手法，而是既有实写，也有虚写，尽情描绘，浮想联翩，随手拈来典故，注入浓烈感情，极富浪漫主义色彩。他写的这些牡丹传，牡丹意象的翻新，人文情怀的注入，历史面貌的存真，社会发展的反映，成为非常显著的特色。牡丹传之后，他又作了"外传"，对牡丹的生长、类型、鉴赏，做出理论上的归纳和指导。他对牡丹的分类着眼于形状，提出平头、楼子、绣球、大叶、托瓣、结绣 6 类。平头、楼子、绣球的分类说法，现在园艺界还在使用。至于鉴赏，他提出精神、天然、娇媚、丰伟、温润、轻妙、香艳、飘逸、变态、耐残 10 个方面，这不但体现出他的美学追求，也是补充、呼应他在前文中将牡丹分列 6 个等级的理由和尺度。继之而有"别传"，分为"纪园"和"纪风俗"两部分。栽培牡丹要有园林，"纪园"记载了亳州众多园林的方位、建筑、环境、主人、园艺、花工、创始时间及现状、其余花木、人物活动等内容，不但对了解亳州牡丹的历史有所裨益，而且对于今日园林的规划、设计、营造也有借鉴意义。"纪风俗"揭示"人因花而系情，花亦因人而幻出"。人们栽花、购花、访花、赏花、惜花、用花，社会各界纷纷投入其中。当时人们热爱生活，创造物质文明，于此可见一斑。"别传"部分是社会史、建筑史、民俗史的极珍贵的历史资料。

以上这些内容，在《亳州牡丹史》一书中占了前两卷篇幅，是薛凤翔的原创作品，最有史料价值和科技含量。后两卷则不同，是抄撮、编排的前人文字，属于资料汇编性质。这部分内容首先安排的是"花考"，如果处理恰当，不仅能对上文薛凤翔原创的牡丹"本纪"起史料支撑作用，还能使本纪的内容延伸和立体化。按理说，应该围绕着牡丹史爬梳历来的说法，利用相关资料对它们进行考订，去伪存真。那么，就要保留资料中原有的时空、人物、情节信息，并对种种说法下一番厘清的功夫，廓清其中迷雾，显现历史本真。然而薛凤翔没有做到，他只是搜集了一些说法，对文字删削到丧失重要信息和难以理解的地步，打乱历史顺序，随便地罗列在一起，根本没有进行甄别、考订，甚至连只言片语的按语都没有，以至于以假乱真，以讹传讹。

"花考"之后安排的是"神异"，其内容相当于纪传体史书中"五行志"记载的反常怪异现象。这些带有神话色彩的故事，今天看来是一种牡丹文化现象，我们没有必要当作历史事实去挑毛病。但薛凤翔依然有失误，不仅是延续着不得当的文字删削，甚至是乱点鸳鸯谱，把原资料明明白白交代的玉蕊花故事，作为牡丹神异收录。

《亳州牡丹史》接下来是"方术"，是多种医药学典籍中牡丹说法的汇集，虽非薛凤翔原创，但对于全面了解和利用牡丹，了解牡丹作为"花"

的接受史、培育史、社会史的"史前史"阶段的状况，都有一定的帮助。

《亳州牡丹史》最后一卷是"艺文志"。纪传体史书中的"志"，用以记载典章制度、经济现象、文化现象、天文历法以及灾变瑞异。其中艺文志，将历来图籍分类排列，简要记载书名、卷数、作者署名，具体内容不录文、不摘要。薛凤翔本书的《艺文志》，却是照录诗赋原文，间或删去原序，成了文学作品汇编。本书篇幅小，这样做当然能够允许，况且能给读者提供集中阅读的方便。

本书的书名叫作《亳州牡丹史》，但是前揭《四库全书总目提要》卷116子部26《谱录类》存目却说"《牡丹史》四卷（内府藏本）"。虽然全书所记载的牡丹品种、园林都是亳州的，但关于牡丹的历史及其资料、牡丹文学作品、牡丹的药用资料等，却都是全国范围内的，而且4篇序言1篇跋文，全部题作《牡丹史》的序跋。由此推测，薛凤翔提交给友人作序跋的书稿抄本，可能就叫作《牡丹史》，现在书中的目录，还叫"牡丹史标目"。后来书名冠以"亳州"二字，每卷首页一律刻上"郡人薛凤翔著，同郡李文帜、李文友校"，从这个"郡"字来看，组织刻书的人是亳州人，刻书时在书名上加上了"亳州"两个字。如果不是这样，清代的内府藏本怎么会是《牡丹史》？从实际来看，书名叫作《牡丹史》更贴切内容，也更有品位。

三 《亳州牡丹史》的流传和版本

《亳州牡丹史》完成后，当即流传开来，并造成一定反响，以至于薛凤翔能迅速补充修订。他在本书卷1"拾遗"中说："史既行，明年春，有东郭老叟……邀余至其家。所艺诸花，皆耳目之所未尝闻见者，不下三十余种。……亟收之卷后，名曰《拾遗》。表中仍为分别，系于各品。"当时有人立即吸收《亳州牡丹史》的原创内容，编入自己的书中。元末明初的学者陶宗仪编纂百卷本《说郛》一书，收录经、史、小说、杂记数万条。到了明朝末年，陶宗仪的后裔陶珽又编出46卷本《说郛续》一书。《说郛续》在明末即有刊刻本行世，卷40抄录了《亳州牡丹史》中的《花之品》序言、花品表，《花之年》序言、花年表，以及《牡丹八书》。

《亳州牡丹史》有明末万历刻本流传，济南齐鲁书社 1997 年版《四库全书存目丛书》子部第 80 册收录《亳州牡丹史》，即据苏州市图书馆藏万历刻本影印。上海古籍出版社 2002 年版《续修四库全书》第1116 册子部谱录类收录《亳州牡丹史》，其底本与万历刻本相比，版式字体完全一样，只是李胤华的序和邓汝舟的序排列前后不同，卷 4 朱淑真诗句，《四库全书存目丛书·亳州牡丹史》作"自非水月观音样"，《续修四库全书·亳州牡丹史》将"样"字误刻为"槎"字。

此外尚有手抄本。安徽人民出版社 1983 年版《亳州牡丹史》，就是李冬生据手抄本整理的。李冬生在《前言》中说："这本书是传抄的手抄本，其中《亳州牡丹表》、《牡丹八书》、《亳州牡丹史》（仅为手抄本中的《传六》部分），刊于《古今图书集成》。其他部分未见有刊行本，可能是由于其内容大多为摘录汇编的材料。我国古代的文人喜欢用典，比如，为了溢美牡丹，就几乎搜尽了古籍中有关美女妖姬的典故。此书多处论及牡丹的栽培技术，谈的都是专门问题。同时，缺乏资料，对书中一些有疑问的字句，无法校勘。"无疑，万历刻本《亳州牡丹史》原件不易见到，而在 1983 年，《四库全书存目丛书》《续修四库全书》两种影印万历刻本《亳州牡丹史》尚未出版，所以李冬生有"未见有刊行本"的说法。李冬生的整理本，在录文、标点、注释方面，错误相当多。有的研究者就是按照李冬生的本子在引用，在撰写论文。如潘法连《薛凤翔及其〈牡丹史〉》一文（载《中国农史》1986 年第 4 期），讲牡丹分株，引薛凤翔《牡丹史》说："凡花丛大者始可分第，宜察其根之文理，以利凿微。"这是李冬生的录文和标点。"分株"怎么成了"分第"？"凿微"是什么意思？实际上，"第"字属于下一句，含义是"但"、"只是"。"凿微"应作"凿徵"，"徵"字作"征求"解，简体字改为"征"。此句应标点为："凡花丛大者始可分，第宜察其根之文理，以利凿征。"含义是：牡丹花丛庞大的，才可以分株，但一定要察看其根部的脉络纹理，以利于挖取。

至于清朝编纂《古今图书集成》，其中《博物汇编·草木典·牡丹部》抄录《亳州牡丹史》的内容，上揭李冬生文已经指出，此不赘述。此外，清人吴其濬编纂《植物名实图考长编》，其卷11"牡丹"条，也抄录了《亳州牡丹史》中的《牡丹八书》和《传》的内容。

我这里对《亳州牡丹史》进行整理，以影印明万历刻本为底本。

《牡丹史》序

琅琊焦竑① 撰

　　世人语花，必曰某花某花，至牡丹直曰花而已，岂不以牡丹尤物，非凡卉可伍，特不名以标异之耶！宋时洛阳最有名，欧公所记才三十四种②。丘道源③三十九种，陆务观谱蜀花④，史正志⑤谱浙花，至钱思公所记多至九十余种⑥，可谓盛矣。熙宁⑦中，沈杭州《牡丹记》十卷⑧，

----

① 焦竑（hóng，1540～1620），字弱侯、从吾、叔度，号漪园、澹园，生于南京应天府（今江苏南京市），祖籍山东日照，古属琅琊郡管辖，故自署"琅琊焦竑"。焦竑于明神宗万历十七年（1589）中状元，担任过翰林院修撰、皇长子侍读、福宁州同知、太仆寺丞等职。他是明后期文坛领袖之一，著名思想家、文史学者、文学家、藏书家。《续修四库全书》第1364～1365册（上海古籍出版社，2002），影印明万历三十四年（1606）刻本《焦氏澹园集》、万历三十九年（1611）刻本《焦氏澹园续集》，均未收录此序。《亳州牡丹史》首列此序，其后有邓汝舟序，撰于"万历岁次癸丑"，即万历四十一年（1613），李胤华序，撰于"丁巳"，即万历四十五年（1617），可推测焦竑序撰于万历四十年或四十一年。李剑雄点校本《澹园集》（中华书局，1999），合《焦氏澹园集》《焦氏澹园续集》为一，未将此序作为佚文收录。

② 北宋欧阳修（1007～1072）所著《洛阳牡丹记》，实际记载24种牡丹品种。薛凤翔在本书《本纪》中作"永叔记洛中牡丹三十四种"，焦竑可能读完书稿才作序，沿用书稿的说法，不曾检核欧阳修原文。

③ 北宋丘濬（jùn），字道源，黟县（今安徽黟县）人。宋仁宗天圣五年（1027）进士，官至殿中丞。著有《牡丹荣辱志》一卷。

④ 南宋陆游（1125～1210），字务观，著有《天彭牡丹谱》。天彭即今四川彭州市。

⑤ 南宋史正志，字志道，号吴门老圃。宋高宗绍兴二十一年（1151）进士，在今江西、福建、四川、湖南等地任职，曾任吏部、刑部、兵部等侍郎。著有《史氏菊谱》。

⑥ 北宋钱惟演（977～1034），字希圣，钱塘（今浙江杭州市）人。吴越王钱俶（chù）之子。从父归宋，历任右神武将军、太仆少卿、工部尚书、崇信军节度使等。西昆体诗人领袖。去世后朝廷初谥"思"，后因其子诉请，改谥"文僖"。钱惟演曾以枢密使任河南府兼西京（洛阳）留守，青年欧阳修为其幕僚，担任推官。欧阳修《洛阳牡丹记》记载："余居府中时，尝谒钱思公于双桂楼下，见一小屏立坐后，细书字满其上。思公指之曰：'欲作花品，此是牡丹名，凡九十余种。'"

⑦ 熙宁：北宋神宗年号（1068～1077）。

⑧ 北宋沈立（1005～1077），字立之，历阳（今安徽和县）人。任杭州太守时，撰《牡丹记》。苏轼为该书作《牡丹记叙》说："熙宁五年（1072）三月二十三日，余从太守沈公观花于吉祥寺僧守璘之圃。……明日，公出所集《牡丹记》十卷以示客，凡牡丹之见于传记与栽植培养剥治之方，古今咏歌诗赋，下至怪奇小说皆在。余既观花之极盛，与州人共游之乐，又得观此书之精究博备，以为三者皆可纪，而公又求余文以冠于篇。"

名品之多，种植之法，无不备具。迨①近世，北之亳州、南之暨阳②为独著，岂风气亦有所移易而致然欤，抑花之盛衰亦以土俗之好尚而异也？

余友薛鸿胪公仪③，亳人也，承西原先生④遗业，绩学之暇，以莳花学圃⑤自娱。一日出所为《牡丹史》示余，观其所载，殆兼昔人所载而奄之。即周藩以天潢之重⑥，人力所及，仅得四十四种。公仪视之，不啻倍蓰而什百⑦然。余读之，栽接剔治，各有其法。得其法则日异岁殊，新新无已，岂功力积久，即造化不得而擅其权欤！

西原先生孤峭不合时宰，而乃笃好此花，时人有宋广平⑧之疑，意以花为浮冶易坏，非正人笃老坚操苦行者之所喜也。然茂叔于莲⑨，尧

---

① 迨（dài）：等到，达到。
② 暨阳：今江苏江阴市。
③ 薛凤翔字公仪，任鸿胪寺少卿。鸿胪寺主管国家外交和国内民族事务，正长官为卿，少卿是副长官，相当于外交部副部长及民族事务委员会副主任。
④ 薛凤翔的祖父薛蕙，字君采，号西原先生。明武宗正德九年（1514）进士，任刑部主事、考功郎中。
⑤ 莳花学圃：莳（shì）：栽种。此句说栽种花木。
⑥ 明初，明太祖借鉴古代封诸侯建藩卫的制度，将太子以外的儿子们分封为藩王，拥有兵刑钱谷大权，雄踞一方，屏障中央。周王封国设在河南开封，实行世袭制。天潢：皇族，帝王后裔。
⑦ 不啻：不止。倍、蓰（xǐ）、什、百：一倍、五倍、十倍、百倍。
⑧ 宋广平：武则天至唐玄宗时期的大臣宋璟。《旧唐书》卷96《宋璟传》说："宋璟，邢州南和人，其先自广平徙焉。""少耿介有大节"，"当官正色"，"正直"，"累封广平郡公"。他作有《梅花赋》，其《梅花赋·序》说："垂拱三年（687），余春秋二十有五，战艺再北（考科举不顺），随从父（伯父或叔父）之东川，授馆舍官。时病连月，顾瞻圮墙（看到断墙旁），有梅一本，敷藕（开花）于榛莽中，喟然叹曰：'斯梅托非其所，出群之姿，何以别乎？若其贞心不改，是则可取也已。'感而成兴，遂作赋曰"云云。后来颜真卿作《广平文贞公宋公神道碑铭》，说："相国苏味道为侍御史出使，精择判官，奏公为介。公作《长松篇》以自兴，《梅花赋》以激时，苏深赏叹之，曰：'真王佐才也！'"晚唐皮日休《桃花赋·序》说："余尝慕宋广平之为相，贞姿劲质，刚态毅状。疑其铁肠石心，不解吐婉媚辞。然睹其文而有《梅花赋》，清便富艳，得南朝徐庾体，殊不类其为人也。后苏相公味道得而称之，广平之名遂振。呜呼！夫广平之才，未为是赋，则苏公果暇知其人哉？将广平困于穷，厄于踬，然强为是文邪？"
⑨ 北宋理学家周敦颐（1017~1073），字茂叔，所作《爱莲说》说："予独爱莲之出淤泥而不染，濯清涟而不妖，中通外直，不蔓不枝，香远益清，亭亭净植，可远观而不可亵玩焉。"

夫于牡丹①，时或寄意焉，而不以其故贬儒。余知以小物而置议论君子者，非通论也。鸿胪君博学多通，遇物成籍，此特其一端云。

【译文】

世人说起花卉，总是径直称其为某某花、某某花，说到牡丹，却仅称其为"花"而已。岂不是因为牡丹为百花中的稀有珍品，不是寻常花卉可以混同匹配的，所以独自不以牡丹花名称道，以显示它的奇异吧。宋代洛阳牡丹最有名，欧阳修《洛阳牡丹记》记载的品种，也才34种。丘道源所记，共有39种。陆游《天彭牡丹谱》记载四川牡丹，史正志记载浙江牡丹，至于钱惟演记载洛阳牡丹，多达90多种，可谓一时之盛。宋神宗熙宁年间（1068～1077），杭州太守沈立撰写出《牡丹记》十卷，所记载牡丹名品之多，以及种植方法，无不完备周全。然而到了近代，牡丹却以北方的亳州（今安徽亳州市）和南方的暨阳（今江苏江阴市）最为著名。难道是社会风气有所变迁而导致这种局面的吗，或者牡丹花的盛衰也以当地的爱好与否而出现变化？

我的友人前鸿胪少卿薛公仪先生，是亳州人士。他继承其祖父西原先生的宅园和事业，读书学习之余，以栽培花木自娱自乐。一天，他拿来他撰写的《牡丹史》给我看，看其中的记载，几乎将前人记载提到的内容囊括无遗。即便是我大明皇朝的周王，身居龙子龙孙之贵，倾其全力而搜罗，也才弄到44种。公仪先生家园的牡丹，同这位皇家贵胄王府中的牡丹相比，多出岂止十倍百倍？我读这本《牡丹史》，看到其中对于牡丹的栽种、接枝、剔枝、整治，详细地叙述各种方法。掌握了这些行之有效的方法，牡丹就会年年翻出新花样，没有穷尽的时候。难道栽种培植牡丹久而久之，积累出功力，使得天公也不可能再大权独运，主宰天地间万物的生长变化了吗？

---

① 北宋理学家邵雍（1011～1077），字尧夫，喜爱牡丹，作有多首牡丹诗。《插花吟》说："头上花枝照酒卮，酒卮中有好花枝。……酒涵花影红光溜，争忍花前不醉归。"《东轩前添色牡丹一株开二十四枝，成两绝呈诸公》说："牡丹一株开绝伦，二十四枝娇娥鬒。天下唯洛十分春，邵家独得七八分。""牡丹一株开绝奇，二十四枝娇娥围。满洛城人都不知，邵家独占春风时。"

西原先生耿介孤傲，与众不同，做官不能迎合当权重臣，却嗜好牡丹成癖。鉴于他的品性和爱好，时人疑心他就是唐代大臣宋璟那样刚正威重却爱好花卉并作出《梅花赋》的人物，从而以为花卉不过是浮艳之物，很快就会枯萎凋谢，不应该是老成、刚正、质朴的正人君子所喜爱的。然而周敦颐爱莲花，邵雍爱牡丹，往往情有所钟，情意绵绵，人们却并不因此而贬损他们。我因而知道以小事末节而对正人君子说三道四，绝非通达的议论。鸿胪少卿学识渊博，融会贯通，遇到什么事物都能够加以探讨研究，挥笔成文。研究牡丹并写成著作，这不过是他人生的一个侧面而已。

《牡丹史》序

天地间之景，与慧人才士之情，历千百年来，互竭其心力之所至，以呈工角巧，意其无余蕴矣。然景虽写，而其未写者如故也；情虽泄，而其未泄者如故也。有包含即有开敷①，又有苞含。前之人以为新矣，而今视之即故；今之人以为新矣，而后视之又故。甚矣，造物之工巧，无穷极也！何以知之？以亳州之牡丹【知之。牡丹②】之盛于洛阳，其种繁矣，其名夥③矣，其色烂矣，历代之所谱者详矣。以视今亳之所产，其种其名其色，新故大不相侔④也。今且月异而岁不同矣。奇奇怪怪，变变化化，造物者若不能自秘其工巧，以听人之转移，而日献奇贡艳于人耳目之前。【以前视今，】故者【复】新，新者又故。然则牡丹之变，岂有极乎？

吾友薛公仪氏，少世其家，博学洽物。闲适之余，方略见于花事，穷其变态，著而为史，比前辈所谱，又新之新者也。予取而读之，与公

---

① 开敷：花朵开放。
② 【】内字原缺，据钱伯城点校本《珂雪斋集》卷10《牡丹史序》（上海古籍出版社，1989）校补，下同。
③ 夥（huǒ）：多。
④ 侔（móu）：等同。

仪晤谭①者累日，且叹心业画师②，不可思议至此，与造物何与焉？公仪素通禅理，为予首肯者久之，因漫书于史之首，志不忘云。

友人袁中道③书

【译文】

天地之间的各类景物，才子俊士的各种情感，历经千百年，各自倾其心力，竞技逞巧，似乎没有剩余的意蕴可以挖掘了。然而景物被描写出来的和不曾被描写出来的，始终一如既往；情感宣泄出来的和不曾宣泄出来的，照样一仍其旧。植物长出蓓蕾就会开花，来年又会长出新一茬蓓蕾。前人以为是新出现的物类，今人看惯了就觉得陈旧；今人发现的新的物类，后人看起来又会认为陈旧。造物主陶钧万类，出神入化，没有终极，实在太了不起了！何以知道这一点呢？从亳州的牡丹来看，其繁盛超过洛阳。当年洛阳牡丹盛极一时，品种繁多，林林总总，名称繁多，各异其趣，花色灿烂，各逞其姿，历代对它的记载十分翔实。但将洛阳牡丹与今日亳州所产的牡丹相比，无论品种、名称还是花色，新旧都大相径庭。何况亳州牡丹，年年岁岁，变异更新。千奇百怪，变化不断。造物主如果没能力保持自己的工巧秘而不泄，只好听任人力为转移，因而天天都有新奇娇艳的牡丹出现在人们的面前。参照以前的情况来看今天，旧的推陈出新，新的又沦落成旧的，那么，牡丹的变异更新，难道会有尽头吗？

我的友人薛公仪先生，自小继承了家庭的传统和事业，博学多闻，无所不知。他在闲暇的时候，从事栽培牡丹、研究牡丹。他对牡丹的发展变化研究得十分透彻，写出《牡丹史》一书。书中记载的情况，比

---

① 晤谭：会面交谈。"谭"同"谈"。

② 《正法念处经》卷5《生死品之三》说："心业画师有异种法，……不生疲倦，善治彩色，各各明净，善识好笔，画作好色。"

③ 袁中道（1570～1623），字小修，一作少修。湖广公安（今湖北公安县）人。与胞兄袁宗道、袁宏道合称公安三袁，文学派别为"公安派"。明神宗万历四十四年（1616）进士，授徽州府教授、国子监博士，官至南京吏部郎中。著有《珂雪斋集》《袁小修日记》。

起前人的牡丹文献，可说是新之又新了。我把书拿来阅读后，同公仪先生晤面交谈多日，感叹书中的内容简直就像《正法念处经》中所说的心业画师一样，以各种颜色自如地画出各种形象，不可思议竟达到这般境界，这同造物主有什么相干呢？公仪先生素来通晓禅机理趣，久久地表示认同我的见解。因此，我随意地在《牡丹史》一书的卷首书写出这篇序，以标志铭记不忘。

友人袁中道手书

《牡丹史》序

凡花可盆可盎①，可蓬篱可土牖②，随贮随宜，韵致俱胜。牡丹独不尔，盆之盎之则亵，置于蓬篱土牖则陋。故惟芳园胜地，玉砌雕栏，临以画阁琼楼，瑶台碧榭③，映以珠帘锦箔，绣户云廊，幌以绮幕罗帷，华棚绿④障，始足壮此花之大观，畅此花之神色。而对之者非王公钜人，即鸿生豪俊。若也寒骨诗人，酸风墨士，第⑤可容为花宾；而为花主，则非其伦矣。侍之者亦必名姝佳媛，妖⑥娥贵姬。若也村姑市女，粗姿薄态之妆，弗与矣。及其赏会，亦必金筝宝瑟，艳舞娇歌，筵穷仙膳之珍，酒极琼浆之侈。若也贫厨荒酌，澹寂盘餐，弗与矣。昔人谓牡丹，花之富贵者也，讵不信然？

公仪兄，海内名家子，有史才。石渠中秘⑦，天藻国华⑧，不及史

---

① 盎：一种小口大腹的陶制盛器。

② 牖（yǒu）：窗户。土牖费解，疑邓汝舟所撰序文原作"土墉"，即土墙，取其简陋意；张嘉孺书写误作"土牖"。《佩文韵府》收录有瓮牖、轩牖、茅牖、松牖、竹牖等词组。

③ 榭：修建在台上的房屋。

④ 绿（cǎi）：彩色丝绸。

⑤ 第：但，仅仅。

⑥ 妖：妖冶，艳丽。

⑦ 石渠是石渠阁的简称，在西汉首都长安未央宫的北面，是皇家藏书处。汉高祖时萧何修造，汉成帝时，在这里收藏祕籍。

⑧ 天藻国华：藻指花草，"华"同"花"，即天花国花，指牡丹。

也，而史此花。鉴赏雌黄，工摩肖写，更复绮语霏霏，精裁有法，其是花之董狐①耶？十万芳葩，霞蒸云烂，尽公仪笔花哉，何词之丽也！每一展阅，不绘而色态宛然，不圃而品伦错植，虽赤暑玄霜，群芳凋后，亦复香艳袭人，不春而春也。分名别类，鱼次雁行，若汉宫粉黛三千，按图可睹，神荡魂迷，心醉天香府矣。

亳守欧公②昔叙牡丹，以洛阳为天下第一。夫洛阳比屋皆栽，故花事之富，亦比屋成之耳。公仪家园数十亩，花品以千百计，而二三名流相翼，是数区而收比屋之华，且神异之品，不一而足。今洛阳在诸君家园，则天下第一，今不归之亳耶？唐人诗有"看到子孙能几家③"者。公仪簪绅奕映④，家园世守，此花盖亦故家乔木，顾其所以培之者，多馨德茂义焉。然则阅若史者，从华反质⑤，因葩溯本可也。

然此史岂徒以一花侈观宇内哉？厥⑥旨微矣。品花王而第之，是寓王伯⑦之辨也。而珍重之，是寓尊君义也。而植之灌之而养之，诸法毕备，是寓保傅⑧君德义也。圣人作史，托天王之权；公仪作史，亦托东皇⑨之权。而王章国色，均于造化不朽者乎！世尝有谱芍药、谱海棠、谱梅、谱菊者，非不贞标逸藻，增韵艺林，较之此史，不星渊迥⑩耶？

---

① 董狐：春秋时期晋国的太史，恪守职业道德，不畏权贵，秉笔直书当朝大臣赵盾杀害国君。孔子称赞他是"良史"。
② 北宋欧阳修，治平四年（1067）知亳州，为时一年余。宋代知州，相当于古代其他时期的郡太守、州刺史。
③ 这是唐代罗邺《牡丹》诗中的句子。
④ 簪绅是古代官宦的服饰。古代男子留长头发，簪是用来绾头发的首饰，也用以把帽子别在头发上，配以缨带，连称簪缨。绅是官僚士大夫束腰的宽带子。官员插笏于绅，称作搢绅，又写作缙绅。奕，是"奕世累叶"的简称，即世世代代。映：辉映。
⑤ 华：华丽。"反"同"返"，回归。质：质朴。
⑥ 厥：其。
⑦ 王伯："伯"同"霸"。本句指王道和霸道，王道以仁义治天下，霸道以武力、刑法、权势等统治天下。
⑧ 保傅：本句指古代帝王的师长，级别最高，即太保、太傅，连同太师，合称三公。（太子、诸王亦有，称少保、少傅。）
⑨ 东皇：司春之神，又叫春帝。
⑩ 星渊迥：迥指迥异，即相差甚远，如同星宿在天、湖海在地一样。

不佞舟^①，学圃江干^②，寒老而才尽，品作花奴，辱公仪数十年之爱，敢用一言弁^③之！顾以草莽腾夫^④，而命序富贵名花，公仪黜华崇素之谊，亦于是乎在。

万历岁次癸丑桂月之朔，延陵友弟邓汝舟撰、张嘉孺书

【译文】

大凡一般花卉，可栽在瓦盆中、瓦罐中，也可栽在篱笆旁、土窗户旁，无论怎么储存都合适，花卉的风韵都能达到极致。唯独牡丹这样处置不行。将牡丹盆栽罐存，未免亵渎不恭；栽在篱笆旁、土窗户旁，则显得简陋寒碜。因此，只有将牡丹种植在华美园子的风水宝地上，四周以玉石台阶和雕绘栏杆圈护隔离。花圃近旁，有美轮美奂的琼楼玉宇，有借景成趣的平台平房。缀着珍珠的锦绣窗帘，和过道的长廊彩色，远远地辉映着盛开的牡丹。用绸缎搭建帷幕、帐篷和屏风，为牡丹蔽日遮风。只有这样，才足以显示牡丹的壮观，张扬牡丹的神采。而当面赏玩牡丹者，不是王公大人，就是鸿儒俊杰。像那帮寒酸的文人墨客，仅可以充当观赏牡丹的宾从，要是作为观赏牡丹的主角，则远非其人。侍奉牡丹的，必须是名门闺秀、美女贵妇。像那些村野女子、市井妇人，姿色、风度不够格，那就不能参与其间了。到了观赏牡丹的雅集之时，必须是丝竹和鸣，轻歌曼舞，吃不完的山珍海味，喝不尽的琼浆玉液。像那种食料短缺，浊酒薄味，就别瞎搅和了。以前人们说牡丹是富贵花，岂不真是这样？

公仪兄出自国内名门世家，具有史家才能。历代皇家收藏的珍本秘籍，没见有为牡丹编修的史书，他因而特意为牡丹撰写成这本史书。书中对于牡丹，极尽鉴赏之能事，描摹其形态惟妙惟肖，再加上文采斐

---

① 不佞舟：不佞是谦辞，犹言不才、在下、鄙人。舟是本篇序文作者邓汝舟的名字，自斥其名，表示对别人的尊重。
② 江干：江边，江畔。
③ 弁：放在前面。序文冠于正文之首，故称序文为弁言。（古代长期将序列于正文之后，称为后序，后改称跋。）
④ 草莽指民间。"腾"同"剩"，腾夫是男士自谦为多余的人。

然，取舍剪裁得当，他大概称得上是牡丹的良史了，如同春秋时期晋国的太史董狐一样。各色牡丹成千上万，在公仪兄的笔下，犹如云蒸霞蔚，斑驳陆离，词句是多么优美啊！我每次阅读这本书，都觉得随着书中的文字叙述，牡丹虽然没有形之于丹青，却千姿百态历历在目，虽然没有种植，却各个品种错落有致。即便是酷暑严冬，百花凋零净尽，依然有牡丹的艳丽芳香从书中扑面而来。尽管不是春天，照样春意盎然。书中记载牡丹，分门别类，整齐有序，如同鱼贯而行、雁行而翔。就像汉家宫掖中的三千佳丽，不必一一打照面，依据她们的画像便可以一一过目。不禁使人神魂颠倒，在天香国中痴迷心醉了。

当年亳州太守欧阳修先生撰写《洛阳牡丹记》，以洛阳牡丹为天下第一。当时洛阳挨家挨户都种植牡丹，因而育花赏花成为一时风尚，也是挨家挨户营造出来的。公仪兄家园数十亩，所栽培的牡丹品种成百上千，再加上二三名流家园相辅助，这便使得几处家园收到了洛阳大都市挨家挨户种植牡丹那样的繁华盛事。而且，神异的牡丹品种，不在少数。现在的亳州，很多人的家园中，都有当年洛阳牡丹的品种，那么，所谓天下第一，当今能不归于亳州吗？唐代罗邺《牡丹》七律诗中有"买栽池馆恐无地，看到子孙能几家"句。（移植牡丹时唯恐庭院中没地方容纳，可是能让子孙观赏到，又有几家！）而公仪兄的家族，蝉联当官，几代人身着官服，头上的冠饰同身上的服饰交相辉映。他的家园，也是世代相守，园中的牡丹花，大概算得上是故家桑梓一类的东西了。他所以对家园中的牡丹精心培植，更多的是对家族的一份情结，体现的是厚重的仁义道德。那么阅读这本《牡丹史》的人，从华丽回归质朴，依据花而追本溯源，就可以了。

然而这本《牡丹史》，难道徒然地侈谈牡丹花，将它放大，来观察天下吗？其实，书中的旨趣是相当精深的。品评百花，将牡丹列为花王的地位，其中寄托着辨析王道、霸道的含义。珍重牡丹，其中寄托着尊奉朝廷帝王的含义。种植、浇灌、养护牡丹，其中寄托着太保、太傅辅佐国君的含义。孔圣人修《春秋》史书，仰仗周天子、诸侯王的威权。公仪兄修这份《牡丹史》，也仰仗司春之神东皇太一的威权。国家的礼仪法度，牡丹的国色天香，都是上天的安排，永世不朽。世间曾有为芍药、海棠、梅花、秋菊作谱牒志记的。这些文献没有不以各自的主题标榜正宗，驰骋辞藻，都为艺术宝库增添韵致。然而这本《牡丹史》同那些文献相比，彼此真有天壤之别。在下不才，在江畔学着种花栽树，一介寒士，年迈而才气枯索。如果划品级，我不能上攀观赏牡丹的宾从，只能是牡丹的奴仆。我真是辱没了公仪兄数十年来对我的这份偏爱，岂敢轻言为他的大著作序。但是，公仪兄却让我这个草野多余的闲人，为他的富贵名花史书作序。他那黜退浮华崇尚质朴的情谊，也在这件事中体会出来了。

万历癸丑年（1613）八月初一，延陵友弟邓汝舟撰序、张嘉孺手书

《牡丹史》序

公仪兄兰心茝①质，于古今载籍图书，无所不综，博于海内。名硕彦俊，无所不结纳。英年挂冠②，葺③先人之旧庐，啸傲其中。庋④书万架，栽花万万本，而牡丹为最盛。公仪之于牡丹，其培之最良，而嗜之亦最笃。惟培之良而种类繁焉，惟嗜之笃而拟议成焉。一曰记，二曰表，三曰书，四曰传，五曰外传，六曰别传，七曰花考，八曰神异，九曰方术，十曰艺文志，总曰《牡丹史》。而李子得而观之，曰：呜呼盛哉！朱紫绿黄，其色备矣；寒燠⑤晴雨，其候详矣；神名逸能，其品审矣。今人不能见洛阳牡丹，止侈言永叔⑥《牡丹记》。后人见公仪《牡丹史》，不又侈言亳州有牡丹耶？况亳州为我朝钟灵毓秀地，地灵则花名，花名由人英，人愈英花愈名，呜呼盛哉！

---

① 茝（zhǐ）：白芷，一种香草。
② 挂冠：辞官、弃官。
③ 葺（qì）：修理房屋。
④ 庋（guǐ）：收藏。
⑤ 燠（yù）：天气炎热。
⑥ 欧阳修（1007~1072），字永叔。

丁巳秋日瓠庵李胤华题于长安之银杏道宫

【译文】

公仪兄具有兰花、白芷这类香花美草一样的本性和气质，好名声也像它们的香气远扬一样到处传播。古今图书，无所不读，博学多闻，国内领先。博雅君子，贤达人才，无不交结、接纳。他英年辞官返乡，修缮祖上传下来的旧居，安居其中，啸傲自在。他收藏万架图书，栽花万万株，其中牡丹最为繁盛。公仪兄对于牡丹，培育得最好，喜爱得最深。正因为培育得最好，他家园中的牡丹种类才最多。正因为喜爱得最深，他才打算梳理评述一番。他于是写出十方面内容，一是记，二是表，三是书，四是传，五是外传，六是别传，七是花考，八是神异，九是方术，十是艺文志，总体构成一部书，书名叫作《牡丹史》。我老李有幸拜读，不禁感叹不已，哎呀，内容真是太丰富了！朱紫绿黄，不同色彩的牡丹，样样齐全。寒暑晴雨，时令气候，无不详备。神品名品，逸品能品，各种等级，无不精确。今人不可能目睹北宋的洛阳牡丹，只有阅读谈论欧阳修当年写下的《洛阳牡丹记》。那么，后人读到公仪兄的这本《牡丹史》，不是可以了解谈论今日的亳州牡丹吗？何况亳州是我大明皇朝钟灵毓秀之地。地灵则牡丹有名气，牡丹有名气，来自育花人的杰出，人越杰出，牡丹就越有名气。哎呀，真是兴盛啊！

万历丁巳年（1617）秋日，瓠庵李胤华题于长安银杏道宫

凡　例

一、亳郡昔时牡丹种数不多，即有，高下不甚相远，遂以一色分为一类。今则奇种繁夥，一色之间，姿态色泽，迥乎殊异①。若止以色论，恐未能尽。故品第而胪列②其名，其色即见于本名下。

---

① 迥乎殊异：差别甚大。
② 胪（lú）列：罗列，列举。

一、花之胎及树上绿叶，均为详定，庶^①觅花者开时辨花，无花有胎叶可辨而寻云。

一、花品高下既难以色论，而色非浅深可尽。如红有梅红、桃红、银红、水红、木红之类，黄则有瓜穰^②黄、大黄、小黄、鹅儿黄之类。如紫，如白，如碧，如墨，如藕褐，如青莲，种种皆然，各于本条下附见。

一、花虽品第不同，或因名相类，或因色相类，传中皆总收一处，使按图者易于稽考^③。表中仍以品第高下，收于各品中。其种养赏鉴之家，俱以姓氏存诸本花之下，即园丁亦与名焉，因名核实也。

一、旧谱所载，今无其种，不敢虚列，如御衣黄之类是也。

一、诗赋检初盛唐李翰林^④《清平调》外，仅得王右丞^⑤一首，杜拾遗^⑥《花底》一诗，其词类牡丹而收之。中晚及五代宋元，亦不过尽吾家所藏之书而搜罗编次，其挂一漏万可知，姑俟补订。

一、花名之鄙俚，有最可厌者，皆起自花户园丁之野谈^⑦。而花之受辱，于兹为甚。欲易之，恐物色不便，仍以原名标其目焉。

牡丹史标目

一卷

纪

表一　花之品

表二　花之年

书八　一种　二栽　三分　四接　五浇　六养　七医　八忌

传六　一神品　二名品　三灵品　四逸品　五能品　六具品　拾遗

---

① 庶：但愿，希望。
② 穰：同"瓤"。
③ 稽考：查考，考核。
④ 唐朝诗人李白（701～762），唐玄宗时入长安，待诏翰林。
⑤ 唐朝诗人王维（701～761），官至尚书右丞。
⑥ 唐朝诗人杜甫（712～770），曾任左拾遗。
⑦ 野谈：俗语，民间传闻。

亳州牡丹史卷之一
本　纪

宋钱思公云："唐人谓牡丹为花王。姚黄真其王，魏花①乃其后。"张景修②称为贵客。唐开元中，沉香亭前得异种，朝暮黄碧异色，昼夜殊香，目为花妖。宋单父于骊山为上皇③种花，得色万种，内人呼为花师，又曰花神。然牡丹，前史未尝及之。惟谢康乐④有"竹间水际"一语，至北齐杨子华有牡丹画本流传，人始有识者。《图经》谓其生巴郡

---

① 魏花：原作"魏紫"。欧阳修《洛阳牡丹记·花释名》说："魏花者，千叶肉红花。……钱思公尝曰：'人谓牡丹花王，今姚黄真可为王，而魏花乃后也。'"清人余鹏年《曹州牡丹谱》说："魏紫，紫胎肥茎，枝上叶深绿而大，花紫红。……盖钱思公称为花之后者，千叶肉红，略有粉梢，则魏花非紫花也。"据以校改。但宋人即将魏花称为魏紫。李新《打剥牡丹》诗说："姚黄魏紫各王后。"李纲《志宏以牡丹荼蘼见遗，戏呼牡丹为道州长，且许时饷荼蘼，作二诗以报之》诗说："就中品格最奇特，共许魏紫并姚黄。"周必大《三月三日适值清明，会客江楼，共观并蒂魏紫，偶成二小诗，约坐客同赋》其一说："魏花开处亦连枝。"
② 张景修，字敏叔，常州（今江苏常州市）人。北宋英宗治平四年（1067）进士。宋神宗元丰（1078～1085）末为饶州浮梁（今江西浮梁县）令，终祠部郎中。年70余去世。有《张祠部集》。
③ 安史之乱爆发，唐玄宗逃往四川成都，其子唐肃宗在宁夏灵武登极。收复长安后迎玄宗回銮，尊为上皇。
④ 东晋南朝诗人谢灵运（385～433），袭封康乐公。

山谷及汉中，丹、延、青、越、滁、和诸山中亦有之。花皆单叶，有黄紫红白数色。一名鹿韭，一名鼠姑，唐人名为木芍药。芍药著于三代，流传风雅。牡丹初无名，以花相类故，依芍药为名。然芍药自有二种。安期生①《服炼法》云：“芍药有金、有木，金者色白多脂，木者色紫多脉。”盖验其根耳。崔豹《古今注》②云：“芍药有草、有木，木者花大而色深。”俗呼为牡丹，非也。天后时，有人自山采归禁前。开元中，花盛开，诏太真③赏玩，趣命李龟年捧金花笺，宣翰林李白进《清平调》词三章。是时裴士淹奉使幽冀，经汾州众香寺，得白牡丹一本，异之，植于长兴④私第。岂禁中秘色，民间不易见耶？至宋，洛中独盛。彭门牡丹，在蜀中亦称第一，故有“小洛阳”之称。往宋僧仲殊⑤作《越州牡丹志》，陆务观作《天彭牡丹谱》，俱自谓不敢望洛中。欧阳永叔《牡丹记》，亦谓洛阳天下第一。今亳州牡丹更甲洛阳，其他不足言也。独怪永叔尝知亳州，记中无一言及之，岂当时亳无牡丹耶？

德、靖间，余先大父西原、东郊二公最嗜此花，徧⑥求他郡善本，

①　安期生：道教说他是秦汉之际的山东琅琊人，人称千岁翁、安丘先生。师从河上公，重视个人修炼，成为神仙。

②　崔豹，字正熊，一作正能，西晋惠帝时官至太傅。所撰《古今注》是一部对古代以来各类事物进行解说诠释的笔记。该书卷下《草木第六》，专门记载花木。崔豹《古今注》今传《秀芝堂》《顾氏文房小说》两个版本，其中都没有“芍药有草、有木，木者花大而色深”云云这则记载，但为一些古书引用，说是崔豹《古今注》云云。

③　太真：指杨贵妃。本是唐玄宗的儿媳，唐玄宗为了让她成为自己的妃子，令她离婚，入皇宫当女道士，号曰太真。

④　长兴：唐代长安城内的里坊名，在朱雀门大街东侧。

⑤　宋僧仲殊：文献中一作仲休，一作仲林，皆误，作“仲殊”是。元人白朴《夺锦标·清溪吊张丽华》小序还说：“《夺锦标》曲，不知始自何时，世所传者，惟僧仲殊一篇而已。”仲殊字师利（名字取典佛教菩萨文殊师利），俗名张挥，北宋安州（今湖北安陆市）人，出家后住苏州承天寺、杭州吴山宝月寺。南宋陆游《老学庵笔记》卷7说自己的族伯父陆彦远“少时识仲殊长老”，曾说仲殊年轻时曾举进士，游荡不羁，被妻僧恨，下毒于肉羹中，中毒将死，吃蜂蜜缓解得救。医生告诫仲殊：“复食肉则毒发，不可复疗”，遂弃家为僧。苏轼《东坡志林》卷2说：“苏州仲殊师利和尚，能文、善诗及歌词，皆操笔立成，不点窜一字。予曰：‘此僧胸中无一毫发事，故与之游。’”因他终生好吃蜂蜜，苏轼称呼他为“蜜殊”。仲殊于宋徽宗崇宁年间（1102～1106）上堂辞别众人，闭门自缢身亡。其《宝月集》已失传，今有赵万里辑本一卷，录词30首，刊入《校辑宋金元人词》（中央研究院历史语言研究所1931年版）第一册中。

⑥　徧：原作“偏”，据文意改。“徧”同“遍”。

移植亳中。亳有牡丹，自此始。顾其名品，仅能得欧之半。迨颜氏嗣出，与余伯氏及李典客①结斗花局，每以数千钱博一少芽，珍护如珊瑚、木难②，自是种类繁夥。隆、万以来，足称极盛。夏侍御③继起，于此花尤所宝爱，辟地城南为园，延袤④十余亩，而倡和益众矣。昔宋时，花师多种子以观其变，顷亳人颇知种子能变之法。永叔谓"四十年间花百变"，今不数年百变矣，其化速若此。然下子五年而始花，花即变，未必奇。奇花若贤人哲士，固不易出，出且非一家。如一品出于贾，软瓣银红出于王，新红出于赵，三变出于方而著于任，大黄来于东鲁而藏于李。独方氏所出，更多奇变，其他诸姓间有之。今尽丛聚于南里及凉暑两园。两园如花之武库，吾家南园鼎立其间，所余老本故枝，每岁开放，庶几花之故乡耆旧也。

花史氏⑤曰：永叔记洛中牡丹三十四种⑥，丘道源三十九种，钱思公谱浙江九十余种。陆务观与熙宁中沈杭州《牡丹记》，各不下数十种。往严郡伯于万历己卯谱亳州牡丹，多至一百一种矣，今且得二百七十四种。然牡丹在洛中，以姚魏为冠，无论奄有之。至如一茎二花，映日分影，凌风岐香，又如一茎二花，红白对开，来岁互异其处，二种不更奇于唐之花妖耶？矧花师种艺竞⑦巧，不减单父。亳中相尚成风，有称大家者，有称名家者，有称赏鉴家者，有称作家者，有称羽翼家者，日新月盛，不知将来变作何状。盖余尝论之，在正、嘉间，花品淳朴，尚类诗家汉魏⑧；

---

① 典客：古代主管国内外民族关系的中央机构官员，相当于明代鸿胪寺官员。

② 木难：宝珠。《文选》卷27曹植《美女篇》说："明珠交玉体，珊瑚间木难。"唐人李善注引《南越志》说："木难，金翅鸟沫所成，碧色珠也，大秦国（东罗马）珍之。"

③ 夏侍御：夏之臣，字赞禹。侍御是侍御史的简称，中央监察机构官员。《古今图书集成·草木典》卷289《牡丹部艺文一》，收有夏之臣《评亳州牡丹》一文。

④ 延袤：原作"延袤"，据文意改。

⑤ 花史氏：作者自称，模仿正史口气。如司马迁在《史记》传记后作评论，自称"太史公曰"，唐代史官姚思廉编著《梁书》，传记后作评论自称"史臣曰"。

⑥ 此处数据误，欧阳修《洛阳牡丹记》只记载洛阳牡丹24个品种。下文"钱思公谱浙江九十余种"亦误，是欧阳修的上司钱惟演所记的洛阳牡丹。

⑦ 竞：原作"兢"，据文意改。

⑧ 东汉建安年间（196～220）至曹魏正始年间（240～249），诗人们创作诗歌，反映现实生活，揭露社会弊病，追求美好理想，被称为汉魏风骨。

隆、万以来，则冶丽繁衍，如六朝①矣。岂物理循环，亦有天运耶？

【译文】

　　北宋钱惟演曾说："唐朝人把牡丹叫作花王。当今洛阳，姚家培育出的重瓣黄花牡丹'姚黄'，才真算得上是花王；魏仁浦丞相家培育出的重瓣肉红牡丹'魏花'，才真算得上是花后。"北宋张景修将牡丹称为贵客。唐玄宗开元年间（713～741），京师长安兴庆宫的沉香亭前，栽培着特异的牡丹品种，黄绿花朵一天中变换颜色，早晨、黄昏各自不同，昼夜发散着奇特的香气，被看作花妖。宋单父在长安城东的骊山华清宫为唐玄宗种植牡丹，万种牡丹，各色各样，因此，华清宫的妃嫔宫娥把他称作花师，又称作花神。然而牡丹，前代史书中不曾有记载。只有东晋刘宋之际的谢灵运，其文集中有"水际竹间多牡丹"的句子。到了北齐时期，杨子华画牡丹，有作品流传，人们才开始知道牡丹。北宋苏颂《图经本草》记载牡丹野生野长于巴郡（今重庆地区）山谷和汉中（今陕西汉中市）地区，丹州（今陕西宜川地区）、延州（今陕西延安地区）、青州（今山东青州地区）、越州（今浙江绍兴地区）、滁州（今安徽滁州地区）、和州（今安徽和县地区）等地的山野间，也有野生牡丹。这些牡丹花都是单瓣的，花色有黄紫红白数种。牡丹又叫作鹿韭、鼠姑，唐人称它为木芍药。芍药在夏商周三代就很出名，在《诗经》的风、雅中曾被提到。这种花卉起初并没有"牡丹"这个专名，因为花与芍药相似，就随着芍药为名。芍药本身就有两种。安期生在《服炼法》中写道："芍药有金芍药、木芍药两种。金芍药色白多脂，木芍药色紫多脉。"这大概是勘验它们的根部来区分判断的。西晋崔豹在《古今注》中说："芍药有草芍药、木芍药两种，木芍药花大色深。"这样看来，社会上将本来用以称呼芍药的"木芍药"这一称谓，用来称呼牡丹，那是弄错了。武则天时期，有人从山间采集牡丹，贡献到皇宫中。开元年间，牡丹花盛开，唐

---

①　孙吴、东晋、宋、齐、梁、陈六朝，以今南京市为都城。六朝诗歌注重形式，特别是齐、梁以来，占统治地位的作品是淫靡浮艳的宫体诗和富丽呆板的宫廷诗，多是奉和、应制、侍宴之类，带着溜须拍马、粉饰太平的路数，缺乏社会内容和感人力量。

玄宗命杨贵妃来沉香亭前观赏，急命歌唱家李龟年拿上金花笺稿纸，宣诏于翰林供奉李白，临场创作出《清平调》词三章。该时期裴士淹受朝廷指派，出使幽州、冀州（今北京市及相邻的河北北部一带），返程经过汾州（今山西汾阳地区）众香寺，从寺中得到白牡丹一株。他从未见过牡丹，稀罕得不得了，趁便带回长安，栽在长兴坊的宅第中。莫非当时牡丹还只是皇家宫廷园囿中秘不示人的名贵花卉，民间不易见到？到了北宋，洛阳牡丹独占鳌头、独领风骚。彭州牡丹在四川地区称为第一，因而有了"小洛阳"的美名。北宋僧人仲殊作《越州牡丹志》，南宋陆游作《天彭牡丹谱》，都说当地牡丹比起洛阳牡丹，不敢望其项背。北宋欧阳修《洛阳牡丹记》，也称洛阳牡丹为天下第一。而今，我们亳州的牡丹已经超过洛阳，超过其他地区更是不在话下。我感到奇怪的是，当年欧阳修曾经莅临亳州当知州，怎么他作《洛阳牡丹记》，竟没有一言片语说到亳州牡丹，难道当时亳州还没有牡丹吗？

我的已故祖父西原先生和东郊先生，生前都最嗜爱牡丹。皇朝正德、嘉靖年间（1506～1521，1522～1566），两位祖父广泛搜求外地的牡丹珍品，移植到亳州来。亳州有牡丹，就是从那时开始的。但当时亳州牡丹的品种、名称，仅达到欧阳修《洛阳牡丹记》所记载的一半。到后来颜氏接着出来，同我的伯父和鸿胪寺李大人建立斗花局，每每以数千钱赌一个幼芽，珍爱、保护，好像珊瑚、宝珠一样。从此，牡丹种类日益繁多。隆庆（1567～1572）、万历（1573～1620）以来，亳州牡丹足以称得上臻于极盛。接着侍御史夏大人出来，对于牡丹尤为珍爱，特意在亳州城南辟地建造园林，广袤达十多亩。这样有倡导有追随，参与者愈发众多。在宋代，花师多播种牡丹种子来观察其生长变异，近年来亳州人都掌握了这种方法。欧阳修《洛阳牡丹图》诗说"四十年间花百变"，而今亳州，要不了几年就"百变"了，其培育创新，如此神速。牡丹若下种培育，生长五年才开花，开花即便有变异，也未必就是珍品。珍奇牡丹就像贤能人士一样，本来就不轻易出现，出现也并非出自一家一户。如天香一品出自贾家，软瓣银红出自王家，新红奇观出自赵家，娇容三变出自方家，到任家购得加以培育才最著名，大黄来自山东而藏于李家。只有方家所培育出的，奇变最多，其他诸家间或有之。种种牡丹，当今全部荟萃于南里园和凉暑园。这两处牡丹园，如同花库，我家的南园与它们鼎足而三。我家南园中除了创新品种，还生长着多年的宿本故枝，每年照样开放，它们差不多算得上是牡丹故乡的元老了吧。

花史氏评论道：欧阳修记载的洛阳牡丹共 34 种，丘道源记载的共 39 种，钱惟演记载的浙江牡丹共 90 多种。陆游记载的四川彭州牡丹，以及北宋熙宁年间（1068～1077）沈立《牡丹记》所记载的，各不下数十种。以前郡大夫严先生于万历己卯年（1579）记载亳州牡丹，已经多达 101 种，现在则达到 274 种。当年牡丹在洛阳，以姚黄、魏花地位最高，现在我们这里全都有了。以至于我们这里还培育出奇特的品种，如双头牡丹在一个枝端并蒂开放，阳光下对影摇曳，微风中分香飘散；再如一红一白两朵牡丹在一个枝端面对面开放，来年互换位置。这两种牡丹，比起唐朝的花妖，不是更胜一筹吗？何况亳州花师们各怀绝技，丝毫不亚于唐代的宋单父。亳州栽培鉴赏牡丹，已经蔚成风气，有的称为大家，有的称为名家，有的称为赏鉴家，有的称为实干家，有的称为辅佐家，日益新奇繁盛，真不知将来会发展到什么状况。我曾经说过，在正德、嘉靖时期，牡丹花品淳朴，拿诗歌来做比照，颇有些汉魏诗歌的风骨气象，内涵丰赡，朴实刚健；而隆庆、万历以来，则如六朝宫廷诗，绮靡浮艳，内容空虚。这难道是事物在遵循法度运行的过程中，冥冥之中有天命在操纵吗？

【点评】

纪传体史书首列本纪，是以朝代和帝王名义记叙的国家大事，是史书的纲。西汉司马迁编纂的《史记》，是二十四史中的第一部。年代久远事迹渺茫者，《史记》以朝代为一篇本纪，如《夏本纪》《殷本纪》等；事迹翔实者，以一位帝王为一篇本纪，如《秦始皇本纪》《高祖本纪》等。本纪是纪传体史书中的编年体文献。国家大事不可能没有责任人，不可能凭修史者的主观爱恶妄加取舍以至于造成国家大事记载断裂，所以《史记》中也有《吕太后本纪》。

薛凤翔何以要采用纪传体来编写《亳州牡丹史》呢？这是由于牡

丹是一种可塑性很强的花卉，经过历代的培育、观赏，特别是薛凤翔家族的积极参与，到他这个时代，从园艺技术到品种命名，从牡丹观赏到社会风气，从历史发展到诗文神话，从医药实用到价格贸易等，相关的内容十分丰富，从北宋欧阳修以来的记、志、谱之类的单篇文体已经不能容纳，需要另辟蹊径，采用复合式的书籍文体来予以记载。当然，薛凤翔采用纪传体史书形式来写牡丹，也表现了他一定的创新精神。《亳州牡丹史》所记载的主角是牡丹，当然要为牡丹编写本纪。由于该书是牡丹的专门史，所以不仅把牡丹看作花国之王，而且把可以看作花国将相后妃或四裔的其余花卉也写进去。

然而以国家正史的体例来为牡丹修史，就遇到两个问题。一是一种花卉是否撑得起一个国家那样的厚重历史？邓汝舟的《序》即提到"一花侈观宇内"，那么，"观"而至于"侈"，太放大了，就难免虚空不丰满。二是牡丹的本纪是否能做到准确编年？这篇本纪记叙亳州牡丹的发展史，脉络清晰，事迹具体，而记叙全国范围内牡丹的早期历史，则显得凌乱，甚至真伪混杂。这篇本纪是薛凤翔在对牡丹文献史料进行考证的基础上归纳出来的。他在本书卷3中，专门开辟一个单元，命名为《花考》，罗列他认为的历来牡丹"史料"，作为支撑开篇本纪的依据。但《花考》中问题殊多，导致影响到本纪的成立。具体情况，在《花考》的点评中，笔者再作详细的考证、辨析和说明。

表一　花之品

昔班孟坚[①]作《人表》，次等有九，钟嵘[②]评诗，列品惟四，则物之

---

① 东汉史家班固（32~92），字孟坚，扶风安陵（今陕西咸阳市东北）人。所著《汉书》是西汉一朝的纪传体断代史，列入二十四史。

② 钟嵘字仲伟，颍川长社（今河南许昌市）人。南朝齐梁时期曾任参军、记室一类小官。他的诗歌评论专著《诗评》，撰于梁武帝时，将122位诗人分为三品进行评论。这里说"列品惟四"，明人陶珽《说郛续》卷40引本条、清人陈梦雷等《古今图书集成·草木典》卷288《牡丹部汇考二》引本条皆同。"四"疑为"三"之误。

巨细精粗，必有分矣。况于神花变幻百怪，总归巨丽，藉使欣赏失伦，则何以答造化、谢花神乎？

夫其意远态前，艳生相外，灵襟洒落，神光陆离，如仁如翔，欲惊欲狎，譬巫娥出峡①，宓女凌波②，故曰神品。至于玉润珠明，光华韶佚，瓌姿艳质，悸魄销魂，意者汉室之丽娟③，吴宫之郑旦④矣，故曰名品。亦有诡踪幻迹，异派殊宗，骋色流晖，不恒一态，岂龙漦⑤乎，抑狐尾也，故曰灵品。若夫品外标妍，局中竞⑥秀，盈盈吴氏之绛仙⑦，嫋嫋霍家之小玉⑧，故曰逸品。又有绛唇玉貌，腻肉丰肌，望灵芸⑨于琼楼，阅丽华于藻井⑩，都自撩人，总堪绝代，故曰能品。抑或媚色娟

① 中国古代神话说天帝之女瑶姬（姚姬）未嫁而死，葬于长江巫山，成为神女。战国时期楚国辞赋家宋玉作《高唐赋》，说楚怀王游高唐，梦与巫山神女幽会，临别说："妾在巫山之阳，高丘之阻。旦为朝云，暮为行雨。朝朝暮暮，阳台之下。"
② 宓（fú）女即洛神宓妃。曹魏时期曹植作《洛神赋》，说她"凌波微步"，即体态轻盈，浮动于洛河波面上，缓缓而行。
③ 旧题东汉郭宪撰《汉武帝别国洞冥记》卷4说："帝所幸宫人名丽娟，年十四，玉肤柔软，吹气胜兰。"
④ 郑旦：春秋时期越国美女。越王勾践为迷惑仇敌吴国，将她与美女西施选献吴王夫差。
⑤ 龙漦（chí）：龙的唾液，后指祸国殃民的女子。《国语·郑语》说：夏朝有两条神龙降临王庭，占卜以为收藏其唾液，国家大吉。到西周厉王时，查看所藏唾液，随即流入庭院，变成玄鼋（大龟）。后宫童妾遇见玄鼋，从而怀孕，生美女褒姒。周幽王宠爱褒姒，打算杀掉申后所生的太子，改立褒姒所生的儿子，引起内乱，西周因此灭亡。古人将亡国责任归于褒姒，以为女祸。
⑥ 竞：原作"兢"，据《古今图书集成·草木典》卷288《牡丹部汇考二》本条校改。
⑦ 宋代小说《大业拾遗记》，旧题唐人颜师古撰，系伪托。其中说吴绛仙是殿脚女，隋炀帝喜其柔丽，欲纳为婕妤。恰值她嫁与玉工万群，纳妃未果，隋炀帝提拔她为龙舟首楫，号崆峒夫人。
⑧ 嫋（niǎo）嫋：轻盈柔美。唐人蒋防传奇小说《霍小玉传》说，霍小玉是唐代故霍王的小女，因为生母出身卑微，她受到上流社会的歧视，流落民间，改换姓氏。资质秾艳，高情逸态，音乐诗书，无不通解。
⑨ 前秦王嘉《拾遗记》卷7说：曹魏文帝所爱美人薛灵芸，容貌绝世，15岁时被选入宫。魏文帝派人远迎，在路上筑土为高台，台下列置灯烛照耀。大道旁一里置一铜华表，以记里程。行人歌曰："青槐夹道多尘埃，龙楼凤阙望崔嵬。清风细雨杂香来，土上出金火照台。"
⑩ 张丽华是南朝陈后主陈叔宝宠爱的妃子。陈后主祯明三年（589），北方隋朝的大军攻入陈朝首都建康（今江苏南京市），陈后主同她躲入宫中的景阳井中，被隋军俘获。

如①，粉香沃若②，徐娘老去③，毕竟风流，潘妃④到来，犹然羞涩，《大雅》不作⑤，余响尚存，故曰具品。作花品表。

【译文】

东汉班固编撰《汉书》，其中《古今人表》将古今人物分为上上、上中、上下、中上、中中、中下、下上、下中、下下 9 个等次。南朝齐梁钟嵘撰写《诗评》（又称《诗品》），品评两汉以来诗人百余人，分为上品、中品、下品三个等次。他们这么做，被评定人物的高下优劣就有了区别了。何况牡丹这种神奇的花卉变幻万端，都是那么美丽动人，假使欣赏没有等级标准，那将如何报答造化的神功，感谢花神的恩典呢？

牡丹传达出来的仪态超出了它的意象，展现出来的美艳超出了它的外表，精神灵秀潇洒，光彩绚丽缤纷，既是亭亭玉立，又像翩翩起飞，让人惊诧不已，又让人直想亲近。它好像是神女来自长江巫峡，又像是洛神在洛河上凌波微步。这样的牡丹列为第一等，叫作神品。牡丹形象珠圆玉润，光华四射，有着美玉一般的资质，让人神魂颠倒，让人觉得它们就是西汉武帝宫掖中的美人丽娟，春秋时期越国的美女郑旦。这样的牡丹列为第二等，叫作名品。也有牡丹踪迹诡异，不同寻常派别，炫耀色泽，光彩夺目，没有固定的意态。难道它们是衍生祸国殃民的美女的神龙唾液，抑或化人作祟的狐妖？这样的牡丹列为第三等，叫作灵品。至于在品评等级时能以美丽抢眼，与不同品种争奇斗艳，这种牡丹

---

① 娟如：美好的样子。

② 沃若：润泽的样子。

③ 南朝梁元帝妃子徐昭佩，因元帝一眼瞎，彼此感情淡薄。后来徐昭佩与朝臣暨季江私通，暨季江感叹"徐娘虽老，犹尚多情"。

④ 南朝齐东昏侯极宠爱潘妃，为她凿池布置金莲花，让她在上面行走，说这是步步生莲花。后蜀毛熙震《临江仙》词云："南齐天子宠婵娟，六宫罗绮三千，潘妃娇艳独芳妍。椒房兰洞，云雨降神仙。//纵态迷欢心不足，风流可惜当年，纤腰婉约步金莲。妖君倾国，犹自至今传。"

⑤ 唐诗人李白《古风》其一云："大雅久不作，吾衰竟谁陈？"《大雅》是《诗经》中的一部分，是歌功颂德的庙堂歌乐，比喻高尚雅正的作品。作：出现，兴起。

如同身份卑微的女子吴绛仙、霍小玉，体态轻盈，风度翩翩。这样的牡丹列为第四等，叫作逸品。另有牡丹如同佳丽一样，颜如美玉，唇似樱桃，肌肉丰腴，皮肤细腻。看到它们，如同看见魏文帝的爱妃薛灵芸出现在琼楼上，陈后主的宠妃陈丽华躲藏在枯井中，都那么楚楚动人，称得上是绝代佳人。这样的牡丹列为第五等，叫作能品。或有牡丹形态姣美，色泽鲜亮，幽香馥郁，就像徐娘半老，风韵犹存，潘妃莅临，依然清纯。它们尽管算不上是高贵典雅的庙堂歌乐的再现，但遗响余韵，也能动人心弦。这样的牡丹列为第六等，叫作具品。这里，我将这六等牡丹作成《花品表》予以罗列。

【点评】

薛凤翔将牡丹花纳入观赏视野，将全部牡丹花分为 6 个级别，从而建立起薛氏牡丹评价体系和鉴赏体系。他所以能这么做，如同他所说，是受了东汉史学家班固品评古今人物和南朝文学评论家钟嵘品评历来诗歌作品的启发。在他之前，很久以来，历史在为牡丹评价做着准备。有的把牡丹同百花相比较，褒贬不一。极力推崇者如唐人徐夤《牡丹花二首》说"万万花中第一流"。次一等的如五代南唐时张翊作《花经》，虽将牡丹列为九品中的一品，但排在兰花之后，"时服其允当"。（北宋陶毂《清异录》卷上）贬低牡丹的，如唐人柳浑《牡丹》诗说"也共戎葵不校（较）多"。北宋牡丹有很多品种，彼此存在差异，它们的比较遂可以局限于牡丹内部。先是有了钱惟演提到的"人谓牡丹花王，今姚黄真可为王，而魏花乃后也"的简单说法。接着有了丘道源排列牡丹等第的专门著作《牡丹荣辱志》，除了认可"姚黄为王"、"魏红为妃"，还将其余牡丹分为"九嫔"、"世妇"、"御妻"几个等级，但所评定者40 来种。两宋时期牡丹品种有 100 多种，到薛凤翔时，亳州一地即有270 多种。历代文人对某些品种牡丹的吟咏，激发着人们的思维和联想，也给牡丹内部定级别提供了参考标准。薛凤翔从其祖父以来，三代人都是园艺家，对于牡丹的培育、观察、鉴赏，都有很高的造诣。所以，他已经有条件给不同品种的牡丹定级别了。

给将近300种牡丹定级别，标准需要细化，见仁见智，因人而异。牡丹品种不同，各自的颜色、形态、气味，与枝条绿叶搭配的位置，花期的长短，以及所示现的风采韵致，都有一定的区别。薛凤翔把它们分别列入神品、名品、灵品、逸品、能品、具品六个等级中，明文标出各自的入选条件。这是一件了不起的事，即便别人不一定认同他的标准和结论。他的叙述，虚写远远多于实写，穿插、填补一系列历史典故和神话故事，文辞华美，神采飞扬，内涵充实，联想丰富，上下两千年，纵横千万里，充分展示出人文情怀和文学才华，真是美不胜收，让人叹为观止。他对牡丹分等级的描绘，让人不仅看到眼前的牡丹形象，还能把握象外的东西，提供了认识的高层次延伸。他的叙述可以大大开拓人们的牡丹认识空间和视野，大大提高人们的牡丹鉴赏能力，大大提升人们的美学修养。不仅他这本书的同时代读者受益，在他之后的读者也会一代一代地受益。我们真应该焚香合掌，磬折向他致敬！

○神品

天香一品	娇容三变	无上红
赤朱衣（即夺翠）	夺锦（附前花下）	大黄
小黄	金玉交辉	黄绒铺锦
银红娇	绣衣红	软瓣银红
碧纱笼	新红娇艳	宫锦
花红绣球	银红绣球（附前花）	花红萃盘
天机圆锦	银红犯（二种）	方家飞燕妆
飞燕红妆	海棠红	新银红球
方家银红（附前花）	碎瓣无瑕玉	青心无暇玉（附前花）
梅州红	绿花	万叠雪峰（二花俱附金玉交辉）
无名三种	缕金衣（以下拾遗）	五陵春
花红独胜	花红无敌	闺艳
金屋娇	娇白无双	雪素
独粹		

○名品

胜娇容	醉玉环	新红绣球
新红奇观（以上二花附神品新红娇艳）	妬[①]榴红	榴花红（附前花）
花红叠翠[②]	秋水妆	老银红球
杨妃深醉	花红神品	海棠魂（附神品海棠红）
花红平头	花红舞青猊[③]	银红舞青猊（附前花）
花红魁	万花魁	西万花魁（以上三花同叙）
绛纱笼	杜鹃红	杨妃绣球（附神品花红绣球）
歹刘黄（附神品小黄）	大素	小素
素白楼子	玉带白	玉玲珑
碧玉楼	玉簪白	鹦鹉白
赛羊绒	白鹤顶	玉板白（以上十一种共一传）
绿珠坠玉楼	佛头青	凤尾花红
太真晚妆	忍济红（附前花）	芹叶无瑕玉（附神品碎瓣无瑕玉）
平实红（附神品金玉交辉）	银红锦绣	魏红
褰幕娇红	梅红剪绒	花红缨络
念奴娇（二种）	汉宫春	墨葵
油红	墨剪绒	墨绣球（以上四种同一传）
中秋月	琉瓶灌朱	藕丝平头
万卷书	桃红万卷书（附前花）	乔家西瓜穰
桃红西花穰	进宫袍	娇红楼台（附前花）
倚新妆	界破玉	花膏红
尧英妆（附神品金玉交辉）	张家飞燕妆（附神品飞燕妆）	银红艳妆（以下拾遗）
白屋公卿	赛玉魁	碧天一色
黄白绣球	艳阳娇	奇色映目
奇色独占魁	银红妙品	连城玉
玉润白	瑶台玉露	冰清白
藕丝霓裳	珊瑚凤头	银红绝唱
三春魁		

注：①妬：同“妒”。《古今图书集成·草木典》卷288《牡丹部汇考二》作“柘”。

②花红叠翠：下文作“花红叠萃”。

③猊：原作“霓”，《古今图书集成·草木典》卷288《牡丹部汇考二》作“猊”，本书本卷下文《名品》中的品名作“猊”，据改。“银红舞青猊”条同。

○灵品

合欢娇	转枝	妖血
靧面娇		

○逸品

瓜穰黄（附神品小黄）	非霞	洛妃（附神品金玉交辉）
肉西	醉西	胜西施
香西施	观音现	白舞青猊（附名品花红舞青猊）
玉蕴红	玉芙蓉	绣芙蓉
添色喜容	玉楼春雪	金精雪浪
银红魁（附名品花红魁）	张家飞燕妆	玉美人
轻罗红	满地娇（附能品倚栏娇）	无瑕玉（附神品碎瓣无瑕玉）
绿边白（附名品佛头青）	白莲花	银红上乘
采霞绡	胭脂界粉	

○能品

珊瑚楼	蒨膏红	大火珠①
桃红凤头	太真冠	马家飞燕妆（附神品飞燕妆）
倚栏娇	大娇红	娇红
五云楼	玉楼观音现	乔红（二种）
玉兔天香	洁玉	紫玉
睡鹤仙	观音面（附逸品观音现）	桃红舞青猊（附名品花红舞青猊）
醉仙桃	素鸾娇	脱紫留朱
花红宝楼台	玉楼春	醉猩猩
绉叶桃红	大叶桃红（附名品凤尾花红）	妒娇红（附神品花红绣球）
羊脂玉	玉绣球	沈家白
平头白	迟来白（以上五种附名品大素）	醉杨妃（附名品醉玉环）
鹤翎红	一百五	烟粉楼（附名品魏红）
桃红线	红线（附界破玉二花）	藕丝绣球（附名品藕丝平头）
波斯头（附名品万卷书）	大添色喜容（附逸品天色喜容）	

注：①珠：原作"朱"，据《古今图书集成·草木典》卷288《牡丹部汇考二》及本书本卷下文校改。

○具品

王家红	状元红	金花状元
洒金桃红	腰金紫	淡藕丝
紫舞青猊	大红舞青猊	粉舞青猊
茄花舞青猊	藕丝舞青猊（以上五种附名品花红舞青猊）	藕丝楼子（附名品藕丝平头）
火齐红（附能品大火珠）	寿春红	莲蕊红
海天霞	羊血红	四面镜
石家红	桃红楼子	老僧帽
陈州红	胭脂红	平头红
金线红	大红绣球	大红宝楼台
彩霞红	七宝冠	朱砂红
细叶寿安红	粗叶寿安红	回回粉西[①]
细瓣红	西天香	殿春芳
殿春魁	庆天香	水晶球
玉天仙	粉红楼子	胜天香
醉春容	粉绣球	粉重楼
腻粉红	胜绯桃	瑞香紫
紫姑仙	徐家紫	紫重楼
茄花紫	烟笼紫	即墨紫
叶底紫	茄色紫	茄皮紫
紫缨络	丁香紫	平头紫
紫绣球	玉重楼	白剪绒
白缨络	玉绣球	玉盘盂
青心白	伏家白	凤尾白
出嘴白	玉碗白	汴城白
莲香白	茄色楼	藕色狮子头

注：①回回粉西：《古今图书集成·草木典》卷288《牡丹部汇考二》作"回回粉西施"，系全称，含义醒目。蒙古军西征期间，一批信仰伊斯兰教的中亚、波斯、阿拉伯人迁入中国内地，他们同汉族、蒙古族、维吾尔族长期杂居、通婚，于是在元代形成具有独特生活习惯、宗教信仰和文化心理的民族，当时叫作回回，即回族。

【点评】

纪传体史书中的表历，是以表格的形式，旁行斜上地记载人物世系和各类政权大事。它的优点在于可使史事的关系和线索表达得更加醒豁，缺点在于重复累赘，因为表历中的内容仅是标题关键词，其具体内容会在列传和本纪中展开叙述。因此，表历可以省略，二十四史中，相当一部分史书是不设表历的。

薛凤翔这部小型纪传体牡丹史，可谓麻雀虽小五脏俱全，也运用了"表"这种形式。但这份花品表，虽然开题报告写得十分精彩，表格内容却成了骈拇枝指，与下文"传"所展开的叙述描绘完全重复，显得叠床架屋。读者跳过这份花品表，直接阅读下文的"传"，即可完全了解花品表的内容。

表二　花之年

丘道源《牡丹荣辱志》云："施之以天时，顺之以地利，节之以人事。其栽其接，无竭无灭；其生其成，不缩不盈。"余故表其年，使知衰残之期，时至事起，而为之接命焉。牡丹子生者二年曰幼，四年曰弱，六年曰壮，八年曰强。秋接者立春曰弱，谷雨曰壮，三年曰强。生与接俱不能无分，分一年曰弱，二年曰壮，三年曰强，八年曰艾①，十二年曰耆②，十五年曰老。耆则就衰，老则日败。再接再分，就衰日败者，复返本而还元，立春曰弱，一年曰壮③矣。此驻颜之道，年表最为吃紧，栽接生成，按候而至，天时地利人事之纪④也。

【译文】

丘道源《牡丹荣辱志》说："栽培牡丹，一定要遵循天时，顺应地利，施加人事。只要这样栽种嫁接培育，牡丹就可以持续发展；而牡丹

---

① 艾：年老，指过了50岁的老人。
② 耆（qí）：年老，程度超过"艾"，指过了60岁的老人。
③ 壮：原作"弱"，据《古今图书集成·草木典》卷288《牡丹部汇考二》校改。
④ 纪：纲纪，准则。

的生长发育及至成熟，也会顺利进行。"我这里特意将牡丹播种、嫁接、分株的时间进程列为年表，以便读者知道牡丹的物候变化，等恰当的季节到来，便要抓紧行动，做好各项工作。牡丹凡是通过播种长出的实生苗，两年叫作幼，四年叫作弱，六年叫作壮，八年叫作强。秋季嫁接苗，第二年立春叫作弱，谷雨叫作壮，三年叫作强。无论是实生苗还是嫁接苗，其植株长大后都不能不分株。分株苗一年叫作弱，二年叫作壮，三年叫作强，八年叫作艾，十二年叫作耆，十五年叫作老。到了耆这个阶段，牡丹即开始衰颓，到了老这个阶段，则日益衰败。对这些植株再进行嫁接、分株，它们就能恢复元气，保持生机。这样处理过的牡丹，第二年立春叫作弱，再过一年叫作壮。这是让牡丹持续保持生机的方法，列成年表方便操作最为要紧。无论播种、嫁接，其生其成，按照年表安排的时间去从事活动，那么，天时、地利、人事齐备，就有章可循了。

〇子

一年，二年，幼；三年，四年，弱；五年，六年，壮；七年，八年，强。

【译文】

实生牡丹

牡丹实生苗的生长期如下：第一年第二年为幼，第三年第四年为弱，第五年第六年为壮，第七年第八年为强。

〇接

秋分，立春弱；谷雨壮；一年，二年，三年，强。

【译文】

嫁接牡丹

牡丹嫁接苗的生长期如下：每年秋分时节开始嫁接，第二年立春为弱，谷雨为壮，一年二年三年为强。

○分

一年弱；二年壮；三年强；四年，五年，六年，七年，八年，艾；九年，十年，十一年，十二年，耆；十三年，十四年，十五年，老。

【译文】

分株牡丹

牡丹分株苗的生长期如下：一年为弱，二年为壮，三年为强，四年五年六年七年八年为艾，九年十年十一年十二年为耆，十三年十四年十五年为老。

【点评】

这份花年表非常实用，非常重要。薛凤翔引用了宋人丘道源《牡丹荣辱志》的说法，但丘道源说得很原则很笼统，无法具体操作。薛凤翔之前，没有谁说得这么详细。他从播种、嫁接、分株三种繁殖方法入手，分别介绍牡丹的生长周期，指导读者如何使牡丹恢复元气、保持生机。所以，这是一份栽培牡丹的纲领性文件。薛凤翔在这方面能够超越前人，是出于薛家祖孙三代的努力，是薛家培育牡丹实践活动的结晶。它在古代的农学著作中，独树一帜，弥足珍贵。

书

○种一

种以下子言，故重在收子，喜嫩不喜老。七月望后，八月初旬，以色黄为时，黑则老矣。大都以熟至九分即当剪摘，勿令日晒，常置风中，使其干燥。中秋以前即当下矣。地宜向阳，揉土宜细熟，界为畦畛，取子密布，上以一指厚土覆之，旋即痛浇，使满甲之仁咸浸滋润。

后此无雨，必五日六日一加浇灌，务令畦中常湿。久雨则又宜疏通之。若极寒极热，亦当遮护。苗既生矣，则又俟时，三年之后，八月之中，便可移根。使如其法再二年余，必见异种矣。然子嫩者一年即芽，微老者二年，极老者三年始芽。子欲嫩者，取其色能变也。种阳地者，取其色能鲜丽也。

【译文】

一、播种育苗

播种，是就播下牡丹种子而言的，因而特别重视牡丹种子，要掌握喜嫩不喜老的原则。采摘种子，要在农历七月十五以后，到八月上旬。以种子颜色为黄色为最佳采摘时间，种皮发黑就老了。种子熟到九分程度，就应该从植株上剪摘下来，不能放在阳光下曝晒，要在阴凉通风处将它们晾干。中秋以前就可以播了。用于播种的地段，应该向阳。土壤宜细，地块以田埂划分成小畦，种子要撒得密些，上面覆盖一指厚的细土，接着用足够的水浇灌，使整个地块中的种子都得以浸润胀满。此后如无雨水，一定要五六天浇一次水，务必保持小畦湿润。如果久雨连绵，则应该疏通排水。如果极寒极热，应当加以遮蔽护理。幼苗出土生长后，则要等待时机，三年以后的八月中旬，便可移植了。按这个方法再过两年多，肯定能见到新培育出来的品种。然而嫩些的种子一年后就能出芽，稍微老一点的，两年后才出芽，最老的三年后才出芽。之所以要选择嫩种子，是因为日后开花能够变异颜色；之所以要种在向阳地面，是因为在这些地方牡丹开花颜色能够更加鲜丽。

○栽二

牡丹虽有爱阴爱阳不同，大都自亳以南喜阴，不畏霜雪。北地寒气劲烈，阴则多为所伤，以故不可一例言也。又，栽花不宜干燥，亦最恶污下。江北风高土硬，平地可栽。江南卑湿，须筑台高二尺许，亦不可太高，高则地气不接。栽法之要，量其根之长短，准凿坑之深浅宽窄。坑中心起一圆堆，以花根置堆上，令诸细根舒展四垂。覆以软肥净土，勿参砖石粪秽之物。筑土宜实不宜虚。立秋至秋分栽者，不可用大水浇灌，止以湿土杵实，恐秋雨连绵，水多根朽。重阳以后栽者，须以大水散土渗实之。布置每去二尺一本，庶根不交互，花自繁茂。

【译文】

二、栽种

牡丹尽管有的品种喜欢背阴，有的品种喜欢向阳，各不相同，但大抵亳州以南的牡丹都喜欢背阴，不怕霜雪侵袭。亳州及其以北，寒气强劲，牡丹栽在背阴地段，就会被霜雪寒气侵扰摧残。因此，南北地区，不可一例对待。再者，栽花不宜土壤干燥，同时最厌恶肮脏低下的地段。长江以北，风高土硬，平地即可栽种。长江以南，地势低洼潮湿，须筑二尺来高的土台，将牡丹栽种在土台里。土台不可太高，高了则不接地气。栽种牡丹最要紧的是，依据牡丹苗根的长度，挖出相应深浅宽窄的土坑。土坑中心起一个圆堆，把花根置放其上，使四周根须舒展，自然垂下。牡丹种苗放好后，其周围填上软肥净土，不要掺杂砖块、石头以及粪秽不洁的东西。填土夯实，切勿虚空。立秋至秋分之间栽的，不可用大水浇灌，只用湿土夯实即可，因为怕秋雨连绵，积水将根部泡坏。重阳以后栽的，须用散土填埋，大水渗实。牡丹植株间相距二尺，以便各自独立，根须互不交错，花开自然繁茂。

○分三

凡花丛大者始可分，第①宜察其根之文理，以利凿征②。引至衲裆③之会，乘其间而拆④之。每本细根，亦须存五六茎。或一株分为二，繁者分为三。最要根干相称，依法栽培，以需其茂者也。但分后花自薄弱，而颜色尽失其故，盖泄气使然耳。不特根分而花弱色减，即以全根

---

① 第：但，只是。
② 征：征求，求取。按：这里录文用简体字"征"，万历刻本为正体字"微"，《古今图书集成·草木典》卷288《牡丹部汇考二》作"微"，形似而误，不可解。
③ 衲裆（liǎngdāng）：兜肚。这里指牡丹根部分岔处。
④ 拆：原作"折"，据《古今图书集成·草木典》卷288《牡丹部汇考二》校改。

原本移过别土，亦必三年而元气始复，花之丰趺①正色始见，况远携者乎？今觅花者不知其故，动疑伪投，鲜不诬矣。花移近处，秋分前后无论已。或二三百里外，须秋分后方可，不然，有气蒸根腐之虞②。千里外，又须以土相和成淖③，以蘸花根，谓之浆花。花藉滋养，稍久可耐。又以席草之类包裹，不使透风，自无妨生意。一人可负数十本，多则恐致损折。或近冬气寒，必加糠秕入裹中方妙。

【译文】

三、分株

牡丹株丛庞大的才可以分株，但一定要察看其根部的脉络纹理，以利于挖取。在其根颈部根系分岔的地方截开，每个分株必须有五六条。一般而言，一株拆分成两株，如果株丛庞大，也可分为三株。分开后的植株，最要紧的是彼此的根部和上面的主干要均匀相称，依法栽植便可期待他日生长繁茂。但牡丹分株后，次年花朵自然衰弱，颜色也自然不如往昔，这是分株使它丧失元气造成的后果。不只是分株导致牡丹花弱色减，就是原封不动地移植，也必须三年后才能恢复元气，它丰满硕大的花朵，纯正的颜色，才能呈现昔日的风采，何况远程移植？当今觅花移植者不知道个中缘故，【见移来的牡丹迟迟不开花，】动辄疑心自己寻来的是假冒伪劣，这很少不是错怪了人家。如果牡丹花是附近移植来的，在秋分前后栽植就不用说了。如果是二三百里外移植来的，须等到秋分后才可以栽植，否则会有气蒸根烂的担忧。如果是千里外移植来的，则须以水将土和成稀泥，沾在花根上，这叫作浆花。牡丹分株苗凭借稀泥中水分的滋养，可以保持较长一段时间不会发蔫。还有以席草之类包裹植株，不使透风，自然不影响它的生命力。一个人可以承载运输数十株，再多就要担心损坏根苗了。如果临近冬日，天气寒冷，一定要

---

① 趺：原作"跗"，据《古今图书集成·草木典》卷288《牡丹部汇考二》校改。"趺"同"跗（fū）"，花朵。

② 虞：忧患。

③ 淖（nào）：烂泥。

在席草之类的包团里掺加一些糠秕，效果才会更好。

○接四

《风土记》书接法不详，亦不甚中肯綮①。凡接花，须于秋分之后，择其牡丹壮而嫩者为母。如一丛数枝，须割去弱者，取强盛者，存二三枝。皆入土二寸许，以细锯截之，用刀劈开。以上品花钗，两面削成凿子形，插入母腹。预看母之大小，钗亦如之。至于母口正者，钗固削正；母口斜者曲者，钗亦随其斜曲。务要大小相宜，斜正相当。倘有本大而钗小者，以钗就本之一边，必使两皮凑合，以麻松松缠之，其气庶几互相流通，盖因脉理在皮里骨外之故。后用土封好，每封覆以二瓦，以避雨水。俟月余启瓦拨土，视母本发有新芽，即割去之，仍密封如旧。明年二月初旬，又启拨看视如前法。盖一本之气，不宜泄于牙蘗，始凝注于接枝，本年花开，倍胜原本矣。若不以旧法接修，漫然为之，必无生理。凡接须在秋分之后，早则恐天暖而胎烂也。养花之家，先须以老本分移单栽，候发嫩枝，为接花母本也。隆庆以来，尚以芍药为本，万历庚辰②以后，始知以常品牡丹接奇花，更易活也，故繁衍无既。

【译文】

四、嫁接

《风土记》记载的嫁接方法语焉不详，也没说到点子上。凡嫁接牡丹，须在秋分以后，挑选生长壮实的牡丹作为母本——"砧木"。如果一丛牡丹长着好些枝条，须将柔弱纤细的枝条剪掉，保留两三根壮枝即可。这些枝条要在入土二寸处，用细锯子截下来，然后用刀劈开。以上品牡丹作为花钗——"接穗"，两面都削成凿子形，从劈开处插入母本腹中。事先要看准砧木的大小，接穗也要看准大小。如果砧木的截面端

① 中肯綮（qìng）：即中肯。肯：连着骨头的肉。綮：筋骨结合的地方。《庄子·养生主》说庖丁解牛，技术娴熟，刀在牛体的骨缝里灵活地移动，没有一点障碍。后以"中肯"指言论击中要害或恰到好处。
② 万历庚辰：即万历八年（1580）。《古今图书集成·草木典》卷288《牡丹部汇考二》作"万历庚子"，则为万历二十八年（1600）。

正，接穗当然也要削得端正；砧木的截面侧斜或弯曲，接穗也要相应侧斜或弯曲，二者大小斜正务必相称匹配。如果砧木大而接穗小，就把接穗就着砧木的一边嫁接，一定要使二者的皮黏合在一起，然后用麻松松地捆绑，这样，它们的气（营养）才能互相流通。这是因为牡丹的脉理在皮里骨外的缘故。然后用土封好，上面覆盖两片瓦，用来避雨水。等到一个多月后，拿开瓦，拨开土，若看见砧木根部长出新芽——"蘖芽"，那就要将它除去，再用上述办法密封起来。第二年的二月上旬，再次拿开瓦拨开土进行观察处理。这是由于牡丹砧木上的气不消耗在新生的蘖芽上，才可以集中传输到接穗上，以利生长。来年花开，其效果定然胜过嫁接前的植株一倍多。如果不按照这套久已行之有效的方法嫁接，随意办理，嫁接苗肯定没有生机。凡嫁接须在秋分以后，过早则担心气温偏高，嫁接苗会腐烂。培育牡丹的人家，先须以大龄植株分栽，等它长出壮枝，就选择为砧木。隆庆（1567～1572）以来，还以芍药为砧木，万历庚辰年（1580）以后，才知道用普通牡丹作砧木接奇花，更容易成活，因而通过嫁接，会使牡丹繁殖更有成效。

○浇五

初栽浇足，以后半月一浇，旱则旬日一浇。水不喜多，亦厌其少，多则根烂，少则枯干。久栽之后，如冬不冻，两旬一浇，不浇亦无害。正月二月，宜数日一浇。三月花有蓓蕾，或日未出，或下春时，汲新水一二日一浇。夏则亦然。惟秋时不宜浇，浇则芽旺秋发，明年难为花矣。吾乡颜氏于花盛开时，花下以土封池，满池注水，花可多延数日。浇用塘中久积水，尤佳于新水，以其水暖而壮故也。浇水须如种菜法，成沟畦以水灌之，最省人力，不然，力不敷而花涸。二月以后浇如不足，花单而色减也。

【译文】

五、浇灌

牡丹刚栽下去，水要浇足，以后则半月浇一次，如果天旱，则十天浇一次。浇水不喜多，少了也不行，多则烂根，少则干枯。牡丹栽的时间长了，如果冬天不冻，那就 20 天浇一次，不过不浇也不碍事。正月二月，宜数天浇一次。三月牡丹长出花蕾，应在日出前或日落后，打来新水一两天浇一次。夏天也这样。只有秋天不宜浇灌，浇灌则会导致当即生芽发育，来年就难得开花了。我的同乡颜氏家，在牡丹花盛开时，在株丛下面做个池子，里面注满水，可使牡丹多开好几天。浇灌牡丹用池塘中长时间积存的水比用新水好得多，因为池塘水比新水暖些，其肥力也比新水壮些。浇灌牡丹的方法应如同浇灌菜地，可沿着小畦开沟，让水自流灌溉，节省人力。不然的话则人力窘迫，花也得不到滋润。如果二月过后水浇灌不到位，就会导致花朵单薄、颜色减退。

○养六

新栽芽花，遇冬月，或以豆叶柳叶围其根，嫩枝不寒，庶无损伤。《洛阳花记》云："以棘数枝置花丛上，棘气暖可以辟霜。"亦一法也。久栽伏土根干苍老者，不必尔。牡丹好丛生，久自繁冗，当择其枯老者去之，嫩者止留二三枝，一枝止留一芽二芽。亦喜削尽傍枝，独本成树。至正月下旬，根下有抽白芽者，即令削去，花必巨丽，谓之"打剥"。根下宿草，亦时芸之，勿令芜茂分夺地力。花将开前五六日，须用布幔席薄①遮盖，不但增色，自是延久。若一经日晒，神彩顿失。秋后，树上枯叶不可打落，叶落则有秋发之患。或自落太早②，看胎将有发动，须预以薄绢将胎缚严，始免其病。不然，则明春花损矣。

【译文】

六、养护

对于新移栽和嫁接的牡丹苗，当年冬天，要在其根部周围堆放一些豆叶、柳叶，其当年生枝才不至于受到寒冻损伤。欧阳修《洛阳牡丹记》说："以酸枣枝置放在牡丹株丛上，由于酸枣枝气暖，可以使牡丹

---

① 薄：同"箔"，帘子。
② 早：原作"旱"，据《古今图书集成·草木典》卷288《牡丹部汇考二》校改。

避免严霜侵袭。"这也是一种办法。对于在熟土中栽培多年、根粗干强的牡丹，则不必这样护理。牡丹习性为丛生，多年之后枝条自然茂密，应当将其中衰朽的枝条清除掉，只留下两三个新枝，一枝只留一两个花芽即可。也可以将外围枝条清除净尽，使得主干成树。到正月下旬，牡丹根部若抽生出白嫩的蘖芽，也要及时清除掉，这样牡丹开花必定又大又漂亮。这门技术叫作"打剥"。牡丹根周围经常生长杂草，也须常常清除，不能任其乱长，抢夺土壤中的营养。牡丹花绽放前五六日，须用布帐幕、草帘子遮日避风，这样不但可使花朵增色，而且可以延长花期。如果任其遭受太阳烤晒，花朵变蔫，神采顿时消失。秋后，牡丹植株上的枯叶不可人为打落，叶子一落，就会有秋发之忧。如果牡丹叶子落得早，同时发现枝上花芽萌生的迹象，须用薄绢将这些地方紧紧缠住，即可免除祸患。不然的话，来年暮春牡丹开花，就要受到严重影响。

○医七

花或自远路携归，或初分老本，视其根黑，必是朽烂。即以大盆盛水，刷洗极净，必至白骨然后已，仍以酒润之，本润①易活。谚曰"牡丹洗脚"，正谓此也。间有土蚕能蚀②花根，蝼蛄能啮根皮。大概白花根甘多虫，舞青猊与大黄更甚。凡花叶渐黄或开花渐小，即知为蠹所损。旧方以白蔹③、砒霜、芫花④为末，撒其根下，近只以生柏油入土寸许，虫即死。粪壤太过，亦有虫病。或病即连根掘⑤出，有黑烂粗皮，如前洗净，另易佳土，过一年方盛。此医花之要。

---

① 本润：原作"本本"，据《古今图书集成·草木典》卷288《牡丹部汇考二》校改。

② 土蚕：学名蛴螬（qícáo），即金龟子的幼虫，长一寸许，白天藏居土中，夜间觅食，以植物根茎等为食料。蚀：《古今图书集成·草木典》卷288《牡丹部汇考二》作"食"。

③ 白蔹（liǎn）：一种攀缘藤本植物，其块根入药，可清热解毒、消痈散结。

④ 芫（yuán）花：又名鱼毒、药鱼草。

⑤ 掘：原作"握"，据《古今图书集成·草木典》卷288《牡丹部汇考二》校改。

【译文】

七、病虫害防治

牡丹植株如果是从很远的地方带回来的，或者是从老植株上刚刚分株而来的，如果见到它的根部发黑，那肯定是朽烂了。那就用大盆盛水，将朽烂部分清洗净尽，直到根部露出健康的部位为止，并且要用白酒对它杀菌消毒，这样才容易成活。谚语说"牡丹洗脚"，就是指的这回事。间或有金龟子的幼虫蛴螬，在土中啃食牡丹根，还有蝼蛄（土狗子）也能啃食牡丹根皮。大体来说，白花牡丹根部甘甜，害虫多，舞青猊牡丹、大黄牡丹，遭受害虫危害更加严重。大凡牡丹叶子渐渐变黄，或者开花渐渐缩小，即可知道是蠹虫在逞凶作怪。以前的处理方法，是将白蔹、砒霜（三氧化二砷）、芫花研成粉末，撒在带病牡丹的根下。近年来只将生柏油倒入土里一寸许，害虫即被杀死。如果给牡丹施肥过多，也会滋生虫害。如果牡丹染病，那就连根挖出，按照上述方法将发黑朽烂的粗皮清洗干净，并且要换成好土壤，这样，过上一年，牡丹就能够茂盛了。这些都是防治牡丹病虫害的关键。

〇忌八

栽花忌本老，老则开花极小，惟宜尺许。嫩枝新笋忌久雨，溽暑蒸薰，根渐朽坏。忌生粪咸水灌溉，粪生则黄，咸水则败。忌盐灰土地，花不能活。忌生粪烂草之所，多能生虫。忌植树下，树根穿花不旺。忌春时连土动移，即有活者，花必薄弱。忌花开折长，恐损明岁花眼。《牡丹记》云："乌贼鱼骨入花树肤，辄死。"此皆花忌也。

【译文】

八、禁忌事项

移栽牡丹忌讳选择老龄植株，老龄牡丹开花极小，只有一尺来高的新近栽植的牡丹植株最好。嫩枝新芽最怕连阴雨浸泡，以及暑伏热烘烘的湿气连续熏蒸，那样根部会逐渐腐烂。牡丹还忌讳用未经沤化的生粪和含盐的咸水来灌溉。生粪太热，会使牡丹枯黄，咸水则使牡丹枯死。栽植牡丹忌讳盐灰土地，在这里牡丹不能存活。还忌讳栽植在生粪烂草场所，这样的环境往往滋生虫害。还忌讳栽植在别的树下，这里树根密布，牡丹不能旺盛。还忌讳春天带着原土移植，即便能成活，花朵必定衰弱。还忌讳花开时连带一段花枝折下来，恐怕会损坏来年长花蕾的部位。欧阳修《洛阳牡丹记》说："如果用乌贼骨扎进牡丹的树皮中，牡丹就会死掉。"凡此种种，都是栽培牡丹必须注意的事项。

【点评】

薛凤翔将这一单元总题为"书"。司马迁的《史记》首创"书"这一体裁，如《礼书》《乐书》《河渠书》等。东汉班固的《汉书》是二十四史中的第二部，因书名有"书"字，遂改"书"为"志"，如《礼乐志》《食货志》《艺文志》等。这一改动为后来的纪传体史书所沿袭，"书"遂废弃。"志"用以记载典章制度、经济现象、文化现象、天文历法以及灾变瑞异。薛凤翔这本著作有"书"，卷4又有《艺文志》，从纪传体史书的体例来说，"书""志"重复，驳杂不纯。正史中的艺文志，将历来图籍分类排列，简要记载书名、卷数、作者署名，具体内容不录文、不摘要。但薛凤翔本书的《艺文志》，却是照录诗赋原文，间或删去原序，成了文学作品汇编。本书篇幅小，这样做当然能够允许，况且能给读者提供集中阅读的方便。至于本书中的"书"，我们没必要从纪传体史书的体例方面过多考虑，关键看它提供了什么内容。如果是优质苹果，我们有必要纠缠它们是放在篮子里的，还是装在塑料袋里抑或纸箱子里的吗？

本书的"书"，一共8段文字，囊括牡丹的栽植、灌溉、养护、病虫害防治、禁忌事项等5方面的内容；栽植方面又细分为播种育苗、栽植、分株、嫁接4方面的内容。薛凤翔就上述各个方面的问题，条分缕析，娓娓道来，正面说说，反面说说，介绍此处，旁及他处，彼此对照，灵活对待，说出其然，也说出其所以然。比如：选种宜嫩不宜老，是因为嫩种长出的牡丹能够变异颜色；种在向阳地面，是因为可使花色更鲜丽。江南江北，土壤、气候不同，不可一例对待。如何选择砧木和制作接穗，二者如何对接，不同月份如何浇水，如何对付害虫，方方面面，讲得非常具体详细，如同技艺精湛师德高尚的师傅，在手把手地教徒弟。他不但纠正了前人某些方面语焉不详和言不中肯的弊病，如《风土记》对于嫁接的记载；还指出了一部分人的误解，如移植来不够年份而未开花，却诬赖别人出售的牡丹是假冒伪劣。这些内容涉及面广，含义丰富。在他的笔下，土壤、肥料、气温、池塘、阳光、风雨、药物、酒水、糠秕、牡丹种子根干、其他花木等，如同千军万马，听他一声号令，整齐有序地聚集在一起，由他调遣支配。

北宋欧阳修《洛阳牡丹记·风俗记》中，对于牡丹的嫁接、栽植、剪枝、防冻、杀虫、浇灌、防止乌贼骨刺伤等，已有交代，但只言片语，支离破碎，尚未形成系统理论。其后北宋周师厚的《洛阳花木记》，这方面的内容更少。南宋陆游的《天彭牡丹谱》，几乎没有这些内容。而《亳州牡丹史》中这8段文字，如此详细具体，面面俱到，是薛凤翔的园艺经验结晶，是明朝后期牡丹科技的扛鼎之作、传世之作，也是超越前人的农学经典。《亳州牡丹史》一传开，这8段文字立即引起人们的重视。明代刻本陶珽《说郛续》卷40就全文收录了《牡丹八书》。嗣后，清朝编纂类书《古今图书集成》，也全文收录了《牡丹八书》。即便在500年后的今天，我们阅读《牡丹八书》，不但没有隔世之感，而且感到依然熠熠生辉，依然有重要的指导作用。

传

○神品

天香一品：圆胎，能成树，宜阴。其花平头①大叶，色如猩红欲

---

① 本书下文"花红平头"条说："凡花称平头，谓其齐如截也。"今荷花型、菊花型、蔷薇型花朵即属于平头型花朵。平头型的牡丹，花瓣40~150枚，排列整齐，层次分明。菊花型花瓣大小相似，雄蕊、雌蕊正常，能结实。蔷薇型花瓣自外向内逐渐变小，雄蕊大部分消失或瓣化，雌蕊正常或瓣化或退化变小，结实力差。

流。一树止留一二头，花盛且大，极庄重蕴藉，有台阁致。出贾立家，子生，故一名贾立红。又，万花一品：色若榴实，花房紧密，插架层起，而秀丽明媚，如丹饰浮图。二花品格各异，色亦不侔，风神自是高第。

【译文】

天香一品：花芽是圆形的，能长成树，喜欢生长在阴凉地方。开出的花朵属于平头类型，大花瓣。花色鲜红，像猩猩血一样，似乎要流下来。一树只保留一两朵，花就会硕大，极其庄重蕴藉，颇有台阁大臣那样的情致风范。这个品种出自贾立家，是贾立从实生苗中选育的，所以又叫作贾立红。另一种万花一品，花色像石榴，花瓣紧密，交叉重叠，秀丽明媚，就好像红色装饰的多层宝塔一样。这两种牡丹品格不一样，花色也不相同，但都是风度翩翩、神采奕奕，自是牡丹中的高品第。

娇容三变：初绽紫色，及开桃红，经日渐至梅红，至落乃更深红。诸花色久渐褪，惟此愈进，故曰三变。以余所见，阴处阳处开者，各不相类，其色之变，亦不止于三也。开必结绣，而又艰涩，须以针微为分画之，不然花蒂俱碎矣。更宜接，接则此病差少。置之阴地，立夏后犹烨然秀发，间有抱枝而槁者。欧《记》中有添色红，疑即其种也。余以此品寄通侯①张公、袁石公过赏，记为芙蓉三变。原出方氏，任典客②购藏之。任善辨花，持枝叶相讯，应声而别，殆得花之神理者。万历己卯，先君得其种，因广之。

【译文】

娇容三变：花朵刚开放时呈现紫色，渐渐地变成桃红色，过些天变成梅红色，到凋谢时又成了深红色。其余诸花时间长了颜色逐渐消褪，

---

① 通侯：古代的一级爵位。秦朝、汉初原名彻侯，因避汉武帝刘彻名讳，改作通侯。这里是恭维人的称呼。
② 典客：古代职官名称，相当于明代鸿胪寺官员。

只有这个品种，越开颜色越深，所以叫作三变。就我所观察到的来说，该品种栽植在阴凉处和向阳处的，各不相同，其花色的变化也不止三种颜色。该品种初开时总是绣成一团，十分结实，须用针轻轻挑开，不然花蕾就涨破了。该品种适宜嫁接，一经嫁接，这个毛病就少了。该品种若种植在背阴地段，立夏后还能开得很鲜亮，偶或还有花朵枯死在枝上而不凋落的。欧阳修《洛阳牡丹记》中有添色红，我怀疑指的就是这个品种。我将该品种寄呈通侯张公、袁石公观赏，取名为芙蓉三变。本是方家培育出来的，被典客任先生购买收藏。任先生擅长辨别花卉，即便拿着枝叶去咨询他，问者话音刚落，他立马回答是什么花，他恐怕是精通花卉神魂理数的人了。万历己卯年（1579），我父亲得到这一品种，因而得以推广。

赤朱衣：旧名夺翠，得自许州。花房鳞次而起，紧实小巧，体态婉娈，颜如渥赭，粲粲晔晔，上人衣袂。凡花于一叶间色有深浅，惟此花内外一如流丹。论色则天香一品难乎居优，第一品之。神气生动，诸花实莫能及也。近复得夺锦一种，大瓣深红，浮光凝润，尤过于夺翠。尚未广传。

【译文】

赤朱衣：以前名叫夺翠，是从许州（今河南许昌市）得来的。花瓣鳞次栉比，排列紧凑，花体小巧玲珑，体态婀娜多姿，颜色红得很厚重，很鲜亮，似乎能染红看花人的衣袖。别的牡丹花，一片花瓣上，颜色有深浅过渡，只有这个品种，花瓣颜色一致，红得似乎能够流淌。单论颜色，则天香一品比起这个品种，也难得占上风，所以把它也列为第一品。它的神气生动，别的品种确实赶不上它。最近又得到一个名叫夺锦的品种，深红色的大花瓣，颜色凝重润滑，显得光彩浮动，又胜过夺翠一筹。不过夺锦这个品种，目前还没有广泛传开。

无上红：此花乃蜀僧居亳所种。旧以僧名觉，人遂呼为觉红。又谓佛土所产，而红色无出其右者，乃易今名。其胎红尖，花放平头大叶，房亦簇满，约有数层，而艳过一品。稍恨其单叶时多。

【译文】

无上红：该品种是驻锡我们亳州的四川籍僧人所栽种的。以前以这位僧人法名叫作觉，人们就把这一牡丹叫作觉红。又认为是在佛寺里培育出来的，其余红色牡丹没有超过它的，于是改称为现在这个品名。它的花芽是红色尖状的。花朵属于平头类型，大花瓣，数层排列，整齐有序，丰满紧凑。其艳丽超过天香一品。稍稍让人遗憾的是，花朵以单瓣居多。

大黄：绿胎，最宜向阴养之，愈久愈妙。其花大瓣易开，初开微黄，垂残愈黄。簪瓶中，经宿则色可等秋葵花。原里中长老为寿张簿①，携归，藏李文学伯升②家。每花时，闭户命酒自赏，不易示人。壬寅秋，始分一本于南里园，迩来仅数家有之。文学得花三昧③，善谭花理，时一挥麈④，令人醉心。

【译文】

大黄：花芽呈绿色，最宜在背阴地栽植，时间越长越好。其花为大瓣，容易开放。花刚开时微黄，接近衰败时越来越黄。摘下来插入花瓶中，过一夜则其黄色同秋葵花相当。起初是乡村长老为张主簿祝寿所奉送的礼品，张主簿带回家，后为李伯升老师家收藏。每到该品种开花时，李先生闭门杜客，饮酒自赏，不轻易让别人观看。万历壬寅

---

① 簿：主簿的简称，是各级主管官员手下掌管文书、办理事务的佐史。
② 文学：明代不再设置文学一职，这里以古代典故称呼当地教师。
③ 三昧：奥妙，诀窍。唐人李肇《唐国史补》卷中说："长沙僧怀素好草书，自言得草圣三昧。"
④ 挥麈（zhǔ）：谈论。魏晋玄学家们通过学术辩论的形式来探讨哲学问题，称作清谈。清谈由主持人挥麈指挥。麈是鹿类动物，领头者在前，群鹿视其尾而行止。清谈主持人最初手持的麈尾形似团扇，后来逐渐演变成拂尘。

（1602）秋天，才开始分株于侍御史夏赞禹先生家的南里园，近年来只有寥寥几家有这一品种。李先生深得牡丹奥秘，擅长谈论牡丹玄理，偶或开口议论，令听众心旷神怡。

小黄：绿胎，花之肤理轻皱^①，弱于渊绡。周有托瓣，似仙宫逸弱水^②，而风度潇洒，真凌波品也，大黄何能方驾！次有瓜穰黄者，质亦过大黄，殊柔腻靡曼。但一房不过四五层，而近萼处微带紫，故少逊耳。又歹刘黄者，大瓣，色质亦能媲美。

【译文】

小黄：花芽是绿色的。花瓣呈轻微褶纹，比渊绡的皱褶稍轻。周围有托瓣，整体形象好像弱水荡漾，水中仙宫若隐若现一样。该品种风度潇洒，真称得上同凌波微步的洛神一样，大黄品种哪能同它平起平坐！其次有瓜穰黄，也超过大黄，特别纤弱柔美。但大黄的花瓣不过四五层，接近下面萼部的地方微带紫色，因此稍稍逊色。再有歹刘黄，大瓣，色质也能与小黄媲美。

金玉交辉：绿胎，长干。其花大瓣，黄蕊若贯珠，皆出房外，层叶最多。至残时开放，尚有余力，千大胜于铺锦。此曹州所出，为第一品。曹州亦能种花。此外有八艳妆，盖八种花也。亳中仅得云秀妆、洛妃妆、尧英妆三种，云秀^③为最。更有绿花一种，色如豆绿，大叶千层起楼^④，出自邓氏。真为异品，世所罕见。花叟石孺先得，接头后复移根，俱未生。岂尤物为造化所忌欤？又有万叠雪峰，千叶白花，亦曹之神物，亳尚未有。

---

① 皱：原作"绉"，据《古今图书集成·草木典》卷288《牡丹部汇考二》校改。
② 弱水：古代神话中的仙境。元代李好古古戏曲《张生煮海》三云："小生曾闻这仙境有弱水三千丈，可怎生去得？"
③ 云秀：原作"云英"，据《古今图书集成·草木典》卷288《牡丹部汇考二》校改。
④ 大叶指花瓣大。大叶千层，犹言"千叶"，即重瓣。所谓起楼，今指皇冠型等中心花瓣高起的牡丹品种。

【译文】

金玉交辉：花芽为绿色，枝干很长。它的花是大瓣的，黄灿灿的花蕊好像一大把珍珠串联在一起，高高扬起，高出柱头之上。它的花瓣层数最多，重重叠叠。就是到了牡丹花期将尽时开放，它依然有些后劲。它的重瓣程度和花朵大小，都远远超过黄绒铺锦。该品种是曹州（今山东菏泽市）出产的，荣登第一品。可见曹州也能培育牡丹品种。此外有八艳妆，指的是八种花。我们亳州仅得到云秀妆、洛妃妆、尧英妆三种，其中尤以云秀妆为最。更有一种绿牡丹，花色如同豆绿，重瓣花，大花瓣，花瓣层叠高起，像起楼一样。这个品种出自邓氏。真是奇异的珍品，世上少见。老花工石孺最先得到它，先是嫁接，再是移植，都没能成活。难道是绝世珍品为造化妒忌，不能复制衍生增多吗？又有万叠雪峰，是重瓣白花，也是曹州神异的品种，亳州至今还没有。

黄绒铺锦：此花细叶，卷如绒缕，下有四五叶差阔，连缀承之。上有黄须布满，若种金粟①。其弱质，妙态与色虽少逊于瓜穰黄，而千满易开，岁岁不变，则瓜穰黄又远不逮矣。以瓜穰名著，故列于前。

【译文】

黄绒铺锦：该品种是窄细花瓣，花形像丝绵毛线卷成的线团，下面有四五片花瓣稍稍大一些，连缀一起，承托着这个花团。花团上布满花蕊，犹如黄须，那样子就像栽种的谷子成熟了，金黄色的谷穗下垂。该品种体质柔弱，姿态、花色虽不如瓜穰黄，但系重瓣类，花瓣簇拥丰满，容易开放，年年不变，这些却是瓜穰黄远远比不上的。但因为瓜穰黄很著名，所以把它放在前面先介绍。

---

① 金粟：桂花色黄如金，花小如粟粒，故别名金粟。南宋范成大《中秋后两日，自上沙回，闻千岩观下岩桂盛开，复檥石湖，留赏一日，赋两绝》之一说："金粟枝头一夜开，故应全得小诗催。"但此句若这样解释，句中"黄须"、"种"等词皆无着落，故理解为谷穗。

银红娇：其花大瓣，丰姿绰约，如绛雪①绕技，秀色迎人，把玩可以乐饥。牡丹中余所醉心，真同看吴道子②画，坐卧不能去矣。

【译文】

银红娇：该品种花瓣硕大，风姿绰约，如同绛雪绕技，秀色可餐。留恋赏玩，根本不知道自己早已饥肠辘辘。牡丹中我最醉心的就是这个品种，真如同观摩唐代画圣吴道子的画，坐着看，躺着看，舍不得离开。

绣衣红：肉红胎，花开平头大叶，亦梅红色。花瓣相映，浑然有黄气，如琥珀光，而明彻可鉴。前代牡丹之名，皆以氏、以地、以色，兹以夏侍御所出者，名绣衣云。

【译文】

绣衣红：花芽系肉红色。花朵属于平头类型，大花瓣，梅红色。花瓣交相辉映，浑然有黄气，如同琥珀光，清澈透亮。前代牡丹品种的命名，或者以姓氏，或者以产地，或者以颜色。本品种因为是侍御史夏大人家出的，故而以达官贵人所穿的饰以刺绣的丝质服装"绣衣"为名。

软瓣银红：干长，胎圆。花瓣若蝉翼轻薄，无碍其色。等绣衣红而上之。

【译文】

软瓣银红：枝干长，花芽圆。花瓣薄如蝉翼，但不影响着色。品级相当于绣衣红，但高于它。

---

① 绛雪：比喻红色花朵。南宋刘克庄《汉宫春·秘书弟家赏红梅》词云："拼醉倒，花间一霎，莫教绛雪离披。"
② 吴道子：阳翟（今河南禹州市）人，唐代著名画家，山水、人物、宗教画，样样擅长，时称"画圣"。

碧纱笼：出张氏。向阳，易开。头甚丰盈。其色浅红，如秋云罗帕，实丹砂其中，望之隐隐。绿跌遮护，更如翠幕。陈之坐上，满室清凉，故又名叠翠。尝谓花中如银红娇、小黄、软瓣银红、碧纱笼数种，质之娇怯，不胜风露，当为筑避风台耳。

【译文】

碧纱笼：出自张氏。喜欢向阳，容易开放。花朵非常丰满。花色浅红，好像秋云罗帕中裹着丹砂，红色隐隐可辨。花萼的基部为绿色，遮护中心，如同翠幕。将其花朵陈放于座，顿觉满室清凉，所以又名叠翠。我曾说过，牡丹花中的银红娇、小黄、软瓣银红、碧纱笼数种，花朵柔弱娇怯，禁不住风吹露润，应当为它们筑避风台。

新红娇艳：花乃梅红之深重者。艳质娇丽，如朝霞藏日，光彩陆离，又若新染未干，故名新红。极胜始成千叶，尤出一品上，缘岁多单叶故，乃其病也。方氏一种新红绣球，赵氏一种新红奇观，皆丽色动人。然所传多赝，盖以天香一品乱之。

【译文】

新红娇艳：该品种是梅红色牡丹中颜色深重的。它艳质娇丽，宛如旭日被朝霞遮蔽，光彩斑驳陆离，又像刚刚浸染的物件尚未晾干，所以命名为新红。长到特别旺盛时才变成重瓣花，远远超过天香一品。因为常年所开花朵多是单瓣，所以人们认为这是它的不足之处。方家的一种新红绣球，赵家的一种新红奇观，皆妩媚动人。但民间所传多属赝品，大抵以天香一品冒充，以假乱真。

宫锦：此品碎瓣，梅红色。开时必俟花房满实，方为大放，然后渐成缬晕①。玩之犹蜀宫新裁锦耳。

---

① 缬（xié）晕：红晕。南宋吴曾《能改斋漫录》逸文说海棠花"初极红，如胭脂点点然。及开，则渐成缬晕"。

【译文】

官锦：该品种系碎瓣，梅红色。必待花蕾饱满，方才怒放，然后渐渐变成红晕。仔细赏玩，觉得如同蜀地宫掖中新剪裁的锦缎。

花红绣球：红胎圆小，花开房紧叶繁，周有托瓣。易开，且早绸缪①，布濩②如叠碎霞。命名绣球者，以其形圆聚也。一种银红绣球，花微小而色轻，亦殊秀雅。又，杨妃绣球及妒娇红，色俱类花红绣球，而体势不同。

【译文】

花红绣球：红色花芽，圆形，小巧。花开时花瓣繁多，紧紧抱团，下面有托瓣相承。该品种容易开放，而且一开就紧密缠裹，花瓣层层布局，如同云缝里透射出来的一道道红霞。所以命名为绣球，是因为它是圆球形状的。另有一种银红绣球，花微小，花色轻一点，也特别秀雅。再有，杨妃绣球、妒娇红，花色都同花红绣球相似，但外形、姿态不同。

花红萃盘：红胎。枝上绿叶窄小，条亦颇短。房外有托瓣。深桃红色。绿跗③重萼，映诸叶中，如赤瑛盘欹侧枝上。

【译文】

花红萃盘：红色花芽。枝上的绿叶窄小，枝条也比较短。花朵外有托瓣。花为深桃红色。花萼的基部为绿色，桃红色花瓣层层重叠，与枝条上的绿叶相映成趣，就像赤瑛盘斜放在树枝上一样。

天机圆锦：青胎，开花小而圆满。朱房嵌枝，绚如剪彩。名以天

---

① 绸缪（móu）：紧密缠缚。
② 布濩（hù）：布散。
③ 跗：同"跗（fū）"，脚背，物体的足部，这里指花萼的基部。

机，殆非虚得。

【译文】

天机圆锦：花芽青色，开时花小而圆满。朱红花朵嵌在枝上，绚丽如同剪彩一般。以天机命名，当之无愧。

银红犯：有二种。一、红艳过天香一品，开花最难。一、色视一品稍浅，易开，却更姣丽。俱长条大叶，圆胎。其花紧满，开期最后。

【译文】

银红犯：有两种。一种红艳胜过天香一品，但开花最难。另一种花色比天香一品稍浅，容易开花，却更加姣丽。这两种都是长枝条，大花瓣，圆花芽。该品种花头紧凑充实，花期晚于其余品种。

飞燕妆：有三种。一出方氏，长枝长叶。此花黄红最有神气，而风情闲丽，轻妙迥别。盛时出一花于树杪①，若进女弟于远条也。一出马氏者，虽深红起楼，远不及方。一出张氏者乃白花，类象牙色，差胜于马。独方花可当宜主。余欲改名，第恐失其旧，而难于物色，姑并列焉。

【译文】

飞燕妆：该品种又细分为三种。一种出自方家，长枝条、长花瓣。该品种花朵是黄红色，最有神气，风情万种，婉丽轻妙，与其他牡丹迥异其趣。花盛开时，有一朵高出枝梢，好像赵飞燕在招呼远处枝条上的妹妹靠拢自己。另一种出自马家，虽然深红重瓣层叠高起如同起楼，但远不及方家的。再一种出自张家，是白花，类似象牙色，略胜于马家的。这三种中，只有方家的名副其实，可作为飞燕妆的角儿。其他两种

---

① 树杪（miǎo）：树梢，枝头。原作"树抄"，据文意改。

想改成别的品名，但担心动摇了人们对它们的旧有印象，既然为难看大家的脸色，姑且还将这两种也并列在这里吧。

飞燕红妆：一名花红杨妃。细瓣修长，嫩色生娇，却望如新妆可怜，意态妍绝，诚缥缈神仙也。得自曹县方家，飞燕妆庶几近之。

【译文】

飞燕红妆：还有另一个名字，叫花红杨妃。它的花瓣为细长形，娇嫩妩媚，看起来如同汉成帝的皇后赵飞燕、唐玄宗的宠妃杨贵妃刚刚妆扮完毕，美艳绝伦，神态优雅，楚楚动人，真个是缥缈神仙呀。该品种得自曹县（明初洪武四年，1371，降曹州为曹县）方家，飞燕妆与之相仿佛。

海棠红：喜阳，易开。绿叶细长，尝多秋发。诸花皆以红极称佳，独此品通体金黄，兼有红彩。水光照耀，如江天晚霞。人谓似铁梗海棠，而活色香艳皆过之。盛时则房中四五叶，参差突出，故病其不整齐，亦不失为佳品。其胎本红，在阴处则绿，春来亦复红也。大都花胎多四时变易耳。又一种海棠魂者，谓得其神也，亦石氏自许州移至。

【译文】

海棠红：喜欢向阳，容易开放。绿叶子细长，常常会在秋天开花。其余诸花都以红到极致称佳，唯独本品种通体金黄，兼有红彩。如果有水光映衬，其花朵就如同江天晚霞。人们以为它很像铁梗海棠，但颜色、香气都超过铁梗海棠。盛开时，花朵中有四五个花瓣参差突出，人们也以其不整齐为缺陷，但仍不失为佳品。它的花芽本来是红色的，植株若在背阴处，花芽则呈绿色，到春天又变成红色。大抵花芽多是四季变易颜色。又一种海棠魂，被认为得海棠红神韵，也是石家从许州（今河南许昌市）移到亳州的。

新银红球、方家银红：二种色态颇类，第树头绿叶稍别其色。光彩动摇，如神女御庆云①冉冉下人间耳。

【译文】

新银红球、方家银红：这两个品种花色姿态很相像，只是树头绿叶颜色略有差别。绽放时光彩晃动，好像神女腾云驾雾，缓缓降落人间。

碎瓣无瑕玉：绿胎，枝上叶圆，宜阳，乃白花中之最上乘者。其花明媚玲珑，如冰壶映月，内外澄澈，虽赵璧、隋珠②，不足贵也。又一种如芹叶者，不及此。又，青心无瑕玉者，丰伟悦人。又一种叶干类大黄者，亦名无瑕玉，花色虽不逮碎瓣，均之佳品。

【译文】

碎瓣无瑕玉：该品种为绿色花芽，枝上叶圆，宜向阳栽培，在白花中属于最上乘。它的花明媚玲珑，如冰壶映月，内外澄澈，相比起来，即便是价值连城的和氏璧、隋侯珠，也不值得珍惜了。还有一种如芹叶的，不及这一种。另外一种青心无瑕玉，硕大喜人。再有一种叶、干都颇像大黄的，也叫无瑕玉，花色虽然赶不上这个品种，但均能列入佳品。

梅州红：性喜阴。圆叶，圆胎。花瓣长短有序，疏密合宜。色近海棠红，而神气轩轩，但近萼处稍紫。出曹县王氏，别号梅州云③。

---

① 御：驾驭。庆云：祥云，瑞云。
② 赵璧：即和氏璧。春秋时楚国人卞和在山中得一块璞玉，先后献给楚厉王、武王，被以欺君罪砍掉左足和右足。到文王时，卞和抱玉哭于荆山下，文王使人剖璞得玉，名之为和氏璧。战国时，和氏璧为赵国所得。隋珠：隋侯之珠。传说古代随国姬姓诸侯发现一条大蛇伤断，为它敷药而愈，后蛇于江中衔明月珠来报德，名之为随侯珠。隋文帝时改"随"为"隋"。
③ 云：语气词，无含义。

【译文】

梅州红：性喜背阴。圆叶子，圆花芽。花瓣长短有序，疏密合度。花色接近海棠红，而精神轩昂，只是接近花萼的地方，花色稍稍发紫。该品种出自曹县王家，别号梅州。

凉暑园新出三种，俱未命名。其花有梅红色，有水红色，高阔俱七寸余，千叶起楼，姿韵咸备。今将三年，余仅得一见。而耀目夺神，果非凡物，无怪其主人之珍重也。

【译文】

李鸿胪的凉暑园中新培育出三个新品种，都还没有命名。其花有梅红色，有水红色，高阔都是七寸多，重瓣高起，姿态神韵兼备。到今天都将近三年了，我仅见过一次。它们光彩耀目，动人神魂，果然不是寻常品种，怪不得其主人珍重有加。

○名品

胜娇容：深红色，最耐残，乃牡丹中大家也。此种如一茎有两胎者，善养家必剪其一，即不剪，亦独一胎能花。花大可五六围，高可六七寸，丰伟殊常，披对夺人心目。

【译文】

胜娇容：花为深红色，经久不凋零，在牡丹中堪称卓然一大家。该品种如果在一根花枝上长着两个花芽，善于养护牡丹的人必定剪除一个，即使不剪，也只有一个花芽能发育成花。花开时，大五六围，高六七寸，丰伟超乎寻常，对面观赏，心为之动，眼为之亮。

醉玉环：方显仁所种。乃醉杨妃子花，以太真小字别其名。花房倒缀，故以醉志之。胎体圆绿，叶干扶疏。不问阴阳，最易成树。其花下承五六大叶，阔三寸许，围拥周匝，如盆盂盛花状。质本白而间以藕色，轻红轻蓝，相错成绣，真天孙①神锦也。其母醉杨妃，作深藕色，渐暗无味，惟怜其大耳，下此种不啻一阶，青出于蓝矣。

【译文】

醉玉环：该品种是方显仁培育的。它是以醉杨妃的种子育苗长成的，因而以杨贵妃的小字"玉环"命名，以与其母本名称相区别。它的花蕾倒缀，像醉酒时头重下垂，所以以"醉"字标名。它的花芽为圆形、绿色，枝干绿叶繁茂离披。不管背阴向阳，都最容易成活生长。其花朵下面有五六片三寸宽的大叶子，承托着花朵，就好像盆盂盛花的样子。它的本体为白色，多少带一点藕色，再有轻红、轻蓝，错落有致，真好像织女织造的神锦。它的母体醉杨妃，深藕色，暗淡缺乏生气，只是花朵硕大为人喜爱，比起这个品种，差一个等次也不止，可见青出于蓝而胜于蓝了。

【点评】

这里说杨贵妃的小名叫玉环，很多别的文献也都这么说，都是失诸考证，人云亦云。杨贵妃本是唐玄宗的儿子寿王李瑁的嫡妃，被唐玄宗霸占为妃，为遮人耳目，先离婚，入皇宫当女道士，号太真。杨贵妃的真实名字是什么，新旧《唐书·后妃传》都没有记载。北宋官书《太平广记》卷489载旧题中唐人牛僧孺的传奇小说《周秦行记》，说"唐朝太真妃子"和"齐潘淑妃"拜见"汉文帝母薄太后"，薄太后责问"何久不来相看？"杨贵妃解释完自己的原因，看着潘妃代为解释："潘妃向玉奴说，懊恼东昏侯疏狂，终日出猎，故不得时谒耳。"原文在"玉奴"下自注说："太真名也。"南宋计有功《唐诗纪事》卷62载晚唐人郑嵎《津阳门诗》，有句云"玉奴琵琶龙香拨"，郑嵎自注说："玉奴，乃太真小字也。"但晚唐人郑处晦《明皇杂录》卷下说："贵妃小

---

① 天孙：织女星。《史记》卷27《天官书》说："织女，天女孙也。"

字玉环。"北宋乐史《杨太真外传》卷上也说："杨贵妃小字玉环。"《太平广记》卷163《李进周》条说"贵妃小字阿环"。后人遂以"玉环"、"阿环"称呼她。这些都是小说情节，并非史实。宰相杨国忠，是杨贵妃的族兄。唐代史料笔记《大唐传载》说："弘农杨氏居东都者，承四太尉之后。世传黄雀所衔玉环，至天宝为杨国忠所夺。今不知所在。"晚唐人裴铏《传奇·元柳二公》说，一位南海女仙与番禺男子相恋，产子两岁多，玩具有玉环，女仙被迫离开后，曾托人"凭寄吾子所弄玉环"。又，《传奇·孙恪》说一位端州（治今广东肇庆市）老僧有一枚"碧玉环"，"本诃陵（南洋岛国，今印度尼西亚境内）胡人所施"，挂在老僧所养的一只猿猴的脖子上。晚唐人袁郊《甘泽谣·陶岘》说，唐人陶岘获得亲戚南海郡太守赠送的三样礼物，"古剑长二尺许，玉环径四寸，海船昆仑奴名摩诃"。晚唐人范摅《云溪友议》卷中《玉箫化》说，西川节度使韦皋年轻时，看上朋友家的一位未成年小青衣（婢女），名叫玉箫，约定最晚7年后来娶她，"因留玉指环一枚，并诗一首"。韦皋逾时一年还未来，玉箫绝食自杀，其主家"悯其节操，以玉环著于中指而同殡焉"。倘若杨贵妃真的名叫玉环，凭她生前的准皇后地位和被迫赐死的悲剧下场，她以后的唐人作文章不至于对她的名字毫不顾忌，何以竟敢将"玉环"称为儿童玩具，猿猴佩戴的饰物，或者与南洋黑人奴隶并列，甚至作为殉葬品的名称。

妒榴红：胎圆如豆，树叶如菊，最宜成树。早开应时，色鲜如明霞结绮。第不耐炎日，久之色褪。不殷勤护持，则易成残妆剩粉矣。又有榴花红者，色近榴花，而光艳明润，活色生香。

【译文】

妒榴红：花芽圆形如豆子，树叶像菊花叶子，最容易长成树。它应时开花，为时较早，花色鲜亮，如同明亮的朝霞一般美丽。但经不住阳光曝晒，晒久了颜色就衰褪了。若不殷勤护理，很容易成为残妆剩粉。又有一种榴花红，颜色近似石榴花，光彩鲜明润泽，活色生香。

花红叠萃：尖胎，花身魁岸。其下大叶五六层，腰间襞积①细瓣，鬈曲碎聚，顶上复出一层大叶。花在绿树之颠，而红光缭绕，犹积翠池②中着绛火树，光彩照人。

【译文】

花红叠萃：该品种花芽为尖形，花朵硕大有气魄。花朵下部是五六层大花瓣，腰部重叠堆积着一些鬈曲细碎的花瓣，顶部是一层大花瓣。所有花朵都开在株丛最上方，红光缭绕，就像积翠池中树立着绛火树，光彩照人。

秋水妆：肉红圆胎，枝叶秀长。其花平头，易开。花叶丛萃，莹如赤玉，质本白而内含浅绀③，外则隐隐丛红绿之气。夏侍御初得之，方氏谓其爽气侵人，如秋水浴洛神，遂命今名。

【译文】

秋水妆：花芽肉红色，圆形。枝叶秀长。平头类型，容易开放。花瓣丛萃，光洁透明如同红玉。其质地白净，内含浅淡的红黑色，外面则隐隐地聚集着红绿之气。夏侍御最先得到这个品种。方显仁先生说它冷气袭人，像洛神在萧瑟的秋水中沐浴，于是命名为秋水妆。

老银红球：花本深红，亦有水红。时而边如施粉，中如布朱。其胎青红，宜阴阳相半所。此万历初年王薄子出之，花至今犹足擅场。

【译文】

老银红球：花本深红色，也有水红色的。时而花瓣周边如同涂抹着白粉，中间如同染上朱红。其花芽是青红色。该品种适宜栽培在阴阳参半的

---

① 襞（bì）积：重叠，堆积。
② 隋唐时期，东都洛阳的皇家西苑中，开凿有积翠池。
③ 绀（gàn）：微红的黑色。

地方。它是万历初年王薄子培育出来的，时至今日，优势依然丝毫不减。

杨妃深醉：胎长。花质酷似胜娇容。名深醉者，谓其色深也。此花不但巨丽，亦芳香袭人，梗干婀娜。尝抑首如醉，迎风盘旋，如不胜春。

【译文】

杨妃深醉：花芽为长形。花质与胜娇容像极了。之所以名叫深醉，是因为花色很深。其花不但硕大美丽，而且芳香袭人，枝干婀娜多姿。有时候迎风摇曳，垂头如醉，好像弱不禁风。

花红神品：花叶之末，色微微入红，渐红渐黄，若迟日①初烘，灼灼有神。命以花名，颇非溢美。盖得自太康。

【译文】

花红神品：花瓣尖端的颜色微微发红，朝花瓣里面则渐红渐黄。好像春天缓缓升起的朝阳刚刚发散热气，灼灼有神。因"有神"而把它命名为"神品"，并非溢美之词。该品种系得自太康（今河南太康县）。

花红平头：绿胎。其花平头，阔叶，色动如火，几欲然枝。群花中红而照耀者，独此为冠。一入花林，辄先触目。世传为曹县石榴红，韩氏重赏得之，迩来几绝。王氏田间藏一本，购归凉暑园。但顶稍涣散，中露檀心。又一种千瓣者，南里园有之。凡花称平头，谓其齐如截也。

【译文】

花红平头：花芽为绿色。该品种属于平头类，花瓣阔大，红色摇曳闪动，如同火焰，几乎要灼烧枝叶。群花中色红而光彩照耀者，唯独该

---

① 迟日：春日。《诗经·豳风·七月》及《诗经·小雅·出车》皆云"春日迟迟"。

品种遥居第一。人们一进入花林，首先映入眼帘的便是它。民间传说它本是曹县的石榴红，韩氏斥重金购得，近年来社会上几乎绝种。王氏田间藏有一株，鸿胪李先生买来，栽植在他家的凉暑园中。但该品种顶部稍显涣散，致使中间浅红色的花心坦露出来。另一种是重瓣，侍御史夏赞禹先生家的南里园有之。凡是牡丹花朵称作"平头"的，是说花瓣整齐如同截断过一样。

花红舞青猊①：宜阴。老银红球子，花色亦似之，开时结绣。又有银红舞青猊，及旧品中桃红舞青猊、紫舞青猊、大红舞青猊、粉红舞青猊、茄花舞青猊、藕丝舞青猊、白舞青猊诸色，皆从花中抽五六青叶，如翠羽双翅。桃红者，谓之睡绿蝉，以其结绿如合蝉状。诸品惟花红者为上，白次之，桃红又次之，余不足人品。豫章瀑泉王孙②咏此花云："宝阑风飐③锦纷纷，青紫仙标总出群。户外昭容露作縠④，掌中飞燕⑤翠为裙。妆成京兆眉初妩⑥，浴罢温汤酒半醺⑦。还似《清平》李供奉，

---

① 猊：狻猊（suānní）的简称，古代传说中的猛兽，狮子传入中国后，特指狮子。该品种开时结成绣球，像狮子头，因而以狻猊相称。

② 豫章瀑泉王孙：指明太祖朱元璋的后裔朱多煃（zhēng）。其 6 代祖朱权是明太祖的第 17 子，初封宁王，明成祖时改封南昌王，豫章即江西南昌的别称。朱多煃（1541～1589），字贞吉，号瀑泉。封爵奉国将军。善诗歌，工书画，不乐仕进，尝变姓名来相如、朱少仙、来少仙等，漫游吴楚各地。去世后，门人私谥清敏先生。《明诗纪事》卷 2 记载其著有《五游集》。

③ 阑：阑干，今作栏杆。飐（zhǎn）：风吹颤动。

④ 昭容：宫廷高级女官，正二品，九嫔之一，在宫中导引官僚拜见皇帝。縠（hú）：用细纱织成的皱状丝织物。唐人杜甫《紫宸殿退朝口号》云："户外昭容紫袖垂，双瞻御座引朝仪。"唐人段成式《酉阳杂俎》续集卷 4 说："今阁门有宫人垂帛引百寮，或云自则天，或言因后魏。据《开元礼疏》曰：晋康献褚后临朝不坐，则宫人传百寮拜。有房中使者见之，归国遂行此礼。时礼乐尽在江南，北方举动法之。周隋相沿，国家承之不改。"

⑤ 汉成帝皇后赵飞燕，俊俏妩媚，体态轻盈，故称飞燕。按：南宋周必大《太守赵山甫示和篇，次韵为谢》诗描写牡丹说："袖垂户外瞻双引，燕在宫中第一飞。"朱多煃这两句诗本此。

⑥ 《汉书》卷 76《张敞传》记载，汉宣帝时，京兆尹（首都长安市长）张敞"为妇画眉，长安中传张京兆眉妩"。"妩"同"妩"。

⑦ 唐人白居易《长恨歌》描写杨贵妃："春寒赐浴华清池，温泉水滑洗凝脂。侍儿扶起娇无力，始是新承恩泽时。……金屋妆成娇侍夜，玉楼宴罢醉和春。"

宫袍新染殿前云。"

【译文】

花红舞青猊：该品种适宜在背阴地段生长。老银红球子，花色也很相似，开时结成密实的绣球。又有银红舞青猊，以及旧有品种中的桃红舞青猊、紫舞青猊、大红舞青猊、粉红舞青猊、茄花舞青猊、藕丝舞青猊、白舞青猊等，都是花朵中心长出五六片青绿色花瓣，如同翡翠般的羽毛高高翘起。桃红舞青猊，被叫作睡绿蝉，因为它的绿色花瓣结聚如同知了聚合的样子。这么多品种中，只有花红舞青猊最佳，白舞青猊次之，桃红舞青猊又次之，其余不够资格入品。豫章瀑泉王孙朱多炡作诗咏此花，说："宝阑风飓锦纷纷，青紫仙标总出群。户外昭容露作榖，掌中飞燕翠为裙。妆成京兆眉初妩，浴罢温汤酒半醺。还似《清平》李供奉，宫袍新染殿前云。"（宝石栏杆旁风吹舞青猊牡丹，恰似彩锦飘动，／姹紫嫣红，秀丽无比，实在是超群出众。／那是阁门外昭容摆动紫袖，引导百官拜谒皇上，／那是赵飞燕轻盈的身体着裙临风。／是京兆尹张敞为妻子描画细长弯曲的蛾眉，／是杨贵妃华清池沐浴罢，如同醉酒般身歪头重。／是李白供奉翰林，写下吟咏牡丹的《清平调》，／是官员身着官袍上朝，犹如天庭的五色祥云聚拢。）

花红魁：出张氏，以其色冠群花也。万花魁者，出李氏，以其大冠群花也。又有西万花魁者，其巨丽尤甚，而各臻妙境。方氏别有银红魁，亦自可人。

【译文】

花红魁：该品种出自张氏，因为颜色为群花的魁首，故以"魁"为名。万花魁出自李氏，因为花朵之大为群花的魁首。又有西万花魁，它的硕大和美丽更加突出。这几种牡丹均达到精妙的境地。方氏另有银红魁，也相当可人。

绛纱笼：胎小。花瓣有紫色一线分其中。质红如烛，而幕以绛纱，灼灼摇目，媚人处不及碧纱笼。

【译文】

绛纱笼：花芽较小。所开出的花瓣，中间有一道紫色，将花瓣平分为二。其形质如同红烛，而以绛纱为幕加以遮掩，明丽让人目眩，但动人程度还是比不上碧纱笼。

杜鹃红：短茎，绿胎，树叶尖厚。花作深梅红色，细叶稠叠，紧实，如赤玉碎雕而成。其本无论大小，时至则开，开亦甚繁。千红万紫，如腾赤凤、杜鹃，安得方幅而谈耶？

【译文】

杜鹃红：花枝短小，花芽为绿色，树叶形尖而肥厚。花呈深梅红色，花瓣细小，稠密重叠，排列紧凑，好像是用红玉碎雕而成的。其植株无论大小，花候至随即绽放，开得很繁盛。万紫千红，如同赤凤、杜鹃飞腾一般。那种景象岂是方寸篇幅可以说得尽的啊！

大素、小素：易开，宜阴。小素一名刘六白。二花平头，房①小，初开结绣，一丛常发数头。二种美无优劣。如素白楼子、玉带白，皎洁更出其上。玉玲珑、碧玉楼，如琼楼玉宇。又，玉簪白，谓白如玉簪花。鹦鹉白，谓类鹦鹉顶上毛。赛羊绒②，谓细瓣环曲如绒。白鹤顶者色甚白，而鹤顶殷红，取名不类，可怪。以上诸花皆能比肩。稍次者沈家白、平头白、迟来白、羊脂玉、玉绣球，种种奇葩。总之，咸冰雪琼瑶极致也。旧有玉板白，其瓣两头平齐，宽及寸许，内外一等如拍板，今传者少。

---

① 房：花房，即花冠，是花瓣的总称。
② 绒：原作"羢"，据《古今图书集成·草木典》卷288《牡丹部汇考二》校改。按："羢"同"绒"。下文多处径改，不再出注。

【译文】

大素、小素：这两个品种都容易开花，适宜于阴凉地段生长。小素又名刘六白。这两种花都是平头类型，花冠较小，初开即结成密封绣球状，一丛植株常常长出数朵。这两种花分不出优劣。如素白楼子、玉带白，皎洁更超出它们之上。其他如玉玲珑、碧玉楼，简直像琼楼玉宇。另外，玉簪白，是说其白色如同玉簪花。鹦鹉白，是说其白色类似鹦鹉头顶上的羽毛。赛羊绒，是说细花瓣环曲如同羊毛。至于白鹤顶，花色非常白，可是鹤头顶为殷红色，取名不伦不类，真奇怪。以上诸花大致不差上下。稍次者有沈家白、平头白、迟来白、羊脂玉、玉绣球，都能算得上是奇葩。总之，它们都达到了冰雪琼瑶那样的极致境界。以前有一种名叫玉板白的，其花瓣两头平齐，宽一寸许，内外相等如乐器拍板，如今已经很少流传了。

绿珠坠玉楼：长胎，花色皑然，厥叶轻柔。叶半有绿点如珠，堪拟石家小妹①，而风韵更似之，故名。其色类佛头青，而体异也。

【译文】

绿珠坠玉楼：花芽长，花色洁白，花瓣轻柔。花瓣中部有绿点如珠，堪比石崇的家妓绿珠，风韵更是相似，所以命名为绿珠坠玉楼。该品种花色类似佛头青，但体质不同。

佛头青：青胎，花大，重楼，绿心绿跗，沿房如碧，大类绿萼梅。李子西先生得于永宁王②宫中。先考功以其花之清异，易名萼绿

---

① 《晋书》卷33《石崇传》记载：西晋卫尉石崇有宠姬名叫绿珠，美艳，善吹笛。中书令孙秀欲霸占，石崇不许。孙秀矫诏派兵去洛阳金谷园逮捕石崇，石崇对绿珠说："我今为尔得罪。"绿珠哭着说："当效死于官前。"遂跳楼自杀。

② 永宁王：明朝周藩永宁国温简王（"温简"是死后谥号）朱在镕，明穆宗隆庆五年（1571）袭封，明神宗万历二十六年（1598）薨。无子继承爵位，封国取消。他是永宁敏懿王朱朝埠的唯一嫡子。朱朝埠于明世宗嘉靖二十年（1541）袭封，嘉靖四十五年（1566）薨，敏懿是其谥号。

华①。群英凋尽，而此花始开，可谓殿春。大梁人名绿蝴蝶，西人名鸭蛋青。蜀中旧品有欧碧②，即此花。又一种绿边白者，类佛头青，乃绿胎，喜阴。花叶有点如钿③，边绿如黛，而体质亦多逸气。弇州④诗云："百宝阑前百艳明，虢家⑤眉淡转轻盈。狂蜂采去初疑叶，么凤⑥藏来只辨声。自是色香堪绝世，不烦红粉也倾城。江南新样夸天水⑦，调笑春风倍有情。"屠长卿⑧先生有云："愁自琐窗窥冶鬒，死从金谷化啼痕。"两公似与二花传神。

【译文】

佛头青：花芽为青色。绽放时花朵硕大，重瓣起楼，花心和花朵基部都呈绿色，周边为青绿色，非常类似绿萼梅。该品种是李子西先生从永宁王宫中得到的。我的先祖父前考功郎中西原先生认为该花清雅纯洁像仙女，于是将它改名为萼绿华。各花凋零净尽，它才开放，可以说是

---

① 萼绿华：道教女神仙，简称萼绿。南朝梁陶弘景《真诰》卷1《运象篇》说："鄂（萼）绿华者……年可二十上下，青衣，颜色绝整，以升平三年（359）十一月十日夜降羊权。自此往来，一月之中，辄六过来耳。云本姓杨，……访问此人，云是九疑山中得道女罗郁也。"北宋黄庭坚《效王仲至少监咏姚花，用其韵四首》有云："九疑山中萼绿华，黄云承袂到羊家。"

② 欧碧：原作"殴碧"。南宋陆游《天彭牡丹谱》说："碧花止一品，名曰欧碧。……独出欧氏，故以姓著。"据以校改。

③ 钿（tián）：古代妇女佩戴的花朵形首饰，用金翠珠宝等制成。

④ 明代文学家、史学家王世贞（1526～1590），字元美，号凤洲，又号弇（yǎn）州山人。江苏太仓人。明世宗嘉靖二十六年（1547）进士。授刑部主事，屡迁员外郎、郎中，又为青州兵备副使，迁浙江右参政、山西按察使，又历广西右布政使，入为太仆寺卿，官至南京刑部尚书。

⑤ 杨贵妃的一位姐姐，被唐玄宗封为虢国夫人。唐人张祜《集灵台二首》之二（一作杜甫诗《虢国夫人》）说："虢国夫人承主恩，平明骑马入宫门。却嫌脂粉污颜色，淡扫蛾眉朝至尊。"

⑥ 么（yāo）凤：又作"幺凤"，一种体型小于燕子的鸟，羽毛五色，又叫桐花凤、倒挂子。北宋苏轼《异鹊》诗说："家有五亩园，幺凤集桐花。"又《次韵李公择梅花》诗说："故山亦何有，桐花集么凤。"又《西江月·梅花》词说："倒挂绿毛幺凤。"

⑦ 南唐后主李煜畏惧北宋出兵，上表自贬唐国主为江南国主。《宋史》卷478《南唐李氏·李煜》载：其后宫"妓妾尝染碧，经夕未收，会露下，其色愈鲜明，煜爱之。自是宫中竞收露水，染碧以衣之，谓之天水碧"。

⑧ 明代戏曲家、文学家屠隆（1541～1605），字长卿。鄞县（今浙江宁波市）人。明神宗万历五年（1577）进士，曾任颍上知县、青浦令，后迁礼部主事、郎中。万历十二年（1584）受诬陷罢官。晚年漫游吴越间，以卖文为生。

春花的后殿。大梁（今河南开封市）人把它叫作绿蝴蝶，西部地区人把它叫作鸭蛋青。蜀地老牡丹品种中有欧碧，就是该花。又有一种绿边白的，类似佛头青，花芽为青色，喜欢在阴凉地段生长。花瓣上有斑点，如同妇女首饰花钿，周边绿色如青黑色，其体质颇为潇洒飘逸。王世贞先生作诗描写佛头青道："百宝阑前百艳明，虢家眉淡转轻盈。狂蜂采去初疑叶，幺凤藏来只辨声。自是色香堪绝世，不烦红粉也倾城。江南新样夸天水，调笑春风倍有情。"（百宝护栏里面牡丹花开出千姿百态，／佛头青色彩清纯，像虢国夫人不施粉黛。／只有靠声音来辨别是花还是藏身其间的幺凤鸟，／蜜蜂以为绿花是绿叶，闻香飞来。／它特有的花色香味真是世上稀有，／不用红粉涂抹，照样赢得满城人喜爱。／那颜色如同江南国主的后宫佳丽收集露水染衣的天水碧，／佛头青在春风中摇曳生姿，倍有风采。）屠隆先生有诗句咏后一种说："愁自琐窗窥冶鬓，死从金谷化啼痕。"（周边绿色如青黑色，好像轩窗里面美妇人的鬓边黑发，／花瓣上有斑点，可是金谷园中跳楼自尽的绿珠哭泣的泪痕！）两位先生好像在为这两种牡丹传递内在神韵。

界破玉：此花如吴江白练①。花瓣中擘②一画，如桃红丝缲③，宛如约素④，片片皆同。旧品中有桃红线者，乃浅红花，又非此种。夏侍御新出一种，类界破玉，谓之红线。线外微似杂色组文。侍御没，而花亦不见行于世。

【译文】

界破玉：该品种如同远看吴淞江，江水清澈平静，跟一匹洁白的绸子一样。它的花瓣中间长着一道线条，将花瓣一分为二，犹如桃红丝缲，更像紧束的白绢，每一片花瓣都是这样。旧有品种中有桃红线，是浅红色的

---

① 南朝齐诗人谢朓《晚登三山还望京邑》诗说："澄江静如练。"远远望去，清澈的江水平静得如同一匹洁白的绸子。
② 擘（bò）：分开，剖裂。
③ 缲（sāo）：抽茧出丝。
④ 约素：紧束的白绢。

花，跟这个品种不是一回事。侍御史夏先生家新培育出一种，类似界破玉，叫作红线。线外微似杂色组文。夏侍御去世后，此花没见在社会上流行。

花膏红：梗胎俱红。其花大叶，若胭脂点成，光莹如镜。片片足当浣花溪①侧理。安得更拈玉管，与之赋"月寒山色"②耶？但微恨其花房多散漫耳。

【译文】

花膏红：枝梗和花芽都是红色的。花瓣阔大，花色如同胭脂点成，光鲜晶莹，像镜子似的。每一片花瓣都抵得上浣花溪畔的理趣。曾经在浣花溪居住的唐代女诗人薛涛，怎得再握笔管，为这种牡丹写出依依惜别的"月寒山色"诗句呢？微觉不足的是，其花蕊涣散不紧凑。

凤尾花红：尖胎，开却平头，内外叶有数层皆一等，其色见于名。名凤尾者，以叶③似耳。又，绉叶桃红，花瓣尖细，层层密聚，如簇绛绡，第色泽少暗。嘉隆间最重之。一时并出者，更有大叶桃红，其花稍不及绉叶。因枝上绿叶名花者，独此三品。

【译文】

凤尾花红：花芽呈尖形，花开呈平头。花瓣内外数层，大小一致，排列整齐。其颜色即花名所说的红色。花名叫作凤尾，是因为枝上绿叶的形状像凤尾。另外，绉叶桃红，花瓣呈尖细状，层层密聚，如绛红色的生丝聚集一起，只是色泽稍微暗一些。嘉靖隆庆（1522～1566，1567～

---

① 唐代女诗人薛涛（768～832），字洪度，长安（今陕西西安市）人。薛涛因父亲游宦而流寓四川，父死家贫，16岁入乐籍，成为身份卑贱的歌妓。脱离乐籍后终身未嫁，定居成都浣花溪。

② 薛涛《送友人》诗云："水国蒹葭夜有霜，月寒山色共苍苍。谁言千里自今夕，离梦杳如关塞长。"

③ 叶：此处指绿叶，而不是花瓣。因为末句说"因枝上绿叶名花"，可揣摩是说这一品种牡丹之所以被命名为凤尾，是由于其枝上绿叶的形状像凤尾。而这则文字介绍凤尾花红的花朵，说是"开却平头，内外叶有数层皆一等"，可见花瓣不像凤尾。

1572）年间，最看重这个品种。同时出现的还有大叶桃红，它的花略不及绉叶桃红。因枝上绿叶而命名牡丹的，就这三种。

太真晚妆：此花千层小叶，花房实满，叶叶相从，次第渐高。其色微红而鲜洁，如太真泪结红冰①。因其晚开，故名。曹县一种名忍济红，色相近。忍济者，王氏斋名。

【译文】

太真晚妆：该品种为重瓣，花瓣小。整个花朵紧凑结实，花瓣挨着花瓣，次第增高。花色微红，鲜亮光洁，如杨贵妃辞别父母，脸上的泪珠同胭脂混合，凝结成透明的红色冰珠。因为它开花晚，所以命名为太真晚妆。曹县一种名叫忍济红的牡丹，花色与太真晚妆十分相似。忍济是当地王氏书斋的名称。

平实红：此花大瓣，桃红。花面径过一尺。而花之大，无过于此。亦得自曹州。

【译文】

平实红：这种牡丹是大花瓣，桃红色。花朵的直径超过一尺。所有牡丹品种，花朵之大都不曾超过它。也是从曹州得到的。

银红锦绣：宜阴。花形、开法，俱似三变。其色微红，浅深得宜，宛然若绣，而艳如唾染昭仪袖上珍②难喻也。

---

① 太真是杨贵妃当女道士时的法名。五代王仁裕《开元天宝遗事》卷下《红冰》说："杨贵妃初承恩召，与父母相别，泣涕登车，时天寒，泪结为红冰。"

② 旧题东汉伶玄撰《飞燕外传》说：汉成帝第二任皇后赵飞燕，有个妹妹，两姊妹分别叫赵宜主、赵合德。二人入宫后，都封为婕妤（jiéyú），后来姐姐立为皇后，妹妹号为昭仪。姐姐误将唾液吐在妹妹的袖子上，妹妹说："姊唾染人绀袖，正似石上华（花），假令尚方（制办和掌管宫廷饮食器物的官署）为之，未必能如此衣之华。"于是叫作"石华广袖"。

【译文】

银红锦绣：适宜在阴凉地段生长。它的花形和开放情况，同娇容三变相似。花色微红，深浅适度，如同锦绣一般。【汉成帝皇后赵飞燕误吐唾液到妹妹昭仪赵合德的红黑色袖子上，被昭仪说成如同石头开花，美艳浑然天成，这样的衣服尚方署也制作不出来，遂叫作"石花广袖"。】银红锦绣牡丹的艳丽程度，用赵昭仪的"石花广袖"也难以比喻。

魏红：此种嘉靖初年仝氏自杞县移亳。肉红尖胎，树叶绿如嫩柳。此梅红浅深相间，价自倾城。开时倘钟气不足，则花边稍白。三十年前，亳人尚以黄金一笏乞魏花一本者，今因渐多而价少减。亭亭露奇，真色不厌。"姚为王，魏为后"，信非虚语。徐子与①先生有"只应天上移春色，莫向人间问魏家"之句。又有烟粉楼者，色同魏红而易开，张氏子种花也。

【译文】

魏红：该品种是嘉靖（1522～1566）初年仝氏从杞县（今河南杞县）移植到亳州的。花芽为尖状，肉红色。绿叶像刚长出来的柳树叶子。花色为梅红，深浅相间。价格很昂贵。花开时如果寒暖阴晴不当，则花瓣边缘稍微泛白。三十年前，亳州人还以一笏袋黄金求购一株魏花，如今该品种渐渐多了起来，价格有所下降。该品种高耸直立，风姿绰约，十分独特，娇媚得让人百看不厌。北宋周师厚《洛阳花木记》说："洛人谓姚黄为王，魏花为后。"这话确实不是凭空捏造的。徐中行先生曾有"只应天上移春色，莫向人间问魏家"的诗句。（可以把天

① 徐中行（1517～1578），字子与，号龙湾、天目山人。长兴（今浙江长兴县）人。明世宗嘉靖二十九年（1550）进士。初授刑部主事，历员外郎中，出为汀州知府等，迁端州同知、山东佥事、云南参议、福建副使、参政等，官至江西布政使。明代文学家，文学流派"后七子"之一。有《天目先生集》《青萝馆诗》。

上的春色移到人世间来，／可别打魏丞相家魏红牡丹的主意，那会徒劳无果。）另有一种名叫烟粉楼的牡丹，颜色与魏红相同，容易栽培，是张氏用该花的种子种植出来的。

搴①幕娇红：即缩项娇红。长胎，柳绿长叶。因其茎短，花在叶底，状似丽人新妆脉脉，伫翠帘下。其色梅红，起楼，如千叶桃，足为助娇花②也。别有缩项一种，叶单，远不逮此。

【译文】

搴幕娇红：即缩项娇红。花芽长，叶子细长，柳绿色。因为着花的枝茎短小，所以花开时半掩于绿叶下面，好似美女刚刚打扮完毕，含情脉脉，伫立在翠绿的帘幕下。它的花是梅红色的，花朵起楼高耸，层次分明，如同重瓣桃花。【唐玄宗曾在皇家苑囿攀折一枝重瓣桃花，插到杨贵妃的头发上，使得贵妃的娇态平添了几分，于是称之为助娇花。】把像重瓣桃花的搴幕娇红牡丹叫作助娇花，那才够资格呢。另外一种缩项是单瓣的，远不及此花。

花红剪绒：花瓣纤细，<u>丛聚紧满</u>，类文縠剪成，大都与花红缨络同致。遗山③先生谓："已从香国偏熏染，更借花神巧剪裁④。"此最当。

【译文】

花红剪绒：花瓣纤细，密集紧凑，好像是用细纱织成有皱纹的绮罗绫縠剪出来的一样。基本情况与花红缨络相同。元好问先生《紫牡丹》

---

① 搴（qiān）：揭起，撩起。
② 五代王仁裕《开元天宝遗事》卷下《助娇花》说："御苑新有千叶桃花。帝亲折一枝，插于妃子宝髻上，曰：'此个花真能助娇态也。'"
③ 遗山：原作"道山"，据卷4《艺文志》元好问小传校改。金朝文学家元好问（1190～1257），字裕之，号遗山，世称遗山先生。
④ "偏"原作"深"，"借"原作"惜"，据多种版本《元好问集》校改。该诗句出自元好问七律《紫牡丹》第三首。

诗说："已从香国偏熏染，更借花神巧剪裁。"（散发出芬芳香味，是从众香国得到熏习；呈现出动人姿容，是借助于花神的剪裁精巧。）这两句诗用来说花红剪绒，再恰当不过了。

花红璎珞：长枝，大叶。其花易开。叠瓣秾密，外卫以五六大片，似彤云之缀朱房，闪灼难状。

【译文】

花红璎珞：在长枝条上着花，花瓣阔大。这个品种容易开花。花瓣厚实，重叠紧密。花朵最外层有五六片大花瓣，护卫中心。整体上好像红彤彤的云霞点缀着朱红色的房舍，红光闪灼，难以用语言形容出来。

念奴娇①：品有二种，俱绿胎，能成树。出张氏者深银红色，大而姣好。其妖丽媚人，果出朝霞之上，但少啭喉引声耳。出韩氏者色桃红，大次之，若并肩呈艳，当逊张一筹。

【译文】

念奴娇：该品种又细分为两种，都是绿色花芽，都能长成树。出自张氏的这一种是深银红色，花大而姣好。【唐玄宗时期的著名歌妓念奴，俏丽无比，眼色娇媚，歌声穿透云霄。】念奴娇牡丹，美艳一如念奴，只差一展歌喉唱出婉转的歌声，便能穿透朝霞，直达九霄。另一种出自韩氏，是桃红色，比张氏的小一点，如果并肩呈艳，当比张家的略逊一筹。

---

① 唐代元稹（779~831）《连昌宫词》说："力士传呼觅念奴，念奴潜伴诸郎宿。须臾觅得又连催，特敕街中许燃烛。春娇满眼泪红绡，掠削云鬟旋装束。飞上九天歌一声，二十五郎吹管逐。"自注："念奴，天宝（742~756）中名倡，善歌。每岁楼下酺宴，累日之后，万众喧隘，严安之、韦黄裳辈辟易而不能禁，众乐为之罢奏。玄宗遣高力士大呼于楼上曰：'欲遣念奴唱歌，邠王二十五郎吹小管逐，看人能听否？'未尝不悄然奉诏。"五代王仁裕《开元天宝遗事》卷下《眼色媚人》说："念奴者，有姿色，善歌唱，未尝一日离帝左右。每执板当席，顾眄左右。帝谓妃子曰：'此女妖丽，眼色媚人。'每啭声歌喉，则声出于朝霞之上，虽钟鼓笙竽嘈杂而莫能遏。宫妓中帝之钟爱也。"

汉宫春：红胎，硬茎。必独本成树，方岁岁有花。花叶直疏而立。其色深红富丽，若醉春风。名从青莲"汉宫"句得之。出张氏。

【译文】

汉宫春：花芽红色，枝茎硬朗。必须长成独干的植株，才能年年开花。花瓣稀疏，挺拔直立。花色深红，富丽堂皇，在春风中摇曳生姿，像醉酒般摇摇晃晃。汉宫春的命名，是从青莲居士李白的诗句"借问汉宫谁得似？可怜飞燕倚新妆"而来的。该品种出自张氏。

墨葵：大瓣，平头。又，油红，高耸起楼。二花明如点漆①，黑拟松烟，最为异色。墨剪绒，碎瓣柔软。墨绣球，圆满紧聚。其明润虽不及墨葵、油红，足堪近侍。

【译文】

墨葵：大花瓣，花朵为平头类型。另一品种油红，花朵高耸起楼。这两种牡丹，黑似松烟墨，乌黑明亮，颜色最为奇特。墨剪绒，碎花瓣，柔软。墨绣球，花朵圆满紧凑。这两种牡丹虽然明丽润泽比不上墨葵、油红，但都值得近旁侍奉。

中秋月：绿胎尖小，花房嵯峨，莹白无瑕，若月印澄潭，春时便有秋气。

【译文】

中秋月：花芽为绿色，形体小而尖。花朵高耸，洁白晶莹，如同月亮的影子落在澄净的水面上，让春天具有了秋天的气息。

---

① 点漆：乌黑光亮的样子。《晋书》卷93《外戚·杜乂传》载：王羲之说杜乂"眼如点漆"。《宋书》卷44《谢晦传》说谢晦"鬓发如点漆"。

琉瓶灌朱：树叶微圆，朱房攒密，类隔琉璃而盛丹浆，润同赤玉。微嫌叶单根紫，遇千叶时亦自妙品。

【译文】

琉瓶灌朱：树叶微圆，红花紧凑，二者配合，好像琉璃瓶中装进去红色果浆，润泽如同红玉。微觉不足的是花为单瓣，花瓣基部发紫。但是，若遇到开成重瓣的，那也自是妙品。

藕丝平头：花叶微阔，繁可数层，俱有伦理，乃藕丝中之杰者。又，藕丝绣球，好丛生，易开而花小。又，藕丝楼子，花大而房垂。三种惟平头为上，绣球次之，楼子不逮远甚。

【译文】

藕丝平头：花瓣稍微阔大，重叠数层，都有纹理，在藕丝类牡丹中，它最杰出。再一种是藕丝绣球，喜好丛生，容易开放，但花朵较小。再一种是藕丝楼子，花朵大，重得低垂着。这三种藕丝牡丹，只有平头最好，绣球次之，楼子差得更远了。

万卷书：色白，叶作卷筒。又，桃红万卷书，细瓣如砌。枝不禁花，垂垂向下。又有波斯头者，花叶如发卷，大类波斯夷首。此花虽高满，而色泽不佳。土人谓即万卷书，非是。

【译文】

万卷书：白色，花瓣作卷筒状。再一种桃红万卷书，花瓣细碎，如同层层台阶。由于花朵沉重，枝条承受不起，压得向下低垂。另有一种叫波斯头，花瓣如同卷发，特别像波斯（今伊朗）胡人的头。波斯头牡丹虽然植株高大，开花满满当当，但色泽不好。当地人说即是万卷书，其实不是。

乔家西瓜穰：尖胎，枝叶青长，宜阳。出自曹县。花如瓜中红肉，色类软瓣银红，滑腻可爱。仝氏有桃红西瓜穰，亦鲜丽，如濯锦①。又，大红西瓜穰者，当退舍②矣。

【译文】

乔家西瓜穰：花芽尖形，枝叶青而长，喜欢向阳地段。该品种出自曹县。花如西瓜瓤，颜色与软瓣银红相似，滑腻可爱。仝氏有桃红西瓜穰，也很鲜丽，就像成都地区出产的濯锦一样。另有一种叫大红西瓜穰，相比之下，自当主动退让。

进宫袍：绿胎，易开。谓色如宫中所赐茜袍也。其体质当以轻绒赤绡目之。

【译文】

进宫袍：花芽为绿色，容易开放。以进宫袍为品名，是说其花为大红色，如同宫中所赐的红袍。其花瓣质地，以轻绒赤绡看待即可。

娇红楼台：胎、茎似王家红，体似花红绣球，色似宫袍红，而神彩充足。又有一种极不堪者，亦冒之，鱼目混真，难逃赏鉴。银红楼台，色有深浅，花实与之表里。

【译文】

娇红楼台：花芽和枝茎都像王家红，花朵形体像花红绣球，花色像

---

① 濯锦：古代成都地区所产的华美织锦。南朝萧梁昭明太子主编《文选》，卷4西晋左思《三都赋·蜀都赋》，唐人李善注引蜀汉谯周《益州志》云："成都织锦既成，濯于江水，其文分明，胜于初成，他水濯之，不如江水也。"

② 《左传·僖公二十三年、二十八年》记载：春秋晋公子重耳逃亡在外，受到楚成王的礼遇，说将来回国执政，一定报答楚国的恩德，若彼此交兵，"其辟君三舍"。古代行军，三十里为一舍。后来晋楚城濮之战，晋军退避三舍。后以退避三舍表示主动退让，不敢争斗。

宫袍红，但较之它们，娇红楼台更显得神采饱满。又有一种牡丹很不怎么样，也冒充娇红楼台，虽想鱼目混珠，但难逃赏鉴者的法眼。还有一种叫银红楼台，与娇红楼台有颜色深浅之别，但品质相差无几，互为表里。

倚新妆：绿胎，修干。花面盈尺，丰肉腻理，红颜精爽，大类绯桃色，真销恨树①也。处阳不妨，向阴愈妙。出自曹县。

【译文】

倚新妆：花芽为绿色，枝干修长。花朵直径有一尺长，花瓣粉红，丰腴厚实，肌理细润，显得神清气爽。唐玄宗把重瓣桃花叫作销恨花，而倚新妆牡丹花色极其类似桃花，才真是销恨树呢。这种牡丹在向阳地段生长无妨，在背阴地段生长更妙。该品种出自曹县。

○灵品

合欢娇：深桃红色，一胎二花，托蒂偶并，微有大小。日分双影，风合岐香。此与转枝一种，皆造化之巧，而转枝之神更异。

【译文】

合欢娇：深桃红色，一个花芽开出两朵花，并蒂联袂，略有大小差别。阳光照射，并蒂花分成两个影子；微风拂煦，两股香合成一个味道。它和另一种叫作转枝的牡丹，都是造化的精巧化育，而转枝的神采风韵更加奇异。

转枝：一茎二花，红白对开。记其方向，明岁红白互易其处，神异

---

① 五代王仁裕《开元天宝遗事》卷下《销恨花》称重瓣桃花为"销恨花"，说："明皇于禁苑中，初有千叶桃盛开，帝与贵妃日逐宴于树下。帝曰：'不独萱草忘忧，此花亦能销恨。'"

若此。明皇时一花四变其色①，岂欺我哉！二花出鄢陵刘水山太守家，亳中亦仅有矣。鄢陵尚有万卉含羞，传之者皆极口谈其风神，恨莫由致也。

【译文】

转枝：一个枝条上开两朵牡丹，一红一白，彼此相对。记下各自的方向，来年开放，发现红白对换位置，神异达到如此地步。唐玄宗时，一朵牡丹一天中颜色变化四次，这说法岂是欺诳我们！上面说的合欢娇，和此处说的转枝，都出自鄢陵（今河南鄢陵县）刘水山太守家，亳州仅有一点点。鄢陵还有万卉含羞，传这个信息的人们，都极口谈论其风神，可惜无法弄到手。

妖血：壬子岁，于南里园偶见娇容三变一树数枝，忽一枝出三头，红艳绝色，世无比类。坐中客皆骇异。客曰："此妖血也。"遂因名。其他枝所开虽有浅深，而无异于常岁。

【译文】

妖血：壬子年（万历四十年，1612），我在侍御史夏赞禹先生家的南里园，偶然看见娇容三变一树数枝，其中一枝开花三朵，红艳绝伦，世上没有。在座的宾客们都惊讶不已。有客人说："这是妖血啊。"遂以妖血命名。其余枝条上开的牡丹，颜色有深有浅，但和常年相比，没有什么不同。

靧面②娇：南园于戊寅春，鹤翎红枝上忽开一花二色，红白中分，红如脂膏，白如腻粉。时郡大夫严公造赏，呼为太极图。余因六朝③有

---

① 《开元天宝遗事》卷上《花妖》说："初，有木芍药植于沉香亭前。其花一日忽开一枝两头，朝则深红，午则深碧，暮则深黄，夜则粉白。昼夜之内，香艳各异。帝谓左右曰：'此花木之妖，不足讶也。'"
② 靧（huì）面：洗脸。
③ 六朝：误，当作"北朝"。详见下条注释。

"取红花，取白雪①，与儿靧面作光洁"之词，乃易其名。其花明春犹复故也，再一岁遂成枯木，岂灵气夺其精华耶？

【译文】

靧面娇：戊寅年（万历六年，1578）的春天，在我家的南园里，鹤翎红的枝上忽然开出一朵牡丹，红白二色，对半分开，红色如胭脂，白色如香粉。当时郡大夫严先生莅临观赏，把它叫作太极图。我因为六朝有"取红花，取白雪，与儿靧面作光洁"的歌词，于是将该品种改名为靧面娇。这株牡丹到第二年春天再开花，回到原来的状态，又过一年，竟成了枯木朽株，难道是灵气夺走了它的精华吗？

○逸品

观音现：白花中微露银红，若水月②慈容，清静自在。旧有观音面，好丛生，色深，花差大。第平顶而散，为其疵耳。

【译文】

观音现：在白花中微露银红，像水月观音的慈祥面容，清静自在。还有一种老品种观音面，喜欢丛生，颜色深，花朵比较大，只是平顶而松散，是其缺点。

---

① 白雪：原作"白花"。据《古今图书集成·草木典》卷288《牡丹部汇考二》校改。北宋李昉主编《太平御览》卷20《时序部五》说："虞世南《史略》曰：'北齐卢士深妻，崔林义之女，有才学。春日以桃花靧儿面（靧，荒内切，洗面也。），咒曰："取红花，取白雪，与儿洗面作光悦。取白雪，取红花，与儿洗面作光泽。取雪白，取花红，与儿洗面作华容。"'""取白雪，取红花，与儿洗面作光泽"两句，逯钦立辑校《先秦汉魏晋南北朝诗·北齐诗》卷2作4句："取白雪，取红花，与儿洗面作妍华。取花红，取雪白，与儿洗面作光泽。"按：北齐属于北朝；而薛凤翔这里却作"六朝"，六朝指祖国分裂时期六个建都于南京的南方政权，依次为三国时期的东吴、后来的东晋以及南朝的宋、齐、梁、陈。薛凤翔这个错误或出于刊刻环节，或由于误读"虞世南《史略》曰"为"虞世《南史》略曰"所致。

② 水月：水月观音，又称水吉祥观音，是观音一心观水相的应化身。其形象有多种。一种为观音站在漂浮海面的莲花瓣上，观看水中月影。一种为观音坐在大海中的石山上，右手持莲花，左手作施无畏印，掌中有水流出。有坐相、三面六臂相等多种。

非霞：胎长，花房高峙，层层渐起。叶在柯端，花栖叶下，色浅红，妍如流霞，而霞不足以尽其态，故曰非霞。微病难开，亦佳品。

【译文】

非霞：花芽长形，花朵高高耸立，层层渐起。绿叶在枝条顶端，花朵栖息在绿叶下面。花色浅红，妍丽如同浮动的云霞，但云霞却不足以展现花的意态，所以叫作非霞。让人感到多少有些遗憾的是，该品种不易开放，但它也是佳品。

肉西、醉西：二花红胎，青叶圆大。肉西出韩氏。此花平齐，其色表里如一，而姿态亭亭，似韵胜者也。醉西成树，易开，色作粉红。其酡颜腻质，若饮熏腾以质胜者。初以"西施"命名，俗取其便，以一字呼之。

【译文】

肉西、醉西：这两种牡丹花芽都呈红色，树叶为青色，又圆又大。肉西出自韩氏，花瓣排列平正整齐，颜色表里如一。花朵亭亭耸立，好似以其内在的意蕴取胜。醉西能长成树，容易开花，粉红色。它红扑扑的面容，细腻的质地，好似美酒下肚面颊泛红，以其外现的体态取胜。起初，人们把它们叫作肉西施、醉西施，后来为了简便，把各自名称中的"西施"省略成一个字，就叫成了肉西、醉西。

胜西施：花大盈尺，色粉白晕红①，如碧縠②映红肤，春意撩人。又一种香西施，色亦相类，花中香气郁烈，惹人衣袂者，独此为甚。明皇云："不惟萱草忘忧，此花香艳，尤能醒酒③。"可谓牡丹实录。

---

① 晕红：从中心到四周逐渐由浓而淡的红色。
② 縠：原作"縠"，据文意改。縠是有皱纹的纱。
③ 《开元天宝遗事》卷下《醒酒花》说："明皇与贵妃幸华清宫，因宿酒初醒，凭妃子肩同看木芍药。上亲折一枝，与妃子递嗅其艳。帝曰：'不惟萱草忘忧，此花香艳，尤能醒酒。'"小说家言，不可信。唐玄宗从来没有牡丹花期偕同杨贵妃驻跸临潼华清宫的经历。

济南^①诗云："西施自爱倾城色，一出吴宫不嫁人。"殊增花韵。

【译文】

胜西施：花朵大，直径满一尺。花色粉白而晕红，绿叶相衬，如碧绿的皱纱服饰映衬着美女红扑扑的容颜，满面春风，着实撩人。又一种牡丹叫香西施，花色与此相似。牡丹花中香气馥郁，能染香赏花人的衣袖的，就属这种花了。唐玄宗说："不仅是萱草能让人忘记忧愁，牡丹花香艳，最能醒酒。"这话可以算得上是对牡丹最符合实情的说法。济南李攀龙先生《山斋牡丹》诗云："西施自爱倾城色，一出吴宫不嫁人。"特别增添牡丹的韵致。

玉芙蓉：红胎，长叶，花白而微红。易开，耐残，更喜纯阴，可成树。其花孤标玉立，闲淡如幽人。别有一种绣芙蓉，亦相类，俱出仝氏。先考功种花时，独仝氏善种艺，且能远近图之，故多佳种。筑圃在西郊，今有茂草之叹。

【译文】

玉芙蓉：花芽红色，花瓣修长，花色白而微红。易开花，且不轻易凋残。喜欢在纯阴地段生长，可以长成树。它的花挺立枝头，高雅恬淡，如同幽居一方昂藏卓荦的高人。另有一种绣芙蓉，大体相似，都出自仝氏。我的先祖父考功郎中西原先生种牡丹之时，只有仝氏园艺娴熟，而且能不分远近搜求好品种，所以他家牡丹佳品甚多。仝氏曾在亳州西郊开辟园林，如今已经荒芜不堪，叫人扼腕叹息。

---

① 济南：明人李攀龙（1514～1570），字于鳞，号沧溟，历城人。历城即今山东济南。明世宗嘉靖二十三年（1544）进士。初授刑部主事，历任郎中、陕西提学副使等职，官至河南按察使。先后与谢榛、王世贞、宗臣、徐中行、梁有誉、吴国伦结社论诗，才高气锐，名播天下，号为"后七子"，他是领袖人物。有《沧溟集》。这里引用的两句诗，出自他的七绝《山斋牡丹》第一首，全诗说："醉把名花掌上新，空山开处几回春。西施自爱倾城色，一出吴宫不嫁人。"

添色喜容：绿胎，柳绿叶，宜阳，易开。花微小，有托瓣。房以内色深，外微晕淡。丰艳笑靥，若驻大丹，欣欣然欲忘老。又一种青叶者，名大添色喜容，花瓣参差，色亦不逮。

【译文】

添色喜容：花芽绿色，树叶为柳绿色，宜栽植在向阳地段，容易开放。花朵微小，下有托瓣。花朵中心颜色深，向外逐渐浅淡，好像丰满的笑脸露出酒窝，酒窝里藏着红丹，那高兴的样子似乎不知老之将至。又一种是青色树叶，名叫大添色喜容，花瓣参差不齐，花色也不及添色喜容。

玉楼春雪：花大如斗，色类秋水妆。其膏沐鲜洁，若瑶台雪晃，闪灼难定。又一种玉楼春老，色类鹤翎红，气宇潇洒，雨久渐茂，但品非春雪之比。

【译文】

玉楼春雪：花有饮酒用的方斗那么大，花色类似秋水妆。质地肥实，光彩鲜洁，好像仙境瑶台雪光照耀，明亮闪烁，目不能接。又一种叫玉楼春老，花色类似鹤翎红牡丹，气宇轩昂，潇洒豪迈，下雨久了反倒茂盛。但若论品级，还是赶不上玉楼春雪。

胭脂界粉：粉叶，朱丝，文理交错，蔚然成章。质之妙丽，亦洞心快目。

【译文】

胭脂界粉：粉色花瓣，上有胭脂色的线条，纹理交错，形成华美的花纹。形态之妙丽，让人赏心悦目。

金精雪浪：白花黄萼，互相照映。花瓣微阔而厚硬，近蕊稍紫。尝以此乱黄绒铺锦，盖欲惑花客耳。

【译文】

金精雪浪：花瓣是雪花般的白色，花萼是金灿灿的黄色，彼此映照，交互生辉。花瓣略微阔大，肥厚硬朗，接近花蕊的地方，稍呈紫色。人们常常以该品种冒充黄绒铺锦，为的是迷惑赏花购花的人。

玉美人：大叶，色白，如匀香粉，而散淡闲雅，似别有一段幽情，但神色稍不足耳。

【译文】

玉美人：大花瓣，白色，像涂抹着香粉。神态从容闲雅，好似别有一段幽情，但神色略嫌不足。

轻罗红：花甚有致。梅红色，轻绡着茜，足以喻之。叶端有缺如齿，羡彼化工佳品。少植，不知何故。

【译文】

轻罗红：此花甚有情致。花为梅红色，用轻绡染成红色作比喻，再恰当不过了。花瓣顶端都有齿状缺口，是造化精巧化育出的佳品，真让人艳羡天公的神通。该品种种植很少，不知是什么缘故。

白莲花：出自许州。此品明洁润泽，鳞瓣微圆，层多房大，幽澹过于莲花。其中黄心如线，寸许，俨如莲蕊。或气弱叶单，则成大瓣，松散飘逸，态殊绝伦。

【译文】

白莲花：出自许州（今河南许昌市）。该品种明洁润泽，花瓣为鳞片样，大致呈圆形，多层重叠，花朵整体较大。幽静淡雅，超过莲花。

黄心如线，长约一寸，非常像莲蕊。有时长势弱而开成单瓣花，则花瓣很大，彼此松散，形态飘逸，动人处与其余牡丹特别不一样。

○能品

珊瑚楼：茎短，胎长，宜阳。色如珊瑚，宝光射人，更多芳香助其娇艳。以此斗奇，石卫尉当不忍下铁如意也①。

【译文】

珊瑚楼：枝茎短，花芽长，适宜在向阳地段生长。花色如珊瑚，宝光射人，芳香浓烈，更增娇艳。如果以此珊瑚楼参与比赛珍奇，石崇当不忍心挥动铁如意将它击碎吧。

蒨②膏红：即如膏红。胎红，尖长。此品亦梅红色。盛则花叶互峙，弱则平头。红光鲜泽，堪拟守宫③新血。

【译文】

蒨膏红：即如膏红。花芽红色，尖长。该品种也有梅红色的。繁盛时花瓣交互耸立，弱时则为平头。花色红光鲜泽，可比拟为黄花闺女新婚初夜下身流出的鲜红血液。

---

① 西晋富豪石崇（249～300），最后职位卫尉。南朝刘宋刘义庆《世说新语·汰侈》记载石崇与王恺斗富。晋武帝赐王恺高二尺珊瑚树，"枝柯扶疏，世罕其比"。王恺以示石崇，石崇立即以铁如意击碎珊瑚，对王恺说："不足恨，今还卿。""乃命左右悉取珊瑚树，有三尺四尺，条干绝世，光彩溢目者六七枚。"如意：古代一种象征祥瑞的器物，头灵芝形或云形，柄微曲，供指划用或玩赏。
② 蒨（qiàn）：同"茜"，红色。
③ 守宫本是壁虎（蝎虎）的别称，因壁虎经常守伏在宫墙屋壁上，以捕食虫蛾，故名。古人将以朱砂喂养的壁虎捣烂，点于女子肢体，以防其不贞洁，叫作守宫。西晋张华《博物志》卷4《戏术》说："蜥蜴或名蝘蜓。以器养之，食以朱砂，体尽赤，所食满七斤，治捣万杵，点女人支体，终身不灭。唯房室事则灭，故号守宫。"元人于伯渊《点绛唇·后庭花》套曲云："绣床铺绿剪绒，花房深红守宫。"

大火珠：绿胎。色深红，内外掩映若燃①，光焰莹流。又有火齐红者，其花边白内赤，远不逮火珠。因二花并出一时，人皆以宝珠名②。

【译文】

大火珠：花芽为绿色，花朵为深红色。花瓣里里外外交互掩映，整个花朵像一个燃烧着的火珠，光焰闪烁晃动。又有一种叫火齐红，花瓣边缘发白、里面赤红，远不及大火珠。因为这两个品种同时出现，人们都以宝珠来命名它们。【但后者较之前者相差太远，名不副实，我现在将后者改名为"火齐红"。】

桃红凤头：肉红长胎，绿叶肥厚。晚开。大瓣高耸，自下而上，长短相承。其形色如丹凤舒彩，灿然夺目。更有一种小叶者，次之。

【译文】

桃红凤头：肉红色的尖长花芽，绿叶肥厚。开花比别的牡丹晚。大花瓣高高耸立，从下到上，花瓣依次减小，彼此承托。该品种的形状、颜色，都像丹凤昂首，展示色彩，光鲜明亮，格外耀眼。另有一种是小花瓣，比这一种逊色。

太真冠：长胎，开早。花瓣劲健，外白内红，高下有度，颇类云鬟。韩持国③诗云"仙冠裁样巧"，指此也。

---

① 燃：原作"然"，据《古今图书集成·草木典》卷288《牡丹部汇考二》校改。按："然"即"燃"的本字。

② 这里称第二种为"火齐红"，品名中没有"宝珠"痕迹。有可能相对于"大火珠"而言，原名"小火珠"，被薛凤翔改名"火齐红"。古人行文简洁，致有表达不清楚之嫌，参看上文"念奴娇"条"其妖丽媚人，果出朝霞之上"云云可知。

③ 韩维（1017~1098）字持国，开封雍丘（今河南杞县）人。北宋仁宗、英宗、神宗、哲宗时期，历任京官、外官。"仙冠"句出自他的《和景仁赋才元寄牡丹图》诗。范镇（字景仁）先有《李元才寄示蜀中花图》诗，多人次韵奉和。韩维这首和诗云："胜事常归蜀，奇葩又验今。仙冠裁样巧，彩笔费功深。白岂容施粉，红须陋间金（洛花名）。不嗟珍赏异，千里见君心。"

【译文】

太真冠：花芽长，开花早。花瓣刚健有力，边缘白，内里红，高低合度，形状颇似杨贵妃的发髻。北宋韩维《和景仁赋才元寄牡丹图》诗云："仙冠裁样巧"，说的就是这种牡丹。

倚栏娇：肉红胎，浅桃红色。花头长大妩媚，有醉舞倚栏之态，沉香亭北①，令人遐想。又一种满池娇，千瓣，成树，色泽亦过之。今重倚栏者，当以致胜。

【译文】

倚栏娇：花芽为肉红色，花瓣为浅桃红色。花朵长大，妩媚异常，有醉舞倚栏的架势。不由得让人遥想当年杨贵妃赏牡丹，半倚着沉香亭北的栏杆，仿佛就是眼前倚栏娇的形象。又一种叫满池娇，更加富态，千瓣成树，色泽也超过倚栏娇。而当今人们却偏爱倚栏娇，当是以它的情致取胜。

大娇红：向阳，易开。色如银红娇，第叶单难与比肩。然花阵中何可无此！又一种娇红，色如魏红，花微小而难接。

【译文】

大娇红：喜欢阳光充足的地段，容易开花。花色如银红娇，只是单瓣，无法同银红娇平起平坐。然而牡丹阵营中，哪能没有这一成员呢！又一种叫娇红，花色如魏红，花朵微小，难以嫁接成活。

五云楼：花圆聚如球，稍长，开则结绣。顶有五旋叶，边有黄绿相

---

① 沉香亭在唐京师长安兴庆宫中。唐玄宗和杨贵妃在这里观赏牡丹，命李白现场作《清平调》词，第三首说："名花倾国两相欢，长得君王带笑看。解释春风无限恨，沉香亭北倚阑干。"

间，类五色云气。

【译文】

五云楼：花朵圆聚如球，但不是标准的球形，稍长一点。该品种花朵一开就结成密实的绣球。花朵顶部花瓣呈五旋状，花瓣边缘黄绿相间，颇像五色云气。

玉楼观音现：花白，难开。开时如水月楼台，迥出尘外，而庄严自在，重以大士①之名花。与中秋月小异。

【译文】

玉楼观音现：花为白色，不易开放。花开如水月楼台，远离尘世，庄严自在。牡丹中已有品种观音现，这里再次以观音菩萨来命名牡丹。该品种与中秋月很相像，略有不同。

乔红：有二种，皆红胎，色深重，近木红。一千满一，开早。俱出沈氏。

【译文】

乔红：该品种细分为两种，都是红色花芽。花色深重，接近木红。足足的重瓣花，开花早。都出自沈氏。

玉兔天香：青红胎，其花粉色、银红二种。一早开，房微小。一晚开，房最大，中出二瓣如兔耳。小者因其难开，多不植。

【译文】

玉兔天香：青红色花芽。该品种开出花来，有粉色、银红色两种。

---

① 大士：菩萨，此特指观音菩萨。

一种早开花，花朵微小。一种晚开花，花朵最大，中间冒出两片花瓣，像兔子耳朵。花朵微小者还不易开花，所以人们多不种植。

洁白：白花鲜洁，有光映人。出朱氏。旧有紫玉者，花最大，白瓣中纷布红丝，盘错如绣。

【译文】

洁白：白花明亮洁净，闪动白光，能够映照旁边的赏花人。出自朱氏。老品种中有叫紫玉的，花最大，白色花瓣中布列红丝，盘绕交错，如同刺绣。

睡鹤仙：色淡红，宜阴。其大如倚新妆。花心出二叶，横陈房颠，状若婴儿并卧，乃旧品中之最殊者。

【译文】

睡鹤仙：花色淡红，适宜在背阴地段生长。花朵的大小和倚新妆相同。该品种从花心冒出两片花瓣，横陈在花蕊之上，就像两个婴儿并排睡觉一样。该品种在老品种中最为奇特。

醉仙桃：宜阴。胎红而长，稍觉难开。其色内则桃红，外则浅白。芳菲时，不啻玄都①、武陵②。岁岁相逢，增我桃花人面③思耳。

---

① 玄都：唐代京师长安的著名道教庙宇，曾以内植桃树著名。唐人刘禹锡（772～842）《元和十一年自朗州召至京，戏赠看花诸君子》诗说："紫陌红尘拂面来，无人不道看花回。玄都观里桃千树，尽是刘郎去后栽。"其《再游玄都观》诗说："百亩庭中半是苔，桃花净尽菜花开。种桃道士归何处，前度刘郎今又来。"

② 武陵：今湖南常德市。东晋陶渊明（365～427）《桃花源记》说："晋太元（376～396）中，武陵人捕鱼为业。缘溪行，忘路之远近。忽逢桃花林，夹岸数百步，中无杂树，芳草鲜美，落英缤纷。"

③ 唐人孟棨《本事诗·情感》说：河北人崔护来长安考进士下第，清明日独游城南，见一女子倚桃树伫立，艳丽动人。第二年清明日，崔护故地寻访不遇，题诗于其家大门，说："去年今日此门中，人面桃花相映红。人面只今何处去？桃花依旧笑春风。"

【译文】

醉仙桃：适宜在背阴地段生长。花芽红而长，稍觉难以开花。花朵内为桃红，外则浅白。花开到芳菲之时，何止是玄都观、武陵源桃花再现。年年相逢，让人增添人面桃花之想。

素鸾娇：轻红白花。诸花外白而内红，独此自外微红，近萼处反浅。在洛则曰倒晕檀心，实一花二名也。

【译文】

素鸾娇：该品种是轻红白花。其余牡丹花瓣自内向外，颜色由深变浅，内红而外白。只有这个品种恰恰相反，花瓣顶端微红，临近底部反而变浅。在洛阳叫作倒晕檀心，实际上是一个牡丹品种，两个名字。

脱紫留朱：朱紫而后深红。又，花红宝楼台者亦然，每于凋落之际，色始呈娇。

【译文】

脱紫留朱：这个品种先呈朱紫色，而后变成深红色。另外，花红宝楼台牡丹也是这样，每到凋落之际，花色才变得娇艳。

醉猩猩：沈氏首出之花，易开。色深红，中微带檀紫。亚于花红平头，紧密处却胜。

【译文】

醉猩猩：该品种最先出自沈氏，容易开花。花色深红，中间微带檀紫色。它虽然整体上比不过花红平头，但花朵紧凑却能超过花红平头。

鹤翎红：其花轮囷①紧密，本肉红而末白。永叔谓如鸿鹄羽毛。旧品中最有声价，今人厌其重浊，稍抑之。

【译文】

鹤翎红：这种牡丹花朵硕大、紧凑。花瓣主体是肉红色，顶端边缘是白色。欧阳修说它像鸿雁羽毛。在老品种中它最有声价，现在人们嫌它浓重浑浊，逐渐冷落它。

一百五：此品谓冬至后一百五日②即开，白如吴练，花大径尺。先年最多，近养花者不植。

【译文】

一百五：该品种这样命名，是说冬至后一百零五天（寒食节）即开花。花色白如吴地织就的白绸子，花朵硕大，直径有一尺。早先该品种很普及，近年来养花者不再种植。

○具品

王家红：胎红，尖，微曲，宜阳。其花大红起楼。亳之牡丹初种，可称花中鼻祖。圃故常留一二，以祀东帝。

【译文】

王家红：花芽红色，尖状，略微屈曲。适宜在向阳地带生长。花朵大红，花瓣层层起楼。它是亳州最初种植的品种，可以称得上是亳州牡丹的始祖。因此，花圃中特意保留一两株，用以祭祀春神。

---

① 轮囷（qūn）：硕大，高大。
② 南朝萧梁宗懔《荆楚岁时记》说："去冬节一百五日，即有疾风甚雨，谓之寒食。禁火三日，造饧大麦粥。据历合在清明前二日，亦有去冬至一百六日者。"

状元红：成树，宜阳。《蜀天彭谱》谓重叶，深红，色与鞓红^①、潜溪绯相类，而天姿富贵，彭以冠花品，故名状元。弘治间得之曹县，又名曹县状元红。又一种金花状元红者，宜阳，大瓣，平头，微紫，每瓣有黄须。今绝少。

【译文】

状元红：该品种能长成树，适宜在向阳地带生长。南宋陆游《天彭牡丹谱》记载它是半重瓣，深红色，与鞓红、潜溪绯相似。姿态天成，雍容华贵。当年天彭（今四川彭州市）地区认为它在当地牡丹中独占鳌头，就以状元为它命名。该品种是国朝孝宗弘治年间（1488～1505）从曹县获得的，就把它叫作曹县状元红。又一种名叫金花状元红的，喜欢向阳环境，大花瓣，平头，略微呈紫色，每个花瓣都有黄须（残留的花蕊）。现在已经极为罕见了。

洒金桃红：黄须满房，皆布叶颠，点点有度，罗如星斗。别有腰金紫者，腰间黄须一围，花则不及洒金。

【译文】

洒金桃红：该品种花朵中满是黄须，都分布在花瓣顶端，斑斑点点，排列有序，如同星罗棋布。另有一种名叫腰金紫的，花朵腰部长着一圈黄须，其花比不上洒金桃红。

淡藕丝：如吴中所染藕色。绿胎紫茎，树叶圆厚。花平头，盛亦起楼。瓣中一浅红丝相界，宛似纤手纹。淡中之艳，亦堪怜爱。

【译文】

淡藕丝：花色如同吴地所染的藕色。花芽绿色，枝茎紫色，绿叶圆

---

① 鞓（tīng）是皮腰带，这里以牡丹颜色类似皮腰带而命名。

厚。花朵是平头型，旺盛时花瓣也能层层高起。每片花瓣中有一道浅红线条画出界限，宛如纤细的手掌纹理。在浅淡花中它算得上浓艳，也很值得疼爱。

寿春红：胎瘦小。莲蕊红：瓣似莲花。海天霞：平头，大如盘。羊血红：微紫。四面镜：有旋叶。石家红：叶稀。桃红楼子：小叶，大红，皆起楼。老僧帽：一花五叶。两叶相参而立，旁两叶佐之，一叶绕其后。花虽单薄，亦称异种也。

【译文】

寿春红：该品种花芽瘦小。莲蕊红：该品种花瓣像莲花。海天霞：该品种花朵为平头，花大如盘。羊血红：该品种略微发紫。四面镜：该品种有旋转般的花瓣。石家红：该品种花瓣稀疏。桃红楼子：该品种是小花瓣，大红色，花瓣层层起楼。老僧帽：该品种一朵花只有五片花瓣。两片相间而立，旁边两片辅助它们，一片绕在其后。花朵虽然单薄，也算得上别具一格。

最下者，如：

陈州红。胭脂红。平头红。金线红。大红绣球。大红宝楼台。彩霞红。七宝冠，又名八宝旋心。朱砂红。粗细叶寿安红。以上皆大红。

回回粉西，细瓣，红，外深内浅。西天香，开早，娇丽三四日则渐白。殿春芳，粉边。殿春魁，平头。庆天香。水晶球。玉天仙。粉红楼子。胜天香。醉春容。粉绣球。粉重楼。腻粉红，有托瓣，赤根。胜绯桃，今绝少。以上皆粉红。

瑞香紫、紫姑仙，皆大瓣。徐家紫、紫重楼，皆难开。茄花紫。茄皮紫。烟笼紫。即墨紫。叶底紫。茄色紫。紫缨络。丁香紫。平头紫，欧谱谓之"左花"。紫绣球。以上皆紫花。

玉重楼。白剪绒，又名曰锯齿白。白缨络。玉绣球。玉盘盂。青心白。伏家白。凤尾白。出嘴白。玉碗白。汴城白。莲香白，香如莲花，瓣亦如之。以上皆白花。

茄色楼、藕色狮子头，皆藕色。

群英品色虽各不同，亦各有一端佳处，但春色中差薄于惜花人耳。然名品多出此辈子生，而繁栽广植，可备秋接之具。至儿女之戏簪，醉客之狂折，何可少此！

【译文】

牡丹中品级最低的，如：

陈州红。胭脂红。平头红。金线红。大红绣球。大红宝楼台。彩霞红。七宝冠，又叫作八宝旋心。朱砂红。粗叶寿安红。细叶寿安红。以上这些品种，花色都是大红。

回回粉西，细花瓣，倒晕粉红，由内向外，颜色由浅渐深。西天香，开花早，娇丽三四天则渐渐变白。殿春芳，花瓣边缘为粉白。殿春魁，平头型。庆天香。水晶球。玉天仙。粉红楼子。胜天香。醉春容。粉绣球。粉重楼。腻粉红，花朵基部有托瓣，赤根。胜绯桃，如今几乎见不到了。以上这些品种，花色都是粉红。

瑞香紫、紫姑仙，都是大花瓣。徐家紫、紫重楼，都很难开花。茄花紫。茄皮紫。烟笼紫。即墨紫。叶底紫。茄色紫。紫缨络。丁香紫。平头紫，欧阳修《洛阳牡丹记》把它叫作"左花"（出自左氏）。紫绣球。以上这些品种，花色都是紫色。

玉重楼。白剪绒，又叫作锯齿白。白缨络。玉绣球。玉盘盂。青心白。伏家白。凤尾白。出嘴白。玉碗白。汴城白。莲香白，其香气、花瓣都像莲花。以上这些品种，花色都是白色。

茄色楼、藕色狮子头，花色都是藕色。

以上这些牡丹，品种、形色虽各不相同，也各有一方面的好处，只是大好春色中赏花人对它们不够垂青而已。然而牡丹名品，多由这些普通品种的种子播种培育而来，而广泛栽植，它们可作为秋天嫁接的砧木。至于小孩子头上插花，醉汉折花，哪可少了这些寻常品种啊！

按记载《景祐①元年沧州观察使记》，谓冀王②宫中花，以五十种分为三等九品，而潜溪绯、平头紫居正一品。平头紫，紫花，大径③尺，亳多而贱之。惟潜溪绯者亦紫花，忽于丛中抽出绯色一二朵，明年移在他枝，洛人谓之"转枝"。今灵品内有红白互相换之转枝，疑其是也。其种出潜溪寺，故名。又按《蜀天彭谱》有红花二十一品，紫花五品，黄花四品，白花三品，碧花一品，未详者三十一品。今亳所有红品相同者：醉西施；彩霞红；油红；陈州红；瑞露蝉，即桃红舞青猊；双头红，即灵品中合欢娇；碧花谓欧碧者，或即佛头青也。其余若献来红、丹州红、延州红、鹿胎花、莲花萼、真珠红、一捻红及姚黄、牛家黄、鞓黄、甘草黄者，皆属未闻。亳州诸花与《洛谱》合者颇多，与《彭谱》不过十一。岂蜀道辽远，相传者遂少耶，抑地迥而名异耶？俟再考订。

【译文】

据奏记中所载《景祐元年（1034）沧州观察使记》所说，北宋冀王的府邸里面，牡丹花以50种分为三等九品，其中以潜溪绯、平头紫高居正一品。平头紫是紫色花，花朵直径一尺，我们亳州到处都是，所以现在被人们轻视。潜溪绯也是紫色花，在北宋洛阳，植株中突然长出一两朵绯红色的花朵，第二年转移到别的枝条上，当时洛阳人把它叫作"转枝"。如今我们亳州牡丹的灵品中，有来年红白花朵互换位置的转枝，我怀疑就是北宋洛阳的潜溪绯。该品种出自洛阳龙门石窟潜溪寺，就以产地和花色命名为潜溪绯。又据陆游的《天彭牡丹谱》，当地有红花21品，紫花5品，黄花4品，白花3品，碧花1品，情况不详的31

① 景祐：原作"天佑"，是元朝末年张士诚政权的年号，卷2《花考》又作"景佑"，两处都错了。南宋陈振孙《直斋书录解题》卷10"农家类"说："《冀王宫花品》一卷，题《景祐元年沧州观察使记》，以五十种分为三等九品，而潜溪绯、平头紫居正一品，姚黄反居其次。不可晓也。"据以校改。

② 冀王：据《宋史》卷244《赵惟吉传》，他是宋太祖的孙子、宋仁宗的堂兄，于宋真宗大中祥符三年（1010）去世，宋仁宗"明道二年（1033）封冀王。子守节……"。次年即宋仁宗景祐元年（1034）。《宋史》卷123《凶礼二》说："景祐初，沧州观察使守节言：'寒食节例遣宗室拜陵，而十月令内司宾往，非所以致恭。'"

③ 径：原作"经"，上文"一百五"条说"花大径尺"，语义相同，据改。

品。当今亳州牡丹与南宋四川天彭牡丹相同的，红花中有醉西施；彩霞红；油红；陈州红；瑞露蝉，即桃红舞青猊；双头红，即灵品中的合欢娇。至于碧花，《天彭牡丹谱》记载的欧碧，或许就是我们这里的佛头青吧。其余牡丹品种，比如献来红、丹州红、延州红、鹿胎花、莲花萼、真珠红、一捻红，以及姚黄、牛家黄、鞓黄、甘草黄等，亳州当地没听说哪里有。亳州种种牡丹，与《洛阳牡丹记》记载相合者甚多，与《天彭牡丹谱》记载相合者不过十分之一。难道是四川道路遥远，因而传入亳州太少，抑或两地远隔，同一牡丹有不同的品名？等以后再作考订。

【点评】

薛凤翔将本单元的内容总题为"传"。"传"在纪传体史书中所占比重最大，篇章最多，叫作"列传"。列传除周边民族以外，其余部分以内地人物为中心，记载各类人物的生平活动。传以释纪，凡不宜载入本纪中的具体情节，都应写进当事人的传中。列传对人的写法，或独自立传，或附传（传主的传记后附其子孙、亲属的简要传记），或以类相从立合传（如战国时期的屈原和西汉贾谊，时代相隔，都是政治家、辞赋家，《史记》合为《屈原贾生列传》）、类传（后妃、诸王、宗室、外戚、宦官、儒林、文苑、道学、刺客、游侠、滑稽、货殖、循吏、酷吏、忠义、卓行、孝友、方伎、隐逸、列女、奸臣、叛臣、逆臣、贰臣）。

宋代欧阳修、周师厚、陆游的牡丹谱录，记载牡丹品种少者24种，多者109种，且有的品种相同。他们在谱录中，对大部分牡丹，就其品名、形态、类型、花色、产地、来历、时间、主人、分布等情况，做了全面或某些方面的记载，文字简约，篇幅短小，基本上采用写实手法，极少描绘、比喻、联想、抒情。薛凤翔时期，亳州牡丹品种的数量远远超过宋代，加上历代培育鉴赏牡丹的经验体会的积累，既有广泛的对象，又有丰富的内容，所以他在本单元"传"和下一单元"拾遗"中，能给各个牡丹品种立传。他写的牡丹传，既有实写，也有虚写，尽情描绘，浮想联翩，随手拈来典故，注入浓烈感情，极富浪漫主义色彩。我们读这些牡丹传，如同走进瑰丽的牡丹王国，对国色天香一一巡礼，一一检阅，耳边萦绕着薛凤翔娓娓道来的解说词。

薛凤翔为牡丹品种立传，是他的创举。他笔下的这些牡丹传记，最值得称道的有下列几方面。

其一，牡丹意象的翻新。前代牡丹诗描写牡丹，常用典故有西施、李夫人、赵飞燕、杨贵妃、巫山神女、洛神、东家之子（宋玉《登徒子好色赋》描写的美女）等历史上或文学作品中的美女；描写红牡丹，常比作赤日、鲜血、红霞、烛炬、火焰、丹砂和涂抹胭脂的香腮；描写白牡丹，常比作月光、白云、薄霜、白雪、白龙、银器、白玉。好话几乎说尽，后人很难跳出窠臼。薛凤翔刻画牡丹意象，也用到上述一些典故、词语，但有所拓展。如说黄绒铺锦牡丹，"上有黄须布满，若种金粟"；银红娇牡丹，"如绛雪绕技"；软瓣银红牡丹，"花瓣若蝉翼，轻薄无碍其色"；碧纱笼牡丹，"如秋云罗帕，实丹砂其中，望之隐隐"；等等，这些都是以自然界此物比喻他物。当他把人物引进牡丹传记中，立刻翻出新花样，更加有声有色，更加灵动。如说飞燕妆牡丹盛开时，有一朵高出枝梢，好像赵飞燕在招呼远处枝条上的妹妹靠拢自己；念奴娇牡丹妖丽媚人，只差唱出婉转的歌声，便能穿透朝霞，直达九霄；花膏红牡丹，每一片花瓣都抵得上浣花溪畔的理趣，在浣花溪居住的唐代女诗人薛涛，怎得再握笔管，为这种牡丹写出依依惜别的"月寒山色"的诗句呢？其余意象还有很多，这里不再举例。

其二，人文情怀的注入。薛凤翔不是像欧阳修、周师厚、陆游那样，在牡丹谱录中客观地记载牡丹，而是赋予牡丹以丰富细腻的人文意蕴。他除了频繁引用古人和时贤的牡丹诗句来传递牡丹的神韵，来烘托人文气氛，还说某种牡丹，或者如同看吴道子的画舍不得离开，或者说连价值连城的和氏璧、隋侯珠也不值得珍惜，或者说斗富的石崇当不忍心挥动铁如意将它击碎，等等。特别是鲭面娇牡丹，本是鹤翎红牡丹枝上开出的一朵牡丹，红白二色对半分开。一位亳州官员把它命名为太极图。但太极图是以黑白两个鱼形纹组成的圆形图案，且用以命名牡丹，玄虚而少情趣。薛凤翔认为，北齐卢士深的妻子崔氏，春天取桃花、白雪，调和起来给小儿洗脸，并念祝词说："取红花，取白雪，与儿鲭面作光洁。"他于是将该牡丹改名为醉面娇，这不但与该牡丹红白二色贴切，而且很富于人情味，也很生活化。

其三，历史面貌的存真。薛凤翔在"凡例"中说：一些牡丹花的品名相当粗俗，甚至令人讨厌，是由文化程度不高的园丁给起的名。这使得牡丹花受到侮辱。"欲易之，恐物色不便，仍以原名标其目焉。"在"传"中，他保留了民间流行的牡丹原名。从史书编纂务求存真的原则来看，他的这一做法应该肯定。这样做，历史面貌才不至于失真走样。唐代史学大师刘知几在《史通通释》卷6《言语》中，就肯定了《左传》如实笔录当世"刍词鄙句"，《史记》如实记载"当时侮嫚之词，流俗鄙俚之说"的做法。薛凤翔这样做，使得这部《亳州牡丹史》给明代社会史、民俗史的研究，提供了可信的资料。

其四，社会发展的反映。社会发展是一个新陈代谢的过程，其间存在着历史的淘汰和选择，强弱优劣不可能一成不变。薛凤翔本书记载明代亳州牡丹品种多出宋代一倍，即说明伴随着社会的发展，新东西不断涌现，层出不穷。在"传"中，他还讲到同一牡丹品种在不同历史时期等级地位的变化。北宋时期，"平头紫（又名左花）居正一品"，而到了明代，"亳多而贱之"。犹如名门望族，几代以后成了衰宗落谱。面对社会发展的规律，人要怎么想怎么做？总应该朝积极进取的方向去努力。

薛凤翔的牡丹传记，免不了存在瑕疵。比如他说："白鹤顶者色甚白，而鹤顶殷红，取名不类，可怪。"其实，白鹤头顶洁白，命名白牡丹，很恰当。丹顶鹤的头顶，才有一撮红毛。还有念奴娇牡丹那段文字，删削古文过甚，词不达意。他这类行文毛病，在本书后面更加严重和普遍。

拾　遗

史既行，明年春，有东郭老叟谓余为花知友，具壶觞邀余至其家。所艺诸花，皆耳目之所未尝闻见者，不下三十余种。问之，皆从四方所得。其中或色可销魂，态可醉心，大可骇目，弗克名状。嘻，何见之晚也！亟收之卷后，名曰《拾遗》。表中仍为分别，系于各品。

【译文】

拙著《牡丹史》在社会上流传开来，第二年春天，有东郭老叟说我是牡丹花的知心朋友，特意准备一桌酒肴，邀请我去他家做客。他家里种植的牡丹，是我所不曾耳闻目见的，不下三十余种。问起来，他说都是从四面八方罗致来的。这些牡丹中，或色形足以让人销魂，或姿态足以让人醉心，或花朵大得让人目瞪口呆，简直不能够把它们形容出来。噫，何相见太晚呀！我赶紧将它们补写在本卷后面，题作《拾遗》。并将它们分为品级，相应地补进本卷前面的《花品表》中。

缕金衣：产自许州。房高茎长，碎瓣绮错，其色红极，无类可方。谢在杭工部①诗云："恍如烛龙②衔耀倒挂珊瑚枝，明珠万斛③光琉璃。又如妃子初入浴，香水滑腻流胭脂。"极状其温润艳丽，花之神韵，尤入胜位。大都斯品一出，诸花不免落第，可为神品之冠。

【译文】

缕金衣：产自许州（今河南许昌市）。花朵高起，枝茎修长。碎花瓣，绮纹交错。花色极红，没有同类可以参照比喻。谢肇淛先生在《苕溪草堂燕集观牡丹放歌》中具体描绘道："恍如烛龙衔耀倒挂珊瑚枝，明珠万斛光琉璃。又如妃子初入浴，香水滑腻流胭脂。"（恍如烛龙口衔火烛，倒挂在珊瑚枝上，／浑身红鳞像万斛珍珠闪闪发亮。／又如杨

---

① 明人谢肇淛（1567～1624），籍贯福建长乐，生于钱塘（今浙江杭州市），故名肇淛（"淛"是"浙"的异体字），字在杭，号武林（杭州旧称）。明神宗万历二十年（1592）进士，当过工部屯田司员外郎，官终广西左布政使。这里摘录的诗句，出自他的七言古诗《苕溪草堂燕集观牡丹放歌》。全诗长，载其《小草斋集》卷8。

② 烛龙：综合《楚辞·天问》《山海经·大荒北经》《山海经·海外北经》《淮南子·地形训》等典籍的说法，烛龙也称烛九阴，人面龙身，赤红色，身长千里。开眼为昼，闭目为夜。吸气则北风呼啸，为冬天；呼气则赤日炎热，为夏天。口衔火烛，以照耀西北幽冥无日之国。

③ 斛：量器，也作为容量单位，初以十斗为一斛，后五斗为一斛。

贵妃开始在华清池里沐浴，／脸上的红胭脂在滑腻的温泉水里流淌。）诗句极力形容牡丹的温润艳丽，牡丹花的神韵，被刻画得活灵活现。大抵该品种一出世，其余各品种不免落榜，可列为神品中的极品。

花红独胜：鱼鳞小瓣，层层相承，红如积血，欲溅几阁。又一种花红无敌，小叶聚集，重楼巍然，色亦相类。

【译文】

花红独胜：鱼鳞似的小花瓣，层层相承，花色红如积血，几乎要溅到橱架上。又一种名叫花红无敌，小花瓣聚集，层层叠叠，宛如巍峨的高楼。它的花色与花红独胜很相似。

五陵春、奇色映目：二花大叶笼苁①，楼台盘郁②，色如晴光射水，金采绚目。

【译文】

五陵春、奇色映目：这两种牡丹都是大花瓣，开得很旺盛。花瓣层层起楼，高大茂盛。其花色如同阳光照耀水面，水波荡漾，反射出金灿灿的光波，眩人眼目。

闺艳：绒瓣纤细。又，金屋娇，层分碎叶，斐叠若楼。二者诚闺阁艳质，翠衣霞裳，娇姿自媚，而赏鉴者情自不薄。

【译文】

闺艳：花瓣纤细，如同绒线。另一种金屋娇，纤细花瓣层层起楼。这两种牡丹简直就是闺房中的天生丽质，绿叶簇拥，如同穿着云霞般的翠绿衣裳，不胜娇媚。赏花人看在眼里，自然多了几分厚爱。

---

① 笼苁（cōng）：犹言"葱茏"，繁密，茂盛。
② 盘郁：高大繁盛。

艳阳娇：小瓣，梅红。春风荡漾，流霞满树，而红香飞越。

【译文】

艳阳娇：小花瓣，梅红色。花朵随着春风荡漾而晃动，似乎是红霞飘动到牡丹丛中。那颜色，那香气，都飞动起来。

娇白无双、楚素君、白屋公卿、连城玉：皆千层大瓣。黄白绣球、玉润白、赛玉魁、冰清白、碧天一色：俱碎瓣起楼。瑶台玉露：绒叶紧聚。雪素：叶繁蕊香。王家大白：大过诸花。大凡白花，病在赤根，又恐枯涩无态。以上众品，雪质霏微，素心自照，不以色媚，其色实在相外也。

【译文】

娇白无双、楚素君、白屋公卿、连城玉：这四种牡丹都是重瓣，大花瓣。黄白绣球、玉润白、赛玉魁、冰清白、碧天一色：这五种牡丹都是细碎花瓣，层层起楼。瑶台玉露：绒线形细瓣，紧聚成团。雪素：花瓣繁多，花蕊香气明显。王家大白：比其他牡丹的花朵都大。大凡白花牡丹，毛病主要出在花朵基部相连的枝茎发红，再就是枯涩单调，无精打采。以上这些白牡丹品种，其资质如冰清玉洁，其精神如素心自照，它们不靠卖弄缤纷色彩来献媚乞怜，它们的色相，其实在各自的具体形象之外。

藕丝霓裳：此花面径八寸许，其大无外①，色泽亦佳。

【译文】

藕丝霓裳：这种牡丹，花面直径约有八寸。相对而言，花朵够大的

---

① 《四十二章经》云："佛言：爱欲莫甚于色。色之为欲，其大无外。"这是从强调的角度谈论大小的，说没有比这更大的了。古代伪托道教人物关尹子的说法："其大无外，其小无内。"这是从无限无极的概念立论的，说广大，则可以没有外面区域，微小，则可以没有里面区域。前文提到几种牡丹花面直径一尺，而这里介绍的藕丝霓裳牡丹花面直径才八寸，却说"其大无外"，只是从相对论的角度赞美它的花硕大。读者对此说法不必胶柱鼓瑟。

了，色泽也非常好。

三春魁：多叶，桃红，览蔓其枝，房出树表，大亦可爱。

【译文】

三春魁：花朵为半重瓣，花色桃红。枝条舒展蔓延，花朵高出植株之上，硕大可爱。

银红妙品、银红艳妆、银红绝唱：俱下布数片大叶，中间细琐堆积。又一种银红上乘，大瓣簇满。其色皆如其名。扬光泛采，逸韵非常，闲雅之致，嫣然可人。

【译文】

银红妙品、银红艳妆、银红绝唱：这三种都是花朵基部分布数片大花瓣，中部花瓣细琐堆积。又一种名叫银红上乘，大花瓣簇拥，很丰实。它们的颜色，如同它们的品名所明白标示的，都是银红色。流光溢彩，逸韵不凡，闲雅达到极致，美艳可人意。

采霞绡：千层大叶，积润凝光，而色如蒨练。

【译文】

采霞绡：花朵为重瓣，大花瓣。花色如同红绸子，光润发亮。

珊瑚凤头：房开大瓣，光同翕赩①，可以染绛。横出枝杪，如日照火珠。又出奇色独占魁及独粹二种，衡量者谓能与众花争长。余但见其蓓蕾，未见其开放也。

————————————

① 翕（xī）：合聚。赩（xì）：大红色。

【译文】

珊瑚凤头：花开为大花瓣，大红色凝聚得异常浓艳，似乎可以染红其他东西。花朵横出枝头，好像红彤彤的太阳照着火珠，通彻透亮。又出现奇色独占魁和独粹两个品种，鉴赏者认为它们有资格同众牡丹一争高低。我只见过这两种牡丹的花蕾，没见到它们开放的样子。

【点评】

本单元题为"拾遗"，是上个单元"传"的补充，如果是大部头史书，便称为"续编"、"补编"之类。薛凤翔延续了上个单元的编纂手法，并交代了这些内容来自何处——东郭老叟家。这从史源学的角度来说，属于实地考察，第一手资料。东郭老叟读了他的《亳州牡丹史》，主动邀请他来家参观叙谈，一方面反映《亳州牡丹史》的社会效应，另一方面反映亳州的风尚习俗。东郭老叟自己没有撰写牡丹书籍，如果家中牡丹的品名都出自自己命名，那也相当有功底。而由薛凤翔如此这般归纳描绘，便大大充实了内涵，提升了格调，跻身于牡丹殿堂，流芳万世。假若没有本单元的叙述描写，没有本单元中薛凤翔引用的谢肇淛诗句、古代神话和佛教道教说法，那会是什么后果？

外　传

花之气

牡丹分、栽、接、种俱在秋，乃以秋为春也。胎则坐于初夏，长于秋，养于冬，实于春，胚胎凡经十有二月，钟四时之气，乃杰于谷雨数日耳。所开之早晚，是各花禀性异也。

【译文】

牡丹的分株、移栽、嫁接、播种，都在秋天进行，对于牡丹来说，是把秋天当作春天的。花芽分化从初夏开始，秋天生长，冬天护养，春天开花结实，一共经历十二个月。这样，牡丹从发芽分化开始，历经十二个月，荟萃了春夏秋冬各自不同的灵气，才在谷雨前后数日争奇斗艳。牡丹开花早晚，是不同品种的禀性差异所决定的。

花之种

花房不同者有六等：有平头①，有楼子②，有绣球③，有大叶④，有托瓣⑤，有结绣⑥。平头者欲充实，楼者欲高耸，绣球者欲圆满，大叶者欲笼苁，托瓣者欲紧簇，结绣者欲活泼。反此为六病。

【译文】

牡丹花形状不同，分为六类：一是平头，二是楼子，三是绣球，四是大瓣，五是托瓣，六是结绣。平头类须充实，楼子类须高耸，绣球类须圆满，大瓣类须繁盛，托瓣类须紧凑，结绣类须活泼。如果达不到各自的标准，花型凌乱，那就成了毛病。

---

① 平头：薛凤翔在本卷前文中解释道："凡花称平头，谓其齐如截也。"平头型牡丹指牡丹花朵呈扁平状的一类花型，有荷花型、菊花型、蔷薇型几种。荷花型牡丹花瓣3～5轮。菊花型牡丹花瓣6～18轮，向心式整齐排列，层次分明。花微露心，雌蕊、雄蕊正常，有结实能力。花心有少量雄蕊瓣化。蔷薇型牡丹花瓣8轮以上，花瓣100～150片，由外向内逐渐变小，整齐排列。花微露心，花瓣多时不露心。雄蕊大部分退化或瓣化。结实能力丧失或减弱。
② 楼子：指牡丹花朵中心高起的一类花型。楼子型牡丹有单花类，也有上下两朵单花以及上下重叠的几朵单花形成的台阁类。楼子类花瓣分为内外两种，它们的大小、形状有明显差异。外瓣2～4轮，是自然花瓣，多宽大平展，排列整齐。内瓣主要由雄蕊瓣化而来，狭长或细碎皱曲。雌蕊或正常或瓣化，或退化消失。全花高耸，呈楼台状。上下单花重叠者，情况相同。
③ 绣球：指牡丹花朵呈绣球状。绣球型牡丹，其雄蕊充分瓣化，内外瓣形状大小近似，全花隆起呈球形。雌蕊全部退化或瓣化，无结实能力。
④ 大叶：大花瓣。
⑤ 托瓣：牡丹花朵基部一圈长着大花瓣，承托上面的花瓣。
⑥ 结绣：薛凤翔在本卷前文中说娇容三变，"开必结绣，而又艰涩，须以针微为分画之，不然花蒂俱碎矣"。又说："五云楼：花圆聚如球，稍长，开则结绣。"可知所谓"结绣"，指牡丹花瓣紧紧贴在一起，密聚成团。

花之鉴

花佳处亦有十等：曰精神，曰天然，曰娇媚，曰丰伟，曰温润，曰轻妙，曰香艳，曰飘逸，曰变态，曰耐残，各有攸当。

【译文】

鉴赏牡丹须从十个方面欣赏它们的好处：一是精神，二是天然，三是娇媚，四是丰伟，五是温润，六是轻妙，七是香艳，八是飘逸，九是变态，十是耐残。这十个方面，每种牡丹不可能全部兼备，但各有所长。

【点评】

本单元题为"外传"。外传指作者对此前所写书的主要内容做进一步的解释或补充。本单元对牡丹的生长、类型、鉴赏，做了理论归纳。他对牡丹的分类着眼于形状，提出平头、楼子、绣球、大叶、托瓣、结绣六类。平头、楼子、绣球的分类说法，现在园艺界还在使用。鉴赏不是容易的事，标准很难制定，薛凤翔提出精神、天然、娇媚、丰伟、温润、轻妙、香艳、飘逸、变态、耐残十个方面，可供人们思考借鉴。

亳州牡丹史卷之二
别　传

纪　园

○常乐园

先大父西原公议礼归田[①]，小筑丘园，去城可二里。小径逶迤，灌

---

① 《明史》卷191《薛蕙传》记载：明世宗嘉靖二年（1523），朝臣争论大礼，与张璁、桂萼等人斗争激烈。薛蕙时任吏部考功郎中，撰《为人后解》《为人后辨》驳斥张璁、桂萼，触怒了明世宗，被下镇抚司考讯，后获保释，剥夺三个月的俸禄。时亳州知州颜木被治罪，薛蕙和他是同年进士，被诬陷与他有牵连，尽管真相大白，明世宗还是勒令他解任听勘。薛蕙从北京回到亳州，坚决不再回朝任职，故于嘉靖十八年（1539）拒绝了蕙春坊司直兼翰林检讨的职务，终老家园。

木交荫，径穷得园。园内文石玲珑，嵥①然玉立。石后茅屋数椽，不事雕饰，额②曰"大宁斋"。斋后有亭，亭西有轩。轩在丛篁间，多集名人题咏。斋东过荆扉，有亭曰"莹心"，乔大宰白岩③小篆也。凿池环亭，荷香断续，游鱼上下，公时啸傲其间。《郡志》云：公自吏部归，绝意仕进，营园自适。暇则曳履陇畔，荫树临流，与渔父田翁相问答，泊如也。晚年潜心性命，检藏注经，为诗书乐地。亳之有牡丹，自兹园始。沈石田④先生题牡丹云："天于清高补富贵，人从草木寄文章。"可以为志。今亭池虽圮⑤塞，竹石尚存。园初以"独乐"命名，后马中丞易为今名⑥。

【译文】

先祖父西原先生参与朝中争议大礼，被革职返还亳州家园。他在亳州城外二里的地方建造了一所园林。一条小路弯曲绵延，沿途灌木茂盛，走到小路尽头，就到了这所园林。园子内文石玲珑，高高耸立。石头后面是几间茅屋，没做装修，正门匾额题为"大宁斋"。大宁斋的后面有一个亭子，亭子西面有一处书房。书房隐藏在竹丛中，里面多集名人题咏的诗作书法。大宁斋东边经过柴门，有亭子名叫"莹心"。莹心

---

① 嵥（jié）：高耸独立。

② 额：原作"颜"，据文意改。二字形似而误。

③ 大宰，周天子六卿之一，即天官，相当于后世的吏部尚书。《明史》卷194《乔宇传》记载："乔宇，字希大，山西乐平人。……世宗即位，召为吏部尚书。……宇遇事不可，无不力争，而争大礼尤切。……诗文雄隽，兼通篆籀。"《明史》卷99《艺文志四》记载："乔宇《白岩集》二十卷。"

④ 沈周（1427~1509），字启南，号石田、白石翁、玉田生、有竹居主人等。长洲（今江苏苏州市）人。不应科举，专事诗文、书画创作，是明代中期文人画吴派的开创者，与文徵明、唐寅、仇英并称明四家。这里摘录的诗句出自他的古诗《块庵陈太常南轩牡丹》，载《石田诗选》卷9，见《文渊阁四库全书》第1249册第707页，字略异，作"人与草木争文章"。

⑤ 圮（pǐ）：毁坏。

⑥ 光绪《亳州志》卷18《艺文志》收录薛蕙多首诗，一首题为《小园旧名"退乐"，马敬臣中丞改曰"常乐"，因为题榜，兼赋古诗二章见赠。敬次韵奉酬，且记吾园得名之始》。可见常乐园起初的名字不是"独乐"而是"退乐"，含义为归田退隐之乐。马卿，字敬臣，号柳泉，彰德府林虑（今河南林州市）人。明孝宗弘治十八年（1505）进士，官终都察院右副督御史。故此处以御史台官职的古称"中丞"称之。

亭匾额上的小篆题名，是吏部尚书乔宇先生的墨宝。环绕着莹心亭，开凿出池塘，池塘中荷花飘香，游鱼来往，祖父常在这里放歌长啸，傲然自得。《亳州志》记载：西原先生从京师供职的吏部返回家园，再也不想染指官场，营建园林，怡然自乐。他闲暇时每每拖着鞋子，不是到田间地头寻找农夫，就是去水边树下寻找渔翁，彼此问答，说说笑笑，恬淡自足。他晚年潜心研究理学，阅读典籍，诠释经典，这所园林成了他研习诗书的乐土。亳州之有牡丹，就是先祖父在这所园子里栽培牡丹开的头。沈周先生咏牡丹的诗句说："天于清高补富贵，人从草木寄文章。"可以用来抒发志向。虽然现在这所园林中亭子坍塌、池塘淤塞，但依然竹丛常青、石头屹立。这所园林最初命名为"独乐园"，后来马卿中丞改成现在这个名字。

○南园

先府君①两泉公继常乐而构者也。《郡志》云：薛氏南园，表里灿如蜀锦，与常乐为肘腋。高槐四荫，崇台夹辅。相传台为魏武所筑，无稽也。考功公诗曰："人非九品羲皇上②，园似千花佛界中③。"得其似矣。往李尚玺④伯承谪居吾郡，公暇辄造之。迤来与诸昆鼎划，左曰似漆园。穿竹而入，得来风轩，稍进为迷花坞。坞后小榭曰春海，右曰西园。中为醉月亭，当秋空月净，松阴满地，如积水浮藻⑤。迤北则听雪

---

① 先府君：对已故父亲的尊称。唐人柳宗元有《先侍御史府君神道表》。《旧唐书》卷160《柳宗元传》说：其父柳镇，"太常博士，终侍御史"。

② 魏晋实行九品中正制，品评人物，分为上、中、下三等，每等又分为上、中、下三品，从上上、上中直到下中、下下，一共九个等级。东晋陶渊明《与子俨等疏》说："常言五六月中，北窗下卧，遇凉风暂至，自谓是羲皇上人。"羲皇即伏羲氏，与神农氏、黄帝并称三皇。羲皇上人，指伏羲氏以前的人，即远古时期的人。古人把远古时期理想化，想象那时太平、富庶、和谐，人民无忧无虑，恬静闲适，故后世隐逸之士自称羲皇上人。

③ 金代元好问《赠答普安师》诗说："宝树千花佛界春。"

④ 尚玺：明代中央机构尚宝司，设置卿、少卿、司丞等官员，掌管各种天子宝印、符牌。尚玺应是对该机构某一官职的雅称。

⑤ 此处仿北宋苏轼《记承天寺夜游》的表述，苏轼原文云："元丰六年（1083）十月十二日夜，……至承天寺，……步于中庭。庭下如积水空明，水中藻荇交横，盖竹柏影也。"

斋。迤南叠石为山，奇夺鬼负。上安方榭，下引曲洞，洞口临流，足以垂钓。池上有阁，足以眺远。中曰清华园，余有也。入门为湛露堂，堂东地棠数百本，延蔓甚远，缭以为垣，曰棠蹊。循蹊达梅梁馆，馆前平桥小径，绕出堂后。入馆西折，经松关，曰碧界。银杏参差，高可摩霄，就行列者维四。其间隙地广十许丈，重阴如幄，环以阑楯，甃①以砻石，盘礴其下，烦暑如秋，署曰"美荫"。过此则浴霞楼，楼下环植牡丹如干本。凭轩俯视，恍如初日荡潮，而繁星浴霞也。楼东入花洞，曰宛委春。出洞皆红树秋林，林腹为韵斋。楼之北曰烟条②馆，西有小舫曰千花供。由舫而南登松檀③，曰泛涛。因为飞梁，渡记花阁。白木香一本，肤如龙鳞，枝叶盘郁，匝三楹，盖百年木也。花开类袁安雪舍④，流香不散者累月，因额⑤其亭曰"繁香"。历抱瓮轩而出，复达湛露堂。园虽因牡丹而著，其四时芳菲，足以游目，千尺长松，亦堪踞啸⑥。

【译文】

这所南园，是我的先父两泉先生在世时，继我的祖父西原先生建造常乐园之后，而另外建造的一所园林。《亳州志》记载：薛氏的南园，里里外外，像蜀地的名贵锦缎一样华丽，与常乐园的华美程度，就像胳膊肘和腋窝一样，非常接近。槐树等高高的乔木遍布各处，到处都是阴凉。一座高台掩映在大树之间。相传这座高台是魏武帝曹操建造的，但

---

① 甃（zhòu）：砌，垒。
② 烟条："条"（原字"條"）疑为"篠"之误，细竹子。
③ 檀：疑为"坛"之误。
④ 唐太子李贤为《后汉书》卷45《袁安传》作注，引魏晋人周斐《汝南先贤传》说："时大雪积地丈余，洛阳令身出案行（巡视），见人家皆除雪出，有乞食者。至袁安门，无有行路。谓安已死，令人除雪入户，见安僵卧。问何以不出。安曰：'大雪人皆饿，不宜干（求取）人。'令以为贤，举为孝廉。"
⑤ 额：原作"颜"，据文意改。
⑥ 踞啸：箕踞啸歌的简略说法，是一种不拘礼仪、狂放傲慢的行为。古人席地而坐，膝盖着地，臀部放在后脚跟上，双手放在膝前。这种坐式符合礼仪，尊重在座的人。而箕踞则是两脚张开，两膝微曲，形状像箕。这种坐式很随便，旁若无人。啸，撮口吹口哨，常说成啸傲。

毫无根据。先祖父考功郎中曾作诗说："人非九品羲皇上，园似千花佛界中。"（我虽然不是远古时代优哉游哉的人士，家园中千花争妍，却似一方佛界净土。）这诗句道出了个中旨趣。以前尚宝司官员李伯承先生贬谪到我们亳州来，公务之余就来南园游赏。近年来我同诸位兄弟筹划对园子进行改造，左边改建后，叫作似漆园。穿过竹林进入似漆园，先到达来风轩，稍稍前行，到达迷花坞。迷花坞后边的小榭，叫作春海。这所园子的右边改建后，叫作西园。西园中间是醉月亭，秋高气爽，明月高悬，地上满是松柏的影子，如同清潭中漂浮着水草。拐弯北行，到达听雪斋。拐到南边，则是垒石为山，奇巧超过鬼斧神工。石山上面建造平房，石山下部是弯弯曲曲的通道，通道洞口挨着水池，可以在这里垂钓。水池上有阁，站在这里可以骋目远望。这所园子的中间改建后，叫作清华园，归我所有。从清华园大门进入，到达湛露堂。湛露堂东边栽植地棠数百株，延伸很远，像围起一堵墙，就把这条小路叫作棠蹊。顺着棠蹊走，到达梅梁馆。梅梁馆前有一座平桥，一条小路绕在湛露堂后。入梅梁馆朝西拐，经过松关，叫作碧界。银杏树参差，高耸入云，成排者只有四株。这里空地有十来丈宽，绿叶垂阴，如同帐幕，周围修建栏杆，用白石垒砌。在这里辗转逗留，酷暑竟凉似清秋，就把此处命名为"美荫"。经过此处，到达浴霞楼，楼周围栽植牡丹若干株。在楼上倚靠门窗往下看，牡丹争奇斗艳，恍如旭日晃荡在云海里，繁星沐浴在霞光中。从浴霞楼东行，进入花洞，叫作宛委春。从花洞出来，满眼树木，入秋叶子变红，成为秋林。在秋林的中心，建造了韵斋。浴霞楼的北边是烟条馆，西边有小舫，叫作千花供。由小舫向南，登上松檀（坛），叫作泛涛。渡过飞桥，到达记花阁。这里有一棵白木香，树皮苍老如龙鳞，枝叶高大繁盛，整棵树有三间房屋那么大，树龄大概有一百年。整棵树开花时，就像东汉袁安的家宅披着厚厚的积雪，那香气能保持数月不流散，因此，这所亭阁被命名为"繁香"，刻在匾额上。经过抱瓮轩再出来，就回到湛露堂。这所南园虽然因为牡丹才名闻遐迩，但一年四季芳菲相续，足以饱人眼福。此外，苍松千尺，傲然挺立，足以让人驻足流连，在这里科头箕踞，仰天长啸。

〇东园

在考公^①祠前。牡丹虽不数亩，而多名种。以地僻，远喧嚣，苍松古柏，虬枝^②劲干，干霄摩云。人谓挟《黄庭》^③一卷偃仰其间，自是太古逸民^④，兹园足以当之。为兄子先春别业^⑤。先春工临池^⑥，饶逸韵。

【译文】

东园在先父祠堂前。这里牡丹虽然没有几亩，但多是名贵品种。因为地方偏僻，所以能够远离尘世的喧嚣。这里栽植着苍松翠柏，枝条像虬龙一样盘曲，主干刚劲挺拔，高高耸立，直达云霄。有人说带上一卷《黄庭经》，俯仰在苍松翠柏下，自是远古时代那种遁世隐居的高人。这所东园就是这样的地方。东园是我哥哥的儿子薛先春的园子。先春精于书法，写出字来饶有韵致。

〇松竹园

王别驾^⑦谦夫，博雅君子也。早年从考功公游，因创园，去长乐不数武^⑧。有茂林修竹之胜，茅斋数间，错置幽旷处。深嗜牡丹，凡竹间隙地皆种之。因爱佛头青，所种极多。今花竹半残，园亦分裂矣。

---

① 考公：已去世的父亲，称为考、先考、皇考。"考公"组词似不妥，疑应如下则"考功公"，即薛凤翔先祖父考功郎中薛蕙，刊刻脱文致误。译文仍按原文处理。
② 虬：盘曲，卷曲。
③ 黄庭：道教经典《黄庭经》。
④ 太古逸民：太古时代节行超逸、避世隐居的人。
⑤ 别业：古代称田庄、园林为别业，也叫别墅。
⑥ 《晋书》卷36《卫恒传》说东汉书法家张芝天天练字，家中的绢帛都用来写字，然后洗涤干净再染色。为了便于洗涤，他"临池学书，池水尽黑"。
⑦ 别驾：汉代设置，为州刺史的佐吏，刺史出巡辖境时，别乘驿车随行，故名。后世多次改名，废置不常。本文代指州级副长官。
⑧ 武：两脚距离为步，相当于六尺（或五尺），半步为武，即一脚距离，因而以"武"字泛指脚步。

【译文】

别驾王谦夫先生，是一位博雅君子。他早年同我的祖父考功公交游，创建了这所松竹园，距离我祖父的长乐园只有几步远。松竹园中树木成林，翠竹高耸，幽深空旷的地方，错落有致地坐落着几间茅草房。他深爱牡丹，竹丛间的空隙地段都用来栽植牡丹。因为最爱佛头青，所以这一品种栽植最多。而今牡丹、竹丛大半荒残，松竹园也被瓜分了。

○宋园

故将军宋氏于嘉靖间构此园城西北。亭台毕具，竹树交错，中种牡丹数百本，亦惬心赏。近归贾水部①矣。

【译文】

宋园是已故将军宋氏于国朝世宗嘉靖年间（1522～1566）在亳州城西北修建的园林。园林中亭阁楼台样样齐全，翠竹杂树，交错栽植，还栽植牡丹数百株，也都赏心悦目。近年来这所园林归都水司贾大人所有了。

○杨园

枣强丞②杨君解官还亳，不乐居阛阓③，筑园南郊。树长松，莳名花，疏池叠石，为终焉之计。晚岁诸子或谋以售人，人告之，君曰："吾儿不欲老夫与草木同朽腐耳。"其旷达如此。花不胜奇，而主人韵胜。

【译文】

枣强（今河北枣强县）丞杨先生卸任返还亳州，不喜欢居住在喧

① 水部：古代掌管全国川渎、陂池、航运、水利、堤堰等事务的中央官署，明代改称都水司。

② 丞：县级长官，是正长官县令（大县）、县长（小县）的主要助手。

③ 阛阓（huánhuì）：街市。

闹的街市中，就在亳州南郊建造了这所杨园。他在园子里栽植苍松，培植牡丹，开池引水，垒石为山，打算就此安度余生。在他晚年，他的几个儿子想把园子卖给别人，有人告诉他，他说："我儿子们不想让老夫与这里的草木一同腐朽啊！"他豁达开朗，就是这样的。杨园的牡丹花并不突出，但主人的胸怀情操胜过他人。

○乐园

在郭北。门对清流，松径逶迤，斋舍整洁。牡丹数亩，最多精品。主人不涉书，能选胜结客，乐意丘园，故亦可人。在隆、万间，喜觅异花，与人斗奇。自是，人遂知有颜布衣也。

【译文】

乐园在亳州城北。园子门前是清澈的河流。园子里青松夹道，道路弯曲，房舍整洁。牡丹栽植数亩，多是精品。主人颜氏不涉猎书籍，但也能遴选优秀文人，结为朋友。他没有爵禄，以一辈子处身丘园为乐事，因而也挺可爱。在国朝隆庆、万历年间（1567～1572，1573～1620），他喜欢搜罗珍异牡丹，与人斗奇争胜。从此，人们才知道有这么一位姓颜的平头百姓。

○凉暑园

李典客继之，有别业在城东隅，因宋黄太史①有凉暑署书，遂以名园。中构亭榭，间以茅屋，竹树蓊蔚②，称佳境矣。典客博洽，兼有花嗜，牡丹芍药，各以区别。入园纵目，如涉花海，茫无涯际。花至典客，精妙绝伦。然所以能甲诸园独跻上乘者，皆平头李仁力也。仁自有花癖，解趣，故主人不劳心，而绝色日新。

---

① 北宋黄庭坚（1045～1105），字鲁直，号山谷道人，晚号涪翁，洪州分宁（今江西修水县）人。文学家、书法家。宋英宗治平四年（1067）进士。在京师开封和外地任过多职，曾任起居舍人、兼国史编修官。这些属于史职，故此处称他为太史。
② 蓊（wěng）蔚：茂盛。

【译文】

鸿胪寺李继之先生，有园林在亳州城东隅，因北宋黄庭坚曾有"凉暑"题款，遂将这所园子命名为凉暑园。凉暑园中建造亭榭，间或修建几处茅屋，翠竹树木，郁郁葱葱，堪称一处胜地。李先生学识渊博，嗜花成癖，牡丹、芍药，分区种植。进入凉暑园纵目远望，如同徜徉在花海中，漫无边际。牡丹花到李先生这里，达到精妙绝伦的境地。然而能在亳州众多园林中独占上风，都是园丁李仁的功劳。李仁爱牡丹上瘾，也懂得牡丹的情趣，因而李先生用不着操心，园子中的牡丹佳品就会日新月异。

○南里园

夏侍御赞禹，壮年被放，慕考功公为人，遂筑园于常乐之右。中开四照亭，妙选名花，云莳①左右。复架木为长廊，编花成障，而奇石佳树相映带，飞榭小轩，游屐莫穷其境。日与山人羽客徜徉其间。时牡丹与凉暑园争盛。自侍御物化，遂尔寥落。每一经过，松风呜呜，不啻听雍门弹②矣。

【译文】

侍御史夏赞禹（讳之臣）先生，正当壮年被免官放还亳州。他仰慕我祖父考功郎中的为人，就在我祖父常乐园的西边建造了南里园。南里园中修了四照亭，精选名贵牡丹，栽植在亭子周围，花开时如同云蒸霞蔚。园子中架木为长廊，布置牡丹，如同屏障。奇石佳树，交相映带。高处建造的平房，有凌空欲飞的架势。游人举步寻幽，总也穷尽不了园子中的所有胜景。夏先生天天陪同处士、道士，徜徉其间。有时

---

① 云莳（shì）：像云聚集那样布局来种植（牡丹）。
② 西汉刘向《说苑·善说》说：战国时期，雍门子周善弹琴。孟尝君问能否弹出琴声让自己悲哀。雍门子周举了几个调动情感的例子，于是"引琴而鼓之，徐动宫徵，微挥羽角，切徐而成曲"。孟尝君边听边流泪，感叹说："先生之鼓琴，令文（孟尝君名叫田文）立若破国亡邑之人也。"后以"雍门弹"代指悲哀的音乐。

候，夏先生还以园子中的牡丹与李继之先生凉暑园中的牡丹一争高低。自从夏先生逝世，南里园一下子衰败了。我每次经过南里园，听到里面的松树被风吹得呜咽作响，觉得不只是听到雍门子周弹奏的悲哀琴声才会伤心落泪呢。

○且适园

李方岳①正屏公，往给事琐闼②时，间归筑园。林香竹色，菌阁草堂，柏障花茵，信休休③佳境。其中牡丹更饶名品。园在常乐园东。

【译文】

大臣李正屏先生，以前供职朝廷时，偶或回亳州营建园林。这所且适园，林木散发幽香，竹丛闪动翠色，用茅草建造房舍亭阁，把松柏布置成屏障，将花草营造成席子，诚然是唐人司空图休休亭那种佳境。园子中的牡丹，名贵品种相当多。且适园在我家常乐园的东边。

○庚园

城西隅。积水成沼，可容小舠④，采莲举网甚适也。傍水有故挥使宅，李文学培卿买而为园。读书之暇，辄经营位置，凡数年，始足游览。重门之内有郁金堂，崇基轩敞，最能受月。堂后有楼，飞甍⑤迢递，可纳城西野色。左则万井参差，右则百雉⑥倒悬水面。东叩板扉，穿花径，低亚⑦回折，署曰"春迷"。穿花壁，登生趣亭，望小山丛桂。迄北牡丹深处，有环芳亭，绮锦模糊，万红刺目。横轩而过为沼，沿沼

---

① 方岳：其一，指任专一方的重臣，即封疆大吏。其二，指州郡长官。前代称州刺史、郡太守，宋以来称知州。

② 琐闼（tà）：镌刻连琐图案的宫中小门，代指朝廷。

③ 《旧唐书》卷190下《司空图传》记载：唐末司空图隐居山西中条山王官谷，修缮濯缨亭，更名为休休亭。作《休休亭记》，说"休"的含义一为美，二为罢休。

④ 舠（dāo）：小船。

⑤ 甍（méng）：屋脊。

⑥ 古代城墙长三丈高一丈为一雉。百雉指城墙的长度达三百丈，借指城墙。

⑦ 低亚：低垂。亚，低压。

垂柳疏桐。沼心有秋水亭，其修远大雅，俨然广陵梅花岭也。当暑披襟，凉飔翛然①。又西为松寮，为快轩，嘉树权枒攒植，美箭②萧萧。"结庐在人境，而无车马喧"，兹园是也。

【译文】

庚园位于亳州城区西隅。这里积水成池塘，可容纳小船来往，适宜采莲、撒网。池塘旁有一位已故指挥使的一所宅院，李培卿老师买下作为园子。他在读书之余，就来这里规划营建，历经数年，终于值得游览。几道门内有郁金堂，建在高高的平台上，非常敞亮，夜里这里月光照耀最充分。郁金堂后修建一座巍峨的高楼，飞檐像云一样飞翔。登楼西望，西郊的田园风光尽收眼底。庚园的东边，市井民居，参差错落；西边则有城墙的影子倒映在水面上。在园子中东叩门板，穿越小径，沿途繁花低垂，随小径走向而屈曲排列，署名为"春迷"。穿过花壁，登上生趣亭，望见小山上丹桂丛生。到北边牡丹深处，有环芳亭。亭子周围牡丹开出一片锦绣，花朵看不分明，只觉得置身于万红丛中，炫人眼目。有池塘横穿长廊而过，沿池塘栽着垂柳疏桐。池塘中心有秋水亭，离池塘边很远，看着很大气，俨然是扬州梅花岭的气象。酷暑时节在这里披襟伫立，会觉得突然一阵凉风吹过。到西边，则是松寮，是快轩，各种好树密集种植，美竹在风中萧萧作响。东晋陶渊明《饮酒》诗说："结庐在人境，而无车马喧。"（在众人聚居的地区居家度日，从没有过谁乘坐车马来访的喧闹。）这所庚园就是这样的啊。

〇郭氏园

园在余南园左，灌道分绕，竹木丛生。有崇丘古墟连络，可里许。使主人具丘壑趣，少缀饰以亭榭之属，便是胜地。牡丹芍药，品亦差备。

---

① 凉飔（sī）：凉风。翛（xiāo）然：迅疾。
② 美箭：美竹。

【译文】

郭氏园在我家南园的东边，几条渠道围绕，竹木丛生。有高高的丘陵，年代久远的废墟，相连约一里长。郭氏倘若有乐居丘园的志趣，稍加经营，建造几处亭阁台榭之类，便成为一处胜地。郭氏园中牡丹、芍药，大致具备。

○李叔子园

亳无山水，惟城东南林木翳①然，墟烟缥缈，最称盛地。旧有高氏废园，址故小隘。李叔子仁卿得而拓之，四匝种竹，中分门径，结柔花为屏障，缘以双廊，如复道②屈曲勾通，令游人低回自失。登堂而东折，乃漱芳亭。杂英缤纷，林木茂密，拥流云，听幽禽，大有佳致。亭后有轩，艳花界画③，如铺锦茵。方今鼎新兹始，正未知如何弘修以延春色也。

【译文】

亳州没有山水，只有城外东南一带林木茂密，遮天蔽日，烟尘缥缈，称得上是一处风水宝地。这里以前曾有过高氏园林，早已荒废，遗址所剩已经很狭窄了。李叔子仁卿先生买来，加以拓展，四周种植翠竹，其中开辟路径，建造堂房，栽培柔花以为屏障。他还建造了通往堂房的上下两重双廊，曲折勾连，如同楼阁间的复道一样。游人在双廊里走动，往往低回迷失。登堂向东拐，是漱芳亭。这里杂花缤纷，林木茂盛，坐拥流云，谛听鸣禽，大有情趣。漱芳亭后有房舍，房舍之间以栽培花卉相划分，美丽的花卉如同给地面铺上了锦绣般的席子。现在李先生重新规划营建这所园子刚刚开始，还不知道他将如何大展宏图，让春色常驻呢。

---

① 翳：原作"繄"（yī），或是语气词，或是"是"，用在此处不通。据文意改为"翳"，含义为遮掩。唐人卢象《乡试后自巩还田家，因谢邻友见过之作》："落日见桑柘，翳然丘中寒。""翳""繄"二字，形似而误。
② 复道：楼阁间的上下两重通道。
③ 画：原作"昼"，用在此处不通。据文意应作"画"字，含义为划界。"画""昼"二字的正体字是"畫""晝"，形似而误，今改。

○懒园

吾友王仁子别墅①，即其先垅旁诛茅，小构花木亭馆，具体而微。中架翠柏为长廊，复道幽然，亦小有致。但主人懒甚，什九付园丁，惟上冢时及文债牵嬲②，一跨卫③至其地，啸咏移时而去。若他人菟裘④，竟不问也。长年闭户，拥书自娱。间与吾辈一雅集，尝笑谓余："以吾小筑视公等园，何止夜郎王⑤与汉？然比吾家君公胙牛处⑥差胜耳。"斯其人可知已。

【译文】

这所懒园是我友人王仁子的园林，在他家的祖坟旁，只清除杂草，建造了少量亭馆，栽植了一点花木。园子规模很小，但主要成分基本具备。园子中用柏木架设长廊，作为上下相通的封闭式复道，也比较有情趣。但王仁子懒得出奇，园子中的事务百分之九十托付给园丁，只有上坟，以及被拖欠别人的诗文所牵制，才骑驴来园子一趟，吟咏片刻即匆匆离去。【如果事情和他无关，】即便地上有别人丢失的昂贵的虎皮大衣，他连问都不问一声。他长年闭门索居，读书自娱。他偶然同我辈雅集一次，笑着对我说："拿我这小打小闹的园子，同诸位先生家的园林相比，何止是区区夜郎国与泱泱大汉帝国相比？但比起我先父所在的品尝牛肉祭品的那块墓地，还是多少强一点的。"通过这些事情，这家伙是什么样的人，也就可以知道了。

○韩家园

城东三里许，张家渡东，齐民⑦韩氏有宅数亩。门枕涡水，周以女

---

① 别墅：又叫别业，即田庄、庄园、园林。
② 牵嬲（niǎo）：牵制，搅扰。
③ 卫：驴子。一说春秋时卫灵公好乘驴车，一说西晋卫玠好乘驴，故称驴为卫。
④ 菟裘：菟是"於（wū）菟"的简写，古代楚国人对老虎的称呼。裘：皮衣。
⑤ 夜郎是战国至汉代西南地区的小国。汉武帝时，封夜郎侯为王，授王印。由于封闭，自以为大，故有"夜郎自大"成语。
⑥ 胙牛处，先父享用家人上供牛肉等祭品的处所，即坟地。
⑦ 古代官方把普通百姓称为编户齐民。

桑、柳根结篱，种牡丹其中。接花从韩氏方盛，取利亦从韩始。今园归彭幼邻文学。

【译文】

韩家园在亳州城东三里许，张家渡的东边，是平民韩氏的园子，占地数亩。园子大门靠近一处圆形湖泊，用小桑条、柳树枝编成篱笆，围住一块园圃，在其中栽培牡丹。牡丹接花技术从韩氏起才盛行，以牡丹盈利也是从他开始的。如今这所园子归彭幼邻老师所有。

○方氏园

方氏地数十亩，尽种是花。时游人四集，惜无亭榭可憩也。然城南水土，与花特相宜，而更精栽接剔治之法，用力亦勤。万历以来，奇花出方氏者种种。近有花户王世廉，地亩花数，与方相当。谈者谓多得之偷儿，故诸园之妙品，多集于斯。

【译文】

方氏园占地数十亩，全部用来栽植牡丹。牡丹盛开时，四面八方的游客都来这里观赏，只可惜园子中没有那么多亭阁台榭供游客休息。这所园林在亳州城南，这里的水土最适合牡丹生长。方氏精于牡丹栽接剔治技术，很舍得下功夫。国朝万历（1573～1620）以来，珍奇牡丹出自方氏者有很多种。近年有花户王世廉，园圃地盘和牡丹数目，同方氏相当。有人说王氏的牡丹多是窃贼从各家园子中偷来的，所以各家园子中的好品种，多集中在王家园子里。

○单家庄

去城十八里，长河迤南，故沃壤。单氏【不知自何方流寓，因为①】

---

① 【　】内字原无，刻版留8字空白。安徽人民出版社1983年版《亳州牡丹史》，系李冬生据手抄本整理，有此9字，据补。

亳掾①，以余力种牡丹，益获利。凡有所见，无论本土新生，别乡初至，辄致之。且能为花王护法②，即达官贵人以至好事者莫能取，故牡丹尤备于诸园。凡远近市奇花者，必先单氏焉。

【译文】

单家庄距离亳州城18里，其南面有一条河曲折流去，所以土壤很肥沃。单氏不知是从什么地方来到亳州的，在亳州官署担任副官，公务之余栽植牡丹，获利甚多。凡是他见到的新奇牡丹，无论是亳州新培育出来的，还是从外地刚刚来到亳州的，他一定要买下来。而且他能护卫牡丹，即便是达官贵人，以及对牡丹特别感兴趣并想方设法罗致到手的人，都不可能从他这里弄走牡丹。因此，他这所院子里的牡丹品种，比其他人园子里的齐全得多。远近各地来购买奇异牡丹的人，必定首先来找单氏。

【点评】

本单元题为"别传"，"纪园"是其中第一部分。纪传体史书中的传记，是传主的"本传"；别传相对于本传而言，对本传作出补充。薛凤翔本书以各种牡丹为传主，为它们立传，栽培牡丹的园林，园林的方位、建筑、环境、主人、花工、创始时间及现状、其余花木、人物活动等，都对了解亳州牡丹的历史有所裨益，所以作为别传载入书中。

古代记载园林的单篇文章，早而著名者有唐后期宰相李德裕的《平泉山居诫子孙记》《平泉山居草木记》。平泉山居在洛阳南面。由于洛阳在唐代是李唐东都、武周神都，聚集着大量的达官贵人，在洛阳城内和周边地带营造园林成了一时风尚。唐末战乱中，平泉山居中的花木异石散失殆尽。有人指出："黄巢败后，谁家园池完复，岂独平泉有石哉？"（《旧五代史》卷60《李敬义传》）北宋李格非著《洛阳名园记》，备载唐宋洛阳著名园林的盛衰变迁。他在《书〈洛阳名园记〉后》中说："洛阳之盛衰，天下治乱之候（征候）也。……园圃之废兴，洛阳

---

① 掾（yuàn）：副官、佐吏。
② 护法是佛教术语，指保卫佛法，这里指护卫牡丹。

盛衰之候也。且天下之治乱，候于洛阳之盛衰而知；洛阳之盛衰，候于园圃之废兴而得，则《名园记》之作，予岂徒然哉？"也就是说，李格非撰写《洛阳名园记》有深意，旨在以治乱盛衰来警示世人。

薛凤翔记载的亳州城内外私家园林，也能反映个别家族的盛衰变化。更重要的是，这些记载对人们了解明代社会生活，提供了具体的详细的内容。当时的人们如何生活，衣食住行情况怎样，有什么嗜好，有什么闲情逸致，一些人的精神生活是怎样的，人们怎么交往、怎么打趣开玩笑，这些情况从正规的史书中是无从详知的。这不但由于正规史书需要记载国家大事，不可能挤出篇幅来记载这些琐碎事情，还因为正规史书负荷着政治伦理教育的责任，坚持惩恶扬善的导向，要树立好榜样让读者效法，要列举坏典型让乱臣贼子惧怕。那么，正规史书只能摆出一副严肃的面孔，只能记载经世济民的内容。

亳州的这些园林，无论结构、环境还是主人，各有特色。薛凤翔写得很精彩，感情充沛，笔法灵活，刻画入微，趣味盎然。有时候寥寥几笔，一个人物的性格风貌便跃然纸上，颇有《世说新语》的遗风。比如"懒园"条，说王仁子的园林很小，出行骑着一头塞驴。但若同他不相干，他绝不旁骛，即便地上有别人丢失的昂贵的虎皮大衣，他都不屑一问。他长年闭门读书，偶然同那些家境殷实的人相聚，说："以吾小筑视公等园，何止夜郎王与汉？然比吾家君公脍牛处差胜耳。"简单几句白描，读者即可想见王仁子不是有钱的主，插科打诨，毫不自卑，显得本分、率真、诙谐，挺可爱的一个人。再如侍御史夏赞禹（名之臣）是薛凤翔祖父的朋友，作为晚辈，薛凤翔对他恭敬有加。夏赞禹去世后，薛凤翔每次经过他的南里园，听到里面"松风呜呜，不啻听雍门弹矣"。薛凤翔写的是园子，也寄托着自己的处世态度。如说自家的南园，"四时芳菲，足以游目，千尺长松，亦堪踞啸"。李培卿的庚园，幽雅清静，是陶渊明"结庐在人境，而无车马喧"的意境。薛凤翔对人很尊重，说乐园的主人姓颜，是布衣百姓，"不涉书，能选胜结客，乐意丘园，故亦可人"。

这一部分内容对于今日园林的规划、设计、营造，也有借鉴意义。一些园子的内部结构、建筑、景物搭配以及对外部的借景，写得很具体。如庚园地处亳州城区西隅，内建高楼，登楼西望，西郊的田园风光尽收眼底。东边市井民居参差错落，西边则有城墙的影子倒映在水面上。这便使得内景与外景融为一体，借外景来补内景。关于鉴赏，写到庚园的郁金堂，"崇基轩敞，最能受月"。自家南园中的醉月亭，"当秋空月净，松阴满地，如积水浮藻"。这便是借助天象以赏景。良辰、美景、赏心、乐事，只要自己找乐子，就会四美俱全，提高生活质量。

风俗记

吾亳以牡丹相尚，实百恒情。虽人因花而系情，花亦因人而幻出。计一岁中，鲜不以花为事者。方春时则灌花；芽生寸许则剪花；甫至谷雨，则连袂结辙①以看花；暨秋而分而接，人复为之旁午②。是所余者，特冬时三月耳。然一当花期，互相物色，询某家出某花，某可以情求，某可以利得。异种者获一接头，密秘不啻十袭③。名园古刹，尤称雅游。若出花户，轻儇之客不惜泉布④，私诸砌上，争相夸诩。又截大竹贮水，折花之冠绝者斗丽往还，一国⑤若狂。可赏之处，即交无半面，亦肩摩出入。虽负担之夫、村野之氓⑥，辄⑦务来观。入暮，携花以归，无论醒醉。歌管填咽⑧，几匝⑨一月，何其盛也！其春时剪芽，虽多不弃，沃以清泉，驱苦气，曝干瀹茗⑩，清远特甚。残花凋卸，园丁藏之，可佐鼎食，即眉山以酥煎之意⑪。根皮购作药物，亦为花户余润。

---

① 连袂：衣袖相连，携手偕行。结辙：辙迹交错，车辆往来不绝。
② 旁（bàng）午：交错，纷繁。
③ 袭：成套的衣服。
④ 轻儇（xuān）：轻佻，不庄重。泉布：货币。
⑤ 国：城市。先秦称城市为"国"，城市居民为"国人"；农村为"野"，农民为"野人"。国家为"邦"，汉高祖刘邦称帝，避讳，改称"邦"为"国"。
⑥ 氓（méng）：普通百姓。
⑦ 辄：原作"辙"，据文意改。
⑧ 填咽：充斥。
⑨ 匝：满。
⑩ 瀹（yuè）茗：煮茶。
⑪ 北宋苏轼是四川眉山人。他的《雨中明庆赏牡丹》诗说："明日春阴花未老，故应未忍著酥煎。"清人冯应榴注云："《洛阳贵尚录》：孟蜀时，兵部贰卿李昊，每牡丹花开，分遗亲友，以金凤笺成歌诗以致之。又以兴平酥同赠，花谢时煎食之。"

吾乡检校此花，已无余憾。昔六一公四经洛阳春①，止见其早晚，尝自悔未逢全盛。生长于斯，清福可徧②。但过眼繁华，观空者宁堪濡首③！

【译文】

　　我们亳州人崇尚牡丹，其程度实在是其他地方常见状况的百倍。虽然人们依凭牡丹花而寄托情思，但牡丹花也依凭人的培育而变幻新样。总计一年中，很少不以牡丹为事的。春天到来，人们便浇灌牡丹。脚芽长出一寸，人们便加以剪除。才到谷雨节气，人们或步行或乘车，成群结队，到处观赏牡丹。秋天到了，又是分株又是嫁接，人们纷纷行动，道路上熙熙攘攘，拥挤不堪。那么一年中人们与牡丹不相关的时间，只剩下寒冬三个月了。然而一到牡丹花期，人们互相物色，打听谁家出了何种牡丹花，谁家的可以恳请求得，谁家的可以破费钱财获取。如果获得一个奇特品种的接穗，便秘不示人，如同不暴露一个人的肌肤而给他穿了十重衣服一样。亳州的名园古寺，成了人们必到的游览胜地。如果新奇品种出自花户，轻佻之辈不惜挥斥重金买到手，摆放在自家庭院的台阶上，向外人夸口炫耀。还有人截一段大竹筒，里面盛水，折下最好的牡丹花枝插在其中，东奔西走，比试高低。整个亳州城，人人都像疯了一样。在一些赏牡丹的景点，游人即便素不相识，也并肩出入，如同老朋友一样。即使是肩挑背扛的出力人、乡村山野的农民，也都以前来观赏牡丹为重要事务。人们奔波一天，黄昏时带着花朵回家，有的神志清醒，有的喝得醉醺醺。到处都是音乐歌舞，几乎持续整整一个月。这状况多么盛大热烈啊！春天剪脚芽时，即便

---

① 北宋欧阳修晚年号六一居士，作《六一居士传》，说："吾家藏书一万卷，集录三代以来金石遗文一千卷，有琴一张，有棋一局，而常置酒一壶。……以吾一翁，老于此五物之间，是岂不为六一乎？"他在《洛阳牡丹记》中说："余在洛阳四见春，天圣九年三月始至洛，其至也晚，见其晚者。明年，会与友人梅圣俞游嵩山少室、缑氏岭、石唐山紫云洞，既还，不及见。又明年，有悼亡之戚，不暇见。又明年，以留守推官岁满，解去，只见其早者。是未尝见其极盛时。"
② 徧：原作"偏"，据文意改。"徧"同"遍"。
③ 观空者：学佛之人。濡首：《易·未济》："上九，有孚于饮酒，无咎。濡其首，有孚失是。象曰：'饮酒濡首，亦不知节也。'"后以"濡首"谓沉湎于酒而有失本性常态之意。这里濡首的对象不是酒而是牡丹。

剪下来很多，也不舍得扔掉，用清泉把它们洗干净，除去苦味，晒干后像烹茶那样煮着喝，味道特别清香。牡丹凋残，园丁收起枯萎的花瓣，以便作为食品加以烹饪。这就是北宋苏轼《雨中明庆赏牡丹》诗中所说的"酥煎"的意思。牡丹根皮可以当作药物出售，成为花户的一笔额外收入。我家乡的父老乡亲对牡丹的观察、利用，可以说没有半点遗漏和缺憾。当年欧阳修先生在牡丹圣地洛阳经历过四个春天，不是偏早就是偏晚，曾为没能见到牡丹花开全盛时的状况而感到懊悔。亳州是我生于斯长于斯的一方热土，在这里我遍享清福。然而牡丹是过眼繁华，学佛的人懂得四大皆空、不能执着，岂能沉湎于牡丹而丧失人的本真！

【点评】

本段题为"风俗记"，前面目录题为"纪风俗"，是"别传"的第二部分。命名为"风俗记"，系采用欧阳修、陆游的牡丹谱录体例。他们都以"花释名"为题，一一记载不同品种的牡丹，然后以"风俗记"为题，交代与牡丹花相关的民俗，以收束全文。

薛凤翔本段文字，进一步揭示牡丹与人的关系："人因花而系情，花亦因人而幻出。"二者相得益彰。人们栽花、购花、访花、赏花、惜花、用花，社会各界纷纷投入其中，高潮时"一国若狂"。当时人们热爱生活，在创造物质文明的同时，也创造着精神文明，于此可见一斑。

亳州牡丹史卷之三
花　考

段成式《杂俎》① 云："牡丹，前史中无说处，惟《谢康乐集》中

---

① 段成式（803~863），字柯古，临淄（今山东淄博市东北）人。七世祖段志玄，唐初大将。父段文昌，唐宪宗时任宰相。段成式以父荫入官，曾任秘书省校书郎，出任庐陵、缙云、江州刺史，官终太常少卿。所著《酉阳杂俎》，前集20卷，续集10卷，系唐代著名笔记。酉阳指小酉山，在今湖南沅陵县。古代相传山下石穴藏书千卷。秦代人避乱，曾在这里隐居学习。南朝梁元帝为湘东王时，镇守荆州，好聚书，有"访酉阳之逸典"语。段成式以家藏秘籍与酉阳逸典相比，故以《酉阳杂俎》为名。

言'竹间水际多牡丹'。成式检隋朝《种植法》七十卷中，初不记说牡丹，则知隋朝花中所无。"《刘宾客嘉话》① 云："世谓牡丹花近有，盖以前朝文集中无牡丹歌诗。然杨子华有画牡丹处极分明。子华，北齐人，则知牡丹花亦久矣。"又《海记》② 云："炀帝辟地二百亩为西苑，诏天下进花卉。易州进二十箱牡丹：赭红、鞓红、飞来红、袁家红、醉妃红、云红、天外红、一拂黄、软条黄、延安黄、先春红、颤风娇等名。"按《神农本草》③ 已载。又《博雅》④："白术⑤，牡丹也。"可见前代久有此花，或未之显，至唐始重，故著也。

【译文】

唐人段成式《酉阳杂俎》说："关于牡丹，前代史书中没有记载。只有《谢康乐集》中说：'竹间水际多牡丹。'我查阅隋朝诸葛颖《种植法》70 卷，根本找不到牡丹的记载，则知道隋朝的花药中没有牡丹。"唐人韦绚《刘宾客嘉话录》说："社会上说牡丹花现代才出现，大概因为前朝文集中没有关于牡丹的诗歌。然而杨子华有牡丹画，画得很清晰。杨子华是北齐人，则知道牡丹花由来已久了。"再者，《海山记》说："隋炀帝营建东都洛阳，在洛阳城西用地二百亩，建造皇家苑囿西苑。他下达诏令，责成全国给东都进贡奇花异草。易州（治今河北易县）进贡牡丹20 箱，有赭红、鞓红、飞来红、袁家红、醉妃红、云红、天外红、一拂黄、软条黄、延安黄、先春红、颤风娇等名品。"按，

---

① 唐人韦绚（801~866?），字文明，京兆（今陕西西安市）人。曾任剑南西川节度使幕府巡官、校书郎、起居舍人、江陵少尹、义武军节度使。唐穆宗长庆元年（821），韦绚投夔州（今重庆市奉节县）刺史刘禹锡从学，将刘禹锡讲述的唐朝轶事撰成《刘宾客嘉话录》一卷。刘宾客即刘禹锡。

② 海记：即北宋刘斧《青琐高议》后集卷 5《炀帝海山记》。

③ 神农本草：全称《神农本草经》，是秦汉时期伪托神农所作的药书，记载药物365 种，分上、中、下三品。南朝陶弘景作注，并补充《名医别录》，编定《本草经集注》共 7 卷，药物增加至730 多种。

④ 博雅：曹魏人张揖，字稚让，魏明帝太和（227~233）年间任博士。他鉴于《尔雅》训诂不完备，于是增广成书，称为《广雅》。隋朝避隋炀帝杨广讳，改称《博雅》。

⑤ 白术（zhú）：原作"白荣"，据清人王念孙《广雅疏证》卷 10 上《释草》本条校改。

《神农本草经》已有牡丹的记载。另外，三国曹魏时的训诂书《博雅》，在《释草》中说："白术，牡丹也。"可见前代老早就有牡丹花了，只是尚未显扬，到唐朝才开始被人们高看，因而出了名。

【点评】

本卷本单元题为《花考》，是作为史书的《亳州牡丹史》的重要组成部分，对本书上文提到的牡丹历史起到史料支撑的作用。按理说，应该围绕着牡丹史，爬梳历来的说法，利用相关资料，对这些说法进行考订，去伪存真。那么，就要保留资料中原有的时空、人物、情节信息，并对种种说法下一番厘清的功夫，廓清其中迷雾，显现历史本真。然而薛凤翔没有做到，他只是搜集了一些说法，对文字损之又损，打乱历史顺序，随便地罗列在一起，根本没有进行考订，甚至连只言片语的按语都没有，以至于以假乱真，以讹传讹。因此，对于本单元的内容，笔者有必要重新进行考订。

《花考》的第一段文字，系引用多则古籍说法而组成。几则说法疑点重重。

开头一则出自段成式《酉阳杂俎》前集卷19《草篇》，结论是牡丹为"隋朝花中所无"。能够佐证段成式这个说法的资料和旁证，唐宋明各朝都有。北宋宋祁《上苑牡丹赋》说："历上古而隐景，逮中世而扬蕤。……有隋种艺之书，疏略而未载。……昔也始来，由皇唐之缀赏。"南宋郑樵《通志》卷75说："牡丹晚出，唐始有闻。"明人徐渭《牡丹赋》说："兹上代之无闻，始绝盛乎皇唐。"唐初欧阳询主编的大型类书《艺文类聚》卷81《药香草部》和卷88、卷89《木部上下》，都没有关于牡丹的记载。北宋初年李昉主编的大型类书《太平御览》，将牡丹收入卷992《药部》，未收入《百卉部》。所谓牡丹"唐始有闻"，是从人的角度来看待牡丹的牡丹认识史、牡丹接受史，确切地说，是牡丹作为花卉的观赏史、培育史，并非唐朝以前牡丹在自然界不存在。如同哥伦布发现美洲新大陆一样，此前这块大陆原本就存在，只是哥伦布发现后，才为世界所知。唐朝以前牡丹还没有成为社会普遍认可的观赏花卉，而是野生植物，被医家作为药物利用过。北宋欧阳修《洛阳牡丹记·花释名》说："牡丹初不载文字，惟以药载《本草》。然于花中不为高第，大抵丹、延巳西及褒斜道中尤多，与荆棘无异，土人皆取以为薪。自唐则天巳后，洛阳牡丹始盛。"1972年，甘肃武威市柏树乡下五畦村旱滩坡一座东汉早期墓葬出土的简牍中，有用牡丹根皮治疗瘀血的处方。因此可以说，唐朝以前，牡丹处在自发状态，是一丛丛灌木，具有自然属性，自生自长；唐朝以来，牡丹进入人们的观赏领域，是牡丹花，处在人文状态，具有社会属性，由人培育，由人赋予它和历史人物、神话、历史典故以及与文化相关的名称，使它具有了自然的和社会的双重审美内涵，且通过联想，社会内涵甚至比自然内涵还丰富。

但段成式同时又说"《谢康乐集》中言'竹间水际多牡丹'"，那就成了早于隋朝一个半世纪多，南朝初年谢灵运已经记录牡丹了。欧阳修《洛阳牡丹记·花释名》，将谢灵运的话说成"永嘉水际竹间多牡丹"。永嘉即今浙江温州市，谢灵运于南朝宋武帝永初三年（422）出任永嘉太守，在职一年。今天所见谢灵运的文集已非全帙，没有这句话，而且现在找不到任何一条资料来证明这句话所反映的情况属实。东南地区雨量大、日光强，牡丹迟迟不能移植到这里。唐人李咸用《同友生题僧院牡丹花》诗说："牡丹为性疏南国"；唐人徐凝《题开元寺（杭州）牡丹》诗也说："此花南地知难种。"唐人白居易在《看浑家牡丹花戏赠李二十》诗中，对身处长安的无锡人李绅说："人人散后君须看，归到江南无此花。"唐人范摅《云溪友议》卷中《钱塘论》记载：白居易"初到钱塘，令访牡丹花，独开元寺僧惠澄近于京师得此花栽，始植于庭，栏圈甚密，他处未之有也。……牡丹自此东越分而种之也"。这是浙江杭州开始有牡丹并在浙江境内扩散的明确记载。白居易到杭州任刺史，《旧唐书》卷166《白居易传》记载在唐穆宗长庆二年（822）七月（农历），在杭州寻访牡丹，应该在第二年三月，这比谢灵运当永嘉太守晚了400年。

第二则北齐杨子华画牡丹云云，薛凤翔交代出自唐人韦绚《刘宾客嘉话录》，那么，这句话就是中唐时期刘禹锡所说的了。今本《刘宾客

嘉话录》共 130 则笔记。据近人唐兰等学者考订，其中只有 45 则是韦
绚原书所有，其余系后人从别的书中辑录窜入。这则杨子华画牡丹笔
记，实际是唐末人李绰《尚书故实》中的一条。《尚书故实》这则说
法，说"张公尝言杨子华有画牡丹处极分明"。这个张公是谁，由于李
绰在序言中说"宾护尚书河东张公，三相盛门，四朝雅望"，曾被人们
推测为张延赏、张嘉贞、张弘靖，莫衷一是，但显然不是刘禹锡。宋祁
《上苑牡丹赋》认为杨子华画牡丹事未必可信，说："子华绘素之笔，
仿佛而传疑。"更为可笑的是，近人逯钦立辑校《先秦汉魏晋南北朝
诗·北齐诗》卷 2，列作者杨子华，辑录诗句："画牡丹处极分明。"交
代出自《韵语阳秋》卷 16。今按，《韵语阳秋》是南宋人葛立方的一部
诗话，说："然北齐杨子华在隋朝之前，乃有'画牡丹处极分明'之
句。"逯钦立没弄清这则说法的源流关系，不知道南宋人的说法是二手
资料，唐人的说法才是原始资料，而且他还以为那是一句诗。那么不但
北齐有了牡丹画，还在盛行五言诗的同时，流行七言诗。

第三则出自《海山记》，薛凤翔交代了 12 个牡丹品名："赭红、鞓
红、飞来红、袁家红、醉妃红、云红、天外红、一拂黄、软条黄、延安
黄、先春红、颤风娇等名。"而《海山记》原文还有赭木、坯红、浅
红、起班红、起台红、冠子黄 6 个品名，天外红作"天外黄"。

《海山记》一卷，是以隋炀帝营建西苑、巡游江都（今江苏扬州
市）为题材的传奇小说，一直被说成是唐代的作品。明人陶宗仪编辑
《说郛》，收录了《海山记》，著者署名作"唐阙名"。上海中央书店
1935 年出版《唐人创作小说选》，《海山记》著者署名则作唐末人"韩
偓"。上海文艺出版社 1992 年影印出版桃源居士所编《唐人小说》刻
本，也收有《海山记》。这都弄错了。我在《旧题唐代无名氏小说〈海
山记〉著作朝代及相关问题辨正》（《洛阳师专学报》1998 年第 1 期）
一文中指出：《海山记》不是唐代作品。其一，《旧唐书·经籍志》《新
唐书·艺文志》皆未著录《海山记》。北宋修《太平广记》，备收唐人
小说，却未收录《海山记》任何情节。其二，唐初杜宝撰《大业杂
记》，备列隋炀帝在西苑内所造十六院的名称，而《海山记》十六院名

称与之无一相合。其三，《海山记》通篇不避唐朝多位帝王的名讳，而且全是在变换一下说法即可避免的情况下使用这些字的。其四，《海山记》说隋炀帝常泛舟西苑东湖，填了八首双调《望江南》词。隋朝没有词。唐人段安节《乐府杂录》说："《望江南》，始自朱崖李太尉（李德裕）镇浙西日，为亡妓谢秋娘所撰，本名《谢秋娘》，后改此名，亦曰《梦江南》。"李德裕于唐穆宗长庆二年（822）到润州（今江苏镇江市）任浙西道观察使，8年不迁，《望江南》词便是在这期间创作的。后来，白居易依调填词，有"江南好"、"能不忆江南"句，词牌名遂更改为《江南好》或《忆江南》。在唐五代，该词皆是单调。北宋时才出现双调，五十四字，欧阳修、苏轼先后都有这样的作品。《海山记》一口气出现8首双调《望江南》词，这不可能是唐代的文学现象。其五，唐后期官僚士大夫对宦官专权极度不满，彼此形同水火。《海山记》却歌颂宦官王义。唐代社会不会允许塑造这样的宦官形象，唐代作者也不至于有这样的情绪，或者慑于社会压力，不敢表达这样的情绪。

《海山记》出自北宋刘斧《青琐高议》后集卷5，全称《炀帝海山记》，实际上是北宋人创作的小说。从其中吸收欧阳修撰写于宋仁宗景祐年间（1034～1038）的《洛阳牡丹记》中牡丹品名的做法来看，它应该比欧阳修的《洛阳牡丹记》更晚。因此，《海山记》所说的18个牡丹品名，绝不是唐朝人记录的隋朝牡丹品名。

唐代尚未出现牡丹品种名称，只是总称为牡丹或木芍药。欧阳修《洛阳牡丹记·花释名》指出这一点，说唐代牡丹"未闻有以名著者"，沈佺期、宋之问、元稹、白居易等唐代诗人，"皆善咏花草，计有若今之异者，彼必形于篇咏，而寂无传焉"。到了北宋，才培植出众多品种，涌现出众多品名。从宋仁宗天圣九年（1031）起，欧阳修到洛阳任了3年西京留守推官，见西京留守钱惟演记录90多种牡丹品名，自己见到为时人多称者才30多种。

在《洛阳牡丹记·花释名》中，欧阳修说本来叫青州红的牡丹，故仆射张齐贤由青州以骆驼运至西京贤相坊宅第中，"遂传洛中，其色类腰带鞓，谓之鞓红"。《海山记》也提到鞓红，无疑从这里化来，但把欧阳修所说的北宋张齐贤和山东青州，张冠李戴为隋代和河北易州（上谷郡，治今河北易县）。欧阳修还说到"延州红"、"苏家红"、"贺家红"、"林家红"，《海山记》所说的"延安黄"、"袁家红"，很可能参照编造。至于《海山记》所说的"醉妃红"，是唐玄宗的杨贵妃，隋朝怎么会有这种牡丹品名？

《隋书》卷3《炀帝纪上》记载：隋炀帝建造西苑，"采海内奇禽异兽草木之类，以实园苑"。如果哪里发现了牡丹，作为奇异花卉进贡到西苑，那也是可能的。但没有可靠的文献依据和考古发现，总不能以可能性的推测去代替必然性的史实。文学作品有自己的创作规则，可以杜撰，可以虚构，可以移花接木，可以张冠李戴。历史实录则要实事求是，有一说一。把文学作品《海山记》当作历史事实看待，那便混淆了文学和史学的区别。薛凤翔写《亳州牡丹史》，是史书，应该遵循史学的原则。

开元禁中种木芍药，得数本红、紫、浅红、通白者。上因移植于兴庆池东沉香亭前。会花方繁开，上乘照夜白①，妃以步辇②从。乃命李龟年③持金花笺，宣赐李白进《清平调》词三首。上命梨园弟子④歌之。（《太真外传》）

【译文】

唐玄宗开元年间（713～741），宫廷中种植牡丹，有几株花色各异，有红花、紫花、浅红花、纯白花几种。皇上将它们移植到兴庆宫龙池东边的沉香亭前。牡丹花开正繁盛时，皇上骑着骏马照夜白前来观

---

① 照夜白：来自西域的骏马，毛色雪白，身体高大。唐人杜甫《韦讽录事宅观曹将军画马图》诗："曾貌先帝照夜白，龙池十日飞霹雳。"按：《杨太真外传》这则说法，系抄自唐人李濬的《松窗杂录》，但录文有所改动，《松窗杂录》此句作"上乘月夜召太真妃以步辇从"。

② 步辇：人抬着行走的敞篷轿子。

③ 李龟年：著名音乐家，擅长歌唱、作曲，能演奏筚篥、羯鼓等乐器。

④ 梨园是长安宫禁中一处地名，唐玄宗挑选坐部伎子弟300人和宫女数百人，在这里练习歌舞和乐器演奏，号称"皇帝梨园弟子"。

赏，杨贵妃乘坐步辇尾随。皇上于是命李龟年拿着金花笺稿纸，宣诏赐给翰林供奉李白，让他立即创作《清平调》词三首。谱成曲子后，皇上命梨园弟子们歌唱。

【点评】

薛凤翔交代这则说法摘自《太真外传》。《杨太真外传》两卷，作者为北宋人乐史。乐史（930～1007），字子正，抚州宜黄（今江西宜黄县）人。北宋时为著作佐郎，知陵州，召为三馆编修，迁著作郎、直史馆，转太常博士，出知舒、黄、商三州，再入史馆，掌西京勘磨司。

这则说法出自《杨太真外传》卷上，但删削过甚。《杨太真外传》原文如下：

"先，开元中，禁中重木芍药，即今牡丹也。得数本红紫浅红通白者，上因移植于兴庆池东沉香亭前。会花方繁开，上乘照夜白，妃以步辇从。诏选梨园弟子中尤者，得乐十六色。李龟年以歌擅一时之名，手捧檀板，押众乐前，将欲歌之。上曰：'赏名花，对妃子，焉用旧乐词为？'遂命龟年持金花笺，宣赐翰林学士李白立进《清平乐》词三篇。承旨犹苦宿醒，因援笔赋之。第一首：'云想衣裳花想容，春风拂槛露华浓。若非群玉山头见，会向瑶台月下逢。'第二首：'一枝红艳露凝香，云雨巫山枉断肠。借问汉宫谁得似，可怜飞燕倚新妆。'第三首：'名花倾国两相欢，常得君王带笑看。解释春风无限恨，沉香亭北倚栏干。'龟年捧词进，上命梨园弟子约略词调，抚丝竹，遂促龟年以歌。"

开元年间，杨贵妃尚无贵妃身份。《新唐书》卷5《玄宗纪》载：开元二十五年（737）十二月丙午，唐玄宗宠妃武惠妃去世。唐玄宗为霸占儿媳杨氏（寿王李瑁的妃子），开元二十八年十月甲子，将她度为女道士，号为太真，召入宫中。开元截止到二十九年，次年改元天宝。天宝四载（745）八月壬寅，太真才立为贵妃，成为唐玄宗的妃子。

《杨太真外传》交代的情节，与历史事实大致符合。后文说"先，开元中，禁中重木芍药"，有追述的意思。薛凤翔删掉"先"字，就成了开元年间唐玄宗和杨贵妃在兴庆宫看牡丹了，并把李龟年唱歌删削成了梨园弟子们唱歌。这种笔法，不是作为史书的《亳州牡丹史》应该具备的。

明皇与妃子幸华清宫，因宿酒初醒，凭妃子肩同看木芍药。帝亲折一枝，与妃子递嗅其艳。帝曰："不惟萱草忘忧，此花香艳，犹①能醒酒。"（《天宝遗事》）

【译文】

唐玄宗偕杨贵妃巡幸临潼华清宫，他从头一天的酒劲中刚刚缓过来，就靠着杨贵妃的肩膀，一同观赏牡丹。唐玄宗亲自折下一枝牡丹花，递给杨贵妃，两人传看闻香。唐玄宗说："不仅是萱草能让人忘记忧愁，牡丹花香艳，还能醒酒。"

【点评】

薛凤翔交代这则说法摘自《天宝遗事》。按：书名全称《开元天宝遗事》，这则说法出自该书卷下《天宝下》，所以他就简称为《天宝遗事》了。《开元天宝遗事》的作者是五代人王仁裕。王仁裕（880～956），字德辇。祖籍山西太原，祖父时迁居秦州（今甘肃天水市）。

这则说法的题目，原书作《醒酒花》。但属于小说家言，根本不可信。

《新唐书》卷5《玄宗纪》记载："【开元】二十五年……十二月丙午，惠妃武氏薨。……二十八年……十月甲子，幸温泉宫（华清宫的前名）。以寿王妃杨氏为道士。……【天宝】四载……八月壬寅，立太真为贵妃。"

我们姑且就从开元二十五年开始考察，看唐玄宗是否有牡丹花期幸骊山华清宫的经历。《新唐书·玄宗纪》是这样记载的：

开元年间："二十五年（737）……十一月壬申，幸温泉宫，乙酉，

① 犹：《开元天宝遗事》本条作"尤"。薛凤翔在本书卷1"胜西施"条中引用，亦作"尤"。

至自温泉宫。""二十六年……十月戊寅，幸温泉宫，壬辰，至自温泉宫。""二十七年……十月丙戌，幸温泉宫；十一月辛丑，至自温泉宫。""二十八年正月癸巳，幸温泉宫，庚子，至自温泉宫。……十月甲子，幸温泉宫，……辛巳，至自温泉宫。""二十九年正月癸巳，幸温泉宫，……庚子，至自温泉宫。（按：这里弄错了，把上个年份正月的事复述了一遍。）……十月丙申，幸温泉宫；……十一月辛酉，至自温泉宫。"

次年改元天宝，天宝年间："元年（742）……十月丁酉，幸温泉宫；十一月己巳，至自温泉宫。""二年……十月戊寅，幸温泉宫；十一月乙卯，至自温泉宫。""三载正月……辛丑，幸温泉宫；……二月庚午，至自温泉宫。……十月甲午，幸温泉宫；十一月丁卯，至自温泉宫。""四载……十月戊戌，幸温泉宫；十二月戊戌，至自温泉宫。""五载……十月戊戌，幸温泉宫；十一月乙巳，至自温泉宫。""六载……十月戊申，幸华清宫（温泉宫改名）；……十二月癸丑，至自华清宫。""七载……十月庚戌，幸华清宫；十二月辛酉，至自华清宫。""八载……十月乙丑，幸华清宫；……九载正月己亥，至自华清宫。……【九载】十月庚申，幸华清宫；……十二月乙亥，至自华清宫。""十载……十月壬子，幸华清宫；……十一载正月丁亥，至自华清宫。""十二载……十月戊寅，幸华清宫；十三载正月丙午，至自华清宫。……十月乙酉，幸华清宫；十二月戊午，至自华清宫。""十四载……十月庚寅，幸华清宫；……丙子，至自华清宫。"此时，安史之乱爆发，次年唐玄宗逃出长安，杨贵妃死。

从以上 19 年的情况来看，唐玄宗幸骊山华清宫，绝大多数年份是一年去一次，时当冬季，或当月返回京城，或驻跸一两个月，或到次年春初返回。只有两个年份一年去两次，另一次在春季。那么，唐玄宗从来没有牡丹花期偕同杨贵妃驻跸临潼华清宫的经历，当时又没有温室养花的条件，怎么会有二人在这里观赏牡丹花的事。《新唐书》是常见史书，薛凤翔没有用来辨析小说情节的可靠程度，以至于对这则说法信以为真，不但作为史料排列在这里，还写入本书卷 1 "胜西施"条中。

武后冬月游后苑，花俱开而牡丹独迟，遂贬于洛阳。故言牡丹者，以西洛为魁首。（《事物纪原》①）

【译文】

武太后冬月在长安后苑游览，各种花都开了，只有牡丹迟迟不肯开放。武太后于是把牡丹贬谪到洛阳。因此，说起牡丹，以西京洛阳的牡丹为老大。

【点评】

薛凤翔交代这则说法摘自《事物纪原》。关于这则说法之虚妄无稽，我在《关于洛阳牡丹来历的两则错误说法》（《洛阳大学学报》1997 年第 1 期）一文中做过论述，迻录于下：

《事物纪原》是北宋人高承所写的笔记，原书记载仅 217 事，清代乾隆年间（1736～1795）编辑《四库全书》时，馆臣所见明刊本已增至 1765 事，系后人增补，非复宋本之旧。但这则说法可能属于原本，因为称洛阳为"西洛"，像是北宋人的口气。

南宋计有功《唐诗纪事》卷 3 "武后" 条，又加油添醋，说："天授二年腊，卿相欲诈称花发，请幸上苑，有所谋也。许之，寻疑有异图，乃遣使宣诏曰：'明朝游上苑，火急报春知。花须连夜发，莫待晓风吹！'于是凌晨名花布苑，群臣咸服其异。后托术以移唐祚，此皆妖妄，不足信也。大凡后之诗文，皆元万顷、崔融辈为之。"

到了明朝，冯梦龙再度演绎此情节，写入《醒世恒言》卷 4《灌园叟晚逢仙女》中，说："这牡丹乃花中之王，惟洛阳为天下第一，有姚黄、魏紫名色，一本价值五千。你道因何独盛于洛阳，只为昔日唐朝有个武则天皇后，淫乱无道，宠幸两个官儿，名唤张易之、张昌宗，于冬月之间要游后苑，写出四句诏来，道：'来朝游上苑，火速报春知。百花连夜发，莫待晓风吹！'不想武则天原是应运之主，百花不敢违旨，

---

① 事物纪原：原作"事物记原"，据真实书名校改。

一夜发蕊开花。次日驾幸后苑，只见千红万紫，芳菲满目。单有牡丹花有些志气，不肯奉承女主、幸臣，要一根叶儿也没有，则天大怒，遂贬于洛阳。故此洛阳牡丹冠于天下。"

《唐诗纪事》已断言此事妖妄不足信，但为了辨明真相，不妨做些考察。天授二年（691）腊，武则天本来就住在洛阳，"上苑"应是洛阳西苑，因为曾有过"上林苑"的称谓。"冬月"也好，"腊"（阴历十二月）也好，根本不是牡丹开放的季节。《唐诗纪事》说的是"花"、"名花"，闪烁其词，未必理解为牡丹。一年零三个月以前，武则天已革唐命建周朝，当上了女皇帝，何须再"托术以移唐祚"？冯梦龙利用这则资料编造小说情节，把武则天的行踪说成在长安，已属杜撰；把学士代作的诗说成武则天自己写的"诏"，且不说这时为避武则天的名讳"曌"，已改诏书为制书，当时诏敕文体是骈体文，哪有以诗作诏的？张易之、张昌宗兄弟是万岁通天二年（697）在洛阳被推荐给武则天后彼此才认识的，晚于天授二年共计6个年头，怎么能有冯梦龙小说所述的经历？武则天改洛阳为神都，是大周政权的政治中心，她不肯回长安，长安已被冷落、抛弃。若说牡丹由长安移至洛阳，只能看作承恩提拔，怎么能是失宠贬黜？

《事物纪原》这则说法，虽然没有后出的两则说法那么具体的时间、地点、人物，但只要通过新旧《唐书》《资治通鉴》这样的平常书籍，考察一下武则天的行踪，就可以知道荒诞无稽。薛凤翔当作牡丹史料收录，可谓失察。

开元末，裴士淹为郎官①，奉使幽冀②回。至汾州众香寺，得白牡丹一窠，植于长兴③私第。天宝中为都下奇赏，当时名士《裴给事宅④

---

① 郎官：唐代尚书省六部各司的郎中、员外郎称为郎官，又称省郎、尚书郎。

② 幽冀：幽州，治蓟州（今北京市西南），辖区包括今京津及河北省东北部和辽宁省一些地区。冀州，治信都（今河北衡水市冀州区），辖区在今河北省中部。

③ 长兴：唐代长安城区里坊名，在朱雀门街东。《酉阳杂俎》前集卷19作"长安"。

④ 给事：原作"给士"，"宅"字原无，据《酉阳杂俎》前集卷19校改、添补。给事是"给事中"的简称，门下省官员，掌驳正政令之事。

看牡丹诗》。又房琯①有言牡丹之会，琯不与焉。至德中，马仆射总②镇太原，又得红紫二色者。今则至多，与戎葵比矣。兴唐寺③昔有一株，开花一千朵，有正晕、倒晕④，红、紫、黄、白之色各不同。（《酉阳杂俎》）

【译文】

唐玄宗开元（713～741）末年，裴士淹担任尚书省郎官，奉命出使幽州冀州。返回长安的途中，他到汾州（治今山西汾阳市）众香寺，得到一株白牡丹，栽在长安长兴坊的宅院里。唐玄宗天宝年间（742～756），他家的牡丹成为首都特殊的赏花对象。当时的名流雅士，纷纷创作《裴给事宅看牡丹诗》。另外，宰相房琯曾说到牡丹会，但他没有参加。唐肃宗至德年间（756～758），检校右仆射马总镇守太原，得到红花、紫花两种牡丹。现今牡丹相当常见，普通得可以和蜀葵花相提并论。长安兴唐寺以前有过一株牡丹，开花一千朵。这里其余牡丹花色各异，有花瓣由中心底部向边缘花稍颜色由深渐浅的正晕，有深浅方向相反的倒晕，以及红、紫、黄、白各色。

【点评】

薛凤翔交代这则说法摘自《酉阳杂俎》。具体地说，是《酉阳杂俎》前集卷19。但他的摘录是缩写，有的字与原书不同。

关于唐代长安何时传入牡丹，我的论文《说唐代牡丹》［载《洛阳师专学报》1990年第1期，修订稿载《洛阳工学院学报》（社会科学版）2001年第1期］有个人的说法。兹摘录于下：

唐人段成式这则说法主盛唐说，认为牡丹由汾州众香寺传入长安，

① 房琯（guǎn）：字次律，河南（今洛阳市）人。唐玄宗时期，任过秘书省校书郎、卢氏令、监察御史、主客员外、宪部侍郎、宰相。

② 马仆射（yè）总：检校右仆射马总，中唐时期人，当过军镇节度使。

③ 兴唐寺：唐代长安城内的佛寺，在大宁坊。

④ 正晕：花瓣由中心底部向边缘花稍，颜色由深渐浅。倒晕：原作"侧晕"，据《酉阳杂俎》前集卷19校改。花瓣由中心底部向边缘花稍，颜色由浅渐深。

在唐玄宗开元末年。另外一位唐人主初唐说，也说是从汾州众香寺传入长安的。他是中唐时期的宰相舒元舆（？～835）。他的《牡丹赋》序文说："天后之乡，西河也，有众香精舍，下有牡丹，其花特异。天后叹上苑之有阙，因命移植焉。由此京国牡丹，日月浸（逐渐）盛。"从上下文看，这里的上苑应指长安的后苑。西河是县名，是汾州的治所，与武则天的老家并州文水（今山西文水县）毗邻。武则天虽非生于老家，却一直怀有故乡之情，《旧唐书》卷77《崔神庆传》载有她这方面的言论："并州，朕之枌榆。"武则天时牡丹移入长安，可从考古资料得到旁证。大足元年（701）永泰公主死，在武则天去世的第二年，即706年，陪葬于陕西乾县的乾陵。中国青年出版社1980年版《中国古代史常识》专题分册第385页指出："永泰公主墓石椁线画中已出现牡丹，则它的移至长安应在开元以前。"其时间的大致确定，还需要进一步考察武则天的行止。

武则天于唐高宗永徽六年（655）立为皇后，到弘道元年（683）唐高宗在东都洛阳去世，28年间7次随唐高宗幸东都，唐高宗归葬长安，她不曾西归。此后到她去世共22年，除永泰公主死的那年回长安两年外，其余时间全在洛阳。值得注意的是，显庆五年（660），唐高宗、武则天去了一趟并州，阴历二月到达，四月离开，恰值牡丹开放的季节。这是武则天仅有的一次衣锦还乡，很可能她在宴请亲族、乡党时知道了牡丹。不过，他们这次是由洛阳去的，依然又回到洛阳。两年后，他们又回长安住了三年。牡丹很可能在这五年间（660～665）由汾州传入长安，或者是武则天由并州回洛阳时交代过先移入长安，或者是再回长安后派人移植。这比上述裴士淹开元末年（741）云云早了80年。后来，当政治中心移至洛阳后，长安皇宫中的牡丹只能缓慢地培植、发展，三四十年后初具规模，不仅刻画于公主墓石，还扩大到兴庆宫、华清宫和宰相家宅。武则天之后，长安再度成为政治中心，牡丹因而大放光彩。开元末，裴士淹又移入长安私第，无非由于当时长安牡丹昂贵而稀少，尚未普及到他这样的郎官家中，而他的家族又是河东（山西）大姓，能知道祖籍的风土人情，于是在出使途中，顺便到牡丹的故乡去弄了一棵。这是效颦，不是首创。

杨国忠①初以贵妃专宠，上赐以木芍药数本，植于家。国忠以百宝妆饰栏楯，虽帝宫之内不可及也。又云用沉香为阁，檀香为阑，以麝香、乳香筛土和为泥饰壁。每以春时木②芍药盛开之际，聚宾友于此阁上赏花焉。禁中沉香亭远不侔此壮丽也。（《开元花木记》）

【译文】

杨国忠因为族妹杨贵妃承恩受宠，唐玄宗赐给他牡丹数株，栽植在宅院中。在牡丹花周围，杨国忠修建了栏杆，以百宝装饰，其华贵程度，即便皇宫内的建筑也比不上。另外，杨国忠宅院中建造了四香阁，用沉香木造阁楼，用檀香木造栏杆，用麝香、乳香搅拌细土涂饰墙壁。每到暮春牡丹盛开时，杨国忠便召集宾朋好友在这座阁楼上赏花。皇宫（兴庆宫）中沉香亭的壮丽，远不能与四香阁相比。

【点评】

薛凤翔交代这则说法摘自《开元花木记》。实际其原始资料出自五代人王仁裕撰写的《开元天宝遗事》卷下《天宝下》。杨国忠长期在四川供职，天宝四载（745）杨贵妃册封，几年后杨国忠才调入长安供职。若他长安家宅真有牡丹事，与"开元（713～741）"不相干。本则说法在《开元天宝遗事》中，是两则笔记。"又云"之前是一则，题为《百宝栏》；"又云"之后是紧挨着的一则，题为《四香阁》。

明皇宫中牡丹品最上者御衣黄，次曰甘草黄，次曰建安黄。次皆红紫，各有佳名，终不出三花之上。他日宫中贡一尺黄，乃山下民王文仲

---

① 杨国忠（？～756），原名杨钊，蒲州永乐（今山西芮城）人。杨贵妃的族兄（同曾祖）。唐玄宗宠幸杨贵妃，推恩杨国忠，使他迅疾飞黄腾达，升任宰相，身兼40余职。杨国忠与边将安禄山交恶，导致安禄山起兵叛乱。唐玄宗逃亡途中，禁军将杨国忠杀死，并逼迫唐玄宗将杨贵妃赐死。
② 木：原无，据《开元天宝遗事》卷下《四香阁》校补。

所接也。花面几一尺，高数寸，只开一朵，绛帷笼护之。帝未及赏，会为鹿衔去，帝以为不祥。有佞人奏云："释氏有鹿衔花以献金仙①。"帝私曰："野鹿游宫中，非佳兆也。"殊不知应禄山之乱②。（《青琐高议》）

【译文】

在唐明皇的临潼骊山华清宫中，牡丹品第最高的是御衣黄，其次是甘草黄，再次是建安黄。其余牡丹都是红紫各色，品名都很雅致，但都比不过这三种黄牡丹。一天，有人向华清宫进贡一尺黄牡丹，是骊山脚下的平民王文仲所嫁接培育出来的。这一品种的花面直径将近一尺，花朵高数寸，只开一朵花。于是用绛色帷幕小心翼翼地围护着。皇上还没来得及观赏，突然，这朵牡丹花被一只野鹿叼走了。皇上以为这是不祥征兆。有惯于阿谀奉承的人说了一句花言巧语："佛教中有鹿衔花献给佛祖的事。"皇上私下说："野鹿来戒备森严的皇宫中游逛，不是好兆头。"殊不知这件事被随后的安禄山叛乱并占据唐朝京师和皇宫所应验。

【点评】

这则说法摘自北宋刘斧《青琐高议》前集卷6《骊山记》。《骊山记》题下有"张俞游骊山作记"7字，文中交代这是北宋四川人张俞纪录陕西临潼骊山脚下一位老翁讲述的华清宫逸事。

薛凤翔摘录其中一则说法，压缩文字，只交代出自《青琐高议》，未出现《骊山记》字样。那么，他的摘录中所说"明皇宫中"、"山下民"，读者若不知资料来历，很难去想这是在说华清宫、骊山的事。

---

① 金仙：指佛。唐人李白《与元丹丘方城寺谈玄作》说："朗悟前后际，始知金仙妙。"《释氏稽古略》卷4说：宋徽宗宣和元年（1119）二月，"诏改佛为大觉金仙"。

② 安禄山（703~757），中亚胡人和突厥人的混血儿，旅居营州（今辽宁朝阳市）。唐玄宗时，边地设立9个藩镇，安禄山兼领范阳（今北京市）、河东（今山西，驻太原市）、平卢（今辽宁，驻朝阳市）三镇节度使，是最大军阀。唐玄宗天宝十四载（755）冬，安禄山发动叛乱，攻占东都洛阳，建立大燕政权，称皇帝。唐肃宗至德二载（757）正月，安禄山被其子安庆绪杀死，同伙史思明继续叛乱。这场叛乱史称"安史之乱"。

《骊山记》中这则说法的完整情节是这样的：

"宫中牡丹最上品者为御衣黄，色若御服。次曰甘草黄，其色重于御衣。次曰建安黄。次皆红紫，各有佳名，终不出三花之上。他日，近侍又贡一尺黄，乃山下民王文仲所接也。花面几一尺，高数寸，只开一朵，鲜艳清香，绛帷笼日，最爱护之。一日，宫妃奏帝云：'花已为鹿衔去，逐出宫墙不见。'帝甚惊讶，谓：'宫墙甚高，鹿何由入？''为墙下水窦，因雨窦浸，野鹿是以得入也。'宫中亦颇疑异，帝深为不祥。当时有佞人奏云：'释氏有鹿衔花以献金仙。帝园有此花，佛土未有耳。'帝亦私谓侍臣曰：'野鹿游宫中，非佳兆。'翁笑曰：'殊不知禄山游深宫，此其应也。'"

这里以"鹿""禄"谐音，说野鹿进入宫禁并衔走牡丹，是安禄山发动叛乱并攻占长安皇宫的预先兆头。我们不必批评古人迷信，古代就是那样的认识水平。但安禄山在洛阳称帝，旋即丧生，他本人并没有西进长安、盘踞长安任何一座皇宫，是他手下的叛军攻占了长安。

我在前面的点评中已经指出，唐玄宗没有牡丹花期在华清宫的经历。另外，唐代牡丹尚无品名，哪有什么"御衣黄"、"甘草黄"、"建安黄"、"一尺黄"等名称？"御衣黄"的说法，应该是"御袍黄"的改头换面。北宋周师厚《洛阳花木记》说："御袍黄，千叶黄花也。……元丰时，应天院神御花圃中植山篦数百，忽于其中变此一种，因目之为御袍黄。"论时间，元丰是北宋神宗的年号，时当公元 1078～1085 年，比唐玄宗晚了 300 多年。论地点，在应天院神御花圃。应天院在北宋西京洛阳，这里有供奉宋太祖、宋太宗、宋仁宗、宋英宗等皇帝御容的"神御殿"，花圃在殿旁。这当然不是在陕西骊山。到了南宋，范成大有《单叶御衣黄》诗，说："舟前鹅羽映酒，塞上驼酥截肪。春工若与多叶，应入姚家雁行。"因此，《骊山记》这则说法，不过是北宋的民间故事而已，薛凤翔却把野鹿云云当作史料摘录。

洛人宋单父，字仲孺，善吟诗，亦能种艺术。凡牡丹，变易千种，红白斗色，人亦不能知其术。上皇召至骊山，植花万本，色样各不同，

赐金千余两。内人皆呼为花师。亦幻世之绝艺也。（《龙城录》）

【译文】

洛阳人宋单父，字仲孺，善于作诗，也擅长园艺。他培育牡丹，能千变万化，红白各色争强斗胜。人们都不知道他到底是什么技巧。上皇（唐玄宗）把他召到骊山来，由他栽植万株牡丹，花色形状各不相同，于是赐给他千余两金（铜）作为奖赏。华清宫里的宫女们，都称他为花师。他这门手艺，是幻化世间的绝活呀。

【点评】

薛凤翔交代这则说法出自《龙城录》。

上海古籍出版社 2000 年版《唐五代笔记小说大观》，收录《龙城录》。曹中孚在《校点说明》中指出："旧题唐柳宗元撰。柳宗元，字子厚，唐河东解（今山西运城西）人。……元和十年（815）任柳州刺史，世称柳柳州。……柳州旧称龙城。因《龙城录》旧本题唐柳宗元撰，宋葛峤将它编入柳集之中，而《新唐书·艺文志》未见著录。于是自宋代始，此书作者是谁便引起了争论。何薳《春渚纪闻》卷五和张邦基《墨庄漫录》卷二均以为是王铚伪作，《朱子语录》亦说：'柳文后《龙城录》杂记，王铚之为也。'魏仲举编《五百家注柳先生集》收《龙城录》为附录，短序有'柳先生谪居龙城，因次所闻于中朝士大夫'；而书中《龙城无妖邪之怪》条又有'柳州旧有鬼，名五通，余始到不之信'之语。又陈振孙《直斋书录解题》著录曰：'《龙城录》一卷，称柳宗元撰。龙城谓柳州也。罗浮梅花梦事出其中。《唐志》无此书，盖依托也。或云王铚性之作。'故一般以为可能是王铚伪作。余嘉锡《四库提要辨正》据《夷坚支志》戊卷五'柳子厚《龙城录》，盖刘无言所作，皆寓言也'，认为：'又与何薳以为出于王铚者不同，盖传闻异词，未详孰是也。'这样，此书作者就有三种不同说法。《龙城录》与柳文之峭拔矫健相比，文笔有明显不同。但是，宋人也只是凭其传闻，未有具体证据可以佐证。因此，此书作者究竟是谁，一时尚难肯定。"

以上所怀疑的作者，王铚、刘焘（字无言）都是宋人。不是唐人柳宗元的作品，当然不是唐人所记载的本朝故实。那么，唐代是否真有洛阳花工宋单父及其骊山种牡丹事迹呢？我认为不可信，因为这则说法与唐代栽培牡丹的所有诗文笔记不相类，显得突兀。而且唐代栽培牡丹的诗文笔记，往往在不同的典籍中屡屡重复出现同一事情，甚至词句都相同。如果唐代真有宋单父这样的奇人奇术奇事，在唐代别的文献中不可能没有蛛丝马迹。

早于王铚、刘焘，由南唐入北宋的吴淑（947～1002），著《江淮异人录》记载唐代及南唐时道流、侠客、术士等25人的奇异事迹。其卷上《花姑》说："宋单父有种艺术，牡丹变易千种。明皇召至骊山，种花万本，色样不同。呼为花姑。"寥寥几句，情节很简单。后来的作伪者，或根据宋代洛阳牡丹甲天下的现状，对《江淮异人录》的说法加以改造，把宋单父说成是洛阳人，"花姑"的称谓也改成"花师"，以符合其性别。

太祖一日幸后苑赏牡丹，召宫嫔。将置酒，得幸者以疾辞，再召复不至。上乃亲折一枝过其舍，而簪于髻上；上还，辄取花掷之。上顾之曰："我辛勤得天下，乃欲一妇人败之耶！"即引佩刀截其腕而去。

【译文】

一天，太祖来后苑中观赏牡丹，召嫔妃随同。准备置办酒席宴集，一位承恩的妃子借口有病不来，再次传令请她，她还是不来。皇上于是亲自折一枝牡丹花，到这位妃子的居处，给她插到发髻上。皇上刚离开，这位妃子立即从头上取出牡丹扔掉。皇上看了看她，说："我辛辛苦苦才得到天下，竟然想让一个娘们儿来败坏吗？"皇上随即拔出佩刀，截断这位妃子的手腕，然后愤然离去。

【点评】

皇帝庙号"太祖"，自称"我辛勤得天下"，显然是一位开国皇帝。

但薛凤翔没有使用史家笔法明确交代朝代，也不交代摘自何书，排列资料又不讲究时代顺序，所以无法判断主人公是谁。

清代四库馆臣已经遇到了这一困惑。《四库全书》不予收录但存目提及的书中，有《亳州牡丹志》一卷，作者佚名，里面也有这一则笔记。《四库全书总目提要》卷116子部26《谱录类存目》"亳州牡丹志"条写道："称太祖断宫嫔腕者，不知为明为宋，大抵齐东之语。"按：《孟子·万章上》说："此非君子之言，齐东野人之语也。"齐东野语，也就是道听途说、不足为凭的话。

长安贵游尚牡丹三十余年。每春暮车马若狂，以不耽玩①为耻。人种以求利，一本有数万者。元和末，韩弘罢宣武节制②，始至长安，私第有花，命劚③之，曰："吾岂效儿女辈耶？"（《国史补》。罗隐云："自从韩令功成后，辜负秾华过此身④。"）

【译文】

京师长安的官宦显贵们崇尚牡丹，已经三十多年了。每到暮春牡丹开放时节，车水马龙，人头攒动，赏花人无不欣喜若狂。谁要是不沉湎于赏牡丹之中，还会受到人们的耻笑。于是人们栽植牡丹以求厚利，一株牡丹甚至能卖数万铜钱。元和（806～820）末年，韩弘结束宣武镇节度使的职务，才来到长安。他的宅院中有牡丹，就命令手下人将牡丹铲掉，说："我难道要效法小孩子们的做法？"（出自《唐国史补》。罗隐《牡丹花》诗云："自从韩令功成后，辜负秾华过此身。"）

---

① 耽玩：原作"就玩"，据唐人李肇《唐国史补》卷中本条校改。
② 韩弘（765～823），滑州匡城（今河南长垣县西南）人。曾任宣武军（驻今河南开封市）节度使。后上表请入朝，被册拜司徒、中书令。故下文罗隐诗称他为"韩令"。
③ 劚（zhú）：挖掘。原作"折"，据《唐国史补》卷中校改。
④ 秾（nóng）华：繁盛艳丽的花朵。原作"浓华"，据唐人罗隐《牡丹花》校改。这里引用的两句诗，罗隐诗原作"可怜韩令功成后，辜负秾华过此身"。

【点评】

薛凤翔交代这则说法出自《国史补》。《国史补》亦称《唐国史补》，3卷，作者为中唐时期的李肇。李肇还著有《翰林志》1卷。李肇的生卒年和履历事迹，今已不得其详。《四库全书总目提要》卷79史部35《职官类》"翰林志"条说："肇所作《国史补》，结衔题尚书左司郎中。此书结衔则题翰林学士、左补阙。王定保《摭言》又称肇为元和中中书舍人。《新唐书·艺文志》亦云'肇为翰林学士，坐荐柏耆，自中书舍人左迁将作少监'。以唐官制考之，盖自左司改补阙，入翰林，后为中书舍人，坐事左迁。《国史补》及此书各题其作书时官也。"北宋钱易《南部新书》卷丙说："李肇自尚书郎守澧阳，人有藏书者，卒藏玩焉。因著《经史目录》。"可见他所撰写的，都是严肃的书籍。唐代国史是国家编修的本朝正规史书，李肇此书命名《国史补》，自序称"予自开元（713～741）至长庆（821～824）撰《国史补》，虑史氏或阙则补之意"，写作态度端正，可信度高，与以上那些小说传闻不是一个路数。

这一则说法，唐代有很多诗歌可以证明，此不赘述。比李肇稍晚一些的舒元舆，在《牡丹赋》的序言中也说："每暮春之月，遨游之士如狂焉，亦上国繁华之一事也。"可见一时风尚。

白乐天初为杭州刺史，令访牡丹花。独开元寺僧惠澄近于京师得之，始植于庭，栏圈甚密，他处未之有也。时景方深，惠澄设油幕覆牡丹。自此东越分而种之矣。会徐凝自富春来，不知而先题诗云云[①]。白寻到寺看花，乃命徐同醉而归。（《云溪友议》）

---

① 徐凝，睦州（今浙江建德市）人。唐宪宗元和年间（806～820）有诗名，终身布衣。徐凝这首诗题为《题开元寺牡丹》，说："此花南地知难种，惭愧僧闲用意裁。海燕解怜频睥睨，胡蜂未识更徘徊。虚生芍药徒劳妒，羞杀玫瑰不敢开。惟有数苞红萼在，含芳只待舍人（白居易曾任过中书舍人）来。"

【译文】

白居易刚到杭州当刺史，令手下人寻访牡丹花。只有杭州开元寺高僧惠澄，近年从京师长安弄到牡丹，栽植于开元寺的院落中。牡丹周围设置围栏，护卫得很严实。杭州其他地方，此时尚没有牡丹。这时春天快过完了，惠澄设置帷幕，为牡丹遮风蔽日。从这时开始，东南越地各处才开始移植牡丹。恰在这时，徐凝从富春（今浙江杭州富阳区）来杭州，他不知道白居易已经得知开元寺有牡丹的信息，还写了一首诗期待白居易前来观赏。不久，白居易来开元寺看花，于是宴请徐凝，直到喝得醉醺醺才返回。

【点评】

薛凤翔交代这则说法摘自《云溪友议》。具体地说，是《云溪友议》卷中《钱塘论》。《云溪友议》是晚唐人范摅所作的一部诗话。范摅，江苏吴县（今江苏苏州市）人，居住越州五云溪（浙江绍兴若耶溪别名），遂自号五云溪人、云溪子。生卒年不详，终身布衣。

白居易到杭州任刺史，《旧唐书》卷166《白居易传》说在唐穆宗长庆二年（822）农历七月，在杭州寻访牡丹，应该在第二年三月。北宋欧阳修《洛阳牡丹记》说谢灵运讲过"永嘉（今浙江温州市）水际竹间多牡丹"，但找不到别的资料证实这句话。《云溪友议》这则资料极为重要，是浙江杭州开始有牡丹并在浙江境内扩散的明确记载，这比谢灵运于宋武帝永初三年（422）当永嘉太守晚了400年。

长安三月，十五①日看牡丹奔走车马。慈恩寺②元果院，牡月半月

---

① 十五：原无"十"字，据北宋钱易《南部新书》卷丁本条及南宋计有功《唐诗纪事》卷52《裴潾》条校补。

② 慈恩寺：唐代长安的一座佛寺，在朱雀门街东晋昌坊。唐太宗贞观二十二年（648），时为太子的唐高宗为先母文德皇后做功德，在隋代无漏寺的废墟上建寺，故以慈恩为名。寺中有大雁塔。

开。裴潾①（一作卢纶）题诗于佛殿东头虚壁之上（云云）。太和中，文宗自夹城出芙蓉园②幸此寺，见所题诗，吟玩久之。因令宫嫔讽念，及暮，此诗满六宫矣。（《南部新书》）

【译文】

长安三月份牡丹盛开，人们或奔走，或乘车骑马，到各处观看牡丹，持续 15 天之久。慈恩寺元果师父院子中的牡月，【比别的地方提前】半月就开花了。裴潾作《白牡丹》诗，题写于慈恩寺佛殿东头的墙壁上（诗句从略）。太和年间（827～835），唐文宗通过封闭式复道到芙蓉园游玩，返还皇宫时顺便巡游慈恩寺，见到裴潾所题的诗。他久久吟哦赏玩，并令妃嫔宫女都能成诵。到傍晚时，宫中妃子们的各处住所，都是背诵这首诗的声音。

【点评】

薛凤翔交代这则说法出自《南部新书》。今按，具体是《南部新书》卷丁。《南部新书》成书于宋真宗大中祥符年间（1008～1016），共 10 卷，以天干排序，是一部唐五代史料笔记。作者钱易，字希白，杭州临安人。宋真宗时任翰林学士。他少有文名，博闻强记，潜心国史。史传说他有著作 280 卷，今仅存《南部新书》一种。

《南部新书》这则说法的全文如下：

"长安三月，十五日两街看牡丹奔走车马。慈恩寺元果院牡丹，先于诸牡丹半月开；太真院牡丹，后诸牡丹半月开。故裴兵部潾《白牡丹》诗，自题于佛殿东颊唇壁之上。大和中，车驾自夹城出芙蓉园，路幸此寺，见所题诗，吟玩久之，因令宫嫔讽念。及暮归大内，即此诗满六宫矣。其诗曰：'长安豪贵惜春残，争赏先开紫牡丹。别有玉杯承露

---

① 潾（lín）：原作"璘"，据《南部新书》卷丁、《唐诗纪事》卷 52、《旧唐书》卷 171《裴潾传》校改。裴潾，河东（今山西永济市）人，历仕唐宪宗、唐穆宗、唐敬宗、唐文宗等时期，职务很多，其中有给事中、兵部侍郎、河南尹等。
② 芙蓉园：唐代长安的一处风景胜地，在慈恩寺东南。

冷，无人起就月中看。'兵部时任给事。"

薛凤翔所做的摘录，有几处严重失误。其一，原文"长安三月，十五日两街看牡丹奔走车马"，是说看牡丹持续 15 天。薛凤翔删掉"十"字，改成"长安三月五日看牡丹"，可能以为农历三月初五就可以看牡丹了。那么，前面《唐国史补》所说的"每春暮车马若狂，以不耽玩为耻"，就体现不出来了。其二，原文"慈恩寺元果院牡丹，先于诸牡丹半月开"，薛凤翔改成"慈恩寺元果院，牡月半月开"，这是什么意思？读者必然误解为此处牡丹花期半月。其三，原文"太真院牡丹，后诸牡丹半月开"，被薛凤翔删掉。那么，下文裴潾作诗感叹长安豪贵争赏先开的紫牡丹，后开的白牡丹无人观赏，在表达上就缺失了铺垫，没有针对性。其四，原文"潾"，薛凤翔改为"璘"。裴潾在新旧《唐书》中都有传，南宋计有功《唐诗纪事》卷 52《裴潾》条全文收录他的这首诗。而"裴璘"是谁，未见有什么记载提到。其五，原文没有"一作卢纶"，是薛凤翔添加的。他还在本书卷 4《艺文志》中收录该诗，题作《裴给事宅白牡丹》，直接署名卢纶，甚至不交代"一作裴潾"。按：《全唐诗》卷 124 和卷 280 皆收这首诗，文字小异。《全唐诗》卷 124 将这首诗的作者署名为盛唐人裴士淹，当是因唐人段成式《酉阳杂俎》前集卷 19 的记载致误。这则记载说："开元末，裴士淹为郎官，奉使幽冀回。至汾州众香寺，得白牡丹一窠，植于长安私第。天宝中，为都下奇赏。当时名公有《裴给事宅看牡丹》诗。诗寻访未获。一本有诗云：'长安年少惜春残，争认慈恩紫牡丹。别有玉盘承露冷，无人起就月中看。'太常博士张乘尝见裴通祭酒说。"裴士淹那时候，长安牡丹极少，如果名流在裴宅赏牡丹，怎么要说"无人起就月中看"？既然为"都下奇赏"，怎么不夸白牡丹？《全唐诗》卷 280 收录这首诗，题作《裴给事宅白牡丹》，将作者署名为中唐人卢纶，但注出"一作裴潾诗"。结合《南部新书》所叙述的这首诗的本来事迹，可见将作者弄成裴士淹、卢纶，都错了。薛凤翔先是添加"一作卢纶"，继而直接判定是卢纶，也错了。

附带讨论一下唐人是否贬低白牡丹的问题。为白牡丹抱屈，是中唐时期个别人的情绪。白居易《白牡丹（和钱学士作）》诗说：白牡丹和玉蕊花都色如琼瑶，玉蕊花"因稀见贵"，而白牡丹"以多为轻"；人事亦然，"君看入时者，紫艳与红英"。另一首《白牡丹》诗说："白花冷澹无人爱，亦占芳名道牡丹。应似东宫白赞善，被人还唤作朝官。"裴潾诗仅认为白牡丹开在赏花高潮已经消退的时候，因而不被人重视。而白居易诗则是借白牡丹对自己的仕途发牢骚。当时他任太子东宫左赞善大夫，执掌侍从翊赞事，相当于谏议大夫的职责，级别为正五品上，虽属于朝廷系统的官员，但却是一种闲职，无实权。实际上，和白居易同时的人对白牡丹不但不嫌弃，反而相当欣赏。王建（约767～约830，与五代前蜀国君同名）《同于汝锡赏白牡丹》诗说它"并香幽蕙死，比艳美人憎"；"价数千金贵"。后来，吴融、王贞白、韦庄、殷文圭、徐夤等人都有咏白牡丹的诗。吴融《僧舍白牡丹二首》云："腻若裁云薄缀霜，春残独自殿群芳。梅妆向日霏霏暖，纨扇摇风闪闪光。月魄照来空见影，露华凝后更多香。天生洁白宜清净，何必殷红映洞房。""侯家万朵簇霞丹，若并霜林素艳难。合影只应天际月，分香多是畹中兰。虽饶百卉争先发，还在三春向后残。想得惠休凭此槛，肯将荣落意来看？"这些诗的热情并不亚于吟咏红紫牡丹的热情。

王蜀①号其苑曰"宣华"，权相勋臣竞起第宅，上下穷极奢丽，皆无牡丹。惟蜀主舅徐延琼②闻秦州董成村僧院有牡丹一株，所植年代深远，使人取之。掘土方丈，盛以木柜，自秦州至成都③三千余里，历九折七盘望云九井大小漫天悬险之路方至焉，乃致之新第。至孟氏④，于

---

① 唐将领王建于唐昭宗大顺二年（891）占成都，占据四川和陕南46州地盘。唐朝灭亡后，王建在成都称帝，国号蜀。同光三年（925），被后唐所灭。嗣后孟知祥又建立蜀政权，史称王建蜀政权为前蜀。

② 徐延琼，字敬明，以前蜀国戚身份，任武德军节度使兼中书令、京城内外马步指挥使。

③ 成都：原作"城都"，据文意改。

④ 孟知祥受后唐指派灭前蜀，被任命为剑南西川节度副使，后来占有了剑南东川。后唐内乱，孟知祥趁机脱离关系。应顺元年（934），孟知祥称帝，国号蜀，史称后蜀。当年孟知祥死，其子孟昶继立。乾德三年（965），被北宋所灭。

宣华苑广加栽植，名之曰牡丹苑。广政五年，牡丹双开者十，黄者白者三，红白相间者四，后主宴苑中赏之。（《蜀总志》）

【译文】

王建前蜀在成都设置御花园，称之为宣华苑。前蜀的权相勋臣们争相建造宅第，上上下下穷奢极丽。但宣华苑和这些达官贵人的宅院中都没有牡丹。只有前蜀后主王衍的舅舅徐延琼，听说秦州（今甘肃天水市）董成村佛寺有一株牡丹，栽植年代久远，就派人去索取。他们挖出这棵牡丹，完整地保留着根部一立方丈的土壤，然后用木柜盛放。从秦州到成都，路途三千余里，沿途九折七盘，经过望云岭、九井、大小漫天岭等崎岖险要的道路，才运到成都。徐延琼于是将这株牡丹栽植在自己新建的宅第中。到孟氏后蜀时，在宣华苑中扩大栽植牡丹，并将宣华苑更名为牡丹苑。广政五年（942），牡丹苑里牡丹双开者十株，黄牡丹白牡丹各三株，红白相间的牡丹四株。后蜀后主孟昶在牡丹苑中设宴观赏。

【点评】

薛凤翔交代这则说法摘自《蜀总志》。具体地说，是明代杨慎编辑的《全蜀艺文志》卷56。这则说法系摘录南宋胡元质《牡丹谱》的部分内容，但篡加了一句蜀道艰难的话。胡元质的原文是这样的：

"大中祥符辛亥（1011）春，府尹任公中正宴客大慈精舍，州民王氏献一合欢牡丹，公即命图之，士庶创观，阗咽终日。蜀自李唐后未有此花，凡图画者惟名洛阳花。伪蜀王氏号其苑曰'宣华'，权相勋臣竞起第宅，上下穷极奢丽，皆无牡丹。惟徐延琼闻秦州董成村僧院有牡丹一株，遂厚以金帛，历三千里取至蜀，植于新宅。至孟氏，于宣华苑广加栽植，名之曰牡丹苑。广政五年（942），牡丹双开者十，黄者白者三，红白相间者四，后主宴苑中赏之。花至盛矣，有深红、浅红、深紫、浅紫、淡黄、鞓黄、洁白，正晕、倒晕，金含棱、银含棱，旁枝副栴，合欢重台，至五十叶，面径七八寸。有檀心如墨者，香闻至五十步。蜀平，花散落民间。小东门外有张百花、李百花之号，皆培子分根，种以求利，每一本或获数万钱。宋景文公祁帅蜀，彭州守朱公绰始取杨氏园花凡十品以献。公在蜀四年，每花时按其名往取。彭州送花，遂成故事。公于十种花，尤爱重锦被堆，尝为之赋，盖他园所无也。牡丹之性，不利燥湿，彭州丘壤既得燥湿之中，又土人种莳偏得法，花开有至七百叶，面可径尺以上。今品类几五十种。继又有一种色淡红、枝头绝大者，中书舍人程公厚倅是州，目之为祥云。其花结子可种，余花多取单叶花本，以千叶花接之。千叶花来自洛京，土人谓之京花，单叶时号川花尔。景文所作赞别为一编，其为朱彭州赋牡丹诗有'蹄金点鬐密，璋玉缕跗红。香惜持来远，春应摘后空'之句。今西楼花数栏，花不甚多，而彭州所供率下品。范公成大时以钱买之，始得名花。提刑程公沂预会，叹曰：'自离洛阳，今始见花尔。'程公，故洛阳人也。"

北宋黄休复《茅亭客话》卷8《瑞牡丹》条，与胡元质这则文字大致相同。开头将官员的官职说得更详细一些："大中祥符辛亥春，知益州枢密直学士任公中正张筵赏花于大慈精舍。"

胡元质这则文字，曾被明人曹学佺《蜀中广记》卷62《方物记第四·牡丹》全文收录，题作《成都牡丹记》。这则文字对于研究四川地区何时始有牡丹，何人从何地引进，如何发展，有哪些品种，有哪些花工，有哪些牡丹诗文，四川牡丹与洛阳牡丹的比较，官僚士大夫与牡丹的关系，有一定的史料价值。

但胡元质这则文字说前蜀宣华苑中无牡丹，到底是不是那么一回事，尚须进一步研究。薛凤翔所摘的资料提到"蜀主舅徐延琼"，那是因为徐延琼的姐姐是前蜀高祖王建的贤妃，与王建所生子王衍继任皇帝（后主），被尊为顺圣太后。贤妃的胞妹是王建的淑妃，宫中呼为小徐妃、花蕊夫人。王衍继位后，尊她为翊圣皇太妃。咸康元年（925），两姊妹随王衍降后唐，次年被杀。《十国春秋》卷38有她们的传。花蕊夫人的《宫词》第106首说："牡丹移向苑中栽，尽是藩方进入来。未到末春缘地暖，数般颜色一时开。"（一丛丛牡丹移植到君王的后苑，／都是由各个地区进贡奉献。／天气和暖使得牡丹提前开花，／不同的花色一时间争奇斗艳。）第118首说："亭高百尺立春风，引得君王到此中。床上翠屏开六扇，槛外初绽牡丹红。"（百尺亭子周围春风和畅，／惹得君王不由得来这里闲逛。／御座旁竖立着六扇屏风，／栏槛外红牡丹刚刚开放。）可见前蜀成都后苑中，牡丹栽植已经颇有规模，系多地进贡而来。

长安兴善寺①素师院，牡丹色绝佳。元和末，一枝花合欢。（《酉阳杂俎》。徐仲雅题合欢诗云："平分造化中分去，折破春风两面开②。"）

【译文】

长安大兴善寺高僧素师的院子中，牡丹的形色漂亮极了。元和（806～820）末年，这里一枝牡丹并蒂合欢。（摘自《酉阳杂俎》前集卷19。五代人徐仲雅题合欢牡丹的诗句说："平分造化中分去，折破春风两面开。"［两朵合欢牡丹平分了造化的恩典，／春风把它们吹开，朝着两个方向绽露笑颜。］）

时彭门为辅郡，典州者多其戚里，得之上苑，而彭门花之所始也。天彭亦为之花州，而牛心山下为之花村。（《成都记》）

【译文】

【到后蜀君主将都城成都的宣华苑更名为牡丹苑，】当时彭州是畿辅近地，来当州官的多是皇亲国戚，从牡丹苑得到牡丹移植到彭州，彭州才开始有了牡丹。彭州从此成为牡丹花州，牛心山下成为牡丹花村。

---

① 隋文帝新建都城，名叫大兴城（即长安），城中一个里坊名叫靖善坊。这里的大兴善寺，兼取城名"大兴"、坊名"靖善"为名。

② 徐仲雅（922～?），字东野，祖籍秦中（今陕西关中），徙居长沙（今湖南长沙市）。南唐军入长沙，隐居。后周世宗显德（955～960）时，周行逢召为节度判官，辞不赴，被流放到邵州（今湖南邵阳市）。这两句是他的残句，第一句《全唐诗》卷762作"平分造化双苞去"，与下句"两面开"对仗，且避免一句出现两个"分"字。

【点评】

薛凤翔交代这则说法摘自《成都记》。据《宋史》卷204《艺文志三》记载："卢求《成都记》五卷。"据南宋祝穆、祝洙《方舆胜览》卷54《彭州·牡丹》条引《成都记》，薛凤翔摘录的这则资料，前有"及孟氏以牡丹名苑"句。这样才知道"典州者多其戚里"的"其"指的是谁。"辞达而已矣"，省文省到割裂难解，则不妥。

蜀平，花散落民间，小东门外有张百花、李百花之号。皆培子分根，种以求利，每一本或获数万。（《蜀总志》）

【译文】

后蜀被平定，其禁苑中的牡丹散落到民间。成都小东门外居住着专业花工，有被称为张百花、李百花的。无论是播种育苗，还是分株培育，他们都很擅长，都以种牡丹求取利润。一株牡丹能卖数万铜钱。

【点评】

薛凤翔交代这则说法摘自《蜀总志》，即明代杨慎编辑的《全蜀艺文志》卷56。前面的点评已经指出，这则说法见于南宋胡元质的《牡丹谱》，已经引证，此不赘。

洛中旧品，独以姚、魏为冠。天彭则红花以状元红为第一，紫花以紫绣球为第一，黄花以禁苑黄为第一，白花以玉楼子为第一。彭门牡丹在蜀为第一。洛阳花最盛，独彭门有小洛阳之称。宋景文帅蜀①，以彭

---

① 宋景文帅蜀：原作"宋景父师蜀"，据南宋祝穆、祝洙《方舆胜览》卷54《彭州·牡丹》条引《成都记》校改。宋祁（998~1062），字子京，安州安陆（今湖北安陆市）人，后徙居开封雍丘（今河南杞县）。宋仁宗天圣二年（1024）进士，历任翰林学士、史馆修撰、给事中兼龙图阁学士、知亳州、集贤殿修撰、知成德军、尚书礼部侍郎等多种职务。与欧阳修合修《新唐书》，进工部尚书，拜翰林学士承旨。卒谥景文。曾任知益州（治今四川成都市），著有《益都风物略》。

门牡丹锦被堆为第一。(《成都记》)

【译文】

洛阳牡丹众多的老品种中,只有姚黄、魏花品级最高。在彭州,红牡丹花以状元红为第一,紫牡丹花以紫绣球为第一,黄牡丹花以禁苑黄为第一,白牡丹花以玉楼子为第一。彭州牡丹,在四川境内为第一。洛阳牡丹最盛,所以在四川,只有彭州被称为小洛阳。宋祁担任四川长官,认为彭州牡丹中,锦被堆为第一。

【点评】

前面的点评曾引证南宋胡元质《牡丹谱》,里面提到宋祁与彭州牡丹的因缘。当时朱公绰任彭州长官。朱公绰字成之,吴县(今江苏苏州市)人。宋仁宗天圣八年(1030)进士。历任海宁州盐官令、权海宁州书记、知彭州、广济军、知舒州,官至光禄寺卿。他向宋祁进献牡丹,彼此有诗歌唱和。朱公绰《与宋景文公唱酬牡丹诗》说:"仁帅安全蜀,祥菹育至和。地寒开既晚,春曙力终多。翠幕遮蜂蝶,朱阑隔绮罗。殷勤凭驿使,光景易蹉跎。"(仁帅做官四川,给当地带来安全祥和,/使得牡丹苗壮生长,生机勃勃。/今年天气寒冷,牡丹推迟开放,/但春日的阳光终于促使它绽开花朵。/张起翠绿的帷幕杜绝蜜蜂蝴蝶,/设置朱红的栏杆把游人阻隔。/烦劳驿使抓紧赶路,送上鲜亮的牡丹花,/益州彭州两地相隔,美丽的春色很容易衰落。)宋祁《答朱公绰牡丹》诗说:"珍卉分清赏,飞邮附翠笼。蹄金点蕊密,璋玉镂跗红。香惜持来远,春应摘后空。玩时仍把酒,恨不与君同。"(你分给我赏花的机会,我很感激,/用翠笼装着牡丹,飞速地给我邮寄。/花萼的基部像雕刻出润泽的美玉,/花蕊一片金色,在花的中心聚集。/我珍惜这浓香是从你那里远远带来,/牡丹花儿摘下,春色便所剩无几。/赏花时须痛饮美酒,何等惬意,/只可惜不能同你在一起!)

姚黄初出邙山白司马坂下姚氏酒肆①，水北诸寺间有之，府中多取以进。魏花②出五代魏仁浦枢密园池中岛上。初出时，园吏得钱，以小舟载游人往过，他处未有也③。《牡丹记》云："白司马坂，其地属河阳。然花不传河阳传洛阳。洛阳亦不甚多，一岁不过数朵。"（《邵氏闻见录》④）

【译文】

姚黄牡丹最初出自洛阳邙山白司马坂下姚氏酒馆，洛河北面一些佛寺间或有之，西京留守府老是将这种名贵稀罕牡丹弄来向朝廷进贡。魏花出自五代时期当过枢密使的魏仁浦大人洛阳宅园池塘中的小岛上。刚刚出现魏花时，管园子的小吏收了游客的钱，才用小船摆渡他们到岛上观看，其他地方没有魏花。

欧阳修《洛阳牡丹记》说："白司马坂，其地属于河阳（今河南孟州市）行政区。但姚黄不传黄河北的河阳，却传邙山下的洛阳。洛阳也不多，一年当中不过开花数朵而已。"

【点评】

这则说法由两部分构成。前一部分出自《邵氏闻见录》卷17。《亳州牡丹史》刻作"郭氏闻见录"，没有这么一本书，薛凤翔不至于弄错。"邵""郭"二字相似，可能刻书人不懂，弄错了。后一部分出自欧阳修《洛阳牡丹记》。两则资料却混在一起，造成同出于《邵氏闻见录》的错觉。

《邵氏闻见录》又名《河南邵氏闻见录》《邵氏闻见前录》，因作者之子邵博著有《邵氏闻见后录》，故后人以"前录"称之以示区别。《邵氏闻见录》作者邵伯温（1056～1134），河南洛阳人，字子文，是宋代著名理学家邵雍（字尧夫，谥康节）的儿子。

---

① 酒肆：原作"酒寺"，据宋人邵伯温《邵氏闻见录》卷17本条校改。
② 魏花：原作"魏紫"，据《邵氏闻见录》卷17及欧阳修《洛阳牡丹记·花释名》"魏花"条校改。
③ 以下文字不是《邵氏闻见录》的内容，而是欧阳修《洛阳牡丹记·花释名》中的文字。
④ 邵氏闻见录：原作"郭氏闻见录"，今改。

至于这则说法中魏仁浦以魏花敛钱的细节，欧阳修《洛阳牡丹记·花释名》披露说："魏氏池馆甚大。传者云：此花初出时，人有欲阅者，人税十数钱，乃得登舟渡池至花所。魏氏日收十数缗（按：一缗为1000文钱）。其后破亡，鬻（出售）其园，今普明寺后林池乃其地，寺僧耕之以植桑麦。"

冀王宫花品，以五十种分为三等九品。潜溪绯、平头紫居正一品，姚黄居其下。（《景祐①元年观察使记》）

【译文】

在河北大宋皇室冀王的王府里面，50 种牡丹花分为三等九品，其中以潜溪绯、平头紫高居正一品，姚黄在它们之下。

【点评】

南宋陈振孙《直斋书录解题》卷 10 "农家类"说："《冀王宫花品》一卷，题《景祐元年沧州观察使记》，以五十种分为三等九品，而潜溪绯、平头紫居正一品，姚黄反居其次。不可晓也。"本书卷 1 有"沧州观察使记"条，已记载这则说法，但年号作元朝末年张士诚政权的"天佑"。此处年号原作"景佑"。原书两处皆错。冀王是宋太祖的孙子、宋仁宗的堂兄赵惟吉，死后追封为冀王，沧州观察使是赵惟吉的儿子赵守节。

张镃②宴客牡丹会，既集，坐一虚堂，寂无所有。俄问左右云：

---

① 景祐：原作"景佑"，今改。

② 张镃（zī，1153～1221?），原字时可，仰慕北宋诗人郭祥正（1035～1113），取其字"功甫"为己字，号约斋。祖籍成纪（今甘肃天水市），流寓临安（今浙江杭州市）。他是南宋大将张俊（封清河郡王，死后追封循王）曾孙，刘光世外孙，又是南宋著名诗词家张炎的曾祖。宋孝宗隆兴二年（1164），为大理司直。宋孝宗淳熙年间（1174～1189）直秘阁通判婺州（今浙江金华市）。宋宁宗庆元（1195～1200）初为司农寺主簿，迁司农寺丞。宋宁宗开禧三年（1207）参与谋划诛杀宰相韩侂胄，又欲搞掉宰相史弥远，事泄，于宋宁宗嘉定四年（1211）十二月被除名象州（今广西象州县）编管，此后去世。

"香发未?"答云:"已发。"命卷帘,则异香自内出,郁然满座。群妓以酒肴①丝竹次第而至。别有名妓数十,首戴牡丹,衣领皆绣如其色,歌昔人所作牡丹词,进酌而退。前后花与妓凡十易,杯器皆如其色。酒竟,歌者舞者数百人列行送客,烛光香雾,歌吹杂作,恍然若仙游。(《童蒙训》)

【译文】

张镃举办牡丹会,设宴款待客人。客人都到齐了,坐在一所空荡荡的大堂里,什么都没有。过了一会儿,张镃问手下人说:"香发下去没有?"手下人回答说:"已经发了。"他命卷起帘子,随即阵阵异香自内而出,满座弥漫着香气。女妓们或添酒上菜,或吹拉弹唱,依次而来。另有名妓数十人,首饰、衣领都以牡丹装饰,唱着前人所作的牡丹歌词,前来劝酒,客人喝了酒,她们才退场。牡丹花和女妓们,前后换了十拨,每次变换杯具,都与她们的打扮颜色一致。宴席结束,歌舞女妓数百人列队欢送客人。烛光朦胧,发散着袅袅香雾,歌声与乐声此起彼伏,客人们置身此景,恍然若神仙游乐。

【点评】

薛凤翔交代这则说法摘自《童蒙训》。《童蒙训》又称《吕氏童蒙训》,共3卷,作者为吕本中。吕本中(1084~1145),字居仁,号紫微。北宋时任过洛阳主簿、枢密院编修。南宋时任起居舍人、中书舍人兼权直学士院。他编写《童蒙训》,是为了教育儿童走正路,光宗耀祖,所以书中编选的是儒家的正统思想和正面事例。《四库全书总目提要》卷92子部2"儒家类"2"童蒙训"条说:"宋吕本中撰。……其所记多正论格言,大抵皆根本经训,务切实用。于立身从政之道,深有所裨。"而薛凤翔摘录的这则资料,其主人公张镃是吕本中去世8年后才出生的人物,其事迹与供儿童效法的正面事例背道而驰,吕本中怎么

---

① 肴:原作"殽",据文意改。

可能把其人其事写入《童蒙训》中?

其实,这则资料出自周密撰著的《齐东野语》。周密(1232~1308),字公谨,号草窗、蘋洲、弁阳老人、四水潜夫等。祖籍山东济南,寓居吴兴(今浙江湖州市)。曾为临安府幕属,监和济药局、丰储仓,又为义乌(今浙江义乌市)令。南宋灭亡,不仕元朝,居杭州。一生著述甚丰。

这则资料在《齐东野语》卷20中,题为《张功甫豪侈》。薛凤翔摘录的文字,与原文有一些出入,特别是删掉了女妓发髻上插的牡丹,品名叫照殿红,以及她们服饰的色彩差异,而且对这则资料斩头去尾,以一位官员所说的话作为正文。被删掉的部分,交代了张镃的身世和下场。为了准确理解张镃的牡丹会,兹迻录《齐东野语·张功甫豪侈》全文如下:

"张镃功甫,号约斋,循忠烈王(张俊)诸孙,能诗,一时名士大夫莫不交游,其园池声妓服玩之丽甲天下。尝于南湖园作驾霄亭,于四古松间,以巨铁絙(铁索)悬之空半,而羁之松身。当风月清夜,与客梯登之,飘摇云表,真有挟飞仙溯紫清(天上神仙居所)之意。王简卿(名居安,字简卿)侍郎尝赴其牡丹会,云:'众宾既集,坐一虚堂,寂无所有。俄问左右云:"香已发未?"答云:"已发。"命卷帘,则异香自内出,郁然满坐。群妓以酒肴丝竹次第而至。别有名姬十辈皆衣白,凡首饰衣领皆牡丹,首带照殿红一枝,执板奏歌侑觞(劝酒),歌罢乐作乃退。复垂帘谈论自如。良久香起,卷帘如前。别十姬易服与花而出,大抵簪白花则衣紫,紫花则衣鹅黄,黄花则衣红。如是十杯,衣与花凡十易。所讴者皆前辈牡丹名词。酒竟,歌者、乐者无虑数百十人,列行送客。烛光香雾,歌吹杂作,客皆恍然如仙游也。'功甫于诛韩(韩侂胄)有力,赏不满意,又欲以故智去史(史弥远),事泄,谪象台(广西象州)而殂。"

明人徐应秋《玉芝堂谈荟》卷3《自奉之侈》,部分摘录了《齐东野语》这则笔记,文字与薛凤翔摘录的完全一致,没有交代出处。与《齐东野语》文字一致的全文抄录,有明人王世贞《艳异编》卷16

《戚里部》2《张功甫》，清代《古今图书集成·草木典》卷292《牡丹部纪事》，前者没有交代出处，后者明确交代出自《齐东野语》。

孟蜀时，兵部尚书李昊①，每将牡丹花数枝分遗朋友，以兴平酥②同赠。且曰："俟花凋卸，即以酥煎食之，无弃秾艳。"其风味贵重若此。（《复斋漫录》）

【译文】

孟氏后蜀时期，兵部尚书李昊，常常以数枝牡丹花分别馈赠朋友，同时赠以兴平酥。交代道："等牡丹花凋谢了，就用兴平酥煎花瓣吃掉，不要把这么美艳的东西扔了。"牡丹的风味贵重到这种地步。

【点评】

薛凤翔注明这则说法摘自《复斋漫录》。两宋之际的文学家胡仔（1110～1170），著有《苕溪渔隐丛话》前集、后集，后集中频繁征引《复斋漫录》的笔记。但清朝乾隆时期国家编纂《四库全书》，《四库全书总目提要》卷135子部45类书类一《白孔六帖》条小注说："《复斋漫录》今已佚。"

清人冯应榴为北宋苏轼诗集作注。苏轼《雨中明庆赏牡丹》诗说："明日春阴花未老，故应未忍著酥煎。"冯应榴注云："《洛阳贵尚录》：孟蜀时，兵部贰卿李昊，每牡丹花开，分遗亲友，以金凤笺成歌诗以致之。又以兴平酥同赠，花谢时煎食之。"南宋陈振孙《直斋书录解题》卷10"农家类"说："《洛阳贵尚录》一卷。殿中丞新安丘濬道源撰。专为牡丹作也。其书援引该博，而迂怪不经。濬，天圣五年（1027）

---

① 李昊（约893～约965），字穹佐。自称唐相李绅之后。生于关中。前蜀后主王衍时，任中书舍人、翰林学士。后蜀时，任礼部侍郎、翰林学士、兵部侍郎、尚书左丞、门下侍郎、宰相。随后蜀后主孟昶降宋，拜工部尚书。

② 兴平酥：兴平（今陕西兴平市）产的优质酥酪。北宋韩维《王詹叔惠酥》诗说："兴平产良酥，厥品为第一。岁时盛献馈，霜梨副冰蜜。……詹叔官西州，遗我资口食。"王靖，字詹叔。

进士，通数知未来，寿八十一，及敛衣空，人以为尸解。《新安志》云尔。"丘濬著有《牡丹荣辱志》，今存。《四库全书总目提要》卷144子部54"小说家"类存目二说："《牡丹荣辱志》一卷，内府藏本。旧本题宋邱璿撰。考宋邱璿字道源，黟县人。天圣五年进士，官至殿中丞。邵博《闻见后录》记当时有邱濬者，以易卦推验历代，谓元丰正当丰卦。《靖康要录》记钦宗以郭京为将，盖取邱濬诗'郭京、杨式、刘无忌，皆在东南卧白云'之谶，其字皆从'睿'从'水'。此本亦题曰字道源，盖即其人，而名乃作'璿'，殆传写误欤？尤侗《明·艺文志》乃以是书为明邱濬作，又误中之误矣。厉鹗《宋诗纪事》称濬有《洛阳贵尚录》，今未见。"

这样看来，《复斋漫录》《洛阳贵尚录》原书都已佚，只通过别的书籍的引用能见到只鳞片爪。薛凤翔摘录《复斋漫录》，作"兵部尚书李昊"；冯应榴摘录《洛阳贵尚录》，作"兵部贰卿李昊"。兵部正长官是尚书，副长官是侍郎。清人吴任臣《十国春秋》卷52《李昊传》记载李昊在后蜀时期的职务，说："后主立，领汉州刺史，迁兵部侍郎。"此外，他再也没有兵部的任何职务。可见《洛阳贵尚录》"兵部贰卿李昊"的说法是正确的，薛凤翔摘录《复斋漫录》"兵部尚书李昊"的说法是错误的。

清代《古今图书集成·草木典》卷292《牡丹部纪事》又作《洛阳贵重录》，把"兵部贰卿"误作"兵部戴卿"，更不足取。

西京①牡丹闻于天下。花盛时，太守作万花会。宴集之所，以花为屏帐。至于梁栋柱拱，悉以竹筒贮水，簪花钉挂，举目皆花也。（《墨庄漫录》）

【译文】

西京洛阳的牡丹，普天下闻名。牡丹盛开时，太守举办万花会。在

---

① 西京：原作"两京"，据《墨庄漫录》卷9本条校改。北宋以开封为东京，其西的洛阳为西京。

宴集场所，周围摆放牡丹花以为屏帐。至于厅堂的栋梁拱柱，都固定竹筒，里面贮水，插上牡丹花。与会人员举目环顾，随处可见牡丹。

【点评】

薛凤翔交代这则说法摘自《墨庄漫录》。具体说，是该书卷9《东坡罢扬州万花会》的第一段。《墨庄漫录》共10卷。作者张邦基，字子贤，淮海（今江苏高邮市）人，生当两宋之际。"墨庄"是他对自己书斋的题名。

文宗朝，朔方节度使李进贤第，阶前有牡丹数丛，皆覆以锦幄。（《剧谈录》）

【译文】

唐文宗时期，【在长安通义坊】朔方节度使李进贤的宅院，台阶前有数丛牡丹，皆张起锦缎帷幕加以遮盖。

【点评】

薛凤翔交代这则说法摘自《剧谈录》。《剧谈录》共两卷，唐人康骈撰，唐昭宗乾宁二年（895）成书。康骈一作康軿，字驾言，池州（今安徽池州市）人。唐僖宗乾符五年（878）进士，在长安任过崇文馆校书郎。唐末战乱，返还乡里，后入宁国军（驻今安徽宣城市）节度使田頵（858~903）幕府。

具体地说，薛凤翔摘录的这则说法，是《剧谈录》卷下《刘相国宅》中的极少内容。这则笔记中与牡丹有关的部分，全文如下：

"通义坊刘相国宅，本文宗朝朔方节度使李进贤旧第。进贤起自戎旅，而偓傥瑰玮，累居藩翰，富于财宝。虽豪侈奉身，雅好宾客。有中朝宿德（按：朝廷中资深官员）常话在名场（考科举）日失意（落第）边游，进贤接纳甚至。其后京华相遇，时亦造其门。属牡丹盛开，因以赏花为名，及期而往。厅事（办公室）备陈饮馔，宴席之间，已非寻常。举杯数巡，复引众宾归内，室宇华丽，楹柱皆设锦绣；列筵甚广，器用悉是黄金。阶前有花数丛，覆以锦幄。妓妾俱服纹绮，执丝簧善歌舞者至多。客之左右皆有女仆双鬟者二人，所须无不必至，承接之意，常日指使者不如。芳酒绮肴，穷极水陆，至于仆乘供给，靡不丰盈。自午讫于明晨，不睹杯盘狼籍。朝士云：迩后历观豪贵之属，筵席臻（达到）此者甚稀。"

《剧谈录》原文对于李进贤如何护理牡丹以及观赏牡丹的场面，有细节刻画。薛凤翔将这段文字拦腰斩成两截，这里摘录前一截，缩写成干巴巴的几句，便成了断烂朝报，意趣全无。更加不妥的是，薛凤翔删成"朔方节度使李进贤第，阶前有牡丹数丛"，朔方藩镇节度使治所设置在今宁夏灵武市，给人造成灵武有牡丹的错觉。这涉及牡丹的地理分布问题。读了《剧谈录》原文，才知道是李进贤在长安通义坊的宅第中的牡丹。通义坊在长安朱雀门大街街西，临近皇城西南角。至于后一截，薛凤翔的摘录与这一截不做连贯安排，而是在隔了8则另外书籍资料的摘录后才安排，且没有交代摘自《剧谈录》。既没有内容归类的考虑，又没有时代顺序的考虑，不知道为什么！

僧仲殊①《越中牡丹花品序》云："越之好尚惟牡丹，其绝丽者三十二种。豪家名族，梵宇道宫，池台水榭，植之无间。赏花者不问亲疏，谓之'看花局'。泽国此月多有轻雨微云，谓之'养花天'。里语曰：'弹琴种花，陪酒陪歌。'丙戌岁八月十五移花日序。"丙戌，雍熙三年也。

【译文】

僧仲殊《越中牡丹花品序》说："浙江当地最喜欢牡丹，特别美艳的牡丹有 32 种。豪家名族，佛寺道观，池台水榭，都遍栽牡丹，略无空地。赏花人不管亲疏远近，都凑在一起，称之为'看花局'。水乡泽

---

① 僧仲殊，字师利，俗名张挥，北宋安州（今湖北安陆市）人，驻锡苏州承天寺、杭州吴山宝月寺。作《越州牡丹志》。

国三月天，常常是细雨淡云，称之为'养花天'。里巷间流传着俗语，说：'弹琴种花，陪酒陪歌。'丙戌岁八月十五移花日序。"丙戌，即宋太宗雍熙三年（986）。

【点评】

僧仲殊雍熙三年（986）中秋节移栽牡丹，写下这篇《越中牡丹花品序》。南宋陈振孙《直斋书录解题》摘录文字，在"豪家名族"前，尚有"始乎郡斋"四字。薛凤翔在本书卷1《本纪》中称僧仲殊的书名为《越州牡丹志》。那么，这是目前所知最早的牡丹专书，惜原书已佚。这篇《越中牡丹花品序》谈到北宋时越地牡丹的状况。我在前面的点评中，说到南朝初年浙江温州"竹间水际多牡丹"的说法证据不足，过了400年，到公元820年左右，杭州僧人才将长安牡丹移植过去，此后越地才开始分而种之。僧仲殊作《越中牡丹花品序》，比唐朝中叶杭州僧人开始移植牡丹晚了160多年。又过了半个世纪，到宋仁宗景祐年间（1034～1038），欧阳修作《洛阳牡丹记·花品序》，说："牡丹……南亦出越州。……而越之花以远罕识不见齿（谈论时提到），然虽越人亦不敢自誉以与洛阳争高下。"把这些情况一并放在历史的序列中来考察，当会对越地牡丹的历史有一个较为准确的时空定位。

洛中花工，宣和中，以药壅培于白牡丹如玉千叶①、一百五、玉楼春等根下，次年花作浅碧色，号欧家碧。岁贡禁府，价在姚黄上。尝②赐近臣，外廷③所未识也。（《墨庄漫录》）

【译文】

国朝徽宗宣和年间（1119～1125），洛阳的花匠培育牡丹，在白牡

---

① 玉千叶：原作"千叶紫"，"紫"则不是白牡丹，据《墨庄漫录》卷2本条校改。
② 尝：原作"赏"，据《墨庄漫录》卷2校改。
③ 外廷：原作"外庭"，据《墨庄漫录》卷2校改。外廷相对于内廷而言，内廷指皇宫内、禁中，即宦官、后妃，外廷指朝廷中的文武群臣。

丹如玉千叶、一百五、玉楼春等品种的根须周围土壤中注入一些药品，来年花开，这些白牡丹就变成了浅碧色，叫作欧家碧。洛阳年年以欧家碧向朝廷进贡，身价超过号称花王的姚黄。皇上曾经将欧家碧赏赐给内廷宦官，外廷官员无缘见到这一品种。

【点评】

这则说法摘自南宋张邦基《墨庄漫录》卷2《洛中花工以药壅培花》，只是薛凤翔把白牡丹"玉千叶"误作"千叶紫"，盖版本不同所致。这则笔记记叙了北宋洛阳花匠培育牡丹的具体做法。本单元的上面，薛凤翔摘录一则笔记，说洛阳花匠宋单父被唐玄宗召到骊山，施展奇术，培育出众多牡丹新品种，并交代资料出处为《龙城录》。我在点评中指出《龙城录》旧题唐人柳宗元撰，但古今一些学者指出是伪托，作者系宋人王铚或刘焘（字无言）。《墨庄漫录》卷2《龙城录乃王铚性之作》是南宋学者指出伪作的一种声音，说："近时传一书，曰《龙城录》，云柳子厚所作。非也，乃王铚性之伪为之。"并举例说，《龙城录·赵师雄醉憩梅花下》讲梅花鬼，实际上是借用苏轼的"月黑林间逢缟袂"、"月落参横"诗句编造而成。这里的潜台词是：唐朝人柳宗元怎么可能借用北宋人苏轼的诗句？今人著述中往往说唐朝柳宗元《龙城录》说唐玄宗时期洛阳花工宋单父如何如何，实则缺乏考证。

《墨庄漫录》这里提到洛阳方面"岁贡禁府"，其余两处说得更加具体。卷6《赐馆职西京牡丹花及南库酒》说："故事：西京每岁贡牡丹花，例以一百枝及南库酒赐馆职。韩子苍（按：韩驹字子苍）去国后尝有诗云：'忆将南库官供酒，共赏西京敕赐花。白发思春醒复醉，岂知流落到天涯。'"卷4《西京进花之始》说："西京进花，自李迪相国始。"此处"花"是牡丹的专称。欧阳修《洛阳牡丹记·花品序》说："洛阳亦有黄芍药、绯桃、瑞莲、千叶李、红郁李之类，皆不减他出者，而洛阳人不甚惜，谓之果子花，曰某花某花。至牡丹则不名，直曰花，其意谓天下真花独牡丹，其名之著，不假曰牡丹而可知也。"欧阳修《洛阳牡丹记·风俗记》将洛阳进贡牡丹说得很详尽："洛阳至东京六驿，旧不进花，自今徐州李相（迪）为留守时始进御。岁差牙校一人，乘驿马，一日一夕至京师。所进不过姚黄、魏花三数朵，用菜叶实竹笼子，藉覆之，使马上不动摇。以蜡封花蒂，乃数日不落。"嗣后，北宋王辟之（1031～?）《渑水燕谈录》卷8《事志》抄录改写欧阳修这则说法，在"不动摇"后加上一句"亦所以御日气"，在"数日不落"后加上一句"至今岁贡不绝"。

张邦基在《墨庄漫录》卷9中，还写了一则《陈州牡丹记》，是他政和二年（1112）春在陈州（今河南淮阳市）侍奉家长时有关牡丹的所见所闻。

高宗后苑宴群臣，赏双头牡丹，赋诗。上官昭容①一联绝丽，所谓"势如连璧②友，心似臭兰人"。（《唐史》）

【译文】

唐高宗在后苑宴集群臣，一同观赏双头牡丹，现场赋诗。上官昭容的一联诗句最漂亮，说："势如连璧友，心似臭兰人。"（双头牡丹并蒂，像是珠联璧合的挚友，／花蕊散发香气，恰似美如幽兰的佳人。）

【点评】

薛凤翔交代这则说法摘自《唐史》，未详《唐史》是何书。新旧《唐书》的上官昭容传记，都没有这则说法。这则说法见于《龙城录·高皇帝宴赏牡丹》，但没说"后苑"。《龙城录》旧题唐人柳宗元撰，实则伪托，作者是宋人王铚或刘焘（字无言）。南宋计有功《唐诗纪事》卷3也记载了这则说法。这两句诗很可能是假托上官婉儿作的。唐高宗

---

① 上官昭容（664～710），女，名婉儿，陕州（今河南陕县）人。祖父上官仪反对武则天执政被杀害，婉儿没入掖庭。14岁时，开始为武则天起草制敕。唐中宗时封为昭容，并掌管文学、音乐，经常为韦皇后、安乐公主代笔作诗。唐中宗死后，韦后操纵政治。临淄王李隆基（唐玄宗）及其姑母太平公主发动政变，韦后被杀，婉儿同时遇害。

② 璧：原作"壁"，据南宋计有功《唐诗纪事》卷3《上官昭容》校改。

武则天时期刚刚发现牡丹花卉，人工培育处在初级阶段，是否能培育出双头牡丹？

富郑公①留守西京，召文潞公②等赏牡丹，邵康节③在坐。客曰："此花有数乎？"邵筮④之，凡若干朵。又问："此花几时开尽？"邵再筮曰："尽来日午时。"明日，郑公复集会以验之。至日午，忽群马逸出，蹄踶⑤花丛，花立尽矣。

【译文】

郑国公富弼先生留守西京洛阳，邀请潞国公文彦博先生等人前来留守府观赏牡丹，邵雍先生也在座。有人问道："这里的牡丹花有准确数目吗？"精通易学的邵雍用蓍草算卦，即说出总共若干朵。又问："这里的牡丹花什么时间完全开败？"邵雍又算卦答道："明天午时全部开败。"第二天，富弼先生再次召集大家聚会，现场检验邵雍算的卦是否灵验。到日午时刻，一群马突然跑过来，对牡丹花丛大肆践踏，顷刻间牡丹花残败净尽。

【点评】

薛凤翔没有交代这则说法的出处，实则出自宋人马永卿的《嬾真子》。马永卿字大年，扬州（今江苏扬州市）人。宋徽宗大观三年（1109）进士，历任永城主簿、江都丞、浙川令、夏县令，后流寓铅山。

《嬾真子》卷3的这则原文，人物和情节非常具体，说：

---

① 富弼（1004～1083），字彦国，洛阳人。宋仁宗天圣八年（1030）以茂才异等科及第，历任地方和中央职务，封郑国公。
② 文彦博（1006～1097），字宽夫，号伊叟，汾州介休（今山西介休市）人。历仕宋仁宗、宋英宗、宋神宗、宋哲宗四朝，出将入相50年。封潞国公。
③ 邵雍（1011～1077），字尧夫，将洛阳住所命名为安乐窝，人称安乐先生。北宋易学家、诗人，倡导先天象数学，著有《观物篇》《先天图》《皇极经世》《伊川击壤集》等。终生不仕，受到朝廷重视，赐谥康节。
④ 筮（shì）：用蓍草占卦。
⑤ 蹄（dì）踶：动物用蹄子踢、踏。

　　"富郑公留守西京日，因府园牡丹盛开，召文潞公、司马端明（按：司马光曾以端明殿学士知永兴军）、楚建中、刘几、邵先生同会。是时，牡丹一栏凡数百本。坐客曰：'此花有数乎？且请先生筮之。'筮即毕，曰凡若干朵。使人数之，如先生言。又问曰：'此花几时开尽？请再筮之。'先生再三揲蓍，坐客固已疑之。先生沉吟良久，曰：'此花命尽来日午时。'坐客皆不答。温公神色尤不佳，但仰视屋。郑公因曰：'来日食后可会于此，以验先生之言。'坐客曰诺。次日食罢，花尚无恙。洎烹茶之际，忽然群马厩中逸出，与坐客马相蹄啮，奔出践花丛中，既定，花尽毁折矣。于是洛中愈服先生之言。先生家有传易堂，有《皇极经世集》行于世。然先生自得之妙，世不可传矣！闻之于司马季朴。"

　　《嬾真子》这则记载，揭示邵雍运用的是大衍揲蓍法。北宋正宗儒学思想称为道学，分为三派。周敦颐及其弟子程颢、程颐阐发理学，创立唯心主义理学派。张载讲气学，坚持唯物主义"气"一元论，创立气化学说。邵雍主要讲数学，创立唯心主义象数易学派，虽属于儒学，但思想路线接近道家。

　　薛凤翔的摘录，删掉了《嬾真子》原文关于赏牡丹地点在西京留守"府园"，与会其余人员，以及邵雍占卦牡丹数目当场应验等内容。特别是最后一点，不管我们是否相信这套把戏，单从行文来看，没有呼应，交代不清。

　　会昌中，有朝士数人寻芳至慈恩寺，遍诣僧室。时东廊院有白花可爱，相与倾酒而坐，因云牡丹未识红深者。院主老僧微笑曰："安得无之！但诸贤未见耳。"朝士求之不已，僧曰："众君子欲看此花，能不泄于人否？"朝士誓云："终身不复言。"僧乃引至一院，有殷红牡丹一窠，婆娑几及千朵，浓姿半开，炫耀心目。朝士惊赏留恋，及暮而去。信宿①，有权要子弟至院，引僧曲江闲步。将出门，令小仆寄安茶笈，

―――――――――――――――

　　①　信宿：连续两夜。

裹以黄帕，于曲江岸藉草而坐。忽有弟子奔走而来，云有数十人入院掘花，禁之不止。僧俯首无言，惟自吁叹；坐中但相盼而笑。既而却归，至寺门，见以大畚盛花，舁^①而去。徐谓僧曰："窃知贵院旧有名花，宅中咸欲一看，不敢预告，恐难见舍。适所寄笼子中，有金三十两，蜀茶二斤，以为酬赠。"

【译文】

唐武宗会昌年间（841～846），有朝士数人到慈恩寺寻赏牡丹，走遍了僧众的住处。这时，东廊院有白牡丹，非常可爱，他们在这里坐下，一起饮酒交谈，说到世上没有深红牡丹。东廊院的主人是一位老僧人，微笑着说："深红牡丹怎么会没有呢！只是诸位先生不曾见到罢了。"朝士们苦苦央求一睹深红牡丹的风采，老僧说："诸位君子想看此花，能做到不把消息泄露给别人吗？"朝士们纷纷发誓说："一辈子都不会去说。"老僧于是把他们领到一所院子里，这里有一株殷红牡丹树，花朵婆娑，将近一千朵，花姿绚丽，尚未完全怒放，已经把他们震撼得心惊目眩了。朝士们惊奇地观赏着，留恋驻足，天快黑了才离开。过了两天，有一位权要子弟来到这所院子里，把老僧领到曲江边散步。权要子弟将要离开僧院时，令小仆将一只箱子就地放下，里面有茶团，还有一个黄帕子包裹。权要子弟一行同老僧来到曲江岸边，一起围坐在草地上。忽然，老僧的一个徒弟急忙奔跑过来，说有数十人闯入僧院，强行挖走红牡丹，怎么禁止都不听。老僧低着头，不说一句话，只有吁声长叹。围坐在一起的人彼此看着，笑个不停。过了一会儿，他们返回慈恩寺，刚到寺门，看见那一伙人用大畚箕盛放这株红牡丹，抬着离去。权要子弟慢慢地对老僧说："我私下得知贵院老早就有名贵牡丹，家中人都想看看。这次行动前不敢告诉你，是怕你舍不得将红牡丹让给我。刚才放在你院子里的那只笼子里，有金30两，蜀茶两斤，作为挖走你红牡丹的酬金。"

---

① 舁（yú）：抬。

【点评】

薛凤翔没有交代这则资料的出处，实则摘自唐人康骈《剧谈录》卷中《慈恩寺牡丹》。薛凤翔的摘录比较完整详尽，原文比这段摘录多出一倍。薛凤翔没有摘录的句子，其实并非可有可无。这则资料开头总述说："京国花卉之晨（辰），尤以牡丹为上。至于佛宇道观，游览者罕不经历。慈恩浴堂院有花两丛，每开及五六百朵，繁艳芬馥，近少伦比。"然后以僧人思振"常话会昌中朝士数人寻芳"云云，揭出说法的来历和可靠性。然后说朝士们苦苦央求参观红牡丹，是"经宿不去"，"及旦求之不已"。这样，摘录中的"信宿"才有了交代。老僧说这株红牡丹，"予保惜栽培近二十年矣，无端出语，使人见之，从今已往，未知何如耳"。正因为老僧有这样的预感，后来发生的事才会在他的预料之中，"僧俯首无言，惟自吁叹"，无奈中有几分淡定。这些内容对于了解唐代长安牡丹、价格和习俗风尚，有相当的价值。

张茂卿好事，其家西园有一楼，四围植奇花异卉殆遍。常接牡丹于椿树之杪，花盛开时，延宾客推楼玩焉。

【译文】

张茂卿爱好花卉，他家的西园有一楼，四周遍植奇花异卉。他曾将牡丹嫁接到椿树枝梢，牡丹花盛开时，延请宾客来家，推开楼窗观赏。

【点评】

薛凤翔没有交代这则资料的出处。清代《古今图书集成·草木典》卷292《牡丹部纪事》，交代这则资料出自《异人录》。《异人录》具体情况不详。北宋吴淑（947～1002）有《江淮异人录》，其中没有这件事。

唐文宗①内殿赏花，问程正己："京师有传唱牡丹者谁称首？"对

---

① 唐文宗：原作"唐玄宗"，今改。理由详见本段点评。

曰:"李正封①诗云:'国色朝酣酒,天香夜染衣。'"时杨妃②方起,因谓妃曰:"妆镜台前饮一紫金盏酒,则正封之诗可见矣。"

【译文】

唐文宗在皇宫内观赏牡丹,问程正己:"京师有传唱牡丹的诗歌,谁作得最好?"程正己奏称:"李正封的诗句说:'国色朝酣酒,天香夜染衣。'"(牡丹姿容秀美,国中无二,/像是在清晨带着酣畅酒意,满面红光。/牡丹香气浓烈,天下无双,/像是用香炉熏了整整一夜的衣裳。)这时杨妃刚刚起床,唐文宗对她说:"你正坐在妆镜台前,你如果饮一紫金盏酒,正封诗句描绘的意象就可以见到了。"

【点评】

薛凤翔没有交代这则说法的出处,其实摘自唐代笔记《松窗杂录》。《新唐书》卷59《艺文志》"小说家类"著录《松窗录》一卷,但未题作者是谁,古来有李濬、韦叡两种说法,较多倾向于李濬。李濬,无锡(今江苏无锡市)人,宰相李绅之子。唐僖宗乾符四年(877),他自秘书省校书郎入直史馆。六年春乞假归无锡后,撰《松窗杂录》,记载自己早年从公卿间听到的国朝逸闻轶事。

这则资料完整文字如下:

"大和、开成中,有程修己者,以善画得进谒。修己始以孝廉召入籍,故上不甚以画者流视之。会春暮,内殿赏牡丹花,上颇好诗,因问修己曰:'今京邑传唱牡丹花诗,谁为首出?'修己对曰:'臣尝闻公卿间多吟赏中书舍人李正封诗,曰:"天香夜染衣,国色朝酣酒。"'上闻之,嗟赏移时。杨妃方恃恩宠,上笑谓贤妃曰:'妆镜台前宜饮以一紫金盏酒,则正封之诗见矣。'"

《松窗杂录》这则资料有明确的时间界定:"大和(827~835)、开

---

① 李正封,字中护,陇西(今甘肃临洮县)人。唐宪宗元和二年(807)进士,历官司勋郎中、知制诰、中书舍人、监察御史。
② 杨妃:原作"贵妃",今改。理由详见本段点评。

成（836～840）中"，是唐文宗在位时的两个年号。那么，资料中的
"上"非唐文宗莫属，"杨妃"只能是唐文宗的妃子。薛凤翔摘录时删
掉了年号，一看是杨妃，便以为是杨贵妃，径直改成"贵妃"，很逻辑
地推论出这位皇上就是唐玄宗，于是开头直截了当标出"唐玄宗"。殊
不知唐玄宗的年号叫"开元"、"天宝"。薛凤翔这样做，把这段记载的
主要人物弄错了，把事情提前了100年。这则资料中提到李正封，《旧
唐书》卷15《宪宗纪下》记载：在由宰相裴度主持的平定淮西藩镇叛
乱的战争中，元和十二年（817）七月，唐宪宗"以司勋员外郎李正
封、都官员外郎冯宿、礼部员外郎李宗闵皆兼侍御史，为判官书记，从
度出征"。60年前，年逾70的唐玄宗已经退出政权，然后在6年后去
世，唐玄宗怎么可能和李正封同时代？薛凤翔史学知识很贫乏，辨析史
料的能力很欠缺，所以屡屡出现错误。

韩文公侄湘①落魄不羁，尝命作诗见志，云："会造逡巡②酒，能开
顷刻花。有人能学我，同共看仙葩。"公曰："子能夺造化权乎？"湘
曰："此事何难！"因取土，以盆覆之，俄生碧牡丹二朵，花间拥出金
字一联云："云横秦岭家何在，雪拥蓝关马不前。"曰："事久可验。"
后公谪潮州，至蓝关遇雪乃悟。

【译文】

唐朝韩愈先生的侄儿韩湘，穷困潦倒，放荡不羁。韩愈曾命他作诗
表达志向，他作诗说："会造逡巡酒，能开顷刻花。有人能学我，同共
看仙葩。"（我能立马酿出美酒，／还会让花朵顷刻间绽放。／若有谁能

---

① 韩愈（768～824），字退之，河阳（今河南孟州市）人。唐德宗贞元八年（792）进
  士。历官刑部侍郎、潮州刺史、国子监祭酒、京兆尹、兵部侍郎、吏部侍郎。郡望昌
  黎，谥号文，故世称韩昌黎、韩文公。唐代古文运动的伟大旗手，有《韩昌黎集》。
  韩湘不是这则摘录所说的韩愈的侄儿，而是侄孙。韩愈有《左迁至蓝关示侄孙湘》
  《宿曾江口示侄孙湘二首》诗。元朝辛文房《唐才子传》卷6《韩湘》说："湘字清
  夫，愈之侄孙也。长庆三年（823）礼部侍郎王起下进士。"
② 逡巡：片刻。

够学我，／我同他一起将阆苑仙葩观赏。）韩愈说："你能将天公化育万物的大权夺到自己手中？"韩湘说："这事有什么难的！"他随即取土，用盆覆盖，片刻间土中生出两朵碧牡丹。花朵上还有金字，是一联诗："云横秦岭家何在，雪拥蓝关马不前。"（高峻的秦岭云雾缭绕，回首北望，哪里是我的家？／积雪堵塞着蓝关，马儿难以向南前行。）韩湘说："时间长了，这件事就可以验证了。"后来韩愈从长安贬谪到岭南潮州（今广东潮州市），途经蓝关（蓝田关，在陕西蓝田县）遇到下雪，才悟出这事儿原来是谶语。

【点评】

薛凤翔没有交代这则资料的出处。文献中涉及者，最早是唐人段成式《酉阳杂俎》前集卷19的说法；后来，北宋刘斧《青琐高议》前集卷9《韩湘子·湘子作诗谶文公》扩大篇幅，添加很多情节，演绎成一篇诗文结合的小说；再后来，宋人阮阅《诗话总龟》前集卷47《神仙门》引《青琐集》，作了大幅度削减；再后来，元朝辛文房《唐才子传》卷6《韩湘》，又抄录了《诗话总龟》的文字。

征引文献应该采纳原始资料，它是第一手的、原创的。《酉阳杂俎》的说法不但最早，而且有唐人培育牡丹的具体做法，洵属可贵。《酉阳杂俎》不是僻书秘籍，薛凤翔为什么不引用呢？《酉阳杂俎》这则资料全文如下：

"韩愈侍郎有疏从子侄自江淮来，年甚少，韩令学院中伴子弟，子弟悉为凌辱。韩知之，遂为街西（按：长安朱雀门大街街西）假僧院令读书。经旬，寺主纲复诉其狂率。韩遽令归，且责曰：'市肆贱类营衣食，尚有一事长处。汝所为如此，竟作何物？'侄拜谢，徐曰：'某有一艺，恨叔不知。'因指阶前牡丹曰：'叔要此花青、紫、黄、赤，唯命也。'韩大奇之，遂给所须，试之。乃竖箔曲，尽遮牡丹丛，不令人窥。掘窠四面，深及其根，宽容人座。唯贵紫矿、轻粉、朱红，旦暮治其根，凡七日，乃填坑。白其叔曰：'恨较迟一月。'时冬初也。牡丹本紫，及花发，色白红历绿，每朵有一联诗，字色紫分明，乃是韩出官（关）时诗。一韵曰'云横秦岭家何在，雪拥蓝关马不前'十四字，韩大惊异。俚且辞归江淮，竟不愿仕。"

《酉阳杂俎》说这一联诗出自韩愈贬官出京后作的诗，即《左迁至蓝关示侄孙湘》。元和十四年（819），唐宪宗派遣宦官，将凤翔县法门寺塔内的佛骨迎入京师，先在皇宫中供奉3天，然后送到京师各佛寺。韩愈上表切谏，言辞激烈，唐宪宗大怒，要将他处死，经大臣裴度、崔群营救，降死罪贬为潮州刺史。他走到长安南面的蓝关时，韩湘来看望他。他当时悲愤至极，写下这首诗。

韩湘既然有这等改变牡丹品相的神异能力，便被道教拉去，列入八仙之一。造神需要编造神话，于是他被说成有夺取老天爷大权的能耐，韩愈的诗句成了他事先作的谶语，他还有宣示神仙志向的诗作。

《青琐高议·韩湘子·湘子作诗谶文公》，就是较为系统的造神说法。下面节录其中涉及牡丹的情节：

"韩湘，字清夫，唐韩文公之侄也，幼养于文公门下。文公诸子皆力学，惟湘落魄不羁，见书则掷，对酒则醉，醉则高歌。公呼而教之曰：'汝岂不知吾生孤苦，无田园可归。自从发志磨激得官，出入金闼书殿，家粗丰足。今且观书，是吾不忘初也。汝堂堂七尺之躯，未尝读一行书，久远何以立身？不思之甚也！'湘笑曰：'湘之所学，非公所知。'公曰：'是有异闻乎？可陈之也。'湘曰：'亦微解作诗。'公曰：'汝作言志诗来。'湘执笔，略不构思而就，曰：'青山云水窟，此地是吾家。后夜流琼液，凌晨散绛霞。琴弹碧玉调，炉养白朱砂。宝鼎存金虎，丹田养白鸦。一壶藏世界，三尺斩奴邪。解造逡巡酒，能开顷刻花。有人能学我，同共看仙葩。'公见诗诘之曰：'汝虚言也，安为用哉？'湘曰：'此皆尘外事，非虚言也。公必欲验，指诗中一句，试为成之。'公曰：'子安能夺造化开花乎？'湘曰：'此事甚易。'公适开宴，湘预末坐，取土聚于盆，用笼覆之。巡酌间，湘曰：'花已开矣。'举笼见岩花二朵，类世之牡丹，差大而艳美，叶干翠软，合座惊异。公细视之，花朵上有小金字，分明可辨。其诗曰：'云横秦岭家何在，雪拥蓝关马不前。'公亦莫晓其意。饮罢，公曰：'此亦幻化之一术耳，非真也。'湘曰：'事久乃验。'不久，湘告去，不可留。公以言佛骨事，贬潮州。一日途中，分方凄倦，俄有一人冒雪而来，既见，乃湘也。公喜曰：'汝何久舍吾乎？'因泣下。湘曰：'公忆向日花上之句乎？乃今日之验也。'公思少顷，曰：'亦记忆。'因询地名，即蓝关也。公叹曰：'今知汝异人，乃为汝足成此诗。'诗曰：'一封朝奏九重天，夕贬潮阳路八千。本为圣明除弊事，敢将衰朽惜残年！云横秦岭家何在，雪拥蓝关马不前。知汝远来深有意，好收吾骨瘴江边。'乃与湘同宿传舍，通夕议论。"

《青琐高议》编造这则故事，除了借用《酉阳杂俎》的资料，还借用了五代沈汾撰的《续仙传》的资料，只是刘斧不愿说出真相。《续仙传》卷下《殷文祥》说："殷七七，名文祥，……每自醉歌曰：'琴弹碧玉调，药炼白玉砂。解酝逡巡酒，能开顷刻花。'宝（按：唐代镇海节度使周宝，814～887）常试之，悉有验。"北宋李昉主持编纂的《太平广记》卷52《神仙五十一》，收录了《续仙传》这篇故事，但把人名弄成"殷天祥"。

关于《青琐高议》，在本单元前面的点评中，我已经几次引用和介绍，指出宋人的小说，不能当作历史来读。

宋人阮阅《诗话总龟》前集卷47《神仙门》引《青琐集》，作了削减，有几句诗与《青琐高议》用字不同，即"凌晨咀绛霞"、"炉炼白朱砂"、"一瓢藏世界"。元朝辛文房《唐才子传》卷6《韩湘》，文字、情节与《诗话总龟》基本相同。

唐李进贤好宾客，属牡丹盛开，以赏花为名，引宾归内室。楹柱皆列锦绣，器用悉是黄金。阶前有花数丛，覆以锦幄。妓妾俱服纨绮，执丝簧善歌舞者至多。客之左右皆有女仆双鬟者二人，所须无不必至，承接之意，常日指使者不如。芳酒绮肴①，穷极水陆。至于仆乘供给，靡不丰盈。自午迄于明晨，不睹杯盘狼籍。

---

① 肴：原作"殽"，据文意改。

【译文】

唐朝节度使李进贤喜欢交结宾客。牡丹盛开时，他以赏花为名，延请宾客来自己长安的家中游玩。他家堂屋的柱子上，都裹着锦缎，日用器皿都是黄金制作或装饰。庭阶前有几丛牡丹花，张起锦缎帷幕遮蔽护理。家中妓妾都穿戴绫罗绸缎，操持不同乐器、能歌善舞的女妓非常多。每位宾客的身边，一左一右，安排双鬟女仆各一人。宾客有什么需求，女仆立即办理，顺从的程度和办事的效率，超过宾客平常在自己家中使唤的人。他招待宾客的筵席，摆放着美酒佳肴，穷尽了山珍海味。至于提供给宾客们的仆从车马，无不周到丰富。赏花和宴会从午间持续到次日清晨，看不到杯盘狼籍的乱象。

【点评】

薛凤翔没有交代这则资料的来历，实则是唐代笔记《剧谈录》卷下《刘相国宅》中的内容。薛凤翔在本单元前面已有摘录，我在相应地方已做点评，指出将一段原文拦腰斩成两截，隔了 8 则另外书籍资料的摘录后又做安排。这里摘录的文字后面，原文还说："朝士云：迩后历观豪贵之属，筵席臻此者甚稀。"

唐末刘训者，京师富人。京师春游，以牡丹为胜赏。训邀客赏花，乃系水牛累百于门。人指曰："此刘氏黑①牡丹也。"

【译文】

唐末人刘训，是京师的富豪。京师春游，以观赏牡丹为胜事。刘训邀请客人来家赏花，将数百头黑水牛拴在门前。有人指着水牛对大家说："这些就是刘氏的黑牡丹呀。"

---

① 黑：原作"墨"，据北宋苏轼《墨花》诗宋人程缤注及《古今图书集成·草木典》卷292《牡丹部纪事》本条校改。

【点评】

薛凤翔没有交代这则资料的出处，读了让人莫名其妙。《古今图书集成·草木典》卷292《牡丹部纪事》本条，交代出自《花史》。《四库全书总目提要》卷116子部26"谱录类存目"说："《花史》十卷（内府藏本），明吴彦匡撰。彦匡爵里未详。是书盖本常熟蒋养菴《花编》、松江曹介人《花品》二书推而广之，得百有余种。每一花为一类，各加神品、妙品、佳品、能品、具品、逸品标目，附以前人遗事及咏花诗歌。大都以意为之，所品第不必皆确也。"

实际上这则资料最早出自宋人程缙。北宋苏轼《墨花》诗说："独有狂居士，求为黑牡丹。"清人王文诰辑注时，引宋人程缙注说："唐末刘训者，京师富人。梁氏开国，尝假贷以给军。京师春游，以观牡丹为胜赏。训邀客赏花，乃系水牛数百在前，指曰：'刘氏黑牡丹也。'"原来这是后梁朱全忠篡夺唐朝政权，缺乏军费，向富豪借钱。富豪刘训为了筹集钱财，打着邀请众客人来家观赏牡丹的幌子，请他们来家"高消费"。但实际上他家或者没有牡丹，或者牡丹不足以观赏，于是将数百头黑水牛拴在门前，说这就是刘家的黑牡丹。那么，本则资料中的"黑牡丹"，实际上是对水牛的戏称。薛凤翔删掉"梁氏开国，尝假贷以给军"，便丢掉了索解资料的钥匙，也丧失了时间定位，让人觉得不是刘训借口赏牡丹而敛财，而是宾客们前来刘家挥霍、显摆，即所谓"胜赏"。

诸葛颖①精于数，晋王广引为参军，甚见亲重。一日共坐，王曰："吾卧内牡丹盛开，君试为一算。"颖持越策②度一二子，曰："牡丹开七十九朵。"王入掩户，去左右数之，正③合其数。但有二蕊将开，故倚阑看传记伺之。不数十行，二蕊大发，乃出谓颖曰："君算得无左④

---

① 诸葛颖：原作"诸葛颖"，据《隋书》卷76《诸葛颖传》校改。本则下文随改。
② 策：筹策，是古代发明算盘前，以木或竹子制成的小棍或小片，代表一定数字，挪动位置，用以计算数目。
③ 正：原作"政"，据明人陈诗教《花里活》卷上本条校改。
④ 左：差错，偏斜。

乎?"颖再挑一二子,曰:"吾过矣,乃九九八十一朵也。"王告以实,尽欢而退。

【译文】

诸葛颖精于计算,隋朝晋王杨广引纳他,来自己王府担任参军事,对他非常亲密、器重。一天,晋王同诸葛颖坐在一起,晋王说:"我寓所内牡丹盛开,先生算算,共有多少朵。"诸葛颖手持筹策,挪动了几根,说:"牡丹已经开出七十九朵。"晋王进入居处,关闭门窗,命随从人员回避,自己数了数牡丹花,正好同诸葛颖说的数目一致。只是还有两朵含苞欲放,他就靠着栏杆,一边读传记,一边观察牡丹。他读书刚刚数十行,这两朵牡丹突然盛开。他于是从居处走出来,对诸葛颖说:"先生刚才的计算,难道没有偏差吗?"诸葛颖又挪动了几根筹策,说:"我算错了,应该是九九八十一朵。"晋王将实情告诉诸葛颖,彼此都非常高兴,诸葛颖才退场。

【点评】

薛凤翔没有交代这则说法的出处。《古今图书集成·草木典》卷292《牡丹部纪事》,指出这则说法出自《清异录》。《清异录》是五代入宋的陶榖(903~970)撰写的一部史料笔记,内容为唐至五代的各种事情。而本则说法以隋代为历史背景,《清异录》中根本没有这则笔记。

其实,这则说法出自明人陈诗教的笔记小说《花里活》卷上。陈诗教这篇笔记小说的《序》说:"余性爱看花,年来为病魔所困,不能出游。小庭颇饶佳卉,红紫纷敷,日与游蜂浪蝶相为伴侣,觉此中亦自有真乐,忘其身之委顿也。李昌谷诗有'花里活'之句,余非秦宫其人,窃喜三字之有契余心,遂以名篇。万历丙辰竹醉日,秀水灌园史陈诗教题于小於陵。"万历丙辰即万历四十四年(1616),是《花里活》定稿刊刻的时间。《四库全书总目提要》卷116子部26"谱录类存目"说:"《花里活》三卷(编修程晋芳家藏本),明陈诗教撰。诗教字四可,秀水人。是编辑古今花卉故实,按代分编,然皆因袭陈言,别无奇僻，考证尤多疏漏。如云五代梁有王彦章，吴亦有王彦章。不知杨行密之将乃王茂章，后归梁改名景仁，并无所谓王彦章者。其舛谬率皆此类。至《花里活》之名，盖用李贺诗'秦宫一生花里活'句。然秦宫何人？而可援以自比乎？失考甚矣。"

现在梳理一下与《花里活》这则小说相关的历史线索。晋王是隋炀帝杨广在藩时的爵位。《隋书》卷3《炀帝纪上》说："开皇元年（581），立为晋王，拜柱国、并州总管，时年十三。"《隋书》卷2《高祖纪下》说：开皇二十年（600）十一月，"以晋王广为皇太子"。这20年间，晋王在扬州（今江苏扬州市）住的时间最长，其次是在京师长安（大兴城）。

《诸葛颖传》列在《隋书》卷76《文学传》中，说："诸葛颖，字汉，丹阳建康人也。……能属文，起家梁邵陵王参军事，转记室。侯景之乱，奔齐，待诏文林馆。历太学博士、太子舍人。周武平齐，不得调，杜门不出者十余年。习《周易》、图纬、《仓》、《雅》、《庄》、《老》，颇得其要。清辨有俊才，晋王广素闻其名，引为参军事，转记室。及王为太子，除药藏监。炀帝即位，迁著作郎，甚见亲幸。出入卧内，帝每赐之曲宴，辄与皇后嫔御连席共榻。……颖性褊急，……帝屡责怒之而犹不止，于后帝亦薄之。"

可见诸葛颖之所以受到晋王的重视，是因为他的文学才干和广博学识。如果像《花里活》所说诸葛颖"精于数，晋王广引为参军，甚见亲重"，他的传记应该列在记载"卜筮"、"技巧"的《隋书》卷78《艺术传》中。至于《花里活》所说诸葛颖"甚见亲重"，与杨广"共坐"，能在杨广"卧内"附近活动，《隋书》本传记载那是隋炀帝称帝后的事。

那么，诸葛颖为什么会被《花里活》拉来做牡丹小说素材呢？《新唐书》卷59《艺文志三》记载农家类典籍有："诸葛颖《种植法》七十七卷。"这自然容易产生诸葛颖精通种植的联想，种植则可能包括牡丹。但唐人段成式在《酉阳杂俎》前集卷19《草篇》中说："成式检隋朝《种植法》七十卷中，初不记说牡丹。"

我在本单元第一则点评中已经指出，迄今尚未发现隋代即有牡丹的记载和证据。《海山记》说隋炀帝称帝后营建东都洛阳和西苑，河北易州进贡 20 箱牡丹，并有 18 个品种名称，那是北宋小说的情节，不是历史实录。而《花里活》这则小说，竟提前到隋炀帝当晋王时即有牡丹，地点在晋王寓所，至于是在扬州还是长安，小说没做设计。现在还没有隋代长安、扬州有牡丹栽培的历史记载。因此，薛凤翔把《花里活》的小说说法当作历史资料来引用，是很不恰当的。

神　异

《开元遗事》云：初，有木芍药植于沉香亭①前。其花一日忽开一枝两头，朝则深红，午则深碧，暮则深黄，夜则粉白。昼夜之内，香艳各异。帝谓左右曰："此花木之妖，不足讶也。"

【译文】

《开元天宝遗事》记载：起初，长安兴庆宫沉香亭前栽植着牡丹。忽然一天，一株牡丹开花，一个枝条上开出两朵，早晨花色深红，午间转为深碧，黄昏变成深黄，夜里又成为粉白。白天黑夜不同时段，牡丹的香味花色变幻不同。唐玄宗对随从侍臣们说："这株牡丹是花木中的精灵，不必诧异惊怪。"

【点评】

薛凤翔将本单元资料总题为《神异》。依据其内容，相当于纪传体史书中的"五行志"。这些带有神话色彩的故事，今天看来，是一种牡丹文化现象。既然薛凤翔没有把这些资料并入《花考》中，我就不把它们当作历史资料去一一考证了。

---

① 沉香亭：原作"庭"，据五代王仁裕《开元天宝遗事》卷上《花妖》校改。

尊贤坊田弘正①宅，中门内②有紫牡丹成树，发花千朵③。花盛时，每月夜④有小人五六，长尺余，游于花上。如此七八年。人将掩之，辄失所在。（《酉阳杂俎》）

【译文】

唐代东都洛阳尊贤坊有节度使田弘正的宅院，在第二道门内，一株紫牡丹多年成树，开花多达一千朵。花盛开的时节，月色朦胧中，有五六个一尺多长的小人在花上嬉耍。七八年间，总是这样。人伸手抓他们，他们立即消失得无影无踪。

元和中，春物方妍，车马寻玩者相继。忽有女年可十七八，衣绿绣⑤衣，乘马，峨髻双鬟，无簪珥之饰，容色婉约⑥，迥出于众。从以二女冠、三小仆，皆丱髻⑦黄衫，端丽无比。既下马，以白羽扇⑧障面，直造花所，异香芬馥，闻于数十步外。观者以为出自宫掖，莫敢逼视。伫立良久，令小仆取花数⑨枝而去。将乘马，回谓黄冠曰："曩有玉峰⑩之约，自此可以行矣。"时观者如堵，咸觉景物辉煌。举辔百步，有轻风拥尘，随之而去。望之已在半空，方悟神仙之游。余香不散者经月。（康骈《剧谈》）

【译文】

唐宪宗元和年间（806~820），一次春花盛开，人们乘车骑马，络

---

① 尊贤坊：唐代东都洛阳的里坊，在东城墙内洛河以南。田弘正（764~821），本名兴，字安道，唐宪宗赐名弘正。平州卢龙（今河北卢龙县）人。任魏博节度使，进封中书令，改任成德军节度使。
② 内：原作"外"，据《酉阳杂俎》续集卷2本条校改。
③ 发花千朵：原作"后发千余朵"，据《酉阳杂俎》本条校改。
④ 夜：原作"余"，据《酉阳杂俎》本条校改。
⑤ 绿绣：原作"绣绿"，据《剧谈录》卷下《玉蕊院真人降》校改。
⑥ 容色婉约：原作"容婉娩"，据《剧谈录》本条校改。
⑦ 丱（guàn）髻：头部两边束成两角的发髻，形如"丱"字。
⑧ 白羽扇：《剧谈录》本条作"白角扇"。
⑨ 数：原作"四"，据《剧谈录》本条校改。
⑩ 玉峰：玉山，神话所说西王母居处。

绎不绝地去唐昌观赏玩玉蕊花。忽然来了一位十七八岁的女子，身穿绿绣衣，乘坐骏马，双鬟发髻高耸，没有佩戴簪珥首饰，面容娇媚，体态柔美，远远超出一般人之上。在她的身后，紧跟着两位女道士、三个女仆，年纪都很小，头上束着两角的发髻，穿着黄衫，端丽无比。这位女子下马后，用白羽扇遮住脸，直接走到玉蕊花处所，一下子异香芬馥，数十步外都能闻到。周围众多观看者，以为她是皇家官掖中的女子，都不敢逼近瞻仰。这位女子伫立好大一会儿，令女仆摘取数枝玉蕊花带上，就要离开了。她将上马时，回头对两位女道士说："以前曾同你们相约在玉山会晤，现在可以随我一起去。"当时观看者围得像一堵墙，都觉得此刻景物格外辉煌。这位女子乘马离开百步，有轻风裹挟尘雾，随之而去。观看者们抬头远眺，她们已经升腾到半空中了，才知道这是神仙下凡游玩。此后一个多月，唐昌观里还存留着袅袅余香。

【点评】

这则故事是唐人康骈《剧谈录》卷下《玉蕊院真人降》的前半部分。原文开头这样说："上都安业坊唐昌观，旧有玉蕊花。其花每发，若瑶林琼树。"然后才是薛凤翔摘录的这些文字。其后又说："时严给事休复、元相国（元稹）、刘宾客（刘禹锡）、白醉吟（白居易），俱有《玉蕊院真人降》诗。严给事诗曰：'味道斋心祷玉宸，魂销眼冷未逢真。不知满树琼瑶蕊，笑对藏花洞里人。'又云：'羽车潜下玉龟山，尘界无由睹蕣颜。唯有无情枝上雪，好风吹缀绿云鬟。'元相国诗曰：'弄玉（相传为春秋时期秦穆公的女儿，嫁给萧史，跟萧史学吹箫作凤鸣，穆公为其修造凤台以居之。后夫妻乘凤飞天成仙而去。）潜过玉树时，不教青鸟（王母娘娘的使者）出花枝。的应未有诸人觉，只是严郎卜得知。'刘宾客诗云：'玉女来看玉树花，异香先引七香车。攀枝弄雪时回首，惊怪人间日易斜。'又云：'雪蕊琼丝满院春，羽衣轻步不生尘。君王帘下徒相问，长伴吹箫别有人。'白醉吟诗云：'嬴（秦国国君姓嬴）女偷乘凤下时，洞中暂歇弄琼枝。不缘啼鸟春饶舌，青琐仙郎可得知。'"

《剧谈录》原文交代得很清楚，是玉蕊花，根本不是牡丹花。关于玉蕊花，有两种解释。一说是琼花。北宋宋敏求《春明退朝录》卷下说："扬州后土庙有琼花一株，或云自唐所植，即李卫公（唐后期政治家李德裕）所谓玉蕊花也。"琼花又名聚八仙花、月下美人、叶下莲、金钩莲、凤花、昙花，忍冬科荚蒾属，半常绿灌木。初夏开花，洁白如玉。每朵琼花由周边 8 朵 5 瓣大花环绕中间白珍珠般的小花，簇拥蝴蝶似的花蕊。另一说是玚花。南宋洪迈《容斋随笔》卷 10《玉蕊杜鹃》说："长安唐昌观玉蕊，乃今玚花，又名米囊，黄鲁直（北宋黄庭坚）易为山矾者。"南宋葛立方《韵语阳秋》卷 16 说："江南野中有小白花，木高数尺，春开，极香，土人呼为玚花。玚，玉名，取其白也。鲁直云：'荆公（北宋王安石）欲作诗而陋其名，余谓名曰山矾。野人取其叶以染黄，不借矾而成色，故以名尔。'"唐昌观是道教庙宇，因唐玄宗女唐昌公主在此出家，故名，位于长安朱雀门街西第一街安业坊南。这里玉蕊花很有名，很多唐人作诗吟咏。白居易《白牡丹》诗说："唐昌玉蕊花，攀玩众所争。"又，《戏招李六拾遗、崔二十六先辈》诗说："应过唐昌玉蕊后，犹当崇敬牡丹时。"杨凝《唐昌观玉蕊花》诗说："瑶华琼蕊种何年，萧史秦嬴向紫烟。时控彩鸾过旧邸，摘花持献玉皇前。"王建、武元衡、杨巨源等唐人都作有《唐昌观玉蕊花》诗。

薛凤翔对资料删削不当，把开头的"唐昌观旧有玉蕊花"删掉了，竟然当作牡丹神异事迹予以摘录。

钱仁伉，尚父[①]之孙也，为元帅府中书检校司徒，与中军都虞候[②]金沼邻居。沼所居堂东植牡丹花一本，着花三百朵，其色如血，谓之金

① 钱镠（liú，852～932），字具美，杭州临安人。唐末任杭州刺史、镇海镇东两军节度使。唐昭宗天复二年（902）封为越王，天祐元年（904）又封为吴王。后梁开平元年（907），封为吴越国王，乾化二年（912）尊为尚父。

② 都虞候：原作"都虞侯"，据宋人阮阅《诗话总龟》前集卷 48《奇怪门上》引宋人钱易《洞微志》本条校改。都虞候是军事职官名称，唐后期始置，起初是藩镇节度使的亲信武官。北宋时，不仅是诸军都指挥使的副手，而且殿前司、侍卫马军司和侍卫步军司中，都设置都虞候。

含稜。每瓶子顶上有碎金丝，如自然蛱蝶之状，一城为殊异。每岁花开张宴，仁㑺预焉。开宝七年春三月，才一两朵开，仁㑺一夕洪饮击剑，裎服中单①，背负大篮②，左手携锄③，腰插大匕首，逾墙而过沼，中外无知者。锄取牡丹置篮④中，乃平其地。空中闻有呼叹之声，微细若游蜂音⑤，辞曰："一花三⑥百朵，含笑向春风。明年三月里，朵朵断肠红。"仁㑺异之，移植于亭后。明日沼觉失花，为非人力所及。来年花盛开，乃宴召沼，沼一见无语，得疾以归，至夜愤闷不已，以刀决肠而卒。肠皆寸寸断，果符空中之语。（《洞微志》）

【译文】

钱仁㑺是吴越国王钱镠的孙子，在我大宋皇朝担任元帅府中书检校司徒，与中军都虞候金沼是邻居。金沼家堂屋的东边栽植着一株牡丹，开花三百朵，花色如血，名叫金含稜。这是因为每朵花的雌蕊顶部，都长着细碎金丝，样子很像蛱蝶。满城的人都以为这株牡丹太神奇。每年牡丹开放时，金沼都设宴招待前来观赏的贵宾，钱仁㑺也在其中。太祖开宝七年（974）春三月，这株牡丹刚刚开放一两朵。一天夜里，钱仁㑺豪饮美酒，舞剑壮胆，脱掉外衣，只剩下汗衫，背负大篮子，左手拿着锄头，腰里插着大匕首，翻过院墙，潜入金沼家。他行动诡秘，没有任何人知道。他挖出牡丹，放在篮子中，然后把土坑填平。这时空中传来唉声叹气的声音，很微弱，就像蜜蜂飞行发出的声响。这声音说："一花三百朵，含笑向春风。明年三月里，朵朵断肠红。"钱仁㑺有些惊异，回家后将偷来的牡丹移植在亭子后面。第二天，金沼发现这株牡丹不翼而飞，以为不是人力所能做到的事。第二年，这株牡丹在钱仁㑺家盛开，钱仁㑺设宴邀请金沼来观赏。金沼一眼便认出这是自己丢失的

---

① 裎（chéng）：脱衣。中单：衬衣。
② 篮：原作"盘"，据《诗话总龟》本条校改。
③ 锄：原作"篮"，据《诗话总龟》本条校改。
④ 篮：原作"盘"，据《诗话总龟》本条校改。
⑤ 音：原作"者"，据《诗话总龟》本条校改。
⑥ 三：原作"千"，据《诗话总龟》本条校改。

那株牡丹，气得说不出话来，浑身不舒服。他回到家中，到了夜里，依然愤愤不平，就拿刀剖腹，将自己的肠子割断，一命呜呼了。他的肠子被割成一寸一寸的，【满地都是殷红的血液，】果然与当初空中发出的谶语相符。

【点评】

薛凤翔交代这则资料摘自《洞微志》。《洞微志》是宋人钱易撰写的笔记小说，已佚。宋人阮阅《诗话总龟》前集卷48《奇怪门上》引过其中几则说法，包括这一则。

薛凤翔在本书前面说过："花移近处，秋分前后无论已。或二三百里外，须秋分后方可。""即以全根原本移过别土，亦必三年而元气始复，花之丰跃正色始见。"而他所摘录的这则说法，却是牡丹春天开花时移植的，而且第二年就开花了。

穆宗禁中牡丹花开，夜有黄白蛱蝶数万飞绕花间，宫人罗扑不获。上令网空中，得数百。迟明视之，皆库中金玉，状工巧。宫人争用丝缕络其足，以为首饰。

【译文】

唐穆宗皇宫中牡丹花开，夜里有黄白蛱蝶数万只，在牡丹花间飞来飞去。宫女们用罗巾捕捉蛱蝶，但都捕捉不到。唐穆宗命在空中张起网罗，终于捕获数百只。天亮后查看，都是府库中的金玉，形状极其精巧。宫女们争相用丝缕拴住蛱蝶的脚，当作首饰用。

【点评】

薛凤翔没有交代这则说法摘自何书，那么，穆宗是唐穆宗李恒，还是辽穆宗耶律璟、明穆宗朱载垕，就叫人弄不清了。按：这则说法是唐人苏鹗《杜阳杂编》卷中一段文字的缩写，所以穆宗是唐穆宗。《杜阳杂编》原文如下：

"穆宗皇帝殿前种千叶牡丹，花始开，香气袭人，一朵千叶，大而且红。上每睹芳盛，叹曰：'人间未有。'自是宫中每夜即有黄白蛱蝶万数飞集于花间，辉光照耀，达晓方去。宫人竞以罗巾扑之，无有获者。上令张网于空中，遂得数百，于殿内纵嫔御追捉，以为娱乐。迟明视之，则皆金玉也。其状工巧，无以为比。而内人争用绛缕绊其脚，以为首饰。夜则光起妆奁中。其后开宝厨，睹金钱玉屑之内将有化为蝶者，宫中方觉焉。"

《杜阳杂编》原文"宫人竞以罗巾扑之"，"罗巾"是丝制手巾；被薛凤翔改为"宫人罗扑"，则成了罗列扑捉或网罗扑捉。原文"上令张网于空中"，被改为"上令网空中"，则可能不是空中固定张网，而是人举网走动捕捉。原文"迟明视之，则皆金玉也。其状工巧，无以为比。而内人争用绛缕绊其脚，以为首饰。夜则光起妆奁中。其后开宝厨，睹金钱玉屑之内将有化为蝶者，宫中方觉焉"。持续一段时间，谜底才揭晓，这才显出"神异"。薛凤翔将这几句改成"迟明视之，皆库中金玉"，当时就有了结论，一点悬案都没有。那怎么不回收入库，反倒任随宫女们占有，明目张胆地用作首饰？

淳熙三年二月，如皋县①桑子河堰东孝里庄园有牡丹一本，无种而生。明年三月花盛开，始知紫牡丹也。过者皆往观之。有杭州观察推官东过通州②，见花甚爱，欲移分一株。掘土深尺许，见一石如剑，长二尺，题曰："此花琼岛飞来种，只许人间老眼看。"遂不敢移。以是乡老有生旦值花开时，必造花下饮酒为寿。间亦有约明日造花所而花一夕凋谢者，多不吉。惟一人李嵩者，三月八日初度③，自八十看花，至一百九岁而终。（《如皋志》）

---

① 如皋县：原无，据明人朱国祯《涌幢小品》卷27《花》本条校补。
② 通州：《涌幢小品》本条无。
③ 初度：生日。

【译文】

南宋孝宗淳熙三年（1176）二月，在如皋县（今江苏如皋市）桑子河堰东孝里庄园中，无人播种却自然长出一株牡丹。第二年三月，牡丹花盛开，才知道是紫牡丹。过往的人都前去观赏。有一位杭州观察推官来通州（今江苏南通市通州区），见到这棵牡丹花，非常喜爱，想分株移植。他挖土深约一尺，发现一条像剑一样的石板，有二尺长，上面题诗说："此花琼岛飞来种，只许人间老眼看。"他于是不敢贸然移植。因为这个缘故，当地老人有生日恰好是牡丹花开时，当事人和庆贺者一定要来这株牡丹这里，坐在花下，饮酒祝寿。偶然也有约定明天到这株牡丹这里，而牡丹花当晚突然凋谢，涉及的人往往不吉利。只有一个人，名叫李嵩，生日是三月初八，他从80岁生日时前来这里看花，直到109岁才去世。

【点评】

这则说法系年于南宋淳熙年间。薛凤翔交代资料来源是《如皋志》，原本今天已经见不到。能见到的多种《如皋县志》《如皋县续志》，都是清朝编纂刊刻的。地方志中多数内容，系撮取、综合相关资料而编写。这则资料，实出自明人朱国祯（？～1632）《涌幢小品》卷27《花》。

早于明人朱国祯，元朝陈应雷曾写下《题孝里庄牡丹》诗，说："墨染猩红露未干，仙姿未许少年看。魏家池馆今荒落，剩有飞来此牡丹。"（载清《五山耆旧集》卷1）陈应雷，原名有奋，字道宏、迁一，号南洋，祖籍福建莆田，出生于扬州路如皋。元仁宗延祐三年（1316）中解元，历官六合学谕、提举、提学，转临濠、平江、平洋诸路总管。清人袁枚（1716～1797）《随园诗话补遗》卷8摘录《如皋志》这则紫牡丹事，近人郭沫若读后，作《如皋紫牡丹》诗说："无种而生无此理，题诗人自见深心。护花预为防移植，埋石居然止盗侵。琼岛飞来成美梦，花园宴集赖高吟。牡丹有意酬知己，料应纷披直到今。"

李太白携酒赏牡丹，乘醉取笔蘸酒涂之。明晨嗅枝上花，皆作酒气。

【译文】

李白带着美酒观赏牡丹，乘着几分醉意，取笔蘸酒，涂抹牡丹。第二天早晨闻枝上的花朵，都有一股酒气。

【点评】

这则说法不知来历。李白的传记，见于《旧唐书》卷190下《文苑传下》、《新唐书》卷202《文艺传中》、元代辛文房《唐才子传》卷2，都没有这个说法。另外，今人周勋初主编《唐人轶事汇编》卷14"李白"条，从多种古籍中搜集到李白资料39则，也没有这个说法。《群芳谱》此条作"李泰伯"，北宋学者李觏（1009～1059）字泰伯。

明皇时有献牡丹者，谓之杨家红，乃杨勉家花也。命力士将花上贵妃。妃方对妆，用手拈花，时匀面脂在手，即落于花上。帝见之，问其故，妃以状对。上诏于先春馆栽。来岁花开，上有指印红迹。帝赏花惊异其事，乃名为一捻红。后乐府中有《一捻红》曲。（《青琐高议》。《牡丹记》云："一撚花者，多叶浅红花。叶杪深红一点，如人以三指撚之。"）

【译文】

唐玄宗时，有人献上牡丹，品名叫杨家红，是杨勉家的牡丹花。唐玄宗命宦官高力士把花送到杨贵妃那里。杨贵妃正在梳妆打扮，用手指摆弄了一下花瓣，花瓣上随即落下她手指上红胭脂的印痕。唐玄宗见到牡丹这个情况，问是什么缘故，杨贵妃就把来龙去脉讲了一遍。唐玄宗责成将这株牡丹栽在先春馆旁。第二年花开，花瓣上有指印的红迹。唐玄宗来赏花，十分惊异，就把这种牡丹命名为一捻红。后来，乐府中有据此创作的《一捻红》乐曲。（摘自《青琐高议》。欧阳修《洛阳牡丹记》说："一撚花牡丹，半重瓣，花色浅红。每个花瓣顶端有深红一点，好像人用手指将红色颜料按压在上面似的。")

【点评】

薛凤翔交代这则说法出自《青琐高议》，准确地说，出自北宋刘斧《青琐高议》前集卷6《骊山记》。薛凤翔引欧阳修《洛阳牡丹记·花释名》"一撒花者"，原文作"一撒红"。

《青琐高议·骊山记》，是北宋四川人张俞记录陕西临潼骊山脚下一位老翁讲述的唐代华清宫逸事。这一则原文如下：

"帝又好花木，诏近郡送花赴骊宫。当时有献牡丹者，谓之杨家红，乃卫尉卿杨勉家花也。其花微红，上甚爱之，命高力士将花上贵妃。贵妃方对妆，妃用手拈花，时匀面手脂在上，遂印于花上。帝见之，问其故，妃以状对。诏其花栽于先春馆。来岁花开，花上复有指红迹。帝赏花惊叹，神异其事，开宴召贵妃，乃命其花为一捻红。后乐府中有《一捻红》曲。迄今开元钱背有甲痕焉。"

经薛凤翔一删削，这则故事便显示不出地点在骊山华清宫，以及人物杨勉的卫尉卿身份了。

欧阳修所说的"一撒红"来历，到《骊山记》这里，演绎成了有人物和情节的故事。开元钱尽管在唐玄宗开元年间（713～741）铸造过，但却是100年前创制的。北宋王溥《唐会要》卷89《泉货》记载："武德四年（621）七月十日，废五铢钱，行开元通宝钱。……其钱文，给事中欧阳询制词及书。……其词先上后下次左后右读之。自上及左、回环读之，其义亦通。流俗谓之开元通宝钱。"这是说钱面"开元通宝"四个字，可以灵活调整顺序读出，比如可读成"开宝元通"、"宝元通开"、"开通元宝"以及其他读法，"开元通宝"只是流行读法。但骊山老翁以北宋时兴的年号钱去附会唐代铜钱，未能弄清其中的原委。

在上面单元《花考》中，薛凤翔摘录了《青琐高议·海山记》中隋炀帝时易州向东都洛阳西苑贡献20箱牡丹且有18种品名的说法，《青琐高议·骊山记》中唐玄宗当场议论野鹿潜入华清宫叼走牡丹并被人们看作安禄山窃据皇宫的说法。我在相应的点评中指出《青琐高议》

中的牡丹故事，仅是文学作品，与历史事实不符合，不能当作历史来看。开元年间杨贵妃尚无贵妃身份，又无牡丹花期同唐玄宗在华清宫的经历。因此，这则"一捻红"说法，不过是北宋的民间故事而已。这对于不能将《青琐高议》中的牡丹资料当作信史，又提供了一个旁证。

方　术

经曰："辛，寒，无毒。"《名医别录》^① 云："苦，微寒。"神农、岐伯曰："辛。"雷公^②曰："苦，无毒。"桐君^③曰："苦，有毒。"

【译文】

《神农本草经》说："牡丹，其根皮味道辛辣，药性寒，无毒。"《名医别录》说它味道苦，药性微寒。【《吴普本草》中记载：】神农、岐伯说它辛辣；雷公说它味苦，无毒；桐君说它味苦，有毒。

苏恭^④曰："生汉中、剑南。苗似羊桃。夏生白花。秋实圆绿，冬实赤色，凌冬不凋。根似芍药，肉白，皮丹。土人谓之百两金。长安谓

---

① 名医：原作"明医"，今改。《名医别录》，旧题南朝梁陶弘景撰，补记《神农本草经》未收的药物，记载各自的性味、毒性、功效、忌宜、产地等。今人尚志钧辑录《名医别录》，按上、中、下三品分为 3 卷，得药 730 种，依《本草经集注》中七情表药物目次为序排列，细加校正。

② 雷公：传说黄帝时的医药家。明人李时珍《本草纲目》卷 1《序例上》说：北齐徐之才撰《雷公药对》，"以众药名品、君臣、性毒、相反及所主疾病，分类记之"。

③ 桐君：原作"相君"，据清人孙星衍等辑本《神农本草经》卷 2"牡丹"条引曹魏《吴普本草》所述校改。桐君：一种说法认为他与神农、岐伯、雷公都是黄帝时期的医药家。

④ 苏恭：正确姓名为苏敬，避讳改称苏恭，唐代药物学家。唐高宗显庆二年（657），苏敬等上疏请编修新的本草，唐高宗派长孙无忌、许孝崇、李淳风等 22 人参与，显庆四年编成。此即《新修本草》，世称《唐本草》，是世界上第一部由国家正式颁布的药典全书，共收集药物 800 余种。意大利的佛罗伦萨药典颁行于 1498 年，著名的纽伦堡药典颁行于 1535 年，俄国的第一部药典颁行于 1778 年，均比苏敬晚，少者晚 839 年，多者晚 1119 年。

之吴牡丹者，是真也。今俗用者异于此，别有燥气。"

【译文】

苏敬《唐本草》记载道："牡丹生长于汉中（今陕西汉中市）、剑南（剑阁以南，今四川东北部）一带。这种山牡丹，苗像羊桃。夏天开白花。秋天结果实，圆形绿色，到冬天转成赤红色，经冬不凋。它的根像芍药，根干白色，根皮红色。当地人把它叫作百两金。长安叫作吴牡丹的，才是真的。现在社会上通用的牡丹根皮药材，和吴牡丹不一样，有一种燥气。"

苏颂[①]曰："今出合州者佳，和州、宣州者并良。白者补，赤者利。"又云："延、青、越、滁、和山中，有黄紫数色。此当是山牡丹。其茎梗枯燥，黑白色。二月于梗上生苗叶，三月开花。其花与人家所种者相似，但花瓣止五六叶尔。五月结子黑色，如鸡头实大。根黄白色，可长五七寸，大如笔管。近世人多贵重，欲其花之诡异，皆秋冬移接，培以壤土，至春盛开，其状百变。故其根性殊失本真，药中不可用此，绝无力也。人家所种单瓣者，即山牡丹。"

【译文】

北宋苏颂《图经本草》说："【当今牡丹作为药材，】合州（今重庆合川区）出的最好，和州（今安徽和县）、宣州（今安徽宣城市）出的也都不错。根白色者对病人有补益功效，赤红色者则下火通利。"他又说："延州（今陕西延安市）、青州（今山东青州市）、越州（今浙江绍兴市）、滁州（今安徽滁州市）、和州等地的山野间，都有牡丹，花色有黄紫等数种。这些都是山牡丹。它们的枝梗都很干枯瘦硬，黑白色。

---

① 苏颂（1020～1101），字子容，泉州南安（今福建南安市）人，北宋杰出的天文学家、天文机械制造家、药物学家。宋仁宗庆历二年（1042）进士，先任地方官，后历任馆阁校勘、集贤校理、刑部尚书、吏部尚书，晚年拜相。以制作水运仪象台闻名于世。代表作有《图经本草》《新仪象法要》等。他的这两则说法，为李时珍《本草纲目》卷14《草部三》"牡丹"条引用。

仲春二月，梗上长出花苞和绿叶，暮春三月开花。它们的花和人家栽培的相似，但花瓣只有五六片而已。它们五月结子，黑色，像鸡头米（芡实）那么大。它们的根是黄白色的，可以长达五寸七寸之间，像毛笔管那么粗。近世人都很珍惜牡丹，想让牡丹变得出奇，都在秋冬时节移植嫁接，培土养护，到春天盛开，花朵形状色彩百般变化。因为这个缘故，人工牡丹根部的性能与野生牡丹相比，大大失去本真，所以药材不可采用人工牡丹，它一点药劲儿也没有。人家所种的单瓣牡丹，还是山牡丹那样的。"

宗奭①云："牡丹花亦有绯者、深碧色者。惟山中单叶红花者，根皮入药为佳。市人或枝梗皮充之，尤谬。"

【译文】

寇宗奭《本草衍义》记载："牡丹花也有绯红色的、深碧色的。只有山中野生的单瓣红花牡丹，根皮入药最佳。买卖人有时拿牡丹的枝梗皮冒充根皮出售，入药就太荒谬了。"

时珍云："牡丹惟取红白单瓣者入药。其千叶异品，皆人巧所致，气味不纯。《花谱》载丹州、延州以西及褒斜道中最多，与荆棘无异，土人取以为薪。其根入药尤妙。"

【译文】

李时珍《本草纲目》"牡丹"条说："牡丹作为药材，只能选用红白单瓣者。与之不同的那些重瓣牡丹，都是人工驯化培育出来的，气味不纯。北宋欧阳修《洛阳牡丹记》记载，牡丹在丹州、延州以西和褒斜道沿途最多，和野生的荆棘没有什么不同，当地人砍下来当柴烧。这种牡丹的根选作药材，疗效最佳。"

---

① 宗奭（shì）：寇宗奭，北宋药物学家。宋徽宗政和年间（1111～1118）任医官，授通直郎。通明医理，精于本草。政和六年（1116）著《本草衍义》。

雷斅①云："凡采得根日干，以铜刀劈破去骨，剉如大豆许，用酒拌蒸，从巳至未，日干用。"

【译文】

雷斅《炮炙论》说："凡采得牡丹根，当天晾干。用铜刀剖开根皮，去掉根骨，将根皮锉成黄豆那么大的小块，然后用清酒调拌，从巳时至未时（9~15时）用热气蒸，取出来晾干，每天用。"

吴普②云："久服，轻身益寿。"

【译文】

吴普《本草》说："久服牡丹，身体轻盈利索，延年益寿。"

李时珍云：和血、生血、凉血，治血中伏火，除烦热。

【译文】

李时珍《本草纲目》"牡丹"条说："【牡丹根皮用来治病，】可以和血、生血、凉血，治疗血中伏火，清除烦热。"

刘完素③曰："牡丹乃天地之精，为群花之首。叶为阳，发生也；

---

① 雷斅（xiào）：南朝刘宋时药物学家。著《炮炙论》3 卷，记载药物的炮、炙、炒、煅、曝、露等 17 种制药法。原书已佚，其内容为历代本草所收录，得以保存。其中有些制药法，至今仍被采用。今有近人张骥辑佚本、王兴法辑校本《雷公炮炙论》。

② 吴普：东汉末至曹魏时期的药物学家。广陵（今江苏扬州市）人，名医华佗的弟子。撰《本草》一书，说药性寒温、五味，最为详悉。李时珍《本草纲目》卷 1《序例上》说："《吴氏本草》，……其书分记神农、黄帝、岐伯、桐君、雷公、扁鹊、华佗、李氏，所说性味甚详，今亦失传。"

③ 刘完素（约 1110~1209），字守真，号通元处士，金代河间（今河北河间市）人，世称刘河间。金元四大家之一，寒凉派创始人，主张用清凉解毒的方法治病。著有《素问玄机原病式》《黄帝素问宣明论方》《素问病机气宜保命集》《三消论》等。

花为阴，成实也。丹者赤色，火也，故能泻阴胞中之火。四物汤①加之，治妇人骨蒸②。"又曰："牡丹皮，治无汗之骨蒸。神不足者，手少阴；志不足者，足少阴。故仲景肾气丸③用之，治神志不足也。肠胃积血、吐血、衄血④，必用之药，故犀角地黄汤⑤用之。"

【译文】

刘完素说："牡丹集合了天地的精气，为百花之王。它的绿叶属于阳，春天率先长出来；它的花属于阴，最终结子。丹者赤色，属于火，所以能泻出子宫里的火气。熬制四物汤加上牡丹根皮，可以治疗妇女的骨蒸病。"又说："牡丹皮，治疗骨蒸病中应发汗而不发汗的内蓄血者。精神萎靡不振，是手少阴心经的经气衰竭的缘故；思虑功能欠缺，是足少阴肾经的经气衰竭的缘故，所以东汉医家张仲景配制金匮肾气丸，用上牡丹根皮，来治神志不健全的疾病。肠胃积血、吐血、出血，牡丹根皮是必用之药，所以犀角地黄汤用上它。"

李杲⑥曰："心虚、肠胃积热、心火炽甚、心气不足者，以牡丹皮⑦

① 四物汤：用当归、川芎、芍药、熟地黄四味药熬制的汤药，可补血调经、减缓痛经。
② 骨蒸：一种阴虚劳瘵的病。隋代巢元方《诸病源候论》卷4《虚劳病诸候下》说："骨蒸，其根在肾，且起体凉，日晚即热，烦躁，寝不能安，食无味，小便赤黄……"唐人崔知悌《灸骨蒸方图序》说骨蒸病状是："发干而耸，或聚或分，或腹中有块，或脑后近下两边有小核，多者乃至五六。或夜卧盗汗，梦与鬼交。虽目视分明，而四肢无力。或上气食少，渐就尪羸。"
③ 肾气丸：即金匮肾气丸，以熟地黄、山药、山茱萸、茯苓、牡丹皮、泽泻、桂枝、附子调上蜂蜜制成药丸。温补肾阳，化气行水。用于治疗肾虚水肿、腰膝酸软、小便不利、畏寒肢冷等症。
④ 衄（nǜ）血：出血。
⑤ 犀角地黄汤：该汤剂主要药材为犀牛角、生地黄、芍药、牡丹皮。具有清热解毒、凉血散瘀的功效，用于治疗重症肝炎、肝昏迷、尿毒症、过敏性紫癜急性白血病、败血症等血分热盛症。
⑥ 李杲（gǎo，1180～1251），字明之，号东垣老人，真定（今河北正定县）人。金元四大家之一，强调脾胃的重要作用，脾胃属于五行中的土，因此他被称作补土派。主要著作有《脾胃论》《内外伤辩惑论》《用药法象》《医学发明》《兰室秘藏》《活发机要》等。
⑦ 皮：原无，据《本草纲目》卷14《草部三》"牡丹"条所引李杲文校补。

为君。"

【译文】

李杲说："治疗心虚、肠胃积热、心火旺盛、心气不足等疾病，所下药以牡丹根皮为主体。"

李时珍云："牡丹皮治手足少阴厥阴四经血分伏火。盖伏火即阴火也，阴火即相火^①也。古^②方惟以此治相火，后人专以黄檗^③治相火，不知牡丹之功^④更胜也。此乃千载秘奥，人所不知。"

【译文】

李时珍说："牡丹根皮，用于治疗手少阴、足少阴、手厥阴、足厥阴这四经的入血分温热病，以及热伏阴分发热疾病。伏火就是阴火，阴火就是相火。古代药方只用牡丹根皮治疗相火。后人专用黄檗来治疗相火，不知道牡丹根皮的疗效最好。这是千载奥秘，人所不知。"

癞^⑤疝偏坠，气胀不能动者，牡丹皮、防风等分为末，酒服二钱。（《千金方》^⑥）

---

① 中医术语"火"，指人体生命活动的动力，过分了就叫"上火"了，实火是炎症、癌症。中医把"心"视为"君"，心火叫作"君火"。相对而言，把肝、肾的火叫作"相火"。

② 古：原作"右"，据《本草纲目》卷14《草部三》"牡丹"条校改。

③ 黄檗（bò）：俗作"黄柏"，落叶乔木。内皮色黄性寒味苦，入药有清热、解毒等作用。

④ 功：原作"加"，据《本草纲目·牡丹》校改。

⑤ 癞：同"㿗（tuí）"，阴部病。这里指疝气，俗称小肠串气。

⑥ 隋唐道士孙思邈，著《备急千金要方》《千金翼方》各30卷，前者收录药方5300服，后者收录药方近3000服。其《备急千金要方》序文说："人命至重，有贵千金，一方济之，德逾于此。"以"翼方"命名，取"羽翼交飞"之意，表明两部医书并行不悖。这两部书不但反映他的终生医疗实践和创造性贡献，并且集前代医药学之大成，是我国历史上第一部医学百科全书，长时期对日本、朝鲜、东南亚国家产生巨大影响。

【译文】

孙思邈《千金方》记载："疝气偏坠气胀，不能动弹，将牡丹皮、防风等研为细末，泡酒服用二钱。"

妇人恶血①，攻聚上面，多怒。牡丹皮、干漆烧烟尽，各半两，煎服。(《诸证辨疑》②)

【译文】

吴球《诸证辨疑》记载：妇女患恶血病，体内瘀血往头上涌，面红耳赤，动辄发怒。用半两牡丹根皮，半两干漆烧至烟尽并捣碎，放在一起煎服。

伤损瘀血，牡丹皮二两，虻虫二十一枚，熬过捣为末，每旦酒服方寸匕③，血化为水。(《贞元广利方》)

【译文】

唐德宗《贞元广利方》记载：治疗伤损瘀血，将二两牡丹皮，和21只水煮后晒干的虻虫，一并捣成细末，每天早晨泡酒服下一小勺，瘀血可化为水【而排出体外】。

金疮内漏，牡丹皮为末，水服一撮，立从便出血也。(《千金方》)

【译文】

《千金方》记载：治疗金疮内漏，将牡丹根皮研成细末，水服一小

---

① 恶血：瘀血的一种病状，指溢于经脉外，积存于体内，尚未消散的败坏之血。
② 诸证辨疑："辨"原作"辩"，今改。明代医家吴球，字茭山，括苍（今浙江临海市）人。精于医术，著《诸证辨疑》，又称《诸证辨疑录》。
③ 匕：小汤勺。

撮，可立即将血尿出来。

下部生疮已决洞者，牡丹末汤服方寸匕，日三进。（《肘后方》①）

【译文】

《肘后方》记载：下体生疮已经溃烂者，将牡丹根皮研成细末，汤水服下，每次一汤勺，每天三次。

解中蛊毒，牡丹根捣末，服一钱匕，日三进。（《外台秘要》②）

【译文】

王焘《外台秘要》记载：若中了蛊虫之毒，解毒可用牡丹根皮，捣成细末，一次口服一小汤勺，一天服三次。

【点评】

本单元的资料虽出自多种医药学典籍，但在明代医药学大家李时珍的《本草纲目》卷14《草部三》"牡丹"条下被悉数罗列。从资料来看，作为自发状态的山牡丹，至少在产生《神农本草经》的秦汉时期，就已经被医家清楚认识并用来治病。《神农本草经》中记载的岐伯、雷公、桐君，据说是黄帝时期的医官，如果他们关于牡丹的说法不是后人伪造，那么，野生牡丹被发现和利用，更是由来已久。后来曹魏东晋南朝时期，牡丹根皮作为药物的同类记载多次出现。那么，唐人段成式说隋朝花药中没有牡丹，南宋郑樵说"牡丹晚出，唐始有闻"，只能认为他们是从"花"的观赏和培育变异的角度来说牡丹的，是牡丹作为

---

① 肘后方：东晋道士葛洪著《肘后救卒方》，"卒"同"猝"，指突发病情，书名含义是随身携带（肘后）的应急医书。南朝梁代道士陶弘景增订为《补阙肘后百一方》。金代杨用道再增补为《肘后备急方》。该书收录历来民间验方验法多种。

② 外台秘要："台"原作"堂"，今改。王焘在长安朝廷任台阁官员20余年，出任邺郡（今河南安阳市）太守后，于唐玄宗天宝十一载（752）撰成《外台秘要方》一书，故以"外台"命名。该书40卷，分为1104门，载药方6000多条。

"花"的接受史、培育史、社会史，自发状态的山牡丹史，是牡丹作为"花"的史前史。

本单元的资料，一方面表明牡丹的多种用途，牡丹给国人带来的好处，甚至是救命之恩；另一方面表明中国人具有异于外国的独特的东方智慧。古人认为天人合一，把人和自然界看作浑然一体的关系，利用自然界的一切为人服务。中国传统医药学，利用植物、动物、矿物等天然原料，经过一定的工艺处理，配伍加减，治病救人。这种药品，没有外国化学药品那样或那么大的毒副作用。数千年来，一方面，牡丹参与了医疗活动，发挥了巨大的甚至是不可替代的作用，我们应该感恩牡丹；但另一方面，牡丹被人为地改造后，家生牡丹改变了性能，失去了药物功效，而野生牡丹已经寥若晨星，这是应该引起医药学界和相关机构重视的问题。

亳州牡丹史卷之四
艺文志

舒元舆

牡丹赋

圆玄瑞精，有星而景，有云而卿①。其光下垂，遇物流形，草木得之，发为红英。英之甚红，钟乎牡丹，拔类迈伦，国香欺兰②。我研物情，次第而观。暮春气极，绿苞如珠，清露宵偃③，韶光晓驱。动荡支节④，如

---

① 圆玄：苍天。《淮南子集释》卷8《本经训》说"戴圆履方"，"当此之时玄玄至砀而运照"。古人认为天圆地方，故以"圆"和"方"分别代称天和地。玄：天。有星而景：指德星、瑞星。有云而卿：指卿云，又称庆云，五色斑斓的吉祥瑞云。《史记》卷27《天官书》说："天精而见景星。景星者，德星也，其状无常，常出于有道之国。……若烟非烟，若云非云，郁郁纷纷，萧索轮囷，是谓卿云。卿云，喜气也。"
② 《左传·宣公三年》说："以兰有国香，人服媚之如是。"兰花从而被称为"国香"。这句说牡丹才是国香，大大超过兰花。
③ 偃：停止。
④ 支节：原作"枝节"，据《文苑英华》卷149本文校改。支节：犹言肢节，以人的四肢关节比喻牡丹。

解凝结，百脉融畅，气不可遏。兀然盛怒，如将愤泄①，淑色②披开，照曜酷烈，美肤腻体，万状皆绝。

赤者如日，白者如月。淡者如赭③，殷者如血。向者如迎，背者如诀。坼④者如语，含者如咽。俯者如愁，仰者如悦。袅者如舞，侧者如跌。亚者如醉，曲者如折。密者如织，疏者如缺。鲜者如濯，惨者如别。初胧胧而下上，次鲜鲜⑤而重叠。锦衾相覆，绣帐连接。晴笼昼薰，宿露宵浥。或灼灼腾⑥秀，或亭亭露奇。或飐⑦然如招，或俨然如思。或带风如吟，或泫⑧露如悲。或垂然如缒⑨，或烂然如披。或迎日拥砌，或照影临池。或山鸡已驯⑩，或威凤将飞。其态万万，胡可立辨。不窥天府，孰得而见！

乍⑪疑孙武，来此教战。其战谓何，摇摇纤柯。玉⑫栏风满，流霞成波。历阶重台，万朵千窠。西子、南威⑬，洛神、湘娥⑭，或倚或扶，朱颜色酡⑮。各炫红釭⑯，争嚬翠娥⑰。灼灼夭夭，逶逶迤迤。汉宫三千，艳列星河。我见其少，孰云其多。弄彩呈妍，压景骈肩。席发银

---

① 泄：原作"绁"，据《文苑英华》本文校改。
② 色：《文苑英华》本文作"日"，其下注"一作色"。
③ 赭：原作"赫"。《文苑英华》本文作"赭"，其下注"一作赫"，据以校改。
④ 坼（chè）：裂开，指花朵绽开。
⑤ 鲜鲜：《文苑英华》其下注"一作鳞鳞"。
⑥ 灼灼：《文苑英华》本文作"的的"。腾：原作"胜"，据《文苑英华》本文校改。
⑦ 飐（zhǎn）：风吹颤动。
⑧ 泫（xuàn）：原作"泣"，据《文苑英华》本文校改。泫：水珠下滴。
⑨ 垂：原作"重"，据《全唐文》卷727本文校改。缒（zhuì）：用绳子拴住人或物从上往下放。
⑩ 已驯：原作"而别"，据《文苑英华》本文校改。
⑪ 乍：原作"作"，据《文苑英华》本文校改。《史记》卷65《孙子吴起列传》记载：春秋时期，齐国军事家孙武见吴王阖闾，以其宫中美女180人，分为两个方阵，持兵器操练。孙武下令："前则视心，左视左手，右视右手，后即视背。"
⑫ 玉：原作"金"，据《文苑英华》本文校改。
⑬ 西子、南威：春秋时的美女西施、南之威。
⑭ 洛神：洛河神女宓（fú）妃。湘娥：舜南巡逾期未归，他的两位妃子娥皇、女英南下追寻他，听说他已死，遂投湘江自杀，被认为成为湘水女神。
⑮ 酡（tuó）：酒后脸红。
⑯ 釭（gāng）：油灯。
⑰ "争嚬翠娥"至"孰云其多"共28字，其中"灼灼夭夭"原作"夭夭灼灼"，在"弄彩呈妍"之后，其余24字原无，据《文苑英华》本文校改。

烛，炉升绛烟。洞府真人，会于群仙。晶荧往来，金钲列钱①。凝睇②相看，曾不晤言③。未及行雨，先惊旱莲④。

公室侯家，列之如麻。咳唾万金，买此繁华。遑恤⑤终日，一言相夸。列幄庭中，步障开霞。曲庑⑥重梁，松篁交加。如贮深闺，似隔窗纱。仿佛息妫⑦，依稀馆娃⑧。我来观之，如乘仙槎。脉脉不语，迟迟日斜。九衢⑨游人，骏马香车。有酒如渑⑩，万坐笙歌。一醉是竞，孰知其他。

我案花品，此花第一。脱落群类，独占春日。其大盈尺，其香满室。叶如翠羽，拥抱比栉。蕊如金屑，妆饰淑质。玫瑰羞死，芍药自失。夭桃敛迹，秾李惭出。踯躅⑪宵溃，木兰潜逸。朱槿⑫灰心，紫薇屈膝。皆让其先，敢怀愤嫉？焕乎美乎，后土之产物也，使其花之如此而伟乎！何前代⑬寂寞而不闻，今则昌然而大来⑭。曷草木之命，亦有时而塞，亦有时而开。吾欲问汝曷为而生哉？汝且不言，徒留玩以徘徊。

【作者简介】舒元舆（？～835），婺州东阳（今浙江金华市）人，

---

① 金钲列钱：萧梁昭明太子主编《文选》卷1载东汉班固《西都赋》说："金钲衔璧，是为列钱。"唐人李善注："《汉书》曰：孝成赵皇后弟绝幸，为昭仪，居昭阳舍。其璧带，往往为黄金钲，函蓝田璧，明珠翠羽饰之。《音义》曰：谓璧中之横带也。……《说文》曰：钲，毂铁也。列钱，言金钲衔璧，行列似钱也。"
② 凝睇：原作"疑睇"，据《文苑英华》本文校改。凝睇：凝视，注视。
③ 晤言：原作"悟言"，据《文苑英华》本文校改。晤言：晤面谈话。
④ 旱莲：原作"旱连"，据《文苑英华》本文校改。旱莲：花草，有两种。一种苗似旋覆，花白细，又叫鳢肠。另一种花黄紫，结房如莲房，又叫小连翘。
⑤ 遑恤：原作"遑并"，据《文苑英华》本文校改。
⑥ 曲庑（wǔ）：原作"曲厩"，《文苑英华》本文作"曲廉"，据《全唐文》本文校改。庑：堂下周围的走廊、廊屋。
⑦ 息妫（guī）：妫姓，春秋时期陈国女子，嫁给息侯，称息夫人，因姿色美艳，被称为桃花夫人。
⑧ 春秋时吴王夫差为越国嫁来的美女西施建造馆舍，吴人称女子为娃，故馆娃指西施。
⑨ 九衢：纵横交叉的大道、街市。
⑩ 《左传·昭公十二年》说："有酒如渑（shéng）。"意思是有酒如渑水长流。渑水源出今山东淄博市东北，西北流至博兴东南入时水。时水的下游亦称渑水。
⑪ 踯躅：即杜鹃花，又名映山红。
⑫ 朱槿：落叶灌木，叶阔卵形，花有红色、白色。有多种别名，如佛桑、扶桑、赤槿、日及。
⑬ 前代：原作"前昨"，据《文苑英华》本文校改。
⑭ 来：原无，据《文苑英华》本文校补。

一说江州（今江西九江市）人。唐宪宗元和八年（813）进士。唐文宗时，迁监察御史，改著作郎，分司东都。后召入长安朝廷任左司郎中，累迁御史中丞，以本官兼刑、兵两部侍郎，同平章事（宰相）。时宦官专权，凌驾在皇帝和宰相、朝官之上。唐文宗与李训、舒元舆和凤翔节度使郑注等，密谋内外合力，铲除宦官势力。太和九年（835）农历十一月，李训以左金吾卫厅事（办公院）石榴树上夜有甘露为名，诱使宦官头子仇士良偕众宦官前来观看，趁机一举诛杀。因埋伏暴露，仇士良动用神策军大肆诛杀朝官，史称"甘露之变"。舒元舆被宦官逮捕杀害，并遭受族诛。唐宣宗大中八年（854），予以平反昭雪。

【译文】

苍天在上，冥冥中蕴涵着吉祥的精气。国家政治清明时，精气化为德星，在天空闪烁；精气又化为瑞云，五色斑斓，浓盛炽烈，在天空升腾。当精气下散到大地上，便与金木水火土五行结合，显现为姿态各异的物体。草木承接住精气，就会开出美丽的花朵。而千花万卉中最为杰出的，莫过于牡丹。宇宙精气集中赋予牡丹，牡丹因而出类拔萃，使得享有两千年盛名的兰花，不得不将"国香"的头衔让给了牡丹。

我研究牡丹花，将它们萌生、生长、绽放、枯萎的情况依次观察。阳春三月，淑气和畅。一开始，牡丹嫩弱的花芽在枝头萌生，圆圆的像绿色的珠子一样。日复一日，春夜的清露在天亮后渐渐消去，和暖的阳光从早晨起便驱动着牡丹生长。旺盛的生机在牡丹植株内部运行，像活动人体的四肢关节一样，解除了成长发育的障碍，使得经络通畅，欣欣向荣，势不可遏。经过一段时间的蓄积，牡丹忽然盛怒不止，如像要将愤愤不平的怨气全部宣泄出来一样。这时春风和煦，阳光柔和，催促牡丹花开放，展示它们美丽的容色和气质，千姿万态，林林总总。

红牡丹像旭日初升，白牡丹似皓月当空。浅红的牡丹像赭石，深红的牡丹像鲜血。朝着人开的牡丹像迎接来宾，背着人开的牡丹像与人辞别。盛开的牡丹好像在说话，含苞待放的牡丹好像在哽咽。花冠低垂的牡丹如同愁肠欲绝，仰面开放的牡丹如同万分喜悦。随风摇曳的牡丹如同翩翩起舞，倾斜的牡丹如同跌倒不起。下压的牡丹如同醉酒低头，屈曲的牡丹如同弯腰鞠躬。一大片密密麻麻的，如同编织在一块儿，稀疏的如同有所缺席。鲜亮的如同刚刚出浴，枯萎的如同退场告别。

晨光熹微中，牡丹若隐若现，高低错落。接着天色敞亮，鲜艳的花朵姿态分明，重重叠叠。人们用锦绣制作帐幕，圈围牡丹，为它们遮风蔽雨。晴朗的白昼像香炉一样把牡丹熏习，连夜的清露持续不断地把牡丹滋润护养。有的牡丹色泽鲜明，光华四射；有的牡丹亭亭玉立，花姿瑰异。有的牡丹随风颤动，好像在向人招手；有的牡丹端然不动，好像在凝神沉思。有的牡丹带着风声，好像在吟唱；有的牡丹滴着露水，好像在悲泣。有的牡丹花朵下垂，好像被绳索吊住下坠；有的牡丹腐烂破碎，好像在分解离析。有的牡丹承蒙日光照耀，影子投放到台阶上；有的牡丹临近池水开放，影子倒映在池水中。有的牡丹像已经驯化的锦鸡安详温顺，有的牡丹像凤凰展翅欲飞。它们的形象姿态千变万化，哪是须臾之间即可辨别说清的！若不到天香国仔细观察，谁能亲眼见到这么多形象！

我忽然疑心一片花海哪是牡丹，那是春秋时期军事家孙武来到吴王官廷，将后官女眷180人编成敌我两队，在进行军事训练。什么是她们的方阵呢？就是那些随风摇摆的纤弱的牡丹植株。用华美的玉石做成栏杆圈围牡丹花圃，风儿掠过，无处不到。花圃中的牡丹云蒸霞蔚，随着风吹而俯仰上下，像波浪翻腾。在殿堂房舍旁遍栽牡丹，千株万朵，布满台阶和平台。它们哪是花卉呀！简直就是春秋时期著名美女西施、南之威，洛水女神宓妃，湘水女神娥皇和女英。这些娇艳的世间女子和神界女仙，或者相互倚靠，或者相互搀扶，一个个面色红润，像喝醉了酒一样。她们各自炫耀红灯笼，比赛谁的笑容最灿烂。是那样光彩照人，是那样妖娆动人！连绵不断，舒展自如，简直是汉家官掖的三千佳丽，在布局展现美艳，就像银河里的繁星，一个比一个璀璨耀眼。我只觉得这么美丽的牡丹花实在太少，谁会说它们太多呢！

多姿多彩的牡丹花展示着各自的美艳，枝条上朵朵紧挨，以至于花影重叠。牡丹聚集开放，就像筵席上发散着明亮的烛光，香炉里冒着一缕缕轻烟，洞天福地的真人们汇聚一堂，仙风道骨一一展现。手持亮晶晶烛火的人在堂内往来不断，把各处照得通明。堂壁丝绸带子上的黄金钉衔着璧玉，排列成行，像铜钱串列成贯。神仙们互相凝视，却不交谈。还没有遇到及时雨，牡丹便开得这般娇媚，把不依赖雨水也能开出几朵小花的旱莲惊得目瞪口呆。

公侯将相的朱门豪宅里遍栽牡丹，多如乱麻。为了购买名贵牡丹，他们挥斥重金，就像吐口唾沫一样轻而易举。他们腾不出时间来体恤牡丹，却破费口舌，夸奇炫富。他们为牡丹花圃张起帷幕，设置步障，护理牡丹开得繁盛灿烂。深宅大院里，雕梁画栋，美轮美奂，青松翠竹，交相成荫。牡丹花如同千金小姐，藏在深闺，隔着窗纱。它们仿佛是姿色美艳的桃花夫人息妫，又是居住在吴王夫差专门为之建造的馆舍中的绝代佳人西施。我特意前来瞻仰，好像乘坐仙舟升到仙境。只见它们虽然不会说话，但含情脉脉，楚楚动人。春日迟迟，不知不觉，太阳已经偏西。通衢大道上奔波着观赏牡丹的人群，车如流水马如龙。赏花人品尝清冽甘甜的美酒，美酒充足，如渑水长流。到处是丝竹盈耳，歌声嘹亮。这时节只图拼个一醉方休，谁还管别的什么！

我将各种花卉统筹兼顾，考量定级，只有牡丹堪称第一。它超凡脱俗，独占春光。牡丹花盘硕大，直径达到一尺。牡丹香味浓郁，充满整个堂屋。它的叶子如同翠绿的翅膀，在枝茎上鳞次栉比地排列。它的花蕊好似黄金颗粒，妆饰出雍容华贵的花姿。百花同牡丹相比，玫瑰会羞死，芍药把持不住自己，桃花躲藏不及，李花自惭形秽，映山红趁夜撤退，木兰悄悄隐匿，木槿灰心丧气，紫薇屈膝跪拜。它们都自愧弗如，拥戴牡丹独占鳌头，岂敢心怀愤愤不平之气，妄加嫉妒！多么光彩啊，多么漂亮啊，皇天后土营造的物类，竟有牡丹花这样的极品！可是为什么在前代漫长的时间内，牡丹花默默无闻，而在我大唐皇朝，却大放异彩，尽人皆知？莫非一花一木，其命运也是有时阻隔，有时亨通？叫声牡丹，我想问问你，你怎么是按照这样的命运生存的？然而你一声不吭，我只好在你身旁逗留徘徊，好好将你观赏。

【点评】

薛凤翔选录舒元舆的《牡丹赋》，可惜的是他将《牡丹赋》前舒元舆近 260 字的序文统统删掉了。而序文中恰恰有关于牡丹史以及牡丹文化、牡丹民俗的资料，为别的文献中所欠缺。薛凤翔缺少史家审视历史的能力，缺乏史家最重要的素质"史识"，竟让这么重要的资料失之眉睫。为补苴罅漏，特将舒元舆《牡丹赋·序》照录于下：

"古人言花者，牡丹未尝与焉（包括在内）。盖遁（隐藏）于深山，自幽而芳，不为贵者所知，花则何遇焉！天后（武则天）之乡西河也，有众香精舍（寺），下有牡丹，其花特异。天后叹上苑（京师长安的皇家苑囿）之有阙，因命移植焉。由此京国（长安）牡丹，日月浸（逐渐）盛。今则自禁闼（皇宫）洎官署，外延士庶之家，浖漫（水满溢而向周围漫延）如四渎（长江、黄河、淮河、济水）之流，不知其止息之地。每暮春之月，遨游之士如狂焉，亦上国（京师长安）繁华之一事也。近代文士为歌诗以咏其形容，未有能赋之者。余独赋之，以极其美。或曰：'子常以丈夫功业自许，今则肆情于一花，无乃（莫非）犹有儿女之心乎？'余应之曰：'吾子（您）独不见张荆州（张九龄，字子寿，唐玄宗时任宰相，贬为荆州大都督长史。卒，赠荆州大都督）之为人乎？斯人信（诚然）丈夫也，然吾观其文集之首，有《荔枝赋》焉。荔枝信美矣，然亦不出一果耳，与牡丹何异哉？但闻其所赋之旨何如，吾赋牡丹何伤（何妨）！'或者不能对而退。余遂赋以示之。"

序文所说的"西河"是县名，即今山西汾阳市，是汾州的治所，在武则天的老家并州文水（今山西文水县）的西南。这篇序文指出牡丹花的最早来源，唐高宗武则天时期发现于山西汾阳，这与其余文献的说法不同，值得注意。

唐代以前没有牡丹赋，唐代流传下来的牡丹赋只有两篇，另一篇是李德裕（787～850）作的。两个人都说自己的《牡丹赋》是最早的牡丹赋，实际上李德裕的比舒元舆的早十多年。

甘露之变过后，唐文宗被宦官势力牢牢控制，心情郁闷。《唐诗纪事》卷 43《舒元舆》条记载：唐文宗一日题诗说："辇路生春草，上林（上林苑）花满枝。凭高何限意，无复侍臣知。"一日看牡丹，下意识地背诵出句子："拆者如语，含者如咽，俯者如愁，仰者如悦。"背诵完毕，"方省元舆词，不觉叹息，泣下沾衣"。

李 白

《清平调词》三首①

云想衣裳花想容，春风拂槛②露华浓。若非群玉山③头见，会向瑶台④月下逢。

一枝红⑤艳露凝香，云雨巫山枉断肠⑥。借问汉宫谁得似？可怜飞燕倚新妆⑦。

名花倾国⑧两相欢，长得君王带笑看⑨。解释春风无限恨⑩，沉香亭北倚栏杆⑪。

【作者简介】李白（701~762），字太白，号青莲居士。祖籍陇西成纪（今甘肃天水市附近）。隋末其先人流寓西域，李白即出生于碎叶城（今吉尔吉斯斯坦托克马克）。唐中宗神龙元年（705），李白随父迁至绵州彰明县（今四川江油市）。42岁至长安，供奉翰林，后遭谗，遂漫游四方。安禄山叛乱爆发后，他受唐宗室永王邀请入幕府。至德二年（757），永王违背唐肃宗的命令东巡，被指责为争夺帝位，被唐肃宗击败。李白受牵连而被流放贵州夜郎，中途遇赦得还。后在安徽当涂病故。有《李太白集》。

【译文】

云霞一样的衣裳，鲜花一样的容颜，／娘娘飘然来到沉香亭前。／

---

① 清平调：唐曲调名。

② 槛（jiàn）：栏杆。

③ 群玉山：又名玉山，神话所说西王母居处。

④ 会向：应当。瑶台：神仙的居处。

⑤ 红：原作"秾"，《全唐诗》卷164"秾"字下注"一作红"，从之。

⑥ 《文选》卷19宋玉《高唐赋》说：楚怀王游高唐，梦与巫山神女幽会，临别说："妾在巫山之阳，高丘之阻。旦为朝云，暮为行雨。朝朝暮暮，阳台之下。"

⑦ 可怜：可爱。飞燕：汉成帝皇后赵飞燕，俊俏妖媚，体态轻盈，故称飞燕。

⑧ 《汉书》卷97上《外戚传上》载：李延年在汉武帝面前唱歌赞美妹妹李夫人的姿色，云："北方有佳人，绝世而独立，一顾倾人城，再顾倾人国。宁不知倾城与倾国，佳人难再得。"

⑨ 君王：唐玄宗。看：古读平声。

⑩ 解释：化解，消除。此句实际为："春风解释无限恨。"为调平仄，颠倒词序。

⑪ 沉香亭：在长安兴庆宫龙池东面。栏杆：《全唐诗》卷164作"阑干"，含义相同。

露珠闪烁春光，轻风吹拂栏槛，／只有玉山、瑶台般的仙境她才出现。

眼前这朵艳丽的红牡丹含着香露开放，／可笑虚幻的巫山神女让人枉自神伤。／试问汉家宫掖哪位佳丽能比得上，／娇媚动人的赵飞燕尚须精心化妆。

既有倾城倾国的美人依依相伴，／又有雍容华贵的牡丹惹人顾盼，／习习春风吹散了烦恼万千，／君王含笑，看娘娘半倚着亭北的栏杆。

【点评】

奉唐玄宗的诏令，李白乘醉即兴创作这三首诗，著名音乐家李龟年当即谱曲歌唱。这三首诗是现存最早的完整的牡丹诗，也是牡丹进入音乐领域的证据。李白是多种牡丹意象的始作俑者，他把牡丹花与杨贵妃、赵飞燕、巫山神女相提并论，提到长安兴庆宫的沉香亭，此后历代文人纷纷学舌，并扩大到小说中的杨贵妃、赵飞燕情节。可以说，李白是开创牡丹鉴赏的一代宗师。李白不说"云似衣裳花似容"，因为那样既落俗套又很呆板。他说成"想"：看见娘娘穿的衣服，想见那是灿烂的云霞；看见娘娘的容颜，想见那是美丽的牡丹花。这样表达，主体主动活跃，更能传神。

杜 甫

花 底

紫蕚扶千蕊，黄须照万花。忽疑行暮雨，何事入朝霞。恐是潘安县①，堪留卫玠车②。深知好颜色，莫作委泥沙。

【作者简介】杜甫（712～770），字子美，河南巩县（今河南巩义市）人，自号少陵野老。当过左拾遗、检校工部员外郎。唐代伟大的现

---

① 潘岳（247～300），字安仁，俗称潘安，巩县（今河南巩义市）人。历史上著名的美男子，遂产生成语"貌似潘安"。西晋洛阳文学集团"金谷二十四友"之一。他担任河阳（今河南孟州市）县令时，组织满县种桃李，有"河阳一县花"之称。北周庾信《春赋》说："河阳一县并是花，金谷从来满园树。"《枯树赋》又说："若非金谷满园树，即是河阳一县花。"

② 卫玠（jiè，286～312），字叔宝，小字虎，河东安邑（今山西夏县北）人。其祖父卫瓘，晋惠帝时位至太尉；父亲卫恒，官至尚书郎，著名书法家。卫玠是西晋玄学家，官至太子洗马。他是历史上著名的美男子，乘车去街市，人们认为他是玉人，争相观看。

实主义诗人。有文集传世。

【译文】

一圈圈紫色萼片承托着重重叠叠的花瓣，／花朵上布满黄须，彼此映衬得格外鲜艳。／我疑心这是巫山神女来到这里，／本该施加暮雨，怎么幻出朝云一片？／艳丽的花朵足以让美男子卫玠停车观赏，／望不见尽头，恐怕就是县令潘安遍种花木的河阳县。／我深深知道这花儿实在太漂亮，／千万不要凋零落入尘土被掩埋腐烂。

【点评】

薛凤翔在"凡例"中说："杜拾遗《花底》一诗，其词类牡丹而收之。"北宋欧阳修《洛阳牡丹记·花品叙》说："洛阳亦有黄芍药、绯桃、瑞莲、千叶李、红郁李之类，皆不减他出者。而洛阳人不甚惜，谓之果子花，曰某花（云云），至牡丹则不名，直曰'花'。其意谓天下真花独牡丹，其名之著，不假曰'牡丹'而可知也。"这是北宋时的情况。这首诗题作《花底》，没有明说是什么花。但从诗中"紫萼"、"黄须"来看，极有可能是牡丹。薛凤翔在本卷下面收录唐人令狐楚《赴东都别牡丹》诗，说："十年不见小庭花，紫萼临开又别家。"薛凤翔在卷1介绍各种牡丹的文字中，"黄须"屡屡提到，如说"洒金桃红：黄须满房，皆布叶颠，点点有度，罗如星斗"。如果这样解释符合《花底》诗意，而且这首诗确实是杜甫的作品，那么，早在盛唐时期，牡丹花就不名牡丹而直接称为"花"了。

但有古人认为这首诗不是杜甫的作品。金朝人王若虚所著《滹南诗话》卷1指出："世所传《千注杜诗》，其间有曰新添者四十余篇。吾舅周君德卿尝辨之云：'唯《瞿塘怀古》《呀鹘行》《送刘仆射惜别行》为杜无疑，自余皆非本真，盖后人依仿而作，欲窃盗以欺世者，或又妄撰其所从得，诬引名士以为助，皆不足信也。'……其诗大抵鄙俗狂瞀，殊不可读。盖学步邯郸，失其故态，求居中下且不得，而欲以为少陵，真可悯笑。……吾舅自幼为诗，便祖工部（杜甫官终检校工部员外郎），其教人亦必先此。尝与予语及新添之诗，则顿蹙曰：'人才之不同如其面焉，耳目鼻口相去亦无几矣，然谛视之，未有不差殊者。诗至少陵，他人岂得而乱之哉！'公之持论如此，其中必有所深得者，顾我辈未之见耳。表而出之，以俟明眼君子云。"

"周君德卿"即周昂（？～1211），字德卿，真定（今河北正定县）人。21岁时进士及第（《中州集》小传，《金史》本传说24岁），调南和县主簿、良乡县令，入朝历任监察御史、权行六部员外郎等职。参与抵抗蒙古军入侵，兵败殉国。其《常山集》已佚，元好问编辑《中州集》，收录其一部分作品。周昂所说北宋坊间所传杜诗注本多出以前流传的杜甫诗集的40多首诗歌绝大部分是后人托名杜甫的伪作，其中就有这首《花底》。

古今都有人认为《花底》是杜甫流寓四川时的作品。据南宋郭知达、黄鹤、清人钱谦益的杜诗注本，这首《花底》诗是北宋朝奉大夫员安宇收录的。今人萧涤非主编《杜诗全集校注》（人民文学出版社，2014），卷10第2761页引黄鹤说："广德元年（763）春，同《柳边》在梓州作。"按：梓州治今四川三台县。明人王嗣奭《杜臆》卷5说：《花底》诗"乃公自况"，"前四句极形容其好颜色，而承以'莫委泥沙'，自比负高才而终见弃于世也"。但他们都没说这首诗所咏就是牡丹花。今人杨林坤编著《牡丹谱》（中华书局，2011），为南宋陆游《天彭牡丹谱》做注释、翻译，第176页的点评中说：彭州刺史高适邀请杜甫前来观赏牡丹，杜甫"从什邡去彭州，结果因河水暴涨，未能如愿，遂写下《天彭看牡丹阻水》一诗，表达怅惋之情。虽然现在已经无法在杜甫的传世作品中找到这一首诗，但此事却促成了他第二次赴彭州看牡丹，终于如愿以偿。杜甫徜徉于连绵花海之中，沉醉于国色天香之美，远观近玩，诗兴大发，即兴写了著名的牡丹诗《花底》"。杨林坤言之凿凿的这些细节，没有交代任何依据，也没有交代是自己的推测演绎，若想坐实，尚须进一步论证。

王 维

红牡丹

绿艳闲且静，红衣浅复深。花心愁欲断，春色岂知心？

【作者简介】王维（701～761），字摩诘，蒲州（今山西永济市）

人。唐玄宗开元九年（721）进士。官至尚书右丞。田园诗、边塞诗、山水诗皆出色。精音律，工丹青。苏轼称赞他"诗中有画，画中有诗"。有《王右丞集》。

【译文】

红牡丹的绿叶在悄悄地舒展，／红牡丹的花色有鲜有暗。／面临凋零，牡丹愁肠欲断，／请问春光，你可懂得牡丹的心愿？

裴　潾

白牡丹

长安豪贵惜春残，争赏先开①紫牡丹。别有玉杯②承露冷，无人起就月中看。

【作者简介】 裴潾（lín），河东（今山西永济市）人。曾上疏极谏唐宪宗服丹药。唐文宗时期，当过兵部侍郎、河南府尹的职务。

【译文】

长安的达官贵人们唯恐春日稍纵即逝，／抓紧观看先开的紫牡丹，熙来攘往。／晚开的白牡丹如透明的玉杯承接甘露，／可惜无人就着月光细细赏玩、体恤。

【点评】

对这首诗的作者署名，薛凤翔写成："卢纶（字允言，河中人，与韩翃等十人皆有诗名）。"按：大历十才子有"韩翃"无"韩翊"。对这首诗的诗题，薛凤翔写成："《裴给事宅白牡丹》。"按：《全唐诗》卷124和卷280皆收此诗，文字小异，前者署名盛唐人裴士淹，后者署名中唐人卢纶，皆误。南宋计有功《唐诗纪事》卷52记载该诗的本事

---

① 赏先开：原作"玩街西"，据《唐诗纪事》卷52校改。按：慈恩寺在长安朱雀门大街以东。

② 杯：原作"盘"，据《唐诗纪事》卷52校改。

是："长安三月，十五日两街看牡丹甚盛。慈恩寺元果院花最先开，太平院开最后。潾作《白牡丹》诗题壁间。大和（唐文宗年号）中，驾幸此寺，吟玩久之，因令宫嫔讽念。及暮归，则此诗满六宫矣。"根据这些情况，此处将作者和诗题作相应改动。

李 端

鲜于少府①宅木芍药

谢家②能植药，万簇相萦倚。烂熳绿苔前，婵娟③青草里。垂栏复照户，映竹仍临水。骤雨发芳香，回风舒锦绮。孤光杂新故④，众色更重累。散碧出疏茎，分黄成细蕊。游蜂高更下，惊蝶坐还起。玉貌对应惭，霞标⑤方不似。春阴怜弱蔓，夏日同短晷⑥。回落报荣衰，交关⑦斗红紫。花时苟未赏，老至谁能止。上客屡移床，幽僧劳凭几。初合虽薄劣⑧，却得陪君子。敢问贤主人，何如种桃李⑨！

【作者简介】李端（约743～782?），字正己，赵州（今河北赵县）人。年轻时隐居江西庐山、河南嵩山。曾师事诗僧皎然。唐代宗大历五年（770）进士，历任秘书省校书郎、杭州司马。大历十才子之一。《全唐诗》存诗3卷。

【译文】

鲜于少府的宅院里遍栽芍药，／千株万朵，交互萦绕。／芍药在绿

---

① 鲜于：姓氏。少府：县尉的别称。
② 南朝刘宋文学家谢灵运，在会稽始宁县（今浙江绍兴市上虞区境内）安置家园，遍种花木。这里用典指鲜于氏宅院。
③ 婵娟：花卉秀美动人。
④ 在新旧植株中，一株花开得特别鲜明。
⑤ 霞标：原指红色挺立的东西，后被文人用来代指红莲、丹桂。唐人宋之问《秋莲赋》说："夕而察之，若霞标灼烁散赤城。"此指红莲。明人屠隆《绿毫记·游玩月宫》说："碧琉璃冷浸霞标，只见桂树扶疏，合殿香飘。"此指丹桂。
⑥ 晷（guǐ）：日影。
⑦ 交关：关联。
⑧ 初合：原作"初命"，据《全唐诗》卷284本诗校改，即初次会面。薄劣：自谦之辞。
⑨ 种桃李：指培养门生、后辈。《韩诗外传》卷7说："夫春树桃李，夏得阴其下，秋得食其实。"

苔前开出一片烂熳，／又在青草中开出万分妖娆。／花儿映衬竹丛，临近池塘，／栅栏里的花色把旁边的门窗照耀。／旋风将花朵铺成锦绣，／骤雨滋润，花香处处飘。／新旧植株掺杂，其中一株花特别耀眼，／彼此重重叠叠，相互倚靠。／花蕊分布着黄澄澄的颗粒，／稀疏的绿叶在枝茎上招摇。／彩蝶落在花上又离去，／蜜蜂飞来采蜜，忽低忽高。／美人对着花儿应该自愧容颜不如，／用亭亭玉立的红莲来比拟，并非惟妙惟肖。／春日阴冷，我怜惜芍药花枝尚柔弱，／夏天太阳直射，日影短小。／总有花开花谢，荣衰更迭，／芍药要同百花较量颜色，比试美好。／花开繁盛时如果不来观赏，／到了枯萎凋零时谁还来瞧。／贵客多次移动坐具就近观看，／高僧靠着茶几把眼福饱。／我自知拙劣，却有幸同诸位初次聚会，／能陪侍君子，是何等的荣耀。／但我还是要斗胆请问鲜于先生，／与其栽培芍药，何如种李栽桃！

【点评】

这首诗在《全唐诗》卷284中题作《鲜于少府宅看花》，不是薛凤翔所题的"木芍药"。首句"植药"，被薛凤翔说成是木芍药，我认为不像。这首诗中说："春阴怜弱蔓，夏日同短晷"，"骤雨发芳香，回风舒锦绮"。"骤雨"、"回风"（旋风），都是夏季的自然现象。宋代女诗人李清照《如梦令》词描写春夏之交的情况说："昨夜雨疏风骤，浓睡不消残酒。试问卷帘人，却道海棠依旧。知否，知否？应是绿肥红瘦！"而李端这首诗，描写骤雨回风的环境中，"红"不但不"瘦"，反而"发芳香"、"舒锦绮"，这应该是夏天开花的芍药，而不是春天开花的木芍药——牡丹。李端诗末以"敢问贤主人，何如种桃李"作结，有恳求鲜于栽培自己的用意。

李　益（字君虞，陇西人。宰相揆子。贞元中进士，礼部尚书。）

牡　丹

紫艳丛开未到家，却教游①客赏繁华。始知年少求名处，满眼空中

---

①　游：原作"邀"，据《全唐诗》卷238本诗校改。

别有花①。

【作者简介】李益（748～约827），字君虞，姑臧（今甘肃武威市）人。大历十才子之一。唐代宗大历四年（769）进士及第。起初当县尉、幽州藩镇（驻今北京市）幕府从事，后入朝任秘书省少监、集贤殿学士、太子宾客，终礼部尚书。有《李君虞诗集》。

【译文】

家中牡丹怒放时节，我没福分回家，／便宜了那些外人，前来品味阳春繁华。／才知道自己年轻浮躁进京应考进士，／一心一意追逐的只是攀折月亮中的桂花。

权德舆（字载之。）

和李中丞《慈恩寺清上人院牡丹花歌》②

澹荡韶光③三月中，牡丹偏自占春风。时过宝地寻香径，已见新花出故丛。曲水亭西杏园北④，浓芳深院红霞色。擢秀全胜珠树林⑤，结根幸在青莲域⑥。艳蕊鲜房次第开⑦，含烟洗露照苍苔。庞眉⑧倚杖禅僧起，轻翅萦枝舞蝶来。独坐南台⑨时共美，闲行古刹情何已⑩。花间一

---

① 唐人把考进士称为月中折桂。

② 和（hè）：和诗，针对别人的诗作，奉和而作意思相关的诗，回复对方。中丞：御史台长官，地位、权力次于御史大夫，掌管监察百官。李中丞所作《慈恩寺清上人院牡丹花歌》已佚。清上人：法名叫作清的僧人。上人：和尚。

③ 澹荡：舒缓恬静，形容春天景色。韶光：春光。

④ 慈恩寺在长安朱雀门街东第三街晋昌坊，其东面芙蓉园有曲江（此诗称曲水），其南面通善坊有杏园。

⑤ 擢秀：草木欣欣向荣。擢：抽、拔。秀：花。珠树：神话传说中结珠的树。

⑥ 青莲域：指佛寺。青莲：印度植物青色莲花，音译优钵罗。域：区域。

⑦ 鲜：原作"仙"，据《全唐诗》卷327本诗校改。次第：依次。

⑧ 庞眉："庞眉皓首"的略称，指眉毛、头发纷乱花白的老人。这里指清上人。

⑨ 南台：御史台的别称，因在宫阙台西南，故称。

⑩ 古刹：慈恩寺的前身是隋代的无漏寺。唐初废，唐太宗贞观二十二年（648），太子李治（唐高宗）为其先妣文德皇后长孙氏立为寺，以追荐冥福，报答慈恩，故名。已：止。

曲奏阳春①，应为芬芳比君子。

【作者简介】权德舆（758～818），字载之，天水略阳（今甘肃秦安县东北）人。唐德宗时任太常博士、左补阙、中书舍人、礼部侍郎。唐宪宗元和五年（810）拜相，后出任东都留守、山南西道（驻今陕西汉中市）节度使。有《权载之文集》。

【译文】

三月天惠风和畅，春光融融，／我来到慈恩寺寻觅芳踪。／牡丹精神抖擞，占断风流，／在老枝条上显露崭新的面容。／这方宝地南临杏园，东望曲江，／深深院落牡丹遍开，蔚出一片霞光。／幸好你植根于佛家的琉璃世界，／才能比仙界的宝树繁盛芬芳。／洗彻晶莹露水，饱含氤氲烟霭，／牡丹争奇斗艳，朵朵相依相挨。／长老手扶拐杖，引导众僧观赏，／轻盈的彩蝶绕着花枝飞去飞来。／中丞平素在御史台厮守美好时日，／偷闲光临佛寺，激情迸发，不可遏止，／便作出《牡丹花歌》这一篇绝妙好词，／该是以芬芳来比拟世间的堂堂君子。

柳　浑（贞元时宰相。）

牡　丹②

近来无奈牡丹何，数十千钱买一窠。今朝始得分明见，也共戎葵不校多③。

【作者简介】柳浑（715～785），本名载，字夷旷，一字惟深，襄州（今湖北襄阳市）人。唐玄宗天宝元年（742）进士。唐代宗大历年间，累官至尚书右丞。唐德宗贞元三年（787），以兵部侍郎同平章事，

---

① 阳春：战国时期楚国的一种艺术性高、难度大，一般人不能应和的歌曲。《文选》卷45宋玉《对楚王问》说："客有歌于郢（都城）中者，其始曰《下里》《巴人》，国中属而和者数千人。……其为《阳春》《白雪》，国中属而和者不过数十人。"

② 该诗反映的是唐德宗贞元年间（785～805）的情况。

③ 也共戎葵不校多：原作"果较戎葵胜得多"，据《唐诗纪事》卷25本条及《全唐诗》卷196本诗校改。戎葵：即蜀葵，又称一丈红，锦葵科草本植物。夏季开花，有红、紫、黄、白等色。校：同"较"。

卒谥贞。

【译文】

　　牡丹一直昂贵，真叫人无可奈何，／花费数万枚铜钱才能买来一棵。／到今天我才见到牡丹，不过如此而已，／那样子和随处可见的蜀葵差不多。

　　令狐楚（字悫士，贞元中进士。）

赴东都①别牡丹

　　十年不见小庭花，紫蕚临开又别家②。上马出门回首望，何时更得到京华！

　　【作者简介】令狐楚（766～837），字悫士，宜州华原（今陕西铜川市耀州区西南）人。唐德宗贞元七年（791）进士及第，官至户部尚书，进拜左仆射。卒封彭阳郡公，赠司空。

【译文】

　　游宦十年，无缘看见老家庭院的牡丹，／短暂归来，牡丹待放时却要离别家园。／出门上马东去，不禁回首留恋再三，／不知哪年哪月才能再回到京师长安！

　　刘禹锡（字梦得，彭城人。）

赏牡丹

　　庭前芍药妖无格③，池上芙渠净少情。惟有牡丹真国色，花开时节动京城。

　　【作者简介】刘禹锡（772～842），字梦得，河南洛阳人，郡望彭

---

　① 东都：洛阳。
　② 紫蕚：蕚是环列在花朵外部的叶状薄片，紫蕚指紫牡丹。令狐楚在长安的住宅位于开化坊，在朱雀门街东第一街。
　③ 妖：妖冶，艳丽。无格：格指骨力，引申为标格、格调。芍药是草本，牡丹是木本，二者相似，前人称芍药为无骨牡丹，牡丹为木芍药。

城（今江苏徐州市）。唐德宗贞元九年（793）进士，做过集贤殿学士、检校礼部尚书兼太子宾客等官。有《刘宾客集》。

【译文】

庭院中芍药风姿绰约却格调平平，／池塘里荷花洁净无瑕却缺乏风情。／只有艳丽动人的牡丹天下无双，／绽放期间惊动了整个大唐京城。

思黯南墅赏牡丹①

偶然相遇人间世，合在曾城阿姥家②。有此倾城好颜色，天教晚发赛诸花。

【译文】

该是原本扎根在西王母昆仑山的花园，／有幸同你相遇，多亏你屈尊移植凡间。／难怪上天故意让你在春花中最后亮相，／就因为你有着倾城倾国般的绝代容颜。

浑侍中③宅牡丹

径④尺千余朵，人间有此花。今朝见颜色，更不向诸家。

【译文】

直径一尺的牡丹千朵竞放，密密匝匝，／真难相信人间竟有这等异卉奇葩！／今天在这里开了眼界，／再也用不着去别人家溜达。

---

① 诗题原作"又"，即同上（《赏牡丹》），误，据《全唐诗》卷365校改。思黯：牛僧孺字思黯。《旧唐书》卷172《牛僧孺传》说他在洛阳归仁里（紧挨外郭城东面的建春门）修造第宅，把在扬州任淮南节度使时搜集的"嘉木怪石，置之阶廷，馆宇清华，竹木幽邃。常与诗人白居易吟咏其间"。刘禹锡有多首与牛僧孺唱和的诗。南墅：牛僧孺在洛阳城南伊河旁的园林。刘禹锡《和思黯忆南庄见示》诗说："丞相新家伊水头。"

② 合：应该。层城：重城。"曾"一作"增"。《淮南子集释》卷4《坠形训》："掘昆仑虚以下地，中有增城九重。"阿姥：指西王母。

③ 大将浑瑊（jiān）平叛有功，被德宗加官侍中。侍中是门下省正长官名称。

④ 径：原作"经"，据《全唐诗》卷364校改。

和令狐相公①《别牡丹》

平章宅里一阑花②，临到开时不在家。莫道两京非远别，春明门③外即天涯。

【译文】

宰相府邸里栽培着一栏牡丹花，／含苞欲放时相公却不得不离家。／不要说从西京到东都路途不远，／一出春明门便是抛身海角天涯。

唐郎中④宅与诸公饮酒看牡丹

今日花前饮，甘心醉数杯。但愁花有语，不为老人开。

【译文】

今天饮着美酒赏花，心情格外舒畅，／我甘愿多喝几杯，醉成满脸红涨。／只害怕牡丹抱怨我的失态唐突了它，／不肯为我这老头子开放。

韩愈（字退之，南阳人。贞元中进士。赠礼部尚书、昌黎伯，谥曰文。）

戏题牡丹

幸自同开俱隐约，何须相倚斗⑤轻盈。陵晨⑥并作新妆面，对客偏含不语情。双燕无机⑦还拂掠，游蜂多思⑧正经营。长年是⑨事皆抛尽，今日栏边暂眼明。

---

① 令狐相公即令狐楚。
② 平章：唐代宰相头衔同中书门下平章事的简称。阑：《全唐诗》卷 365 作"栏"。
③ 春明门：唐代长安城东面的中门。
④ 唐扶字云翔，并州晋阳（今山西太原市）人，唐文宗大和元年（827）由地方刺史调入朝中担任屯田郎中，次年刘禹锡由和州（今安徽和县）刺史调入朝中任主客郎中。
⑤ 斗：比赛。
⑥ 晨：原作"辰"，据《全唐诗》卷 343 本诗校改。
⑦ 机：机心，即机巧的心思。
⑧ 思：作名词古读去声，心绪、情思。
⑨ 是：原作"世"，据《全唐诗》卷 343 本诗校改。

【作者简介】

韩愈（768～824），字退之，河阳（今河南孟州市）人。郡望昌黎，故世称韩昌黎。唐德宗贞元八年（792）登进士第。历官刑部侍郎、潮州刺史、国子监祭酒、京兆尹、兵部侍郎、吏部侍郎。古文运动的旗手。有《韩昌黎集》。

【译文】

牡丹趁着曙色朦胧同时绽放花朵，／你们何必要相依相偎，较量婀娜！／用晶莹的朝露洗面，刻意妆扮一新，／面对来客，偏偏一声不响，含情脉脉。／蜜蜂怀着期待，纷纷前来采蜜，／燕子呆头呆脑，匆匆飞来掠过。／我长年总是杂事猬集，此刻暂且抛开，／护栏边赏花顿觉神志清爽，目光清澈。

王建（字仲初，颍州人。大历中进士，陕州司马。）

赏牡丹

此花名价别①，开艳益②皇都。香遍苓菱③死，红烧踯躅④枯。软光笼细脉，妖色暖鲜肤。满蕊攒⑤黄粉，含棱缕绛苏⑥。好和熏御服⑦，堪画入宫图。晚态愁新妇，残妆望病夫。教人知个数⑧，留客赏斯须⑨。一夜轻风起，千金买亦无。

---

① 价：原作"贾"，据《全唐诗》卷 299 本诗校改。名价别：名气和价格与其余的花卉迥然不同。

② 益：增加。

③ 苓菱：苓：汉人枚乘《七发》有句："蔓草芳苓。"唐人李善《文选注》云："苓，古莲字。"菱：一名芰。莲花、菱花，皆生于水中，都是芳香花卉，故古有词牌《芰荷香》。但清人多认为苓不是莲，而是卷耳，即苍耳。王建按照当时的认识立论。

④ 踯躅：羊踯躅、山踯躅的简称，今称杜鹃花、映山红。

⑤ 攒：聚集。

⑥ 含棱：花蕊瓣化，所形成的花瓣碎细嶙峋，像棱骨一样。绛：大红色。苏：流苏，下垂的穗子，用五彩羽毛或丝线制成，用以装饰车马、帐幕。

⑦ 和：调和味道。熏：古代衣香用香炉燃烧香料来熏染。服：原作"宸"，据《全唐诗》本诗校改。

⑧ 个数：其中的道理。

⑨ 斯须：片刻。

【作者简介】王建（765～约830），字仲初，颍川（今河南许昌市）人。唐代宗大历十年（775）进士，历任县丞、侍御史、陕州司马等职，曾随军到西北边塞。有《王建诗集》。

【译文】

牡丹出类拔萃，名重价高，／开出满城锦绣，为京师增添妖娆。／香气四溢，把荷花、菱花比得没有活路，／红色如火，能将映山红烤得枯焦。／花朵脉络细微，蒸腾柔和的光晕，／花容妖媚动人，犹如红颜弄娇。／花蕊聚集黄粉，金灿灿闪耀，／花蕊变异成一缕缕碎细的花瓣，像流苏下垂羽毛。／秀色可餐，真值得绘入宫廷的画卷，／清香醉人，好用来熏染皇帝的龙袍。／薄暮中的模样似新媳妇哀怨皱眉，／衰败时的状态像病汉子无从医疗。／留住看花人珍惜时机尽情观赏，／叫您知道花开花谢，有长有消。／等到了一夜轻风凋尽牡丹的时候，／您就是花费千金巨资，也买不来花瞧！

同于汝锡①赏白牡丹

晓日花初吐，春寒白未凝。月光裁不得，苏合点难胜②。柔腻沾云叶③，新鲜掩鹤膺④。统心黄倒晕，侧茎紫重棱⑤。乍敛看如睡，初开问欲应⑥。并香幽蕙死⑦，比艳美人憎。价重千金贵，形相⑧两眼疼。自知颜色好，愁被彩光凌⑨。

① 于汝锡：《新唐书》卷72下《宰相世系表二下》说他字元福，事迹不详。"锡"原误作"阳"，今改。
② 苏合：原产小亚细亚的树木，取其胶制为香料，叫苏合香。胜：古读平声，能担任，能承受。
③ 沾：原作"於"，《全唐诗》卷299本诗"於"字下注"一作沾"，从之。沾：滋润，沾濡。云叶：树名，枝叶像桑树，但叶子如云头花叉。
④ 掩：压倒。膺：胸膛。
⑤ 紫重棱：重重叠叠的紫色棱条。
⑥ 应：答应，这里读阴平声。
⑦ 并香：香味合在一起而加以比较。幽蕙：气味幽香的蕙。蕙，俗称佩兰。
⑧ 形相（xiāng）：端详。
⑨ 被：原作"破"，据《全唐诗》本诗校改。彩光：五颜六色。凌：侵犯，欺侮。

【译文】

　　白牡丹蓦然开放，沐浴着朝晖晨露，／春寒未退，终究不能把花蕾冷却凝固。／花色皎洁，不是月亮的神通所能裁就，／香味浓郁，知名的苏合香也不堪为伍。／绿叶柔腻，可滋润云叶树的云头花叉，／花朵白净，远胜过白鹤那纯洁的胸脯。／花蕊流金，由里向外黄颜色由浅渐深，／花枝旁伸，像重叠交错的紫色棱骨。／花儿未开，恰如沉湎好梦不肯醒来，／花儿乍开，欲回应人们的问候招呼。／比试气味，会把幽香的佩兰羞死，／比试娇艳，美女的姿容也令人厌恶。／雍容华贵，价值千金，／逗引你贪看不休，简直要累坏眼珠。／它知道自己颜色纯白清澈，／只害怕五光十色袭来，受到玷污。

题所赁宅牡丹花

　　赁宅得花饶，初开恐是妖。霞①光深紫腻，肉色退②红娇。且愿风留著，惟愁日炙焦。可怜零落蕊，收取作香烧。

【译文】

　　当初租赁房舍，哪想到竟有牡丹满院，／一开花便绚丽无比，莫非是精灵变现！／紫花丰腴，光泽均匀细腻，／红花鲜艳，羞退靓女胭脂面。／但愿和风惠顾，让牡丹姣颜久驻，／只担心烈日无情，把它烤成焦烂。／可惜花期已过，收起凋零花瓣，／且待烧出香气缭绕的轻烟和火焰。

白居易（字乐天。）

牡丹芳

　　牡丹芳，牡丹芳，黄金蕊③绽红玉房。千片赤英霞烂烂④，百枝绛

---

① 霞：原作"粉"，《全唐诗》卷299本诗"粉"字下注"一作霞"，从之。
② 退：原作"褪"，据《全唐诗》本诗校改。
③ 蕊：原作"叶"，据《白居易集》（岳麓书社，1992）卷4本诗校改。
④ 烂烂：原作"烂熳"，据《白居易集》卷4校改。赤英：红花。

点灯煌煌①。照地初开锦绣段，当风不结兰麝囊②。仙人琪树③白无色，王母桃花④小不香。晓露轻盈泛紫艳，朝阳照耀生红光。红紫二色间深浅，向背万态随低昂。映叶多情隐羞面，卧丛无力含醉妆。低娇笑容疑掩口，凝思怨人如断肠。秾姿贵彩信奇绝，杂卉乱花无比方。石竹金钱何细碎，芙蓉芍药苦寻常。遂使王公与卿士，游花冠盖⑤日相望。庳车软舆⑥贵公子，香衫细马豪家郎。卫公⑦宅静闭东院，西明寺⑧深开北廊。戏蝶双舞看人久，残莺一声春日长。共愁日照芳难驻，仍张帷幕垂阴凉。花开花落二十日，一城之人皆若狂。三代以还文胜质⑨，人心重华不重实。重华直至牡丹芳，其来有渐非今日。元和天子忧农桑⑩，恤下动天天降祥。去岁嘉禾生九穗，田中寂寞无人至。今年瑞麦分两岐⑪，君心独喜无人知。无人知，可叹息。我愿暂求造化力，减却牡丹妖艳色⑫，少回卿士爱花心，同似吾君忧稼穑⑬。

【作者简介】 白居易（772～846），字乐天，号香山居士，亦号醉吟先生。下邽（今陕西渭南市）人，生于河南新郑。唐德宗贞元十六年（800）进士，历任朝官、州官、翰林学士知制诰，晚年任太子宾客分司东都、太子少傅等职，以刑部尚书退休。他是中唐新乐府运动的主要倡导者，主张"文章合为时而著，歌诗合为事而作"。晚年定居洛

---

① 绛：大红色。煌煌：原作"辉煌"，据《白居易集》卷4校改。
② 囊：原作"裳"，据《白居易集》卷4校改。兰麝囊：装有兰香、麝香的香囊，口不结扎，香气四溢。
③ 琪树：神话中的玉树。琪：美玉。
④ 王母：西王母，被说成有蟠桃园。
⑤ 冠盖：官吏的服饰和车乘。冠：礼帽。盖：车盖。
⑥ 庳（bēi）车：轻便灵巧的车子。软舆：又叫肩舆，即软座轿子。
⑦ 唐初李靖被封为卫国公，此处泛指公卿要人。
⑧ 西明寺：此处泛指长安佛寺。
⑨ 三代：夏、商、周三代。以还：以后，以来。文：浮华。质：质朴。
⑩ 元和：唐宪宗的年号（806～820）。农桑：农业生产。
⑪ 岐：通"歧"，本意岔道，引申为分支。
⑫ 减却牡丹妖艳色：原作"五谷俱同牡丹殖"，据《白居易集》卷4校改。
⑬ 稼穑（sè）：原作"黍稷"，据《白居易集》卷4校改。稼穑：农业生产。稼：种庄稼。穑：收庄稼。

阳，葬于洛阳伊阙香山。有《白居易集》。

【译文】

牡丹香气馥郁，牡丹娇媚妖冶，／红花黄蕊宛如红玉镶嵌着黄金一撮。／花瓣一片片，是谁剪来天边的红霞？／花儿一朵朵，是谁挂在枝头的灯火？／花色映衬地面，是在把锦绣地毯铺设，／香气随风飘逸，是敞口香囊散发兰麝。／王母的蟠桃再不敢夸耀花香浓烈，／仙界的玉树也相形见绌，黯然失色。／夜露浸润，牡丹花瓣泛起层层紫晕，／朝阳照耀，牡丹花色同日光交相闪烁。／这是红花，那是紫花，深浅相间，／有的朝东，有的朝西，高低错落。／像窈窕淑女羞答答绿叶遮面，／像贪杯红妆醉醺醺花丛暂卧，／像俏丽蛾眉甜蜜蜜掩口偷笑，／像皱眉怨妇恨绵绵愁肠欲绝。／千姿百态，浓妆艳抹，真是天下无双，／百花林林总总，没一种值得一说。／芙蓉、芍药都那样平淡无奇，／石竹、金钱花更显得细碎低劣。／如此牡丹能不诱使京师人奔波观赏？／只见王公卿士乘坐轩车一辆挨着一辆，／贵族公子驾小车坐软轿争先恐后，／富家儿郎跨骏马一趟接着一趟。／公侯深闭庭院，倾家出动，／佛寺牡丹盛开，一概热闹景象。／彩蝶戏花，引逗游人久驻目光，／黄莺啼啭，把暮春的白昼挽留拖长。／怕阳光把鲜艳的花朵晒得萎缩干瘪，／支撑起帐幕营造出一片阴凉。／从花开到花谢二十天真不寻常，／满城赏花人哪一个不是如醉如狂？／夏商周三代过后，浮华压倒了质朴，／人们只看重华而不实，一直执迷不悟。／推崇浮艳必然导致抬高牡丹，／流弊由来已久，并非眼下起步。／当今的圣明天子把农桑生产牵挂心间，／他怜悯老百姓的拳拳诚意感动了苍天。／苍天降下祥瑞，去年谷子一棵生九穗，／可群臣麻木不仁，无人肯去垄亩盘桓。／今年的祥瑞是小麦一棵分为两支，／天子高兴万分，群臣却还是袖手旁观。／袖手旁观无人管，真叫人生气！／喊声老天爷，我想求求你：／别让牡丹开得那么艳丽，／收敛公卿爱花心，让他们回心转意，／都像皇上一样，把农业生产惦记！

惜牡丹二首

一首翰林院北厅花下作，一首新昌窦给事宅南亭花下作①

惆怅阶前红牡丹，晚来唯有两枝残。明朝风起应吹尽，夜惜衰红把②火看。

寂寞萎③红低向雨，离披破艳④散随风。晴明落地犹惆怅，何况飘零泥土中。

【译文】

见到翰林院北厅前的牡丹我心里惆怅，／只剩下两枝多少保留着牡丹模样。／明天早晨它们也会随风而逝荡然无存，／趁今夜打火把抓紧把残花观赏。

牡丹的花朵被雨水打得垂头丧气，／牡丹的花瓣被狂风吹得凋零分离。／晴和的天气花瓣落地尚且让人惆怅，／何况被风雨裹挟落入污泥。

白牡丹　和钱学士⑤

城中看花客，旦暮⑥走营营。素华人不顾⑦，亦占牡丹名。闭⑧在深寺中，车马无来声。唯有钱学士，尽日绕丛行。怜此皓然质，无人自芳馨。众嫌我独赏，移植在中庭。留景夜不暝⑨，迎光曙先明⑩。对之心

---

① 此两句原无，据《白居易集》卷14本诗校补。翰林院：长安的翰林院有两处，一在大明宫（大内）麟德殿（三殿）西重廊后面，有北厅五间。另一在兴庆宫（南内）。白居易此诗所咏为前者。新昌：即新昌里（坊），在长安朱雀门街东第五街。窦给事：窦易直，给事是门下省官职，全称给事中。

② 把：手持。

③ 萎：原作"萎"，据《白居易集》卷14本诗校改。

④ 离披破艳：花色衰败，分离披散。

⑤ 钱徽字蔚章，吴郡（今江苏苏州市）人。唐宪宗元和二年（807）至六年，白居易与钱徽同为翰林学士。

⑥ 暮：原作"莫"，据《白居易集》卷1本诗校改。

⑦ 素华：指白牡丹。华：同"花"。顾：看。

⑧ 闭：原作"开"，据《白居易集》卷1本诗校改。

⑨ 景：同"影"。暝：原作"冥"，据《白居易集》卷1本诗校改。暝：昏暗。

⑩ 迎光曙先明：原作"迎晨曙光明"，据《白居易集》卷1本诗校改。

亦静①，虚白相向生②。唐昌③玉蕊花，攀玩众所争。折来比颜色，一种如瑶琼。彼因稀见贵，此以多为轻。始知无正色，爱恶随人情。岂惟花独尔④，理与人事并⑤。君看入时⑥者，紫艳与红英。

【译文】

长安城中观赏牡丹的人群，／熙熙攘攘，从清晨持续到黄昏。／白花虽然也具有牡丹的名称，／却备受冷落，无人问津。／有一丛白牡丹幽闭在深邃的寺院里，／周围冷冷清清，不闻马嘶，不见车痕。／可偏偏有一位翰林学士钱先生，／整天绕着这丛花缓缓逡巡。／他爱白牡丹皎洁无瑕的天生丽质，／不管是否有人欣赏，依然吐露清芬。／众人都嫌弃它，钱学士却独自珍爱，／移植到自己的庭院中相伴相亲。／白牡丹散发出晶莹剔透的光泽，／映衬得黑夜不暗，似乎曙色早临。／面对着白牡丹，心灵顿时沉静，／升华出澄澈冲旷的精神。／唐昌观里玉蕊花开得鲜艳，／惹得赏花人争先恐后前往观看。／折来一枝花和白牡丹比比颜色，／都一样如同白玉般璀璨。／玉蕊花受宠不过是物以稀为贵，／白牡丹所在多有而被看作下贱。／我这才知道颜色无所谓正宗，／受爱戴还是厌恶全由人任情遂愿。／岂止花儿遭遇如此，／人世间的事情也是这个理。／您瞧瞧那些时髦的牡丹和人物，／哪一个不是大红大紫！

---

① 静：原作"舒"，据《白居易集》卷1本诗校改。
② 《庄子·人间世》："瞻彼阕者，虚室生白，吉祥止止。"阕：空。彼阕者：那个空虚的境界。室：心。生：出现。白：纯白的映象。吉祥：福祉。止止：来临。庄子此句大意是：看着那个空虚的境界，会让虚空的心灵产生皎洁的映象，吉祥幸福便会降临。后来，人们常用虚白形容澄澈空灵的精神境界。
③ 唐昌：道教庙宇，位于长安朱雀门街西第一街安业坊南，因唐玄宗女唐昌公主在此出家，故名。
④ 尔：这样。
⑤ 并：此处读阴平声，相同，并行不悖。
⑥ 入时：原作"入眼"，据《白居易集》卷1本诗校改。入时：合乎时俗风尚。

西明寺牡丹花时忆元九①

前年题名处②，今日看花来。一作芸香吏③，三见牡丹开。岂独花堪惜，方知老暗催。何况寻花伴，东都去未回。讵④知红芳侧，春尽思悠哉。

【译文】

以前我中进士，曾来西明寺题名留念，／今年牡丹开，我又来西明寺观看。／自从在京师担任秘书省校书郎，／看到牡丹开放已经三遍。／不仅花开花落让我怜惜，／更觉得时光带着我的年华一去不返。／何况元九去了东都再没回来，／既是昔日的同事，又是赏花的同伴。／你可知靠近红艳馨香的牡丹，／我正为春意阑珊而惆怅不断。

移牡丹栽⑤

金钱买得牡丹栽，何处辞丛别主来。红芳堪惜还堪恨，百处移来百处开。

【译文】

牡丹花篦子，花钱购买，／不知它出自何人的第宅。／这红花叫人爱不完也恨不够，／哪里移植哪里开放，早把老主人忘怀。

---

① 西明寺：在长安朱雀门街西第三街延康坊。显庆元年（656），唐高宗为孝敬太子病愈立为佛寺。唐宣宗大中六年（852）改名福寿寺。元九：元稹，九是他在其堂兄弟中的排行。

② 唐人进士中第之际，在佛寺题名留念，首选慈恩寺大雁塔，西明寺亦在其列。据五代王定保《唐摭言》卷3记载：大中六年苗台符、张读及第，"二人尝列题于西明寺之东庑"。白居易于唐德宗贞元十六年（800）中进士，时年29岁，有诗云："慈恩塔下题名处，十七人中最少年。"有可能他在西明寺重复题名。

③ 芸香吏：秘书省官职的雅称。秘书省，也称芸省、芸台，是掌管图书典籍的官署。白居易和元稹都曾担任秘书省校书郎。

④ 讵（jù）：岂。

⑤ 牡丹栽：也叫牡丹栽子，或称花篦子，嫁接用作砧木的牡丹植株。

秋①题牡丹丛

晚丛白露②夕，衰③叶凉风朝。红艳久已歇，碧芳今亦销。幽人坐相对④，心事共萧条。

【译文】

艳丽暮春转眼间变成气爽秋高，／夜晚露水盈盈，清晨凉风萧萧。／牡丹的红花早就不知去向，／牡丹的绿叶已经枯萎萧条。／孤独的我和残存的牡丹植株相对而坐，／都是一样的心境寂寞难熬。

看浑家牡丹花戏赠李二十⑤

香胜烧兰⑥红胜霞，城中最数令公⑦家。人人散后君须看，归到江南无此花。

【译文】

香气赛过烧兰，颜色赛过红霞，／长安城最好的牡丹，要数浑令公家。／人人走后你还得再饱饱眼福，／一回到江南，你就再见不着牡丹花。

微之⑧宅残牡丹

残红零落无人赏，雨打风摧花不全。诸处见时犹怅望，况当元九小

---

① 秋：原作"和"，据《白居易集》卷9本诗校改。
② 白露节气在公历9月7~9日交节。
③ 衰：原作"哀"，据《白居易集》卷9本诗校改。
④ 幽人：本指幽居之人，即隐士。此处引申为离群索居的孤独者。坐：原作"独"，据《白居易集》卷9本诗校改。
⑤ 浑：原作"挥"，据《白居易集》卷13本诗校改。浑家：浑瑊（jiān）家族的第宅。李二十：即李绅，字公垂，润州无锡（今江苏无锡市）人，二十是他在其堂兄弟中的排行。
⑥ 烧兰：指用泽兰炼成的芳香油脂，古代用来燃灯。泽兰又名水香，生于江东地区池泽中，花红白色，有异香。
⑦ 令公：指浑瑊，著名将领、功臣，被唐德宗授以兼中书令职。
⑧ 元稹字微之。

亭①前。

【译文】

　　风吹雨打，牡丹花已残缺不全，／枯萎飘零，已引不起人们赏玩。／在别处见这景象我尚且怅恨不已，／何况是在元九第宅的亭子前。

<h2 style="text-align:center">牡　丹</h2>

　　绝代只西子，众芳唯牡丹。月中虚有桂，天上漫夸兰。夜濯金波②满，朝倾玉露残③。性应轻菡萏④，根本是琅玕⑤。夺目霞千片，凌风绮一端⑥。稍宜经宿雨，偏觉耐春寒。见说开元岁，初令植御栏。贵妃娇欲比，侍女妒羞看。巧类鸳机⑦织，光攒麝月⑧团。暂移公子第，还种杏花坛。豪士倾囊买，贫儒假乘观。叶藏梧际凤⑨，枝动镜中鸾⑩。似笑宾初至，如愁酒欲阑。诗人忘芍药，释子愧栴檀⑪。酷烈宜名寿，姿容想姓潘。素光翻鹭羽，丹艳㸒⑫鸡冠。燕拂惊还语，蜂贪困未安。倘

---

① 亭：原作"庭"，据《白居易集》卷14本诗校改。
② 金波：月光。《汉书》卷22《礼乐志》说："月穆穆以金波。"唐人颜师古注说："言月光穆穆，若金之波流也。"
③ 残：原作"溥"，据清人汪灏、张逸少奉敕撰《御定佩文斋广群芳谱》卷34《花谱·牡丹三》本诗校改。
④ 菡萏（hàndàn）：荷花。
⑤ 琅玕（gān）：似玉的美石。
⑥ 端：古代纺织品长度单位，布帛六丈为一端。
⑦ 鸳机：原作"鸳鸯"，据《御定佩文斋广群芳谱》卷34本诗校改。鸳机：全称鸳鸯机，是织机的美称。唐人上官仪《八咏应制二首》说："且学鸟声调凤管，方移花影入鸳机。"前蜀毛文锡《浣溪沙》词说："每恨蟪蛄怜婺女（织女），几回娇妒下鸳机，今宵嘉会两依依。"
⑧ 麝月：月亮。南朝陈徐陵《〈玉台新咏〉序》说："金星将婺女争华，麝月与嫦娥竞爽。"
⑨ 梧际凤："梧"是梧桐树。"梧际凤"指一种体型小于燕子的鸟，羽毛五色，叫作桐花凤、幺（么）凤。北宋苏轼《异鹊》诗说："幺凤集桐花。"又《次韵李公择梅花》诗说："桐花集幺凤。"
⑩ 《先秦汉魏晋南北朝诗·宋诗》卷1载南朝刘宋范泰《鸾鸟诗序》说，昔罽宾王获一鸾鸟，三年不鸣。其夫人献策："尝闻鸟见其类而后鸣，何不悬镜以映之。"国王采纳，"鸾睹形悲鸣，哀响冲霄，一奋而绝"。
⑪ 栴檀：原作"旃檀"，据《御定佩文斋广群芳谱》卷34本诗校改。
⑫ 㸒（xì）：大红色。

令红脸笑，兼解翠眉攒。少长①呈连萼，骄矜寄合欢。息肩移九轨②，无胫到千官。日曜香房拆③，风披蕊粉乾④。好酬青玉案⑤，称⑥贮碧冰盘。璧要连城与，珠堪十斛⑦判。更思初甲坼⑧，那得异泥蟠⑨。骚咏应遗恨，农经只略刊。鲁般⑩雕不得，延寿⑪笔将殚。醉客同攀折，佳人惜犯干。始知来苑囿，全胜在林峦。泥滓常浇洒，庭除又绰宽。若将桃李并，方觉效颦难。

【译文】

世上蛾眉何其多，但只有西施是绝代佳丽，／天下花卉何其多，但只有牡丹花色超群香味出奇。／月亮中的丹桂只不过徒有虚名，／把兰花称作"国香"，溢美过于随意。／牡丹把清晨的玉露喝得干干净净，／又在良宵的月波中将自己通身洗涤。／它本性纯洁应该超过不受淤泥污染的莲花，／它本体高贵温润，是玉石一般的质地。／它凌风舒展，好似展开绮罗锦缎，／它含笑绽放，蔚然升起千片云霓。／它耐得住料峭的春寒，／它经得住连日的雨滴。／我听说在玄宗皇帝开元年间，／才开始在皇宫中栽植牡丹。／娇媚的杨贵妃想与牡丹较量美丽，／侍女们嫉妒牡丹美艳而羞于观看。／花姿的奇巧好似织女用鸳鸯机织就，／花色的光鲜恰如碧空中明月团圆。／公子王孙将牡丹移植于自己家中，／它也被栽种在莘莘学子受业的杏花坛。／富豪们倾其钱袋一个劲儿购买，／穷酸书生搭乘便车到处赏玩。／牡丹的大花瓣下能隐藏幺凤，／

---

① 少长：原作"小长"，据《御定佩文斋广群芳谱》卷34本诗校改。
② 九轨：可容九辆车并排行驶的宽阔道路。
③ 拆：原作"折"，据《御定佩文斋广群芳谱》卷34本诗校改。
④ 蕊粉：原作"粉乳"，据《御定佩文斋广群芳谱》卷34本诗校改。乾：今简体字作"干"，干燥。因下文有"佳人惜犯干（冒犯）"句，为不造成古人作诗押韵重复用字的错觉，此处保留正体字"乾"。
⑤ 青玉案：用青玉制成的矮脚盘子，用以盛放食品。
⑥ 称：相称，适合。
⑦ 斛：容量单位，起初10斗为一斛，后改为5斗。
⑧ 甲坼：外表裂开，指花苞绽放。
⑨ 蟠：盘结。
⑩ 鲁般：春秋时鲁国人，姓公输名般，般与班同音，故习称鲁班，古代杰出的建筑工匠。
⑪ 延寿：小说《西京杂记》所说的西汉宫廷画师毛延寿。

枝条招摇，可引来瑞鸟凤鸾。／花儿笑着，是在迎接宾客光临，／花儿低垂，好像忧愁美酒将要喝完。／诗人不再写"赠之以芍药"的诗句，／高僧们不敢再把檀香夸赞。／牡丹香气浓烈可替代祝寿的琼浆玉液，／端丽的容颜让人觉得那就是美男子潘安。／白牡丹的素净是白鹭的羽毛翻出，／红牡丹的红艳赛过红彤彤的鸡冠。／燕子掠过，惊奇得喃喃细语，／贪心的蜜蜂为采蜜不避劳累困倦。／红牡丹真的像人一样会笑逐颜开，／也懂得愁肠寸断、愁眉不展。／大大小小的花朵挨着开放像同胞兄弟，／矜持自负如极品处女期待美满姻缘。／牡丹一动不动，却能被运到通衢大道上，／它没有脚板，却能来到官宦大院。／温暖的阳光把牡丹的花房照开，／和煦的春风把它花蕊上的湿气吹干。／花瓣凋谢了可煎成食品摆放在青玉案上，／它的色香味形适合盛放于绿色的大瓷盘。／若论牡丹的价格，那可是价值连城，／要用和氏璧和十斛珍珠来交换。／总想让花苞开始在自家园圃中开放，／移植过来需要将根部和原土盘结成团。／屈原应该遗憾遍写香花美草却没写牡丹，／农家典籍记载牡丹，文字疏略简单。／想雕刻牡丹形象，能工巧匠鲁班束手无策，／要绘制牡丹画卷，丹青高手毛延寿百般作难。／客人们借酒壮胆折下主家的牡丹花朵，／佳人们惜花而据为己有，甘愿冒犯。／我才知道牡丹种植在园圃中，／完全胜过自生自长在野外山间。／这里不但庭院宽敞，还有专人操办，／经常扫除灰尘，除草浇灌。／如果同庭院中的桃李百花一并比较，／更觉得它们只是东施效颦，差得太远太远。

【点评】

薛凤翔将这首诗归于白居易名下，但来历不明，殊可疑。白居易曾多次编辑自己的文集，抄写多部，分别珍藏于庐山东林寺、苏州南禅院、洛阳圣善寺和香山寺。因此，保存下来的唐人文集，就属白居易的最完备、作品最多。但现存不同版本的白居易文集，虽然作品编排次序不同，却都没有薛凤翔录的这首诗。清代官方编辑《全唐诗》凡900卷，作品近5万首，无论白居易抑或他人名下，都没有这首诗。这首诗是五言排律格式，除了其中"见说开元岁，初令植御栏"一联不对仗，其余平仄、对仗皆合。白居易的作品中，没有这种体裁的诗。诗中说"好酬青玉案"，青玉案是食具，那么牡丹就是食品了。吃牡丹始于五代后蜀兵部侍郎李昊。《洛阳贵尚录》说："孟蜀时，兵部贰卿李昊，每牡丹花开，分遗亲友，以金凤笺成歌诗以致之。又以兴平酥同赠，花谢时煎食之。"唐代尚无吃牡丹的风气。诗中还说"农经只略刊"。《新唐书》卷59《艺文志三》记载农家类书籍，其中有马、牛、鱼、蚕、鹰、鹤、竹、钱等专书，其余则是《氾胜之书》《四民月令》《齐民要术》《种植法》《兆人本业记》等书。晚于白居易的段成式在《酉阳杂俎》前集卷19《草篇》中说："成式检隋朝《种植法》七十卷中，初不记说牡丹。"白居易所能见到的历来农书就是这些，就算再算上《吕氏春秋》中的农业篇章，这些农书中哪有对牡丹的"略刊"——简要记载！北宋以来出了一些牡丹谱录著作，才改变了农书不记载牡丹的状况。那么，这首诗不但不可能是白居易的作品，甚至也不可能是唐代的作品。

近年傅璇琮等编辑出版《全宋诗》，煌煌72册，凡3785卷，作品约27万首，无论哪位作者名下，也都没有这首诗。这首诗有可能是明代的作品。

白牡丹

白花冷澹①无人爱，亦占芳名道牡丹。应似东宫白赞善②，被人还唤作朝官③。

【译文】

白花清幽素雅，向来无人垂青，／白白占了个牡丹的鼎鼎大名。／就像老白我当的是东宫的赞善大夫，／闲职无权，还是被人以朝官相称。

---

① 冷澹：朴素单调。
② 当时白居易任太子东宫左赞善大夫，执掌侍从翊赞事，相当于谏议大夫的职责，级别为正五品上，是一种闲职，无实际意义。
③ 朝官：朝廷系统的官员，与地方官系统相对而言。

元　稹（字微之，河南人。元和中进士，户部尚书。）

牡　丹

簇蕊风频坏，裁红雨更新。眼看吹落地，便别一年春。

繁绿阴全合，衰红展渐难。风光一抬举，犹得暂时看。

【作者简介】元稹（779～831），字微之，河南洛阳人。唐德宗贞元九年（793）以15岁明经及第。任校书郎、监察御史、工部侍郎，一度拜相，后出为地方刺史、观察使、节度使。今传《元稹集》。

【译文】

春雨像剪刀，裁出红花更鲜艳，／可惜花容消损，只怨东风不断。／眼看着花瓣簌簌吹落地面，／只好同今年的春天说一声再见。

叶子越来越密，几乎绿荫成片，／残存的红花没力气再舒展一遍。／幸好阵风吹过，掀动花朵翻转，／我总算有机会再把牡丹一度观看。

【点评】

薛凤翔所作的元稹小传说他是"元和（806～820）中进士"，误。《旧唐书》卷166《元稹传》记载："稹九岁能属文。十五两经擢第。……二十八应制举才识兼茂明于体用科，登第者十八人，稹为第一，元和元年四月也。"他明经及第是在唐德宗贞元九年（793），终生未考取进士。唐代有重视进士轻视明经的现象，对此，唐人康骈《剧谈录》卷下还拿明经出身的元稹编造了一则《元相国谒李贺》的小说。这则文字说："元和（806～820）中，进士李贺善为歌篇。韩文公（韩愈）深所知重，于缙绅之间每加延誉，由此声华藉甚。时元相国稹年老，以明经擢第，亦攻篇什，常愿交结贺。一日，执贽（见面礼品）造门。贺览刺（名片）不容，遽令仆者谓曰：'明经擢第，何事来看李贺？'相国无复致情，惭愤而退。其后左拾遗制策登科，日当要路。及为礼部郎中，因议贺父名'晋'，不合应进士举。贺亦以轻薄为时辈所排，遂致辗轲（不得意）。文公惜其才，为著《讳辩录》明之，然竟不成事。"关于这则小说，古今学者多人指出荒唐不可信。李贺公元 790～816 年在世，终年 27 岁；而元稹 779～831 年在世，比李贺年长 11 岁。元稹青年时期即步入仕途。一个早达的人岂会去拜访一个素不相识的小孩子？唐中叶以来掌管进士考试录取的官员是礼部侍郎，元稹没有当过礼部侍郎，他怎么有机会去卡李贺？何况李贺因为父亲名叫李晋肃，"晋""进"同音，为避讳，不再考进士。总之，元稹是明经及第，不是进士出身，这是出了名的事。小说为之造势，影响甚大，薛凤翔不应该弄错。薛凤翔还说元稹是户部尚书，也弄错了。

和乐天①《秋题牡丹丛》

敝宅②艳山卉，别来长叹息。吟君晚丛咏③，似见摧颓色。欲识别后容，勤过晚丛侧。

【译文】

我那所宅院中奇花异卉艳丽无比，／离家后无从相见，只有叹息不已。／吟诵你咏秋天牡丹丛的沉重诗句，／我仿佛看见自家花卉衰败孤寂。／你可曾想知道分手后我的模样，／只消常去看看秋牡丹便不难想起。

西明寺牡丹

花向琉璃地上生，光风炫转紫云英④。自从天女盘中见⑤，直至今朝眼更明。

【译文】

紫牡丹在琉璃净土随意开放，／迎风闪耀光彩，水晶宝石一般模

---

① 白居易字乐天。
② 敝宅：犹言寒舍。
③ 白诗有"晚丛白露夕"句。
④ 光风：雨后初晴时的洁净清爽的风。炫转：耀眼的光彩转动闪烁。紫云英：以紫色色调为主的云母。
⑤ 佛教说印度佛教居士维摩诘室中有一天女，以天花散诸菩萨大弟子身上。

样。／自从我在散花天女的玉盘里见到你，／直至今天两只眼睛还炯炯发亮。

赠李十二①牡丹花片因以饯行

莺涩余声②絮堕风，牡丹花尽叶成丛。可怜颜色经年③别，收取朱栏一片红。

【译文】

黄莺歌声欲残，为春天早已唱涩喉咙，／柳絮飘飘落地，伴随着暖洋洋的微风。／牡丹花谢了谢了，谢得干干净净，／只剩下绿叶包装枝条，郁郁葱葱。／还要经历三百六十番月亏月盈，／才能够再见到花儿那可爱的面容。／此刻我为远去的友人饯行，／请收下我在护栏旁拾起的这一瓣残红。

与杨十二李三早入永寿寺④看牡丹

晓入白莲宫⑤，琉璃花界净⑥。开敷多喻草⑦，凌乱被幽径。压砌锦地铺，当霞日轮映。蝶舞香暂飘，蜂牵蕊难正。笼处彩云合，露湛红珠莹⑧。

---

① 李十二：应为李二十，即李绅。
② 余声：最后的声音。
③ 经年：经过一年。
④ 杨十二：即杨巨源（775～?），字景山，河中（今山西永济市）人。唐德宗贞元五年（789）登进士第，官终河中少尹。李三：即李顾言，字仲远，曾为监察御史。永寿寺：在长安朱雀门街东第二街永乐坊西南隅，唐中宗龙三年（709）为永寿公主立。
⑤ 白莲宫：佛寺。佛教以莲花出于污泥而不染开导世人身处污浊尘世应保持洁净，因而以莲花为佛花，佛寺即可叫作白莲宫。
⑥ 琉璃：佛教形容净界往往说是七宝庄严，琉璃即七宝之一。
⑦ 佛教有所谓"开敷华王如来"，指娑罗树王开敷佛。佛教倡导"开示悟入"，指以佛教智慧开导、指示世人，使其觉悟，涉入佛智。敷指陈述道理，即开示之意。为了解释佛教道理，佛教中运用很多花草树木做比喻，诸如莲花（优钵罗）、曼陀罗花、曼殊沙花、芯刍、菩提树（毕钵罗树）、娑罗树、阎浮树、苏合（窣堵鲁迦）等。元稹这里描写佛寺内幽深道路旁的树木青草，因境生发意蕴，故意说成具有佛教含义。
⑧ 莹：古音一作去声，属于"径"部。

结叶影自交，摇风光不定。繁华有时节，安得保全盛。色见尽浮荣①，希君了真性。

【译文】

一大早偕友人来永宁寺观赏牡丹，/ 好一块琉璃净土处处是锦簇花团。/ 佛家为了用草木打比方开导世人，/ 让幽深道路旁树木成荫，芳草芊芊。/ 红彤彤的朝霞推出一轮朝阳，/ 朝晖映红台阶，像铺着一重红毡。/ 蜜蜂采蜜，牵动花蕊歪歪扭扭，/ 花香刚刚飘去，便引来彩蝶蹁跹。/ 繁花片片，莫非彩云在这里聚合，/ 露珠闪动朝晖，晶莹斑斓。/ 花瓣掩映，重重叠叠，有浓有淡，/ 迎风摇曳，忽东忽西，时明时暗。/ 要知道繁华有自己的固定期限，/ 哪能一直持续不断。/ 万象只是因缘临时和合，如化如幻，/ 真如佛性才是宇宙本原，永恒不变。

李 贺（字长吉，元和时人。）

牡丹种曲②

莲枝未长秦蘅③老，走马驮金劚春草④。水灌香泥却月盆⑤，一夜绿房迎白晓⑥。美人醉语园中烟⑦，晚花已散蝶又阑⑧。梁王老去罗衣

---

① 色见尽浮荣：原作"已见只浮荣"，据《全唐诗》卷400本诗校改。色：佛教所说的地水火风四大，是合成宇宙万象的因缘条件。真性：真如佛性。佛教认为宇宙万象由因缘条件和合而成，空无自性，是如幻如化的假有、似有。宇宙万象的本原实体是佛性，是一种超越时空、超越经验的真实存在，由于不能用世俗语言、概念去描绘它，便把它叫作空、真如（如像那样的实体）。

② 牡丹种：牡丹种苗。

③ 秦蘅：蘅芜，一种香草。

④ 劚（zhú）：挖，刨。春草：指牡丹。

⑤ 盆：原作"盘"，据《李贺诗集》卷3本诗校改。却月盆：形状像半圆形月亮的花盆。却月：半圆的月亮。

⑥ 白晓：原作"日晓"，据《李贺诗集》卷3本诗校改。绿房：比喻含苞待放的牡丹花蕾。白晓：清晨。

⑦ 美人：古代并不专指女性，这里泛指赏花人。园中烟：花园中的阳春淑气。

⑧ 晚花已散：形容牡丹开放一天，薄暮时花瓣已经松弛。阑：尽。

在①, 拂袖风吹蜀国弦②。归霞帔拖蜀帐昏③, 嫣红落粉罢承恩④。檀郎谢女眠何处⑤, 楼台月明燕夜语。

【作者简介】 李贺(790~816), 字长吉, 福昌(今河南宜阳县)人。唐帝室破落后裔。短暂任过卑官奉礼郎。诗作构思奇特, 色彩浓艳, 但极雕琢晦涩。作诗呕心沥血, 27岁即丧命。今传《李贺诗集》。

【译文】

秦蘅已经枯萎, 荷花尚未长出枝条, / 富人家驱马驮金去购买牡丹花苗。/ 香土培根, 清水浇灌, 移植在月牙花盆, / 为着凌晨开放, 一夜里锁闭着花苞。/ 赏花人园子中说说笑笑, 酒意半酣, / 到傍晚花瓣松弛, 彩蝶纷纷飞迁。/ 只有那绿叶不倦, 随着南风摇曳, / 像歌妓应着乐曲的节奏舞袖翩翩。/ 暮色中帐幕昏暗, 妇人拖曳披肩离去, / 花谢香消, 不再有谁垂恩怜恤。/ 不知那些俊男靓女今宵在哪里安眠, / 楼台中只剩下燕子对着月光窃窃呢喃。

徐 凝(睦州人。元和进士。)
咏开元寺⑥牡丹献白乐天

此花南地知难种, 惭愧僧闲用意栽⑦。海燕解怜频睥睨⑧, 胡蜂未

---

① 梁王: 比喻主子, 代指牡丹花。罗衣: 比喻侍奉主子的人, 代指牡丹叶。

② 蜀国弦: 曲名。牡丹开在春末, 将届夏天, 蜀在南方, 夏风称为南风, 此处以蜀国弦隐喻南风。

③ 归霞: 晚霞。帔(pèi): 古代女性披在肩背上的一种服饰。帔拖: 披肩拖曳。蜀帐: 用蜀地成都名贵锦缎搭成供赏花人居中饮酒的帷幕。

④ 嫣红落粉: 姹紫嫣红的牡丹花朵衰败凋谢了。罢承恩: 不再承蒙人们的喜爱。

⑤ 眠: 原作"照", 据《李贺诗集》卷3本诗校改。檀郎谢女: 泛指赏花的俊男靓女。檀郎: 西晋潘安乳名檀奴, 是著名的美男子。谢女: 东晋谢道韫, 是宰相谢安的侄女, 王凝之的妻子, 聪慧有才华。

⑥ 开元寺: 指杭州开元寺。

⑦ 唐人范摅《云溪友议》卷中载: 唐穆宗长庆二年(822), 白居易到杭州任刺史, 寻访牡丹, "独开元寺僧惠澄近于京师得此花栽, 始植于庭, 栏圈甚密, 他处未之有也。时春景方深, 惠澄设油幕以覆其上。牡丹自此东越分而种之也"。恰在这时, 徐凝从富春来杭州, 见到东越(浙东)从此有了牡丹, 很感谢惠澄所作的贡献, 于是作诗赞扬。

⑧ 睥睨(pìnì): 斜着眼向旁边看。

识更徘徊。虚生芍药徒劳妒，羞杀①玫瑰不敢开。惟有数苞红萼②在，含芳只待舍人③来。

【作者简介】徐凝，睦州（今浙江建德市）人。唐宪宗元和年间有诗名。终身布衣。

【译文】

北国牡丹难以适应南方的气候、土壤，／终于移植成功，真感谢高僧有空闲精心护养。／海燕懂得怜惜，频频深情注视，／胡蜂觉得蹊跷，绕着飞来飞往。／把芍药比得产生嫉妒，以为白活一场，／把玫瑰比得自惭形秽，不敢开放。／还留着几个花蕾未曾绽开，／只等待白舍人前来观赏。

【点评】

薛凤翔所作的徐凝小传说他是"元和进士"，误。他是唐穆宗长庆三年（823）的进士，参看（清）徐松撰、孟二冬补正《登科记考补正》中册第 804 页，燕山出版社，2003。

姚　合
和王郎中④召看牡丹

葩叠萼相重⑤，烧栏复照空。妍姿朝景⑥里，醉艳晚烟中。乍怪霞临砌⑦，还疑烛出笼。绕行惊地赤，移坐觉衣红。殷丽开繁朵，香浓⑧

---

① 羞杀：即羞煞。
② 红萼：还没有开放的红色花骨朵儿。
③ 白居易曾任过中书舍人。
④ 郎中：尚书省下属吏户礼兵刑工六部所辖各司的长官。
⑤ 葩叠萼相重：花朵重重叠叠。葩：花。萼：花瓣下部的一圈绿色小片。
⑥ 朝景：清晨的日光。景：同"影"。
⑦ 乍：原作"止"，据《全唐诗》卷 502 本诗校改。乍：刚刚，起初。砌：台阶。
⑧ 香浓：原作"浓香"，据《全唐诗》本诗校改。

发几丛。裁绡样岂似①，染茜②色宁同。嫩畏人看损，鲜愁日炙③融。婵娟涵宿露④，烂熳抵春风⑤。纵赏襟情合⑥，闲吟景思通。客来归尽懒，莺恋语无穷。万物珍那比，千金买不充。如今难更有，纵有在仙宫。

【作者简介】姚合（775～854后），陕州硖石（今河南陕县）人，唐玄宗朝宰相姚崇的曾孙。唐宪宗元和十一年（816）进士及第。曾任武功（今陕西杨陵区）主簿，故人称姚武功。后历任监察殿中御史、州刺史，入京后任刑部郎中、谏议大夫、给事中，出任陕虢观察使，官终秘书少监。有《姚少监集》。

【译文】

红牡丹一朵挨一朵，一重压一重，/花色在燃烧护花栅栏，映衬虚空。/披着晨光，展露楚楚动人的秀色，/依着晚烟，呈现昏昏欲睡的醉容。/清晨我还在惊怪红霞降落台阶，/夜晚我又疑心是红烛跳出灯笼。/绕花漫步，感觉地面照得发赤，/移近就坐，发现衣衫也被染红。/繁密的花朵开出美丽好艳好艳，/茂盛的植株透出香气好浓好浓。/用锦绣裁剪，不能模拟它的样式，/用茜草浸染，颜色岂能相同！/那娇嫩劲儿害怕被人们看得减损，/那鲜亮劲儿担心被烈日烤得消融。/风姿绰约，涵容着良宵的甘露，/光彩焕发，可压过和暖的春风。/纵情观赏，只觉得心旷神怡，/触景吟诗，思绪与大自然感通。/游人兴尽归来，个个不想再动弹，/黄莺眷恋芳姿，放声啼啭不穷。/世间万物都比不上牡丹的珍贵，/它的价值即使千金重币也难以抵充。/如今花期已过，再也没有牡丹，/假如还有，那只能在天上仙宫。

---

① 裁绡：剪裁丝绸。绡：有花纹的薄丝绸。样：样式。
② 茜：多年生蔓草，根色黄赤，可做红色染料。
③ 日炙：阳光烤晒。
④ 婵娟：色态美好。涵：包含。宿露：前夜的露珠。
⑤ 烂熳：光彩分布的样子。抵：原作"折"，据《全唐诗》本诗校改。抵：顶得上。
⑥ 襟情合：心旷神怡。襟：襟抱，胸怀。情：感情，情绪。合：合而为一，和合。

【点评】

薛凤翔将这首诗系于徐凝名下，诗题作"又咏牡丹"，弄错了，这是姚合的作品，见《全唐诗》卷502。今予改正。

薛　能（字大拙，汾州人。会昌初进士。工部尚书，徐州节度，移镇武昌。）

牡丹二首

异色禀陶甄①，常疑主者偏。众芳殊不类②，一笑独奢妍③。颗折④羞含懒，丛虚隐陷圆⑤。亚心⑥堆胜被，美色艳于莲。品格如寒食⑦，精光⑧似少年。种堪收子子⑨，价合易贤贤⑩。迥秀⑪应无妒，奇香称有仙。深阴宜映幕，富贵助开筵。蜀水争能染⑫，巫山未可怜。数难忘次第，立困恋傍边。逐日愁风雨，和星祝夜天⑬。且从留尽赏，离此便

---

① 异色：特异的姿色，指牡丹。禀：承受。陶甄：即陶钧，古代制造陶器的转轮，后用作造就的意思。
② 类：原作"数"，据《全唐诗》卷560本诗校改。
③ 一笑：指牡丹花开放。奢妍：极度美丽。
④ 颗：颗状的东西，这里指牡丹花蕾。折：下俯。
⑤ 冬天牡丹花叶皆已凋落，只剩下枯枝，呈现出空虚的球型。
⑥ 亚心：亚通掩。亚心指绿叶遮掩牡丹花朵。
⑦ 寒食：指春秋时期晋国人介之推。公子重耳因内乱外逃19年，介之推等人追随。重耳回国即位，是为晋文公。追随者纷纷自夸功劳，被封爵授官。介之推不争利禄，因而什么也没得到。他隐居山中，优游终日。民间传说文公得知这一情况，请他出来做官，他不肯，文公遂烧山逼他出来，他抱树而死。文公为悼念他，禁止在他的忌日举火煮饮，只许吃冷食。以后相沿成俗，叫作寒食节，在清明前一二日。
⑧ 精光：神采奕奕的仪容。
⑨ 子子：语出《论语·颜渊》："君君，臣臣，父父，子子"，即儿子要像儿子。
⑩ 价：原作"贾"，据《全唐诗》本诗校改。价：价值。合：应该。易贤贤：《论语·学而》说："贤贤易色。"第一个"贤"是尊重的意思，第二个"贤"指优秀品质，"易"是交换的意思。整句是说对自己的妻子，要用尊重美好品德的心来代替重视姿色的心。
⑪ 迥秀：远远高出寻常状况的美丽。
⑫ 《史记·李斯列传》载其《谏逐客书》说："西蜀丹青不为采。"蜀地出产丹青，丹即丹砂，是红色颜料，青是青色颜料，用于绘画。
⑬ 和星：原作"程星"，据《全唐诗》本诗校改。本句说对着星空祈祷。

归田①。

【作者简介】薛能（？～880），字大拙，汾州（今山西汾阳市）人。唐武宗会昌六年（846）登进士第。起初在长安南面当县尉，后来在今河南、四川、江苏境内当官，一度任过权知京兆（首都长安）尹。他任忠武军（驻今河南许昌市）节度使时，接纳徐州过境军士，因曾当过徐州感化军节度使，感念旧情，将徐州军士迎至城内吃住。大将周岌利用部下害怕遭受徐军袭击的心理，驱逐薛能，数日后将其全家杀害。

【译文】

我一直疑心造物主心眼太偏，／集中样样优点，唯独赋予牡丹，／让所有的花草都远不能同它相比，／一任它展开娇媚绝伦的笑颜。／沉甸甸的花蕾下垂时，好像害羞低头，／花叶落尽后，枝条支撑起空虚的圆圈。／翠叶掩蔽着花朵，像覆盖着被子，／姿容比夏日的荷花更多几分婵娟。／品格高尚，宛如恬淡超脱的介之推，／神采奕奕，恰似风度翩翩的青年。／只要种植，便一代一代良种传承，／内在的美德更应该仰慕，超过外观。／对它异乎寻常的艳丽，嫉妒也白搭，／奇特的香味好像来自神仙。／花繁叶茂，能作为遮挡阳光的帐幕，／雍容华贵，好给筵席旁的食客劝餐。／色泽天成，蜀地的丹青怎能把它涂染，／巫山神女相比之下哪还值得爱怜。／数不清花朵，点着点着忘了哪些点过，／久站困倦，简直想就着花丛安眠。／一天天只担心牡丹遭受风雨摧残，／对着星空祈祷老天爷把花期拖延。／且留下花儿让我一次看个够，／等花谢香消我宁愿辞官回家耕田。

万朵照初筵，狂游忆少年。晓光如曲水②，颜色似西川③。白向庚

---

① 归田：卸官回乡。
② 曲水：长安曲江池。
③ 西川：剑南西川的简称，指蜀地。

辛受①，朱从造化研②。众开成伴侣，相笑极神仙。见焰宁劳火，闻香不带烟。自高轻月桂，非偶贱池莲。影接雕盘③动，丛遭恶草偏④。招欢忧事阻，就卧觉情牵。四面宜绨锦⑤，当头称管弦。泊来莺定忆⑥，粉扰蝶何颠。苏息承朝露，滋荣仰雾天。压栏多尽好，敌国贵宜然。未落须迷醉，因兹任病缠。人谁知极物⑦，空负感麟篇⑧。

【译文】

牡丹大放异彩，把赏花的筵席照耀，／乐得人失态轻狂，使我忆起青春年少。／花海在朝晖中涌动，像曲江波光粼粼，／颜色鲜亮，像蜀地著名的丹青颜料。／白牡丹是从白龙那里领受到灵气，／红牡丹是由造物主研磨丹砂制造。／万花一齐开放，结成亲密伴侣，／如同神仙相会，说说笑笑。／红色随风摇摆，用不着火苗相助，／香气四下喷散，看不到轻烟袅袅。／它自命清高，瞧不起月亮上的桂花，／池塘中荷花低贱，与自己更不是同道。／花影摇曳，像雕饰华美的盘子在闪动，／野草嫉妒，长在花丛旁凑热闹。／我应邀到场赏花，就怕事情牵制，／卧床不能成眠，只为牡丹魂萦梦绕。／牡丹周围应该张起护花的丝绸帷幔，／面对花朵值得钟鼓乐之，音乐喧阗。／黄莺就近栖息，停下啼啭，定神思量，／蝴蝶贪恋花粉，乐得倒四颠三。／苏醒滋生是承蒙甘露的涵润，／欣欣向荣仰仗着阳和晴天。／看到满栏花朵都那么绚丽动人，／觉得它贵重如同国家，真是理所当然。／趁着繁花似锦，尽管痴迷流

① 庚辛代指白龙。《墨子·贵义》说："帝……以庚辛杀白龙于西方。"
② 朱：红色。造化：造物主。研：碾，磨。
③ 雕盘：饰有花卉、图案的盘子。
④ 偏：原作"编"，据《全唐诗》卷560本诗校改。
⑤ 绨（tì）锦：厚实粗糙的纺织品。
⑥ 泊：本指停船靠岸，此处引申为鸟儿栖止。忆：原作"稳"，据《全唐诗》卷560本诗校改。
⑦ 极物：世上最好的东西。
⑧ 《春秋》哀公十四年："西狩获麟。孔子曰：'吾道穷矣。'"传说孔子作《春秋》，绝笔于获麟，《春秋》因而被称为《麟经》《麟史》，列为儒家经典。麟是传说中的动物，即麒麟，古人以为最为珍贵。这句诗说自己为牡丹叹为观止，写下这首诗后决定就此罢笔，但恐怕会被不看重牡丹的人辜负了自己的良苦用心。

连，╱我宁愿患病请假，好挤出时间。╱可有谁知道牡丹是万象中最好的东西，╱白白辜负了我这为它叹为观止的诗篇。

又二律

去年零落暮春时，泪湿红笺①怨别离。常恐便随②巫峡散，何因重有武陵期③。传情每向馨香得，不语还应彼此知。欲就栏边安枕席④，夜深闲共说相思⑤。

【译文】

记得去年牡丹凋零，春日即将过尽，╱我和着泪水在红纸上写下离愁别恨。╱害怕它如同梦中的巫山神女去无踪影，╱若想再见，会和桃花源一样杳无音讯。╱它以馨香传递对我的回报之情，╱虽然不能说话，彼此心心相印。╱我只想在花栏边安眠就枕，╱夜深时好向它诉说相思情分。

牡丹愁为牡丹饥，自惜多情欲瘦羸⑥。秾艳冷香初盖后，好风甘雨⑦正开时。吟蜂遍坐无闲蕊，醉客曾偷有折枝。京国别来谁占玩，此花光景属吾⑧诗。

---

① 笺：原作"残"，据《全唐诗》卷 560 本诗校改。
② 随：原作"如"，据《全唐诗》本诗校改。
③ 东晋陶潜《桃花源记》说武陵（今湖南常德市）渔人意外发现与世隔绝的桃花源，离开时处处作标志。地方长官"遣人随其往，寻向所志，遂迷，不复得路"。这句诗说自己离开长安后，恐怕再也见不到长安牡丹。言下之意是对长安的眷恋。
④ 席：原作"籍"，据《全唐诗》本诗校改。
⑤ 这首诗《全唐诗》卷 803 又作薛涛诗，文字小异。薛涛是成都乐妓。元人辛文房《唐才子传》卷 6《薛涛》说："涛工为小诗，惜成都笺幅大，遂皆制狭之，人以便焉，名曰'薛涛笺'。"可能因为该诗有"泪湿红笺"语而将作者由薛能误为薛涛。但该诗"巫峡散"、"相思"云云，显然是男士口气。
⑥ 羸（léi）：瘦弱。
⑦ 甘雨：原作"干雨"，据《广群芳谱》卷 33 所引本诗校改。
⑧ 吾：原作"新"，据《全唐诗》卷 560 本诗校改。

【译文】

我为牡丹牵肠挂肚，自甘饥渴，／怜惜和思念使得我消瘦虚弱。／乍暖还寒，帷幕护着浓艳冷香，／细雨和风，正是开花好时刻。／蜜蜂纷纷前来，花蕊不留空白，／醉客借着酒力，偷摘花朵。／自从离开京都，不知由谁赏玩，／那旧日情事全付给这一篇诗作。

段成式（字柯古，临淄人。宰相文昌子。以荫授官，仕至太常少卿。）

牛尊师宅看牡丹①

洞里仙春②日更长，翠丛③风翦紫霞芳。若为萧史通家客④，情愿扛壶入醉乡⑤。

【作者简介】段成式（约 803～863），字柯古。祖籍临淄邹平（今山东邹平县）。曾任秘书省校书郎等职，出为庐陵、缙云、江州刺史，官终太常少卿。著有《酉阳杂俎》。

【译文】

你住在洞天福地，神仙日子好自在，／习习春风剪出紫牡丹盛开不败。／我如果和萧史世世代代交情深厚，／情愿扛着酒壶来你这里喝个痛快。

---

① 诗题原作"牛府师宅牡丹"，据《全唐诗》卷 584 本诗校改。尊师：道士。
② 洞：道教徒居处有所谓洞天福地的说法。仙春：原作"先春"，据《全唐诗》本诗校改。仙春：神仙岁月。
③ 翠丛：指牡丹丛。
④ 为（wéi）：是。萧史："萧"亦作"箫"，相传为春秋时人，善吹箫，作凤鸣。秦穆公以女弄玉妻之，为作凤台以居。萧史一夕吹箫引凤，与弄玉共升天成仙。通家：家庭有着世代隆厚交情的人。
⑤ 扛壶：道家仙境称为壶天，故此处说扛壶，以求贴切。醉乡：比喻醋醉状态。段成式不能喝酒，有《怯酒赠周繇》诗。周繇《看牡丹赠段成式》诗，题下注说："柯古前看齐酒。"段成式本诗后两句是拒绝喝酒的托词，说自己如果和道教神仙萧史是世代交情深厚的人物，来到道士这里，当然应该开怀畅饮美酒，但人神相隔，自己和神仙不可能有那种关系，当然也就不必喝酒了。

李商隐（字义山，河内人。弱冠属文，开成初进士。水工二部员外郎中。）

牡　丹

锦帏初卷卫夫人①，绣被犹堆越鄂君②。垂手乱翻雕玉珮③，折腰争舞郁金裙④。石家蜡烛何曾剪⑤，荀令香炉可待熏⑥！我是梦中传彩笔⑦，欲书花片寄朝云⑧。

【作者简介】李商隐（812～858），字义山，号玉溪生，怀州河内（今河南沁阳市）人。唐文宗开成二年（837）进士。早年受令狐楚赏识，后来娶王茂元女为妻。令狐楚和王茂元分属敌对集团，李商隐被视为忘恩负义，二三其德，在两个集团的夹缝中仕途坎坷，悒郁终生。他的诗作不愿直白述说，遂大量镶嵌典故，寄托意象，朦胧有余，晦涩难懂。有集传世。

---

① 锦帏：以美丽的锦缎做成的罗帷。卫夫人：春秋时期卫灵公的夫人南子。《史记》卷47《孔子世家》说："夫人在绤（chī，细葛布）帷中，孔子入门，北面（国君太太面南，取君临天下之势，孔子朝她作礼，只能面北）稽首（磕头）。夫人自帷中再拜，环佩玉声璆（qiú）然。"这句诗形容牡丹含苞欲放之际的状况。

② 越鄂君：应为楚鄂君，春秋时楚王母弟鄂君子晳，美男子，官令尹（宰相）。西汉刘向《说苑·善说》说：他泛舟河中，有越女唱着情歌表达对他的爱恋，他于是"行而拥之，举绣被而覆之"。这句诗活用典故，把越女和鄂君混在一起说，形容绿叶覆盖下牡丹初开的状况。

③ 垂手：舞蹈名称。雕玉珮：雕刻精致的玉珮，是佩戴在身上的饰物。这句诗描写牡丹花瓣繁密，迎风摇曳，好像垂手舞演员不停地摇动身上的佩玉。

④ 折腰：舞蹈名称。郁金裙：用郁金香染制的彩色裙子。这句诗描写牡丹摇曳生姿，色泽闪动，香气袭人。

⑤ 南朝刘义庆《世说新语·汰侈》说：西晋石崇"用蜡烛作炊"。蜡烛照明，须不断修剪灯芯，当柴烧则用不着修剪。这句诗说牡丹色彩光艳，不须以人工去修剪。

⑥ 荀彧，字文若，东汉颍川颍阴（今河南许昌市）人。他曾任守尚书令，时称荀令君。东晋习凿齿《襄阳记》说："荀令君至人家，坐处三日香。"这句诗极言牡丹香气浓烈，用不着像荀彧为保持衣服的香味，不断用香炉熏染。

⑦ 《南史》卷59《江淹传》说：江淹梦见西晋诗人郭璞对自己说："吾有笔在卿处多年，可以见还。"江淹"乃探怀中，得五色笔一以授之"。从此，江郎才尽，再也写不出好句子，才知道自己以前所以才华横溢、妙笔生花，全靠郭璞托梦授以五色笔所致。这句诗是李商隐歌颂和感谢令狐楚教自己读书、作文。

⑧ 朝云用巫山神女典。这句诗把令狐楚的部下比作神女，委托"她"将自己这首描写在长安所见所感的作品呈交给令狐楚。

【译文】

牡丹应着春天的律吕绽开蓓蕾，／像美艳的卫灵公夫人卷起遮身的罗帷。／在绿叶的掩映下开始露出芳容，／像楚鄂君用被子覆盖心爱的越国娥眉。／暖融融的清风一阵阵拂过，／红花绿叶随着风儿摇曳生辉。／像舞女表演折腰舞，郁金裙摆动香味，／又像垂手舞登场，不停抖动随身玉珮。／殷红的花色在跳动，恰似火焰，／石崇以蜡烛当柴烧，灯芯用不着修剪。／馥郁的香气在播散，沁人心脾，／不必像荀令君的衣裳用香炉熏染。／多谢你托梦传给我一支五色笔，／才使我才思敏捷，文辞赡丽。／我要把这里的景致和情怀写在花瓣上，／托付神女的朝云呈递给远方的你。

【点评】

这首诗作于唐文宗大和七年（833），李商隐时年 21 岁，在京师长安应进士举。他 17 岁时受到天平军（驻郓州，今山东东平县）节度使令狐楚的赏识，入幕府任巡官。令狐楚让他和自己的儿子令狐绹一起读书，亲自授课，教他掌握了骈文这种时行公文的写作技能。令狐楚出镇太原，他跟随前往。令狐楚资助他赴长安应进士科考试。令狐楚在长安有住宅，牡丹很繁盛。李商隐作此诗，是见到这里的牡丹后向令狐楚通报消息，借机感谢他对自己的栽培，并卖弄一番自己的文采风流。

牡 丹

压迳复缘沟①，当窗又映楼。终销一国破②，不啻③万金求。鸾凤戏三岛④，神仙居十洲⑤。应怜萱草淡，却得号忘忧⑥。

---

① 迳：同径。缘：沿着，依傍。
② 销：抵得上。国破：古代认为绝代佳人受国君宠爱，致使国家倾覆。
③ 不啻：不止。
④ 鸾凤：古代传说以为凤凰一类的鸟。三岛：传说分布在海上的蓬莱、方丈、瀛洲三个仙岛。
⑤ 十洲：传说神仙的居住地海外十洲。《十洲记》说："巨海之中，有祖洲、瀛洲、玄洲、炎洲、长洲、元洲、流洲、生洲、凤麟洲、聚窟洲。"
⑥ 萱草：草名，又名鹿葱、忘忧、宜男、金针花。古人以为它可以使人忘忧。

【译文】

牡丹遮蔽着道路，依傍着水沟，／齐对着窗口，映照着阁楼。／那绝代佳人般的美艳能够倾城倾国，／何止是使得人们破费重金加以购求。／鸾凤自命清高，只在三山嬉戏，／神仙不食人间烟火，只在十洲优游。／倒是真应该怜惜怜惜平凡的萱草，／它虽然色味寻常，却能让人忘却忧愁。

【点评】

李商隐这首诗是愤世嫉俗之作。以牡丹比喻贵家子弟，虽华而不实，但夤缘社会背景，飞黄腾达。以萱草比喻作者这种普通人士，具有真才实学，却不受重视。

僧院牡丹

叶薄风才倚，枝轻雾不胜①。开先如避客，色浅为依僧。粉壁正荡水，缃帏②初卷灯。倾城唯待笑，要裂几多缯③。

【译文】

花瓣细薄，易于招致微风亲昵，／枝条轻盈，难以负荷浓重的雾气。／提前开花，为着躲过客人的观看时机，／本色一样浅淡，只图同僧人靠近不离。／白花皎洁，映照得墙上如有水波荡漾，／黄花素雅，像浅黄帷幔在灯光下卷起。／那些含苞未放的花如同妹喜一般艳丽，／

---

① 胜：古读平声，能担任，经得起。
② 缃帏：浅黄色的帐幕。
③ 《史记》卷4《周本纪》说：西周幽王千方百计逗妃子褒姒笑而不能奏效，于是点燃烽火，各地诸侯以为京师有难，带领大队人马气喘吁吁跑来勤王，"至而无寇，褒姒乃大笑"。如此再三。被幽王废黜的太子宜臼逃奔外公申侯家，申侯联合一些外部力量进攻京师。幽王举烽火，诸侯不愿上当，按兵不动。幽王于是被申侯杀死，西周亡国。《帝王世纪》说：夏桀的妃子妹（mò）喜爱听撕裂绢帛的声音，"桀为发缯（zēng，丝织品的总称）裂之，以顺适其意"。这两句诗混合两个典故，说有的牡丹含苞未放，可能像美女破颜而笑一样，在等待笑料。

想逗它欢笑开颜，要撕破绢帛多少匹！

回中①牡丹为雨所败

下苑他年未可追②，西州今日忽相期③。水亭暮雨寒犹在④，罗荐春香暖不知⑤。无蝶殷勤收落蕊⑥，有人惆怅卧遥帷⑦。章台街里芳菲伴⑧，且问宫腰损几枝⑨。

【译文】

曾在长安曲江见过牡丹，那已成过去，／没想到今天在泾州忽然同你不期而遇。／你可知道在帝城那种罗帷护暖的滋味，／此刻在这寒冷的水亭边遭受凄风苦雨。／没有蝴蝶冒雨飞来收拾你坠地的花瓣，／残花萎缩在叶下，像卧着愁怨的美女。／想问长安杨柳，你那枝条柔软的伙伴，／恐怕常随春风扭摆，腰肢消损了几许！

【点评】

唐文宗开成二年（837），李商隐赴长安考进士，借助左补阙令狐绹三次向主考官高锴举荐而中第。其年冬，令狐楚去世。次年，26岁的李商隐入泾原节度使王茂元幕府，成为他的女婿，并赴长安参加博学

---

① 回中：唐代泾州（今甘肃泾川县）是泾原军镇的驻地，秦朝在这里设置过回中宫。

② 下苑：曲江，是京师长安的游览胜地。他年：往日。未可追：成为往事，不可追寻。

③ 西州：泾州，因地处西北，故称。期：含有不期而遇的惊叹口气。

④ 暮：原作"莫"，据《李商隐诗集疏注·新添集外诗》本诗校改。西北地区天寒地薄，花开在水亭子旁边，本已寒意料峭，又碰上暮雨连绵，更是雪上加霜。

⑤ 罗荐：用罗绡纨绮（丝绸）制作褥垫（荐）给牡丹护暖。这是长安牡丹享受的待遇。

⑥ 无蝶：原作"舞蝶"，据《李商隐诗集疏注·新添集外诗》本诗校改。蝴蝶冒雨，翅膀淋湿，不可能飞起来。

⑦ 有人：原作"酒人"，据《李商隐诗集疏注·新添集外诗》本诗校改。这句诗说残存在叶下的牡丹被雨水浇打，萎缩成团，远看像愁怨的女子有气无力，卧在帷幕中。

⑧ 章台街在长安西南，以多柳树而出名。芳菲指牡丹花，这里以牡丹的口气说长安的柳树是自己的伙伴。

⑨ 宫腰：宫女的腰肢。损几枝：用宫女婀娜的腰肢比喻柔软的柳枝，故用"枝"字作量词。这里嘲笑昔日的进士伙伴承恩长安，春风得意，恐怕经常折腰事权贵，腰肢会消损几围。

宏词科考试。王茂元属于李德裕党，处于令狐楚所属李宗闵、牛僧孺党的对立面，李商隐因而被令狐绚视为忘恩负义。这次考试，他本已被考官周墀、李回录取，但复审时被一位中书长者以"此人不堪"为由取消资格。他旋即回泾州，写下这两首诗，悲叹自己的命运，并预料以后的处境会进一步恶化。

又

浪笑榴花不及春①，先期②零落更愁人。玉盘进泪伤心数③，锦瑟④惊弦破梦频。万里重阴非旧圃⑤，一年生意属流尘⑥。前溪舞罢君回顾，并觉今朝粉态新⑦。

【译文】

后悔当初笑话石榴开花赶不上春天，／在春天牡丹过早零落岂不更加可怜。／雨水充斥花冠，是断肠人泪流满面，／急雨敲击花瓣，是狂拨琴弦叫人心烦。／阴云密布，不是旧日下苑所见的景况，／牡丹一年的生机便这样报销在尘埃间。／如同前溪的粉面登场终归要歌罢舞散，／等花儿凋尽才觉得今晚残花还算新鲜。

---

① 浪：轻率，徒然。榴花不及春：石榴夏季开花，赶不上春天。《旧唐书》卷190上《文苑上·孔绍安传》说：隋朝末年，李渊担任山西军政长官，监察御史夏侯端、孔绍安都曾前往监军。李渊建唐称帝，夏侯端先来投靠，被授以从三品的秘书监官职。孔绍安晚来一步，只授以正五品上的内史舍人职务。孔绍安参加宫廷宴会，唐高祖李渊命他咏诗，他于是作《石榴诗》寄意，云："只为时来晚，开花不及春。"
② 先期：牡丹开花日期早于石榴。
③ 玉盘：指牡丹的花冠。数（shuò）：屡次。
④ 锦瑟：一种弹拨乐器。
⑤ 万里重阴：乌云密布，万里浓阴。旧圃：往日在下苑所见的花圃。
⑥ 生意：生机。属：归属。流尘：尘土。
⑦ 前溪本是村名，北宋乐史《太平寰宇记》说在乌程县（今浙江湖州市）。唐代于兢《大唐传载》说这里是"南朝习乐之所"，"江南声伎多自此出，所谓舞出前溪者也"。《前溪》因此成为舞曲名称。《晋书》卷23《乐志下》："《前溪歌》者，车骑将军沈充所制。"这两句诗说：牡丹花开花谢，犹如前溪的歌舞，你方唱罢我登场，终究会有收场的时候。到牡丹彻底凋零之日你再回顾思量，恐怕会觉得今晚初遭雨水袭击的牡丹，毕竟还有一些粉态，还算比较新艳。言外之意，将来的处境更惨。

温庭筠（字飞卿。高才不羁，终方城尉。）

牡　丹

水漾晴红①压叠波，晓来金粉覆庭莎②。裁成艳思偏应巧，分得春光最数多。欲绽似含双靥③笑，正繁疑有一声歌。华堂客散帘垂地，想凭阑干敛翠蛾④。

【作者简介】温庭筠（812～约870），本名岐，字飞卿，太原祁县（今山西祁县）人。考进士屡不及第，时常舞弊，为人代笔。生活放荡不羁，喜讥笑权贵，因而长期受压抑，郁郁不得志。任过两处县尉及国子助教。与李商隐齐名，时称温李。诗词皆擅长。有《温飞卿诗集》。

【译文】

红牡丹的倒影荡漾着清晨的水波，／黄澄澄的花粉在庭院的莎草上飘落。／只有鬼斧神工能裁出这等艳丽的花朵，／明媚的春光就数它占据得最多。／它含苞欲放时好像美女脸上笑出酒窝，／花繁叶茂时好像在演唱一支动听的歌。／到黄昏看花人散去，厅堂里垂下帘幕，／还有人皱着蛾眉靠着栏杆恋恋不舍。

又

轻阴隔翠帏⑤，宿雨泣⑥晴晖。醉后佳期在，歌余旧意非。蝶繁经粉住，蜂重抱⑦香归。莫惜熏炉夜，因风到舞衣。

【译文】

夜里雨声不住，一直下到清晨，／帷帐外面开始浮动薄薄的烟

---

① 漾：原作"样"，据《全唐诗》卷583本诗校改。晴红：指红牡丹。
② 金粉：指牡丹的花粉。莎（suō）：草名，其块根称香附子。
③ 靥（yè）：面部笑时出现的酒窝。
④ 敛翠蛾：皱眉。蛾：蛾眉。古代妇女不留眉毛，用黛色画眉，画成蚕蛾的触须状。
⑤ 帏：通"帷"。
⑥ 宿雨：昨夜的雨。泣：原作"泫"，据《全唐诗》卷583本诗校改。
⑦ 抱：原作"挹"，据《全唐诗》本诗校改。

云。／从酣醉中醒来，碰上美好时辰，／歌罢舞歇，原来的意绪已荡然无存。／晴光下牡丹盛开，蝴蝶都来采集花粉，／蜜蜂饱食而去，身子统统变沉。／别只看重熏炉吐香的夜晚，／微风挟带花气，照样染香衣襟。

夜看牡丹

高低深浅一阑红，把火殷勤绕露丛①。希逸近来成懒病②，不能容易③向春风。

【译文】

一栏红牡丹盛开，高高低低，深深浅浅，／乘着夜色手持灯火绕着花丛着意观看。／可惜我近来像谢庄一样患上眼病，／为防止临风流泪，不敢在花前久站。

韩　琼（字成封。长庆初擢第，仕至湖南观察使。）

牡　丹④

桃时杏日不争秾，叶帐阴成⑤始放红。晓艳远分金掌露⑥，暮香深惹玉堂风⑦。名移兰杜千年后，贵擅笙歌百醉中。如梦如仙忽零落，暮霞何处绿屏空⑧。

---

① 殷勤：情义恳切。露丛：带露的牡丹花丛。
② 刘宋谢庄字希逸，陈郡阳夏（今河南太康县）人。《宋书》卷85《谢庄传》说朝廷任命他为吏部尚书，他不愿居其职，就给大司马江夏王刘义恭上书，说自己患有多种疾病："两胁癖疾，殆与生俱，……利（痢）患数年，遂成痼疾，……眼患五月来便不复得夜坐，恒闭帷避风日。"温庭筠这时也患眼病，故以谢庄自喻。其诗《雪二首》之一说："谢庄今病眼，无意坐通宵"；《反生桃花发因题》说："病眼逢春四壁空。"
③ 容易：轻易，随便。
④ 诗题原无，据《全唐诗》卷565本诗校补。
⑤ 叶帐阴成：指牡丹以外的各种春花都已凋谢，叶子长得繁盛繁密，犹如帐幕，绿油油一片。
⑥ 汉武帝以为承接甘露，和玉屑饮下，可以长生不老，于是在长安建章宫内修造铜盘，以承受甘露。承露盘的形制有两种说法。《汉书》卷25上《郊祀志上》注引苏林说："仙人以手掌擎盘承甘露。"《三辅故事》说：承露盘"上有仙人掌承露"。
⑦ 暮：原作"莫"，据《全唐诗》本诗校改。玉堂：华美的住宅。
⑧ 暮霞何处绿屏空：原作"彩霞何处玉屏空"，据《全唐诗》本诗校改。

【作者简介】 韩琮（cóng），字成封。唐穆宗长庆四年（824）进士。初为陈许节度判官，后官至中书舍人、湖南观察使。

【译文】

牡丹不和桃杏同时开放，一决雌雄，／在绿荫涨满的时节才开始吐露殷红。／早晨花容鲜亮，是和承露盘分享良宵的甘露，／夜晚香气喷射，惹得深宅大院空穴来风。／只有牡丹能叫人欢歌醉饮细细观赏，／饮誉千载的兰花杜若一下子沦为落谱衰宗。／梦一般美丽，仙一般潇洒，可惜突然凋谢，／像红彤彤的晚霞退隐，留下绿叶化作夜空。

未开牡丹

残花何处藏，尽在牡丹房。嫩蕊包金粉，重葩结绣囊①。云凝巫峡梦②，帘闭景阳妆③。应恨年华促，迟迟待日长。

【译文】

一些牡丹花谢了，去到什么地方？／原来都在新出的蓓蕾中躲藏。／细嫩的花蕊包含着金黄花粉，／重叠的花瓣编织成锦绣香囊。／云凝雾锁，是用梦境留住巫山神女，／含苞不放，是用帘幕遮蔽宫娥化妆。／恐怕是怅恨生命短促似白驹过隙，／迟迟不肯绽开，好把光阴拉长。

罗 邺（余杭人，与兄隐、虬齐名，世称三罗。）

牡 丹

落尽春红始著花④，花时比屋⑤事豪奢。买栽池馆恐无地，看到子

---

① 绣囊：原作"绣裳"，据《全唐诗》卷565本诗校改。
② 云凝巫峡梦：原作"云报巫山梦"，平仄不合，据《全唐诗》本诗校改。
③ 帘闭景阳妆：原作"帘影开阳妆"，三平尾，且典故不合，据《全唐诗》本诗校改。景阳妆：南朝都城建康（今江苏南京市）宫城中有景阳楼。南齐武帝以宫深不闻端门鼓漏声，于景阳楼上置钟。宫人早晨听到钟声，起床梳妆。
④ 春红：这里指牡丹以外的春花。著：原作"见"，据《全唐诗》卷654本诗校改。
⑤ 比屋：挨家挨户。

孙能几家。门倚长衢攒绣毂①，幄笼轻日护香霞。歌钟满座争欢赏，肯信流年鬓有华！

【作者简介】罗邺，余杭（今浙江杭州市余杭区）人，屡举进士不第，去世后于唐昭宗光化年间（898～901）被追赐为进士及第。

【译文】

各种春花衰败了，牡丹才开始着花，／家家户户攀比购买，比赛奢侈豪华。／使劲移植，唯恐庭院中没地方容纳，／可是能让子孙观赏到，又有几家！／临街的大门前华美的车辆挤成一片，／帐幕遮挡日晒，保护贵重奇葩。／满座嘉宾在音乐声中尽情观赏，／谁肯相信岁月流逝，鬓生白发！

罗　隐

牡丹花

似共东风别有因②，绛罗③高卷不胜春。若教解语④应倾国，任是⑤无情亦动人。芍药与君为近侍⑥，芙蓉⑦何处避芳尘。可怜韩令功成后，辜负秾华过此身⑧。

【作者简介】罗隐（833～909），本名横，字昭谏，新城（今浙江杭州市富阳区）人。27年间十次考进士不第，写作《谗书》讽刺时政，

---

① 衢：街道。攒：会聚。绣毂：绣饰华美的车。
② 共：和，与。别有因：有特殊关系。
③ 绛：大红色。罗：原作"帷"，据《全唐诗》卷655本诗校改。罗：绫罗绸缎，这里指遮护牡丹的帐幕。
④ 解语：懂得语言，能说话。五代王仁裕《开元天宝遗事·解语花》说：唐玄宗把杨贵妃比作"解语花"。
⑤ 任是：即使。
⑥ 近侍：侍奉主人的奴仆。
⑦ 芙蓉：荷花。
⑧ 唐人李肇《唐国史补》卷中记载："京师贵游尚牡丹三十余年矣，每春暮车马若狂，以不耽玩为耻。""韩令始至长安，居第有之"，立即让人除掉，说："吾岂效儿女子耶！"同书卷上说："韩令为宣武军（驻今河南开封市）节度使。"韩令即韩弘，曾带中书令职务，故称韩令。他人觐长安后自愿留下奉朝请，铲除宅中牡丹是唐宪宗元和十五年（820）的事。可怜：可惜。

改今名。55 岁时投奔镇海节度使钱镠（liú），任钱塘（今浙江杭州市）县令等职。入五代后，钱镠向后梁称臣，罗隐封为给事中。今传《罗隐集》。

【译文】

牡丹好像与东风的关系非同一般，／花儿开放在罗帷下，营造春光无限。／若是能够说话，定然倾城倾国，／纵然不具备情感，照样惹人眷恋。／芍药虽然也算美丽，只能做你的下人，／芙蓉不值得一提，只能靠边儿站。／韩令尽管功成名就，钟鸣鼎食，／可惜拒绝牡丹过一生，滋味未免平淡。

【点评】

薛凤翔将这首诗和下一首并入罗邺作品中，诗题承上皆作"又"，但交代"一作罗隐"。今据《全唐诗》卷 655、664 及北京中华书局 1983 年版《罗隐集·甲乙集》，确定为罗隐作品，并恢复原标题。

虚白堂前牡丹相传云太傅手植在钱塘①

欲询往事奈无言，六十年来此托根。香暖几飘袁虎扇②，格高长对孔融樽③。曾忧世乱阴难合，且喜春残色尚存。莫背阑干便相笑，与君俱受主人④恩。

---

① 虚白堂：杭州治所衙内一座厅堂的名称。太傅：辅导太子的官，白居易于唐文宗大和九年（835）任太子少傅。这首诗是罗隐于唐僖宗光启三年（887）在钱塘县令任上作的，时距白居易于唐穆宗长庆二年（822）至四年任杭州刺史已逾 60 年。

② 东晋官僚袁宏，字彦伯，小字虎。《晋书》卷 92《袁宏传》说：袁宏在首都建康（今江苏南京市）任吏部郎，出任东阳郡（今浙江金华市）太守，同僚们为他饯行。扬州刺史谢安握着他的手，"顾就左右取一扇而授之，曰：'聊以赠行。'宏应声答曰：'辄当奉扬仁风，慰彼黎庶'"。

③ 孔融，字文举，鲁国（今山东曲阜市）人。东汉后期文学家，建安七子之一。《后汉书》卷 70《孔融传》说他退居闲职，每天宾客盈门。他说："坐上客恒满，尊（樽）中酒不空，吾无忧矣。"樽，盛酒器。

④ 主人：指钱镠。

【译文】

牡丹六十年前由太傅移植到这里，／岁月悠悠，往事已无从寻根究底。／你具有高雅格调，可奉陪孔融的酒樽，／是袁宏用扇子摇动仁风，送出香气。／我曾经忧愁世道动乱，阴霾不开，／此刻倒高兴春日虽残，花色依然美丽。／你不用背着护栏自己偷偷发笑，／我同你都蒙受着主人的大恩大义。

吴　融（字子华，山阴人。龙纪初进士，户部侍郎。）

红白牡丹

不必繁弦不必歌，静中相对更情多。殷鲜一半霞分绮，洁澈旁边月飐①波。看久愿成庄叟梦②，惜留须借鲁阳戈③。重来应共今来④别，风堕香残衬绿莎⑤。

【作者简介】吴融，字子华，浙江绍兴人，唐昭宗龙纪元年（889）进士。著有诗集四卷。

【译文】

不必奏乐，不必唱歌，／静静赏花，情趣更多。／红牡丹把美色平分给红霞，／白牡丹让皓月也散发光波。／真想像庄子做梦变成蝴蝶相亲昵，／为让太阳倒退，请出鲁阳公挥戈。／只好来年相伴始终，今天暂别，／眼看着风儿吹过，香消花落。

---

① 飐（zhǎn）：风吹物动。
② 愿：原作"顾"，据《全唐诗》卷684本诗校改。庄叟即庄子，名周，战国时期宋国蒙（今河南商丘市）人，道家学派的代表人物。《庄子·齐物论》说："昔者庄周梦为胡（蝴）蝶，栩栩然胡蝶也。"
③ 借：《全唐诗》本诗作"倩"，请人代做某事。鲁阳戈：《淮南子集释》卷6《览冥训》说：春秋时期楚国的鲁阳公与韩人打仗，黄昏来临，为争取时间，他挥动戈，"日为之反（返）三舍（倒退三个星位）"。
④ 来：原作"朝"，据《全唐诗》本诗校改。
⑤ 莎（suō）：莎草。

僧舍白牡丹

腻若裁云薄缀霜，春残独自殿①群芳。梅妆②向日霏霏暖，纨扇③摇风闪闪光。月魄④照来空见影，露华凝后更多香。天生洁白宜清净，何必殷红映洞房⑤！

【译文】

白牡丹有如云朵般光润，霜层般单薄，／随着百花凋零干净，独自开放在春末，／是梅花妆公主的白净面容晒着太阳，／是白丝绸团扇摇来摇去带出光泽。／同溶溶月色浑然一体，只见影子投地，／露水一蒸发，香气便向四周喷射。／那天然洁白同佛家清净真是般配，／何必要大红大紫映衬着僧舍！

又

侯家万朵簇霞丹，若并霜林素艳难。合影只应天际月，分香多是畹中兰⑥。虽饶百卉争先发，还在三春向后残。想得惠休⑦凭此槛，肯将荣落意来看？

【译文】

公侯庭院里万朵红牡丹像朝霞一样灿烂，／可哪里比得上白牡丹霜林般的素雅清淡！／只有天上的月亮能同它合为一色，／地上的兰花把它的香气分走了一半。／虽然谦让各种春花让它们早早开放，／自己终究免不了凋零在后面。／高僧靠着栏杆观察这种景象，／可肯把它当作

---

① 殿：在最后。
② 《太平御览》卷970引《宋书》说：南朝宋武帝女寿阳公主睡在含章殿檐下，"梅花落公主额上，成五出之花，拂之不去"。此后便有了梅花妆，简称梅妆，又称寿阳妆。
③ 纨（wán）扇：用白色细绢制成的圆形扇子。
④ 月魄：月亮。
⑤ 洞房：深邃的内室，或连接相通的房间。
⑥ 屈原《离骚》："余既滋兰之九畹兮。"畹（wǎn）本指土地面积，汉人王逸认为12亩，许慎认为30亩，这里泛指田亩。
⑦ 惠休：俗姓汤，又称汤休，南朝刘齐著名僧人，后常借作高僧的代称。

荣辱兴衰的道理来看?

和僧咏牡丹

万缘销尽本无心,何事看花恨却深。都是支郎①足情调,坠香残蕊亦成吟。

【译文】

万象都是因缘和合,空无自性,/高僧你为何却要伤感牡丹的凋零?/都是你才华横溢,感情细腻,/见到花谢香消便把诗句吟成。

郑 谷(字若愚,宜春人。光启初进士,都官员外。)

牡 丹

画堂帘卷张清宴,含香带雾情无限。春风爱惜未教②开,柘枝鼓振红英绽③。

【作者简介】郑谷(约851~约910),字守愚,袁州宜春(今江西宜春市)人。唐僖宗光启三年(887)登进士第,当过县尉、摄京兆府参军、右拾遗、左补阙,终都官郎中,人称郑都官。《全唐诗》编诗4卷。

【译文】

华丽的厅堂卷起朱帘摆上酒宴,/只见庭院牡丹含香带雾情意无限。/春风舍不得让它们一下子开遍,/只好用柘枝舞的急促鼓声催它们露面。

---

① 萧梁释慧皎《高僧传》卷1说:三国时,月支(月氏)国优婆塞(居士)支谦来华,以国名为姓氏。他精究经籍,世间技艺多所综习。他身躯细长,眼多白而睛黄,被时人称为"支郎眼中黄,形躯虽细是智囊"。后世以支郎通称僧人。
② 教:《全唐诗》卷677本诗作"放"。
③ 柘枝:舞名,从中亚石国(以今塔什干为中心的粟特胡人政权,昭武九姓之一)传来,舞蹈时以手鼓伴奏。

又

乱①前看不足，乱后眼偏明。却得蓬蒿力②，遮藏见太平。

【译文】

我在兵燹动乱前没把牡丹看足，／兵荒马乱之后偏偏有了眼福。／归隐偏僻山乡，触目杂草丛生，／倒让牡丹安宁生长得到掩护。

张　蠙（字象文③。乾宁末进士，署金堂令。）

观江南牡丹

北地花开南地风，寄根④还与客心同。群芳尽怯千般态，几醉能消一番红。举世只⑤将华胜实，真禅元喻色为空⑥。近年⑦明主思王道，不许新⑧栽满六宫。

【作者简介】

张蠙（pín），字象文，清河（今河北清河县）人，家居池州（今安徽池州市贵池区）。唐昭宗乾宁二年（895）进士及第，历任校书郎及两处县尉、县令。避乱入蜀，仕前蜀，任膳部员外，官终金堂令。《全唐诗》存其诗百首。

【译文】

北方的牡丹迁徙到南方落户，／照样在春风中开放，毕竟不是土著。／百花都被它的千姿百态吓倒，／赏花人兴致勃勃，只管美酒下肚。／世间只是偏偏看重华而不实，／但对待空无自性的万象不可鼓瑟

---

① 乱：指唐末黄巢起义以来的战乱。

② 蓬蒿：蓬草、蒿草之类的杂草。唐昭宗乾宁三年（896），郑谷随从御驾避难华州（今属陕西），寓居云台道舍。约天复三年（903）归隐老家仰山东庄书堂。

③ 象文：原作"文象"，据《全唐诗》卷702其小传校改。

④ 根：原作"恨"，平仄不合，据《全唐诗》卷702本诗校改。

⑤ 只：原作"尽"，据《全唐诗》本诗校改。按：第三句已用"尽"字。

⑥ 佛教认为宇宙万物由色（物质条件）合成，如幻如化，空无自性，其本体是佛性，佛性称为"空"。元：通"原"。

⑦ 年：原作"来"，据《全唐诗》本诗校改。

⑧ 新：原作"移"，据《全唐诗》本诗校改。

胶柱。／近年来皇上考虑实行仁政，／不准后宫里牡丹栽得遍布各处。

李咸用（陇西人，昭宗时推官。）

牡　丹

少见南人识，识来①嗟复惊。始知春有色，不信尔无情。恐是天地媚，暂随云雨生。缘何绝尤物②，更可比妍明。

【作者简介】李咸用，祖籍陇西。习儒业，久举进士不第，曾应辟为推官。唐末乱离，仕途不顺，寄居庐山等地。《全唐诗》存诗 3 卷。

【译文】

南方人没几个认识牡丹，／一认识便会啧啧惊叹，／这才知道春天多么美丽，／不信你还会麻木冷淡。／它恐怕是造化的掌上明珠，／随着风飘雨洒而暂且露面。／否则为什么再不出好景物，／同它一样妩媚鲜艳！

远公亭牡丹

雁门禅客吟春亭③，牡丹独逞花中英。双成腻脸偎云屏④，百般姿态因风生。延年不敢歌倾城，朝云暮雨愁娉婷⑤。蕊繁蚁脚粘不行，甜迷蜂嘴⑥飞无声。庐山根⑦脚含精灵，发妍吐秀丛君庭。湓江太守⑧多闲情，栏朱绕绛留轻盈。潺潺绿醽当风倾，平头奴子啾银笙。红葩艳艳交

---

① 来：原作"时"，据《全唐诗》卷 645 本诗校改。
② 绝：没有。尤物：珍贵的物品。
③ 东晋僧人慧远俗姓贾，雁门楼烦（今山西宁武县附近）人，入庐山长期居住东林寺，人称远公。唐代净土宗成立后，尊奉他为初祖。吟春亭：即诗题所说远公亭。
④ 双成：姓董，传说中西王母的侍女。偎：紧贴，挨近。云屏：云母屏风。
⑤ 暮：原作"时"，据《全唐诗》卷 644 本诗校改。娉（pīng）婷：姿态美好。
⑥ 嘴：《全唐诗》本诗作"醉"。
⑦ 根：原作"折"，据《全唐诗》本诗校改。
⑧ 湓（pén）江太守：江州（今江西九江市）刺史，州称郡，刺史即称太守。湓江：又称盆水，发源于江西瑞昌市西清湓山，东流经九江城下，北入长江。

童星^①，左文右武怜君荣，白铜鞮上惭清明^②。

【译文】

牡丹盛开在东林寺远公吟春亭的周遭，／百花开遍春夏秋冬，只有它独领风骚。／花枝招展，生出千姿百态，楚楚动人，／像双成的脸蛋儿挨着屏风无比妖娆。／李延年不敢再歌唱妹妹倾城倾国，／巫山神女惆怅自己算不上美丽苗条。／花粉浓密，粘得蚂蚁不能动弹，／花蜜香甜，醉得蜜蜂来去悄悄。／是天地把灵气钟集在庐山山坳，／如此美丽的花朵才在这里扎下根苗。／江州刺史赏花的兴致实在高昂，／围起朱栏张起绛帐，锁定一片芬芳。／醇厚的美酒对着春风开怀痛饮，／机灵的僮仆用银笙吹出动听的乐章。／美艳的红花吸引来所有的目光，／文武官吏都羡慕它受宠不同寻常。／游乐胜地的一切花草都自惭形秽，／比不上牡丹这份纯净、亮丽、馨香。

秦韬玉（字仲明，京兆人。中和间进士，终工部郎。谄事田令孜。）

牡　丹

拆妖^③放艳有谁催，疑就仙中旋折来。图把一春皆占断，固^④留三月始教开。压枝金蕊香如扑，逐朵檀心巧胜裁。好是酒阑丝竹罢^⑤，倚风含笑向楼台。

【作者简介】秦韬玉，字中明（从《唐才子传》卷9本传）。唐僖宗中和二年（882）特赐进士及第。官至工部侍郎。明人辑有《秦韬玉诗集》。

---

① 交童星：原作"交猩猩"，据《全唐诗》本诗校改。交童星：目光交错、聚集。"童"同"瞳"，眼珠，转动时如同星宿闪光。

② 南朝襄阳（今湖北襄阳市）童谣有"襄阳白铜蹄"语，梁武帝据以改制为歌曲。唐诗中多作"白铜鞮（dī）"。李白《襄阳歌》："襄阳小儿齐拍手，拦街争唱《白铜鞮》。"此歌曲遂与游乐之地联系在一起，指繁华胜地。清明：指牡丹花的清纯亮丽。

③ 拆妖：原作"折妍"，据《全唐诗》卷670本诗校改。拆：同"坼"，裂开，绽开。妖：妖冶，美丽。

④ 固：原作"因"，据《全唐诗》本诗校改。

⑤ 阑：尽。丝竹：泛指所有乐器。

【译文】

牡丹开得这么艳丽，是什么人精心安排？／我疑心它是从仙界采摘。／它想让春色全部归它，／故意留到春末才绽开。／金黄的花蕊散发出扑鼻的香气，／浅红的花晕精致得难以剪裁。／酒宴罢、音乐歇，赏花人散，／花朵在微风中含笑摇曳，对着楼台。

王贞白（广信人，字有道。乾宁初进士，校书郎。）

白牡丹

谷雨洗纤素①，裁为白牡丹。异香开玉合②，轻粉泥③银盘。晓④贮露华湿，宵倾月魄寒。佳人淡妆罢，无语倚朱栏⑤。

【作者简介】 王贞白，字有道，信州永丰（今江西上饶市广丰区）人。唐昭宗乾宁二年（895）进士及第。七年后任校书郎，后退隐归田。《全唐诗》编诗一卷。

【译文】

谷雨时节的好雨洗净了素色丝绢，／剪裁成为洁白无瑕的牡丹。／花朵像打开玉盒散出奇特香味，／又像用轻粉刷成的银白圆盘。／早晨噙含露水，呈现出润泽，／夜晚承接月光，扩散着微寒。／那只是素雅女子淡淡化妆，／默默不语地挨着朱红护栏。

裴　说（天复初进士。朝廷多故，放浪江湖。）

牡　丹

数朵欲倾城，安同桃李荣！未尝贫处见，不似地中生。此物疑无

---

① 谷雨：节气之一，公历4月19～21日交节。这时红牡丹开始衰残，白牡丹盛开。纤素：素白色丝织品。
② 开：原作"闻"，据《全唐诗》卷701本诗校改。合：通"盒"。
③ 泥（nì）：粉刷。
④ 晓：原作"时"，据《全唐诗》本诗校改。
⑤ 朱栏：原作"阑干"，据《全唐诗》本诗校改。

价①，当春独有名。游蜂与蝴蝶，来往自多情。

【作者简介】裴说（yuè），桂州（今广西桂林市）人。唐哀帝天祐三年（906）与其弟裴谐同登进士第。官终礼部员外郎。《全唐诗》存其诗51首。

【译文】

几朵牡丹美艳得异乎寻常，／红桃白李岂能同它相当！／不曾在贫寒人家的住所见到，／也不像在土地中扎根生长。／它的价格高得没准儿，／春天一到便冠绝群芳。／蜜蜂蝴蝶情有独钟，／绕着它来往繁忙。

李建勋（字致尧，德诚子。预李昪代替禅之谋，拜中书侍郎、平章事。）

残牡丹

肠断题诗如执别②，芳茵③愁更绕阑铺。风飘金蕊看全落，露滴檀英又暂苏。失意婕妤妆渐薄④，背身妃子病难扶⑤。回看池馆春休⑥也，又是迢迢看画图。

【作者简介】李建勋（？～952），字致尧，广陵（今江苏扬州市）人。参与南唐的夺权建国活动，南唐建立后，担任中书侍郎、宰相、司空。退休后赐号钟山公，时年逾80。《全唐诗》存其诗90首。

【译文】

牡丹衰败，我伤心地作诗同它告辞，／不用再琢磨绕着护栏铺设赏

---

① 价：原作"贾"，据《全唐诗》卷720本诗校改。
② 执别：执手话别。
③ 芳茵：铺在地上的席褥。
④ 西汉成帝的妃子班婕妤，受赵飞燕姊妹所谮，失宠，自愿去长信宫侍奉太后。
⑤ 《汉书》卷97上《外戚传上》记载：汉武帝的宠妃李夫人，病重时武帝来探视，"夫人遂转乡（向）嘘唏而不复言"。事后姊妹问其故，她说："上所以挛挛顾念我者，乃以平生容貌也。今见我毁坏，颜色非故，必畏恶吐弃我。"难：原作"教"，据《全唐诗》卷739本诗校改。
⑥ 休：原作"归"，据《全唐诗》本诗校改。

花草席。／金黄的花蕊随着暖风飘过纷纷落地，／枯蔫的花瓣借助露水滋润暂回生机。／就像失宠的班婕妤已无心打扮自己，／卧病不起的李夫人背朝着探视的武帝。／园林池馆再也没有昔日的盎然春意，／牡丹啊，我只能从图画中再见到你。

晚春送牡丹

携觞邀客绕朱阑，肠断残春送牡丹。风雨数来留不得，离披①将谢忍重看！氤氲兰麝香初减，零落云霞色渐干。借问少年能几许，不须推酒厌杯盘。

【译文】

我携带酒食邀请客人来到护栏边，／在残余的春日伤心地送别牡丹。／风雨一番番袭来，哪还保得住花朵，／已经散乱萎缩，岂忍心再次观看！／兰花、麝香般的气味开始衰减，／灿烂云霞般的花容逐渐枯干。／人也一样，青春年少能持续多久，／须及时行乐，别再推来辞去，滴酒不沾。

王　毅（字虚中，宜春人。乾祐中进士，以尚书郎致仕。）

牡　丹

牡丹妖艳乱②人心，一国如狂不惜金。曷若③东园桃与李，果成无语自垂阴④。

【作者简介】王毅，字虚中，自号临沂子，袁州宜春（今江西宜春市）人。唐昭宗乾宁五年（898）进士，曾任国子学博士，官终尚书郎。

---

① 离披：散乱的样子。
② 妖艳乱：原作"妖冶动"，据《全唐诗》卷694本诗校改。
③ 曷若：原作"岂似"，据《全唐诗》本诗校改。曷若：哪如。
④ 本句原作"果然无语自成阴"，据《全唐诗》本诗校改。本诗后两句取《史记》卷109《李将军列传》"桃李不言，下自成蹊"句意。

【译文】

牡丹妖艳，惑乱人心，／国人发狂，购求不惜重金。／哪像东园的粉桃翠李，／不声不响长出果实，垂下浓阴。

徐 夤（字昭梦，闽中人。乾宁中进士，授秘书郎后隐去。）

牡丹花

看遍花无胜①此花，翦云披雪蘸丹砂。开当青律二三月②，破却长安千万家。天纵秾华刳鄙吝③，春教妖艳妒④豪奢。不随寒令同时放⑤，倍种双松与辟邪⑥。

【作者简介】 徐夤（yín），字昭梦，福建莆田人。唐昭宗乾宁元年（894）进士及第，授秘书省正字。回福建后依附军阀王审知，被辟为掌书记。一度归隐延寿溪，王审知之侄泉州（治今福建泉州市）刺史王延彬招入幕府十余年。《全唐诗》编诗4卷。

【译文】

看遍四季花卉，都比牡丹相差甚远，／它是用云霞剪裁、白雪披挂、丹砂浸染；／在阳春三月开放出艳丽的花朵，／弄得长安千家万户为买花而破产。／上天放任它破除世人的吝啬、庸俗，／春神放任它让奢侈家庭攀比、嫉妒。／它既然不随着寒冷的时令开放，／何不多种一些青松和辟邪树。

---

① 胜：原作"盛"，据《全唐诗》卷708本诗校改。
② 青律：春天。古人以音乐的十二律配月份，春季的三个月被说成是律中太簇、夹钟、姑洗，春季为青，故称青律。
③ 刳（kū）：剖。鄙吝：俗气、吝啬。
④ 妒：原作"委"，《全唐诗》本诗作"毒"，其下注"一作妒"，据以校改。
⑤ 不随寒令同时放：原作"不随寒食同时尽"，据《全唐诗》卷708本诗校改。
⑥ 辟（bì）邪：段成式《酉阳杂俎》前集卷18说："安息香树，出波斯国（伊朗），波斯呼为辟邪。树长三丈，皮色黄黑，叶有四角，经寒不凋。二月开花，黄色，花心微碧，不结实。刻其树皮，其胶如饴（麦芽糖），名安息香。六七月坚凝，乃取之。烧之通神明、辟众恶。"可见和青松同为常青树，但其胶芳香，且能辟邪。

【点评】

薛凤翔将徐夤署名为"徐寅"，本诗未署标题，今据《全唐诗》卷708校改。

又

万万花中第一流，浅霞轻染嫩银瓯①。能狂绮陌②千金子，也惑朱门万户侯。朝日照开③携酒看，暮风吹落绕栏收④。诗书满架尘埃扑，尽日无人略举头。

【译文】

在千花万卉中只有牡丹独占鳌头，／开出白地红晕，像朝霞染红了银瓯，／能使少不更事的富家子弟发狂地奔波于赏花路上，／也能迷乱老成持重的公卿王侯。／人们携带酒食看它在朝晖下开放，／在晚风中绕着栅栏把坠落的花瓣回收。／满架子诗书蒙上了厚厚的灰尘，／没有人肯把目光往这里稍稍停留。

尚书座上赋牡丹花得轻字韵，其花自越中移植⑤

流苏凝作瑞花精⑥，仙阁⑦开时丽日晴。霜月冷销银烛焰⑧，宝瓯圆印彩云英⑨。娇含嫩脸春妆薄，红蘸香绡艳色轻。早晚有人天上去，寄

---

① 浅霞：原作"残霞"，据《全唐诗》卷708本诗校改。浅霞：比喻牡丹刚刚开放时泛于花心周围的浅红色花晕。银瓯：比喻浅素色彩的花苞。瓯：盆盂类瓦器。
② 绮陌：原作"紫陌"，据《全唐诗》卷708本诗校改。绮陌：修筑讲究的道路。
③ 开：原作"来"，据《全唐诗》本诗校改。
④ 暮、栏：原作"莫"、"阑"，据《全唐诗》本诗校改。
⑤ 诗题原作"尚书座上赠牡丹得轻字，花自越中移植"，据《全唐诗》卷708本诗校改。尚书：指泉州刺史王延彬，尚书是他的加官称号。赋牡丹花得轻字：多人一起作同一的牡丹命题诗，自己分得以"轻"字为韵。越：今浙江。
⑥ 流苏：以五彩羽毛或丝线制成的穗子，常用作车马、帷帐的下垂装饰品。瑞花精：指牡丹。
⑦ 仙阁：对刺史办公厅堂的美称。
⑧ 焰：原作"熄"，据《全唐诗》本诗校改。
⑨ 云英：云母。

他将赠董双成①。

【译文】

是斑斓流苏下垂不动，化作花中俊杰，／在尚书的厅堂前开放，恰值晴空澄澈。／像月亮的清辉冲销着灯烛的光焰，／像宝盆上镶嵌着云母，光彩闪烁。／是少女稚嫩的脸含着娇羞淡淡涂抹，／是雍容华贵顾盼生辉的人间绝色。／迟早会有人蝉蜕羽化登上仙界，／把它们带给董双成，赠她一片喜悦。

依韵和②尚书再赠牡丹

烂银基地薄红妆③，羞杀千花百卉芳。紫陌④昔曾游寺看，朱门今再绕栏望⑤。龙分夜雨资娇态，天与春风散好香。多著黄金何处买，轻桡摇过镜湖光⑥。

【译文】

牡丹真美，浅淡花苞泛出红晕，／羞得所有花卉没脸见人。／当年曾在长安佛寺游赏，／今天见它开放在豪门。／龙王喷吐细雨加以滋润，／上天惠赠春风催送清芬。／携带重金从哪里购得，／轻舟北渡镜湖，湖面波光粼粼。

郡庭⑦惜牡丹

肠断春风落牡丹，为祥为瑞久留难⑧。青春⑨不驻堪垂泪，红艳已

---

① 董双成：西王母的侍女。
② 依韵和：用他人诗作的韵作和诗。
③ 牡丹刚开时如同在白地（花苞）上泛出浅淡的红色（花晕）。
④ 紫陌：京城的街道。
⑤ 望：原作"相"，据《全唐诗》卷708本诗校改。
⑥ 轻桡（ráo）：轻便的小船。桡：船桨。镜湖：又名鉴湖，在今浙江绍兴市会稽山北麓。此句点出福建的牡丹花从浙江移植来。
⑦ 郡庭：州刺史的庭院。唐代州郡同级，时而称州，时而称郡，郡长官称太守。
⑧ 难：原作"欢"，据《全唐诗》卷708本诗校改。
⑨ 青春：春天，春色。

空犹倚栏。积藓下销香蕊尽，晴阳高照露华干。明年万叶千枝长，倍发①芳菲借客看。

【译文】

我为东风吹落牡丹而伤心痛苦，／终于没能把祥瑞吉兆长久留住。／我为春光匆匆消退而流泪惋惜，／花虽凋尽，依然在护栏旁注目。／香蕊已在苔藓下化为尘土，／阳光晒干了绿叶上的露珠。／只希望明年更开出千娇百媚，／让游客把赏花瘾过足。

追和白舍人②白牡丹

蓓蕾抽开素练囊③，琼葩熏出白龙香④。裁分楚女朝云片，翦破姮娥夜月光。雪句岂须征柳絮⑤，粉腮应恨帖梅妆⑥。槛边几笑东篱菊⑦，冷折金风待降霜。

【译文】

花骨朵咧开，像白丝绸口袋开张，／晶莹似玉的花朵散出浓郁的芳香。／是裁来神女在巫山变幻的朝云，／是剪下嫦娥在月中拨弄的夜光。／何必用柳絮乘风来比喻飞雪纷纷，／白净的面容该后悔收拾成梅花妆。／多少次挨着护栏想到菊花真是可笑，／被秋风冷得垂下头，还要忍受降霜。

---

① 发：原作"把"，据《全唐诗》本诗校改。
② 追和：针对前人诗作而作和诗。白舍人：白居易。
③ 素练囊：白色绢帛做成的袋子。
④ 琼葩：像白玉一样的花。白龙香：香料。
⑤ 《世说新语·言语》说：东晋谢安与儿女辈讲论文义，大雪纷纷落下，问道："白雪纷纷何所似？"其侄儿谢朗说大致可以比喻为"撒盐空中"。其侄女谢道韫说：不如比成"柳絮因风起"。谢安极欣赏后说。征：证验。
⑥ 南朝寿阳公主卧在殿前，梅花落额上，称梅花妆。
⑦ 东晋陶潜《饮酒二十首》第五首："采菊东篱下，悠然见南山。"

忆牡丹

绿树多和雪霰栽^①，长安一别十年来。王侯买得价偏重，桃李落残花始开。宋玉邻边腮正嫩^②，文君机上锦初裁^③。沧洲春暮空肠断^④，画看^⑤犹将劝酒杯。

【译文】

离别长安已经过十度雨雪风霜，／还记得王侯们把牡丹抢购得价格高昂，／趁着雨雪将根苗牢牢栽入土壤，／到桃李花儿落尽才开始吐露芬芳。／如宋玉东邻的绝代佳人面容鲜嫩，／像卓文君的锦缎织出绚丽纹章。／又是牡丹花期我流落江湖空悲伤，／画出牡丹观赏，也使我多饮酒浆。

惜牡丹

今日狂风揭锦筵，预愁吹落夕阳天。闲看红艳只须^⑥醉，谩惜黄金岂是贤！南国好偷夸粉黛^⑦，汉宫宜^⑧摘赠神仙。良时虽作莺花主^⑨，白马王孙恰少年。

---

① 霰（xiàn）：微雨遇冷凝结而成的细碎冰粒，先于雪花而下。栽：原作"裁"，据《全唐诗》卷708本诗校改。按：本诗第六句押韵即为"裁"字，律诗押韵不能重复用字。

② 战国时期楚国辞赋家宋玉《登徒子好色赋》说：天下最美的女子是"东家之子，增之一分则太长，减之一分则太短。著粉则太白，施朱则太赤。眉如翠羽，肌如白雪。腰如束素，齿如含贝"。

③ 文君：卓文君，西汉辞赋家司马相如之妻。但文献没有她织锦的记载，这句诗系想当然之词。机上：原作"炉畔"，据《全唐诗》本诗校改。

④ 沧洲：近水地方，常指隐者所居地。暮：原作"莫"，据《全唐诗》本诗校改。

⑤ 画看：原作"看尽"，据《全唐诗》本诗校改。

⑥ 须：原作"宜"，据《全唐诗》卷708本诗校改。按：原书录文第6句作"南国宜偷"，"宜"字两次使用，犯复。

⑦ 南国好偷夸粉黛：原作"南国宜偷夸粉态"，据《全唐诗》本诗校改。粉黛：妇女化妆品，代指女性。

⑧ 宜：原作"倘"，据《全唐诗》本诗校改。

⑨ 虽作莺花主：原作"须作莺儿主"，据《全唐诗》本诗校改。莺花主：春光的主宰。春日莺啼花放，故以莺花代指时令。

【译文】

狂风把铺地的筵席掀动得忽上忽下，／担心到天黑遍地都是刮落的牡丹花。／看着花儿似锦，应该开怀畅饮美酒，／过分吝惜钱财难道算得上勤俭持家！／偷偷摘来花朵，去和西施比赛漂亮，／宫廷应把花儿赠给神仙们逍遥观赏。／它在凋零前毕竟是春日烟景的主宰，／恰似乘着白马的年少王孙风流倜傥。

杜荀鹤（字彦之。母牧之妾也，孕而嫁池州杜筠，生。大中中登第，仕主客员外。）

中山临上人院观牡丹寄诸从事①

闲来吟绕牡丹丛，花艳人生事略同。半雨半风三月内，多愁多病百年②中。开当韶景何妨好③，落向僧家即是空④。一境⑤别无惟此有，忍教醒坐对支公⑥！

【作者简介】杜荀鹤（846～904），字彦之，自号九华山人，池州石埭（今安徽石台县）人。唐昭宗大顺二年（891）进士及第，任宣州（驻今安徽宣城）节度使幕府从事，在出使宣武镇（驻今河南开封市）节度使朱全忠后，因原主被杀，遂留朱全忠处。去世旬日前被授官主客员外郎、知制诰，充翰林学士。一说后梁开平元年（907）去世。有《唐风集》。

【译文】

我趁着闲暇绕着牡丹丛吟哦诗歌，／觉得花草和人生实际上相差不

---

① 中山：二字原无，据《全唐诗》卷 692 本诗标题校补。中山：今河北定州市一带。临上人：法名叫作临的和尚。从事：州郡长官及节度使、观察使幕府的佐吏。
② 百年：人的一生。
③ 韶景：春景。何妨好：原作"何多好"，据《全唐诗》本诗校改。
④ 即是：原作"只是"，据《全唐诗》本诗校改。空：佛教所说宇宙万象的本体，即真如佛性。
⑤ 境：佛教所说的外境，指宇宙各种现象。
⑥ 忍：岂忍。支公：前代高僧支道林（即支遁），此指临上人。

多。／三月里开花又是刮风又是下雨，／一辈子度日不是发愁就是身染沉疴。／花开在融融春景中当然不错，／花谢僧家即知空无自性的因缘和合。／这一外境只有这里独家拥有，／供给高僧对坐观悟，仔细琢磨。

【点评】

薛凤翔将杜荀鹤署名为"杜荀雀"，今改。小传说他"大中中登第"。大中是唐宣宗年号，时当公元 847～859 年，杜荀鹤正当 2～14 岁，如何能考中进士！本单元小传中错误殊多，有的地方我未做正面纠正，我写的小传中有不同说法。

陈　标（长庆二年进士，殿中侍御史。）

僧院牡丹

琉璃地上开红艳，碧落天头散晓霞。应是向西无处种，不然争肯重莲花①。

【作者简介】 陈标，唐穆宗长庆二年（822）进士，官至侍御史。

【译文】

寺院净土上红牡丹开得密密麻麻，／好像天空蒸腾出灿烂的朝霞。／总是西方极乐世界没地方种植，／要不然佛教为什么偏偏看重莲花！

殷文圭

赵侍郎看红白牡丹因寄杨状头赞图②

迟开都为让群芳，贵地栽成对玉堂。红艳袅烟疑欲语，素华映月只

---

① 印度佛教认为莲花出于污泥而不染，保持洁净，因而以莲花为喻，倡导僧俗处于污浊红尘，要按照佛教的正道修行，由染转净。著名佛经有称为《妙法莲华经》的。
② 赵侍郎：即赵光逢，字延吉，京兆奉天（今陕西乾县）人，唐僖宗乾符五年（878）中进士第，当过礼部侍郎。杨状头赞图：进士及第一名为状头，又称状元。杨赞图是唐昭宗乾宁四年（897）的状元，曾任弘文馆直学士。

闻香。剪裁①偏得东风意，淡薄似矜西子妆。雅②称花中为首冠，年年长占断春光。

【作者简介】殷文圭，字表儒，小字桂郎，池州青阳（今安徽青阳县）人。唐昭宗乾宁五年（898）进士及第。事吴王杨行密，为掌书记。吴武义元年（919），为翰林学士，官终左千牛卫将军。

【译文】

牡丹晚开，只为了礼让众花开在前面，／摇曳生姿，在侍郎办公厅堂的庭院。／红花在烟笼雾罩下似乎想要说话，／白花隐身于月光中，只散出清香一段。／它是春日东风的得意之作，／美丽天成，好像是美女西施淡淡打扮。／它素来被推崇为百花之王，／年年岁岁，只有它把春光垄断。

【点评】

薛凤翔将殷文圭署名为"殷文珪"，今改。

鱼玄机
卖残牡丹

临风兴叹③落花频，芳意潜消又一春。应为价高人不问，却缘香甚蝶难亲。红英只称生宫里，翠叶那堪染路尘。及至移根上林苑④，王孙⑤方恨买无因。

【作者简介】鱼玄机（844？～868），字幼微，一字蕙兰，长安（今陕西西安市）人。嫁给补阙李亿做妾，李妻不容，遂于唐懿宗咸通初入长安咸宜观为女道士。咸通九年（868），因妒杀婢女绿翘而被处死。

---

① 剪裁：原作"剪栽"，据《全唐诗》卷707本诗校改。
② 雅：平素，一向。
③ 兴叹：原作"兴尽"，据《全唐诗》卷804本诗校改。
④ 上林苑：指长安的皇家苑囿。
⑤ 王孙：一指王者之孙，二指公子，后泛指贵族、官僚子弟。

【译文】

牡丹花随风凋零，叫人无限感慨，／今年已是繁华消退，春光不再。／只因香气太浓，彩蝶不敢光顾，／总是价格太高，人们不肯理睬。／这么美丽的花朵只配生长在皇宫，／哪能随处乱栽蒙受道路飞尘的侵害！／真到了移植到皇家禁苑的那一天，／公子哥儿们才后悔再没机会购买。

李　中（字有中，唐末人。再仕南唐，令新涂。）

柴司徒宅牡丹

暮春栏槛①有佳期，公子开颜乍拆②时。翠幄密笼莺未识，好香难掩蝶先知。愿陪妓女争调乐，欲赏宾朋预课诗③。只恐却随云雨去，隔年还是动相思。

【作者简介】李中，字有中，九江（今江西九江市）人。南唐时期任过多处县尉、县令。北宋太祖开宝五年（972），任淦阳（今江西樟树市）县令。有《碧云集》。《全唐诗》编诗4卷。

【译文】

暮春时节栏槛旁花期按时来到，／牡丹初开便乐得公子眉开眼笑。／张起帷幕遮蔽花丛对黄莺保密，／透出香气还是让蝴蝶抢先知道。／宾朋想参与赏花，预先准备诗作，／歌女期待奉陪，把节目排练精妙。／只担心过了时辰花朵要随风飘逝，／相思一年，才能再见到牡丹俊俏。

捧剑仆

题牡丹

一种芳菲出后庭，却输桃李得佳名。谁能为向天人④说，从此移根

---

① 暮春栏槛：原作"莫春阑槛"，据《全唐诗》卷748本诗校改。
② 拆：原作"折"，据《全唐诗》卷748本诗校改。拆：开花。
③ 预课诗：完成预定的作诗任务。
④ 天人：原作"夫人"，据《全唐诗》卷732本诗校改。

近太清①。

【作者简介】 捧剑仆，唐宣宗、唐懿宗时期咸阳（今陕西咸阳市）郭氏家奴。常以望水眺云为事，多遭鞭打，终不放免。后逃，不知所终。

【译文】

都一样在后院生根开花，／却胜过桃李，赢得众口齐夸。／谁能给天神通风报信，／干脆把牡丹移植到仙家。

【点评】

薛凤翔对这首诗未署标题，作者署为"青衣拥剑（姓郭，咸阳人，唐末。）"今据《全唐诗》卷732添改。

归　仁（僧）

牡　丹

三春堪惜牡丹奇，半倚朱阑欲绽时。天下更无花胜此，人间偏得贵相宜。偷香黑蚁斜穿叶，觑蕊黄蜂②倒挂枝。除却解禅心不动③，算应狂杀五陵儿④。

【作者简介】 归仁，唐末江南籍诗僧，驻锡洛阳灵泉寺。

【译文】

整整一个春季，只怜惜牡丹美得出奇，／还未开放，我已经靠着栅栏等得着急。／天下再没有任何花卉比它更好，／人间仅仅看重它，实

---

① 太清：天空。
② 觑蕊黄蜂：原作"窥蝶黄莺"，据《全唐诗》卷825本诗校改。
③ 除却：除去。解禅：晓悟禅理。心不动：学佛人处于禅定状态时，将散漫的心绪专注于一境，以佛教真谛观悟宇宙、人生。
④ 算：料想。狂杀：狂煞，疯狂到了极点。五陵：指西汉高帝长陵、惠帝安陵、景帝阳陵、武帝茂陵、昭帝平陵，合称五陵，因在长安附近，故也代指长安。五陵儿：指长安的豪贵公子。儿：古读 ní。

在有充分的道理。／蚂蚁偷取它的香味，斜穿绿叶抄捷径，／蜜蜂窥视它的香蜜，倒挂枝头不飞起。／只有学禅僧人能将散漫心绪凝于一境，／赏花算是赏疯了一批批长安豪贵子弟。

孙光宪（五代时人，南平王秘书少监。）

生查子①

清晓牡丹芳，红艳凝金蕊。乍占锦江②春，永认笙歌地③。／／感人心，为物瑞，烂漫烟花里。戴上玉钗④时，迥与凡花异。

【作者简介】 孙光宪（约 900～968），字孟文，自号葆光子，陵州贵平（今四川仁寿县东北）人。唐末为陵州判官。后唐天成元年（926），为荆南（南平）高季兴掌书记，后历任荆南节度副使、秘书少监、兼御史大夫。入宋官终黄州刺史。有《荆台集》等，今存《北梦琐言》。

【译文】

牡丹含着朝露展开笑容，／花蕊凝金，花瓣泛红。／锦江的春色一下子归它所有，／使成都从此笙歌沸天，车水马龙。

既能打动人心，又是吉祥征兆，／在烂漫的鲜花中数它称雄。／妇人把它插在头上炫耀，／果然光彩夺目，与凡花迥然不同。

法眼禅师（宋太祖问罪江南，李后主用谋臣计欲抗王师。禅师观牡丹于大内，作偈示意，李竟不省。）

牡丹偈

拥毳⑤对芳丛，由来事不同。鬓从今日白，花似去年红。艳异随朝露，馨香逐晓风。何须对零落，然后始知空。

---

① 生查子：原作"生子词"，据《全唐诗》卷 897 校改。生查子，词牌名。
② 锦江：四川成都南的河流，传说蜀人在这里浣纱而所织锦缎色泽鲜艳，故名。
③ 笙歌地：歌舞繁盛的地方，指成都。
④ 玉钗：妇女的首饰。
⑤ 毳：《全唐诗》卷 825 本诗作"衲"，都指僧人的服装。

【作者简介】法眼禅师，法名谦光，金陵（今江苏南京市）人。南唐后主李煜以国师礼之。禅宗派别法眼宗的创始人。

【译文】

穿好袈裟面对着牡丹花丛，／万象处在迁流不断的变化中。／我的两鬓从今天开始发白，／牡丹花还是去年那样鲜红。／它含着朝露显得更加艳丽，／浓郁的香气追逐着清晨的微风。／诸行无常，何必要看到花儿零落，／才证悟三界唯心、四大皆空。

【点评】

《全唐诗》卷825收录本诗，题目改作《赏牡丹应教》。应国君之命作诗本来叫作"应制"，南唐慑于北宋威胁而自屈求存，其君主称谓由皇帝次第降为南唐国主、江南国主，因而在宋太祖开宝五年（972）自行贬损仪制，把"诏"降称为"教"。诗题系后人根据这种情况重新拟定。

欧阳修（字永叔）

题洛阳牡丹图

洛阳地脉花最宜，牡丹尤为天下奇。我昔所记数十①种，于今十年半②忘之。开图若③见故人面，其间数种昔未窥。客言近岁花特异，往往变出④呈新枝。洛人惊立⑤名字，买种不复论家赀⑥。比新较旧难优劣，争先擅价⑦各一时。当时绝品可数者，魏红窈窕姚黄妃⑧。寿安细叶⑨开

---

① 欧阳修曾作《洛阳牡丹记》。十：原作"千"，据《全宋诗》卷283本诗（第6册第3599页）校改。
② 半：原作"皆"，据《全宋诗》本诗校改。
③ 若：原作"又"，据《全宋诗》本诗校改。
④ 出：原作"来"，据《全宋诗》本诗校改。
⑤ 立：原作"土"，据《全宋诗》本诗校改。
⑥ 赀：同资，资产。
⑦ 擅价：好价钱。
⑧ 魏红：出丞相魏仁浦家。窈窕：形容体态秀美。姚黄：出洛阳邙山白司马坂姚家。
⑨ 寿安细叶：细花瓣，红花，出寿安县（今河南宜阳县）锦屏山。

尚少，朱砂玉版①人未知。传闻千叶②昔未有，只从左紫③名初驰。四十年间花百变，最后最好潜溪绯④。今花虽新我未识，未信与旧谁妍媸⑤。当时所见已云绝，岂有更好⑥此可疑。古称天下无正色，但恐世好随时移。鞓红鹤翎⑦岂不美，敛色如避新来姬⑧。何况远说苏与贺，有类异世夸嫱施⑨。造化无情宜一概，偏此著意何其私！又疑人心愈巧伪，天欲斗巧穷精微。不然元化朴散久，岂特近岁尤浇漓⑩。争新斗丽若不已，更后百⑪载知何为。但应新花日愈好，惟有我老年年⑫衰。

【作者简介】欧阳修（1007～1072），字永叔，号醉翁、六一居士，庐陵（今江西吉安市）人。宋仁宗天圣八年（1030）进士，任过枢密副使、参知政事等职。曾参与范仲淹的革新活动。提倡文章明理致用，反对雕章琢句，领导了诗文革新运动。与宋祁合修《新唐书》。卒谥文忠。有《欧阳文忠公集》《六一词》等。

【译文】

洛阳的水土气候最适宜栽花种草，／牡丹生在这里，成为天下珍宝。／我以前记载过洛阳牡丹数十个品种，／到如今十年过去，多半已经记不牢靠。／展开这幅《洛阳牡丹图》，像同老友会面，／图中有几个品种过去从没见到。／送图的人说近年来牡丹花特别奇异，／陌生的新品种接二连三地问世。／洛阳人惊喜地给它们起上名字，／竞相购买，不考虑家中财力。／比较新旧品种，难分高低，／抢先要高价，不让一分一厘。／当年称绝一时

---

① 朱砂：欧阳修《洛阳牡丹记》记载：朱砂红，花叶（花瓣）甚鲜，向日视之如猩血。玉版：单瓣白花，其色如玉。
② 千叶：重瓣牡丹。
③ 左紫：也称左花，出洛阳左氏家。
④ 潜溪绯：由北宋洛阳龙门潜溪寺僧人培植。
⑤ 妍媸（chī）：美丑。
⑥ 好：原作"妍"，据《全宋诗》本诗校改。
⑦ 鞓（tīng）红：亦名青州红。鹤翎：鹤翎红，多瓣，花末白而本肉红。
⑧ 敛色：正容以表示敬畏。姬：姬妾。
⑨ 嫱施：美女王嫱和西施。
⑩ 浇漓：社会风气浮薄。
⑪ 百：原作"万"，据《全宋诗》本诗校改。
⑫ 年年：原作"年之"，据《全宋诗》本诗校改。

的品种寥寥可数，／艳丽的魏红是花王姚黄的后妃。／寿安细瓣牡丹还太稀少，／朱砂红、玉版白，人们尚未认知。／听说千叶牡丹从前根本没有，／随着左紫牡丹才有了名气。／四十年来牡丹品种屡屡翻新，／变到最后最好的要数潜溪绯。／如今的新品种我都不认识，／不相信同旧的相比，哪个更加美丽。／当年所见到的品种已是美艳绝伦，／难道会有更好的，我实在怀疑。／古人说天下的美艳没有正宗，／就怕随着时代变迁，世人的好恶会转移。／青州红、鹤翎红难道不算美，／它们遇到新品种便肃然起敬，赶快回避。／何况老早的苏家红、贺家红，／提到它们，好像隔代夸奖王昭君和西施。／天公对待万物应该一视同仁，／偏偏钟爱牡丹，显得何等偏私。／又怀疑人心越来越喜爱华而不实，／天公更要比试高低，使尽各种本事。／要不怎么会是淳朴风俗早已见不着，／岂只是这些年才浮薄得出奇！／如果争新斗奇一直没完没了，／再过一百年会是什么样子。／倒是希望牡丹新品种越来越好，／只是我一年更比一年老。

苏　轼（字子瞻）

雨中明庆①赏牡丹

霏霏雨露作清妍，烁烁明灯照欲然②。明日春阴花未老，故应未忍著酥煎③。

【作者简介】　苏轼（1037～1101），字子瞻，号东坡居士，眉山（今四川眉山市）人。宋仁宗嘉祐二年（1057）进士。当过祠部员外郎和刺史。其父苏洵、弟苏辙都是著名文学家，合称"三苏"。其文汪洋恣肆，挥洒自如，为唐宋八大家之一。其诗清新豪健，善于夸张、比喻，明快，圆熟。其词豪放，开创了豪放词派，对后世很有影响。他还擅长行书、楷书，与蔡襄、黄庭坚、米芾齐名，并称宋"四家"。诗与欧阳修并称"欧苏"，词与南宋辛弃疾合称"苏辛"。有《苏东坡集》

---

① 明庆：原无，据《全宋诗》卷790本诗（第14册第9152页）校补。明庆：杭州的一所佛寺。
② 灯：原作"珠"，据《全宋诗》本诗校改。然："燃"的本字。
③ 清人冯应榴注："《洛阳贵尚录》：孟蜀时，兵部贰卿李昊，每牡丹花开，分遗亲友，以金凤笺成歌诗以致之。又以兴平酥同赠，花谢时煎食之。"

《东坡乐府》。

【译文】

霏霏细雨洗得牡丹花格外光亮妖娆，／红色的花朵像明亮的灯烛在照耀。／明天雨住天阴，花儿不至于晒得枯焦，／我不忍心现在就采下花儿用兴平酥烹调。

三萼牡丹

风雨何年别，留真向此邦。至今遗恨在，巧过不成双。

【译文】

分别以来经过了几度雨雪风霜？／牡丹把真身留在了这个地方。／我至今一直感到遗憾，／三萼牡丹虽然精巧，但单数不成双。

游太平寺净土院观牡丹，有淡黄一朵特奇

醉中眼缬自斓斑①，天雨曼陀照玉盘②。一朵淡黄③微拂掠，鞓红魏紫不须看。

【译文】

醉眼朦胧中只见花色斑斓，／曼陀罗花纷纷从天上降落到玉盘。／它那淡黄的颜色刚掠过我的双眼，／便觉得青州红、魏紫都不值得再看。

范　镇

成都观牡丹④

自古成都胜，开花不似今。径围三尺大，颜色几重深。未放香喷

---

① 眼缬（xié）：眼睛。斓斑：同斑斓。
② 佛说法时，天上降下曼陀罗花。雨（yù）：降。
③ 淡黄：原作"官黄"，据《全宋诗》卷794本诗（第14册第9199页）校改。
④ 诗题原作"李才元寄示蜀中花图（并序）"，据《全宋诗》卷345（第6册第4257页）本诗校改。

雪，仍藏蕊散金。要知空色论①，聊见主人心。

【作者简介】 范镇（1008～1089），字景仁，成都华阳（今四川成都市）人。宋仁宗宝元元年（1038）登进士第，官终提举崇福宫，封蜀郡公，谥忠文。有《范蜀公集》。

【译文】

成都牡丹自古就十分繁盛，/ 但还是比不上今天。/ 花丛直径大到三尺，/ 花色丰富，有深有浅。/ 还没有开放，花苞便透出香气，/ 黄黄的花蕊含藏着黄金一团。/ 要想知道宇宙万象和本体的关系，/ 本体是花儿主人的心，万象是牡丹。

【点评】

薛凤翔录这首诗，对作者署名不称名而称字，作"范景仁"，今改称其正规姓名，以求体例一致。薛凤翔录这首诗，标题作《李才元寄示蜀中花图（并序）》。《全宋诗》卷345本诗题作《成都观牡丹》，题下按语说："《永乐大典》卷5838作'《李才元寄示蜀中花图》'，与下同题诗合作二首。"薛凤翔所录序云："香故难画，蕊亦不露，工人非特减其围耳。去年入洛，有献黄花乞名者，潞公（文彦博）名之曰女真黄。又有献浅红乞名者，镇名之曰洗妆红。二花者，洛人盛传。然此花样差小，间就洛阳求接头，若得二种在其间，甚善。"《李才元寄示蜀中花图》诗云："牡丹名品众，特地盛于今。西子含羞甚，东君著意深。障行施烂锦，屋贮用黄金。妾婢群花卉，那能不妒心。"（牡丹的著名品种实在多，/ 今天更是到处可见。/ 它像美女西施含着几分娇羞，/ 春神对它情意绵绵。/ 用黄金作屋贮藏花枝，/ 遮拦游人设置锦缎帷幔。/ 其余花卉都被比成了它的婢女，/ 哪能不嫉妒恼怒，羞愧满面。）

---

① 色论：原作"相喻"，据《全宋诗》本诗校改。佛教认为宇宙万象为色，是由因缘条件和合而成的，没有自性，其本质是真如佛性，又叫作心，是不能用世俗语言描绘的实有，就把它命名为空。

韩 绛

和范蜀公①题蜀中花图

径尺千余朵，矜夸古复今。锦城春物异，粉面瑞云深。赏爱难忘酒，珍奇不贵金。应知色空理，梦幻即欢心②。（刘梦得《浑侍中家花》诗云："径尺千余朵，人间有此花。"今图花面亦尔。此乃洛花之瑞云红也。）

【作者简介】 韩绛（1012～1088），字子华，开封雍丘（今河南杞县）人。以父荫补官，宋仁宗庆历二年（1042）进士，官至宰相。谥献肃。

【译文】

直径一尺的牡丹花有一千余朵，／从古到今人们都纷纷夸赞。／成都春天的景物是多么奇特，／红牡丹如祥云，白牡丹像粉面。／观赏牡丹总忘不了畅饮美酒，／购买珍品把黄金看得很淡。／佛教说万缘皆空，诸行无常，／所谓赏心悦目，不过是一场梦幻。（唐人刘禹锡《浑侍中宅牡丹》诗说："径尺千余朵，人间有此花。"现在这幅《蜀中花图》上画的牡丹花也是这样。这个形象是洛阳牡丹中的瑞云红品种。）

【点评】

《亳州牡丹史》将这首诗的作者署名为"朝子华"，"朝"系"韩"之误，"子华"是韩绛的字，今按其体例改称正规姓名。《亳州牡丹史》将这首诗的标题署作"《次韵》"，今据《全宋诗》卷394（第7册第4841页）校改。

韩 维

和景仁③赋才元寄牡丹图

胜事常归蜀，奇葩又验今。仙官④裁样巧，彩笔费工深。白岂容施

---

① 范镇，封蜀郡公。

② 欢心：原作"惟心"，据《全宋诗》卷394本诗（第7册第4842页）校改。

③ 范镇字景仁。

④ 仙官：原作"仙冠"，据《全宋诗》卷426（第8册第5231页）校改。

粉，红须陌间金①。不嗟珍赏异，千里见君心。

【作者简介】 韩维（1017～1098），字持国，颍昌（今河南许昌市）人。以父荫为官，以太子少傅致仕。有《南阳集》。

【译文】

美好的东西常常出在四川，／今天从这牡丹奇葩又得以体现。／它那奇巧的样式是神仙精心裁剪，／鲜艳的色彩是画师用力渲染。／白牡丹哪里需要涂抹白粉，／红牡丹使洛阳珍品间金不值得一看。／不感叹欣赏牡丹图别是一番滋味，／见到你千里外写的诗，真是情义拳拳。

【点评】

薛凤翔将这首诗的作者署名为"韩持国"，是诗作者的字，今按其体例改称作者正规姓名。薛凤翔将诗题简称为"《次韵》"，今据《全宋诗》卷 426（第 8 册第 5231 页）改成正规诗题。

范纯仁
和范景仁蜀中寄红牡丹图

牡丹开蜀圃，盈尺莫如今。妍丽色殊众，栽培功信②深。矜夸传万里，图写费千金。难就朱栏赏，徒摇远客③心。

【作者简介】 范纯仁（1027～1101），字尧夫，吴县（今江苏苏州市）人。范仲淹次子。以父荫为太常寺太祝。宋仁宗皇祐元年（1049）进士。官终分司南京，邓州居住。谥忠宣。有《范中宣集》。

【译文】

蜀地园圃的牡丹开了多年，／直径一尺的花儿都不如今天。／那艳

---

① 自注："洛花有间金者。"
② 信：原作"倍"，据《全宋诗》卷 622 本诗（第 11 册第 7415 页）校改。
③ 远客：作者自指。

丽的花色不同一般，/ 全靠精心培育，功德不浅。/ 当地人交口称赞，名气传播万里，/ 破费千两黄金，绘成牡丹画卷。/ 我远隔千山万水不能亲临现场观看，/ 看到牡丹图不由得神往眼馋。

【点评】

薛凤翔将这首诗的作者署名为"司马光（字君实。）"，诗题简称"《次韵》"。今据《全宋诗》卷622本诗（第11册第7415页），改回真正作者姓名及诗题。

王十朋（字龟龄，温州永嘉人。绍兴间登第，为廷对第一。后为春官被黜，归筑小园，广植花木，日自吟咏，遂终不仕。）

牡 丹

今古几池馆，人人栽牡丹。主翁兼种德，要与子孙看。

又

人道此花贵，岂宜颜巷①栽。春风情不世②，红紫一般开。

【作者简介】王十朋（1112～1171），字龟龄，号梅溪，温州乐清（今浙江乐清市）人。宋高宗绍兴二十七年（1157）进士，官终龙图阁学士。有《梅溪前后集》。

【译文】

自古以来多少家园林池馆，/ 都种上了国色天香的牡丹。/ 老夫我移植牡丹顺便种下道德风范，/ 留给子孙后代仔细观看。

人们都说牡丹花特别名贵，/ 难道适宜在我这简陋的住所栽培！/ 然而春风并不具有世俗偏见，/ 让我的各色牡丹同别人的开得一样鲜艳。

---

① 《论语·雍也》：孔子表扬学生颜回说："贤哉回也！一箪食，一瓢饮，在陋巷，人不堪其忧，回也不改其乐。"
② 情不世：犹言"不世情"，即不是世俗常见的那种情感。

葛长庚

闽中晓晴赏牡丹

晴窗冉冉飞尘喜，寒砚微微暖气伸。唤醒东吴天外梦，化为南越海边春。

【作者简介】葛长庚（1194～1229?），因继雷州白氏为后，改名白玉蟾。福建人，一说琼州（今海南省）人。入武夷山修道。宋宁宗嘉定（1208～1224）中，封为紫清明道真人。道教派别全真教尊为南五祖之一。有《琼海集》2卷。

【译文】

一大早天晴了，窗外缓缓浮动着喜悦的飞尘，／冰凉的石砚也略见暖气氤氲。／把东吴地区的天外梦唤醒，／化为东海边闽越的艳丽阳春。

赵 抃（字阅道，衢州人。举进士，谥清献公。才能俊逸，与欧阳永叔同时。有文集遗世。）

禁籞见牡丹仍蒙恩赐

校文春殿籥天关①，内籞②千葩放牡丹。风卷异香来幕帟③，日披浓艳出阑干。芳菲喜向禁中见，憔悴忆曾江外看。剪赐从臣君意重，数枝和露入金盘。

【作者简介】赵抃（1008～1084），字阅道（一作悦道），号知非子，衢州西安（今浙江衢州市衢江区）人。宋仁宗景祐元年（1034）登进士第，官终太子少保。卒谥清献。有《清献集》。

【译文】

我在秘阁校勘书籍，被锁定在皇宫之中，／看见这里牡丹千朵万朵

---

① 校（jiào）：考订、校勘。籥（yuè）天关：形容被封闭在皇宫内。籥同钥，锁钥。天：天庭。关：门闩。
② 内籞：内苑，即禁苑。
③ 帟（yì）：小帐幕。

美丽的面容。／风儿吹过，护花的帷幕传出阵阵奇香，／阳光照耀，花朵向栏杆外伸出一片殷红。／我高兴这么美丽的花儿是在皇宫里看到，／曾记得过去在江南见过憔悴的牡丹花丛。／几枝花儿带着露水剪下来放入金盘，／我蒙受恩赐，深感皇上情深义重。

陆　游（字务观，号放翁，越州山阴人。以荫补侍郎，锁院荐第一，秦桧孙埙适居其次，桧怒，至罪主司。明年试礼部，游复前列。桧显黜之后，同范成大师蜀，游为参议。归修史牒，致仕。）

赏花至湖上

吾国名花天下知，园林尽日敞朱扉。蝶穿密叶常相失，蜂恋繁香不记归。欲过每愁风荡漾①，半开却要雨霏微。良辰乐事真当勉，莫遣匆匆一片飞。

【作者简介】 陆游（1125～1210），字务观，号放翁，越州山阴（今浙江绍兴市）人。宋高宗绍兴二十三年（1153）应礼部考试，名居前茅，因触怒宰相秦桧被黜免。宋孝宗即位，赐进士出身，官至宝章阁待制。有《渭南文集》《剑南诗稿》等。

【译文】

我们国家的牡丹花普天下都有耳闻，／一到花期所有园林都整天敞开大门。／蜜蜂贪恋花蜜，老是忘记返回，／蝴蝶飞过浓密的花瓣，经常迷途失群。／我想来观看，总是担心风儿吹拂不止，／花儿半开，最适宜细雨滋润均匀。／这真是良辰美景、赏心乐事，定要抓紧，／不要让春光匆匆过去，花瓣飞落化为尘。

戴复古（字式之，号石屏，天台人。当宋季，靡不欲以科第发身，而公独工于诗，谓"富贵如空花，诗文称不朽"。公复遭家难，流落江湖，故诗愈工，一时传诵东南半壁。终老布衣。）

---

① 荡漾：原作"荡样"，据《全宋诗》卷622本诗（第40册第24959页）校改。

子渊送牡丹

有酒何孤我，因花赋恼公。可怜秋鬓白，羞见牡丹红。海上盟鸥客，人间失马翁。不知衰病后，禁得几春风。

【作者简介】 戴复古（1167～?），字式之，号石屏、石屏樵隐。南宋天台道黄岩县（今浙江温岭市）人。终生不仕，浪游江湖间。曾从陆游学作诗，受晚唐诗风影响，兼具江西诗派风格。诗词格调高朗，诗笔俊爽，清健轻捷，工整自然。卒年八十余。有《石屏词》。

【译文】

你独自品尝美酒观赏牡丹，干吗将我辜负，/ 看到你送来的牡丹花，我不禁有些恼怒。/ 我已经羞于看见牡丹的鲜亮红艳，/ 只因为自己已是两鬓苍白的老夫。/ 我是世间不知是福是祸的失马塞翁，/ 布衣生涯，常年交往的只有海上的鸥鹭。/ 不知道衰老患病之后，/ 还能与和暖春风相伴几度。

戴　昺（字景明，台州人。戴复古侄孙。嘉定乙卯举进士，授赣州法曹参军。凡历山川名胜，无不纪咏，自谓所作足以敌"枫落吴江"。宝祐间啧啧有声。别号为东野子。后为池州幕僚。有《归田诗话》。）

牡　丹

万巧千奇费剪裁，琼瑶锦绣簇成堆。世间妖女轮回魄，天上仙姬降谪胎。笑脸倚风娇欲语，醉颜酣日困难抬。东君若使先春放，羞杀群花不敢开。

【作者简介】 戴昺，字景明，号东野，天台（今浙江台州市）人。戴复古侄孙。南宋宁宗嘉定十二年（1219）进士，调赣州法曹参军，后为池州幕僚。有《东野农歌集》5卷。

【译文】

天公万般奇巧剪裁出种种牡丹，/ 处处琼瑶成堆，处处锦绣成片。/ 是妖娆女子的魂魄一辈辈轮回，/ 是天上的仙女下凡来到人间。/

娇媚动人的花盘迎风摇曳想要说话，／在阳光下沉甸甸下垂，像低头酒酣。／春神如果让牡丹一开春就绽放花朵，／那会羞得百花不敢露脸。

朱淑真（钱塘人。幼警慧，工诗书，风流蕴藉。蚤岁未择伉俪，为市人妻。其夫村恶，淑真抑郁不遂志，作诗多愁思。每牵情才子，竟无知音，悒悒恚死。后人辑其诗曰《断肠集》。）

偶得牡丹数本移植窗外将有著花意二首

王种①元从上苑分，拥培围护怕因循。快晴快雨随人意，正为墙阴作好春。

香玉封春未啄花，露根烘晓见红霞。自非水月观音②样，不称维摩居士③家。

【作者简介】 朱淑真（约 1135 ～ 约 1180），女，生当宋室南渡前后，钱塘（今浙江杭州市）人。后人辑有《断肠集》。

【译文】

花王的移苗是从西京上林苑分得，／培上好土，围起栏杆，精心琢磨。／天公作美忽而下雨忽而晴，／在墙里的阴凉处会开出一片春色。

春寒封冻着牡丹花苞，香气还未透出，／雨露滋润，朝霞烘烤出朵朵红花。／本来就不是水月观音的模样，／当然不适宜降落在维摩居士之家。

【点评】

《亳州牡丹史》将本诗作者朱淑真署名为"朱淑贞"，今改正。

牡　丹

娇娆万态逞④殊芳，花品名中占得王。莫把倾城比颜色，从来家国

---

① 王种：原作"玉种"，据《全宋诗》卷 1599 本诗（第 28 册第 17960 页）校改。
② 佛教说观音菩萨能示现 32 种身相，画观音像者画其观看水月之状，称"水月观音"。
③ 佛教说维摩诘居士讲说佛法时，天女散花。
④ 逞：原作"呈"，据《全宋诗》卷 1597 本诗（第 28 册第 17992 页）校改。

为伊亡①。

【译文】

万般妖娆，呈现出种种芬芳，／众香国里只有牡丹号称花王。／别用绝色美女来比喻它的姿容，／自古以来美女会害得家破国亡。

胡　宿

白牡丹

壁堂月冷难成寐，翠幌风多不耐寒。

【作者简介】 胡宿（995～1067），字武平，常州晋陵（今江苏常州市）人。宋仁宗天圣二年（1024）进士。历官扬子尉、通判宣州、知湖州、两浙转运使、修起居注、知制诰、翰林学士、枢密副使。宋英宗治平三年（1066）以尚书吏部侍郎、观文殿学士知杭州。卒谥文恭。

【译文】

白牡丹的花盘像皎洁冰冷的月亮，照着房屋墙壁，让人难以成眠，／白牡丹的叶子像绿色帐幕，禁不住阵阵寒风而不停打战。

【点评】

《亳州牡丹史》这里对作者的署名，不称姓名"胡宿"，而称其字，作"胡武平"。今改为正规姓名。胡宿《白牡丹》全诗已不可寻，这里仅是残句。"翠幌"一作"翠幄"。南宋阮阅《诗话总龟后集》卷28《咏物门》说："苕溪渔隐曰：裴璘（潾）《咏白牡丹》诗云：'长安豪贵惜春残，争赏先开紫牡丹。别有玉杯承露冷，无人起就月中看。'时称绝唱。以余观之，语句凡近，不若胡武平《咏白牡丹》诗云：'壁堂月冷难成寐，翠幄风多不奈寒。'其语意清胜，过裴璘（潾）远矣。如皮日休《咏白莲》诗云：'无情有恨何人见，月冷风清欲堕时。'若移

---

① 伊：她，指美女。古人认为女色是祸水，会导致亡国。

作《咏白牡丹》诗有何不可，深（弥）更清（亲）切耳。"今按，这两句诗作者不是唐人皮日休，而是陆龟蒙，题作《和袭美（皮日休）木兰后池三咏·白莲》，全诗云："素蘤多蒙别艳欺，此花真合在瑶池。无情有恨何人觉，月晓风清欲堕时。"皮日休的题作《咏白莲》，云："腻于琼粉白于脂，京兆夫人未画眉。静婉舞偷将动处，西施嚬效半开时。通宵带露妆难洗，尽日凌波步不移。愿作水仙无别意，年年图与此花期。""细嗅深看暗断肠，从今无意爱红芳。折来只合琼为客，把种应须玉鳖塘。向日但疑酥滴水，含风浑讶雪生香。吴王台下开多少，遥似西施上素妆。"

元好问（字裕之，号遗山，太原定襄人。七岁能诗，乡间咸称其神童。年十四学贯经传。渡太河，为箕山、琴台等诗，于是名震。兴定登金国第，令内乡。天兴擢员外郎。金亡不仕。）

紫牡丹三首

金粉轻粘蝶翅匀，丹砂浓抹鹤翎①新。尽饶姚魏知名早，未放徐黄②下笔亲。映日定应珠有泪③，凌波长恐袜生尘④。如何借得司花手⑤，偏与人间作好春。

梦里华胥失玉京⑥，小阑春事自昇平。只缘造物偏留意，须信凡花

---

① 欧阳修《洛阳牡丹记·花释名》说："鹤翎红者，多叶花，其末白而本肉红，如鸿鹄羽色。"

② 徐黄：五代入宋的著名画家，南唐的徐熙，后蜀的黄筌。

③ 用古代神话人鱼泣泪成珠典故比喻牡丹花上的露水。西晋张华《博物志》卷2《异人》说："南海外有鲛人，水居如鱼，不废织绩，其眼能泣珠。"

④ 曹植《洛神赋》描写洛河神女走路姿势是"凌波微步，罗袜生尘"。

⑤ 旧题唐颜师古《大业拾遗记》卷上说："长安贡御车女袁宝儿，年十五，腰肢纤堕，骣憨多态。帝宠爱之特厚。时洛阳进合蒂迎辇花，云得之嵩山坞中，人不知名，采者异而贡之。会帝驾适至，因以'迎辇'名之。花外殷紫，内素腻菲芬，粉蕊，心深红，跗争两花，枝干烘翠，类通草，无刺。叶圆长薄。其香气秾芬馥，或惹襟袖，移日不散，嗅之令人不多睡。帝令宝儿持之，号曰司花女。"后用以指管理百花的女神。

⑥ 华胥：《列子》卷2《黄帝篇》说：黄帝白天睡觉时，梦游华胥国。"其国无师长，自然而已；其民无嗜欲，自然而已。不知乐生，不知恶死，故无夭殇。不知亲己，不知疏物，故无爱憎。不知背逆，不知向顺，故无利害。……黄帝既寤，怡然自得。"华胥国理想是中国古代的乌托邦。玉京：天帝居住的地方，代指首都。

浪得名。蜀锦浪淘添色重①，御炉风细觉香清。金刀一剪肠堪断，绿鬓刘郎半白生②。

天上真妃玉镜台，醉中遗下紫霞③杯。已从香国④偏薰染，更借⑤花神巧剪裁。微度麝熏时约略，惊移鸾影却低回。洗妆⑥正要春风句，寄谢诗人莫漫来。

【作者简介】 元好问（1190～1257），字裕之，号遗山，山西秀容（今山西忻州市）人。金元之际著名文学家。金宣宗兴定五年（1221）进士。正大元年（1224）中博学宏词科，授儒林郎，充国史院编修，历镇平、南阳、内乡县令。八年（1231）秋入都，除尚书省掾、左司都事，转员外郎。金亡不仕。诗词多伤时感事，厚重沉郁。有文集传世。

【译文】

牡丹花蕊的金粉把飞来的彩蝶轻轻粘住，／鹤翎红牡丹像浑身洁白的丹顶鹤，一片丹砂抹在头部。／各种名品牡丹都让姚黄魏紫老早就引领风骚，／丹青高手徐熙、黄筌难以将牡丹的姿态神韵画出。／朝阳映照花上的露珠，那是鲛人泣泪而成，／美丽的洛神凌波微步，只恐罗袜带上尘土。／怎样才能请来司花女神，／请她安排牡丹开放，让美好春色在人间遍布。

是黄帝梦游过的华胥国，而今京城已经沦陷，／只有这一栏牡丹开放，还保留着一处平安。／只因为天公造物偏偏对牡丹下功夫才开出娇

---

① 《文选》卷4左思《蜀都赋》说："贝锦斐成，濯色江波。"唐人李善注引谯周《益州志》云："成都织锦既成，濯于江水，其文分明，胜于初成。他水濯之，不如江水也。"

② 南宋黄铸《秋蕊香令》词描写秋天景象，说："寒砧夜半和雁阵。秋在刘郎绿鬓。"此处刘郎指汉武帝刘彻。唐人李贺《金铜仙人辞汉歌》说："茂陵刘郎秋风客，夜闻马嘶晓无迹。"茂陵是汉武帝的陵墓，在陕西兴平市。"秋风客"即悲秋之人。汉武帝《秋风辞》说："欢乐极兮哀情多，少壮几时兮奈老何！"

③ 紫霞：古人说道教神仙乘紫色云霞而行。

④ 香国：《维摩经》卷下说众香国，其佛名香积佛。

⑤ "借"原作"惜"，据多种版本《元好问集》校改。

⑥ 北宋周师厚《洛阳花木记》说："洗妆红，千叶肉红花也。……刘公伯寿见而爱之，谓如美妇人洗去朱粉，而见其天真之肌，莹洁温润，因命今名。"按：北宋洛阳人刘几字伯寿。

美，／须知那些寻常花卉的名气来得轻易徒然。／牡丹的花色如同锦江浣濯的锦缎格外鲜明，／牡丹的香气像是皇家香炉里的香料熏出缕缕轻烟。／萧瑟的秋风像剪刀剪得人愁肠寸断，／作出《秋风辞》的汉武帝感叹不堪老去，两鬓斑斑。

天上女神仙梳妆台上的明镜光芒闪耀，／乘着几分醉意，不经意间将紫霞杯丢掉。／散发出芬芳香味，是从众香国得到熏习，／呈现出动人姿容，是借助于花神的剪裁精巧。／香气时不时暗暗袭来，是雄麝在分泌发散，／花影摇曳，像来回走动的淑女轻盈窈窕。／洗妆红牡丹在索取春风得意的诗句，／转告诗人，作诗须呕心沥血，可别敷衍潦草。

【点评】

这组诗题为《紫牡丹三首》，元好问的文集，目录和诗题相同。但实际上写的是多种牡丹，紫牡丹只在第 3 首中提到。

吴　澄（字伯清，号草庐，临川人。公生三岁，母携过邻姥，惠以钱果，敬受，面有惭色，密置其家而去。十三举乡贡。因元乱隐居。所著《易》《书》《春秋》《礼记》纂言，后授翰林，改国子监丞。今明朝从祀庙庭。）

次韵杨司业①牡丹二首

谁是旧时姚魏家，喜从官舍得奇葩。风前月下妖娆态，天上人间富贵花。化魄他年锁子骨②，点唇何处箭头砂？后庭玉树闲歌曲，羞杀陈

---

① 司业：国子监副长官，协助正长官祭酒，掌儒生训导之政。相当于中央大学的副校长或教务长。

② 子：原作"予"，据吴澄《吴文正集》卷95本诗校改。锁子骨：锁骨菩萨，菩萨的化身马郎妇。唐人张读《宣室志》卷 7 说："夫锁骨连络如蔓，故动摇肢体，则有清越之声，固其然也。昔闻佛氏曰，言佛身有舍利骨，菩萨之身有锁骨。"元朝释念常《佛祖历代通载》卷 17 说：中唐时期，陕西出现一位美女，众多男子都想娶她，她先后限定时间背诵《法华经·观世音菩萨普门品》、《金刚经》及《法华经》全部 7卷，筛选出马家儿郎。成婚时，新娘突然去世，随即埋葬。刚过几天，有紫衣老僧来到坟前，作法验尸，"见其尸已化，唯金锁子骨"。老僧对众人说："此圣者，悯汝等障重缠爱，故垂方便化汝。"用锁骨菩萨比喻花木，有北宋黄庭坚的《戏答陈季长寄黄州山中连理枝》诗，说："金沙滩头锁子骨，不妨随俗暂婵娟。"

宫说丽华①。

公诗态度蔼祥云，绮语天香一样新。楮叶雕镂②空费力，杨花轻薄
不胜春。老成此日名园主，俊乂③同时上国宾。乐事赏心涵造化，拨根
未逊洛中人。

【作者简介】 吴澄（1249～1333），字幼清，晚字伯清，号草庐，
抚州崇仁（今江西崇仁县）人。宋元之际学者、理学家。元成宗大德
（1297～1307）末年除江西儒学副提举，任职国子监丞、翰林学士。死
赠江西行省左丞、上护军，追封临川郡公，谥文正。有《吴文正集》
等著作传世。

【译文】

谁当过当年花王姚黄花后魏花的主人？／高兴的是今天在官署里照
样看到牡丹珍品。／无论风前还是月下都呈现出妖娆姿态，／无论天上
还是人间都是雍容华贵精美绝伦。／牡丹的秀丽是锁骨菩萨为普度众生
来凡间现身，／牡丹的红艳是制作箭镞的朱砂矿石点染嘴唇。／陈叔宝
《玉树后庭花》赞美"妖姬脸似花含露"真是白说，／同牡丹一比，会
羞死那些夸耀张丽华美丽的佞臣。

先生作诗的态度像祥云一样和蔼可亲，／华丽的诗句与国色天香的
牡丹同等清新。／轻薄的杨花随风飘散经不住春季的运行，／想用楮木
把牡丹雕刻得惟妙惟肖，那是白费精神。／先生老成持重，今日做牡丹
花圃的东家，／在场的贤能俊彦都是当今的首席国宾。／造化让我们享
受这般赏心乐事，／观赏牡丹不亚于当年甲天下的洛阳人。

---

① 南朝陈后主陈叔宝作《玉树后庭花》歌词，在宫中组织男女唱和。歌词轻荡浮艳，
说："丽宇芳林对高阁，新装艳质本倾城。映户凝娇乍不进，出帷含态笑相迎。妖姬
脸似花含露，玉树流光照后庭。"陈后主不理朝政，与宠妃张丽华、狎客文人等调笑
取乐。隋文帝开皇九年（589），隋军攻下陈朝首都建康（今南京市）。陈后主和张丽
华、孔贵嫔躲在景阳宫的枯井内，被隋军抓获，陈朝灭亡。因此，后人将《玉树后
庭花》称为亡国之音。

② 楮（chǔ）：一种落叶乔木，其树皮是造纸原料。雕镂（sōu）：雕镂。

③ 俊乂（yì）：杰出的人才。

【点评】

薛凤翔作为明代人，在本卷"艺文志"中所选录的牡丹诗词赋，起自唐朝，讫于元朝，不只是反映牡丹文学的一面，更能反映牡丹作为观赏花卉为人们所认知所接受的历史进程。薛凤翔不是不想收录唐朝以前的牡丹文学作品，而是不能，因为唐朝以前没有牡丹文学作品。我在前面的点评中说过：北宋宋祁《上苑牡丹赋》说："昔也始来，由皇唐之缀赏。"南宋郑樵《通志》卷75说："牡丹晚出，唐始有闻。"明人徐渭《牡丹赋》说："兹上代之无闻，始绝盛乎皇唐。"唐初欧阳询主编的大型类书《艺文类聚》卷81《药香草部》和卷88、卷89《木部上下》，都没有关于牡丹的记载。北宋初年李昉主编的大型类书《太平御览》，将牡丹收入卷992《药部》，未收入《百卉部》。从本卷收录的牡丹诗词赋来看，这些古人的说法得到进一步验证。

本卷所收录的牡丹文学作品，以唐代居多，宋代甚少，金元极少。这与这几个朝代实际存世的牡丹文学作品数量极不成比例。这是本卷的一大缺点。

《牡丹史》跋

夫盈天下皆史之物也，则盈天下物不可无史也。圣作明述，非史不彰；嘉言懿行，非史不著。以至草木虫鱼，亦皆有史，《山经》《本草》，其滥觞矣。然《诗》《书》亦史也，不曰左史记言、右史记事①乎？《书》历叙九州山川草木。仲尼之说《诗》曰："多识于鸟兽草木之名。"且《诗》咏草木之状，则曰"参差荇菜②，左右流之"；"常棣

---

① 左史、右史是跟从在国君身边的史官，有的朝代叫起居郎、起居舍人。至于记载当朝国君的言论和行动如何分工，《汉书》卷30《艺文志》说"左史记言，右史记事"，《礼记·玉藻》说国君"动则左史书之，言则右史书之"。

② 荇（xìng）菜：水生草本植物，叶略呈圆形，浮在水面，根生水底，夏天开黄花，结椭圆形蒴果。

之华，鄂不韡韡①"。咏所生，则曰"于以采蘩，于沼于沚②"。咏其时，则曰"春日迟迟，卉木萋萋"。咏其变，则曰"裳裳③者华，芸其黄矣"。抑何委宛④多致尔！故曰诗亦史也。

　　亳都薛公仪典客，文而能诗。其大父西原公，往以正始之音⑤，与李、何颉颃⑥。于牡丹有深嗜，博访名种，植之家园，流传延蔓，迄今百年来，亳以牡丹著名。昔灵均遭时穷窘，欲滋兰九畹⑦，以寓言见志耳。公生当文明之会，屏居而来，莳花种树，以歌咏太平，甚盛事也。何必曰君子惟国香之嗜，不之花之爱哉！

　　典客又能创为之史，文词傀⑧丽，较之著牡丹旧谱，详而有法。一开卷间，居然跻一国于春台矣。又《禹贡》：扬州，"厥草惟夭"。《诗》曰："赠之以芍药。"余，广陵人也，才不能为扬州芍药史，花时对酒，手典客史读之，不犹之昔人读《离骚》之快耶？或曰：唐人谓木芍药，有牡丹也。然芍药自有金木二种，《本草》诸书辩之甚详。故谓兹史也出，补诗书所不载也可，与《山经》诸史并传也可。

---

① 常棣（dì）：木名，果实似李子而小，花两三朵相依为一级，茎长而花下垂。古代常误作"棠棣"、"唐棣"。华：同"花"。鄂不：花蒂。"鄂"，《说文》引作"萼"。"不"，甲骨文作花蒂的象形；后这个意思用同音字"跗"。韡韡（wěi）：光明华美。

② 蘩（fán）：白蒿。沼：沼泽。沚（zhǐ）：水中小面积陆地。

③ 裳裳：原作"棠棠"，据《诗经·小雅·裳裳者华》校改。裳裳：又作"常常"、"堂堂"，花开繁盛貌。

④ 委宛：委曲婉转。

⑤ 正始之音：指正始文学。从曹魏废帝正始年间（240～249）到西晋立国（265）以来，作家们面对严酷的现实，继承建安文学的优良传统，创作出关注现实、反映民生疾苦的作品，表现出强烈的社会责任感。

⑥ 李、何：明代文学流派前七子的领袖李梦阳、何景明。李梦阳（1473～1530），字献吉，号空同子，庆阳府安化县（今甘肃庆城县）人。明孝宗弘治七年（1494）进士，任户部主事、郎中、山西布政司经历、江西提学副使，后被削籍。有《弘德集》《空同子集》《李空同诗集》。何景明（1483～1521），字仲默，号白坡、大复山人，信阳（今河南信阳市）人。弘治十五年（1502）进士，授中书舍人，官至陕西提学副使。有《大复集》等著作。他们鉴于当时台阁体诗文冗沓雷同，倡导复古以救弊，文必秦汉，诗必盛唐。颉颃（xiéháng）：鸟飞上下，引申为不相上下，相抗衡。

⑦ 战国时期楚国政治家、诗人屈原（约公元前340～前278），号灵均，所作《离骚》有句"余既滋兰之九畹兮，又树蕙之百亩"。兰、蕙都是香花美草。畹，一说12亩，一说30亩。

⑧ 傀（guī）：怪异。

广陵友弟李犹龙[①]识

【译文】

普天下所有的东西，都是史书记载的对象；那么，世间万物不可没有自己的史书。圣人的业绩，英明的论述，没有史书记载就会湮没不闻；美好的言论，纯洁的行为，没有史书记载就不会彰显。以至于草木虫鱼，也都有史书记载，《山海经》《本草经》就是这类史书的滥觞。那么《诗经》《尚书》这些儒家经书，都可归于史书之列，古代文献不是说"左史记言、右史记事"吗？《尚书》中的《禹贡》，备述祖国九州的山川草木。《论语·阳货篇》记载孔子说："读诗可以多认识一些鸟兽草木的名称。"《诗经》中描绘草木的形状，《周南·关雎》说："参差荇菜，左右流之"；（水中荇菜长短不齐，左右两边轮换采集。）《小雅·常棣》说："常棣之华，鄂不铧铧。"（常棣花朵三三两两凑集成堆，花儿无不鲜亮华美。）描绘草木的生地，《召南·采蘩》说："于以采蘩，于沼于沚。"（在什么地方采集白蒿？在那沼泽旁和水中小岛。）描绘草木处在什么时令，《小雅·出车》说："春日迟迟，卉木萋萋。"（春季的白天持续变长，花木在阳光下茂盛鲜亮。）描绘草木的变化，《小雅·裳裳者华》说："裳裳者华，芸其黄矣。"（花儿繁盛鲜艳，如今变黄枯蔫。）这些诗句多么委曲婉转，多么有情致啊！所以说《诗经》也是史书。

前鸿胪寺少卿亳州薛公仪先生，满腹经纶，工于作诗。他的先祖父西原先生，当年创作出正始文学那样的精品，与一代文豪李梦阳、何景明先生并驾齐驱。西原先生对于牡丹嗜好成癖，广泛寻访名贵品种，栽植在自己的家园中，并且流传开来，不断扩展，迄今百年间，亳州以牡丹著名于世。当年屈原遭逢楚国末日，穷困窘迫，作《离骚》说自己

---

① 李犹龙（？～1653），祖籍陕西旬阳县。明崇祯朝贡生，选授兵部主事。明朝灭亡后，供职南明福王政权，任左梦庚军监军，迁太仆寺少卿。清朝顺治二年（1645），清军攻占南京，李犹龙随左梦庚降清，被任命为安庆府巡抚、天津巡抚。后革职回原籍去世。

想栽种一百亩兰花，这不过是在诗作中托辞寓意，表达自己的志向而已。公仪先生生当文教昌明之时，从官场退隐以来屏客独居，栽花种树，歌咏世道清明，这是一桩美事呀。何必一定要说君子唯一嗜好国香牡丹，不喜爱其余花卉呢！

公仪先生还破天荒为牡丹撰写史书，该书文词独特而绮丽，较之前人写的那些牡丹谱录，内容详赡周全，布局谋篇很有章法。开卷拜读，居然如同春日登台览胜，牡丹花国的种种情状历历在目，细大不遗。《尚书·禹贡》中说：扬州"厥草惟夭"。（扬州其地草木茂盛。）《诗经·郑风·溱洧》说："赠之以芍药。"（把芍药花赠给她。）我即是扬州人，能薄材谫，写不出一部扬州花卉芍药的史书。花开时节对着酒杯，手捧公仪先生的《牡丹史》仔细阅读，不是如同昔人读《离骚》那样快乐吗？有人说，唐人称说木芍药，是唐代有牡丹的证据。然而芍药有金木两种，《本草》等典籍说明二者的差别，非常细致详尽。所以我认为，公仪先生撰写出《牡丹史》，不仅可补诗书内容之阙，而且可与《山海经》、诸史等典籍一同流传后世。

扬州友弟李犹龙谨记

遵生八笺

（明）高 濂 著

评 述

　　《遵生八笺》是明人高濂于明神宗万历年间编撰的一部著作，书前有两篇作者的友人于"万历辛卯"即万历十九年（1591）所作的序言。高濂，生卒年不详，钱塘（今浙江杭州市）人。从他在书前《遵生八笺原叙》后的署名来看，他字深甫，号瑞南道人。他在《遵生八笺》卷15《论墨》中说："余为典客时，高丽使者馈墨，上有梅花印纹，其墨色甚黑而浓厚。"可见他曾在首都北京担任鸿胪寺（相当于外交部兼民族事务委员会）官员。

　　《遵生八笺》是一部以养生保健为主旨的著作，分为"八笺"，即从八个方面综合叙述养生祛病、延年益寿的方法。这八笺是清修妙论笺、四时调摄笺、起居安乐笺、延年却病笺、饮馔服食笺、燕闲清赏笺、灵秘丹药笺、尘外遐举笺。各笺少者1卷，多者4卷，全书总共19卷。

　　高濂的这份《牡丹花谱》，编次于《遵生八笺》卷16中，隶属于"燕闲清赏笺"下卷，可见他把栽花赏花看作消闲养生的一个途径。高濂在本卷设置《花竹五谱》，《牡丹花谱》是其中之一，排列于"五谱"之首。他的小序说："花品若牡丹、芍药、兰、竹、菊类，俱有全谱，即余所编菊谱，名曰《三径怡闲录》是也。不能全举以烦卷帙，聊述诸谱切要并种花杂说，录为山人园圃日考。不敢云备，要亦不外是也，艺花者当自取栽。"可知本卷的《花竹五谱》，都只是摘录相关花谱的要点，除菊谱是他自己编著的，其余都采自他人的著述。从《牡丹花谱》来看，其中《古亳牡丹花品目》，明显摘抄他的同时代人薛凤翔的《亳州牡丹史》中的内容，其余园艺技艺方面的内容，虽文字表达不雷同，但也见于《亳州牡丹史》，以及另一位同时代人王象晋的《群芳谱》。

我这里整理《遵生八笺·牡丹花谱》，以人民卫生出版社 1993 年版赵立勋、阚再忠等 5 人校注的《遵生八笺校注》为底本进行录文，个别字据《古今图书集成·草木典》卷 288《遵生八笺》及《亳州牡丹史》做了校改。其中《古亳牡丹花品目》，译文从略。

《遵生八笺》 卷十六

牡丹花谱

〇种牡丹子法

六月时候，看花上结子微黑，将皻①开口者，取置向风处晾一日，以瓦盆拌湿土盛起。至八月取出，以水浸试，沉者开畦种之，约三寸一子，待来春当自得花。

【译文】

六月份的时候，观察牡丹花上结的籽实微微发黑，表皮凸起，将要绽开，就采摘下来，在通风透气的地方晾晒一天，然后在瓦盆内拌上潮湿的细土，将籽实放在里面。到八月份将籽实取出来，放入水中测试，选择能沉入水底的籽实作为种子，开垦花畦种进去，大约间隔三寸种下一颗种子，长成后就会逢春开花。

〇牡丹所宜

---

① 皻（báo）：表皮凸起。

牡丹宜寒恶热，宜燥恶湿。根窠喜得新土则旺，惧烈风炎日。栽宜宽敞向阳之地，为牡丹所宜。

【译文】

牡丹的生长环境，宜凉快而不宜炎热，宜干燥而不宜潮湿。它扎根处经常更换新土，则会生长旺盛。它最怕大风狂吹，烈日暴晒。栽植牡丹应选择宽敞向阳的地段。这些都是适宜于牡丹生长的条件。

○种植法

栽宜八月社前，或秋分后三两日，若天气尚热，迟迟亦可。将根下宿土缓缓掘开，勿伤细根，以渐至近。每本用白敛细末一斤，一云硫黄脚末二两，猪脂六七两，拌土壅入根窠，填平，不可太高，亦不可筑实脚踏。填土完，以雨水或河水浇之，满台方止。次日土低凹，又浇一次，填补细泥一层。若初种不可太密，恐花时风鼓，互相抵触，损花之荣。此为种花之法也。其种子落地，直至春芽发叶长，是子活矣。六月须备箔遮，夜则受露。二年八月，移栽别地则茂。此护子法也。

【译文】

栽植牡丹的时间，应选择在八月份的秋社（立秋后第 5 个戊日）前，或者秋分后的两三天内。如果这时天气依然炎热，适当推迟也可以。移牡丹时，将其根部周围的旧土轻轻刨开，由远及近，不要损伤细根。所要移植的新坑，用白蔹细末一斤，一说用硫黄脚末二两，掺上猪油六七两，同新鲜细土搅拌均匀，壅培栽入坑中的牡丹根部。培土成台，大致与地面持平，不可过高，也不可夯筑或脚踩新土，以免坚硬板滞。牡丹移植入新坑，填土结束，随即用雨水或河水浇灌，壅培的土台都受水均匀，就停止浇水。第二天，新坑的土壤受水潮湿后下陷，再浇一次，并填补一层细泥。如果是刚开始栽种，牡丹植株不可距离太近，以免开花时节遇到刮风，彼此碰撞，损伤花朵。这是栽植牡丹的方法。牡丹种子落地，到来年春天发芽长叶，这是实生苗成活了。六月份须在它的周围安置苇箔，以便白天遮风蔽日，夜里承受露水。第二年的八月份，将实生苗移栽别处，就会茁壮生长。这是护养实生苗的方法。

○分花法

拣大墩茂盛花本，八九月时，全墩掘起，视可分处剖开，两边俱要有根，易活。用小麦一握，拌土栽之，花茂。此分花法也。

【译文】

挑选生长茂盛的大墩儿牡丹植株，在八九月份时，整株挖出来，观察从什么部位可以分株，从而剖开。分株后的两部分个体，都要有足够的根系，才容易成活。土坑中的新土，拌上一把小麦，栽进去的牡丹分株才能开花繁盛。这是分株栽花的方法。

○接花法

芍药肥大根如萝卜者，择好牡丹枝芽，取三四寸长，削尖扁如凿子形，将芍药根上开口插下，以肥泥筑紧，培过一二寸即活。又以单瓣牡丹种活根上，去土二寸许，用砺刀斜去一半，择千叶好花嫩枝头有三五眼[1]者一枝，亦削去一半，两合如一，用麻缚定，以泥水调涂。麻外仍以瓦二块合围，填泥，待来春花发去瓦，以草席护之，茂即有花。此接花法也。

【译文】

【充当嫁接牡丹的砧木，选择】芍药主根肥大形状如同萝卜的。【充当嫁接牡丹的接穗，】选择优良品种的牡丹枝芽，截取三四寸长，削成尖扁形状，如同凿子那样。在芍药根上开口，插进去接穗，用肥腴的湿土将嫁接处密封，壅土高度超过一两寸，这株嫁接苗即可成活。另外一种情况，以单瓣牡丹的根【充当砧木】，在距离地面约两寸的部位，用利刀斜着削去一半。同时，选择优良重瓣牡丹长着三五个花芽的嫩枝【充当接穗】，也斜着削去一半。将二者吻合对接，用麻线捆绑固

---

[1] 眼：此处指"花眼"，即花芽。唐人白居易《玩迎春花赠杨郎中》诗说："凭君与向游人道，莫作蔓菁花眼看。"唐人施肩吾《赠友人下第闲句》诗说："花眼绽红斟酒看，药心抽绿带烟锄。"

定，再调和泥水加以涂抹。然后在其外面用两块瓦合围，填入泥土，到来年春天开花时节撤掉瓦片，改用草席护苗，如果长势良好，就会开花。这是嫁接牡丹的方法。

○灌花法

灌花须早，地凉不损根枝。八、九月五日一浇，积久雨水为妙。立冬后三四日一浇粪水。十一月后，爬松根土，以宿粪浓浇一次二次，余浇河水。春分后不可浇水，待谷雨前又浇肥水一次。且浇不宜骤。六月暑中，不可浇水。旱则以河水黑早浇之，不可湿了枝叶。北方土厚，不宜粪浇，亦不宜井水。此浇花法也。

【译文】

浇灌牡丹须趁早晨，这时地面温度低，不至于因为浇水而对牡丹的根干枝条造成损害。八月、九月份五天浇灌一次，用储存时间长的雨水最妙。立冬后三四天浇灌一次粪水。十一月后，要将牡丹根部的土壤刨松，其中一两次用陈年粪兑出浓度高的肥水浇灌，其余则可以浇河水。春分过后不可浇水，在谷雨节气前再浇一次肥水。浇灌牡丹不宜大水漫灌。六月份天气炎热，不可浇水。如果天旱，用河水趁早摸黑浇灌，切不可打湿枝叶。北方地力肥沃，不宜浇灌粪水，也不宜浇灌井水。这是浇灌牡丹的方法。

○培养法

八九月时，用好土根上如前法培壅一次，比根高二寸，须隔二年一培。谷雨时，设簿①遮盖日色雨水，勿令伤花，则花久。花落，即前花枝嫩处一二寸②。六月时亦须设簿，勿令晒损花芽。冬以草荐遮雪。此培养法也。

---

① 簿：古代同"箔"字，苇箔之类。
② 此句不通，疑脱落文字。明人薛凤翔《亳州牡丹史》卷1《书·养六》说："牡丹好丛生，久自繁冗，当择其枯老者去之，嫩者止留二三枝，一枝止留一芽二芽。"明人王象晋《群芳谱·养花》说："凡打掐牡丹，在花卸后五月间，止留当顶一芽，傍枝余朵摘去则花大。欲存二枝，留二红芽，存三枝留三红芽，其余尽用竹针挑去。"

【译文】

八九月份的时候，用上好的细土，如同前面所说的方法，将根部培壅一次。培土成台，高出地面二寸，每隔两年做一次。到了谷雨时节，在牡丹丛周围设置苇箔，为它们遮挡日光和雨水，不让日光、雨水伤害花朵，则开花持续时间长。牡丹花凋谢后，只留下新枝一二寸【，将衰朽的枝条打剥掉】。盛夏六月【即便不是花期，】也须设置苇箔，以免强烈阳光损害花芽。冬天要用草垫子为牡丹遮雪防冻。这是护养牡丹的方法。

　　○治疗法

冬至前后，以钟乳粉和硫黄一二钱，掘开泥培之，则花至来春大盛。种时以白敛拌土，欲绝蛴螬土蚕食根。有蛀眼处，以硫黄末入孔，杉木削针针之，虫毙。若有空眼处，折断捉虫，亦一法耳。此为治疗法也。

【译文】

在冬至节气的前后，刨开牡丹根旁的泥土，用钟乳粉同硫黄一二钱搅拌均匀，混合新土，壅培根部，到来年春天牡丹会开得特别繁盛。栽种牡丹时，坑中新土要拌进去白蔹粉，以便杀死蛴螬土蚕等害虫，不让它们啃啮牡丹根。发现蛀虫洞穴，须将杉木削成针，蘸一些硫黄粉刺入洞穴中，蛀虫就会丧生。如果发现【牡丹枝条上】有空眼【，那是害虫的洞穴】，须折断枝条【或挑开虫眼】清除害虫，这也是一种办法。这是防治病虫害的方法。

　　○牡丹花忌

北方地厚，忌灌肥粪、油籸①肥壅。忌触麝香、桐油、漆气。忌用热手搓摩摇动。忌草长藤缠，以夺土气，伤花。四旁忌踏实，使地气不升。忌初开时即便采折，令花不茂。忌人以乌贼鱼骨针刺花根，则花弊

---

① 籸（shēn）：同"糁"，谷类粉碎成的小渣子。油糁指油菜籽、芝麻、大豆、花生等榨油后剩余的残渣。

凋落。此牡丹之所忌也。

【译文】

北方地力肥厚，牡丹忌讳浇灌肥粪，以及用油料作物榨油后的残渣来为牡丹土壤追肥。牡丹还忌讳接触麝香、桐油、漆气等异味。还忌讳人用热乎乎的手来搓摩花瓣、摇动花朵。还忌讳周围杂草丛生，藤蔓缠绕，来争夺地力，影响开花。牡丹植株旁的土壤忌讳踩踏坚实，使地气不通畅。还忌讳刚刚开花就被连带枝条采折走，使剩余的花朵开得不茂盛。还忌讳人用乌贼鱼骨针刺花根，那会使得花朵凋落。这些都是栽培牡丹的禁忌。

〇古亳牡丹花品目

黄类

御衣黄：千叶，色似黄葵。

淡鹅黄：初开微黄，色如新鹅黄，后渐白。平头。闻有太真黄，未见。

大红类

大红舞青猊：千叶楼子。胎短花小，中出五青瓣。宜向阳。

石榴红：千叶楼子，胎类王家红。

曹县状元红：千叶楼子，宜成树，背阴。

金花状元红：大瓣平头，微紫。每瓣上有黄须，故名。宜阳。

王家大红：千叶楼子。胎红而长，尖微曲。宜阳。

大红剪绒：千叶平头，其瓣如剪。

大红绣球：花类王家红，叶微小。

大红西瓜穰：千叶楼子，宜阴。

小叶大红：千叶，头小难开。

金丝大红：平头，不甚大。每瓣上有金丝毫，谓之金线红。

朱砂红：千叶楼子，宜阴。

映日红：千叶楼子，细瓣。宜阳。

锦袍红：千叶平头。

羊血红：千叶平头，易开。

九蕊珍珠红：千叶，花中有九蕊。

石家红：千叶平头，不甚紧。

七宝冠：千叶楼子，难开。又名七宝旋心。

醉胭脂：千叶楼子。茎长，每开头垂下。宜阳。

桃红类

魏红：千叶。

大叶桃红：千叶楼子，宜阴。

桃红舞青猊：千叶楼子，中出五青瓣。河南名睡绿蝉。宜阳。

寿安红：平头，黄心。有粗细叶二种，粗者香。

寿春红：千叶平头，胎瘦小。宜阳。

殿春芳：千叶楼子，开迟。

醉桃仙：千叶，花外白内红。难开，宜阴。

美人红：千叶楼子。

皱叶桃红：千叶楼子，叶圆而皱。难开，宜阴。

梅红平头：千叶，深桃红。

莲蕊红：千叶楼子，瓣似莲。

海天霞：千叶平头，开大如盘。宜阳。

桃红西瓜穰：千叶楼子，胎红而长。宜阳。

翠红妆：千叶楼子，难开，宜阴。

陈州红：千叶楼子。

桃红西番头：难开，宜阴。

桃红线：千叶。

四面镜：有旋瓣。

桃红凤头：千叶，花高大。

娇红楼台：千叶，浅红，桃红。宜阴。

轻罗红：千叶。

浅娇红：千叶楼子。

花红绣球：千叶细瓣，开圆如珠。

娇红：色如魏红不甚，千叶。

醉娇红：千叶，微红。

出茎红桃：千叶，大尺余。其茎长二尺许。

西子红：千叶，开圆如球。宜阴。

紫玉：千叶，白瓣，中有红丝纹，大尺许。

海云红：千叶，色红如朝霞。

粉红类

玉芙蓉：千叶楼子，成树则开。宜阴。

素鸾娇：千叶楼子，宜阴。

水红球：千叶，丛生，宜阴。

玉兔天香：二种：一早开，头微小；一晚开，头极大。中出二瓣，如兔耳。

醉杨妃：二种：一千叶楼子，宜阳；一平头，极大，不耐日色。

赤玉盘：千叶平头，外白内红。宜阴。

回回粉西施：细瓣楼子，外红，内粉红。

粉西施：千叶，甚大，宜阴。

醉西施：千叶，开久，露顶。

观音面：千叶，开紧，不甚大。丛生，宜阳。

粉娇娥：千叶，白色带浅红，即腻粉妆。

西天香：开早，初甚娇，三四日则白矣。

彩霞红：千叶平头。

玉楼春：千叶，多雨盛开。

鹤翎红：千叶。

醉春容：色似玉芙蓉，开头差小。

醉玉楼：千叶，色白起楼。

一百五：千叶，过清明即开。又名满园春。

合欢花：千叶，一茎两朵。未见。

倒晕檀心：千叶。外深红，近萼反浅白。

肉西施：千叶楼子。

三学士：千叶，三色。

紫类

紫舞青猊①：千叶，中出玉青瓣。

腰金紫：千叶，有黄须一围。

叶底紫：千叶，茎短，叶覆其花。

即墨紫②：千叶楼子，色类黑葵。

丁香紫：千叶楼子。

瑞香紫：千叶大瓣。

平头紫：千叶，大径尺。

徐家紫：千叶，花大。

茄花紫：千叶楼子。又名藕丝合。

紫姑仙：千叶楼子，大瓣。

紫绣球：千叶，花圆。

紫罗袍：千叶。又名茄色楼。

紫重楼：千叶，难开。

紫云芳：千叶，多丛。

驼褐裘：千叶楼子，大瓣，色类褐衣。宜阴。

淡藕丝：千叶楼子，淡紫色，宜阴。

烟笼紫：千叶，浅浅交映。

白类

白舞青猊：千叶楼子。中出五青瓣。

---

① 猊：原作"霓"，《文渊阁四库全书》第871册《遵生八笺》本条同，据《古今图书集成·草木典》卷288《遵生八笺》本条及《亳州牡丹史》卷1《传》校改。

② 即墨紫：原作"即黑紫"，《文渊阁四库全书》第871册《遵生八笺》本条同，据《古今图书集成·草木典》卷288《遵生八笺》本条及《亳州牡丹史》卷1《传》校改。

万卷书：千叶，花瓣皆卷筒。又名波斯头，又名玉玲珑。一种千叶桃红，亦同名。

玉重楼：千叶楼子，宜阴。

无瑕玉：千叶。

水晶球：千叶，粉白。

白剪绒：千叶平头，瓣上如锯齿。又名白缨络。难开。

绿边白：千叶，瓣有绿色

羊脂玉：千叶楼子，大瓣。

庆天香：千叶，粉白。

玉天仙：千叶，粉白。

玉绣球：千叶。

玉盘盂：千叶平头，大瓣。

莲香白：千叶平头，瓣如莲花，香亦如之。

青心白：千叶，心青。

伏家白：千叶。

凤尾白：千叶。

迟来白：千叶。

平头白：千叶，盛者大尺许。难开，宜阴。

金丝白：千叶，白色。

佛头青：千叶楼子，大瓣。群花谢后始开，瓣有绿色。汴名绿蝴蝶，西名鸭蛋青。

亳州牡丹述

（清）钮 琇 著

评 述

《亳州牡丹述》是清人钮琇撰写的 1 卷小品。钮琇（？～1704），字玉樵，江苏吴江县人。康熙十一年（1672）拔贡生，先后在河南项城、陕西白水、广东高明任知县。著有笔记小说《觚賸》《觚賸续编》以及《临野堂集》《白水县志》。他在项城任职时，对东侧亳州的牡丹十分向往，却因故未能成行，由于经常听到两位友人说起亳州牡丹的具体情况，遂于康熙二十二年（1683）撰成这份牡丹谱，后来收入康熙三十九年（1700）自己编定的《觚賸》卷 5《豫觚》中，本则题作《牡丹述》。他去世半个世纪后，他的同乡杨覆吉于乾隆十八年（1753）将本谱编入《昭代丛书》辛集中，编为卷 46，题目则改作《亳州牡丹述》，虽说妄改前人标题，但与具体内容更加贴切。

钮琇《亳州牡丹述》虽然不是作者本人实地考察的记录，但由于是转述友人们亲历之事，也算得上是第一手资料，所述的一些牡丹品名为明人薛凤翔《亳州牡丹史》所无，反映从明朝到清朝亳州牡丹的发展。钮琇只在最后的文字中对极少数品种作出简要描绘，谱中绝大多数品种仅记载品名，让人无从知道具体状况。这种损之又损的写作手法，令人十分遗憾。

本谱开篇的一大段综述，运用了一些牡丹谱录常常提到的文献说法，乍看起来，钮琇想审视历史，廓清迷雾，以正视听。然而他想纠正两种他认为的错误说法，结果反倒是他自己弄错了。其一，钮琇想推翻牡丹"唐则天以后始盛"的说法，认为隋炀帝营建东都，西苑中就栽植了河北易州进献的 20 种牡丹，并列举出飞来红等 6 个品名。殊不知武则天时牡丹才移植于皇家苑囿，是唐代宰相舒元舆《牡丹赋》中的说法，移植的是汾州众香寺僧人们培育的牡丹。这个说法无论你相信还是不相信，至少它不荒唐。至于隋炀帝西苑牡丹说，那是北宋刘斧《青琐高议》中小说《海山记》编造的故事情节。不仅是隋朝，就是隋朝以后的唐代近 300 年，迄未见任何牡丹品名。其二，钮琇认为唐代不止长安城内的兴庆宫栽植牡丹，临潼华清宫也栽植牡丹。华清宫是否有牡丹？可能会有，甚至可以说应该有。但钮琇的论据却是唐玄宗同杨贵妃在华清宫，杨贵妃手带胭脂捏过牡丹花瓣，唐玄宗下令栽在华清宫的先春馆，次年开花，花瓣上有杨贵妃手捏痕迹，遂命名为一捻红。这又是听信了刘斧《青琐高议·骊山记》的小说编造。问题是唐玄宗、杨贵妃从来没有牡丹花期住在华清宫的经历。新旧《唐书》的《玄宗本纪》，将唐玄宗幸华清宫的起止时间具体到年月日，怎么不去查对是否处在牡丹花期？钮琇没有广泛查阅相关书籍，没有认真考辨，在古人叙述、研究牡丹、牡丹史、牡丹文化的书籍文章中，这是通病。

我这里整理钮琇的《亳州牡丹述》，以上海书店出版社 1994 年版《丛书集成续编》第 79 册影印《昭代丛书》辛集卷 46（世楷堂藏版）为底本进行录文标点，以上海古籍出版社 2002 年版《续修四库全书》第 1177 册影印《觚賸》参校。其中牡丹品名只是一份分类清单，不需要作译文，故从略。

欧阳公《牡丹谱》云："牡丹出洛阳者，天下第一。唐则天以后始盛，然不进御。自李迪为留守，岁遣校乘驿一日夜至京师，所进不过姚黄、魏花数朵。"又贾耽《花谱》云："牡丹，唐人谓之木芍药。天宝中，得红、紫、浅红、通白四本，移植于兴庆池东沉香亭。会花开，明皇引太真玩赏，李白进《清平调》三章，而牡丹之名于是乎著①。"然考之杂志，炀帝开西苑，易州进牡丹二十种，有飞来红、袁家红、天外红、一拂黄、软条黄、延安黄等名。则花之得名，不始自天宝年也。明皇时有进牡丹者，贵妃面脂在手，印于花上，诏栽于先春馆，来岁花上有指印迹，名为一捻红。则花之繁植，不仅在沉香亭也。钱惟演②进洛下牡丹，东坡有诗云："洛阳相公忠孝家，可怜亦进姚黄花③。"则花之入贡，不止于李留守也。

余官陈之项城，去洛阳不五百里而遥，访所谓姚魏者，寂焉无闻。鄢陵、通许及山左曹县，间有异种，唯亳州所产最称烂熳。亳之地为扬、豫水陆之冲，豪商富贾，比屋而居，高舸大艑④，连樯⑤而集。花时则锦幄如云，银灯不夜，游人之至者相与接席携觞，征歌啜茗。一椽之僦⑥，一箸⑦之需，无不价踊百倍。浃旬喧宴，岁以为常。土人以是殚其艺灌之工，用资赏客。每岁仲秋多植平头紫，剪截佳本，移于其干，故花易繁。又于秋末收子布地，越六七年乃花。花能变化初本，往往更得异观，至一百四十余种，可谓盛矣。然赏非胜地，莳⑧不名园，

---

① 贾耽（730~805），字敦诗，沧州南皮（今河北南皮县）人。唐后期官员，地理学家。此处说贾耽著有《花谱》，没听说过有此事。这段文字，实际上是晚于贾耽200年的北宋人史（930~1007）所撰小说《杨太真外传》卷上一节文字的缩写。

② 钱惟演：原作"钱维演"，《觚賸》卷5《豫觚》同，皆误，径改。

③ 这两句诗是北宋苏轼《荔枝叹》的最后两句，原文作"相君"，引文作"相公"，误。苏轼自注："洛阳贡花，自钱惟演始。"钱惟演的父亲钱俶是浙江割据政权吴越的国君，归顺宋朝，宋太宗夸奖他"以忠孝而保社稷"。钱惟演被北宋安排以使相身份担任西京（洛阳）留守，故被苏轼称作"相君"。按：欧阳修《洛阳牡丹记》说："洛阳至东京六驿，旧不进花，自今徐州李相（迪）为留守时始进御。"欧阳修在钱惟演手下担任西京幕府推官3年多，四次遇见洛阳牡丹开花，正是看到钱惟演在座椅后面的屏风上写满了牡丹品名，才更加关注牡丹，并写作《洛阳牡丹记》的。对于西京留守向开封皇家进献牡丹，到底是从自己的顶头上司钱惟演开始还是从李迪开始，欧阳修不至于弄不清楚。苏轼（1037~1101）比欧阳修（1007~1072）小30岁，到他这里，只能是道听途说了。从情理上说，倒是欧阳修的说法可信。

④ 艑（biàn）：大船。

⑤ 樯：船上挂风帆的桅杆。

⑥ 椽：放在檩上架着屋顶的木条，代指房屋间数。僦（jiù）：租赁。

⑦ 箸（zhù）：筷子。

⑧ 莳（shì）：栽种。

上林①无移植之荣，过客无留题之美。周子有言："牡丹之好宜乎众②。"
嗟乎，岂牡丹之幸也哉！

项与亳接壤，余日踬于簿书，不能一往。阅三载复以忧归，游览之
怀，竟未获遂。余之不幸，甚于花也，而终不忘于余心。友人刘子石
友、王子鹤洲艳称之，因其所言，以类述于左。

【译文】

北宋欧阳修《洛阳牡丹记》说："洛阳出的牡丹，为当今天下第
一。唐朝自则天皇后武氏以后，牡丹才开始繁盛。但地方一直未向朝廷
进贡牡丹。自从国朝李迪来洛阳担任西京留守，每年派遣军人沿途换乘
驿马，一个昼夜就能赶到京师开封，所进贡的不过是最为名贵的姚黄、
魏花数朵而已。"另外，唐朝贾耽《花谱》说："牡丹，唐人称之为木
芍药。玄宗天宝年间（742～756），皇家获得红、紫、浅红、通白四株
牡丹，移植于长安兴庆宫龙池东沉香亭侧。牡丹盛开时，玄宗领着杨贵
妃来这里玩赏，翰林供奉李白呈上奉诏当场创作的《清平调》词三首。
牡丹从此名声显赫。"然而稽考杂记，隋炀帝营建东都，当即在洛阳开
建西苑，河北易州向洛阳进献牡丹20种，有飞来红、袁家红、天外红、
一拂黄、软条黄、延安黄等品名。那么，牡丹花之蜚声遐迩，并非始于
天宝年间。唐玄宗时有向临潼华清宫进献牡丹的，杨贵妃正在往脸上涂
抹胭脂，带着残余胭脂的手指捏了一下花瓣，在花瓣上印上胭脂痕迹。
玄宗诏令将这株牡丹栽在先春馆旁，来年春天开花，花瓣上有手捏胭脂
的痕迹，遂命名为一捻红。那么则是牡丹花广泛种植，不仅仅在沉香亭
旁。北宋钱惟演担任西京留守，将洛阳牡丹进献汴京朝廷。苏轼作诗讽
刺道："洛阳相君忠孝家，可怜亦进姚黄花。"那么则是给朝廷进贡牡
丹花，并不仅仅是西京留守李迪这样做过。

---

① 上林：汉武帝于建元三年（公元前138）在秦代关中的一个旧苑址上扩建而成的宫
苑，称上林苑，后代指皇家苑囿。
② 周子指北宋理学先驱周敦颐。这句话与周敦颐《爱莲说》原文不符，原文说："莲之
爱，同予者何人？牡丹之爱，宜乎众矣。"

　　我在陈州的属县项城（今河南项城市）担任知县，距离洛阳不到500里，我曾在项城县一带寻访哪里栽种着洛阳传来的姚黄、魏紫牡丹，竟然寻访不到一点点消息。河南的鄢陵县、通许县以及山东的曹县（今菏泽市），间或有牡丹奇异品种，但唯有安徽亳州所出的牡丹最为烂漫。亳州地当扬州、豫州水陆交通要冲，富商大贾麇集此地，一家挨着一家。外地商人前来做买卖，高大的货船一只挨着一只。一到牡丹花期，亳州到处搭建锦绣帷幄，连绵如同云海。通宵张灯，明亮如同白昼。游赏牡丹的人们铺着席子，一片挨着一片。他们携带着美酒佳肴，品尝之时，雇来歌儿舞女以轻歌曼舞助兴。他们啜饮茶水，解渴消困。这期间凡租用一间房子，买一顿饭菜，价格都上涨到平时的百倍。足足10天，热闹非凡，吃喝铺张，年年牡丹花期都是这样。亳州当地人因此而用尽了牡丹的园艺技巧，以便提供优良牡丹给游人观赏。他们广泛栽植平头紫牡丹，每年仲秋八月，剪截优秀牡丹品种为接穗，嫁接到平头紫牡丹的接口上，因此，当地牡丹容易繁盛。他们还在秋末采集牡丹种子，种在地上，实生苗生长六七年才开花。通过嫁接，牡丹能变得和母本不一样，花朵的形状和颜色往往更加奇特，所以品种达到140多种，算得上盛极一时了。然而观赏牡丹不是在久负盛名的胜地，栽培牡丹不是在远近驰名的园林，即便是从皇家禁苑移植来的牡丹，也显不出它的尊荣，文人墨客也没有题诗歌咏的雅兴。北宋周敦颐先生在《爱莲说》一文中说过："对于牡丹的爱好，人数当然很多了。"唉，难道这不是牡丹的幸运吗！

　　项城与亳州接壤，但我公务缠身，天天被簿书弄得颠三倒四的，竟不能去一趟亳州一饱眼福。在项城历经3年，又因家长不幸去世而停职返乡服丧，去亳州游览的愿望，竟然一直未能实现。我与亳州牡丹缘悭一面，是我和亳州牡丹共同的不幸，但我的不幸，又超过了亳州牡丹的不幸。这种遗憾，使我始终耿耿于怀。我的友人刘石友先生、王鹤洲先生，平素老是以欣羡的口气不断地说亳州牡丹的情况，我这里依据他们的介绍，将亳州牡丹按照命名的方式，分类叙述于下。

花之以氏名者十有八

支家大红，支家新大红，支家新紫，甄家榴红，宋红，蔡家银红，孟白，石家大红，支家银红，武家遗爱红，董红，魏红，雅白，雅二白，大焦白，二焦白，王二红，马家黄。

次品一

王家红。

花之以色名者十有六

花红平头，花红无对，银红大观，御衣黄，中黄，瓜瓤黄，鳌头红，水獭银红，拖地白，大黄，小黄，鹦羽绿，佛头青，花红胜妆，斗口银红，花红叠翠。

次品二

花红楼子，宫袍红。

花之以人名者十有七

太真晚妆，郭兴红，老郭兴红，健红，洛妃妆，绿珠琼楼，杨妃沉醉，健白，貂蝉轻醉，飞燕妆，醉玉环，杨妃初浴，软枝醉杨妃，杨妃一捻红，蕴秀妆，孟烈红，碧玉红妆。

花之以地名者八

瑶池春，汉宫春，明堂红，阆苑仙姿，陕西大白，太和红，生白堂，绣谷春魁。

次品三

玉楼春，蕊宫仙颜，沉香亭。

花之以物名者二十有七

金玉变，花红绉纱，藕丝霓裳，醉仙桃，金轮，绿衣含珠，出炉金，金玉交辉，紫罗澜，界破玉，斗金，金不换，斗珠，无瑕玉，琉瓶贯珠，黄绒铺锦，白舞青猊，白雪锦绣，砖色蓝，出水芙蓉，栗玉香，一匹马，千张灰，五色奇玉，海市神珠，锦帐芙蓉，银红球。

次品十有一

霞天凤，蕊珠，软玉，丹凤羽，笑雪乌，屑绮，蜀锦，胭脂楼子，花红剪绒，雪魄蟾精，菱花晚翠。

花之以数名者三

第一红，十七号，十九号。

花之以境名者十有二

金乌出海，湖山映日，扶桑晓日，万叠云山，碧天秋月，秋水妆白，水月妆，琼楼玉宇，冰轮乍涌，金精雪浪，寒潭月，一朵红云。

次品一

雪塔。

花之以事名者六

夺锦，泥金捷报，十二连城，绿水红连，朱颜傅粉，祥光罩玉。

次品三

夺元，墨魁，缟素妆。

花之以品名者八

花圣，万花一品，天香一品，夺萃，夺萃变，羞花伍，独胜，天葩奇艳。

次品七

花王，花祖，夺艳，姿貌绝伦，群芳羞，娇容三变，胜娇容。

【译文】

（从略）

以上皆异种。其尤异者支家大红，太学生支薇甫手植，千叶明霞，鲜艳夺目，殊非深紫可比。新大红，色亦如之，绽蕊结绣，蜷曲下垂。二红并妍，难第甲乙。

一匹马，色红，有以匹马易之者，名遂著。健红之名，始于土人健宇所嗜，向无支红，则健红固一时之冠也。

御衣黄，俗名老黄，晓视甚白，午候转为浅黄，莺然可爱。绿珠琼楼，色白，每瓣绿点如珠，虽丹青叶叶为之，无其巧幻。出炉金，娟娟妩媚，艳并海棠，枝干亦小。金轮为黄中第一，古之姚黄恐亦逊此。魏红如傅粉美人[1]，钱思公常曰："人谓牡丹花王，今姚黄真可谓王，而魏花乃后也。"《谱》云："姚黄出于姚氏。魏花，肉红色，出于魏相仁溥家。"今之魏红，其遗种欤？

焦白明秀，为白中上品，与雅健[2]伯仲。界破玉，嫩白色，每花片上红丝一缕印之。砖色蓝，蓝间带红，望若红衫女子贮碧纱笼中。十二连城，白次雅健。五色奇玉，白又次于连城，而花瓣各有红紫碧绿诸色丝络其间，洵云奇矣。金玉交辉，白花错以黄须；绿衣含珠，红花缀以翠缕，亦奇玉之亚。

---

① "傅粉"是形容白牡丹的。唐人韦庄《白牡丹》诗说："陌上须惭傅粉郎。"南朝刘义庆《世说新语·容止》记载："何平叔（曹魏时期的何晏）美姿仪，面至白。魏明帝（按：应为魏文帝）疑其傅粉，正夏月，与热汤饼。既啖，大汗出，以朱衣自拭，色转皎然。"这里用"傅粉"来形容肉红色牡丹魏花，意象不合。语有"涂脂抹粉"，姑且取其偏意，按"涂脂"理解。

② 雅健：这则文字，底本两处皆作"雅健"，《觚賸》卷5《豫觚》前作"健雅"，后作"雅健"。参以前文"健红之名，始于土人健宇所嗜"，倒有可能作"健雅"正确。姑从底本。

古以左紫称最①，近唯红白擅场，然支家新紫，娇腻无俗韵，固宜与大红、新红名甲海内云。其次者虽非本州所贵，岁以售之花贾，好事之家购而得，犹不止吉光寸羽，昆山片玉，况尤者乎！

虽然，盛衰无时，代谢有数，后日之谯，安知不为今日之雏？则繁英佳卉，泯灭无传，是花之不幸又甚于余，余乌能以无述也！

时康熙癸亥七月望日

【译文】

以上这些亳州牡丹品种，都是当地奇特的牡丹。其中最为奇特的是支家大红牡丹，它是太学生支薇甫亲手培植的。该品种是重瓣花，像红霞一样鲜艳夺目，绝不是深紫牡丹可以比拟的。支家新大红牡丹，花色与支家大红相同，花开时紧蹙结绣，弯曲下垂。支家大红和支家新大红，同等妍丽，难以分出哪个第一哪个第二。

一匹马牡丹，花色鲜红，有人以一匹马相交换，遂以"一匹马"作为这一品种牡丹的名称，一下子名声陡起。健红牡丹的得名，起始于亳州当地人健宇对它的嗜好。如果没有支家大红和支家新大红，那么健红牡丹肯定就是当今最好的品种了。

御衣黄牡丹，俗称"老黄"。早晨看它，花色相当白，中午开始转成浅黄色，像黄莺羽毛颜色，非常可爱。绿珠琼楼牡丹是白色花朵，每片花瓣上都长着绿点，像珍珠一样，即便人们用丹青颜料在每片花瓣上描绘，也没有它自然长出来的绿点工巧奇异。出炉金牡丹，非常柔美妩媚，其美艳程度与海棠花相当，枝干也小巧玲珑。金轮牡丹在黄牡丹中堪称第一，古来名品姚黄牡丹恐怕也比不上它。魏红牡丹如同俏丽佳人脸上涂着胭脂，北宋钱惟演曾说："人们说牡丹花是百花之王，当今姚黄牡丹真称得上是花王，而魏花牡丹就是花后了。"欧阳修《洛阳牡丹

---

① 古以左紫称最：此说是钮琇对古代文献的误解，左紫的地位怎能超过花王姚黄、花后魏花？左紫是最早出现的重瓣花，重瓣花被人们看重，从左紫开始。欧阳修《洛阳牡丹图》诗说："传闻千叶昔未有，只从左紫名初驰。"周师厚《洛阳花木记》说："左紫，千叶紫花也。……叶杪微白，近蒂渐深。突起圆整，有类魏花。开头可八九寸，大者盈尺。此花最先出，国初时生于豪民左氏家。"

记》说："姚黄牡丹是由洛阳白司马坂姚氏家培育出来的。魏花牡丹是肉红色花朵，出自五代后周宰相魏仁浦家。"现在的魏红品种，是北宋魏红牡丹的遗种吗？

大焦白、二焦白牡丹，非常亮丽，在白牡丹中位居上乘，与雅健牡丹相差无几。界破玉牡丹为嫩白色，每片花瓣上长着一缕红丝。砖色蓝牡丹，花色蓝中带红，看起来宛如一位红衣女郎被装在碧纱笼中。十二连城牡丹，在白牡丹中稍逊于雅健牡丹。五色奇玉牡丹，在白牡丹中又次于十二连城牡丹，但它的花瓣上分布着红紫碧绿各种颜色的丝络，这实在太奇异了。金玉交辉牡丹，白色的花朵错杂布列一些黄须。绿衣含珠牡丹，红色的花朵缀着一些翠绿的细缕。它们都是仅次于五色奇玉的奇特品种。

古来一直因为左紫牡丹是最早出现的重瓣花，被看成是极品，近代却只有红牡丹、白牡丹最有市场。但支家新紫牡丹，形象娇美，质地滑腻，与寻常风韵迥然不同，当然应该与支家大红、支家新大红并称海内第一等。亳州那些次于上述诸品种的牡丹，虽不被当地人看重，但年年卖给花商，外地喜爱牡丹的人家买到手，将这些品种看得如同吉光片羽、昆山片玉一样珍贵，何况那些最好的牡丹品种！

尽管这样，然而繁盛和衰败是没有固定时限的，新陈代谢却有定数，将来的亳州牡丹，怎么就知道不会像今日洛阳牡丹一样风光不再呢？真到了那一步，亳州繁盛多姿的牡丹就要泯灭断层了。那么，亳州牡丹花的不幸就会超过我现在的不幸，我怎能不把它们现在繁盛的情况记叙下来呢！

时康熙癸亥（康熙二十二年，1683）七月十五日

花 镜

（清）陈淏子 著

评 述

《花镜》是明末清初人陈淏子编撰的一部农学著作。陈淏子字扶摇，自号西湖花隐翁。明朝灭亡后，他不愿出仕清朝，遂退守田园，以种植花草为事，并办学招收生徒，以授课为业。《花镜》是他晚年的作品，一共6卷，"牡丹"是该书卷3《花木类考》中内容的一小部分。1979年，农业出版社出版了伊钦恒校注的《花镜》修订本，以下"牡丹"内容即据此本录文，纠正了其几处错误标点。

《花镜》中牡丹部分的开篇综述，约900字，涉及牡丹的栽培、移植、嫁接、采集种子、灌溉、灭虫、打剥、施肥、防护等内容，有一定的实用价值。但此前北宋欧阳修《洛阳牡丹记》、周师厚《洛阳花木记》，以及明朝薛凤翔《亳州牡丹史》、王象晋《群芳谱》等牡丹谱录，都有这方面翔实的系统的叙述，《花镜》并没有提供新说。这部分内容，上述各谱已作注释和译文，这里没必要重复，只对个别地方作简要的注释。

《花镜》中牡丹部分既然是拾人牙慧，对也罢错也罢，都应该由被抄撮的原始文件负责。但陈淏子别出心裁的地方，则应由他自己负责。他的说法有很令人惊诧的地方。他居然说："姚黄：千叶楼子，产姚崇家。"姚崇（650～721）是武则天至唐玄宗时期的政治家，开元初期当过三年宰相。这一时期，牡丹作为观赏花卉刚刚被社会认识，在长安的种植初步形成规模，但还没有发展到变异品种、命名品名的地步，而且整个唐代（618～907）都没有发现牡丹品名。在这样的历史背景下，当时怎么会有姚黄牡丹，怎么会出自姚崇家！姚崇去世300年后，才在北宋西京洛阳地区出现姚黄牡丹。欧阳修于宋仁宗景祐元年（1034）或稍后一两年撰成的《洛阳牡丹记》中说："姚黄者，千叶黄花，出于民姚氏家。此花之出，于今未十年。姚氏居白司马坡，其地属河阳。然花不传河阳传洛阳，洛阳亦不甚多，一岁不过数朵。"将近半个世纪后，周师厚撰成《洛阳花木记》，又说："姚黄，千叶黄花也，……其花本出北邙山下白司马坡姚氏家。今洛中名圃中传接虽多，惟水北岁有开者，大抵间岁乃成千叶，余年皆单叶或多叶耳。水南率数岁一开千叶，然不及水北之盛也。……洛人贵之，号为花王。城中每岁不过开三数朵。"姚黄什么时候什么地点什么人培育出来，一清二楚，而且花型根本不是陈淏子所说的"楼子"，通常情况下也不是"千叶"。

陈淏子又说："朝天紫：金紫，如夫人服。"这又错了，但他不是这个说法的始作俑者。朝天紫是南宋陆游《天彭牡丹谱》中记载的四川牡丹品名，但陆游交代具体情况"未详"。明人王象晋《群芳谱》说："朝天紫：色正紫，如金紫夫人之服色。"这便是陈淏子拾人余唾之所自。问题是哪有什么"金紫夫人"？明人杨慎《词品》卷1说得很清楚："朝天紫，本蜀牡丹花名。其色正紫，如金紫大夫之服色，故名。"看来错误说法是把"大夫"弄成"夫人"了。

陈淏子又说："紫绣球：即魏紫也，千叶，楼子，叶肥大而圆转，可爱。"周师厚《洛阳花木记》最早记载紫绣球牡丹，说："紫绣球，千叶紫花也。色深而莹泽，叶密而圆整，因得绣球之名。"这里没说紫绣球和魏花有渊源关系。陆游《天彭牡丹谱》说："紫绣球，一名新紫花，盖魏花之别品也。其花叶圆，正如绣球状，亦有起楼者，为天彭紫花之冠。"陆游说"紫绣球"是"魏花之别品"，即魏花牡丹的分支品种；陈淏子径直说成"即魏紫"，便成为一花二名了。

　　总之，陈淏子所说的"今乃取其一百三十一种，详释于后"，其中有粗枝大叶的地方。

　　牡丹为花中之王，北地最多，花有五色、千叶、重楼之异，以黄紫者为最。自欧阳修作《记》后，人皆烘传其名，遂有牡丹谱。今乃取其一百三十一种，详释于后。

　　其性宜凉畏热，喜燥恶湿，根窠乐得新土则茂，惧烈风酷日，须栽高敞向阳之所，则花大而色妍。移植在八月社前，或秋分后皆可。根下宿土少留，切勿掘断细根。每种过先将白薇末一斤拌匀新土内，（因其根甜，多引土蚕蛴蟥虫，故用白薇杀之。）再以小麦数十粒撒下，然后坐花于上，以土覆满。复将牡丹提于地平，使其根直，则易活。不可踏实。随以天落水或河水灌之。子类母丁香①而黑，六月收置，向风处晾一日，以瓦盆拌湿土盛之。至八月中，取其下水即沉者，而畦种之。待其春芽长大，五、六月以苇箔遮日，夜则露之，至次年便可移种矣。然结子畦种，不若根上生苗分植之便。其接换亦在秋社前后。将种活五年以上小牡丹，去地留一二寸，将利刀斜削去一半，再以佳种旺条截一段，斜削去一半，上留二三眼，贴于小树上，合如一木，以麻缚定，用湿泥抹其缚处，两瓦合之，内填细土。待来春惊蛰后，出瓦与土，随以草荐围之，未有不活者。其花愈接愈幻。昔张茂卿接牡丹于椿树之上，每开则登楼宴赏，至今称之。

　　夏月灌溉，必清晨或初更，必候地凉方可浇。八、九月五七日一浇，十月十一月三四日一浇。十二月地冻，止可用猪粪壅之。春分后便不可浇肥，直至花放后，略用轻肥。六月尤忌浇，浇则损根，来年无花。花未放时去其瘦蕊，谓之"打剥"。花将放，必用高幕遮日，则花耐久。开残即剪，勿令结子，留子则来年不盛。冬至日以钟乳粉和硫黄

----

　　① 母丁香：桃金娘科植物丁香的干燥近成熟果实，呈卵圆形或椭圆形，长约 2～3 厘米，直径约 0.5～1 厘米。表面黄棕色或褐棕色，有细皱纹。顶端有四个宿存萼片向内弯曲成钩状。基部有果梗痕。

少许，置根下，有益。如枝梗虫蛀，当寻其蛀眼，用硫黄或塞或熏，或用杉木作针，钉之自毙。性畏麝香、生漆气，旁宜树逼麝①草，如无即种大蒜、葱、韭亦可。不使乱草侵土，并热手抚摩。若折枝插瓶，生烧断处，镕蜡封之，可贮数日不萎；或用蜜养更妙。（花谢后，蜜仍可用。养芍药亦然。）如将萎者剪去下截，用竹架起，投水缸中浸一宿，复鲜。一法：以白术末放根下，诸般花色悉带腰金。若北方地厚，虽无肥粪，即油粎②肥壅之亦盛，不可一例论也。但忌犬粪。

八月十五日是牡丹生日。洛下名园有植牡丹数千本者，每岁盛开，主人辄置酒延赏。若遇风日晴和，花忽盘旋翔舞，香馥异常，此乃花神至也。主人必起，具酒脯罗拜花前，移时始定，岁以为常。

附牡丹释名（共一百三十一种）

正黄色（计十一品）

御衣黄：千叶，似黄葵。姚黄：千叶楼子，产姚崇家。淡鹅黄：平头，初黄，后渐白。禁院黄：千叶，起楼子。甘草黄：单叶，深黄色。庆云黄③：大瓣，平头，宜重肥。黄气球：瓣圆转，淡黄。金带腰：腰间色深黄。女真黄：千叶而香浓，喜阴。太平楼阁：千叶，高楼。蜜娇④：木如樗，叶尖长，花五瓣，蜜腊色，中有蕊，根檀心。

大红色（计十八品）

锦袍红：即潜溪绯，千叶。状元红：千叶楼子、喜阴。朱砂红：日照如猩血，喜阴。舞青猊⑤：中吐五青瓣。石榴红：千叶楼子，喜阳。九蕊珍珠：红叶上有白点如珠。醉胭脂：千叶，颈长，头垂。西瓜瓤：内深红，边浅淡。锦绣球：叶微小，千瓣，圆转。羊血红：千叶，平

---

① 逼麝：明人王象晋《群芳谱》作"辟麝"，辟同"避"。

② 粎（shēn）：同"糁"，谷类粉碎成的小渣子。油糁指油菜籽、芝麻、大豆、花生等榨油后剩余的残渣。

③ 庆云黄：原作"爱云黄"，据南宋陆游《天彭牡丹谱》、明人王象晋《群芳谱》校改。按："慶""愛"（庆、爱）二字形似而误。

④ 蜜娇：《群芳谱》列入"间色"。

⑤ 倪：应作"猊"。

头，易开。碎剪绒①：叶尖多缺如剪。金丝红：平头，瓣上有金线。七宝冠：千叶楼子，难开。映日红：千叶细瓣，喜阳。石家红：平头，千叶，不甚紧。鹤顶红：千叶，中心更红。王家红：千叶，楼尖微曲。小叶大红：头小叶多，难开。

桃花色（计二十七品）

莲蕊红：有青蚨三重。西番头：千叶，难开，宜阴。寿安红：平头，细叶，黄心，宜阳。添色红：初白，渐红，后深。凤头红：花高大，中特起。大叶桃红：阔瓣，楼子，宜阴。梅红：千叶，平头，深红色。西子红：千叶，圆花，宜阴。舞青霓：千叶，心五青瓣。吐西瓜红：胎红而长，宜阳。美人红：千叶，软条，楼子。娇红楼台：千叶，重楼，宜阴。海天霞：平头，花大如盘。轻罗红：千叶而薄。皱叶红：叶圆，有皱纹，宜阴。陈州红：千叶，以地得名。殿春芳：晚开，有楼子。花红绣球：细瓣而圆花。四面镜：有旋瓣四面花。醉仙桃：外白内红，宜阴。出茎桃红：茎长，有尺许。翠红妆：起楼，难开，宜阴。娇红：似魏红，而不甚大。鞓红：单叶红花，稍白，即青州红。罂粟红：单叶，皆倒晕。魏家红：千叶，肉红，略有红梢，开最大，以姓得名。

粉红色（计二十四品）

观音面：千叶，花紧，宜阳。粉西施：淡中微有红晕。玉兔天香：中二瓣如兔耳。玉楼春：千叶，多雨盛开。素鸾娇：千叶楼子，宜阴。醉杨妃：千叶平头，最畏烈日。粉霞红：千叶，大平头。倒晕檀心：外红，心白。木红球：千叶，外白内红，如球。三学士：系三头聚萼。合欢娇：一蒂双头者。醉春容：似醉西施，开久露顶。红玉盘：平头，边红心白。玉芙蓉：成树则开，宜阴。鹤翎红：千叶，细长，本红末白。西天香：开早，初娇，后淡。回回粉：细瓣，外红内白。玛瑙盘：千叶，淡红，白梢，檀心。云叶红：瓣层次如露。满园春：清明时即开。瑞露蝉：花中抽碧心，如合蝉。叠罗：中心琐碎，如罗纹。一捻红：昔

---

① 碎剪绒：明人薛凤翔《亳州牡丹史》卷1作："花红剪绒：花瓣纤细，丛聚紧满，类文縠剪成。"

日贵妃匀面，脂在手，偶印花上，来年花生，皆有指甲红痕。至今称以为异。

紫色（计二十六品）

朝天紫：金紫，如夫人服。腰金紫：腰间围有黄须。金花状元：微紫，叶有黄须。紫重楼：千叶楼，最难开。葛巾紫：圆正，富丽，如巾。紫云芳：千叶，花中包有黄蕊。紫罗袍：千叶，薄瓣，宜阳。丁香紫：千叶，小楼子。茄花紫：千叶楼，深紫，即藕丝。瑞香紫：浅紫，大瓣而香。舞青猊：千叶，有五青瓣。驼褐紫：大瓣，色似褐衣，宜阴。紫仙姑：大瓣，楼子，淡紫。烟笼紫：千叶，浅淡交映。潜溪绯：丛中特出绯者一二。紫金盘：千叶，深紫，宜阳。紫绣球：即魏紫也，千叶，楼子，叶肥大而圆转，可爱。檀心紫：中有深檀心。叶底紫：似墨紫花，在丛中，旁必生一枝，引叶覆上，即军容紫。泼墨紫：深紫色，类墨葵。鹿胎紫：千叶，紫瓣上有白点，俨若鹿皮纹，宜阳。魏家紫：千叶大花，产魏相家。平头紫：即左紫也，千叶，花大径尺，而齐如截，宜阳。乾道紫：色稍淡，而晕红。紫玉：千叶，白瓣中有深紫色丝纹，宜阴。锦团缘：其干乱生成丛，叶齐小而短厚，花千瓣，粉紫色，合絟①如丛，瓣细纹。

白色（计二十二品）

玉天仙：多叶，白瓣，檀心。庆天香：千叶，粉白色。玉重楼：千叶，高楼子，宜阴。缘边白：瓣边有绿晕。蜜娇姿：初开微蜜，后白。万卷书：即玉玲珑，千瓣，细长。银妆点：千叶，楼子，宜阴。水晶球：瓣圆，俱垂下。玉剪裁：平头，叶边如锯齿。白青猊：中有五青瓣。莲香白：平头，花香如莲。伏家白：以姓得名，犹如姚黄。凤尾白：中有长瓣特出。玉盘盂：多叶，大瓣，开早。玉版白：单叶，细长如拍版。鹤翎白：多叶而长，檀心。金丝白：瓣上有淡黄丝。羊脂玉：千叶楼子，大白瓣。青心白：千叶，青色心。玉碗白：单叶，大圆花。平头白：花大尺许，难开，宜阴。一百五：瓣长，多叶，黄蕊，檀心。

---

① 絟（zhēng）：帝王车子上的装饰，这里指细花瓣丛聚，如同穗带。

花最大。此品尝至一百五日先开。

青色（计三品）

佛头青：一名欧碧，群花谢后，此花始开。绿蝴蝶：一名绿萼华，千瓣，萼微带绿。鸭蛋青：花青如蛋壳，宜阴。

牡丹花之五色灿烂，其形其色其态度，变幻原莫可名状。后之命名，亦随人之喜好，约数百种，然雷同者亦不少。兹存一百三十种，尚有疑似处，望博雅裁之。

广群芳谱

（明）王象晋 原著　　（清）汪　灏　张逸少 等增广

评　述

　　《广群芳谱》一书，是对《群芳谱》一书的增广扩充。古代有增广而独立成书的，比如唐朝初年僧人道宣编撰的《广弘明集》，是对南朝萧梁僧人僧祐编撰的《弘明集》所做的增广，但二书各自独立，内容不重复。《广群芳谱》则不是这样。《群芳谱》一共28个谱，《广群芳谱》只删去了其中一个谱，即同"群芳"无关的"鹤鱼谱"，保留下来的原文冠以"原"字作为标识，并按照《群芳谱》的文体分类格式增广内容，冠以"增"字作为标识。因此，《广群芳谱》是《群芳谱》和后人所"增"所"广"内容的合刊本，读者通读《广群芳谱》，也就通读了《群芳谱》。

　　《群芳谱》的全称是《二如亭群芳谱》，一共30卷。编撰者王象晋（1561~1653），字荩臣、子进、三晋，号康宇，自称明农隐士、好生居士，山东新城（今山东桓台县）人。明神宗万历三十二年（1604）进士，授中书舍人。万历四十一年考选，升任翰林、御史等职。后来历任河南按察使、浙江右布政使等职。他受到南宋陈景沂所编《全芳备祖》的影响，按照其体例编撰《群芳谱》。《群芳谱》开篇有《序》和《义例》，实质性的内容依次为《天谱》3卷、《岁谱》4卷、《谷谱》1

卷、《蔬谱》2卷、《果谱》4卷、《茶竹谱》1卷、《桑麻葛棉谱》1卷、《药谱》3卷、《木谱》2卷、《花谱》4卷、《卉谱》2卷、《鹤鱼谱》1卷。《群芳谱》记载植物400余种，每种植物按照种植、制用、疗治、典故、丽藻等项目抄录相关文献资料。清朝编辑《四库全书》时看不上这部书，只以"存目"的方式予以著录。《四库全书总目提要》卷116子部26"谱录类存目"《群芳谱》条批评其缺点，说："略于种植而详于疗治之法与典故艺文，割裂饾饤，颇无足取。"《四库全书总目提要》卷115子部25"谱录类"《御定广群芳谱》条再次批评说："象晋以田居闲适，偶尔著书，不能窥天禄石渠之秘，考证颇疏，其所载者又多稗贩于《花镜》《圃史》诸书，或迷其出处，或舛其姓名，讹漏不可殚数。"

正因为不满于《群芳谱》的种种缺点，清朝汪灏、张逸少等人奉诏编撰《广群芳谱》。汪灏字文漪，一字天泉，临清（今山东临清市）人。生卒年不详。康熙二十四年（1685）进士，任官内阁学士、礼部侍郎、巡抚湖南。康熙四十七年（1708）修书完成，经康熙帝御定，故书名的全称是《御定佩文斋广群芳谱》。《广群芳谱》共100卷，规模超过《群芳谱》3倍。

这两部书是综合性的植物学著作，内容都很广泛、丰富、驳杂。我这里没必要对这两部书做整体评价，只就它们的牡丹内容做出评判。牡丹内容在《群芳谱》中不足1卷，与其余12种花并列在"花部"卷2《花谱二》中。而且在综述中混杂各家说法，一律不注明出自某人某书；笔记和诗文简单注明出自某书、某人。《广群芳谱》将牡丹内容扩充为3卷，即卷32、卷33、卷34，在交代资料来历方面比《群芳谱》稍微好一点。这两部书都不是牡丹谱录的原创作品，在史料方面并没有创新价值。二书将前代牡丹谱录收罗进来，有的原来完整的内容被按照文体割裂开来，分隔排列。二书抄录的前代牡丹谱录，自己注出有北宋欧阳修的《洛阳牡丹记》、周师厚的《洛阳花木记》，南宋陆游的《天彭牡丹谱》，明朝薛凤翔的《亳州牡丹史》。《群芳谱》中有"移植"、"分花"、"种花"、"接花"、"浇花"、"养花"、"卫花"、"变花"、"剪花"、"煎花"等目，内容集中，有一定的实用价值。《群芳谱》虽然不交代这部分资料的来源，但我们从欧阳修、周师厚、薛凤翔等人的牡丹谱录中接触过这类叙述。这部分内容中，《群芳谱》还提到"王敬美云"、"周日用曰"，经我们寻觅资料，得知前者系抄录明朝人王世懋（字敬美）《学圃杂疏·花疏》中的文字，后者系抄录宋人周日用为西晋张华《博物志》所做的注释。前代这些原著本来就完整地保存着、流传着，能够找到，人们还有必要撇开原著，来阅读被《群芳谱》《广群芳谱》摘录、割裂的二手货吗？至于牡丹诗文，散见于集部文献中，如果没有线索提示，搜集、阅读要花费很大力气，而且有的书不一定能找到。假若二书收录牡丹诗文，能够做到内容完整、准确，读者当然会省却很多麻烦，事半功倍。然而二书做得实在是太差了。

在比较二书时，上述《四库全书总目提要》的《群芳谱》条傲慢地说："圣祖仁皇帝诏儒臣删其踳驳，正其舛谬，复为拾遗补阙，成《广群芳谱》一书，昭示万世。覆视是编，真已陈之土苴矣。"这是说《广群芳谱》这样的精品书籍出来后，《群芳谱》就成了可立即丢弃的糟粕了。《广群芳谱》本来应该成为精品书籍的，因为它是奉诏编撰的，既然是国家级项目，按道理来说应该遴选一流学者来执笔完成。然而它的实际质量，与傲慢的吹嘘实在相差太远。

从《广群芳谱》的牡丹部分来看，编撰者对史料缺乏鉴别能力，真的假的，历史的真实和文学的虚构，他们分不清，一例录文。至于选录诗歌作品，问题更多。其一，沿袭"诗散句"的不科学体例，跳不出窠臼。"诗散句"是《全芳备祖》《群芳谱》的体例，所录的诗句并不是全诗已佚，只找到这几句残句，而是选录完整诗中的几句，往往并不是特别优秀、独特。《广群芳谱》这样的例子很多，如所"增"的周必大散句，只有"顷刻常开七七花"7个字，让人莫名其妙。其实，周必大这首诗有标题：《上巳访杨廷秀，赏牡丹于御书匾榜之斋，其东园仅一亩，为术者九，名曰三三径，意象绝新（甲寅）》。全诗说："杨监全胜贺监家，赐湖岂比赐书华。四环自厪三三径，顷刻常开七七花。门外有田聊伏腊，望中无处不烟霞。却惭下客非摩诘，无画无诗只谩夸。"

所谓"七七花"，是传说唐代道士殷七，名文祥，自称七七，他在浙西鹤林寺，秋天使春花杜鹃花开放。

其二，作品张冠李戴。如所"增"所谓北宋石延年《牡丹》诗"西园春色才桃李"云云，实际上是北宋黄庭坚《次韵李士雄子飞独游西园折牡丹忆弟子奇二首》的第一首，见中华书局版刘向荣点校本《黄庭坚诗集注》"山谷外集诗注"卷16，又见《全宋诗》第17册第11577页。

其三，不懂律诗的基本常识。如宋人王珪《宫词》，《全宋诗》第9册第5997页作："洛阳新进牡丹丛，种在蓬莱第几宫？压晓看花传驾入，露苞方拆御袍红。"《广群芳谱》所"增"时，第2句作"种在蓬莱第几峰"。这是一首七言绝句，是格律诗。格律诗用韵有严格规定，只有首句可以用邻韵。这首诗的韵脚"丛""红"，都是平水韵上平声"一东"中的字，但"峰"字是"二冬"中的字，出韵，不符合格律。编撰者如果懂点格律诗的ABC，见到这里出现"峰"字，应该立即警惕起来，会去查阅资料，看看用"峰"字是不是错了。而且，既然标题作《宫词》，内容只能是皇宫中的事。第三句写御驾亲临看牡丹，不会用海上三座仙山之一的"蓬莱"的典故，只能是唐代蓬莱宫的典故。唐代长安大明宫，唐高宗时改名蓬莱宫，其中有很多宫殿，没有山峰。

其四，为求文字简要，乱改诗歌作品的题目，乱删作者自注，将其中时间、地点、人物、职务、环境、写作缘由、典故线索等因素删除殆尽，只剩下诗句或者是删节的有错字的诗句，让读者失去索解的线索，不知所云，产生不准确的理解或猜测。比如所"增"元人袁桷的一首七律，题作《单台牡丹》，诗云："暖风吹雨佐花开，送我滦阳第四回。内院赐曾传侧带，江南画不数重台。回黄抱紫传真诀，媲白抽青陋小才。自是妖红居第一，他年折桂莫惊猜。"读完难以猜出是什么意思。查阅袁桷《清容居士集》（《四部丛刊》影印元刊本）卷12本诗的完整内容，一下子豁然贯通了。原来本诗的题目是：《小院四月十二日牡丹始开，乃单台花也，余将上开平，作诗示瑾》。可见这首诗是作者至治二年（1322）在元朝首都大都（今北京市）作的，燕地寒冷，牡丹较中州晚开月余。单台花是单瓣花。开平是元朝的上都，遗址在今内蒙古锡林郭勒盟正蓝旗北，在滦河之北，所以诗中说"滦阳"。瑾是作者的儿子袁瑾。"内院赐曾传侧带"，《清容居士集》原文作"内苑"，本句作者自注说："旧赏花宴有大侧带小侧带。""江南画不数重台"，本句作者自注说："徐熙牡丹无重瓣者，至崇嗣始有之。重台，婢之下者，见《常谈》云耳。"徐熙是南唐画家。北宋初年，南唐畏惧北宋消灭自己，为求自保，自行贬损，南唐后主李煜去掉"唐"国号，改称"江南国主"。这句"重台"花，应诗题中的"单台花"而言，作者认为单台花比重台花名贵。尾联"自是妖红居第一，他年折桂莫惊猜"，作者自注说："韩魏公牡丹诗：'自惭折桂输先手，羞杀妖红作状元。'魏公第三，王尧臣第一。"所谓"折桂"，典出《晋书》卷52《郤诜传》，郤诜以"桂林之一枝"对晋武帝比喻自己举贤良对策的才能，为天下第一。唐代以来遂以折桂比喻进士及第。原来尾联用"状元红牡丹"、"折桂"等词汇，是作者勉励儿子好好考科举，争取考个状元。《广群芳谱》胡乱删节诗题、注释的现象很普遍，此不赘述。既然不打算让人读懂，不知道编撰者为什么要把那些诗作录在书里！

我这里整理《广群芳谱》，只针对牡丹3卷，以我国台湾商务印书馆影印本《文渊阁四库全书》第846册作为底本，以齐鲁书社《四库全书存目丛书补编》第80册影明刊本《群芳谱》作为参校本。至于书中文字的校勘，涉及很多书籍，我在"注释"中有具体说明。欧阳修、周师厚、陆游、薛凤翔等人的牡丹谱，我在本书中已完整地做出注释、译文、点评，《广群芳谱》中与这些谱录相同的部分，注释、译文一律从略。

《御定佩文斋广群芳谱》 卷三十二

花谱　　牡丹一

【原】

牡丹，一名鹿韭，一名鼠姑，一名百两金，一名木芍药。（《通志》

云："牡丹初无名，依芍药得名，故其初曰木芍药。"《本草》又云："以其花似芍药，而宿干似木也。"）秦汉以前无考，自谢康乐始言"永嘉水际竹间多牡丹"，而《刘宾客嘉话录》谓北齐杨子华有画牡丹，则此花之从来旧矣。唐开元中，天下太平，牡丹始盛于长安。逮宋，惟洛阳之花为天下冠，一时名人高士如邵康节、范尧夫、司马君实、欧阳永叔诸公尤加崇尚，往往见之咏歌。洛阳之俗大都好花，阅《洛阳风土记》可考镜也。天彭号小西京，以其好花，有京洛之遗风焉。大抵洛阳之花以姚、魏为冠。姚黄未出，牛黄第一。牛黄未出，魏花第一。魏花未出，左花第一。左花之前，惟有苏家红、贺家红、林家红之类，花皆单叶。惟洛阳者千叶，故名曰洛阳花。自洛阳花盛，而诸花诎矣。嗣是岁益培接，竞出新奇，固不特前所称诸品已也。性宜寒畏热，喜燥恶湿，得新土则根旺，栽向阳则性舒。阴晴相半，谓之养花天。栽接剔治，谓之弄花。最忌烈风炎日。若阴晴燥湿得中，栽接种植有法，花可开至七百叶，面可径尺。善种花者，须择种之佳者种之。若事事合法，时时著意，则花必盛茂，间变异品，此则以人力夺天工者也。

【译文】

牡丹有很多名称，又叫作鹿韭、鼠姑、百两金、木芍药等。（南宋郑樵《通志》说："牡丹最初没有自己单独的称谓，依傍于芍药而得名，所以最早叫作木芍药。"明朝李时珍《本草》又说："因为它的花很像芍药花，而多年生的枝干像是木本。"）秦汉以前牡丹的情况，已经无从考索了。从南朝刘宋时期的谢灵运，才开始有了"永嘉（今浙江温州市）水际竹间多牡丹"的说法。而唐朝韦绚《刘宾客嘉话录》说北齐画家杨子华的作品中有牡丹形象。那么，可见牡丹花由来已久了。唐朝开元年间，天下太平，牡丹才开始在京师长安（今陕西西安市）蔚为大观。到了宋朝，只有洛阳牡丹为天下之冠。一时名人贤达如邵雍、范纯仁、司马光、欧阳修等几位先生，特别尊崇牡丹，往往作诗称颂。洛阳当地民众大都好花，阅读欧阳修《洛阳牡丹记·风俗记》，即可考知大致情况。四川的彭州号称"小西京"，因为当地人雅好牡丹花，有北宋西京洛阳的遗风。大抵洛阳牡丹以姚黄、魏红两个品种最好。姚黄没有问世时，牛黄牡丹称第一。牛黄没有问世时，魏花牡丹称第一。魏花没有问世时，左花牡丹称第一。左花没有问世时，牡丹品种只有苏家红、贺家红、林家红之类，都是单瓣花。北宋时期只有洛阳牡丹有重瓣花，所以人们把牡丹叫作"洛阳花"。自从洛阳花繁盛起来，其余各种花都相形见绌了。此后栽培嫁接，逐年增多，新奇品种一个劲地涌现出来，当然不只是以前所记载的那些品种了。牡丹习性，适宜阴凉，害怕炎热，喜欢干燥，厌恶潮湿，得到新土则根部旺盛，栽在向阳地段则舒展自如。阴晴参半的天气，叫作"养花天"。合理的栽接剔治，叫作"弄花"。牡丹花最忌讳强风吹拂，烈日烤晒。如果阴晴燥湿恰到好处，栽接种植方法得当，一朵牡丹花可开到七百片花瓣，花朵直径可长达一尺。要想栽种好牡丹，须挑选优良种子播种。如果事事合乎法度，时时用心着力，那么牡丹花必然茂盛，间或能变异出新奇品种，这样则是以人力巧夺天工了。

【增】

《广雅》

白术①，牡丹也。

【译文】

白术，就是牡丹。

本草

李时珍曰："牡丹以色丹者为上，虽结子而根上生苗，故谓之牡丹。"

苏恭曰："生汉中、剑南。苗似羊桃。夏生白花，秋实圆绿，冬实赤色，凌冬不凋。根似芍药。长安谓之吴牡丹。"

苏颂曰："今丹、延、青、越、滁、和州山中皆有，花有黄、紫、

---

① 白术（zhú）：菊科多年生草本植物，单叶，狭长，花紫色，头状花序。其根茎用作中药材。

红、白数色，此是山牡丹。二月于梗上生苗叶。三月开花，花叶与人家所种者相似，但花瓣止五、六叶。五月结子，黑色。根黄白色，长五七尺。近世人多贵重，欲其花之诡异，皆秋冬移接，培以壤土，至春盛开，其状百变。"

【译文】

李时珍说："牡丹以颜色红丹者为上品，虽然开花结籽了，还从根部生出新苗，所以称之为牡丹。"

【说明】

苏恭、苏颂两则资料，明人薛凤翔《亳州牡丹史》卷3 "方术"有更详细的引文，我已作注释和译文，可参看，此处从略。

【原】

花有：

姚黄：花千叶，出民姚氏家，一岁不过数朵。

禁院黄：姚黄别品，闲淡高秀，可亚姚黄。

庆云黄：花叶重复，郁然轮困，以故得名。

甘草黄：单叶，色如甘草。洛人善别花，见其树知为奇花，其叶嚼之不腥。

牛黄：千叶，出民牛氏家，比姚黄差小。

玛瑙盘：赤黄色，五瓣，树高二三尺，叶颇短蹙。

黄气球：淡黄，檀心，花叶圆正，间背相承，敷腴可爱。

御衣黄：千叶，色似黄葵。

淡鹅黄：初开微黄如新鹅儿，平头，后渐白，不甚大。

太平楼阁：千叶。

以上黄类。

魏花：千叶，肉红，略有粉梢。出魏丞相仁溥之家。树高不过四尺，花高五六寸，阔三四寸，叶至七百余。钱思公尝曰："人谓牡丹花王，今姚花真可为王，魏乃后也。"一名宝楼台。

石榴红：千叶楼子，类王家红。

曹县状元红：成树，宜阴。

映日红：细瓣，宜阳。

王家大红：红而长，尖微曲，宜阳。

大红西瓜瓤：宜阳。

大红舞青猊：胎微短，花微小，中出五青瓣，宜阴。

七宝冠：难开。又名七宝旋心。

醉胭脂：茎长，每开头垂下，宜阳。

大叶桃红：宜阴。

殿春芳：开迟。

美人红。

莲蕊红：瓣似莲花。

翠红妆：难开，宜阴。

陈州红。

朱砂红：花叶甚鲜，向日视之如猩血，宜阴。

锦袍红：古名潜溪绯，深红，比宝楼台微小而鲜粗。树高五六尺，但枝弱，开时须以杖扶，恐为风雨所折。枝叶疏阔，枣芽小弯。

皱叶桃红：叶圆而皱，难开，宜阴。

桃红西瓜瓤：胎红而长，宜阳。

以上俱千叶楼子。

大红剪绒：千叶，并头，其瓣如剪。

羊血红：易开。

锦袍红。

石家红：叶稀，不甚繁。

寿春红：瘦小，宜阳。

彩霞红。

海天霞：大如盘，宜阳。

以上俱千叶平头。

小叶大红：千叶，难开。

鹤翎红。

醉仙桃：外白内红，难开，宜阴。

梅红平头：深桃红。

西子红：圆如球，宜阴。

粗叶寿安红：肉红，中有黄蕊，花出寿安县锦屏山，细叶者尤佳。

丹州、延州红。

海云红：色如霞。

桃红线。

桃红凤头：花高大。

献来红：花大，浅红。欲瓣如撮，颜色鲜明。树高三四尺，叶团。张仆射居洛，人有献者，故名。

祥云红：浅红，花妖艳多态，而花叶最多，如朵云状。

浅娇红：大桃红，外瓣微红而深娇，径过五寸。叶似粗叶寿安，颇卷皱，葱绿色。

娇红楼台：浅桃红，宜阴。

轻罗红。

浅红娇：娇红，叶绿可爱，开最早。

花红绣球：细瓣，开圆如球。

花红平头：银红色。

银红球：外白内红，色极娇，圆如球。

醉娇红：微红。

出茎红桃：大尺余，其茎长二尺。

西子：开圆如球，宜阴。

以上俱千叶。

大红绣球：花类王家红，叶微小。

罂粟红：茜花，鲜粗，开瓣合栊，深檀心。叶如西施而尖长。花中之烜焕者。

寿安红：平头，黄心。叶粗、细二种，粗者香。

鞓红：单叶，深红。张仆射齐贤自青州以骆驼驮其种，遂传洛中。因色类腰带鞓，故名。亦名青州红。

胜鞓红：树高二尺。叶尖长，花红赤，焕然五叶。

鹤翎红：多瓣，花末白而本肉红，如鸿鹄羽毛，细叶。

莲花萼：多叶红花，青跌三重如莲萼。

一尺红：深红颇近紫，花面大几尺。

文公红：出西京潞公园，亦花之丽者。

迎日红：醉西施同类，深红，开最早，妖丽夺目。

彩霞：其色光丽，烂然如霞。

梅红楼子。

娇红：色如魏红，不甚大。

绍兴春：祥云子花也。花尤富，大者径尺。绍兴中始传。

金腰楼、玉腰楼：皆粉红花而起楼子，黄白间之如金玉色，与胭脂同类。

政和春：浅粉红，花有丝头，政和中始出。

叠罗：中间琐碎如叠罗纹。

胜叠罗：差大于叠罗。

瑞露蝉：亦粉红花，中抽碧心如合蝉状。

乾花：分蝉旋转，其花亦大。

大千叶、小千叶：皆粉红花之杰者。大千叶无碎花，小千叶则花萼琐碎。

桃红西番头：难开，宜阴。

四面镜：有旋叶。

以上红类。

庆天香：千叶楼子，高五六寸，香而清。初开单叶，五七年则千叶矣。年远者树高八九尺。

肉西：千叶楼子。

水红球：千叶，丛生，宜阴。

合欢花：一茎两朵。

观音面：开紧，不甚大，丛生，宜阴。

粉娥娇：大淡粉红，花如碗大，开盛者饱满如馒头样。中外一色，惟瓣根微有深红。叶与树如天香，高四五尺。诸花开后方开，清香耐久。

以上俱千叶。

醉杨妃，二种：一千叶楼子，宜阳，名醉春容。一平头，极大，不耐日色。

赤玉盘：千叶平头，外白内红，宜阴。

回回粉西：细瓣楼子，外红内粉红。

醉西施：粉白，花中间红晕，状如酡颜。

西天香：开早，初甚娇，三四日则白矣。

百叶仙人。

以上粉红类。

玉芙蓉：千叶楼子，成树，宜阴。

素鸾娇：宜阴。

绿边白：每瓣上有绿色。

玉重楼：宜阴。

羊脂玉：大瓣。

白舞青猊：中出五青瓣。

醉玉楼。

以上俱千叶楼子。

白剪绒：千叶平头，瓣上如锯齿。又名白缨络，难开。

玉盘盂：大瓣。

莲香白：瓣如莲花，香亦如之。

以上俱千叶平头。

粉西施：千叶，甚大，宜阴。

玉楼春：多雨盛开，类玉蒸饼而高，有楼子之状。

万卷书：花瓣皆卷筒，又名波斯头，又名玉玲珑。一种千叶桃红，亦同名。

无瑕玉。水晶球。庆天香。玉天仙。素鸾。玉仙妆。

檀心玉凤：瓣中有深檀色。

玉绣球。

青心白：心青。

伏家白。凤尾白。金丝白。

平头白：盛者大尺许，难开，宜阴。

迟来白。

紫玉：白瓣中有红丝纹，大尺许。

以上俱千叶。

醉春容：色似玉芙蓉，开头差小。

玉板白：单叶，长如拍板，色如玉，深檀心。

玉楼子：白花起楼，高标逸韵，自是风尘外物。

刘师哥：白花带微红，多至数百叶，纤妍可爱。

玉覆盆：一名玉炊饼，圆头白华。

碧花：正一品，花浅碧，而开最晚。一名欧碧。

玉碗白：单叶，花大如碗。

玉天香：单叶，大白，深黄蕊，开径一尺。虽无千叶而丰韵异常。

一百五：多叶，白花，大如碗，瓣长三寸许，黄蕊，深檀心。枝叶高大亦如天香，而叶大尖长。洛花以谷雨为开候，而此花常至一百五日，开最先。古名灯笼。

以上白类。

海云红：千叶楼子。

西紫：深紫，中有黄蕊，树生枯燥古铁色，叶尖长。九月内枣芽鲜明红润，剪其叶，远望若珊瑚然。

即墨子：色类墨葵。

丁香紫。

茄花紫：又名藕丝。

紫姑仙：大瓣。

淡藕丝：如吴中所染藕色，绿胎，紫茎。花瓣中一浅红丝相界。

宜阴。

以上俱千叶楼子。

左花：千叶紫花，出民左氏家。叶密齐如截，亦谓之平头紫。

紫舞青猊：中出五青瓣。

紫楼子。

瑞香紫：大瓣。

平头紫：大径尺，一名真紫。

徐家紫：花大。

紫罗袍：又名茄色楼。

紫重楼：难开。

紫红芳。

烟笼紫：色浅淡。

以上俱千叶。

紫金荷：花大盘而紫赤色，五六瓣，中有黄蕊。花平如荷叶状，开时侧立翩然。

鹿胎：多叶紫花，有白点如鹿胎。

紫绣球：一名新紫花，魏花之别品也。花如绣球状，亦有起楼者，为天彭紫花之冠。

乾道紫：色稍淡而晕红。

泼墨紫：新紫花之子也，单叶，深黑如墨。

葛巾紫：花圆正而富丽，如世人所戴葛巾状。

福严紫：重叶紫花，叶少，如紫绣球，谓之旧紫。

朝天紫：色正紫，如金紫夫人之服色，今作"子"，非也。

三学士。

锦团绿：树高二尺，乱生成丛。叶齐小短厚，如宝楼台。花千叶，粉紫色，合纽如撮瓣，细纹多，媚而欠香，根傍易生。古名波斯，又名狮子头、滚绣球。

包金紫：花大而深紫，鲜粗，一枝仅十四五瓣，中有黄蕊大，红如核桃，又似僧持铜击子。树高三四尺，叶仿佛天香而圆。

多叶紫：深紫花，止七八瓣，中有大黄蕊。树高四五尺。花大如碗，叶尖长。

紫云芳：大紫，千叶楼子。叶仿佛天香。虽不及宝楼台，而紫容深迥，自是一样清致，耐久而欠清香。

蓬莱相公。

以上紫类。

青心黄：花原一本，或正圆如球，或层起成楼子，亦异品也。

状元红：重叶深红花，其色与鞓红、潜绯相类，天资富贵，天彭人以冠花品。

金花状元红：大瓣平头，微紫，每瓣上有黄须，宜阳。

金丝大红：平头，不甚大，瓣上有金丝毫，一名金线红。

胭脂楼：深浅相间，如胭脂染成。重叠累萼，状如楼观。

倒晕檀心：多叶红花。凡花近萼色深，至末渐浅；此花自外深色，近萼反浅白，而深檀点其心，尤可爱。

九蕊珍珠红：千叶红花。叶上有一点，白如珠。叶密蹙，其蕊九丛。

添色红：多叶。花始开色白，经日渐红，至落乃类深红，此造化之尤巧者。

双头红：并蒂骈萼，色尤鲜明。养之得地则岁岁皆双，此花之绝异者也。

鹿胎红：鹤翎红子花也，色微带黄，上有白点如鹿胎，极化工之妙。

潜溪绯：千叶绯花，出潜溪寺。本紫花，忽于丛中特出绯者一二朵，明年移在他枝，洛阳谓之转枝花。

一捻红：多叶浅红。叶杪深红一点，如人以二指捻之。旧传贵妃匀面，余脂印花上，来岁花开，上有指印红迹，帝命今名。

富贵红：花叶圆正而厚，色若新染。他花皆卸，独此抱枝而槁，亦花之异者。

桃红舞青猊：千叶楼子，中五青瓣。一名睡绿蝉，宜阳。

玉兔天香：青红胎，其花粉色、银红二种。一早开，头微小，一晚开，头极大，中出二瓣如兔耳。

萼绿华：千叶楼子，大瓣，群花卸后始开，每瓣上有绿色。一名佛头青，一名鸭蛋青，一名绿蝴蝶。得自永宁王宫中。

叶底紫：千叶，其色如墨，亦谓墨紫。花在丛中，旁心生一大枝，引叶覆其上，其开比他花可延十日，岂造物者亦惜之耶！唐末有中官为观军容者，花出其家，亦谓之军容紫。

腰金紫：千叶，腰有黄须一团。

驼褐裘：千叶楼子，大瓣，色类褐衣，宜阴。

蜜娇：树如樗，高三四尺。叶尖长，颇阔厚。花五瓣，色如蜜蜡，中有蕊根檀心。

以上间色。

大凡红、白者多香，紫者香烈而欠清。楼子高、千叶多者，其叶尖岐多而圆厚。红者叶深绿，紫者叶黑绿，惟白花与淡红者略同。此花须殷勤照管，酌量浇灌，仔细培养。花若开盛，主人必有大喜。忌栽宅内天井中。

【说明】

以上这些牡丹品种，系摘录北宋欧阳修《洛阳牡丹记》、周师厚《洛阳花木记》、南宋陆游《天彭牡丹谱》、明人薛凤翔《亳州牡丹史》等文献中的部分资料汇编而成。我对这些牡丹谱录已作注释、译文，此处从略。

【增】

鄞江周氏《洛阳牡丹记》

胜姚黄、靳黄：千叶黄花也。有深紫檀心，开头可八九寸许，色虽深于姚，然精采未易胜也，但频年有花，洛人所以贵之。出靳氏之圃，因姓得名，皆在姚黄之前。洛人贵之皆不减姚花，但鲜洁不及姚，而无青心之异焉。可以亚姚，而居丹州黄之上矣。

千心黄：千叶黄花也。大率类丹州黄，而近瓶碎蕊特盛，异于众花，故谓之千心黄。

闵黄：千叶黄花也。色类甘草黄而无檀心，出于闵氏之圃，因此得名。其品第盖甘草黄之比欤。

女真黄：千叶浅黄色花也。元丰中出于洛阳银李氏园中，李以为异，献于大尹潞公，公见心爱之，命曰"女真黄"。其开头可八九寸许，色类丹州黄而微带红，温润匀荣。其状色端整，类刘师阁而黄。诸名圃皆未有，然亦甘草黄之比欤。

丝头黄：千叶黄花也。色类丹州黄，外有大叶如盘，中有碎叶一簇，可百余分。碎叶之心，有黄丝数十茎，耸起而特立，高出于花叶之上，故目之为丝头黄。唯天黄寺①僧房中一本特佳，他圃未之有也。

御袍黄：千叶黄花也。色与开头大率类女真黄。元丰时，应天院神御花圃中植山篦数百，忽于其中变此一种，因目之为御袍黄。

状元红：千叶深红花也。色类丹砂而浅，叶杪微淡，近萼渐深，有紫檀心。开头可七八寸，其色甚美，迥出众花之上，故洛人以状元呼之。惜乎开头差小于魏花，而色深过之远甚。其花出于安国寺张氏家，熙宁初方有之，俗谓之张八花。今流传诸圃②甚盛，龙岁有此花，又特可贵也。

胜魏、都胜：胜魏似魏花而微深，都胜似魏花而差大，叶微带紫红色，意其种皆魏花所变欤？岂寓于红花本者，其子变而为胜魏，寓于紫花本者，其子变而为都胜耶？

瑞云红：千叶肉红花也。开头大尺余，色类魏花微深。然碎叶差大，不若魏花之繁密也。叶杪微卷如云气状，故以瑞云目之。然与魏花迭为盛衰，魏花多则瑞云少，瑞云多则魏花少。

岳山红：千叶肉红花也。本出嵩岳，因此得名。色深于瑞云，浅于状元红，有紫檀心，鲜洁可爱。花唇微淡，近萼渐深。开头可八九寸。

间金：千叶红花也。微带紫，而类金系腰。开头可八九寸许。叶间

---

① 天黄寺：误，周师厚《洛阳花木记》原文作"天王寺"。

② 圃：原作"谱"，据周师厚《洛阳花木记》原文校改。

有黄蕊，故以间金目之。其花盖黄蕊之所变也。

金系腰：千叶黄花也。类间金而无蕊。每叶上有金线一道横于半花上，故目之为金系腰。其花本出于缑氏山中。

九蕋红：千叶粉红花也。茎叶极高大。其苞有青跗九重，苞未拆时，特异于众花。花开必先青，拆数日然后色变红。花叶多铍蘽，有类揉草。然多不成就，偶有成者，开头盈尺。

刘师阁：千叶浅红花也，开头可八九寸许，无檀心。本出长安刘氏尼之阁下，因此得名。微带红黄色，如美人肌肉，莹白温润，花亦端整。然不常开，率数年乃一见花耳。

洗妆红：千叶肉红花也。元丰中，忽生于银李圃山篦中，大率似寿安而小异。刘公伯寿见而爱之，谓如美妇人洗去脂粉，而见其天真之肌，莹洁温润，因命今名。其品第盖寿安、刘师阁之比歟。

蘽金球：千叶浅红花也。色类间金，而叶杪铍蘽，间有黄棱断续于其间，因此得名。然不知所出之因，今安胜寺及诸园皆有之。

探春球：千叶肉红花也。开时在谷雨前，与一百五相次开，故曰探春球。其花大率类寿安红。以其开早，故得今名。

二色红：千叶红花也。元丰中出于银李园中。于接头一本上岐分为二色，一浅一深，深者类间金，浅者类瑞云。始以为有两接头，详细视之，实一本也。岂一气之所钟，而有浅深厚薄之不齐歟？大尹潞公见而赏异之，因命今名。

蘽金楼子：千叶红花也。类金系腰。下有大叶如盘，盘中碎叶繁密，耸起而圆整，特高于众花。碎叶铍蘽，互相粘缀，中有黄蕊间杂于其间。然叶之多，虽魏花不及也。元丰中，生于袁氏之圃。

碎金红：千叶粉红花也。色类间金，每叶上有黄点数星如黍粟大，故谓之碎金红。

越山红楼子：千叶粉红花也。本出于会稽，不知到洛之因。近心有长叶数十片，耸起而特立，状类重台莲，故有楼子之名。

彤云红：千叶红花也。类状元红，微带绯色。开头大者几盈尺。花唇微白，近蕚渐深，檀心之中皆莹白，类御袍。花本出于月波堤之福严寺，司马公见而爱之，目之为彤云红也。

紫丝旋心：千叶粉红花也。外有大叶十数重如盘，盘中有碎叶百许簇于瓶心之外，如旋心芍药然。上有紫丝数十茎，高出于碎叶之表，故谓之曰紫丝旋心。元丰中，生于银李圃中。

富贵红、不晕红、寿妆红、玉盘妆：皆千叶粉红花也，大率类寿安而有小异。富贵红，色差深而带绯紫色；不晕红次之；寿妆红又次之。玉盘妆，最浅淡者也，大叶微白，碎叶粉红，故得玉盘妆之号。

双头红、双头紫：皆千叶花也。二花皆并蒂而生，如鞍子而不相连属者也。惟应天院神御花圃中有之。亦有多叶者，盖地势有肥瘠，故有多叶之变耳。培壅得地力，有簇五者。然开头愈多，则花愈小矣。

紫绣球：千叶紫花也。色深而莹泽，叶密而圆整，因得绣球之名，然难得见花。大率类左紫云，但叶杪色白，不如左紫之唇白也。比之陈州紫、袁家紫，皆大同而小异耳。

安胜紫：紫花也，开头径尺余。本出于城中千叶安胜院，因此得名。近岁左紫与绣球皆难得花，唯安胜紫与大宋紫特盛，岁岁皆有，故名圃中传接甚多。

大宋紫：千叶紫花也。本出于永宁县大宋川豪民李氏之圃，因谓大宋紫。开头极盛，径尺余，众花无比其大者。其色大率类安胜紫云。

顺圣：千叶花也，色深，类陈州紫。每叶上有白缕数道，自唇至萼，紫白相间，深浅同。开头可八九寸许。熙宁中方有。

陈州紫、袁家紫：一色花，皆千叶，大率类紫绣球，而圆整不及也。

玉千叶：白花，无檀心，莹白如玉，温润可爱。景祐中开于苑上书宅山篚中。细叶繁密，类魏花而白。今传接于洛中虽多，然难得花，不岁成千叶也。

玉蒸饼：千叶白花也。本出延州，及流传到洛，而繁盛过于延州时。花头大于玉千叶，杪莹白，近萼微红。开头可盈尺，每至盛开，枝多低，亦谓之软条花云。

承露红：多叶红花也。每朵各有二叶，每叶之近萼处，各成一个鼓子花朴，凡有十二个。惟叶杪折展与众花不同，其下玲珑不相倚著，望之如雕镂可爱。凌晨如有甘露盈个，其香益更旖旎。与承露紫大率相类，唯其色异耳。

玉楼红：多叶花也，色类彤云红。每叶上有白缕数道若雕镂者然，故以玉楼红目之。

【说明】

此处摘录北宋周师厚《洛阳花木记》的内容，我对周师厚《洛阳花木记》已做过注释、译文，此处从略。

薛凤翔《亳州牡丹史》

天香一品：圆胎，能成树，宜阴。其花平头大叶，色如猩血。出贾立家，子生，故一名贾立红。

万花一品：色若榴实，花房紧密，插架层起，而色丽明媚，有如丹饰浮图。

娇容三变：初绽紫色，及开桃红，经日渐至梅红，至落乃更深红。诸花色久渐褪，惟此愈进，故曰三变。阴处、阳处开者各不相类，其色之变亦不止于三也。《欧记》中有添色红，疑即其种。袁石公记为芙蓉三变。其本原出方氏。

赤朱衣：旧名夺翠，得自许州。花房鳞次而起，紧实小巧，体态婉娈，颜如渥赭。凡花于一叶间色有深浅，惟此花内外一如流丹。近复得夺锦一种，大瓣深红，浮光凝润，尤过于夺翠。

觉红：此花乃蜀僧居亳所种，以僧名觉，人遂呼为觉红。又谓佛土所产，而红色无出其右者，一名无上红。其胎红尖，花放平头大叶，房亦簇满，约有数层。而艳过一品，稍恨其单叶时多。

大黄：绿胎，最宜向阴养之，愈久愈妙。其花大瓣，易开。初开微黄，垂残愈黄。簪瓶中，经宿则色可等秋葵花。

小黄：绿胎，花之肤理轻皱，弱于渊绡，周有托瓣。

瓜瓤黄：质过大黄，殊柔腻靡曼。但一房不过四五层，而近萼处微带紫，故少逊耳。

金玉交辉：绿胎，长干。其花大瓣，黄蕊若贯珠，皆出房外。层叶最多，至残时开放尚有余力，胜于铺锦。此曹州所出，为第一品。

八艳妆：盖八种花也。亳州仅得云秀妆、洛妃妆、尧英妆三种，云秀为最。更有绿花一种，色如豆绿，大叶，千层起楼，出自邓氏，真为异品。

万叠雪峰：千叶，白花。

黄绒铺锦：此花细叶，卷如绒缕。下有四五叶差阔，连缀承之。上有黄须布满，若种金粟。

银红娇：其花大瓣，丰姿绰约，如绛雪绕枝。

绣衣红：肉红胎，花开平头，大叶。亦梅红色花瓣，相映浑然。有黄气如琥珀光，明彻可鉴。以夏侍御所出，名绣衣云。

软瓣银红：干长，胎圆，花瓣若蝉翼轻薄，无碍其色，等绣衣红而上之。

碧纱笼：出张氏。向阳，易开，头甚丰盈。其色浅红，如秋云罗帕，实丹砂其中，望之隐隐。绿跗遮护，更如翠幕，故又名叠翠。

新红娇艳：花乃梅红之深重者，艳质娇丽，如朝霞藏日，光彩陆离，又若新染未干，故名新红。极胜始成千叶，尤出一品上，缘岁多单叶，乃其病也。方氏一种新红绣球，赵氏一种新红奇观，皆丽色动人，然所传多赝，盖以天香一品乱之。

宫锦：此品碎瓣，梅红色。开时必俟花房满实方为大放，然后渐成缬晕。

花红绣球：红胎圆小。花开房紧叶繁，周有托瓣。易开，且早绸缪，布濩如叠碎霞。命名绣球者，以其形圆聚也。

银红绣球：花微小而色轻。

杨妃绣球、妒娇红：色俱类花红绣球，而体势不同。

花红萃盘：红胎。枝上绿叶窄小，条亦颇短。房外有托瓣，深桃红色。绿跗重萼。

天机圆锦：青胎，开花小而圆满，朱房嵌枝，绚如剪绦。

银红犯，有二种：一红艳过天香一品，开花最难；一色视一品稍浅，易开。俱长条大叶，圆胎，其花紧满，开期最后。

飞燕妆，有三种：一出方氏，长枝长叶，此花黄红；一出马氏者，虽深红起楼，远不及方；一出张氏者乃白花，类象牙色，差胜于马。

飞燕红妆：一名花红杨妃，细瓣修长，得自曹县方家。

海棠红：喜阳，易开。绿叶细长，常多秋发。诸花皆以红极称佳，独此品通体金黄，兼有红彩，人谓似铁梗海棠，而活色香艳皆过之。盛时则房中四五叶参差突出。其胎本红，在阴处则绿，春来亦复红也，大都花胎多四时变易耳。

海棠魂：谓得其神也，亦石氏自许州移至。

新银红球：方家银红二种，色态颇类，第树头绿叶稍别其色，光彩动摇。

碎瓣无瑕玉：绿胎，枝上叶圆，宜阳，乃白花中之最上乘。又一种如芹叶者，不及此。

青心无瑕玉：丰伟悦人。又一种叶干类大黄者，亦名无瑕玉。

梅州红：性喜阴。圆叶，圆胎。花瓣长短有序，疏密合宜。色近海棠红，但近萼处稍紫。出曹县王氏，别号梅州云。

胜娇容：深红色，最耐残，如一茎有两胎者，必剪其一，即不剪，亦独一胎能花。花大可五六围，高可六七寸。

醉玉环：方显仁所种，乃醉杨妃子花。花房倒缀，故以醉志之。胎体圆绿。其花下承五六大叶，阔三寸许，围拥周匝，如盆盂盛花状。质本白而间以藕色，轻红轻蓝，相错成绣。其母醉杨妃作深藕色。

妒榴红：胎圆如豆，树叶如菊。最易成树，早开应时。第不耐炎日，久之色褪。

榴花红：色近榴花。

花红叠萃：尖胎，花身魁岸。其下大叶五六层，腰间襞积细瓣，鬈曲碎聚，顶上复出一层大叶，花在绿树之颠。

秋水妆：肉红圆胎，枝叶秀长。其花平头，易开，花叶丛萃。质本白而内含浅绀，外则隐隐丛红绿之气。夏侍御初得之方氏，谓其爽气侵人，如秋水浴洛神，遂命今名。

老银红球：花本深红，亦有水红。时而边如施粉，中如布朱。其胎青红。

杨妃深醉：胎长，花质酷似胜娇容。名深醉者，谓其色深也。

花红神品：花叶之末，色微微入红，渐红、渐黄。盖得自太康。

花红平头：绿胎。其花平头，阔叶，色如火。群花中红而照耀者，独此为冠。世传为曹县石榴红，韩氏重赏得之，迩来几绝。王氏田间藏一本，购归凉暑园。但顶少涣散，中露檀心。又一种千瓣者，南里园有之。凡花称平头，谓其齐如截也。

花红舞青猊：宜阴。老银红球子花，色亦似之。开时结绣，从花中抽五六青叶，如翠羽双翅。

花红魁：出张氏。

万花魁：出李氏。

西万花魁：巨丽尤甚，方氏别有银红魁。

绛纱笼：胎小。花瓣有紫色一线分其中，质红如烛。

杜鹃红：短茎，绿胎，树叶尖厚。花作深梅红色。细叶稠叠紧实，如赤玉碎雕而成。

大素、小素：易开，宜阴。小素一名刘六白。二花平头，房小，初开结绣。一丛常发数头，如素白楼子、玉带白，皎洁更出其上。

玉玲珑。

碧玉楼：如琼楼玉宇。

玉簪白：谓白如玉簪花。

鹦鹉白：谓类鹦鹉顶上毛。

赛羊绒：谓细瓣环曲如绒。

白鹤顶：色甚白，而鹤顶殷红，取名不类，可怪。

沈家白。

绿珠坠玉楼：长胎，花色皑然。叶半有绿点如珠，其色类佛头青，而体异也。

界破玉：此花如白练，花瓣中擘一画如桃红丝缕，宛如约素，片片皆同。旧品中有桃红线者，乃浅红花，又非此种。夏侍御新出一种，类界破玉，谓之红线，线外微似杂色组。

花膏红：梗、胎俱红。其花大叶，若胭脂点成，光莹如镜。但微恨其花房多散漫耳。

凤尾花红：尖胎，平头，内外叶有数层。名凤尾者，以叶似耳。

绉叶桃红：花瓣尖细，层层密聚如簇绛绡，第色泽少暗。嘉隆间最重之。一时并出者，更有大叶桃花，其花稍不及绉叶。

太真晚妆：此花千层小叶，花房实满，叶叶相从，次第渐高。其色微红而鲜洁，如太真泪结红冰。因其晚开，故名。曹县一种名忍济红，色相近。忍济者，王氏斋名。

平实红：此花大瓣，桃红。花面径过一尺，花之大无过于此。亦得自曹州。

银红锦绣：宜阴。花形、开法俱似三变。其色微红，浅深得宜，宛然若绣。

烟粉楼：色同魏红而易开，张氏子种花也。

褰幕娇红：即缩项娇红。长胎，柳绿，长叶。因其茎短，花在叶底。其色梅红，起楼，如千叶桃。别有缩项一种，叶单。

花红剪绒：花瓣纤细，丛聚紧满，类文縠剪成。大都与花红缨络同致。

花红缨络：长枝，大叶。其花易开。叠瓣稠密，外卫以五六大片。

念奴娇：有二种，俱绿胎，能成树。出张氏者深银红色，大而姣好。出韩氏者色桃红，大次之。

汉宫春：红胎，硬茎。必独本成树，方岁岁有花。花叶直竦而立，其色深红。出张氏。

墨葵：大瓣，平头。

油红：高耸起楼，与墨葵俱明如点漆，黑拟松烟，最为异色。

墨剪绒：碎瓣，柔软。

墨绣球：圆满，紧聚。

中秋月：绿胎尖小，花房嵯峨，莹白无瑕。

琉瓶灌朱：树叶微圆，朱房攒密，类隔琉璃而盛丹浆。微嫌叶单根紫，遇千叶时亦自妙品。

藕丝平头：花叶微阔，繁可数层。又藕丝绣球，好丛生，易开而花小。又藕丝楼子，花大而房垂。三种惟平头为上，绣球次之，楼子不逮远甚。

桃红万卷书：细瓣如砌，枝不禁花，垂垂向下。

乔家西瓜瓤：尖胎，枝叶青长，宜阳，出自曹县。花如瓜中红肉，色类软瓣银红。

进宫袍：绿胎，易开。谓色如宫中所赐茜袍也。其体质当以轻绒赤绡目之。

娇红楼台：胎、茎似王家红，体似花红绣球，色似宫袍红，而神彩充足。银红楼台，色有深浅，花实与之表里。

倚新妆：绿胎，修干，花面盈尺，大类绯桃色。出自曹县。

合欢娇：深桃红色。一胎二花，托蒂偶并①，微有大小。

转枝：一茎二花，红白对开。记其方向，明岁红白互异其处。二花出鄢陵刘水山太守家，亳中亦仅有矣。鄢陵尚有万卉含羞。

醄面娇：南园鹤翎红枝上忽开一花二色，红白中分，红如脂膏，白如腻粉。时郡大夫严公造赏，呼为太极图。余因六朝有"取红花，取白雪，与儿醄面作光洁"之词，乃易其名。

观音现：白花中微露银红。旧有观音面，好丛生，色深，花差大。第平顶而散，为其疵耳。

非霞：胎长。花房高峙，层层渐起。叶在柯端，花栖叶下。色浅红。

醉西：红胎，青叶圆大。成树，易开，色作粉红。

胜西施：花大盈尺，色粉白晕红。又一种香西施，色亦相类，花中香气郁烈。

绣芙蓉：与玉芙蓉相类，出仝氏。

---

① 偶并：原作"偶亚"，据《亳州牡丹史》原文校改。

添色喜容：绿胎，柳绿叶。宜阳，易开。花微小，有托瓣。房以内色深，外微晕。又一种青叶者，名大添色喜容，花瓣参差，色亦不逮。

玉楼春雪：花大如斗。又一种玉楼春老，色类鹤翎红。

胭脂界粉：粉叶，朱丝，文理交错。

金精雪浪：白花黄萼，互相照映。花瓣微阔而厚硬，近蕊稍紫。常以此乱黄绒铺锦。

玉美人：大叶，色白如匀粉。

白莲花：出自许州。其中黄心如线，寸许，俨如莲蕊。

珊瑚楼：茎短，胎长。宜阳。色如珊瑚。

蒨膏红：即如膏红。胎红，尖长。此品亦梅红色，盛则花叶互峙，弱则平头。

大火珠：绿胎。色深红，内外掩映若燃，光焰莹流。

火齐红：其花边白内赤。

太真冠：长胎，开早。花瓣劲健，外白内红。

倚栏娇：肉红胎，浅桃红色，花头长大。又一种满池娇，千瓣，成树，色泽过之。

大娇红：向阳，易开。色如银红娇，第叶单。又一种娇红，色如魏红，花微小而难接。

五云楼：花圆聚如球，稍长，开则结绣。顶有五旋叶，边有黄绿相间。

玉楼观音现：花白，难开。开时如水月楼台，迥出尘外。花与中秋月小异。

乔红，有二种，皆红胎，色深重，近木红。俱出沈氏。

洁白：出朱氏。旧有紫玉者，花最大，白瓣中纷布红丝，盘错如绣。

睡鹤仙：色淡红，宜阴。其大如倚新妆，花心出二叶。

脱紫留朱：先紫而后深红。又花红宝楼台者，亦然。

醉猩猩：沈氏首出之花，易开。色深红，中微带檀紫。亚于花红平头，紧密处却胜。

洒金桃红：黄须满房，皆布叶颠，点点有度，罗如星斗。

桃红楼子：小叶，大红，皆起楼。

老僧帽：一花五叶。两叶相参而立，傍两叶佐之，一叶绕其后。

最下者，如：陈州红①。胭脂红。大红宝楼台。殿春魁：平头。胜天香。粉绣球。粉重楼。腻粉红：有托瓣。胜绯桃。茄皮紫。紫缨络。白缨络。出嘴白。汴城白。茄色楼。藕色狮子头。

缕金衣：产自许州。房高茎长，碎瓣绮错。其色红极，无类可方。可为神品之冠。

花红独胜：鱼鳞小瓣，层层相承。又一种花红无敌，小叶聚集，重楼巍然，色亦相类。

五陵春、奇色映目：二花大叶茏苁，楼台盘郁。

闺艳：绒瓣纤细。

金屋娇：层分碎叶，斐叠若楼。

艳阳娇：小瓣，梅红。

娇白无双、楚素君、白屋公卿、连城玉：皆千层大瓣。

黄白绣球、玉润白、赛玉魁、冰清白、碧天一色：皆碎瓣起楼。

瑶台玉露：绒叶紧聚。

雪素：叶繁蕊香。

王家大白：大过诸花。

藕丝霓裳：径八寸许。

三春魁：多叶，桃红，房出树表。

银红妙品、银红艳妆、银红绝唱：俱下布数片大叶，中间细琐堆积。又一种银红上乘：大瓣簇满。其色皆如其名。

采霞绡：千层大叶。

珊瑚凤头：房开②大瓣。

---

① 最下者如陈州红：这7字原书以双行小字格式抄写在"老僧帽"条注释"一叶绕其后"之后，误，今据明人薛凤翔《亳州牡丹史》卷1《传·具品》本条原文，改为正文大字。

② 开：原作"间"，据《亳州牡丹史》原文校改。

【说明】

此处摘录薛凤翔《亳州牡丹史》的内容，我对《亳州牡丹史》全文已做过注释、译文，此处从略。

按：原谱全载欧阳修《牡丹花释名》、陆游《天彭牡丹记》，参用周氏《牡丹记》、薛凤翔《牡丹史》，其未经采择者续此。

【译文】

按：明人王象晋《群芳谱》中的"牡丹"部分，全文录入欧阳修《洛阳牡丹记·花释名》、陆游《天彭牡丹谱》，摘录了周师厚《洛阳牡丹记》和薛凤翔《亳州牡丹史》的部分内容。凡周、薛二谱中不曾被《群芳谱》摘录的牡丹品种资料，续在这里。

【汇考】
【增】

《宋史·五行志》
雍熙二年八月，刑部尚书宋琪家，牡丹三华①。

【译文】

宋太宗雍熙二年（985）秋八月，刑部尚书宋琪家的牡丹开出三朵花朵。

《素问》
清明次五日，田鼠化为鴽②，牡丹华。

【译文】

清明节过后五天，田鼠变成鹌鹑类小鸟，牡丹开花。

---

① 华：同"花"。
② 鴽（rú）：古书上指鹌鹑类的小鸟。

《海记》

隋帝辟地二百里为西苑，诏天下进花卉。易州进二十箱牡丹，有赪红、鞓红、飞来红、袁家红、醉颜红、云红、天外红、一拂黄、软条黄、延安黄、先春红、颤风娇等名。

【说明】

本则文字录入薛凤翔《亳州牡丹史》卷3《花考》，已作注释、译文、点评，此不重复。以下正文录入《亳州牡丹史》者，皆有注释、译文，此处一律从略，不再一一说明。但《亳州牡丹史》录文删削过分以至于损伤、歪曲含义者，此处则作注释、译文。

【原】

《龙城录》

洛人宋单父，字仲孺，善吟诗，亦能种艺术。凡牡丹变易千种，红白斗色，人不能知其术。上皇召至骊山，植花万本，色样各不同，赐金千余两。内人皆呼为"花师"，亦幻世之绝艺也。

《开元天宝遗事》

初有木芍药植于沉香亭前，其花一日忽开，一枝两头，朝则深红，午则深碧，暮则深黄，夜则粉白，昼夜之间，香艳各异。帝曰："此花木之妖，不足讶也。"

明皇与贵妃幸华清宫，因宿酒初醒，凭妃子肩同看木芍药。上亲折一枝与妃子，递嗅其艳，曰："不惟萱草忘忧，此花香艳，尤能醒酒。"

上赐杨国忠木芍药数本，植于家，国忠以百宝装饰栏楯，虽帝宫之内不能及也。

《杨妃外传》

开元中，禁中初重木芍药，即今牡丹也。得数本红、紫、浅红、通白者，上因移植于兴庆池东沉香亭前。会花方繁开，上乘照夜白，妃以步辇从。诏梨园弟子李龟年手捧檀板押众乐前，将欲歌，上曰："赏名花，对妃子，焉用旧乐辞为！"遽命龟年持金花笺宣赐翰林学士李白进《清平调》辞三章。白欣承诏旨，犹苦宿酲未解，援笔赋云："云想衣裳花想容，春风拂槛露华浓。若非群玉山头见，会向瑶台月下逢。""一枝红艳露凝香，云雨巫山枉断肠。借问汉宫谁得似，可怜飞燕倚新妆。""名花倾国两相欢，长得君王带笑看。解释春风无限恨，沉香亭北倚栏干。"龟年捧词进，上命梨园弟子约略词调抚丝竹，遂促龟年以歌。妃持颇黎七宝杯，酌西凉州葡萄酒，笑领歌意甚厚。

《摭异记》

太和、开成中，有程修己者，以善画得进谒。会暮春，内殿赏牡丹花，上颇好诗，因问修己曰："今京邑传唱牡丹诗，谁为首出？"修己对曰："尝闻公卿间多吟赏中书舍人李正封诗，曰：'国色朝酣酒，天香夜染衣。'"上闻之，嗟赏移时，笑谓贤妃曰："汝妆镜台前饮一紫金盏酒，则正封之诗可见矣。"

【增】

《国史补》

长安贵游尚牡丹三十余年，每春暮车马若狂，以不就观为耻。人种以求利，一本有直数万者。

《杜阳杂编》[①]

穆宗皇帝殿前种千叶牡丹，花始开，香气袭人。一朵千叶，大而且红。上每睹芳盛，叹曰"人间未有"。自是宫中每夜即有黄、白蛱蝶数万飞集于花间，辉光照耀，达晓方去。上令张罗于空中，遂得数百，于殿内纵嫔御追捉，以为娱乐。迟明视之，则皆金玉也，其状工巧，无以为比。而内人争用绛缕绊其脚以为首饰，夜则光起妆奁中。其后开宝厨，睹金钱玉屑之内，有蠕蠕者，有为蝶者，宫中方觉焉。

---

① 杜阳杂编：唐代笔记小说，共3卷。作者苏鹗，字德祥，武功（今陕西武功县）人。自唐懿宗时期考进士，凡十次，终于唐僖宗光启二年（886）及第。《杜阳杂编》成书于唐僖宗乾符三年（876），由于家居武功杜阳川，故书名题作《杜阳杂编》。书中杂记唐代宗广德元年（763）迄唐懿宗咸通十四年（873）十朝事，尤多关于海外珍奇宝物的叙述，事颇荒诞，不足凭信。

【译文】

唐穆宗时期，长安宫殿前栽种着重瓣牡丹，花刚开放，浓浓的香气便扑鼻而来。有一朵重瓣牡丹，花朵硕大，花色鲜红。穆宗每次见到牡丹繁盛的景象，都要感叹世间未有。自牡丹开放以来，每天夜里都有数万只黄蝴蝶、白蝴蝶在牡丹花周围飞来飞去，闪闪发光，到天亮时才飞走。穆宗下令在空中张起网罗，遂捕获到数百只蝴蝶，趁夜在殿内放飞，任凭嫔妃们追逐捕捉，以此为娱乐。天亮了仔细观看，它们不是真蝴蝶，都是黄金、白玉做成的，个个形状工巧，没有别的什么能比得上的。嫔妃宫女们竞相用绛红丝线拴住金玉蝴蝶的脚，作为首饰戴在头上，夜里摘下来放入妆奁中，首饰光芒能透射出妆奁之外。后来打开宝厨，看见库藏的金钱玉屑，有的变成虫蛹在蠕动，有的已经变成蝴蝶，宫中人才知道此前宫中那些蝴蝶是怎么回事。

文宗于内殿前看牡丹，翘足凭栏，忽吟舒元舆《牡丹赋》云："俯者如愁，仰者如语，含者如咽。"吟罢方省元舆辞，不觉叹息。

【译文】

唐文宗在内殿前观看牡丹，翘足凭栏，忽然吟诵出宰相舒元舆《牡丹赋》中的句子："俯者如愁，仰者如语，含者如咽。"唐文宗吟罢，才意识到这是舒元舆的词句，【想到他已在前几年的甘露之变中被宦官杀害，自己也受制于宦官不得自由，】不觉连声叹息。

【原】

《酉阳杂俎》

东都尊贤坊田令宅，中门内有紫牡丹成树，发花千朵。花盛时，每月夜有小人五六，长尺余，游于花上，如此七八年，人将掩之，辄失所在。

【增】

《酉阳杂俎》

捡隋朝《种植法》七十卷中，初不记说牡丹，则知隋朝花药所无也。开元末，裴士淹为郎官，奉使幽冀回，至汾州众香寺，得白牡丹一窠，植于长安私第，天宝中，为都下奇赏。至德中，马仆射又得红、紫二色者，移于城中。元和初犹少，今与戎葵角多少矣。

卫公①言："贞元中牡丹已贵。"柳浑诗言："近来无奈牡丹何，数十千钱买一颗。今朝始得分明见，也共戎葵较几多。"成式又尝见卫公图中有冯绍正②《鸡图》，当时已画牡丹矣。

【译文】

卫国公说："国朝德宗贞元年间（785～805），牡丹价格已经非常昂贵了。"当时人柳浑作诗说："近来无奈牡丹何，数十千钱买一颗。今朝始得分明见，也共戎葵较几多。"（牡丹一直昂贵，真叫人无可奈何，／花费数万枚铜钱才能买来一棵。／到今天我才见到牡丹，不过如此而已，／那样子和随处可见的蜀葵差不多。）我（段成式）曾经见到卫国公收藏的画卷有冯绍正的《鸡图》，在国朝玄宗时期已经画牡丹了。

韩愈侍郎有疏从子侄自江淮来，年甚少，韩为街西假僧院，令读书。经旬，寺主纲诉其狂率。韩遽令归，且责曰："市肆贱类营衣食，尚有一长处。汝所为如此，竟作何物！"侄拜谢，徐曰："某有一艺，恨叔不知。"因指阶前牡丹曰："叔要此花青、紫、黄、赤，惟命也。"韩大奇之，遂给所须试之。乃竖箔曲尺③遮牡丹丛，不令人窥。掘窠四

① 唐武宗时，宰相李德裕（787～850）进封太尉、卫国公。
② 图：原作"园"，据唐人段成式《酉阳杂俎》续集卷9本条校改。冯绍正：一作冯绍政，唐代画家。唐玄宗开元初任少府监，后为户部侍郎。擅长画鹰鹘鸡雉等，尤善画龙水。
③ 尺：《酉阳杂俎》前集卷19本条无此字。

面，深及其根，宽容人座。唯赍紫矿、轻粉、朱红，且暮治其根。凡七日，乃填坑，白其叔曰："恨校迟一月。"时冬初也。牡丹本紫，及花发，色白红历绿，每朵有一联诗，字色分明，乃是韩出关时诗一韵，曰"云横秦岭家何在，雪拥蓝关马不前"十四字。韩大惊异，侄且辞归江淮，竟不愿仕。

【译文】

韩愈侍郎有一位远方侄儿从江淮地区来到长安，他正值青春年少，韩愈为他在朱雀门大街以西的一所佛寺租借房屋，令他在其中读书应试。过了十天，寺主向韩愈反映其侄儿轻狂、随便的情况。韩愈立即责令他回家，训斥道："市井小民经营生计，尚有一技之长。你小子所作所为如此，究竟想当什么样的人！"侄儿跪拜谢罪，然后慢慢说："侄儿有一样能耐，遗憾的是叔叔不知道。"他趁机指着台阶前的牡丹说："叔叔要想牡丹花开成青色、紫色、黄色、红色，尽管吩咐。"韩愈非常惊讶，于是提供给他所需之物，试试他的本事。这位年轻人于是在牡丹丛周围竖起苇箔，遮得严严实实的，不让人看见他怎么做。他在牡丹植株的四周挖坑，深度达到牡丹根的末梢，宽度达到能容得下人落座。他只带着紫矿、轻粉、朱红，清早、傍晚在牡丹根部不停整治。一共七天，才将坑填平，向叔叔汇报说："遗憾的是晚弄了一个月时间。"当时已是初冬十月。这株牡丹本是紫色花，等到来年暮春开花，花色发生变异，由白而红再到绿色。每朵牡丹花上竟然有【字，构成】一联诗，字色非常清晰，是韩愈贬官出京过蓝关时作的《左迁至蓝关示侄孙湘》中的一联，即"云横秦岭家何在，雪拥蓝关马不前"十四个字。韩愈万分惊异。侄儿辞别叔叔，返回江淮，终究不肯出来当官。

兴唐寺①有牡丹一窠，元和中，著花一千二百朵。其色有正晕、倒晕、浅红、浅紫、深紫、黄、白、檀等，独无深红。又有花叶中无抹心

---

① 兴唐寺：唐代长安城内大宁坊的佛寺。

者，重台①花者。其花面径七八寸。

【译文】

长安兴唐寺有一株牡丹，国朝宪宗元和年间（806～820）开花一千二百朵。这里的牡丹花色各异，有由内向外颜色由深渐浅的正晕，有深浅方向相反的倒晕，以及浅红、浅紫、深紫、黄、白、檀红等色，唯独没有深红色。另外，还有花朵没有花心的，以及花蕊瓣化后高高挺立，与自身原有花瓣重叠搭配，形成台阁型花朵的。这些牡丹花朵的直径有七八寸长。

兴善寺素师院，牡丹色绝佳，元和末，一枝花合欢。

《云溪友议》

白乐天初为杭州刺史，令访牡丹花，独开元寺僧惠澄近于京师得之，始植于庭，阑围甚密，他处未之有也。时春景方深，惠澄设油幕覆牡丹，自此东越分而种之矣。会徐凝自富春来，不知，而先题诗云："此花南地知难种，惭愧僧闲用意栽。海燕解怜频睥睨，胡蜂未识更徘徊。虚生芍药徒劳妒，羞杀玫瑰不敢开。惟有数苞红蕚在，含芳只待舍人来。"白寻到寺看花，命酒同醉而归。

【原】

《剧谭录》

朔方节度使李进贤豪侈奉身，雅好宾客。有中朝宿德常话在名场日失意边游，进贤接纳甚至，其后京华相遇，时亦造其门。属牡丹盛开，因以赏花为名，及期而往。厅事备陈饮馔，宴席之间，已非寻常。举杯数巡，复引众宾入内，室宇华丽，楹柱皆设锦绣，列筵甚广，器用皆是黄金。阶前有花数丛，覆以锦幄。妓妾俱服纨绮，执丝簧、善歌舞者至

---

① 重台：台阁型的花。这种形状的花，除了自身原本的花瓣开放，雌蕊部位变异成为小型的花瓣，高起挺立，形成花上有花的台阁景象。

多。客之左右，皆有女仆双鬟①者二人，所须无不毕至，承接之意，常日指使者不如。芳酒绮肴，穷极水陆。至于仆乘供给，靡不丰盛。自午迄于明晨，不睹杯盘狼籍。

【译文】

朔方镇节度使李进贤，生活奢侈豪华，特别喜欢交接朋友。有一位德高年劭的朝廷官员，曾经说起自己当年考科举连年落第，出游边地找出路。【他来到朔方镇治所灵武（今宁夏灵武市），】大帅李进贤接纳他甚为热情周到。后来这位官员在京师长安同李进贤相遇，有时也去【位于通义坊的宅邸】拜访他。正好牡丹盛开，李进贤就以赏花为名邀请宾客来家，这位官员按时前往。李进贤在大厅里摆设酒宴，美味佳肴，自非寻常可比。饮酒数杯之后，李进贤又带领诸位宾客进入他的内宅，只见雕梁画栋，十分华丽，楹柱都以锦绣装饰，摆设筵席很多，器皿都是用黄金制作或装饰的。台阶前有几丛牡丹花，张起锦绣帷幕遮风蔽日。他家中的乐妓姬妾都穿着名贵的纨绮衣服，手执管弦乐器、能歌善舞者相当多。每位宾客的身边，都安排两位梳着双鬟发型的年轻婢女，客人需要什么，婢女无不立刻办妥，她们遵命承办的态度和效率，是客人们平日在家所使唤的人比不上的。这次宴会享用的美酒美食，穷尽了山珍海味。至于所提供的伺候宾客的仆人车马等，无不丰盛周全。活动从当天中午持续到第二天清晨，见不到杯盘狼藉的现象。

京国花卉之辰，尤以牡丹为上，至于佛宇道观，游览者罕不经历。慈恩浴堂院有花两丛，每开及五六百朵，繁艳芬馥，近少伦比。有僧思振常话会昌中，朝士数人寻芳，遍诣僧室。时东廊院有白花可爱，相与倾酒而坐，因云牡丹之盛，盖亦奇矣，然世之所玩者，但浅红、深紫而已，竟未识红之深者。院主老僧微笑曰："安得无之，但诸贤未见尔。"于是从而诘之，经宿不去，云："上人向来之言，当是曾有所睹。必希

---

① 双鬟：古代年轻女子的两个环形发髻，在头的两侧各盘卷一髻垂下。

相引寓目，春游之愿足矣。"僧但云曾于他处一逢，盖非辇毂所见。及旦，求之不已，僧方露言曰："众君子好尚如此，贫道又安得藏之。今欲同看此花，但未知不泄于人否？"朝士作礼而誓云："终身不复言！"僧乃自开一房，其间施设幡像，有板壁遮以旧幕，幕下启门而入，至一院，有小堂两间，颇甚华洁，轩庑栏楹皆是柏材。有殷红牡丹一窠，婆娑几及千朵，初旭才照，露华半晞，浓姿半开，炫耀心目。朝士惊赏留恋，及暮而去。信宿，有权要子弟与亲友数人同来入寺，至有花僧院，从容良久，引僧至曲江闲步。将出门，令小仆寄安茶笈，裹以黄帕，于曲江岸藉草而坐。忽有弟子奔走而来，云有数十人入院掘花，禁之不止。僧俯首无言，唯自呼叹，坐中皆相盼而笑。既而却归，至寺门，见以大畚盛花舁而去。取花者谓僧曰："窃知贵院旧有名花，宅中咸欲一看，不敢预告，恐难于见舍。适所寄笼子中有金三十两，蜀茶二斤，以为酬赠。"

【译文】

首都长安各种花卉开放时节，其中只有牡丹开放时最为热闹，以至于栽种牡丹的佛寺道观，游赏者没有不亲临现场的。朱雀门大街以东的慈恩寺，其浴堂院有两株牡丹花，每当开花能有五六百朵之多，繁盛艳丽，香气浓郁，近代很少有能与之相当者。有位法名叫作思振的僧人曾说起国朝武宗会昌年间（841～846），几位朝中官员到慈恩寺观赏牡丹，足迹遍及各个僧人住处。当时东廊院有白牡丹花美丽可爱，他们坐在一起饮酒闲谈，说到牡丹无比繁盛，确实很奇特，然而世人所赏玩的只有浅红、深紫花色而已，从来没见过有深红色牡丹。东廊院的主人是一位老年僧人，微笑着说："怎么会没有深红牡丹呢，只是诸位先生不曾见过罢了。"朝士们于是一个劲地追问院主，说："师傅刚才说的话，必是亲眼所见。我们一定要请师傅领着我们去看看，这样，我们春游的愿望也就圆满实现了。"老僧光说自己曾在别处偶然见过一次，这种牡丹花不是天子脚下所能见到的。朝士们通宵不离寺院，第二天早晨，依然不停地恳求。老僧方才透露底细，说："诸位君子嗜好牡丹达到如此程度，贫僧怎么能私藏不露呢！你们现在想一起去观赏这株深红牡丹，但不知道能不能做到不把消息泄露给别人？"朝士们恭敬地作礼，发誓说："一辈子都不说出去！"老僧这才亲自打开一间房屋，房屋里安放着佛像、幡幢，有旧帷幕遮挡着木板墙。他掀开帷幕，打开木板墙下面的小门，遂进入一所院子。这里有两间小堂屋，非常干净，门窗走廊栏杆柱子，都是柏木做的。院子里有一株深红牡丹，绰约婆娑，将近一千朵。这时，旭日初升，照着牡丹，花朵上的露水还没有被阳光完全晒干，花朵尚未完全怒放，已经把他们震撼得心惊目眩了。朝士们惊异万分，恋恋不舍地观赏着，薄暮时分才离开。又过了一夜，有一位权要子弟连同其亲友数人一起来到慈恩寺，直至长着这株牡丹的院子，悠闲舒缓，久久不肯离开。后来，权要子弟领着老僧走出寺院，去曲江旁闲逛。权要子弟将要离开僧院时，令小仆将一只箱子就地放下，里面有茶团，用黄帕子包着。权要子弟一行同老僧来到曲江岸边，一起围坐在草地上。忽然，老僧的一个徒弟急忙奔跑过来，说有数十人闯入僧院，强行挖走红牡丹，怎么禁止都不听。老僧低着头，不说一句话，只有吁声长叹。围坐在一起的人彼此看着，笑个不停。过了一会儿，他们返回慈恩寺，刚到寺门，看见那一伙人用大畚箕盛放这株红牡丹，抬着离去。权要子弟慢慢地对老僧说："我私下得知贵院老早就有名贵牡丹，家中人都想看看。这次行动前不敢告诉你，是怕你舍不得将红牡丹让给我。刚才放在你院子里的那只笼子里，有金三十两，蜀茶两斤，作为挖走你红牡丹的酬金。"

《清异录》①

南汉②地狭力贫，不自揣度，有欺四方傲中国之志，每见北人，盛

---

① 清异录：陶毅著的一部笔记。陶毅（903～970），字秀实，邠州新平（今陕西彬县）人。本姓唐，避后晋高祖石敬瑭讳而改姓陶。陶毅后晋时入仕，北宋时任礼部尚书、翰林承旨、判吏部铨兼知贡举，累加刑部、户部二尚书。《清异录》版本多，内容差别颇大，多为唐五代典故。

② 南汉：五代时期以广州为都城的岭南割据政权，统治今广东、广西及越南北部 80 多万平方公里的地盘。贞明三年（917）刘龑（yǎn）称帝，传至第四任刘铱（chǎng），开宝四年（971）为北宋所灭。

夸岭海之强。世宗遣使入岭，馆接者遗茉莉，文其名曰"小南强"。及铢面缚到阙①，见洛阳牡丹，大骇。有缙绅谓曰："此名大北胜。"

【译文】

南汉国地盘狭小，国力贫瘠，然而却不自量力，妄自尊大，常有欺凌四方政权、傲视中原王朝之心。南汉人一见到北方政权的人士，就极力吹嘘自己的强盛富庶。后周皇帝世宗派遣使者入岭南，南汉官方接待人员送给北方使者茉莉花，虚夸茉莉花在当地的名称是"小南强"。等到皇宋开国，南汉后主刘铢被我方俘获，【其伪政权臣子】来到开封朝廷，首次见到洛阳牡丹，惊奇得不得了。有缙绅对他们说："这种花卉名叫大北胜。"

诸葛颖精于数，晋王广引为参军，甚见亲重。一日共坐，王曰："吾卧内牡丹盛开，试为一算。"颖布策，度一二子，曰："开七十九朵。"王入，掩户去左右，数之，政合其数。有二蕊将开，故倚栏看传记伺之，不数十行，二蕊大发，乃出谓颖曰："君算得无左乎？"颖再挑一二子，曰："过矣，乃八十一朵也。"王告以实，尽欢而退。

韩宏罢宣武节度，归长安。私第有牡丹杂花，命厮去之，曰："吾岂效儿女辈耶！"当时为牡丹包羞。

【点评】

后一则是中唐人李肇《唐国史补》中的笔记，不是《清异录》中的。薛凤翔《亳州牡丹史》卷3《花考》有录文，已作译文。

洛阳大内临芳殿，乃庄宗所建。殿前有牡丹千余本，如百叶②仙

---

① 及铢面缚到阙：《清异录》卷上《小南强》条，本句作："及本朝铢主面缚，伪臣到阙。"译文按此处理，补充译文放在【】内。

② 百叶：原作"百药"，据《清异录》卷上"百叶仙人"条校改。此则文字多有删节，"三云紫"以下，原文尚有"盘紫酥（浅红）、天王子、出样黄、火焰奴（正红）、太平楼阁（千叶黄）"等文字。

人、月宫花、小黄娇、雪夫人、粉奴香、蓬莱相公、卵心黄、御衣红、紫龙杯、三云紫等。

【译文】

洛阳宫城中的临芳殿，是后唐庄宗时修建的。殿前有牡丹一千多株，【其中名贵品种也有众口相传者，现将它们罗列于下。】如：百叶仙人【（浅红色花）】、月宫花【（白色花）】、小黄娇【（深黄色花）】、雪夫人【（白色花）】、粉奴香【（白色花）】、蓬莱相公【（紫色花，带黄绿色）】、卵心黄、御衣红、紫龙杯、三云紫等。

【点评】

这则说法不可信，参看欧阳修《洛阳牡丹记》"魏家花"条点评。

【增】

僧仲殊《越中牡丹花品序》

越之好尚惟牡丹，其绝丽者三十二种。始乎郡斋，豪家名族，梵宇道宫，池台水榭，植之无间。来赏花者不问亲疏，谓之看花局。泽国此月多有轻云微雨，谓之养花天。

《南部新书》

长安三月，十五①日看牡丹，奔走车马。慈恩寺元果院白牡丹迟半月开，故裴兵部潾②题诗于佛殿壁上曰："长安豪贵惜春残，争赏先开紫牡丹。别有玉杯承露冷，无人肯向月中看。"太和中，文宗③自夹城

---

① 十五：原无"十"字，据北宋钱易《南部新书》卷丁本条及南宋计有功《唐诗纪事》卷 52《裴潾》条校补。结合实际情况细玩文意，本则笔记不是说在长安三月五日当天或三月十五日当天看牡丹，而是说长安三月份看牡丹持续 15 日之久。

② 潾：原作"璘"，误。《旧唐书》卷 171 有《裴潾传》，《南部新书》《唐诗纪事》《全唐诗》均作"裴潾"，据改。

③ 文宗：原作"敬宗"，《南部新书》卷丁作"车驾"，代指皇帝。按："太和"即"大和"，是唐文宗的年号（827～835），故改"敬宗"为"文宗"。另，译文、点评，已作于薛凤翔《亳州牡丹史》卷 3《花考》中，此处从略。

出芙蓉园，因幸此寺，见所题诗，吟玩久之。因令宫嫔讽念，及暮，此
诗满六宫矣。

《洞微志》

中军都虞候金冶①所居堂东植牡丹一本，着花三百朵，其色如血，
谓之金含棱。每瓶子顶上有碎金丝，如自然蛱蝶之状，一城以为
殊异。

【原】

《异人录》

唐高宗宴群臣，赏双头牡丹，赋诗。上官昭容云："势如联璧友，
心似臭兰人。"

张茂卿好事，园有一楼，四围列植奇花，接牡丹于椿树之杪，花盛
开时，延宾客推楼玩赏。

《事物纪原》

武后诏游后苑，百花俱开，牡丹独迟，遂贬于洛阳，故洛阳牡丹冠
天下。是不特芳姿艳质，足压群葩，而劲骨刚心，尤高出万卉，安得以
"富贵"一语概之。

【译文】

武太后【冬天】在长安后苑游览，【诏令百花速速开放，】各种花
都开了，只有牡丹迟迟不肯开放。武太后于是把牡丹贬谪到洛阳，故而
洛阳牡丹甲天下。这样看来，牡丹不只是芳姿艳质足以压倒所有花卉，
尤其是它的铮铮铁骨和不畏权势的精神，远远高出于所有花卉，哪是
"富贵"二字概括得了的。

---

① 都虞候金冶：原作"都虞候金冶"，据宋人阮阅《诗话总龟》前集卷 48《奇怪门上》
引宋人钱易《洞微志》本条校改。薛凤翔《亳州牡丹史》卷 3《神异》所录本则文
字是这几句的四倍，情节甚详，作"都虞候金冶"，有注释、译文，请参看。

《复斋漫录》

孟蜀时，礼部尚书李昊①每将牡丹花数枝分遗朋友，以兴平酥同赠，曰："俟花凋谢，即以酥煎食之，无弃浓艳。"其风流贵重如此。

【增】

《王文正遗事》②

上于后苑曲宴③，步于槛中，自剪牡丹两朵，召公亲戴。有中贵人白公言："此花昨日上选赐相公，已于别丛择下花，请相公躬进。"公乃取花，因酌一卮同献。上大喜，引满以杯示公，从臣皆荣焉。

【译文】

皇上（宋真宗）在后苑与大臣们宴饮，踱步于牡丹花圃的栏槛中，亲手剪下两朵牡丹。皇上召先父文正公过来，将其中一朵亲自插在先父头上。有一位承恩受宠的宦官对先父说："这朵花昨天皇上就选定赏赐给相公，我们已经从别的牡丹丛中摘下花，请相公亲手呈献给皇上。"先父于是取来宦官摘下的花献给皇上，同时向皇上敬酒。皇上大喜，喝了满满一杯酒，向大臣们展示空杯。随从臣子们都感到十分体面。

《盛事美谈》④

晁文元公迥⑤在翰林，以文章德行为仁宗所优异。曲宴宜春殿，出

---

① 礼部尚书李昊：薛凤翔《亳州牡丹史》卷3《花考》作"兵部尚书李昊"，皆误。清人吴任臣《十国春秋》卷52《李昊传》记载李昊在后蜀，"后主立，领汉州刺史，迁兵部侍郎"。此外，他再也没有兵部的任何职务。清人冯应榴为北宋苏轼诗集作注，《雨中明庆赏牡丹》注引《洛阳贵尚录》的说法为"孟蜀时，兵部贰卿李昊"。"贰卿"即侍郎。

② 王文正遗事：全称《王文正公遗事》，北宋王素著，记叙其父王旦遗事。王旦（957～1017），字子明，大名府莘县（今山东莘县）人。宋太宗太平兴国五年（980）进士及第。以著作郎参与编修《文苑英华》。宋真宗时期累官同知枢密院事、参知政事、同中书门下平章事、集贤殿大学士，监修国史。是宋真宗时期的贤相。卒，赠魏国公，谥文正。

③ 曲宴：小宴，非正式宴会。

④ 盛事美谈：宋代的一卷笔记。

⑤ 晁迥（948～1031），字明远。太平兴国时进士。累官工部尚书，集贤院学士。卒，谥文元。

牡丹百余盘，千叶者才十余朵，所赐止亲王、宰臣。真宗顾文元及钱文禧①，各赐一朵。

【译文】

文元公晁迥供奉翰林时，即以文章道德为宋仁宗所优宠看重。后来，宋真宗在宜春殿举办宴会，拿出一百多盘牡丹花，其中重瓣牡丹只有十余朵，只能赏赐给高级别的亲王和宰相。真宗皇帝看着文元公晁迥和文禧公钱惟演，赏赐给二人各一朵。

【点评】

这则笔记实际上出自北宋王辟之《渑水燕谈录》卷1《帝德》，文字经压缩。原文如下：

"晁文元公迥在翰林，以文章德行为仁宗所优异，帝以'君子''长者'称之。天禧初，因草诏得对，命坐赐茶。既退，已昏夕，真宗顾左右取烛与学士。中使就御前取烛，执以前导之，出内门，传付从使。后曲燕宜春殿，出牡丹百余盘，千叶者才十余朵，所赐止亲王、宰臣。真宗顾文元及钱文僖，各赐一朵。又常侍宴，赐禁中名花。故事：惟亲王、宰臣，即中使为插花，余皆自戴。上忽顾公，令内侍为戴花，观者荣之。其孙端禀尝为余言。"

《墨庄漫录》

西京②牡丹闻于天下。花盛时，太守作万花会。宴集之所，以花为屏帐。至梁栋柱栱，悉以竹筒贮水，簪花钉挂，举目皆花也。

洛中花工，宣和中，以药壅培白牡丹如玉千叶、一百五、玉楼春等根下，次年花作浅碧色，号欧家碧。岁贡禁府，价在姚黄上。

---

① 钱惟演（977～1034），字希圣。北宋时历任右神武将军、太仆少卿、工部尚书、崇信军节度使等，曾以枢密使任河南府兼西京留守。去世后朝廷初谥思，后改谥文僖。

② 西京：原作"两京"，据《墨庄漫录》卷9本条校改。北宋以开封为东京，以洛阳为西京。

【原】

《闻见录》

钱惟演为留守，始置驿贡洛花，识者鄙之。

【译文】

钱惟演担任西京留守，开始设置驿马，向开封朝廷进贡洛阳牡丹花。有识之士因此都很鄙薄他。

李泰伯携酒赏牡丹，乘醉取笔蘸酒图之[①]。明晨嗅枝上花，皆作酒气。

富郑公留守西京，府园牡丹盛开，召文潞公、司马端明、邵康节先生诸人共赏。客曰："此花有数乎？请先生筮之。"既毕，曰凡若干朵。使人数之，如先生言。及问"此花几时开尽"，先生再揲筮，良久曰："此花尽来日午时。"坐客皆不答。郑公因曰："来日食后可会于此，以验先生之言。"次日食毕，花尚无恙。洎烹茶之际，忽群马逸出，与客马相踶啮，奔花丛中，既定，花尽毁折。于是洛中愈重先生。

【点评】

《四库全书总目提要》卷115子部25"谱录类"《御定广群芳谱》条，批评明人王象晋《群芳谱》说："象晋以田居闲适，偶尔著书，不能窥天禄石渠之秘，考证颇疏，其所载者又多稗贩于《花镜》《圃史》诸书，或迷其出处，或舛其姓名，讹漏不可殚数。"从王象晋摘录所谓《闻见录》资料，亦可看出四库馆臣对他的批评并非厚诬。

这里的第一则笔记，根本不是出自宋人邵伯温的《邵氏闻见录》，而是出自南宋黄彻的《䂮溪诗话》卷5。北宋欧阳修曾是钱惟演幕府的推官，对于自己顶头上司的事迹不至于不知道。但在《洛阳牡丹记·风俗记》中，欧阳修说："洛阳至东京六驿，旧不进花，自今徐州李相

[①] 李泰伯：北宋学者李觏（1009～1059），字泰伯。《亳州牡丹史》卷3《神异》引此条，误作"李太白"，"图"作"涂"。

（迪）为留守时始进御。"南宋张邦基《墨庄漫录》卷4《西京进花之始》也说："西京进花，自李迪相国始。"

第二则笔记，也不见于《邵氏闻见录》。第三则笔记，薛凤翔《亳州牡丹史》卷3《花考》也予以收录，只是删削文字过甚，且没有交代出处，实则出自宋人马永卿的《嬾真子》卷3。《嬾真子》原文提到的人物，除了这里保留的富弼、文彦博、司马光、邵雍，还有楚建中、刘几。我于《亳州牡丹史》此条有注释、译文和评点，可参看。

【增】

《东坡集》

看牡丹法：当在午前，过午则离披矣。

【译文】

观赏牡丹的正确方法：时间应选在正午之前，过了正午，花儿就零落披散了。

《成都记》

彭城①牡丹，在蜀为第一，故有小洛阳之称。天彭谓之花州，牛心山下谓之花村。

【译文】

彭州牡丹，在四川地区的牡丹中高居第一，所以彭州号称"小洛阳"。彭州被叫作"花州"，牛心山下栽种牡丹的村子被叫作"花村"。

【原】

《童蒙训》

王简卿尝赴张无功镃牡丹会，云：众宾既集一堂，寂无所有，俄问

---

① 彭城：误，应作"彭州"或"天彭"，在今四川成都市北。彭城则是江苏徐州市，与"蜀"、"成都"不相干。

左右云："香发未?"答曰："已发。"命卷帘，则异香自内出，郁然满坐。群妓以酒肴丝竹次第而至。别有名姬十辈皆衣白，凡首饰衣领皆牡丹，首戴照殿红，一妓执板奏歌侑觞，歌罢乐作乃退。复垂帘谈论自如。良久香起，卷帘如前。别十姬易服与花而出，大抵簪白花则衣紫，紫花则衣鹅黄，黄花则衣红。如是十杯，衣与花凡十易。所讴者皆前辈牡丹名词。酒竟，歌乐无虑数百十人，列行送客。烛光香雾，歌吹杂作，客皆恍然如仙游。

【点评】

薛凤翔《亳州牡丹史》卷 3《花考》删削收录这则笔记，也作出自《童蒙训》。这则资料的主人公张镃是《童蒙训》作者吕本中（1084～1145）去世 8 年后才出生的人物，吕本中怎么可能把其人其事写入《童蒙训》中？其实，这则资料出自南宋周密（1232～1308）的《齐东野语》卷 20，题为《张功甫豪侈》。原文"一妓"作"一枝"，属于上句，即"首戴照殿红一枝"。可参看我为《亳州牡丹史》本条所做的注释、译文、点评。

康节访赵郎中①，与章子厚②同会。子厚议论纵横，因及洛中牡丹之盛。赵曰："邵先生洛人也，知花甚详。"康节因言："洛人以见根拨而知花之高下者，上也。见枝叶而知高下者，次也。见蓓蕾而知高下者，下也。如公所说，乃知花之下也。"章默然。

【译文】

邵雍拜访赵郎中，与【赵郎中曾经的下属】章惇见面。章惇滔滔不绝地议论着各种事情，话语间涉及洛阳牡丹的繁盛新奇情况。赵郎中

---

① 邵雍（1011～1077），字尧夫，北宋易学家、诗人。卒，朝廷赐谥康节。赵郎中：当过商州（治今陕西商洛市）太守。

② 章惇（dūn，1035～1105），字子厚，浦城（今福建浦城县）人。宋仁宗嘉祐二年（1057）进士。起初在商州太守赵郎中手下任商洛县令，历任雄武军节度推官、著作佐郎、武进知县等职。宋哲宗元祐八年（1093）拜相。卒，赠观文殿大学士、太师，追封魏国公。

插话说："邵先生是洛阳人，对洛阳牡丹知之甚详。"邵雍因而说道："洛阳人仅凭看根部就知道牡丹的优劣，这是懂牡丹的上等行家。等枝叶长出来后才知道牡丹的优劣，是次一等的行家。等蓓蕾长出来才知道牡丹的优劣，那便是等而下之的人了。如章先生刚才所说，那就是下等懂得牡丹的人。"章惇听后，竟说不出话来。

【点评】

南宋胡仔《苕溪渔隐丛话后集》卷22《邵康节》条引《童蒙训》此条，有生动细节，录于下：

"康节先居卫州共城（今河南辉县市），后居洛阳。有商州太守赵郎中者，康节与之有旧，常往从之。章惇子厚作令商州，赵厚遇之，一日，赵请康节与章同会，章以豪俊自许，论议纵横，不知尊康节也。语次，因及洛中牡丹之盛，赵守因谓章曰：'先生洛阳人也，知花为甚详。'康节因言：'洛人以见根拨而知花高下者，知花之上也。见枝叶而知高下者，知花之次也。见蓓蕾而知高下者，知花之下也。如公所说，乃知花之下也。'章默然惭服。赵守因谓章曰：'先生学问渊源，世之师表，公不惜从之学，则日有进益矣。'章因从先生游，求传数学（先天象数学）。先生谓章：'十年不仕宦，乃可学。'盖不许之也。"

另外，根拨，元人耶律铸《天香台赋》作"根藦"，注引《童蒙训》作"洛人以根藦而知花之高下者，知花之上也。"根藦即植物的根。唐人白居易《蔷薇花一丛独死，不知其故，因有是篇》诗云："柯条未尝损，根藦不曾移。"

【增】

《广客谈》①

吴逸谿，名性誼，橋李人。家贫力学，明《春秋》，尝中江浙延祐丁巳乡举。先是，所居城庐手植牡丹一本，多年未花，是岁前腊月忽作

---

① 广客谈：一卷本笔记，作者不详，有说明朝人，有说元朝末年人徐显，字克昭，绍兴（今浙江绍兴市）人，居平江（今江苏苏州市）。

一花，颜色鲜美，无异暮春时。士大夫相率来观者，其门如市。初亦未卜其休咎，来秋八月，吴公领乡荐，邦人荣之，以为此花之征。

【译文】

吴先生字逸谿，名叫性諠（xuān），是檇（zuì）李（今浙江嘉兴市）人士。他家境贫寒，但刻苦读书，精通《春秋》学，曾于元仁宗延祐丁巳年（1317）江浙乡试中举。此前，他在檇李城的自家宅院中亲手栽植一株牡丹，多年来一直未开花，中举前一年的腊月忽然开出一朵花，颜色极为鲜美，同暮春牡丹花期开出的没有什么差别。当地士大夫相率前来观看，以至于门庭若市。起初人们也没有考虑牡丹冬天开花是预示吉祥还是灾难。牡丹开花次年的秋八月，吴先生因考中举人而被推荐去京师考进士，家乡人都为之骄傲，认为此前牡丹冬日开花，是这件喜庆事的征兆。

《贵耳集》①

慈宁殿②赏牡丹，时椒房③受册，三殿极欢。上洞达音律，自制曲，赐名《舞杨花》。停觞命小臣赋词，俾贵人歌以侑玉卮为寿，左右皆呼万岁。

【译文】

皇上在皇太后住所慈宁殿观赏牡丹，当时后宫受册封，皇上、太后、皇后三宫都极其高兴。皇上精通音律，自己谱写一首曲子，赐名为《舞杨花》。宴饮暂停下来，皇上命小臣填写歌词，命高级别嫔妃歌唱，以为饮酒助兴，并为三宫祝寿。随从侍臣们都高呼万岁。

---

① 贵耳集：南宋笔记，3集，每集1卷。作者张端义（1179～1248后），字正夫，号荃翁。籍贯郑州（今河南郑州市），居苏州（今江苏苏州市）。宋理宗端平元年（1234）至三年应诏上三书，以妄言罪名贬韶州（今广东韶州市）。此书3集写作断断续续，成书于淳祐元年（1241）至八年。

② 慈宁殿：南宋以临安（今浙江杭州市）为都城，慈宁殿是临安的内朝宫殿，专供皇太后居住。

③ 椒房：椒是花椒，结子多，可制香料。以椒和泥涂墙，可使房间温暖、芳香，防蛀虫，并象征多子多福。椒房最早指西汉未央宫中供皇后居住的椒房殿，后泛指后妃的居室，并作为后妃的代称。

【点评】

这则笔记出自《贵耳集》卷下。此处只摘录了前面几句，后面尚有歌词，云："牡丹半坼初经雨，雕槛翠幕朝阳。娇困倚东风，羞谢了群芳。洗烟凝露向清晓，步瑶台月底霓裳。轻笑淡拂宫黄，浅拟飞燕新妆。杨柳啼鸦昼永，正秋千庭馆，风絮池塘。三十六宫簪艳粉浓香，慈宁玉殿庆清赏，占东君谁比花王。良夜万烛，荧煌影里，留住年光。"然后交代："此康伯可《乐府》所载。"

《乾淳起居注》①

淳熙六年三月，车驾过宫，恭请太上太后幸聚景园②，遂至锦壁赏大花。三面漫坡，牡丹约千余丛，各有牙牌金字，上张碧油绢幕。又别剪好色样一千朵，安顿花架，并是水晶、玻璃、天青汝窑、金瓶。就中间沉香卓儿一只，安顿白玉碾花商尊，约高二尺，径二尺三寸，独插照殿红十五枝。进酒三杯，应随驾宫人内官，并赐两面翠叶滴金牡丹一枝，翠叶牡丹、沉香柄金丝御书扇各一把。

【译文】

淳熙六年（1179）三月，孝宗皇帝来到太上皇高宗和皇太后居住的宫殿，恭请二老游幸聚景园，于是一起来到锦壁观赏牡丹。这里三面

---

① 乾淳起居注：作者为南宋周密（1232～1308），字公谨，号草窗、蘋洲、弁阳老人、四水潜夫等。祖籍山东济南，寓居吴兴（今浙江湖州市）。曾为临安府幕属，监和济药局、丰储仓，又为义乌（今浙江义乌市）令。南宋灭亡，不仕元朝，居杭州。著作甚丰。这则文字出其《武林旧事》卷7《乾淳奉亲》，但只节选了本则一部分内容，并加了标题《乾淳起居注》。乾淳指乾道（1165～1173）、淳熙（1174～1189），是宋孝宗的年号。起居注是古代帝王的编年体言行录。周代史官分为左史、右史，追随帝王，分工记载帝王的行动和言论。后世以记载天子言行者为起居，唐高宗时以起居郎、起居舍人为左史、右史。史官再将这些资料编辑成帝王的起居注。

② 聚景园：《武林旧事》卷4《故都宫殿》说："聚景园：清波门外，孝宗致养之地，堂圃皆孝宗御书。淳熙中，屡经临幸。嘉泰（1201～1204）间，宁宗奉成肃太后临幸。其后并皆荒芜不修。高疎寮诗曰：'翠华不向苑中来，可是年年惜露台。水际春风寒漠漠，官梅却作野梅开。'"

漫坡，栽培着一千多株牡丹。不同品种牡丹的旁边，设置象牙牌，牌上以金字书写牡丹名称。牡丹植株上方，张挂着涂油的绢帛帷幕。又挑选花色好、花形别致的牡丹，剪下来一千朵，安顿在花架上。花架质地不同，有水晶的、玻璃的、汝窑烧制的天青瓷器，以及金瓶等。花架中间安放一张沉香木桌子，桌子上安放一只仿殷商样式的白玉碾花尊，高约二尺，径长二尺三寸，里面插着 15 枝照殿红品种牡丹花。进酒三杯之后，所有随从的宫人内官，都赏赐给两面翠叶滴金牡丹一枝，翠叶牡丹、沉香木柄金丝御书扇各一把。

《辍耕录》①

陈随应《宋南渡行宫记》云：后苑植牡丹，扁曰"伊洛传芳"。

【译文】

陈随应的《宋南渡行宫记》说：宋室南渡后，都城临安的后苑栽植着牡丹，旁边建筑物上悬挂匾额，题写"伊洛传芳"四个大字。

【原】

《涌幢小品》②

青城山有牡丹树，高十丈，花甲一周始一作花。永乐中适当花开，蜀献王③遣使视之，取花以回。

---

① 辍耕录：又称《南村辍耕录》，30 卷，是一部史事笔记。作者陶宗仪（1329～约 1412），字九成，号南村，浙江黄岩（今浙江台州市黄岩区）人。元末明初文学家、史学家。

② 涌幢小品：一部 32 卷的笔记。书名起初叫作《希洪小品》，寓意仰慕南宋洪迈的《容斋随笔》，仿照撰写。后修建木亭命名为"涌幢"，意为海中涌出佛家经幢，比喻时事变幻有如昙花一现，遂易为书名。作者朱国祯（？～1632），字文宁，乌程（今浙江湖州市）人。明神宗万历十七年（1589）进士，累官祭酒，谢病归。明熹宗天启三年（1623），拜礼部尚书兼东阁大学士，后改文渊阁大学士，累加太子太保。卒，赠太傅，谥文肃。这两则文字出自《涌幢小品》卷 27。

③ 蜀献王：明太祖朱元璋第十一子朱椿（1371～1423），洪武十一年（1378）时年 8 岁封为蜀王，洪武二十三年时年 20 岁，始就藩成都府。明成祖永乐二十一年薨，谥为蜀献王。

陆成之宅牡丹，一株百余年矣，朵朵茂盛，颜色鲜明。有李氏者欲得之，既移，其花朵朵皆面墙，强之向人不能也。未几，凋残零落，无复前观。

【译文】

四川成都青城山有一株牡丹树，高达十丈，六十年才开一次花。国朝成祖永乐年间（1403～1424）适当花开，坐镇成都的皇室蜀献王派遣使者去查看，摘取牡丹花带回蜀王府中。

陆成之宅院中有一株牡丹，树龄已超过百年了，开花茂盛，颜色鲜明。有一位姓李的人士想得到这株牡丹，移植到自己家中，开出花来朵朵都背着主人面向墙壁，强力矫正，不能如愿。没过多久，花朵便凋残零落，再也没有往日的繁盛景象。

【增】

《吴宽①诗注》

家有牡丹一株，花后有二瓣稍张，人名凤尾。

【译文】

家中有一株牡丹，开出花来外层有两片花瓣略微展开，人们称之为"凤尾"。

《花木考》

宋高宗绍兴三十一年，饶州鄱阳县民家篱竹间生重萼牡丹。

正统四年闰二月十六日，天香圃牡丹一品变成绿色，凡开三朵。宪

---

① 吴宽（1435～1504），明代名臣、诗人、散文家、书法家。字原博，号匏庵、玉亭主，世称匏庵先生。直隶长洲（今江苏苏州市）人。明宪宗成化八年（1472）会试、廷试获第一，为明朝苏州第二位状元。入翰林，授修撰，侍讲孝宗东宫。明孝宗即位，迁左庶子，参与编修《宪宗实录》，进少詹事兼侍读学士。官至礼部尚书。

宗①画其形色，咏之以诗。

昆仑山元阳观后有牡丹花，根株连抱。问植者谁？曰："王仙所遗也。"

【译文】

宋高宗绍兴三十一年（1161），饶州鄱阳县（今江西鄱阳县）一户百姓家篱笆竹丛之间生出重萼牡丹。

正统四年（1439）闰二月十六日，天香圃中的一株牡丹一改从前花色，变成绿色，一共开出三朵。宪宗（？）将之绘成图画，作诗吟咏。

昆仑山元阳观的后面有一株牡丹，根和株干紧紧交缠在一起。问它是谁种植的？有人回答说："是王仙遗留在这里的。"

【原】

《花史》②

锡山安氏圃，牡丹最盛。天顺中，老仆徐奎闻圃中叹声呃呃，谛听之，声出牡丹中，云："我等蒙主翁灌溉有年，未获善已，来日厄又至，奈何？"群花咸若哽咽，奎叱之乃止。翼日，主翁邀客携酒诣圃，奎以告，客皆异之。一恶少独嗔其妄，竟阅姣且大者，折以去。

【译文】

锡山（在今江苏无锡市西郊）安氏的园圃中，牡丹最为繁盛。国朝英宗天顺（1457～1463）年间，安家的老仆徐奎听见园圃中有连连叹息的声音，仔细听，声音出自牡丹丛中。叹息声在说："我等承蒙主家翁多年浇灌，却一直没有好下场。明天灾难又要降到我等身上，怎么办？"众牡丹花都哽咽不止，徐奎大声呵斥，它们才罢休。第二天，安

---

① 宪宗：误。明宪宗朱见深（1447～1487），是明英宗的长子，明朝第八位皇帝。明英宗正统四年（1439），朱见深尚未出生，怎么画画咏诗？本则可能误以为正统是明宪宗的年号。

② 花史：吴彦匡于明毅宗崇祯年间（1628～1644）所著的一部书，10卷，记载花卉发展历史。

氏主人邀请客人来家，携带酒食来到园圃，徐奎将昨天发生的事儿汇报给主人，客人们都很惊异。只有来客中一个坏小子发着脾气，斥责徐奎所说荒诞不经。这个坏小子竟然查看牡丹，挑选花朵硕大美艳超群的，折下来带走了。

【增】

《花史》

陈郡谢翱举进士，能七字诗，寓居长安昇道里，庭中多植牡丹。一日，有美人年十六七，色绝代，乘金车来，谓翱曰："闻此地有名花，故来与君一醉耳。"即设馔同翱食。复请翱赋诗，曰："阳台后会已无期，碧树烟深玉漏迟。半夜香风满庭月，花前竟发楚王悲①。"美人亦和云："相思无路莫相思，风里花开只片时。惆怅金闺却归处，晓莺啼断绿杨枝。"遂挥泪别去，不复见。

【译文】

陈郡（治今河南淮阳县）人谢翱，善于作七言诗，来首都长安参加进士科考试，寄宿于昇道坊。他所寄宿的庭院中，栽植着很多牡丹。一天，一位十六七岁的绝代佳人乘坐金车来到这所院子中，对谢翱说："听说这里有名贵牡丹，特意前来观赏，与先生一醉方休。"随即摆出带来的酒食，同谢翱一起食用。酒酣耳热之际，美女请谢翱即兴赋诗。谢翱作诗说："阳台后会已无期，碧树烟深玉漏迟。半夜香风满庭月，花前竟发楚王悲。"美女立即作诗奉和，说："相思无路莫相思，风里花开只片时。惆怅金闺却归处，晓莺啼断绿杨枝。"美女于是泪流满面，依依惜别，此后二人再也没有相见。

【点评】

这里增补的这则小说，交代出自明朝末年的书籍《花史》。但这不

---

① 《文选》卷19宋玉《高唐赋》说：楚怀王游高唐，梦与巫山神女幽会，临别说："妾在巫山之阳，高丘之阻。旦为朝云，暮为行雨。朝朝暮暮，阳台之下。"

是原始出处，从编纂手法来说，不应该转售二道贩子的东西。这则小说节选自晚唐人张读的神怪小说《宣室志》。张读（834或835～882后），字圣用，一作圣朋，深州陆泽（今河北深州市西）人。唐宣宗大中六年（852）进士，供职宣州节度使郑薰幕府。历官中书舍人、礼部侍郎、尚书左丞。唐僖宗广明元年（880），黄巢农民军攻占长安，张读随驾入蜀，官吏部侍郎。后兼弘文馆学士，判院事。张读的高祖张鷟、祖父张荐、外祖牛僧孺，都是唐代著名小说家，张读受其影响，创作小说。"宣室"是西汉宫殿，汉文帝曾在这里召见贾谊问鬼神之事。由于《宣室志》中多是神仙鬼怪狐精、佛门休咎故事，故张读取"宣室"以为书名。这则小说在传世的10卷本《宣室志》中已经没有了，但为北宋官修类书《太平广记》卷364《妖怪六》收录，题作《谢翱》，篇末注明"出《宣室志》"。原作颇长，情节曲折复杂，人物刻画细腻，极力展示谢翱"好为七字诗"的一面，是唐代唯一的一篇以牡丹为线索展开的传奇小说。现将原作附录于下：

"陈郡谢翱者，尝举进士，好为七字诗。其先寓居长安升道里，所居庭中多牡丹。一日晚霁，出其居，南行百步，眺终南峰。伫立久之，见一骑自西驰来，绣缋仿佛，近乃双鬟，高髻靓妆，色甚姝丽。至翱所，因驻谓翱：'郎非见待耶？'翱曰：'步此，徒（徒）望山耳。'双鬟笑降，拜曰：'愿郎归所居。'翱不测，即回望其居，见一青衣三四人，偕立其门外，翱益骇异。入门，青衣俱前拜。既入，见堂中设茵毯，张帷帘，锦绣辉映，异香遍室。翱愕然且惧，不敢问。一人前曰：'郎何惧？固不为损耳。'顷之，有金车至门，见一美人，年十六七，风貌闲丽，代所未识。降车入门，与翱相见。坐于西轩，谓翱曰：'闻此地有名花，故来与君一醉耳。'翱惧稍解。美人即命设馔同食，其器用物，莫不珍丰。出玉杯，命酒递酌。翱因问曰：'女郎何为者，得不为他怪乎？'美人笑不答，固请之，乃曰：'君但知非人则已，安用问耶！'夜阑，谓翱曰：'某家甚远，今将归，不可久留此矣。闻君善为七言诗，愿有所赠。'翱怅然，因命笔赋诗曰：'阳台后会杳无期，碧树烟深玉漏迟。半夜香风满庭月，花前竟发楚王时（诗）。'美人览之，泣下数行，曰：'某亦尝学为诗，欲答来赠，幸不见诮！'翱喜而请，美人求绛笺，翱视笥中，唯碧笺一幅，因与之。美人题曰：'相思无路莫相思，风里花开只片时。惆怅金闺却归处，晓莺啼（原注："啼"原作"题"，据明抄本改。）断绿杨枝。'其笔札甚工，翱嗟赏良久。美人遂顾左右撤（撤）帐帘，命烛登车。翱送至门，挥泪而别。未数十步，车与人马俱亡见矣。翱异其事，因贮美人诗笥中。明年春，下第东归，至新丰，夕舍逆旅。因步月长望，感前事，又为诗曰：'一纸华笺丽碧云，余香犹在墨犹新。空添满目凄凉事，不见三山缥缈人。斜月照衣今夜梦，落花啼雨去年春。红闺更有堪愁处，窗上虫丝镜上尘。'既而朗吟之，忽闻数百步外有车音，西来甚急。俄见金闺从数骑，视其从者，乃前时双鬟也。惊问之，双鬟遽前告。即驻车，使谓翱曰：'通衢中恨不得一见。'翱请其舍逆旅，固不可。又问所适，答曰：'将之弘农。'翱因曰：'某今亦归洛阳，愿偕东，可乎？'曰：'吾行甚迫，不可。'即搴车帘谓翱曰：'感君意勤厚，故一面耳。'言竟，呜咽不自胜。翱亦为之悲泣，因诵以所制之诗，美人曰：'不意君之不忘如是也，幸何厚焉？'又曰：'愿更酬此一篇。'翱即以纸笔与之，俄顷而成，曰：'惆怅佳期一梦中，五陵春色尽成空。欲知离别偏堪恨，只为音尘两不通。愁态上眉凝浅绿，泪痕侵脸落轻红。双轮暂与王孙驻，明日（原注："日"原作"月"。据明抄本改。）西驰又向东。'翱谢之，良久别去。才百余步，又无所见。翱虽知为怪，眷然不能忘。及至陕西，遂下道至弘农，留数日，冀一再遇，竟绝影响，乃还洛阳。出二诗，话于友人。不数月，以怨结遂卒。"

《帝京景物略》①

右安门外草桥，其北土近泉，居人以种花为业。冬则温火暄之，十

---

① 帝京景物略：明末人刘侗、于奕正著的 8 卷本笔记，记载首都北京的景物、民俗等。刘侗字同人，号格庵，湖北麻城人，明毅宗崇祯七年（1634）进士，后来官南直隶吴县（今江苏苏州市）知县，赴任途中过扬州，在船上病故，年 44 岁。于奕正初名继鲁，字司直，宛平（今北京市）人，崇祯初年秀才，客游江南，于崇祯九年（1636）到南京，病故于旅舍，年 40 岁。

月中旬，牡丹已进御矣。

【译文】

右安门外草桥一带，其北地段泉水很多，住户们以种花为职业。冬天在土窖中育花，用温火加热，到十月中旬，牡丹就进奉朝廷了。

【点评】

这则文字系录自《帝京景物略》卷3《草桥》，但文字删削很多，以至于不能准确、精练地传达原意，故将原文相关部分摘录于下：

"右安门外南十里草桥，方十里，皆泉也。……土以泉，故宜花，居人逐花为业。都人卖花担，每辰千百，散入都门。……圃人废晨昏者半岁，而终岁衣食焉。……草桥惟冬花支尽三季之种，坏土窖藏之，蕴火坑咺之。十月中旬，牡丹已进御矣。"

都城牡丹时，无不往观惠安园①者。园在嘉兴观西二里，堂前牡丹数百亩。

【译文】

都城牡丹花开时，人们无不前往惠安伯园去观赏。这所园林在嘉兴观西边二里处，园中正堂的前面，栽培牡丹多达数百亩。

【点评】

这则文字系录自《帝京景物略》卷5《惠安伯园》，但文字删削很多，有的文字不同（堂前、堂后），现将原文全部移录于下：

"都城牡丹时，无不往观惠安园者。园在嘉兴观西二里。其堂室一大宅，其后牡丹，数百亩一圃也。余时荡然薰畦耳。花之候晖晖如，目不可极，步不胜也。客多乘竹兜，周行塍间，递而览观，日移晡乃竟。

---

① 明世宗嘉靖三十四年（1555）至明神宗万历三十七年（1609），外戚张元善袭封惠安伯，惠安园是他家的园林。

蜂蝶群亦乱相失，有迷归径，暮宿花中者。花名品杂族，有标识之，而色蕊数变。间着芍药一分，以后先之。"

《燕都游览志》①

太傅惠安伯张公园牡丹花时，主人制小竹兜，以供游客行花塍②中。

武清侯③别业，额曰"清华园"，广十里。园中牡丹多异种，以绿蝴蝶为第一，开时足称花海。

【译文】

太傅惠安伯张元善先生家园的牡丹花开放时，主人制作小竹兜，供没力气坚持行走的游客们中途乘坐，在花圃的田间小道上流动观赏。

武清侯李伟的庄园，匾额题作"清华园"，宽广十里。清华园中的牡丹多是奇异品种，其中以绿蝴蝶牡丹为第一。牡丹绽放时，堪称花海。

《五杂俎》④

朝廷进御，常有不时之花。然皆藏土窖中，四周以火逼之，故隆冬时即有牡丹花。计其工力，一本至数十金。

【译文】

当今向朝廷进贡鲜花，常有反季节开放的花。这些花都放在土窖中

---

① 燕都游览志：明人孙国敉（mǐ）著的笔记。
② 塍（chéng）：田地分界高起的田埂，可用作道路。
③ 明神宗的外祖父李伟（1527～1585），初封武清伯，万历十年（1582）晋升武清侯。
④ 五杂俎：一作《五杂组》，明代著名笔记，由天部 2 卷、地部 2 卷、人部 4 卷、物部 4 卷、事部 4 卷共 5 部分组成，故名《五杂组》。内容包括作者读书心得和事理分析，以及政局时事和风土人情等。作者谢肇淛（1567～1624），籍贯福建长乐，生于钱塘（今浙江杭州市），故名肇淛（"浙"的异体字），字在杭，号武林（杭州旧称）。明神宗万历二十年（1592）进士，历任湖州司理、东昌司理、南京刑部山西司主事、兵部职方司主事、工部屯田司员外郎等职，官终广西左布政使。这则笔记出自《五杂俎》卷10《物部二》，但作"十数金"非"数十金"。

培育，植株周围用火烘烤升温，因而即便在数九寒天，也有牡丹花开放。计算成本，一棵牡丹投入的工力，价值高达数十金。

【原】

《如皋志》

宋淳熙三年春，如皋县孝里庄园，牡丹一本，无种自生。明年花盛开，乃紫牡丹也。杭州推官某，见花甚爱，欲移分一株。掘土尺许，见一石如剑，长二尺，题曰："此花琼岛飞来种，只许人间老眼看。"遂不敢移。以是乡老诞日值花开时，必往宴为寿。李嵩三月八日生，自八十看花，至一百九岁。

集藻
序

【原】

宋·欧阳修《洛阳牡丹·花品序》

牡丹出丹州、延州，东出青州，南亦出越州。而出洛阳者，今为天下第一。雒阳所谓丹州花、延州红、青州红，皆彼土之尤杰者，然来洛阳，才得备众花之一种，列第不出三以下，不能独立与洛花敌。而越花以远罕识不见齿，然虽越人，亦不敢自誉以与洛阳争高下。是洛阳者，果天下之第一也。洛阳亦有黄芍药、绯桃、瑞莲、千叶李、红郁李之类，皆不减他出者。而洛阳人不甚惜，谓之果子花，曰某花某花。至牡丹则不名，直曰花。其意谓天下真花独牡丹，其名之著，不假曰牡丹而可知也，其爱重之如此。说者多言洛阳居三河间，古善地。昔周公以尺寸考日出没，则知寒暑风雨乖与顺，于此取正①。此盖天地之中，草木之华得中和之气者多，故独与他方异。余甚以为不然。夫洛阳于周所有之土，四方入贡道里均，乃九州之中，在天地昆仑磅礴之间，未必中

---

① 欧阳修原文作：测知寒暑风雨乖与顺于此。

也。又况天地之和气，宜遍被四方上下，不宜限其中以自私。夫中与和者，有常之气，其推于物也，亦宜为有常之形。物之常者，不甚美亦不甚恶。及元气之病也，美恶隔并而不相和，故物有极美与极恶者，皆得于气之偏也。花之钟其美，与夫瘿木拥肿之钟其恶，丑好虽异，而得分气之偏病则均。洛阳城围数十里，而诸县之花莫及城中者，出其境则不可植焉，岂又偏气之美者，独聚此数十里之地乎？此又天地之大，不可考也已。凡物不常有而为害乎人者曰灾，不常有而徒可怪骇不为害者曰妖。语曰："天反时为灾，地反物为妖。"此亦草木之妖而万物之一怪也。然比夫瘿木拥肿者，窃独钟其美而见幸于人焉。余在洛阳四见春。天圣九年三月始至洛，其至也晚，见其晚者。明年，会与友人梅圣俞游嵩山少室、缑氏岭、石唐山紫云洞，既还，不及见。又明年，有悼亡之戚，不暇见。又明年，以留守推官岁满解去，只见其早者。是未尝见其极盛时。然目之所瞩，已不胜其丽焉。余居府中时，尝谒钱思公于双桂楼下，见一小屏立座后，细书字满其上。思公指之曰："欲作《花品》，此是牡丹名，凡九十余种。"余时不暇读之。然余所经见而今人多称者，才三十许种，不知思公何从而得之多也。计其余，虽有名而不著，未必佳也。故今所录，但取其特著者而次第之。

【增】

苏轼《牡丹记序》[1]

熙宁五年三月二十三日，余从太守沈公观花于吉祥寺[2]僧守璘之圃。圃中花千本，其品以百数。酒酣乐作，州人大集，金槃䌽篮以献于坐者五十有三人。饮酒乐甚，素不饮者皆醉。自舆台、皂隶[3]皆插花以从，观者数万人。明日，公出所集《牡丹记》十卷以示客，凡牡丹之见于传记与栽植培养剥治之方，古今咏歌诗赋，下至怪奇小说皆在。余

---

① 牡丹记序：《苏轼文集》卷 10（中华书局，1986）作《牡丹记叙》。
② 杭州太守沈立（1005～1077），字立之，历阳（今安徽和县）人。撰《牡丹记》10
　卷，已佚。吉祥寺在浙江杭州安国坊，后改名广福寺。
③ 舆台：二者都是低等级奴隶，泛指奴仆及地位低下的人。皂隶：衙门里的差役。

既观花之极盛，与州人共游之乐，又得观此书之精究博备，以为三者皆可纪，而公又求余文以冠于篇。盖此花见重于世三百余年，穷妖极丽，以擅天下之观美。而近岁尤复变态百出，务为新奇，以追逐时好者，不可胜纪。此草木之智巧便佞者也。今公自耆老重德，而余又愚蠢①迂阔，举世莫与为比，则其于此书，无乃皆非其人乎！然鹿门子尝怪宋广平②之为人，意其铁石心肠，而为《梅花赋》则清便艳发，得南朝徐庾体③。今以余观之，凡托于椎陋以眩世者，又岂足信哉！余虽非其人，强为公纪之。公家书二万④卷，博览强记，遇事成书，非独牡丹也。

【译文】

熙宁五年（1072）三月二十三日，我随从杭州太守沈大人去吉祥寺观看僧守璘花圃中的牡丹。这处花圃中，牡丹有一千株，品种数以百计。酒酣耳热，载歌载舞，大批市民聚集在这里看景致。【在赏花开幕式上，服务人员】以金盘、彩篮盛放牡丹花朵，献给席位上的 53 位官员嘉宾。嘉宾们饮酒极其快乐，连一向不饮酒的人都喝得醉醺醺的。奴仆、衙役们一个个头上插着牡丹花，随从在主子身后。前来观看的市民多达数万人。第二天，沈大人把自己撰写的 10 卷本《牡丹记》稿本拿出来给嘉宾们看，凡传记中记载的牡丹资料，以及栽植培养剥治牡丹的

---

① 愚蠢：《苏轼文集》卷 10 作"方蠢"。
② 晚唐文学家皮日休，字袭美，一字逸少，复州竟陵（今湖北天门市）人。曾居住在鹿门山，自号鹿门子。宋广平：武则天至唐玄宗时期的大臣宋璟，累封广平郡公，耿介有大节，当官正直。他作有《梅花赋》，其《序》说：垂拱三年（687），自己 25 岁，考科举落第，随从父（伯父或叔父）来到东川，患病数月。一天，突然看到所住馆舍的断墙旁，丛杂的草木中有一株梅树开出花来，不禁感叹道："斯梅托非其所，出群之姿，何以别乎？若其贞心不改，是则可取也已。"于是作《梅花赋》。后来颜真卿作《广平文贞公宋公神道碑铭》，说："相国苏味道为侍御史出使，精择判官，奏公为介。公作《长松篇》以自兴，《梅花赋》以激时，苏深赏叹之，曰：'真王佐才也！'"晚唐皮日休《桃花赋·序》说："余尝慕宋广平之为相，贞姿劲质，刚态毅状。疑其铁肠石心，不解吐婉媚辞。然睹其文而有《梅花赋》，清便富艳，得南朝徐庾体，殊不类其为人也。后苏相公味道得而称之，广平之名遂振。呜呼！夫广平之才，未为是赋，则苏公果暇知其人哉？将广平困于穷，厄于踬，然强为是文邪？"
③ 南朝徐陵、庾信（后赴北朝）二人擅写绮情艳丽的宫体诗，称"徐庾体"。
④ 二万：《苏轼文集》卷 10 作"三万"。

方法，古今吟咏牡丹的辞赋诗词，甚至于有关牡丹的神怪传奇小说等，都包罗在这部大著中。我头一天已经领略到杭州观赏牡丹的盛况，享受到与杭州市民共同游玩的乐趣，此刻又有幸拜读沈大人的著作，感受到书中内容的博大精深，我以为这三方面都值得写成文章记下来。而沈大人恰恰央求我写一篇文章作为他这部著作的序文，置于全书正文的前面【，我于是遵命撰文】。

牡丹这种花卉被世人看重，迄今已有三百多年。它的美艳在所有花卉中达到极致，以至于专擅了世上的赏花之美。近代以来，牡丹花百般变异，人们为追逐时好而致力于培育新奇花样，新品种层出不穷，多得记载不过来。牡丹，简直就是花木中绝顶聪明机智灵巧的东西了。沈大人是当今德高望重的长者，而我的愚蠢迂阔是举世无双的，那么无论是由沈先生撰写牡丹题材的书，还是由我来撰写序文，恐怕都不是恰当的人选吧！然而晚唐皮日休创作《桃花赋》，序文中说自己曾经感到奇怪，像盛唐宰相广平公宋璟那样刚正庄重威严的人，似乎应该是铁石心肠，却写出柔媚绮丽的《梅花赋》，深得南朝徐庾体的浮艳真传。现在我再来看，凡是假托朴实、简陋来向世人炫耀自己的，你能相信它真的是那样吗！我尽管不是为沈大人的大著作序的恰当人选，但要勉为其难，为沈大人写出序文来。沈大人家藏图书两三万卷，博览群书，记忆清晰，遇到什么事情，都能命笔成书，不是仅仅能为牡丹写一部书而已。

陆游《天彭牡丹·花品序》

牡丹在中州，洛阳为第一，在蜀，天彭为第一。天彭之花，皆不详其所自出。土人云，曩时永宁院有僧种花最盛，俗谓之牡丹院，春时赏花者多集于此。其后花稍衰，人亦不复至。崇宁中，州民宋氏、张氏、蔡氏，宣和中石子滩杨氏，皆尝买洛中新花以归。自是洛花散于人间，花户始盛，皆以接花为业。大家好事者皆竭其力以养花，而天彭之花遂冠两川。今惟三井李氏、刘村毋氏、城中苏氏、城西李氏花特盛，又有余力治亭馆，以故最得名，至花户连畛相望，莫得而姓氏也。天彭三邑皆有花，惟城西沙桥上下，花尤超绝。由沙桥至堋口、崇宁之间，亦多佳品。自城东抵濛阳，则绝少矣。大抵花品近百种，然著者不过四十。而红花最多，紫花、黄花、白花各不过数品，碧花一二而已。今自状元红至欧碧，以类次第之。所未详者，姑列其名于后，以待好事者。

传

【原】

明·李珮《姚黄传》

高阳国王讳黄，字时重，姓姚氏，舜①八十一代孙。先世居诸冯之姚墟。舜子商均出娥皇，数传至中央，而王于汉②。至晋，子姓蕃衍，富者贵者馨名上苑名园。五传而黄生，思本娥皇，易"皇"为"黄"，重出也，黄为天下正色，祖中央也。黄美丰姿，肌体腻润，拔类绝伦。游西京，术者相之，谓其有一万八千年富贵。杨勉③见而奇之，曰："此皇王之胄，奇种也。"开元初，荐为先春馆④上宾。上以黄先朝富贵勋旧，不敢易之，命同游沉香亭。时晓日倚栏，东风拂翠，上与黄酣乐，见其冶容浥露，檀口呼风，爱幸特至，命李白赋诗美之，所谓"解释东风无限恨，沉香亭北倚阑干"，盖实录云。又召金台御史、紫

---

① 舜：传说中的我国父系氏族社会后期部落联盟首领，通过禅让制，担任有虞氏首领，被后世尊为帝，列入"五帝"。姓姚又姓妫（guī），名重华，字都君。出生地在诸冯或者姚墟。《孟子·离娄下》说："舜生于诸冯。"近人杨伯峻《孟子译注》第184页（中华书局，1981）注为："诸冯，传说在今山东菏泽县南五十里。"一说在山西。清人顾祖禹《读史方舆纪要·山西三·平阳府》说："又诸冯山，在县东北四十里，《孟子》云舜生诸冯，盖即此。"
② 古人说西汉帝室刘氏源于祁姓，是帝尧陶唐氏的后裔。
③ 杨勉：北宋刘斧《青琐高议》前集卷6《骊山记》中编造的唐玄宗时期的人物，说："帝又好花木，诏近郡送花赴骊宫（骊山华清宫）。当时有献牡丹者，谓之杨家红，乃卫尉卿杨勉家花也。"
④ 先春馆：《青琐高议·骊山记》中编造的骊山华清宫中的馆舍，说："诏其花栽于先春馆。"

霞仙官、洪状元佐饮于亭，击羯鼓①为乐。黄每饮，正色不迷，得元吉②风。其醉而酣，变幻万状，向时如迎，背时如诀，坼③时如语，含时如咽，时俯而愁如，时仰而悦如，时侧而跌如，而曲之时则折如也。凡作止，动中规矩。识者云："岂独风流冠西洛，只疑富贵是东皇。"金台御史连章上荐，以为富贵为众所宗，宜膺爵土，遂受封为高阳郡公，娶魏国公女紫英。相传魏本丹朱④，后名紫者，从朱也。当时有"姚黄、魏紫，奕叶⑤重华"之谶⑥。黄出入禁苑，紫车翠葆，高牙大纛，并拟王者。安禄山嫉之，谓其为婚同姓，上章极论。杨勉为表申解，其略曰：舜尧同祖，姚祁异姓，此尧所以以二女观舜也，况数百代以降。圣人易姓遗教，彰人耳目，于婚奚尤？上从勉言，置不问，寻命黄就封之郡。久之，众推戴日深，尊为高阳国王，传国甚远。

【译文】

高阳国的君王姓姚名黄字时重，是帝舜的81代孙。这个古老的家族起先居住在诸冯的姚墟。帝舜的儿子商均是帝尧的女儿娥皇生的，繁衍绵延几代后，子孙们迁居到中原内地，至祁姓的后裔刘邦而建立汉朝当上皇帝。到了晋朝，子孙众多，其中不乏富者贵者，分布于上苑名园，名声大振。又传了五代，姚黄出生，考虑到始祖母是娥皇，感念祖恩，谐音起名字，把"皇"字改成"黄"字。而黄色是天下的正色，

---

① 羯鼓：古代一种腰部细、两头蒙皮的鼓，来自中亚羯族地区。唐玄宗很喜爱这一打击乐器，是羯鼓高手。

② 元吉：大吉，洪福。《易·坤》："黄裳元吉。"唐人孔颖达疏："元，大也。以其德能如此，故得大吉也。"

③ 坼：原作"忻"，据唐人舒元舆《牡丹赋》校改。这几句本自舒元舆《牡丹赋》句："向者如迎，背者如诀。坼者如语，含者如咽。俯者如愁，仰者如悦。袅者如舞，侧者如跌。亚者如醉，曲者如折。"坼：裂开，指花朵绽开。

④ 丹朱：传说中的我国父系氏族社会后期部落联盟首领尧的长子。由于丹朱品行恶劣没出息，尧把部落联盟首领之位通过禅让传给舜，并将两个女儿娥皇、女英嫁给舜为妃。

⑤ 奕叶：世世代代。重华：帝舜的名字，因两眼都是双瞳仁，而"华"即"花"字，指不断开花。

⑥ 谶（chèn）：将要应验的预言、预兆。

【在五行中，与木火土金水中的"土"相配，在东南西北中五个方位中，】居于中央地位，受到四方的崇尚和拱卫。姚黄其人，长相极为英俊，肌体细腻，光彩照人，实在是出类拔萃。一日出游到了西京长安，一位术士为他相面，说他享有18000年的富贵。卫尉卿杨勉见到他，十分惊异，说："这是皇家贵胄，龙子龙孙啊。"唐玄宗开元初年，杨勉举荐姚黄在骊山华清宫中的先春馆充当上宾。唐玄宗因为姚黄是前代王朝的富贵勋旧，不敢对他轻慢，于是相偕在京城兴庆宫的沉香亭畔游玩。当时一轮旭日冉冉升起，他们倚靠在沉香亭的栏杆旁，东风徐来，吹动着绿叶微微俯仰。玄宗同姚黄一起畅饮美酒，十分快乐。玄宗见他俊美的脸庞上带着露水，从浅绛色的嘴唇间呼出暖气，对他宠爱得不得了。玄宗命翰林供奉李白作诗赞美，李白诗句"解释东风无限恨，沉香亭北倚阑干"，就是当时情况的真实写照。玄宗又召来金台御史、紫霞仙官、洪状元等人，在沉香亭陪同饮酒助兴，击奏羯鼓为乐。姚黄每次饮酒，保持着端庄的姿态，不曾颠倒迷失，真是一种大吉大福的做派。但当他喝到酣醉的地步时，他也会变幻出千万种样子。比如：朝着人像在迎接来宾，背着人像与人辞别。展开时好像在说话，含而不露时好像在哽咽。低头时如同愁肠欲绝，仰面时如同万分喜悦。倾斜时如同跌倒不起，弯曲时如同鞠躬作礼。他的一举一动，都是那么符合法度。有深知他的人说："岂独风流冠西洛，只疑富贵是东皇。"于是金台御史连连上奏章举荐他，认为富贵为大家所尊奉，应该为他加官晋爵、裂土分封。他于是受封为高阳郡公，迎娶魏国公的千金紫英为妻。相传魏氏是帝尧儿子丹朱的后裔，后来名叫"紫"，【紫色】是随顺着"丹""朱"这样的红颜色而来的。当时有"姚黄、魏紫，奕叶重华"的谶语流传。姚黄【有了爵位，得以】出入皇家禁苑，乘坐的是带着翠绿色车盖的紫色车子，居住在美轮美奂的公馆里，大门前列置仪仗大旗，【虽说爵位仅是"公"，但】一切待遇都仿照"王"这一级别。【深受唐玄宗宠幸的胡族出身的边将】安禄山对姚黄的待遇非常嫉妒，于是上奏章，极力攻击【魏紫远祖丹朱和姚黄始祖母娥皇是亲兄妹，因而】姚黄、魏紫是同姓为婚。杨勉上表为姚黄辩解，大意说：帝舜、帝尧源自同一个祖先，但出自帝舜的姚氏和出自帝尧的祁姓即为异姓，所以帝尧能将两个女儿嫁给帝舜，【当时尚且如此，】何况数百代以下【血缘关系愈益疏远了】。圣人有关改变姓氏的说法一直在流传，耳熟能详，那么姚黄、魏紫喜结秦晋之好，有什么理由要怪罪？玄宗采纳杨勉的说法，对于安禄山的指责置之不理。过了不久，玄宗命姚黄出京，到高阳郡封地就藩。时间长了，当地民众拥护他热爱他日益强烈，就推戴他为高阳国王。从此以后，子孙绵延，国运兴隆，代代相传，已经很久很久了。

记

【增】

宋·欧阳修《风俗记》

洛阳之俗，大抵好花。春时城中无贵贱皆插花，虽负担者亦然。花开时，士庶竞为游遨，往往于古寺废宅有池台处为市井，张幄帟，笙歌之声相闻。最盛于月陂堤张家园、棠棣坊长寿寺东街与郭令宅，至花落乃罢。洛阳至东京六驿，旧不进花，自今徐州李相迪为留守时始进御。岁遣牙校一员，乘驿马，一日一夕至京师。所进不过姚黄、魏花三数朵，以菜叶实竹笼子，藉覆之，使马上不动摇，以蜡封花蒂，乃数日不落。大抵洛人家家有花，而少大树者，盖其不接则不佳。春初时，洛人于寿安山中斫小栽子卖城中，谓之山篦子。人家治地为畦塍种之，至秋乃接。接花工尤著者一人，谓之门园子，豪家无不邀之。姚黄一接头，直钱五千，秋时立券买之，至春见花，乃归其直。洛人甚惜此花，不欲传。有权贵求其接头者，或以汤中蘸杀与之。魏花初出时，接头亦直钱五千，今尚直一千。接时须用社后重阳前，过此不堪矣。花之木，去地五七寸许截之，乃接，以泥封裹，用软土壅之，以箬叶作庵子罩之，不令见风日，惟南向留一小户以达气，至春乃去其覆。此接花之法也。种花必择善地，尽去旧土，以细土用白敛末一斤和之。盖牡丹根甜，多引虫食，白敛能杀虫。此种花之法也。浇花亦自有时，或日未出，或日西时。九月旬日一浇，十月、十一月，三日二日一浇，正月隔日一浇，二月一日一浇。此浇花之法也。一本发数朵者，择其小者去之，只留一二朵，谓之打剥，惧分其脉也。花才落便剪其枝，勿令结子，惧其易老也。春初既去箬庵，便以棘数枝置花丛上，棘气暖，可以辟霜，不损花芽。他大树亦然。此养花之法也。花开渐小于旧者，盖有蠹虫损之。必寻其穴，以硫黄簪之。其旁又有小穴如针孔，乃虫所藏处，花工谓之气窗，以大针点硫黄末针之，虫乃死，花复盛。此医花之法也。乌贼鱼骨用以针花树，入其肤，花辄死。此花之忌也。

周氏《洛阳花木记》

余少时闻洛阳花卉之盛甲于天下，尝恨未能尽观其繁盛妍丽，窃有憾焉。熙宁中，长兄倅绛，因自东都谒告往省亲，三月过洛，始得游精蓝名圃，赏及牡丹，然后信向之所闻为不虚矣。会迫于官期，不得从容游览。元丰四年，余莅官于洛，吏事之暇，因得博求谱录，得唐李卫公《平泉花木记》，范尚书、欧阳参政二谱，按名寻讨，十得见其七八焉。然范公所述五十二品，可考者才三十八；欧之所录者二篇而已，其叙钱思公双桂楼下小屏中所录九十余种，但概言其略耳，至于花之名品，则莫得而见焉。因以余耳目之所闻见，及近世所出新花，参校三贤所录者，凡百余品，其亦殚于此乎！

李廌《洛阳名园记》

洛阳花甚多种，而独名牡丹曰花。凡园皆植牡丹，而独名此曰花园子。盖无他，池亭独有牡丹数十万本，凡城中赖花以生者，毕家于此。至花时张幕幄，列市肆，管弦其中，城中士女绝烟火游之；过花时则复为丘墟破垣，遗灶相望矣。今牡丹岁益滋，而姚黄、魏紫一枝千钱，姚黄无卖者。

【译文】

【天王院花园子：】洛阳花卉，种类很多，但当地人只把牡丹专称为"花"。洛阳的诸多园林中都栽植着牡丹，但当地人只把天王寺废墟上的花园称作"花园子"。没有别的原因,这里的池塘边、亭阁旁不种其他花卉,只有牡丹数十万株。凡洛阳城中以牡丹为生的人家,都在这里安家立业。到了牡丹开花时节,人们在这里搭建帷幕,摆摊做生意,乐声歌舞,连连不断。城中的男女老少宁可不在家里吃饭,都在这里逗留,尽情游览。牡丹花期一过,这里又是一片丘墟,只有破墙残存,土灶相对。如今牡丹一年比一年繁盛,而姚黄、魏紫依然名贵,一枝花卖千文铜钱,甚至姚黄根本买不到。

【点评】

南宋邵博《邵氏闻见后录》卷24、卷25,明人陶宗仪《说郛》百卷本卷26,皆全文收录《洛阳名园记》,作者皆作李格非。《邵氏闻见后录》卷24说:"予得李格非文叔《洛阳名园记》,读之至流涕。文叔出东坡(苏轼)之门,其文亦可观,如论'天下之治乱,候于洛阳之盛衰;洛阳之盛衰,候于园圃之兴废'。其知言哉!"但清初陶珽重编的《说郛》120卷本卷68作"李廌"。今按,以李格非说是。李格非、李廌,传记同列《宋史》卷444《文苑六》中,显然不是一人二名。李格非(约1045~约1105),字文叔,北宋山东济南人。女词人李清照之父。宋神宗熙宁九年(1076)进士,初任冀州(治今河北衡水市冀州区)司户参军、试学官,后为郓州(治今山东东平县)教授,入补太学录,转太学博士。"以文章受知于苏轼。常(尝)著《洛阳名园记》,谓'洛阳之盛衰,天下治乱之候也'。其后洛阳陷于金,人以为知言"。南宋初,任校书郎、著作佐郎、礼部员外郎,提点京东刑狱。另,李廌(zhì,1059~1109),字方叔,先世自郓州迁居华州(治今陕西华县)。家极贫困,6岁而孤,好学,成年以学问闻名乡里。他持习作到黄州(今湖北黄冈市)拜谒苏轼,苏轼欣赏他的文章才华,认为"笔墨澜翻,有飞沙走石之势",誉之为"万人敌"。举进士不第,中年绝意仕进,认为许昌地区为人物渊薮,遂定居长社(今河南长葛市)。著《济南集》20卷,又名《月岩集》,已佚。今本《济南集》,系清代四库馆臣自《永乐大典》中辑出,计有诗赋5卷、文3卷。这则笔记,《邵氏闻见后录》卷 25、《说郛》百卷本卷 26、120 卷本卷 68，皆题作《天王院花园子》。此处录文删去小标题，则文中"此曰花园子"云云线索不清。

【原】

胡元质《牡丹记》①

大中祥符辛亥春，府尹任公中正②宴客大慈精舍，州民王氏献一合欢牡丹，公即命图之，士庶创观，阗咽终日。蜀自李唐后未有此花，凡图画者惟名洛阳花③。伪蜀王氏号其苑曰"宣华"，权相勋臣竞起第宅，穷极奢丽，皆无牡丹。惟徐延琼④闻秦州董成村僧院有牡丹一株，遂厚以金帛，历三千里取至蜀，植于新宅。至孟氏，于宣华苑广加栽植，名之曰牡丹苑。广政五年，牡丹双开者十，黄者白者三，红白相间者四，后主宴苑中赏之。花至盛矣，有深红、浅红、深紫、浅紫、淡黄、钣⑤

---

① 胡元质（1127～1189），字长文，平江府长洲（今江苏苏州市）人。宋高宗绍兴十八年（1148）进士。历官校书郎、礼部郎官、右司谏、起居舍人、中书舍人、给事中、和州知州、太平州知州、江东安抚使、建康府知府，宋孝宗淳熙四年（1177）起，接替范成大任四川制置使，兼成都府知府，凡三年。牡丹记：《古今图书集成·草木典》卷 287《牡丹部·汇考一》及清人吴其濬《植物名实图考长编》卷 11 皆作《牡丹谱》。

② 府尹任公中正：北宋黄休复《茅亭客话》卷 8"瑞牡丹"条，此处作"知益州枢密直学士任公中正"。宋朝的官制有官、职、差遣的区别。官是虚衔，表明级别和俸禄待遇，尚书、侍郎都列入这一类。职又称贴职，不表示实际事权，而是加给官员的文学荣誉头衔，如秘阁修撰、龙图阁学士等。只有差遣才是官员的实际职务，一般在官职之前加上判、知、管勾、提举、提点等字样。宋人注重差遣，不看重官职。从此处的表述可知，任中正在成都，职是枢密直学士，差遣是成都府知府。任中正，字庆之，曹州济阴（今山东菏泽市）人。进士及第，为池州推官。历大理评事、通判邵州、太府寺丞、通判濮州、秘书省著作佐郎、通判大名府。宋太宗召为秘书丞、江南转运副使，累擢枢密直学士，进兵部侍郎、参知政事。宋仁宗时拜兵部尚书、迁礼部尚书。60 多岁时去世。

③ 花：原无，据《古今图书集成·牡丹部·汇考一》校补。

④ 徐延琼，字敬明。其姐姐是前蜀高祖王建的贤妃，与王建所生子王衍继任皇帝（后主），被尊为顺圣太后。贤妃的胞妹是王建的淑妃，宫中呼为小徐妃、花蕊夫人。王衍继位后，尊她为翊圣皇太妃。徐延琼以前蜀国戚身份，任武德军节度使兼中书令、京城内外马步指挥使。

⑤ 钣（ōu）：铜制盛酒器，敞口，圆唇，圆腹，平底，圈足。

黄、洁白，正晕、倒晕，金含棱①、银含棱，傍枝副柎②，合欢、重台，至五十叶，面径七八寸。有檀心如墨者，香闻至五十步③。蜀平，花散落民间。小东门外有张百花、李百花之号，皆培子分根，种以求利，每一本或获数万钱。宋景文公祁帅蜀④，彭州守朱公绰⑤始取杨氏⑥园花凡十品以献。公在蜀四年，每花时按其名往取。彭州送花，遂成故事。公于十种花，尤爱重锦被堆，尝为之赋⑦，盖他园所无也。牡丹之性，不利燥湿，彭州丘壤既得燥湿之中，又土人种莳偏得法，花开有至七百叶，面可径尺以上。今品类几五十种。有一种色淡红、枝头绝大者，中

---

① 宋人阮阅《诗话总龟》前集卷48《奇怪门上》引宋人钱易笔记小说《洞微志》说："金含稜，每瓶子顶上有碎金丝。"瓶子即雌蕊。

② 柎：原作"搏"，据《植物名实图考长编》卷11校改。《全宋文》（上海辞书出版社、安徽教育出版社，2006）第260册第390页排字作"抟"。柎（bó）：原意是斗拱。斗拱是古代建筑的一种结构。在立柱和横梁交接处，从柱顶上的一层层探出成弓形的承重结构叫拱。拱与拱之间垫的方形木块叫斗。此处指正枝条旁的分支枝条。

③ 面径七八寸有檀心如墨者香闻至五十步：原无，据《古今图书集成·牡丹部·汇考一》校补。

④ 祁：原作"初"，据《古今图书集成·牡丹部·汇考一》校改。宋祁系人名，"初""祁"二字形似而讹。所谓宋祁"帅蜀"，指他担任益州知州，管理四川的军政、民政。宋祁《景文集》卷38《益州谢上表》说："嘉祐元年（1056）八月，诏书授臣吏部侍郎仍旧职，移知益州。……以今年（1057）二月二十日领州事。"

⑤ 朱公绰：原作"朱君绰"，误。可能以为其人叫"朱绰"，称"君"称"公"都是尊称，遂改换文字。宋祁有诗《答朱公绰牡丹》《答彭州职方朱员外公绰》。《全宋诗》收朱公绰《与宋景文公唱酬牡丹诗》说："仁帅安全蜀，祥葩育至和。地寒开既晚，春曙力终多。翠幕遮蜂蝶，朱阑隔绮罗。殷勤凭驿使，光景易蹉跎。"《全宋诗》所作小传说："朱公绰，字成之，吴县（今江苏苏州市）人。仁宗天圣八年（1030）进士（《吴郡志》卷28）。景祐四年（1037），为海宁州盐官令。宝元二年（1039），权海宁州书记。康定元年（1040），再任盐官令（清乾隆《海宁州志》卷7）。历知彭州、广济军。神宗熙宁八年（1075），知舒州（《续资治通鉴长编》卷264）。仕至光禄寺卿。事见《乐圃余稿》卷9《朱氏世谱》。"据改。

⑥ 杨氏：原作"彭州"，据《古今图书集成·牡丹部·汇考一》校改。

⑦ 这里说宋祁作诗咏锦被堆牡丹，可能指这两首诗。《牡丹》："压枝高下锦，攒蕊浅深霞。叠彩晞阳媚，鲜葩照露斜。"（枝条上牡丹花高低错落，像锦绣一样美丽，／花蕊紧蹙，犹如深浅不同的彩霞。／重叠的花朵被明媚的阳光照耀，／鲜艳的花瓣带着露珠，倾斜向下。）《千叶牡丹》："濯水锦窠艳，颓云仙髻繁。全欹碧桫叶，独占紫球栏。谁谓萼华级，芳心多隐桓。"（像水濯过的蜀锦一样鲜艳，／像仙女披散秀发一般纷繁，／重瓣牡丹倾斜在碧绿的枝叶上，／独自把雕栏内的花畦占满。／谁能说那花儿开得好呢，／花心被花瓣团团包围，几乎看不见。）

书舍人程公厚倅①是州，目之为祥云。其花结子可种，余花多取单叶花本，以千叶花接之。千叶花来自洛京，土人谓之京花，单叶时号川花。景文所作赞别为一编，其为朱彭州赋牡丹②诗有"蹄金点鬈密，璋玉缕趺红。香惜持来远，春应摘后空"之句。今西楼花数栏，不甚多，而彭州所供率下品。范公成大时以钱买之，始得名花③。提刑程公沂预会，叹曰："自离洛阳，今始见花尔。"程公，故洛阳人也。

【译文】

国朝真宗皇帝大中祥符辛亥年（四年，1011）的春天，成都府知府【、枢密直学士】任中正先生在大慈寺设宴招待宾客【，一起观赏寺中的牡丹】。一位姓王的当地百姓献上一株合欢牡丹，任先生当即命画工写生绘图。成都的官员士人庶民百姓纷纷前来观看，整整一天，寺院中挤得水泄不通。四川地区自李唐王朝以来，一直没有牡丹花，凡是画牡丹的作品，都只叫作"洛阳花"。五代时期，割据四川的前蜀王建伪政权，把他们的所谓御苑命名为"宣华苑"，这个政权的达官贵人、勋旧亲戚竞相建造宅第，都极其奢侈华丽。但宣华苑也好，那些朱门豪宅也好，里面都没有牡丹。只有前蜀的外戚【武德军节度使兼中书令、京城内外马步指挥使】徐延琼，听说秦州（治今甘肃天水市）董成村的一所佛寺中有一株牡丹，于是派人持重金前往购买，来回奔波三千里，运到成都，栽植在自己新建的宅院中。到后蜀孟知祥政权时，在宣华苑中大面积栽植

---

① 中书：原无，据《古今图书集成·牡丹部·汇考一》校补。倅（cuì）：担任副职。

② 景文所作赞别为一编其为朱彭州赋牡丹：原作"朱彭州赋牡丹"，含义混乱，据《古今图书集成·牡丹部·汇考一》校改。宋祁《答朱公绰牡丹》诗全文说："珍卉分清赏，飞邮附翠笼。蹄金点鬈密，璋玉镂趺红。香惜持来远，春应摘后空。玩时仍把酒，恨不与君同。"（你分给我赏花的机会，我很感激，／用翠笼装着牡丹，飞速地给我邮寄。／花萼的基部像雕刻出润泽的美玉，／花蕊一片金色，在花的中心聚集。／我珍惜这浓香是从你那里远远带来，／牡丹花儿摘下，春色便所剩无几。／赏花时须痛饮美酒，何等惬意，／只可惜不能同你在一起！）

③ 范公成大：原作"钱公成大"，据《古今图书集成·牡丹部·汇考一》校改。陆游《天彭牡丹谱》说自己在成都六年，每年都获得彭州的牡丹馈赠，但一律不是最好的品种。"淳熙丁酉岁（1177），成都帅（范成大）以善价私售于花户，得数千苞，……其大径尺，夜宴西楼下，烛焰与花相映发，影摇酒中，繁丽动人。"

牡丹，并将宣华苑改名为"牡丹苑"。后蜀后主孟昶广政五年（942），牡丹苑中牡丹开放，其中有并蒂双开者十朵，黄牡丹、白牡丹各三株，红白相间的四株。后主在牡丹苑中设宴赏花。这里牡丹花开到最繁盛的时候真是千姿百态，花色有深红、浅红、深紫、浅紫、淡黄、铜黄、洁白等纯色，有花瓣由中心底部向边缘花稍颜色由深渐浅的正晕，有深浅方向相反的倒晕，有花蕊瓣化，雌蕊顶部长着棱骨一样碎细金丝的金含棱，其发白者为银含棱，有旁行斜出的分枝上开出花朵的，花朵有并蒂合欢的，有上下重叠高起楼阁的，一朵牡丹的花瓣有 50 片，花朵直径长达七八寸。还有原本应该是浅绛色花心而长成墨一般黑的，有的香味远在 50 步以外就能闻到。我大宋平定四川割据政权后，成都这些牡丹花散落到民间。成都城小东门外居住着专业花匠，其中有"张百花"、"李百花"的称号。这些花匠栽培牡丹，都播种育苗，分株移植，以便牟取利润，一株牡丹就能赚数万文钱。景文公宋祁到成都担任益州知州时，北边与成都毗邻的彭州知州朱公绰，从当地杨氏园圃中购得 10 个品种牡丹花献给宋先生。宋先生在四川一共 4 年，每到牡丹开放时，就写下这 10 个品名，派人去彭州索取。彭州向成都官府送花，也就成了惯例。对于这 10 种牡丹花，宋先生最珍爱的品种是其中的锦被堆，曾作诗赞美，这是由于其他园圃没有这个品种。牡丹的生长习性，不能适应过分干燥和潮湿的土壤。彭州土壤的湿度恰到好处，当地人栽植培育牡丹，技术正确娴熟，因而致使一朵牡丹开出七百片花瓣，花朵直径超过一尺。如今彭州牡丹品种将近 50 种。其中有一种花色淡红、枝头特别大，中书舍人程厚先生来这里担任州的副职通判，把这个牡丹叫作"祥云"。这种祥云牡丹结的子，可用来播种繁殖。而其余牡丹品种，大多以单瓣花植株的枝条作为砧木，以重瓣花枝条作为接穗，二者嫁接培育。重瓣牡丹来自北渡前的西京洛阳，彭州人称之为"京花"，称单瓣牡丹为"川花"。宋祁先生所作的赞文，另外编辑成一编。他的《为朱彭州赋牡丹》五律诗，中间两联诗句说："蹄金点鬘密，璋玉缕跗红。香惜持来远，春应摘后空。"现今成都城西楼边有几小畦牡丹，各畦分别以栏杆圈围，花不甚多。而彭州进献给成都的牡丹，全是当地不入流的品种。在我之前担任四川制置使兼成都府知府的范成大先生，花钱购买彭州牡丹，这才得到名贵品种。提刑程沂先生出席西楼下赏花宴会，感叹道："自从离开洛阳，到今天才见到花。"程先生从家庭长辈起，就是洛阳人。

【点评】

胡元质这则文字说前蜀政权的御园宣华苑中无牡丹，与其他文献矛盾。前蜀花蕊夫人的《宫词》第106首说："牡丹移向苑中栽，尽是藩方进入来。未到末春缘地暖，数般颜色一时开。"（一丛丛牡丹移植到君王的后苑，／都是由各个地区进贡奉献。／天气和暖使得牡丹提前开花，／不同的花色一时间争奇斗艳。）第118首说："亭高百尺立春风，引得君王到此中。床上翠屏开六扇，槛外初绽牡丹红。"（百尺亭子周围春风和畅，／惹得君王不由得来这里闲逛。／御座旁竖立着六扇屏风，／栏槛外红牡丹刚刚开放。）可见前蜀成都后苑中，牡丹栽植已经颇有规模，系多地进贡而来。

【增】

张邦基《陈州牡丹记》①

洛阳牡丹之品，见于花谱，然未若陈州之盛且多也。园户植花如种黍粟，动以顷计。政和壬辰春，予侍亲在郡，时园户牛氏家忽开一枝，色如鹅雏而淡，其面一尺三四寸，高尺许，柔葩重叠，约千百叶。其本姚黄也，而于葩英之端，有金粉一晕缕之，其心紫蕊，亦金粉缕之。牛氏乃以缕金黄名之，以蓬篨作棚屋围幛，复张青帟护之。于门首遣人约止游人，人输千钱乃得入观，十日间其家数百千。余亦获见之。郡守闻之，欲剪以进于内府。众园户皆言不可，曰："此花之变易者，不可为

---

① 《广群芳谱》《古今图书集成》《香艳丛书》《植物名实图考长编》等书收录这则文字，前三者加了《陈州牡丹记》作为标题，让人产生它是独立单行的牡丹谱录的错觉。实际上，它只是张邦基《墨庄漫录》卷9中的一则笔记，原本没有标题。诸书中只有《广群芳谱》删去了本则末句"此亦草木之妖也"。张邦基，字子贤，淮海（今江苏高邮市）人。生活于两宋之交，足迹所至，遍及今湖南、河南、江苏、浙江、江西一带。题所居为"墨庄"，所作10卷本笔记遂命名为《墨庄漫录》。

常，他时复来索此品，何以应之？"又欲移其根，亦以此为辞，乃已。明年花开，果如旧品矣。

【译文】

洛阳牡丹的品种，在本朝欧阳修《洛阳牡丹记》、周师厚《洛阳花木记》中都有记载，但没有现在陈州（治今河南淮阳县）牡丹这么繁多。陈州的牡丹园户种植牡丹，就像种庄稼一样，动不动就是百亩以上。政和壬辰年（二年，1112）春天，我在陈州侍奉在这里供职的父亲，园户牛氏家的牡丹忽然开一枝花，浅黄的花色像小鹅雏的毛色，但还要浅淡一点。花朵直径长达一尺三四寸，高一尺许，柔媚的花瓣重重叠叠，有千百片。这株牡丹本是姚黄品种，这次开放，高出花朵的顶端，耸立着一小把带着金粉的细缕，花心是紫蕊，也有带着金粉的细缕。因此，牛氏就把这株牡丹命名为"缕金黄"。他用草席搭建棚子和围墙，还张起青色帷帐，对这株牡丹刻意保护。牛氏宅院大门外，派专人看守，阻止游人随便入内，一定要进入院子观赏，每人须缴纳一千文铜钱。十天功夫，牛家收入数十万钱。我也获准入内观看。陈州知州听说这事，想剪下这枝牡丹进贡给开封朝廷的内府。当地的牡丹园户们都说不能这样做，他们说："这株缕金黄开成这样，是牡丹偶然变异所致，不会一直保持不变。以后朝廷再来索取这样的牡丹花，拿什么来应对？"知州又想将这株牡丹连根移走，大家还是以这番话反对，知州这才作罢。到第二年这株牡丹开花，果然回到原来状态。

【原】

陆游《天彭·风俗记》

天彭号小西京，以其俗好花，有京洛之遗风。大家至千本。花时，自太守而下，往往即花盛处张饮帷幕，车马歌吹相属。最盛于清明、寒食时。在寒食前者，谓之火前花，其开稍久[①]。火后花则易落。最喜阴

---

① 久：原作"大"，据陆游《天彭牡丹谱》校改。

晴相半时，谓之养花天。栽接剔治，各有其法，谓之弄花。其俗有"弄花一年，看花十日"之语。故大家例惜花，可就观不敢轻剪，盖剪花则次年花绝少。惟花户则多植花以谋利。双头红初出时，一本花取直至三十千。祥云初出亦直七八千，今尚两千。州家岁常以花饷诸台及旁郡，蜡蒂筠篮，旁午于道。余客成都六年，岁常得饷，然不能绝佳。淳熙丁酉①岁，成都帅以善价私售于花户，得数百苞，驰驿取之，至成都露犹未晞。其大径尺，夜宴西楼下，烛焰与花相映发，影摇酒中，繁丽动人。嗟乎，天彭之花，要不可望洛中，而其盛已如此！使异时复两京，王公将相筑园亭以相夸尚，余幸得与观焉，其动心荡目，又宜何如也？

【增】

明·袁宏道②《张园看牡丹记》

四月初四日，李长卿③邀余及顾升伯④、汤嘉宾⑤、郑太初⑥出平则门⑦看牡丹。主人为惠安伯张公元善，皓发赪颜，伺客甚谨。时牡丹繁盛，约开五千余。平头紫大如盘者甚夥；西瓜瓤、舞青猊之类，遍畦有之。一种为芙蓉三变，尤佳，晓起白如珂雪，已后作嫩黄色，午

① 丁酉：原作"己酉"，据陆游《天彭牡丹谱》校改。
② 袁宏道（1568～1610），字中郎，又字无学，号石公，湖广公安（今湖北公安县）人。明神宗万历二十年（1592）进士，历任吴县令、顺天教授、礼部仪制司主事、仪曹主事、吏部主事、考功员外郎、稽勋郎中等。与其兄袁宗道、弟袁中道并有才名，合称"公安三袁"。有文集传世。
③ 李腾芳，字子实，又字长卿，号湘州。万历二十年进士，官至礼部尚书。
④ 顾天埈，字升伯，号湛庵，昆山（今江苏昆山市）人。万历二十一年一甲三名进士，授翰林院编修。
⑤ 汤宾尹，字嘉宾，宣城（今安徽宣城市）人。万历二十三年一甲二名进士，授翰林院编修，累官南京国子监祭酒。有《睡庵集》。
⑥ 郑太初：明代礼部所属四部之一仪部的长官。明末安希范有《郑太初仪部远谪永宁，出都门，诸公赠言见示，次吴采于侍御韵奉赠》诗，云："社稷安危虑独深，一官那敢计升沉。危言竟侧宵人目，严谴终非圣主心。薄海定知传谏草，故乡犹幸盍朋簪。新诗满牍同心侣，把卷低徊不忍吟。"
⑦ 平则门：元代大都的一座城门，明英宗正统四年（1439）重修，改名阜成门，位于北京内城西垣南侧，为出城往西去的门户。

间红晕一点如腮霞，花之极妖异者。主人自言经营四十余年，精神筋力，强半疲于此花。每见人间花实，即采而归种之，二年芽始苗，十五年始花，久则变而为异种。有单瓣而楼子者，有始常而终冶丽者，已老不复花则芟其枝。时残红在海棠犹三千余本，中设绯幕，丝肉递作。自篱落以至门屏，无非牡丹，可谓极花之观。最后一空亭甚敞，亭周遭皆芍药，密如韭畦。墙外有隙地十余亩，种亦如之。约以开时复来。廿六日，偕升伯、长卿，及友人李本石①、龙君超②、丘长孺③、陶孝若④、胡仲修⑤、十弟寓庸⑥、时小修⑦亦自密云至，遂同往观。红者已开残，惟空亭周遭数十亩如积雪，约十余万本。是日来者多高户，遂大醉而归。

【译文】

【万历三十五年（1607）】四月初四日，李长卿邀上我和顾升伯、汤嘉宾、郑太初几个人，出阜成门外去看牡丹。我们来到惠安伯张元善先生的园子里，张先生已是满头白发，但面色红润，对待来客十分恭敬。这时牡丹开得繁盛，约有五千多株开着花。平头紫牡丹非常多，花朵大得如同盘子；还有西瓜瓢、舞青猊等品种，每块小畦中都有。一种叫作芙蓉三变的牡丹特别妙，天刚亮时花色洁白如雪，巳时（上午9~11时）逐渐变成嫩黄色，中午花瓣上出现一些红晕，像少

---

① 李维柱，字本石，京山（今湖北京山县）人，李本宁之弟。
② 龙襄，字君超，武陵（今湖南常德市）人。万历十年举人。
③ 丘坦，字坦之，号长孺，麻城（今湖北麻城市）人。万历三十四年举武乡试第一，官至海州参将。
④ 陶若曾，字孝若，东湖（今湖北天门市竟陵城区）人。万历十六年举人，官祁门教谕。公安派诗人之一。
⑤ 胡潜，字仲修。明末张遂辰有《同胡仲修（胡潜）、吴德符（吴充）、程孟阳（程嘉燧）、曾波臣（曾鲸）、蒋别士、郑孟丝、蓝田叔（蓝瑛）、汤穉含、潘无声（潘之淙）社集湖舫看荷花，快风大作，喜王、陈二姬隔舫偕过》诗，记诸人杭州西湖乘船赏荷花之事。
⑥ 寓庸：袁宏道的族弟，字简田，一字平子。举人，以馆读为生。
⑦ 袁宏道之弟袁中道，字小修，号泛凫，万历四十四年进士。

女的红脸蛋，又像天边的红霞。这个品种是牡丹花中最美丽最奇异的。惠安伯张先生说自己经营这所园子已经40多年了，精神体力多半耗费在牡丹花上。他只要看见谁家牡丹结子，就采集下来，带回家园播种育苗。两年后，牡丹实生苗才开始健壮，15年后才开始着花，时间再长一些，才有可能发生变异，成为新品种。这所园子中的牡丹，有单瓣花变异成高起楼子的，有普通花变异成艳丽妖娆的。牡丹枝条衰老不再着花，就除去这种枝条。这时，名叫残红在海棠的牡丹尚有三千多株，长着这种牡丹的园囿中，搭建粉红色帷帐，摆设酒肉筵席，管弦歌声，一阵接着一阵。从花囿的篱笆，直到房屋的大门，全是牡丹，真称得上观看牡丹到了极致。牡丹花囿的尽头有一所空亭子，周围很宽敞，一律栽种着芍药，小畦中密密麻麻，就像长着韭菜一样。墙外一处空地，有十多亩之大，也栽种芍药。张先生约我们芍药开放时再来观赏。到二十六日这天，我偕同顾升伯、李长卿，以及友人李本石、龙君超、丘长孺、陶孝若、胡仲修、我的族弟寓庸，还有刚刚从密云（今北京密云区）来到京城的胞弟小修，前往惠安伯园看芍药。这时，红芍药已经开败了，只有空亭子周遭数十亩白芍药开得正欢，白皑皑一片如同积雪，约有十多万株。这一日前来观赏者多是豪门大户，于是大家尽情玩赏，大醉而归。

【点评】

钱伯城笺校本《袁宏道集笺校》（上海古籍出版社，1981）将此篇编入卷49，个别文字不同。钱伯城笺注说："万历三十五年丁未（1607）在北京作。"另外，该书卷45有《惠安伯园亭同顾升伯、李长卿、汤嘉宾看牡丹，开至五千余本》诗二首，云："古树暗房栊，登楼只辨红。分畦将匝地，合焰欲焚空。蝶醉轻绡日，莺捎暖絮风。主人营一世，自老众香中。""通国皆狂死，谁家解满栏。径须一石醉，消得几生看。小榭迎初月，层岚作晚寒。携归才数朵，掩尽百罗纨。"同卷还有《惠安伯园亭看芍药，开至数十万本，聊述数绝，以纪其盛，兼赠主人》《惠安园看白芍药》《汤嘉宾邀同顾升伯、李长卿、唐君平游草桥别墅》等诗，都是同一年的先后作品。注释中的人物，除郑太初、李本石、胡仲修3人，其余皆采用钱伯城笺注中的研究成果。

杂著

【增】

明·夏之臣①《评亳州牡丹》

吾亳牡丹，年来浸盛。娇容三变犹在季孟之间②，等此而上，有天香一品、妒榴红、胜娇容、宫袍红、琉璃贯珠、新红，种类不一，惟杂红最后出，颇称难得。又有大黄一种，轻腻可爱，不减三变。初开拳曲结锈，不甚舒展，须大开时方到极妙处，为一病耳。至如佛头青，为白花第一，此时极多，无难致。大抵红色以花子红、银红、桃红为上，如紫色或如木红，则卑卑不足数矣。吾亳土脉颇宜花，毋论园丁、地主，但好事者皆能以子种，或就根分移。其捷径者惟取方寸之芽，于下品牡丹全根上如法接之，当年盛者，长一尺余即著花一二朵，二三年转盛。如上三变之类，皆以此法接之。其种类异者，其种子之忽变者也，其种类繁者，其栽接之捷径者也，此其所以盛也。他处好事者目击千叶大红，即以为至宝，不遑深辨。而上色上品，即吾亳好事之家，惟有力者能得之。予向于牡丹亦止浮慕，近且精其伎俩，园丁好事之家，穷搜而厚遗之，故所得名品颇多。草堂数武③之地，种莳殆遍，率以两色并作一丛，红白异状，错综其间。又以平头紫、庆天香、先春红三色插入花丛，间杂而成文章。他时盛开，烂然若锦，点缀春光，亦一奇也。

---

① 夏之臣，字赞禹，亳州（今安徽亳州市）人。明神宗万历十一年（1583）进士，当过侍御史。休官返乡，在亳州营建南里园，精心培育牡丹，创新一批品种。
② 季孟之间：含义为相差无几。若说不相上下，则为"伯仲之间"。古代将兄弟或姊妹中的老大称为"伯"或"孟"，老二称为"仲"，老三以来称为"叔"，最小的称为"季"。
③ 武：行走时两脚的距离叫作"步"，一脚的距离叫作"武"，即半步。

【译文】

我家乡亳州的牡丹，这些年来渐渐繁盛。一度特别优秀的娇容三变牡丹，同新出的优秀品种相比，只是相差无几而已。比它好的品种，又有了天香一品、妒榴红、胜娇容、宫袍红、琉璃贯珠、新红等，不一而足。唯有杂红这一品种问世最晚，难以得到。又有大黄一种，花朵轻盈，纹理细腻，非常可爱，不比娇容三变逊色。大黄牡丹刚开时，花朵像握紧拳头一样锈作一团，不怎么舒展，等到怒放时才达到绝妙境地，这一点是它的不足之处。至于佛头青，在白牡丹中称第一，现在已经相当普及了，不难弄到。大抵红牡丹以花子红、银红、桃红几种品种为上品，如果红得发紫或像木红，那就等而下之，不值得列举了。我家乡亳州，风土气候最适宜种花，无论佣工花匠还是园圃主人，只要是有兴趣的，都能以牡丹籽实播种育苗，或者分株移植。最简便的办法是，截取优秀品种牡丹的方寸枝芽作为接穗，在普通牡丹的根上嫁接，当年就长得苗壮的，新枝条长出一尺多长即可着花一两朵，两三年后便繁盛起来。如上面说的娇容三变之类，都是以这种方法嫁接的。那些种类新奇的牡丹，是用籽实播种变异出来的；那些种类繁多的，是通过栽接这种简便途径变异出来的。亳州牡丹现在所以这么繁盛，就是这么来的。其他地方那些对于牡丹上心的人，一看见重瓣牡丹花、大红牡丹花，便以为最好，他们实在是没有深入辨别啊。而那些上色上品的牡丹花，即便是我们亳州嗜好牡丹的家庭，也只有资产殷实者才能罗致到手。我以前对于牡丹只是停留在徒自羡慕的层面上，近年来已经娴熟地掌握了搜罗、培育牡丹的技巧。对于那些牡丹花匠和热心牡丹的家庭，我完备地打探他们的牡丹资源，花大价钱购买，因此，我罗致到的名贵品种相当多。我这区区南里园不过数步之地，种植牡丹满满当当，大致以两种不同颜色的牡丹组合在一起栽种，红的白的【或者另外颜色相搭配，牡丹开花】状态各异，错落有致。又将平头紫、庆天香、先春红三种不同花色的牡丹穿插栽在牡丹丛中，开花时色彩斑斓，形成美丽的花纹。牡丹盛开时，灿烂得如同七色锦绣，点缀着大好春光，也是一道奇特亮丽的风景啊。

《御定佩文斋广群芳谱》 卷三十三

花谱　　牡丹二

集藻

赋

【增】

唐·李德裕《牡丹赋》

余观前贤之赋草木者多矣，靡不言托植之幽深，采斸①之莫致，风景之妍丽，追赏之欢愉；至于体物，良有未尽。惟牡丹未有赋者，聊以状之。【仆射十一丈②蔚为儒宗，词赋之首，声气所感，或能相和。又见陈思王③赋序多言命王粲、刘桢④继作，今亦效之，邀侍御裴舍人⑤同作。】

【作者简介】

李德裕（787～850），字文饶，赵郡赞皇（今河北赞皇县）人。唐文宗时由翰林学士出为浙西观察使，后短暂入朝当宰相。唐武宗时再度入相，其间抵御回鹘内犯，平定泽潞叛乱，主持取缔佛教，功绩显赫，进封太尉、卫国公。唐宣宗继位后，贬为崖州（海南省）司户，在贬所去世。

---

① 斸（zhú）：挖掘。

② 【】内的字原无，据《全唐文》卷697校补。仆射十一丈：李夷简。

③ 东汉曹魏之际著名文学家曹植（192～232），字子建，是曹操之子。生前封为陈王，去世后谥号"思"，故称陈思王。

④ 东汉建安年间（196～220）的七位文学家孔融、陈琳、王粲、徐幹、阮瑀、应场、刘桢，被合称为建安七子。王粲（177～217），字仲宣，山阳高平（今山东邹县）人。董卓之乱后，南投荆州刘表。建安十三年（208），丞相曹操南征荆州，王粲归附曹操，赐爵关内侯，任丞相掾、侍中。后随曹操南征孙权，北归途中病逝。刘桢（186～217），字公幹，东平宁阳（今山东宁阳县）人。曾被曹操辟为丞相掾属。与陈琳、徐瑀、应场等同染疾疫而亡。

⑤ 侍御裴舍人：裴潾，河东（今山西永济市）人。唐宪宗晚年，任起居舍人。

【译文】

我见前辈贤哲们创作辞赋来刻画描绘草木的相当多，作品中没有不说这些奇花异草、珍稀树木生长在幽邃旷远的地方，无法通过采撷、刨挖而罗致到手，它们营造出美丽的风景，人们到处追逐观赏它们，心旷神怡，乐不可支。至于体察物态，揭示意蕴，那些以花草为主题的辞赋，实在都还没有说尽呢！【这类辞赋虽然不少，偏偏】唯有牡丹没见有谁作过赋文来描绘的，我于是姑且命笔描写。仆射李十一丈是当今的文坛宗师，创作辞赋，独占鳌头。小子我同李大人声气相投，倘能彼此感通，他兴许肯屈尊也作一篇《牡丹赋》来同我酬和呢。我曾经见到曹魏陈思王曹植赋文的序言，多次命王粲、刘桢一起作赋。我现在也效法这个做法，邀请侍御裴舍人和我一同作《牡丹赋》。

曰：青阳既暮，鹖鴠①已鸣。念兰若之方歇，叹桃李之阴成。惟翠华之艳爚②，倾百卉之光英。抽翠柯以布素，粲红芳而发荣。其始也碧海宵③澄，骊珠④跃出，深波晓霁，丹萍吐实，焕神龙之衔烛⑤，皎若木⑥之并日。其盛也若紫芝连叶，鸳雏比翼，夺珠树之鲜辉，掩非烟⑦之奇色，倏忽摛⑧锦，纷葩似织。其落也明艳未褫⑨，红衣如脱，朱草

---

① 鹖鴠（hédàn）：又叫寒号鸟。

② 爚（yuè）：照耀。

③ 宵：原作"霄"，据《古今图书集成·草木典》卷289《牡丹部艺文一》本赋校改。

④ 骊珠：传说出自骊龙下巴颏下的宝珠。《庄子·列御寇》说："夫千金之珠，必在九重之渊，而骊龙颔下。"

⑤ 《山海经·大荒经》说西北地区有神兽，叫烛龙，人面龙身，红皮肤。它睁开眼睛即为白天，闭上眼睛即为黑夜。吹气即乌云密布，大雪纷飞，成为冬天；呼气即赤日炎炎，流金铄石，成为夏天。它常口衔蜡烛，在天门之中向外照耀。

⑥ 若木：古代神话中的树名。《山海经·大荒北经》说大荒诸山，"上有赤树，青叶，赤华，名曰若木"。郭璞注："生昆仑西附西极，其华光赤下照地。"

⑦ 《史记》卷27《天官书》说："若烟非烟，若云非云，郁郁纷纷，萧索轮囷，是谓卿云。卿云，喜气也。"即五色祥云。

⑧ 摛（chī）：舒展，铺陈。

⑨ 褫（chī）：脱去。

柯折，珊瑚枝碎。霞既烁而转妍，红欲消而犹缉①。尔乃独含芳意，幽怨残春。将独立而倾国②，虽不言兮似人。观其露彩犹泫，日华初照，晔其晨葩，情若微笑。色虽美而自艳，类河滨之窈窕③。逮乎的皪含景④，离披⑤向风，铅华春而思荡，兰泽晚而光融。情放纵以自得，凝若焕之冶容。既而华艳恍惚，繁华遽毕，惊宝雉⑥之乍回，想江妃⑦而复出。望献珰⑧之玉，俄以蔽光；感怀珮之川，怅然如失。客顾余曰："勿谓淑美难久，徂芳不留。彼妍华之阅世，非人寿之可侔。君不见龙骧闬闳⑨，池台御沟，堂挹⑩山林，峰连翠楼。有百岁之芳丛，【（原注：今京师精舍、甲第，犹有天宝中牡丹⑪在。）】无昔日之通侯。岂暇当飞藿⑫之时，始嗟零落；且欲同树萱⑬之意，聊自忘忧。"

---

① 缉（cuì）：五色相杂。
② 《汉书》卷 97 上《外戚传上》载：李延年对汉武帝唱歌赞美妹妹的姿色，云："北方有佳人，绝世而独立，一顾倾人城，再顾倾人国。宁不知倾城与倾国，佳人难再得。"
③ 河滨：原作"河汾"，据《全唐文》卷 697 校改。河滨之窈窕：用洛神典故。
④ 的皪（dìlì）：光亮、鲜明。景：同"影"。
⑤ 离披：摇荡的样子，晃动的样子。
⑥ 雉：野鸡，山鸡。雄性羽毛颜色斑斓，十分美丽。东晋干宝《搜神记》卷 8《陈仓祠》说：春秋时期，陈仓（今陕西宝鸡市）有两个童子。一位老妇人说："彼二童子名为陈宝。得雄者王，得雌者伯（霸）。"两个童子被人追赶，化为雉，飞入林子中。秦穆公组织大规模捕猎，获得其中雌雉。雌雉随即化为石，置之沔河渭河之间。到秦文公时，在当地立祠庙名陈宝。后来，陈仓地名改为宝鸡。那只雄性雉，当时飞到南阳，后来将当地命名为雉县。"每陈仓祠时，有赤光长十余丈，从雉县来，入陈仓祠中，有声殷殷如雄雉。其后光武（东汉光武帝刘秀）起于南阳。"
⑦ 江妃：江汉神女。西汉刘向《列仙传·江妃二女》说她们在江汉边上遇见郑交甫。郑交甫对仆人说："我欲下请其佩。"神女于是手解玉佩交给他。
⑧ 珰（dāng）：古代妇女戴在耳垂上的装饰品。
⑨ 龙骧：西晋大将龙骧将军王濬。闬闳：原作"闬宏"，据《全唐文》卷 697 校改。闬（hàn）闳：巷门。《晋书》卷 42《王濬传》记载："尝起宅，开门前路广数十步。人或谓之何太过，濬曰：'吾欲使容长戟幡旗。'众咸笑之，濬曰：'陈胜有言，燕雀安知鸿鹄之志。'"
⑩ 挹（yì）：同"揖"，作揖，这里指面对。
⑪ 【】内的字原无，据《全唐文》卷 697 校补。
⑫ 飞藿（huò）：凋零的豆叶。《文选》卷 23 阮籍《咏怀》之三说："嘉树下成蹊，东园桃与李。秋风吹飞藿，零落从此始。繁华有憔悴，堂上生荆杞。"
⑬ 树萱：种植萱草。萱草，一作"谖草"，俗名忘忧草。《诗经·卫风·伯兮》说："焉得谖草，言树之背。"毛传："谖草，令人忘忧。"后以"树萱"为消解忧愁之词。

【译文】

赋文说：时令到了暮春三月，鹈鴂在不停地鸣叫。我感念兰花、杜若这类香花已经消歇，感叹夭桃秾李的花儿早已凋零，树枝上长出了茂密的绿叶，几乎可以成荫。这时，只有艳丽的牡丹开得那么光彩照人，倾尽千花百卉的精髓，集中在它的一身。只见牡丹的植株上先长出叶子，展示出素淡的绿色，接着开出一朵朵红花，展现出美丽的姿容。牡丹花刚刚开放时，就像澄明的夜里，从广阔的大海中腾跃出一条条骊龙，它们的脖子下，颗颗明珠在隐隐闪亮。又像下了一夜的雨，清晨终于放晴，池塘的水面上，浮萍在结子。牡丹花红艳艳的颜色是那样鲜亮耀目，简直是神兽烛龙口衔蜡烛从高空照耀四方，是神树若木带着阳光在发散光彩。牡丹花怒放时，宛如瑞草灵芝并列生长，又如鸳鸯比翼双飞。牡丹花的动人光彩，使得结珠的仙树丧失了光辉，五彩斑斓的瑞云变得平淡无奇。牡丹开得正欢，顷刻间便铺设出一片锦绣。牡丹花将要凋谢时，它的明艳并未立即消退，红花瓣像衣衫一件件脱掉。渐渐地，红花枯萎，花瓣凋零，曾经珊瑚一般的枝条，变得支离破碎。【在这个花开花谢的过程中，】始而像红彤彤的朝霞在天际闪烁，越来越美丽，终而像红色将要消失，却维持着五色杂陈的残局。牡丹啊，你在春日将尽、百花败谢之时，独自身怀芳意而绽放，又不得不抱着几许幽怨而退场。你尽管不会说话，却像佳丽一样招人喜欢，如同李延年对汉武帝唱歌赞美妹妹的姿色那样，是绝世而独立、倾国倾城的主。看那牡丹，凌晨带着闪光的露水，就好像泪珠即将滴下。旭日升起，晨光初照，牡丹花被映衬得十分亮丽，它怡然自得的样子似乎是在微笑。牡丹花色的美艳，与洛河上的窈窕神女宓妃相似。待到牡丹开得色泽鲜亮，在风中摇曳生姿，那娇媚的容颜让人心潮起伏，那芬芳的香味与春光淑气融为一体。听凭感情任意滋蔓，无比自在；将天地间的秀美集于一身，那容颜妖娆无限。既而艳丽恍惚迷离，繁华一下子荡然无存。惊定一想，【牡丹开上一遭，】不过是羽毛美丽的雄雉突然从南阳短暂飞回宝鸡，不过是江汉神女再次

出现。郑交甫希望得到江汉神女的玉佩，玉佩顷刻间便被遮蔽掉光
芒；再看看神女手解玉佩的江汉之畔，空空如也，让人怅然若失。一
位宾客看着我，对我说："您可不要感叹牡丹芳颜难久，芳香不留。
它这么美丽的鲜花的一生一世，不是人一辈子的岁月所能比得上的。
您没见西晋龙骧将军王濬那等朱门大户吗，都是门巷宽阔，广开渠
池，大起楼阁，堂屋对着绿树翠竹，山峰连带雕梁画栋。然而只看见
有百岁树龄的牡丹还在生长（注：如今京师长安的佛寺、私家宅院，
玄宗天宝年间的牡丹历经八九十年，依然存活。），却见不到世世代代
传承不绝的王侯贵胄。岂能等到了秋风吹着豆叶翻飞的时候，才来感
叹繁华不再，凋零萧条。且趁现在来得及，把栽培牡丹等同于栽培萱
草，借机聊以忘忧罢了。"

【点评】

唐代以前没有牡丹赋。唐代流传下来的牡丹赋只有两篇，除了李德
裕这一篇，还有舒元舆的一篇。舒元舆于唐文宗大和九年（835）被宦
官杀害，过了15年，李德裕寿终正寝。

李德裕在《牡丹赋》的序中说："惟牡丹未有赋者，聊以状之。
仆射十一丈……或能相和。……邀侍御裴舍人同作。"舒元舆在《牡
丹赋》的序中说："近代文士为歌诗以咏其形容，未有能赋之者。余
独赋之，以极其美。"两个人都在说自己的《牡丹赋》是最早的牡丹
赋。李德裕邀请侍御裴舍人也作一篇牡丹赋。裴舍人是裴潾，与李德
裕关系甚好，有诗歌来往。裴潾来洛阳任河南尹，在李德裕赴今江苏
镇江担任浙西观察使之后，曾作《前相国赞皇公（李德裕）早葺平
泉山居，暂还憩，旋起赴诏命，作镇浙右，辄抒怀赋四言诗十四首奉
寄》组诗，自己书写，刻石立于李德裕的洛阳平泉山居内。唐代舍人
有中书舍人、起居舍人，裴潾任的是什么舍人，什么时候任职的？
《旧唐书》卷171《裴潾传》记载："元和初，累迁右拾遗，转左补
阙。……十二年，……迁起居舍人。宪宗季年锐于服饵，诏天下搜访
奇士。宰相皇甫镈与金吾将军李道古挟邪固宠，荐山人柳泌及僧大

通、凤翔人田佐元，皆待诏翰林。宪宗服泌药，日增躁渴，流闻于外。濒上疏谏……疏奏忤旨，贬为江陵令。"此后，他再也没当过起居舍人。《旧唐书》卷15《宪宗纪下》记载：元和十三年"十一月……丁亥，以山人柳泌为台州刺史，为上于天台山采仙药故也。制下，谏官论之，不纳"。李德裕同时邀请"仆射十一丈"作赋相和。《旧唐书·宪宗纪下》记载：元和十三年"三月庚寅，以前剑南西川节度使李夷简为御史大夫。……秋七月……辛丑，以门下侍郎、同平章事李夷简检校左仆射、同平章事、扬州大都督府长史、淮南节度使"。《新唐书》卷7《宪宗纪》记载：元和十三年"三月戊戌，御史大夫李夷简为门下侍郎、同中书门下平章事"。岑仲勉《唐人行第录》说："李十一夷简"，李德裕《与淮南节度使书》"称曰十一叔"。元和十五年正月，唐宪宗就被杀害了。可见裴濒担任起居舍人，在元和十二年至十三年十一月之间，首尾两年，而李夷简是元和十三年七月才有仆射称号的。元和九年十月，李德裕的父亲李吉甫去世，李德裕需服丧3年，即满25个月，到元和十一年十一月以后才能复出做官。据傅璇琮《李德裕年谱》（中华书局，2013），李德裕服丧期满，于元和十二年应河东节度使张弘靖之辟，赴太原担任节度使幕府的掌书记，直到元和十四年五月，他随张弘靖入朝，被任命为监察御史。另据《新唐书》卷131《李夷简传》，唐穆宗长庆三年（823），李夷简以检校左仆射兼太子少师分司东都去世。综合这些线索，可推测李德裕《牡丹赋》当是元和十三年（818）秋冬在太原作的，这比舒元舆丧生早17年。唐人苏鹗《杜阳杂编》卷中记载：舒元舆死后，唐文宗看见牡丹，下意识地背诵出舒元舆《牡丹赋》中的句子"俯者如愁，仰者如语，含者如咽"，既然记忆如此清晰，可推测舒元舆的作品不会距此时太久。因此，李德裕的《牡丹赋》早于舒元舆，是迄今最早的一篇牡丹赋。当时李德裕32岁，身份仅是幕僚，又是在远离首都的太原创作这篇《牡丹赋》的，这就使得这篇作品没在首都传开，所以在首都做官的舒元舆才会以为自己的才是头一份。

【原】

舒元舆《牡丹赋并序》

古人言花者，牡丹未尝与焉①。盖遁②于深山，自幽而芳，不为贵者所知，花则何遇焉！天后之乡西河③也，有众香精舍④，下有牡丹，其花特异。天后叹上苑⑤之有阙，因命移植焉。由此京国牡丹，日月浸盛。今则自禁闼⑥洎官署，外延士庶之家，浟漫如四渎之流⑦，不知其止息之地。每暮春之月，遨游之士如狂焉，亦上国繁华之一事也。近代文士为歌诗以咏其形容，未有能赋之者，余独赋之，以极其美。【或曰："子常以丈夫功业自许，今则肆情于一花，无乃犹有儿女之心乎？"余应之曰："吾子独不见张荆州⑧之为人乎？斯人信丈夫也，然吾观其文集之首，有《荔枝赋》焉。荔枝信美矣，然亦不出一果耳，与牡丹何异哉？但闻其所赋之旨何如，吾赋牡丹何伤焉！"或者不能对而退。余遂赋以示之⑨。】

【译文】

古人谈论花卉，牡丹却一直没有包括在内。这大概由于牡丹隐藏在幽深的山野中，孤寂地开放着，不曾被历代贤达名流所知晓，牡丹怎么

---

① 与焉：参与其中。
② 遁：逃遁，隐藏。
③ 天后：武则天皇后。西河：县名，今山西汾阳市，是唐代汾州的治所。按：武则天的老家文水县（今山西文水县）隶属于并州（治今山西太原市），西河县在文水县西南。
④ 有众香：原无，据《文苑英华》卷149校补。精舍：佛教寺院。
⑤ 上苑：首都的皇家苑囿。唐代以长安为京师，洛阳为东都，上苑可指两处苑囿。唐高宗、武则天常驻洛阳，显庆五年（660），他们由洛阳巡幸并州，阴历二月到达，四月返回洛阳，在并州恰值牡丹开放的季节。这是武则天仅有的一次衣锦还乡，很可能她在宴请亲族、乡党时知道了牡丹。所以汾州牡丹移入上苑，很可能是东都洛阳的上苑。
⑥ 禁闼：皇宫。
⑦ 浟（mì）漫：水满溢而向周围漫延。四渎：长江、黄河、淮河、济水。
⑧ 张九龄（678~740），字子寿，韶州曲江（今广东韶关市）人。唐玄宗时任宰相，贬为荆州大都督长史。卒，赠荆州大都督。所作《荔枝赋》今传。
⑨ 【】内的字原无，据《文苑英华》卷149校补。

会被人赏识呢！天后的桑梓之地【是并州文水县，与之毗邻的】汾州西河县有一所众香寺，寺中有牡丹，开出花来特别优异。天后感叹首都的皇家苑囿中竟然没有这种牡丹花，就传令将牡丹移植到都城来。从此以后，首都的牡丹一天天逐渐兴盛起来。如今则从宫廷禁掖到官府衙门，再到社会上的官宦宅院和平民住所，牡丹广泛流布，就像江河满溢而向周围漫延一样，不知道会流到哪里才会停下来。每到暮春三月牡丹竞相绽放的时节，奔走游赏的人群川流不息，达到痴迷癫狂的程度，竟成了京师长安的一件热闹事。近代文人雅士多有写作诗歌来描绘牡丹的，但没有谁能作赋来描绘它。那只有我独自作赋，来充分描绘、赞美牡丹了。有人对我说："您常常以大丈夫建功立业的志向自许，现在却在一种花卉上面铺张自己的情感，您莫非还保留着小儿女那种纤细心思吗？"我回答他道："您偏偏见不到荆州大都督张九龄的所作所为吗？那人诚然是一个大丈夫，但我读他的文集，开篇就是《荔枝赋》。荔枝确实很好，但也不过是一种花果罢了，与【作为花木的】牡丹有什么不同？只消看看他作《荔枝赋》的旨趣是什么，【如果有正当高雅的追求，莳花弄草有什么不可。那么】我为牡丹作赋，又有何妨！"这位先生无言以对，就离开了。我于是作这篇《牡丹赋》，拿给他看。

曰：圆玄瑞精，有星而景，有云而卿。其光下垂，遇物流形，草木得之，发为红英。英之甚红，钟乎牡丹，拔类迈伦，国香欺兰。我研物情，次第而观。暮春气极，绿苞如珠，清露宵偃，韶光晓驱。动荡支节，如解凝结，百脉融畅，气不可遏。兀然盛怒，如将愤泄，淑日披开，照耀酷烈，美肤腻体，万状皆绝。赤者如日，白者如月。淡者如赭，殷者如血。向者如迎，背者如诀。坼①者如语，含者如咽。俯者如愁，仰者如悦。裒者如舞，侧者如跌。亚者如醉，曲者如折。密者如织，疏者如缺。鲜者如濯，惨者如别。初胧胧而下上，次鳞鳞而重叠。锦衾相覆，绣帐连接。晴笼昼薰，宿露宵裛。或的的腾秀，或亭亭露

---

① 坼：原作"忻"，据《文苑英华》卷149本文校改。

奇。或飐然如招，或俨然如思。或带风如吟，或泫露如悲。或垂然如缀，或烂然如披。或迎日拥砌，或照影临池。或山鸡已驯，或威凤将飞。其态万万，胡可立辨。不窥天府，孰得而见！乍疑孙武，来此教战。其战谓何，摇摇纤柯。玉栏满风，流霞成波。历阶重台，万朵千窠。西子、南威，洛神、湘娥，或倚或扶，朱颜色酡。各炫红缸，争擎翠蛾。灼灼夭夭，逶逶迤迤。汉宫三千，艳列星河。我见其少，孰云其多。弄彩呈妍，压景骈肩。席发银烛，炉升绛烟，洞府真人，会于群仙。晶莹往来，金缸列钱。凝睇相看，曾不晤言。未及行雨，先惊旱莲。公室侯家，列之如麻。咳唾万金，买此繁华。遑恤终日，以言相夸。列幄庭中，步障开霞。曲庑重梁，松篁交加。如贮深闺，似隔绛纱。仿佛息妫，依稀馆娃。我来观之，如乘仙槎。脉脉不语，迟迟日斜。九衢游人，骏马香车。有酒如渑，万坐笙歌。一醉是竞，莫知其他。我按花品，此花第一。脱落群类，独占春日。其大盈尺，其香满室。叶如翠羽，拥抱栉比。蕊如金屑，妆饰淑质。玫瑰羞死，芍药自失。夭桃敛迹，秾李惭出。踯躅宵溃，木兰潜逸。朱槿灰心，紫薇屈膝。皆让其先，敢怀愤嫉？焕乎美乎，后土之产物也，使其花如此而伟乎！何前代寂寞而不闻，今则昌然而大来。岂草木之命，亦有时而塞，亦有时而开。吾欲问汝曷为而生哉？汝且不言，徒留玩以徘徊。

【点评】

舒元舆这篇《牡丹赋》，对牡丹极尽描写之能事，天文地理，历史典故，神话传说，信手拈来，涉笔成趣。为了突出牡丹的品位，他将很多久负盛名的鲜花拉来垫背，把它们贬低得一塌糊涂，得出"我案花品，此花第一"的结论。后来，五代南唐时张翊作《花经》，虽然将牡丹列为九品中的一品，但排在兰花之后。北宋丘道源作《牡丹荣辱志》，除了认可"姚黄为王"、"魏红为妃"，还将其余牡丹分为"九嫔"、"世妇"、"御妻"几个等级，并将很多其他花卉拉来排列等级，列为"花师傅"、"花彤史"、"花命妇"乃至于"花丛胜"等九等。可以说，是舒元舆开其先河。

【说明】

明人薛凤翔《亳州牡丹史》卷4《艺文志》，全文收录了舒元舆的《牡丹赋》正文，但删去了其序文。因此，这里就《群芳谱》收录的舒元舆《牡丹赋》的序文做出注释和译文，为避免重复，赋文的注释、译文以及作者简介，请参看《亳州牡丹史》卷4。《广群芳谱》此处以下诗词作品凡与《亳州牡丹史》收录重复者，都这样处理，不再于每篇作品后一一说明。《广群芳谱》对于辞赋诗词的录文，有的文字与《亳州牡丹史》录文不同，可参看我在《亳州牡丹史》中作的校勘和注释，自行抉择。

【增】

宋·蔡襄《季秋牡丹赋并序》

爽秋涉杪，扶栏间有牡丹旧蘖辄吐芳稊①，亭亭上擢，发红萉一，大可径咫，【角春取胜，无间然尔②】。扶栏当彩翠亭之右，亭屹县圃之西北隅，圃直县堂之背，县介大江之南。盖汉元朔中江都易王③，上封其子敢为丹阳侯④，邑于芜湖，此其地欤？今为太平州管⑤。时河间凌公尹之行再期⑥矣，政休赋集。又所濒江英游雅故受署赍代被召将命者，憧憧然⑦率道其疆，故觞咏之娱，相因无缺。及此珍卉馨茂，公有非时之异趣⑧，张具高会于其侧，所谓彩翠亭者。酒三行，莆阳蔡

---

① 芳稊（tí）：初生的柔枝。
② 【】内文字原无，据《全宋文》第46册第185页本文校补。
③ 江都易王：汉武帝刘彻的同父（汉景帝）异母哥哥刘非，汉景帝前元三年（前154）封为江都王，国都广陵（今江苏扬州市）。薨后，嫡长子刘建继承王位。
④ 元朔元年（前128年），汉武帝用"推恩"的方法削弱诸侯王，规定诸侯王去世后，嫡长子继承王位，其余儿子封为列侯，诸侯王推私恩，把王国的一部分土地分给列侯们。列侯的名号由皇帝制定，列侯归所在郡统辖，地位与县相当。诸侯王国分为侯国，化整为零，无法与中央对抗。这时，将江都易王的儿子刘敢封为丹阳侯。侯国都城在今安徽当涂县北丹阳镇。
⑤ 宋太宗太平兴国二年（977），将平南军升格为太平州，次年，将原属宣州的芜湖、繁昌两个县划归太平州管辖。
⑥ 尹：府的正长官，这里用作动词，指担任太平州的正长官。期（jī）：一周年。
⑦ 憧（chōng）憧然：往来不绝的样子。
⑧ 公有非时之异趣：原作"公有异时之贵趣"，据《全宋文》本文校改。

某醮^①举而言曰：公走文章声，二纪^②于兹，颠葆几华，位不过禁省二丞，官不过万户长吏。而善御外物，居颇休闲，独以浩博记书称道圣明为事。今是花也，韬英和绪，揭丽萧辰，时虽后而且大盛。意者公其日寖亨^③会才，虑将有所售乎？昔骚人取香草美人以媲忠洁之士，牡丹者亦其类欤！请为公赋之。

【译文】

秋高气爽进入最后一个月份，围栏里牡丹的老枝条上突然长出柔嫩的新枝，挺拔向上，还开出一朵红花，花朵直径长达七八寸。这朵秋天末尾的牡丹，要同春天的牡丹比长较短，争个我高你低，居然春秋相连，两个季节之间没有间隔了。这所围栏在彩翠亭的右边，彩翠亭屹立在县花圃的西北角，花圃在县衙署的背面，县在长江的南岸。汉武帝元朔元年（前127年）颁布推恩令，将已故江都易王刘非的非嫡长子刘敢封为丹阳侯，以芜湖地区作为采邑，就是这个地方吧？这里当今归大宋太平州管辖。这时，河间（今河北河间市）凌先生在太平州担任令尹马上就够两周年了，两年来政务之余，常常组织文人雅集赋诗。受到凌先生委任职务的沿江英才故旧们，络绎不绝地来到这里，因而饮酒赋诗的赏心乐事一直持续不断。现在，这朵珍贵的红牡丹开放了，散发馨香，神采奕奕。凌先生对于这种超越正常时令的鲜花产生了超越常态的情趣，于是在彩翠亭旁摆设酒宴，举办赏花吟诗雅集。行酒三巡时，我这个莆阳（今福建莆田市）人蔡某一口干杯，举着酒杯说道：当年凌先生的文章名气不胫而走，光阴荏苒，至今已经二十多年了。先生的满头青丝如今几乎全都花白，但是级别不过是台省二丞，官职不过是万户辖区的长官。先生善于施政，办公从容，公务之余颇为清闲，便把闲暇时间用来博览群书，挥笔写作，称颂当今朝廷的圣明。现在这株牡丹，在阳和春日藏起自己的花不开放，而在萧瑟肃杀的秋

---

① 莆阳：原作"济阳"，据《全宋文》本文校改。蔡襄是福建仙游县人，仙游县今属福建莆田市，莆田古代又称莆阳，故蔡襄此处称自己是莆阳人。醮（jiào）：饮酒干杯。
② 纪：一纪为12年。
③ 寖：逐渐。亨：古同"烹"，煮。

末大放异彩，开花时间虽然迟滞，但开得十分舒展。它可能料想到凌先生今天要一道道地烹制出美味佳肴，会聚文人雅士品尝并作诗，所以它才应时开放，故意展示自己的美丽。古时候墨客骚人作诗，以香草美人作为意象，来匹配比喻忠贞纯洁的高人，牡丹也属于文人们创作诗文作为意象的那类香草吧！那就请允许我为凌先生作这篇《季秋牡丹赋》吧。

其词曰：朔羽南翔，建杓西宅①。霜天一清，露草皆白。悲哉！转凉叶于亭皋②兮，怅秾华之阒寂③。均百芳④之不能秋兮，何此花夭姿之的的⑤？使人观之，若披大暑兮临清湘，剥层霾兮仰白日。厥初槁壤潜春，扶栏向夕，芳枝举以融怡，绛蕊扃兮羃㠠⑥。宝雾宵笼，鲜风晓坼。丽或中人，香可专国。刻红炬以烘焰，缀彤霞而荐⑦色。郁芾⑧谁语，丰茸⑨自持。非倚瑟之神女⑩，抑善赋之文姬。俯清都而时下，簸晴阳以孤嬉。霄灝瀚兮排金扉，气沉砀⑪兮张宝帷。霓昈煜兮揭朱旗，云瞳昽兮披缥衣⑫。揫⑬绿跗兮颦修眉，姹鲜萼兮伸微辞。沛怡愉兮新相知，

---

① 建杓（sháo）西宅：北斗星斗柄西指，进入秋天。北斗星包含天枢、天璇、天玑、天权、玉衡、开阳、摇光7个星，形状像舀酒的斗。天枢、天璇、天玑、天权4星组成斗身，叫作魁；玉衡、开阳、摇光3星组成斗柄，叫作杓（勺）。不同季节和夜晚不同时间，北斗星出现于天空不同的方位。古人根据初昏时斗柄所指的方向来决定季节。斗柄指东为春，指南为夏，指西为秋，指北为冬。

② 亭皋：水边的平地。

③ 阒（qù）寂：寂静。

④ 芳：原作"草"，据《全宋文》本文校改。

⑤ 夭：原作"天"，据《全宋文》本文校改。的的（dì）的：明亮、艳丽。

⑥ 扃：关闭。原作"局"，据《全宋文》本文校改。羃㠠（mì）：覆盖，遮蔽。

⑦ 荐：进献。

⑧ 郁芾（fú）：茂盛。

⑨ 丰茸：繁密茂盛。原作"丰茸"，据《全宋文》本文校改。

⑩ 帝舜南巡而死，他的两个妃子娥皇、女英南下寻找，沿途痛哭，泪水滴在湘江边的竹子上，竹尽成斑，称为"斑竹"。二人投湘江自尽，化为湘江女神，人称湘灵或湘妃。《楚辞·远游》："使湘灵鼓瑟兮。"唐人杜甫《奉先刘少府新画山水障歌》说："不见湘妃鼓瑟时，至今斑竹临江活。"

⑪ 沉砀：原作"硫砀"，《全宋文》本文作"沉荡"，统筹校改。沉砀：白气弥漫的样子。《汉书·礼乐志》说："西颢沉砀，秋气肃杀。"唐人颜师古注："沉砀，白气之貌也。"

⑫ 瞳昽（tónglóng）：旭日初升，万物由暗而明的样子。缥（xūn）：浅红色。

⑬ 揫（jiū）：聚集。

眇悽恻兮送将归。桃有援兮溪之曲，莲为媒兮泽之湄①。羌②此物之善远，亶夫③君之后时。君不闻佳丽皇州，喧繁戚里，清篽迢迢，名园亹亹④。绮栊晓兮金镊黄⑤，绣墙明兮雨苔紫。严霰才归，光风⑥半起。于是万蒂骈红，交柯结翠，密颜纡余⑦，斜袂轻绮，文鸳群飞，鹤锦横被，缐盖攀联⑧，缇裳积委⑨。则有姝姝玉人，翩翩卿子，宝鞯过兮飞电，珠帙来兮流水⑩，拥玩佳辰，笑语成市。彼琼蕤美英，缥叶新蘤⑪，羞⑫不得借其余光，矧标扬乎意气。今何为兮江之干，地之卑兮岁将阑，荆芜比⑬兮霜月寒，望下苑兮思上兰⑭，嘉本擢兮灵根盘，泊淮波兮鲜楚山。是知元冶一陶，昌生万族⑮，无左右先容者沦乎朽株，当匠伯不顾者被之散木⑯。譬此花之赋命兮，亦节暮而葩独。然贵贱反衍，祸福倚伏。其暮也何遽不为贵，其独也庸知不为福？噫！化工物情，吾以此卜。

【作者简介】

蔡襄（1012～1067），字君谟，兴化军仙游（今福建仙游县）人。宋仁宗天圣八年（1030）登进士第，曾在首都开封任知谏院，官终端明殿学士知杭州。卒，谥忠惠。有《蔡忠惠集》。

---

① 湄：水边，水与草交接的地方。

② 羌：句首的文言助词，无含义。《全宋文》本文作"嗟"。

③ 亶：实在，诚然。夫：文言助词。

④ 亹亹（wěi）：连续。

⑤ 金镊黄：原作"金镊声"，据《全宋文》本文校改。金镊：首饰。

⑥ 光风：雨后清新的风。

⑦ 纡余：婉转曲折。

⑧ 缐（quán）：浅红色。攀联：接连。

⑨ 缇：橘红色。积委：即"委积"，积聚。

⑩ 宝鞯过兮飞电，珠帙来兮流水：犹言车水马龙。鞯（jiān）：马背上供人坐的鞍子。帙（xiǎn）：挂在车厢门窗上的帷幔，代指车。

⑪ 缥（piǎo）：淡青色。蘤：古代同"花"。

⑫ 羞：《全宋文》本文作"羌"。

⑬ 荆芜：荆州、芜湖一带。比：挨着，相连。

⑭ 下苑：西汉称京师长安东南曲江的宜春苑为宜春下苑，这里指北宋首都开封的宜春苑。上兰：西汉长安上林苑中的宫观名称。

⑮ 万族：原作"万育"，据《全宋文》本文校改。

⑯ 散木：无用处的劣质木材。

【译文】

赋文说：北雁南飞，斗柄西指，秋天已到了最后时刻。天地间莽莽苍苍，辽阔空旷，绿草都已枯萎发黄。多么令人悲伤啊！只有落叶在水边的平地上飞旋，往日种种艳丽的花卉早已归于孤寂，杳无音讯。我感叹那么多种花都过不了秋天这一关，为什么偏偏有牡丹开放，展现出妖艳亮丽的姿容？使得观赏到这种景象的人，如同盛夏酷热时节置身于清凉的湘江里，昏天黑地中拨开重重雾霾抬头望见明亮的太阳。早在今年春天，这株牡丹韬光养晦，潜藏花朵不露面，在围栏内等待着推迟开放的时机。这个时机在秋天的尾声中来到了，于是这株牡丹，枝条怡然自得地向上伸展，花瓣花蕊被关闭在花苞中遮藏起来。一天天的，良夜烟笼雾绕，清晨微风拂煦，牡丹开始绽放，美丽得人人中意，芳香可垄断全国。到了完全绽开的时刻，它那大红的花色，像红蜡烛燃放的光焰，如采集来的红彤彤的霞光。那种茂盛，不用谁来说出，完全由它自己保持和展现。这朵红牡丹是什么？若不是擅长鼓瑟的女神湘灵，就是工于诗赋的才女蔡文姬。它是从天帝居住的宫殿中偶尔降临到世间的，在和暖的阳光中摇曳着，自娱自乐。万里晴空浩瀚无垠，像是打开了门窗；茫茫清气氤氲弥漫，像是张挂起帷帐。彩霞那么明亮，像是高举起一面红旗；朝阳冉冉升起，像是让云朵穿上了浅红的外衣。回想它含苞欲放时，花萼基部聚集着一圈萼片，花朵蜷缩一团，像美女皱着眉头。接着，渐渐开放，展开美丽的笑颜，就像正在把巧妙的言辞娓娓道来。我像结识了一位新朋友，倾心相处，万分愉悦。然而好景不长，很快就会分别，我会悲伤地送它归去。桃花开放时多有捧场的帮手，是那些站在溪水拐弯处观赏的游人；莲花开放时多有关心的媒人，是那些站在池塘岸边观赏的游人。为什么这朵红牡丹比桃花、莲花优秀得太多太多，却没有它们那样熙熙攘攘的观赏人群，实在是由于它开得太晚，人们意想不到。【如果牡丹在正常季节开放，那可不是现在这样的情况。】您没听说牡丹开放在京师地面，皇亲国戚、达官贵人，观赏牡丹，热闹非凡。御苑在卫兵把守的皇宫内，十分清幽，遥不可见；著名园林，栉比鳞次。观赏牡丹的人老早起床，在雕饰精美的窗户前梳妆打扮，首饰闪着金灿灿的光芒。雨天刚过，院墙干净明亮，潮湿的地方青苔更加显眼。不再是春寒料峭，雨后的风格外清爽，不知不觉中渐渐吹拂。这时节，千株万株牡丹交相连接，绿叶构成翠绿的帷幕，花朵并列，红彤彤一片。密密麻麻的花朵错落有致，布局婉转曲折。花朵带着绿叶随风晃动，像摆动着罗衣袖子。那景象简直是五色鸳鸯相伴飞翔，仙鹤白羽毛一样的素绢正在铺开，浅红色的盖头连接成片，橘红色的衣裳积聚成堆。【赏花人纷纷出动，】则有如花似玉的佳人，风度翩翩的公子，骏马奔驰如同闪电，宝车飞奔如像流水。他们沉湎于良辰美景中，尽情赏玩，欢歌笑语，热闹得就像繁华的市场一样。那些其他花卉，也都美如琼瑶，长出绿叶，开出新花，【然而却受到冷落，】它们羞愧自己不能借来牡丹的余光，更何况去标榜自己，张扬义气！【话说回来，】今天这株红牡丹，为什么开在长江岸边？论地方是那么微不足道，论时间是一年将尽的时候。荆州、芜湖一带，霜天九月，寒气凛冽。我在这里放眼北望汴京的宜春苑，思念首都像西汉上兰观那样的宫观。这株红牡丹在这长江边的县城扎根生长，与淮河的波浪成为邻居，给楚地的山野装点打扮。我由此知道，尽管宇宙中有元气在公正地化育万类，一样地让千花万卉欣欣向荣，但花木如果没有亲近人的照料，便要沦落为枯木朽株，如果没有木匠的眷顾，便要成为毫无用处的散木。譬如这株牡丹的命运，也只是到了将近年底的时候才一花独秀。然而高贵和贫贱能互相转化，祸患和福祉也是相辅相成的。牡丹花推迟开放，凭什么就断定它不能立即变成高贵的，只有它独自开花，怎么就知道不是它的福分？噫！造化体现在万物上的用意，我以秋末牡丹开花这件事来占卜其真谛。

【原】

明·徐渭《牡丹赋》

【同学①先辈滕子仲敬尝植牡丹于庭之址，春阳既丽，花亦娇鲜，

---

① 本文多处【】内文字原无，据《徐渭集》（中华书局，1983）卷1本文校补。

过客赏者不知其几，数日摇落，客始罢止。滕子心疑而过问渭曰："吾闻牡丹，花称富贵。今吾植之于庭，毋乃纷华盛丽之是悦乎？数日而繁，一朝而落，倏兮游观，忽兮离索，毋乃避其凉而趋其热乎？是以古之达人修士，佩兰采菊，茹芝挈①芳。始既无有乎秾艳，终亦不见其寒凉，恬淡容与②，与天久长，不若兹种之溷③吾党也。吾子以为何如？"渭应之曰："若吾子所云，将尽遗万物之浓而取其淡朴乎？将人亦倚物之浓淡以为清浊乎？且富贵非浊，贫贱非清，客者皆粗，主则为精，主常皭然而不缁④，客亦胡伤乎随寓而随更！如吾子怼⑤富贵之花以为溷己，世亦宁有以客之寓而遂坏其主人者乎？纵观者之倏忽，尔于花乎何雠！谅盛衰之在天，人因之以去留，彼一贵一贱而交情乃见，苟门客之聚散，于翟公其奚尤⑥？子亦称夫芝兰松菊者之为清矣，特其修短或殊，荣悴⑦则一，子又安知夫餐佩采挈者之终其身而守其朽质也，则其于倏忽游观者又何异焉？"滕子顾予曰："有是哉，子盍为我赋之？"渭曰："唯唯。"】

何名花之盛美，称洛阳为无双，东青州而南越，曾不足以颉颃⑧。【禀阴阳之中气兮，虽未必其记载之尽信，视众卉以独妍兮，真若悉有萃乎水土之精光。始山间之幽寂，处天后之帝乡，后始命移以入内兮⑨，备

---

① 挈：手提，带着。
② 容与：悠然自得。
③ 溷（hùn）：弄脏，扰乱。
④ 皭（jiào）然：洁白，纯净。缁：黑色。
⑤ 怼：怨恨。
⑥ 西汉司马迁《史记》卷120《汲郑列传》"太史公曰"："始翟公为廷尉，宾客阗门；及废，门外可设雀罗。翟公复为廷尉，宾客欲往，翟公乃大署其门曰：'一死一生，乃知交情。一贫一富，乃知交态。一贵一贱，交情乃见。'"
⑦ 悴：草木枯萎。
⑧ 这几句系改写北宋欧阳修《洛阳牡丹记·花品序》成句，欧记说："牡丹出丹州、延州，东出青州，南亦出越州。而出洛阳者，今为天下第一。洛阳所谓丹州花、延州红、青州红者，皆彼土之尤杰者，然来洛阳，才得备众花之一种，列第不出三已下，不能独立与洛花敌。而越之花，以远罕识不见齿，然虽越人，亦不敢自誉以与洛花争高下。"
⑨ 这几句系改写唐人舒元舆《牡丹赋·序》成句，舒序说："古人言花者，牡丹未尝与焉。盖遁于深山，自幽而芳，不为贵者所知，花信何遇焉！天后之乡西河也，有众香精舍，下有牡丹，其花特异。天后叹上苑之有阙，因命移植焉。由此京国牡丹，日月浸盛。"

宫树之列行。亦何心于贵贱，视用舍而行藏①。】兹上代之无闻，始绝盛乎皇唐。尔其月陂堤上，长寿街东，张家园里，汾阳宅中②，当春光之既和，蔼亭榭之载营。天宇旷霁兮丝游，景物招人而事起。彼公子兮王孙，蹙游龙于流水。绕兹葩而密坐，藉芳草而芊芊，感盛年之若斯，伤代谢之能几。尔则粉承日华，朱含雾雨，群蒂如翔，交柯如拒，凌晨并妆，对客不语。卫尉出婢子于罗帏③，鄂君拥翠被于江渚④。当其百蕊千芽，照耀朱霞，绿叶纷纭，望之转赊，若儒生之授学，列女乐于绛纱⑤。迨夫背户迎窗，上下蔽檐，二三作队，矫矫愈鲜。飞燕进女弟于远条⑥，夫人挟三国而朝天⑦。锦瓣重卷，檀心飞屑，柔须夜殷，怒苞晓决，宛妇姑之反唇，似相稽而无说。则有若盛时合沓，诸娣从韩姞以同归⑧；飒颜涠

---

① 用舍：个人用世还是逃世。行藏：个人的出处和行止。
② 这几句系改写欧阳修《洛阳牡丹记·风俗记》成句，但把关系弄错了。欧记说："花开时，士庶竞为游遨，……最盛于月陂堤张家园、棠棣坊长寿寺东街与郭令宅。"北宋蔡襄《梦游洛中十首》有句："每忆月陂堤下路，便开图画觅姚黄。"自注说："月陂张家牡丹百多余种，姚黄为第一。"长寿寺在唐代洛阳城洛河南嘉善坊，其北为南市。这里说"棠棣坊"，应是北宋时改坊名。郭令指唐代名将郭子仪，率军平定安史之乱，收复洛阳、长安两京，功居平乱之首，晋为中书令，封汾阳郡王。因中书令头衔，被尊称为郭令、郭公。
③ 这是作者的想当然之辞。"卫尉"指西晋官员石崇，官至卫尉卿；"婢子"指他的宠姬绿珠。明人薛凤翔《亳州牡丹史》卷1记载绿珠坠玉楼牡丹，说："长胎，花色皑然，厥叶轻柔。叶半有绿点如珠，堪拟石家小妹，而风韵更似之，故名。"《晋书》卷33《石崇传》记载：绿珠美艳，善吹笛。中书令孙秀欲霸占，石崇不许。孙秀矫诏派兵去洛阳金谷园逮捕石崇，石崇对绿珠说："我今为尔得罪。"绿珠哭着说："当效死于官前。"遂跳楼自杀。
④ 春秋时楚王母弟鄂君子皙，美男子，官令尹（宰相）。西汉刘向《说苑·善说》说：他泛舟河中，有越女唱着情歌表达对他的爱恋，他于是"行而拥之，举绣被而覆之"。唐人李商隐《牡丹》诗说："绣被犹堆越鄂君"，用此典故形容绿叶覆盖下牡丹初开的状况。
⑤ 东汉大儒马融为门徒们讲授儒学，时常坐在绛纱帐里。
⑥ 薛凤翔《亳州牡丹史》卷1记载飞燕妆牡丹，说："盛时出一花于树杪，若进女弟于远条也。"赵飞燕是汉成帝的第二任皇后，有个妹妹，二人皆入宫封为婕妤，后来姐姐立为皇后，妹妹号为昭仪。
⑦ 唐玄宗的宠妃杨贵妃带领自己的三个姊妹韩国夫人、虢国夫人、秦国夫人朝拜天子。
⑧ 诸娣：众姊妹。韩姞：西周贵族蹶父的女儿，姓姞（jí），嫁韩侯为妻，故称韩姞。归：出嫁。同归：周代婚制，诸侯嫡长女出嫁，诸娣诸侄随从出嫁，作为共同丈夫的妾媵。《诗·大雅·韩奕》说："韩侯取妻，汾王之甥，蹶父之子。……诸娣从之，祁祁如云。"

衰，汉主放宫人而憎别①。风荐小爽，雨委微温，楚姝舞歇于章台②，陈后泣罢于长门③。亦有细加巨上，慎妃横逼座之势④；紫侍黄侧，班姬抗同辇之尊⑤。或劲而昂，婕妤当逸熊于上殿⑥；或翘而望，处子窥宋玉于东垣⑦。既离以披，亦竞而骈，近不极态，远不尽妍。夫仿佛乎佳丽，意所想而随存，奚援引之数姝，可馨比而弹论。【然渭尝闻如来演法，在彼鹿园。菩萨庄严，众二十五，宝髻鬢鬟，珠玑璎组。佛之胜相，紫金光聚。大众威仪，具八万数。又闻昆仑阆风，玉城瑶宫，神人飞行，绰约玲珑，云态雪光，不可弹穷。夫人之心，想由习生，景与想成。一牡丹耳，世人多谓花如美妇，则前所援引诸姬群小之所象是也。使玄释之子观之，远嫌避讥，则后所援引大众群仙之所象是也。今此花长于学士之庭，在仲敬之宅，仲敬将谓此花申申夭夭⑧，行行闇闇⑨，佩玉琼琚，鼓瑟鸣琴，其仲尼与七十子诸人乎？纵谓其妇人也，称烦则太

---

① 两汉多次放出宫人，令其回家、出嫁。憎别：难分难舍。《广雅·释诂三》："憎，难也。"
② 楚姝（shū）：楚国女子。章台：春秋时期楚国的离宫，楚灵王六年（公元前535）修建，叫章华台、章华宫。考古界说遗址在今湖北潜江市龙湾，近年发掘，出土大量文物。
③ 汉武帝的陈皇后（阿娇）失宠，居住于长门宫。古人描写长门怨的诗赋很多，如唐人刘皂《长门怨三首》之一说："雨滴长门秋夜长，愁心和雨到昭阳（宫殿名）。泪痕不学君恩断，拭却千行更万行。"
④ 慎妃：朱璘，先于堂姐朱琏嫁给时为皇太子的宋钦宗，宋钦宗继位，其堂姐立为皇后，她被封为慎妃。
⑤ 班姬即汉成帝的嫔妃班婕妤。《汉书》卷97下《外戚传下》记载："成帝游于后庭，尝欲与婕妤同辇载，婕妤辞曰：'观古图画，贤圣之君皆有名臣在侧，三代末主乃有嬖女。今欲同辇，得无近似之乎？'上善其言而止。"
⑥ 此婕妤为汉元帝的冯婕妤。《汉书》卷97下《外戚传下》记载："建昭（公元前38～前34）中，上幸虎圈斗兽，后宫皆坐。熊佚出圈，攀槛欲上殿。左右贵人傅昭仪等皆惊走，冯婕妤直前当熊而立，左右格杀熊。上问：'人情惊惧，何故前当熊？'婕妤对曰：'猛兽得人而止，妾恐熊至御坐，故以身当之。'元帝嗟叹，以此倍敬重焉。"
⑦ 垣：原作"垠"，据《徐渭集》本文校改。战国宋玉《登徒子好色赋》说美丽绝伦的东家之子"登墙窥臣三年，至今未许也"。
⑧ 《论语·述而》："子之燕居，申申如也，夭夭如也。"孔子日常生活中，舒适安闲，和颜悦色。
⑨ 《论语·先进》："闵子侍侧，闇（yín）闇如也；子路，行（hàng）行如也。"侍立在孔子身边的学生，闵子是一副和悦温顺的样子，子路是一副刚强的样子。

姒始至①，宫人欣欣，琴瑟钟鼓，乐而不淫乎？称简则二女湘君，寻帝舜于苍梧之野，宓妃盘姗，解佩环于洛水之滨乎②？此皆不以物而以己，吐其丑而茹其美，畔援③歆羡，与世人之想成者等耳。若渭则想亦不加，赏亦不鄙，我之视花，如花视我，知曰牡丹而已。忽移瞩于他园，都不记其婀娜，籍纷纷以纭纭，其何施而不可。】

【作者简介】

徐渭（1521～1593），绍兴府山阴（今浙江绍兴市）人。初字文清，后改字文长，号青藤老人、青藤道士、天池生、天池山人、天池渔隐、金垒、金回山人、山阴布衣、白鹇山人、鹅鼻山侬、田丹水、田水月。明代著名文学家、书画家、戏曲家。著有《徐文长全集》《徐文长佚草》及杂剧《四声猿》、戏曲理论《南词叙录》等。

【译文】

滕仲敬学长在自家庭院中栽植了一些牡丹。阳春三月阳光灿烂，牡丹花开得非常娇艳。前来看花的游客络绎不绝，不知道有多少人。过了几天牡丹衰败凋落了，游客们再也不来了。滕先生心起疑虑，光临寒舍，向我询问缘由。他说："我听说牡丹花叫作富贵花，现在我将牡丹栽植在庭院中，难道不是因为喜欢它们的绚丽多姿吗？可是牡丹开花也就繁盛了几天，一下子都凋谢净尽。那些游客们突然就扎堆来观赏，突然就一个人影也不见，难道不是对于炙手可热的则趋炎附势，对于穷途末路的则唯恐避之不及吗？怪不得古代的贤明通达人士，佩戴的是兰花，采撷的是菊花，服食的是灵芝，手提的是凡花。这些物类起初受到贤达人士的垂青眷顾，不是因为自己有多么妖艳，当然后来也不会被他们冷落排斥。它们是那样的恬静淡泊，悠然自得，能够与天地共久长。哪像这号牡丹，简直是来玷污、扰乱我们这帮人的。先生以为我的这番话如何？"

---

① 太姒：周文王姬昌的正妃，西周建立者周武王姬发的母亲，贤妻良母的典型。

② 宓（fú）妃：又作"伏妃"，传说上古时代伏羲的女儿，溺死于洛水，化为洛河女神。盘姗：同"蹒跚"。解佩环于洛水之滨：曹魏曹植《洛神赋》说自己爱慕洛神，"解玉佩以要（邀）之"，洛神"抗琼琊（dì）以和予"，意为举起美玉以应答。

③ 畔援：跋扈、强横。《诗经·大雅·皇矣》说："帝谓文王，无然畔援。"

我回应滕先生说:"要像您这么说的话,那就要全部抛弃世上那些浓艳的物类,只拣择那些朴素无华的东西了;而且还要按照人们喜爱二者中的哪一类,将人们划分为浊流、清流了。况且富贵的未必归于浊流,贫贱的未必定是清流;主方属于精纯,客方都属于粗略。主方始终纯洁无瑕,不会被污染弄黑,那么客方随顺形势而变更,又有什么关系呢!像您这样怨恨雍容华贵的牡丹花,以为是它玷污了您,那么,世上难道要因为曾有粗俗客人寓居就怪罪主人吗?即便来您家观赏牡丹的游客们忽然全无踪迹,然而他们跟牡丹花有什么仇恨?谅必是花盛花衰在于天公的化育,游人因此决定是来还是不来。大凡人在世上,随着富贵、贫贱的变化,彼此间交情的真假厚薄才能显现出来。西汉时翟公当廷尉时,宾客盈门,他被撤职后,这些宾客再也不来了,门可罗雀。那些宾客之来与不来,怎么能去责怪翟公本人呢?您不是也说灵芝、兰花、青松、秋菊等都属于清纯的吗,它们尽管繁荣和枯萎的周期有长短的差别,但都有繁荣和枯萎的经历,这一点则是一样的。当它们枯萎变质后,您怎么知道那些服食灵芝采撷菊花佩戴兰花的高人雅士,一辈子都守着这些腐烂的东西而不扔掉呢?那么,这同那批突然就不再来您家的游人,又有什么区别?"

滕先生看着我,说:"有这号事?您何不为我作一篇赋,详细说说!"我满口答应:"好的,好的。"

为什么一说到名贵花卉牡丹,就要说洛阳牡丹繁盛美艳,天下无双。洛阳东面的青州、南面的浙江,也都出牡丹,但根本没资格与洛阳牡丹平起平坐。有人说洛阳处于天下之中的位置,阴阳二气协调平衡,所以牡丹生长在这里,得天独厚,能比在其他地方长得好。这个说法未必全然可信,但看到牡丹生长在洛阳,确实比其余花卉以及其余地方的牡丹艳丽,而且独此一份儿,真好像洛阳集中了天地间的精华一样。

很久很久以来,牡丹没有被人们发现是观赏花卉,在荒山旷野幽寂地自开自谢。到了唐朝高宗时期,它被僧人培育在与皇后武则天祖籍并州(治今山西太原市)毗邻的汾州(今山西汾阳市)众香寺中。武皇后下令移植入首都的皇宫里,从此加入御苑中奇花异卉的队伍中。牡丹原在山野后进宫廷，它自己并没有想到要由低贱变为高贵，为世所用还是埋没民间，这才有了不同的行止轨迹。因此，从邈远的上古时期以来，牡丹一直默默无闻，到了李唐王朝，才开始大放异彩，蔚为大观。

北宋时期的洛阳，赏牡丹最热闹的地方，是月陂堤下的张家牡丹园，棠棣坊的长寿寺东街，以及唐代中兴名将汾阳郡王郭子仪的故居。恰值淑气和暖，春光明媚，名园的池馆台榭旁，满布着盛开的牡丹。天朗气清，能看到细微的东西在空中浮游。良辰美景在召唤人们及时观赏。那些公子哥儿们乘坐着游船，急速地驶过河面。他们绕着茂盛的牡丹花丛，坐在芳草如茵的地上观看。他们由眼下牡丹的欣欣向荣、蒸蒸日上，想到日后凋谢时的凄凉，不禁感叹自己正当年少，就像眼前的牡丹一样，但斗转星移，光阴似箭，到自己迟暮辞世，还能有多少时日，想着想着，心头掠过几许伤感。

那些白牡丹承接着太阳的光辉，红牡丹包含着露珠雨水。它们一株株保持着距离，拒绝相邻的植株靠近自己。枝头着花，迎风摇曳，好像在凌空飞翔。它们一朵朵美丽得如同清晨刚妆扮好的佳丽，只不过面对游客不会说话而已。它们【刚刚开放的时候，在绿叶的衬托下，简直就】是西晋卫尉卿石崇心爱的侍妾绿珠从翠绿的帷帐中走出来，是春秋时期楚国贵族鄂君子皙在江中泛舟，听到越女唱歌表达爱慕，就抱着她钻进翠绿锦绣的被窝里。当它们千朵万朵压枝低，红彤彤一片，像红霞在天际闪耀，绿叶密密麻麻，放眼望去，远远的一望无际。那阵势宛如满腹经纶的先生，坐在绛纱帐中给弟子们授课，在绛纱帐旁妍丽女乐鼓奏琴瑟的音乐声中，领着弟子们咏诵诗篇。至于那些门前窗下的牡丹，在雕梁画栋之下，两三丛排成一队，开得更加鲜艳。有的一株上几朵花隔枝呼应，像汉成帝的皇后赵飞燕招呼自己的妹妹进宫当上昭仪；像三千宠爱在一身的唐代美女杨贵妃，带领着连带受宠被封为韩国夫人、虢国夫人、秦国夫人的三个姊妹前来朝拜天子。有的花朵还没开放，花瓣缩着卷着，红色的花心还只是小点点。夜里花蕊很快长成柔软的细须，早晨花苞突然绽开。这过程就像婆婆儿媳之间反目成仇，反唇相讥，彼此都不高兴。牡丹开到最盛的时候，花朵重叠杂聚，目不暇接，好似西周贵族蹶父的千斤小姐韩姞出嫁韩侯为妻，她的诸位姊妹随同嫁给韩侯。牡丹到了衰颓败谢的时候，好像汉朝风韵不再的老宫女们被君王放免回家任从改嫁，望着又爱又恨的宫廷依依惜别。微风给牡丹送来清爽，那是春秋时期楚国行宫章华台中俊俏的舞女们刚刚收住舞步。小雨过后，牡丹带着微温的雨滴，那是不再蒙受汉武帝宠幸的陈皇后阿娇，被幽禁在长门宫里，刚刚哭罢一场。也有小牡丹花凌驾在大牡丹花上面，那是宋钦宗的慎妃被后入宫的堂姐逼迫让出皇后座位。还有紫牡丹开在黄牡丹一侧，那是深明大义的班婕妤谢绝与汉成帝同乘一辆车子。有的花朵昂首挺拔，那是勇敢的冯婕妤挡住从圈中跑出来的猛熊的去路，以身体保卫汉元帝的安全。有的花朵翘首远望，那是战国时期楚国美艳绝伦的东家女子登上墙头，眼巴巴地看着自己苦恋的才子宋玉。牡丹花有的凌乱分散地分布着，有的并排成双比试高低，眼前的并非最有情致，远处的也不全是极品。它们仿佛都是巾帼娥眉，您想象它们是谁它们就是谁，岂是上面提到的那几位佳丽能够囊括无余、比拟净尽的。

【看到牡丹花，我不禁联想到三教九流。】我听说释迦牟尼佛在鹿野苑演说佛法，有25位菩萨在座聆听。菩萨们面相庄严，他们或是顶结宝髻，或是披发戴冠，身上佩戴珠玑，胸前挂着璎珞。释迦牟尼的长相更是特殊，具有32种大人相、80种随形好，头上闪动着金色的日光。在场的弟子有8万之多，一个个仪表端庄，静听教诲。我还听说仙家的圣境昆仑山阆苑，那里有巍峨的九重层城、美轮美奂的瑶台。女仙们腾云驾雾，急速飞行，一个个风姿绰约，娇媚玲珑，肌肤凝脂，万种风情，即便用"云态雪光"来形容，也说不尽她们的妙处。其实人心里想什么事物，总是顺着自己的经历和习惯去思考的，思考成型了，事物也就呈现出所想象的模样了。牡丹不过就是一种花而已，世人总是说"花如美妇"，那么我前面所援引的那些后妃姬妾民间女子等，就是想象出来的牡丹模样。假使和尚、道士看见我这样以美女比喻牡丹，太不庄重，为了避开嫌疑不至于受到他们的讥讽嘲笑，那么我后面所援引的空门的信众和道教的群仙等，就是想象出来的牡丹模样。

可现在牡丹花长在儒门学士的庭院中，具体说，长在滕仲敬先生的宅院里。【那么，就要用儒家的眼光来思考它、想象它了。】仲敬先生将会认为这些牡丹花像孔圣人一样舒适安闲，和颜悦色；像孔子的学生子路一样刚毅凌厉，像另一位学生闵子一样儒雅温顺。他们缓缓地踱着方步，身上佩戴的美玉饰品叮当作响；他们安详地坐着，鼓瑟鸣琴，优哉游哉。这样思考和想象，那些牡丹岂不就是孔子和他弟子中的七十二贤人！即便把牡丹思考想象成为妇人，从内涵丰富方面来说，周文王的正妃太姒是具有多方面美德和善行的贤妻良母典型，她一出现，宫人们欢欣鼓舞，琴瑟钟鼓齐鸣，快乐而不过分。从内涵单薄方面来说，则帝舜的两个妃子娥皇、女英两姊妹，听说夫君南巡遇到不测，她们南下寻找，一路哭泣，到达苍梧山野，然后投湘江自尽，化为湘水女神湘灵；还有伏羲的女儿宓妃化为洛河女神，凌波微步于洛河水面，在河边见到意中人，解下佩环向他示意。

　　这样思考和想象，都不是基于被思考和想象的物种的客观本体，而是出自思考想象者自己一方的主观意识。如此这般，就抛弃了物种本身的糟粕，而咀嚼吸收它的精华。主观一方强行坚持和推行自己的思考和想象，对于加以理想化想象的物种羡慕不已，这同世人一厢情愿地把事物想象成什么样子，做法完全相等。我则不然，想象时对物种不增添附加成分，具体观看时与想象不一致也不鄙薄它们。我看牡丹花，如同牡丹花看我。我心知肚明，它不过就是牡丹而已。有朝一日我忽然去别的园林观看牡丹，我就不去回想您家的牡丹曾经如何婀娜多姿。世间的事物纷纷纭纭，繁多杂乱，我这种思想方法用到哪件事情上，用到哪个物种上，又有什么不可以的呢！

五言古诗

【增】

唐·白居易《和钱学士白牡丹》

城中看花客，且暮去营营。素华人不顾，亦占牡丹名。开在深寺中，车马无来声。惟有钱学士，尽日绕丛行。怜此皓然质，无人自芳馨。众嫌我独赏，移植在中庭。留景夜不暝，迎晨曙先明。对之心亦静，虚白相向生。唐昌玉蕊花，攀玩众所争，折来比颜色，一种如瑶琼。彼因稀见贵，此以多为轻，始知无正色，爱恶随人情。岂惟花独尔，理与人事并。君看入时者，紫艳与红英。

《秋题牡丹丛》

晚丛白露夕，衰叶凉风朝。红艳久已歇，碧芳今亦销。幽人坐相对，心事共萧条。

【原】

白居易《西明寺牡丹花时忆元九》

前年题名处，今日看花来。一作芸香吏，三见牡丹开。岂独花堪惜，方知老暗催。何况寻花伴，东都去未回。讵知红芳侧，春尽思悠哉。

《买花》①

帝城春欲暮，喧喧车马度。共道牡丹时，相随买花去。贵贱无常价，酬值看花数②。灼灼③百朵红，戋戋五束素④。上张幄幕庇，傍织笆篱⑤护。水洒复泥封，移来色如故。家家习为俗，人人迷不悟。有一田舍翁，偶来买花处。低头独长叹，此叹无人谕⑥。一丛深色花，十户中人赋⑦！

【译文】

明媚的春光即将告别人间，／长安城里车水马龙热闹非凡。／都说趁着花期日子好，／去挑选购买心爱的牡丹。／牡丹的价格没有固定的贵贱，／要看品种是珍稀还是常见。／一丛开花百朵的红牡丹，／价值

---

① 《买花》是组诗《秦中吟十首》的第十首。组诗总序说："贞元、元和之际，予在长安，闻见之间有足悲者，因直歌其事，命为《秦中吟》。"

② 酬值：买花人所付予的价款。直：同值。

③ 《诗经·周南·桃夭》："桃之夭夭，灼灼其华。"

④ 《易经·贲》："贲于丘园，束帛戋戋（jiān）戋。"孔颖达疏："戋戋，众多也。"束：绢帛的量词，五匹为束。素，白色生绢。

⑤ 笆篱：今通称篱笆。

⑥ 谕：原作"喻"，据《白居易集》本诗校改。谕：理解。

⑦ 唐代依据家庭资产把百姓划分为上中下三种户等，各等再划分为上中下三品，以确定各自承担的赋税量。

二十五匹素色绸缎。／撑起帐幕遮蔽烈日狂风骤雨，／围起篱笆把鸡鸭
猫狗防范。／细土培固植株，清水精心浇灌，／移植过来的牡丹花色依
然鲜艳。／人人习以为常，不以为怪，／奢靡的风尚由来已久，不曾改
变。／买花处偶然来了不速之客，／是一位两鬓苍苍的乡下老汉。／一丛
牡丹竟值十家中等户一年的赋税，／这使他的心灵受到强烈的震撼。／我
们长年辛苦种庄稼真是白白流汗，／没人能理解我的这一声长叹！

【增】

元稹《和白乐天秋题牡丹丛》

敝宅艳山卉，别来长叹息。吟君晚丛咏，似见催颓色。欲识别后
容，勤过晚丛侧。

《永寿寺看牡丹》

晓入白莲宫，琉璃花界净。开敷多喻草，凌乱被幽径。压砌锦地
铺，当霞日轮映。蝶舞香暂飘，蜂牵蕊难正。笼处彩云合，露湛红珠
莹。结叶影自交，摇风光不定。繁华有时节，安得保全盛。色见尽浮
荣，希君了真性。

李端《鲜于少府宅木芍药》

谢家能植药，万簇相萦倚。烂熳绿苔前，婵娟青草里。垂阑复照
户，映竹仍临水。骤雨发芳香，回风舒锦绮。孤光杂新故，众色更重
累。散碧出疏萼，分黄成细蕊。游蜂高更下，惊蝶坐还起。玉貌对应
惭，霞标方不似。春阴怜弱蔓，夏日同短晷。回落报衰荣，交关斗红
紫。花信可未阑，诗情讵能止！上客屡移仗，幽僧劳凭几。初命虽薄
劣，幸得陪君子。致谢贤主人，何庸树桃李！

【原】

宋·苏轼《雨中看牡丹》

雾雨不成点，映空疑有无。时于花上见，的皪①走明珠。秀色洗红

---

① 的皪（dì lì）：光亮鲜明。

粉，暗香生雪肤。黄昏更萧索，头重欲相扶。

　　明日雨当止，晨光在松枝。清香入花骨，肃肃初自持。午景发浓艳，一笑当及时。依然暮还敛，每似惜幽姿。

　　幽姿不可惜，后日东风起。酒醒何所见，含粉抱青子。千花与百草，共尽无妍鄙。未忍污泥沙，牛酥煎落蕊。

【译文】

　　空气中不见雨点，只有弥漫着浓雾，／对着天空观看，感到似有似无。／微微的湿气在牡丹花上显现，／流动着光亮鲜明的水珠。／红牡丹被它洗出胭脂脸面，／白牡丹的香气发散自雪白的肌肤。／黄昏时分牡丹更加萧瑟，／水气压得头重脚轻，直想上前搀扶。

　　毛毛细雨明天该会停止，／清晨的晴光应该在松树枝头闪耀。／淡淡的寒气已浸入牡丹的骨髓，／但它自强不息，洁身自好。／到中午就会开出绚烂的花朵，／赏花人应当及时欢笑。／依然是黄昏时刻花儿收敛，／好似珍惜自己美丽的姿容风貌。

　　牡丹的秀丽姿容想珍惜也难以珍惜，／过几天东风就要刮起。／酒醒后睁开双眼能看见什么，／不过是金粉抱着青子。／世上有千种花百种草，／无论美艳、鄙俗，统统都要枯死。／但我不忍心牡丹花瓣埋没在尘土中，／便收拾残花用酥油烹调慢慢吃。

【增】

张耒《与潘仲达》

　　淮阳①牡丹花，盛不如京雒。姚黄一枝开，众艳气如削。亭亭风尘表②，

---

① 淮阳：原作"淮扬"，据《全宋诗》第20册第13076页本诗校改。淮阳：古称宛丘，今河南淮阳县，北宋陈州治所。张耒，人称宛丘先生。宋人张邦基《墨庄漫录》卷9中有一则笔记，被单独转载时题为《陈州牡丹记》。淮扬则为淮南道扬州，当地以芍药著名。
② 亭亭：耸立的样子。表：原作"里"，据《全宋诗》本诗校改。表：古代测日影的标杆，引申为仪范、表率。

独立朝百萼。谁知临老眼，得到美葵藿①。

【作者简介】

张耒（1054～1114），字文潜，人称宛丘先生，祖籍亳州谯县（今安徽亳州市），生长于楚州淮阴（今江苏淮阴市西南）。宋神宗熙宁六年（1073）登进士第，曾任起居舍人等职。有《柯山集》《张右史文集》《宛丘先生文集》。

【译文】

中州的淮阳城栽种着牡丹，／比不上西京洛阳的繁盛和齐全。／但等花王姚黄一开放，／其余诸花相形失色，失去气焰。／只见它亭亭玉立，显示出众的风范，／万种花卉纷纷对它朝拜、进献。／谁知道我临老却看到葵花，／虽普通却倾向太阳，更要大力称赞。

明·李东阳《镜川先生宅赏白牡丹》

玉堂天上清，玉版天下白②，幸从清切地，见此纯正色。露苞春始凝，脂萼晓新坼，檀深蔼薰心，绛浅微近积。终焉保贞素，不涴③脂与泽。先生无物玩，聊以物自适。澹哉君子怀，富贵安可易！临轩抚流景，爱此不忍摘。我亦惜春心，逢花作花客。先生顾客笑，偶此非宿昔。客去花未阑④，嫣然共今夕。

【作者简介】

李东阳（1447～1516），字宾之，号西涯。祖籍湖广长沙府茶陵（今湖南茶陵县），因家族入北京戍守，属金吾左卫籍。明英宗天顺八年（1464）二甲进士第一，授庶吉士，官编修，迁侍讲学士，充东宫讲官。明孝宗弘治八年（1495）以礼部右侍郎、侍读学士入直文渊阁，预机务。累至特进、光禄大夫、左柱国、少师兼太子太师、吏部尚书、

---

① 得到：《全宋诗》作"更复"。葵藿：葵与藿皆普通植物。
② 欧阳修《洛阳牡丹记》说："玉板白者，单叶白花，叶细长如拍板，其色如玉，而深檀心。"后将"板"写作"版"。
③ 涴（wò）：被脏水污染。
④ 阑：残，尽。

华盖殿大学士。卒，赠太师，谥文正。著有《怀麓堂集》。

【译文】

玉堂是天上最洁净的场所，／玉版白是天下最洁白的花朵，／镜川先生的宅第就是这样的玉堂，／我有幸来这方宝地观赏白牡丹的纯正颜色。／春初枝头上长出的花芽像露珠一般，／终于在一天清晨绽开凝脂般的花瓣。／它的花心带着一股股香气，／花心的浅绛颜色淡得积聚起来才能体现。／它始终保持着纯洁淡雅，／不会让脂膏、脏水将自己污染。／镜川先生从不玩物丧志，／姑且以白牡丹相从为伴。／他具有淡泊明志宁静致远的君子情怀，／岂是用富贵来诱惑就会改变！／他在轩窗边欣赏这大好春光，／珍惜白牡丹，不忍心摘下来赏玩。／我也有着惜春的心思，／遇上这白牡丹便作为友人流连忘返。／先生看着我们而开怀大笑，／能一同聚首难道不是宿昔的因缘！／客人们离开后花儿依然繁盛，／一定伴随着主人共度今晚。

七言古诗

【增】

唐·权德舆《慈恩寺清上人院牡丹歌》

澹荡韶光三月中，牡丹偏自占春风。时过宝地寻香径，已见新花出故丛。曲水亭西杏园北，秾芳深院红霞色。擢秀全胜珠树林，结根幸在青莲域。艳蕊鲜房次第开，含烟洗露照苍苔。庞眉倚杖禅僧起，轻翅紫枝舞蝶来。独坐南台时共美，间行古刹情何已。花开一曲奏阳春，应为芬芳比君子。

【原】

白居易《牡丹芳》

牡丹芳，牡丹芳，黄金蕊绽红玉房。千片赤英霞烂烂，百枝绛点灯煌煌。照地初开锦绣段，当风不结兰麝囊。仙人琪树白无色，王母蟠桃小不香。宿露轻盈泛紫艳，朝阳照耀生红光。红紫二色间深浅，向背万态随低昂。映叶多情隐羞面，卧丛无力含醉妆。低娇笑容疑掩口，凝思怨人如断肠。秾姿贵彩信奇绝，杂卉乱花无比方。石竹金钱何细碎，芙蓉芍药苦寻常。遂使王公与卿士，游花冠盖日相望。库车软轝贵公主，香衫细马豪家郎。卫公宅静闭东院，西明寺深开北廊。戏蝶双舞看人久，残莺一声春日长。共愁日照芳难驻，仍张帷幕垂阴凉。花开花落二十日，一城之人皆若狂。三代以还文胜质，人心重华不务实。重华直至牡丹芳，其来有渐非今日。元和天子忧农桑，郣下劝农天降祥。去年嘉禾生九穗，田中寂寞无人至。今年瑞麦分两岐，君心独喜无人知。无人知，可叹息！我愿暂求造化力，减却牡丹妖艳色，少回卿士爱花心，同似吾君忧稼穑。

【增】

李贺《牡丹种曲》

莲枝未长秦蘅老，走马驮金蒯春草。水灌香泥却月盆，一夜绿房迎白晓。美人醉语园中烟，晚华已散蝶又阑。梁王老去罗衣在，拂袖风吹蜀国弦。归霞帔拖蜀帐昏，嫣红落粉罢承恩。檀郎谢女眠何处，楼台月明燕夜语。

李咸用《远公亭牡丹》

雁门禅客吟春亭，牡丹独逞花中英。双成腻脸偎云屏，百般姿态因风生。延年不敢歌倾城，朝暮云雨愁娉婷。蕊繁蚁脚粘不行，蝶迷蜂醉飞无声。庐山根脚含精灵，发妍吐秀丛君庭。浔江太守多闲情，栏朱绕绛留轻盈。潺潺醿醴当风倾，平头奴子啾银笙。红葩艳艳交童星，左文右武怜君荣，白铜堤上惭清明。

【原】

宋·欧阳修《洛阳牡丹图》

洛阳地脉花最宜，牡丹尤为天下奇。我昔所记数十种，于今十年半忘之。开图若见故人面，其间数种昔未窥。客言近岁花特异，往往变出呈新枝。洛人惊夸立名字，买种不复论家赀。比新较旧难优劣，争先擅价各一时。当时绝品可数者，魏红窈窕姚黄肥。寿安细叶开尚少，朱砂玉版人未知。传闻千叶昔未有，只从左紫名初驰。四十年间花百变，最后最好潜溪绯。今花虽新我未识，未信与旧谁妍媸。当时所见已云绝，岂有更好此可疑。古称天下无正色，似恐世好随时移。鞓红鹤翎岂不美，敛色如避新来姬。何况远说苏与贺，有类后世夸嫱施。造化无情疑一概，偏此著意何其私！又疑人心愈巧伪，天欲斗巧穷精微。不然元化朴散久，岂特近岁尤浇漓。争新斗丽若不已，更后百载知何为。但令新花日愈好，惟有我老年年衰。

【增】

欧阳修《谢观文王尚书惠西京牡丹》①

京师轻薄儿，意气多豪侠②。争夸朱颜事年少，肯慰白发将花插。尚书好事与俗殊，怜我霜毛苦萧飒。赠以洛阳花满盘，斗丽争奇红紫杂。两京相去五百里，几日驰来足何捷。紫檀金粉香未吐，绿萼红苞露犹浥③。谓我尝为洛阳客，颇向此花曾涉猎。忆昔进士初登科，始事相公沿吏牒④。河南官属尽贤俊，洛阳池籞相连接。我时年才二十余⑤，每到花开如蛱蝶。姚黄魏红腰带鞓，泼墨齐头藏绿叶。鹤翎添色又其次，此外虽妍犹婢妾。尔来不觉三十年，岁月才如熟羊胛⑥。无情草木不改色，多难人生自摧拉。见花了了⑦虽旧识，感物依依几抆睫⑧。念昔逢花必沾酒，起坐欢呼屡倾榼⑨。而今得酒复何为？爱花绕之空百匝⑩。

---

① 观文王尚书：观文殿学士王尚书。惠：赠送。
② 豪侠：强横任侠。
③ 浥：湿润。
④ 吏牒：授官的簿录。
⑤ 欧阳修于宋仁宗天圣八年（1030）登进士第，初仕西京留守推官，时年 24 岁。
⑥ 羊的肩胛骨易熟，喻时间短促。
⑦ 了了：清楚。
⑧ 抆（wěn）睫：擦泪。
⑨ 榼（kē）：饮酒的器具。
⑩ 匝：环绕一周叫一匝。

心衰力懒难勉强，与昔一何殊勇怯。感公意厚不知报，墨笔淋漓口徒嗫。

【译文】

京师开封地面的那些轻薄儿郎，／任性使气，仗义豪爽。／他们爱戴红扑扑脸面的年青人，／哪肯慰藉老人将牡丹花插在白发上！／尚书您有热心肠与世俗不一样，／怜惜我龙钟老态头白如霜，／赠给我满满一盘洛阳牡丹，／红紫相间，无比芬芳。／东西两京相距五百里，／几天工夫就把花送来，腿脚真麻利。／紫牡丹含着金粉还没有吐露香味，／红牡丹紧闭花苞还带着露气。／您说我曾经做过洛阳客，／对洛阳牡丹特别在意。／回想当初刚刚进士及第，／步入仕途便到洛阳当上小吏。／洛阳的官员都是贤才俊士，／皇家禁苑池挨着池地连着地。／我那时只有二十多岁，／每到牡丹开放，就像蝴蝶一样痴迷。／姚黄、魏红、青州红各逞娇媚，／泼墨紫、齐头含苞待放，藏在绿叶里。／鹤翎红、添色红都在其次，／其余品种虽然也美，但像婢妾一样卑微。／不知不觉已过了三十年，／真是日月如梭，光阴似箭。／花木无情，依然颜色如故，／人生坎坷，遭受过多少挫折磨难。／见到您赠送的这些花，我都熟识，／触景生情，不禁泪流满面。／想起过去一见牡丹开花必定买酒，／欢叫着站起来把酒杯喝干。／而今有酒又能做什么，／不过绕着心爱的花儿瞎转一百圈。／心衰力竭使不上劲儿，／今非昔比，现在只有胆怯和懒散。／不知道该怎样报答您的深情厚谊，／写这首诗笔墨倒还顺当，嘴却笨拙难言。

梅圣俞《牡丹》

洛阳牡丹名品多，自谓天下无能过。及来江南花亦好，绛①紫浅红如舞娥。竹阴水照增颜色，春服贴妥②裁轻罗。时结游朋去寻玩，香吹酒面生红波。粉英不忿付狂蝶，白发强插成悲歌。明年更开余已去，风雨摧残③可奈何？

---

① 绛：大红色。
② 贴妥：即妥帖，合适。
③ 摧残：《全宋诗》第5册第2831页本诗作"吹残"。

【作者简介】

梅尧臣（1002～1060），字圣俞，宣城（今安徽宣城市）人。宣城古名宛陵，故世称梅宛陵先生。宋仁宗皇祐初赐进士出身，官至尚书都官员外郎，与诗人苏舜钦合称"梅苏"。有《宛陵先生集》。

【译文】

洛阳牡丹著名的品种实在太多，／自以为普天之下哪里也不能超过。／等来到江南看见当地牡丹也不错，／红紫各色，像美丽的女郎起舞婆娑。／竹子遮日，水光映照，更使颜色斑驳，／好像用丝绸做成的时髦服装让人称叹啧啧。／不时邀约友人成群结队去寻觅芳踪，／杯中的美酒被花映香染生起层层红波。／花粉不愤恨被蝴蝶疯狂采走，／我把花儿强插到白头上，不禁唱出悲歌。／到明年花再开时，我已离开这里，／花儿会在风雨中凋零，真是无可奈何！

《韩钦圣问西洛牡丹之盛》

韩君问我洛阳花，争新较旧无穷已。今年夸好方绝伦，明年更好还相比。君疑造化特著意，果乃区区可羞耻。尝闻都邑有胜意，既不钟①人必钟此。由是其中立品名，红紫叶繁矜②色美。萌芽始见长蒿莱，气焰旋看压桃李。乃知得地偶增异，遂出群葩号奇伟。亦如广陵③多芍药，间井荒残无可齿④。淮山邃秀付草树，不产髦英⑤产佳卉。人于天地亦一物，固与万类同生死。天意无私任自然，损益推迁宁有彼。彼盛此衰皆一时，岂关覆帱为偏委⑥。呼儿持纸书此说，为我缄⑦之报韩子。

---

① 钟：集中。

② 矜：夸耀。

③ 广陵：今江苏扬州市。

④ 齿：并列。

⑤ 髦英：才智出众的人。

⑥ 覆帱（dào）：天所覆盖，指天地。《后汉书》卷43《朱晖传》："故夫天不崇大，则覆帱不广。"偏委：偏向。

⑦ 缄：封。

【译文】

韩先生问我洛阳牡丹开得怎样，／我把新旧品种比来比去，比不出个名堂。／今年夸赞哪个品种好得出众，／而明年却会是另一种更加吃香。／你怀疑这是天公特意如此安排，／区区凡人何等渺小，真该羞愧。／听说西京洛阳盛行一种风气，／只看重牡丹，不看重人类。／因而给牡丹起了很多品名，／夸耀花瓣繁盛的红花紫花最美。／牡丹萌芽时不过像野草黄蒿，／一成气候便名气陡起，把桃李压倒。／这才知道占住地脉便会锦上添花，／超出百花之上，人人拍手叫好。／就像扬州特产是芍药，／长满了居民宅院和野地荒郊。／淮河一带的深山都交给了草木，／不出人才，只产奇花异草。／人也是天地间的一样东西，／本来同万物一样有病死生老。／上天没有偏私，一切都顺其自然，／增减推移难道要厚此薄彼！／谁盛谁衰都是瞬间的事，／同天地有什么关系！／叫儿子拿来纸笔写下这个说法，／替我封好送到韩先生那里。

【原】

苏轼《惜花》①

吉祥寺中锦千堆，前年赏花真盛哉。道人劝我清明来，腰鼓百面如春雷，打彻《凉州》花自开。沙河塘②上戴花回，醉倒不觉吴儿咍③。岂知如今双鬓摧，城西古寺没蒿莱④。有僧闭门手自栽，千枝万叶巧剪裁。就中一丛何所似，马瑙盘盛金缕杯⑤。而我食菜方清斋⑥，对花不饮花应猜。夜来雨雹如李梅，红残绿暗吁可哀。

---

① 《苏轼诗集》王文浩《案》："惜牡丹也。"
② 沙河塘：在杭州。
③ 吴：东南地区。咍（hāi）：笑。
④ 城：指密州城（今山东诸城市）。古寺：指龙兴寺。蒿莱：杂草。
⑤ 玛瑙盘一样的牡丹花盘盛放着金缕杯一样的花蕊。
⑥ 宋神宗熙宁七年（1074），苏轼任密州太守，因连年蝗旱，遂断绝酒肉，仅吃素食。

【译文】

当年在杭州，吉祥寺中锦绣般的牡丹成堆，／赏花的盛况历历在目，令人陶醉。僧人劝我清明时节来这里，／上百面腰鼓擂响，好似阵阵春雷。／擂遍了《凉州》古曲，牡丹花开，／我头插牡丹花沿着沙河塘回归，／酣醉中觉察不到人群嬉笑声音脆。／哪知道如今我两鬓苍苍来到密州治所，／城西的古老龙兴寺已被荒草埋没。／僧人掩蔽寺门栽培牡丹，／千枝万叶推出美丽的花朵。／其中有一株花儿像什么，／玛瑙盘中间把金缕杯承托。／我在灾荒年景清心寡欲吃素斋，／对着牡丹滴酒不沾，牡丹大概猜疑不痛快。／昨夜下了冰雹如梅子李子般大小，／牡丹花残叶败，真叫人感叹悲哀。

杨万里《题周益公①天香堂牡丹》

君不见沉香亭北专东风，谪仙作颂天无功。又不见君王殿后春第一，领袖众芳捧尧日②。此花司③春转化钧，一风一雨万物春。十分整顿春光了，收黄拾紫归江表。天香染就山龙裳，余芬却染水云乡。青原白鹭万松竹，被渠④染作天上香。人间何曾识姚魏，相公新移洛阳裔。呼酒先招野客看，不醉花前为谁醉。

【作者简介】

杨万里（1127～1206），字廷秀，号诚斋，吉州吉水（今属江西）人。宋高宗绍兴二十四年（1154）进士，曾任太常博士、广东提点刑狱、尚书左司郎中兼太子侍读、秘书监等职务。主张抗金，正直敢言。其诗通俗流畅，时称"诚斋体"，与尤袤、范成大、陆游并称南宋四家。其词风格清新、活泼自然。著有《诚斋集》。

---

① 周必大封益国公。
② 尧日：尧日舜天，尧舜时期的太阳和天空，比喻天下太平的时代。
③ 司：原作"同"，据《全宋诗》第42册第26588页本诗校改。
④ 渠：它。

【译文】

君不见长安兴庆宫沉香亭北，牡丹独占春光不动摇，／李白作出
《清平调》称颂牡丹和杨贵妃，哪有天公的什么功劳？／又不见君王官
殿旁的春花中牡丹属第一，／统领着千花万卉来承接尧舜般的太阳的照
耀。／这牡丹花掌管着春天，化作经营万物的力量，／一阵阵东风一场
场细雨催醒万物，把春意营造。／当牡丹把春光整顿得不差一毫，／它
便带着红黄白紫来到江表。／它那天界才有的香味熏染出山龙裳，／余
下的芬芳又染出水云乡。／平原泛绿，白鹭飞翔，青松翠竹一行行，／
都被它染上天界的芳香。／人世间何曾认识什么姚黄魏花，／益国公刚
刚把洛阳花的后代移栽在天香堂。／他备下美酒佳肴招呼我这个客人前
来观看，／我不为牡丹醉倒，会为谁进入醉乡。

【增】

元·张养浩《毛良卿送牡丹》①

三年野处云水俱，逢春未始襟颜舒。故人持赠木芍药，慰我意重明
月珠。入门神彩射人倒，荒村争看倾城姝。急呼瓶水浴红翠，明窗净几
相依于。自言"私第惟此本，每开蹄毂穷朝晡②。树高丈许花数十，紫
云满院春扶疏。栽培直讶天上种，熏染不类人间株。有时风荡香四出，
举国皆若兰为裾。贫家蔀③屋仅数椽，照耀无异华堂居。天葩如此忍轻
负，转首梦断巫山孤。明当洒扫迟舄舄④，未审肯踵荒寒无？"余闻感

---

① 张养浩《云庄类稿》本诗有小序，说："同闬（hàn，乡里，里巷的门）毛良卿家牡
丹盛开，意余一过，而未敢显言。日者以折枝数花见贶。余愧老懒，不能副其意，故
作是诗以释之。"可知毛良卿是张养浩的同里坊邻居，折下自家牡丹花枝送给张养
浩，意在请他来家观赏。张养浩以慵懒为辞谢绝，但作诗加以解释。

② 蹄毂：骑马、乘车。晡（bū）：申时，下午3～5时。

③ 蔀（bù）：搭棚子用的席。

④ 舄舄（xì）：会飞的鞋子。《后汉书》卷82《方术传上·王乔传》说："王乔者，河东
人也。……言其临至，辄有双舄（野鸭子）从东南飞来。于是候舄至，举罗张之，
但得一只舄焉。"

德良勤劬，久习懒散倦世途。深藏非是德公傲①，索居莫哂仪曹愚②。禁厨一脔味已得，类推固可知其余。君持诗去为花诵，蜂蝶应亦相欢娱。

【作者简介】

张养浩（1270～1329），字希孟，号云庄，又称齐东野人，山东历城（今山东济南市）人。历任太子文学、监察御史、翰林侍读、右司都事、礼部侍郎、礼部尚书、中书省参知政事、陕西行台中丞等。元代文学家、政治家，擅长创作散曲。

【译文】

我已经挂冠隐居民间，三年来与浮云流水相依为伴，／即便春天来到，也不曾心情舒畅展开笑颜。／老朋友毛良卿手持牡丹花光临寒舍来相赠，／安慰我的那份拳拳情意比明月珠还要值钱。／牡丹花一进我家，那光彩能把人射倒，／在这偏僻荒凉的乡村我们抢着看它倾城倾国般的娇艳。／我连忙呼唤家人找来水瓶插入这些花红叶绿的枝条，／摆放在洁净的桌子上，明亮的窗户边。／老朋友说"家里的牡丹只有这一株最好，／每当开放时从早到晚都有人骑马乘车前来参观。／这株牡丹高约一丈开花数十朵，／枝叶繁茂，像紫红云霞布满庭院。／我栽培它简直惊讶它是天上的物种，／散发出来的香味根本不同于人世间。／有时候微风带着它的香气四处飘散，／仿佛全国人都穿着香草兰花做的衣衫。／我这贫寒人家只有几间茅草小屋，／但被牡丹一照耀，觉得如同高楼大厦一般。／这么好的花儿岂能忍心轻易辜负，／若不抓紧观赏转眼就会一梦醒来巫山云断。／明天我要洒扫庭院等您光临，／不晓得您是否肯屈尊来我的寒舍转一转？"／听完这番话我为他的诚恳热情感动不已，／可是我久已厌倦世道落落寡合惯于懒散。／我不肯出头露面不是具有庞德公那样的傲骨，／也请老朋友不要笑话我的离群索居有多么

---

① 德公傲：庞德公，字尚长，荆州襄阳人，东汉末年的名士、隐士。荆州刺史刘表多次请他入幕府供职，他都不屈就。

② 仪曹：三国曹魏尚书台设立仪曹，掌管吉凶礼制，以尚书郎主其事。隋朝无仪曹名，但礼部所辖的二级机构有礼部、祠部，即原先的仪曹、祠部二曹。后世因而称礼部郎官为仪曹。张养浩任礼部侍郎，这里以"仪曹"自称。

愚顽。／看到您这几朵牡丹我算是尝鼎一脔，／以此类推，我能想象出您家的其余牡丹。／您把我这首诗拿去给牡丹吟诵，／保准儿蜜蜂蝴蝶们听了也会喜欢。

宋褧《朝元宫白牡丹》①

瑶圃廓落昆仑高②，霓旌豹节凌旋飙，东门偷种来尘嚣③。开云镂月百千瓣，雪痕冰璺④辞镂雕。重台复榭玉版白，湿露拥出青霞娇。琼娥⑤爱春受春足，香腴酥腻愁风消。人间洛阳红紫妖，紫霞滟滟吹秦箫⑥，青鸾⑦望极何当招。

【作者简介】

宋褧（jiǒng，1294～1346），字显夫，大都宛平（今属北京市）人。元泰定帝泰定元年（1324）进士，除秘书监校书郎，改翰林国史院编修官。元惠宗后至元三年（1337），累官监察御史，出金山南宪，改西台都事，入为翰林待制，迁国子司业，参与编修宋、辽、金三史，擢翰林直学士，兼经筵讲官。卒赠范阳郡侯，谥文清。著有《燕石集》。

【译文】

神仙们居住的瑶圃广袤无垠，西王母居住的昆仑山高耸入云，／用云霓制作的旌旗，用豹尾制作的旄节，凌风飘摇不定，／偷来仙界的花种，效仿邵平东门种瓜，在朝元宫落地生根。／白牡丹开出成百上千花瓣，像剖开白云，雕镂皓月，／又像白雪的痕迹，冰块的裂纹。／玉版

---

① 清人顾嗣立编选《元诗选二集·戊集》载本诗，题下注"延祐丙辰（1316）在汴作"。朝元宫是道教大殿，所谓"朝元"，是朝拜道教神灵元始天尊。

② 瑶圃：仙人居住的处所。廓落：广大辽阔。昆仑：民间所说西王母居住和掌管的山脉。

③ 秦的东陵侯邵平，亦作"召平"，秦朝灭亡后在长安城东郊种瓜。《三辅黄图·都城十二门》说："长安城东出南头一门曰霸城门，民见门色青，名曰青城门，或曰青门，门外旧出佳瓜，广陵人邵平……种瓜青门外。"

④ 璺（wèn）：裂纹。

⑤ 琼娥：仙女，民间传说中西王母的侍女许飞琼。

⑥ 秦箫：相传春秋时人萧史善吹箫，作凤鸣。秦穆公以女弄玉妻之，为作凤台以居。萧史一夕吹箫引凤，与弄玉共升天成仙。

⑦ 青鸾：神鸟。

白牡丹一丛丛生长在亭台楼榭旁，／露水打湿了绿叶，娇美得如同青色的霞光。／热爱春天的仙女们把春色足足领受，／那浓郁的香气丰腴的花瓣早已消尽愁肠。／人世间看重的鲜花是红紫洛阳牡丹，／紫牡丹蔚出一片紫霞，惹得秦穆公的女儿弄玉吹起箫管，／眼巴巴地望着鸾凤来接自己和丈夫萧史升天成仙。

【原】

明·桑悦《白牡丹》①

一春无计消繁华，坐香傍色餐流霞。妖桃秾李俱小器，揩目晚看花大家。素质盈盈美无度，何年谪下瑶台路？精神飞入《银河篇》②，体态都归《洛神赋》③。神乐观主容台卿④，空花压眼真无情。吾侪放浪⑤为无事，东风斗酒消春晴。曾闻二本归天上，几度重瞳⑥转相向。内园点缀黄金屋，禁苑安排紫丝帐。揭来⑦此种留人间，托根洞府非尘寰。随时穷达花不识，天游何必乘青鸾！万事到头俱琐琐，大观万物皆无

---

① 明刻本《思玄集》（《四库全书存目丛书》集部第 39 册）卷 12，本诗题作《太常蒙卿邀予同李学士、瞿宪副、王侍御同赏白牡丹于神乐观（花三本，内园取去二本）》，诗句有所不同，此处作"一春无计消繁华"、"大观万物皆无我"，《思玄集》作"一春无消计繁华"、"大观万物无非我"。神乐观：明太祖洪武十一年（1378）设置的官署，归太常寺管辖，掌祭祀天地神祇及宗庙、社稷时的乐舞，由提点、知观等官主管。

② 不详。晋人成公绥有《天河赋》，《文选》卷 12 郭璞《江赋》唐人李善注引其句："气蓬勃以雾蒸。"另，唐人温庭筠《晓仙谣》云："玉妃唤月归海宫，月色淡白涵春空。银河欲转星靥靥，雪浪叠山埋早红。宫花有露如新泪，小苑丛丛入寒翠。绮阁空传唱漏声，网轩未辨凌云字。遥遥珠帐连湘烟，鹤扇如霜金骨仙。碧箫曲尽彩霞动，下视九州皆悄然。秦王女骑红尾凤，半空回首晨鸡弄。雾盖狂尘亿兆家，世人犹作牵情梦。"录以备考。

③ 曹植《洛神赋》描写洛河女神的体态是："翩若惊鸿，婉若游龙。……仿佛兮若轻云之蔽月，飘飖兮若流风之回雪。……秾纤得衷，修短合度。肩若削成，腰如约素。延颈秀项，皓质呈露，芳泽无加，铅华弗御。云髻峨峨，修眉联娟，丹唇外朗，皓齿内鲜。明眸善睐，靥辅承权，瑰姿艳逸，仪静体闲。柔情绰态，媚于语言。……体迅飞凫，飘忽若神。凌波微步，罗袜生尘。……转眄流精，光润玉颜。含辞未吐，气若幽兰。"

④ 容台卿：指诗题所说的太常寺卿蒙氏。容台是礼部的别称，太常寺同礼部没有隶属关系，但业务相似，故用"容台"代称。

⑤ 放浪：行为不受约束。

⑥ 重瞳：眼中有两个眸子。帝舜和项羽都是重瞳，后用"重瞳"指他们，或代指帝王。

⑦ 揭（qiè）来：有多义：（1）去、来。（2）"揭"通"盍"（hé），何来，何不来。

我。半醉题诗谢主人，名花可铸传千古。

【作者简介】

桑悦（1447～1513），字民怿，号思亥，苏州府常熟（今江苏常熟市）人。明宪宗成化元年（1465）举人，会试得副榜。除泰和训导，迁柳州通判，居丧遂不再出。工于辞赋，所著《南都赋》《北都赋》有名。著有《思玄集》《桑子庸言》。

【译文】

整整一个春天，我没有别的办法来消受繁华，／只有消磨在花前月下，偶尔抬头看看天上的流霞。／那妖娆的桃花、浓艳的李花都显得微不足道，／直等到暮春时节擦亮眼睛观看牡丹花。／神乐观中这株纯净淡雅的白牡丹真是美得无边无沿，／它是何年何月从仙界瑶台贬谪到凡间？／它那轻盈翩跹的体态像是《洛神赋》描写的洛河神女宓妃，／它那纯洁无瑕的精神飞入了《银河篇》。／神乐观的长官和太常寺卿老蒙，／都对白牡丹置若罔闻无动于衷。／我们其余几个人可趁今日闲暇无拘无束地行乐，／在晴朗的春日里喝酒赏花，蒙受东风。／我听说另外两株已被移植到皇宫地面上，／皇上几度来来去去，目不转睛地观赏。／那里建造黄金屋护卫牡丹，／为了遮风蔽日还张起了紫丝帐。／何不让这么美的花朵留在民间，／但要栽在道家的洞天福地，而不是市井街巷。／牡丹花当然不懂得穷达贵贱依靠时机，／到天界去漫游何必要乘坐青鸾神鸟才翱翔！／悠悠万事到头来都不过是琐碎细事，／观悟宇宙人生，万物皆是没有自我实体的幻化假象。／我喝酒半醉题这首诗答谢神乐观长官，／若把这株名贵牡丹花雕琢成优美诗句可千秋万代传扬。

沈周《吴瑞卿染墨牡丹》

雨晴风晴日杲杲，趁此看花花更好。浇红要尽三百觞，请客不须辞量小。野僧栽花要①客到，急扫风轩破清晓。知渠色相本来空，未必真

---

① 要（yāo）：同"邀"。

成被花恼①。吴生又与花传神，纸上生涯春不老。青春展卷无时无，姚家魏家何足道。

【作者简介】

沈周（1427～1509），字启南，号石田、白石翁、玉田生、有竹居主人等。长洲（今江苏苏州市）人。不应科举，专事诗文、书画创作，是明代中期文人画吴派的开创者，与文徵明、唐寅、仇英并称明四家。

【译文】

雨住了风停了，一轮红日高照，／趁着好天气观赏牡丹，只见牡丹更加美好。／权当是用美酒在浇灌红花，要喝就喝尽三百杯，／请客敬酒，可别说自己酒量小。／野寺的僧人培育出牡丹邀请客人前来观赏，／为恭迎客人一大早便把寺院打扫。／我们知道有形象的牡丹本来就是空无自性，／未必真的成为看花反被花恼。／吴瑞卿先生挥毫作画为花传神，／宣纸上的牡丹永不枯萎衰老。／只要展开这幅水墨画便会见到春天，／花王姚黄、花后魏紫的主家哪还值得称道！

唐顺之《同院僚观阁中牡丹作》

西掖衡连翡翠城，笼烟袅雾百花明。只谓紫薇方吐蕚，忽言红药已敷英。红药葳蕤艳盛阳，万年春色在文昌。宁同邺下芙蓉苑，讵比洛阳桃李场！裁成异瓣千般锦，缬就同心一样黄。金阁披时浑是画，绮楼凝处并疑妆。濯枝故向凤池上，裛露偏依仙掌傍。仙掌嶙峋对凤池，词郎侍直鹭鸳齐。玲珑玉佩花间映，飘曳罗衫叶下迷。花间叶下情无极，含笑含娇似相识。羞将鸡舌斗馨香，欲取鸡冠并颜色。翠幕分看态转新，朱栏斜倚不胜春。未采孙根助灵液，聊持芳蕊赠佳人。

---

① 南宋诗词多有"被花恼"句。李纲《黟歙道中士人献牡丹千叶，面有盈尺者，为赋此诗》云："平生爱花被花恼，每见牡丹常绝倒。"李弥逊《过鲁公观牡丹，戏成小诗，呈席上诸公》诗云："日日看花被花恼。"南宋陆游《和谭德称送牡丹二首》云："犹有余情被花恼。"杨缵《被花恼》词云："正千红万紫竞芳妍，又还似、年时被花恼。"

【作者简介】

唐顺之（1507～1560），字应德，一字义修，号荆川，武进（今江苏常州市武进区）人。明世宗嘉靖八年（1529）会试第一，官翰林编修，调兵部主事，升右金都御史，巡抚凤阳。卒，追谥襄文。明代儒学大师、军事家、散文家、数学家，抗倭英雄。

【点评】

这首诗不是牡丹诗，而是芍药诗。诗中说："只谓紫薇方吐萼，忽言红药已敷英。"紫薇，别名痒痒花、紫金花、紫兰花、百日红等，夏秋季节开花，花期长达6～9个月。唐代诗人白居易《紫薇花》诗说："紫薇花对紫微翁（唐玄宗时政称中书省为紫微省，中书舍人称为紫微舍人，白居易当过中书舍人），名目虽同貌不同。独占芳菲当夏景，不将颜色托春风。"紫薇开花时，"红药"也开花，这里的"红药"只能是夏季开花的红芍药，而不是春季开花的牡丹——红木芍药。本诗末句"聊持芳蕊赠佳人"，用的也是芍药的典故。芍药是临别的赠物，它的另一名称叫作"可离"。《诗经·郑风·溱洧》说："维士与女，伊其将谑，赠之以勺药（芍药）。"西晋崔豹《古今注》卷下《问答释义第八》记载："牛亨问曰：'将离别，相赠以芍药者何？'答曰：'芍药一名可离，故将别以赠之。'"

查《唐顺之集》（浙江古籍出版社，2014），本诗标题作《同院僚观阁中芍药作》，可见果然是芍药诗。既然本诗不是牡丹诗，就没必要作注释和译文了。

王世贞《季园赏白牡丹》①

三月一出游季园，千奇万丽攒雕栏。纷纷红紫尽辟易②，中有一株

---

① 王世贞《弇州续稿》卷10（台湾商务印书馆版《文渊阁四库全书》第1282册第129页）本诗标题作《吾师宁斋先生南园牡丹之盛冠绝吴中，而皆师之长郎君手植，中有白牡丹一株曰尺素者尤奇丽，因作长歌纪之，并赠长君》。

② 辟易：逃避。

白牡丹。初疑龙池宴罢舞双成盘①，又似洗头盆暂卸天女冠②。姑射寒生雪肤粟③，郁仪④风细霓裳单。河宗⑤攻玉乍成斗，鲛室泪珠丛作团⑥。优钵昙⑦名亦浪语，琼花么麽⑧何足观！太真霞脸带醉色，睹此亦学江妃酸⑨。举觞酬季郎，化工在手汝不难，得非扬州观头逢七七⑩，又何必善和坊里延端端⑪！即使宋人琢此瓣，百岁那得兹花看！老夫久寂寞，为尔暂为欢，再进金叵罗⑫，属客莫留残。日落不落天阑干，欲去不去心盘桓⑬，皎然秀色转可餐。他年倘许蕊珠会，别跨长螭⑭胜紫鸾。

【作者简介】

王世贞（1526～1590），字元美，号凤洲，又号弇州山人，苏州府

---

① 龙池：唐代首都长安兴庆宫内的池塘，这里指西王母所住昆仑山的瑶池。宴：原作"晏"，据《弇州续稿》卷10本诗校改。双成：西王母的侍女董双成。盘：又写作"槃"，即盘舞，汉代的一种舞蹈，因舞时用盘，故名。汉代著名的舞蹈是七盘舞，又称盘鼓舞，以盘和鼓作为舞蹈时的道具，跳舞时把盘鼓放在地上，随着表演者的起舞把盘子和鼓舞动起来。

② 唐人杜甫《望岳》诗说："安得仙人九节杖，拄到玉女洗头盆。"清人仇兆鳌注引《集仙录》说："明星玉女居华山，服玉浆，白日升天，祠前有五石臼，号玉女洗头盆。其水碧绿澄彻，雨不加溢，旱不减耗。"元人大䜣《次韵张梦臣侍御游蒋山五十韵》说："嵩华相从去，重窥玉女盆。"

③ 《庄子·逍遥游》说："藐姑射（yè）之山，有神人居焉，肌肤若冰雪，淖约（姿态美好）若处子（处女）。"后以"姑射"代称神仙或美女。

④ 《唐六典》卷7说：唐代长安大明宫内有"郁仪、结邻、承云、修文等阁也"。

⑤ 河宗：黄河水神，即河伯，字伯夭。古代神话小说《穆天子传》卷1说："河宗伯夭逆（迎接）天子（周穆王）燕然之山（今蒙古国杭爱山），……天子授河宗璧，河宗伯夭受璧，西向沉璧于河。"

⑥ 西晋干宝《搜神记》卷12说："南海之外有鲛人，水居如鱼，不废织绩。其眼泣，则能出珠。"

⑦ 优钵昙：梵文音译，又音译为优昙钵罗花，意译青莲花。

⑧ 么麽：贬词，小东西。

⑨ 江妃：古代小说《梅妃传》虚构的人物，说她叫江采蘋，福建莆田人，唐玄宗宠妃之一，号梅妃，与杨贵妃争宠相嫉，受到杨贵妃的迫害。

⑩ 唐代道士殷七，名文祥，自称七七。传说他在浙西鹤林寺，秋天使春花杜鹃花开放。宋人徐照《爱梅歌》云："迅折千葩怯殷七。"

⑪ 端端姓李，唐代妓女，住扬州善和坊。唐人崔涯《嘲李端端》诗说："觅得黄骝鞁（同'鞴'，bèi，把鞍辔等套在马上）绣鞍，善和坊里取端端。扬州近日浑成差，一朵能行白牡丹。"延：请。

⑫ 金叵罗：敞口浅酒杯。

⑬ 盘桓：徘徊，逗留。

⑭ 螭（chī）：传说中没有角的龙。

太仓州（今江苏太仓市）人。明世宗嘉靖二十六年（1547）进士。历任大理寺左寺、刑部员外郎、郎中、山东按察副使青州兵备使、浙江左参政、山西按察使、湖广按察使、广西右布政使、郧阳巡抚、应天府尹、南京兵部侍郎，官至南京刑部尚书，卒赠太子少保。王世贞与李攀龙、徐中行、梁有誉、宗臣、谢榛、吴国伦合称"后七子"。著有《弇州山人四部稿》《弇山堂别集》《嘉靖以来首辅传》《觚不觚录》等。

【译文】

　　暮春三月我出游恩师季宁斋先生家的南园，／雕栏圈围的花圃遍栽奇花异卉，种类齐全。／那些红的紫的牡丹纷纷凋残退场，／只剩下一株名叫"尺素"的白牡丹特别娇艳。／看着它，我疑心是昆仑山瑶池边宴会结束，西王母的侍女董双成收起了舞姿，／又仿佛是华山上明星玉女在洗头，摘下了头冠。／姑射山上寒气凛冽，神女雪白的皮肤冻出鸡皮疙瘩，／长安大明宫郁仪阁旁风儿习习，跳霓裳羽衣舞的美女们顶不住风寒。／黄河水神河宗伯夭将玉石雕琢成饮酒的方斗，／南海中的鲛人哭出泪水，变成珍珠晶莹剔透。／西域的优钵昙花徒有虚名，／微不足道的琼花哪值得人们回眸！／杨贵妃满脸霞光略带醉意，／看到这状况，争风吃醋的梅妃心里酸溜溜。／我举起酒杯感谢恩师的好儿男，／你有化育花卉的工巧，亲手栽培牡丹，营造春色不再难。／莫非你在扬州观头遇见育花能手殷七，／又何必再去善和坊里请出被誉为"一朵能行白牡丹"的李端端！／即便宋朝文人雅士将牡丹雕琢成清词丽句，绘成丹青画卷，／人生百年，能有几回将这株真正的白牡丹观看！／老夫我长久寂寞，心如枯井不起波澜，／今日一见白牡丹，禁不住一阵兴奋笑开颜。／我再次举起酒杯来劝酒，／客人们可要把杯中酒喝干。／太阳落了我依然觉得没有落，天色没有昏暗，／我想离去偏偏不抬脚，心里实在留恋，／看着这白牡丹，只觉得它秀色可餐。／他年如果还允许我参加赏花会，／我当骑着蛟龙赴会，胜过乘驾紫鸾。

【增】

陆师道《昌公房看牡丹歌》

尝闻乐府《牡丹芳》：春来一城人若狂。我今日日被花恼，毋乃花

622

淫如洛阳。吴中三月花如绮，百品千名斗奇靡。名园往往平泉庄①，禅宫处处西明寺②。我今曳杖登武丘③，昌公精舍花枝柔，动如迎笑静若醉，颊白腮红名玉楼。此花初移得春浅，六寸圆开天女面。对花一饮三百杯，醉里题诗写花片。沈家白花涅不缁，三花相亚玉交枝。何郎腻粉拭香汗④，虢国新妆淡扫眉⑤。主人开筵浮大白⑥，为花传神赠宾客。轻绡飒飒欲飘香，琪树盈盈转生色。酤酒为言兴未已，邀看石佛千头紫。衣色相鲜绣佛前，天芬似入祇林⑦里。初来一朵如倾杯，坐久数花相次开。花神好客向客笑，不用临风羯鼓催⑧。三日看花花转靓，未似潘园称最盛，中庭一树丈五高，碧瓦雕檐锦丛映。西斋亦是玉楼春，数之二百花色匀，寿安红与细叶紫，更有异种夸东邻。越罗蜀锦看不足，艳裹明妆贮金屋。身如游蜂绕花戏，月明还向花房宿。也知天意自怜人，但令到处花枝新。况逢晴景与佳侣，狂吟烂醉今经句。人生欢乐能几许，百病千愁更风雨。安得年年似此游，作歌且纪千花谱。

---

① 平泉庄：晚唐宰相李德裕在东都洛阳南面的私家庄园，里面设置假山流水，遍栽南北各地搜罗的花木，他写了《平泉山居草木记》一文。

② 西明寺：唐代京师长安朱雀门街西延康坊的佛寺，显庆元年（656），唐高宗为孝敬太子病愈而设立。寺中牡丹很著名。唐人元稹有《西明寺牡丹》诗，白居易有《西明寺牡丹花时忆元九（元稹）》《重题西明寺牡丹》诗。

③ 武丘：江苏苏州的虎丘山，多佛寺。唐高祖父亲名叫李虎，唐代避讳，改称"武丘"。

④ 何郎指曹魏时期的何晏，字平叔。南朝刘义庆《世说新语·容止》记载："何平叔美姿仪，面至白。魏明帝（按：应为魏文帝）疑其傅粉，正夏月，与热汤饼。既啖，大汗出，以朱衣自拭，色转皎然。"

⑤ 杨贵妃的一位姐姐，被唐玄宗封为虢国夫人。唐人张祜《集灵台二首》之二（一作杜甫诗《虢国夫人》）说："虢国夫人承主恩，平明骑马入宫门。却嫌脂粉污颜色，淡扫蛾眉朝至尊。"

⑥ 浮大白：用满杯酒罚人喝。大白：酒杯。西汉刘向《说苑》卷11《善说》说："魏文侯与大夫饮酒，使公乘不任为觞政（主持喝酒活动的人，裁判），曰：'饮不釂（jiào，干杯）者，浮以大白。'"

⑦ 给孤独长者购买波斯匿王太子祇陀的花园，修建寺院请释迦牟尼居住说法，祇陀太子仅出售花园地皮，将花园中树木全部奉献，于是以二人名字命名为"祇树给孤独园"。此处说"祇林"，"林"代指"树"。

⑧ 唐人南卓《羯鼓录》记载：唐玄宗最喜爱羯鼓。一次"小殿内庭柳杏将吐"，他击奏自己创作的羯鼓曲《春光好》，"及顾柳杏，皆已发拆"。他指着杏花对嫔妃们说："此一事不唤我作天公，可乎？"

【作者简介】

陆师道（1510～1573）字子传，号元洲，后更号五湖，长洲（今江苏苏州市）人。明世宗嘉靖十七年（1538）进士，授工部主事，改职礼部。不久以母老辞官归乡，家居 14 年，师事诗文书画四绝的文徵明，工山水画、小楷、古篆。复出后累官至尚宝少卿。著有《五湖集》《左史子汉镌》等传世。

【译文】

我曾经读过白居易的乐府诗《牡丹芳》，／里面说"花开花落二十日，一城之人皆若狂"。／如今我天天都被牡丹花搅得心神不定，／莫非由于苏州牡丹的繁盛一如洛阳。／苏州三月份繁花似锦，／千百种鲜花竞相比赛新奇漂亮。／一所所佛寺牡丹茂盛如同大唐长安西明寺，／一处处园林都顶得上唐代一品太尉李德裕的平泉山庄。／我今天拄着拐杖攀登虎丘，／昌公僧院的牡丹无比娇媚温柔，／摇曳时如同笑迎客人，静止时仿佛沉醉不醒，／花冠像面颊白皙腮帮子泛红，品名叫作玉楼。／这株牡丹移植过来只有不长时间，／花朵直径六寸，美得如同天女的脸面。／对着它我一连饮酒三百杯，／似醉似醒中作诗题写花片。／沈家的白牡丹用黑染料也染不黑，／三朵花紧紧相挨，枝条交相遮掩。／是虢国夫人淡淡地描画蛾眉，／是何晏脸上涂抹的白粉被汗水弄出白斑。／前几天在别处，主人设宴把酒杯斟满，／为花传神，把酒杯送到客人面前。／牡丹花像柔软的生丝晃动着发出清香，／它们轻盈的植株又把生机活力增添。／酒酣耳热话语多，兴致高昂，／我们被邀请观看石雕佛像前的紫牡丹。／它们一朵朵展示着鲜丽的色相，／仿佛天香融入佛陀的祇树给孤独园。／我们刚刚来时有一朵牡丹如像倾杯饮酒，／坐得时间久了好些花依次绽开芳颜。／花神好客向客人们频频微笑，／根本用不着击奏羯鼓催促花儿开放再快点。／一连三天观看牡丹，处处各以亮点取胜，／但都不如潘家园林中的牡丹最为繁盛。／庭院中一株牡丹枝干高达一丈五，／像美丽的锦绣把雕梁画栋掩映。／那里的西斋房边栽的也是名贵品种玉楼春，／数了数开花二百朵，花色均

匀。／还有名品寿安红和细叶紫，／更有独家的新奇品种夸耀周围乡
邻。／艳丽的牡丹花像罗绡锦缎让人看不够，／真应该将它们好好装点
请进金屋中保存。／我这赏花之身到处观赏如同蜜蜂绕着花儿嬉戏，／
这一次来僧院玩到深夜暂且在花房中留宿安身。／我也知道天意在照顾
人们的心愿，／因而天公让到处的牡丹都长得妩媚清新。／何况遇上晴
朗天气和知心伙伴，／十天来到处作诗，美酒喝得醉醺醺。／人活一辈
子欢乐才会有多少，／不是害病就是忧愁，风风雨雨不顺心。／怎么才
能年年岁岁都像今天这样游玩快乐，／我要为千花万卉写下群芳谱，先
作出这首牡丹歌。

五言律诗

御制《咏各种牡丹》

晨葩吐禁苑，花苻就新晴。玉版参仙蕊，金丝杂绿英。色含泼墨
发，气逐彩云生。莫讶《清平调》，天香自有情。

【译文】

清晨来到御苑中，见到各种牡丹竞相开放，／天公作美，碧空澄
澈，多么晴朗。／玉版白牡丹掺杂着仙蕊，／绿牡丹旁有别样的花蕊瓣
化金丝黄。／黑牡丹像是泼墨画，／一种种生机勃勃如同彩云飘荡。／
国色天香自是有情有义的物类，／不必惊讶李白的《清平调》把牡丹
赞扬。

【原】

唐·王建《题所赁宅牡丹花》

赁宅得花饶，初开恐是妖。粉光深紫腻，肉色退红娇。且愿风留
著，惟愁日炙燋。可怜零落蕊，收取作香烧。

李商隐《僧院牡丹》

叶薄风才倚，枝轻雾不胜。开先如避客，色浅为依僧。粉壁正荡
水，绡帏初卷灯。倾城唯待笑，要裂几多缯。

【增】

温庭筠《牡丹》

轻阴隔翠帏，宿雨泣晴晖。醉后佳期在，歌余旧意非。蝶繁轻粉住，蜂重抱香归。莫惜熏炉夜，因风到舞衣。

韩琮《咏牡丹未开者》

残花何处藏，尽在牡丹房。嫩蕊包金粉，重葩结绣囊。云疑巫峡梦，帘闭景阳妆。应恨年华促，迟迟待日长。

李咸用《牡丹》

少见南人识，识来嗟复惊。始知春有色，不信尔无情。恐是天地媚，暂随云雨生。缘何绝尤物，更可比妍明。

王贞白《白牡丹》

谷雨洗纤素，裁为白牡丹。异香开玉合，轻粉泥银盘。时贮露华湿，宵倾月魄寒。佳人淡妆罢，无语倚朱栏。

裴说《牡丹》

数朵欲倾城，安同桃李荣！未曾贫处见，不似地中生。此物疑无价，当春独有名。游蜂与蝴蝶，来往自多情。

【原】

宋·梅尧臣《延义阁①牡丹》

花中第一品，天上见应难。近署多红药，层城有射干②。生虽由地势，开不许人看。天子何时赏，宫娥捧玉盘。

【译文】

牡丹是第一流的鲜花，／即使在天上也难以看见。／皇宫里的衙署旁种了许多红牡丹，／但城狐社鼠仗势逞威把守甚严。／牡丹生长取决

---

① 延义阁：在东京开封大内中。
② 层城：神话所说昆仑山的最高处，后用以代指京师或高大的城阙。射干：一种像狐狸的野兽，擅长爬树。

于地势，／开得再繁盛，人们也不准来看。／不知道天子什么时间来观赏，／宫女预先侍奉，手里一直捧着玉盘。

范镇《牡丹》

自古成都胜，开花不似今。径围三尺大，颜色几重深。未放香喷雪，仍藏蕊散金。要知空相谕，聊见主人心。

【增】

韩绛《次韵》

径尺千余朵，矜夸古复今。锦城春物异，粉面瑞云深。赏爱难忘酒，珍奇不贵金。应知空色理，梦幻即惟心。

韩维《次韵》

胜事常归蜀，奇葩又验今。仙冠裁样巧，彩笔费功深。白岂容施粉①，红须陋间金。不嗟珍赏异，千里见君心。

【原】

范纯仁《次韵》

牡丹开蜀国，盈尺岂如今。妍丽色殊众，栽培功倍深。矜夸传万里，图写费千金。难就朱阑赏，徒摇远客心。

元·王恽《和仲常牡丹诗》②

汉③殿承恩早，金盘荐露新。色酣中省药④，香重锦窠春。尽殿群

---

① 施粉：原作"拖粉"，据《全宋诗》第 8 册第 5231 页本诗校改。
② 《秋涧集》卷 13（《文渊阁四库全书》第 1200 册，第 159 页）本诗题下有作者序："仲常良友气温而德雅，余爱之重之，未有拟之形容，爰因赋咏，遂见赓歌，故情之所钟，有不嫌于太切者，其词曰。"可见是一首以牡丹比拟人的诗作。
③ 此处"汉"字，实际含义是"唐"。南宋郑樵《通志》卷 75 说："牡丹晚出，唐始有闻。"牡丹不可能在汉代就受到皇家的宠爱。前人这样用字的例子如：白居易《长恨歌》把唐玄宗说成"汉皇重色思倾国"；杜甫《对雨》说："不愁巴道路，恐湿汉旌旗。"杜诗说大唐军队为防范吐蕃入侵，正冒着绵绵秋雨，跋涉崎岖难行的蜀道，自己并不为此发愁，只担心雨水打湿了他们扛着的国家旌旗。
④ 中省：元朝将隋唐以来的中央机构中书省、门下省、尚书省三省制，改为单一的中书省。药：原作"乐"，据《秋涧集》卷 13 本诗校改，指牡丹（木芍药）。

芳后，谁辞载酒频。清如司马相，也作插花人①。

【作者简介】

王恽（1227～1304），字仲谋，号秋涧，卫州路汲县（今河南卫辉市）人。曾任翰林修撰、同知制诰，兼国史院编修官。元世祖至元五年（1268）以来，历任监察御史、承直郎、翰林待制、翰林学士、嘉议大夫、通政大夫知制诰。卒，追封太原郡公，谥文定。著有《相鉴》《汲郡志》《秋涧先生大全集》。

【译文】

牡丹花卉被人们发现后，在唐代就受到皇家的恩遇，／金盘中刚剪下来献给朝廷的花朵，依然有露珠凝聚。／中书省衙署的花圃里，牡丹花开得多么艳丽，／浓郁的香气从牡丹丛向四周缓缓飘去。／牡丹在种种春花凋谢后才开始绽放，／惜春赏花，谁会拒绝频频地把酒杯高举。／就连朴素无华的北宋宰相司马光，／进士及第的闻喜宴上也曾把皇上赐予的鲜花插在头上。

曹伯启《陪马克修治书谒天游孙真人，方丈阶前牡丹盛开，卮酒同玩，座中范提点索诗》②

拉友寻佳致，琳宫③引兴长。服膺思酒圣④，拭目待花王。逝水年

---

① 《宋史》卷336《司马光传》记载：司马光20岁时进士甲科及第，参加闻喜宴，宋仁宗赐给进士们花戴在头上。司马光"性不喜华靡"，"独不戴花"。同榜进士们说："君赐不可违。"他"乃簪一枝"。

② 《曹文贞公诗集》（《文渊阁四库全书》本）卷3本诗标题与此处同，但最前面有"辛亥三月"4字，即元武宗至大四年（1311）。治书：治书侍御史的简称，御史台的官员。天游：福建武夷山的山峰。方丈：指道观主人孙真人的住室，此系仿照佛教寺院长老居于方丈之室中的说法。提点：提举、检点，是掌司法、刑狱及河渠等事的官员。

③ 琳宫：道观。唐人殷尧藩《游王羽士山房》诗说："落日半楼明，琳宫事事清。"

④ 酒圣：（1）对善于饮酒的人的称呼，（2）最清的酒。这里的含义为后者。唐人白居易《与诸客空腹饮》诗说："曲神寅日合，酒圣卯时欢。"卯时相当于早晨5～7时，古人此时喝酒，叫卯酒。白居易《府西池北新葺水斋，即事招宾，偶题十六韵》说："午茶能散睡，卯酒善销愁。"

华急①，行云世态忙。无因驻清景，春色又斜阳。

【作者简介】

曹伯启（1255～1333），字士开，砀山（今安徽砀山县）人。元朝初年入仕，任兰溪主簿、常州路推官、河南省都事、台州路治中、西台御史等。元仁宗延祐元年（1314），迁内台都事、刑部侍郎。元英宗时（1321～1323），任山北廉访使、集贤学士、御史台侍御史。卒，谥文贞。著有《曹文贞公诗集》（一名《汉泉漫稿》）。

【译文】

我拉上治书侍御史马克修登上天游峰寻幽览胜，／在道观中看到的景致不由得特别高兴。／清冽的美酒令人牢记心间念念不忘，／擦亮眼睛等待花王牡丹开出繁盛。／岁月逝去像流水一样急迫，／世间的忙乱如同云彩飘荡不停。／没有办法永远留住大好春光，／天上的那轮红日正在一步步向西倾。

【原】

明·桑悦《牡丹》

尤物开何晚，余香贮小亭。繁华愁日暮，富贵自天成。花合隋时宠②，根疑宋末生。拂衣寻古色，屋角老松青。

【译文】

牡丹这种极品花卉怎么在春天开得这么晚，／现在只剩下最后的余香把小亭子充满。／开得繁华时只让人担忧暮色降临，／那雍容华贵的花姿不待造作出自天然。／花这么好怪不得在隋朝就受到宠爱，／这里牡丹的植株我疑心是宋朝的真传。／我拂衣起身寻觅苍劲的古色，／只见房屋一角的老松树四季常青直上云天。

---

① 《论语·子罕》："子在川上曰：'逝者如斯夫，不舍昼夜。'"

② 合：应该。北宋刘斧《青琐高议》后集卷5《炀帝海山记》说易州向隋朝东都洛阳进献20箱牡丹。这是小说编造的情节，与历史事实不合，但桑悦误以为真。

申时行 《适适园牡丹亭》①

洛中移小景，亭北倚新妆。题处皆名品，开时正艳阳。露凝酣酒色，风度返魂香②。解道称姚魏，繁华压众芳。

【作者简介】

申时行（1535~1614），字汝默，号瑶泉，晚号休休居士。苏州府长洲（今江苏苏州市）人。明世宗嘉靖四十一年（1562）殿试第一名，获状元。历任翰林院修撰、礼部右侍郎、吏部右侍郎兼东阁大学士、首辅、太子太师、中极殿大学士。卒，谥文定。著有《赐闲堂集》。

【译文】

我苏州这适适园牡丹亭是从洛阳移来的风光，／盛开的牡丹让我想到杨贵妃在长安沉香亭北倚新妆。／我这里的名贵牡丹都挂牌题写品名，／牡丹开放时恰值春日和暖晴朗。／带着露水的花朵红彤彤的像是酒醉涨红了脸，／风度翩翩如同具备神奇功效的返魂香。／我明白为什么人们一致称颂花王姚黄花后魏紫，／就是由于牡丹的美艳远远超越所有群芳。

眭石 《咏牡丹》

绣幄拥花王，秾姿斗艳阳。枝枝承日彩，片片引天香。托植依余地，含清逐后行。独怜春殿里，歌舞侍瑶觞。

---

① 北宋学者朱长文将家乡苏州的宅第园林命名为"乐圃"，曾著《乐圃记》记事。明神宗万历年间，申时行退休返乡，在乐圃故址重建园林，命名为适适园。申时行晚号休休居士，取典于唐末司空图。司空图隐居山西中条山王官谷，修缮濯缨亭，改名为休休亭。他作《休休亭记》，说"休"的含义一为美，二为罢休。"适适园"的称谓系模仿"休休亭"而来，"适"的含义是适意、舒适。

② 返魂香：又叫还魂香。旧题西汉东方朔《海内十洲记》说："聚窟洲，在西海中申未之地。……山多大树，与枫木相类，而花叶香闻数百里，名曰反（返）魂树。扣其树，亦能自作声，声如群牛吼。闻之者皆心震神骇。伐其木根心，于玉釜（锅）中煮取汁，更微火煎，如黑饧（xíng，糖稀）状，令可丸之，名曰惊精香，或名之为震灵丸，或名之为反生香，或名之为震檀香，或名之为人鸟精，或名之为却死香，一种六名。斯灵物也，香气闻数百里，死者在地，闻香气乃却活，不复亡也。"唐人张祜《南宫叹亦述玄宗追恨太真妃事》诗说："何劳却睡草，不验返魂香。"

【作者简介】

睢（suī）石，丹阳（今江苏丹阳市）人，明神宗万历二十九年（1601）第三甲赐同进士出身及第，翰林院检讨。著有《睢东荪先生集》16卷。

【译文】

锦缎制作的帷幕为牡丹花王把风雨隔开，／不同品种的牡丹在晴朗的春天展示千姿百态。／每一个枝条都承受着温暖的阳光，／每一片花瓣发出香味似乎从天界引来。／只要有空地总会栽植牡丹，／它们带着清纯美丽的样子前后成排。／独有皇宫中轻歌曼舞侍奉皇帝后妃，／举起酒杯观赏牡丹那才叫人喜爱。

七言律诗

【增】

唐·韩愈《戏题牡丹》

幸自同开俱隐约，何须相倚斗轻盈。凌晨并作新妆面，对客偏含不语情。双燕无机还拂掠，游蜂多思正经营。长年是事皆抛尽，今日栏边暂眼明。

【原】

李商隐《牡丹》

锦帏初卷卫夫人，绣被犹堆越鄂君。垂手乱翻雕玉珮，折腰争舞郁金裙。石家蜡烛何曾剪，荀令香炉可待熏。我是梦中传彩笔，欲书花叶寄朝云。

【增】

李商隐《回中牡丹为雨所败二首》

下苑他年未可追，西州今日忽相期。水亭暮雨寒犹在，罗荐春香暖不知。舞蝶殷勤收落蕊，佳人惆怅卧空帏。章台街里芳菲伴，且问宫腰损几枝？

浪笑榴花不及春，先期零落更愁人。玉盘迸泪伤心数，锦瑟惊弦破梦频。万里重阴非旧圃，一年生意属流尘。前溪舞罢君回顾，并觉今朝粉态新。

温庭筠《牡丹》

水漾晴红压叠波，晓来金粉覆庭莎。栽成艳思偏应巧，分得春光最数多。欲绽似含双靥笑，正繁疑有一声歌。华堂客散帘垂地，想凭阑干敛翠蛾。

方干《牡丹》

借问庭芳早晚栽，座中疑是画屏①开。花分浅浅胭脂脸，叶堕殷殷腻粉腮。红砌②不须夸芍药，白蘋何用逞重台③。殷勤为报看花客，莫学游蜂日日来。

【作者简介】

方干（gān，？~约888），字雄飞，新定（今浙江淳安县）人。嘴唇有豁子，人称兔缺先生。举进士不第，隐居镜湖，以教授生徒为生。死后十余年，宰臣张文蔚奏请名儒未登第者五人追赐官职，方干即其一。门生私谥其为玄英先生。有《玄英集》。《全唐诗》编诗6卷。

【译文】

请问庭院里的牡丹是何时移栽？／我坐在席中观赏，疑心是画屏展开。／花色浅红，是少女在用胭脂抹脸，／花蕊奔拉在花瓣上，是她在用鸦黄涂腮。／芍药不必炫耀能把台阶映红，／浮蘋不用卖弄花瓣重复，一片雪白。／衷心奉劝那些兴致勃勃的赏花游客，／莫要效法蜜蜂采蜜，天天飞来。

---

① 画屏：绘有图画的屏风。
② 砌：台阶。
③ 白蘋（pín）：浅水中生长的草本植物，叶有长柄，柄端有田字形的四片小叶，夏秋开小白花，又叫田字草、四叶菜、马尿花。重台：花之复瓣者。

不逢盛暑不冲寒，种子成丛用法难。醉眼若为抛去得^①，狂心更拟折来看。凌霜烈火吹无艳，裛^②露阴霞晒不干。莫道娇红怕风雨，经时犹自未凋残。

【译文】

牡丹种苗移植成丛，历经几多艰难！／逢春开花，既不冒酷热又不冒严寒。／眼睛醉了，怎样才能强忍着不看？／神志乱了，简直想偷偷摘来赏玩。／火焰能凌霜晃动，但称不上艳丽，／霓霞沾染露水，一晒就消逝，化作云烟。／切莫说牡丹花经不起风吹雨打，／开了这么多时日，依然不肯凋残。

【原】

韩琮《牡丹》

桃时杏日不争浓，叶帐阴成始放红。晓艳远分金掌露，暮香深惹玉堂风。名遗兰杜千年后，贵擅声歌百醉中。如梦如仙忽零落，暮霞何处绿屏空。

【增】

李山甫《牡丹》

邀勒^③春风不早开，众芳飘后上楼台。数苞仙艳火中出，一片异香天上来。晓露精神妖欲动，暮烟情态恨成堆。知君也解相轻薄，斜凭阑干首重回。

【作者简介】

李山甫，籍里不详。唐懿宗咸通年间（860～874）累举进士不第。唐僖宗广明元年（880）起居山西太原 3 年。两年后为魏博（驻今河北

---

① 若：原作"莫"，据《全唐诗》卷 652 本诗校改。本句说：用什么办法才能使痴迷的目光从牡丹这里移向别的地方？

② 裛（yì）：沾湿。

③ 邀勒：阻截。

大名县）节度使判官。《全唐诗》存其诗70余首。

【译文】

牡丹拦截春风，坚持不提前开放，／在各种春花飘零后才登台亮相。／它那鲜红的花色是烈火烧出，／奇异的香气来自天上。／花儿含着朝露，格外妖冶鲜亮，／在暮霭的笼罩中显得无限悲怆。／我知道你也讨厌薄情轻狂，／因而斜靠着栏杆回头久久张望。

薛能 《牡丹》

去年零落暮春时，泪湿红笺怨别诗。常恐便同巫峡散，何因重有武陵期。传情每向馨香得，不语还应彼此知。见欲阑边安枕席，夜深闲共说相思。

牡丹愁为牡丹饥，自惜多情欲瘦羸。称艳冷香初盖后，好花甘雨正开时。吟蜂遍坐无闲蕊，醉客曾偷有折枝。京国别来谁占玩，此花光景属吾诗。

秦韬玉 《牡丹》

折妖放艳有谁催，疑就山中旋折来。图把一春皆占断，故留三月始教开。压枝金蕊香如扑，逐朵檀心巧胜裁。好是酒阑丝竹罢，倚风含笑向楼台。

唐彦谦 《牡丹》

真宰①多情巧思新，故将能事②送残春。为云为雨徒虚语，倾国倾城不在人。开日绮霞应失色，落时青帝③合伤神。嫦娥婺女④曾相送，留下鸦黄⑤作蕊尘。

---

① 真宰：万物的主宰，天公，造化。
② 能事：造物主擅长之事。
③ 青帝：司春之神。
④ 嫦娥：神话所说后羿的妻子，偷吃了丈夫从西王母那里得到的不死之药，遂奔月宫成仙。婺（wù）女：星名，又称为女宿、须女、织女，二十八宿中玄武七宿的第三宿，有四星。
⑤ 鸦黄：唐代妇女涂抹面额所用的黄粉。

【作者简介】

唐彦谦，字茂业，自号鹿门先生，并州晋阳（今山西太原市）人。唐懿宗咸通十四年（873）进士及第，官终刺史。有《鹿门先生集》。

【译文】

造物主情感丰富，构思新鲜，／造出牡丹这最好的东西来欢送春天。／巫山神女为云为雨只是白说瞎话，／绝代佳人倾城倾国未必尽然。／牡丹一开放，美丽的云霞失去了光彩，／牡丹一凋零，东君无奈，伤透了心肝。／嫦娥和织女都曾依依惜别，／把涂面的鸦黄充当花蕊赠与牡丹。

吴融《红白牡丹》

不必繁弦不必歌，静中相对更情多。殷鲜一半霞分绮，洁澈傍边月飐波。看久愿成庄叟梦，惜留须倩鲁阳戈。重来应共今来别，风堕香残衬绿莎。

《僧院白牡丹二首》

腻若裁云薄缀霜，春残独自殿群芳。梅妆向日霏霏暖，纨扇摇风闪闪光。月魄照来空见影，露华凝后更多香。天生洁白宜清净，何必殷红映洞房。

侯家万朵簇霞丹，若并双林素艳难。合影只应天际月，分香多是畹中兰。虽饶百卉争先发，还在三春向后残。想得惠休凭此槛，肯将荣落意来看？

殷文圭《赵侍郎宅看红白牡丹，因寄杨状头赞图》

迟开都为让群芳，贵地栽成对玉堂。红艳袅烟疑欲语，素华映月只闻香。剪裁偏得东风意，淡薄如矜西子妆。雅称花中为首冠，年年长占断春光。

李建勋《晚春送牡丹》

携觞邀客绕朱栏，肠断残春送牡丹。风雨数来留不得，离披将谢忍重看！氛氲兰麝香初减，零落云霞色渐干。借问少年能几许，不须堆酒压杯盘。

《残牡丹》

肠断题诗如执别，芳茵愁更绕阑铺。风飘金蕊看全落，露滴檀英又暂苏。失意婕妤妆渐薄，背身妃子病教扶。回看池馆春归也，又是迢迢看画图。

李中《柴司徒宅牡丹》

暮春阑槛有佳期，公子开颜乍拆时。翠幄密笼莺未识，好香难掩蝶先知。愿陪妓女争调乐，欲赏宾朋预课诗。只恐却随云雨去，隔年还是动相思。

张蠙《观江南牡丹》

北地花开南地风，寄根还与客心同。群芳尽怯千般态，几醉能消一番红？举世只将华胜实，真禅原喻色为空。近年明主思王道，不许移栽满六宫。

【原】

罗隐《牡丹》

似共东风别有因，绛罗高卷不胜春。若教解语应倾国，任是无情亦动人。芍药与君为近侍，芙蓉何处避芳尘？可怜韩令功成后，辜负秾华过此身。

【增】

徐夤《牡丹》

万万花中第一流，残霞轻染嫩银瓯。能狂紫陌千金子，也惑朱门万户侯。朝日照开携酒看，暮风吹落绕阑收。诗书满架尘埃扑，尽日无人略举头。

《尚书座上赋牡丹花，其花自越中移植》

流苏凝作瑞花精，仙阁开时丽日晴。霜月冷销银烛焰，宝瓯圆印彩云英。娇含嫩脸春妆薄，红蘸香绡艳色轻。早晚有人天上去，寄他将赠董双成。

《依韵和尚书再赠牡丹花》

烂银基地薄红妆，羞杀千花百卉芳。紫陌昔曾游寺看，朱门今再绕阑望。龙分夜雨资娇态，天与春风发好香。多著黄金何处买，轻桡摇过镜湖光。

《白牡丹》

蓓蕾抽开素练囊，琼葩熏出白龙香。裁分楚女朝云片，剪破姮娥夜月光。雪句岂须征柳絮，粉腮应恨帖梅妆。槛边几笑东篱菊，冷折金风待降霜。

《忆牡丹》

绿树多和雪霰栽，长安一别十年来。王孙买得价偏重，桃李落残花始开。宋玉邻边腮正嫩，文君垆畔锦初裁。沧州春梦空肠断，看尽犹将劝酒杯。

《惜牡丹》

今日狂风揭锦筵，预愁吹落夕阳天。闲看红艳只须醉，漫借黄金岂是贤？南国好偷夸粉态，汉宫宜摘赠神仙。良时谁作莺花主，白马王孙恰少年。

刘兼 《再看光福寺牡丹》

去年曾看牡丹花，蛱蝶迎人傍彩霞。今日再游光福寺，春风吹我入仙家。当筵芬馥歌唇动，倚槛娇羞醉眼斜。来岁未朝京阙①去，依前和露载归衙。

【作者简介】

刘兼，长安（今陕西西安市）人。由五代入宋，任荣州（治今四川荣县）刺史。曾参与编修《旧五代史》，为盐铁判官。

【译文】

去年我曾来光福寺观看牡丹，／成群蝴蝶在红霞般的花朵里飞舞翩翩。／今天再来这里游春赏玩，／好像是春风把我送到神仙中间。／酒

---

① 京阙：《全唐诗》卷766本诗作"金阙"，指朝廷。皇宫门前两侧有对称的高大阙楼。京：大。

席旁香艳女伎歌声浏亮，／娇羞的佳人斜瞥醉眼倚着栏杆。／明年如果牡丹不被朝廷征调而去，／就像以前一样带着露水搬进官府里边。

释归仁《牡丹》

三春堪惜牡丹奇，半倚朱阑欲绽时。天下更无花胜此，人间偏得贵相宜。偷香墨蚁斜穿叶，窥蝶黄莺倒挂枝。除却解禅心不动，算应狂杀五陵儿。

【原】

鱼玄机《卖残牡丹》

临风兴叹落花频，芳意潜消又一春。应为价高人不问，却缘香甚蝶难亲。红英只称生宫里，翠叶那堪染露尘。及至移根上林苑，王孙方恨买无因。

【增】

宋·寇准《应制赋牡丹》①

栽培终得近天家②，独有芳名出众花。香递暖风飘御座，叶笼轻霭衬明霞。纵吟宜把红笺襞③，留赏惟张翠幄④遮。深觉侍臣千载幸，许随仙仗⑤看秾华。

【作者简介】

寇准（962～1023），字平仲，华州下邽（今陕西渭南市）人。宋太宗太平兴国五年（980）登进士第。三居相位，封莱国公，卒谥忠愍。有《忠愍公诗集》。

---

① 《全宋诗》第2册第992页收录本诗，题作《奉圣旨赋牡丹花（时正言直馆）》。正言：宋初改唐代之左右拾遗为左右正言，掌规谏，分隶门下、中书两省。直馆：在馆中值班。
② 天家：汉蔡邕《独断》："天子无外，以天下为家，故称天家。"
③ 襞（bì）：折叠。
④ 翠幄：青绿色的帐幕。
⑤ 仙仗：皇帝的仪仗。

【译文】

牡丹栽培在皇家御苑，／远远超出百花，赢得众口称赞。／馨香随着暖风飘到皇上的宝座旁，／在霞光的映衬下，花瓣腾起轻烟。／纵情吟诗，应该把稿纸折叠成多片，／保留花儿观赏，只有撑起翠绿的帷幔。／我深切地感受着千载难逢的幸运，／能够侍奉皇上观看牡丹。

韩琦《昼锦堂赏牡丹》①

从来三月赏芳妍，开晚今逢首夏天。料得东君私此老②，且留西子久当筵。柳丝偷学伤春绪，榆荚争飞买笑钱。我是至和亲植者，雨中相见似潸然。

【作者简介】

韩琦（1008～1075），字稚圭，号赣叟，相州安阳（今河南安阳市）人。宋仁宗天圣五年（1027）登进士第。官至宰相，封魏国公。卒谥忠献。有《安阳集》。

【译文】

从来都是在三月间观赏牡丹，／没想到今年牡丹能开到夏天。／料想是春神偏着心眼照顾我这糟老头子，／久久留下美女西施来陪伴我的酒宴。／柳絮已经飘落，那是在感伤春天已去，／榆荚已经飞舞，都化作买笑的铜钱。／这些牡丹是至和年间（1054～1055）我亲手种植的，／今天在雨中见我，滴着雨水好似泪水涟涟。

《再赏牡丹》

锦堂重赏牡丹红，不惜残英数日空。嘉艳岂无来岁好，清欢难得故

---

① 《全宋诗》第6册第4116页本诗标题为《乙卯昼锦堂同赏牡丹》。乙卯，宋神宗熙宁八年（1075）。

② 作者时已68岁。

人同。谁言山下曾为雨①，只恐身轻去逐风。且共对花开口笑，莫持姚左较雌雄②。

【译文】

再次站在昼锦堂前观看红牡丹，／不顾及花儿凋残已经好几天。／难道来年春深牡丹不会照样艳丽，／只是难得有我这故人的纯净欢快相伴。／谁说牡丹凋谢是由于山下有雨这里无，／恐怕是花瓣轻盈去追逐和风戏玩。／聊且对着残花开口欢笑，／不要拿姚黄、左紫这些名品来争长较短。

赵抃《禁省牡丹》

校文春殿篚天关，内篹千葩放牡丹。风卷异香来幕帟，日披浓艳出阑干。芳菲喜向禁中见，憔悴忆曾江外看。剪赐从臣君意重，数枝和露入金盘。

胡宿《忆荐福寺牡丹》

十日春风隔翠岑③，只应繁朵自④成阴。樽前可要人颓玉，树底遥知地侧金⑤。花界三千春渺渺，铜槃十二夜沉沉。雕盘分篸何由得⑥，空作西州拥鼻吟⑦。

---

① 《全宋诗》第 6 册第 4108 页本诗作者自注："一春无雨。"
② 左：左紫牡丹，又称左花。较雌雄：较量胜负、高下。
③ 翠岑：青山。
④ 自：原作"月"，据《全唐诗》卷 731 本诗校改。
⑤ 地侧金：指长安，其位置在大西北的东部边缘，西方配五行为金。《资治通鉴》卷 180 记载：术士章仇太翼建议刚刚在长安登基的隋炀帝迁都洛阳，说："陛下木命，雍州为破木之冲，不可久居。"这是说长安地处雍州，是属于金的西部地区的要冲，金克木，对于木命的隋炀帝不利，应该东迁避祸。
⑥ 此句疑有误。雕盘是有雕镂或装饰的食盘。篸（cēn，zān）有二解：一是竹篙；一是"簪"的异体字，指别住发髻的条形卡子，在这个意义上古代可读为去声，符合此处律诗。但食盘中放这两种劳什子干什么！估计指簪形的筹马，古代用来投壶计输赢，以决定罚酒。筹马又叫作筹矢、箭、筹，这些字除"筹"以外都是仄声字，符合此处格律，为何不用？或许传抄时将"箭"、"筹"误为"篸"字。
⑦ 《世说新语·雅量》注引刘宋明帝《文章志》说：东晋宰相谢安"少有鼻疾，语音浊"，名流纷纷学他说话的腔调，"手掩鼻而吟焉"。

【译文】

隔山东望，距离荐福寺路途须走一旬，／遥想寺里的牡丹，此刻正是繁花成荫。／赏花人举杯劝酒，个个喝得颓然醉倒，／长安濒临西部大地，牡丹在这里扎根。／人们在花海中徜徉，珍惜最后的春光，／十多天伴月轮运转，直玩到夜色深沉。／可惜我没缘分亲临现场参与游乐活动，／只好在西部徒然吟诗，发出浊重鼻音。

【点评】

《全唐诗》卷731收录这首诗，作为胡宿的作品，小传称"唐末人"。《增订注释全唐诗》（文化艺术出版社，2003）第四册第1533页认为此说误，胡宿（995~1067）是北宋人，字武平，常州晋陵（今江苏常州市）人。宋仁宗天圣二年（1024）进士及第。历任扬子（今江苏扬州市）尉、集贤校理、宣州（今安徽宣城市）通判、湖州（今浙江湖州市）知州、两浙（浙东、浙西，今浙江、江苏）转运使、枢密副使、观文殿学士、杭州（今浙江杭州市）知州。

我曾发表论文《〈全唐诗·忆荐福寺牡丹〉确系唐人作品》（西安文理学院《唐都学刊》2005年第2期），其要点是：这首诗作为北宋人胡宿的作品，殊为可疑。荐福寺在唐都长安，到北宋胡宿在世时期，历经唐末战乱和多次改朝换代，已逾百年，早已受到破坏。荐福寺地处长安朱雀门街东开化坊。据《资治通鉴》卷264记载，唐末，军阀朱全忠劫持唐昭宗迁都洛阳，"毁长安宫室、百司及民间庐舍，取其材浮渭沿河而下，长安自此遂丘墟矣"。北宋人张礼著有《游城南记》一卷，记载自己同友人陈明微游历京兆（即长安）城南的见闻，时间为元祐元年闰二月二十日至二十六日，即公元1086年4月6日至12日，恰好处在牡丹花期中。他们第一天出行，"出京兆之东南门，历兴道、务本二坊，由务本西门入圣容院，观荐福寺塔。……东南至慈恩寺，少迟，登塔（大雁塔），观唐人留题。倚塔下瞰曲江宫殿，乐游燕喜之地，皆为野草，不觉有《黍离》《麦秀》之感"。张礼提到的兴道坊，唐代毗邻荐福寺，处在正北面，务本坊在兴道坊的正东面。张礼自注说："[兴道、务本]二坊之地，今为京兆东西门外之草市，余为民田。"那么，这时荐福寺遗址有多么荒凉，便不难设想了。张礼接着看到慈恩寺、曲江等唐代的繁华胜地风光不再，"不觉有《黍离》《麦秀》之感"。《黍离》是《诗经·王风》中的一首诗，西周灭亡后，一位大夫路过镐京，看到原先的宗庙宫室荡然无存，化为一片农田，庄稼长得密密麻麻，不禁作诗感伤亡国。《麦秀歌》是箕子所作，商朝灭亡后，箕子朝周，过殷墟，感叹宫室毁坏，长满庄稼，而作歌感伤亡国。《游城南记》通篇不曾提及牡丹一字，可见无论荐福寺抑或慈恩寺，都不再以观赏牡丹为盛事，荐福寺当然不可能出现"花界三千春渺渺，铜盘十二夜沉沉"的盛况。张礼《游城南记》所记载的情况是北宋胡宿去世19年后的事，这时北宋建立已126年，承平日久，尚且如此，胡宿在世时，荐福寺的情况只能更糟糕。

北宋以汴京（今河南开封市）为京师，以洛阳为西京。胡宿是东南地区的人，应试科举和做官一直在汴京和东南地区，他跑到长安去干什么？诗中提到"西州"，其确切地址有二处。一处指扬州，东晋刘宋时期扬州治所在台城西，故名。胡宿当扬子尉，似乎沾边。但从这里去长安不是10天能到达的，与诗中"十日春风隔翠岑"句不符。另一处指高昌，今新疆吐鲁番，唐朝在这里设州及安西藩镇。北宋时期西夏阻隔西行道路，胡宿无缘故不至于到这里。西州也泛指西北州郡，李商隐《回中牡丹为雨所败二首》之一即说"西州今日忽相期"，指泾州（今甘肃泾川县）。这首诗中的西州系泛指，不会离长安太远，一则由诗句"十日春风隔翠岑"推知，再则自安史之乱至唐宣宗执政初期，河陇地区（今青海、甘肃）被吐蕃占据，安西人士须绕道来长安，大为不便。北宋胡宿没有游宦西北的经历，因而这首诗的作者应是唐后期人，或系西部地区人，或非当地但有游宦西部经历的人，可能也叫胡宿。

蔡襄《陪提刑郎中吉祥院①看牡丹》

节候初临谷雨期，满天风日助芳菲。生来已占妙香国，开处全烘直

---

① 吉祥院：吉祥寺，在杭州安国坊，后改名广福寺。

指衣①。揽照尽教乌帽②重，放歌须遣羽觞③飞。前驺④不用传呼急，待与游人一路归。

【译文】

刚刚到了谷雨时节，／牡丹得力于风和日丽，开得格外鲜艳。／它长在众香缥缈的佛寺园圃中，／花色映红了提刑郎中的衣衫。／前来观赏的人群，都戴着乌纱帽，／尽情放歌，应该频频举起杯盏。／衙役们不用急着传呼清道，／我要和游人们同路返还。

苏轼《常润道中有怀钱塘寄述古》⑤

国色夭娆⑥酒半酣，去年同赏寄僧檐⑦。但知扑扑晴香软，谁见森森晓态严。谷雨共惊无几日，蜜蜂未许辄先甜。应须火急回征棹⑧，一片辞枝可得黏？

【译文】

国色牡丹娇媚无比，如同醉酒的脸面，／去年曾经同你一起到佛寺观看。／只觉得在晴和天气中阵阵香气扑来，／谁顾及花儿清晨的装束有多么庄重威严。／都惊讶谷雨时节没剩下几天，／不许诺蜜蜂轻易抢先采蜜尝甘甜。／我应该赶紧拨回船头回杭州，／几枝即将凋落的花儿是否可用糨糊粘连。

---

① 汉武帝时有直指使出讨奸猾，治大狱，以侍御使为之，衣以绣，亦称绣衣直指。此指提刑郎中。
② 乌帽：隋唐贵者多服乌纱帽，渐废为折上巾，乌纱成为闲居的常服。
③ 羽觞：酒器。
④ 前驺（zōu）：官吏出行时在前引路的侍役。
⑤ 常：今江苏常州市。润：今江苏镇江市。钱塘：今浙江杭州市。述古：陈襄的字，时为杭州知州，苏轼任副职杭州通判。
⑥ 夭娆：同妖娆。
⑦ 僧檐：指僧舍。
⑧ 棹（zhào）：船桨，代指船。

《杭州牡丹开时，周令作诗见寄，次其韵》

羞归应为负花期，已见成阴结子时。与物寡情怜我老，遣春无恨赖君诗。玉台不见朝醅酒，《金缕》犹歌空折枝①。从此年年定相见，欲师老圃问樊迟②。

【译文】

我羞于返回杭州，因为已过了牡丹花期，／现在已是树叶成荫，果实结成绿玉。／我已经年迈，对什么都没有兴趣，／送走春天没有遗憾，全仰仗你的诗句。／玉台前已看不到牡丹鲜红的笑脸，／还能听见"莫待无花空折枝"的歌曲。／我想像樊迟一样向老菜农请教种菜的道理，／从此年复一年都要同你相聚。

朱长文《淮南牡丹》

奇姿须赖接花工，未必妖华限洛中。应是春皇偏与色，却教仙女愧乘风。朱栏共约他年赏，翠幕休嗟数日空。谁就东吴为品第，清晨仔细阅芳丛。

【作者简介】

朱长文（1039～1098），字伯原，吴郡（今江苏苏州市）人。宋仁宗嘉祐二年（1057）登进士第，官终枢密院编修文字。有《吴郡乐圃朱先生余稿》。

【译文】

培育奇花异卉须仰仗巧匠能工，／未必艳丽的牡丹只开在洛阳城中。／一定是司春之神把姿色都给了牡丹，／使得仙女不敢乘风遨游，深深藏蔽面容。／朱栏边我和人相约明年再来赏花，／不必感叹绿帷幔里花儿已经无影无踪。／谁想在东吴地区评出各种牡丹的等级，／那就应该迎着朝晖仔细察看牡丹丛。

---

① 唐诗《金缕曲》："有花堪折直须折，莫待无花空折枝。"
② 孔子的学生樊迟请教种菜的事，孔子说："吾不如老圃（老菜农）。"

陆游《牡丹》

吾国名花天下知，园林尽日敞朱扉。蝶穿密叶常相失，蜂恋繁香不记归。欲过每愁风荡漾，半开却要雨霏微。良辰乐事真当勉，莫遣匆匆一片飞。

【原】

杨万里《谢张公父送牡丹》

病眼看书痛不胜，洛花千朵唤双明。浅红醲紫各深样，雪白鹤黄非旧名。抬举精神微雨过，留连消息嫩寒生。蜡封水养松窗底，未似雕栏倚半醒。

【译文】

眼睛患病强撑着读书疼痛难当，／感谢张先生送来千朵牡丹，使我双目为之一亮。／雪白的鹤黄的都不是旧日的品种，／浅红的深紫的各自呈现新鲜模样。／微雨过后牡丹受到滋润更有生机，／轻寒天气防止牡丹烤晒能将花期延长。／把剪下来的牡丹花枝用蜡封住切口插在水中摆在轩窗下，／哪比得上带着半醉靠在花圃的栏杆旁细细观赏。

《咏重台九心淡紫牡丹》

【明紫，外有大片托盘，甚莹，不皱。中盛碎花片，而碎片之中又突起九高片，高下皆皱。蕊郁金点缀，生于高下花片之上，甚佳。其香清媚而微酷。】①

紫玉盘盛碎紫绡，碎绡拥出九娇娆。都将些子郁金粉，乱点中央花片梢。叶叶鲜明还互照，亭亭丰韵不胜妖。折来细雨轻寒里，正是东风拆半苞。

【译文】

这种牡丹叫重台九心淡紫，鲜亮的紫色。花朵边缘有大瓣托盘，晶

---

① 【　】内的小序原无，据《全宋诗》第42册第26538页本诗校补。

莹剔透，舒展不皱。中间是很多碎花瓣，碎花瓣中突起九枚高花瓣，高的低的都皱巴巴的。花蕊像郁金点缀，长在高低花瓣上面，特好。香味清媚，大致郁烈。

花朵像紫玉盘中盛放着细碎的紫绡，／紫绡推出九位美女无比姣好。／又拿一些黄灿灿的郁金香粉，／随便地撒向中间的花瓣末梢。／花瓣色泽鲜明，彼此映衬反照，／花儿随风摇曳生姿，风韵妖娆。／在微寒细雨中摘下来一朵，／正是东风催开而未开的花苞。

【增】

杨万里《赋周益公①平园白花青缘牡丹》

东皇封作万花王，更赐珍华出上方②。白玉杯将青玉绿③，碧罗领衬素罗裳。古来洛口元无种，今去天心别得④香。涂改欧家记文著⑤，此花未出说姚黄。

【译文】

司春之神把牡丹封为百花之王，／还赐给它天上仙界的珍奇宝藏。／白绿相间的牡丹像白玉杯上带着青玉成分，／又像绿色衣领搭配着白色衣裳。／自古以来洛阳没有这一品种的牡丹，／它的花心饱含着异乎寻常的浓香。／应该修改欧阳修的《洛阳牡丹记》，／他是在这种牡丹没有出现时在称颂姚黄。

《立春检校⑥牡丹》

牡丹又欲试春妆，恼⑦得闲人也作忙。新旧年头将替换，去留花眼

---

① 周益公：周必大封益国公。
② 上方：天上仙界。
③ 绿：原作"缘"，平声字，不合格律。《杨万里集笺校》卷38第1998页作"绿"，据改。另，诗题"青缘"应误。
④ 得：原作"作"，首句已用"作"字，据《全宋诗》第42册第26600页本诗校改。
⑤ 著：原作"看"，据《全宋诗》本诗校改。
⑥ 检校：原无"校"字，据《全宋诗》第42册第26572页本诗校补。
⑦ 恼：原作"忙"，据《全宋诗》本诗校改。

费商量。东风从我袖中出，小蕾已含天上香。只道开时恐肠断，未开先自断人肠。

【译文】

今日立春，牡丹又打算蓄势生长，／惹得闲人为培植牡丹而繁忙。／新旧年份从此交接更替，／留不住上次的牡丹，这次的可要好好将养。／春风原是从我的衣袖中吹出来，／似乎牡丹花蕾已在蕴含天上奇香。／只说是担心花开时节叫人魂销肠断，／现在花还未开，已叫人销魂断肠。

《春半雨寒，牡丹殊无消息》

今岁芳菲尽未忙，去年二月牡丹香。寒暄不定春光晚，荣落尽迟[①]花命长。才一两朝晴炫野，又三四阵雨鸣廊。鞓红[②]魏紫拳如蕨，而况姚家进御黄。

【译文】

去年仲春二月牡丹就开花吐香，／今年二月凄风苦雨，牡丹还不成模样。／阴晴无常乍暖还寒春光姗姗来迟，／开花晚凋谢晚花儿命大力强。／刚刚一两天晴空照着绿野，／又是三四阵雨声响彻走廊。／鞓红、魏紫牡丹的花苞还都缩成小疙瘩，／何况曾向皇家进献的花王姚黄。

金·蔡珪《和彦及牡丹，时方北趋蓟门，情见乎辞》

旧年京国赏春浓，千朵曾开共一丛。好事只今归北圃，知音谁与醉东风？临舻笑我官程远，赋物输君句法工。却笑燕城花更晚，直应趁得马家红。

【作者简介】

蔡珪（？～1174），字正甫，真定（治今河北正定县）人。金海陵

---

① 尽迟：《全宋诗》第 42 册第 26592 页本诗作"俱迟"。
② 鞓红：原作"对江"，据《全宋诗》本诗校改。

王天德三年（1151）进士，历仕澄州军事判官、三河主簿、翰林修撰同知制诰、户部员外郎兼太常丞、河东北路转运副使、礼部郎中，封真定县男。除潍州刺史，赴任途中病故。

【译文】

往年春深在京师观看牡丹开放，／见一丛植株千朵花儿馥郁芬芳。／这么好的景致如今在北圃重现，／哪位知音同你在东风中痛饮玉液琼浆？／你们举着酒杯笑话我远途奔波出差幽燕，／我实在佩服彦及先生这首牡丹诗精巧无双。／聊以自慰的是北方寒冷花开更晚，／观赏那里的马家红牡丹，我应该能够赶上。

郝俣《应制状元红》

仙苑奇葩别晓丛，绯衣香拂御炉风。巧移倾国无双艳，应费司花第一功。天上异恩深雨露，世间凡卉谩铅红。情知不逐春归去，常在君王顾盼①中。

【作者简介】

郝俣（yǔ），字子玉，号虚舟居士，太原（今山西太原市）人。金完颜亮正隆二年（1157）进士。金世宗大定二十九年（1189），由凤翔府治中任《辽史》刊修官。官至河东北路转运使。有《虚舟居士集》。

【译文】

状元红牡丹真是仙苑奇葩，早晨离开自己的花丛，／像穿着红袍的状元，带着奇香来到皇宫。／它有着倾国倾城的绝世美貌，／应该是耗费了司春东君的第一功。／天上的特殊恩泽超过了雨露滋润，／世间的普通花卉如同平常女子靠涂脂抹粉把人们骗哄。／我知道这种牡丹不再回到原地，／留在皇宫里常常处在君王的顾盼中。

---

① 盼（xì）：看。

刘仲尹《西溪牡丹》

为云为雨定成虚，醉脸笼娇试粉初。举国春风避姚魏，换胎天质到黄徐①。百年金谷②凭阑袖，三月扬州载酒车。我欲禅居净余习，湖滩枕石看游鱼。

【作者简介】

刘仲尹，字致居，号龙山，盖州（今辽宁盖州市）人，家庭徙居沃州（今河北赵县）。金完颜亮正隆二年（1157）进士。曾任潞州节度副使，后召为都水监丞。所著《龙山集》已佚，现存诗 20 多首、词 10 多首，收入元好问编《中州集》及《中州乐府》中。

【译文】

人们把牡丹比作巫山神女，朝云暮雨，神奇虚幻，／白牡丹如同刚刚搽上白粉，红牡丹像醉酒涨红脸。／全国各地就连春风都设法躲避姚黄魏紫的威势，／丹青妙手黄筌、徐熙让牡丹脱胎换骨进入画卷。／石崇的宠姬绿珠在金谷园里悠闲地倚靠着栏杆，／阳春三月扬州城里装载美酒的车子奔驰不断。／我真想找所佛寺居住，净化这烦嚣的风气，／在湖边斜枕着石头看鱼儿在水中游玩。

党怀英《应制粉红双头牡丹》

卿云分瑞两嫣然，镜里妆成谷雨天。晓日倚阑闲炉艳，春风拾翠偶骈肩。水南水北何曾见③，桃叶桃根本自仙④。梦想沉香亭北槛，略修花谱记芳妍。

---

① 黄徐：五代时期的著名画家，后蜀的黄筌，南唐的徐熙。南宋高宗的吴皇后有《题徐熙牡丹图》诗。

② 金谷：西晋石崇在首都洛阳的宅第园林金谷园。

③ 北宋周师厚《洛阳花木记》说："姚黄，千叶黄花也。……今洛中名圃中传接虽多，惟水北岁有开者，大抵间岁乃成千叶，余年皆单叶或多叶耳。水南率数岁一开千叶，然不及水北之盛也。"

④ 唐人欧阳询主编《艺文类聚》卷86载《典术》说："桃者，五木之精也，今之作桃符着门上，压邪气，此仙木也。"

【作者简介】

党怀英（1134～1211），字世杰，号竹溪。祖籍冯翊（今陕西大荔县），因父亲任职，家庭迁徙山东泰安。金世宗大定十年（1170）进士。历仕莒州军事判官、汝阴县令、国史院编修官、应奉翰林文字、翰林待制、兼同修国史、国子祭酒、侍讲学士、翰林学士、摄中书侍郎、泰宁军节度使、翰林学士承旨。曾于金章宗泰和元年（1201）受诏编修《辽史》。卒，谥文献。擅长文章，工画篆籀。著《竹溪集》，久佚。

【译文】

五色斑斓的吉祥瑞云和粉红双头牡丹上下辉映，／谷雨时节牡丹盛开宛如美人对着镜子妆扮而成。／在旭日的照耀下倚靠花栏面对牡丹的娇艳让人徒自嫉妒，／在春风的拂煦下观花览胜的人儿偶或并肩而行。／宋人说洛水南北的姚黄牡丹开得不同，后人何曾看见，／被说成是仙木的桃树能辟邪，可宝贵它那枝条叶果根茎。／想起了长安兴庆宫沉香亭北凭栏观赏牡丹的杨贵妃，／尚须修订牡丹谱录，增补新奇品种的名称。

春意应嫌芍药迟，一枝分秀伴双蕤。并肩翠袖初酣酒，对镜红妆欲斗奇①。上苑风烟工献巧，中天雨露本无私。更看散作人间瑞，万里黄云麦两岐②。

【译文】

司春之神大概嫌芍药开花一定要拖到夏季，／这才让牡丹开出双头并蒂。／一枝上两朵粉红花衬着绿叶，好像两位美女醉酒脸红拖着绿袖，／对着镜台浓妆淡抹比赛美丽。／皇家御苑中风和日丽，牡丹呈现

---

① 唐人李濬《松窗杂录》记载：唐文宗问程修己道："今京邑传唱牡丹花诗，谁为首出？"程修己答以中书舍人李正封的诗句："天香夜染衣，国色朝酣酒。"唐文宗指着杨妃说："妆镜台前宜饮以一紫金盏酒，则正封之诗见矣。"

② 麦两岐：一麦两穗，是丰年的祥瑞，政治清明的象征。《后汉书》卷31《张堪传》说，渔阳太守张堪施行善政，当地长出双穗麦，百姓歌唱道："桑无附枝，麦穗两岐。张君为政，乐不可支。"

奇巧，／朝廷的恩泽像天庭的雨露公正无私地普洒各地。／更看这粉红双头牡丹化作人间的祥瑞，／变成预示丰年的两岐麦穗出现在万里黄云般的麦田里。

赵秉文《五月牡丹应制》

好事天工养露芽，阳和趁及六龙车①。天香护日迎朱辇，国色留春待翠华②。谷雨曾沾青帝泽，熏风又卷赤城③霞。金盘荐瑞休嗟晚，犹是人间第一花。

【作者简介】

赵秉文（1159～1232），字周臣，号闲闲居士、闲闲老人，磁州滏阳（今河北磁县）人。金世宗大定二十五年（1185）进士，调安塞主簿，历平定州刺史、礼部尚书。金哀宗即位，改翰林学士，兼修国史。历仕五朝，累官至资善大夫、上护军，封天水郡侯。能诗文书画，著有《闲闲老人滏水文集》。

【译文】

和暖的天气里太阳坐在六条龙拉的车上，羲和为他驾车。／好事的天公趁机露一手，让牡丹在这时再次开出花朵。／牡丹带着天上的奇异香气，迎接皇上来巡幸的车驾，／为着恭候皇上的翠华仪仗，国色牡丹特意开花，让夏天呈现春色。／红红的牡丹是赤城山的红霞被暖洋洋的南风吹到这里，／它们原本在谷雨时节就开放过，那是司春之神的恩

---

① 阳和趁及六龙车：太阳运行。"阳和"本指温暖和畅的天气，这里可以分开说，"阳"指太阳，"和"指羲和。唐人徐坚《初学记》卷1《日第二》引《淮南子》说："爰止羲和，爰息六螭（无角的龙），是谓悬车。薄于虞泉（虞渊，唐高祖名李渊，避讳称虞泉），是谓黄昏。"今本《淮南子》卷3《天文训》与此行文不同。这是古代的传说：太阳坐在六条龙拉的车上，羲和为它驾车，每天在天上由东向西奔跑，车到日落处"虞渊"，羲和便回车，此时黄昏来临。

② 朱辇："朱"是红色，"辇"人拉着走的车子，后指皇帝、皇后的车驾。翠华：用翠羽所做的旗饰，是皇帝出行时的仪仗。

③ 赤城山有两处，一在浙江天台山，因山色红而得名；二为四川都江堰市青城山。此处系泛泛而言，不是实指。

泽。/不要感叹现在用金盘盛放牡丹作为祥瑞为时已晚,/五月开花的牡丹照样是人间独一无二的风姿绰约。

元好问《紫牡丹》

金粉轻黏蝶翅匀,丹砂浓抹鹤翎新。尽饶姚魏知名早,未放徐黄下笔亲。映日定应珠有泪,凌波长恐袜生尘。如何借得司花手,偏与人间作好春。

天上真妃玉镜台,醉中遗下紫霞杯。已从香国偏薰染,更怕花神巧剪裁。微度麝熏时约略,惊移鸾影却低回。洗妆正要春风句,寄谢诗人莫浪来。

元·吴澄《次韵杨司业牡丹》

谁是旧时姚魏家,喜从官舍得奇葩。风前月下妖娆态,天上人间富贵花。化魄他年锁子骨,点唇何处箭头砂?后庭玉树闻歌曲,羞杀陈宫说丽华。

公诗态度霭祥云,绮语天香一样新。楮叶雕镂空费力,杨花轻薄不胜春。老成此日名园主,俊乂同时上国宾。乐事赏心涵造化,拨根未逊洛中人。

袁桷《单台牡丹》①

暖风吹雨佐花开,送我滦阳②第四回。内苑赐曾传侧带③,江南画不数重台④。回黄抱紫传真诀,媲白抽青陋小才。自是妖红居第一,他

---

① 袁桷《清容居士集》(《四部丛刊》影印元刊本)卷12,本诗题作《小院四月十二日牡丹始开,乃单台花也,余将上开平,作诗示瑾》。这首诗是作者至治二年(1322)在元朝首都大都(今北京市)作的,燕地寒冷,牡丹较中州晚开月余。单台花:单瓣花。开平:元朝的上都,遗址在今内蒙古锡林郭勒盟正蓝旗北。瑾:袁桷的儿子袁瑾。
② 滦阳:滦河之北,是开平所在地。滦河古代亦称濡水,其源头今称闪电河,是蒙古语"相德因高乐"的语讹,意为"上都河"。
③ 内苑:原作"内院",据《清容居士集》本诗校改。赐曾传侧带:《清容居士集》本句作者自注说:"旧赏花宴有大侧带小侧带。"
④ 《清容居士集》本句作者自注说:"徐熙牡丹无重瓣者,至崇嗣始有之。重台,婢之下者,见《常谈》云耳。"徐熙是南唐画家。北宋初年,南唐畏惧北宋消灭自己,为求自保,自行贬损,南唐后主李煜去掉"唐"国号,改称"江南国主"。《常谈》是南宋吴箕所著的一部笔记,原书已佚,后人从明朝《永乐大典》中搜集到一百余条。

年折桂莫惊猜①。

【作者简介】

袁桷（jué，1266～1327），字伯长，号清容居士、见一居士，庆元路鄞县（今浙江宁波市）人。20岁时以茂才异等被举为丽泽书院山长。元成宗大德元年（1297），任翰林国史院检阅官，后升应奉翰林文字，同知制诰兼国史院编修官。元仁宗延祐年间（1314～1320）任集贤直学士、翰林直学士、知制诰同修国史。元英宗至治元年（1321）迁侍讲学士，参与编修累朝学录。卒，赠中奉大夫、江浙中书省参政，封陈留郡公，谥文清。

【译文】

和煦的春风吹着细雨辅助牡丹花开，／这是送我去滦河北的上京开平第四次出差。／我曾在御苑的赏花宴会上传递皇上颁赐的侧带，／南唐画家徐熙只画单瓣牡丹，从不为卑微的重瓣牡丹浪费色彩。／花王姚黄花后魏紫靠历来传承秘方才能培育，／泛白发青的牡丹品种也瞧不起那些俗骨凡胎。／更有美丽的状元红在牡丹中独占鳌头，／吾儿他年定能考个状元，现在不要胆怯犹豫徘徊。

虞集《谢吴宗师送牡丹》②

轻风紫陌少尘沙，忽见金盘送好花。云气自随仙掌③动，天香不许

---

① 《清容居士集》尾联作者自注说："韩魏公牡丹诗：'自惭折桂输先手，羞杀妖红作状元。'魏公第三，王尧臣第一。"折桂：《晋书》卷52《郤诜传》说：郤诜以"桂林之一枝"对晋武帝比喻自己举贤良对策的才能，为天下第一。唐代以来遂以折桂比喻进士及第。宋代牡丹品种有"状元红"者。北宋周师厚《洛阳花木记》说："状元红，千叶深红色也。……其色甚美，迥出众花之上，故洛人以'状元'呼之。"南宋陆游《天彭牡丹谱》说："状元红，或曰：旧制进士第一人即赐茜（红色）袍，此花如其色，故以名之。"

② 清人顾嗣立编《元诗选》，本诗题作《谢吴宗师送牡丹并简伯庸尚书》。吴全节（1269～1346），字成季，号闲闲、看云道人，饶州（治今江西鄱阳县）人。元代著名玄教道士，书法家。13岁时学道于龙虎山，曾从大宗师张留孙赴大都见元世祖忽必烈。元成宗大德（1297～1307）末年授玄教嗣师。元英宗至治年间（1321～1323）张留孙去世，授吴全节玄教大宗师、崇文弘道玄德真人，总摄江淮、荆襄等处道教，知集贤院道教事。工草书，有《看云集》。

③ 道教圣地西岳华山的东峰东北处有仙掌崖，五指具备，宛如左掌，居关中八景之首。

世人夸。青春有态当窗近，白发多情插帽斜。最爱尚书才思别，解吟蝴蝶出东家。

【作者简介】

虞集（1272～1348），字伯生，号道园，世称邵庵先生。祖籍四川仁寿，出生于湖南衡阳，迁居江西崇仁。元成宗大德元年（1297）至大都，任大都路儒学教授，历国子助教、博士。元仁宗时为集贤修撰。元泰定帝时升任翰林直学士兼国子祭酒。元文宗时任奎章阁侍书学士。曾参与编撰《经世大典》，著有《道园学古录》《道园遗稿》。虞集素负学名，与揭傒斯、柳贯、黄溍并称"元儒四家"；诗与揭傒斯、范梈、杨载齐名，并称"元诗四家"。卒，赠江西行中书省参知政事，封仁寿郡公，谥文靖。

【译文】

暖风轻轻地吹拂着，京城的街道上没有扬起尘沙，／忽然看见吴宗师派人送来铜盘盛放的牡丹花。／这是洞天福地的花朵，还飘动着仙掌峰的氤氲云气，／那天界才有的香味用不着世人来夸。／老夫我虽然满头白发，依然有兴致把花儿插在帽子边，／牡丹让明媚春光展示姿态，我把铜盘临近窗户放下。／最爱东邻伯庸尚书才思敏捷异乎寻常，／我寄去这首诗，会有蝴蝶把他的和诗带到我家。

贡师泰《吴景文居牡丹》

韶光天遣属君家，犹是东京第一花。金鼎夜寒团绛雪，锦机春暖簇红霞。倚风忽作缠头①舞，避日还将便面遮。遮莫②阑干同醉倚，却怜孤客鬓先华。

【作者简介】

贡师泰（1298～1362），字泰甫，号玩斋，宁国府宣城（今安徽宣

---

① 缠头：（1）古代艺人把锦帛缠在头上作装饰；（2）观赏主家为艺人的演出所赠予的锦帛，犹今出场费。
② 遮莫：尽管，即使。

城市）人。元泰定帝泰定四年（1327）以国子生中江浙乡试，授从仕郎、太和州判官。所任重要官职有翰林待制、国子司业、礼部郎中、监察御史、吏部侍郎、兵部侍郎、礼部尚书、户部尚书。以文字知名，长于政事。著有《玩斋集》。

【译文】

老天爷把春光淑景派到你的家园，／你这儿的国色天香还是甲天下的洛阳牡丹。／白牡丹像寒夜围着香炉观看户外的白雪，／红牡丹像织出天际红霞的锦缎。／花朵随风摇曳好似美女头裹绢帛翩翩起舞，／为防止阳光炙烤须遮挡住它们的脸面。／尽管此刻我们喝得醉醺醺倚靠着护围牡丹的栏杆，／却为我这个做客的双鬓斑白自我可怜。

李孝光《牡丹》

富贵风流拔等伦，百花低首拜芳尘。画栏绣幄围红玉，云锦霞裳蹋翠裀①。天上有香能盖世，国中无色可为邻。名花也自难培植，合费天公万斛②春。

【作者简介】

李孝光（1285～1350），字季和，温州乐清（今浙江乐清市）人。早年隐居雁荡五峰山下，各地人士前来受学，名声日广。元惠宗至正四年（1344）召为秘书监著作郎，三年后擢升秘书监丞。作文取法古人，不趋时尚，与杨维桢并称"杨李"。著有《五峰集》。

【译文】

雍容华贵、光彩照人的牡丹真是出类拔萃，／千花万卉俯首低眉，自惭形秽。／围着栏杆张起帷幕保护着这些玉一般的花朵，／衣衫华丽的游人踏着绿草如茵的地面赏花陶醉。／牡丹具有天庭才有的香气盖世无双，／一国中再没有别的花色可与它相类。／这名贵的花儿很难培

---

① 蹋：踏。裀（yīn）：同"茵"，垫子，褥子。
② 斛：容量单位，一斛原为十斗，后改为五斗。

育，／该是天公把万斛春色在它们身上破费。

胡天游《牡丹》

相逢尽道看花归，惭愧寻芳独后时。北海已倾新酿酒①，东风犹锁半开枝。扫空红紫真无敌，看到云仍②未可知。但愿倚阑人不老，为公长赋谪仙诗。

【作者简介】

胡天游（1288～1368），名乘龙，以字行，自号松竹主人、傲轩。元代岳州平江（今湖南平江县）人。中年隐居，以《述志赋》明志。晚年值元末战乱，躬耕陇亩，生活艰难。其诗苍凉悲壮，略少修饰。今存《傲轩吟稿》。

【译文】

路上相逢，都说是看过牡丹把家还，／只惭愧我动身迟，落在后面。／孔融那样的饮酒人已喝上新酿的美酒，／料峭春风中牡丹才开了一半。／牡丹能压倒所有姹紫嫣红的花卉，／不知道谁家的牡丹能传到遥远的孙子们还能观看。／但愿您倚靠着护花围栏赏花永不衰老，／我年年为您吟诵李白咏牡丹的《清平调》诗篇。

吴志淳《和李别驾赏牡丹》

绛罗密幄护风沙，莫遣牛酥污落花③。蝶梦不知春已暮，鹤翎④还

---

① 汉献帝时孔融任过北海相，时称孔北海。《后汉书》卷70《孔融传》记载他的话："坐上客恒满，尊（樽）中酒不空，吾无忧矣。"
② 云仍：亦作"云礽"，远孙。《尔雅·释亲》说："昆孙之子为仍孙，仍孙之子为云孙。"注："'仍'，亦重也；'云'，言轻远如浮云。"唐人罗邺《牡丹》诗说："看到子孙能几家！"
③ 牛酥：从牛奶中提炼出来的酥油。北宋苏轼《雨中看牡丹三首》之三说："未忍污泥沙，牛酥煎落蕊。"苏轼《雨中明庆赏牡丹》诗说："明日春阴花未老，故应未忍著酥煎。"清人冯应榴注云："《洛阳贵尚录》：孟蜀时兵部贰卿李昊，每牡丹花开，分遗亲友，以金凤笺成歌诗以致之。又以兴平酥同赠，花谢时煎食之。"
④ 北宋欧阳修《洛阳牡丹记·花释名》说："鹤翎红者，多叶花，其末白而本肉红，如鸿鹄羽色。"

似暖生霞。诗呈金字怀仙客①，手印红脂出内家②。独羡沉香李供奉，《清平》一曲度韶华。

【作者简介】

吴志淳，字主一，号雁山老人，元代无为州（今安徽无为县）人。以父荫历官靖安、都昌二县主簿。元末红巾军起，徙家豫章（今江西南昌市）、鄞县（今浙江宁波市）。明朝建立后隐居不仕。工诗善书。所著《环碧轩》《柳南渔隐》均佚，明人俞宪《盛明百家诗后编》有《吴主一集》1卷。

【译文】

张挂起绸缎帷幕，为牡丹遮挡风沙，／即便花儿凋谢，也别用牛酥煎炒花瓣吃下。／庄子梦中化为蝴蝶，不知道春季快要到头，／鹤翎红牡丹开着花，恰似天空浮动红霞。／看到您的牡丹诗，我想起仙人韩湘子使牡丹花瓣上长出金色诗句，／杨贵妃手带胭脂捏了捏花瓣，来年便开出"一捻红"牡丹花。／我只羡慕供奉翰林的谪仙人李太白，／他以沉香亭畔作牡丹诗《清平调》来消受春日繁华。

明·钱洪《赏牡丹》

国色天香映画堂，荼蘼芍药避芬芳。日熏绛幄春酣酒，露洗金盘晓试妆。三月繁华倾洛下，千年红艳怨沉香。看花判泥花神醉，莫惹春愁点鬓霜。

【作者简介】

钱洪，字理平，苏州府常熟县（今江苏常熟市）人。明代宗景泰年间（1450～1456），以国难向朝廷献马，被赐以章服（礼服，上有图

---

① 北宋刘斧《青琐高议》前集卷9《韩湘子·湘子作诗谶文公》说：唐人韩愈的侄儿（应为侄孙）韩湘善于培育牡丹，"花朵上有小金字，分明可辨"，是后来韩愈贬官作的《左迁至蓝关示侄孙湘》中的句子"云横秦岭家何在，雪拥蓝关马不前"。韩湘后来被说成是八仙之一。

② 《青琐高议》前集卷6《骊山记》说：有官员向骊山华清宫献上微红牡丹，唐玄宗命宦官高力士把花送到杨贵妃那里，"贵妃方对妆，妃用手拈花，时匀面手脂在上，遂印于花上。……来岁花开，花上复有指红迹。……乃命其花为一捻红"。内家：宫中嫔妃。

案以区别等级）。他是明清之际学者钱谦益的先祖，因作有《竹深堂水月舫》，钱谦益称他为"竹深府君"。钱谦益《初学集》卷85载其于明熹宗天启四年（1624）作的《跋汤公让〈东谷遗稿〉》，说："吾七世祖竹深府君，节侠有文。于时名人如晏铎振之、聂大年寿卿、方荣华伯、刘溥原博，皆定文字交，而于汤胤勣公让为尤深。今《东谷遗稿》所载《永福庵记》《奚浦观音堂碑》，为府君祖父作也。《振德堂记》《铁券歌》，为府君兄弟作也。《平轩记》《竹深堂水月舫》诗赋，为府君作也。公让……倾倒于吾祖若此，此可以知吾先德矣。"

【译文】

牡丹号称"国色天香"，它们的光彩照耀着华丽的厅堂，／荼蘼、芍药自惭形秽，不好意思一同开放。／暖暖的太阳高照着，帷幕中的红牡丹像酒酣涨红了脸，／早晨带着夜里的露珠，如同佳人洗脸化妆。／暮春三月繁华热闹，洛阳人倾城出动游赏，／沉香亭边的"一枝红艳"杨贵妃，七百年前在马嵬驿死得凄凉。／看牡丹看得不顾一切，连花神都跟着陶醉，／别怨恨春光一天天减少，几缕春愁会把黑发染上雪霜。

张淮《牡丹》

绿云堆里露精神，依约如羞认未真。开落后天皆有数[1]，品题先汉[2]却无人。金铃送响多惊鸟，翠幄围娇不受尘。何处托根偏得地，年年独让魏家春。

【作者简介】

事迹不详。

【译文】

绿叶葱茏时萌动生机的牡丹花芽在枝头显现，／好似女子如期赴

---

[1]　五代王定保《唐摭言》卷3记载：唐末军阀朱全忠洛阳宅邸中牡丹，"凡此花开落，皆籍（登记）其数申令公（朱全忠）"。

[2]　此处"汉"字，实际含义是"唐"。本卷元王恽《和仲常牡丹诗》"汉殿承恩早"句的注释已作阐述。

约，带着几分娇羞和内敛。／花开花落，天天都要登记数目，／唐朝以前，无人写下关于牡丹的题记和诗篇。／赏花人乘车前来，铃铛声惊走了飞鸟，／帷帐圈住牡丹，不让它们承受灰尘的污染。／是在什么地方找到托根的宝地，／年年的春色都由魏家独占。

一捻残脂暗有神，至今猩血①印来真。莲清误得称君子②，梅瘦虚曾化美人③。六曲阑前凝倦态，五纹茵上委芳尘。若为得有韩湘术，四序常逢富贵春。

【译文】

一捻红牡丹留下杨贵妃手捏花瓣的胭脂痕迹，／朱砂红牡丹对着阳光观看确实像猩猩的血色。／莲花出淤泥而不染，浪得花中君子的称呼，／梅花清瘦，被人看作窈窕的娇娥。／种种牡丹在回环曲折的栏杆内呈现出倦态，／最终在如同斑斓垫子的地面上凋落。／怎么才会有韩湘培育牡丹的精湛技艺，／让牡丹四季常开，全年都是春天般的艳丽阳和。

纷纷画史笔通神，谁与花王写得真？临水似窥捐珮女④，倚风如画堕楼人⑤。芙蓉只合称凡品，芍药端教接后尘。兴庆池东谁更赏⑥？冷风凄雨不禁春。

---

① 欧阳修《洛阳牡丹记·花释名》说："朱砂红者，多叶红花，……花叶甚鲜，向日视之如猩血。"

② 北宋周敦颐《爱莲说》云："予独爱莲之出淤泥而不染，濯清涟而不妖，……香远益清，亭亭净植，可远观而不可亵玩焉。……莲，花之君子者也。"

③ 宋人李清照《渔家傲》上阕说："雪里已知春信至，寒梅点缀琼枝腻，香脸半开娇旖旎。当庭际，玉人浴出新妆洗。"

④ 西汉刘向《列仙传·江妃二女》说两位神女在江汉边上遇见郑交甫，郑交甫对仆人说："我欲下请其佩。"神女于是手解玉佩交给他。

⑤ 《晋书》卷33《石崇传》记载：西晋卫尉石崇的宠姬绿珠，美艳，善吹笛。中书令孙秀欲霸占，派兵去洛阳金谷园逮捕石崇。石崇对绿珠说："我今为尔得罪。"绿珠哭着说："当效死于官前。"遂跳楼自杀。唐人杜牧《金谷园》诗说："日暮东风怨啼鸟，落花犹似坠楼人。"

⑥ 用沉香亭杨贵妃看牡丹典故。沉香亭在唐长安兴庆宫龙池的东北。

【译文】

丹青高手作画，运笔似有神助，／哪一位来为花王牡丹画出真容图？／看到临水的牡丹，如同看见江汉神女手解玉佩赠送郑交甫，／那顺着风势摇晃的牡丹，宛如金谷园中跳楼殉情的美女绿珠。／芙蓉花只应该看成普通花卉，／芍药花只能跟在牡丹后面行路。／兴庆池东有谁还能观赏沉香亭边的牡丹？／"一枝红艳露凝香"的杨贵妃早被处死，冷风凄雨，怕是春光也禁受不住。

深深著色浅浮神，恍惚麻姑①旧日真。似尔炫娇宁有敌，如侬钟爱恐无人。条风②吹破当三月，谷雨过来又一尘。如此名花如此景，可容孤负玉缸春？

【译文】

深色牡丹浓艳可爱，浅色牡丹光彩传神，／仿佛是仙女麻姑十八九岁的真身。／像你们这样炫耀娇美，岂能会有对手，／像你们这样受到人们的钟爱，恐怕再无别的物群。／暮春三月的东风终会吹落牡丹，／到谷雨时再见开花，要等到下一个年份。／这么好的花这么好的景致哪能辜负，／趁现在抓紧赏花，倒出玉缸中的美酒尽情畅饮。

谁道元舆赋有神③，个中风味语难真。半庭迟日情熏骨，四座香风暖袭人。枝弱不胜霞朵重，叶疏难蔽露房尘。浩歌日日宜欢赏，积玉如山莫买春。

【译文】

谁说舒元舆的《牡丹赋》把牡丹写得神采飞扬，／赋文对牡丹的描

---

① 东晋道教学者葛洪《神仙传》卷3说仙女麻姑，样子像十八九岁的少女，自称"已见东海三为桑田"。宋徽宗政和年间（1111～1118）封她为真人。道教称她为寿仙娘娘、虚寂冲应真人。

② 条风：本指立春时的东北风，后泛指春风。

③ 唐文宗时期的宰相舒元舆作有《牡丹赋》。

绘并不是那么真切恰当。／阳光洒满了半个院子，花色让人陶醉得骨酥体软，／奇特浓烈的气味随着暖风飘来，使得满座生香。／偌大的花头像漫天红霞，压得枝条撑不起来，／绿叶稀疏，遮不住带着露水的花房。／应该天天伴着歌舞观赏牡丹，／即便家中金玉如山，过了时辰也买不来大好春光。

碧池光里巧传神，上下相辉一样真。黯蚁根头行识路，狂蜂叶底去随人。飘来不冷胭脂雪，落尽犹香锦绣尘。更把《清平》旧时调，翻成一阕《沁园春》。

【译文】

开在池塘边的牡丹，神采风韵增倍，／周围是天光水色，上下相辉。／聪明的蚂蚁在牡丹丛下沿着熟路行走，／在花朵中采完蜜的蜜蜂随人而归。／红牡丹像雪花一样飘来却不寒冷，／花瓣凋谢净尽时，泥土被染成锦绣带着香味。／更要把唐朝李白作词李龟年谱曲的《清平调》，／改编成一首《沁园春》，传唱年年岁岁。

百味狂香三昧①神，就中谁解独知真。开临玉女窥窗处②，赏许金貂换酒人③。鹤顶映来犹尚色，马蹄踏去易为尘。遍凭十二阑干曲，一曲阑干一曲春。

【译文】

牡丹具有百味浓香和纯真含义，／而今有谁能懂得它的真谛。／它开在美女临窗窥视的处所，／只许用来赏给金貂换酒的高级官吏。／鹤

---

① 三昧：佛教词汇，是梵文 Samādhi 的音译，音译亦作三摩地，含义是止息杂念，使心神平静，属于佛教的“禅定”修行方法。后借指事物的要领、奥妙、真谛。

② 东汉王延寿《鲁灵光殿赋》说：“玉女窥窗而下视。”玉女：美女，仙女。

③ 金貂是汉代以来高官所戴帽子上的饰物，用以显示身份显赫。《晋书》卷49《阮孚传》记载：“迁黄门侍郎、散骑常侍。尝以金貂换酒，复为所司弹劾，帝宥之。”此举表示当事人不拘礼法，恣情纵酒，放达傲世。

顶红牡丹比仙鹤头顶的红毛还亮堂，／花瓣凋落，马蹄践踏便顷刻化为香泥。／走遍十二处护卫牡丹的围栏就近观赏，／一处围栏就是一首歌，把春意唱得沁人心脾。

司花未省是何神，不合教渠①尽领真。方半吐时偏惬意，到全开日便愁人。红云冷惨枝间露，绿雾香流叶底尘。一曲《山香》莫轻舞②，临轩方欲赏长春。

【译文】

不知道统领百花的是什么神，／他不该让牡丹把风光占尽。／牡丹开到一半程度最叫人称心如意，／到了全开的时候免不了令人揪心。／红花枯萎像红云消散，枝条被露水弄得湿冷，／香气荡尽，雾气让绿叶沾上灰尘。／一曲《舞山香》羯鼓曲莫要奏起，／我想长久站在窗前欣赏阳春。

《回文》

华浮月夜静飞神，妙出天工画夺真。斜叶趁风摇翅蝶，艳姿嫌酒病心人③。霞翻丽质晴烘日，露浥微香暖涴尘④。家世古称应独魏⑤，花飘未尽占芳春。

【译文】

牡丹开花像夜空浮动皓月，静穆中自有神采飞扬，／它的娇艳出自

---

① 合：应该。渠：它，指牡丹。

② 唐代有羯鼓曲《舞山香》。唐人南卓《羯鼓录》记载：唐玄宗大哥的儿子李琎（jīn），常戴着砑光绢制作的帽子击奏羯鼓。唐玄宗亲自摘下一朵红槿花，插在他的帽子上。砑光绢帽子和红槿花，二者都很光滑，好半天才插稳当。李琎头戴它们，"遂奏《舞山香》一曲，而花不坠落"。

③ 《庄子·天运》说："西施病心而矉（同'颦'，皱眉）其里（居民区），其里之丑人见之而美之，归亦捧心（按住胸口）而矉其里。"后来演变成"东施效颦"的典故。

④ 浥（yì）：弄湿。涴（wò）：弄脏。

⑤ 以姓氏命名的牡丹品种，只有"魏花"门第最高。魏花后来名称演变成"魏紫"。周师厚《洛阳花木记》说："魏花，千叶肉红花也。本出晋相（五代后晋宰相）魏仁溥（浦）园中，……洛人谓姚黄为王，魏花为后。"

天然，图画描绘不出它的真样。／它的花瓣斜倾着，是趁风飞来的彩蝶摇动翅膀落在上面，／她美丽的姿态像美女西施患上心病，皱着眉头捂着胸膛。／开成一片红霞，像雨后的太阳穿射云彩，／打湿花朵的露水把香味留住，热气腾起灰尘把花朵弄脏。／培育牡丹的人家只有后晋魏仁浦宰相门第最高，／现在花儿还没有完全凋零，依然残留几许芬芳。

【点评】

这是一首回文诗，即倒着读又是一首诗，如下：

春芳占尽未飘花，魏独应称古世家。尘浣暖香微浥露，日烘晴质丽翻霞。人心病酒嫌姿艳，蝶翅摇风趁叶斜。真夺画工天出妙，神飞静夜月浮华。

这是文人的文字游戏，还是那些字，由于汉语顺序灵活，构词性强，一词多义，两首诗的含义便有了区别，意象有所变化。如魏世家指春秋战国的诸侯，西施的典故也没了。

吴宽《吏部后园牡丹》

嫣然国色眼中来，红玉分明簇一堆。最爱倚栏如欲语，缘知举酒特先开。洛中旧谱头须接，吴下新居手自栽。若向花间求匹配，扬州琼树①是仙材。

【译文】

极品花卉国色天香映入我的眼帘，／那分明是一堆红色美玉温润可

---

① 扬州琼树：即扬州琼花，因格律诗的平仄要求，此处改平声字"花"为仄声字"树"。琼花又名聚八仙花、月下美人、叶下莲、金钩莲、凤花、昙花，属于忍冬科荚莲属的木本植物，半常绿灌木。每年4月至5月开花，花色洁白，大如玉盘。每朵琼花的构造是由周边8朵5瓣大花环绕中间白珍珠般的小花，簇拥蝴蝶似的花蕊。琼花是当今江苏扬州的市花。扬州琼花由来已久，北宋人多次提到，王禹偁《后土庙琼花诗·序》说："扬州后土庙有花一株，洁白可爱，且其树大而花繁，不知实何木也，俗谓之琼花。因赋诗以状其异。"韩琦《琼花》诗说："维扬（扬州）一株花，四海无同类。年年后土祠，独此琼瑶贵。"欧阳修《答许发运见寄》诗说："琼花芍药世无伦，偶不题诗便怨人。曾向无双亭下醉，自知不负广陵（扬州）春。"

爱。／我倚着围栏最欣赏花儿想要说话，／它因为知道我要饮酒所以特意先开。／当年《洛阳牡丹记》记载嫁接的方法，／我在苏州的新居中亲手把花栽。／如果在万花丛中为它寻求伉俪，／只有扬州的琼花是贵如琼瑶的仙材。

《东园送白牡丹》

故园两岁梦鞓红①，凤尾②花新百种空。锦幄未能如富室，瓦盆亦足慰衰翁。一枝争卖金钱满，三朵齐开玉盏同。独恨春深无暇赏，暮归吹落又狂风。

【译文】

两年来我老是梦见故园的牡丹青州红，／凤尾红牡丹新近一问世，便压倒所有品种。／寒舍清贫，不能像富贵人家那样张起锦缎帷幕，／即便是用瓦盆栽植牡丹，也足以安抚我这个衰颓的老翁。／名贵品种一枝能卖很多钱，／故园送过来白牡丹三朵齐开，犹如玉杯般玲珑。／我只遗憾春季将尽没空闲观赏，／晚上又送回故园，不多久便会凋落在狂风中。

王世贞《佛头青》③

百宝栏前百艳明，虢家眉淡转轻盈④。狂蜂采去初疑叶，么

---

① 欧阳修《洛阳牡丹记·花释名》说：从山东青州传入洛阳的单瓣深红牡丹，"其色类腰带鞓，谓之鞓红"，又叫青州红。
② 明人薛凤翔《亳州牡丹史》卷1记载明代新出的牡丹品种有凤尾花红、凤尾白。"凤尾花红：尖胎，开却平头，内外叶（花瓣）有数层皆一等，其色见于名。名凤尾者，以叶（绿叶）似耳。"
③ 薛凤翔《亳州牡丹史》卷1说："佛头青：青胎，花大，重楼，绿心绿跗，沿房如碧。……先考功（薛凤翔的爷爷薛蕙）以其花之清异，易名尊绿华。……大梁（开封）人名绿蝴蝶，西人名鸭蛋青。蜀中旧品有欧碧，即此花。"
④ 杨贵妃的一位姐姐被唐玄宗封为虢国夫人。唐人张祜《集灵台二首》之二（一作杜甫诗《虢国夫人》）说："虢国夫人承主恩，平明骑马入宫门。却嫌脂粉污颜色，淡扫蛾眉朝至尊。"

凤^①藏来只辨声。自是色香堪绝世，不烦红粉也倾城。江南新样夸天水^②，调笑春风倍有情。

【译文】

百宝护栏里面牡丹花开出千姿百态，／佛头青色彩清纯，像虢国夫人不施粉黛。／只有靠声音来辨别是花还是藏身其间的幺凤鸟，／蜜蜂以为绿花是绿叶，闻香飞来。／它特有的花色香味真是世上稀有，／不用红粉涂抹，照样赢得满城人喜爱。／那颜色如同江南国主的后宫佳丽收集露水染衣的天水碧，／佛头青在春风中摇曳生姿，倍有风采。

【原】

申时行《小园初植牡丹，结亭垂就，忽放一花，时逼长至》

新除药圃结亭台，倾国奇葩忽自开。霜后著花还傲菊，春前破萼肯输梅！韶华岂为三冬借，阳气真从九地回。敢谓青皇私绿野，名园桃李暗相猜。

【译文】

我正在新开的牡丹花圃旁修建一所亭台，／现在临近冬至，国色天香的奇花忽然绽开。／已经过了降霜时刻，牡丹是在傲视秋菊，／离春天还远，牡丹不肯让冬花蜡梅赢得痛快！／难道春光被冬天借去，／和暖的阳气随之回到神州大地？／司春之神青帝也太偏袒牡丹了，／惹得各个名园也是春花的桃李暗自猜忌。

---

① 幺（yāo）凤：又作"幺凤"，一种体型小于燕子的鸟，羽毛五色，又叫桐花凤。北宋苏轼《异鹊》诗说："家有五亩园，幺凤集桐花。"又《次韵李公择梅花》诗说："故山亦何有，桐花集么凤。"

② 南唐后主李煜畏惧北宋出兵，上表自贬唐国为江南国主。《宋史》卷478《南唐李氏·李煜》载：其后宫"妓妾尝染碧，经夕未收，会露下，其色愈鲜明，煜爱之。自是宫中竞收露水，染碧以衣之，谓之天水碧"。

【增】

董其昌《牡丹》

名园占领艳阳多，未以沉冥废啸歌①。坐竹兴仍修禊②后，看花愁奈送春何。窗前散绮③摇书带，台畔凝香乱钵罗④。莫向花丛问姚魏，年来蝶梦不曾过。

【作者简介】

董其昌（1555～1636），字玄宰，号思白、香光居士，华亭（今上海松江）人。明神宗万历十六年（1588）进士，当过编修、讲官、湖广提学副使、福建副使、河南参政，官至南京礼部尚书，加太子太保致仕，卒谥文敏。擅长书画，存世作品有《岩居图》《秋兴八景图》《昼锦堂图》等。著有《画禅室随笔》《容台文集》等，刻有《戏鸿堂帖》。

【译文】

著名的园林中牡丹盛开，营造出繁华春色，／不要因为离群索居就废弃长啸吟哦。／坐在竹丛旁，依然是修禊后的余兴，／观赏牡丹，未免为即将送走春天感到无可奈何。／像铺开锦缎的灿烂霞光晃动在我窗户里的书箧带子上，／亭台边聚集着牡丹浓郁的香气，能搅乱青莲花萼。／不要向花丛打扰姚黄魏紫，问它们什么，／这段时间里连彩蝶做梦都不曾经过。

---

① 沉冥：幽居匿迹。啸歌：长啸吟咏。
② 修禊（xì）是古代节日，临水洗濯，除掉不祥。起初定在阴历三月上巳日（三月第一个巳日），后来确定在三月初三日。东晋王羲之《兰亭集序》说："永和九年（353），岁在癸丑，暮春之初，会于会稽（今浙江绍兴市）山阴之兰亭，修禊事也。群贤毕至，少长咸集。此地有崇山峻岭，茂林修竹；又有清流激湍，映带左右，引以为流觞曲水，列坐其次。……畅叙幽情，……信可乐也。"
③ 散绮：展开美丽的绸缎，比喻绚丽的云霞。南朝萧齐诗人谢朓《晚登三山还望京邑》诗说："余霞散成绮。"
④ 钵罗：印度的一种花，音译作优钵罗、乌钵罗、沤钵罗，意译作青莲花。

【原】

马氏《牡丹》

翠雾红云护短墙，豪华端称作花王。洛阳宫里杨妃醉，吴国台前西子妆。芳露淡匀腮粉腻，暖风轻度口脂香。开时亦自知珍重，静镇东风白昼长。

【译文】

圈起围墙护卫翠雾红云一样的国色天香，／雍容华贵，娇艳无比，确实应该称作花王。／它们像是洛阳宫里倾国倾城的杨妃喝醉酒涨红脸庞，／又像是吴国姑苏台上美女西施在化妆。／暖风带着花香轻轻吹来，犹如美女嘴唇上口红的气息，／白牡丹花色淡雅均匀，好似清纯的露水调和白粉涂抹腮帮。／牡丹也知道珍爱保重自己，／它们静静地绽放着，东风轻缓，白昼渐长。

【点评】

本诗所说"洛阳宫里杨妃醉"，无论从历史事实或小说传闻来看，都无根据，系作者杜撰。

五代人王仁裕《开元天宝遗事》卷下《醒酒花》说："明皇与贵妃幸华清宫，因宿酒初醒，凭妃子肩同看木芍药。上亲折一枝，与妃子递嗅其艳。帝曰：'不惟萱草忘忧，此花香艳，尤能醒酒。'"这里没有说杨贵妃也醉酒，而且是在陕西临潼华清宫，与"洛阳宫"毫不相干。这是小说编造的情节，唐玄宗杨贵妃从来没有牡丹花期去华清宫的经历。

唐人李濬《松窗杂录》说："大和（827～835）、开成（836～840）中，有程修己者，以善画得进谒。修己始以孝廉召入籍，故上不甚以画者流视之。会春暮内殿赏牡丹花，上颇好诗，因问修己曰：'今京邑传唱牡丹花诗，谁为首出？'修己对曰：'臣尝闻公卿间多吟赏中书舍人李正封诗，曰："天香夜染衣，国色朝酣酒。"'上闻之，嗟赏移时。杨妃方恃恩宠，上笑谓贤妃曰：'妆镜台前宜饮以一紫金盏酒，则正封之诗见矣。'"大和、开成是唐文宗的年号。这位杨贤妃不见于史书记载，这里的"宜"字是设想的口气，可见她饮酒是未然行为，她既然没有饮酒，当然不可能醉酒。"京邑"指唐朝京师长安，与"洛阳宫"毫不相干。

北宋徐积《醉中咏牡丹》诗说："君王亲执紫金盏，太真（杨贵妃）又醉白瑶台。"这里把唐文宗杨贤妃的事，说成前此80年唐玄宗杨贵妃的事。南宋辛弃疾《鹧鸪天·赋牡丹，主人以谤花索赋解嘲》上阕说："翠盖牙签几百株。杨家姊妹夜游初。五花结队香如雾（《资治通鉴》卷216记载：天宝十二载十月，唐玄宗幸华清宫，杨贵妃同姊妹韩国夫人、虢国夫人、秦国夫人、族兄宰相杨国忠，五家各为一队，服装颜色各异，粲若云锦），一朵倾城（李白《清平调词》描写牡丹与杨贵妃一而二、二而一，有句说：'一枝红艳露凝香'、'名花倾国两相欢'）醉未苏。"这两处诗词说法，皆系作者杜撰杨贵妃醉酒，而且都不在洛阳宫。

《御定佩文斋广群芳谱》 卷三十四

花谱　　牡丹三

集藻

五言排律

【增】

唐·王建《牡丹》

此花名价别，开艳益皇都。香逼苓菱菱，红烧踯躅枯。软光笼细脉，妖色暖鲜肤。满蕊攒黄粉，含棱镂绛苏。好和薰御宸，堪画入宫图。晚态愁新妇，残妆望病夫。教人知个数，留客赏斯须。一夜轻风起，千金买亦无。

《同于汝锡赏白牡丹》

晓日花初吐，春寒白未凝。月光裁不得，苏合点难胜。柔腻于云叶，新鲜掩鹤膺。统心黄倒晕，侧茎紫重棱。乍敛看如睡，初开问欲应。并香幽蕙死，比艳美人憎。价数千金贵，形相两眼疼。自知颜色好，愁被彩光凌。

白居易《牡丹》

绝代只西子，众芳惟牡丹。月中虚有桂，天上漫夸兰。夜濯金波满，朝倾玉露残。性应轻菡萏，根本是琅玕。夺目霞千片，凌风绮一端。稍宜经宿雨，偏觉耐春寒。见说开元岁，初令植御栏。贵妃娇欲比，侍女妒羞看。巧类鸳机织，光攒麝月团。暂移公子第，还种杏花坛。豪士倾囊买，贫儒假乘观。叶藏梧际凤，枝动镜中鸾。似笑宾初至，如愁酒欲阑。诗人忘芍药，释子愧栴檀。酷烈宜名寿，姿容想姓潘。素光翻鹭羽，丹艳趓鸡冠。燕拂惊还语，蜂贪困未安。倘令红脸笑，兼解翠眉攒。少长呈连萼，骄矜寄合欢。息肩移九轨，无胫到千官。日曝香房拆，风披蕊粉乾。好酬青玉案，称贮碧冰盘。璧要连城与，珠堪十斛判。更思初甲坼，那得异泥蟠。骚咏应遗恨，农经只略刊。鲁班雕不得，延寿笔将殚。醉客同攀折，佳人惜犯干。始知来苑囿，全胜在林峦。泥滓常浇洒，庭除又绰宽。若将桃李并，方觉效颦难。

姚合《和王郎中召看牡丹》

葩叠萼相重，烧栏复照空。妍姿朝景里，醉艳晚烟中。乍怪霞临砌，还疑烛出笼。绕行惊地赤，移坐觉衣红。殷丽开繁朵，香浓发几丛。裁绡样岂似，染茜色宁同！嫩畏人看损，鲜愁日炙融。婵娟涵宿露，烂熳抵春风。纵赏襟情合，闲吟景思通。客来归尽懒，莺恋语无穷。万物珍那比，千金买不充。如今难更有，纵有在仙宫。

薛能《牡丹》

异色禀陶甄，常疑主者偏。众芳殊不类，一笑独奢妍。颗拆羞含嫩，丛虚隐陷圆。亚心堆胜被，美色艳于莲。品格如寒食，精光似少年。种堪收子子，价合易贤贤。迥秀应无妒，奇香称有仙。深阴宜映幕，富贵助开筵。蜀水争能染，巫山未可怜。数难忘次第，立困恋傍边。逐日愁风雨，和星祝夜天。且从留尽赏，离此便归田。

万朵照初筵，狂游忆少年。晓光如曲水，颜色似西川。白向庚辛受，朱从造化研。众开成伴侣，相笑极神仙。见焰宁劳火，闻香不带烟。自高轻月桂，非偶贱池莲。影接雕盘动，丛遭恶草偏。招欢忧事阻，就卧觉情牵。四面宜绛锦，当头称管弦。泊来莺定忆，纷扰蝶何颠。苏息承朝露，滋荣仰霁天。压阑多尽好，敌国贵宜然。未落须迷醉，因兹任病缠。人谁知极物，空负感麟篇。

宋·王禹偁《牡丹》

艳绝百花惭，花中合面南①。赋诗情莫倦，中酒②病先甘。国色浑无对，天香亦不堪。遮须施锦帐③，戴好上瑶簪④。苞拆深擎露，枝拖翠出蓝。半倾留粉蝶，微亚拂宜男⑤。邻妓临妆妒，胡蜂得蕊贪。忽行晴吹动，浓睡晓烟含。话别年经一，相逢月又三。遣谁捪⑥白发，为尔换新衫。池馆邀宾看，衙庭放吏参。仙娥喧道院，魔女逼禅庵。乱折⑦窠难惜，分题韵更探⑧。歌欢殊未厌，零落痛曾谙。谷雨供汤沐⑨，黄鹂助笑谈。颜生⑩如见此，未免也醺酣。

【作者简介】

王禹偁（954～1001），字元之，济州钜野（今山东巨野县）人。宋太宗太平兴国八年（983）进士，任翰林学士，官终蕲州太守。著有《五代史缺文》《小畜集》《小畜外集》等。

---

① 在百花中应面南称王。古代以坐北朝南为尊位，故天子诸侯见群臣，或卿大夫见僚属，皆面南而坐。合：应该。

② 中（zhòng）酒：酒醉。

③ 锦帐：遮蔽风尘或视线的锦制帷帐。

④ 瑶簪：玉簪。

⑤ 亚：低垂的样子。拂：原作"摘"，据《全宋诗》第 2 册第 764 页本诗校改。宜男：萱草的别名，古代认为孕妇佩之则生男。

⑥ 捪（xún）：拔、拉。

⑦ 折：原作"拆"，据《全宋诗》本诗校改。

⑧ 众人一起作诗，分取题目和韵字。探：此处古读平声。

⑨ 谷雨：节气，在农历立春后第 75 日。这里指该时期的雨水。汤沐：沐浴。

⑩ 孔子弟子颜回，字子渊，春秋鲁（今山东曲阜市）人。好学，乐道安贫，一箪食，一瓢饮，不改其乐。后尊其为"复圣"。

【译文】

娇艳绝伦的牡丹花令百花自惭形秽，／它号称花中之王，自然当之无愧。／赋诗歌颂它的人，历来兴致饱满，／赏花饮酒，千杯万盅不醉。／它是国中的绝色，根本没有对手，／它是天上的异香，没有什么能够匹配。／须用绸缎做成帷幕为它蔽雨遮光，／摘来插头，置于玉簪之上。／花苞含着露水开放，枝条倾斜压弯，／枝叶延伸，翠色超过蓼蓝。／花朵向下半倾，把花粉留给彩蝶，／低垂得几乎要把萱草遮掩。／隔壁梳妆的女妓看到牡丹不由得嫉妒，／蜜蜂落在花蕊上，采蜜十分贪婪。／暖风轻轻拂过，花枝来回翻动，／风定人静，花丛酣睡在清晨的烟霭中。／去年开罢，隔离整整一年，／到暮春三月才能和它重逢。／请谁来拔掉我的白发，变得年轻力壮，／为了你我换上崭新的衣裳。／池馆牡丹开，都邀请宾客们前来观看，／衙门的小吏们都放假，不用奔忙。／道观里人群喧嚷团团转，／佛寺中僧人坐禅受影响。／游人随便折花，叫人真心疼，／文士分韵作诗，搜索枯肠。／歌声笑语喧阗，谁也不觉得尽兴，／一到牡丹凋零，谁都曾心中悲伤。／好雨是给牡丹植株施水淋浴，／黄莺啼啭，为游人赏花说笑增添乐趣。／安贫乐道的颜回如果见到这种场景，／恐怕也会受到感染，产生陶醉的情绪。

苏轼《谢郡人田贺二生献花》①

城里田员外②，城西贺秀才③。不愁家四壁④，自有锦千堆。珍重尤奇品，艰难最后开。芳心困落日，薄艳战轻雷⑤。老守仍多病，壮怀先已灰。殷勤此粲者，攀折为谁哉⑥。玉腕揎⑦红袖，金樽泻白醅⑧。何当

---

① 《苏轼诗集》王文诰《案》："献牡丹也。"
② 员外：指正员以外的官职，常用来恭维无职位的百姓。
③ 秀才：古代科举功名的称谓，也用来指读书人。
④ 家中空无一物，只有四堵墙壁。
⑤ 《全宋诗》第 14 册第 9213 页本诗作者自注："昨日雷雨。"
⑥ 作者自注："贺献魏花三朵。"
⑦ 揎（xuān）：挽起。
⑧ 醅（pēi）：酒。

镊霜鬓①，强插满头回。

【译文】

城里有位田员外，／城西有个贺秀才。／不愁一贫如洗守空墙，／花园中千朵锦绣般的牡丹盛开。／这些罕见的品种都十分珍贵，／在众花凋残后艰难地吐露芳菲。／它们的芳容受到落日的刁难，／单薄的艳色搏斗着阵阵轻雷。／我这个太守年老多病，／往日的雄心壮志早变成意懒心灰。／贺秀才殷勤折下三朵魏花送给我，／你辛勤培育牡丹到底为了谁？／侍女挽起红衣袖头露出洁白的手臂，／把芳香的清醇倒满酒杯。／我什么时候能拔掉两鬓白发，／将花儿硬插到头上把家回。

元·贡奎《赋牡丹》

曲槛春如锦，晴开晓日妍。树摇风影乱，枝滴露光圆。玉珮停湘女②，金盘拱汉仙③。翠填宫鬓巧，黄染御袍鲜④。力费青工造，名随绮语⑤传。细翎层拥鹤⑥，弱翅独迎蝉⑦。倚竹⑧成双立，留华任众先。久看心已倦，欲折意还怜。洛谱今存几，吴园路忆千。可应频载酒，相与醉华年。

---

① 镊（niè）：拔除。霜鬓：耳边白发。
② 江汉神女解下玉佩赠送郑交甫。
③ 西汉武帝时，在长安建章宫内修造承露盘，以为承接甘露，和玉屑饮下，可以长生不老。《汉书·郊祀志上》注引苏林说："仙人以手掌擎盘承甘露。"《三辅故事》说：承露盘"上有仙人掌承露"。
④ 北宋周师厚《洛阳花木记》说："御袍黄，千叶黄花也。"
⑤ 《大乘义章》卷7说："邪言不正，其犹绮色，从喻立称，故名'绮语'。"为佛教所禁止。后来用以指刻意修饰的华美文词。北宋苏轼《海市》诗说："新诗绮语亦安用？相与变灭随东风。"
⑥ 欧阳修《洛阳牡丹记·花释名》说："鹤翎红者，多叶花，其末白而本肉红，如鸿鹄羽色。"
⑦ 南宋陆游《天彭牡丹谱·花释名》说："瑞露蝉，亦粉红花，中抽碧心，如合蝉状。"明人薛凤翔《亳州牡丹史》卷1说："软瓣银红：干长，胎圆。花瓣若蝉翼轻薄，无碍其色。"
⑧ 倚竹：指佳人。唐人杜甫《佳人》诗说："绝代有佳人，幽居在空谷。……天寒翠袖薄，日暮倚修竹。"

【作者简介】

贡奎（1269～1329），字仲章，号云林子，宣城（今安徽宣城市）人。博通经史，被聘为池州齐山书院山长。元成宗大德六年（1302），任太常奉礼郎兼检讨，大德九年迁翰林国史院编修，元武宗至大元年（1308）任翰林文学，后任翰林院待制。元泰定帝泰定三年（1326）任集贤直学士。卒，追封广陵郡侯，谥文靖。著有《云林小稿》《听雪斋记》《青山漫吟》《倦游集》《豫章稿》《上元新录》《南州纪行》等120卷，多佚，今存《云林集》6卷、附录1卷。

【译文】

回环曲折的护花围栏内，绚丽的牡丹使得春意盎然，／气清天朗，一轮旭日缓缓升上蓝天。／东风吹拂着牡丹丛，地面上有它们晃动的影子，／枝头上的花朵，带着夜里的露珠还没有晾干。／是美丽的江汉神女解下玉佩送给多情男子郑交甫，／是仙人以手掌托着汉武帝为延年益寿而承接甘露的金盘。／姿态精致的绿牡丹恰似宫娥巧梳妆的青发式样，／名贵的御袍黄牡丹真的像新制龙袍那么鲜艳。／牡丹是掌管春天的青帝费力打造的精品，／它们的名声随着文人雅士的清词丽句广泛流传。／鹤翎红牡丹的层层花瓣堆出仙鹤的造型，／软瓣银红牡丹的花瓣轻巧透明，确实如同蝉翼一般。／牡丹和黄昏倚靠着竹丛的佳人作伴并立，／它们蓄势待发，任凭种种春花先开在自己之前。／我观看得太久难免有些疲倦，／想摘下几朵，又不忍心违背自己对牡丹的恻隐爱怜。／《洛阳牡丹记》中记载的品种如今还有多少种，／苏州名园中沿路游赏，目不暇接，成百上千。／应该频频携带美酒佳肴到处走走，／要与牡丹如痴如醉共度华年。

五言绝句

【原】

唐·王维《红牡丹》

绿艳闲且净，红衣浅复深。花心愁欲断，春色岂知心。

刘禹锡《唐郎中宅与诸公饮酒看牡丹》

今日花前饮，甘心醉数杯。但愁花有语，不为老人开。

【增】

刘禹锡《浑侍中宅牡丹》

径尺千余朵，人间有此花。今朝见颜色，更不问诸家。

元稹《牡丹二首》

簇蕊风频坏，裁红雨更新。眼看吹落地，便别一年春。

繁绿阴全合，衰红展渐难。风光一抬举，犹得暂时看。

司空图《牡丹》

得地牡丹盛，晓添龙麝香。主人犹自惜，锦幕护春霜。

【作者简介】

司空图（837～908），字表圣。河中虞乡（今山西永济市）人。唐懿宗咸通十年（869）进士，当过礼部郎中。著有《司空表圣文集》10卷，《全唐诗》存诗 3 卷。

【译文】

牡丹得到适宜的地脉，茂盛无比，／早晨更添了龙脑香、麝香般的气味，阵阵扑鼻。／主人担心春寒会伤害花朵，／用锦缎做成帐幕来隔绝霜气。

【原】

无名氏

倾国姿容别，多开富贵家。临轩一赏后，轻薄万千花。

【译文】

牡丹倾国倾城的姿色就是与众不同，／多在富贵人家的园圃中栽种。／自从我倚着轩窗观赏它的芳容，／再也不会把万千种其他花卉放在眼中。

【增】

苏轼《三萼牡丹》

风雨何年别？留真向此邦。至今遗恨在，巧过不成双。

《和子由岐下牡丹》①

花好常患稀，花多信佳否？未有四十枝②，枝枝大如斗。

【译文】

花好只是总忧虑太稀少，／花多难道一定就好？／都比不上一株牡丹四十枝，／花大如斗植株高。

范成大《题张希贤③纸本牡丹》

洛花肉红④姿，蜀笔丹砂染。生绡多俗格，纸本有真艳。

【译文】

洛阳牡丹花红润鲜艳，／用四川画笔和丹砂着意渲染。／画在素绢上都是些常见的格调，／宣纸上才将它的姿色神韵逼真显现。

杨万里《牡丹》⑤

排日上牙牌，记花先后开。看花不仔细，过了却重回。

【译文】

为了赏花在一株株牡丹旁安置牙牌，／上面写着哪株牡丹花先开后开。／担心赏花时不够细心而错过，／走过去掉转身子再回来。

---

① 苏轼的弟弟苏辙字子由。岐下：岐山之下，在陕西岐山县。
② 《全宋诗》第 14 册第 9113 页本诗作者自注："牡丹花有四十余枝。"
③ 张希贤，名适，汉川（今四川广汉市）人，北宋著名画家。宋徽宗大观初年补翰林图画院学谕，后任蜀州推官。
④ 肉红：原作"红肉"，据《全宋诗》第 41 册第 25987 页本诗校改。
⑤ 《全宋诗》第 42 册第 26562 页本诗题作《甲寅二月十八日牡丹初发》。

六言绝句

御制《忆畅春园①牡丹》

晓雨疏疏薄洒，午风习习轻吹。忽念畅春花事，正当万朵开时。

【译文】

早晨小雨星星点点，／午间清风习习吹来。／忽然想起畅春园的牡丹，／此刻该是万朵齐开。

【增】

宋·范成大《单叶御衣黄》

舟前鹅羽映酒，塞上驼酥截肪。春工若与多叶，应入姚家雁行②。

【作者简介】

范成大（1126～1193），字致能，号石湖居士，吴郡（今江苏苏州市）人。宋高宗绍兴二十四年（1154）进士，官至参政知事。晚年退居故乡石湖。有《石湖居士诗集》和《石湖词》。

【译文】

单瓣御衣黄牡丹好似浅黄羽毛的鹅游弋在船的近侧，／船中人吃着驼峰，喝着骆驼乳酿制的琼浆玉液。／假如掌管春花的东君能让它的花朵变成重瓣，／恐怕它要荣升到姚黄牡丹的行列。

《水晶球》

缥缈醉魂梦物，娇娆轻素轻红。若非风细日薄，直恐云消雪融。

---

① 畅春园：在今北京市海淀区，位于圆明园南，北京大学西。明神宗的外祖父武清侯李伟，在京西营建了私家园林清华园。清代在清华园的旧址上仿江南园林营建畅春园，作为皇帝在京城西郊避暑听政的离宫。园林总体设计由宫廷画师叶洮负责，聘请江南园匠张然叠山理水，同时整修万泉河水系，将河水引入园中。为防止水患，还在园西面修建了西堤，今为颐和园东堤。畅春园建成后，康熙帝每年约有一半时间在园内居住，并去世于园内清溪书屋。这首"御制"诗，便是康熙帝的作品。

② 雁行：飞雁排列有序，借指兄弟。

【译文】

缥缈朦胧，像是醉时看见、梦里相逢，／是那么娇媚妖娆，白花瓣裹着嫩红。／要不是花开时节微风和煦、阳光淡淡，／只怕早就化为浮云飘逝、冰雪消融。

《寿安红》

丰肌弱骨自喜，醉晕妆光总宜。独立风前雨里，嫣然不要人持。

【译文】

花瓣丰腴，枝丫苗条，像顾影自怜的少女，／醉脸上生出红晕，打扮不打扮都一样适度。／和风前，细雨里，它都亭亭玉立，／嫣然一笑百媚生，不用谁来搀扶。

《叠罗红》

襞积①剪裁千叠，深藏爱惜孤芳。若要韶华展尽，东风细细商量。

【译文】

是剪裁大红罗绡而折叠成千层模样，／悄悄开放在幽静的地方孤芳自赏。／若要将春光展示得淋漓尽致，／还需要和煦的东风细心帮忙。

《崇宁红》

匀染十分艳绝，当年欲占春风。晓起妆光沁粉，晚来醉面潮红。

【译文】

颜色均匀，特别娇艳，／简直想把春光全部占完。／早晨像美人梳妆抹上白粉，／到晚上变成潮红，像醉酒的脸面。

---

① 襞（bì）积：折叠。

《鞓红》

猩唇鹤顶太赤，榴萼梅腮弄黄。带眼一般官样，只愁瘦损东阳①。

【译文】

猩猩的嘴唇和丹顶鹤的脑袋都红得太深，／石榴花的花蒂和梅花的花瓣都黄得烦人。／只有鞓红牡丹像打着小孔的皮带一样标准，／只担心围在腰间，会量出沈约瘦损的腰身。

《紫中贵》

沉沉色与露滴，泥泥香随日烘。满眼艳妆红袖，紫绡终是仙风。

【译文】

花朵带着露滴，紫色显得深沉缠绵，／阳光照耀着，花香缓缓地飘散。／寻常的艳妆红袖到处可见，／偶然见到紫绡，更觉得是仙风道骨一般。

七言绝句

御制《畅春园众花盛开，最为可观，惟绿牡丹清雅迥常，世所罕有，赋七言绝以记之》

碧蕊青霞压众芳，檀心逐朵韫真香。花残又是一年事，莫遣春光放日长。

【译文】

碧绿的花瓣蔚成奇特的青色霞光，足以压倒众芳，／一朵朵绿牡丹浅红色的花心里都蕴藏着馨香。／假若花儿凋残了，还须等待一年才能见到它们开放，／趁现在抓紧观赏，别让春光溜走，白昼一天天变长。

---

① 南朝沈约曾当东阳（今浙江金华市）太守，致函徐勉说其瘦损："百日数旬，革带应常移孔；以手握臂，率计月小半分。"

【原】

唐·李益《牡丹》

紫蕊丛开未到家，却教游客赏繁华。始知年少求名处，满眼空中别有花。

【增】

陈标《僧院牡丹》

琉璃地上开红艳，碧落天头散晚霞。应是向西无地种，不然争肯重莲花！

令狐楚《赴东都别牡丹》

十年不见小庭花，紫蕚临开又别家。上马出门回首望，何时更得到京华！

【原】

刘禹锡《和令狐相公别牡丹》

平章宅里一栏花，临到开时不在家。莫道两京非远别，春明门外即天涯。

【增】

刘禹锡《赏牡丹二首》

庭前芍药妖无格，池上芙蕖净少情。惟有牡丹真国色，花开时节动京城。

偶然相遇人间世，合在层台阿姥家。有此倾城好颜色，天教晚发赛诸花。

【原】

白居易《白牡丹》

白花冷淡无人爱，亦占芳名道牡丹。应似东宫白赞善，被人还唤作朝官。

【增】

白居易《看浑①家牡丹戏赠李二十》

香胜烧兰红胜霞，城中最数令公家。人人散后君须看，归到江南无此花。

《移牡丹栽》

金钱买得牡丹栽，何处辞丛别主来。红芳堪惜还堪恨，百处移将百处开。

《惜牡丹花二首》

惆怅阶前红牡丹，晚来惟有两枝残。明朝风起应吹尽，夜惜衰红把火看。

寂寞萎红低向雨，离披破艳散随风。晴明落地犹惆怅，何况飘零泥土中。

《微之宅残牡丹》

残红零落无人赏，雨打风摧花不全。诸处见时犹怅望，况当元九小庭前。

【原】

元稹《西明寺牡丹》

花向琉璃地上生，光风炫转紫云英。自从天女盘中见，直至今朝眼更明。

【增】

元稹《酬胡三凭人问牡丹》②

窃③见胡三问牡丹，为言依旧满西栏。花时何处偏相忆，寥落衰红

---

① 浑：原作"恽"，据《白居易集》本诗校改。
② 酬：酬唱，以诗文相互答赠。胡三：元稹《寄胡灵之》诗说："早岁颠狂伴，城中共几年？"《答姨兄胡灵之见寄五十韵》诗说："醉眠街北庙，闲绕宅南营。"注云："予宅在靖安北街，灵之时寓居永乐南街庙中。予宅又南临弩营。"胡三疑即其人。
③ 窃：谦辞自称。

雨后看。

【译文】

胡三托人来家，问牡丹是否盛开庭院，／请告诉他院西花圃牡丹照旧茂密鲜艳。／花开时节他身处异地无缘相见，／只好忆起当年牡丹凋零雨后一同观看。

《赠李十二牡丹花片，因以饯行》

莺涩余声絮堕风，牡丹花尽叶成丛。可怜颜色经年别，收取朱栏一片红。

徐凝《牡丹》

何人不爱牡丹花，占断城中好物华①。疑是洛川神女作②，千娇万态破朝霞。

【作者简介】

徐凝，睦州（今浙江建德市）人。唐宪宗元和年间有诗名。终身布衣。

【译文】

会有哪个人不钟爱牡丹花卉，／在洛阳它独领风骚，是万物之最。／我疑心那是美丽的洛河神女现身，／在红彤彤的朝霞中展示无限的娇媚。

张祜《杭州开元寺③牡丹花》

秾艳初开小药栏④，人人惆怅出长安。风流却是钱塘寺，不踏红尘

---

① 占断：独自具有。物华：物有光华，指华美的物产。

② 作：出现。

③ 武则天改朝换代，僧人利用《大云经》，说她是天女下凡，当世间君主，她即命令长安、洛阳两京及各州皆置大云寺一所。唐玄宗开元年间，改名为开元寺。

④ 唐人段成式《酉阳杂俎》前集卷19说："牡丹，前史中无说处。……隋朝花药中所无也。"南宋郑樵《通志》卷75说："牡丹初无名"，"其花可爱，如芍药，宿枝如木，故得木芍药之名。""牡丹晚出，唐始有闻。"此前它因根皮作为药物被医家利用，被看作药物。北宋类书《太平御览》将牡丹收入卷992《药部》，未收入《百卉部》。因此，此处称护花栅栏为药栏。

见牡丹①。

【作者简介】

张祜（hù），字承吉，清河（今河北清河县）人。一说南阳（今河南南阳市）人。耽玩山水，狂放不羁，终身布衣，身后萧条。有集十卷。

【译文】

每逢药栏边牡丹开始吐露娇艳，／惜花人离开长安都会无限伤感。／不料我在杭州佛寺照样看到牡丹，／却用不着风尘仆仆，东跑西颠。

周贲《题牡丹》②

万叶红绡剪尽春，丹青任写不如真。风光九十无多日，难惜樽前折赠人。

【译文】

牡丹营造春色，仿佛剪出片片红绡，／即使用丹青描绘，也没有真花妖娆。／整个春季不过九十天，花儿总会凋零，／酒席旁摘花赠人的主儿心疼也徒劳。

段成式《牛尊师宅看牡丹》

洞里仙春日更长，翠丛风剪紫霞芳。若为萧史通家客，情愿扛壶入醉乡。

温庭筠《夜看牡丹》

高低深浅一栏红，把火殷勤绕露丛。希逸近来成懒病，不能容易向春风。

---

① 佛教称世俗为红尘。
② 《全唐诗》卷737本诗作者署名为卢士衡。卢士衡，后唐天成二年（927）进士及第，事迹不详。

周繇《看牡丹赠段柯古》①

金蕊霞英叠彩香，初疑少女出兰房②。逡巡③又是一年别，寄语集仙呼索郎④。

【作者简介】

周繇，字宪，籍贯不详，唐宣宗大中末年（859）以御史中丞佐山南东道（驻今湖北襄阳市）幕府。《全唐诗》与唐末字允元的池州人周繇误为一人，将二者诗作编在一起（采《增订注释全唐诗》第 4 册第 665 页说，文化艺术出版社，2001）。

【译文】

花蕊金黄，花瓣殷红，香气醇厚，／我疑心那是姗姗步出闺房的俏丽豆蔻。／转眼间即会凋谢，再见须一年等候，／集贤学士，快来观赏牡丹品尝美酒。

唐彦谦《牡丹》

青帝于君事分⑤偏，秾堆浮艳倚朱门。虽然占得笙歌地，将甚酬他雨露恩。

【译文】

青帝偏爱你，执行职责不讲法度，／让你浓妆艳抹，生长在豪门大户。／你听着笙歌，享着清福，／拿什么报答他施加于你的阳光雨露！

---

① 《全唐诗》卷 635 本诗标题下有"柯古前看吝酒"6 字。"柯古"是段成式的字。吝酒：不肯喝酒。段成式不能喝酒，其《怯酒赠周繇》诗说："大白（大酒杯）东西飞正狂，新刍石冻杂梅香。诗中反语常回避，尤怯花前唤索郎。"

② 兰房：闺房。

③ 逡（qūn）巡：片刻。

④ 《资治通鉴》卷 212 记载：唐朝在东都洛阳设置集仙殿，开元十三年（725），唐玄宗召集中书令张说等人在此宴集，说："仙者凭虚之论，朕所不取。贤者济理之具，朕今与卿曹合宴，宜更名曰集贤殿。"段成式这时是长安集贤殿书院学士。索郎：桑落酒，后泛指酒。"桑落"二字的反（fān）语（二字互换韵母，拼出新字）为"索郎"。

⑤ 事分（fèn）：职务，职分。

吴融《和僧咏牡丹》

万缘消尽本无心，何事看花恨却深？都是支郎①足情调，堕香残蕊亦成吟。

【作者简介】

吴融，字子华，浙江绍兴人，唐昭宗龙纪元年（889）进士。著有诗集4卷。

【译文】

万象都是因缘和合，空无自性，/高僧你为何却要伤感牡丹的凋零？/都是你才华横溢，感情细腻，/见到花谢香消便把诗句吟成。

韦庄《白牡丹》

闺中莫妒新妆妇，陌上须惭傅粉郎②。昨夜月明浑③似水，入门惟觉一庭香。

【作者简介】

韦庄（836～910），字端己，京兆杜陵（今陕西西安市长安区）人。屡试不第，唐昭宗乾宁元年（894）年近花甲才登进士第。曾任校书郎、左补阙等职。后依四川藩镇将领王建（同本书前面选诗的王建不是一人），任掌书记。唐亡，王建建前蜀政权，韦庄任宰相。韦庄不但能诗，还善填词。有《浣花集》。

【译文】

闺房里装扮一新的年少娘子切莫妒忌，/道路上满脸抹粉的得意郎君应有愧意。/昨夜庭院中溶溶月色透明似水，/白牡丹混同月光难辨，

---

① 《高僧传》卷1说：三国时，月支（月氏）国优婆塞（居士）支谦来华，以国名为姓氏。他精究经籍，世间技艺多所综习。他身躯细长，眼多白而睛黄，被时人称为"支郎眼中黄，形躯虽细是智囊"。后世以支郎通称僧人。
② 陌：道路。傅粉郎：以粉涂面的青年男子。傅：敷。
③ 浑：简直。

但觉香气扑鼻。

宋·王禹偁《山僧送牡丹》

数枝香带雨霏霏，雨里携来叩竹扉①。拟戴却休成惆望，御园曾插满头归。

【译文】

山僧冒着霏霏春雨，来敲打我的柴扉，／送给我几枝牡丹花，透出阵阵香味。／本想戴在头上又拉倒，只有发出怅叹，／想起曾在皇家园林头插牡丹把家回。

【原】

韩琦《咏锦被堆》

不管莺声向晓催，锦衾春晚尚成堆。香红若解知人意，睡取东君不放回。

【译文】

不管拂晓时黄莺催人醒来，鸣声多么响亮，／春天容易犯困，人在锦绣被窝里睡得正香。／这种命名的牡丹花如果像人一样懂得情意，／它要缠着司春东君一起睡觉，不让他起床。

【点评】

"锦被堆"不是牡丹的专名，同时也是蔷薇花、粉团儿、瑞香花（睡香、蓬莱紫、风流树、毛瑞香、千里香、山梦花）的别名。这首诗是北宋韩琦《锦被堆二阕》的第二首。其第一首说："碎剪红绡间绿丛，风流疑在列仙宫。朝真更欲熏香去，争掷霓衣上宝笼。"从两首诗运用的词汇"春晚""红绡""熏香"等来看，像是牡丹。南宋胡元质

---

① 扉：门扇。

《牡丹记》记载:"宋景文公祁帅蜀,彭州守朱公绰始取杨氏园花凡十品以献。……公于十种花,尤爱重锦被堆,尝为之赋,盖他园所无也。"但对于这个牡丹品种的具体形状、颜色,文献没有描写。宋祁《益都方物略记·锦被堆》说:"俗谓蔷薇为锦被堆花",恰恰也是成都(益都)的事,可见当时"锦被堆"的称谓就有不同的指向了。

【增】

石延年《牡丹》

春风晴昼起浮光,玉作冰肤罗作裳。独步世无吴苑艳,浑身天与汉宫香。【一生①多怨终羞语,未剪相思已断肠。】

【作者简介】

石延年(994~1041),字曼卿,一字安仁,宋城(今河南商丘市)人。累举进士不第,以武臣叙迁得官。宋真宗时,为三班奉职。官终太子中允、秘阁校理。有《石曼卿集》。

【译文】

晴朗的春日和风轻拂,明媚闪亮,/红白牡丹犹如玉作肌肤罗纱做衣裳。/绝代美丽,恰似吴王宫里的美人西施,/浑身散发着王昭君一般的芳香。/一生幽怨深沉,始终羞于启齿,/相思之情不曾剪断,早已销魂断肠。

【点评】

《全宋诗》第3册第2008~2009页收录本诗,一共6句,并说"原校:有缺"。可见不是《广群芳谱》所归入的"七言绝句"。

西园春色才桃李,蜂已成围蝶作团②。更欲开花比京洛,放教姚魏

---

① 【】内的两句诗原无,据《全宋诗》第3册第2008~2009页本诗校补。
② 蜂:原作"绛",蝶:原作"雪",据《黄庭坚诗集注》(中华书局,2003)第1349页本诗校改。

接山丹^①。

【译文】

西园里看春色，一开始由桃花李花装点，／蜜蜂彩蝶就围着桃花杏花团团转。／想让花儿艳丽能比得上西京洛阳，／特意让姚黄魏紫开放，领先山丹。

【点评】

《广群芳谱》将这首诗的作者说成是石延年，诗题作《牡丹》，这弄错了。这是北宋黄庭坚《次韵李士雄子飞独游西园折牡丹忆弟子奇二首》的第一首，见中华书局版刘向荣点校本《黄庭坚诗集注》"山谷外集诗注"卷16，又见《全宋诗》第17册第11577页。二书用字相同，而《广群芳谱》用字与它们不同，已于注释中指出。黄庭坚的第二首云："桃李阴中五兄弟，扶将白发共传杯。风吹一雁忽南去，空得平安书信回。"《广群芳谱》这里的录文不知出自何处，将第二句的"蜂"字录做"绛"字，二字形似而误，可能以为绛是浅红色，指上句所说的桃花，于是"蝶"字改成"雪"字，指白色的李花。如果这样，这首诗便是以桃花李花为主题了。实际上这首诗落脚在"放教姚魏"上，从桃李说起，最后归结为牡丹开后，山丹丹接着开。

【原】

欧阳修《白牡丹》

蟾精雪魄孕云荄^②，春入香腮一夜开。宿露枝头藏玉块，暖风庭面倒银杯。

---

① 放教：原作"故将"，据《黄庭坚诗集注》本诗校改。山丹：别名山丹百合、山丹丹、细叶百合，百合科百合属草本植物。茎高一尺左右，叶长而尖，互生，地下的鳞茎颇小。春末夏初开花，红色或黄色，花瓣上或有斑点，或无斑点。

② 蟾：蟾蜍，代称月亮。荄（gāi）：草根。

【译文】

是月亮和白雪的魂魄孕育出这天界的花卉，／春意注入它的躯体，一夜间开出娇媚。／花蕾在枝头上含着露水像晶莹剔透的玉石，／在和风的吹拂下缓缓绽开像露出了银杯。

【增】

蔡襄《李阁使新种洛花》①

堂下朱栏小魏红，一枝称艳占春风。新闻洛下传佳种，未必开时胜旧丛。

【译文】

李阁使庭堂前红栏杆围护的牡丹小魏红，／艳丽的花姿摇曳着徐徐春风。／听说最近又移植来洛阳的新品种，／开花未必能胜过老花的芳容。

司马光《雨中闻姚黄开，呈子骏、尧夫》②

小雨留春春未归，好花虽有恐行③稀。劝君披取渔蓑去，走看姚黄拼湿衣。

【作者简介】

司马光（1019～1086），字君实，号迂夫，晚号迂叟，陕州夏县（今山西夏县）涑水乡人，世称涑水先生。宋仁宗景祐五年（1038）登进士第，以端明殿学士兼翰林侍读学士居洛阳，主编《资治通鉴》。官至宰相。有《温国文正司马公文集》。

---

① 阁使：宋代任职朝廷中央内阁官署的官员。洛花：宋朝洛阳牡丹名冠天下，人们把牡丹唤作"洛花"。
② 子骏：鲜于侁（shēn）的字，阆州（今四川阆中市）人，宋仁宗景祐五年（1038）登进士第，官终集贤殿修撰、知陈州。尧夫：邵雍。
③ 行：将要。

【译文】

由于小雨的挽留，春天暂且不离去，／好花虽还挂在枝头，恐怕越来越稀。／奉劝你们披上蓑衣去观赏姚黄，／拼它个衣服淋湿，又有什么关系。

王珪《宫词》

洛阳新进牡丹丛，种在蓬莱第几宫①？压晓看花传驾入，露苞方拆御袍红。

【作者简介】

王珪（1019～1085），字禹玉，成都华阳（今四川成都市）人。宋仁宗庆历二年（1042）进士，官至宰相。有《华阳集》。

【译文】

洛阳新进呈的那丛御袍红品种，／种在了皇宫中的什么地方？／清晨传来君王驾临观赏牡丹的消息，／含露的花苞刚刚开放。

沈辽《奉陪颖叔赋锁院②牡丹》

昔年曾到洛城中，玉碗金盘深浅红。行上荆溪③溪畔寺，愧将白发对东风。

【作者简介】

沈辽（1032～1085），字叡达，北宋钱塘（今浙江杭州市）人。长于诗文，尤善书法，与叔括、兄遘称沈氏三先生。著有《云巢集》。

---

① 宫：原作"峰"，据《全宋诗》第9册第5997页本诗校改。按：本诗是格律诗，用上平声一东韵，"峰"字属于二冬，出韵，不符合格律。既然是"宫词"，写的只能是皇宫中的事。第三句写御驾亲临看牡丹，不会用海上三座仙山之一的"蓬莱"的典故，只能是唐代蓬莱宫的典故。唐代长安大明宫，唐高宗时改名蓬莱宫，其中有很多宫殿，没有山峰。
② 宋代殿试前三日，试官到学士院锁院，然后陪同考生赴殿对策应试。
③ 荆溪：地名，在江苏省南部。

【译文】

往年我参加科举考试，曾到过洛阳城中，／看到牡丹如玉碗金盘和红霞，深浅不同。／我落榜后来到南方荆溪畔的佛寺，／惭愧将满头白发对着东风。

【原】

邵雍《谢君实端明惠牡丹》①

霜台②何处得奇葩，分送天津小隐家。初讶山妻忽惊走，寻常只惯插葵花。

【作者简介】

邵雍（1011～1077），字尧夫，号安乐先生。河北涿县人。宋仁宗皇祐元年（1049）定居洛阳天津桥南，号其居为安乐窝，以教授生徒为生。著作有《皇极经世》《伊川击壤集》等。

【译文】

你从什么地方弄到这等奇葩，／分送给我这天津桥南的隐居之家。／我那糟糠之妻刚见花就惊讶得躲开，／只因为她一向只是头插蜀葵花。

苏轼《雨中赏牡丹》

霏霏雨露作清妍，烁烁明灯照欲然。明日春阴花未老，故应未忍著酥煎。

《堂后白牡丹》

城西千叶岂不好，笑舞春风醉脸丹。何似后堂冰玉洁，游蜂非意不相干。

---

① 司马光字君实，是端明殿学士。
② 《白孔六帖》："御史大夫，宪台、霜台。"司马光当时任御史中丞。

【译文】

城西的重瓣红牡丹难道不好，／在春风中舞动腰肢，涨红脸面。／哪如厅堂后面冰清玉洁的白牡丹，／游蜂浪蝶不至于无端冒犯。

《和述古①冬日牡丹》

一朵妖红翠欲流，春光回照雪霜羞。化工只欲呈新巧，不放闲花得少休。

花开时节雨连风，却向霜余染烂红。漏泄②春光私一物，此心未信出天工③。

当时只道鹤林仙④，能遣秋光⑤发杜鹃。谁信诗能回造化，直教霜蘖⑥放春妍。

不分⑦清霜入小园，故将诗律变寒暄⑧。使君欲见蓝关咏，更倩韩郎为染根⑨。

【译文】

一株艳丽的红牡丹，叶子青翠色欲流，／春光在寒冬来到，霜雪不胜害羞。／天公只想卖弄自己新奇的技能，／不让花儿在休闲的季节暂时退休。

牡丹花开时节偏偏又是雨又是风，／冬日霜雪不断，却开出一片艳红。／春光偏爱牡丹，在冬天也不忘照顾，／我不相信这份爱心出自造

---

① 陈襄字述古，苏轼通判杭州时，他为知州。

② 漏泄：原作"满地"，据《全宋诗》第14册第9191页本诗校改。

③ 《苏轼诗集》有《合注》："述古诗有'直疑天与凌霜色，不假东皇造化工'句，故此云然。又似言新法之害由于时相（王安石变法），不尽出神宗之本意也。"

④ 唐代道士殷七，名文祥，自称七七。传说他在浙西鹤林寺，秋天使春花杜鹃花开放。

⑤ 秋光：原作"春光"，据《全宋诗》本诗校改。

⑥ 霜蘖：指冬日牡丹根株。

⑦ 分：读去声，料想。

⑧ 寒暄：寒冷和和暖。

⑨ 《酉阳杂俎》说：唐代韩愈贬官途中写诗《左迁至蓝关示侄孙湘》，韩湘培育牡丹，在根部施以各色矿物，花瓣上显示篆字蓝关诗句。

化天公。

以前只以为唐朝道士殷七神通广大，／在浙西鹤林寺能够让秋天开出春季的杜鹃花。／谁相信你的诗句有回天之力，／叫严寒冬日也开放牡丹奇葩。

没想到霜雪已进入花园，／你能用诗句把严冬变暖。／你要想在花瓣上见到韩愈的蓝关诗作，／得请韩湘用矿物颜料把牡丹根部填满。

【增】

苏轼《吉祥寺花将落而陈述古期不至》

今岁东风巧剪裁，含情只待使君①来。对花无信②花应恨，直恐明年花不开。

【译文】

今年东风巧施剪裁手段，／剪出牡丹花饱含深情等待知州观看。／你对花不讲诚信，花对你应该抱怨，／恐怕明年你来，它不会为你展开笑脸。

《述古闻之，明日即来，坐上复用前韵》

仙衣不用剪刀裁，国色初含卯酒③来。太守问花花有语，为君零落为君开。

【译文】

牡丹披着仙衣，用不着人工裁剪，／那红艳艳的花色像绝代佳人清晨饮酒涨红了脸面。／太守询问花儿，花儿应声回答：／只是为你开放为你凋残。

---

① 宋代州的正长官叫知某州，使君是汉代以来对州（郡）长官刺史（太守）的尊称。
② 信：原作"语"，据《全宋诗》第14册第9175页本诗校改。
③ 早晨5～7时为卯时，卯酒即清晨喝的酒。

春光冉冉归何处，更向樽前把一杯。尽日问花花不语，为谁零落为谁开。

【译文】

春光已经走了，不知去了什么地方，／只有再次对着牡丹，喝杯玉露琼浆。／整天和花交谈，花只默默不语，／你到底为谁零落为谁开放！

【点评】

这首诗不是北宋苏轼的作品。清人编《全唐诗》，卷546收录本诗，题作《落花》，并没有说是牡丹。作者署名严恽，字子重，吴兴（今浙江湖州市）人。活动于晚唐时期，举进士不第，与杜牧交游。

《游太平寺净土院看牡丹，中有淡黄一朵特奇》

醉中眼缬自斓斑，天雨曼陀照玉盘。一朵淡黄①微拂掠，鞓红魏紫不须看。

小槛徘徊日自斜，只愁春尽委泥沙②。丹青欲写倾城色，世上今无杨子华③。

【译文】

太阳偏西时我在栏杆旁徘徊，／只发愁春天过完牡丹凋落埋入尘埃。／想用颜色画出牡丹的动人姿色，／可惜今天世上没有杨子华那样的奇才。

【点评】

《广群芳谱》将这首诗排列为苏轼《游太平寺净土院看牡丹，中有

---

① 淡黄：原作"官黄"，据《全宋诗》第14册第9199页本诗校改。
② 杜甫《花底》诗："莫作委泥沙。"委：遗弃。
③ 杨子华：北齐画家。唐人李绰《尚书故实》说一位姓张的官员"尝言杨子华有画牡丹处，极分明"。

淡黄一朵特奇》的第二首作品，弄错了，这是苏轼的另一首诗，题作《牡丹》。第一首译文见《亳州牡丹史》卷4。

《常州太平寺观牡丹》

武林千叶照观空①，别后湖山几信风②。自笑眼花红绿眩，还将白首看輕红。

【译文】

曾在杭州看见重瓣牡丹映衬着佛寺楼阁，／离别西湖到底有多少花信风吹过？／此刻在常州佛寺被红花绿叶搅得眼花缭乱，／可笑我只有将满头白发对着青州红花朵。

黄庭坚《效王仲至③少监咏姚花，用其韵》

映日低风整复斜，绿玉眉心黄袖遮。大梁④城里虽罕见，心知不是牛家花。

九嶷山⑤中萼绿华，黄云承袜到羊家。真筌⑥虫蚀诗句断，犹托余情开此花。

仙衣襞积驾黄鹄⑦，草木无光一笑开。人间风日不可耐，故待成阴叶下来。

汤沐冰肌照春色，海牛压帘风不开⑧。直言红尘无路入，犹傍蜂须蝶翅来。

---

① 武林：山名，在杭州灵隐山，借以代指杭州。观空：杭州吉祥寺阁名。
② 古有二十四番花信风的说法。
③ 王仲至：原作"王仲玉"，据《全宋诗》第17册第11378页本诗校改。王钦臣，字仲至，应天宋城（今河南商丘市）人。历陕西转运副使、工部员外郎、太仆少卿、秘书少监、集贤殿修撰，出知和州，徙饶州，提举太平观。宋徽宗时复待制，知成德军。
④ 大梁：今河南开封市。
⑤ 九嶷山：在今湖南宁远县南。
⑥ 真筌：原作"真诠"，道家经典。
⑦ 襞（bì）积：衣裙上的褶子。黄鹄：天鹅。
⑧ 海牛：蔈牛的一种。压：原作"押"，据《全宋诗》本诗校改。

【作者简介】

黄庭坚（1045～1105），字鲁直，号山谷道人，晚号涪翁，分宁（今江西修水县）人。宋英宗治平四年（1067）登进士第，曾官秘书丞。有《豫章黄先生文集》《山谷琴曲外篇》等。

【译文】

风和日暖，牡丹时而倾斜时而端正，／姚黄像绿玉美人用黄袖子遮住眉心。／东京城中难得见到这个品种，／但我知道它和牛家黄不属于一门。

九嶷山中居住着仙女萼绿华，／她驾着黄云降临到羊权家。／道藏被蠹虫蛀蚀，脱落了一些诗句，／仍然依托残余的诗情开出姚黄花。

神仙衣衫飘飘，乘着黄天鹅飞得自由自在，／姚黄牡丹莞尔一笑，随即花开。／人世间风云变幻没准头，／姚黄花想躲过摧残，在千片叶子中藏下来。

姚黄像美人洗浴润泽肌肤和春光辉映，／海牛形的墩子压住帘子，以防狂风刮开。／本来已经宣布尘埃没有途径接近花丛，／没想到它依附着蜜蜂胡须蝴蝶翅膀混进来。

【原】

张耒《移宛丘牡丹植圭窦斋前》

千里相逢如故人，故栽庭下要相亲。明年一笑东风里，山杏江桃不当春。

【译文】

在千里之外看到淮阳牡丹像遇见故人，／特意把它栽种到庭院中，以便随时亲近。／明年它会在春风里张开笑脸，／这江边的桃花山野的杏花哪还体现阳春！

【增】

张商英 《牡丹》①

落日宾朋醉帽斜，笙歌一曲上云车。颇知春色随轩去，不见东庵满眼花。

【作者简介】

张商英（1043～1121），字天觉，号无尽居士，蜀州新津（今四川新津县）人。宋英宗治平二年（1065）进士。一生任职很多，主要有开封府推官、河东刑狱、右正言、左司谏、知洪州、工部侍郎、中书舍人、河北路都转运使、知随州、翰林学士、尚书右丞转左丞、知亳州、资政殿学士、中书侍郎、尚书右仆射、知河南府等，卒，赠少保。文集100卷已佚，《两宋名贤小集》辑有《友松阁遗稿》一卷。

【译文】

夕阳西下，赏花的宾朋们歪戴帽子醉意犹酣，／在一片笙歌声中登上宝车把家还。／我知道春光随着他们的车子被带走，／从此东庵花圃里再也不是望不尽的牡丹。

范成大 《戏题牡丹》

主人细意惜芳春，宝帐笼阶护紫云。风日等闲犹不到，外间蜂蝶莫纷纷。

【译文】

主人爱惜牡丹，处心积虑安排，／张起帷幕遮风蔽日，让花儿蔚成紫红云海。／平素常见的风日倒是被挡住了，／外面的蜜蜂蝴蝶莫要乱纷纷地飞进来。

---

① 原无诗题《牡丹》，据《全宋诗》第16册第11002页本诗校补。

《蜀花以状元红为第一，金陵东御园紫绣球为最》

西楼第一红多叶①，东苑无双紫压枝②。梦里东风忙里过，蒲团③药鼎鬓成丝。

【译文】

成都西楼观赏牡丹，重瓣花状元红压倒群芳，／金陵东御苑中，就属紫绣球牡丹最强。／可惜我整天忙忙碌碌，春风只能在梦中相见，／与蒲团、药罐相伴度日，寒来暑往，两鬓苍苍。

《题徐熙风牡丹》④

蕊珠⑤仙驭晓骖鸾，道服朝元⑥露未干。天半罡风如激箭，绿绡飘荡紫绡寒⑦。

寒入仙裙粟玉肌⑧，舞余全不耐风吹。从教旅拒春无力⑨，细看腰肢袅袅时。

【译文】

众神仙一大早骖鸾驾凤来把太上老君参见，／道袍上沾带着夜里的露水还没有晾干。／半空中强劲的风阵阵吹来如同鸣镝，／绿绸带随风

---

① 多叶：半重瓣花，但此处说的"西楼第一红多叶"，实际上是"千叶"，即重瓣花，即诗题所说的"蜀花以状元红为第一"。周师厚《洛阳花木记》说："状元红，千叶深红色也。……迥出众花之上，故洛人以'状元'呼之。"西楼：指成都西楼。范成大任过四川制置使，时人陆游《天彭牡丹谱》说："淳熙丁酉岁（1177），成都帅（范成大）以善价私售于〔彭州〕花户，得数百苞，驰骑取之，至成都露犹未晞。其大径尺，夜宴西楼下，烛焰与花相映发，影摇酒中，繁丽动人。"
② 周师厚《洛阳花木记》说："紫绣球，千叶紫花也。色深而莹泽，叶密而圆整，因得绣球之名。"
③ 蒲团：用蒲草编制的圆形垫子，一种坐具。
④ 《全宋诗》第41册第25982页收录这两首诗，皆有小标题。第一首为《紫花》，第二首为《白花》。徐熙：五代南唐著名画家。
⑤ 蕊珠：饰以花蕊珠玉的宫殿，指仙境。宋周邦彦《汴都赋》说："蕊珠广寒，黄帝之宫。"
⑥ 朝元：道教徒朝拜太上老君。
⑦ 绿绡：绿绸，指牡丹的绿叶。紫绡：指紫牡丹的花朵。
⑧ 粟指肌肤受寒所生颗粒，俗称鸡皮疙瘩。
⑨ 从教：任随。旅：众。

飘荡，紫绸缎冷得发颤。

一群白净的仙女跳罢舞，累得禁不住风刮，／冷风吹进她们的衣裙，身上冻出鸡皮疙瘩。／任随她们合在一起也无力抵挡强风，／你看她们纤细的腰肢随风扭摆，忽上忽下。

《简毕叔滋觅牡丹》①

冷落韶光谷雨寒，一年辜负倚阑干。欲知春色偏浓处，须向香风径里看②。

【译文】

谷雨前后天气寒冷，把春光弄得清淡，／辜负了今年背靠栏杆赏花的心愿。／想要知道哪里的春色会浓一点，／须去毕园香风小道边寻求打探。

《再赋简养正》

南北梅枝噤③雪寒，玉梨皴雨泪阑干④。一年春色催残尽，更觅姚黄魏紫看。

【译文】

从南到北，梅花被寒雪冻得咬牙打战，／梨花萎缩的花瓣上，雨水像泪流满面。／一年的美好春色就这样被春寒摧残尽，／更要寻觅那姚黄、魏紫看看才心甘。

杨万里《和彭仲庄对牡丹上酒》

病身无伴卧空山，石友相从慰眼寒。呼酒撚花谈旧事，牡丹正似梦中看。

---

① 简：书信。诗题含义是：以诗代信，寄交毕叔滋，想去他家园子寻觅牡丹芳踪。
② 《全宋诗》第 41 册第 26042 页本诗作者自注："毕园花迳名香风。""迳"同"径"。
③ 噤：咬紧牙关打战。
④ 唐白居易《长恨歌》说："玉容寂寞泪阑干，梨花一枝春带雨。"皴（cūn）：本指皮肤受冻而裂，这里指梨花受寒不舒展。阑干：纵横的样子。

【译文】

我身染疾病，孤独地在荒山野居躺卧，／金石之交的友人相从前来慰问，使我不禁目光闪烁。／我呼唤上酒招待客人，手捻花瓣谈起往事，／真好像是在梦境中观赏牡丹花朵。

《催看黄氏南园牡丹》①

愁雨留花花已阑，作晴犹喜两朝寒。山城春事无多子，可缓黄园看牡丹。

【译文】

想要挽留快要开败的牡丹，真忧愁春雨连绵，／转晴两天来气温偏低，好叫人喜欢。／在这座山城里事情并不算繁忙，／正可以缓步黄秀才南园去探望牡丹。

方岳《次韵牡丹》

娇红深倚翠云团，仿佛三生吴彩鸾②。诗眼顿惊春富贵，雨侵衫袖不知寒。

【作者简介】

方岳（1199～1262），字巨山，号秋崖，新安祁门（今安徽祁门县）人。宋理宗绍定五年（1232）进士，曾为文学掌教、吏部侍郎，历任知饶州、抚州、袁州，加朝散大夫。有诗集《秋崖集》、词集《秋崖词》。

【译文】

娇红的花朵偎依着绿叶丛，／好像是仙女吴彩鸾贬谪人间迁就恋情。／

---

① 《全宋诗》第 42 册第 26073 页本诗题作《和仲良催看黄才叔秀才南园牡丹》。
② 吴彩鸾：道教仙传说吴彩鸾是三国时期吴国道士吴猛的女儿，修得道法。至唐代后期，爱上寄寓洪州（今江西南昌市）的穷书生文箫，说出实情，被以私泄天机罪谪为民妻 12 年。二人结为夫妻，后俱乘虎越山，道成升天。

我立刻被眼前的旖旎春色惊呆了，／雨水淋湿了衣衫也没觉察到寒冷。

【原】

徐意一

姚魏从来洛下夸，千金不惜买繁华。今年底事花能贱，缘是宫中不赏花。

【作者简介】

徐荣叟，字茂翁，号意一，南宋浦城（今福建浦城县）人。宋宁宗嘉定七年（1214）进士。历知永康县，通判临安府。宋理宗嘉熙元年（1237），以太学博士兼崇政殿说书。出为江南东路提点刑狱，知婺州，迁知静江府兼广西经略安抚使。四年，拜右谏议大夫，迁签书枢密院事兼参知政事。有《缉熙讲议》等，已佚。

【译文】

一提起洛阳牡丹，总是夸赞花王姚黄、花后魏花，／尽管价格昂贵，总有人不惜挥斥重金买来繁华。／今年为什么能够价格下跌，／原来是皇宫当中没有铺张赏花。

程沧洲

春工殚巧万花丛，晚见昭仪擅汉宫①。可惜芳时天不惜，三更雨歇五更风。

【作者简介】

程公许（1182～?），字季与，一字希颖，人称沧洲先生。南宋眉州（今四川眉山市）人，寄籍叙州宣化（今四川宜宾市西北）。宋宁宗嘉定四年（1211）进士。所任重要职务有知崇宁县、通判简州施州、

---

① 指西汉成帝第二任皇后赵飞燕的妹妹。《汉书》卷97下《外戚传》记载："上见飞燕而说之，召入宫，大幸。有女弟复召入，俱为婕妤，贵倾后宫。许后之废也，……乃立婕妤为皇后，……而弟绝幸，为昭仪。……姊弟颛（专）宠十余年。"旧题东汉伶玄撰《飞燕外传》给两姊妹编造了名字，赵飞燕叫赵宜主，其妹妹叫赵合德。

大理司直、太常博士、秘书丞兼考功郎官、将作少监、秘书少监、太常少卿、知袁州、宗正少卿、起居郎兼直学士院、中书舍人、礼部侍郎，终权刑部尚书。有《沧洲尘缶编》。

【译文】

青帝用尽了各种机巧，使得各式各样的鲜花在春天绽开。／只让极品花卉牡丹最后登场，就好像赵飞燕的妹妹最终包揽了汉宫中的宠爱。／只可惜老天爷不珍惜春天最后的繁华，／三更天雨停了，五更天风又刮来。

朱淑真《偶得牡丹数本，移植窗外，将有著花意》二首

玉种先从上苑分，拥培围护怕因循。快晴快雨随人意，正为墙阴作好春。

香玉封春未著花，露根烘晓见纤霞。自非水月观音样，不称维摩居士家。

【增】

金章宗《云龙川泰和殿五月牡丹》①

洛阳谷雨红千叶，岭外朱明玉一枝②。地力发生虽有异，天公造物本无私。

---

① 金朝在西京路宣德州龙门县设立一所驻夏行宫，叫泰和宫，后改称庆宁宫。当时龙门县位于今河北赤城县西南，地处燕山北麓。《金史》卷11《章宗纪三》记载：泰和二年（1202）五月戊申，金章宗"如泰和宫。辛亥，初荐新于太庙。……甲子，更泰和宫曰庆宁，长乐川曰云龙。……八月丁酉，还宫"。这首诗就是这个年份的五月作的。幽燕寒冷，故牡丹五月才开。

② 这里说的"朱明"，不是指岭南的广东惠州罗浮山的朱明洞天，而是指夏季。《尔雅·释天》说："春为青阳，夏为朱明，秋为白藏，冬为玄英。""玉一枝"应指琼枝，原名石花菜。清人李调元《南越笔记》卷14《石花菜》条说："石花一名海菜，产琼之会同（按：元世祖至元二十八年，即公元1291年，将琼州路安抚司所辖的乐会县西北境新附的黎峒寨民另置为会同县，其辖境在今琼海市地面）。岁三月……入海采取。海有研石，广数里，横亘海底，海菜其莓苔也。白者为琼枝，红者为草珊瑚。"明人李时珍《本草纲目》卷28说："石花菜，生南海沙石间，高二三寸，状如珊瑚，有红白二色，枝上有细齿。以沸汤泡，去砂屑，沃以姜醋，食之甚脆。"

【作者简介】

金章宗是金朝第6位皇帝，名完颜璟（1168～1208），小字麻达葛，因生于金莲川麻达葛山而得名。大定二十九年（1189）即帝位。喜书法，精绘画，知音律，善属文，工诗词。

【译文】

五月天泰和宫牡丹开放，两个月前的谷雨时节，中州洛阳的牡丹便秀出绚丽。／而此刻的岭南正是盛夏酷暑，琼枝在南海沙石之间亭亭玉立。／南北气候迥然不同，地力对花木的作用发挥得参差不齐，／但是公正无私的天公化育万物，从不厚此薄彼。

庞铸《未开牡丹》

国香半吐醉颜酡，炫耀春工已自多。爱惜不教催羯鼓，更浇卯酒看如何。

【作者简介】

庞铸，字才卿，号默翁，金代大兴（今北京市大兴区）人。生卒年不详。金章宗明昌五年（1194）进士，任职翰林待制、户部侍郎，坐游贵戚家，贬官东平副职，改京兆路转运副使。博学能文，工诗。

【译文】

红牡丹欲开初开，像美女醉酒半遮面，／已经把东君装扮春色的神通足足体现。／爱惜花儿任随它们缓缓开放，别叫羯鼓奏出催花的《春光好》，／就能多些日子清晨喝着美酒来把花看。

元·刘秉忠《新开牡丹》

四月新来三月还，一春光景镜中看。东风也逐情浓处，吹落桃花放牡丹。

【作者简介】

刘秉忠（1216～1274），初名侃，字仲晦，邢州（今河北邢台市）

人。17 岁时为邢台节度使府令史，23 岁时辞职，先入道教全真道，后出家为佛教僧人，法名子聪，号藏春散人。27 岁时，受北方禅宗临济宗领袖海云的赏识，被推荐入蒙古汗国藩王忽必烈的幕府。他向忽必烈建言改革弊政、建立制度、发展农业、兴办学校等，对于忽必烈采用汉法起到推动作用。忽必烈称帝，即元世祖，命他制定各项制度，如立中书省为最高行政机构，建元（年号）"中统"等。至元元年（1264），忽必烈命他还俗，复俗姓刘氏，赐名秉忠，授光禄大夫、太保、参领中书省事、同知枢密院事。后来订立朝仪，改国号蒙古为"大元"，都出于他的建议。他还规划、设计并主持营建元朝首都大都（今北京市）和陪都上都（在今内蒙古锡林郭勒盟正蓝旗北）。他逝世后，元世祖赠他太傅，封赵国公，谥文贞；元成宗时赠太师，谥文正；元仁宗时，又进封常山王。刘秉忠在天文、卜筮、算术、文学上著述甚丰，有《藏春诗集》《藏春词》《平沙玉尺》《玉尺新镜》等。

【译文】

送走了暮春三月，迎来了初夏四月天，／一个春季的光景，如同从镜子中观看。／东风追逐着情浓的地方轻轻吹拂，／刚吹落绯红的桃花，又吹出绚丽的牡丹。

马祖常 《送牡丹》①

十五年前花发时，仙翁邀赏醉瑶池。如今头白无情思，只见瑶池花满枝。

【作者简介】

马祖常（1279～1338），字伯庸，元代色目人（来自新疆）。家庭世代信奉基督教聂思脱里派。其高祖锡里吉思，金末为凤翔兵马判官，子孙遂取当地扶风马氏为姓。父马润移家光州（治今河南潢川县），遂为光州人。元仁宗延祐二年（1315），会试第一，廷试第二，授应奉翰

---

① 清人顾嗣立编《元诗选》，本诗题作《吴宗师送牡丹》。关于吴宗师，见上面虞集《谢吴宗师送牡丹》诗注释。

林文字，拜监察御史。自元英宗至元惠宗时期，历任翰林直学士、礼部尚书、参议中书省事、江南行台中丞、御史中丞、枢密副使等职。曾参与编修《英宗实录》，译《皇图大训》《承华事略》为蒙古文，编纂《列后金鉴》《千秋纪略》。为文取法先秦两汉，作诗圆密清丽，间有反映民间疾苦的作品。有文集《石田集》。

【译文】

十五年前牡丹花盛开的时候，／玄教大宗师邀请我们去道观看花饮酒。／如今我头发皓白，再没有年轻时的风流兴致，／见到大宗师派人送来的牡丹，仿佛看见洞天福地中牡丹开满枝头。

《题折枝牡丹图》①

洛阳春雨湿芳菲，万斛胭脂染舞衣。帐底金盘承蜜露，东家蝴蝶不须飞。

【译文】

淅淅沥沥的春雨过后，洛阳牡丹更加润泽娇媚，／花朵带着万斛胭脂染成的鲜红色，在风中摇曳生辉。／帐幕下面的承露盘中有承接来的牡丹花蜜，／东家的蝴蝶用不着再往别处飞。

叶颙《牡丹》

绛色罗裳绿色襦②，沉香亭北理腰肢。含风笑日娇无力，恰似杨妃睡起时③。

---

① 据顾嗣立编《元诗选》，本诗是题作《赵中丞折枝图》四首七言绝句中的第一首，这首诗咏牡丹。折枝：花卉画的一种，不画全株，只画从树干上折下来的部分花枝。
② 据顾嗣立编《元诗选》，本诗是题作《示小儿阿真牡丹、荼蘼、春暮各一首》中的第一首，咏牡丹。襦（rú）：短衣，短袄。但本诗首句用的"襦"字，属于平水韵上平声"七虞"部，与本诗所用的上平声"四支"部不是邻韵，不合格律。
③ 唐人白居易《长恨歌》描写杨贵妃："春寒赐浴华清池，温泉水滑洗凝脂。侍儿扶起娇无力，始是新承恩泽时。"

【作者简介】

叶颙（1300～1375 以后），字景南，金华（今浙江金华市）人。少年热衷学问，不乐仕进。晚遭元末丧乱，隐居山野，入明故我依然。著有诗集《樵云独唱》6 卷。

【译文】

浅红花瓣是罗裳，绿叶是外层短袄，／就像杨贵妃在沉香亭北伸懒腰。／承着日光迎着微风微微摇摆，／恰似刚刚睡醒的杨贵妃无力起床百媚千娇。

马臻《春日杂兴》

花底飞觞酒浪翻，才迎春至又春残。日斜客散炉烟尽，自洗窑瓶插牡丹。

【作者简介】

马臻（1254～?），字志道，别号虚中，钱塘（今浙江杭州市）人。元代道士、书画家、诗人，善画花鸟、山水。著有《霞外集》10 卷。

【译文】

常常坐在花丛边赏花，举杯饮酒酒浪翻，／刚刚迎来春天，转眼间春天就要过完。／太阳偏西时客人们都已离去，香炉不再飘出袅袅轻烟，／我清洗干净瓷瓶插上牡丹。

明·宁献王《宫词》

雾天旭日敞金扉，和气氤氲满禁闱。宝殿昼长帘幕静，牡丹花下蝶交飞。

【作者简介】

朱权（1378～1448），明太祖朱元璋第 17 子，14 岁受封为宁王，16 岁就藩大宁（今内蒙古宁城县西），薨后谥献，史称宁献王。朱权号臞仙，又号涵虚子、丹丘先生。他在统治集团上层争权夺利的靖难之役中被燕王朱棣绑架，共同反叛在任皇帝建文帝，朱棣获胜，史称明成祖。明成祖将朱权改封于江西南昌，并加以迫害，朱权遂托志学道，在戏剧、文学中讨余生。曾奉命编辑《通鉴博论》，著有《太和正音谱》《家训》《宁国仪范》《汉唐秘史》《史断》《文谱》《诗谱》等。

【译文】

雨后的朝阳明媚清爽，宫中都打开了门窗，／和暖的淑气在皇宫中氤氲飘荡。／白昼一天天变长，宫殿挂着帘幕多么静谧，／只见牡丹花朵间彩蝶飞来飞往。

周宪王《元宫词》

上都四月衣金纱，避暑随銮即是家。纳钵①北来天气冷，只宜栽种牡丹花。

【作者简介】

朱有燉（1379～1439），明太祖朱元璋第5子朱橚（sù）的长子，朱元璋的第6孙，袭封父亲爵位周王，封国在河南开封府，薨后以其博闻多能而谥为宪，史称周宪王。朱有燉号诚斋，又号锦窠老人、全阳道人、老狂生、全阳子和全阳老人。在明初统治集团上层争权夺利的斗争中，为避祸全身，他远离政治，专事戏曲，作有杂剧31种流传至今，有《李亚仙花酒曲江池》《关云长义勇辞金》《黑旋风仗义疏财》《刘盼春守志香囊怨》《汉相如献赋题桥》等，唱词本色，音律和谐，注重歌舞，便于演出。在形式上打破了杂剧四折一楔子的模式，改独唱为对唱、轮唱、合唱及南北曲合套等。诗文集有《诚斋集》。

---

① 纳钵：原作"衲钵"，据清人钱谦益《列朝诗集》乾集之下本诗校改。"纳钵"是北方游牧民族契丹族词汇的音译，又作"捺钵"，含义是国君外出时的行帐、行营、顿宿，类似于中原王朝的行宫。由于北方游牧民族领袖办公的处所不叫皇宫而叫牙帐，所以相应称作行帐。契丹族的辽朝实行四时捺钵制，春夏秋冬四时，辽朝皇帝出京游猎，随处设立捺钵。契丹臣僚和汉人宣徽院官员随行，皇帝同北南面官讨论国家大事。上面收录金章宗诗《云龙川泰和殿五月牡丹》，就是女真族金朝皇帝出京赴行宫避暑时的诗作，是辽朝捺钵制的孑遗。元朝系蒙古族政权，沿袭这种制度。

【译文】

初夏四月份来到上都开平，人们都还穿着厚厚的金纱，／嫔妃宫女们随着皇帝北上避暑，所到之处便是家。／这处行帐设在滦河源头的北面，天气相当寒冷，／只适宜栽种一些牡丹，这时正好开花。

【点评】

宫词是唐代兴起的一种诗体，以宫廷生活为题材，一般为七言绝句的组诗。这首诗是周宪王朱有燉所作《元宫词》组诗103首中的第6首。题目特别交代"元"字，可见不是作者所处明朝的事，而是此前蒙古族政权元朝的事，作者既然没有经历那个时代，因而不是亲历之事。但他在序言中交代其内容的来历，可备补史之缺，对于了解一时之风尚，还是有其价值的。他在组诗前有一段小序，这样说："元起自沙漠，其宫庭事迹乃夷狄之风，无足观者。然要知一代之事，以记其实，亦可以备史氏之采择焉。永乐元年（1403），钦赐予家一老姬，年七十矣，乃元后（帝王）之乳姆。女常居宫中，能通胡人书翰，知元宫中事最悉。间常细访之，一一备陈其事，故予诗百篇皆元宫中实事，亦有史未曾载，外人不得而知者。遗之后人，以广多闻焉。"

李东阳《题画牡丹》

彩毫和露写名花，紫艳分明出魏家。应是洛阳归梦远，缁尘红土半京华①。

【译文】

挥动蘸着露水的画笔来描绘名贵的牡丹花，／艳丽的紫色花朵分明出自五代宰相魏仁浦家。／恐怕是故乡洛阳相距太远无法回去，／只好在京师北京蒙受黑灰污染、红尘漫撒。

---

① 西晋陆机《为顾彦先赠妇》诗说："京洛多风尘，素衣化为缁。""缁"是黑色。

吴宽《牡丹初开，爽、奂张幕以护》

春深喜见一枝红，翠幕高张日正中。为语两郎须记取，爱身当与爱花同。

【译文】

春色渐入佳境，很高兴又看见鲜红牡丹绽开，／中午阳光强烈，爽儿、奂儿张挂帷幕防止牡丹遭受烤晒。／为父有句话，两个儿子要牢记心头，／珍惜生命，律己修身，应当等同于此刻对牡丹的关怀爱戴。

储瓘《岁寒亭前牡丹谢》

眼看春去减秾华，倚槛依依影共斜。开向省中①犹不赏，错将飘泊怨天涯。

【作者简介】

储瓘（guàn，? ~1513），字静夫，号柴墟，泰州（今江苏泰州市）人。明宪宗成化二十年（1484）进士，明武宗时官至南京吏部左侍郎。卒，谥文懿。著有《柴墟文集》。

【译文】

眼看着春季即将过去，牡丹一天天消减，／倚着花圃的围栏，留恋不舍地与牡丹相依为伴。／开在中书省的办公院中还不趁便观赏，／等哪天阴差阳错流落到天涯海角，将会后悔抱怨。

文徵明《题画牡丹》

粉香云暖露华新，晓日浓熏富贵春。好似沉香亭上看，东风依约可怜人。

---

① 隋唐宋时期，中央机构实行三省六部制，六部归尚书省管辖。元代废除三省制，实行单一的中书省制，六部归中书省管辖。明朝继承元制，储瓘供职吏部，故此句"省中"指中书省机关。

【作者简介】

文徵明（1470～1559），原名璧，字徵明，42 岁起以字行，更字徵仲，长洲（今江苏苏州市）人。因祖籍衡山，故号衡山居士，世称文衡山。明代画家、书法家、文学家。54 岁时受朝廷官员推荐，被授职翰林待诏，3 年中屡屡辞职，获准后由北京返还苏州，致力于诗文书画创作。诗宗白居易、苏轼，文受业于吴宽，书学于李应祯，画学于沈周。在诗文上，与祝允明、唐寅、徐真卿并称"吴中四才子"。在画史上与沈周、唐寅、仇英合称"吴门四家"。

【译文】

旭日透过薄云，照着牡丹花朵，／粉红的花儿发散着香味，露珠在上面闪烁。／看到它好像看到沉香亭畔的杨贵妃，／她在习习春风中是那么风姿绰约。

【原】

薛蕙

锦园处处锁名花，步障①层层簇绛纱。斟酌君恩似春色，牡丹枝上独繁华。

【作者简介】

薛蕙，字君采，亳州（今安徽亳州市）人。明武宗正德九年（1514）进士，任刑部主事、吏部考功郎中。后终老家园，致力于牡丹培育。《亳州牡丹史》作者薛凤翔的祖父。

【译文】

锦绣般的园林中，到处都是名贵的牡丹，／蒙着多层绛色丝绸的步障为牡丹和赏花人遮挡风寒、尘土和视线。／仔细想想，君王的恩德就像春色一样，／偏偏施与牡丹，唯独让它们开得繁盛绚烂。

---

① 步障：用来遮挡风尘、视线的屏幕，可灵活摆放，长者可达数十里。

陆树声《白牡丹》

洛阳春色画图中，幻出天然夺化工。不泥①繁华竞红紫，一般清艳领东风。

【作者简介】

陆树声（1509～1605），字与吉，号平泉，别号适园居士、五茸逸老、无净居士、大歇生、九山山人、长水渔隐等，松江华亭（今上海市）人。明世宗嘉靖二十年（1541）进士，历官编修、太常卿、国子监祭酒、礼部尚书。卒，谥文定。著有《陆文定公集》《长水日抄》《适园杂著》《汲古丛语》《耄余杂识》《病榻寱言》《清暑笔谈》《禅林余藻》《陆学士题跋》等。

【译文】

洛阳牡丹装扮出春色，就是一轴美丽的画卷，／牡丹形色各异，巧夺天工，自然而然。／唯有白牡丹不为死抠繁华而与姹紫嫣红较劲，／在和煦的东风中只显出独特的素雅清淡。

冯琦《牡丹》

百宝阑干护晓寒，沉香亭畔若为看？春来谁作韶华主，总领群芳是牡丹。

【作者简介】

冯琦（1558～1604），字用韫，号琢庵，临朐（今山东临朐县）人。明神宗万历五年（1577）进士，改庶吉士，历任编修、侍讲、庶子、少詹事、礼部右侍郎、吏部右侍郎及左侍郎、礼部尚书等。卒，赠太子少保，谥文敏。有《宗伯集》。

【译文】

为了不让牡丹承受春日早晨的寒冷，周边设置豪华的围栏，／当年

---

① 泥（nì）：拘泥，死板。

杨贵妃在沉香亭畔赏花，莫非有些寒酸。／春意盎然是由谁来主宰，／统领千花万卉的领袖是号称国色天香的牡丹。

数朵红云静不飞，含香含态醉春晖。东皇雨露知多少，昨夜风前已赐绯①。

【译文】

几朵红牡丹像红色云朵在天空静静停住，／香味浓郁仪态优美，在春晖中陶醉自如。／司春青帝对它施加了多少恩泽雨露，／它那花色是青帝昨夜刚赐予的绯色礼服。

瑶华脉脉殿春残，姑射仙人②画里看。月下敢矜容似玉，年来真有臭如兰③。

【译文】

极品花朵饱含感情在春天最后开放，／像图画中的姑射仙子一样漂亮。／在朦胧的月光下敢夸花容美如玉，／这些年来确实存在兰花那样的国香。

艳蕊连翩映彩霞，独将倾国殿春华。虚疑五色文通笔④，散作平章

---

① 唐制，三品以上高级官员的礼服为紫色，四品五品为绯色（大红）。皇帝对不够级别的官员赐以紫色、绯色礼服，以示优待宠爱，称赐紫、赐绯。

② 《庄子·逍遥游》说："藐姑射之山，有神人居焉，肌肤若冰雪，淖约若处子。"

③ 南宋计有功《唐诗纪事》卷3说：唐高宗时后苑开出双头牡丹，上官婉儿作诗说："势如连璧友，心似臭兰人。"臭：香气。兰花是著名的香花，在牡丹花卉被社会认识之前，曾是"国香"。《左传·宣公三年》说："以兰有国香，人服媚之如是。"

④ 《南史》卷59《江淹传》说：江淹字文通，梦见西晋诗人郭璞对自己说："吾有笔在卿处多年，可以见还。"江淹"乃探怀中，得五色笔一以授之"。从此，江郎才尽，再也写不出好句子，才知道自己以前所以才华横溢、妙笔生花，全靠郭璞托梦授以五色笔所致。

万树花①。

【译文】

各种美艳的春花接连开放，与彩霞交相生辉，／只有倾城倾国的牡丹在后面开得最美。／我疑心是江淹梦中丢失的五色笔，／化作令狐相公家的万株牡丹花卉。

非烟非雾倚雕栏，珍重天香雨后看。愿以美人锦绣段，高张翠幕护春寒。

【译文】

雨后观看牡丹，别是一种风味，／湿漉漉雾蒙蒙，可不是烟也不是雾，簇拥在雕栏内。／愿以美人织造的锦缎高高张起帷幕，／为牡丹遮风避寒，精心护卫。

王衡《二色牡丹》

宫云朵朵映朝霞，百宝栏前斗丽华。卯酒未消红玉面，薄施檀粉伴梅花。

洛阳女儿红颜饶，血色罗裙宝抹腰。借得霓裳半庭月，居然管领百花朝。

【作者简介】

王衡（1562～1609），字辰玉，号缑山，别署蘅芜室主人，江苏太仓（今江苏太仓市）人。明神宗万历二十九年（1601）殿试以一甲第二名（榜眼）及第，授翰林院编修。后辞官归隐。有《缑山集》及杂剧《郁轮袍》《真傀儡》《没奈何》等。

---

① 唐人刘禹锡《和令狐相公〈别牡丹〉》诗说："平章宅里一栏花。"令狐相公即唐代宰相令狐楚。"平章"是唐代宰相头衔同中书门下平章事的简称。

【译文】

牡丹在豪华的围栏内竞相比赛娇艳，／一朵朵样式美观，像宫女们的云髻映着布满朝霞的高天。／二色牡丹最为奇特，深红如卯酒喝过涨红脸，／浅红似淡抹檀粉与梅花相伴。

深红牡丹如洛阳女儿娇美的朱颜，／穿着石榴裙，珠宝装饰腰间。／浅红牡丹是月光下身着霓裳羽衣的女郎，／这国色天香号令百花，执掌大权。

诗散句

【原】

宋·宋祁

压枝高下锦，攒蕊浅深霞。叠彩晞阳媚，鲜苞照露斜。

【译文】

枝条上牡丹花高低错落，像锦绣一样美丽，／花蕊紧簇，犹如深浅不同的彩霞。／重叠的花朵被明媚的阳光照耀，／鲜艳的花瓣带着露珠，倾斜向下。

【点评】

《全宋诗》第 4 册第 2547 页收录这首诗，题作《牡丹》，但"鲜苞"作"鲜葩"。

夏竦

红芳争并萼，细叶竞骈枝。彩凤双飞稳，霞冠对舞欹。

【作者简介】

夏竦（985～1051），字子乔，江州德安（今江西德安县）人。初以父荫为润州丹阳县主簿。宋仁宗初迁知制诰，参知政事，庆历七年

（1047）为宰相。卒谥文庄。著作有《文庄集》《古文四声韵》。

【点评】

《群芳谱》收录的这4句散句，是夏竦《宣赐翠芳亭双头并蒂牡丹，仍令赋诗》中的几句。全诗云："华景当凝煦，芳丛忽效奇。红房争并萼，缃叶竞骈枝。彩凤双飞稳，霞冠对舞敧。游蜂时其蓄，零露或交垂。胜赏回金辇，清香透黼帷。两宫昭瑞德，天意岂难知！"按：宋仁宗赵祯乾兴元年（1022）继帝位，年仅13岁，由太后刘娥垂帘听政。明道二年（1033）太后去世，宋仁宗才开始亲政。"两宫"指太后和皇帝共同执政的政治格局。全诗译文如下：

温暖的阳光下一片华丽的景观，／牡丹在花丛中吐露娇艳。／红花芬芳，并蒂双开，／绿叶在枝条上对称地舒展。／像一对彩凤并翅齐飞，／像戴着霞冠起舞的两个舞伴。／蜜蜂时时在花上翻飞，／浸着露水，并蒂花同时把枝条压弯。／皇上看得过瘾，返回皇宫，／清香透过帷幕，依然飘散。／两宫同时治理国家，德风把全国吹遍，／难道谁还难以理解上天的意愿！

苏辙

千球紫绣檠熏炷，万叶红云砌宝冠。直把醉容欺玉斝，满将春色上金盘。

【点评】

这四句诗不是苏辙的作品。《全宋诗》第6册第4055页收录整首七律，题作《赏西禅牡丹》，作者为韩琦。完整作品是这样的："几酌西禅对牡丹，秾芳还似北禅看。千球紫绣擎（两书"檠""擎"二字不同）熏炷，万叶红云砌宝冠。直把醉容欺玉斝（jiǎ，酒器），满将春色上金盘。魏花一本须称后，十朵齐开面曲栏。"千球紫绣、万叶红云，都是牡丹品名。全诗译文如下：

在西禅寺几番酌酒观赏牡丹，／那娇媚的模样同在北禅寺看到的一般。／千球紫绣透着香气像把香烛点燃，／万叶红云展开花瓣组成冠冕。／酒樽只管欺负饮酒人，醉脸涨得通红，／牡丹花开似海，把春色装扮。／一株魏花应该称为花后，／十朵花儿一齐开放，面对着弯曲的栏杆。

【增】

张耒

拟王拟妃姚与魏，岁岁年年千万叶。若将颜色定高低，绿珠虽美犹为妾。

【点评】

《广群芳谱》这里弄错了，这4句不是张耒的作品，而是梅尧臣《次韵奉和永叔谢王尚书惠牡丹》中的4句。永叔即欧阳修。《全宋诗》第5册第3261页有这首诗的录文，云："大梁（北宋汴京开封）有公子，洛阳有游侠。昔时意气相凭陵（侵凌、进逼），不问兴亡事栽插。栽红插绿斗青春，春风与开春雨飒。两都富贵不相殊，走马寻芳何合杂。只闻年少竞争先，摘叶嗅花身更捷。安知遗爱旧留守（前西京洛阳留守钱惟演），驰献百葩光浥浥。尚书最重欧阳公，盈盘分去蜂偷猎。但能为乐饮醇酒，何必署名黄纸牒。翰林职清文字稀，不比外官烦应接。曩公为花曾作谱，端相用意随蝴蝶。拟王拟妃姚与魏，岁岁年年千万叶。独将颜色定高低，绿珠（西晋石崇的妾，能歌善舞）虽美犹为妾。从来鉴裁主端正，不藉娉婷削肩胛（古人以女削肩为美）。旧品既著新品增，偏恶妒芽须打拉。尝忆同朋有七人，每失一人泪缘睫。唯我与公今且存，无复名园更携榼（kē，盛酒器）。公因尚书戴红紫，白发欺公生匼（ǎn）匝（周绕、重叠）。磨墨挥毫兴不衰，作诗坐使刘曹（刘桢等建安七子、曹操及其子曹丕、曹植，都是东汉建安时期的著名诗人）怯。副本能传幸一观，口诵舌摇徒嗫嗫（窃窃私语）。"全诗译文如下：

自古以来，大梁城有重然诺的公子，／洛阳城有重义气的游侠。／

现在这里还保持着昔日争强好胜的遗风，／不过问国家的兴衰，只顾种树栽花。／竞相栽培奇花异卉，比赛谁家春色最佳，／花儿被春风吹开，被春雨打落到地下。／这东西两京的富贵人家没有区别，／都是寻芳探胜，驱车走马。／特别是年青儿郎争先恐后，／摘花嗅香，身体轻便往前跨。／怎知道洛阳人爱戴前西京留守大人，／向东京快马献上光泽闪烁的奇葩。／王尚书最敬重的人是你欧阳永叔先生，／尚书把牡丹分赠给你，让蜜蜂采蜜嬉耍。／只要能痛饮美酒，及时行乐，／何必要在诗笺上吟出感谢王尚书的话。／到底是你为官翰林职责清闲公文不多，／不像地方官员从早到晚应接不暇。／以前你曾作过《洛阳牡丹记》，／随着蝴蝶去把各种牡丹仔细观察。／把姚黄叫作花王，把魏花称为花后，／千枝万朵，一年一茬。／只以牡丹的颜色来评定高低，／像歌女绿珠似的花儿不能登堂大雅。／从来鉴别裁定等级主要看端庄大方，／不倚重纤细腰肢、削溜肩胛。／老品种已经出名，新品种不断增加，／恶劣品种必须淘汰干净连根拔。／曾记得要好朋友共七人，／每少一人都让人眼边泪挂。／如今七人只剩下我和你，／再没有著名花园值得观赏把酒杯拿。／你由于尚书器重能穿戴高品红紫服装，／但岁月流逝，头上长满白发。／磨墨挥笔的兴致不减当年，／一作诗使得那些诗界泰斗发怵害怕。／我有幸见你这首感谢王尚书赠牡丹的诗，／不禁摇头晃脑，吟诵不辍，佩服有加。

穆脩

怨啼甄后土，寒出贵妃汤。

【作者简介】

《广群芳谱》原作"穆修"，误，应作"穆脩"。穆脩（979～1032），字伯长，郓州汶阳（今山东汶上县）人。宋真宗大中祥符二年（1009）赐进士出身。初任泰州司理参军，贬池州，后为颍州、蔡州文学参军。有《穆参军集》。

【点评】

这是穆脩《雨中牡丹》诗中的句子，"土"字，《全宋诗》第3册第 1617 页本诗作"玉",指泪珠。全诗云:"万金期胜赏(快意的游赏),三月破秾芳。妒忌巫娥雨,摧残洛苑香。怨啼甄后玉(魏文帝曹丕的皇后甄氏,失意有怨言,被赐死),寒出贵妃汤(杨贵妃曾在骊山华清池洗浴。白居易《长恨歌》:'春寒赐浴华清池,温泉水滑洗凝脂。')。掩敛(掩面而泣,紧敛眉头)无聊极,谁来替断肠。"全诗译文如下:

人们不惜破费万金,期待观赏牡丹,/一直等到暮春三月,牡丹才开得烂漫。/而此刻巫山神女嫉妒花儿美丽,/为云为雨,把这洛阳名花摧残。/花儿滴着雨滴,是失宠的甄后在哭泣,/是洗罢温泉的杨贵妃遇到寒气打战。/雨中的牡丹变得模糊、萎缩,失去依靠,/有谁来把它的痛苦承担。

【原】

宋祁

晚蕊仍晞日,斜柯但倚烟。
濯水锦窠艳,颓云仙髻繁。

【点评】

上两句出自宋祁诗《僧园牡丹》。全诗云:"朽壤真非托,奇葩惜见捐。根深惟自庇,香酷索谁怜。晚花仍晞日,斜柯但倚烟。有人同寂寞,无地与回旋。不预甘棠爱,羞将恶木连。数奇飞将恨,形槁屈生贤。已失南梅早,仍忧北枳迁。荫云今让棘,生淤此饶莲。钿毂排朝露,雕栏怅夜天。驮金会见屑,无事苦憔妍。"全诗译文如下:

贫瘠的土地不适合牡丹把根扎下,/真可惜这么美丽的花朵被弃置糟蹋。/只有自我怜惜,得过且过,/花色气味去求谁欣赏求谁夸。/迟开的花儿也在被阳光照耀,/倾斜的枝条旁烟雾缭绕。/有人同你们一样寂寞清冷,/找不到合适的地方安身立命。/没福分像甘棠那样受到人们的喜爱,/却羞于遭遇恶木那样的处境。/运气不好,像飞将军李广功高不得封侯,/形如槁木,像屈原受谗流放,忠心耿耿。/南方梅花开花的时间已经过去，／担心被移走，像橘迁淮北成枳子一样种类变更。／这里阴云遮蔽，只适宜荆棘生长扩展，／淤泥一摊，倒是给莲藕提供了生存空间。／幸运的牡丹有车辆沾带晨露排队等候，／夜里有栏杆阻挡伤害侵犯。／你会被这种爱花人持重金买走，／不要为窘迫的处境而熬煎。

下两句出自宋祁诗《千叶牡丹》。全诗云："濯水锦窠艳，颓云仙髻繁。全欹碧檞叶，独占紫球栏。谁谓萼华极，芳心多隐桓。"全诗译文如下：

像水濯过的蜀锦一样鲜艳，／像仙女披散秀发一般纷繁，／重瓣牡丹倾斜在碧绿的枝叶上，／独自把雕栏内的花畦占满。／谁能说那花儿开得好呢，／花心被花瓣团团包围，几乎看不见。

夏竦

向日檀心并，承烟翠干孤。

【点评】

这是夏竦《延福宫双头牡丹》诗中的句子，全诗云："禁蘥阳和异，华（花）丛造化殊。两宫方共治，双花故联跗（花萼的基部）。向日檀心并，承烟翠干孤。游蜂须并翼，凝露亦骈珠。晓槛香俱发，晴阶影对铺。君王重天贶（赐与），临写冠珍图。"全诗译文如下：

皇家禁苑里风和日丽，／老天爷让牡丹开得特别奇异。／两宫正在共同治理太平盛世，／因而双头牡丹也齐开并蒂。／两朵花儿一同朝着太阳，／承接轻烟，枝干向上挺起。／露珠凝聚，也是两两相并，／蜜蜂飞来采蜜，同样双飞比翼。／一大早栏槛内一齐发出清香，／日光投射花影，台阶上斑驳陆离。／皇上特别看重天赐洪福，／让侍臣画成图画，款头亲题御笔。

梅尧臣

红栖金谷妓，黄值洛川妃。

【点评】

这是梅尧臣《洛阳牡丹》诗中的句子，全诗云："古来多贵色，殁去定何归？清魄不应散，艳花还所依。红栖金谷妓，黄值洛川妃。朱紫亦皆附，可言人世稀。"全诗译文如下：

自古以来人们都格外看重美色，／美女们谢世后去了什么处所？／她们清纯的魂魄不应该消散湮灭，／于是附着于娇媚的花朵。／红牡丹是金谷园中的绿珠风姿绰约，／黄牡丹是洛河女神娇媚婉娜，／朱紫牡丹也都是这样，／怪不得人间没有那么多。

蔡襄

来如从月下，去似逐云飞。

【点评】

这是蔡襄《十九日奉慈亲再往吉祥院看花》诗中的句子，全诗云："天意应偏与，春工已尽归。来如从月下，去似逐云飞。艳绝声名远，清多香气微。轻阴资润泽，斜照动光辉。剧饮千钟（酒器）醉，相鲜五彩衣（春秋楚国老莱子侍奉父母至孝，70岁时着五彩衣弄雏鸟于亲侧）。曾非重芳物，庶以奉慈闱（母亲）。"全诗译文如下：

上天的心意大概有一些偏向，／斗转星移，百花都随之消亡。／它们悄悄地开放，像披着月色出现，／匆匆地离去，像追逐浮云飞翔。／只剩下名气远扬的绝色牡丹，／还散发着一阵阵清香。／天上阴云微布，使牡丹保持着润泽，／微弱的斜阳让花朵闪动光芒。／抓紧赏花，痛饮千杯万盏，／我像老莱子穿着五彩衣侍奉在慈母身旁。／我从来不看重美丽的牡丹，／只希望前来赏花，能让母亲心情舒畅。

唐·白居易

雾重不胜琼液冷，雨余惟见玉容低。

冰肌玉骨钟琼莩，雪魄蟾魂孕秀根。

【点评】

南宋陈景沂《全芳备祖》前集卷2载这两则散句，"雾重"句署名欧阳修，"冰肌"句署名白居易。检索未得，殊可疑。姑且译于下：

大雾漫天，喝着热酒也抵挡不住寒冷；／雨声停下来了，花朵带着雨水向下低垂。

那美丽的鲜花，有着冰清玉洁的肌骨；／它灵秀的根须，是由白雪、明月那样的精神孕育出来的。

【增】

司空图

牡丹极用三春力，开得方知不是花。

【点评】

这是司空图《红茶花》诗中的句子，但原诗是"枉用"不是"极用"。全诗云："景物诗人见即夸，岂怜高韵说红茶！牡丹枉用三春力，开得方知不是花。"全诗译文如下：

诗人们见到像样的景物就随口胡夸，／可曾为欣赏高雅的风韵而赞美红茶！／牡丹算是白费了春天的气力，／和红茶花相比，也算不上什么奇葩。

唐彦谦

颜色无因饶锦绣，馨香惟解掩兰荪。

【点评】

这是唐彦谦《牡丹》诗中的句子，全诗云："颜色无因饶（宽恕，谦让）锦绣，馨香惟解掩兰荪。那堪更被烟蒙蔽，南国西施泣断魂。"全诗译文如下：

牡丹没理由虚推锦绣比自己颜色丰富，／兰花和香荃的气味也比自己远远不足。／不忍看烟笼雾罩中牡丹花朵湿漉漉，／那是越国的美女西施在伤心地啼哭。

宋·王禹偁

应是吴宫歌舞罢，西施因醉未施朱。

【点评】

这是王禹偁咏朱砂红牡丹的《朱红牡丹》诗中的句子，但原诗是"误施朱"，不是"未施朱"。全诗云："渥丹（涂以赤色）容貌着霓裙（以霓虹所制之衣），何事僧轩（有窗槛的长廊或小室）只一株。应是吴宫（春秋吴王夫差为美女西施所建的馆娃宫，在今江苏吴县灵岩山上）歌舞罢，西施因醉误施朱。"全诗译文如下：

朱红牡丹花色殷红，绿叶扶疏，／为什么僧舍前只有这么一株？／这大概是吴王宫里西施歌歇舞罢，／醉醺醺误把胭脂往脸上乱涂。

宋祁

金衣瑞羽迎风展，琼栗仙杯压雾斜。

【译文】

黄色花朵迎风摇曳，像人穿着金色衣服，插着瑞羽，／花形像杯子，花蕊像玉一般的颗粒，雾中沉甸甸地倾斜下垂。

韩琦

绝艳好将金作屋，清香宜引玉飞钱。

【点评】

这是韩琦《北第洛花新开》诗中的句子，全诗云："移得花王自洛川，格高须许擅春权。管弦围簇生来贵，天地功夫到此全。绝艳好将金作屋（《汉武故事》：汉武帝为太子时，说：'若得阿娇作妇，当作金屋贮之。'），清香宜引玉飞钱。一声旧幕行云曲（《全宋诗》第 6 册第 4105 页作者自注：'前魏幕沈太博有曲甚工。'），醉罜争挥不论船（酒器）。"全诗译文如下：

从洛阳移植来花王牡丹，／格调高雅，能主宰春天。／丝竹围着这珍贵的花丛奏响，／更感到天地把能耐在牡丹身上用得周全。／光彩照人，真该用金屋贮藏，／清香四溢，要用晶莹美玉作飞钱。／一曲行云流水般的音乐让人陶醉，／赏花人争相挥动酒杯，把美酒饮干。

梅尧臣

叶底风吹紫锦囊，宫炉应近更添香。

【点评】

这是梅尧臣《紫牡丹》诗中的句子，全诗云："叶底风吹紫锦囊（用锦织成的袋子，文人多用来装诗稿，此指紫牡丹），宫炉应近更添香。试看沉色浓如泼，不愧逢君翰墨（笔墨文辞）场。"全诗译文如下：

风吹着翠叶下的紫牡丹，如同翻动锦囊，／好像是近在咫尺的香炉又增添龙麝香。／请看这花的颜色，简直浓如泼墨，／不愧和你相逢在吟诗作赋的地方。

【原】

苏辙

花从单叶成千叶，家住汝南移洛南。

【作者简介】

苏辙（1039～1112），字子由，一字同叔，晚号颍滨遗老，眉州眉山（今四川眉山市）人。与父洵、兄轼合称"三苏"。宋仁宗嘉祐二年（1057）登进士第，官至宰相。有《栾城集》。

【点评】

这是苏辙《谢任亮教授送千叶牡丹》诗中的句子，原作"疑洛南"，此处为"移洛南"，大煞风景。全诗云："花从单叶成千叶，家住汝南疑洛南。乱剥浮苞任狼籍，并偷春色恣醺酣。香秾得露久弥馥，头重迎风似不堪。居士谁知已离畏，金盘剪送病中庵。"苏辙当时被贬官汝州。全诗译文如下：

这里牡丹从单瓣培育成重瓣，／我疑心置身洛阳，而不是住在汝河南边。／花瓣零乱地散开，开得十分奔放，／把春色搬来，劝我把酒喝得醉酣。／香艳的牡丹沾带露水气味更浓，／重重的花盘遇到轻风，似乎摆动艰难。／有谁知道我这患病的居士已远离红尘，／还用金盘盛放剪下的牡丹送到我的草庵。

黄庭坚

露晞春晚到春<u>丛</u>，拂掠残妆可意红。

【点评】

这是黄庭坚《王立之以小诗送并蒂牡丹，戏答二首》中第二首中的句子，《群芳谱》录文用字有误。全诗云："露晞风晚别春丛，拂掠残妆可意红。多病废诗仍止酒，可怜虽在与谁同。"全诗译文如下：

这枝牡丹辞别了露浸风抚的花丛，／看到它残妆犹存，依然是动人的殷红。／我疾病缠身，不能吟诗不能喝酒，／花待在我这里岂不徒然，可怜它与谁相共！

不夸西子锦为幄，肯送太真云想衣。

【译文】

牡丹何等美艳，用不着再夸赞锦缎帷幕中的美女西施，／也不必再说杨贵妃是"云想衣裳花想容"。

却嫌点污青春面，自汲寒泉洗醉红。

【点评】

这是黄庭坚《寄杜家父二首》中第二首中的句子，《群芳谱》录文与原作有不同处。两首诗云："红紫争春触处开，九衢终日犊车雷。闲情欲被春将去，鸟唤花惊只么回。""风尘点污青春面，自汲寒泉洗醉红。径欲题诗嫌浪许，杜郎觅句有新功。"译文按《群芳谱》两句录文处理：

只厌恶滚滚红尘弄脏了春花的美丽面庞，／自己打来清泉水轻轻清洗大红花朵。

浴泉秦虢流丹粉，临渚娥英冷佩衣。

【译文】

像杨贵妃的姐妹秦国夫人、虢国夫人温泉洗浴时褪掉脸上的胭脂白粉，／又像帝舜的两位后妃娥皇、女英追赶到湘江旁，冷飕飕穿上衣衫。

刘巨济

初洗退红唇起绛，半沾斜绿眼横波。

【作者简介】

刘泾，字巨济，号前溪，简州阳安（今四川简阳西北）人。宋神宗熙宁六年（1073）进士。宋哲宗元祐元年（1086），为太学博士，罢知咸阳县。历常州教授，通判莫州、成都府，除国子监丞。出知处、虢、真、坊四州。后任职方郎中。

【译文】

就像刚刚洗完热水澡，口红消褪，露出嘴唇本色，／绿叶在花旁辅助衬托，花儿更显得明眸顾盼，如水横流。

【增】

周必大

天香未染蜂犹懒，日幄先笼蝶已知。

【作者简介】

周必大（1126～1204），字子充，一字洪道，号平园老叟。原籍管城（今河南郑州市），宋高宗建炎二年（1128），祖周诜通判庐陵（今江西吉安），遂迁居当地。绍兴二十一年（1151）进士。曾任秘书少监兼直学士院、吏部尚书兼翰林学士承旨、参知政事、知枢密院事、判潭州、判隆兴府等职。封益国公。有《周益文忠公集》。

【点评】

这是周必大《次韵丁维皋粮料（愽）牡丹未开（戊寅二月）》诗中的句子。这是一首七律，用韵上平声五微部，首句用邻韵四支部。原作"蝶已飞"，《广群芳谱》录文作"蝶已知"，误，"知"属于四支部，第四句不能用邻韵。原诗云："拙速那能斗巧迟，从教绿暗与红稀。天香未染蜂犹懒，日幄先笼蝶已飞（《全宋诗》第43册第26680页作者自注：'罗邺《牡丹》诗云："落尽春红始见花，幄笼轻日护香霞。"又李正封诗云："国色朝酣酒，天香夜染衣。"'）。羯鼓只应催上苑，鹤林谁复倩红衣！请君多酿淮南米，纵赏先拼倒载归（东晋将领山简嗜酒，在荆州游览习家园林，醉如烂泥，倒骑马而归。）。"全诗译文如下：

快而不好哪比得上慢而精巧，／牡丹未开，周围已是绿叶浓密红花稀少。／没闻到牡丹天界才有的香气，蜜蜂懒得动弹，／帷幄为牡丹遮挡阳光，彩蝶已飞来几遭。／羯鼓曲《春光好》大概只能催促皇家苑囿的花木，／有谁能为佛家寺院借来大红衣袍？／请您多酿造一些淮南米酒，／等到尽情观赏后踏上归途，我会醉得骑马颠倒。

元·朱德润

深院朱栏覆锦茵，百花开尽牡丹春。

【作者简介】

朱德润（1294～1365），字泽民，号睢阳山人。祖籍睢阳（今河南商丘市），其先祖跟随宋室南渡，居昆山（今江苏昆山市），遂为苏州人。元代诗人、书画家。曾任国史院编修、镇东行中书省儒学提举、江浙行中书省照磨。著《存复斋集》10卷，附1卷。有《秀野轩图》《林下鸣琴图》《松溪放艇图》等传世。

【点评】

这是朱德润七言绝句《牡丹鹁鸽图》中的前两句，节选出来，兴味全无。《广群芳谱》的编纂者不知道什么叫诗。全诗云："深院朱栏覆锦茵，百花开尽牡丹春。粉毛双鸽多驯狎，对浴金盆不避人。"《广群芳谱》节选的这两句，译文如下：

深深的庭院里，雕栏圈围着牡丹花圃，地面像铺着锦绣的褥垫，／百花都开败了，牡丹才盛开，为春光抹上浓重的色彩。

【原】

唐·元稹

牡丹经雨泣斜阳。

【点评】

这是元稹《莺莺诗》中的句子，此处作"斜阳"，原作"残阳"。全诗云："殷红浅碧旧衣裳，取次梳头暗淡妆。夜合带烟笼晓日，牡丹经雨泣残阳。低迷隐笑原非笑，散漫清香不似香。频动横波嗔阿母，等闲教见小儿郎。"本句译文如下：

雨停了，残阳斜照，牡丹花上的雨水向下滴答，像是在哭泣。

【增】

温庭筠

雨后牡丹春睡浓。

【点评】

这是温庭筠《春暮宴罢寄宋寿先辈》诗中的句子。唐人所谓"先辈",是对先考中进士者的称谓。全诗云:"斜掩朱门花外钟,晓莺时节好相逢。窗间桃蕊宿妆在,雨后牡丹春睡浓。苏小(南齐钱塘名妓苏小小)风姿迷下蔡(战国时期楚国宋玉《登徒子好色赋》说东家女子嫣然一笑,惑阳城,迷下蔡。阳城、下蔡,都是县名),马卿才调似临邛(西汉辞赋大家司马相如,字长卿,曾在临邛即今四川邛崃市卖酒)。谁怜芳草生三径(王莽专权之际,兖州刺史蒋诩辞官归隐,院中辟三径,唯与求仲、羊仲往来。),参佐桥西陆士龙(参佐:僚属。西晋著名文学家陆机字士衡,其弟陆云字士龙,他们在洛阳住参佐廨中。)。"全诗译文如下:

半掩着朱漆大门,远处传来钟声,/和你考进士而相逢,春深穿飞黄莺。/窗外桃花枝残存着枯萎的花朵,/雨后牡丹蓓蕾还在酣睡不醒。/美丽的苏小小风姿绰约让人迷恋,/我的才学比得上辞赋大家司马长卿。/谁怜惜隐居的家园小道旁长满芳草,/只有我这陆云般寄人篱下的落第考生。

【原】

宋·韩琦

一枝香折瑞云红。

【译文】

折下一枝散发着香味的瑞云红牡丹。

张耒

天女奇姿云锦裳。

【点评】

这句诗出自张耒《牡丹》诗,只是"裳"原作"囊"。全诗云:"天女奇姿云锦囊,故应听法傍禅床。静中独有维摩觉(维摩诘居士和几位佛的大弟子讨论佛法时有天女散花），触鼻惟闻净戒香。”全诗译文如下：

牡丹花像天女散花撒下的云锦囊，／佛教门徒聆听佛法，盘腿打坐禅床。／寂静中只有维摩诘居士独自感悟，／满鼻子只闻到清净戒法的醇香。

【增】

周必大

顷刻常开七七花。

【点评】

这句诗出自周必大《上巳访杨廷秀，赏牡丹于御书匾榜之斋，其东园仅一亩，为术者九，名曰三三径，意象绝新（甲寅）》诗。杨廷秀即杨万里，曾担任秘书监。皇帝为他住宅赐写匾额。唐人贺知章亦任秘书监，患病上表请求致仕，回故乡浙江当道士。唐玄宗批准，赐镜湖、剡溪一带供其生活所需。镜湖因而叫贺监湖，北宋时改称鉴湖。东晋陶渊明《归去来兮辞》说家园"三径就荒"，所以这里将九条道路（术）说成三三径。全诗云："杨监全胜贺监家，赐湖岂比赐书华。四环自斸三三径，顷刻常开七七花（唐代道士殷七，名文祥，自称七七。传说他在浙西鹤林寺，秋天使春花杜鹃花开放。宋人徐照《爱梅歌》云：'迅折千葩怯殷七。'）。门外有田聊伏腊（伏天、腊月，指岁月），望中无处不烟霞。却惭下客非摩诘（唐人王维字摩诘，苏轼说他诗中有画，画中有诗），无画无诗只谩夸。"全诗译文如下：

同是秘书监，廷秀却胜过唐代的贺知章，／唐玄宗赐给贺知章镜湖，哪比得上皇上赐墨宝给廷秀建造斋堂。／一亩宅院里修出纵横九条道路，／一年四季各色花儿竞相开放。／门外有土地使年年生计无忧无虑，／放眼望去，到处都是旖旎的风光。／可惜我不是王维那样的奇才，／做不到诗中有画，画中有诗，只能胡乱夸奖。

元·刘秉忠

牡丹香散一帘风。

【译文】

牡丹的香味随风穿过帘子，进入房屋中。

词

【原】

宋·吴潜《如梦令》

一饷园林绿就，柳色莺声远透①。轻暖与轻寒，又是牡丹花候②。花候，花候，岁岁年年人瘦。

【作者简介】

吴潜（1195～1262），字毅夫，号履斋，宣州宁国（今安徽宁国市）人。宋宁宗嘉定十年（1217）举进士第一，授承事郎，迁江东安抚留守。宋理宗淳祐十一年（1251）为参知政事，拜右丞相兼枢密使，封崇国公，次年罢相。开庆元年（1259），蒙古兵南侵攻鄂州，被任为左丞相，封庆国公，后改许国公。受权相贾似道排挤，罢相，谪建昌军，徙潮州、循州，被毒死。著有《履斋遗集》，词集有《履斋诗余》。

【译文】

顷刻之间绿叶猛长，园林一片绿油油，／黄莺的鸣啭声一个劲地传出柳树枝头。／时而现出暖意，时而回归轻寒，／又到了牡丹开花的时候。／牡丹花候，牡丹花候，／年年岁岁人消瘦。

【增】

王十朋《点绛唇》

庭院深深，异香一片来天上③。傲春迟放，百卉皆推让。／／忆昔西

---

① 远透：唐圭璋编《全宋词》（中华书局，1965）第4册第2739页本词作"初透"。
② 花候：原作"时候"，据《全宋词》本词校改，下两处同改。
③ 唐人李山甫《牡丹》诗："一片异香天上来。"

都，姚魏声名旺。堪惆怅，醉翁何往，谁与花标榜。

【作者简介】

王十朋（1112～1171），字龟龄，号梅溪，温州乐清（今浙江乐清市）人。宋高宗绍兴二十七年（1157）进士，终龙图阁学士。有《梅溪前后集》。

【译文】

在幽深的庭院里牡丹开得芬芳，／那一片奇香仿佛来自天上。／它傲视春光，故意在百花之后开放，／百花自己知趣，连忙后退礼让。／／遥想当年西京洛阳，／姚黄、魏花名声响亮。／欧阳修去了哪里，真叫人惆怅，／谁还写《洛阳牡丹记》为花鼓吹、赞扬！

李铨《点绛唇》

十二红栏①，帝城谷雨初晴后。粉拖香逗，易惹春衫袖。／／把酒题诗，遐想欢如旧。花知否？故人消瘦，长忆同携手。

【作者简介】

李铨，南宋宁宗时人，曾任州官副职通判。

【译文】

谷雨时节雨后初晴，朗日高悬，／瑶台仙境般的临安城中，围栏里红牡丹格外娇艳。／花枝招展，馨香飘远，／浓郁的气味熏染着看花人的衣衫。／／此刻我端着酒杯写作诗篇，／昔日与佳人携手赏花的快乐情景浮现在眼前。／牡丹花儿你可知道，／你的老朋友我呀年来消瘦有加

---

① 唐人李商隐《碧城》诗说："碧城十二曲阑干。""阑干"同"栏杆"。《太平御览》卷674引《上清经》说："元始〔天尊〕居紫云之阙，碧霞为城。"后以碧城为仙人所居之处。前秦王嘉《拾遗记》卷10《昆仑山》说："傍有瑶台十二，各广千步，皆五色玉为台基。"李商隐《无题》诗说："紫府仙人号宝灯，云浆未饮结成冰。如何雪月交光夜，更在瑶台十二层。"都是指仙人居住的瑶台。此处用"十二红栏"泛指多处牡丹花圃。后来的牡丹诗词句子可以参考。明人张淮《牡丹》诗说："遍凭十二阑干曲，一曲阑干一曲春。"明人杨慎《水调歌头·赏牡丹》说："春宵微雨后，香径牡丹时。雕栏十二，金刀谁剪两三枝。"

憔悴可怜，／只因为天天沉湎于与佳人相伴赏花的思念。

【点评】

《全宋词》第 4 册第 2513 页据《全芳备祖》前集卷 2《牡丹门》录本词，几处与《广群芳谱》录文有异，造语平平，不出前人窠臼。《广群芳谱》作"十二红栏"，《全芳备祖》作"一朵千金"，后者不如前者有气势。《广群芳谱》作"粉拖香逗，易惹春衫袖"，《全芳备祖》作"粉拖香透，雅称群芳首"，后者不如前者的彼此感通且有情致。

唐·孙光宪《生查子》

清晓牡丹芳，红艳疑金蕊。乍占锦江春，永认笙歌地。／／感人心，为物瑞，烂漫烟花里。戴上玉钗时，迥与凡花异。

【原】

明·陈继儒《摊破浣溪沙》

晏起还嗔中酒时，玉牌分得牡丹枝。花下自调新乐府，写乌丝①。／／付与紫衣②传别院，夜来翻入管弦吹。赚得老夫重醉也，有情痴。

【作者简介】

陈继儒（1558～1639），字仲醇，号眉公、麋公，松江华亭（今上海市松江区）人。隐居民间，屡以疾辞绝征聘。工诗善文，书法效法苏轼、米芾，擅画墨梅、山水。有《梅花册》《云山卷》等传世。著有《妮古录》《小窗幽记》《见闻录》《六合同春》《陈眉公诗余》《虎荟》

---

① 乌丝即乌丝栏，指画在纸上或织在绢上的黑色界格，泛指有黑色界线的书法用纸。黄庭坚《题杨凝式书》诗说："俗书喜作《兰亭》面，欲换凡骨无金丹。谁知洛阳杨风（疯）子，下笔却到乌丝阑（栏）。"也把乌丝栏解释成书法的笔法，《书法三昧》说："乌丝栏者，锋正则两旁如界。"
② 紫衣：身份卑微的人穿的衣服，代指下人。《文选》卷 36 任昉《天监三年策秀才文》说："昔紫衣贱服，犹化齐风。"

《眉公杂著》等。

【译文】

醉酒后起床晚，发着脾气怨恨喝酒误事，／按照植株旁玉牌上的文字信息寻赏牡丹枝。／盘桓牡丹花前，在黑格纸上书写自己刚刚创作的乐府歌词。／／我把歌词交给仆人，让他快去别的院落找人谱曲，／连夜排练成动人的歌曲优美的舞姿。／又把我这个老头弄得醉醺醺，真算有缠绵情思。

宋·曾觌《朝中措》

华堂栏槛占韶光，端①不负年芳。依倚东风向晚②，数行淡浓仙妆。／／停杯醉折，多情多恨，冶艳③真香。只恐去为云雨，梦魂时恼襄王④。

【作者简介】

曾觌（1109～1180），字纯甫，号海野老农，开封（今河南开封市）人。官至承宣使，开府仪同三司。有《海野词》。

【译文】

华美的厅堂前用护花栏杆把芬芳锁住，／对于一年最好的时光，果真没有辜负。／习习东风伴随着黎明来到，／牡丹像浓妆淡抹的仙女排成队伍。

放下酒杯带着几分醉意折下花枝，／这花儿又香又美，叫人又爱又嫉妒。／只怕它像巫山神女为云为雨离去，／留下孤独的楚王梦里思念好凄楚。

---

① 端：真正。
② 向晓：原作"向晚"，据《全宋词》第2册第1321页本词校改。
③ 冶艳：原作"绝艳"，据《全宋词》本词校改。冶艳：娇艳。
④ 襄王：楚襄王。按：据《文选》卷19宋玉《高唐赋》，应为楚怀王。

范成大《玉楼春》

云横水绕芳尘陌，一万重花春拍拍。蓝桥仙路①不崎岖，醉舞狂歌容倦客。//真香解语人倾国，知是紫云②谁敢觅。满蹊桃李不能言，分付仙家君莫惜。

【译文】

赏花人不顾忌云遮水绕，道路上车水马龙，红尘滚滚，/千万重牡丹花次第开放，五彩缤纷。/陌生男女相遇生情的蓝桥，在赏花地随处可见，/饮着美酒观看歌舞，赏花人累得脸上犯困。//牡丹花是国色天香，人称解语花，倾国倾城，/但它是天界的紫云，凡人谁敢轻易去觅寻。/沿路到处都是桃李，它们却不会自夸，/只好将牡丹交给仙家，诸位莫要割舍不忍。

明·李东阳《浪淘沙》

春去有余春，且付花神，天香满地不沾尘。报道夜来新雨过，雨过还新。//芳意比佳人，谁写花真，碧云为盖草为茵。刚道花王谁不信，疑是前身。

【译文】

春天走了，春天却没有离开我们，/它把春意交付给花神。/牡丹花瓣凋落在地上，干干净净不沾灰尘。/人来汇报昨天夜里下了一场雨，/雨过天晴，更加清新。//我把牡丹比作佳人，/谁能把它画得逼真。/上有碧云为盖，下有绿草为茵。/牡丹确实是花王谁不信，/它是绝代佳人的前身。

---

① 北宋李昉主编《太平广记》卷50《裴航》说，唐人裴航考进士落第，经过蓝桥驿（在今陕西蓝田县），遇见仙女云英，求得玉杵臼捣药，两人结为仙侣。后以蓝桥比喻恋人相遇的地方。

② 紫云：古人认为紫色云是祥瑞，西汉焦赣《易林·履之渐》说："黄帝紫云，圣且神明，光见福祥，告我无央。"

宋·贺铸《鹧鸪天》

雪弄轻阴谷雨干，半垂云幕护残寒。化工著意呈新巧，剪刻朝霞饤露盘①。// 辉锦绣，掩芝兰，开元天宝盛长安。沉香亭子钩栏②畔，偏得三郎③带笑看。

【作者简介】

贺铸（1052～1125），字方回，号庆湖遗老，卫州（今河南卫辉市）人。孝惠皇后五代族孙。宋神宗熙宁（1068～1077）中恩授右班殿直，监军器库门。哲宗元祐六年（1091），改承事郎。徽宗立，通判泗州，徙太平州。大观（1107～1110）中致仕，退居苏、常。工诗文，尤长于词。有《东山乐府》《庆湖遗老集》。

【译文】

谷雨时节天上出现薄薄的云层，／半垂着油布帷幕，使牡丹免遭寒冷。／造化让牡丹开放以显示自己的机巧，／像剪来天边的朝霞在承露盘中摆设分明。

牡丹的颜色压过锦绣，香气压过芝兰，／在开元天宝年间唐都长安开得最为繁盛。／杨贵妃靠着沉香亭畔的钩栏观赏牡丹，／使得唐明皇心花怒放，满脸喜盈盈。

辛弃疾《鹧鸪天》

翠盖牙签几百株④，杨家姊妹夜游初⑤。五花结队香如雾⑥，一朵倾城醉未苏。// 闲小立，困相扶，夜来风雨有情无？愁红惨绿今宵看，

---

① 饤（dìng）：堆叠蔬果于盘，供陈设。
② 钩栏：随地势高下而设的曲折栏杆。
③ 唐玄宗李隆基是唐睿宗的第三子。
④ 《全宋词》第3册第1924页，本词词牌下有"赋牡丹，主人以谤花索赋解嘲"12字。
⑤ 唐玄宗时，杨贵妃的姊妹封为韩国夫人、虢国夫人、秦国夫人。唐人张萱绘有《虢国夫人游春图》传世，苏轼有《虢国夫人夜游图诗》。
⑥ 《资治通鉴》卷216记载：天宝十二载（753）十月，唐玄宗幸华清宫，韩国夫人、虢国夫人、秦国夫人随从，汇合堂兄弟宰相杨国忠，车马仆从，锦绣珠玉，鲜华夺目。五家合队，各为一色，衣以相别，粲若云锦。

却似吴宫教阵图。

【作者简介】

辛弃疾（1140～1207），字幼安，号稼轩，济南府历城县（今山东济南市）人。生于金国，少年抗金归宋，曾任江西安抚使、福建安抚使等职。死后赠少师，谥忠敏。南宋豪放派词人，与苏轼合称"苏辛"，与李清照并称"济南二安"（济南人李清照号易安居士）。有《稼轩长短句》。

【译文】

牙签标出好几百株不同品名的牡丹，／好像杨贵妃同兄弟姊妹乘夜色游玩。／五家各为一种衣色，灿若绸缎，／其中最美的杨贵妃醉酒正酣。

花朵立在枝头，枝叶来挽扶，／昨夜里那无情的风雨曾来光顾。／今天看见花衰叶破一片狼藉，／就好像吴国王宫里孙武军训妃嫔们的画图。

浓紫①深黄一画图，中间更著②玉盘盂。先裁翡翠妆成盖，更点胭脂染透酥③。／／香潋滟，锦模糊，主人长得醉工夫。莫携弄玉栏边去，羞得花枝一朵无。

【译文】

大紫大红的牡丹汇集成一轴画卷，／中间白牡丹像一面玉盘。／先剪裁翡翠装点它们的叶子，／再用胭脂染红它们的颜面。

香气在空气中荡漾，花色像锦缎朦胧，／主人天天饮酒，甘愿醉得懵懂。／不要领秦穆公的爱女弄玉到栏边看花，／那会羞得牡丹无影无踪。

---

① 紫：原作"翠"，据《全宋词》第3册第1924页本词校改。按：本词第3句用"翠"字。

② 著：原作"有"，据《全宋词》本词校改。

③ 酥：原作"苏"，据《全宋词》本词校改。

占断雕栏只一株①，春工费尽几工夫？天香夜染衣犹湿，国色朝酣酒未苏。//娇欲语，巧相扶，不妨老干自扶疏。恰如翠幕高堂上，来看红衫百子图。

【译文】

一株牡丹开花百朵，雕栏内数它最特殊，／为了培育它出类拔萃，春风费尽了工夫。／带着朝露花朵下垂，是夜里饮酒没有醒来，／饱含天界里才有的奇特香味，犹如香水喷洒的衣服依然湿漉漉。

它娇羞难开口，枝叶来把它搀扶，／多年的枝干挺拔遒劲、枝丫旁出。／好像来到拉开帷幕的高堂里，／观看高高悬挂的红色衣衫百子图。

【增】

李廷忠《鹧鸪天》

洛浦风光烂漫时，千金开宴②醉为期。花方著雨犹含笑，蝶不禁寒总是痴。//檀晕吐，玉华滋，不随桃李竞春菲。东君自有回天力，看把花枝带月归。

【作者简介】

李廷忠，字居厚，号橘山，於潜（今浙江临安西南）人。南宋孝宗淳熙八年（1181）进士。宋宁宗庆元元年（1195）任於潜教授，嘉定八年（1215）知夔州，放罢。著《橘山四六集》20卷，已佚。

【译文】

这里出现西京洛阳风光，牡丹开得烂漫。／赏花人一醉方休，挥霍千金设酒宴。／牡丹花带着雨水，不是流泪而是含笑。／痴情的蝴蝶总想靠近牡丹，颤颤巍巍禁不住春寒。//红花瓣渐深渐浅，白花瓣温润舒展。／它们不屑于与桃李同时开放，去比试芬芳娇艳。／司春的东君自有扭转乾坤的神通，／白天看不够，折下花枝披星戴月把家还。

---

① 《全宋词》第 3 册第 1924 页，本词词牌下有"祝良显家牡丹一本百朵"10 字。
② 宴：原作"晏"，据《全宋词》第 4 册第 2265 页本词校改。

【点评】

本词词牌为"鹧鸪飞",下阕首句为 6 字,作"檀晕吐,玉华滋",与《全芳备祖》前集卷 2《牡丹门》相同。但《全宋词》第 4 册第 2265 页收录本词,词牌作"瑞鹧鸪",这句多一字,作"香腮擘吐浓华艳",交代据《全芳备祖》前集卷 2《牡丹门》录文。

【原】

张抡《临江仙》

玉宇凉生清禁晓①,丹蓓色照晴空。珊瑚敲碎小②玲珑。人间无此种,来自广寒宫③。// 雕玉阑干深院静,嫣然频笑④东风。曲屏须占一枝红。且图敧醉枕⑤,香到梦魂中。

【作者简介】

张抡,字才甫,号莲社居士,开封人。宋孝宗淳熙五年(1178),为宁武军承宣使。著有《莲社词》一卷。

【译文】

曙光降临皇宫,天空生出几许清凉,／红牡丹色泽闪耀,把天空映衬成红光。／白牡丹像敲碎了珊瑚变成小块玲珑模样。／人间没有这种珍宝,而是乘夜降自月亮。

幽深的院落,玉雕的栏杆,静悄悄一片,／各色牡丹嫣然一笑,在西风中格外芬芳。／曲折回环的屏风上须画上红牡丹花朵,／以便醉了斜靠着枕头,梦中也能闻到幽香。

---

① 玉宇:天空。凉生:原作"暖浮",据《全宋词》第 3 册第 1409 页本词校改。清禁:指皇宫。
② 小:原作"玉",据《全宋词》本词校改。
③ 广寒宫:月宫。
④ 频笑:《全宋词》本词作"凝笑"。
⑤ 敧:斜靠。唐人刘禹锡《览董评事思归之什因以诗赠》诗说:"敧枕醉眠成戏蝶。"

王宷《蝶恋花》

燕子来时春未老，红蜡团枝，费尽东君巧。烟雨弄晴芳意恼，雨余特地残妆好。// 斜倚青楼临远道，不管傍人，密共东君笑。都见娇多情不少，丹青传得倾城貌。

【作者简介】

《群芳谱》原作王采，误，应作"王宷"。王宷（1068～1119），字辅道，一字道辅，江州（今江西九江市）人。登进士第，官至兵部侍郎。

【译文】

春回大地不久，燕子便飞回北方，／春神费尽机巧，让牡丹在枝头堆出烛光。／牡丹恼恨那轻烟细雨故意捉弄晴光，／雨一停更开得艳丽芬芳。

街道两侧的青楼女子斜靠着门窗，／不顾行人注意，只管同春神调笑欢畅。／所见都是娇媚动人情意缠绵，／应该用丹青颜色画出她们美丽的模样。

【增】

毛滂《蝶恋花》①

三叠阑干铺碧甃②，小雨新晴，才过清明后③。初见花王披衮绣④，娇云瑞日明春昼。// 彩女朝真天质秀，宝髻⑤微偏，风卷霞衣皱。莫道东君情最厚，韶华半在东堂手。

【作者简介】

毛滂（约1055～1120），字泽民，衢州江山（今浙江江山市）人。

---

① 《全宋词》第2册第678页，本词词牌下有"东堂下牡丹，仆所栽者清明后见花"14字。

② 甃（zhòu）：井壁，这里指瓦。

③ 后：原作"候"，据《全宋词》本词校改。

④ 衮（gǔn）：帝王的礼服。

⑤ 宝髻：戴有首饰的发髻。

官终嘉禾太守。有《东堂集》。

【译文】

三重铺着琉璃瓦的栏杆围着牡丹，／小雨已经终止，清明节刚刚过完。／花王姚黄身穿龙袍，吐露娇艳，／几朵白云遮不住太阳，是多么明媚的春天。

花儿像俊俏的女子，天真烂漫，／发髻微微倾斜，清风吹卷美丽的衣衫。／不要说司春之神对它情意最深，／它却把融融春光布置在东堂前。

曾觌《定风波》

上苑秾芳初雨晴，香风袅袅泛轩楹①。犹记洛阳开小宴②，娇面。粉光依约认倾城。／／流落江南重此会，相对。金蕉蘸甲③十分倾。怕见人间春更好，问道。如今老去尚多情。

【作者简介】

曾觌（1109～1180），字纯甫，号海野老农，开封（今河南开封市）人。官至承宣使，开府仪同三司。有《海野词》。

【译文】

雨过天晴，上林苑中牡丹显得更加芬芳，／宫殿的廊柱前飘荡着阵阵醉人的清香。／这是当年在洛阳赏花的情况，／酒席前看牡丹像绝色美人娇颜粉光。

而今流落到江南又见到牡丹，／对着花儿用指甲蘸着美酒喝得酣畅。／害怕看见人间春色太美好，／对花说声虽然垂垂老矣，多情还像往常。

---

① 轩：有窗槛的长廊。楹：柱子。
② 宴：原作"晏"，据《全宋词》第2册第1319页本词校改。
③ 金蕉：酒杯。蘸甲：酒斟满后，捧觞蘸指甲，以表示畅饮之意。唐刘禹锡《和乐天〈以镜换酒〉》诗："鬓眉厌老终难去，蘸甲须欢便到来。"

方岳《江神子》

窗绡深掩护芳尘，翠眉颦，越精神。几雨几晴，做得这些春？切莫近前轻著语，题品错，怕花嗔。// 碧壶谁①贮玉粼粼，醉香茵②。晚风频，吹得酒痕，如洗一番新。只恨谪仙浑懒事，辜负却，倚栏人。

【译文】

牡丹花像养在深闺的女子，由严实的窗纱遮挡风尘，／含苞欲放，花瓣闭合，像皱着眉头的佳人，／神采奕奕，秀出一番风韵。／花费多少雨露多少阳光，才推出牡丹花来展示春意浓深。／千万别靠近它们轻易评论，／如果品评不当，会惹得它们生气恼恨。／／是什么人用碧玉壶装满了琼浆玉液，／大家围坐在绿草如茵的地上喝得醉醺醺，／赏花持续到黄昏，在晚风中举杯频频。／微风吹过，用酒气把花儿清洗得格外清新。／只遗憾李白慵懒，再不写称颂牡丹的《清平调》词，／辜负了像杨贵妃那样牡丹一样美丽倚靠围栏赏花的人。

杨缵《八六子》③

怨残红，夜来无赖，雨催春去匆匆。但暗水新流芳恨，蝶凄蜂惨，千林嫩绿迷空。// 那知国色还逢，柔弱华清扶倦，轻盈洛浦临风。细认得凝妆，点脂匀粉，露蝉耸翠，蕊金团玉成丛。几许愁随笑解，一声歌转春融。眼朦胧，凭栏半醒醉中。

【作者简介】

杨缵（约1201～约1265），字继翁，号守斋，又号紫霞翁，祖籍开封（今河南开封市），居钱塘（今浙江杭州市）。宋宁宗杨皇后兄杨次山之孙，宋度宗淑妃之父。任司农卿、浙东帅，卒，赠少师。好古博雅，善画墨竹，好弹琴，能自度曲，著《紫霞洞谱》传世。

---

① 谁：原作"难"，据《全宋词》第4册第2848页本词校改。
② 醉香茵：原作"碎苔殷"，南宋周密《绝妙好词》卷3作"碎苔茵"，据《全宋词》本词校改。
③ 《全宋词》第5册第3075页本词词牌《八六子》下有"牡丹次白云韵"6字。白云：南宋词人赵崇嶓，字汉宗，号白云，南丰（今江西南丰县）人，有《白云稿》。

【译文】

心里怨恨各种春花相继凋残，/ 是夜里那些靠不住的雨，匆匆地送走了春天。/ 积水暗暗流动，漂走了落花，/ 闹得蜜蜂蝴蝶无依无靠，凄凄惨惨，/ 霎时间千树万木绿叶葱茏，遮地蔽天。// 哪知国色天香的牡丹却遇上好机缘。/ 它柔弱的花苞在发育，像杨贵妃在华清宫洗完温泉，/ 娇滴滴，软绵绵，等待侍儿挽。/ 接着花在枝头初开，轻盈得像洛神凌波微步在洛河水面。/ 花儿盛开了，细细观看，/ 朵朵是浓妆淡抹的佳丽，胭脂香粉均匀打扮。/ 花瓣或如翠羽耸立，或如蝉翼排比相连。/ 一丛丛都是美玉攒集，花蕊金灿灿。/ 笑看牡丹，那伤春的愁绪全然消散，/ 在春意融融中不由得歌喉一啭。/ 对着牡丹我双眼朦胧，半醉半醒地靠着护花围栏。

吴文英 《汉宫春》①

花姥来时，带天香国艳，羞掩名姝。日长半娇半困，宿酒微苏。沉香槛北，比人间、风异烟殊。春恨重，盘云坠髻②，碧花翻吐琼盂③。// 洛苑旧移仙谱，向吴娃深馆④，曾奉君娱⑤。猩唇露红未洗，客鬓霜铺。兰词沁壁，过西园、重载双壶。休漫道，花扶人醉，醉花却要人扶。

【作者简介】

吴文英（约1212~约1272），字君特，号梦窗，晚年号觉翁，四明鄞县（今浙江宁波市）人。原出翁姓，后过继吴氏。一生未第，游幕终身，活动于江浙地区。有《梦窗词集》。

---

① 《全宋词》第4册第2924页，本词词牌下作者原文说："夹钟商，追和尹梅津赋俞园牡丹。"
② 坠髻：原作"卧髻"，据《全宋词》本词校改。
③ 翻吐：原作"番吐"，据《全宋词》本词校改。琼盂：玉盘。辛弃疾《鹧鸪天》词咏牡丹说："浓紫深黄一画图。中间更著玉盘盂。"
④ 吴娃深馆：原作"吴姝深馆"，据《全宋词》本词校改。按：春秋时吴王夫差为越国嫁来的美女西施建造馆舍，吴人称女子为娃，故吴娃指西施。
⑤ 曾奉君娱，原作"曾奉清娱"，据《全宋词》本词校改。

【译文】

花神娘娘来到人间，带着国色天香牡丹，／把久负盛名的人间美女们比得羞于露面。／春季的白昼一天长于一天，／红牡丹半娇半困，像昨天喝过酒刚刚清醒一点。／它是倾国倾城的杨贵妃，凭依着沉香亭北的栏杆。／可那里不是李唐王朝的官殿，／而是仙人居住的瑶台，飘着与人间不同的风烟。／春深春浓，让人爱得咬牙切齿，／牡丹花朵像仙女们聚集成团，／一个个梳着盘云坠髻的发型，／鲜艳的花色如同玉盘中翻腾着五彩斑斓。／／洛阳的皇家苑囿已被载入仙家谱牒，／洛阳牡丹移入苏州，像越国美女西施来到吴王夫差身边，／住在吴国美轮美奂的馆娃宫里，讨得君王心欢。／猩红的牡丹还像美女的口红一样鲜红，／我却已是垂垂老矣，两鬓斑斑。／尹梅津先生咏牡丹的大作美如幽兰，／书写悬挂，清词丽句浸润到墙壁间。／为了填词奉和，我特意再次携带酒壶造访俞园。／休要随便说牡丹会来扶起我这个醉汉，／倒是牡丹醉了，要有人来搀。

晁补之《夜合花》

百紫千红，占春多少，共推绝世花王。西都万家俱好，不为姚黄。漫肠断巫阳，对沉香亭北新妆。记《清平调》，词成进了，一梦仙乡。／／天葩①秀出无双。倚朝晖，半如酣酒成狂②。无言自有，檀心③一点偷芳。念往事情伤，又新艳、曾说滁阳。纵归来晚，君王殿后，别是风光④。

【作者简介】

晁补之（1053～1110），字无咎，号归来子，济州钜野（今山东巨野县）人。宋神宗元丰二年（1079）登进士第，官终知泗州。有《鸡

① 天葩：天上才有的好花。
② 唐李正封牡丹诗残句："国色朝酣酒。"
③ 檀心：浅红色的花心。
④ 殿：原作"醒"，据《全宋词》第1册第560页本词校改。欧阳修从滁州召回朝廷，作《禁中见鞓红牡丹》诗，说："白首归来玉堂署，君王殿后见鞓红。"

肋集》。

【译文】

大地回春，万紫千红开遍，／都说只有花王牡丹把春色独占。／西京洛阳万千人家种种牡丹都是上品，／不单单只为姚黄叫好称赞。／人们随意地把牡丹比作巫山神女，／又说成杨贵妃飘然来到沉香亭畔。／当时李白写成《清平调》词呈献，／牡丹从此进入仙境梦幻。

那天庭才有的秀色，在人间独一无二，／沐着朝晖，鲜红的花色犹如醉酒半酣。／自有花心透散动人的芬芳，／虽然它不露声色，默默无言。／回想往事，令人伤感。／当过滁州太守的欧阳修，曾修谱记载种种牡丹新艳，／即使他从滁州回到朝廷为时已晚，／依然能看到宫殿后牡丹风情无限。

王沂孙《水龙吟》

晓寒慵揭珠帘，牡丹院落花开未？玉阑干畔，柳丝一把，和风半倚。国色微酣，天香乍染，扶春不起。自真妃舞罢[1]，谪仙赋后，繁华梦、如流水。∥池馆家家芳事，记当时、买栽无地[2]。争如一朵，幽人独对，水边竹际[3]。把酒花前，剩拼醉了，醒来还醉。怕洛中、春色匆匆，又入杜鹃声里[4]。

【作者简介】

王沂孙（？～1290?），字圣与，号碧山、中仙、玉笥山人，南宋会稽（今浙江绍兴市）人。入元后曾任庆元路（治今浙江宁波鄞州）

---

① 唐玄宗为了霸占儿媳，责成她离婚，入皇宫中当女道士，法名太真，后册封为贵妃。杨贵妃善跳霓裳羽衣舞。
② 唐人罗邺《牡丹》诗说："买栽池馆恐无地，看到子孙能几家。"
③ 争：通"怎"。白居易《秋题牡丹丛》诗说："幽人坐相对，心事共萧条。"幽人指幽居之人，离群索居的孤独者。欧阳修《洛阳牡丹记》说："谢灵运言'永嘉竹间水际多牡丹'。"
④ 杜鹃鸟别名杜宇、子规、鹈鴂、布谷鸟。暮春鸣叫，至夏天昼夜不止，声音凄切。杜甫《杜鹃》诗说："杜鹃暮春至，哀哀叫其间。"李白《闻王昌龄左迁龙标遥有此寄》诗说："杨花落尽子规啼，闻道龙标过五溪。"

学正。有《花外集》，又名《碧山乐府》。

【译文】

早晨有点冷，懒洋洋地拉开窗帘往外瞅，／想知道庭院里的牡丹开花没有。／嫩黄的柳枝在牡丹围栏边随风晃动，／牡丹含苞欲放，春意远远不够。／自从杨贵妃舞罢霓裳羽衣舞，李白写出《清平调》词后，／一枕繁华美梦，付之东流。／／家家户户的宅第中遍栽牡丹，／当初只发愁没有空闲地段。／哪比得上踽踽独行的隐居者，／面对水边竹际的牡丹默默无言。／在牡丹花前痛饮美酒，／醉了醒来，醒来还醉，往返循环。／怕只怕西京洛阳似的锦绣春色，／在暮春杜鹃凄厉的鸣叫声中匆匆消散。

紫姑《瑞鹤仙》

睹娇红细捻，是西子、当日留心千叶。西都竞栽接，赏①园林台榭，何妨日涉。轻罗慢褶，费多少、阳和调燮②。向晓来、露浥芳苞，一点醉红潮颊。／／双靥。姚黄国艳，魏紫天香，倚风羞怯。云鬓试插，便③引动、狂蜂蝶。况东君开宴，赏心乐事④，莫惜献酬频叠。看相将、红药翻阶，尚余侍妾⑤。

【译文】

看这印上美女手上胭脂痕迹的一捻红花瓣，／那是由于西施当年特别在意培育重瓣牡丹。／西京洛阳的人们争先恐后把这种奇葩栽遍。／

---

① 赏：原作"好"，据南宋洪迈《夷坚志》支志景卷6《西安紫姑》（第2册第929页，中华书局，1981）校改。
② 阳和调燮：协调阴阳，使二者平衡和谐。
③ 便：原作"都"，据《夷坚志》校改。
④ 东君：又叫青帝、春帝，古人所说的司春神。这里用来恭维设宴的东家——婺州太守周权。赏心乐事：唐人王勃《滕王阁序》把良辰、美景、赏心、乐事四者齐全说成"四美具"。
⑤ 侍妾：原作"媵妾"，据《夷坚志》校改。唐人罗隐《牡丹花》诗说："芍药与君为近侍。"

对那些有这一名品的园林池馆，何妨天天去观看。／一捻红花朵像纹理精致的红色绸缎，／天公花费多少工夫调理阴阳，才造就它这等容颜。／早晨花朵带着昨夜的清露，像面颊潮红，醉意犹酣。／／脸上笑出酒窝，那是一捻红花瓣上的胭脂斑点，／比得花王姚黄、花后魏紫羞答答，原来是妄称天香国艳。／佳人头上插上一朵，引动狂蜂乱蝶围着飞转。／何况太守像青帝一样支配春天，／设宴赏花，"良辰美景赏心乐事"，四美俱全，／宾客、主人相互举杯敬酒，以后应该接连不断。／你看台阶外还有稍逊一筹的芍药，在等待相继展开笑脸。

【点评】

这是南宋人托名道教女神仙紫姑的词作。南宋洪迈《夷坚志》支志景（丙）卷6《西安紫姑》说："吴兴周权选伯，乾道五年（1169）知衢州西安县，招郡士沈延年为馆生，邀至紫姑神，每谈未来事，未尝不验。……后三年，周从监左藏西库擢守婺，沈生偕往。……周适邀仙，从容因求赋一词往侑席。仙乞题，指瓶内一捻红牡丹令咏之。又乞词名及韵，令作《瑞鹤仙》，用'捻'字为韵，意欲因险困之，亦不思而就。……既成，略不加点。"这是小说情节，当然不会是神仙紫姑的作品。

这首词开头说："睹娇红细捻，是西子、当日留心千叶。"实际上，一捻红牡丹与春秋时期的西施（西子）毫不相干，那时牡丹尚未作为观赏花卉被社会认识、接纳，"千叶"（重瓣花）更无从谈起。北宋时期，关于一捻红牡丹，既有历史记载，又有小说加工。前者如欧阳修《洛阳牡丹记》记载："一撅红者，多叶，浅红花。叶杪深红一点，如人以手指撅（按压）之。"周师厚《洛阳花木记》记载："一捻红，千叶粉红花也。有檀心，花叶。叶之杪各有深红一点，如美人以胭脂手捻之，故谓之一捻红。"后者如北宋刘斧小说《青琐高议·骊山记》，将"如人""如美人"落实到杨贵妃头上，改编情节为："帝（唐玄宗）又好花木，诏近郡送花赴骊宫（临潼骊山华清宫）。当时有献牡丹者，……其花微红，上甚爱之，命高力士将花上贵妃。贵妃方对妆，妃用手拈花，时匀面手脂在上，遂印于花上。帝见之，问其故，妃以状对。诏其花栽于先春馆。来岁花开，花上复有指红迹。帝赏花惊叹，神异其事，开宴召贵妃，乃命其花为一捻红。"

赵以夫《大酺·牡丹》①

正绿阴浓，莺声懒，庭院寒轻烟薄。天然花富贵，逞夭②红殷紫，叠葩重萼。醉艳酣春，妍姿浥③露，翠羽轻明如削。檀心鹅黄嫩，似离情愁绪，万丝交错。更银烛相④辉，玉瓶微浸，宛然京洛。//朝来风雨恶，怕孱僽⑤、低张青油幕。便好倩、佳人插帽，贵客传笺，趁良辰、赏心行乐。四美难并也，须拼醉、莫辞杯勺⑥。被花恼、情无著。长笛何处，一笑江头高阁。极目水云漠漠。

【作者简介】

赵以夫（1189～1256），字用父，号虚斋，长乐（今属福建）人，宋室后裔。宋宁宗嘉定十年（1217）进士。历知邵武军、知漳州、枢密都承旨、同知枢密院事、资政殿学士、吏部尚书。有《虚斋乐府》。词学姜夔，情致闲雅，善长调，多为咏物唱和之作。

【译文】

暮春时节绿叶成荫，黄莺鸣叫渐渐疏懒，／气温微寒，庭院中飘过几缕轻烟。／雍容华贵的牡丹花重重叠叠，错落有致，／姹紫嫣红，多么灿烂！／美丽的春色真让人陶醉，／花瓣沾带着露水，像轻巧的羽毛明丽鲜艳。／花朵中间长着红花心、黄花蕊，／恰似离愁别绪，丝丝缕缕交缠。／银烛辉映，玉瓶插花，俨然是西京洛阳景象一般。//早晨风暴雨急，真担心牡丹受到摧残，／赶快张起青油帷幕，保护它们渡过难关。／

---

① 牡丹：原无，据《全宋词》第 4 册第 2660 页本词校补。
② 夭：原作"妖"，据《全宋词》本词校改。
③ 浥：原作"挹"，据《全宋词》本词校改。
④ 相：原作"交"，据《全宋词》本词校改。
⑤ 孱僽（chánzhòu）：憔悴。
⑥ 勺：原作"酌"，据《全宋词》本词校改。

趁便请来佳人，把花插上帽檐，／邀来贵客赏花，传看彼此写出的美丽诗篇。／良辰、美景、赏心、乐事，抓紧行乐莫迁延。／这四样好条件难以凑得齐全，／齐全了须使劲喝酒，不要拒绝杯盏。／被牡丹花搅扰得心神不宁，心慌意乱。／从哪里传来了悠扬的笛声？／仔细听，原来来自江边阁楼的上面。／极目远望一片迷茫，只见天连着水，水连着天。

【原】

刘克庄《六州歌头·客赠牡丹》①

维摩病起，兀坐②等枯株。清晨里，谁来问，是文殊③。遣名姝，夺尽群花色，浴才出，醒初解，千万态，娇无力，困相扶。绝代佳人，不入金张④室，却访吾庐。对茶铛禅榻，笑杀此翁臞⑤。珠髻⑥金壶，始消渠。／／忆承平⑦日，繁华事，修成谱，写成图。奇绝甚，欧公记，蔡公书⑧，古来无。一自京华隔，问姚魏，竟何如？多应是、彩云散，劫灰余⑨。野鹿衔将花去⑩，休回首，河洛丘墟。漫伤春吊古，梦绕汉唐

---

① 客赠牡丹：原无，据《全宋词》第4册第2591页本词校补。

② 兀坐：独自端坐不动。

③ 文殊：印度大乘佛教说维摩诘居士是富豪，佛学修养极高，辩才无碍。文殊菩萨等相继去慰问他的病情，他与诸位菩萨及佛陀的大弟子们就佛学问题展开辩论，其间天女散花。

④ 金张：西汉宣帝时的权贵金日磾（mìdí）、张安世，后以"金张"称显贵人家。

⑤ 杀：后世常写作"煞"。臞（qú）：消瘦。

⑥ 珠髻：原作"瑶砌"，据《全宋词》本词校改。

⑦ 承平：原作"升平"，据《全宋词》本词校改。

⑧ 北宋欧阳修撰写《洛阳牡丹记》后，著名书法家蔡襄全文书写，并刻板印刷赠予欧阳修。

⑨ 佛教认为宇宙由无限个世界组成，每个世界都经历成、住、坏、空阶段，周而复始。每个阶段都是极长的时间段，音译作"劫波"，简称"劫"。世界到了坏劫，被火烧毁，成为灰烬。本词这里指宋朝南渡前，遭到女真族金朝的侵略，政权瓦解。

⑩ 北宋刘斧《青琐高议》前集卷6《骊山记》编造唐代陕西临潼骊山华清宫故事，说："宫中牡丹……一尺黄，……花面几一尺，高数寸，只开一朵，鲜艳清香，绛帷笼日，最爱护之。一日，宫妃奏帝云：'花已为鹿衔去，逐出宫墙不见。'帝甚惊讶，谓：'宫墙甚高，鹿何由入？''为墙下水窦，因雨寝没，野鹿是以得入也。'……帝亦私谓侍臣曰：'野鹿游宫中，非佳兆。'……殊不知禄山游深宫，此其应也。'"这里以"鹿""禄"谐音，说野鹿进入宫禁并衔走牡丹，是安禄山发动叛乱并攻占长安皇宫的预先兆头。安禄山是唐朝北方边镇节度使，中亚混血胡人。本词这里指北方女真族灭北宋，故下文说"河洛丘墟"、"梦绕汉唐都"。

都。歌罢唏嘘。

【作者简介】

刘克庄（1187～1269），初名灼，字潜夫，号后村，福建莆田人。宋宁宗嘉定二年（1209）补将仕郎，调靖安簿，后长期游幕于江、浙、闽、广等地。宋理宗淳祐六年（1246），赐同进士出身，官至龙图阁学士、工部尚书兼侍读。有《后村先生全集》。

【译文】

我像维摩诘居士一样患着疾病浑身不舒服，／孤零零地端坐着，如同枯木朽株。／一大早谁会来问我病体何如，／是文殊师利菩萨派遣天女降临我家房屋。／她有着超越千花万卉的美艳，／就像杨贵妃刚刚洗罢温泉，醉酒初醒，千娇百媚，软绵无力，等待侍女来搀扶。／似这等绝代佳人般的花儿，／不送进达官贵人的门庭，却来到我这寒门小户。／它对着的只有蒲团茶壶，／该要笑话我这老头子只剩下一把嶙峋瘦骨。／那些朱门大户家金玉满堂，才是它能享福的去处。／／回忆南渡前国家持久太平，／家家户户安居乐业，栽花种树。／文人墨客把牡丹品种修成谱、画成图。／最奇特的是欧阳修写作《洛阳牡丹记》，蔡襄挥毫抄录，／文学巨匠，书法大家，珠联璧合古来无。／南渡以来与西京隔绝，音讯了无，／想问问花王姚黄花后魏紫是否还如当初？／恐怕在异族铁蹄践踏下，早已蒙受荼毒。／野鹿偷偷溜进行宫，把只开一朵的一尺黄牡丹叼走，／往事不堪回首，繁华的河洛大地沦落成一片荒土。／我仅剩下随意伤春吊古的份儿，／魂牵梦绕的只有洛阳这座汉唐故都。／歌吟虽然就此罢了，但悲叹声却难以止住。

别录

【增】

《云仙杂记》

宋旻语常带华藻，李儒安曰："时方三月，坐间生无数牡丹花矣。"

【译文】

宋旻平常说话总是运用一些华丽的辞藻。李儒安评论说："时方三月，坐席上【宋旻一番话，】就像长出了无数的牡丹花一样。"

【点评】

这则文字交代出自《云仙杂记》，但这不是原始出处。《云仙杂记》卷5《坐间牡丹花》条（《说郛》本作《语生牡丹》），注明这则说法摘自《邺郡名录》，且人名一字不同，作"李孺安"。《云仙杂记》又名《云仙散录》，旧署后唐冯贽编，是五代时期一部记录异闻的小说集，内容比较杂乱，主要是唐五代一些名士、隐者和乡绅、显贵之流的逸闻轶事。

《清异录》

吴越有一种玲珑牡丹鲊①，以鱼叶斗成牡丹状，既熟，出盎中，微红如初开牡丹。

【译文】

吴越地区有一种食品叫作"玲珑牡丹鲊"。把鱼身整治成片，做成牡丹造型，在盎中腌制。等到可以食用时，从盎中取出来，鱼片微红，像刚开放的牡丹似的。

《画史》②

徐熙③《风牡丹图》，叶几千余片，花只三朵，一在正面，一在右，一在众枝乱叶之背。

---

① 鲊（zhǎ）：用盐和红曲腌的鱼。

② 画史：北宋书画家米芾撰写的1卷本绘画史书。

③ 徐熙：五代南唐画家，江宁（今江苏南京市）人。出生于唐僖宗光启年间（885～888），宋太祖开宝八年（975）随南唐后主归宋，不久病故。善画花竹林木、蝉蝶草虫。

【译文】

南唐画家徐熙画的《风牡丹图》，绿叶差不多有一千多片，花只有三朵，一朵在正面，一朵在右面，一朵在众多枝条和绿叶的背面。

《墨客挥犀》①

欧公尝得一古画《牡丹丛》，其下有一猫。永叔未知其精妙。丞相正肃吴公②与欧公家相近，一见曰："此正午牡丹丛。何以明之？其花敷妍而色燥，此日中时花。猫眼黑睛如线，此正午猫眼也。有带露花，则房敛而色泽，猫眼早、暮则睛圆，正午则如一线耳。"此亦善求古人之意也。

【译文】

欧阳修先生曾得到一幅古画，画的是牡丹丛，植株下卧着一只猫。欧阳修不知道这幅画的精妙之处。参知政事吴育先生与欧阳修住得很近，他一看见这幅画就说："这画的是正午的牡丹丛。怎么知道呢？画面上的牡丹花，它的花瓣全张开，但花色干燥，这是正午时的花。猫的眼睛眯缝成一道细线，这是正午时的猫眼。【如果不是正午的话，】牡丹花带着露水，花朵有所收敛，颜色也很润泽。猫的眼睛在早晨和傍晚都完全睁开，圆溜溜的，正午则睁不开，像一条线。"吴先生这番话，也称得上是善于探求古人用意的了。

《渔隐丛话》③

裴潾《白牡丹》诗④，时称绝唱。以余观之，语句凡近，不若胡武

---

① 墨客挥犀：北宋彭乘撰写的 10 卷本笔记。本则出自该书卷 1，又见于北宋沈括《梦溪笔谈》卷 17《书画》，后者说"丞相正肃吴公与欧公姻家"。
② 吴育（1004～1058），字春卿，建州浦城（今福建浦城县）人。宋仁宗庆历五年（1045）拜参知政事，即副宰相，故此处称之为丞相。卒，赠吏部尚书，谥正肃。
③ 渔隐丛话：书名全称《苕溪渔隐丛话》，作者为南宋胡仔，分为前集 60 卷和后集 40 卷。
④ 裴潾：原作"裴璘"，误，唐文宗时期当过兵部侍郎、河南府尹等职务。其《白牡丹》诗云："别有玉杯承露冷，无人起就月中看。"

平^①《咏白牡丹》诗，云："璧堂月冷难成寐，翠幄风多不耐寒。"其语意清远，过裴潾远矣。如皮日休《咏白莲》诗云："无情有恨何人见，月冷风清欲堕时。"若移作白牡丹诗，有何不可？觉更清切耳。

【译文】

唐人裴潾的《白牡丹》诗，当时号称绝唱。在我看来，遣词造句很平常，比不上我朝胡宿的《咏白牡丹》诗，其中有句子云："璧堂月冷难成寐，翠幄风多不耐寒。"这联诗词句华丽，意境清远，远远超过裴潾的诗。如晚唐皮日休的《咏白莲》诗，有句云："无情有恨何人见，月冷风清欲堕时。"若移来作为描写白牡丹的诗，有什么不可以的呢？这联诗让人觉得更加清爽贴切。

【点评】

《苕溪渔隐丛话》说"无情有恨何人见，月冷风清欲堕时"两句诗的作者是唐人皮日休，这弄错了，应该是皮日休的朋友陆龟蒙。陆龟蒙的诗是一首七言绝句，题作《和袭美（皮日休）木兰后池三咏·白莲》，云："素蘤多蒙别艳欺，此花真合在瑶池。无情有恨何人觉，月晓风清欲堕时。"且"无情有恨何人见"句并非他的首创，而是出自唐人李贺《昌谷北园新笋四首》。皮日休的诗确实题作《咏白莲》，是两首七言律诗，其中没有这两句。全诗云："腻于琼粉白于脂，京兆夫人未画眉。静婉舞偷将动处，西施嚬效半开时。通宵带露妆难洗，尽日凌波步不移。愿作水仙无别意，年年图与此花期。""细嗅深看暗断肠，从今无意爱红芳。折来只合琼为客，把种应须玉甃塘。向日但疑酥滴水，含风浑讶雪生香。吴王台下开多少，遥似西施上素妆。"

升庵《词品》

朝天紫，本蜀牡丹花名。其色正紫，如金紫大夫之服色，故名。后

---

① 胡宿（995～1067），字武平，常州晋陵（今江苏常州市）人。宋仁宗天圣二年（1024）进士及第。曾任知湖州、两浙转运使、枢密副使、观文殿学士、知杭州。

人以为曲名。今以"紫"作"子",非也。

【译文】

朝天紫,本是四川牡丹花的一个品种名称。它的花色正紫,如同朝廷官员金紫大夫礼服的颜色,所以落了这一名称。后人将《朝天紫》用来作为曲牌名称。今人甚至将"紫"字写作"子"字,这是错误的。

【点评】

这则文字出自明人杨慎《词品》卷1。杨慎(1488～1559),字用修,号升庵,祖籍江西庐陵,四川新都(今四川成都市新都区)人。明武宗正德六年(1511),殿试第一,授翰林院修撰。明世宗时任经筵讲官。嘉靖三年(1524)在朝臣"大礼议"之争中违背明世宗意愿,谪戍云南,30多年后死于戍地。《词品》是他撰写的6卷本论词专著。这则文字末句"非也"后,原书还有一句"见陆游《牡丹谱》"。南宋陆游《天彭牡丹谱》罗列四川彭州的紫牡丹,有紫绣球、乾道紫、泼墨紫、葛巾紫、福严紫、朝天紫、陈州紫、袁家紫、御衣紫9种。

《花木考》①

花石,在慈和县武口寨。石上有花如堆心牡丹,枝叶缭绕,虽精于画者不能及。或以物击碎其花,拂拭复见,重叠非一。

【译文】

花石,在慈和县武口寨。这块石头上有天然图案,形状像堆心牡丹,枝叶缭绕,即便是丹青高手,也画不出这个效果。有人用东西将牡丹图案敲碎,清理掉碎石块,石头上又显现出牡丹花图案,几朵重叠在一起。

---

① 花木考:书名全称为《华夷花木鸟兽珍玩考》,共12卷,明人慎懋官编撰。这则文字出自卷6(《续修四库全书》第1185册第504页)。

《花史》

唐末刘训者，京师富人。京师春游以牡丹为胜赏，训邀客赏花，乃系水牛累百于门。人指曰："此刘家黑牡丹也。"

【原】

移植

移牡丹宜秋分后，如天气尚热，或遇阴雨，九月亦可。须全根宽掘，以渐至近，勿损细根，将宿土洗净，再用酒洗。每窠用熟粪土一斗，白蔹末一斤，拌匀，再下小麦数十粒于窠底，然后植于窠中，以细土覆满，将牡丹提与地平，使其根直易生。土须与干上旧痕平，不可太低太高，勿筑实，勿脚踏。随以河水或雨水浇之，窠满即止。待土微干，略添细土覆盖，过三四日再浇。封培根土，宜成小堆，以手拍实，免风入吹坏花根。每本约离三尺，使叶相接而枝不相擦，风通气透而日色不入，乃佳。不可太密，防枝相磨致损花芽；不可太稀，恐日晒土热致伤嫩根。小雪前后用草荐遮障，勿使透风。若欲远移，将根用水洗净，取红淤土罗细末，趁湿匀粘花根，随用软棉花自细根尖缠至老根，再用麻纸缠定，以水洒之，枝上红芽，用香油纸或矾绵纸包扎笼住，不得损动，即万里可致也。或曰中秋为牡丹生日，移栽必旺。

【译文】

移植牡丹的时间应当选在秋分节气过后，如果这时天气尚热，或者遇到阴雨，推迟到九月也可以。对于确定下来的移植植株，须保全根系，从远处刨土，渐渐接近根部，不要损伤根部的细须，将根系上的土清洗干净，然后再用酒清洗根系。准备栽入植株的土坑，在底部撒上数十粒小麦，在一斗熟粪土中掺和一斤白蔹末，搅拌均匀，倒入坑中，同时将牡丹植株栽进来，用细土将整个根部覆盖，再将牡丹植株往上提一提，使其根须在土中竖直不弯曲，容易生长。覆盖细土须与植株上原来露出地面的旧痕持平，不可太低也不可太高，不要将新土夯实，也不要用脚踩踏。植株栽好后，随即用河水或雨水浇灌，土坑中水满了就停下来。等到坑土稍干，再略添一些细土覆盖在上面，过上三四天再浇水。在根基部分加土，应该堆成小土堆，用手拍打严实，以免风透过虚土中的空隙抵达里面，吹坏花根。栽植牡丹的株距保持大约三尺，使彼此叶子临近但枝条不相擦碰，能通风透气而阳光不暴晒土壤，这样最好。植株之间距离不可太近，以防彼此枝条擦碰导致碰坏花芽；也不可太远，以防阳光直射土壤，温度过高而损害嫩根。小雪节气前后，要用草垫子铺盖植株，不要让寒风透进来使它受冻。如果要将植株移植到远处，将其根系用水洗净，取一些红淤土筛成细末，趁湿均匀地粘在花根上，随即从细根末梢直到老根处，用软棉花缠裹，再用麻绳缠稳当，以水浇洒，枝上的红芽用香油纸或矾绵纸虚虚地包扎住，使其不受损、不晃动，如此即便是万里之遥也可以顺利移植。有人说中秋节是牡丹的生日，当天移栽，必定旺盛。

分花

拣长成大颗茂盛者一丛，七八枝或十数枝持作一把，摔去土，细视有根者劈开，或一二枝或三四枝作一窠。用轻粉加硫黄少许碾为末，加黄土成泥，将根上劈破处擦匀，方置窠内，栽如前法。

【译文】

牡丹分株，先要挑选一棵茂盛健壮的植株，确定七八枝或十多枝作为一把，摔去土，仔细观察，从有根的部位劈开，或一二枝或三四枝作为一棵。用轻粉加少量硫黄，碾成粉末，加上黄土和成泥，均匀地擦在根上劈破的地方。这样处置后，才能放置到土坑中，按照上述移植的方法栽植。

种花

六月中看枝间角微开，露见黑子，收置向风处晒一日，以湿土拌，收瓦器中。至秋分前后三五日，择善地，调畦土，要极细。畦中满浇水，候干，以水试子，择其沉者，用细土拌白蒉末种之。隔五寸一枚，下子毕，上加细土一寸。冬时盖以落叶。来春二月内用水浇，常令润湿。三月生苗，最宜爱护。六月中以箔遮日，勿致晒损，夜则露之。至次年八月移栽。若待角干收子，出者甚少，即出亦不旺，以子干而津脉少耳。

【译文】

夏季六月时，观察牡丹枝上子房外壳微开，露出黑子，就采集下来，在通风的地方晒上一天，拌上湿土，收入瓦罐中。到秋分节气的前后三五天，选择好地段【准备播种】。先整治小畦中的土壤，要达到颗粒细小、均匀。小畦中浇满水，等待土壤发干。同时用水来测试牡丹种子，挑选厚实能沉到水下的，然后用细土拌上白蔹末撒在小畦中，将良种播种在这里。每颗种子相距五寸远，种下后，上面覆盖细土一寸厚。冬天以落叶覆盖保温，来年仲春二月用水浇，使土壤保持湿润。三月份实生苗就破土生长，最该好好护理。酷暑六月，白天要用苇席为它们遮蔽阳光，不要被晒蔫受损，夜里则撤除苇席。到次年八月，实生苗就可以移栽了。如果等到子房外壳完全干了才采集种子，那么，长出实生苗的非常少，即使长出来以后也不会长得苗壮，因为种子干瘪，津脉营养太少。

接花

花不接不佳。接花须秋社①后重阳前，过此不宜。将单叶花本如指大者，离地二三寸许，斜削一半；取千叶牡丹新嫩旺条，亦用利刀斜削一半，上留二三眼，贴于小牡丹削处，合如一株。麻纰紧扎，泥封严密，两瓦合之，壅以软土，罩以蒻叶，勿令见风日，向南留一小户以达气。至来春惊蛰后，去瓦土，随以草荐围之，仍树棘数枝以御霜。茂者当年有花。是谓贴接。或将小牡丹新苗旺盛者，离地二三寸，用利刀截断，以尖刀劐②一小口。取上品牡丹枝上有一二芽者，截二三寸长一

---

① 秋社：立秋后的第五个戊日，农村人举行酬祭土地神的典礼。
② 劐（huō）：用尖利器物划开东西。

段，两边斜削，插于劐处，比量吻合。麻纴扎紧，细湿土壅高一尺，瓦盆盖顶。待二七开视，茂者其芽红白鲜丽，长及一寸，此极旺者。若未发，再培之，三七开看，活者即发，否则腐毙。活者仍用土培盆合，至春分去土，恐有烈风，仍用盆盖，时常检点，至三月中方放开，全见风日。又恐茂者长高，被风吹折，仍以草罩罩之。接头枝如及时截取者，藏新篓润土，十余日行数百里，亦可接活。立春若是子日，茄根上接之，不出一月，花即烂漫。二、三月间，取芍药根大如萝卜者，削尖如马耳，将牡丹枝劈开如燕尾，插下缚紧，以肥泥培之即活，当年有花。一二年牡丹生根，割去芍药根，成真牡丹矣。又椿树接者，高丈余，可于楼上赏玩，唐人所谓楼子牡丹也。

牡丹一接便活者，逐年有花。若初接不活，削去再接，只当年有花。

【译文】

牡丹若不嫁接，花就不会杰出。嫁接牡丹应在秋社后至重阳前，过了这个时间段就不适宜了。先选定单瓣牡丹枝干如手指头那么粗的作为砧木，在高出地面两三寸的部位斜着削开接口；再选定重瓣牡丹新嫩健壮的枝条作为接穗，枝条上要有两三个萌生花芽的部位，也用利刀斜着削出接口，然后插到砧木的开口处，二者合为一株。用麻绳将嫁接处捆扎牢靠，用软泥严密封住。嫁接苗上面覆盖两片瓦，再用软土封好，铺上一层嫩蒲草，不要让它遭受风吹日晒，只在向南的一边留一个小窗口来通达气息。到来年春天惊蛰节气后，撤除嫁接苗上面的瓦和土，换上草垫子来围着，并用数枝酸枣树枝来覆盖，为它抵御霜寒。如果嫁接苗苗壮，当年就可以开花。这叫作贴接。或者选择长势旺盛的牡丹新苗作为砧木，在高出地面两三寸的部位用利刀截断，用尖刀划开一个小口。再物色长有一两个花芽的精品牡丹枝条，截成两三寸长的接穗，两边斜着削光，插到砧木的小口处，二者要大小宽窄平面一致，对接吻合。然后用麻绳将对接处捆扎牢靠，周围用潮湿的细土堆积成高一尺的土堆，用瓦盆盖在顶上。14 天后揭开瓦盆观察，长势良好的，其枝芽红白鲜丽，将近一寸长，这是最旺盛的。如果不曾长出枝芽，继续培土盖瓦，再过 7 天揭开瓦盆观察，如果成活了就会长出枝芽，不然的话就是腐烂、死亡了。对于嫁接成活的，还得继续培土盖瓦，到春分节气清除所培土堆，担心烈风摧残，还得继续盖上瓦盆，时常检查，到三月中才揭掉瓦盆，让嫁接苗全见风日。又担心长势良好的嫁接苗枝条长，会被风吹断，仍须用草垫子罩着它。刚刚截取的接穗，用盛放湿润细土的竹篓保存，经过十多天，运输数百里，照样可以嫁接成活。立春这一天如果是干支纪日的子日，将牡丹接穗嫁接到茄子根上，不出一个月，嫁接苗就会开出烂漫的牡丹花。如果是二月份或三月份，选择根大如萝卜的芍药作为砧木，将根部削尖，像马耳朵那样，然后将牡丹枝劈开，像燕尾分叉那样，插到芍药根部削尖的地方，将二者捆紧，周围培以养分充足的湿土，就可以成活了，而且当年就会开花。一两年后嫁接苗长好牡丹自己的根系，就将原来芍药的根切掉，这个植株就成为纯粹的牡丹了。再者，如果以椿树为砧木来嫁接牡丹的，可在高一丈多的地方开花，人在楼上观赏，这就是唐朝人所说的楼子牡丹。

牡丹如果是一嫁接便成活的，年年都会开花。如果初次嫁接没能成活，削去接穗另行嫁接，只在当年开一次花便一劳永逸了。

【点评】

这一则说法有一些混乱。首先，把砧木、接穗都是牡丹的嫁接分为两类，但在叙述中，让人看不出彼此有什么差别。

其次，把楼子牡丹解释为由于牡丹嫁接在高大的乔木上，人须站在高楼上观赏，故而得名楼子牡丹。这太滑稽了。其实楼子牡丹是就牡丹花朵的形状而言的，关于这一点，早在北宋时期，周师厚在《洛阳花木记》中就已经说得很清楚了："越山红楼子，千叶粉红花也。……近心有长叶数十片，竿起而特立，状类重台莲，故有楼子之名。"这里提到的重台莲，是一种台阁型的荷花。这种荷花除了自身原本的花瓣开放，在花心的莲蓬上又开出一圈花朵，形成花上有花、花中孕奇胎、莲上起台阁的景象。这是由于荷花雌蕊瓣化造成的。莲蓬上的雌蕊部位变异成为小型的花瓣，称为"重台"现象。唐人皮日休《木兰后池三咏·重台莲花》诗说："欹红姹娇（wǒduò，柔弱美好）力难任，每叶（花瓣）头边（顶端）半米金。可得教他水妃（也作水婔，水中神女）见，两重元（原）是一重心。"楼子牡丹指牡丹花朵中心高起的一类花型。楼子型牡丹有单花类，也有上下两朵单花以及上下重叠的几朵单花形成的台阁类。楼子类花瓣分为内外两种，它们的大小、形状有明显差异。外瓣2～4轮，是自然花瓣，多宽大平展，排列整齐。内瓣主要由雄蕊瓣化而来，狭长或细碎皱曲。雌蕊或正常或瓣化，或退化消失。全花高耸，呈楼台状。上下单花重叠者，情况相同。

王敬美[①]云：牡丹本出中州，江阴[②]人能以芍药根接之，今遂繁滋，百种幻出。余澹圃中绝盛，遂冠一州。其中如绿蝴蝶、大红狮头、舞青猊、尺素，最难得开。南都牡丹让江阴，独西瓜瓤为绝品，余亦致之矣。后当于中州购得黄楼子，一生便无余憾。人言牡丹性瘦，不喜粪，又言夏时宜频浇水，亦殊不然。余圃中亦用粪，乃佳。又中州土燥，故宜浇水，吾地湿，安可频浇？大都此物宜于沙土耳。南都人言分牡丹种时须直其根，屈之则死。深其坑，以竹虚插，培土后拔去之。此种法宜知。

【译文】

王世懋说：牡丹本出自中州，江南常州一带的人能以芍药根作为砧木来嫁接牡丹接穗，因而当今这里的牡丹非常繁盛，新品种数以百计地

---

① 王世懋（1536～1588），字敬美，号麟洲、损斋道人，江苏太仓（今苏州太仓市）人。明世宗嘉靖三十八年（1559）进士。历任南京礼部仪制司主事、礼部员外郎、祠祭司、尚宝县丞、江西参议、陕西学政、福建提学副使，官终南京太常寺少卿。他是明代文学家后七子领袖王世贞的弟弟，好学善诗文，精于园艺，晚年建造澹园，种植花木。著有《王仪部集》《名山游记》《艺圃撷余》等。这则文字出自他于明神宗万历十五年（1587）写成的园艺学著作《学圃杂疏·花疏》（见明人陈继儒编《宝颜堂秘笈》广集第七）。

② 江阴：明代江阴县与无锡县、宜兴县、靖江县等隶属于南直隶常州府，这里指常州、无锡、苏州一带。

涌现出来。我家澹圃中的牡丹特别繁盛，在当地独占鳌头。其中如绿蝴蝶、大红狮头、舞青猊、尺素等品种，最难得开花。南都（今江苏南京市）的牡丹比不上我们这里的牡丹，但其西瓜瓢牡丹却是世间绝无仅有的品种，我也罗致到手了。日后当从中州购得黄楼子牡丹，这一辈子便没有什么可遗憾的了。人们说牡丹习惯于清瘦，不喜欢粪壤催壮，又说夏季应当频繁浇水，其实根本不是那样。我家澹圃中的牡丹就施过粪肥，开花异常美丽。另外，中州土地干燥，所以应该经常给牡丹浇水，我们江南土地湿润，怎么可以给牡丹频繁浇水呢？大致说，牡丹适宜沙土环境。南都人说，牡丹分株移植时，在土坑中须保持根系直垂，弯曲就会死。土坑要挖得深一些，移植苗周围插上一些竹竿，等培土后将竹竿拔掉。这是栽植方法，应该知晓。

浇花

寻常浇灌，或日未出，或夜既静，最要有常。正月一次，须天气和暖，如冻未解，切不可浇。二月三次。三月五次。四月花开不必浇，浇则花开不齐。如有雨，任之，亦不宜聚水于根旁。花卸后宜养花，一日一次，十余日后暂止，视该浇方浇。六月暑中忌浇，恐损其根须，来春花不茂，虽旱亦不浇。七月后，七八日一浇。八月剪枯枝，并叶上炕①土，五六日一浇。九月三五日一浇，浇频恐发秋叶，来春不茂。如天气寒则浇更宜稀，此时枝上囊芽渐出，可见浇灌之功也。十月、十一月一次或二次，须天气和暖，日上时方浇，适可即止，勿伤水。或以宰猪汤连余垢，候冷透浇一二次，则肥壮宜花。十二月地冻不可浇。春间开冻时，去炕土，浇时缓缓为妙，不可湿其干。雨水、河水为上，甜水次之，咸水不宜，最忌犬粪。

【译文】

平常浇灌牡丹，或在太阳尚未升起的时候，或在夜晚安静的时候，

① 炕：疑为"坑"字之误，本则下文同。

最要紧的是保持常规不变。正月里只需浇灌一次，须选在天气和暖的日子里，如果地冻尚未消解，切不可浇灌。二月份一共浇灌三次，三月份五次。四月份牡丹花开，就不必浇灌了，这时如果浇灌，则导致花开不齐。如果这时有雨，那便听之任之，但不宜让雨水积聚在牡丹根旁。牡丹花凋谢了，应该趁机养花，一天打掐一次，十多天后停下来，根据情况，该浇灌则浇灌。六月份酷暑大热，最忌讳浇灌，担心浇灌会损伤牡丹根须，来年春天花不繁盛，因而此时即使干旱也不能浇灌。七月份七八天浇灌一次。八月份剪掉枯枝败叶，清除有落叶的坑土，每五六天浇灌一次。九月份三五天浇灌一次，这时浇灌太勤，担心长叶子分散养分，来年春天开花就会不茂盛。如果九月份天气寒冷，浇灌就更应该稀少一些，这时候枝上蘖芽渐渐显露，可见浇灌的作用。十月份、十一月份，一个月只浇灌一次或两次，须选择天气和暖的日子，太阳升起来后才浇灌，水量适可即止，不要过度浇灌伤害牡丹。这两个月份中，有人用放凉了的杀猪水连同其中的残碎血肉浇灌一两次，则水中富含养分，对牡丹生长极为有利。十二月份天寒地冻，不可浇灌。到来年春天开冻后，清理掉旧坑土，细水缓浇最好，不可打湿牡丹的主干。【至于浇灌用水，】雨水、河水为上等，甜水略逊一筹，咸水不适宜，最忌讳水中带有狗粪。

养花

凡打掐牡丹，在花卸后五月间，止留当顶一芽，傍枝余朵摘去则花大。欲存二枝，留二红芽，存三枝留三红芽，其余尽用竹针挑去。芽上二层叶枝为花棚，芽下护枝名花床，养命护胎，尤宜爱惜。花自有红芽，至开时正十个月，故曰花胎。培养正在八九月时，隔二年一次，取角屑硫黄碾如面，拌细土粉，挑动花根，壅入土一寸，外用土培，约高二三寸。地气既暖，入春渐有花蕾，多则惧分其脉。俟如弹子大时捻之，不实者摘去，止留中心大者二三朵，气聚则花肥，开时甚大，色亦鲜艳。开时必用高幕遮日，则耐久。花才落便剪其蒂，恐结子则夺来春之气。剪勿太长，恐损花芽。伏中仍要遮护花芽，勿令晒损，候日不甚炎方撤去。八月望后剪去叶，留梗寸许，存其津脉不上溢，以养蘘芽。其花棚、花床，慎不可剪。九月初培以细土，使下另生芽。冬至北面竖草荐，以障风寒。冬至日研钟乳粉和硫黄少许，置根下土中，不茂者亦茂。每掐一枝，须用泥封纸固，否则久必成孔，蜂入水灌，连身皆枯，慎之！

【译文】

凡是打掐牡丹，在牡丹花凋谢后的五月份，只保留主要枝条顶部有一个花芽的，它旁边的斜枝、花芽都打掐掉，来年春天开花才能硕大。若要保留两枝花，就保留两个红芽，三枝花则保留三个红芽，其余的红芽都用竹针挑掉。红芽之上的两层其他叶枝，是它的花棚；红芽之下的其他枝叶，是它的花床。花棚和花床对于二者之间的花芽，起着养命护胎的作用，所以对于花棚、花床，最应该爱惜。牡丹从长出红芽起，到花朵开放，正好【像妇女怀胎分娩一样历时】十个月，所以把花芽叫作"花胎"。培养牡丹恰在花芽长到八九个月的时候，隔两年处理一次，取角屑硫黄碾成细面面，拌一些细土，埋在牡丹根部入土一寸的地方，上面培土，高两三寸。等地气回暖，入春后渐渐长出花蕾。花蕾多了，则担心它们分散营养，都长不好。等到花蕾长到弹子那么大时，用手轻轻捏一下，虚空不实的摘下扔掉，只保留个儿大壮实的二三个，养分集中吸收则花蕾肥壮，花开时非常大，花色也鲜艳。牡丹花开时，一定要用高大的帷幕为它遮蔽阳光，花才开得时间长。花瓣谢落，就要剪下枝茎上着花的花蒂，担心此处结子，耗费养分，影响来年春天开花。剪枝茎上的花蒂不能太长，担心那样会损伤花芽。热伏天中仍要保护花芽，为它遮蔽日光，不要让它受到烈日烤晒而受损，等到日光不甚强烈了，再把用来遮挡阳光的东西撤掉。八月十五以后，剪掉叶子，留长约一寸的枝梗，以便植株内的养分不白白上溢，这样来护养蘖芽。至于充当花棚、花床的枝条，千万不能剪掉。九月初地面培以细土，使其下另外生芽。到冬天在植株北面竖立草垫子，为它遮挡风寒。冬至这天，用钟乳和少量硫黄研制成粉，埋在根旁边的土中，牡丹不茂盛的也会长得茂盛。每打掐一枝，须将截面用泥巴封闭，用纸张固定，不然的话，时间一长必然长成窟窿，蜜蜂钻进去，水流进去，整个植株都会枯萎，千万马虎不得！

卫花

牡丹根甜，多引虫食。栽时置白蔹①末于根下，虫不敢近。花开渐小，由蠹虫害之，寻其穴，针以硫黄末。其旁枝叶有小孔，乃虫所藏处②，或针入硫黄，或以百部③塞之，则虫死而花复盛。又有一种小蜂，能蛀枝梗，秋冬即藏枝梗中。又有红色蠹虫，能蛀木心，寻其穴填硫黄末，或杉木钉钉之。花生白蚁，以真麻油从有孔处浇之，则蚁死而花愈茂。又法，于秋冬叶落时，看有穴枯枝，拆开捉尽其虫，亦妙。又五月五日，用好明雄黄研细水调，每根下浇一小钟，不生虫。桂及乌贼鱼骨刺入花梗，必死。又最忌麝香、桐油、生漆，一著其气味，即时萎落。汴中种花者，园旁种辟麝数株，枝叶类冬青。花时辟麝正发新叶，气味臭辣，能辟麝。凡花为麝伤，焚艾及雄黄末，上风薰之，能解其毒。忌用热手摩抚摇撼，忌栽木斛④，不耐久。花旁勿令长草夺土脉，不可踏实，地气不升。初开时，勿令秽人、僧尼及有体气者采折，使花不茂。

【译文】

牡丹根皮有甜味，容易招致虫子啃咬。栽植牡丹时，在根下撒一些白蔹末，虫子就不敢靠近根部了。牡丹花越开越小，这是蠹虫啃咬根部造成的伤害，要找到蠹虫的洞穴，用针刺进去一些硫黄末。洞穴旁有小孔，是害虫藏身的地方，或用针刺进去一些硫黄末，或注入一些百部

---

① 白蔹：又作"白敛"，葡萄科植物白蔹的干燥块根。作为药材，其性味苦辛甘寒，苦能泄，辛能散，甘能缓，寒能除热，杀火毒，散结气，生肌止痛。

② "枝叶"二字可疑。欧阳修《洛阳牡丹记·风俗记第三》本句无"枝叶"二字，作"其旁又有小穴如针孔，乃虫所藏处"。

③ 百部：别名百条根、野天门冬、百奶、九丛根、九虫根、一窝虎、山百根、牛虱鬼等，是百部科植物直立百部、蔓生百部、对叶百部的干燥块根。性味甘、苦，微温。作为药材，主治润肺下气止咳，杀虫。

④ 忌栽木斛："斛"是量器，怎么可以"栽"？疑"木斛"是一个字："槲"。槲分为两种：一种是落叶乔木，木材坚硬、破裂，长不粗，叶可喂柞蚕，树皮可做染料，果实入可药。另一种是常绿小灌木，茎柔软，有节，雌雄异株，寄生在槲、杨、柳、榆等树枝上，吸取所寄生植物的水分和无机物，因而得名"槲寄生"。

末，害虫就会死掉，牡丹开花就会恢复到以前那种繁盛状态。另有一种小蜂，能蛀蚀牡丹的枝茎，到秋冬时就藏身于枝茎中。又有红色蠹虫，能啃咬到主干的中间部位。都要寻找它们的洞穴，塞进去一些硫黄末，或者用杉木做成楔子，塞满枝茎上的洞穴。牡丹花招惹白蚁，将真麻油注入白蚁洞穴中，就会杀死白蚁，牡丹花愈发茂盛。再一个办法也很好，在秋冬落叶时，查看枯枝上的小孔，挑开后将害虫全部清除。另外，五月五日端午节这天，将透明的雄黄（含硫化砷）研成细末，用水调和，在牡丹根部浇上一小杯，就可以避免生虫。桂和乌贼骨刺入牡丹枝梗，这株牡丹必定坏死。牡丹最忌讳麝香、桐油、生漆，一沾染这些气味，立即枯萎衰败。开封城中有一户栽种牡丹的人家，在园圃旁栽了几棵辟麝树，这种树的枝叶与冬青类似。牡丹开花时，辟麝正长新叶，散发出一股臭辣的味道，能够抵消麝香气味。如果牡丹花被麝香气味伤害，就在顺风的地方焚烧艾草和雄黄粉末，远处飘来，能化解麝香气味对牡丹的毒害。禁止用热手去抚摸、摇晃牡丹，禁止在牡丹近旁栽植槲树，这都会使得牡丹不能长久开花存活。牡丹丛旁不要听任杂草生长，杂草会夺走土壤中的养分。牡丹植株周围的地面不可践踏坚硬，那就会不透气。牡丹花刚刚开放时，不要让肮脏的人、和尚尼姑以及有狐臭的人来采摘，那会导致开花不茂盛。

变花

周日用曰："愚闻熟地植①生菜兰，将②硫黄末筛于其上，盆覆之，即时可待。用以变白牡丹为五色，皆以沃其根，紫草汁则变紫，红花汁则变红。"

又根下放白术末，诸般颜色皆变腰金③。又白花初开，用笔蘸白矾水描过待干，以藤黄和粉调淡黄色描之，即成黄牡丹，恐为雨湿，再描清矾水一次。

---

① 植：原作"柚"，据西晋张华《博物志》卷4宋人周日用注释校改。
② 将：原作"持"，据《博物志》卷4周日用注释校改。
③ 腰金：牡丹雄蕊瓣化，花朵腰部长着一圈黄须，北宋该品种叫作间金、金系腰。

【译文】

周日用说:"我听说在熟地上栽植生菜兰,将硫黄粉碎成末,筛在土里,用瓦盆覆盖,立即就能长出来。至于将白牡丹培育成各色牡丹,都以各色东西来浇灌牡丹根,用上紫草汁,牡丹则开成紫花,用上红花汁则开成红花。"

另外,牡丹根部施加白术粉末,各种颜色的牡丹都发生变异,它们的雄蕊瓣化,在花朵腰部呈现一圈黄须,成为腰金牡丹。再者,白牡丹初开花时,用毛笔蘸白矾水将花瓣描一描,慢慢晾干,再用臙黄和粉调成淡黄色颜料描一描,白牡丹就开成黄牡丹。担心被雨水打湿褪色,再用清矾水描一次。

【点评】

《群芳谱》这则文字,实际上是两则文字,混同编写在一起,让人误以为都是周日用说的。前半部分系改写宋人周日用为西晋张华《博物志》卷4所做的注释。周日用的原文为:"周日用曰:愚闻熟地植生菜兰,将石流黄筛于其上,以盆覆之,即时可待。又以变白牡丹为五色,皆以沃其根,以紫草汁则变之紫,红花汁则变红。并未试,于理可焉。此出《尔雅》。"《群芳谱》录文将"熟地植生菜兰"改为"熟地楰生菜兰"。"植"是栽植,动词,此句可解。"楰"有两个含义:其一读音为 yǒu,是一种树;其二读音为 yù,楰李,今作"郁李"。"楰"的这两个含义都是名词,此句不可解。而且这几句话同变异牡丹毫不相干。可见王象晋编入《群芳谱》中时,根本就没弄懂这句话的含义。

剪花

花宜就观,不可轻剪。欲剪亦须短其枝,庶不伤干,又须急剪,庶不伤根。既剪,旋以蜡封其枝。剪下花,先烧断处,亦以蜡封其蒂,置瓶中,可供数日玩。或养以蜂蜜。芍药亦然。如已萎者,剪去下截烂处,用竹架之水缸中,尽浸枝梗,一夕复鲜。若欲寄远,蜡封后,每朵裹以菜叶，安竹笼中，勿致摇动，马上急递，可致数百里。

【译文】

牡丹花应该就着其自然生长的枝梗观赏，不可将它从枝梗上随便剪折下来。如果要剪，也要尽量缩短所剪枝梗的长度，才不至于伤害枝干，而且要急速剪下，才不至于伤害根系。牡丹枝剪下来以后，立即用蜡封住植株上的截面。剪下花枝，先将枝梗下面的截面用火烧一下，再用蜡封住，插在花瓶中，可以观赏好些天。或者花瓶中的水调和一些蜂蜜，来保养花。剪折芍药，也是这样的。如果剪折下来的牡丹花已经开始枯萎，那便将下面腐烂的部位剪掉，剩余部分用竹子架在水缸中，让其枝梗入水浸泡，过一夜花儿就又鲜亮起来。如果要将剪折下来的牡丹花枝送到远方，用蜡封住刀口后，每朵花周围放一些蓬松的菜叶，然后装进竹笼子中，不要让牡丹花枝在笼子里晃动摇摆，骏马奔驰，火速传递，可送到数百里外依然保持新鲜。

煎花
牡丹花煎法与玉兰同，可食，可蜜浸。

【译文】

牡丹花的煎炒方法与玉兰花相同，可以食用，可以用蜜浸泡。

附录：鱼儿牡丹
集藻
七言律诗

【增】

宋·周必大《咏鱼儿牡丹并序》
鱼儿牡丹，得之湘中。花红而蕊白，状类双鱼，累累相比，枝不胜压，而下垂若俯首然，鼻目良可辨，叶与牡丹无异，亦以二月开，因是得名。其干则芍药也。余命曰花嫔，而赋是诗。闻江东山谷间甚多。

天教姚魏主芳菲，合有宫嫔次列妃。玉颈圆瑳①宜粉面，霞裙深染学翚②衣。枝头窈窕鱼双贯，风里蹁跹凤对飞③。莫把根苗方芍药，留春不似送将归。

【译文】

鱼儿牡丹是从湖南得到的。它的花瓣是红色，花蕊是白色，形状像双鱼。花朵一一紧挨，枝条承受不起，弯曲着像低头的样子。花朵上双鱼一样的鼻子眼睛清晰可辨，它的叶子与牡丹的叶子没有什么不同，因为也是二月开放，所以得名鱼儿牡丹。它的枝干则是芍药那样的。我把它命名为"花嫔"，而作这首诗。听说江东地区山谷间，这种鱼儿牡丹非常多。

昊天上帝委任姚黄魏紫为统领百花的君王，／当然应该是三宫六院，嫔妃成行。／白玉一般的脖颈与洁白的面孔十分匹配，／彩霞一般的叶子像是娘娘的五彩羽毛衣装。／枝头对称的红花白蕊牡丹是两条鱼儿模样，／在风中摇曳恰似比翼双飞的凤凰。／切莫因枝干像芍药就把花儿比作芍药，／开在春天已尽之时是为了挽留春光。

《太守赵山甫示和篇，次韵为谢》

阿娇金屋聚芳菲，当御银环序妾妃④。龙女坠天頩⑤素颊，鲛人出水织缥衣⑥。袖垂户外瞻双引⑦，燕在宫中第一飞。不用虫鱼笺《尔

---

① 瑳（cuō）：白玉。
② 翚（huī）：五彩野鸡。
③ 《全宋诗》第43册第26764页作者自注："又似金凤花。"
④ 此句原作"当御连环簇妾妃"，据《全宋诗》第43册第26764页本诗校改。
⑤ 頩（pīng）：光润而美的样子。
⑥ 西晋张华《博物志》卷2《异人》说："南海外有鲛人，水居如鱼，不废织绩，其眼能泣珠。"缥：浅红色。
⑦ 此句本自唐人杜甫《紫宸殿退朝口号》诗句"户外昭容紫袖垂，双瞻御座引朝仪"，以昭容比喻牡丹。昭容是宫廷高级女官，正二品，九嫔之一，在宫中导引官僚拜见皇帝。唐人段成式《酉阳杂俎》续集卷4说："今阁门有宫人垂帛引百寮，或云自则天，或言因后魏。据《开元礼疏》曰：晋康献褚后临朝不坐，则宫人传百寮拜。有房中使者见之，归国遂行此礼。时礼乐尽在江南，北方举动法之。周隋相沿，国家承之不改。"

雅》①，使君行合左符归②。

【译文】

如同汉武帝金屋贮娇，芳菲的红牡丹珍藏在这里，／那些白牡丹像皇宫中成群的嫔妃排列聚集。／白牡丹是龙女乘着风雨从天而降，素颜光润美丽，／浅红牡丹是南海泣泪成珠的鲛人织造绸缎做成罗衣。／紫牡丹是宫中昭容垂着紫色衣袖，导引官僚拜见皇帝，／更有那轻盈的牡丹，像身轻如燕的赵飞燕高居宫中第一。／使君您不用告退还乡，用《尔雅》笺注草木书籍，／您会佩戴更高级别的鱼符，为朝廷效力。

《李子权（时中）坐上示及和花妃诗，即席次韵》

姚皇③去后几菲菲，湘水依然从二妃。双泪一时红作鬣，连枝千载绿为衣。槛前斑竹应同伴，波面文鸳欲共飞。吟遍世间闲草木，何如江月咏沂归④。

【译文】

姚黄花王走了，还能剩下多少芳菲，／花妃也随之而去，就像舜的娥皇、女英二妃。／她们悼念舜帝的眼泪流淌不断，如同马脖子下的红毛，／

---

① 《尔雅》是我国最早的一部解释词义的专著，也是第一部按照词义系统和事物分类来编纂的词典，后列入儒家十三经中。"尔"（后来写作"迩"）是"近"的意思，"雅"是"正"的意思，引申为官方规定的规范语言，即"雅言"。《尔雅》现存19篇，其中有"释草"、"释木"、"释虫"、"释鱼"。"笺"即注释的意思。牡丹属于草木，"草木"二字是仄声字，由于七律此处须用平声字，改用"虫鱼"二字，以彼代此。
② 《全宋诗》本句作者自注："谓鱼符也，聊答公归之句。"唐代官员佩藏鱼形符节，作为显示其高贵身份的饰物。鱼符分为左右两半，当事人和官府各持一半，上面注明当事人身份或使用范围，中间有"同"字形榫卯，检验时可相契合，以防止造假冒充。鱼符分为三类：有用于调动军旅、更换首领的铜鱼符，有用于标明官员身份的随身鱼符，还有用于出入宫门、开关宫门的交鱼符、巡鱼符。唐人陆龟蒙《送董少卿游茅山》诗说："将随羽节朝珠阙（朝廷），曾佩鱼符管赤城。"使君：即州郡正长官州刺史、郡太守，宋代正规称谓为知某州。
③ 皇：《全宋诗》第43册第26765页本诗作者自注："借黄字"。
④ 《论语·先进篇》：曾点说："暮春者，春服既成，冠者五六人，童子六七人，浴乎沂，风乎舞雩，咏而归。"含义是：暮春三月，夹衣已经穿得住了，约上五六个青年、六七个小孩子，在温暖的沂水中洗浴，在舞雩台上被风吹拂，然后一路唱着歌走回来。

千千万万牡丹植株，只剩下繁密的叶子绿如翡翠。／门前的湘妃竹同开败的牡丹相依为伴，／水面上痴情的鸳鸯想与娥皇、女英一起飞。／再吟咏牡丹以外的花木都是白搭功夫，／不如从江月亭浴沂斋唱着歌儿返回。

《杨廷秀秘监万花川谷中洛花甚富，乃用野人韵为鱼儿牡丹赋诗，光荣多矣，恶语叙谢》

万花川谷第芳菲①，也许湘灵媵伏妃②。翠叶迎风牵荇带，红绡浴日湿宫衣。共船不妒龙阳钓③，警乘犹疑洛渚飞④。谁把荒园一鱼目，换将五十六珠归。

【译文】

万花川谷中各色牡丹相继绽放容颜，／莫非娥皇、女英成了与洛神一并嫁入夫家的陪伴。／绿叶在风中摇摆，好像是牵引着水中的荇菜，／带露的红花迎着朝阳，好像娘娘在晾干衣衫。／同在一条船上垂钓，不妒忌龙阳君钓鱼甚多，／鱼儿牡丹像洛神乘坐着文鱼飞行洛川。／是谁把荒芜的川谷经营成牡丹栽培地，／像是鱼目混珠，换来五十六颗珍珠般的七律字句拿回家园。

附录：缠枝牡丹

【增】

《本草》

缠枝牡丹，一名旋蕾⑤，一名筋根，（其根似筋。）一名续筋根，

---

① 芳菲：原作"春菲"，据《全宋诗》第43册第26765页本诗校改。
② 媵（yìng）：古代贵族女子出嫁，娘家随嫁或陪嫁的人。湘灵：舜的两个妃子，即娥皇、女英两姊妹。伏妃：洛河女神。
③ 《战国策·魏策四》记载：魏王与龙阳君同船钓鱼，龙阳君钓得十几条鱼，突然哭了起来，说：起初钓到鱼，很高兴，后来钓到更大一点的，就将前面钓到的小鱼扔了。由此产生联想，担心魏王以后宠爱美女，会抛弃自己。魏王遂下令全国禁止议论美人。
④ 《全宋诗》本诗作者自注："《洛神赋》云'腾文鱼以警乘'。李善注：'文鱼有翅能飞。'"
⑤ 蕾（fú）：多年生缠绕草本植物，花叶似蕹菜而小，对农作物有害。

（言其根主续筋。）一名狗肠草，（像其形也。）一名美草，一名天剑草，一名鼓子花。（其花不作瓣状，如军中所吹鼓子。）保升云：所在川泽皆有，蔓生，叶似薯蓣而狭长，花红色，根无毛节。李时珍曰：秋开花，如白牵牛花，粉红色，亦有千叶者，色似粉红牡丹。

【译文】

缠枝牡丹有很多名称。一个名称叫旋葍，一个名称叫筋根（因为它的根像筋），一个名称叫续筋根（这是说它的主根长出支根），一个名称叫狗肠草（它的样子像猪肠子），一个名称叫美草，一个名称叫天剑草，一个名称叫鼓子花（它的花不作瓣状，如同军队中吹的喇叭）。保升说：这种缠枝牡丹，凡有河流湖泊的地方都有。蔓生，叶子像山药叶子，但形状细长。开红色花，根系没有细须和关节。李时珍说：缠枝牡丹秋天开花，形状像白牵牛花，花色粉红，也有重瓣的，花色类似粉红牡丹。

【原】

《花木谱》

柔枝倚附而生，花有牡丹态度，甚小。缠缚小屏，花开烂然，亦有雅趣。

【译文】

柔枝攀缘而生，开的花有牡丹那样的仪表，花朵很小。它攀缘到小屏风上，花开得很灿烂，也有一种雅趣。

《花史》

芒种时开。芽萌长出，方可分种。

【译文】

芒种节气开花。花芽萌生出来时，才可以分株移植。

附录：秋牡丹

【原】

秋牡丹，草本，遍地蔓延。叶似牡丹差小，花似菊之紫鹤翎，黄心。秋色寂寥，花间植数枝，足壮秋容。分种易活，肥土为佳。

【译文】

秋牡丹，是草本植物，遍地蔓延。它的叶子像牡丹叶子，但略小。它的花像菊花中的紫鹤翎品种，有黄色花心。秋天肃杀，万物凋零，颇为单调寂寞。种植几株秋牡丹，开出花来，足以为秋光增色。秋牡丹分株移植很容易成活，土壤肥沃最理想。

曹南牡丹谱

（清） 苏毓眉 著

评 述

　　苏毓眉的《曹南牡丹谱》，没有单行流传，在清人姚元之《竹叶亭杂记》卷 8 中有录文，篇幅短约，仅 600 余字。姚元之在录文前写了一则按语，说："《曹南牡丹谱》，沾化可园主人苏毓眉竹浦氏著。余家书笥中有抄本，可与鄞江周氏《洛阳牡丹记》、薛凤翔《亳州牡丹记》并称。惜但有其名而无其状，然曹南之胜已可想见。今为录之。"

　　曹南即曹州，今山东菏泽市。苏毓眉字遵由，号竹浦，山东沾化县人。顺治十一年（1654）举人，康熙七年（1668）任曹州儒学学正。善画山水，能诗歌。著《牡丹谱》《可园集》《啸竹居诗草》。据其自序，《曹南牡丹谱》撰写于己酉年，即康熙八年（1669），在他担任曹州学政的第二年。

　　这份牡丹谱，正如姚元之按语所说："惜但有其名而无其状。"其中一些牡丹品名与别的谱录不同，可惜这份断烂朝报只列出标题新闻，无法知道其具体形状、来历，也无法知道是否为某种牡丹的异名。这里以中华书局 1982 年版李解民点校本《竹叶亭杂记》录文作为底本，作注释、译文，"牡丹花目"部分，译文从略。

牡丹，秦汉以前无考，自谢康乐始。唐开元中始盛于长安。每至春暮，车马若狂，以不就赏为耻。逮宋，洛阳之花又为天下冠。至明而曹南牡丹甲于海内①。《五杂俎》载，曹州一士人家，牡丹有种至四十亩者。康熙戊申岁，余司铎南华②。己酉三月，牡丹盛开，余乘款段③遍游名园。虽屡遭兵燹，花木凋残，不及往时之繁，然而新花异种，竞秀争芳，不止于姚黄、魏紫而已也。多至一二千株，少至数百株，即古之长安、洛阳，恐未过也。因次其名，以列于左。

【译文】

牡丹的情况，秦汉以前已无从稽考，从南朝刘宋时期谢灵运说"永嘉竹间水际多牡丹"，才开始为世人所知。唐代开元年间，京师长安的牡丹才繁盛起来。每到暮春三月牡丹盛开，人们到处游赏牡丹，车水马龙，那股狂劲儿就像疯了一样，谁不去观赏，就要受到人们的耻笑。到了北宋，洛阳牡丹专称为"花"，甲于天下。到了明朝，曹县的牡丹高居海内第一的地位。明人谢肇淛《五杂俎》中记载，曹州一位士人，家中栽植牡丹多达40亩。康熙戊申岁（1668），我来南华书院执掌教化。次年己酉（1669）三月牡丹盛开，我乘着一匹驽马游遍了以牡丹著称的园林。尽管多次遭受战乱破坏，花木凋残，比不上往日的繁盛，然而牡丹在原有基础上又出了新花异种，彼此争奇斗艳，远远不止于昔日艳称的姚黄、魏紫那样的规模了。有的家园栽植的牡丹多达一两千株，少的也有数百株，其繁盛程度，即便是久负盛名的唐代首都长安抑或北宋西京洛阳，恐怕都未必超过曹州。因此，我将曹州牡丹名称加以编排，列于下面。

---

① 明太祖洪武四年（1371），降曹州为曹县。明人薛凤翔《亳州牡丹史》记载安徽亳州多种牡丹名品来自曹县，书中时而称"曹县"时而称"曹州"，是对曹县的古雅称呼。

② 古代宣扬教化、颁布政令的人，摇动铃铛，发声聚集民众，故称主持教化的人为"司铎"。司：主管，操作。铎：有舌的大铃铛。此处指作者在南华书院任职，对学生进行教化。

③ 款段：驽马。《后汉书》卷24《马援传》说："士生一世，但取衣食裁（才）足，乘下泽车，御款段马，为郡掾史，守坟墓，乡里称善人，斯可矣。"

牡丹花目

建红、夺翠、花王、秦红、蜀江锦、万花主、一簇锦、丹凤羽、出赛妆、无双燕、珊瑚映目、姿貌绝伦。（以上皆绛红色。绛红之中，各有姿态，艳冶不同。）

宋红、井边红、百花妒、鳌头红、洛妃妆。（以上皆倩红色。）

第一娇、万花首、锦帐芙蓉、山水芙蓉、万花夺锦。（以上皆粉红色。）

焦白、建白、尖白、冰轮、三奇、素花魁、寒潭月、玉玺凝辉、天香湛露、满轮素月、绿珠粉。（以上皆素白色。）

铜雀春、独占先春。（以上皆银红色。）

墨紫茄色、烟笼紫玉盘、王家红、墨紫映金。（以上皆墨紫色。）

栗玉香、金轮、瓜瓤黄、擎云黄。（以上皆黄色。）

豆绿、新绿、红线界玉。（以上皆绿色。）

瑶池春、藕丝金缠、斗珠、蕊珠、汉宫春。（以上皆间色。）

胭脂点玉、国色无双、春闺争艳、胡红、惠红、枝红、金玉锡、软玉温香、海天霞灿、杨妃春睡、龙白、紫云仙、磬玉仙、掌花案、状元红、伊红、雪塌、乌姬粉、平头粉、金玉交辉、映水洁临、何园白、娇容三变、花红剪绒、紫霞仙、亮采红。（以上诸品各色不同。）

曹州牡丹谱

（清）余鹏年 著

评　述

　　山东曹州（今菏泽市）的牡丹，在明清两代就相当有名了。明人薛凤翔的《亳州牡丹史》，多次提到曹州牡丹，还记载了一些由曹州引进亳州的牡丹品种。清朝乾隆二十一年（1756）刊刻的《曹州府志》（凤凰出版社，2004），卷7"风土"条说："曹郡……花卉之数，他方所有，大抵略备。牡丹、芍药为名品，江南不及也。"清人余鹏年的《曹州牡丹谱》，记载当时曹州的牡丹情况，完稿于乾隆五十七年（1792）。早于这份谱录123个年头，同样记载曹州牡丹的谱录，已有苏毓眉完稿于康熙八年（1669）的《曹南牡丹谱》。苏谱只有600余字，仅罗列牡丹品名，没有具体情况。余谱5000余字，对各种牡丹做了具体描绘，并附录栽培方面的7则笔记。

　　余鹏年，字伯扶，安徽安庆府怀宁县人。举人出身，博学工诗。他于乾隆五十六年暮春至曹州重华书院任教，当年来不及寻访牡丹。次年二月末，山东学政翁方纲来曹州视察教育工作，交代他作一份牡丹谱。翁方纲旋即离开曹州，寄以诗作，中有"洛阳花要订平生"句，意在提醒余鹏年把撰写牡丹谱当作大事，督促他早日完稿。他于是马上行动，组织一批懂得牡丹花事的学生和资深的牡丹花匠，调查当地著名牡丹园圃，随时笔录成札记，并与前代牡丹谱录加以对照比较，于四月上旬编撰成《曹州牡丹谱》书稿。

在曹州牡丹的分类编次方面，余鹏年谦称自己没有前贤那样的"博备精究"能力，无法按照重瓣花、半重瓣花等花型来分类记载，而是按照花色来编排。这当然算不上创新，南宋陆游的《天彭牡丹谱》，明朝王象晋的《群芳谱》，清朝苏毓眉的《曹南牡丹谱》，就是这么做的。但在颜色的排列顺序方面，余鹏年的做法和前人有所不同，突出了封建正统原则。他将牡丹划分为"正色""间色"两类。他所说的正色，指的是五行颜色，即5个方位的颜色。方位顺序为中、东、南、西、北，各自的配色依次为黄、青、红、白、黑。"黄"居中央，排在最前头。这不奇怪，因为"黄"是帝王的颜色。皇帝所居的宫室、乘坐的车辇，都叫作"黄屋"。赵匡胤当皇帝，先演了一出"黄袍加身"的闹剧。北宋将姚黄牡丹称作"花王"，另有牡丹品种御衣黄。"间色"这个术语，王象晋的《群芳谱》、苏毓眉的《曹南牡丹谱》都已经使用过，但他们都没有给"间色"下具体含义，猜测起来，"间色"指杂色，即牡丹花瓣颜色不是始终纯一的，或其间掺杂别的色彩，或自身颜色有变化。余鹏年所说的间色，和王象晋、苏毓眉的含义不同，指的是五行颜色以外的颜色，落实到曹州牡丹身上，有粉、紫、绿3色。余鹏年一共记载曹州正色牡丹34种，间色牡丹22种，共计56种，其中一些品种是当地培育出来的。同时他指出："曹州花多移自亳。"而明人薛凤翔的《亳州牡丹史》中，也多次提到亳州牡丹来自山东曹县。看来二者之间的关系是互动的。由于这层关系，所以余鹏年介绍曹州牡丹品种，征引文献频率最高的是《亳州牡丹史》。他还提到别的牡丹谱录、游记，以曹州牡丹的花色形状与之比较，有疑问处予以辨析，治学态度甚为严谨。

余鹏年在对曹州牡丹条分缕析之后，还写了7则笔记，作为附录。这7则笔记的内容，是牡丹栽培方面的技术性问题，包括嫁接、分株、移植、杀虫、浇灌、护养、温室催花等方面。这些内容多来自前人的书籍，是行之有效的经验之谈。但余鹏年并不一味盲从，他通过实践加以检验，指出一些说法不能一概照搬。比如浇灌的时间，他偏偏和前人的说法反着干，却使得重华书院中多年不开花的老牡丹植株都开出花来。又如分株移植，老办法是在分根劈破的地方敷上轻粉、硫黄，才能移植成活，但他指出在曹州却不需要这样做。至于书上记载在牡丹根部注入白蔹粉来杀害虫，在曹州根本就没听说过。余鹏年将书本知识与生产实践、社会调查相结合，彼此印证，得出符合实际的结论。他这样做，一方面，体现了科学的实事求是的精神；另一方面，当与各地情况存在差异有关。比如给牡丹浇水，各地雨水分布的时间和雨量多寡不同，光照时间和强弱程度不同，土壤的墒情当然不同，此地适合的浇灌时间和次数，其他地方不一定适合。因此，对于余鹏年所说的当时曹州培育牡丹的方法，异时异地如果胶柱鼓瑟地对待，恐怕也不会收到好效果。

余鹏年的某些说法还是有些问题的。他说："有用椿树高五七尺或丈余者接之，可平楼槛，唐人谓楼子牡丹者。"这是沿袭了王象晋《群芳谱》的错误说法。其实楼子牡丹是就牡丹花朵的形状而言的，指牡丹花朵中心高起的一类花型，有单花类，也有上下两朵单花以及上下重叠的几朵单花形成的台阁类。北宋周师厚《洛阳花木记》说得很清楚："越山红楼子，千叶粉红花也。……近心有长叶数十片，耸起而特立，状类重台莲，故有楼子之名。"余鹏年为什么不采纳周师厚的说法，反而采纳《群芳谱》的荒唐说法？

余鹏年还说："花才落即剪其枝，不令结子，惧其易老也。花落则剪，子且难结，安所得子而种之？明袁宏道《张园看花记》云：'主人每见人间花实，即采而归种之，二年芽始苗，十五年始花。'特一家言耳。"这话说得太绝对了，把牡丹的繁殖仅局限在嫁接、分株两种范围内，彻底堵死了播种育苗这条路，那就没有实生苗了。难道花落剪枝必须斩尽杀绝，不能网开一面，留下一点点种子？

余鹏年还辨析了魏花和魏紫的区别，说："魏紫：紫胎肥茎，枝上叶深绿而大，花紫红，乃周《记》所载都胜。《记》曰：'岂魏花寓于紫花本者，其子变而为都胜耶？'盖钱思公称为花之后者，千叶肉红，略有粉梢，则魏花非紫花也。"这个说法聊备一说，尚有必要继续探讨。

北宋欧阳修《洛阳牡丹记·花释名》说："魏花者，千叶肉红花。……钱思公尝曰:'人谓牡丹花王,今姚黄真可为王,而魏花乃后也。'"但宋人即将魏花称为魏紫,而且相当普遍。李新《打剥牡丹》诗说:"姚黄魏紫各王后。"李纲《初见牡丹,与诸季、申伯小酌》诗说:"牡丹家中州,尤者西邑洛。姚黄妃魏紫,余品皆落寞。"《志宏以牡丹荼蘼见遗,戏呼牡丹为道州长,且许时饷荼蘼,作二诗以报之》诗又说:"就中品格最奇特,共许魏紫并姚黄。"《黟歙道中士人献牡丹千叶,面有盈尺者,为赋此诗》又说:"可亚姚黄并魏紫。"周必大《三月三日适值清明,会客江楼,共观并蒂魏紫,偶成二小诗,约坐客同赋》其一说:"魏花开处亦连枝。"张明中《三月二日紫牡丹》诗说:"见说西京有魏家,瑞云吹紫染芳华。"托名紫姑的《瑞鹤仙》词说:"姚黄国艳,魏紫天香。"刘壎《天香·次韵赋牡丹》词说:"雨秀风明,烟柔雾滑,魏家初试娇紫。"以上这些诗词句子,都是明确指出"魏紫"即"魏花"的。

宋人还有诗词句子没有这么明确的指向,但姚黄魏紫并举,能看出来"魏紫"在牡丹花中具有崇高的地位,且魏紫指的就是魏花。袁甫《见牡丹呈诸友》诗说:"从来洛花天下最,姚黄魏紫尤奇异。"《和魏都大牡丹二首》又说:"初放姚黄一两枝,旋看魏紫格尤奇。"欧阳修《县舍不种花,惟栽楠木冬青茶竹之类,因戏书七言四韵》诗说:"伊川洛浦寻芳遍,魏紫姚黄照眼明。"黄庶《和元伯走马看牡丹》诗说:"何似园家不吟醉,姚黄魏紫属游人。"强至《泉上人画牡丹》诗说:"姚黄魏紫色憔悴。"毛滂《浣溪沙》词说:"魏紫姚黄欲占春。"宋徽宗《宫词》说:"魏紫姚黄知几许。"李弥逊《过鲁公观牡丹,戏成小诗,呈席上诸公》诗说:"传闻姚魏多黄紫。"洪适《清平乐》词说:"魏紫姚黄夸异色。"曹冠《凤栖梧·牡丹》词说:"魏紫姚黄凝晓露。"管鉴《洞仙歌·夜宴梁季全大卿,赏牡丹作》词说:"蔚姚黄、移魏紫。"范成大《再赋简养正》诗说:"更觅姚黄魏紫看。"杨万里《紫牡丹二首》诗说:"姚黄魏紫不曾知。"叶茵《白牡丹》诗说:"洛阳分种入侯家,魏紫姚黄谩自夸。"朱继芳《暮春》诗说:"姚黄魏紫恼人看。"

为什么会这样?来看看周师厚《洛阳花木记》的说法:"魏花,千叶肉红花也。……洛人谓姚黄为王，魏花为后，诚为善评也。近年又有胜魏、都胜二品出焉。胜魏似魏花而微深，都胜似魏花而差大，叶微带紫红色。意其种皆魏花之所变欤？岂寓于红花本者，其子变而为胜魏，寓于紫花本者，其子变而为都胜耶？"原来都胜牡丹是魏花的变种，"微带紫红色"，即比其母本魏花的肉红颜色略深一点，宋人有可能还是把它当作魏花对待的。加上诗词格律的要求，姚黄、魏花，"黄""花"都是平声字，而改魏花为魏紫，"黄""紫"正好是平仄搭配，有可能这是宋人称魏花为"魏紫"的一个原因。所以，上引周必大诗，标题作"并蒂魏紫"，诗句按照平仄要求，却作"魏花开处亦连枝"了。

《曹州牡丹谱》撰成次年，即乾隆五十八年三月，在曹州治所菏泽县担任知县的安奎文，从其老师翁方纲那里见到《曹州牡丹谱》稿本，受老师指派作了一篇序。四月初一，翁方纲专门作了三首七绝。当年刊印《曹州牡丹谱》，书前冠以翁方纲的这份手迹，标题作《题〈曹州牡丹谱〉三首》，诗云："玉瓛（玉石装饰品）如结黍苗阴，壤物深关树艺心。何事思公（北宋西京留守钱惟演）楼（洛阳双桂楼）下客（欧阳修），花评不向土圭寻？""细楷凭谁续洛阳（续写《洛阳牡丹记》那样的作品），影园空自写姚黄。挑灯为尔添诗话，西蜀陈州陆与张（陆游《天彭牡丹谱》、北宋张邦基《陈州牡丹记》）。""我来偏不值花时（二月末），省却衙斋补谢诗（传说南朝谢灵运写有牡丹诗句）。乞得东州栽接法，根深培护到繁枝。"后署"乾隆癸丑夏四月朔，北平翁方纲书于曹南使院之西斋"，并钤盖两方印章："内阁学士"、"督学山左"。上海古籍出版社《续修四库全书》第1116册收录的《曹州牡丹谱》，就是据这个本子影印的，但没有"附记七则"，可见底本不是全帙。《喜咏轩丛书》甲编《授衣广训》收录《曹州牡丹谱》，系全本，有"附记七则"。《丛书集成初编》第1355册收录的《曹州牡丹谱》，是上海商务印书馆1937年据仰视千七百二十九鹤斋丛书本铅字排印的，有"附记七则"，但没有翁方纲的题诗。我依据《喜咏轩丛书》本和《丛书集成初编》本录文，做注释、译文。由于其中内容多见于前代牡丹谱录，此处注释从简，以减少重复。

序

曹州牡丹之盛，著于谈资久矣，而纪述未有专书。怀宁余伯扶孝廉①，博学工诗，主讲席于此。壬子春，予以报最②北上，及旋役至曹，伯扶为予言，二月杪，覃溪阁学师③来按试，试竣相见，属以花应作谱。伯扶因考之往籍，征诸土人，别其名色种族，及夏月而谱成。冬，予谒师于省垣④，受其谱而读之，厘然可备典故。师因属予序而付诸梓。昔欧阳公于钱思公楼下小屏间见细书牡丹名九十余种，及其著于录者，才二十余种耳。今曹州乡人所植，盖知之而不能言，而士大夫博雅稽古者，又或言之而不切时地。伯扶乃能订今古、证同异，又附以栽接之法，俾后之骚人墨客皆得有所援据。而予以莅事之余，得闻师门绪论，复得伯扶名笔，以共传不朽，实与邑之人士胥⑤厚幸焉。故不辞而序其概如此。

乾隆癸丑春三月，知菏泽县事宛平⑥安奎文序

【译文】

曹州牡丹的繁盛，老早就是人们津津乐道的话题，但一直没有专门

---

① 孝廉：明清时代对举人的称呼。
② 报最：地方官员赴中央汇报官吏的政绩考评情况。明清时期，每三年考察外官事状称大计。各级地方机构据朝廷所立标准，层层考察属官，汇送各省总督、巡抚，然后呈报吏部。政绩卓异者为"最"，差者为"殿"，分别升降。
③ 翁方纲（1733~1818），字正三，一字忠叙，号覃溪，晚号苏斋，直隶顺天府大兴县（今北京市大兴区）人。乾隆十七年（1752）进士，授编修，历官内阁学士、左鸿胪寺卿。曾督广东、江西、山东学政。清代书法家、文学家、金石学家，著有《粤东金石略》《苏米斋兰亭考》《复初斋诗文集》等。"阁学"是内阁学士和学政的合称。"师"即老师。
④ 省垣：省会城市。
⑤ 邑：县城，指曹州治所山东菏泽县。胥：都，全然。
⑥ 宛平：县名，辖区地盘在今北京市西南部一带。

的著作来记述具体情况。怀宁（今安徽怀宁县）人士、举人余鹏年伯扶先生，博学多识，工于诗词，在曹州重华书院教授生徒。壬子年（乾隆五十七年，1792）春天，我北上京都述职考评，返程中我被安排到菏泽县任职，伯扶先生对我说，二月末，山东学政翁覃溪老师来曹州巡视教育工作，考试完毕后相见，交代应为曹州牡丹花作一份谱录。伯扶先生因而稽考以前的典籍，征询当地人士，将曹州牡丹按照其名称、花色和种类排列编次，当年四月就撰成了这份《曹州牡丹谱》。当年冬天，我赴省城拜见翁覃溪老师，老师交给我《曹州牡丹谱》，我得以拜读，觉得记载曹州牡丹条理分明，可作为足可凭信的典故。老师嘱咐我为《曹州牡丹谱》作序，以便刊刻印刷。北宋时，欧阳修看见西京留守钱惟演在双桂楼下的小屏风上小字书写洛阳牡丹90多种，但到欧阳修撰写《洛阳牡丹记》时，所能著录的洛阳牡丹也才20多种而已。现今曹州百姓栽植牡丹，他们知道具体情况却不会写成文字，士大夫中的博雅稽古之士，虽能写成文字却弄不确切具体时间地点。伯扶先生却能撰成篇章，考订古今，辨别同异，并附录栽接方面的技艺，使得以后的骚人墨客可依据这份《曹州牡丹谱》作为援据。而我在公务之余，有幸聆听老师对曹州牡丹专题著作的主旨的一番高论，又得以见到伯扶先生的大作，参与共同流传这份不朽著作的活动，实在是与菏泽县当地人士共同承蒙的一份厚重的幸运。因此，我不能推辞，就写下这篇序，叙述其间的大致情况。

乾隆五十八年癸丑（1793）春三月，知菏泽县事宛平安奎文序

自 序

《素问》："清明次五日，牡丹花。"牡丹得名，其古矣乎？考《汉志》有《黄帝内经》，《隋志》乃有《素问》，非出远也。《广雅》："白术，牡丹也。"《本草》："芍药，一名白术。"崔豹《古今注》："芍药有草木二种，木者花大而色深，俗呼为牡丹。"李时珍曰："色丹者为

上，虽结子而根上生苗，故谓之牡丹。"昔谢康乐谓："永嘉水际竹间多牡丹。"又苏颂谓："山牡丹者，二月梗上生苗叶，三月花，根长五七尺。"近世人多贵重，欲其花之诡异，皆秋冬移接，培以壤土，至春盛开，其状百变，斯其始盛也欤！唐盛于长安，在《事物纪原》，洛阳分有其盛，自天后时已然。有宋鄞江周氏《洛阳牡丹记》自序："求得唐李卫公《平泉花木记》、范尚书、欧阳参政二谱，范所述五十二品，可考者才三十八；欧述钱思公双桂楼下小屏中所录九十余种，但言其略。因以耳目所闻见，及近世所出新花，参校三贤谱记，凡百余品，亦弹于此乎。"陆放翁在蜀天彭为《花品》，云皆买自洛中。僧仲林①《越中花品》："绝丽者才三十二。"唯李英《吴中花品》② 皆出洛阳花品之外。张邦基作《陈州牡丹记》，则以牛家缕金黄傲洛阳以所无。薛凤翔作《亳州牡丹史》，夏之臣作评，上品有天香一品、万花一品。东坡所云"变态百出，务为新奇，以追逐时好者，不可胜纪已"。

　　曹州之有牡丹，未审始于何时，志乘略不载。其散载于它品者，曰曹州状花红、乔家西瓜瓤、金玉交辉、飞燕红妆、花红平头、梅州红、忍济红、倚新妆等，由来亦旧。予以辛亥春至曹，其至也春已晚，未及访花。明年春，学使者阁学翁公来试士，谒之，问曰："作花品乎？"曰："未也。"翁公案试它府，去，缄诗至，曰"洛阳花要订平生"，盖促之矣。乃集弟子之知花事、园丁之老于栽花者，偕之游诸圃，勘视而笔记之，归而质以前贤之传述，率成此谱。欧阳子云"但取其特著者次第之"而已。

---

① 僧仲林：应作僧仲殊，俗名张挥，北宋安州（今湖北安陆市）人。驻锡苏州承天寺、杭州吴山宝月寺。于宋徽宗崇宁年间（1102～1106）圆寂。

② 李英《吴中花品》，已佚。南宋陈振孙《直斋书录解题》卷10记载："《吴中花品》一卷：庆历乙酉（1045）赵郡李英述，皆出洛阳花品之外者。以今日吴中论之，虽曰植花，未能如承平之盛也。"吴曾《能改斋漫录》卷15说："欧阳文忠公初官洛阳，遂谱牡丹。其后赵郡李述著《庆历花品》，以叙吴中之盛，凡四十二品。朱红品：真正红、红鞓子、端正好、樱粟红、艳春红、日增红、透枝红、乾红、小真红、满栏红、光叶红、繁红、郁红、丽春红、出檀红、茜红、倚栏红、早春红、木红、露匀红、等二红、湿红、小湿红、淡口红、石榴红。淡花品：红粉淡、端正淡、富烂淡、黄白淡、白粉淡、小粉淡、烟粉淡、黄粉淡、玲珑淡、轻淡淡、天粉淡、半红淡、日增淡、添枝淡、烟红冠子、坯红淡、猩血淡。"

乾隆五十七年四月十日，怀宁余鹏年自序于重华书院①

【译文】

《素问》中说："清明过后五天，牡丹开花。"那么牡丹在历史上扬名，很久远了吗？考《汉书·艺文志》记载有《黄帝内经》，《隋书·经籍志》才记载《素问》，可见牡丹扬名历史，并非由来已久的事。曹魏人张揖增广《尔雅》而作的《广雅》说："白术，即牡丹。"《本草》说："芍药，又叫作白术。"西晋人崔豹《古今注》说："芍药分为草本、木本两种，木本花朵大、花色深，俗称牡丹。"明人李时珍说："花色红丹者为上品，尽管枝上结子了，根上还生苗，所以称之为牡丹。"南朝刘宋人谢灵运说："永嘉（浙江温州市）河流边、竹丛旁，往往有牡丹。"又北宋人苏颂说："野生的山牡丹，二月份枝梗上长出苗叶，三月份开花，根长五至七尺。"近世以来，人们多看重牡丹，想让牡丹花开得奇特，都在秋冬时节移植、嫁接，以细土壅培，到春天开花，形状、花色，百般变化，这就是牡丹所以能够繁盛的缘由吧！在唐代，牡丹盛于京师长安。在北宋高承的《事物纪原》一书中，记载唐高宗皇后武则天贬长安牡丹于洛阳，洛阳牡丹开始繁盛起来。北宋周师厚《洛阳牡丹记》自序说："我搜集到唐朝卫国公李德裕的《平泉花木记》，国朝礼部尚书范雍、参知政事欧阳修的两份花木谱录。范先生谱录记载花卉52种，可考者才38种。欧阳先生叙述西京留守钱惟演双桂楼中小屏风上面所写的90多种牡丹花名称，但只是笼统提到。因此，我以自己的耳目所见闻，以及近年所出的新花，参校李卫公、范尚书、欧阳丞相三人谱录所著录的花木品种，记载洛阳花木总共一百多种，恐

---

① 明神宗万历二十四年（1596），在曹州任曹濮道兵备道使的李天植，延请文人名士在曹州重华祠聚徒讲学，以此为基础建成重华书院，成为鲁西南的文化教育中心。万历四十六年乡试，重华书院学子中有5人考中举人。乾隆二十一年《曹州府志》卷8"书院社学"条记载："重华书院在府治西北，中有精一堂、文明阁，阁上祀虞帝舜。外垣四面有水环之，门外为桥，明副使李天植建，久圮坏。皇清乾隆十九年（1754），知府周尚质鸠工兴修，益扩于旧。值夏月芙蕖（荷花）竞发，胜甲一郡，更名爱莲书院。"乾隆四十八年（1783），恢复旧名重华书院。古人称帝舜为重华，故"阁上祀虞帝舜"。

怕已经囊括无余了吧！"南宋陆游在四川彭州作《天彭牡丹谱》，说天彭牡丹都是从洛阳买来的。北宋僧仲林（僧仲殊）《越中牡丹花品序》说杭州牡丹"绝丽者才三十二种"。只有北宋李英写的《吴中花品》，记载当时苏州的牡丹品种都不同于洛阳牡丹品种。北宋张邦基作《陈州牡丹记》，说陈州（今河南淮阳县）出产的牛家缕金黄牡丹特别名贵，为洛阳所无。明人薛凤翔作《亳州牡丹史》，以及夏之臣作《评亳州牡丹》，记载当时亳州牡丹，上品有天香一品、万花一品。北宋苏轼曾说："近代以来牡丹花百般变异，人们为追逐时好而致力于培育新奇花样，新品种层出不穷，多得记载不过来。"

　　曹州到底什么时候开始有牡丹，已经弄不清楚了，史志书籍中没有记载。一些零散资料提到的曹州牡丹品种，有曹州状花红、乔家西瓜瓤、金玉交辉、飞燕红妆、花红平头、梅州红、忍济红、倚新妆等，其所由来应该有一些时日。我于辛亥年（乾隆五十六年，1791）春天来曹州重华书院任教，到达曹州治所菏泽县，已是春天末尾，没能赶上观赏牡丹。第二年春天，山东学政翁覃溪大人来曹州主持考试士人，我前往拜谒。翁大人问我："你作《花品》没有？"我回答说："没有。"翁大人随即案试其他州府，离开菏泽后寄来诗作，其中有"洛阳花要订平生"诗句，这是在督促我抓紧作花谱。我于是召集一批懂得牡丹花事的学生和资深的牡丹花匠，一同游览曹州一些著名牡丹园圃，考察访问，文字记录，回来后再与前贤们的记载和描述加以对照比较，草率地完成了《曹州牡丹谱》一稿。欧阳修当年撰写《洛阳牡丹记》，曾说："仅仅选取特别有名的品种，依次加以排比。"拙稿的撰写也是如此而已。

　　乾隆五十七年（1792）四月十日，怀宁余鹏年自序于重华书院

【点评】

　　北宋欧阳修作《洛阳牡丹记》，记载当时洛阳牡丹24个品种。半个世纪后周师厚作《洛阳花木记》，记载当时洛阳牡丹109种，其中与欧阳修相同者9种，牡丹以外的洛阳花卉419种。周师厚《洛阳花木记》说："元丰四年（1081），余佐官于洛，吏事之暇，因得从容游赏。

居岁余矣，甲第名园，百未游其十数，奇花异卉，十未睹其四五。于是博求谱录，得唐李卫公《平泉花木记》，范尚书、欧阳参政二谱，按名寻讨，十始见其七八焉。然范公所述者五十二品，可考者才三十八；欧之所录者二篇而已，其叙钱思公双桂楼下小屏中所录九十余种，但概言其略耳，至于花之名品，则莫得而见焉。因以予耳目之所闻见，及近世所出新花，参校二贤所录者，凡百余品，其亦殚于此乎！"今按，李德裕的《平泉山居草木记》，记载他在洛阳平泉山居栽培的各种花木，全从外地罗致，偏偏没有记载牡丹。那么，范雍尚书的花谱"所述者五十二品，可考者才三十八"，肯定是各种花木，而不是专指牡丹。北宋牡丹有个培育发展过程，越到后来品种越多。范雍（981～1046）比欧阳修（1007～1072）年长一个辈分，他怎么可能比欧阳修记载的牡丹品种数目多出一倍以上？余鹏年这篇自序，将周师厚所说的"范所述者五十二品"理解和解释为牡丹，这弄错了。

花正色（计三十四种）

黄者七种

金玉交辉（俗名金玉玺）：绿胎修干，花大瓣层叶，黄蕊贯珠，累累出房外。开至欲残，尚似放时。此曹州所自出，《薛史》品居第一。

金轮：肉红胎，近胎二层叶，胎下护枝，叶俱肉红。茎挺出，花淡黄，间背相接，圆满如轮。其黄气球之族欤？实异品也。

黄绒铺锦（一名金粟，一名丝头黄）：细瓣如卷绒缕，下有四五瓣差阔，连缀承之，上有金须布满。殆《张记》所谓缕金黄者。

姚黄（俗名落英黄）：此花黄胎，护根叶浅绿色，疏长过于花头，若拥若覆。初开微黄，垂残愈黄。《薛史》有"大黄最宜向阴，簪之瓶中，经宿则色可等秋葵"者似之。第大黄无青心稍异。

禁院黄（俗名鲁府黄）：花色亚于金轮，闲淡高秀，《欧品》所谓姚黄别品者。曹人传是明鲁王府中种。考明诸王分封曹地者，钜野王泰墱①，定

---

① 朱泰墱（1416～1467），朱肇辉嫡次子，明宣宗宣德二年（1427）封为钜野王。薨，谥僖顺。

陶王铨鑪①，不闻有鲁王。因检府志，钜野王后辄称鲁宗，此鲁府之名所自，盖不可征实如此。

御衣黄：胎类姚黄，唯护枝叶红色。有千叶、单叶二种。千叶者，诸谱称色似黄葵是也。单叶肤理轻皱，弱于渊绡。爱重之者，盖不以千叶为胜。

庆云黄：质过御衣黄，色类丹州黄，而近萼处带浅红。昔人谓其郁然轮囷，兹则见其温润匀荣也。

【译文】

正色牡丹花（一共 34 种）

黄牡丹，7 种

金玉交辉（俗名金玉玺）：花芽绿色，枝干修长。花瓣硕大，层数很多，重重叠叠。花蕊像黄色珍珠贯穿成串，高出柱头之上。此花一直开到将要凋残时，还是像刚开花时一样鲜艳。该品种系曹州自产，薛凤翔《亳州牡丹史》将它列入第一等"神品"中。

金轮：肉红花芽。花芽下面有两层护枝叶子，也是肉红色。枝茎挺出，花色淡黄，花瓣片片紧挨着，花冠圆满如同轮子。它恐怕是黄气球牡丹的族类吧？真是奇特的品种啊。

黄绒铺锦（一名金粟，又名丝头黄）：花瓣细长，如同丝绵毛线卷成的线团。下面四五片花瓣略微大一些，连接在一起，承托上面的细花瓣。花朵上布满金须。该品种可能是北宋张邦基《陈州牡丹记》所说的缕金黄牡丹。

姚黄（俗名落英黄）：此花是黄色花芽。花蒂下有浅绿色的护枝叶子，叶子排列稀疏，长度超过花冠。叶子对于花朵，像是围了一圈，又像是覆盖。此花初开时颜色微黄，接近凋残时越来越黄。薛凤翔《亳州牡丹史》记载"大黄牡丹最宜在背阴地栽植，摘下来插入花瓶中，过一夜则其黄色同秋葵花相当"，这个记载同姚黄相似。但大黄牡丹没有

---

① 明太祖朱元璋的五世孙朱铨鑪，明武宗正德二年（1507）封为定陶王，明世宗嘉靖三十一年（1552）薨，谥恭靖。

青心，这一点不同。

禁院黄（俗名鲁府黄）：花色略逊于金轮牡丹，淡雅高洁秀美，它是欧阳修《洛阳牡丹记》所记载的姚黄的另一类品种吧。曹州人传言此花是明朝鲁王府中栽种的。考查明朝分封到曹地的诸王，有钜野王朱泰墱、定陶王朱铨鑸，没听说有鲁王。因而检核府志，得知钜野王后来总是称鲁宗，"鲁府"的名称原来就是这么来的。传闻不可考证落实，竟然如此。

御衣黄：其花芽类似姚黄的花芽，只是花芽下的护枝叶子颜色与姚黄不同，是红色的。该品种有重瓣花、单瓣花两种。重瓣御衣黄，几种谱录说花色像黄葵花的，就是指的它。单瓣御衣黄，花瓣上有轻微的皱纹，比纺织渊绡出现的褶皱程度轻。钟爱单瓣御衣黄的人，不认为重瓣御衣黄比它强。

庆云黄：其花瓣质地超过御衣黄，花色类似丹州黄，而接近花萼的地方带些浅红色。前人说它开出花朵来繁盛硕大，现在我们见到的则是温润鲜亮。

青者一种

雨过天青（俗名补天石）：白胎翠茎，花平头，房小，色微青，而开晚。或以欧碧当之。初旭才照，露华半稀①，清香自含，流光俯仰，乃汝窑天青色②也，率易以今名。

【译文】

青牡丹，1 种

雨过天青（俗名补天石）：白色花芽，翠绿枝茎。花为平头，花冠

---

① 稀：诸本同，疑当作"晞"，干燥的意思。汉乐府《长歌行》说："青青园中葵，朝露待日晞。"
② 汝窑居于北宋五大名窑之首，因窑址位于河南汝州而得名。汝瓷有多种釉色，天青色是其一，有"千峰碧波翠色来"之誉。至于"雨过天青"，起初不是形容汝窑瓷器，而是形容五代后周时期柴窑青瓷的。明人谢肇淛《五杂俎》卷 12《物部四》说："世传柴世宗时烧造，所司请其色，御批云：'雨过天青云破处，这般颜色做将来！'"

小，花色微青。此花开放比别的品种晚。有人认为此花就是南宋陆游《天彭牡丹谱》说的四川旧品欧碧。旭日刚刚照耀，花朵上的过夜露珠半存半干，清香凝聚，在晨光中随风俯仰，真是一副汝窑天青瓷器的模样，便被轻易地改成现在这个品名。

红者十五种

飞燕红妆（一名红杨妃）：此花细瓣修长。薛凤翔《亳州牡丹史》云得自曹州方家，今遍讯之，盖不知有此名，疑即飞燕妆。然飞燕妆有三种，一花色兼红黄，一深红起楼子，一白花类象牙色，皆非也。有告予曰："《薛史》载方家银红二种色态颇类，第树头绿叶稍别者，宜细审之。"及观至所谓长花坼者，绿胎碧叶长朵，花色光彩动摇，信然。

花膏红（俗名脂红）：胎茎俱红，其花大瓣，若胭脂点成，光莹如镜。

乔家西瓜瓤：尖胎，枝叶青长，花如瓜中红。《薛史》谓类软银红。予直以为飞燕红妆之别品耳，又即桃红西瓜瓤。

大火珠（一名丹炉焰）：胎茎俱绿，花色深红，内外掩映若燃，花焰荧流。

赤朱衣（一名一品朱衣，一名夺翠）：花房鳞次而起，紧实而圆，体婉变，颜渥赪。凡花于一瓣间色有浅深，惟此花内外一如含丹。

梅州红：圆胎圆叶，花瓣长短有序，色近海棠红，然性喜阴。花户解弄花，而不解护持风日，故其类不繁。

春江漂锦（一名新红娇艳）：花乃梅红之深重者，艳似海霞烘日，蜃气未消。千叶盛开，出亳州天香一品上，稍根单叶时多。

娇红楼台：胎茎似王家红，体似花红绣球，色似宫袍红。有浅深两种。

砆砂红：花叶甚鲜，向日视之如猩血，妖丽夺目。或云一名醉猩猩，一名迎日红。曹人呼为蜀江锦。

妒娇红：青胎，花头圆满，朱房嵌枝，绚如剪䌽，叠如碎霞，盖天机圆锦之比。曹人以其色可冠花品也，以百花妒名之。

花红萃盘（一名珊瑚映目）：红胎，枝上护叶窄小，条亦颇短，房外有托瓣，深桃红色，绿跌重萼。

洒金桃红（一名丹灶流金）：胎茎俱浅红色，花色深红，大瓣如盘，破痕铍蹙，黄蕊散布。《周记》蹙金楼子即此。

状元红：重叶深红花，其色与鞓红、潜绯相类。有紫檀心，天资富贵。昔人名之曰曹州状元红，以别于洛中之状元红也。

榴红：千叶楼子，色近榴花。

花红平头：绿胎，花平头，阔叶，色如火，群花中红而照耀者。出胡氏。

【译文】

红牡丹，15 种

飞燕红妆（一名红杨妃）：这个品种的牡丹，花瓣细长。薛凤翔《亳州牡丹史》记载得自曹州方家，现在普遍询问，谁都不知道有这个品名，怀疑它就是飞燕妆牡丹。但飞燕妆牡丹有三种，一种花色为红黄相兼，再一种为深红色，高耸起楼，另一种却是白花，类似象牙色。这三种飞燕妆牡丹，都不是飞燕红妆牡丹。有人告诉我说："薛凤翔《亳州牡丹史》记载【新银红球和】方家银红这两个品种花色姿态很相像，只是树头绿叶颜色略有差别，应该仔细审视。"我观察到这个细长花瓣品种牡丹的开花过程，花芽是绿色的，叶子是碧绿的，花朵是长形的，确实如《亳州牡丹史》所说的"新银红球、方家银红……光彩动摇"，这才相信【所谓飞燕红妆，不是三种飞燕妆中的任何一种，而是新银红球、方家银红一类的品种】。

花膏红（俗名脂红）：花芽、枝茎都是红色的。大花瓣，色彩像是用胭脂点染而成的，光亮如镜。

乔家西瓜瓤：花芽为尖形，枝叶青而长。花色如西瓜的内瓤。薛凤翔《亳州牡丹史》说它"色类软瓣银红"。我直接认为所谓"乔家西瓜瓤"，其实是飞燕红妆牡丹的另一品种，也就是桃红西瓜瓤。

大火珠（一名丹炉焰）：花芽、枝茎都是绿色的。花色深红，内外掩映，好像一团火在燃烧，火光四射。

赤朱衣（一名一品朱衣，一名夺翠）：花瓣像鳞片一样紧紧相挨，逐层而起。圆圆的花朵紧凑严实，体态柔媚，颜色红得厚重有光泽。其余牡丹往往一片花瓣上颜色有深有浅，只有这个品种，花瓣里外上下，颜色如同含丹，纯一无差别。

梅州红：花芽、树叶都是圆形。花瓣长短有序，花色与海棠红近似。喜欢在背阴地段生长。花户懂得栽培牡丹的技术，却不懂得为牡丹遮风蔽日，所以这类适应背阴的牡丹没能繁盛。

春江漂锦（一名新红娇艳）：这个牡丹品种，实际上是梅州红牡丹中颜色深重者。花色红艳，好似一轮红日跃出海面，海天相连处霞光红彤彤一片，产生奇异的蜃气。它是重瓣花时，能开得很繁盛，其地位在亳州天香一品之上。令人遗憾的是经常开的是单瓣花。

娇红楼台：花芽、枝茎都像王家红牡丹，花朵形状像花红绣球牡丹，花色像官袍红牡丹。论颜色有浅深两种。

朱砂红：花瓣颜色非常鲜丽，在阳光下观看，红得好像猩猩的血液，妖娆美丽，光彩夺目。有人说此花一名醉猩猩，一名迎日红。曹州人称之为蜀江锦。

妒娇红：青色花芽。朱红花朵形状圆满，嵌在枝上，绚丽得如同用彩色绸缎剪成。花瓣层层叠加，如同红霞分解成碎片。它是天机圆锦牡丹一类的。曹州人认为此花色相在群花中堪称第一，会引起百花的嫉妒，于是命名为妒娇红。

花红萃盘（一名珊瑚映目）：红花芽，枝上护花的绿叶很窄小，枝条也很短。花朵外部有托瓣，深桃红色。花朵基部是多重绿色萼片。

洒金桃红（一名丹灶流金）：花芽、枝茎都是浅红色。花色深红，花瓣硕大如盘，上面如同残破痕迹，呈收缩紧蹙状。黄澄澄的花蕊散漫布列。周师厚《洛阳花木记》所说的蹙金楼子，就是这个洒金桃红。

状元红：半重瓣花，深红色，其花色与鞓红、潜溪绯类似。有紫红色花心，自带一副富贵相。前人把它称作"曹州状元红"，以与洛阳的状元红相区别。

榴红：重瓣花，楼子型，花色与石榴花很接近。

花红平头：绿花芽，花是平头，花瓣阔大，色如火焰。在所有红牡丹花中，只有这个品种是红得闪亮的。出自胡氏家。

白者八种

昆山夜光：胎茎俱绿，枝上叶圆大。宜阳，成树。花头难开，开则房紧叶繁，绸缪布护，如叠碎玉。乃白花中之最上乘，可谓自明无月夜。古名灯笼，有以也。别品细秀，瓣如梨花，意态闲远，名梨花雪。

绿珠坠玉楼（俗名青翠滴露）：长胎，胎色与茎俱同昆山夜光，花白溶溶，蕊绿瑟瑟。

玉楼子：茎细，秀花挺出，千叶起楼，如水月楼台，迥出尘表。曹人以其绒叶细砌如塔，以雪塔名之。

瑶台玉露（俗名一捧雪）：花蕊俱白。

玉美人：大叶，色如傅粉①，俗名何白以此。

雪素：粉胎，开最晚。叶繁而蕊香。俗呼为素花魁，固不如旧名雪素之雅称，今仍易之。

金星雪浪：白花，黄萼，互相照映。花头起楼，黄蕊散布。常以此乱黄绒铺锦。

池塘晓月：胎蕊细长，而黄枝上叶亦带微黄。花色似黄而白，亦白花之中之异者。予名之曰晚西月。

【译文】

白牡丹，8种

昆山夜光：花芽、枝茎都是绿色，树叶圆大。适宜向阳生长，枝干高大成树。花不易开放，若开则花朵紧簇，花瓣繁密遍布，彼此紧紧缠缚，如同碎玉堆叠。该品种在白牡丹中属于最上乘，可谓无月不夜天。

---

① 何晏（？~249），字平叔，南阳宛（今河南南阳市）人，曹魏时期的玄学家，累官侍中、吏部尚书。南朝刘宋刘义庆《世说新语·容止》记载："何平叔美姿仪，面至白，魏明帝疑其傅粉。正夏月，与热汤饼。既啖，大汗出，以朱衣自拭，色转皎然。"

老早是叫作"灯笼"的，确实有道理。另有一个品种，花瓣细秀，色如梨花，意态娴静高雅，叫作梨花雪。

绿珠坠玉楼（俗名青翠滴露）：长花芽，花芽和枝茎的颜色都与昆山夜光的相同。花色白得如同溶溶月光，花蕊绿得像绿玉瑟瑟。

玉楼子：枝茎细，支撑着美丽的花朵挺拔屹立。重瓣花，高耸起楼，如像月光照耀下的水边楼台，高高超越尘世之上。曹州人因为它的花瓣细如绒线，高耸如塔，就把它命名为雪塔。

瑶台玉露（俗名一捧雪）：花瓣、花蕊都是白色。

玉美人：大花瓣，色如傅粉何郎，因此，民间称之为"何白"。

雪素：粉白花芽，开花最晚。花瓣繁密，花蕊芳香。民间把它叫作"素花魁"，肯定不如它的旧名"雪素"雅致，现在记载它，换成它的旧名。

金星雪浪：白花瓣，黄花萼，彼此互相映照。花头高耸起楼，黄蕊披散分布。人们常常把此花和黄绒铺锦分不清。

池塘晓月：花芽、花蕊都是细长形状。枝茎是黄色，枝上的叶子也微带黄色。花色似黄而白，在白牡丹中属于奇异的。我把它命名为"晚西月"。

黑者三种

烟笼紫玉盘：高耸起楼，明如点漆①，如松庵烟，即昔人所谓油红。最为异色。

墨葵：朱胎，碧茎，大瓣平头，花同烟笼紫玉盘。又有即墨子者，亦其种。

墨洒金（一名墨紫映金）：胎绿而浅，枝上叶碧而细。花头似墨剪绒，花瓣每有金星掩映。单叶者亦然，第枝上叶色黄，此其所异。

---

① 点漆：乌黑光亮的样子。《晋书》卷93《外戚·杜乂传》载：王羲之说杜乂"眼如点漆"。《宋书》卷44《谢晦传》说谢晦"鬓发如点漆"。

【译文】

黑牡丹，3 种

烟笼紫玉盘：花朵高耸起楼，花色黑得明晃晃的，如同黑漆，又似松烟墨锭。该品种即前人所说的"油红"。此花颜色最为奇特。

墨葵：红花芽，绿枝茎，大瓣平头花。花色与烟笼紫玉盘牡丹相同。另有一种名叫即墨子，是以墨葵的种子繁殖出来的。

墨洒金（一名墨紫映金）：花芽为浅绿色，枝上绿叶细长。花头与墨剪绒牡丹相似，花瓣上往往有金星掩映。单瓣花也是这样，但枝上叶子颜色黄，就这一点不同。

花间色（计二十二种）

粉色十一种

独占先春：红胎，多叶。花大如碗，瓣三寸许，黄蕊檀心，易开最早。疑诸谱以为一百五者即其种，但彼云白花，此粉色耳。

粉黛生春：质视独占先春，花头稍紧满，日午艳生，类银红犯，开期最后。

三奇：红胎，三棱紫茎，圆叶粉花，柔腻异常。

醉西施：粉白中生红晕，状如酡颜。俗以晕圆如珠，名为斗珠光。

醉杨妃：胎体圆绿。花房倒缀，盖茎弱不胜扶持也，故以醉志之。其花萼间生五六大叶，阔三寸许，围拥周匝。质本白而间以藕色。《薛史》载有方氏尝以此花子种出者，名醉玉环，品以杨妃为玉环之母，以辞害义者矣。

绛纱笼玉：肉红圆胎，枝秀长。花平头，易开。质本白而内含浅绀，外则隐有紫气笼之。昔人谓如秋水浴洛神，名曰秋水妆者是也，品最贵。

淡藕丝（一名胭脂界粉，一名红丝界玉）：绿胎紫茎，花如吴中所染藕色。花瓣中擘一画红丝，片片皆同。旧品中有桃红线者，即此种。

刘师阁（俗名雅淡妆）：千叶白花，带微红，无檀心。《周记》谓出长安刘氏尼之阁下，因此得名。莹白湿润，如美人肌。然不常开，率二三年乃一见花。或作刘师哥，误。

庆云仙（一名睡鹤仙）：绿胎修茎，花面盈尺。花心出二叶，丰致洒然。

锦幛芙蓉：大千叶花也，无碎瓣。花色如木芙蓉①，蕊抽浅碧。清致宜人。

一捻红：多叶，浅红。叶杪深红一点，如指捻痕。旧传杨妃匀面，余脂印花上，明岁花开，片片有指印红迹，故名。

【译文】

间色牡丹花（一共22种）

粉牡丹，11种

独占先春：红花芽，半重瓣花。花朵大如饭碗，花瓣长约三寸，黄花蕊，浅绛色花心。该品种容易开花，而且最先开放。疑心几种谱录记载的"一百五"牡丹，说的就是这个品种。但那些谱录说的一百五牡丹是白花，而此花是粉色花。

粉黛生春：该品种花瓣质地与独占先春牡丹相当。花头比较紧凑充实。中午阳光强烈时，它更加艳丽。与银红犯牡丹类似。它开放时间最靠后。

三奇：红花芽，三棱形状的紫色枝茎。圆花瓣，粉色花，柔媚滑腻，异乎寻常。

醉西施：粉白中生出红晕，形状如同人酒醉脸红。民间以其晕圆如珠，把它叫作"斗珠光"。

醉杨妃：花芽浑圆，绿色。花头倒缀，由于枝茎细弱，无力支撑花头，所以用个"醉"字来形容。这个品种的花，基部花萼间长着五六片大花瓣，阔约三寸，围成一周。花瓣底色为白色，断断续续掺杂一些

---

① 木芙蓉：别名芙蓉花、拒霜花、木莲、地芙蓉、华木，为锦葵科木槿属落叶灌木或小乔木。花于枝端叶腋间单生，初开时白色或淡红色，后变深红色，直径约8厘米，花瓣近圆形，直径4~5厘米。喜温暖、湿润环境。

藕色。薛凤翔《亳州牡丹史》记载有方氏曾以此花种子繁殖出一个品种，命名为"醉玉环"，还把醉杨妃牡丹称作醉玉环牡丹之母。【但称为杨贵妃或称为杨玉环，实际上是一个人，由于牡丹的繁殖关系，把杨妃和玉环说成母子关系，】这便以辞害义了。

绛纱笼玉：圆花芽，肉红色，枝茎秀长。花为平头，容易开放。花瓣底色为白色，而内含浅淡的黑红色，外则隐隐有紫气笼罩。前人认为此花如秋水浴洛神，就命名为"秋水妆"。在牡丹中，它的品级最高贵。

淡藕丝（一名胭脂界粉，一名红丝界玉）：绿色花芽，紫色枝茎。花色如同苏州一带纺织品所染的藕色。花瓣中间长着一道红丝，将花瓣一分为二，片片花瓣都是这样的。老品种中有叫作"桃红线"的，就是这个品种。

刘师阁（俗名雅淡妆）：重瓣花，花色为白色，微微带着红色，没有浅绛色花心。周师厚《洛阳花木记·叙牡丹》说，此花出自长安尼姑刘氏的阁楼下，因此得名"刘师阁"。花朵白得晶莹剔透，润泽鲜亮，如美人肌肤。但不常开，大致两三年才能见它开一次花。有人（陆游《天彭牡丹谱》）把它叫作"刘师哥"，那是弄错了。

庆云仙（一名睡鹤仙）：绿花芽，长枝茎，花面直径满一尺。花心长出两片花瓣，丰满厚实，韵致潇洒。

锦幛芙蓉：大花瓣重瓣花，没有细碎的花瓣。花色如木芙蓉，花蕊上抽，浅碧色。清淡雅致，十分可人。

一捻红：半重瓣花，浅红色。花瓣顶端长着一个深红色的圆点，如同手指捏压过的痕迹。以前传说杨贵妃正在往脸上涂抹胭脂，手摸花瓣，胭脂印在花上，第二年花开，片片花瓣上都有胭脂红迹，所以叫作"一捻红"。

紫者六种

魏紫：紫胎肥茎，枝上叶深绿而大，花紫红，乃《周记》所载都胜。《记》曰："岂魏花寓于紫花本者，其子变而为都胜耶？"盖钱思公称为花之后者，千叶肉红，略有粉梢，则魏花非紫花也。

紫金荷：茎挺出，花大而平，如荷叶状。开时侧立翩然，紫赤色，黄蕊。

西紫（一名萍实焰）：此花深紫，中含黄蕊。树本枯燥，如古铁色。每至九月，胎芽红润，真不异珊瑚枝。

朝天紫（一名紫衣冠群）：花晚开，色正紫。杨升菴《词品》谓："如金紫大夫之服色，故名，后人以名曲。今以'紫'作'子'，非。"

紫玉盘：淡红胎，短茎，花齐如截，即左花也。亦谓之平头紫。

紫云芳（一名紫云仙）：千叶楼子，紫色深迥，仿佛烟笼。易开，耐久，第香欠清耳。

【译文】

紫牡丹，6种

魏紫：花芽为紫色，枝茎肥壮，枝上叶子硕大，颜色深绿，花为紫红色。这个品种其实就是周师厚《洛阳花木记·叙牡丹》所记载的都胜。这份谱录说："莫非魏花以紫花牡丹做砧木予以嫁接，新一代就变成了都胜？"北宋钱惟演所说魏花牡丹是花后，那是肉红色的重瓣花，花瓣顶端略带粉色。那么，可见魏花不是紫色花。

紫金荷：枝茎挺拔，花朵大而平，如同荷叶那样。花开时呈倾斜状，轻盈摇摆。花色为紫赤色，花蕊为黄色。

西紫（一名萍实焰）：此花为深紫色，花朵中间含着黄色花蕊。枝干枯燥，树皮呈古铁色。每到高秋九月，长出红润花芽，那样子酷似海洋中的珊瑚枝。

朝天紫（一名紫衣冠群）：此花开得晚。花色为正紫色。明人杨慎《词品》说："如同朝廷官员金紫大夫礼服的颜色，所以落了这一名称。后人将《朝天紫》用来作为曲牌名称。今人甚至将'紫'字写作'子'字，这是错误的。"

紫玉盘：花芽为淡红色，枝茎短小，花为平头，花瓣齐整，如同截断过似的。这个品种就是左花，也叫作平头紫。

紫云芳（一名紫云仙）：重瓣花，高耸起楼。花为紫色，很浓很深，仿佛被一团紫烟笼罩着。很容易开花，持续时间很长，只是香味不够清爽。

绿者五种

豆绿：碧胎修茎，花大叶，千叶层起楼，异品也。盖八艳妆之一。《薛史》谓八艳妆者八种花，有云秀、洛妃、尧英等名。出自亳州邓氏。按：曹州花多移自亳。

萼绿华（一名鹦羽绿，一名绿蝴蝶）：胎茎俱同豆绿，千叶，大瓣，起楼。群花卸后始开。

奇绿：此花初开，瓣与蕊俱作深红色。开盛则瓣变为浅绿，而蕊红愈鲜。亦花之异者。

瑞兰：胎茎花叶俱清浅，似兰，当为逸品。然自来赏之者稀，何也？

娇容三变：初开色绿，开盛淡红，开久大白。《薛史》谓初紫继红，落乃深红，故曰娇容三变。《欧记》中有添色，疑即此是。按：乃《袁石公记》为芙蓉三变者，目为娇容，误矣。

【译文】

绿牡丹，5 种

豆绿：花芽为青绿色，枝茎修长。花瓣硕大，重瓣花，高耸起楼，是奇异品种。它是八艳妆中的一种。薛凤翔《亳州牡丹史》说八艳妆包括八种牡丹花，有云秀妆、洛妃妆、尧英妆等品名；豆绿牡丹出自亳州邓氏。今按：曹州牡丹大多是从亳州移植来的。

萼绿华（一名鹦羽绿，一名绿蝴蝶）：花芽、枝茎都和豆绿牡丹相同。重瓣花，大花瓣，花瓣层叠高起，像起楼一样。其余牡丹败谢后它才开花。

奇绿：此花刚刚开放时，花瓣、花蕊都作深红色。盛开时花瓣变为浅绿色，花蕊红得更加鲜亮。它也是牡丹中的一种奇异品种啊。

瑞兰：花芽、枝茎、花瓣、树叶，全都是清浅的绿色，像兰花，应当归属于逸品中。但从来很少有人欣赏它，这是为什么呀？

娇容三变：刚开花时呈绿色，盛开时变成淡红色，开得久了又变成白色。薛凤翔《亳州牡丹史》说此花刚开放时呈现紫色，渐渐地变成桃红色，过些天变成梅红色，到凋谢时又成了深红色，所以叫作娇容三变。欧阳修《洛阳牡丹记》中记载有添色红，我疑心就是这个品种。按：其实它是明人袁宏道《张园看牡丹记》中所说的"芙蓉三变"，当成"娇容三变"，那是弄错了。

昔《冀王宫花品·宋景祐沧州观察使记》，花凡五十种，以潜溪绯、平头紫居正一品，分为三等九品。又荥阳张峋撰《花谱》二卷，以花有千叶、多叶之不同，创例分类，凡千叶五十八种，多叶六十三种。盖皆博备精究者之所为。予病未能也，特分正色、间色。正色黄为中央，首列之，次青、红、白、黑；间色粉、紫、绿三种，又次于后，凡五十六种云。

【译文】

北宋《冀王宫花品·宋景祐元年（1034）沧州观察使记》，记载【北宋冀王赵惟吉的府邸里】牡丹花一共 50 种，分为三等九品，其中以潜溪绯、平头紫高居正一品。又北宋人荥阳张峋撰写《花谱》二卷，以牡丹花有重瓣花、半重瓣花的差别，创立条例，分类记载，共记载重瓣花牡丹 58 种，半重瓣花牡丹 63 种。这两种文献，都是博学多识、精心研究的学者撰写的。我则没能力做得这么精细，不过将曹州牡丹按照其花色分为正色、间色两类予以记载。【依据五行学说，】正色中黄为中央，首先记载黄牡丹，其次【按照东南西北的顺序，】记载青牡丹、红牡丹、白牡丹、黑牡丹。间色粉牡丹、紫牡丹、绿牡丹 3 种，列在正色牡丹之后。总共记载曹州牡丹 56 种。

附记七则

秋社后重阳以前,将单叶花本如指大者,离地二三寸许,斜削一半。取千叶花新旺嫩条,亦斜削一半,贴于单叶花本削处。壅以软土,罩以蒻叶,不令见风日,唯南向留一小户以达气,至春乃去其覆。或斫小栽子,洛人所谓山篦子,治地为畦塍种之,亦至秋乃接,则皆化为千叶。此接法之繁其族者也。有用椿树高五七尺或丈余者接之,可平楼槛,唐人谓楼子牡丹者。此则不患非高花,此接法之助其长者也。又立春若是子日,茄根上亦可接,不出一月,花即烂熳。盖试有成效,渤有成书。《洛阳风俗记》曰:"洛人家家有花,而少大树,盖其不接则不佳也。"曹州亦然。凡蓄花者任其自长,年长才二三寸,种异者不能一寸,虽十年所树,立地不足四尺,过此老而不复花,又芟其枝矣。花当盛时,千叶起楼,开头几盈七八寸,如矮人戴高冠,了不相称。

【译文】

嫁接牡丹应在秋社后至重阳前。先选定单瓣牡丹枝干如手指头那么粗的作为砧木,在高出地面两三寸的部位斜着削开接口。再选定重瓣牡丹新嫩健壮的枝条作为接穗,也斜着削出接口,然后插到砧木的开口处。然后将嫁接苗用软泥壅培,罩上一层嫩蒲草为它防寒保温,不要让它遭受风吹日晒,只在向南的一边留一个小窗口来通达气息。到来年春天天气回暖,就撤除嫁接苗上面的覆盖物。或者砍下小栽子(砧木),即洛阳人所说的山篦子,将地段整治成小畦、田埂,栽种下小栽子,到秋天便嫁接上接穗,培育出来便都是重瓣花。这是用嫁接方法来促使牡丹繁盛的。也有用高五七尺或一丈多的椿树作为砧木来嫁接牡丹接穗的,开花时可与赏花楼台高度齐平,这就是唐朝人所说的楼子牡丹。用这个办法就不用发愁牡丹开花不高了。这是用嫁接方法来帮助牡丹增高植株的。立春这一天如果是干支纪日的子日,将牡丹接穗嫁接到茄子根上,不出一个月,嫁接苗就会开出烂漫的牡丹花。以上这些嫁接法,都是试验有成效才写入书中,刊刻流布的。欧阳修《洛阳牡丹记·风俗记》说:"洛阳居民家家户户都栽培牡丹,但很少有长成庞然大树的,其原因在于不嫁接则品种不佳。"曹州也是这样。凡是那些仅仅听凭牡丹自生自长的花户，他们家中的牡丹一年只能长高两三寸，如果品种奇特，长高不到一寸。这样下来，即便生长 10 年，牡丹植株依然不足 4 尺高。此后树龄大了，不再开花，又要清除掉一些老枝。这些低矮植株牡丹，花儿盛开时，重瓣花高耸起楼，有的花冠直径七八寸，如同矮小的人戴着高大的帽子，一点也不相称。

移花或曰宜秋分后，如天气尚热，或遇阴雨，九月亦可。或曰中秋为牡丹生日，移栽必旺。僧仲林《越中花品》亦称八月十五日为移花日。今曹州移花，悉于是日始。先规全根，宽以掘之，以渐至近，戒损细根。然如旧法，必将宿土洗净，再用酒洗。每窠用粪土、白薮拌匀，又用小麦下于窠底，夫然后植，固不谓然。提牡丹与地平，使其根直，以细土覆满，土与干上旧痕平，戒少高低，戒勿筑实。然如旧法，必以河水或雨水浇之，过三四日再浇，兹则直浇以井水，不择河与雨也。

【译文】

移植牡丹的时间，有人说应当选在秋分节气过后，如果这时天气尚热，或者遇到阴雨，推迟到九月也可以。有人说中秋节是牡丹的生日，当天移栽，必定旺盛。北宋僧仲林《越中牡丹花品序》，就称八月十五日为移花日。当今曹州移植牡丹，都从这一天开始行动。先确定移植植株的全部根系，从远处刨土，渐渐接近根部，不要损伤根部的细须。但按照老办法，一定要将根系上的旧土清洗干净，然后再用酒清洗根系。在土坑底部撒上一些小麦，将粪土和白薮末搅拌均匀，倒入坑中，然后植入牡丹。这没有什么可说的。再将牡丹植株往上提一提，使其根须在土中竖直不弯曲。覆盖细土须与植株上原来露出地面的旧痕持平，不可太低也不可太高，不要将新土夯实，也不要用脚踩踏。但按照老办法，一定要立即用河水或雨水浇灌，过三四天再浇灌。现在则用井水浇灌，不是非选择河水雨水不可。

旧法分花，拣长成大颗①茂盛者一丛，或七八枝或十数枝持作一把，捽土去，细视有根处擘开。今曹州善分花者谓当辨老根细根，老根其本根也，不可擘，擘则伤，腐败随之。唯细根其新生者附于本根，而后擘之。因就问栽法，如用轻粉硫黄和黄土擦根上，方植窠内，盖皆不须。

【译文】

按老办法牡丹分株，先要挑选一棵茂盛健壮的植株，确定七八枝或十多枝作为一把，捽去土，仔细观察，从有根的部位劈开。当今曹州精通牡丹分株技术的人认为：应当分辨是老根还是细根，老根是牡丹的本根，不能劈开，一劈开就要受伤，随即腐败。细根是新生根，长在本根旁，可以劈开分株。我趁势询问移栽的方法，比如用轻粉加硫黄，与黄土和成泥，均匀地擦在根上劈破的地方，才栽植到坑中，回答说这些统统不需要。

牡丹根甜，多引虫食，唯白蔹能杀虫。故《欧记》云："种花必择善地，尽去旧土，以细土用白蔹末和之。"今不闻有此。岂曹州花根不甜乎，抑少食根虫乎？然则旧法繁重，皆难尽信也。又《群芳谱》引载种花法，六月中枝角微开，露见黑子，收置，至秋分前后种之。顾按养花之法，一本发数朵者，择其小者去之，留一二朵，谓之打剥。花才落即剪其枝，不令结子，惧其易老也。花落则剪，子且难结，安所得子而种之？明袁宏道《张园看花记》云："主人每见人间花实，即采而归种之，二年芽始苗，十五年始花。"特一家言耳。

【译文】

牡丹根皮有甜味，容易招致虫子啃咬，在根下撒一些白蔹末，能够杀虫。因此，欧阳修《洛阳牡丹记》说："栽种牡丹一定要挑选好地

---

① 拣长成大颗：原作"检长成大科"，据《群芳谱》校改。

段，将原地土壤统统清除掉，换成干净细软的新土，用白蔹细末同新土搅拌均匀。"可我如今身处曹州，从未听到这个说法。难道是曹州牡丹的根皮不甜，或者啃咬根皮的害虫极少？那么则是老办法繁缛玄虚，难以全然凭信。另外，《群芳谱》中转载种花法，说夏季六月时，牡丹枝上子房外壳微开，露出黑子，就采集收藏，到秋分节气前后播种。但按照养花法，一个枝条上长着好几个花芽的，将个头小的清除掉，留下一两个花芽，这叫作打剥。花才凋落立即剪下花蒂，不要让此处结子，担心耗费养分导致枝条衰老。花一落就剪掉花蒂，子儿且难以生出，从哪里得到种子来播种？明人袁宏道《张园看花记》说："惠安伯张先生只要看见谁家牡丹结子，就采集下来，带回家园播种育苗。两年后，牡丹实生苗才开始健壮，15年后才开始着花。"这不过是一家之言罢了。

《欧记》："浇花亦自有时。九月旬日一浇，十月、十一月，三日、二日一浇，正月隔日一浇，二月一日一浇。"在《群芳谱》谓正月一次，二月三次，三月五次，九月三五日一次，十月十一月一次或二次，且曰六月暑中忌浇。王敬美云："人言牡丹性瘦，不喜粪，此殊不然。余圃中亦用粪，乃佳。"予谓浇花如《欧记》《群芳谱》，又皆不然。书院中旧有牡丹，人言多年不花矣。予于去夏课园丁早暮以水浇之，至十月少止，今春皆作花。固知老圃虽小道，亦有调停燥湿当其可之谓时也。

【译文】

欧阳修《洛阳牡丹记》说："给牡丹浇水也有时间要求。九月每十天浇水一次，十月、十一月，三两天浇一次，正月隔一天浇一次，二月一天浇一次。"明人王象晋《群芳谱》中说，正月里只需浇灌一次，二月份一共浇灌三次，三月份五次，九月份三五天浇灌一次，十月份、十一月份，一个月只浇灌一次或两次，还说六月份酷暑大热，最忌讳浇灌。明人王世懋《学圃杂疏·花疏》说："人们说牡丹习惯于清瘦，不喜欢粪壤催壮，其实根本不是那样。我家濠圃中的牡丹就施过粪肥，开花异常美丽。"我认为欧阳修《洛阳牡丹记》和《群芳谱》中所说的浇花注意事项，其实都不是那样。我所执教的曹州重华书院中，一直有牡丹，人们说多年不开花了。去年夏天，我给园丁布置任务，让他早晨、傍晚两次给牡丹浇水，到十月份停下来。今年春天，这些牡丹又都开花了。我因此坚定地认识到，园圃技艺虽然属于小本事，也要调理燥湿把握得当，才算恰到好处呢。

曹州园户种花，如种黍粟，动以顷计。东郭二十里，盖连畦接畛也。看花之局在三月杪。顾地多风，花天必有飙风，欲求张饮帏幕，车马歌吹相属，多有轻云微雨如泽国，此月盖所不能，此大恨事。园户曾不解惜花，间作棚屋者无有。花无论宜阴宜阳，皆暴露于飙风烈日之前。虽弄花一年，而看花乃无五日也。昔李廌游洛阳园："才过花时，复为破垣，遗灶相望。"可胜慨乎！

【译文】

曹州园林和花户栽培牡丹，如同种植庄稼一样，动不动就是上百亩。州城东边二十里处，各家各户栽培牡丹的土地连成一大片。看花局安排在三月末。只是当地多风，牡丹花期必刮狂风，想要张挂帷幕，饮酒赋诗，赏花人乘坐车马络绎不绝，轻歌曼舞连续不断，像水乡泽国那样来一点护花的轻云微雨，在曹州这个月份根本不可能做到，这是一件令人大大遗憾的事情。曹州的园主花户居然不懂得如何爱惜牡丹，没有人为牡丹搭建棚屋。牡丹花无论是适应背阴的还是向阳的，一律暴露在狂风烈日下。人们尽管培育牡丹耗费一年时间，而牡丹能够被观赏竟然不足五天。北宋李廌《洛阳名园记》中说："牡丹花期一过，赏花处又是一片丘墟，只有破墙残存，土灶相对。"异代同感，真让人无限感慨啊！

《帝京景物略》："右安门外草桥，土近泉，居人以种花为业。冬则温火暄之，十月中即有牡丹花。"今曹州花可以火烘开者三种，曰胡氏红，曰何白，曰紫衣冠群。放翁《天彭风俗记》云："花户多植花以谋利，岁尝以花饷诸台及旁郡，蜡蒂筠篮，旁午于道。"曹州自移花日后旁午于道者，盖亦载花车班班云。

【译文】

明人刘侗、于奕正所著的《帝京景物略》说："北京右安门外草桥一带，附近泉水很多，住户们以种花为职业。冬天在土窖中育花，用温火加热，到十月中旬牡丹就开花了。"如今曹州牡丹可用火升温促使牡丹反季节开花者共有三种，它们是胡氏红、何白、紫衣冠群。南宋陆游《天彭牡丹谱·风俗记》说："彭州花户们大面积栽培牡丹，仅仅为着以花牟利。彭州官府每年常以牡丹花馈赠派驻成都的中央机构以及邻州机构，用蜡封住枝条断截面以防止水分营养流失，用竹篮子盛放，道路上护送人员纵横交错。"曹州从八月十五日移花日以来，道路上便是熙来攘往，络绎不绝，都是一些运载牡丹的车辆啊！

牡丹谱

（清）计　楠　著

评　述

　　这份《牡丹谱》是清朝人计楠撰写的，于嘉庆十四年（1809）定稿，4年后交付友人杨覆吉，刊刻在杨覆吉主持的《昭代丛书》辛集中，编为卷47。计楠（1760～1834）字寿乔，秀水（今浙江嘉兴市）人，曾任严州（治今浙江建德市）教谕。他喜爱绘画、园艺，通医学，精妇科。除了这份《牡丹谱》，他还有一些诗文、医学、美术、花卉方面的著作。他在秀水闻溪的雁湖畔安家，将家园题名为"一隅草堂"，经营园圃，种植花木，因此，他作《牡丹谱自序》，署名"雁湖花主"。

　　计楠《牡丹谱》记载他自己家园的牡丹，其来源地很广，所记载的只是来自4个主要地方的牡丹，计有103个品种。其中安徽亳州、山东曹州（今菏泽市）是传统的牡丹胜地。另外两处，一是太湖的洞庭山（今属江苏苏州市吴江区），一是法华（今上海松江区），分别位于他家乡的西北和东北，相距都不远。计楠按照这4个来源地分别记载牡丹品种，不再按照花色、花型进一步细分。其中一些品名，在他之前的一些牡丹谱录中已有记载，但新名称还是相当多的。至于这些新名称牡丹是新品种还是老品种的异地新名，他没有提供线索，现在不可能看到实物，很难搞清楚了。

计楠《牡丹谱》有几处和前人观点不同，是他的创见。明人薛凤翔《亳州牡丹史》卷1《花之种》提出："花房不同者有六等：有平头，有楼子，有绣球，有大叶，有托瓣，有结绣。"计楠将"六等"改为"六式"：楼子、聚心、结绣、绣球、大瓣、平头。二人的提法，相同者有平头、楼子、绣球、结绣、大叶（即大瓣）5种。不同者为薛凤翔提出的是"托瓣"，计楠提出的是"聚心"；薛凤翔提出的是"六等"，有"等次"的含义，计楠提出的是"六式"，仅是式样而不是等级。而在"花品"中，计楠将牡丹按其花瓣的质地分为3等品第，依次为玉版、硬瓣、软叶。玉版花瓣肥厚，花色温润有光泽，开花经久不衰。硬瓣花瓣比较薄，但坚硬、挺拔。软叶花瓣疲软无力，经不住风吹日晒，容易枯萎。他因而认为："世人不辨瓣之迥异，徒以起楼、平头分贵贱，失之远矣。"计楠是从鉴赏时间的久暂来划分牡丹的等级的，揣摩起来，这有他的道理。余鹏年《曹州牡丹谱》说曹州牡丹花期总是"飙风烈日"，"虽弄花一年，而看花乃无五日"。计楠身处江东水乡泽国，气候和中原腹地不同，牡丹开花再好看，若不耐时日，犹如昙花一现，怎么去欣赏？所以他才这么分等级。在其他地区，牡丹嫁接都是将接穗接到长在自然界土壤中的砧木上，而计楠介绍的江东方法与之迥异。砧木很小，一些嫁接后的砧木一起插在放有半缸潮湿细土的缸中，上面封闭，生长49天或63天，然后移植到瓷盆中。至于盆栽牡丹，唐中叶李贺《牡丹种曲》就有"水灌香泥却月盆"的诗句，但如何盆栽，如何观赏，只有计楠《牡丹谱》的"盆玩"写到。以上这些内容，都是计楠《牡丹谱》的特色。

计楠《牡丹谱》也有疏忽的地方。他在《自序》中列举前人关于牡丹的说法和谱录，其中说："宋鄞江周氏有《洛阳牡丹记》。唐李卫公有《平泉花木记》。范尚书、欧阳参政有谱。范述五十二品，……近时怀宁余伯扶有《曹州牡丹谱》五十六种。"这段文字与余鹏年《曹州牡丹谱·自序》的行文波澜无二。余鹏年《自序》说："有宋鄞江周氏《洛阳牡丹记》自序：'求得唐李卫公《平泉花木记》、范尚书、欧阳参政二谱，范所述五十二品，可考者才三十八；欧述钱思公双桂楼下小屏中所录九十余种，但言其略。因以耳目所闻见，及近世所出新花，参校三贤谱记，凡百余品，亦殚于此乎．'"计楠不假思索、不辨真伪地拾人余唾，恰恰落到重蹈覆辙的地步。

余鹏年所引用的这段话，出自周师厚的《洛阳花木记》，其中提到"李卫公《平泉花木记》"，正确篇名是《平泉山居草木记》，记载唐代卫国公李德裕在洛阳平泉山居栽培的各种花木，其中偏偏没提到牡丹。沿着这条思路，"范尚书……所述五十二品"，应该也是洛阳花木的数目。

六部尚书比参知政事（副宰相）职务低，"范尚书"能够排在"欧阳参政"前面，只能是比参知政事欧阳修年长 28 岁的范雍（981 ~ 1046）。范雍字伯纯，河南洛阳人，拜枢密副使，徙河南府，迁礼部尚书。欧阳修《洛阳牡丹图》诗说："四十年间花百变。"如果范雍所记的是牡丹 52 种，怎么晚辈欧阳修《洛阳牡丹记》所记洛阳牡丹只有 24 个品种，岂不是越变越少了？半个世纪后周师厚《洛阳花木记》记载洛阳牡丹 109 种，还记载牡丹以外的花卉 419 种。因此可见，范尚书记载的 52 种，应该是花木，他的这份谱录是花谱，而不是牡丹谱。计楠没有核对资料，没有认真思考，犯了人云亦云的错误。这在古代叙述牡丹历史、牡丹文化的文献中，是屡见不鲜的现象。

我这里整理计楠《牡丹谱》，以上海书店出版社 1994 年版《丛书集成续编》第 79 册影印《昭代丛书》辛集卷 47（世楷堂藏版）为底本进行录文标点，为了避免与此前谱录的注释、译文过多重复，此处从简。

《牡丹谱》自序

莺花风月，本无常主，好者便是主人。牡丹客也，我主也，以我之好也，好之深则来之众。种之贵贱，花之性情，培植既久，品量乃定，而谱可作矣。尝考崔豹《古今注》："芍药有草木二种，花大而色深者为牡丹。"谢康乐谓"永嘉水际竹间多牡丹"。唐盛于长安，洛阳分有其盛。宋鄞江周氏有《洛阳牡丹记》。唐李卫公有《平泉花木记》。范尚书、欧阳参政有谱。范述五十二品，欧述于钱思公楼下小屏间细书牡丹名九十余种，但言其略。胡元质作《牡丹记》，陆放翁作《天彭记》，张邦基作《陈州牡丹志》，薛凤翔作《亳州牡丹史》，夏之臣作《牡丹评》，惟王敬美所述种法独详。《二如亭群芳谱》所记有一百八十余种，钮玉樵《亳州牡丹述》[①]一百四十三种。近时怀宁余伯扶有《曹州牡丹谱》五十六种。古今来所好者众矣，传述亦多矣，而命名之不同，种法之各异，因地相宜，各由心得。予圃中虽未能按前人谱记而备植之，而已得百种，花时亦足以观。则牡丹之客于我家，我为牡丹之主人者，不可不为之谱以传于后，是重花之意也。

嘉庆十四年（1809）谷雨日，雁湖花主自序于一隅草堂

【译文】

黄莺、花卉、清风、明月这些天地间的物类，它们原本没有固定的主人，谁喜爱它们，谁就是它们的主人。牡丹是我的客人，我是牡丹的主人，不为别的，就因为我喜爱牡丹。我爱牡丹越深，作为客人的牡丹就来我家越多。牡丹不同品种的昂贵与便宜，各种牡丹花的习性，我培植牡丹时间长了，对这些情况弄得清清楚楚，完全有把握为牡丹作谱录了。我曾稽考前人关于牡丹的说法和著作，见西晋人崔豹在《古今注》中说："芍药有草本、木本两种，木芍药花朵大、花色深，它就是牡丹。"南朝刘宋时期，担任永嘉（今浙江温州市）太守的谢灵运曾说："永嘉河水边竹丛旁，往往有牡丹。"在唐代，牡丹在京师长安蔚为大观，东都洛阳分得长安的辉煌。北宋时，鄞江（今浙江宁波市鄞州区）周师厚著有《洛阳牡丹记》。唐朝卫国公李德裕著有《平泉花木记》。

---

① 钮琇，字玉樵，生年不详，江苏吴江人。康熙十一年（1672）拔贡，任河南项城知县、广东高明知县，后游宦福建莆田，康熙四十三年（1704）卒于任上。其著作《觚剩》卷5《豫觚》中载《牡丹述》，《昭代丛书》辛集卷46收录，改题《亳州牡丹述》。

北宋礼部尚书范雍、参知政事欧阳修都著有牡丹谱。范谱记载牡丹 52 个品种。欧谱说西京留守钱惟演在洛阳双桂楼下的小屏风上密密麻麻地写着 90 多种牡丹品名，但欧谱没有具体细说。南宋胡元质著有《牡丹记》，南宋陆游著有《天彭牡丹谱》，北宋末张邦基著有《陈州牡丹记》，明人薛凤翔著有《亳州牡丹史》，明人夏之臣著有《亳州牡丹评》，只有明人王世懋在《学圃杂疏·花疏》中记载栽种方法最为翔实。明人王象晋《二如亭群芳谱》记载牡丹 180 多个品种。国朝钮琇《牡丹述》记载 143 种。近代怀宁余鹏年伯扶先生著《曹州牡丹谱》，记载曹州牡丹 56 种。自古以来，喜爱牡丹的人相当多，有关牡丹的著述也很多，但对牡丹的命名有所不同，栽植方法也存在差异，都是因地制宜，根据各自的心得体会去做的。我家的园圃中尽管没能按照前人谱录的记载来栽植所有品种，却已多达百种，花开时节足以观赏。那么，牡丹作为客人来到我家，我是牡丹的主人，就不可不为牡丹作一份花谱以传于后世，这是我看重牡丹的心意啊。

嘉庆十四年（1809）谷雨日，雁湖花主自序于一隅草堂

牡丹谱

秀水计楠寿乔 著

余癖好牡丹二十余年，求之颇广，自亳州、曹州、洞庭、法华诸地所产，圃中略备。平望程君鲁山、嘉定韩君湘仲、赵君沧螺与余同志，花时每以新种投赠，秋时分接，其有花同而名异者两存之，以俟博雅者论定焉。爰释花名于后。

【译文】

我嗜好牡丹成癖，已经 20 多年了。我广泛搜罗各地的品种，亳州（治今安徽亳州市）、曹州（治今山东菏泽市）、洞庭山（江苏太湖东南）以及法华（今上海市松江区）等地所产的牡丹品种，我家的园圃中差不多都有。平望（今江苏苏州市吴江区平望镇）程鲁山先生、嘉

定（今上海市嘉定区）韩湘仲先生和赵沧螺先生，同我志趣相投，每
到牡丹栽植时节，不是赠予我时新的牡丹种子，就是赠予分株和接穗。
我家园圃中的牡丹和他们园圃中的牡丹，若是品种相同而品名不同的，
我这里都以不同品名记载下来，等待博雅君子予以裁定。于是，我将这
些牡丹的具体情况阐释于下。

亳州种

太平楼阁：嫩黄，初开蕊头绿色，玉版①耐久。喜肥，易开。

泥金报捷：花瓣淡黄，花边深黄。初放蕊头金黄色。千叶重叠，
难开。

伍黄：葵黄色。千叶，硬瓣，平头，无心。喜阳，不宜肥，难开。

祁绿：色如菜叶，俗名菜叶绿。起楼，瓣紧密，难开足。

火楞：深红色，硬瓣。千叶平头。喜肥，宜阳，难开。

补天石：白胎，翠茎，房小，色如雨过天青。性晚而难开。宜阴，
不喜肥。贵品也。

墨奎：墨紫色，灯下竟如黑绒。千叶大瓣平头。喜肥，宜阳，
易开。

花红翠盘：平头，聚心，桃红色。宜阴，易开。

独占春光：平头，大瓣，淡粉红色，开足色渐白。易花，早开。

雪塔：花瓣结绣，净白，无红根。宜阳，易开。

青心白：平头，千叶，绿心，易开。

雨交：小瓣，千叶平头。色如雨中海棠，娇艳异常。难开。

支家大红：大红色，阔瓣，皱叶，平头，软瓣。不耐久，喜肥，宜
阳，易开。

---

① 玉版：北宋欧阳修《洛阳牡丹记》作"玉板"，说："玉板白者，单叶白花，叶细长
如拍板，其色如玉，而深檀心。"其《洛阳牡丹图》诗改写成"玉版"，有"朱砂玉
版人未知"句。拍板是一种打击乐器，也称檀板、绰板。用数片硬质木板，串以绳
索，双手合击发音。计楠这里说"玉版耐久"，下文又说："玉版白：硬瓣，耐开。"
"玉版，质厚耐久，有花光。"可见"玉版"指花瓣质厚、硬朗，有光泽，开花持续
时间长，不易枯萎凋谢。

蕊珠：玉版，千叶细瓣。瓣边红，镶一线，色如羊脂。难开。

绿耳大红：色深红，平头。于心中抽两绿瓣。品贵，难开。

瑶池春：白中带微红，平头，千叶大花，易开。

魏紫：起楼，大托瓣，深紫。宜阳，喜肥，易开。

胡白：平头，玉色，易开。

绿心胡红：平头，绿心，银红色。易开。

胜紫：深紫，平头千叶。花大，易开。

穆家红：桃红色，起楼，大托瓣。宜阳，易开。

雪夜映辉：妃色，开足则白。聚心，硬瓣，难开。

富红：玉版，银红色，千叶平头。易开。

魏红：深红，大花，起楼。喜阳，易开。

【说明】

本谱很多牡丹品种屡见于前人牡丹谱录，少量不见于那些谱录的牡丹品种，其所用术语、修辞手法、表达方式，或雷同或相似，故译文从略。下同。

曹州种

黄绒铺锦：细瓣如卷绒，有四五瓣差阔，连缀承之，上有金须布满，黄色，即古之缕金黄也。

庆云黄：色似金葵，中有红瓣数条挺出。品贵，难开。

春江漂锦：深梅红色，重楼千叶，花之最触目者。一名珊瑚映日。

烟笼紫玉盘：即古称"油红"是也。花色墨紫，如松烟浓染，最为异色。

状元红：重叶，深红，有紫檀心。贵品，难开。

紫袍金带：起楼重叠，腰围黄心簇满，色如玫瑰。紫花中之最贵者。

朱砂红：深红。一名迎日红，一名蜀江锦，一名醉猩猩。

墨葵：朱胎，碧茎，大瓣，平头。似亳州墨奎，而色略深。

榴红：千叶楼子，色近石榴花，难开。

金星雪浪：绿茎，黄萼，初放浅黄，花瓣圆满，黄心间簇。如培植失宜，易开单瓣。

池塘晓月：胎蕊细长而黄，花色似黄而白，平头，千叶，细瓣。难开。

花红绣球：花头圆满，如剪彩叠霞，中红边白，有天机圆锦之比。

胭脂井：色如胭脂浓染，蕊长，花放如筒，中空，花之奇者也。难开。

一品朱衣：大红色，阔瓣，平头，色艳。宜阳，喜肥，易开。一名夺翠。

淡藕丝：绿苞，紫茎，如吴中所染藕色。花瓣中皆有红丝，一名桃红线。

一捻红：浅红，瓣尖一点深红，如指捻痕。相传杨妃匀面，余脂印花上，明年花开，片片有指印迹。

绛纱笼玉：质本白而内含浅绀，外则隐有紫晕。一名秋水洛神，品最贵。

瑞兰：胎茎花叶皆清浅似兰，最为逸品。

玉版白：硬瓣，耐开，花叶稀少，中有红心如莲房。易开。

法华种

范阳大红：深红，圆瓣，起楼。玉版，望之有光照耀。瓣边红线环绕，色更深。法华最重之品。

宝珠：聚心如珠攒簇，花小。枝本不能长大。含蕊时大红，开足雄黄色。

火轮：深红，带紫晕。武放①耐开，瓣厚而坚。

柳墨：即曹州"油红"种而接于芍药根，其色瓣变为深墨紫而有白根，亦贵重。

绿蝴蝶：千叶大瓣。含苞绿如鹦羽，放足水绿色，每瓣尖仍深绿，形如蝶状。

---

① 武放：过渡时间短暂，突然盛开。"武"指程度雄猛，如烹饪用小火叫"文火"，大火叫"武火"。

大红舞青猊：即瑞露蝉。结绣，中出五青瓣，难开，含蕊时须以竹刀划破。性宜阳。

银红舞青猊：中出五青瓣。一名银红飘锦。

白舞青猊：即万山雪。花心堆起，瓣细，簇如雪团，中抽青瓣。

紫舞青猊：即青莲飘锦，中抽青瓣。

西岐白：瓣阔而硬，花大盈尺，高耸无心，花根紫色。一名素鸾。

陇东素月：花大，带黄晕，难开。

高家大红：深红，瓣硬，似范阳而瓣稍乱，易开。

萍实生香：花圆，不甚大，色桃红，难开。

宝石楼台：花大而圆，起楼。中深红，边白。

紫蝉：深紫，千叶。花房紧密，难开。

羞花伍：玉色，红镶边。千叶，硬瓣，整齐，难开。

清河白：花硬叶疏，净白无瑕。

新红娇艳：绣球式，比宝石楼台略淡。

大红球：平头，大瓣，色深红，耐开。

四面红：红色，带紫晕，小瓣。

紫罗烂：色淡蓝，娇嫩异常。

样云捧日：深银红，大花，阔瓣，中有圆心如莲房。

姿貌绝伦：淡粉红，色娇，瓣硬，耐久。

粉球：粉红色，花根深紫，近时新出变种也。

泼墨：色深墨紫，平头，阔瓣，如墨汁泼上。

金晶：淡松花色，千叶，得气起楼，竟淡黄色。

太真：淡妃色，开足则白。

睡儿红：淡红，大瓣，平头，色娇。

粉磬：淡青莲色，起楼，易开。

紫幢：青莲色，起楼，易开。

富白：花大起楼，微带红晕。

香雪：瓣软，纯白，不耐风日。平头，有黄须，易开。

新紫：深紫，千叶，硬瓣，难开。

燕雀同春：青蓝色本。易种，而花极难开。

海市：花大，紫色，开极富丽。

千张灰：藕色，起楼，易开。

平分春色：桃红色，结绣，开最早。

砖色蓝：色紫蓝，平头，易开。

霞光：桃红色，平头，有心，易开。有时极富，变大红色。

孟白：阔叶，平头，瓣软，不耐风日。易开。

朱红：似曹州一品朱衣而略淡，瓣软，易开。

雉头球：中出两长瓣如雉羽，色有黄绿淡红，点如洒金。

紫球：起楼大花，深紫。

左紫：平头大花，色如玫瑰，易开。

韫玉：淡妃色。花瓣厚，望之如玉，有光。

玉兔天香：淡粉红色，易开。

银红蝴媒：千叶大瓣，开足如蝶状。草堂变出也①。

洞庭山种

宁国白：玉版大花，净白。

王家大红：深红色，如大红月季。

翠红妆：花如新红娇艳而平头，攒瓣，扁大。

朝天紫：即天香紫。平头千叶，有心。易开。

七宝冠：大红，起楼，瓣簇，不易开。土人谓之绿须火楞。

卿云红：深红色，大瓣，中有墨须，绿心。土人谓之小桃红。

狮头紫：深紫，有楼。但花在叶中，不能挺出。

月下白：淡粉红，有楼，易开。

平望程氏种

掌花案：深红，千叶。有花光，不易开。

---

① 计楠自家培育出来的牡丹。"草堂"即其自序所称的"一隅草堂"。

春闺争艳：粉红色，千叶聚心，极娟媚。

斗珠：银红色，下有大托瓣，中皆细瓣，如联珠。

莲红：花如红莲，瓣挺而香清。

玉盘红：花大而扁，无心，类玉楼春，而瓣则圆整不乱。

原略①

古称牡丹，洛阳为天下第一。今盛于亳州、曹州，近地洞庭山亦多佳种。松江地名法华，能以芍药根接上品细种。牡丹愈接愈佳，百种幻化，其种易蕃，其色更艳，遂冠一时。

【译文】

古代说起牡丹，便是洛阳牡丹甲天下。现今在亳州（今安徽亳州市）、曹州（今山东菏泽市），牡丹非常繁盛。我家乡不远处的太湖洞庭山，也有很多好品种。松江县的地名又叫法华，当地能以芍药根做砧木，嫁接上等牡丹品种的接穗。牡丹这种花卉，越是嫁接，品种越好，百般变异，种类容易增多，花色也更加艳丽，于是能冠绝一时。

种法

移植分种，宜于秋分后半月内。将根本掘起，不可多伤细根，有腐根则剪去之，洗尽宿土，以煨熟腊粪泥拌白薇、百部②末种之。或石坡或砖坡，高不过二三尺，以泻水为要。种时根须理直，平置坡上，将洒潮细粪泥壅之，使成小堆，以手拍实，勿使根松，若根松则容易霉根而不茂。种过三四日，以河水或天雨水喷之。自后不可频浇，待干极则再喷之，恐太湿易发秋叶，来春无花。每本约离二三尺，使叶相接而枝不相擦。叶密则雨不损根，日不晒根，自然荣茂。但花性有喜阴喜阳，须

---

① "原"指溯源自己家中牡丹的来历，"略"指简略记载，即简要地交代自家牡丹的来龙去脉。不是说这里的文字在原书中已经被省略掉了，所以是空白。

② 白薇又作"白敛"，是葡萄科植物白敛的干燥块根。百部是百部科植物直立百部、蔓生百部、对叶百部的干燥块根。二者研成粉末，可杀虫。

分别种之。或曰中秋为牡丹生日，移植必旺。

【译文】

移植牡丹应该在秋分节气后的半个月内进行。须将带着根部的植株整体挖出来，不可损伤细根。根部若有腐烂的部位，就将其剪掉，将根上的旧土清洗净尽。土坑中填入的新鲜细土，要搅拌一些沤成的熟粪，以及用以杀虫的白蔹粉、百部粉，然后将牡丹栽入坑中。壅培的土堆外层，用石块或砖头砌成斜坡，高度控制在二三尺之间，以能够渗透水分为标准。移植时须将根须整理成竖直状态，平放在坡上，栽好后用潮湿的细粪泥土壅培植株。壅培泥土成小堆状，用手拍打严实，以便不使根部在虚土中松动，因为根部虚松容易霉变腐烂，即便存活下来，开花也不会茂盛。栽种三四天后，用打来的河水或收集来的雨水喷洒植株。此后不可频繁浇水，等土壤干燥太狠时再喷洒，担心土壤太湿了，植株容易生长秋叶，来年春天就不开花了。株距保持在两三尺之间，使得彼此叶子能够相接，但枝条不至于碰擦。叶子繁密交接，就会避免雨水泡坏根部，避免烈日暴晒根部，牡丹自然繁荣茂盛。但不同品种的牡丹习性不同，有的喜欢背阴，有的乐于向阳，须顺应其习性，分别栽种在不同地段。有人说中秋节这天是牡丹的生日，当天移植，牡丹必定旺盛。

浇灌

牡丹性喜阴、燥而畏湿、热。栽宜小圃中靠西向东，则上半日晒，下半日阴。夏天须以芦箔高遮，仍要透风，不可日日浇水。至于浇肥之法，猪秽①为上，人粪次之。必须预蓄半年，其性勿劣，用时以水清开。立冬浇一次，三分肥七分水。冬至浇一次，五分肥五分水。腊底浇一次，纯肥。立春后则以三分肥水，间四五日一浇。花谢后，再浇轻肥一次。浇时须离花本数寸，勿使累梗上。古法有以紫草汁浇白花则变紫

---

① 《群芳谱》"浇花"条说："或以宰猪汤连余垢，候冷透浇一二次，则肥壮宜花。"

色，红花汁则变红色，黄柏栀子①汁则变黄色，洗砚水则变墨紫。根下放白术②末，诸色皆变腰金③。虽极人工之巧，殊失花之性灵，赏鉴家所不屑为也。

【译文】

牡丹花喜欢阴凉、干燥，经不住潮湿、炎热。把牡丹栽在园圃中，应该靠西向东，就会上午向阳，下午背阴。夏天须搭建苇箔，为牡丹遮蔽烈日，要保持通风透气，而且不可天天浇水。至于施肥，有效方法是选好肥料，杀猪时洗涤猪身而含有残碎血肉的水为上等肥料，人粪尿次一等。这些肥料必须准备半年，其肥性不能低下，施肥时向其中兑入一些清水。立冬节气浇灌一次，其比例是三分肥七分水。冬至节气再浇灌一次，肥料和清水各占一半。腊月底浇灌一次，不兑清水，全用肥水。立春后浇灌则以三分肥七分水匀兑，每隔四五天浇灌一次。牡丹花凋谢后，再用低含量的肥水浇灌一次。浇灌时肥水与植株须相距数寸，不能让肥水洒在枝梗上。古来有方法改变牡丹花色，用紫草汁浇灌白牡丹，白花则变成紫色，用红花汁浇灌则变成红色，用黄柏汁、栀子汁浇灌则变成黄色，用洗砚台的黑水浇灌则变成墨紫色。根下放置白术末，各色牡丹都变成腰金。运用这些办法，虽然将人工机巧发挥到了极致，但太丧失牡丹的本性，因此，这些办法，真正赏鉴牡丹的行家是不屑运用的。

接法

秋分前后十日内，将单瓣芍药根如秋萝卜状一头切平，著边劈开半

---

① 黄柏（bò）：即黄檗，落叶乔木，内皮色黄，性寒味苦，可入药、作染料。栀子：指黄栀子，别名黄果树、山栀子、红枝子，茜草科植物栀子的果实，长卵圆形或椭圆形，深红色或红黄色。

② 白术：学名山姜，菊科植物，根状茎为土黄色，入药。

③ 腰金：牡丹雄蕊瓣化，花朵腰部长着一圈黄须，北宋该品种叫作间金、金系腰。北宋周师厚《洛阳花木记》说："间金，千叶红花也。微带紫，而类金系腰。……叶间有黄蕊，故以间金目之。……金系腰，千叶黄花也。类间金而无蕊。每叶上有金线一道，横于半花上，故目之为金系腰。"明人薛凤翔《亳州牡丹史》说："腰金紫者，腰间黄须一围。"

寸许，随即剪上种牡丹嫩旺条有芽者寸许，以利刀削扁尖，插于开处，用麻纰扎紧。以大砂缸置潮细泥半缸，将接本比叠其中，上覆细松泥尺许，放于屋内，勿使经雨。秋分时接者四十九日开缸，秋分后接者六十三日开缸，已发嫩芽三四寸矣。随即种开盆中，上仍以松细泥壅覆之，俟谷雨前放开，可见风日。如遇大风雨、烈日，移置檐底。若当年有花者，其本不活，隔二三年开者，已生牡丹细根，能伏盆畅茂。

【译文】

嫁接牡丹应在秋分节气前后的十天内进行。将秋萝卜形状的单瓣芍药根选作砧木，一头切平，靠边处劈开约半寸长的口子。选定上等品种牡丹的嫩旺枝条，剪作带花芽的一寸长接穗，用利刀削成扁尖形状，随即插到砧木的口子里，二者吻合后用麻线捆紧。在大砂缸内放置半缸潮湿细土，将一些嫁接苗挨着置放于细土中，砂缸上面再覆盖一尺厚的细松泥。砂缸放在屋内，不要让它淋雨。如果是秋分节气这天嫁接的，过49天开缸，秋分后嫁接的过63天开缸，开缸时，嫁接苗即已长出三四寸的嫩芽了。开缸后，随即将嫁接苗种在敞开的瓷盆中，上面还要用松软细泥覆盖，等谷雨节气前撤除覆盖物，让嫁接苗见风日。如果遇上狂风、大雨、烈日天气，要将瓷盆挪到房檐底下。如果当年有花，这一植株不能久活。如果隔了两三年才开花，那就是植株长出新的细根了，便能在瓷盆中顺畅生长，开花茂盛。

花式

牡丹有六式。一曰楼子，小瓣，千叶，层叠。一曰聚心，底瓣阔大，中有细瓣攒簇。一曰结绣，花心小瓣卷曲稠密。一曰绣球，花瓣圆齐高突。一曰大瓣，花瓣均整扁阔，无心。一曰平头，千瓣大花，有心。

【译文】

牡丹花的形状分为六种类型。一种叫作"楼子"，小花瓣，重瓣花，花瓣层叠。再一种叫作"聚心"，底层花瓣阔大，中间有细碎花瓣攒集簇拥。第三种叫作"结绣"，花心众多小花瓣卷曲、密集。第四种叫作"绣球"，花瓣圆整，花朵高突。第五种叫作"大瓣"，花瓣大小均匀、整齐，花形扁阔，没有花心。最后一种叫作"平头"，是重瓣大花，有花心。

花品

牡丹有三品。一曰玉版，质厚耐久，有花光。一曰硬瓣，坚薄，瓣挺。一曰软叶，花瓣皱软，不耐风日。玉版最贵，多武放，不易开。硬瓣多文放。软叶最次，即有好款式、好颜色，一遇烈日风雨则易萎。此品之高下不同。世人不辨瓣之迥异，徒以起楼、平头分贵贱，失之远矣。

【译文】

牡丹花的品第按其花瓣的质地分为三等。第一等叫作"玉版"，花瓣肥厚，花色温润有光泽，开花经久不衰。第二等叫作"硬瓣"，虽然花瓣比较薄，但坚硬、挺拔。第三等叫作"软叶"，花瓣有褶皱，疲软无力，经不住风吹日晒。玉版最为贵重，常常是没有多长的过程，突然一下子怒放开来，这种牡丹不易开花。硬瓣牡丹的开花，常常是渐变式的，慢慢地循序渐进地开放。软叶最差劲，即便有好款式、好颜色，一遇到烈日风雨，很快就枯萎了。这些情况就是牡丹品第高低的不同。世上人们不去辨别牡丹花瓣的巨大差异，徒然地以花型是起楼还是平头来划分它们的贵贱，那就错得一塌糊涂了。

花忌

牡丹有五忌：忌尼姑不洁妇女观看，忌冰麝焚香油漆气，忌热手抚捏，忌俗客对花喷烟，忌酒徒秽气熏蒸。犯此五忌，花即易萎，颜色顿变。爱花者俱宜慎之禁之。

【译文】

牡丹忌讳五种情况：忌讳尼姑和不洁净的妇女前来观看，忌讳冰片、麝香、烧香、油漆气味的侵袭，忌讳热手来抚摩、挤捏，忌讳粗俗的人对着花喷烟，忌讳酒鬼满嘴酒气来熏蒸。牡丹一旦遇到这五种忌讳情况，花儿容易枯萎，花色立即衰变。珍爱牡丹的人们都应该慎之又慎，坚决杜绝这些情况发生。

盆玩

牡丹接本短小，最宜植于盆中。盆用宜兴敞口中白砂盆。开时移置台上，可避风雨，多耐数日。用五色洋漆描金或红木紫檀花梨架子，高低以配花。供于桌上，后列纯白绫绢围屏以衬之，夜点玻璃灯，尤觉光彩夺目。

【译文】

牡丹嫁接时，砧木和接穗都很短小，最宜栽在花盆中。花盆要用宜兴（今江苏宜兴市）出产的半大不小的敞口白砂盆。牡丹开花时，将花盆移置于台上，可避风雨，多开几天。至于摆放花盆，要用五色洋漆描金的或红木紫檀花梨的架子，架子的高低要与花盆相匹配。如果花盆安放在桌子上，桌子后面要用纯白绫绢围成背景，来衬托牡丹。夜晚点上玻璃灯，灯光与花影交相辉映，最让人感觉光彩夺目。

《牡丹谱》 跋

闻川计子寿乔①癖嗜牡丹，遍求异种，汇植园中。每届暮春，烂漫如锦，雅人深致，于此可见一斑。今秋辱以全集寄赠，因钞兹帙暨《菊

---

① 计楠字寿乔，闻川是其家乡秀水（今浙江嘉兴市）的河流，叫闻溪。

说》入丛书①。词文旨远，盖亦不亚于庐陵、渭南诸谱②也。

癸酉仲秋震泽③杨覆吉识

【译文】

秀水（今浙江嘉兴市）闻溪计寿乔先生痴迷牡丹成癖，广泛搜罗奇异品种，栽植在自家的园圃中。每到暮春三月，各色牡丹盛开，光怪陆离，如同锦绣。高人雅士超乎寻常的情趣兴致，于此可见一斑。今年秋天，承蒙他不以为辱，而将全集寄赠于我。我趁机抄录这份《牡丹谱》和他的另一份大作《菊说》，刻入我主持的《昭代丛书》中。计先生这份大作，词句文雅，意旨深远，不亚于北宋欧阳修《洛阳牡丹记》、南宋陆游《天彭牡丹谱》等等牡丹谱录。

癸酉（嘉庆十八年，1813）仲秋，震泽杨覆吉识

---

① 丛书：《昭代丛书》，清人涨潮、杨列欧先后编纂刊印。杨列欧，刊本署名杨覆吉。
② 欧阳修是北宋吉州永丰（今江西吉安市永丰县）人，因吉州原属庐陵郡，遂以"庐陵欧阳修"自居。南宋陆游著有《渭南文集》《渭南词》，其《天彭牡丹谱》载于《渭南文集》卷42中。
③ 震泽：本是太湖的别名，清雍正二年（1724），在太湖东侧设置震泽县，中华民国时期并入吴江县，今为吴江市。

新增桑篱园牡丹谱

（清）赵孟俭 原著　赵世学 增补

评　述

　　《新增桑篱园牡丹谱》，是继清代苏毓眉《曹南牡丹谱》、余鹏年《曹州牡丹谱》之后，又一份记载曹州牡丹的谱录。作者赵克勤、赵世学都是曹州当地的牡丹园户，但不是同时代人。这份牡丹谱，先由赵克勤于道光八年（1828）完成《桑篱园牡丹谱》，时隔80年，赵世学于宣统元年（1909）完成增补，民国元年（1912）完成注释，并且合为一编，称《新增桑篱园牡丹谱》。

　　这份谱录的原作者赵克勤，字孟俭，出生于园艺世家，终生从事以牡丹为主的园艺活动，并以此养家糊口。他没有上过学，熟悉儒家五经以及童蒙读物《千字文》，粗通文墨。他在园艺实践活动中，深感以前的《广群芳谱》不能反映曹州牡丹业的实际情况，一些新出的牡丹品种需要记录，于是在一位学生的指导下，着手编写《桑篱园牡丹谱》。增补者赵世学（1869～1955），字师古。他鉴于《桑篱园牡丹谱》成稿80年间，曹州牡丹业继续发展，又出现新奇品种，于是在原谱的基础上补苴罅漏，成《新增桑篱园牡丹谱》一书。该书将牡丹分为黑色、黄色、绿色、白色、紫色、红色、粉桃红色、杂色8类，共计200多种。其中有的牡丹品名在北宋欧阳修以来的历代牡丹谱录中有记载，但相当多的品名仅见于此书。

何迥生的序文介绍《桑篱园牡丹谱》，说赵克勤"按《群芳》所载而有于今者收入一册，又于《群芳》所未载而有于今者，仿其注而变通之，更收入一册。合甲乙两册，共得若干种"。由此看来，《桑篱园牡丹谱》记载的牡丹，虽然全是赵克勤自家园林的牡丹，但既有《广群芳谱》提到的传统品种，又有时新的品种，其中有自己创新培育出来的。

赵世学自序说："旧谱仅百五十余色，更加以种养类分，其相继而新生者亦五十余色，共约二百余色，……于是……即旧谱幅折之余补辑增多。"可见赵世学增补的50多种，占了全书四分之一的比例。只是现在已经无法分清书中哪些内容是赵克勤的原谱，哪些内容是赵世学增补的了。新增本记载黑牡丹一共10种，说"烟笼紫珠盘"品种"乃黑花之冠"，又说"墨池争辉"品种"乃黑花之魁"，又说"种生黑"品种"乃黑花之首"，那么，到底哪个品种是黑牡丹第一？可以做出推测，赵世学保留了《桑篱园牡丹谱》的观点和文字表达，又把自己的看法写了进去，没有协调彼此间的龃龉。

从赵世学的自序来看，他好像沉湎于栽花种树的乐趣之中，对于惊心动魄的世间剧变居然充耳不闻。自序落款题"宣统四年春三月"，历史上哪有"宣统四年"？宣统三年农历八月十九日，即公元1911年10月11日，辛亥革命成功。农历十一月十三日，即公元1912年1月2日，中华民国成立，宣布废止王朝年号，纪元改为"中华民国"。农历十二月二十五日，即公元1912年2月12日，隆裕太后代年仅6岁的宣统皇帝溥仪颁布《退位诏书》，溥仪退居紫禁城中的养心殿。清朝灭亡了，宣统年号不再行用了。赵世学自署的"宣统四年春三月"，实际上是民国元年即公元1912年4月18日至5月17日。看样子他思想跟不上形势，不肯接受政权嬗替的既成事实，所以沿用已经废弃无效的旧年号。清朝灭亡之际，外有列强欺凌，内有革命暴动，清政府岌岌可危，全国蜩螗沸羹，社会动荡混乱，赵世学自序居然说"方今国朝郅治太平，竞尚花木"，以为还是歌舞升平的太平盛世。赵世学身处山东，不是政治边缘化地带，怎么如此波澜不惊！

赵克勤、赵世学原谱，原先只在其家乡一带以手抄本的方式流传。菏泽市牡丹乡赵楼村赵守先是赵世学之子，保存有乃父《新增桑篱园牡丹谱》的抄本；同村赵孝成保存有赵克勤《桑篱园牡丹谱》的序和跋。菏泽师专李保光据以整理，编入他和田素义编著的《新编曹州牡丹谱》（中国农业科技出版社，1992）一书中。

我没能直接见到李保光的整理本《新增桑篱园牡丹谱》，而是通过蓝保卿、李嘉珏、段全绪主编的《中国牡丹全书》（中国科学技术出版社，2002）的转载而间接见到，但对原文的理解和注释、解说，与李保光多有不同。由于没有别的本子可资比较，录文无法进行校勘。有两处我断定是错字，径直改正。一处是何迴生序文中的"僭问"，我认为是"潜问"，所持理由在注释中有所申说。另一处"抑右若彼，而今若此欤"，"右"字应作"古"字，二字形似而误，此处古今并举做对比，也就直接改正了。

《桑篱园牡丹谱》序

（清）何迴生

"锦里叨看花富贵，俗怀潜问竹平安"①，鄙之旧联也。言虽俚，亦足以略见吾里之概。里处邑之北鄙，距城十里之遥。右临瀍水②，左接桂陵③。桂陵柿叶，瀍水荷花，属邑之八景，非邑之大观也。足为大观

① 里：乡村。叨看：饱览。叨是"饕"的俗字，贪婪。怀：心怀。潜问：原作"僭问"，据文意径改。"僭"（jiàn）即僭越，指超越名分，身份地位低的人冒用身份地位高的人的名义或享用其器物、待遇。此处作者的身份并不比竹子卑微，问候竹子平安无恙，怎么算得上是越级问候？在心里问候，不像用嘴问候那样发出声音，显露出来，而是悄悄地、暗暗地，处于潜在状态，所以说成"潜问"。

② 右：西边。瀍（yōng）水：古代河流名称，在今山东西部一带。《尚书·禹贡·兖州》说："雷夏既泽，瀍、沮会同。"

③ 左：东边。桂陵：战国时期齐魏两国曾有桂陵之战，学术界认为在今河南长垣县西北。这里所说山东菏泽市东边的桂陵，不详是作者所认为的古战场之地，还是同名地方。

者，殆莫如牡丹。盖牡丹曩称洛阳甲天下，乃其浓纤、肥瘦、深浅、妍媸，物色变态倾异标新，实有逊山左。是其贵耳贱目欤？抑古若彼，而今若此欤？山左十郡二州①，语牡丹者则曹州独也。曹州十邑一州②，语牡丹者则菏泽独也。菏泽为都为里者不知其几，语牡丹之出者，惟有城北之一隅。鲁山③之阳，范堤之外，连延不断数十里，而其间为园为圃者更不知其几。而贯盛一方者，桑篱园也。桑篱园，同里赵氏花园也。赵氏之族世喜牡丹，而其尤著者，其一为玉田赵昆岳，其一为孟俭赵克勤。克勤与玉田，虽雁行而齿④相悬。盖玉田为我老友，而孟俭又以我为老友焉。

　　孟俭者，即桑篱园主人也。其种桑结篱，代彼版筑⑤，以御践履，园以此得名。园中无所不树，而要以牡丹为之主。若殿春⑥，若真腊⑦，以及一切花藤卉丛，犹未足当其半。括略算牡丹，株殆以数千，种殆以数百，主人以言者，悉策取而汇之于谱。于是按《群芳》所载而有于今者收入一册，又于《群芳》所未载而有于今者，仿其注而变通之，更收入一册。合甲乙两册，共得若干种。册繁，主人一手一眼，又苦于操作，摒挡拮据⑧，日不暇给，是不能不需时日，久而后成也。至于擅

---

① 郡，这里指府。《清史稿》卷61《地理志八》记载："明置山东承宣布政使司，清初因之。……凡领府十，州二，散州八，县九十六。"十府即济南、东昌、泰安、武定、兖州、沂州、曹州、登州、莱州、青州，二直隶州即临清、济宁。

② 邑即县。《清史稿·地理志八》记载：清世宗雍正二年（1724），升曹州为直隶州，雍正十三年升为府，"领州一，县十"。一州指濮州（治今山东鄄城县旧城镇），属于散州；十县即菏泽、单县、钜野（今山东巨野县）、郓城、城武（今山东成武县）、曹县、定陶、范县（今河南范县）、观城（治今山东莘县观城镇）、朝城（治今山东莘县朝城镇）。

③ 鲁山：即今菏泽牡丹乡芦堌堆，旧有一所庙宇，明熹宗天启年间（1621～1627）立庙碑称"鲁山"。

④ 雁行：飞雁排列有序，借指兄弟。唐人武元衡《八月十五酬从兄常望月有怀》诗说："地远惊金奏，天高失雁行。"韦庄《寄从兄遵》诗说："碧云千里雁行疏。"齿：年龄。

⑤ 版筑：木板相夹，其中填土，用杵夯实，层层加高，作为土墙。

⑥ 殿春：芍药的别名。

⑦ 真腊：经过嫁接的蜡梅。

⑧ 摒挡：同"屏当"，收拾，料理。拮据：鸟衔草筑巢，鸟足劳累，后也用以比喻经济窘迫。

名致胜，是不能一一，端详其后。

孟俭为人弱，不好弄于物①，无忤庭训②，亦其天性也。然而聪明过人，越绝意气，峭孤生平，虽未尝入塾请业，而周之《六经》③，梁之《千文》④，莫不诵了义彻。即自订《花谱》一节，亦略见其概矣。乃居恒悒郁⑤，自嘲为谓："舍本事末，则重不如农⑥；射逐蝇头，则清不如士。苟负郭可服⑦，阿堵⑧所不乐道也。"窃尝喻以抱关击柝⑨者，人代耕也；移花接木，君代耕也。椿萱腊高⑩，俯仰用宽，顾以赖之者，病之欤？

数岁，会谱成，辱教嘱序。知不胜任，而又不果辞者，重拂⑪其意也。良以知之，详而悉之，审审者莫余若也。舍弁而为之跋⑫者，虚其右⑬以待能者也。初教于前，以启其端者，文学李君奉庭家司马蔚章也；继书其后，以纪其略者，古稀下叟何迥生也。时值龙飞道光戊子春

---

① 物：人物，他人。唐人魏徵《十渐不克终疏》说："损己以利物。"五代王定保《唐摭言》卷3《慈恩寺题名游赏赋咏杂记》说："萧颖士开元二十三年及第，恃才傲物，复无与比。"

② 忤（wǔ）：抵触，触犯。庭训：父亲的教诲。《论语·季氏》记载：孔子的儿子孔鲤两次"趋而过庭"，孔子分别问道："学诗乎？""学礼乎？"孔鲤都回答"未也"。孔子教育他说："不学诗，无以言。""不学礼，无以立。"孔鲤遂"退而学诗"，"退而学礼"。

③ 形成于周代的儒家经典，《乐经》已佚，今存《五经》，即《诗》《书》《易》《礼》《春秋》。

④ 南朝萧梁员外散骑侍郎周兴嗣，奉诏从王羲之书法中选取1000个不同的汉字，编纂成韵文《千字文》。

⑤ 居恒：平常。悒郁：忧郁，苦闷。

⑥ 古代以农立国，以农为本，以工商为末，实行重本抑末政策。

⑦ 负郭：背靠外城，这里指"负郭田"，即城边的土地。《史记》卷69《苏秦传》说："且使我有雒阳（洛阳）负郭田二顷，吾岂能佩六国相印乎！"服：服田，即从事耕作。《尚书·盘庚上》说："若农服田力穑，乃亦有秋。"

⑧ 《世说新语·规箴》说：西晋名士王衍自命清高，日常不说"钱"字。其妻让婢女把铜钱铺绕床前，王衍无法下床，又不肯破例说"钱"字，就吩咐婢女："举却阿堵物。"阿堵物，原意是这些东西，后世遂称钱为"阿堵物"。

⑨ 抱关击柝：守关巡夜的人。柝（tuò）：木梆子，用以夜里敲击报时。

⑩ 椿萱：香椿、萱草，比喻父母。腊高：年龄大。

⑪ 重：难以。《旧唐书》卷54《王世充传》载秦王李世民（唐太宗）征讨王世充，说："至尊重违众愿，有斯吊伐。"拂：违背。

⑫ 弁：放在书籍或文章前面的序言。跋：放在书籍或文章后面的跋语。

⑬ 右：上。

也。书既，更取名言以殿后，劬曰："自食其力不为贪，卖花为业不为俗①"也。

【译文】

"锦里叨看花富贵，俗怀潜问竹平安。"（我在繁花似锦的家乡，贪婪地观赏雍容华贵的牡丹；我在心里暗暗地问候竹子平安。）这是鄙人以前作的一副对联。对联遣词造句虽然俚俗，但可以略见我们乡村的概况。我的家乡位于菏泽县的北边，距离县城有十里路，西边濒临瀹水，东边连接桂陵。桂陵柿叶，瀹水荷花，属于菏泽八景，但还不是菏泽的泱泱大观。足以称得上菏泽大观的，只有牡丹。在以前的朝代，号称洛阳牡丹甲天下，然而就牡丹的丰腴和瘦弱、浓艳和浅淡、美丽和丑陋，以及品种变化、标新立异等方面来说，洛阳牡丹实在比山东牡丹逊色。那么，【洛阳牡丹的名气远远大于曹州牡丹，】是由于耳听为贵、眼见为贱呢，还是古代确实是那样，而今却是这样呢？山东一共有十府二直隶州，一说起牡丹则唯独提到曹州。曹州一共有十县一散州，一说起牡丹，则唯独提到菏泽县。菏泽县的乡村不知有多少，一说起出产牡丹的地方，则唯独提到县城北的一方土地。这方土地位于鲁山之南，范堤之外，数十里连绵不断。在这里辟为园圃栽种牡丹的，更不知到底有多少。其中久负盛名的，就属桑篱园了。桑篱园是我同乡赵氏家的花园。赵氏家族世世代代喜爱牡丹，其中最著名的人物当今有两位，一位是赵昆岳先生，字玉田，另一位是赵克勤先生，字孟俭。他们二位是同族兄弟，但年龄相差悬殊。玉田先生是我的老朋友，而孟俭先生又把我看作老朋友。

孟俭先生就是桑篱园的主人。他在自家的园圃周围栽种桑树，树立

---

① 清人蒲松龄《聊斋志异·黄英》说：马子才好菊，家境贫寒。一位陶姓人劝他"卖菊亦足谋生"。并说："自食其力不为贪，贩花为业不为俗。人固不可苟求富，然亦不必务求贫也。"另，关于清代曹州牡丹贸易的盛况，光绪时杨兆焕等编纂的《菏泽县乡土志》"商务"条说："牡丹商，皆本地土人。每年秋分后，将花捆载为包，每包六十株，北走京津，南浮闽粤，多则三万株，少亦不下两万株，共计得值万金之谱。为本境特产。"

藩篱，代替土筑围墙，以防止人畜进入，践踏花卉，因此，这所园林得名"桑篱园"。桑篱园中什么花木无不栽种，但以牡丹为大宗，其余比如芍药、蜡梅，以及一切攀援的、丛生的花卉，加在一起顶不上牡丹的一半。大致算起来，牡丹植株数以千计，种类数以百计。桑篱园主人提到的牡丹品种，都一一记录在纸上，并汇总为牡丹花谱。他核对《广群芳谱》，将桑篱园中的牡丹已见于《广群芳谱》记载者编为一册，未见于记载者仿照其书双行小字作注的格式而变通处理，另编为一册。甲乙两册记载的桑篱园牡丹，合计共有若干种。两册牡丹内容繁多，桑篱园主人只有一双手一双眼，又忙于园艺操作，料理起来十分窘迫，日不暇给，这就不能不耗费时日，很长时间才写成这份《桑篱园牡丹谱》。至于谱中所记载牡丹，哪些专擅名气，哪些达到极致，我在这里不能一一细说，本谱后面的正文可供读者仔细端详。

孟俭先生为人柔弱，不喜欢叨扰别人，从不违背父亲的教诲，这是他的天性啊。然而他聪明过人，意气风发，迥然超迈众人，生平行事不随流俗。他尽管从来不曾上过学，但周代的儒学《五经》，萧梁的《千字文》，莫不背诵得滚瓜烂熟，将其含义理解得很透彻。就拿他自己编写《花谱》这件事来看，也可以大致反映他这方面的情况。然而他平素老是不开心，自嘲说："我虽然不是舍本事末，但重本不是像农民那样把精力花费在种庄稼上；我虽然不是像商人那样一味追逐蝇头利润，但清高不是像读书人那样口不言利。假若我有苏秦所说的负郭田二顷可资耕种，当然'阿堵物'也为我不屑于挂在嘴上。"我曾经开导他，把守关卡，巡夜打更，这是别人用以代替耕田种地的活计；移花接木，这是先生你用以代替耕田种地的活计。何况你的高堂父母都已年迈，时时刻刻需要大量的用度，就靠你经营牡丹挣点钱，这算是要责怪的事吗？

过了好几年，他编写的《花谱》完稿了，承蒙不弃，嘱托我为之作序。我知道自己不能胜任这件事，但又没能最终辞绝，是难以违背他的好意。要说真的了解其人其事，详细知道其人其事，谁都比不上我了如指掌。我写的这篇短文，算不上是放在他《花谱》正文前面的序文，就算是放在后面的跋文吧。序文要由贤达名流操笔撰写，那就先让序文暂付阙如，虚位以待吧。

起初为孟俭先生撰写《桑篱园牡丹谱》指导编写方法，给该谱起了个头的，是文学李奉庭老师的门生司马蔚章。后来作跋文，简略记载其来龙去脉的，是我这个卑微的古稀老叟何迥生。时值道光皇帝龙飞九五第八年（1828）的春天。书写完毕，我再引用蒲松龄《聊斋志异·黄英》中陶生的名言放在跋语后面，来勉励孟俭先生。这句名言是："自食其力不为贪，卖花为业不为俗。"（自食其力，挣再多的钱也不算贪婪；卖花为职业，不属于低俗行为。）

《桑篱园牡丹谱》 跋

（清） 马邦举

余性嗜香草，喜闻园客①遗事。来曹数年，游城东北赵楼赵家园，见玉田先生萧萧白发，隐于园中，为农为圃之业，乃人生乐事也。余因赠以"似兰如松"②四字以慰其心。今余来问之，即殁七年矣。到桑篱园，孟俭才三十五岁，气象安静，亦如玉田当年。余与莘邑孙瑞圃同来，跋比数语，以志于卷尾。余文于曹，时值道光十二年三月十四日。

【译文】

我有嗜好香花美草的习性，喜欢听一些园艺行家的遗事。我来曹州府好几年了，曾到菏泽县城东北赵楼村赵家园游玩，见赵玉田先生满头白发，出没于园中，从事农桑园艺活动，这是人生的一大乐事呀。我因此书写"似兰如松"四字相赠，来宽慰他。今天我故地重游，慰问老先生，但他已经逝世7年了。我趁便拐到桑篱园，桑篱园主人孟俭才

---

① 园客：园圃主人，从事园艺活动的人。客，指从事某种活动的人。如词客，指擅长文词、从事诗词辞赋创作的作家。唐人王维《偶然作》之六说："宿世谬词客，前身应画师。"贾客，指从事货物贸易的商贾。唐人张籍《野老歌》说："西江贾客珠成斛。"
② 马邦举赠赵玉田"似兰如松"四字，刻于圃额，现存菏泽市牡丹乡赵楼村。

35 岁，气象安详恬静，就和玉田先生当年一样。这次我是同莘县人孙瑞圃先生一起来的，匆匆地写出这几句跋语，置于《桑篱园牡丹谱》卷末。我这篇短文作于曹州，时值道光十二年（1832）三月十四日。

《新增桑篱园牡丹谱》 序

赵世学

鲁山之阳，花木丛生，其种植修平者，盖不知始于何时、创自何人也。闻花木之生，古称洛阳，今也遍植我曹南，而洛阳之花木近无所闻焉。是知世运之变迁，地脉之转移，人事之改更，不可以一地拘也。故当阳春烟景，万花开放，玉兰、海棠同备巧妆之容，碧桃、红梅各呈粉姿之态。其当阳尤美、望之灿然而富贵者，牡丹是也。牡丹之类，普盛原野，然而纯红、通白、粉、黄、黛、绿，拔其至丽者，宜莫如我赵氏园中为之最盛焉。

牡丹一种，亦名木芍药，按之旧谱仅百五十余色，更加以种养类分，其相继而新生者亦五十余色，共约二百余色，不为不多矣。特恐种类既多，沿传而后，牡丹之色色亦或缺而不全也。余也因素爱花，欲必保其全盛，莫若按类增谱为得计焉。于是诵读之暇，故即旧谱幅折之余补辑增多，其各色即附于各色之后，各名即加以各名之注，急急手厘定考详，合新旧而统为一谱也。岂不美哉，岂不快哉！后之览者，亦将有感于斯谱而因名求全者，即余今日增谱之力也。方今国朝郅治①太平，竞尚花木。牡丹一种，驰名四海，赏花诸君子，北至燕冀，南至闽粤，中至苏杭。言牡丹者，莫不谆谆乎于我曹焉。

是为序。

曹南鲁山阳师古赵氏自序于铁梨寨花园学屋窗下，大清宣统元年三月既望日新增，宣统四年春三月订注。

---

① 郅（zhì）治：天下大治，政治清明，社会太平，达到极点。

【译文】

鲁山南面地区，花木丛生。在这里垦辟园圃，种植花木，不知道是从什么时候开始的，也不知道是由哪个人始作俑的。我听说花木的茂盛生长，古时称洛阳甲天下，如今我曹州遍栽花木，而洛阳花木则寂无所闻。因此可以知道，世运的变迁，地脉的转移，人事的变更，不可以永远局限于一个地方。所以，在阳春烟景中万花开放，玉兰、海棠都具有精巧的模样，碧桃、红梅各自呈现缤纷的姿态。然而阳春淑气中开得最为妩媚，放眼望去一片灿烂，展示雍容华贵的姿容的，唯独只有牡丹。牡丹种类各异，在鲁山南面的原野上普遍栽植，繁盛无比。然而纯红、通白、粉色、黄色、黛色、绿色牡丹样样齐备，开得最美最艳，应当说就属我赵家的铁梨寨花园了。

牡丹这种花卉，又叫作木芍药。稽考旧有花谱，共记载150多个品种，加上后来的培育和分类，又陆续增加50多个新品种，总共200多个品种，不可谓不多。我担心牡丹种类既然已经这么繁多，以后相沿传下去，牡丹的种类有可能缺失不全。我一向喜爱牡丹，一定想要保住它的全盛状态，没有比按照牡丹的种类增补牡丹谱的内容为最好的办法了。于是我在诵读之余，特意在旧谱页面的边缘空白处批上一些增补文字，什么花色的新品种牡丹附在旧谱相同花色牡丹之后，各种品名的牡丹即加上相关注释。我匆匆忙忙地亲手厘定，详细考证，将旧有的《桑篱园牡丹谱》和我新增的部分合并成统一的《新增桑篱园牡丹谱》。这件事岂不是一件好事，岂不是一件令人痛快的事！将来阅读这份谱录的人，将会借助于其中的记载，按照品名而保持牡丹品种的齐全，那便是我今天增补旧谱发挥作用了。当今我大清皇朝进入太平盛世，全国各地争先恐后地崇尚花木。曹州牡丹驰名宇内，前来赏花的诸君子，有从北方燕冀（今河北）地区来的，有从南方闽粤（今福建、广东）地区来的，有从中东部苏州、杭州一带来的。各地人提起牡丹，没有不喋喋不休地称道我们曹州的。

这便是序文。

曹南鲁山阳赵世学，字师古，自序于铁梨寨花园学屋窗下。新增部分完成于大清宣统元年（1909）三月十六日，注释部分完成于宣统四年（民国元年，1912）春三月。

新增桑篱园牡丹谱

黑色

烟笼紫珠盘：花千层，楼子。色似墨魁，内有绿瓣。叶稠，树生矮粗。乃黑花之冠也。

【译文】

烟笼紫珠盘牡丹：是重瓣花，高耸起楼。花朵颜色类似墨魁牡丹，花朵里面有绿色花瓣。树叶稠密，植株低矮粗壮。在黑色牡丹中，它属第一。

（以下译文仿此可类推，从略。）

墨紫映金：花千层，深黑如墨，内有碎黄蕊。茎软，紫而有刺，状如莲茎。叶瘦长而皱，树生枯瘦。

墨撒金：花单层，开至二十余瓣。深黑如墨，有宝润色，黄蕊。叶瘦长，尖、皱，树生枯细。

乌云集盛：花千层，楼子。开至三五日，瓣积而高起，深黑色。叶稠而尖，树生矮粗。宜阳。

墨池争辉：花千层，大开瓣，有黑绒，深黑色。树生高大，叶稀而长。乃黑花之魁也。

黑花魁：花千层，平头。开至三四日，微现黄蕊。叶大而团，树生矮粗。

种生黑：花千层，楼子，大头。其色如墨，盛时如碗。叶厚而尖，正面有深碧色；树生肥润。乃黑花之首也。

深黑子：花千层，早开，碎瓣，楼子。茎长，微软，叶稀而小，树生颇高。

砚池耀黑：花千层，楼子，大开头，有宝润色。开至三五日，瓣上有浓黑点。叶大如猪耳，树生矮粗。宜阳。

乌龙卧墨池：花千层，楼子，瓣碎。初开有淡黑色，三五日后愈黑，瓣旋卷陡起。乃黑牡丹之奇种也。

黄色

御衣黄：花千层，花似姚黄。茎上微软，叶稀长不甚尖。

庆云黄：花千层，淡黄色。茎微软而瘦长，有皱纹，状似金轮。考之，乃金轮之子也。

雏鹅黄：花千层，平头。外大瓣，内细瓣，状如新鹅儿。初开大，淡黄，后有金黄色。直茎长梗，叶平，拥团而皱。花出鲁山李吏部家，又名李府黄。

甘草黄：花千层，色如甘草。叶瘦长而软，树生弱。

鲁府黄：花千层，平头，如刀裁。然瓣细，略带浅黄色；黄心，根赤紫。圆似八卦，故名八卦图。叶最小而团，树生枯瘦。

姚黄：花千层。初开深黄色，将谢有金光宝泽色。梗长，叶稀，团薄。树生微瘦，茎微软。

金轮黄：花千层，楼子，色似黄葵。叶团而厚，直茎紫柄，气味清香。一名黄气球。

如意黄：花千层。初开淡黄色，瓣细耐观，将谢色愈重。叶稀黄，树生颇高。

种生黄：花千层，楼子。初开淡黄色，盛开如碗。叶团，有微紫色。直干，树生高大。

黄花葵：花千层，平头，色似葵花。叶团而大，树生枯细。宜阳。

大叶黄：花千层，平头。外大瓣，内碎瓣，有金黄色宝光。叶稀而微薄，宜阳。

佛手黄：花千层，平头，有黄宝润色。外围瓣颇长，内罩如佛手指，故名佛手黄。

映朝曦：花千层，楼子，浅黄色，如朝日之晖。茎微软，叶稀而皱，不甚尖，树生细弱。

焕金章：花千层，平头，有金光宝黄润色。直茎，长梗，叶小而团厚，树生细弱。

似菊花：花千层，楼子，细瓣长根，有黄菊之色。叶微紫而团厚，树短矮。宜阳。

小黄魁：花千层，楼子，细瓣，长茎。花开至四五日，形如绣球。叶团而厚，树生粗壮。

浮金黄：花千层，平头。初开淡黄色，将谢时瓣有黄绒，故名金浮黄①。

杨柳耀金辉：花千层，楼子，有金宝润色，如春柳色之黄。叶稀，树生高大。

绿色

醉后妃子：花千层，白色，略带粉梢。黄色蕊。叶长而厚卷。初开捧口，时有绿宝石色，故又名奇宝或淀绿。

娇容三变：花千层，楼子。初开青绿，色似豆绿，盛开由绿变粉，呈浅桃红色，将谢则变白矣。叶稀小而团皱，梗细长，树生微弱。宜阳。

碧玉娇：弱者绿色，合扭如撮，叶瘦小；盛者叶大团。花千层，楼子，亦变粉色。又名碧绿。

豆绿：花初绽，红尖，瓣紫梗，耐久。叶厚小而光，梗甚软。宜阳。

瑞兰：花正绿色，大开头，较豆绿更有娇色。瓣锦而硬，叶团大而厚。宜阴，成树。

绿玉：花千层，楼子。初开绿口，开盛时青心，娇色可爱。叶稀，

---

① 金浮黄：与"浮金黄"品名不一致，疑有一误。

宽大而尖，一排三叶，微现黑色。

赵园绿：花千层，大朵，深绿色。叶稀，尖而平皱，树粗。宜阳。

绿绣球：花千层，楼子，细瓣，绽口微带紫。叶稠而尖长，树生粗矮。又名小豆绿。

春水绿波：花千层，楼子，大开头。绽口时远望似绿水之容。叶小而密，宜阳，成树。

似翠容：花千层，平头，浅绿色，盛时似翠浮绿波之中。叶长而尖，树生微弱。

瑞绿：花千层，平头，大瓣。初开有深碧色，将谢有淡白色。叶稀，茎长。宜阴，成树。

绿鹅娇：花千层，楼子，浅绿色，碎瓣，有紫根。叶不甚尖，微有皱纹，树生短粗。

碧草容：花千层，浮绿，粉色绽口。盛时似碧草生辉。叶细而尖，树生短粗。

白色

昆山夜光：花千层，楼子。色白如雪，有宝润色，中有绿瓣。夜间能看清花朵之大小。叶大而光，成树，宜阴。

池塘晓月：花千层，楼子，青白色，大开头。叶微绿，团大而厚卷。迟开。宜阳。原出宋家，故又名宋白。

玉玺凝辉：花千层，小头。小朵细瓣，色白如玉。茎微软。叶稀，瘦而尖长，微有绿色。树生枯细。宜阴。

天香湛露：花千层，楼子，色如白雪。每瓣上有黄蕊，内有红心。茎直，叶尖而皱，树生微弱。

金玉交章：花千层，外围大瓣，内突起如馒头。色似白玉，清秀无双。各瓣上有黄蕊。叶团大而拥，厚似猪耳。

三奇集盛：花千层，白色，微带粉。紫茎。花、叶、梗皆圆，故名三奇，又名三圆白。树粗。宜阳。

金玉交辉：花千层，黄白色，略带银，红根。叶瘦长微凹，茎微软。一名天香拱璧。

天香独步：花千层，平头。花朵大如盘，白色，略带粉。茎直，叶团小而皱。宜阳。花出菏泽赵氏园中。

梨花雪：花千层，楼子，细瓣，直茎，色白如雪。叶最小，树生枯瘦。宜阳。茎似天香独步。

金玉玺：花千层，硬瓣，白色，各瓣带黄蕊。叶团而厚，宜阳，成树。

西施图：花千层，楼子。初开绽口绿，盛开圆如球。白色细瓣如鳞，带黄蕊。每开，头垂下。叶泛紫色，瘦长而皱卷。

宁白：花千层，楼子，盛开圆如球，色白如玉。叶拥团而皱。

尖白：花千层，平头，色白带黄蕊。叶团而有锯齿，一排三叶。树生矮短。

见白：花千层，色白如雪，叶长尖而瘦，树生微细，若孟白然。

鹤白：花千层，楼子。香冽而清，色白如雪。初开芽有白毛。叶长而稀，梢卷而皱，泛白色。春初有毛，茎直，主枝高大。

白玉：花千层，楼子，色白如玉。叶大而团皱。宜阳，成树。是白色之魁。

藏白：花千层，平头，白色微露银红，瓣根短，叶瘦而拥，花藏其下。开最早，故又名独先春，亦名青山贯雪或石园白。

骊珠：花千层，楼子，细瓣色白，略有粉红梢。叶瘦尖而曲。初开青绽口，一名翠滴露。花出菏泽赵氏园。

青心白：花千层，楼子，大开头，色白如雪，有宝润色，内有青心。叶大而长尖，茎长尺许，一名雪塔。迟开，又名迟来白。

寒潭月：花千层，白色，略带紫根。叶平团，树生粗矮。宜阳。

玉娥娇：花千层，平头，小朵细瓣，白色。叶小而稀，树生枯细。花出李进士家。

何园白：花千层，白色，大开头。叶稀长而大。又有青色。宜阳。花出何氏之园，故又名何园花。

擎晓露：又名金星雪浪。花千层，色白如玉，大朵，微黄。叶大而微长，成树微短。

孟白：花千层，色白如雪，气味清香，细瓣，迟开。叶瘦尖而稀，树生微瘦。一名玉粉楼。

蕉白：花千层，二十余瓣，色白如雪，有宝润色，黄心。叶长尖而皱，一名雪皱。朵大如碗，又名玉碗白。

玉板白：花千层，平头，开大朵，色白如玉。叶稀而厚长，树生高大。

青山贯雪：花千层，茎微短。色白如雪，有宝润色。中瓣微露青根。树生短矮。

板桥玉霜：花千层，平头，大开头。外大瓣，内细瓣，色白似玉。初开粉绽口。叶长而厚。宜阴，成树。

玉妆楼：花千层，楼子，色白如玉，略带粉色。叶大而尖，树生枯细。宜阳。

玉碗白：花千层，平头，色白如玉，盛开如碗。叶团而皱，茎微直，成树。宜阳。

白雪球：花千层，楼子，色白如雪，碎瓣。叶小而尖，树生枯瘦，茎直，似梨花雪。

玉壶春：花千层，大开头，色白如玉，有宝润色。叶厚小而皱。宜阳。

白凤楼：花千层，楼子。初开色白似玉，瓣旋而高起，将谢微有浅红点。叶稀而团皱，树生枯细。

冰山献玉：花千层，楼子。初开紫绽口，盛时色白如玉。叶团而厚，树生曲粗。宜阳。

瑶池望月：花千层，大开头，有青白宝润色，远望如月之光。叶长而厚，有碧色。树生粗矮。花出索氏花园，又名索园白。

紫色

紫衣冠群：花千层，外大瓣，内细瓣。初开紫绽口，开后带红色。叶色紫而尖长，平瘦，茎微短。

紫衣冠带：花千层，平头，细瓣，状如盘形。正紫，有宝润色，略带蓝色。茎微软，叶平团，成树。宜阳，迟开。一名葛巾紫。

凝香艳紫：花千层，平头，色紫而浅淡。叶拥团，梗微长，茎直，树生粗大。

泼墨紫：花千层，平头，深紫如墨，内有黄心蕊。叶平而尖长，树生高大。宜阳。

紫金荷：花千层，开二十余瓣。深紫色如玫瑰，有宝润色，乃紫花之冠也。内有黄蕊，直茎，硬梗，叶细而团光。

多叶紫：花单层，紫红色，内有黄蕊。叶密小，树生微细。

紫云仙：花千层，楼子，形如馒头，色似魏紫。叶长卷而厚。

海云红：花色如霞，叶平团而皱，宜阴。

洪都圣：花千层，色深黑紫，如玫瑰，内有黄心。叶软，瘦长而卷。一名小魏紫。

紫重楼：花千层，楼子，开圆如球，朵大如碗，紫宝润色，中出有绿瓣。叶团大，如胡红，成树高大。宜阴。

紫绣球：花千层，楼子，开圆如球，色紫如玫瑰。茎长而软，叶稀，团大而厚。一说新魏紫之别品，又名天彭紫。

紫霞仙：花千层，楼子，正紫色。茎微软，叶长尖。

墨魁子：花千层，楼子，色紫而浅淡。叶拥密而短，树生矮粗。

墨魁：花千层，楼子，开大如碗，色紫如玫瑰。叶平团而厚大，比胡红叶犹佳。成树，宜阳。乃紫中最佳品也。

魏紫：花千层，楼子，开圆如球，色类茄花，瓣上有黄蕊。叶稀小而厚，盛开时上有绿瓣。树生短粗。又名宫妆紫。

西子：花千层，深紫色，黄心。叶稀，瘦长而尖，树生微瘦。

王红：花千层，楼子，开头大，但不若墨魁耳。其花颜色深紫，叶长而厚大，微红，成树。宜阳。

赵园紫：花千层，大开头，紫似玫瑰。叶团大而厚，直茎，树生粗。宜阳。

葛巾紫：花千层，大朵，有紫宝润色，微带茄蓝色。叶平大而团，似胡红叶。成树，宜阳。

紫艳夺珠：花千层，楼子，有浅紫宝润色。叶长而尖，茎微软，树生短粗。一名柳紫。

茄蓝争辉：花千层，紫色小朵。初开粉绽口，将谢，瓣上有茄蓝色。叶细长而尖，树生颇矮。

种生紫：花千层，小朵细瓣，深紫色。茎长，叶密而尖，树生矮短。

假葛巾紫：花千层，楼子，深紫色。将开未开时，中瓣旋而外出，盛时状如馒头。叶细密而尖，树生枯细。宜阴。俗名假葛巾紫。

小魏紫：花千层，楼子，紫有宝润色。叶稠不甚尖，树生短粗。宜阳。

大魏紫：花千层，楼子。开盛时有茄蓝色，其心突出，状如馒头。茎长，叶稀而皱尖，树生微细。

燕羽凝辉：花千层，平头，色深紫如玫瑰。初开黑绽口，盛则稍浅。叶尖长而厚，梗有紫色，成树。宜阳。

紫霞焕彩：花千层，楼子。花开正紫，色如紫霞仙，盛时有浅红。叶稀小而皱团，茎细长，红紫色。树生枯细。宜阳。

红色

璎珞宝珠：花千层，楼子，水红色。初开时有朱红边。叶绿色，疏而小。

一品朱衣：花千层，楼子，平头①细瓣，外大瓣，内有朱红边，宝润色。叶密齐而小厚，树微显娇弱可爱。

珊瑚映日：花千层，小朵，细瓣而曲，色红珊瑚然。叶最小而密曲，树生枯瘦。盛时如掌花案。

春红争艳：花千层，桃红色，花开最早。叶尖而皱。一名浅红娇。

酒醉杨妃：花千层，不甚紧，晕红色。每开，头下垂。叶长尖而

---

① 楼子和平头是两种花型，这里同说一种牡丹，有误，疑"楼子"为衍文。

稀，泛红色，一名海棠霞粲。

姿貌绝伦：花千层，深红或水红色，上带黄蕊。茎软，叶小而齐，开紫绽口。

大红剪绒：花千层，平头，细瓣，深红色，如刀剪裁之红绒。叶稀而瘦长，树生枯瘦。

花红夺锦：花千层，平头，深红色。茎直，叶长尖。一名西施裙子。

春江漂锦：花千层，楼子。大红，硬瓣，有宝润色。初开紫绽口。茎微硬，叶宽大而长。春初有毛。宜阳。

出茎夺翠：花千层，深红色如锦绣。茎长尺余，须以杖扶。叶拥齐，树生极矮。

杨妃春睡：花大如盘，瓣似莲，不甚紧。浅桃红色，内有黄蕊。茎长尺许，每开头下垂。叶大长尖。一名花红杨妃，又名胜妃桃，还名太康妃。

丹皂流金：花千层，细瓣，大红色。叶长瘦，密而多燕①。树生软弱。乃掌花案之子也。掌花案分二种，另一种花色无定。

艳珠剪彩：花千层，桃红色，外大瓣，形如馒头。茎微短，叶稀，长平，似割纸刀。树生微弱。

天香夺锦：花千层，楼子。开圆如球，深红色。叶圆而皱，直茎。

襄阳大红：花千层，瓣硬而大，红色。此花大朵，叶长，光而微卷。宜阳，成树。原出襄阳王氏花园。

美人红：花千层，平头，细瓣，短茎，叶稠密而厚，似一品朱衣，微卷曲。树生矮小。

胭脂红：花千层，迎日视之，色似胭脂。叶窄尖长，易生，成树。宜阴。

状元红：花千层，紫红色，朵不甚大。叶小而密，成树。宜阳。

---

① 燕：古代"燕"同"宴"，"宴"又同"晏"。"晏"有二解与此相关。一是鲜亮，《诗·郑风·羔裘》说："羔裘晏兮，三英粲兮。"二是平展，"晏然"形容平静安宁，此处似可理解为"平"，相对于其他地方所说的"皱"。

解元红：花千层，滋红色。叶拥团而皴。茎微紫，树粗。宜阳。

一捻红：花千层，色似胭脂。叶拥团而有红色。树生矮粗。

何园红：花千层，平头，朱红色，状如红绫。花出曹州何尚书家。茎微软，梗紫。叶平，稀长而拥密。一名风红。其瓣上红下白。树生微细，宜阳。

文公红：花千层，大红。茎微短，梗颇短。叶长而拥密，带绿色。树生粗短。

石榴红：花千层，平头，细瓣，短茎，色红似石榴子，内有黄心。叶密，齐而小，树生枯瘦。

锦袍红：花千层，深红色。叶团而大，有锯齿。梗长茎亦长。枝弱，花开须以杖扶，恐为风雨所折。

胜丹炉：花千层，深红色，略有粉色。叶微尖，树生粗矮。一名国红。

百花妒：花千层，平头，大朵，深红色。叶绿，长瘦尖，可爱。

萍实艳：花千层，大朵，桃红色。直茎微短，叶绿，拥而团厚。树生粗。宜阳。

八宝镶：花千层，平头，细瓣，滋红色，内有金黄蕊。叶拥，尖而密，短茎，树生微细。宜阳。

丹炉焰：花千层，大红，有宝润色。叶绿，宽而长。宜阳。成树略矮。

朱砂垒：花单层，大红，有宝润色，内有黄蕊。茎微短，梗直长。叶稀，团而光。宜阳。

凤飞羽：单花片，开至二十余瓣。紫红色，内有黄心。茎微软，叶稀，瘦长。

想柳群：花千层，平头，小朵细瓣，大红色。瓣上有黄点或花点。叶稀而厚，短茎。树生微弱。

肉芙蓉：花千层，肉红色，内有黄心。叶尖而长，树生微细。

十八号：花千层，楼子，大开头，深红。花滋润色，中出绿瓣。叶厚黄团大，如猪耳，有筋纹。树生矮粗。

掌花案：花千层，楼子。外大瓣，内细瓣，大红，有宝润色。叶瘦长尖，皱而密。乃红花之魁也。

胡红：花千层，楼子。外大瓣，内细瓣，形似馒头，水红色。开盛，内有绿瓣。叶平，团而厚。宜阳。一名宝楼台。

会红：花千层，平头。瓣上有黄蕊，桃红色，娇嫩可爱。花朵不甚大。叶平，小而尖，树弱。

秦红：花大红，紧瓣，内有黑根，黄心。叶长，尖而洼。树生枯细。

花王：花千层，细瓣，深桃红色。叶绿，瘦长。树生微弱。

斗珠：花千层，楼子，花藕红色。茎微短，直梗短粗。叶拥，长。迟开。宜阳。

赵园红：花千层，平头，细瓣，滋红色。茎长，叶稀而皱。树生微弱。花出赵氏桑篱园。

二乔：花千层，大开头，起楼。异色不同，每朵紫、白二色，有半红半白者，或正红正白不等。叶硬，齐短。花出洛阳，移曹州百余年，一名洛阳锦。

天香凝珠：花千层，正红色，味清香。叶稠密。树生短粗。宜阳。

珠红绝伦：花千层，大开头，深红色如朱砂。叶淡黄色，稀，长不甚尖。树生高大。宜阳。

红艳浥珠：花千层，楼子。初开正红色，将盛时微有白色珠点。茎长，叶长而尖。树生微弱。

银红巧对：花千层，楼子，银红色。叶瘦而尖。一名小桃红。成树，宜阳。

霓虹焕彩：花千层，正红色，有宝润色。盛时中出绿瓣，如霓虹现彩。叶稠密而尖，树生粗矮。

种生红：花千层，楼子，大红，有宝润色。近午，其光夺目。茎微短，叶稠密，尖而洼。树生矮粗。花出赵氏花园，芳冠百花。

海棠红：花千层，粉红色，状如海棠。树生细弱，叶绿可爱。

彩云红：花千层，大开头，水红色，细瓣，高低不齐。红如彩云，故名彩云红。叶稠而小。宜阳。

粉桃红色

冰罩红石：花千层，楼子，有粉红宝润色。叶稀而长尖，茎软。是粉中之魁也。树生高大，宜阳。

胭脂点玉：花千层，开圆如球。花绽口，开至三五日则白矣，上有淡红点。茎长似芍药，一名玉芍药。宜阴。

银粉金鳞：花千层，细瓣，开圆如球。盛时内有金鳞，红色，每开头下垂，如仙人出洞。茎软，叶瘦长。开最迟，且极耐久。一名金线红，又名吊环。

国色无双：花千层，小朵，细瓣。盛时粉红色，如杨妃插翠然。叶密，曲小而卷皱。树生枯瘦。

海棠擎润：花千层，水红色。弱者单层，七八瓣。盛者千层，大如碗。楼子叶最大，厚而拥，一排三叶。

锦帐芙蓉：花千层，楼子，略有蓝梢，开圆如球。叶拥厚而卷，树微弱。开迟。一名汉宫春。

瑶光贯月：花千层，楼子，银红色，中有绿瓣。叶稀，瘦而皱，茎白。开迟。宜阳。

杨妃初浴：花千层，平头，红中略有白色。软茎，叶拥厚而卷。树生矮粗。宜阳。

桃红献媚：花千层，平头，浅桃红色。短茎，叶绿，团而皱。树生矮粗。宜阳。

咸池争春：花千层，大开头，硬瓣，银红色。茎微短，叶稀而厚大。状如昆山夜光。成树高大。

古班同春：花千层，平头。外大瓣，内细瓣，粉白色，略带古铜色。茎细长微软，叶瘦长，尖而平面。

艳素同春：花千层，浅红色，微有古铜色。叶稀，长而不甚尖，茎微短。成树，宜阳。

杨妃插翠：花千层，楼子。外尖瓣似盘形，内如馒首。盛开时内有绿瓣，粉白有水红色。茎微直，叶平，圆大。弱者形似国色无双。一名粉妆楼。宜阳。

仙姿雅秀：花千层，桃红色。矮茎，叶尖，密而拥。树生矮短。一名孙红。

软玉温香：花千层，浅桃红色。直茎，梗长，叶平而光。树生微细。

银红无对：花千层，小朵，银红色，内有细瓣。叶齐而短。开早。

长枝芙蓉：花千层，大朵，开圆形。每开头下垂，银红有宝光润色。茎长尺余，梗叶皆稀。树生，宜阳。

万花首：花千层，楼子，深银红色，娇而可爱，内有碎黄蕊。叶极细，黄而尖小，树生枯瘦。

素花魁：花千层，楼子，粉白色，略有红色。叶平，团而拥皱。树生粗大。开迟。

露珠粉：花千层，平头，粉白色，内有绿瓣。叶平，短而团，茎长。树生微弱。宜阳。

月娥娇：花千层，楼子，内外皆粉紫，有宝润色。叶拥，尖微宽，有深绿色。树生短粗。诸花开过方开。一名粉娥娇。

庆云仙：花千层，平头，细瓣，银红色。短茎，叶紫，瘦长而尖。树生，宜阳。

似荷莲：花千层，楼子，浅红色，细瓣中有绿色。叶绿，长尖而皱。成树，宜阳。

洛妃妆：花千层，平头，大朵，桃红色。茎微短软，叶稀，长瘦。宜阳。

铜雀春：花浅红色，开至十数瓣，内有黄心。茎微短，叶微尖而瘦长，稍绿。

慵来妆：花千层，浅红色。茎微短，叶稀，且长而卷。树生，宜阴。

宫样妆：花千层，浅桃红色，内有黄蕊。茎微软，叶宽，尖而平。宜阳。

第一娇：花千层，平头，内细瓣，外大瓣，微银红色。茎软，花开头垂下。叶稀，长，尖而瘦。迟开。

万花胜：花千层，深桃红色，内有红点。叶大，平团，而有紫色。宜阳。

蜀红锦：花千层，初开有古铜色，盛时银红或水红色。叶稀，尖长而光。树细弱。开迟。

玉云粉：花千层，平头。初开绿绽口，盛开状如盘，粉青可爱。叶宽平微尖，而有紫色。树生微弱。宜阳。

水红球：花千层，楼子，水红色，开圆如球。叶平团而大，微有绿色。花出菏泽宋氏家。此百花妒之子也。

银红皱：花千层，深银红色，花瓣有皱。茎微软，长。叶稀，短小而卷。树生枯细。

补天石：花千层，粉色，微有蓝梢。叶平，尖而小。树生枯细。

瑶池春：花千层，楼子，粉色大瓣，略有蓝梢。叶稀，大而长，梗长尺余。成树，开迟。

苏有红：花千层，小朵，桃红色。叶长尖，树生枯细。花出苏氏花园。

西天香：花千层，粉色，开三四天则白矣。直茎，叶团，厚且大。成树，宜阳。

赵园粉：花千层，楼子，粉有宝润色。叶稀，长尖，而有绿色。树生软弱可爱。花出本园。

种生花：花千层，楼子，半红半粉，异色不同。初开粉红绽口，盛时微带白色。叶稀朗，平团，不甚尖。花出赵氏园，一名花蝴蝶。

罗池春：花千层，大开头，粉桃红色，形状如盘。叶稠密而尖长。成树，宜阳。

珠粉：花千层，粉红色，有黄蕊。茎微软，叶短，团而微皱。开早。

娇红：花千层，楼子，浅红色，内有黄蕊。茎直，叶团，小而光。

倪红：花开浅红色，至三十余瓣。梗细，叶团，薄而短，茎直。树弱。

杂色

菱花晓翠：花千层，楼子，藕粉色，大开头。外大瓣，内碎瓣，每瓣中央似有一红线分界。茎长，叶团，薄而大。成树，宜阳。

雨过天晴：花千层，平头，深蓝色，微带紫色。短茎，叶拥而卷，树生矮粗。

万花失色：花千层，楼子，藕粉色。初开绿绽口，将盛时微有浅红梢，状如馒首，中有紫瓣。叶稠密而尖长，树生粗矮。

雅淡妆：花千层，平头，紫粉有蓝色。叶短而密，团形。

蓝天玉：花千层，淡白色，瓣上有黄蕊，略带蓝梢。叶平而团，或曰三奇之子也，一名三奇子。

藕丝魁：花千层，平头，粉色，略带蓝色，内有黄蕊。短茎，叶拥，团而厚。宜阳，成树。

参考文献

（书目按音序排列，历代《笔记小说大观》中的笔记
小说不再单列，论文随引用处注出，此处从略）

《白居易集》，（唐）白居易著，中华书局，1979。

《本草纲目》，（明）李时珍著，人民卫生出版社，2005。

《亳州牡丹史》，（明）薛凤翔著，《四库全书存目丛书》子部第80
册，齐鲁书社，1997。

《亳州牡丹史》，（明）薛凤翔著，李冬生标点，安徽人民出版社，
1983。

《亳州牡丹述》，（清）钮琇著，《丛书集成续编》第79册影印《昭
代丛书》，上海书店出版社，1994。

《沧溟先生集》，（明）李攀龙著，上海古籍出版社，1992。

《曹州府菏泽县乡土志》，（清）杨兆焕等著，《中国方志丛书》华
北地方第22号，台湾成文出版社，1968。

《曹州牡丹谱》，（清）余鹏年著，《丛书集成初编》第1355册，中
华书局，1985。

《楚辞集注》，（战国）屈原著，（南宋）朱熹集注，上海古籍出版
社，1979。

《杜诗全集校注》，萧涤非主编，人民文学出版社，2014。

《法华乡志》，（清）王钟原著，胡人凤续修，《中国地方志集成·
乡镇志专辑》第1册，上海书店，1992。

《方舆胜览》，（南宋）祝穆著，祝洙增订，中华书局，2003。

《分门琐碎录》，（南宋）温革著，《续修四库全书》第 975 册，上海古籍出版社，2002。

《佛祖历代通载》，《大正藏》第 49 册，台湾新文丰出版公司，1983。

《高僧传》，（萧梁）释慧皎著，汤用彤校注，中华书局，1992。

《古今图书集成》第 553～554 册，《博物汇编·草木典·牡丹部》，（清）陈梦雷等编，上海中华书局，1934。

《光绪亳州志》，（清）钟泰、宗能徵著，《中国地方志集成·安徽府县志辑》第 25 册，江苏古籍出版社，1998。

《广群芳谱》，（明）王象晋原著，（清）汪灏、张逸少等增广，《文渊阁四库全书》第 846 册，台湾商务印书馆，1986。

《广雅疏证》，（清）王念孙著，中华书局，2004。

《汉书》，（东汉）班固著，中华书局，1962。

《汉魏六朝笔记小说大观》，上海古籍出版社，1999。

《河南志》，（清）徐松辑，中华书局，1994。

《后汉书》，（刘宋）范晔著，中华书局，1965。

《滹南诗话》，（金）王若虚著，丁福保《历代诗话续编》上册，中华书局，1983。

《花镜》，（清）陈淏子著，伊钦恒校注，农业出版社，1979。

《花里活》，（明）陈诗教著，《四库全书存目丛书》子部第 82 册，齐鲁书社，1997。

《华夷花木鸟兽珍玩考》，（明）慎懋官著，《续修四库全书》第 1185 册，上海古籍出版社，2002。

《淮南子集释》，（西汉）刘安主编，何宁集释，中华书局，1998。

《嘉庆重修一统志》第 13 册，（清）潘锡恩、穆彰阿等主编，中华书局，1986。

《晋书》，（唐）房玄龄等著，中华书局，1974。

《旧唐书》，（后晋）刘昫等著，中华书局，1975。

《旧五代史》，（北宋）薛居正等著，中华书局，1976。

《开元天宝遗事十种》，上海古籍出版社，1985。

《珂雪斋集》，（明）袁中道著，上海古籍出版社，1989。

《李德裕年谱》，傅璇琮著，中华书局，2013。

《李贺诗集》，（唐）李贺著，叶葱奇疏注，人民文学出版社，1959。

《李商隐诗集疏注》，（唐）李商隐著，叶葱奇疏注，人民文学出版社，1985。

《历代宅京记》，（清）顾炎武著，中华书局，1984。

《聊斋志异》，（清）蒲松龄著，上海古籍出版社，1978。

《列子集释》，杨伯峻集释，中华书局，1979。

《明代笔记小说大观》，上海古籍出版社，2005。

《明史》，（清）张廷玉等著，中华书局，1974。

《牡丹谱》，（北宋）欧阳修、周师厚、张邦基、（南宋）陆游著，杨林坤译注点评，中华书局，2011。

《牡丹谱》，（清）计楠著，《丛书集成续编》第79册影印《昭代丛书》，上海书店出版社，1994。

《牡丹荣辱志》，（北宋）丘濬著，《四库全书存目丛书》子部第250册景《百川学海》本，齐鲁书社，1995。

《欧阳修诗文集校笺》，（北宋）欧阳修著，洪本健校笺，上海古籍出版社，2009。

《千金方》，（唐）孙思邈著，中国中医药出版社，1998。

《乾隆曹州府志》（乾隆二十一年，1756），《山东府县志辑》第80册，凤凰出版社，2004。

《清代笔记小说大观》，上海古籍出版社，2007。

《清史稿》，（民国）赵尔巽等著，中华书局，1977。

《全芳备祖》，（南宋）陈景沂著，《文渊阁四库全书》第935册，台湾商务印书馆，1986。

《全宋词》，唐圭璋编，中华书局，1965。

《全宋诗》，傅璇琮等主编，北京大学出版社，1998。

《全宋文》，曾枣庄、刘琳主编，上海辞书出版社、安徽教育出版社，2006。

《全唐诗》，（清）彭定求、曹寅等编，上海古籍出版社，1986。

《全唐文》，（清）董诰、徐松等编，上海古籍出版社，1990。

《全元文》，李修生主编，江苏古籍出版社，1999。

《容斋随笔》，（南宋）洪迈著，上海古籍出版社，1978。

《山海经校注》，袁珂校注，上海古籍出版社，1980。

《神农本草经辑注》，马继兴主编，人民卫生出版社，1995。

《诗话总龟》，（南宋）阮阅著，人民文学出版社，1987。

《十国春秋》，（清）吴任臣著，中华书局，1983。

《十三经注疏》，北京大学出版社，2000。

《石田诗选》，（明）沈周著，《文渊阁四库全书》第1249册，台湾商务印书馆，1986。

《史记》，（西汉）司马迁著，中华书局，1959。

《世说新语笺疏》，（南朝）刘义庆著，余嘉锡笺疏，中华书局，1983。

《事物纪原》，（北宋）高承著，《丛书集成初编》第1209～1212册，中华书局，1985。

《释氏稽古略》，《大正藏》第49册，台湾新文丰出版公司，1983。

《双溪醉隐集》，（元）耶律铸著，《丛书集成续编》第108册《辽海丛书》本，上海书店，1994。

《双溪醉隐集》，（元）耶律铸著，《文渊阁四库全书》第1199册，台湾商务印书馆，1986。

《说郛三种》，（明）陶宗仪、陶珽著，上海古籍出版社，1988。

《说苑校证》，（西汉）刘向著，向宗鲁校证，中华书局，1987。

《四库全书总目提要》，（清）永瑢、纪昀等著，中华书局，1983。

《四十二章经》，《碛砂大藏经》第60册，线装书局，2005。

《宋史》，（元）脱脱等著，中华书局，1977。

《宋书》，（萧梁）沈约著，中华书局，1974。

《宋元笔记小说大观》，上海古籍出版社，2007。

《苏轼诗集》，（北宋）苏轼著，（清）王文诰辑注，中华书局，1982。

《苏轼文集》，（北宋）苏轼著，中华书局，1986。

《隋书》，（唐）魏徵等著，中华书局，1973。

《随园诗话》，（清）袁枚著，人民文学出版社，1982。

《太平广记》，（北宋）李昉主编，中华书局，1981。

《太平御览》，（北宋）李昉主编，中华书局，1960。

《唐才子传校注》，（元）辛文房著，孙映逵校注，中国社会科学出版社，1991。

《唐会要》，（北宋）王溥著，上海古籍出版社，1991。

《唐两京城坊考》，（清）徐松著，中华书局，1985。

《唐诗纪事》，（南宋）计有功著，上海古籍出版社，1987。

《唐五代笔记小说大观》，上海古籍出版社，2000。

《陶渊明集校笺》，（东晋）陶渊明著，龚斌校笺，上海古籍出版社，1996。

《苕溪渔隐丛话》，（南宋）胡仔著，人民文学出版社，1962。

《通志二十略》，（南宋）郑樵著，中华书局，1992。

《渭南文集》，（南宋）陆游著，南宋嘉定刻本，明朝正德刊本，《宋集珍本丛刊》第47册，线装书局，2004。

《文选》，（萧梁）萧统编，（唐）李善注，上海古籍出版社，1986。

《文苑英华》，（北宋）李昉主编，中华书局，1966。

《吴文正集》，（元）吴澄著，《文渊阁四库全书》第1197册，台湾商务印书馆，1986。

《西溪丛语》，（南宋）姚宽著，《家世旧闻》合刊本，中华书局，1993。

《先秦汉魏南北朝诗》，逯钦立编，中华书局，1983。

《小草斋集》，（明）谢肇淛著，福建人民出版社，2009。

《新唐书》，（北宋）欧阳修、宋祁等著，中华书局，1975。

《新增桑篱园牡丹谱》，（清）赵孟俭原著，赵世学增补，蓝保卿、李嘉珏、段全绪主编《中国牡丹全书》，中国科学技术出版社，2002。

《徐渭集》，（明）徐渭著，中华书局，1983。

《续仙传》，（五代）沈汾著，《中华道藏》第45册，张继禹主编，华夏出版社，2004。

《续玄怪录》，（唐）李复言著，《玄怪录》合刊本，中华书局，1982。

《续资治通鉴长编》，（南宋）李焘著，中华书局，2004。

《姚燧集》，（元）姚燧著，查洪德点校，人民文学出版社，2011。

《夷坚志》，（南宋）洪迈著，中华书局，1981。

《艺文类聚》，（唐）欧阳询主编，上海古籍出版社，1982。

《玉芝堂谈荟》，（明）徐应秋著，《文渊阁四库全书》第883册，台湾商务印书馆，1986。

《御定佩文斋广群芳谱》，（清）汪灏、张逸少奉敕撰，《文渊阁四库全书》第846册，台湾商务印书馆，1986。

《元好问诗编年校注》，（金）元好问著，狄宝心校注，中华书局，2011。

《元和郡县图志》，（唐）李吉甫著，中华书局，1983。

《元史》，（明）宋濂等著，中华书局，1976。

《袁宏道集笺校》，（明）袁宏道著，钱伯城笺校，上海古籍出版社，1981。

《韵语阳秋》，（南宋）葛立方著，《历代诗话》下册，（清）何文焕辑，中华书局，1981。

《真诰》，（萧梁）陶弘景著，《中华道藏》第2册，张继禹主编，华夏出版社，2004。

《正法念处经》，《碛砂大藏经》第60册，线装书局，2005。

《直斋书录解题》，（南宋）陈振孙著，上海古籍出版社，1987。

《植物名实图考长编》，（清）吴其濬著，商务印书馆，1959。

《中国牡丹》，李嘉珏、张西方、赵孝庆等著，中国大百科全书出版社，2011。

《中国牡丹全书》，蓝保卿、李嘉珏、段全绪主编，中国科学技术出版社，2002。

《中国香艳全书》（《香艳丛书》），（清）虫天子编，团结出版社，2005。

《诸病源候论校注》，（隋）巢元方著，丁光迪等校注，人民卫生出版社，1991。

《竹叶亭杂记》，（清）姚元之著，中华书局，1982。

《庄子浅注》，（战国）庄子著，曹础基注，中华书局，1982。

《遵生八笺校注》，（明）高濂著，赵立勋等校注，人民卫生出版社，1993。

后　记

　　牡丹和牡丹文化，是河洛文化的重要组成部分。牡丹虽然是我国的古老植物，但直到唐代才作为观赏花卉被世人认识，这个重大现象的出现，与在洛阳参政、执政的武则天息息相关。北宋时期，欧阳修作诗说："洛阳地脉花最宜，牡丹尤为天下奇。"洛阳牡丹从此有了甲天下的地位和声誉，逐渐传播到别的地区。1982 年，洛阳市人大常委会将牡丹定为市花。近年来，洛阳被人们描述为"千年国都，丝路起点，运河中心，牡丹花城"，足见牡丹和牡丹文化在洛阳和河洛文化中的重要地位，已被人们普遍认识到。

　　我研究牡丹文化，起步于 30 多年前，是一份家乡情结诱发了我对牡丹文化的关注。我是洛阳人，1946 年元月下旬（乙酉年腊月下旬）呱呱坠地时，家乡是洛阳县北部的一个乡村。1955 年 11 月，河南省发展洛阳市，撤销洛阳县，家乡所在地麻屯乡划归孟津县管辖。而早在 1950 年，我即随父母迁居陕西汉中，直到 1965 年高中毕业考入北京大学历史学系，我才离开汉中。大学毕业后，因为父母早已从汉中返还故里，我被分配插队和担任中学教师，都离家乡很近，并最终调回洛阳工作。我的研究方向主要是隋唐史，在接触一系列有关牡丹的唐人诗文笔记后，1987 年，我写出论文《说唐代牡丹》。在这篇论文中，我指出唐高宗时期，在与皇后武则天老家山西文水县毗邻的汾州众香寺中，僧人们培育出牡丹花，被武则天移植到京师，从此石破天惊，蔚成大观，牡丹遂以观赏花卉的面貌呈现在世人面前，一改前代人们仅知道它的根皮是药物的历史。这篇论文字数逾万，当时没条件使用电脑，只能手工誊抄。我将手抄稿寄给太原的一家高校学报，该刊让我压缩到 4000 字以内发表，我感到为难，就将手抄稿要了回来。次年 6 月，我由地处开封的河南大学历史系调入洛阳师专历史系（今洛阳师范学院历史文化学院）。《洛阳师专学报》也嫌这篇论文太长，我只好分抄成两篇，分别以《说唐代牡丹》和《说唐代的赏牡丹风气》为题，在《洛阳师专学报》1990 年第 1 期和洛阳历史学会主办的《河洛春秋》1991 年第 1 期发表。这两份期刊当时都是只有河南省内部资料连续准印证的内部刊物，管理部门不作为科研成果对待，因此，《说唐代牡丹》的完整稿后来联系在《洛阳工学院学报》（今《河南科技大学学报》）社会科学版2001 年第 1 期正式发表。

置身于洛阳的环境中，看见当地宣传牡丹，往往对古代文献资料的真伪不予辨析、甄别，对资料的空间指向不予理会，张冠李戴，以讹传讹。洛阳以外的地区，也普遍存在这种现象。我于是发表了几篇论文予以纠正，有《关于洛阳牡丹来历的两则错误说法》（《洛阳大学学报》1997 年第 1 期），《旧题唐代无名氏小说〈海山记〉著作朝代及相关问题辨正》（《洛阳师专学报》1998 年第 1 期），《〈全唐诗·忆荐福寺牡丹〉确系唐人作品》（《唐都学刊》2005 年第 2 期），《〈增订注释全唐诗〉处理牡丹诗所存在的问题》（《陕西师范大学学报》2005 年第 4期）。同时，一位摄影工作者组织编纂多卷本《中国牡丹大观》，邀请我给唐五代两宋牡丹诗词作注释、译文，计有七八百首之多，2005 年由新华出版社出版。

自研究牡丹以来，我接触不少古代牡丹文献，有诗词、辞赋、小说、笔记、目录、政书、医药书籍，也有牡丹谱录。历代牡丹谱录散见于古籍中，寻觅不易。多数谱录载于当今大部头的影印古籍中，如《四库全书》系列、《丛书集成》系列、《古今图书集成》以及《说郛三种》等，都是以繁体字夹带异体字、俗体字而刊刻或抄写的，无标点、校勘，无题解、说明，今日读者即便有机会找到它们，阅读起来也有诸多障碍。少数谱录有今人整理的排印本，但在标点、校勘、注释方面屡有错误，对读者造成误导。有鉴于此，我萌动了一个想法，如果从古籍中爬梳出历代完整的和残缺的牡丹谱录，汇集成编，对原文进行分段、标点、校勘、注释、翻译、点评，并对其作者、内容、得失、流传、影响等方面做出研究性评述，或许对人们了解和研究牡丹史和牡丹文化能提供一些方便。2015年元月，李嘉珏先生从湖南来洛阳参加会议，讨论编纂牡丹系列丛书事宜，邀请我做历代牡丹谱录卷的编纂工作，我得以将上述想法付诸实施，于2016年5月完成这部书稿。明朝薛凤翔的《亳州牡丹史》，在现存历代牡丹谱录中是篇幅最长、内容最丰富的独立的牡丹谱录，应该保持它的独立性和完整性。因此，其余牡丹谱录无论其时代早于或晚于《亳州牡丹史》，凡其中所录牡丹辞赋诗词、笔记小说与《亳州牡丹史》所录相同者，都不再另行做作品的作者简介、注释、译文、点评，只交代参见《亳州牡丹史》相关部分，以避免重复。

李嘉珏先生对《亳州牡丹史》中涉及农艺的译文和注释作过订正和修改，谨致谢忱！

这部书汇集了历代的牡丹谱录，时间跨度大，作者多，内容涉及面很广。我虽然勉力而为，毕竟有很多知识缺陷，而且没有牡丹栽培方面的实践活动，恐怕对古代牡丹谱录的注释和翻译，有很多错误或不到位的地方，恳请各界读者指疵纠谬。

郭绍林，2016年10月2日
于洛阳师范学院河洛文化国际研究中心

本书由洛阳师范学院河洛文化国际研究中心列入《河洛文化文库》资助出版，无任感谢！

2019年4月3日

图书在版编目（CIP）数据

历代牡丹谱录译注评析／郭绍林编著． -- 北京：
社会科学文献出版社，2019.10
（河洛文化文库）
ISBN 978 - 7 - 5201 - 5428 - 4

Ⅰ.①历… Ⅱ.①郭… Ⅲ.①牡丹 - 文化 - 中国
Ⅳ.①S685.11

中国版本图书馆 CIP 数据核字（2019）第 184201 号

河洛文化文库
历代牡丹谱录译注评析

编　　著／郭绍林

出 版 人／谢寿光
组稿编辑／任文武
责任编辑／王玉霞　李艳芳
文稿编辑／刘如东

出　　版／社会科学文献出版社·城市和绿色发展分社（010）59367143
　　　　　　地址：北京市北三环中路甲 29 号院华龙大厦　邮编：100029
　　　　　　网址：www.ssap.com.cn
发　　行／市场营销中心（010）59367081　59367083
印　　装／三河市东方印刷有限公司

规　　格／开　本：787mm × 1092mm　1/16
　　　　　　印　张：55　字　数：818 千字
版　　次／2019 年 10 月第 1 版　2019 年 10 月第 1 次印刷
书　　号／ISBN 978 - 7 - 5201 - 5428 - 4
定　　价／198.00 元